국비지원 과정 수강신청 절차

01 www.hrd.go.kr
회원가입 및 카드/수강신청

02 www.edufire.kr 회원가입

03 국민내일배움카드 자비부담 결제

04 www.edufire.kr 수강하기

온라인 국비지원 과정 혜택!
온라인 국비정규과정 +α 6개월 복습기간 추가!

교육상담
www.edufire.kr
070-4416-1190

한방에 끝내는 소방자격 온라인교육

에듀파이어

(주)메이크 순
혁신기술개발 / 지식재산권 / 신기술 교육

교육사업부

에듀파이어

온·오프라인 교육전문기관

[Off-line] 국가 시행 교육 커리큘럼 적용
National Compatency Standard
[On-line] e-Learning
에듀파이어 원격평생교육원

기술연구사업부

ZV ZoneVer
Zone of Valid earthquake resistence

특허 출원 기술 사업

R & D + Technological innovation +
Intellectual Property

출판사업부

한방에 끝내는 소방시리즈

소방 관련 도서 전문출판

On-line & Off-line
한방에 끝내는 소방시리즈
신기술 수록 전파

---

make soon의 모든 제품은 특허 제품입니다.

www.makesoon.co.kr

소방설계, 공사, 감리, 점검 등
필드에서 작업하던 엔지니어들이 모여 만들었습니다.

Make Something Out Of Nothing
무에서 유를 만들겠습니다.

"수직·수평배관 4방향 버팀대에 의한 배관 지지기술"
행정안전부장관 재난안전신기술 지정 제2022-28-1호

"미래창조 과학부장관상" 수상

슬리브형 수직배관 4방향 버팀대

제13회 소방산업대상 "소방청장상" 수상

ZoneVer-S4, L4, VS, VL
선 설치 앵커볼트
(ZoneVer-Easy)

대한민국발명특허대전 "특허청장상" 수상

선 설치 앵커볼트
(ZoneVer-Easy)

서울국제발명전시회 "대 상" 수상

ZoneVer-S4, L4

서울국제발명전시회 "은 상" 수상

선 설치 앵커볼트
(ZoneVer-Easy)

HL D&I Halla "최우수상" 수상

4방향 버팀대
(ZoneVer-S4, L4, VS, VL)

대한민국안전기술대상 "행정안전부장관상" 수상

수직·수평 4방향 버팀대
(ZoneVer-S4, L4, VS, VL)

makesoon.CO.LTD

두 개를 하나로 줄여드립니다

횡방향 버팀대 1개 + 종방향 버팀대 1개 = 1개의 4방향 버팀대

Zone Ver (Zone of Valid earthquake resistance)
수직·수평배관 4방향 흔들림 방지버팀대

NeT 신기술인증
NEW EXCELLENT TECHNOLOGY

소방청 중앙소방기술심의 결과
"제품 사용 승인 채택"
행정안전부장관 지정
방재신기술(NET) 제2022-28호

공사비와 인건비 절감을 약속합니다. 👍

견적 및 기술검토
Tel : **051)816-5007**
(대리점 모집중)

make soon
Make something out of nothing - 주식회사 메이크 순

두 개를 하나로 줄여드립니다

횡방향 버팀대 1개 + 종방향 버팀대 1개 = 1개의 4방향 버팀대

Zone Ver (Zone of Valid earthquake resistance)
수직·수평배관 4방향 흔들림 방지버팀대

소방청 중앙소방기술심의 결과
"제품 사용 승인 채택"

행정안전부장관 지정
방재신기술(NET) 제2022-28호

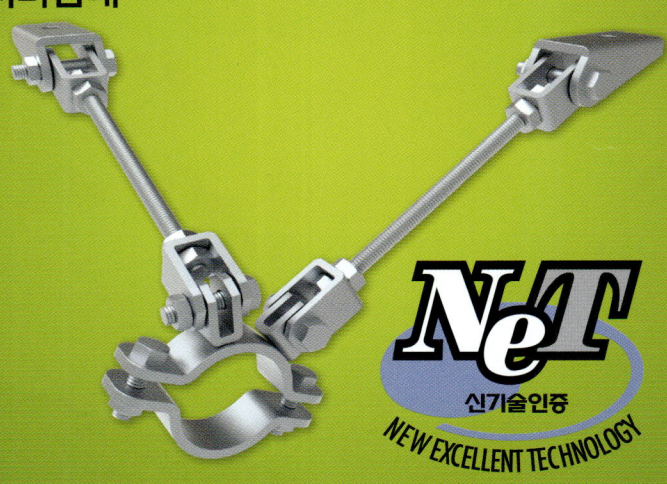

공사비와 인건비 절감을 약속합니다.

견적 및 기술검토
Tel : **051)816-5007**
(대리점 모집중)

Make something out of nothing - 주식회사 메이크 순

한방에 끝내는 소방시설관리사

고수를 위한
설계 및 시공 계산문제편

최신개정판 2025

한방에 끝내는 소방자격 온라인교육
에듀파이어

머리말

> **"** 소방설계, 공사, 감리, 점검 등
> 오랜 기간 소방관련 업무에 전념하였던
> 사람들이 모였습니다.
> 제일 밑바닥부터 시작하여 소방설비산업기사,
> 기사, 관리사, 기술사가 된 사람들입니다.
> 이들이 최선을 다해 돕겠습니다.
>
> 여러분의 선택 하나면 충분합니다. **"**

합격에 필요한 것만 담았습니다.

바쁘신 와중에 도와 주신 여러분께 진심으로 감사드립니다.
김미란님, 정춘식님.

소방기술사 · 소방시설관리사 · 소방설비기사   이항준
                                        심민우   편 · 공저

목 차

구 분	page	회차별 기출 문제 수			
		1~10	11~20	21~30	합계
[수험서의 특징]	6	–	–	–	–
[必勝! 수험생에게 필요한 사항들]	7	–	–	–	–
[소방시설관리사 취득 방법]	10	–	–	–	–
[각종 단위 및 참고사항]	15	–	–	–	–
[소방시설관리사 기출문제 및 경향분석]	23	–	–	–	–
[계산문제 출제 문제 요약]	43	–	–	–	–
Part 1. 수계 소화설비 계산문제	합계	52	64	25	141
Chapter 1. 소화기구 및 자동소화장치	5	–	5	–	5
Chapter 2. 기초 유체역학	25	29	20	3	52
Chapter 3. 옥내·외소화전설비	139	1	7	3	11
Chapter 4. 스프링클러설비	157	11	5	2	18
Chapter 5. 간이스프링클러설비	199	–	1	–	1
Chapter 6. 화재조기진압용 스프링클러설비	205	–	–	1	1
Chapter 7. 물분무소화설비	207	–	6	–	6
Chapter 8. 미분무소화설비	211	–	2	–	2
Chapter 9. 포소화설비	213	7	8	2	17
Chapter 10. 소화용수설비	247	–	2	–	2
Chapter 11. 연결송수관/연결살수/지하구	251	–	–	–	–
Chapter 12. 도로터널	259	4	–	2	6
Chapter 13. 고층건축물	267	–	5	5	10
Chapter 14. 피난기구/인명구조기구	275	–	2	–	2
Chapter 15. 소방시설의 내진설계기준	281	–	1	–	1
Chapter 16. 전기저장/창고시설/공동주택	297	–	–	–	–

구 분		page	회차별 기출 문제 수			
			1~10	11~20	21~30	합계
Part 2. 가스계 소화설비 및 제연설비 계산문제		합계	16	31	23	70
Chapter 1.	이산화탄소소화설비	305	5	8	5	18
Chapter 2.	할론소화설비	333	3	–	3	6
Chapter 3.	할로겐화합물 및 불활성기체 소화설비	347	–	8	2	10
Chapter 4.	분말소화설비	361	–	–	–	–
Chapter 5.	고체에어로졸소화설비	369	–	–	–	–
Chapter 6.	제연설비	371	7	10	2	19
Chapter 7.	부속실 제연설비	393	1	5	11	17
Part 3. 소방전기설비 계산문제		합계	9	9	25	43
Chapter 1.	비상경보설비 및 단독경보형 감지기/비상방송설비	423	–	1	–	1
Chapter 2.	자동화재탐지설비 및 시각경보장치/화재알림설비	425	7	6	23	36
Chapter 3	기타 소방전기설비	461	1	1	1	3
Chapter 4	소방전기 도면 및 간선 등	471	1	1	1	3
부록 : 기출문제 및 기출 계산문제 분석		517				

→ 소문항을 기준으로 집계하였으며, 하나의 문제가 중복이 될 경우 중복하여 문제 수를 추가하였음

Mind-Control

목표가 확실한 사람은 아무리 거친 길이라도 앞으로 나아갈 수 있다.
목표가 없는 사람은 아무리 좋은 길이라도 앞으로 나갈 수 없다.

— 토마스 칼라일 —

지금 순간의 답답함과 막막함도 목표가 확실한 당신 앞에서는 아무것도 아닐 것입니다.

수험서의 특징

01 수험생들의 가장 큰 고민은 소방 관련 법령의 잦은 개정이며, 개정에 따른 정오가 매우 중요하다는 것은 수험생들의 고민이며, 숙제이다. 이를 위하여 네이버 카페 "소방365" 또는 다음 카페 "Fire Leader"에서 정오표를 확인할 수 있도록 로 제공하고 있습니다.

02 저자에게 질문이 필요할 경우에는 네이버 카페 "소방365"에 직접 질문할 수 있습니다. 현재도 많은 수험생들께서 실시간으로 질문과 답변하고 있습니다.

03 중요도의 표현은 🔥로 하였으며 **관리사의 출제를 예상할 수 있는 소방기술사 기출문제 및 소방시설관리사 기출문제 또한 별도로 표기**를 하였으며, 중요 문제에는 **두문법, 키워드 암기법 등 동원**할 수 있는 모든 수단을 동원하였습니다.

> ☐ 매우 중요 : 🔥🔥🔥   ☐ 중요 : 🔥🔥   ☐ 보통 : 🔥
> ex) 술107(10)관점10 🔥🔥
> 　　소방기술사 제107회 10점, 소방시설관리사 점검실무행정 10회 출제, 중요

04 편의상 관련 소방 관련 법령에 대하여 다음과 같이 약칭합니다.

관련 법령 등	요약 법령 약칭
「소방기본법」 →	「기본법」
「소방시설 설치 및 관리에 관한 법률」 →	「소방시설법」
「화재의 예방 및 안전관리에 관한 법률」 →	「화재예방법」
「다중이용업소의 안전관리에 관한 특별법」 →	「다특법」
「초고층 및 지하연계복합건축물의 재난관리에 관한 특별법」 →	「초고층특별법」
「건축물의 피난·방화구조 등의 기준에 관한규칙」 →	「건피방」

05 "한방에 끝내는 소방시설관리사" 시리즈는 독학생 뿐만아니라 **온라인 및 오프라인 국비 지원 과정**으로 진행 중이며, 특히, 인터넷 동영상 강의를 국비지원 인강과정으로 시청할 수 있도록 구성되어 있습니다.

06 소방시설관리사를 처음 접하여 방향을 잡지 못하신분들!
오랜기간 합격을 하지 못하신 분들!
소방시설관리사 합격자 대부분은 "한끝소 시리즈"와 함께하신 분들입니다.
여러분의 길잡이가 될 것을 약속하며, 합격의 영광을 함께하기를 바랍니다.

必勝! 수험생에게 필요한 사항들

01 **합격을 하겠다는 마음가짐이 First!** : 스스로 준비 된 후에 좋은 교재가 존재한다.

우리는 모두 공평하게 24시간으로 하루를 시작합니다. 아무것도 하지 않아도 무엇인가 열심히 하여도 시간은 흘러갑니다. 선택에 대한 미래의 결과는 본인의 몫입니다.

당신은 지금부터 공책이라는 배를 타고 연필이라는 노를 저어 합격이라는 결과에 도달할 것임을 잊지 말아야 합니다. 좋지 않은 몇 가지 조건(경제적, 시간적)은 당신의 성공에 걸림돌이 될 수 없습니다. 실천하고 행동하여야 합니다.

피겨 스케이팅의 불모지에서 피겨의 여왕이 된 "김연아 선수" 또한 무수히 많은 어려움을 극복하고 최고의 조건을 스스로 만들었습니다. 그 화려함 이면에는 끊임없는 노력이 있었음을 우리는 알고 있습니다.

이제 여러분들 차례입니다. 최악의 조건에서 최선의 조건으로 가기 위한 발판을 만드십시오. 여러분들이 할 수 있다는 마음가짐을 갖는 순간 여러분은 이미 소방시설관리사입니다.

02 **Study Plan의 첫걸음**

(1) 소방시설관리사는 과정이지 종착점이 아니며, 꿈을 크게 가져야 합니다. 관리사 이후 기술사 또는 그 이상을 보아야 하며, 인생의 큰 그림을 바탕으로 구체적이고 실천 가능한 계획을 구상합니다.

(2) 작은 목표 중 하나인 소방시설관리사 취득 계획

① 1년 → 수 개월 → 1개월 → 1주 → 1일 기준으로 구체적으로 계획을 수립하며, 그 의미는 이미 여러분들이 잘 알고 있으리라 생각합니다.

② **1일 및 1주 계획의 중요성**

㉠ **첫 번째 목표, 공부하는 습관을 키우기** : 매일 일정시간 동안 공부하는 습관으로 자신만의 공부 방법을 습득하는 것이 당락을 좌우합니다. 많은 수험생들이 이를 간과하고 자료 수집에만 몰두하는 경우를 많이 보았습니다. 하지만, 그 많은 자료를 소화하고 제대로 쓰기 위해서는 오랜 시간 동안 공부할 수 있는 능력을 키우는 것이 우선입니다.

공부하는 습관이 여러분의 당락을 좌우할 것임을 잊지 말아야 합니다.

☐ **최초 목표 공부시간은 하루 5시간 이상**을 기준으로 하여 차츰 시간을 늘려 나갑니다. 집중력은 한 번에 절대 커지지 않습니다. 저자의 경험상 관리사 취득 후 **매일 평균 10시간 집중 공부하여 약 9개월 만에 소방기술사를 합격**하였습니다.

☐ 이때 탁상용 달력 등을 활용하여 **하루 공부시간 및 1주당 공부시간을 체크**하여 공부시간을 달성 또는 실패 이유 등을 분석 및 반성합니다.

ⓒ **두 번째 목표, 위기(정신적인 몸살)의 극복** : 건설현장에서 처음 육체적 노동을 하게 될 경우 근육통 또는 몸살을 앓는 것처럼 공부 또한 마찬가지입니다. 하지 않던 공부를 하게 됨으로서 몸과 마음이 적응할 시간이 필요하고 보통 1~3개월 이내 정신적인 몸살을 앓게 됩니다.
- "내 팔자(이 나이에)에 무슨 공부를······", "나는 공부하고 역시 맞지 않아!"
- "관리사 아니면 먹고살게 없나?", "그냥 관리사 없이도 이때까지 잘 살았다." 등등
- 이러한 생각은 본능적으로 습관을 거부하는 신체적 반응으로서 극복해야 할 사항으로 나 혼자가 아닌 모든 수험생이 느끼는 공통사항입니다. 나의 미래, 불안한 현실, 불만족한 조건, 가족을 생각하십시오.
- 아버지, 어머니의 마음을 아는 사람은 절대 포기하지 않습니다.

③ **계획 실천을 위한 에너지의 확보와 위기 극복의 스킬 "자신과의 대화"** : 계획상에 매일, 매주 자신을 돌아보는 시간을 필히 계획합니다. 스스로를 돌아보는 시간은 매우 중요하며 올바르게 앞으로 나아갈 수 있는 에너지를 제공합니다. 세계 대부분의 리더들이 실천하는 것처럼 말입니다. 이제 여러분들이 리더가 될 차례입니다.

03 수험생들의 가장 큰 골칫거리 "암기와 쓰기"

(1) **"알고 있다"와 "쓸 수 있다."**
알고 있는 것은 기술자 또는 기술영업자의 몫입니다. 그러나 쓸 수 있는 것은 시험용입니다. "알고 있다"와 "쓸 수 있다"를 혼돈하지 말아야 함에도 불구하고 소방업에 종사하는 많은 분들이 업무용으로 "알고 있는 것"을 시험용으로 정확하게 "쓸 수 있는 것"으로 착각을 하고 있습니다. 나의 손끝에서 나오는 것만이 진실이며, 시험용입니다.

(2) **답을 쓰지 못하는 여러 가지 이유들**

① **첫 번째, 업무 때문에 ···** : 대부분의 수험생들이 업무로 인하여 공부할 시간이 부족하다고 합니다. 그러나 그것은 원인을 보지 못함에 따른 핑계일 뿐입니다. 근본적인 이유는 공부하는 습관을 만들지 못함에 따라 공부시간이 부족하게 된 것입니다.
기상 후 세면시간, 출·퇴근시간, 업무 중 자투리시간, 이동시간, Tea 타임과 흡연, 점심식사 시간 등 활용 가능한 시간에 공부하는 습관을 만들어야 합니다. 아마 금방 이야기한 시간을 모두 합한다면 총 3~4시간 이상이 될 수도 있습니다. 그 시간에 공부할 수 있는 **습관과 정신력을 키우는 것이 합격하는 조건의 필수적 요소입니다.**

② **두 번째, 머리가 나빠서 암기가 ···** : 관리사 시험의 어려움은 난이도에 있는 것이 아니라, 시험범위가 넓어 암기사항이 많다는 것입니다. 더군다나 최근의 트렌드를 따를 경우 많은 문제를 출제함에 따라 신속하고, 정확하게 기술하여야만 합격할 수 있습니다. 대부분의 수험생은 머리가 나쁘다고 말을 합니다. 즉, 특별하지 않은 이상 특이할 만한 차이점이 없으므로 많이 노력하는 사람이 유리합니다.

☑ **가장 좋은 암기 방법** : 소방에 흥미를 가지는 것이 첫 번째이며, 공부의 기본은 암기!
　㉠ **실제 시공 경험** : 이론을 바탕으로 하는 실제 시공(여건, 시간적 한계 등 존재)
　㉡ **시스템과 규정의 이해**를 바탕으로 할 경우 많은 부분이 저절로 습득됩니다.
　㉢ 시스템의 이해를 바탕으로 하며, **그림, 사진, 계통도** 등을 기준으로 암기합니다.
　　(**선 이해 후 암기**를 택한다. 선 암기 후 이해는 무한한 시간과 고통이 함께 합니다.)

ⓔ 시스템의 이해를 바탕으로 **두문법 및 키워드**를 통하여 암기합니다.(본인이 만든 것이 가장 오래 기억됩니다. 다만, 본인의 시간이 부족할 경우 본 도서의 암기법을 따릅니다.)
ⓜ 위의 암기법 등을 활용하여 합격하기 전까지 반복합니다.

③ 세 번째, 만학도의 푸념 "5년만 젊었어도 …" : 많은 나이, 저질 체력, 지병 등은 다른 사람에게 위로를 받을 수 있으나 실제 시험에서는 전혀 도움 되지 않으며, 극복해야 할 것들입니다. 오늘 현재 이 글을 읽고 있는 이 순간이 나의 인생에서 가장 젊은 날이며 체력이 가장 좋은 순간입니다. 시간이 흘러 더욱더 젊고 총명하고 체력이 좋은 사람들과 경쟁을 할지, 지금 이 순간 최선을 다할지는 여러분들이 선택하여야 합니다. 필자의 제자 중에는 만60세에 기술사에 합격한 만학도 또한 계시며, 향년 73세인 지금 이 순간에도 관리사를 취득하기 위하여 고군분투하는 분도 계십니다.

04 실제 시험에서 필요한 것들 : 충분한 연습으로 극복해야 할 것들

(1) **왜 실수를 하는가?** : 공부량이 충분함에도 불구하고 많은 분들이 고배를 마시는 이유는 무엇일까요? 그것은 잘못된 시험 습관에 따른 실수가 가장 큰 비중을 차지합니다.
  ☑ **잘못된 습관 간단하게 고치기 : 문제 제대로 읽기!**
    ㉠ 문제는 한 자, 한 자 정확하게 읽는다. 잘못 읽은 문제는 당락을 좌우한다.
    ㉡ 특징적인 부분(단위 등)은 ○, □, ☆ 등 본인만의 방식으로 표기하며, 그 표기는 마지막에 다시 확인하는 습관을 가진다.
    ㉢ 답안을 작성하는 과정 중에도 문제를 확인하여야 하며, 답안 작성 중의 오류 또는 함정이 없는지를 **습관적으로 확인**한다.
(2) **그 외의 것** : 준비되지 않은 문제의 출제, 시간부족 등 이러한 것은 충분한 모의고사 등으로 연습을 반복하여 극복하여야 한다. **모의고사는 합격을 위해 필수적이다.**
(3) **실제 시험 시** : "**될대로 되라**"라는 자포자기의 심정이 오히려 평상심을 갖게 한다.

Mind-Control

오늘 나는 또 다시 실패하려고 일어난다. (by 이항준)
서글프지만 내 인생에서 나는 이제까지 올바른 판단을 한적이 한 번도 없었음을 알고 있다.
실수하지 않으려 했지만, 항상 남들보다 늦었으며, 근시안적인 안목으로 대처하였음을 알고 있다.
야구선수 이승엽이 이야기하기를 "흙이 담긴 노력은 절대 배신하지 않는다" 옳은 말이다.
남들보다 늦더라도, 남들보다 못하더라도 내가 가져야 할 것은 "노력"이라는 것을 충고하는 듯하다.
이제까지 실수와 실패 투성이 였음에도 불구하고……
오늘 나는 또 다시 실패하려고 일어난다.

소방시설관리사 취득 방법

1 소관부처명 : 소방청

2 실시기관 : 한국산업인력공단
원서접수는 공단 시험일정에 따라 한국산업인력공단 홈페이지 큐넷(www.q-net.or.kr)으로 인터넷 접수

3 시험일정
소방시설관리사 자격시험은 매년 1회 시행하는 것을 원칙으로 하되, 소방청장이 필요에 따라 횟수를 늘리거나 줄일 수 있다.

4 응시자격 및 제출서류

(1) 소방실무경력 유형별 해당 서류 : 큐넷(www.q-net.or.kr) 참고

응시자격(2026년 12월31일까지만 적용)	제출서류
1. 건축사·소방기술사·위험물기능장·건축기계설비기술사·건축전기설비기술사 또는 공조냉동기계기술사 자격취득자	① 자격증 사본 1부 (건축사 원본 제시)
2. 소방설비기사(기계, 전기 분야 상관없음) 자격을 취득한 후 2년 이상 소방방재청장이 정하여 고시하는 소방에 관한 실무경력이 있는 사람	① 자격증 사본 1부 ② 소방시설법 시행규칙 별지 제19호 경력·재직증명서 1부
3. 소방설비산업기사(기계, 전기 분야 상관없음) 자격을 취득한 후 3년 이상 소방 실무경력이 있는 사람	① 자격증 사본 1부 ② 소방시설법 시행규칙 별지 제19호 1부
4. 이공계 분야 전공자로서 박사학위를 취득한 사람, 석사학위를 취득한 후 2년 이상 소방실무경력이 있는 사람 또는 이공계 분야의 학사학위를 취득한 후 3년 이상 소방실무경력이 있는 사람	① 졸업증명서 원본 1부 ② 소방시설법 시행규칙 별지 제19호 1부
5. 대학에서 소방안전관리학과를 전공하고 졸업한 후 3년 이상 소방실무 경력이 있는 사람	① 졸업증명서 원본 1부 ② 소방시설법 시행규칙 별지 제19호 1부
6. 소방안전공학(소방방재공학, 안전공학을 포함)분야 석사학위 이상을 취득한 후 2년 이상 소방실무경력이 있는 사람	① 학위증명서 원본 1부 ② 소방시설법 시행규칙 별지 제19호 1부
7. 위험물산업기사 또는 위험물기능사 자격을 취득한 후 3년 이상 소방실무경력이 있는 사람	① 자격증 사본 1부 ② 소방시설법 시행규칙 별지 제19호 1부
8. 소방공무원으로 5년 이상 근무한 경력이 있는 사람	① 소방공무원재직(경력)증명서 1부
9. 대학에서 소방안전관련학과를 졸업한 후 3년 이상 소방실무경력이 있는 사람	① 졸업증명서 원본 1부 ② 소방시설법 시행규칙 별지 제19호 1부
10. 산업안전기사 자격을 취득한 후 3년 이상 소방실무경력이 있는 사람	① 자격증 사본 1부 ② 소방시설법 시행규칙 별지 제19호 1부
11. 10년 이상 소방실무경력이 있는 사람	① 소방시설법 시행규칙 별지 제19호 1부

응시자격(2027년 이후 적용)	제출서류
1. 소방기술사·건축사·건축기계설비기술사·건축전기설비기술사 또는 공조냉동기계기술사	① 자격증 사본 1부 ② 국민연금가입자가입증명 또는 건강보험자격득실확인서 1부
2. 위험물기능장	① 자격증 사본 1부 ② 국민연금가입자가입증명 또는 건강보험자격득실확인서 1부
3. 소방설비기사	① 자격증 사본 1부 ② 국민연금가입자가입증명 또는 건강보험자격득실확인서 1부
4. 이공계 분야 전공자로서 박사학위를 취득한 사람	① 졸업증명서 원본 1부 ② 국민연금가입자가입증명 또는 건강보험자격득실확인서 1부
5. 소방분야 석사학위 이상을 취득한 사람 　㉠ 소방안전관리과(소방안전과) 　㉡ 소방시스템학과 　㉢ 소방학과 　㉣ 소방환경관리학과 　　(소방환경안전학과, 소방환경방재학과, 소방환경학과) 　㉤ 소방공학과 　㉥ 소방행정학과 　㉦ 소방방재학과 　㉧ 소방기계·전기·설비과	① 학위증명서 원본 1부 ② 국민연금가입자가입증명 또는 건강보험자격득실확인서 1부
8. 소방설비산업기사 또는 소방공무원 등 3년 이상 소방에 관한 실무 경력 〈소방공무원의 소방에 관한 실무경력 업무〉 　㉠ 화재안전조사업무 　㉡ 건축허가등의 동의 관련 업무 　㉢ 소방시설의 공사·감리·완공검사 관련 업무 　㉣ 다중이용업소의 완비증명 관련 업무 　㉤ 방염 관련 업무 　㉥ 위험물 제조소등 설치 허가 관련 업무 　㉦ 소방시설의 검정 관련 업무 　㉧ 소방시설 자체점검 관련 업무 　㉨ 소방특별사법경찰관리 관련 업무이 있는 사람 　㉩ ㉠~㉨업무의 기획·대책·홍보·민원처리 및 감독 업무	① 자격증 사본 1부 ② 소방시설법 시행규칙 별지 제19호 경력·재직증명서 1부 ③ 국민연금가입자가입증명 또는 건강보험자격득실확인서 1부

(2) 소방실무경력 기간산정 : 「소방실무경력 인정범위에 관한 기준 고시」
   ① 국가기술자격의 실무경력 기간은 자격취득 후 경력에 한정하며 법령에 의한 자격정지 중의 처분기간은 경력산정에서 제외한다.
   ② 1개월 미만의 잔여경력 중 15일 이상은 1개월로 계산한다.
   ③ 경력환산은 응시원서 접수 마감일을 기준하여 계산한다.
   ④ 2가지 이상의 경력이 동기간 내에 같이 이루어진 경우에는 이 중 1가지만 인정하며, 중복되지 않는 기간의 경력은 각 경력기간을 당해 인정하는 경력기준 기간으로 나누어 합산한 수치가 1 이상이면 응시자격이 있는 것으로 본다.
(3) 응시자격 서류심사 기준일은 원서접수 마감일임
(4) 부정행위자로 처분을 받은 자에 대해서는 그 시험을 정지 또는 무효로 하고 그 처분이 있는 날부터 2년간 시험 응시자격 정지(「소방시설 설치 및 관리에 관한 법률」 제26조)
(5) 소방시설관리사 등 국가전문 자격시험에 대한 장애인 등 응시편의 제공
   공단시행 전문자격시험 응시원서 접수자 중 원서접수 마감일 현재까지
   ① 『장애인복지법 시행령』 제2조에 의한 장애인으로 유효하게 등록되거나,
   ② 『국가유공자 등 예우 및 지원에 관한 법률 시행령』 제14조제3항에 의한 상이등급 기준에 해당되어 유효하게 등록·결정된 자로서,
   ③ 시각·지체·뇌병변·청각장애 등 외부 신체장애로 인해 시험응시에 현실적으로 어려움이 있는 자
   ④ 기타 특수·중복장애, 일시적 장애 등으로 응시에 현저한 지장이 있는 자 및 임신부, 과민성대장(방광)증후군 환자 등

5 시험의 시행방법 등

(1) 관리사시험은 제1차시험과 제2차시험으로 구분하여 시행한다. 다만, 소방청장은 필요하다고 인정하는 경우에는 **제1차시험과 제2차시험을 구분하되, 같은 날에 순서대로 시행**할 수 있다.
(2) **제1차시험은 선택형을 원칙**으로 하고, **제2차시험은 논문형을 원칙**으로 하되, 제2차시험의 경우에는 **기입형을 포함**할 수 있다.
(3) **제1차시험에 합격한 사람에 대해서는 다음 회의 관리사시험에 한정하여 제1차시험을 면제**한다. 다만, 면제받으려는 시험의 응시자격을 갖춘 경우로 한정한다.
(4) **제2차시험은 제1차시험에 합격한 사람만 응시**할 수 있다. 다만, 제1차시험과 제2차시험을 병행하여 시행하는 경우에 **제1차시험에 불합격한 사람의 제2차시험 응시는 무효**로 한다.
(5) 1차 시험(택일형)은 큐넷(www.q-net.or.kr)에서 가답안 공개
(6) 2차 시험(논술형) 가답안 및 최종정답은 공개하지 않음
(7) 큐넷 대표전화 : 1644-8000

6 시험과목, 과목면제 및 합격기준

구 분		2026년 12월 31까지 적용	2027년 이후 적용
1차시험	시험과목	▫ 소방안전관리론 ▫ 소방수리학, 약제화학 및 소방전기 ▫ 소방 관계 법령 　① 「소방기본법」 　② 「소방시설공사업법」 　③ 「소방시설 설치 및 관리에 관한 법률」 　④ 「화재의 예방 및 안전관리에 관한 법률」 　⑤ 「위험물안전관리법」 　⑥ 「다중이용업소의 안전관리에 관한 특별법」 ▫ 위험물의 성상 및 시설기준 ▫ 소방시설의 구조 원리(고장진단 및 정비를 포함한다.)	▫ 소방안전관리론 ▫ 소방기계 점검실무(소방유체역학, 소방관련 열역학, 소방기계 분야의 화재안전기술기준을 포함한다) ▫ 소방전기 점검실무(전기회로, 전기기기, 제어회로, 전자회로 및 소방전기 분야의 화재안전기술기준 포함) ▫ 소방 관계 법령 　① 「소방기본법」 　② 「소방시설 설치 및 관리에 관한 법률」 　③ 「화재의 예방 및 안전관리에 관한 법률」 　④ 「다중이용업소의 안전관리에 관한 특별법」 　⑤ 「건축법」 및 그 하위법령 　⑥ 「초고층 및 지하연계 복합건축물 재난관리에 관한 특별법」
	과목면제	▫ 소방기술사 자격을 취득한 후 15년 이상 소방실무경력이 있는 사람 　: 소방수리학, 약제화학 및 소방전기 ▫ 소방공무원 근무 경력 15년 이상 중 아래 경력이 5년 이상인 경우 　: 소방 관계 법령[소방시설 등의 점검 또는 소방특별조사업무/건축허가등의 동의 관련 업무/소방시설공사감리·완공검사 관련 업무/다중이용업 업소의 완비증명 관련 업무/방염 관련 업무/위험물 시설 설치허가 관련 업무/소방시설의 검정 관련 업무]	▫ 소방기술사 : 소방안전관리론, 소방기계 및 소방전기 점검실무 3과목 ▫ 소방공무원 근무 경력 15년 이상 중 아래 경력이 5년 이상 소방 관련 실무경력 : 소방기계 및 소방전기 점검실무, 소방 관계 법령 3과목 ▫ 소방설비기사(기계 또는 전기) 자격 취득 후 소방기술과 관련된 경력 8년 이상 또는 소방설비산업기사(기계 또는 전기) 자격 취득 후 소방시설관리업에서 10년 이상 자체점검업무를 수행한 사람 : 소방기계 및 소방전기 점검실무, 소방 관계 법령 2과목
	시험방법	▫ 객관식 4지 택일형 과목당 25문항 총 125문항(과목당 25분 총 125분) ▫ 법령 기준 : 관련 법률 등을 적용하여 정답을 구해야 하는 문제는 시험 시행일 현재 시행중인 법률 적용	▫ 객관식 선택형 ▫ 법령 기준 : 관련 법률 등을 적용하여 정답을 구해야 하는 문제는 시험 시행일 현재 시행중인 법률 적용
	합격기준	▫ 과목당 100점을 만점으로 40점 이상, 전과목 평균 60점 이상	▫ 과목당 100점을 만점으로 40점 이상, 전과목 평균 60점 이상

구 분		2026년 12월 31까지 적용	2027년 이후 적용
2차 시험	시험 과목	□ 소방시설의 점검실무행정(점검절차 및 점검기구 사용법을 포함) □ 소방시설의 설계 및 시공	□ 소방시설등 점검실무(소방시설등의 점검에 필요한 종합적 능력을 측정하기 위한 과목으로 소방시설등의 현장점검 시 점검절차, 성능확인, 이상판단 및 조치 등의 내용을 포함) □ 소방시설등 관리실무(소방시설등 점검 및 관리 관련 행정업무 및 서류작성 등의 업무능력을 측정하기 위한 과목으로 점검보고서의 작성, 인력 및 장비 운용 등 실제 현장에서 요구되는 사무 능력을 포함)
	검정 방법	□ 주관식 논술형 과목당 90분 총 180분(과목 면제자 : 90분) □ 법령 기준 : 관련 법률 등을 적용하여 정답을 구해야 하는 문제는 시험 시행일 현재 시행중인 법률 적용	-
	합격 기준	□ 과목당 100점 만점 40점 이상, 전과목 평균 60점 이상(과목 면제자 : 60점 이상)	□ 과목당 100점 만점 40점 이상, 전과목 평균 60점 이상(최고점수와 최저점수 제외 평균)

Mind-Control

불가능한 것을 손에 넣으려면, 불가능한 것을 시도해야한다.
-세르반테스-

꿈을 향해 대담하게 나아가라 자신이 상상한 바로 그 삶을 살아라.
-헨리 데이비드 소로-

성공이 당신에게 '오는' 것이 아니라 당신이 성공을 향해 '가는' 것이다.
-마르바 콜린스-

내 인생은 내가 결정하고, 내가 하고 싶은 것을 하기 위해 나아가야 하며, 이미 많은 분들이 이루었고 이제는 이책을 들고 있는 당신이 이룰 차례입니다.
-이항준-

각종 단위 및 참고사항

(1) 그리스 문자 읽는 법

$A\ \alpha$	$B\ \beta$	$\Gamma\ \gamma$	$\Delta\ \delta$	$E\ \epsilon$	$Z\ \zeta$
알파	베타	감마	델타	엡실론	제타
$H\ \eta$	$\Theta\ \theta$	$I\ \iota$	$K\ \kappa$	$\Lambda\ \lambda$	$M\ \mu$
에타	세타	요타	카파	람다	뮤
$N\ \nu$	$\Xi\ \xi$	$O\ o$	$\Pi\ \pi$	$P\ \rho$	$\Sigma\ \sigma$
뉴	크사이	오미크론	파이	로우	시그마
$T\ \tau$	$Y\ \upsilon$	$\Phi\ \phi$	$X\ \chi$	$\Psi\ \psi$	$\Omega\ \omega$
타우	입실론	파이	카이	프사이	오메가

(2) 단위에 대한 각종 접두사

T 테라	G 기가	M 메가	k 킬로	h 헥토	d 데시	c 센티	m 밀리	μ 마이크로	n 나노
10^{12}	10^{9}	10^{6}	10^{3}	10^{2}	10^{-1}	10^{-2}	10^{-3}	10^{-6}	10^{-9}

(3) 유체역학 기본단위환산

구분	단위환산				
물의 비중량	$9,800 N/m^3$	=	$9,800 kg/m^2 \cdot s^2$	=	$1,000 kg_f/m^3$
물의 밀도	$1,000 N \cdot s^2/m^4$	=	$1,000 kg/m^3$	=	$102\ kg_f \cdot s^2/m^4$
힘	$1N$	=	$1 kg \cdot m/s^2$	→	단위환산의 핵심
일	$1N \cdot m$	=	$1J$	=	$1W \cdot s$
동력	$1kN \cdot m/s$	=	$1kJ/s$	=	$1kW$
	1HP[영국마력] = 744.8N $\cdot$ m/s ≒ 0.745kW 1PS[국제마력] = 735N $\cdot$ m/s = 0.735kW 1kW ≒ 1.34HP ≒ 1.36PS				
에너지, 열	$1J$	=	$0.24 cal$	→	$1BTU = 0.252 kcal$
점도	$0.1 N \cdot s/m^2$	=	$0.1 kg/m \cdot s$	=	$1 poise$

(4) 전기의 기본단위

물리량	기호	단위	단위의 명칭	물리량	기호	단위	단위의 명칭
전압 (전위, 전위차)	V, U	V	Volt	전속	ϕ_E	C	Coulomb
기전력	E	V	Volt	전속밀도	D	C/m^2	$Coulomb/meter^2$
전류	I	A	Ampere	유전율	ε	F/m	Farad/meter
전력(유효전력)	P	W	Watt	전기량(전하)	Q	C	Coulomb
피상전력	P_a	VA	Voltampere	정전용량	C	F	Farad
무효전력	P_r	var	Var	인덕턴스	L	H	Henry
전력량(에너지)	W	J, W·s	Joule, Watt·second	상호인덕턴스	M	H	Henry
저항률	ρ	Ωm	Ohmmeter	주기	T	sec	second
전기저항	R	Ω	Ohm	주파수	f	Hz	Hertz
전도율	σ	℧/m	mho	각속도	ω	rad/s	radian/second
자장의 세기	H	AT/m	Ampere-turn/meter	임피던스	Z	Ω	Ohm
자속	ϕ	Wb	Weber	어드미턴스	Y	℧	mho
자속밀도	B	Wb/m^2	$Weber/meter^2$	리액턴스	X	Ω	Ohm
투자율	μ	H/m	Henry/meter	컨덕턴스	G	℧, S	mho, Siemens
자하	m	Wb	Weber	서셉턴스	B	℧	mho
자장의 세기	E	V/m	Volt/meter	열량	H	cal	Calorie
자하의 세기	J	G	Gauss, $Weber/meter^2$	힘	F	N	Newton
기자력	F	AT	Ampere turn	토크(회전력)	T	Nm	Newton meter
자화력	M	Mx/m^2	$Maxwell/meter^2$	회전속도	N_s	rpm	revolution per minute
자기모멘트	m	Wb·m	Weber meter	마력	P	HP	Horse Power

1교시(과목)

(20   )년도 (   )시험 답안지

과 목 명

답안지 작성시 유의사항

가. 답안지는 **표지, 연습지, 답안내지(16쪽)**로 구성되어 있으며, 교부받는 즉시 쪽 번호 등 정상 여부를 확인하고 연습지를 포함하여 1매 분리하거나 훼손해서는 안 됩니다.

나. 답안지 표지 앞면 빈칸에는 시행년도·자격시험명·과목명을 정확하게 기재하여야 합니다.

다. 채점사항

1. 답안지 작성은 반드시 **검정색 필기구만 사용**하여야 합니다.(그 외 연필류, 유색필기구 등을 사용한 **답항은 채점하지 않으며 0점 처리**됩니다.)
2. 수험번호 및 성명은 반드시 연습지 첫 장 좌측 인적사항 기재란에만 작성하여야 하며, **답안지의 인적사항 기재란 외의 부분에 특정인임을 암시하거나 답안과 관련 없는 특수한 표시를 하는 경우 답안지 전체를 채점하지 않으며 0점 처리**합니다.
3. **계산문제는 반드시 계산과정, 답, 단위를 정확히 기재**하여야 합니다.
4. 답안 정정 시에는 두 줄(=)을 긋고 다시 기재하여야 하며, 수정테이프·수정액 등을 사용할 경우 채점상의 불이익을 받을 수 있으므로 사용하지 마시기 바랍니다.
5. 기 작성한 문항 전체를 삭제하고자 할 경우 반드시 해당 문항의 답안 전체에 명확하게 X표시 하시기 바랍니다.(**X표시 한 답안은 채점대상에서 제외**)

라. 일반사항

1. 답안 작성 시 문제번호 순서에 관계없이 답안을 작성하여도 되나, 반드시 문제번호 및 문제를 기재(긴 경우 요약기재 가능)하고 해당 답안을 기재하여야 합니다.
2. 각 문제의 답안작성이 끝나면 바로 옆에 "**끝**"이라고 쓰고, 최종 답안작성이 끝나면 줄을 바꾸어 중앙에 "**이하여백**"이라고 써야합니다.
3. 수험자는 시험시간이 종료되면 즉시 답안작성을 멈춰야 하며, 종료시간 이후 계속 답안을 작성하거나 감독위원의 답안지 **제출지시에 불응할 때에는 당회 시험을 무효처리**합니다.
4. 답안지가 부족할 경우 추가 지급하며, 이 경우 먼저 작성한 답안지의 16쪽 우측하단 [   ]란에 "**계속**"이라고 쓰고, 답안지 표지의 우측 상단(총   권 중   번째)에는 답안지 **총 권수, 현재 권수**를 기재하여야 합니다.(예시: 총 2권 중 1번째)

부정행위 처리규정

다음과 같은 행위를 한 수험자는 부정행위자 응시자격 제한 법률 및 규정 등에 따라, **당회 시험을 정지 또는 무효**로 하며, 그 시험 시행일로부터 **일정 기간 동안 응시자격을 정지**합니다.

1. 시험 중 다른 수험자와 시험과 관련한 대화를 하는 행위
2. 시험문제지 및 답안지를 교환하는 행위
3. 시험 중에 다른 수험자의 문제지 및 답안지를 엿보고 자신의 답안지를 작성하는 행위
4. 다른 수험자를 위하여 답안을 알려주거나 엿보게 하는 행위
5. 시험 중 시험문제 내용과 관련한 물건을 휴대하여 사용하거나 이를 주고 받는 행위
6. 시험장 내·외의 자로부터 도움을 받고 답안지를 작성하는 행위
7. 사전에 시험문제를 알고 시험을 치른 행위
8. 다른 수험자와 성명 또는 수험번호를 바꾸어 제출하는 행위
9. 대리시험을 치르거나 치르게 하는 행위
10. 수험자가 시험시간 중에 통신기기 및 전자기기(휴대용 전화기, 휴대용 개인정보단말기(PDA), 휴대용 멀티미디어 재생장치(PMP), 휴대용 컴퓨터, 휴대용 카세트, 디지털 카메라, 음성파일 변환기(MP3), 휴대용 게임기, 전자사전, 카메라 펜, 시각표시 이외의 기능이 부착된 시계)를 휴대하거나 사용하는 행위
11. 공인어학성적표 등을 허위로 증빙하는 행위
12. 응시자격을 증명하는 제출서류 등에 허위사실을 기재한 행위
13. 그 밖에 부정 또는 불공정한 방법으로 시험을 치르는 행위

[연습지]

"추가해야 할 암기법 등은 연습지와 답안지를 활용하시기 바랍니다."

※ 연습지에 기재한 사항은 채점하지 않으나 분리하거나 훼손하면 안 됩니다.

[연습지]

[본래는 빈공간의 연습지이나 답안작성 방법 예시를 위하여 문제를 수록하였습니다.]

1. 소화기구의 화재안전기술기준에 따라 다음 물음에 답하시오. (20점)
   (1) 일반화재의 정의를 쓰고, 별표 1에 따라 적응성이 없는 소화약제를 쓰시오. (8점)
   (2) 유류화재의 정의를 쓰시오. (4점)
   (3) 전기화재의 정의를 쓰고, 적응성이 없는 소화약제 및 전기전도성 시험에 적합한 경우 사용 가능한 소화약제를 구분하여 쓰시오. (8점)

2. 다음 그림과 같이 기존 건물을 증축하여 증축부분(B부분)에 옥내소화전 5개를 설치하려고 한다. 소화펌프의 신설없이 기존의 소화펌프로 사용이 가능한지 여부를 검토하여라. 소화펌프로부터 A까지의 배관의 길이 및 크기는 설계도면의 분실로 알 수 없으며, 실측이 불가능한 실정이므로, 다음의 조건을 참조하여라. (10점)

   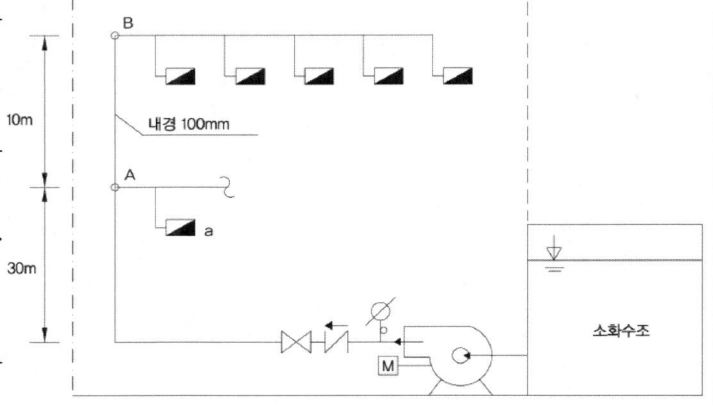

   <조건>
   ① B점에서 필요한 압력과 유량은 26m, 유량은 700*l*/min
   ② A점과 옥내소화전 노즐 a 사이의 마찰손실은 15m
   ③ 옥내소화전 노즐 a의 방사시험결과 압력은 50m이고, 이때 소화펌프 토출 측 압력계는 110m를 지시하였다.(노즐의 직경은 13mm이다.)
   ④ 소화펌프의 흡입양정은 0으로 가정
   ⑤ 배관의 H&W C값은 120으로 한다.
   ⑥ 소화펌프의 정격토출량은 2,000*l*/min이고 체절압력은 120m이다.

   ※ 연습지에 기재한 사항은 채점하지 않으나 분리하거나 훼손하면 안 됩니다.

1. 소화기구의 ~.   **문제는 간략히 1~2마디만 기술하며 대문항 1 또는 2 등 순서 관계 없이 쓸 수 있음**

  (1) 일반화재의 ~.

  ① 정의 : "일반화재(A급 화재)"란 나무, 섬유, 종이, 고무, 플라스틱류와 같은 일반 가연물이 타고 나서 재가 남는 화재를 말한다. 일반화재에 대한 소화기의 적응 화재별 표시는 'A'로 표시한다.

  ② 적응성이 없는 소화약제 : 이산화탄소소화약제, 중탄산염류소화약제. 끝.

  대문항 또는 소문항 모두 답을 쓰고 그 옆에 "끝"을 적고 이후 2줄 띄운다

  (3) 전기화재의 ~.

  ① 정의 : 전기화재(C급 화재)"란 전류가 흐르고 있는 전기기기, 배선과 관련된 화재를 말한다. 전기화재에 대한 소화기의 적응 화재별 표시는 'C'로 표시한다.

  ② 적응성이 없는 소화약제 : 마른모래, 팽창질석, 팽창진주암

  ③ 전기전도성 시험에 적합한 경우 사용 가능한 소화약제 : 액체(산알칼리소화약제, 강화액소화약제, 포소화약제, 물・침윤소화약제). 끝.

  소문항 및 대문항의 순서는 바뀌어도 관계 없음 (예시 : 대문항 순서 1-(1) → 2-(1) → 1-(2) 또는 소문항 순서 1-(1) → 1-(3) → 1-(2) 순서관계 없이 기재가능

  ~~(2) 유류화재의 ~.~~

  ~~유류화재(B급 화재)"란 인화성 액체, 가연성 액체, 석유 그리스, 타르, 오일, 유성도료, 솔벤트, 래커, 알코올 및 인화성 가스와 같은 유류가 타고 나서 재가 남지 않는 화재를 말한다. 유류화재에 대한 소화기의 적응화재별 표시는 'B'로 표시한다. 끝.~~

  문항 전체에 대하여 삭제하고자 할 경우 명확하게 X 표시 (X표시는 채점하지 않음)

2. 다음 그림과 ~

① 증축 후 펌프의 전수두=낙차수두+증축 후 마찰손실수두+법정토출수두

② 법정토출수두 = 26m, 낙차수두 = 10+30 = 40 ∴ 40m

③ **증축 후 마찰손실수두**

증축 전 펌프~A구간 마찰손실수두 = 110-30-15-50 = 15 ∴ 15m

압력환산 : $\dfrac{15}{10.332} \times 0.101325 = 0.1471$ ∴ 0.1471MPa

증축 전 유량 : $Q = 2.086 d^2 \sqrt{P} = 2.086 \times 13^2 \times \sqrt{0.49} = 246.773$ ∴ 246.773 l/min

증축 후 마찰손실 펌프~A 구간 $= 0.1471 \times \left(\dfrac{700}{246.773}\right)^{1.85} = 1.0122$ ∴ 1.0122MPa

증축 후 A~B구간 마찰손실수두 : $\Delta P = 6.053 \times 10^4 \times \dfrac{700^{1.85}}{120^{1.85} \times 100^{4.87}} \times 10 = 0.0028$

∴ 0.0028MPa

증축 후 총 마찰손실수두 = 1.0122 + 0.0028 = 1.015

∴ $\dfrac{1.015}{0.101325} \times 10.332 = 103.498$ ∴ 103.498 mH₂O

④ 증축 후 필요한 펌프의 전수두 = 40 + 103.498 + 26 = 169.498 ∴ 169.5m

~~답 : 기존의 펌프는 정격양정이 부족으로 사용 가능 끝~~

답 : 기존의 펌프는 정격양정이 부족으로 사용 가능 불가능 끝

" 이하여백 "

답안작성을 잘못하였을 경우에는 가로줄 두 줄로 삭제 표시한다. (문항 전체 삭제는 X표시로 삭제 가능) 제일 마지막 문제를 다쓰고 나서 "이하여백"으로 마무리한다.

"이하여백" 이후는 채점하지 않으므로 주의 ✎! 기본적인 답안 작성 방법의 습득은 나를 합격시켜 줄 채점자와의 기본적인 예의로 생각해주세요....^^

소방시설관리사 기출문제 및 경향 분석

구분	1회	2회	3회
소화기구			
옥내·옥외 소화전	설 펌프동력계산 설 물올림장치	점 압력챔버 공기교환 설 펌프토출량, 전양정, 용량, 수원	점 펌프성능시험 설 성능시험 및 수온상승방지장치
스프링클러	점 시험 밸브함 시험 작동 시 확인 사항 점 배관구경 설 급속개방장치 설 일제개방밸브 개방 설 프리액션밸브 동작	점 준비작동식 작동 및 복구 설 습식특징 설 SP 배관내경 및 헤드배치	점 습식유수검지장치작동시험방법 설 가압송수장치 토출압, 토출량, 고가수조, 압력수조 설 헤드
간이 / ESFR			
물분무			
포	설 포소화약제 혼합장치		
CO_2		설 배관	점 블럭 다이아그램 및 헤드설치 제외 설 계통도 설 CO_2 소화농도계산
할론			
할로겐화합물 및 불활성기체			
분말			설 배관
비상경보 및 단독경보형/ 비상방송			
자동화재 탐지 및 시각경보	설 다중전송방식 설 광전식 연기감지기	점 수신기시험 설 발신기 전선수, 중계기설치기준	점 공기관 공기 주입시험 및 측정 설 P, R 수신기비교
자동화재 속보			
누전경보기	점 수신기설치 제외		
피난기구			
인명구조			
유도등	점 3선식 배선 및 점등		

구분	1회	2회	3회
비상조명등			
소화용수			
소화수조			
제연설비			
특피제연			
연결송수관			
연결살수			
비상콘센트			
무선통신			
지하구			
비상전원		설 저압수전계통도	
소방시설법	점 옥외소화전의 법정점검기구 [영 별표 8]	점 점검결과 요식절차 규칙 제19조	점 법정점검기구 영 별표 8
위험물법	점 안전관리자선임법 제15조		
소방시설자체 점검사항에 관한 고시	점 별지 4 점 살수헤드 별지 3 점 SP헤드 별지 2 점 별지 3		
기타	점 자체점검기록부 작성종목 작성요령 설 물분무등소화설비의 5가지 장점 설 공동현상	점 전류전압측정계 0점조절, 콘덴서 품질시험	

┌ Mind-Control

크게 실패할 용기있는 자만이 크게 이룰 수 있습니다.

-죤. F 케네디-

구분	4회	5회	6회
소화기구			
옥내·옥외 소화전	설 펌프양정, 토출량, 동력	점 성능시험 점 방수압측정방법, 옥내·외소화전 방수량계산 설 내화배선 시공부분 및 시공방법	설 성능시험배관 설 방수압측정 위치 및 방법, 방수압 초과 시 문제점 및 감압방법, 옥내소화전 방수량 공식유도
스프링클러	점 건식밸브 작동 점 준비작동식의 작동 설 헤드 및 배관	설 배관구경, 기준개수, 마찰손실	점 준비작동식밸브 복구방법 설 드렌처설비
간이/ESFR			
물분무			
포		설 포소화약제 저장량, 고정포 방출구 개수, 혼합장치 방출량	
CO_2	점 소화약제 방출방지 대책		점 저장용기, 기동용기 가스량산정 및 점검방법 점 기동장치
할론			설 Soaking Time 배관, 할론약제량, 저장용기수, 감지기수, 회로수, 분구면적계산
할로겐화합물 및 불활성기체	설 ODP, GWP, 할로겐화합물 및 불활성기체 종류, 소화원리		점 저장용기, 기동용기 가스량 산정 및 점검방법
분말			
비상경보 및 단독경보형/ 비상방송			
자동화재 탐지 및 시각경보	점 열감지기시험기 설 경계구역수, 감지기 설 감지기 가닥수, 교차회로 구성하지 않는 감지기	설 송배선 및 종단저항	점 수신기시험 설 감지기수, 회로수
자동화재 속보			
누전경보기			
피난기구			
인명구조			
유도등			
비상조명등			

구분	4회	5회	6회
소화용수			
소화수조			
제연설비			설 송풍기와 전동기연결방법, 송풍기명칭 설 제연설비 배출량, 풍도, 동력, 회전수, 풍량 증가 시 사용가능 여부
특피제연			
연결송수관			
연결살수			
비상콘센트			
무선통신			
지하구			
비상전원			
도로터널			
소방시설법			
소방시설자체 점검사항에 관한 고시		점 피난기구 점 급기가압제연설비	점 소방용수시설
기타	점 봉인과 검인	점 CO_2 방출 시 인체영향	

Mind-Control

누군가 변화를 해줄 것이라고 기다리고 혹은 때를 기다려서는 바뀔 수 없습니다. 우리 자신이 우리가 그동안 기다렸던 그 변화를 할 수 있는 사람들입니다.

-버락 오바마

구분	10회	11회	12회
소화기구			설 자동식소화기의 설치기준 설 의료시설 소화기 설치개수
옥내·옥외 소화전	점 감시제어반의 기능, 릴리프밸브 세팅	설 펌프 흡입배관 마찰손실수두, 유효흡입양정, 필요흡입양정	설 펌프 전양정 및 수원 설 펌프 토출량, 동력계산 설 옥상수조 부속장치 설 방수구설치 제외 5가지
스프링클러	설 수리계산 최소필요압력, 각 헤드방수량, 유량, 관경	점 도통시험 및 작동시험 회로	설 감시제어반, 동력제어반 구분하여 설치하지 않는 경우 4가지
간이/ESFR			
물분무		설 절연유 흡입변압기, 토출량, 수원, 전기기기와 헤드 이격거리, 배수설비 설치기준	
미분무			
포			
CO_2	점 기동방법 4가지, 정상작동여부 판단, 저장용기 설치기준		
할론			
할로겐화합물 및 불활성기체	설 용어의 정의, 제외, 최대허용설계농도, 과압배출, 자동폐쇄, 저장용기		
분말			
비상경보 및 단독경보형/ 비상방송		설 단독경보형 감지기 수량산출	
자동화재 탐지 및 시각경보		설 비화재보 적응성 감지기 설 종단저항, 전류계산	점 불꽃감지기 설치기준 점 먼지, 미분 등이 다량으로 체류하는 장소의 연기감지기설치 제외 시 고려사항 5가지
자동화재 속보			
누전경보기			
피난기구			
인명구조			
유도등			점 광원점등방식 피난유도선 설치기준 점 피난구유도등 설치 제외장소 4가지
비상조명등			

구분	10회	11회	12회
소화용수 소화수조			설 저수량 산정 설 흡수관투입구, 채수구 개수
제연설비			
특피제연	설 제연방식, 제연구역선정, 폐쇄력		
연결송수관			
연결살수			
비상콘센트			
무선통신			
지하구			
비상전원			
도로터널			설 옥내소화전방수구의 설치수량 및 수원량 설 옥내소화전, 연결송수관 방수량 및 방수압 설 자탐경계구역 및 설치가능 감지기 3가지 설 비상콘센트 설치수량
다중 이용업법	점 비상구	점 안전시설등세부 점검표 9가지	
소방시설법	점 하나의 소방대상물	점 관리업 영업정지 1/2경감 사항 점 강화된 화재안전기술기준 적용시설 3가지(소급적용)	점 일반, 공공기관 종합정밀점검 시기 및 점검 면제기준 점 점검기구 및 규격 점 숙박시설 수용인원 산정
소방시설 자체점검 사항에 관한 고시		점 할로겐화합물 및 불활성기체소화약제 수동기동장치 점검항목 5가지 점 시각경보장치 점검항목 5가지	점 도시기호(스프링클러헤드개방형 하향, 폐쇄형 하향, 프리액션밸브, 경보 데류지밸브, 솔레노이드밸브)
기타	점 공공기관의 소방점검 대상	점 방화셔터 정의, 감지기 등 괄호넣기, 일체형셔터 출입구 설치기준 3가지, 셔터작동시 확인사항 4가지	점 반응시간지수(RTI) 점 스프링클러헤드 기재사항 점 스프링클러헤드 표시온도에 따른 색상

Mind-Control

실수한 적이 없는 사람은 결코 어떠한 새로운 시도도 하지 않는다.

-아인슈타인-

구분	13회	14회	15회
소화기구		설 복합건축물 주용도 및 부속용도 소화기 개수 산출 설 분말식, 고체에어로졸식 자동 소화장치 설치기준	
옥내·옥외 소화전	설 내화배선시공방법(MI, 케이블 배선시공방법 제외)	점 옥외소화전설비 표지명칭과 설치위치	
스프링클러	점 습식유수검지장치 설치기준 5가지		
간이/ESFR			
물분무			
미분무	설 최고주위온도 산출 설 수원의 양		
포			설 방유제 내 휘발유, 중유탱크 약제량 / 방유제 높이 설 차고에 호스릴포소화설비 설치 시 약제량 / 차고 및 주차장에 호스릴포 설치 조건 / 포소화설비 기동장치에 설치하는 자동경보장치설치기준
CO_2	설 CO_2 저장용기 설치기준 설 분사헤드 설치제외 설 보정계수 사용 최소산출저장량, 1병당 저장량, 실별 및 최소 용기수, 농도 및 체적(무유출 전제)	점 호스릴소화설비의 설치기준 5가지	
할론			
할로겐화합물 및 불활성기체		설 HCFC Bland-A 화학식과 조성비 설 IG-541 소화약제 산출 및 기호 설명, 선형상수, 약제량, 저장용기수, 선택밸브통과유량	설 HFC-125 소화약제 선형상수 / 약제량
분말			
비상경보/ 비상방송			
자동화재 탐지 및 시각경보	설 시각경보기 전압강하 계산	설 경계구역산정 설 트위스트 쉴드선사용 이유, 원리, 종류 점 정온식감지선형 감지기 설치기준 점 별표 2 환경상태 구분장소 7가지	점 자탐 별표 1 부식성가스의 발생 우려가 있는 장소에 감지기 설치 시 유의사항
자동화재 속보			

구분	13회	14회	15회
누전경보기			
피난기구	점 다수인 피난장비설치 기준 9가지		점 피난기구의 설치감소
인명구조			
유도등			설 복도통로유도등 설치기준 설 유도등의 비상전원
비상조명등			
소화용수 소화수조			
제연설비	점 제어반 주요점검 항목 설 거실제연송풍기 배출량, 동력, 풍도폭, 풍도두께	점 400m² 미만 배출구 설치기준	설 A구역 배출량 / B구역 배출량 / 급·배기 댐퍼 작동 설 제연구역의 구획 설 송풍기 필요 압력 / 동력
특피제연	설 급기방식 4가지 설 급기송풍기 설치기준		
연결송수관			
연결살수			
비상콘센트			
무선통신			
지하구	점 연소방지 도료 도포장소		
비상전원		점 비상전원수전설비의 인입선 및 인입구배선의 설치기준 2가지 점 특별고압 또는 고압으로 수전하는 경우 큐비클형의 환기장치의 설치기준	
도로터널			설 발신기 높이 / 비상경보설비 설치기준 / 화재에 노출이 우려되는 제연설비와 전원공급선의 운전유지조건 / 제연설비 기동 조건
고층건축물			
건설현장			
내진설계			
다중이용업			점 기존 다중이용업소 건축물의 구조상 비상구 설치 할수 없는 경우 점 밀폐구조의 영업장 정의

구분	13회	14회	15회
소방시설법		점 시행령 별표 3 소화기구, 경보설비, 피난설비를 구성하는 소방용품 점 시행령 별표 2 복합건축물에 해당하지 않는 경우	점 무창층(밀폐구조 영업장 요건) 점 시행규칙 별표 8 행정처분 일반기준 설 문화 및 집회시설 SP설치 특정소방대상물 점 건설현장을 설치한 것으로 보는 소방시설
소방시설자체점검사항에 관한 고시		점 접속부, 분배기, 분파기, 혼합기의 종합점검항목 점 누설동축케이블 등의 종합점검항목 6가지 점 배연기의 작동기능점검항목과 내용	점 종합점검표의 기타사항 확인표 피난·방화시설 점검내용 8가지 점 작동기능점검표의 자탐, 시각경보기, 자속 수신기 점검항목 및 점검내용 점 도시기호 4가지(릴리프밸브(일반) / 회로시험기 / 연결살수헤드 / 화재댐퍼) 점 종합점검표 CO_2 제어반 및 화재표시 등의 점검항목 8가지
기타	점 공공기관 종합정밀 점검인력 배치기준 점 초고층건축물의 정의 점 피난안전구역의 설치(초고층, 16~29F 지하연계건축물) 점 피난안전구역 면적 산정기준 점 피난안전구역 설치 피난설비 5가지 점 95층건축물 방재실 최소개수 점 위험물 세부기준 : CO_2 배관설치기준) 점 위험물 세부기준 : 고정포방출구 Ⅱ, Ⅳ형	설 스프링클러설비 입상배관 압력산출 (베르누이정리) 설 스테인리스강관(다지관)의 유량계산 설 펌프의 극수를 고려한 비속도 계산 설 PG법에 의한 발전기용량[kVA] 계산 설 금속화재 시 이산화탄소, 물분무소화설비 적응성 없는 이유	점 보일러 사용 시 지켜야 하는 사항 설 수동력계산(베르누이정리)

Mind-Control

실수한 적이 없는 사람은 결코 어떠한 새로운 시도도 하지 않는다.

―아인슈타인―

구분	16회	17회	18회
소화기구		설 소화기구의 감소 설 소화기구를 감소할 수 없는 특정소방대상물 4가지 설 일반화재 적용대상 소화약제의 종류 설 항공기격납고 소화기구 능력단위	
옥내·옥외 소화전	점 압력챔버 공기교환 점 에어락현상 판단 및 대책 5가지 설 펌프병렬운전, 후드밸브 및 체크밸브 점검	설 질량유량에 따른 유속 점 무부하시험, 정격부하시험 및 최대부하시험 방법 설명 및 성능시험곡선 작성	설 벤츄리관 유량공식유도 및 유량 산출
스프링클러 🔥🔥	설 일반건식밸브와 저압건식밸브 작동순서, 저압식 장점 4가지, 헤드표시온도 및 드라이펜던트헤드, 급속개방장치, 펌프병렬운전, 후드밸브, 체크밸브 점검	설 준비작동식스프링클러설비의 동작순서 block diagream 설 일제개방밸브 사용 시 일제개방밸브 2차측 배관 부대설비 설치기준 설 준비작동식밸브 2차측으로 넘어간 수원의 양 및 무게 설 송수압력범위 표지설치 소화설비 4가지 점 모든 수원용량 계산(저수조 및 옥상수조) 점 천장과 반자사이 재질에 따른 헤드 설치제외	
간이/ESFR 🔥🔥	설 상수도직결형, 펌프를 이용한 배관 및 밸브의 설치순서		
물분무			
미분무 🔥			
포		설 항공기격납고 고정포방출구 최소 설치개수 설 고정포방출구 1개당 최소방출량 설 전체 포소화설비에 필요한 포수용액량 점 포소화약제의 저장탱크 내 약제 보충 조작순서	
CO_2 🔥🔥	설 국소방출방식(방호공간 체적, 방호공간 벽면적 합계, 방호대상물 주위에 설치된 벽면적, 최소 약제량, 용기수) 설 체적 55m^3 미만인 전기설비(비체적, 자유유출, 심부화재 약제량 및 농도, 설계농도계산)		설 전역방출방식(개구부 최대면적, 아세틸렌 저장소 보정계수 고려 약제량, 최소소화약제저장량 및 저장용기수, 석탄가스 및 에틸렌의 설계농도) 설 안전시설 설치기준 2가지

● 소방시설관리사 기출문제 및 경향 분석

구분	16회	17회	18회
할론 🔥🔥			
할로겐화합물 및 불활성기체 🔥		설 배관의 최대허용응력 및 두께 산출 점 약제방출 방지(정지)장치 및 설치위치	설 HCFC BLEND A 약제량, 저장용기 교체기준
분말 🔥		점 자동식기동장치 중 가스압력식 기동장치 설치기준 3가지	
비상경보/ 비상방송 🔥			
자동화재 탐지 및 시각경보 🔥🔥		설 종단저항 설치기준 3가지 설 전압계를 사용한 회로도통시험 시 가부판정기준 설 경계구역의 수/감지기의 수 점 물방울이 발생하는 장소에 설치할 수 없는 감지기의 종류별 설치조건 점 부식성가스가 발생할 우려가 있는 장소에 설치할 수 있는 감지기의 종류별 설치조건	설 정온식 감지선형감지기 설치기준
자동화재 속보 🔥🔥			
누전경보기 🔥			
피난기구	설 승강식 피난기 및 하향식 피난구용 내림식 사다리 설치기준		설 4층 이상의 층 피난사다리 설치기준 설 피난상 유효한 개구부 기준 설 업무시설(그 밖의 것) 10층 피난기구 종류 8가지 설 피난기구 최소수량 및 감소
인명구조 🔥🔥			점 공기호흡기 설치대상 및 설치기준
유도등 🔥			
비상조명등 🔥🔥			
소화용수 소화수조 🔥			

구분	16회	17회	18회
제연설비 🔥	설 공동예상제연구역 배출량, 통로배출방식, 상사법칙에 따른 전동기동력, 공기유입량, 공기유입구의 최소면적 점 배출구, 공기유입구 및 배출량 산정 제외 부분		
특피제연 🔥🔥		설 옥내의 출입문(방화구조의 복도가 있는 경우로서 복도와 거실 사이의 출입문)의 구조기준 점 개방력계산/화재안전기술기준상 개방력과의 차이 계산	점 출입문 누설틈새 면적 및 누설량 점 시험, 측정, 조정 등
연결송수관 🔥		설 연결송수관설비 송수구 설치기준 중 급수개폐밸브 작동표시스위치의 설치기준 점 방수구 피토게이지압력에 따른 방수량 계산	
연결살수 🔥🔥			
비상콘센트 🔥		설 비상콘센트 허용전류/비상콘센트 전압강하	
무선통신		점 무선통신보조설비를 설치하지 아니할 수 있는 경우의 특정소방대상물의 조건	점 LCX 케이블 표시사항
지하구 🔥			점 연소방지도료, 난연테이프 정의/방화벽 정의 및 설치기준
비상전원 🔥			
도로터널 🔥			
고층건축물 🔥🔥		점 자동화재탐지설비의 배선 관련 사항	설 옥내소화전, 스프링클러설비 수원 및 고가수조 방수시간 점 별표 1 제연설비, 휴대용비상조명등 설치기준
건설현장 🔥			
내진설계 🔥🔥		설 종방향 버팀대의 설치기준	
다중이용업 🔥		설 영업장 내부 피난통로를 설치하여야 하는 다중이용업의 종류 설 영상음향차단장치에 대한 설치유지 기준 설 화재위험평가를 해야 하는 경우	

구분	16회	17회	18회
소방시설법	설 노유자시설, 의료시설에 강화된 기준에 따른 소화설비 적용대상 점 제연설비설치대상, 설치면제, 배출구, 공기유입구 및 배출량 산정 제외부분	설 "지붕 또는 외벽이 불연재료가 아니거나 내화구조가 아닌 공장 또는 창고시설"로서 스프링클러설비 설치대상 5가지 점 화재안전기술기준을 적용하기 어려운 특정소방대상물 점 화재발생 시 소화펌프 및 제연설비가 자동기동하지 않을 경우 소방안전관리자의 벌칙, 소방안전관리자가 받게 될 벌칙	
소방시설자체점검사항에 관한 고시	점 다중이용업 가스누설경보기, 청정 개구부 자동폐쇄장치, 거실제연설비의 기동장치 점검항목 점 도시기호 및 기능(가스체크, 앵글, 후드, 자동배수, 감압밸브)	점 시각경보기, 기압계, 방화문 연동제어기, 포헤드(입면도) 도시기호 및 기능 점 종합점검표 화재조기진압용 스프링클러설비의 설치금지 장소 2가지, 미분무소화설비의 가압송수장치 점검항목 4가지, 승강식 피난기·피난사다리 점검항목	점 엘보, 티, 볼밸브, 체크밸브, 앵글밸브 상당직관장 길이순 도시기호 점 외관점검표 스프링클러, 물분무, 포소화설비의 점검내용 점 간이스프링클러설비의 종합 및 작동 점검내용
기타	점 방연풍속과 유입공기 배출량 측정방법 점 복도통로유도등, 계단통로유도등의 설치목적과 조도기준 점 발신기 동작상황 및 화재감지구역 확인방법 점 P형 1급 수신기 절연저항, 절연내력시험 및 각 시험 목적 점 P형 수신기에 지구경종이 작동되지 않는 원인 5가지	설 「위험물안전관리에 관한 세부기준」에서 부착장소의 최고주위온도와 스프링클러헤드 표시온도 점 그 밖에 소방청장이 고시하는 소방용품 점 방화지구 내 창문 등 연소할 우려가 있는 부분에 설치되는 설비 점 피난용승강기 전용 예비전원의 설치기준 점 방화구획 완화적용 7가지 점 소방기본법상 특수가연물의 저장 및 취급 기준	설 물의 임계점과, 삼중점, 비(Ebullition)현상과 공동현상 작도 및 설명, 물의 응축잠열과 증발잠열 설명 및 소화효과 영향 설명 설 실온 18℃일 때, 감지기 최소작동시간 점 R형 복합형수신기 화재표시창, 제어표시창 점 R형 복합형수신기 점검 중 1계통 중계기 통신램프 고장원인 점 감지기 정상동작 시 중계기 신호 미입력시 확인 절차 점 동력제어반 자동기동되지 않을 경우 원인 5가지 점 아날로그감지기 동작특성, 시공방법, 회로수 산정법 점 농형유도전동기 Y, △결선 시 $P_a = \sqrt{3}\,VI$ 유도 점 제5류 위험물에 적응성 있는 대형·소형 소화기 종류

구분	19회	20회	21회
소화기구	설 노유자시설 소화기 능력단위/개수		점 가스용 주방자동소화장치 탐지부 설치위치
옥내·옥외 소화전	설 기동용 수압개폐장치 펌프 세팅 주펌프/예비펌프/충압펌프/체절운전 시 양정/피크운전 시 양정/최대유량 범위/최소유량 범위 점 성능시험배관 설치기준/성능시험 순서(체절운전/정격운전)	설 돌연확대관 공식 유도 및 손실수두계산 설 분기관(병렬관로) 유량계산 설 스프링클러 유량 $Q=K\sqrt{P}$ 공식 유도 점 내화, 내열 전선의 성능	점 소방용 합성수지관을 설치할 수 있는 경우 3가지/옥내소화전 방수량과 유속 계산 설 공동현상이 발생하지 않는 최소압력
스프링클러	설 변경 전·후 말단헤드 유량/마찰손실압력/펌프 토출압 설 스프링클러 설치대상 설 유수검지장치 수량/폐쇄형 유수검지장치 설치기준 6가지	설 개폐밸브 작동표시 스위치/충압펌프 설치기준	
간이 SP/ESFR	점 간이헤드 공칭작동온도	설 상수도 직결형 및 캐비넷형 가압송수장치 설치할 수 없는 특정소방대상물/가압수조방식 배관 및 밸브 등 설치 순서 및 도시기호/간이헤드 급수관 구경	설 ESFR 천장높이와 기울기/가지배관 사이의 거리/ADD 및 RDD 개념/ADD 및 RDD 관계
물분무			
미분무		점 미분무의 정의, 저압, 중압, 고압 범위	
포		설 이소부틸알콜 수원, 약제량, 수용액량/전동기출력/Ⅱ형 포방출구 정의	
CO_2	점 분사헤드 오리피스 구경		설 분사헤드 설치제외 4가지/설계농도
할론			설 충전비에 따른 약제량, 저장용기수/비체적/약제농도계산
할로겐, 불활성	설 HFC-23 저장량/분사헤드 유량, IG-100 저장량/저장용기 수 설 배관 두께 설 배관의 구경 선정기준	설 제조소 IG-100, IG-55, IG-541 약제량/전역방출 시 안전조치 3가지/HFC-227ea, FIC-13I1, FK-5-1-12 화학식	
분말			
고체에어로졸			
비상경보 비상방송	점 단독경보형감지기 설치대상		점 발신기 설치기준

구분	19회	20회	21회
자동화재탐지	설 주차장(교차회로방식) 및 기계실 감지기 수량 점 공기관식 차동식분포형감지기 설치기준/작동계속시험 방법/작동계속시간 미달 원인 점 시각경보기 설치대상 점 중계기 설치기준 3가지 점 광전식분리형감지기 설치기준 점 연기감지기 설치대상 특정소방대상물	점 별표1 건조실, 살균실 등 적응성 있는 열감지기 3가지/종단저항 설치기준 3가지	설 축전지용량 계산/전선단면적/정온식감지선형감지기 설치기준/타임차트 회로 명칭/제어회로 완성
자동화재속보			
누전경보기			
가스누설경보기			
피난기구			
인명구조			
유도등			점 3선식 배선 점등하는 경우 5가지
비상조명등			점 비상전원 설치기준
소화용수 소화수조			
제연설비	점 제연 설치장소에 대한 구획기준/제연구획 설치기준		
특피제연	설 송풍기 풍량(누설량+보충량)/정압 산정/전동기 용량	점 방연풍속 측정방법 및 부적합시 조치방법	
연결송수관		점 방수구 설치제외 등	
연결살수			
비상콘센트			
무선통신	설 무선기기 접속단자 설치기준		
지하구	점 연소방지설비 방수헤드 설치기준		
비상전원			
도로터널			설 물분무 수원용량/방사된 수원 보충시간

구분	19회	20회	21회
고층건축물			설 피난안전구역 설치 소방시설(인명구조기구, 피난유도선 제외)/피난유도선 설치기준 3가지/인명구조기구 설치기준 4가지
건설현장			
전기저장시설			
내진설계기준			
다중이용업법		설 간이스프링클러설비 설치 특정소방대상물 점 영업장 위치가 4층 이하인 경우 비상구 설치기준/세부점검표 중 피난설비 작동기능점검 및 외관점검 4가지 점 비상구 구조, 열리는 방향, 재질 등 공통 기준	
소방시설법	점 시각경보기 점검에 필요한 점검장비 점 관리사 응시자격 실무 경력	설 간이스프링클러설비 설치 특정소방대상물 점 복합건축물 설치 소방시설 6가지 점 노인의료시설 용도변경 시 추가 소방시설 점 가감계수/지하구 및 터널의 실제검검면적 산정	
소방시설 자체점검사항에 관한 고시	점 작동점검 : 옥내소화전 방수압시험 점검내용/가부 판정 점 자탐 수신기 점검내용/수신기 예비전원감시 소등 원인 점 종합점검 : 이산화탄소소화설비 전원 및 배관 점검항목 점 도시기호(체크밸브, 릴리프밸브 명칭 및 기능)	점 통합감시시설 주·보조 수신기 종합점검항목/거실제연설비 송풍기 종합점검항목	점 외관점검표(소화기 점검내용 5가지, 스프링클러설비 점검내용 6가지) 점 제연설비 배출기 점검항목 5가지/분말소화설비 가압용 가스용기 점검항목 5가지/상업용 자동소화장치 점검항목 점 성능시험조사표의 "차압 등" 설 도시기호(분말·탄산·할로겐헤드, 포헤드 평면도, 방수구, 이온화식감지기, 시각경보기)

구분	19회	20회	21회
기타	점 준비작동식밸브 작동/작동 후 복구 점 자탐 수신기 예비전원 점 이산화탄소소화설비 비상스위치 작동점검 순서 점 중계기 입력 및 출력 회로수	설 「위험물안전관리에 관한 세부기준」상 폐쇄형헤드 부착위치/유수검지장치 설치기준 2가지/건식 또는 준비작동식 방수시간 설 하디크로스방식 유체역학 기본원리/계산절차 점 「소방기본법」상 용접 또는 용단 작업장에서 지켜야 하는 사항 점 성능시험조사표 중 송풍기 풍량 측정점 및 풍속, 풍량 계산식 점 내진 성능시험조사표 중 가압송수장치, 지진분리이음, 수평배관 흔들림방지 버팀대의 점검항목/미분무 성능시험조사표 중 설계도서의 점검항목 점 「수신기 형식승인 및 제품검사 기술기준」 기록장치	점 아날로그감지기 통신선로의 단선표지 점등원인 및 조치방법 3가지/습식스프링클러설비의 충압펌프의 잦은 기동과 정지(단, 충압펌프는 자동정지, 기동용수압개폐장치는 압력챔버방식) 점 건축물 바깥쪽에 설치하는 피난계단의 구조 기준 4가지/하향식피난구 구조기준 6가지 점 액화가스 레벨메터 액위측정법/구성부품/사용 시 주의사항 6가지 점 준비작동식 스프링클러설비 전기 계통도(R형) 최소 배선수 및 회로명칭 점 전층 닫힌상태에서 차압이 과다한 원인 3가지/방연풍속이 부족한 원인 3가지

Mind-Control

인생의 위대한 목표는 지식이 아니라 행동이다.

-토마스 헨리 헉슬리-

구분	22회	23회	24회
소화기구 🔥		점 자동확산소화기 정의	설 LPG 연료 외 용도 저장하는 가스 저장량별 기준(부속용도별 추가하는 소화기구)
옥내·옥외 소화전 🔥🔥	점 압력수조에 설치하는 것 5가지	설 펌프 동력/방수구 설치제외/비상전원 3가지/비상전원 설치 제외 3가지/노즐 방수량 공식 유도	설 수조 최대유량/배수시간 산출공식 유도/배수시간 계산
스프링클러 🔥🔥			점 SP 펌프흡입측 배관/성능시험 배관 설치기준 점 준비작동식유수검지장치 또는 일제개방밸브의 작동
간이 SP/ESFR 🔥🔥		점 ESFR 수원계산	
물분무 🔥			
미분무 🔥			
포 🔥		점 프로포셔너 정의	
CO_2 🔥🔥		설 최소 저장량/헤드 최소 방사량/방사소요시간/저장용기 기준 5가지	설 심부화재 10℃ 소화약제 선형상수 산출
할론			설 기용용 가스용기 설치기준
할로겐, 불활성 🔥🔥		설 무유출/자유유출 산출식 유도/HFC-227ea 선형상수/최소 용기수/사람 상주시 HFC-227ea 및 IG-100 최대 용기수	설 배관 최대허용압력 계산/아보가드로 법칙과 샤를의 법칙을 이용한 소화약제별 선형상수 개념 설명
분말 🔥			
고체 에어로졸			
비상경보 비상방송 🔥			
자동 화재탐지 🔥🔥	설 경계구역수/감지기 종류별 수량/경보되는 층/배선내역 및 가닥수/Y-Δ기동제어회로 사용이유/Y-Δ유도과정/전동기가 Δ결선으로 운전시 점등되는 램프/THR 명칭과 역할		설 회로저항 계산/동작전류 계산/배선 도시기호 의미/수신기 공통선 시험의 목적과 판정기준 설 수신기 브리지 정류회로 V(출력전압) 및 T(주기) 계산/브리지 정류회로 C의 회로 내 역할/수신기 연축전지 용량 계산

구분	22회	23회	24회
자동 화재속보			
누전경보기	점 누전경보기 설치방법		
가스누설경보기	점 가스누설경보기 분리형 탐지부 및 단독형 경보기 설치제외 장소 5가지		
피난기구			
인명구조			
유도등		점 유도등 및 유도표지 설치 제외 4가지(성능기준)	
비상조명등			
소화용수 소화수조			
제연설비			설 공동예상 제연구역의 최소 전체배출량/배출구의 최소 직선거리
특피제연	설 송풍기풍량/덕트 내 평균풍속/달시-바이스바흐식에 의한 덕트마찰손실/최저배출량	점 제연설비의 시험기준 5가지(성능기준)	점 성능기준 : 수동기동장치로 작동 또는 개방하는 4가지/차압, 개방력, 비개방차압, 부속실과 계단실의 압력차 설 누설량 계산/최대허용누설량/배출용 송풍기 최소 풍량 및 입상덕트 최소크기/폐쇄력 계산 설 수직풍도(내화구조의 벽) 설 급기송풍기 풍량/동력/입상덕트 최소크기
연결송수관			
연결살수			
비상콘센트			설 상용전원회로 배선 분기점/비상전원 4가지/비상전원 제외기준/6kW 동력, 역률 70% 사용 전동기 전류 계산
무선통신			
지하구		점 방화벽 설치기준(성능기준)	

구분	22회	23회	24회
비상전원 🔥🔥			
도로터널 🔥🔥		설 동작시퀀스/권선에 인가되는 전압/제어회로 타입차트/순시동작 한시복귀 시 B접점의 타임차트 완성/전압강하/콘덴서용량/전동기 동기속도와 회전속도	
고층건축물 🔥🔥	설 옥내소화전 수원, 동력/고가수조 방식 적용가능한 중층부 가장 높은 층/노즐 방수압/연결송수관 동력/연결송수구 압력/옥내소화전 가압송수장치 4가지 방식 설 피난안전구역 제연설비 설치기준	점 피난안전구역 인명구조기구 설치기준 4가지	
건설현장 🔥🔥			
전기저장시설 🔥		점 설치장소/배출기	
내진 설계기준 🔥		설 지진분리장치 설치기준 4가지	
다중 이용업법 🔥			점 간이스프링클러설비 적용 다중이용업의 영업장
소방시설법 🔥🔥	점 무선통신보조설비 설치대상 점 종합정밀점검 대상 점 복합건축물(아파트 포함) 최소 점검일수 점 점검기록표 기재사항 5가지 점 자체점검횟수 및 시기, 점검결과보고서 제출기한 등 점 소방시설관리사 자격취소 또는 2년 이내 자격정지 점 소방시설별 점검장비	점 중대 위반사항 4가지/자체점검결과 공개	점 경보설비 적용설비 4가지 및 소화활동설비 등 적용설비 2가지 점 증축되는 시 대통령령 또는 화재안전기술기준을 적용하지 않는 경우/의료시설 강화기준 적용 소방시설 4가지 점 최초점검일 및 점검종류, 관리업자의 관계자 제출일, 관할소방서 관계인 보고일, 수리등 보고일 및 새로 교체 시 보고일 점 아파트 종합점검일수 계산/공장 작동점검일수 계산 점 침대가 없는 숙박시설/휴게실 수용인원 계산 점 별표 6 소방시설 설치하지 않을 수 있는 소방시설 4종

구분	22회	23회	24회
소방시설 자체점검사항에 관한 고시 🔥🔥🔥	점 누전경보기 종합점검 수신부 점검항목 4가지 점 누설동축케이블 점검항목 5가지 및 증폭기 및 무선이동중계기 점검항목 5가지 점 이산화탄소 종합점검 수동식기동장치 점검항목 4가지 및 안전시설등 점검항목 3가지 점 휴대용 비상조명등의 점검항목 7가지 점 비상경보설비 점검항목 8가지 점 소방시설 외관점검표 자탐, 자속, 비상경보설비의 점검항목 6가지	점 배치신고 시 소방서 담당자 승인 후 수정할 수 있는 사항 점 표본조사 실시 대상 점 점검표 작성 유의사항 점 연결살수 송수구 종합점검항목 및 배관작동 점검항목 점 분말소화설비 저장용기 점검항목 설 도시기호(옥외소화전, 소화전 송수구, 옥내소화전 방수용 기구 병설)	점 도시기호(펌프흡입측 배관, 연성계(진공계) 제외)/성능시험 배관(유량계)/기동용 수압개폐장치(압력챔버방식 적용, 인입측 차단밸브 제외) 점 SP 펌프흡입측 배관/성능시험 배관/순환배관 점검항목 점 SP 펌프방식 작동점검 3가지 점 옥내소화전 및 SP 펌프방식 점검항목 비교 공통항목 제외한 점검항목 4가지 점 기타사항 점검표 피난, 방화시설 점검항목 2가지 점 이산화탄소소화설비 안전시설 점검항목 3가지 점 소화용수설비 채수구 점검항목 4가지
기타		점 소방시설 폐쇄, 차단 시 관계인 행동요령 5가지 점 성능시험 조사표 수압시험 점검항목/수압시험방법/도로터널 제연설비 점검항목/스프링클러설비 감시제어반 전용실 점검항목 점 공기관식 감지기 동작시간이 느린 경우	점 이산화탄소소화설비 솔레노이드 작동방법 4가지

Mind-Control

성공은 꿈을 실현하기 위해 항상 깨어있는 사람을 선택한다.
―로지 밤슨―

미친 짓이란 매번 똑같은 행동을 반복하면서 다른 결과를 기대하는 것이다.
―아인슈타인―

계산문제 출제 문제 요약

회차	계산문제 출제 문제 요약	문항수	점수 합계
1	• 펌프동력계산	1	점수 합계 부정확 생략
2	• 발신기 전선수 • SP 배관 내경 • 펌프토출량 / 전양정 / 용량 / 수원	6	
3	• CO_2 소화농도계산	1	
4	• 펌프양정 / 토출량 / 동력 • 경계구역수, 감지기 • 감지기 가닥수	5	
5	• 배관구경 / 기준개수 / 마찰손실 • 포소화약제저장량 / 고정포방출구 개수 / 혼합장치 방출량	6	
6	• 제연설비 배출량 / 풍도 / 동력 / 회전수 / 풍량 증가 시 사용가능 여부 • 옥내소화전 방수량 공식유도 • 할론약제량 / 저장용기수 / 감지기수 / 회로수 / 분구면적계산	12	
7	• 펌프동력 / 배관구경 / 방호구역수	3	
8	• 포소화약제량(고정포 / 보조포 / 송액관 / 합계)(30점) • 헤드수 / 배관구경 / 수원(40점)	7	70
9	• 할로겐화합물소화설비 약제량 계산(25점) • 팬 동력계산(10점) • 경계구역수(15점)	3	50
10	• 폐쇄력(16점) • 수리계산 최소필요압력 / 각 헤드방수량 / 유량 / 관경(30점)	5	46
11	• 펌프흡입배관 마찰손실수두 / 유효흡입수두(20점) • 절연유 흡입변압기 토출량 / 수원(15점) • 단독경보형 감지기 수량산출(6점) • 종단저항 / 전류계산(20점)	7	61
12	• 펌프전양정 및 수원 / 토출량, 동력계산(15점) • 의료시설 소화기 설치개수(10점) • 소화용수 저수량 산정 / 흡수관투입구, 채수구 개수(10점) • 도로터널 옥내소화전방수구의 설치수량 및 수원량(10점) • 도로터널 자탐경계구역 및 설치가능 감지기 3가지(6점) • 도로터널 비상콘센트 설치수량(5점)	8	56

회차	계산문제 출제 문제 요약	문항수	점수 합계
13	• CO_2 보정계수 최소산출저장량 / 1병당 저장량 / 실별 및 최소 용기수 / 농도 및 체적(무유출 전제)(30점) • 거실제연 송풍기배출량 / 동력 / 풍도폭 / 풍도두께(14점) • 미분무 최고주위온도 산출 / 수원의 양(12점) • 시각경보기 전압강하계산(10점)	12	66
14	• 주상복합건축물의 주용도 및 부속용도에 따른 소화기 개수 산출(15점) • 스프링클러설비 입상배관 압력산출(베르누이정리)(6점) • 스테인리스강관(다지관)의 유량계산(7점) • 펌프의 극수를 고려한 비속도계산(12점) • 자동화재탐지설비 경계구역 산출(8점) • PG법에 의한 발전기용량[kVA] 계산(10점) • IG-541 소화약제 산출 및 기호설명, 선형상수, 약제량, 저장용기수, 선택밸브 통과유량(15점)	13	73
15	• 제연설비 배출량(6점) / 급·배기 댐퍼 작동(3점) / 송풍기 압력(20점) / 동력계산(5점) • 방유제 내 포약제량 / 방유제 높이(12점) • 도로터널 유지보수 통로 발신기 설치높이(2점) • 펌프의 수동력(5점) • HFC-125 비체적 계산 / 최소약제량(7점) • 차고 호스릴포 설치시 포소화약제량(4점)	12	64
16	• 이산화탄소 국소방출방식 방호공간 체적(2점) / 방호공간 벽면적 합계(2점) / 방호대상물주위에 설치된 벽면적(2점) / 최소 약제량 및 용기수(4점) • 체적 $55m^3$ 미만인 전기설비 비체적(5점) / 자유유출(5점) / 심부화재 약제량, 설계농도(12점) / 설계농도 계산(8점) • 공동예상제연, 통로배출방식 최소풍량(8점) / 상사법칙에 의한 전동기용량(4점) / 최소공기유입량(2점) / 공기유입구의 최소면적(5점)	12	59
17	• 항공기격납고 소화기구의 총 능력단위(2점) • 준비작동식 밸브 2차측으로 넘어간 소화수의 양(5점) / 소화수의 무게(3점) • 질량유량에 따른 유속(3점) • 고정포방출구 최소 설치개수(3점) / 최소방출량(3점) / 포수용액량(4점) • 배관의 최대허용응력(4점) / 관의 두께(3점) • 경계구역 수(4점) / 설치해야할 감지기 종류별 수량(5점) • 비상콘센트 회로수, 설치개수 및 전선의 허용전류(5점) / 전선 단면적(5점)	13	49
18	• 벤츄리관 유량 공식유도(12점) / 유량산출(5점) • 지상 10층 피난기구(피난기구 감소규정 고려) 최소수량(2점) • 이산화탄소 전역방출방식 개구부 최대면적(2점) / 소화약제 산출량(5점) / 최소 저장용기수 및 최소 소화약제 저장량(4점) • 고층건축물 옥내소화전(8점) / 스프링클러(6점) / A동, B동 최소수원 및 옥내소화전 방수구 방수시간(4점) • 실온 18℃일 때, 정온식 1종 감지기 최소 작동시간(10점) • HCFC BLEND A 최소 소화약제 저장량(6점) • 부속실 제연설비 출입문의 누설틈새 면적(4점) / 누설량 산출(4점)	13	72

계산문제 출제 문제 요약 **45**

회차	계산문제 출제 문제 요약	문항수	점수 합계
19	• 노유자시설 소화기구 능력단위(2점)/소화기 개수(1점)/HFC-23 저장량(3점)/분사헤드 유량(6점)/IG-100 저장량(4점)/저장용기 수(8점)/할로겐화합물 및 불활성기체소화설비 배관두께(5점)/압력 증가 시 말단헤드 유량(2점)/마찰손실압력(7점)/펌프의 토출압력(2점) • 특별피난계단 송풍기 풍량(8점)/송풍기 정압(14점)/전동기 용량(8점) • 기동용수압개폐장치 주, 예비, 충압펌프 기동점 및 정지점(3점)/주, 예비펌프 성능시험기준에 적합한 양정(체절, 피크)(2점)/차동식스포트형감지기 설치수량(5점)/유수검지장치 설치수량(5점)	17	84
20	• 돌연확대관 공식유도 및 손실수두 계산(10점) • 제조소 IG-100, IG-55, IG-541 약제량(6점) • 이소부틸알콜 수원, 약제량, 수용액량(6점)/전동기출력(6점) • 분기관(병렬관로) 유량계산(8점) • 스프링클러 유량 $Q = K\sqrt{P}$ 공식 유도(8점)	6	44
21	• 공동현상이 발생하지 않는 최소압력(10점) • 도로터널 물분무 수원용량(10점)/방사된 수원보충시간(5점) • 할론소화설비 충전비에 따른 최소약제량 및 저장용기수(4점)/할론 1301 비체적(5점)/저장량 방사 시 약제농도(3점) • 축전지용량 계산(9점)/전선단면적(8점)/타임차트 회로명칭, 제어회로 완성(8점)	9	62
22	• 옥내소화전 수원, 동력(10점)/고가수조방식 적용가능한 중층부 가장 높은 층(6점)/노즐 방수압(5점)/연결송수관 동력(5점)/연결송수구 압력(10점) • 경계구역 수(5점)/감지기 종류별 수량(5점)/경보되는 층(2점)/배선내역 및 가닥수(5점)/Y-Δ기동제어회로 사용 이유(3점)/Y-Δ 유도과정(5점)/전동기가 Δ결선으로 운전 시 점등되는 램프(3점)/THR 명칭과 역할(2점) • 송풍기풍량(12점)/덕트내 평균풍속(3점)/달시-바이스바흐식에 의한 덕트마찰손실(6점)/최저배출량(6점)	17	91
23	• 펌프 동력(3점)/노즐방수량 공식 유도(9점) • ESFR 수원계산(점5점) • 이산화탄소 최소저장량(3점)/헤드 최소 방사량(5점)/방사소요시간(4점) • 할로겐화합물 무유출 산출식 유도(5점)/ 불활성기체 자유유출 산출식 유도(5점)/HFC-227ea, IG-100 선형상수(2점)/IG-100 최소용기 수(3점)/사람 상주 시 HFC-227 ea 및 IG-100 최대용 기수(6점) • 도로터널 : 동작시퀀스(3점)/권선에 인가되는 전압(2점)/제어회로 타입차트(12점)/순시동작 한시복귀 시 B접점의 타임차트 완성(2점)/전압강하(3점)/콘덴서용량(5점)/전동기 동기속도와 회전속도(3점)	16	75
24	• 배관의 최대허용압력 계산 (4점) / 소화약제 선형상수 개념 설명 (4점) / 이산화탄소소화설비 심부화재(10℃)에서 소화약제 선형상수 산출 (4점) (설24) • 감지기회로 선로저항 계산 (3점) / 평상 시 및 화재 시 동작전류 계산 (3점) / 브리지 정류회로 최소전압 및 주기 계산 (3점) / 축전지 용량 계산 (5점) (설24) • 거실 제연설비 공동예상제연구역 전체배출량 (4점)/ A, B, C실의 공기유입구 최소직선거리 (4점) (설24)	20	77

회차	계산문제 출제 문제 요약	문항수	점수 합계
24	• 부속실 제연설비 누설량 계산 (5점) /「문세트(KS F 3109」에 따른 기준을 적용한 최대허용누설량 (5점) / 송풍기 풍량 및 입상덕트 최소크기 (4점) / 폐쇄력 계산 (4점) / 급기송풍기 풍량 (3점) / 동력 (3점) / 입상덕트 최소크기 (3점) (설24회) • 최대유량(토리첼리 정리) 계산 (4점) / 배수시간 산출공식 유도 (6점) / 최소 배수시간 (4점) (설24) • 비상콘센트설비 전동기 코드 전류 (3점) (설24)	20	77

Mind-Control

문제의 진리는 이렇다. 만약 당신이 성취하기 위해 절대적으로 헌신할 대상이 무엇인지 명확히 결정하고 기꺼이 결연한 조처를 취하며, 원하는 것을 성취할 때까지 접근방식에 지속적인 변화를 가하고 삶이 제공하는 어떤 것이든 활용한다면, 당신이 이루지 못할 것은 없다.

— 앤서니 로빈스 —

한방에 끝내는 소방시설관리사

Part 01

수계 소화설비 계산문제

에듀파이어

소방시설관리사 2차 시험 출제경향 분석 및 출제예상 부분

회 차	1~10	11~20회	21~30	합계
문제 수	52	64	25	141

☑ 수계소화설비 기출 계산문제

소화기구 및 자동 소화장치	• 의료시설 소화기 설치개수 (12회) • 복합건축물, 부속용도별 소화기의 설치개수 등 (14회) • 항공기격납고 소화기구의 총 능력단위 (17회) • 노유자시설 최소소화능력단위 / 2단위 소화기 설치시 개수 (19회)
기초 유체역학	• 펌프동력계산/공동현상 (1회) • SP 배관 내경 (2회) • 펌프토출량 / 전양정 / 용량 / 수원 (2회) • 펌프양정 / 토출량 / 동력 (4회) • 배관구경 / 기준개수 / 마찰손실 (5회) • 제연설비 배출량 / 풍도 / 동력 / 회전수 / 풍량 증가 시 사용가능 여부 (6회) • 옥내소화전 방수량 공식유도 (6회) • 펌프동력 / 배관구경 / 방호구역수 (7회) • 헤드수 / 배관구경 / 수원 (8회) • 팬 동력계산 (9회) • 수리계산 최소필요압력 / 각 헤드방수량 / 유량 / 관경 (10회) • 펌프흡입배관 마찰손실수두 / 유효흡입수두 (11회) • 펌프전양정 및 수원 / 토출량 / 동력 (12회) • 거실 제연송풍기 배출량 / 동력 / 풍도폭 / 풍도두께 (13회) • 스프링클러설비 입상배관 압력산출 (베르누이 정리) (14회) • 스테인리스강관 (다지관)의 유량계산 (14회) • 펌프의 극수를 고려한 비속도계산 (14회) • 수동력 계산(베르누이 정리) (15회) • 에어락 현상 및 대책 5가지 (16회) • 질량유량에 따른 유속 (17회) • 벤츄리관 유량공식 유도 및 유량산출 (18회) • 고층(복합)건축물 옥내소화전 방수구 방수시간 (18회) • 물의 압력-온도 상태도 작도, 임계점, 삼중점 설명, 비(Ebullition)현상, 공동현상 작도 및 설명, 응축잠열과 증발잠열 설명 및 소화에 미치는 영향 (18회) • 변경 전·후 유량 / 마찰손실 (19회) • 돌연확대관 손실수두 공식유도 및 계산 / 하디크로스방식의 유체역학원리 / 계산절차 / 분기관 (병렬관로) 유량계산 / $Q = K\sqrt{P}$ 방수량 공식유도 (21회) • 공동현상이 발생하지 않는 최소압력 (21회) • 최대유량(토리첼리 정리) 계산 (4점) / 배수시간 산출공식 유도 (6점) / 최소배수시간 (4점) (설24)
옥내·외 소화전	• 방수압측정방법, 옥내·외 소화전 방수량계산 (점5회) • 기동용 수압개폐장치 충압 / 주, 예비펌프 압력설정 / 주, 예비펌프 체절 / 피크 운전시 양정 / 성능시험배관 유량계 최소 / 최대유량 (19회) • 옥내소화전 방수량과 유속계산 (점21회) • 펌프 동력/노즐방수량 공식 유도 (23회)

01 수계 소화설비 계산문제

소방시설관리사 2차 시험 출제경향 분석 및 출제예상 부분

회 차	1~10	11~20회	21~30	합계
문제 수	52	64	25	141

스프링클러	• 토출측 배관의 구경 / 기준개수 / 마찰손실수두 (5회) • 드렌처설비의 배관, 방수량 및 수원, 헤드 배치 (6회) • 예비펌프설치 / 배관구경 / 방호구역 (7회) • 랙식 창고 특수가연물 저장 설치헤드 수 / 배관구경 / 옥상수조포함 수원 (8회) • 수리계산 (10회) • 발전기용량(kVA) 계산 (14회) • 준비작동식 밸브 2차측으로 넘어간 소화수의 양 / 소화수의 무게 (17회) • 「위험물안전관리에 관한 세부기준」 건식 또는 준비작동식 헤드방수시간 (21회) • 반응시간지수(RTI지수)(점12회) • ADD와 RDD 개념 / 관계 (21회)
간이 스프링클러	• 간이헤드의 작동온도 (점19회)
ESFR	• ESFR 수원계산 (점23회)
물분무	• 절연유 봉입변압기에 물분무소화설비를 설치한 경우 소화펌프의 최소토출량 / 최소수원의 양 / 물분무헤드와 전기기기의 이격거리 / 배수설비의 설치기준 4가지 (11회) • 금속마그네슘 화재에 대하여 다음 소화설비가 적응성이 없는 이유 및 반응식 (14회) 　① 이산화탄소소화설비　② 물분무소화설비
미분무	• 폐쇄형 미분무헤드의 표시온도에 따른 최고주위온도 / 수원의 양 (13회)
포	• 포소화약제 저장량 / 고정포방출구의 개수 / 혼합장치의 방출량 (5회) • 고정포방출구 필요 소화약제저장량 / 보조포소화전 필요 소화약제저장량 / 송액관 충전 소화약제저장량 / 그 합을 구하라 (8회) • 방유제 내 휘발유 및 중유저장탱크 약제량 / 방유제 높이 (15회) • 차고에 설치하는 호스릴포 약제량 / 설치기준 / 포소화설비의 자동경보설비의 설치기준 (15회) • 고정포방출구 최소 설치개수 / 최소 방출량 / 포수용액량 (17회) • 이소부틸알콜 저장탱크 최소포수용액, 수원, 약제량 / 전동기출력 (21회)
소화용수	• 소화수조 또는 저수조 확보수량 / 흡수관 투입구, 채수구 최소 설치수량 (12회)
연결송수관 /연결살수 /지하구	• 계산문제 출제 없음
도로터널	• 터널에 설치하는 옥내소화전 방수구의 최소 설치수량 및 수원량 / 옥내소화전 및 연결송수관설비의 노즐선단에서의 법적 방수압 및 방수량 / 자동화재탐지설비를 설치할 경우 최소 경계구역의 수와 설치가능한 화재감지기 3가지 / 비상콘센트 최소 설치수량을 산정 및 설치기준 (12회) • 물분무 수원용량 / 방사된 수원보충시간 (21회)

소방시설관리사 2차 시험 출제경향 분석 및 출제예상 부분	회 차	1~10	11~20회	21~30	합계
	문제 수	52	64	25	141

고층건축물	• 피난안전구역의 면적산정기준 / 피난안전구역의 설치하여야 하는 피난설비 5가지 / 95층 복합 건축물에 종합방재실의 최소 설치개수 및 위치 (점13회) • 고층(복합)건축물 수원산출 옥내소화전설비/스프링클러설비 (18회) • 옥내소화전 수원, 동력/고가수조방식 적용 가능한 중층부 가장 높은 층/노즐 방수압/연결송수관 동력/연결송수구 압력 (23회)
피난기구 /인명 구조기구	• 별표 1 피난기구 적응성(10층 업무시설) / 피난기구 개수산출(피난기구 감소 적용) (18회)
내진	• 계산문제 출제 없음
전기저장 장치/ 창고시설/ 공동주택	• 계산문제 출제 없음

Mind-Control

지금으로부터 20년 후, 당신은
당신이 했던 것보다는
당신이 하지 않은 것으로 인해
더 크게 실망하게 될 것이다.
그러니 밧줄을 던져라
안전한 항구를 떠나 멀리 항해를 떠나라
항해하여 무역풍과 맞서라, 탐험하라, 꿈을 꾸어라
그리고 찾아내라

- 마크 트웨인 -

01 소화기구 및 자동소화장치

1 간이소화용구의 능력단위기준을 쓰시오. 술84(10)

해설 표 1.7.1.6 소화약제 외의 것을 이용한 간이소화용구의 능력단위

간이소화용구		능력단위
1. 마른모래	삽을 상비한 50ℓ 이상의 것 1포	0.5단위
2. 팽창질석 또는 팽창진주암	삽을 상비한 80ℓ 이상의 것 1포	

2 소방대상물별 소화기구의 능력단위기준을 쓰시오. 술84(10)101(10)관설12,14

해설 표 2.1.1.2 특정소방대상물별 소화기구의 능력단위기준 정리

특정소방대상물		능력단위 (일반구조)	능력단위(내화구조 & 불연/준불연/난연)
• 위락시설		30m²/단위	60m²/단위
• 집회장 • 공연장 • 관람장 및 문화재 **관설12**	• 장례식장 • 의료시설	50m²/단위	100m²/단위
• 근린생활시설 • 방송통신시설 • **공장** • 운수시설 • 전시장 • 판매시설 • 관광휴게시설	• 창고시설 • 노유자시설 • 숙박시설 • 항공기 및 자동차 관련시설 • 공동주택 • 업무시설	100m²/단위	200m²/단위
📝 **암기법** 근방 공장 운전으로 판 관창으로 노숙에서 항공업			
• 그 밖의 것		200m²/단위	400m²/단위
📝 **암기법** 윗(위) 집 공장의 관문 근거(그) 3512			

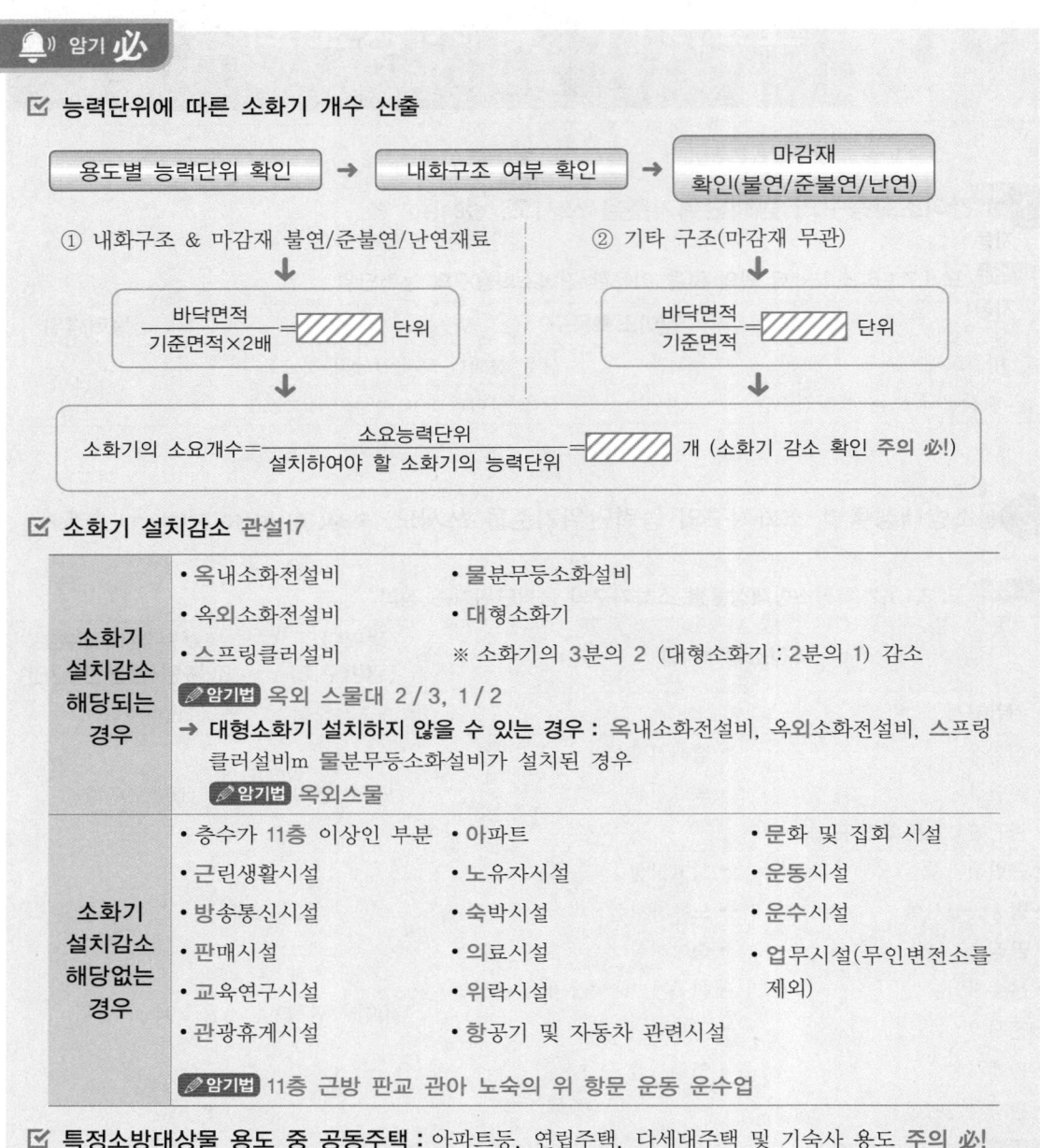

3 화재안전기술기준상 부속용도별로 추가하여야 할 소화기구 중 다음 물음에 답하시오.

(1) 자동확산소화기를 설치하지 않아도 되는 경우를 쓰시오. 🔥
(2) 자동확산소화기를 설치하여야 하는 장소를 쓰시오. 🔥🔥
(3) 자동확산소화기를 설치하여야 하는 경우 소화기구의 능력단위를 쓰시오. 관설14(계산)
(4) 자동확산소화기의 설치기준을 쓰시오. 🔥🔥

(5) 발전실·변전실·송전실·변압기실·배전반실·통신기기실·전산기기실·기타 이와 유사한 시설이 있는 장소에 설치하는 소화기구의 능력단위를 쓰시오. [관리자의 출입이 곤란한 변전실·송전실·변압기실 및 배전반실(불연재료로 된 상자안에 장치된 것을 제외한다) 제외] 🔥

해설

(1) **자동확산소화기를 설치하지 않아도 되는 경우**
스프링클러설비·간이스프링클러설비·물분무등소화설비 또는 상업용 주방자동소화장치가 설치된 경우

(2) **자동확산소화기를 설치하여야 하는 장소**
① **보**일러실·**건**조실·**세**탁소·**대**량화기취급소
② 음식점(지하가의 음식점을 포함)·다중이용업소·호텔·기숙사·노유자시설·의료시설·업무시설·공장·장례식장·교육연구시설·교정 및 군사시설의 **주**방 다만, 의료시설·업무시설 및 공장의 주방은 공동취사를 위한 것에 한한다.
③ 관리자의 출입이 곤란한 **변**전실·송전실·변압기실 및 배전반실(불연재료로된 상자안에 장치된 것을 제외)
✏️암기법 보건 세대 주변

(3) **자동확산소화기를 설치하여야 하는 장소의 소화기구의 능력단위**
① 해당 용도의 바닥면적 25m²마다 능력단위 1단위 이상의 소화기로 할 것. 이 경우 주방[(2) 해설 ②에 해당하는 주방]에 설치하는 소화기 중 1개 이상은 주방화재용 소화기(K급)를 설치해야 한다.
② 자동확산소화기는 해당 용도의 바닥면적을 기준으로 10m² 이하는 1개, 10m² 초과는 2개 이상을 설치하되 보일러, 조리기구, 변전설비 등 방호대상에 유효하게 분사될 수 있는 위치에 배치할 수 있는 수량으로 설치할 것

(4) **자동확산소화기의 설치기준**
① 방호대상물에 소화약제가 유효하게 방사될 수 있도록 설치할 것
② 작동에 지장이 없도록 견고하게 고정할 것

(5) 발전실·변전실·송전실·변압기실·배전반실·통신기기실·전산기기실·기타 이와 유사한 시설이 있는 장소에 설치하는 소화기구의 능력단위 [관리자의 출입이 곤란한 변전실·송전실·변압기실 및 배전반실(불연재료로 된 상자안에 설치된 것을 제외한다) 제외]
해당 용도의 바닥면적 50m²마다 적응성이 있는 소화기 1개 이상 또는 유효설치방호체적 이내의 가스·분말·고체에어로졸 자동소화장치, 캐비넛형 자동소화장치(다만, 통신기기실·전자기기실을 제외한 장소에 있어서는 교류 600V 또는 직류 750V 이상의 것에 한한다.)

4. 화재안전기술기준상 부속용도별로 추가하여야 할 소화기구 중 대형소화기를 설치하는 경우와 소화기구의 능력단위를 쓰시오. 🔥🔥🔥

해설

(1) 특수가연물을 지정수량의 500배 이상 저장 또는 취급하는 장소 : 대형소화기 1개 이상
(2) 고압가스안전관리법·액화석유가스의 안전관리 및 사업법 및 도시가스사업법에서 규정하는 가연성가스를 연료로 사용하는 장소로서 액화석유가스 기타 가연성가스를 연료로 사용하기 위하여 저장하는 저장실(저장량 300kg 미만은 제외한다.) : 능력단위 5단위 이상의 소화기 2개 이상 및 대형소화기 1개 이상
(3) 고압가스안전관리법·액화석유가스의 안전관리 및 사업법 또는 도시가스사업법에서 규정하는 가연성가스를 제조하거나 연료외의 용도로 저장·사용하는 장소로서 300kg 이상을 저장하는 장소 : 대형소화기 2개 이상 설치하여야 한다.

5 다음 물음에 답하시오.

(1) 소화기구를 설치하여야 하는 특정소방대상물을 쓰시오.
(2) 자동소화장치를 설치하여야 하는 특정소방대상물을 쓰시오.
(3) (2)의 해설에 해당하는 자동소화장치를 설치하여야 하는 화재안전기술기준에서 정하는 장소를 쓰시오. (단, 주거용 주방자동소화장치 제외)
(4) 액화석유가스·기타 가연성가스를 제조하거나 연료 외의 용도로 사용하는 장소에 소화기를 설치하는 때에는 해당 장소 바닥면적 50m² 이하인 경우에도 설치하여야 하는 소화기의 개수 기준을 쓰시오.

해설

(1) 소화기구를 설치하여야 하는 특정소방대상물
① 연면적 33m² 이상인 것. 다만, 노유자 시설의 경우에는 투척용 소화용구 등을 화재안전기술기준에 따라 산정된 소화기 수량의 2분의 1 이상으로 설치할 수 있다.
② ①에 해당하지 않는 시설로서 가스시설, 발전시설 중 전기저장시설 및 국가유산
③ 터널
④ 지하구

(2) 자동소화장치를 설치하여야 하는 특정소방대상물
① 주거용 주방자동소화장치를 설치하여야 하는 것 : 아파트등 및 오피스텔의 모든 층
② 캐비닛형 자동소화장치, 가스자동소화장치, 분말자동소화장치 또는 고체에어로졸 자동소화장치를 설치하여야 하는 것 : 화재안전기술기준에서 정하는 장소

(3) (2)의 해설에 해당하는 자동소화장치를 설치하여야 하는 화재안전기술기준이 정하는 장소(주거용 주방자동소화장치 제외)

표 2.1.1.3 부속용도별로 추가해야 할 소화기구 및 자동소화장치

용도별	소화기구의 능력단위
2. 발전실·변전실·송전실·변압기실·배전반실·통신기기실·전산기기실·기타 이와 유사한 시설이 있는 장소. 다만, 제1호다목의 장소를 제외한다.	해당 용도의 바닥면적 50m² 마다 적응성이 있는 소화기 1개 이상 또는 유효설치 방호체적 이내의 가스·분말·고체에어로졸 자동소화장치, 캐비닛형 자동소화장치(다만, 통신기기실·전자기기실을 제외한 장소에 있어서는 교류 600V 또는 직류 750V 이상의 것에 한한다)
3. 위험물안전관리법 시행령 별표 1에 따른 지정수량의 1/5 이상 지정수량 미만의 위험물을 저장 또는 취급하는 장소	능력단위 2단위 이상 또는 유효설치 방호체적 이내의 가스·분말·고체에어로졸 자동소화장치, 캐비닛형 자동소화장치

(4) 액화석유가스·기타 가연성가스를 제조하거나 연료 외의 용도로 사용하는 장소에 소화기를 설치하는 때에는 해당 장소 바닥면적 50m² 이하인 경우에도 설치하여야 하는 소화기의 개수 기준
해당 소화기를 2개 이상 비치

6. 바닥면적 660m²의 의료시설의 경우 능력단위 2단위 소화기의 설치개수는?
관설12

① 주요 구조부는 내화구조, 실내 마감재료는 난연재료
② 보행거리의 추가는 산정 제외

 해설 표 2.1.1.2 특정소방대상물별 소화기구의 능력단위기준

특정소방대상물			능력단위 (일반구조)	능력단위(내화구조 & 불연/준불연/난연)
• 위락시설			30m²/단위	60m²/단위
• 집회장 • 공연장	• 장례식장 • 의료시설	• 관람장 및 문화재 관설12	50m²/단위	100m²/단위

```
용도 (설비별 소화기 감소 여부)      구조          불연/준불연/난연      능력단위
의료시설 (소화기 감소 없음)   ▶  내화구조  ▶        ○        ▶  100m²/단위
```

660m² ÷ 100m²/단위 = 6.6 ∴ 6.6단위
6.6단위 ÷ 2단위/개 = 3.3 ∴ 4개

🔔 암기 必

☑ **소화기 설치감소** 관설17

| 소화기
설치감소
해당되는
경우 | • **옥**내소화전설비
• **옥외**소화전설비
• **스**프링클러설비 | • **물**분무등소화설비
• 대형소화기
※ 소화기의 3분의 2 (대형소화기 : 2분의 1) 감소 |

✏️ **암기법** 옥외 스물대 2/3, 1/2

➡ 대형소화기 설치하지 않을 수 있는 경우 : **옥**내소화전설비, **옥외**소화전설비, **스**프링클러설비m **물**분무등소화설비가 설치된 경우
✏️ **암기법** 옥외스물

| 소화기
설치감소
해당없는
경우 | • 층수가 **11**층 이상인 부분
• **근**린생활시설
• **방**송통신시설
• **판**매시설
• **교**육연구시설
• **관**광휴게시설 | • **아**파트
• **노**유자시설
• **숙**박시설
• **의**료시설
• **위**락시설
• **항**공기 및 자동차 관련시설 | • **문**화 및 집회 시설
• **운**동시설
• **운**수시설
• **업**무시설(무인변전소를
  제외) |

✏️ **암기법** 11층 근방 판교 관아 노숙의 위 항문 운동 운수업

☑ 특정소방대상물 용도 중 공동주택 : 아파트등, 연립주택, 다세대주택 및 기숙사 용도 **주의 必!**

7 지상 10층으로서 주요구조부가 내화구조이며 마감은 불연재로 근린생활시설로서 스프링클러, 옥내소화전설비가 설치되어 있으며 1~9층까지의 바닥면적은 500m²이고 10층의 바닥면적은 400m²이다. 소화기구 능력단위의 합계를 구하고 A급 2단위 소형소화기를 설치할 경우 설치하여야 할 층별 소화기의 수량 및 합계를 구하시오. (단, 보행거리에 따른 설치는 무시한다.)

해설 표 2.1.1.2 특정소방대상물별 소화기구의 능력단위기준

특정소방대상물			능력단위 (일반구조)	능력단위(내화구조 & 불연/준불연/난연)
• 근린생활시설 • 방송통신시설 • 공장 • 운수시설	• 전시장 • 판매시설 • 관광휴게시설 • 창고시설	• 노유자시설 • 숙박시설 • 항공기 및 자동차 관련시설 • 공동주택 • 업무시설	100m²/단위	200m²/단위

암기법 근방 공장 운전으로 판 관창으로 노숙에서 항공업

용도(설비별 소화기 감소 여부) ▶ 구조 ▶ 불연/준불연/난연 ▶ 능력단위
근린생활시설 (소화기 감소 없음) / 내화구조 / ○ / 200m²/단위

(1) **능력단위 합계** : 1~9층의 각 층의 바닥면적은 500m², 10층은 400m² 근린생활시설의 바닥면적당 능력단위는 100m² 마다 능력단위 1단위이나 내화구조이며 마감은 불연재이므로 200m² 마다 1단위를 적용한다.
  ① 1~9층의 능력단위
    ㉠ 층별 능력단위 : 500m² ÷ 200m²/단위 = 2.5 ∴ 2.5단위
    ㉡ 능력단위의 합 : 2.5단위 × 9층 = 22.5 ∴ 22.5단위
  ② 10층의 능력단위 : 400m² ÷ 200m²/단위 = 2 ∴ 2단위
  ③ 능력단위의 합계 : 22.5단위 + 2단위 = 24.5 ∴ 24.5단위

10F	10층 바닥면적 400m²
9F	1~9층 바닥면적 500m²
8F	내화구조
7F	마감재 : 불연재
6F	근린생활시설
5F	스프링클러 및 옥내소화전 설치
4F ~1F	

(2) **소형소화기의 설치개수** : 조건에 따라 A급 2단위의 소화기를 설치
  ① 1~9층의 층별 소화기 설치개수 : 2.5단위 ÷ 2단위/개 = 1.25 ∴ 2개 설치
  ② 10층의 소화기 설치개수 : 2단위 ÷ 2단위/개 = 1 ∴ 1개 설치
  ③ 소화기의 설치개수 합계 : 2개/층 × 9층 + 1개/층 × 1층 = 19 ∴ 19개 설치

암기必

☑ **소화기 설치감소** 관설17

소화기 설치감소 해당되는 경우	• 옥내소화전설비 • 옥외소화전설비 • 스프링클러설비	• 물분무등소화설비 • 대형소화기 ※ 소화기의 3분의 2 (대형소화기 : 2분의 1) 감소

암기법 옥외 스물대 2/3, 1/2
→ 대형소화기 설치하지 않을 수 있는 경우 : 옥내소화전설비, 옥외소화전설비, 스프링클러설비m 물분무등소화설비가 설치된 경우
암기법 옥외스물

| 소화기
설치감소
해당없는
경우 | • 층수가 **11층** 이상인 부분
• **근린생활시설**
• 방송통신시설
• 판매시설
• 교육연구시설
• 관광휴게시설 | • 아파트
• 노유자시설
• 숙박시설
• 의료시설
• 위락시설
• 항공기 및 자동차 관련시설 | • 문화 및 집회 시설
• 운동시설
• 운수시설
• 업무시설(무인변전소를 제외) |

🖉**암기법** 11층 근방 판교 관아 노숙의 위 항문 운동 운수업

☑ **특정소방대상물 용도 중 공동주택** : 아파트등, 연립주택, 다세대주택 및 기숙사 용도 **주의 必!**

8 지상 3층의 일반구조인 공장으로서 마감은 불연재이며, 옥내소화전이 설치되어 있으며, 각 층의 바닥면적이 1,200m²인 경우 소화기구의 능력단위를 구하고 능력단위 2단위의 A급 소화기를 설치할 때 총 설치하여야 할 소형소화기의 최소 개수를 구하시오. (단, 소화기의 보행거리에 따른 설치는 무시한다.) 🔥

📢**해설** 표 2.1.1.2 특정소방대상물별 소화기구의 능력단위기준

특정소방대상물			능력단위 (일반구조)	능력단위(내화구조 & 불연/준불연/난연)
• 근린생활시설 • 방송통신시설 • **공장** • 운수시설	• 전시장 • 판매시설 • 관광휴게시설 • 창고시설	• 노유자시설 • 숙박시설 • 항공기 및 자동차 관련시설 • 공동주택 • 업무시설	100m²/단위	200m²/단위

🖉**암기법** 근방 공장 운전으로 판 관창으로 노숙에서 항공업

용도(설비별 소화기 감소 여부)	▶	구조	▶	불연/준불연/난연	▶	능력단위
공장 (옥내소화전 : 소화기 감소)		일반구조		○		100m²/단위

(1) 1~3층 각 층의 바닥면적은 1,200m², 공장의 바닥면적당 소화기구의 능력단위는 내화구조가 아니므로 100m² 마다 1단위를 적용하여 층당 능력단위를 구하면
  1,200m² ÷ 100m² / 단위 = 12 ∴ 12단위

(2) 층당 설치하여야 할 소화기의 개수를 구하면
  12단위 ÷ 2단위 / 개 = 6 ∴ 6개

(3) 총 설치할 최소 소형소화기의 개수
  옥내소화전이 설치되어 소형소화기의 2/3를 감할 수 있으므로 그 개수를 감하여 소형소화기의 개수를 설치하면 층당 2개이고 3개 층이므로 총 6개의 소화기를 설치하여야 한다.

🔔 암기 必

✅ 소화기 설치감소 관설17

소화기 설치감소 해당되는 경우
- 옥내소화전설비
- 옥외소화전설비
- 스프링클러설비
- 물분무등소화설비
- 대형소화기
- ※ 소화기의 3분의 2 (대형소화기 : 2분의 1) 감소

✏️ **암기법** 옥외 스물대 2/3, 1/2

→ 대형소화기 설치하지 않을 수 있는 경우 : 옥내소화전설비, 옥외소화전설비, 스프링클러설비m 물분무등소화설비가 설치된 경우

✏️ **암기법** 옥외스물

소화기 설치감소 해당없는 경우
- 층수가 11층 이상인 부분
- 근린생활시설
- 방송통신시설
- 판매시설
- 교육연구시설
- 관광휴게시설
- 아파트
- 노유자시설
- 숙박시설
- 의료시설
- 위락시설
- 항공기 및 자동차 관련시설
- 문화 및 집회 시설
- 운동시설
- 운수시설
- 업무시설(무인변전소를 제외)

✏️ **암기법** 11층 근방 판교 관아 노숙의 위 항문 운동 운수업

✅ 특정소방대상물 용도 중 **공동주택** : 아파트등, 연립주택, 다세대주택 및 기숙사 용도 **주의 必!**

---

9. 다음 조건에 따라 물음에 답하시오. 🔥

〈 조 건 〉

① 내화구조이며 마감은 난연재로 지상 5개 층으로 위락시설이다.
② 바닥면적은 30m×40m 전 층에 옥내소화전이 설치되어 있다.
③ 간이소화용구의 능력단위는 A급 1단위의 간이소화용구를 설치한다.
④ 소화기의 능력단위는 A급 2단위의 소형소화기를 설치한다.
⑤ A급 소화기만 설치하며 보행거리에 따른 소화기의 설치는 무시한다.

(1) 층당 소화기구의 능력단위를 구하시오.
(2) 능력단위에 맞도록 소화기와 간이소화용구를 함께 설치하되 간이소화용구의 수가 최대가 될 수 있도록 하여 각 소화기의 총 개수를 구하시오.

📷 **해설** 표 2.1.1.2 특정소방대상물별 소화기구의 능력단위기준

특정소방대상물	능력단위 (일반구조)	능력단위(내화구조 & 불연/준불연/난연)
• 위락시설	30m²/단위	60m²/단위

용도(설비별 소화기 감소 여부)	▶	구조	▶	불연/준불연/난연	▶	능력단위
위락시설 (소화기 감소 없음)		내화구조		○		60m²/단위

(1) 층당 바닥면적은 1,200m²이므로 위락시설로서 내화구조이므로 바닥면적 60m²당 1단위를 적용하여 능력단위를 구하면

$1,200m^2 \div 60m^2 / 단위 = 20$ ∴ 20단위

(2) 간이 소화용구를 함께 설치할 경우 간이소화용구의 능력단위의 합계수의 1/2을 초과하여 설치할 수 없으므로(위락시설이므로 소화기의 설치감소에 해당하지 않음)
   ① 소형소화기는 층당 능력단위는 A급 2단위 5개(10단위)로 5개 층으로 25개 설치
   ② 간이소화용구의 층당 능력단위는 A급 1단위 10개(10단위)로 5개 층으로 50개 설치

🔔 암기 必

☑ 「소화기구 및 자동소화장치의 화재안전기술기준」 2.1.1.5 간이소화용구 관련

  2.1.1.5 능력단위가 2단위 이상이 되도록 소화기를 설치해야 할 특정소방대상물 또는 그 부분에 있어서는 간이소화용구의 능력단위가 전체 능력단위의 2분의 1을 초과하지 않게 할 것. 다만, 노유자시설의 경우에는 그렇지 아니하다.

☑ **소화기 설치감소** 관설17

소화기 설치감소 해당되는 경우	• **옥**내소화전설비 • **옥외**소화전설비 • **스**프링클러설비	• **물**분무등소화설비 • **대**형소화기 ※ 소화기의 **3분의 2** (대형소화기: **2분의 1**) 감소
	📝**암기법** 옥외 스물대 2/3, 1/2	
	→ 대형소화기 설치하지 않을 수 있는 경우: **옥**내소화전설비, **옥외**소화전설비, **스**프링클러설비m **물**분무등소화설비가 설치된 경우 📝**암기법** 옥외스물	
소화기 설치감소 해당없는 경우	• 층수가 **11층** 이상인 부분 • **근**린생활시설 • **방**송통신시설 • **판**매시설 • **교**육연구시설 • **관**광휴게시설	• **아**파트 • **노**유자시설 • **숙**박시설 • **의**료시설 • **위**락시설 • **항**공기 및 자동차 관련시설	• **문**화 및 집회 시설 • **운동**시설 • **운수**시설 • **업**무시설(무인변전소를 제외)
	📝**암기법** 11층 근방 판교 관아 노숙의 위 항문 운동 운수업		

☑ **특정소방대상물 용도 중 공동주택**: 아파트등, 연립주택, 다세대주택 및 기숙사 용도 **주의 必!**

10 다음 조건에 따라 물음에 답하시오.

> 〈 조 건 〉
> ① 일반구조로서 마감은 준불연재로 지상 2개 층의 유치원
> ② 바닥면적은 50m×50m로 옥내소화전 및 스프링클러가 설치됨
> ③ 간이소화용구는 A급 1단위를 설치
> ④ 소화기는 A급 3단위를 설치
> ⑤ 보행거리에 따른 소화기의 설치는 무시한다.

(1) 건물 내 설치하여야 할 소화기의 능력단위의 합계를 구하시오.
(2) 「소방시설 설치 및 관리에 관한 법률 시행령」 별표 4에 따라 유치원에 설치 가능한 소화기의 명칭과 최대 설치 가능 개수를 구하시오.

해설
표 2.1.1.2 특정소방대상물별 소화기구의 능력단위기준

특정소방대상물			능력단위 (일반구조)	능력단위(내화구조 & 불연/준불연/난연)
• 근린생활시설 • 방송통신시설 • 공장 • 운수시설	• 전시장 • 판매시설 • 관광휴게시설 • 창고시설	• 노유자시설 • 숙박시설 • 항공기 및 자동차 관련시설 • 공동주택 • 업무시설	100m²/단위	200m²/단위

📝 **암기법** 근방 공장 운전으로 판 관창으로 노숙에서 항공업

용도(설비별 소화기 감소 여부) 노유자시설 (소화기 감소 없음)	▶	구조 일반구조	▶	불연/준불연/난연 ○	▶	능력단위 100m²/단위

(1) 층당 바닥면적은 2,500m²이므로 유치원은 노유자시설로서 일반구조이므로 바닥면적 100m² 마다 1단위를 적용하여 능력단위의 합계
  $2,500m^2 \div 100m^2/단위 = 25$ ∴ 25단위
  25단위×2개 층=50 ∴ **50단위**

(2) 유치원(노유자시설)에 설치 가능한 소화기의 명칭과 최대 설치 가능 개수
  투척용 소화용구(간이소화용구에 해당) 등을 화재안전기술기준에 따라 산정된 소화기 수량의 2분의 1 이상으로 설치할 수 있으므로 최대 설치개수는 **투척용 소화용구 A급 1단위 50개**

🔔 암기 必

☑ 「소방시설법 시행령」 별표 2 특정소방대상물 중 노유자시설
  ① 노인 관련시설   ② 아동 관련시설   ③ 장애인 관련 시설
  ④ 정신질환자 관련 시설   ⑤ 노숙인 관련 시설
  ⑥ 사회복지시설 중 결핵환자 및 한센인 요양시설 등 다른 용도로 분류되지 않는 것

☑ 「소화기구 및 자동소화장치의 화재안전기술기준」 2.1.1.5 간이소화용구 관련
  2.1.1.5 능력단위가 2단위 이상이 되도록 소화기를 설치해야 할 특정소방대상물 또는 그 부분에 있어서는 간이소화용구의 능력단위가 전체 능력단위의 2분의 1을 초과하지 않게 할 것. 다만, 노유자시설의 경우에는 그렇지 않다.

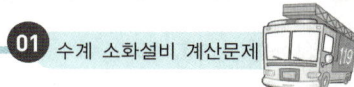

01 수계 소화설비 계산문제

☑ 「소방시설법 시행령」 별표 4 중 소화기구 설치대상
① 연면적 33m² 이상인 것. 다만, 노유자 시설의 경우에는 투척용 소화용구 등을 화재안전기술기준에 따라 산정된 소화기 수량의 2분의 1 이상으로 설치할 수 있다.
② ①에 해당하지 않는 시설로서 가스시설, 발전시설 중 전기저장시설 및 국가유산
③ 터널
④ 지하구

☑ 소화기 설치감소 관설17

소화기 설치감소 해당되는 경우	• **옥**내소화전설비 • **옥외**소화전설비 • **스**프링클러설비 📝 암기법 **옥외 스물대 2/3, 1/2** → 대형소화기 설치하지 않을 수 있는 경우 : **옥**내소화전설비, **옥외**소화전설비, **스**프링클러설비m **물**분무등소화설비가 설치된 경우 📝 암기법 **옥외스물**	• **물**분무등소화설비 • **대**형소화기 ※ 소화기의 **3분의 2** (대형소화기 : **2분의 1**) 감소	
소화기 설치감소 해당없는 경우	• 층수가 **11**층 이상인 부분 • **근**린생활시설 • **방**송통신시설 • **판**매시설 • **교**육연구시설 • **관**광휴게시설	• **아**파트 • **노**유자시설 • **숙**박시설 • **의**료시설 • **위**락시설 • **항**공기 및 자동차 관련시설	• **문**화 및 집회 시설 • **운동**시설 • **운수**시설 • **업**무시설(무인변전소를 제외)
	📝 암기법 **11**층 **근방 판교 관아 노숙의 위 항문 운동 운수업**		

☑ 특정소방대상물 용도 중 **공동주택** : 아파트등, 연립주택, 다세대주택 및 기숙사 용도 주의 ⚠!

---

11 조건에 따라 물음에 답하시오. 🔥

─────〈 조 건 〉─────
① 내화구조로 마감은 난연재로 되어 있으며 지상 3개 층이다.
② 바닥면적은 35m×20m이며, 옥내소화전 및 스프링클러가 설치됨
③ 용도는 1층은 의원, 2층은 치과의원, 3층은 한의원이다.
④ A급 1단위 소형소화기 설치, 보행거리에 따른 소화기의 설치는 무시함

(1) 소화기구의 능력단위의 합계를 구하시오.
(2) 총 설치하여야 할 소화기의 개수를 구하시오.

해설 표 2.1.1.2 특정소방대상물별 소화기구의 능력단위기준

특정소방대상물			능력단위 (일반구조)	능력단위(내화구조 & 불연/준불연/난연)
• 근린생활시설 • 방송통신시설 • 공장 • 운수시설	• 전시장 • 판매시설 • 관광휴게시설 • 창고시설	• 노유자시설 • 숙박시설 • 항공기 및 자동차 관련시설 • 공동주택 • 업무시설	100㎡/단위	200㎡/단위

암기법 근방 공장 운전으로 판 관창으로 노숙에서 항공업

용도(설비별 소화기 감소 여부): 근린생활시설 (소화기 감소 없음) ▶ 구조: 내화구조 ▶ 불연/준불연/난연: ○ ▶ 능력단위: 200㎡/단위

층당 바닥면적은 700㎡이며, 의원은 근린생활시설에 해당하므로 100㎡ 마다 1단위이나 내화구조로 마감은 난연재이므로 200㎡ 마다 능력단위 1단위를 적용한다.

(1) 소화기구의 능력단위
 ① 층당 능력단위 : $700㎡ \div 200㎡/단위 = 3.5$ ∴ 3.5단위
 ② 능력단위의 합계 : 3.5단위 × 3개 층 = 10.5 ∴ 10.5단위
(2) 설치할 소형소화기의 개수(A급 1단위 : 근린생활시설에 해당되므로 소화기의 감소는 없다.)
 ① 층당 설치하여야 할 소화기의 개수 : 4개
 ② 소형소화기의 총 설치개수는 3개 층이므로 : 12개

참고만

☑ 「소방시설법 시행령」 별표 2 특정소방대상물 중
 (1) 근린생활시설 : 의원 · 치과의원 · 한의원 · 침술원 · 접골원 · 조산원 · 산후조리원 및 안마원(안마시술소 포함)
 (2) 의료시설 : 면적에 관한 규정은 없이 용도에 대한 규정만 있다.
  ① 병원 : 종합병원 · 병원 · 치과병원 · 한방병원 · 요양병원
  ② 격리병원 : 전염병원 · 마약진료소 그 밖에 이와 비슷한 것
  ③ 정신의료기관
  ④ 장애인 의료재활시설

---

12 조건에 따라 물음에 답하시오. 🔥

〈 조 건 〉
① 내화구조로 마감은 난연재로 되어 있으며 지상 3개 층이다.
② 바닥면적은 40m×20m이며, 전층 간이스프링클러가 설치되어 있다.
③ 용도는 교육연구시설이다.
④ A급 1단위 소화기를 설치하며 보행거리에 따른 소화기의 설치 무시함

(1) 소화기구의 능력단위의 합계를 구하시오.
(2) 총 설치하여야 할 소화기의 개수를 구하시오.

해설 표 2.1.1.2 특정소방대상물별 소화기구의 능력단위기준

특정소방대상물	능력단위 (일반구조)	능력단위(내화구조 & 불연/준불연/난연)
• 그 밖의 것	200m²/단위	400m²/단위

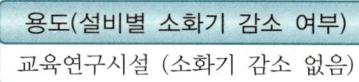 ▶ 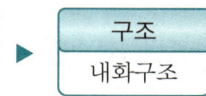 ▶ 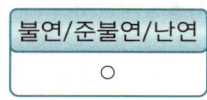 ▶

용도(설비별 소화기 감소 여부)	구조	불연/준불연/난연	능력단위
교육연구시설 (소화기 감소 없음)	내화구조	○	200m²/단위

층당 바닥면적은 800m²이며, 교육연구시설은 "그 밖의 것"에 해당하므로 200m² 마다 1단위이나 내화구조로서 마감은 난연재이므로 400m² 마다 능력단위 1단위를 적용한다.

(1) 소화기구의 능력단위
 ① 층당 능력단위 : 800m²÷400m²/단위=2 ∴2단위
 ② 능력단위의 합계 : 2단위×3개 층=6단위
(2) 설치할 소형소화기의 개수(간이스프링클러설비는 소화기의 감소가 없음)
 ① 층당 설치하여야 할 소화기의 개수 : A급 1단위 2개
 ② 소형소화기의 총 설치개수 : A급 1단위 6개

암기 必

☑ 「소방시설법 시행령」 별표 2 특정소방대상물 중 "그 밖의 것"에 해당하는 용도
  ① 종교시설   ② 교육연구시설   ③ 수련시설
  ④ 수련시설   ⑤ 운동시설   ⑥ 위험물 저장 및 처리 시설
  ⑦ 동물 및 식물 관련 시설 ⑧ 자원순환 관련 시설   ⑨ 교정 및 군사시설
  ⑩ 발전시설   ⑪ 묘지 관련 시설   ⑫ 지하가, 지하구
  ⑬ 지하구   ⑭ 문화 및 집회 시설 중 동·식물원

☑ 소화기 설치감소 관설17

소화기 설치감소 해당되는 경우	• 옥내소화전설비 • 물분무등소화설비 • 옥외소화전설비 • 대형소화기 • 스프링클러설비 ※ 소화기의 3분의 2 (대형소화기 : 2분의 1) 감소 🖉 암기법 옥외 스물대 2/3, 1/2 → 대형소화기 설치하지 않을 수 있는 경우 : 옥내소화전설비, 옥외소화전설비, 스프링클러설비m 물분무등소화설비가 설치된 경우 🖉 암기법 옥외스물
소화기 설치감소 해당없는 경우	• 층수가 11층 이상인 부분 • 아파트 • 문화 및 집회 시설 • 근린생활시설 • 노유자시설 • 운동시설 • 방송통신시설 • 숙박시설 • 운수시설 • 판매시설 • 의료시설 • 업무시설(무인변전소를 • 교육연구시설 • 위락시설 제외) • 관광휴게시설 • 항공기 및 자동차 관련시설 🖉 암기법 11층 근방 판교 관아 노숙의 위 항문 운동 운수업

☑ 특정소방대상물 용도 중 **공동주택** : 아파트등, 연립주택, 다세대주택 및 기숙사 용도 주의 必!

13 조건에 따라 산후조리원에 설치하여야 할 소형소화기의 개수를 구하시오.

〈 조 건 〉

① 내화구조로 마감은 난연재로 되어 있으며 지상 5층
② 바닥면적은 40m×20m이며, 옥내소화전 및 간이스프링클러가 설치
③ 2~3층은 산후조리원이다.
④ 산후조리원의 각 층에는 30m²의 산후조리실이 10개 있다.
⑤ A급 1단위 소화기를 설치하며 보행거리에 따른 소화기의 설치 무시함

해설 표 2.1.1.2 특정소방대상물별 소화기구의 능력단위기준

층당 바닥면적은 800m²이며, 산후조리원은 근린생활시설에 해당하므로 100m² 마다 1단위이나 내화구조로서 마감은 난연재이므로 200m² 마다 능력단위 1단위를 적용한다.

(1) 층당 소화기의 능력단위 : $800m^2 \div 200m^2 / 단위 = 4$ ∴ 4단위

(2) 층당 설치할 소화기의 개수
 ① A급 1단위이므로 4개(근린생활시설에 해당되므로 소화기의 감소는 없다)
 ② 산후조리원은 「다중이용업법 시행령」에 따라 다중이용업에 해당하므로 동법 시행규칙 별표 2에 따라 영업장의 구획된 각 실에도 소화기를 추가하여 설치하여야 하며, 능력단위와 무관하게 1개의 실에 A급 1단위 1개씩 설치하여야 하므로 총 10개의 소화기가 추가로 필요하다.
 ③ 층당 설치할 소화기의 합계 : 4개 + 10개 = 14 ∴ 14개

(3) 2~3층에 설치하여야 할 소화기의 합계 : 14개 × 2층 = 28 ∴ 28개

참고만

☑ 「소방시설법 시행령」 별표 2 특정소방대상물 중에서 근린생활시설에 해당되며 「다중이용업소법」에 의한 다중이용업에 해당하는 용도

① 노래연습장 및 단란주점   ② 일반목욕장·찜질방   ③ 산후조리원
④ 비디오물감상실업·비디오소극장업   ⑤ 고시원
⑥ 휴게음식점·제과점·일반음식점[영업장으로 사용하는 바닥면적 100m² 이상인 경우. 다만, 지상 1층 또는 직접 지상으로 통하는 경우 제외(지하층은 66m² 이상)]
⑦ 게임제공업, 멀티미디어문화컨텐츠산업, 복합유통·제공업(음반·비디오물 및 게임 등)

Mind-Control

시험에 가장 강력한 것은 단순 반복입니다.
힘든 이유가 여기에 있습니다.
그러나 끊임없는 반복이 여러분을 합격으로 이끌 것입니다.
지금까지 고생하셨습니다.
이제 합격할 때까지 남은 것은 반복임을 잊지 마십시오.

— 이항준 —

01 수계 소화설비 계산문제

14 다음 건물의 각 층에 기본적으로 A급 2단위, B급 3단위, C급 적응성 또는 K급 소화기를 설치하며 최저소요 소화기의 개수를 주용도와 부속용도로 구분하여 설치하며, 보행거리에 따른 설치는 무시한다.

〈 조 건 〉

① 각 층은 구획된 장소가 없는 개방된 공간이고, 8층만 구획되어 있다.
② B1~B2층 : 주차장[B2층의 경우 주차장 2,900m² 중 변전실(200m²), 보일러실(100m²)로 구획]
③ 1층~8층 : 백화점(8층의 경우 음식점이 5개가 있으며, 음식점 마다 2개의 실(식당, 주방)로 구획되어 있으며 각 식당의 면적은 100m²이며 각 주방의 면적은 40m²로 주방 내에는 LNG를 사용하며 연소기구로부터 보행거리 5m이다.)
④ 9층~15층 : 오피스텔
⑤ 변전실을 제외한 전 층에 옥내소화전 및 스프링클러가 설치되어 있다.
⑥ 건물구조는 내화구조(내장재는 불연재료이다.)
⑦ 각 층의 바닥면적은 2,900m²이다.
⑧ 각 층마다 별도의 용도로 보고 소화기구의 능력단위를 산정한다.

해설

(1) 「소방시설법 시행령」 별표 2에 따라 복합건축물로 볼 수 있으며 주차장 또한 부대시설로서 볼 수 있다. 그래서 「소화기구 및 자동소화장치의 화재안전기술기준」 표 2.1.1.2의 "그 밖의 것"에 해당될 수 있으나 문제의 조건 ⑧에 의해 각 층별로 별도의 용도로 보고 소화기구의 능력단위를 산정하면 다음과 같다.

참고만

☑ 「소방시설법 시행령」 별표 2 특정소방대상물 중 "그 밖의 것"에 해당하는 용도

① 종교시설   ② 교육연구시설   ③ 수련시설
④ 수련시설   ⑤ 운동시설   ⑥ 위험물 저장 및 처리 시설
⑦ 동물 및 식물 관련 시설   ⑧ 자원순환 관련 시설   ⑨ 교정 및 군사시설
⑩ 발전시설   ⑪ 묘지 관련 시설   ⑫ 지하가, 지하구
⑬ 지하구   ⑭ 문화 및 집회 시설 중 동·식물원

특정소방대상물				능력단위 (일반구조)	능력단위(내화구조 & 불연/준불연/난연)
• 근린생활시설 • 방송통신시설 • 공장 • 운수시설	• 전시장 • 판매시설 • 관광휴게시설 • 창고시설	• 노유자시설 • 숙박시설 • 항공기 및 자동차 관련시설 • 공동주택 • 업무시설		100m²/단위	200m²/단위

🖉 **암기법** 근방 공장 운전으로 판 관창으로 노숙에서 항공업

총 설치할 소화기 개수 = 기본 설치개수 + 부속용도별 추가 설치개수
주차장은 운수자동차 관련시설, 1~8층은 판매시설, 9~15층은 업무시설이므로 소화기구의 능력단위는 바닥면적 100m²당 1단위이다. 다만, 내장재가 불연재료이므로 기준면적의 2배(200m²)를 당해 소방대상물의 기준면적으로 하여야 한다.

(2) 감소기준
    소형소화기 감소 기준에 적용되지 않음.

🔔 암기 必

✓ 소화기 설치감소 관설17

소화기 설치감소 해당되는 경우	• 옥내소화전설비 • 옥외소화전설비 • 스프링클러설비 📝**암기법** 옥외 스물대 2/3, 1/2 → 대형소화기 설치하지 않을 수 있는 경우 : 옥내소화전설비, 옥외소화전설비, 스프링클러설비m 물분무등소화설비가 설치된 경우 📝**암기법** 옥외스물	• 물분무등소화설비 • 대형소화기 ※ 소화기의 3분의 2 (대형소화기 : 2분의 1) 감소	
소화기 설치감소 해당없는 경우	• 층수가 11층 이상인 부분 • 근린생활시설 • 방송통신시설 • 판매시설 • 교육연구시설 • 관광휴게시설	• 아파트 • 노유자시설 • 숙박시설 • 의료시설 • 위락시설 • 항공기 및 자동차 관련시설	• 문화 및 집회 시설 • 운동시설 • 운수시설 • 업무시설(무인변전소를 제외)
	📝**암기법** 11층 근방 판교 관아 노숙의 위 항문 운동 운수업		

✓ **특정소방대상물 용도 중 공동주택** : 아파트등, 연립주택, 다세대주택 및 기숙사 용도 **주의 必!**

(3) B 2~15층의 기본 설치개수
① 층당 소화기구의 능력단위
$2,900\,m^2 \div 200\,m^2/단위 = 14.5 \quad \therefore 14.5단위$
② 층당 소화기의 설치개수
$14.5단위 \div 2단위/개(A급) = 7.25 \quad \therefore 8개$

📖 이해 必

✓ B2층 주차장 소요단위수는 변전실(200m²), 보일러실(100m²) 면적을 제외하고 능력단위를 산정하게 되면 [$2,600\,m^2 \div 200\,m^2/단위=13 \quad \therefore 13단위$]로 A급 2단위 소화기를 7대로 설치할 수 있으나 이것은 화재안전기술기준상 부속용도 별로 추가하여야 할 소화기구를 별도로 규정하므로 위 식과 같이 지하 2층 주차장의 능력단위는 14.5단위이며 설치하여야 할 소화기의 개수는 8대가 된다.

(4) 부속용도별로 추가할 설치개수

용도별	소화기구의 능력단위
1. 다음 각 목의 시설. 다만, 스프링클러설비·간이스프링클러설비·물분무등소화설비 또는 상업용 주방자동소화장치가 설치된 경우에는 자동확산소화기를 설치하지 아니할 수 있다. 가. 보일러실·건조실·세탁소·대량 화기취급소 나. 음식점(지하가의 음식점을 포함한다)·다중이용업소·호텔·기숙사·노유자 시설·의료시설·업무시설·공장·학교시설의 주방 다만,	1. 해당 용도의 바닥면적 25m² 마다 능력단위 1단위 이상의 소화기로 할 것. 이 경우 그 외에 자동확산소화기를 바닥면적 10m² 이하는 1개, 10m² 초과는 2개를 설치할 것 2. 나목의 주방의 경우, 1호에 의하여 설치하는 소화기 중 1개 이상은 주방화재용 소화기(K급)를 설치하여야 한다.

용도별	소화기구의 능력단위
의료시설·업무시설 및 공장의 주방은 공동취사를 위한 것에 한한다. 다. 관리자의 출입이 곤란한 **변**전실·송전실·변압기실 및 배전반실(불연재료로된 상자안에 장치된 것을 제외한다.)	
2. 발전실·변전실·송전실·변압기실·배전반실·통신기기실·전산기기실·기타 이와 유사한 시설이 있는 장소. 다만, 제1호다목의 장소를 제외한다.	📝**암기법** 보건 세대 주변 해당 용도의 바닥면적 $50m^2$ 마다 적응성이 있는 소화기 1개 이상 또는 유효설치 방호체적 이내의 가스·분말·고체에어로졸자동소화장치, 캐비닛형 자동소화장치(다만, 통신기기실·전자기기실을 제외한 장소에 있어서는 교류 600V 또는 직류 750V 이상의 것에 한한다)
5. 고압가스안전관리법·액화석유가스의 안전 및 사업법 및 도시가스사업법에서 규정하는 가연성가스를 연료로 사용하는 장소	액화석유가스 기타 가연성가스를 연료로 사용하는 연소기기가 있는 장소	각 연소기로부터 보행거리 10m 이내에 능력단위 3단위 이상의 소화기 1개 이상. 다만, 상업용 주방자동소화장치가 설치된 장소는 제외한다.
	액화석유가스 기타 가연성가스를 연료로 사용하기 위하여 저장하는 저장실(저장량 300kg 미만은 제외한다)	능력단위 5단위 이상의 소화기 2개 이상 및 대형소화기 1개 이상

① 지하 2층 보일러실
   ⊙ 소화기구의 설치개수 : $100m^2 \div 25m^2$/개=4 ∴ 4개(B급)
   ⓒ 변전실을 제외한 장소에는 스프링클러설비가 설치되어 있으므로 보일러실에는 자동확산소화기의 설치를 제외할 수 있으므로 자동확산소화기는 설치하지 아니한다.
② 지하 2층 변전실에 설치할 소화기의 능력단위
   발전실, 변전실 등으로 당해 용도의 바닥면적 $50m^2$ 마다 적응성이 있는 소화기 1개 이상 설치(다만, 통신기기실·전자기기실을 제외한 장소에 있어서는 교류 600V 또는 직류 750V 이상의 것에 한한다)하므로 $200m^2 \div 50m^2$/개=4 ∴ 4개(C급 적응성 소화기)
③ 8층 음식점
   ⊙ 음식점은 영업장의 구획된 각 실별로 소화기를 설치하고 주방에는 부속용도별로 추가하여야 할 소화기구에 따른 능력단위를 설치하여야 하는데, 스프링클러가 설치되어 자동확산소화기는 설치하지 않는다.
   ⓒ 음식점(5개) 마다 설치할 소화기구의 능력단위 없이 소화기만 각 1개씩 추가한다.
     음식점에 설치할 소화기의 합 : A급 2단위 5개
   ⓒ 주방(부속용도) 마다 설치할 소화기의 개수 : $40m^2 \div 25m^2$/개=1.6 ∴ 2개
   ⓔ 주방에 설치할 소화기의 합계 : 2개×음식점5개=10 ∴ A급 2단위 5개, K급 5개
   ⓜ LNG 가스를 사용하고 연소기로부터 보행거리 5m이므로 B급 3단위 이상 소화기를 각 주방 마다 1대씩 총 5개를 설치하여야 한다.

(5) 조건에 의해 A급 2단위 소화기를 비치하는 것이므로 층별 수량은 아래와 같다.

층별	용도	주용도 기본 설치개수	부속용도별로 추가할 설치개수
B1	주차장	A급 2단위 8개	해당없음
B2	주차장	A급 2단위 8개	보일러실(B급 3단위 4개) 변전실(C급 적응성 4개)
지상 1~8층	백화점	A급 2단위 8개×8개 층	식당(A급 2단위 5개) 주방(A급 2단위 5개, K급 5개, LNG 가스 B급 3단위 5개)
지상 9~15층	오피스텔	A급 2단위 8개×7개 층	해당없음
소화기 총 설치개수		A급 2단위 136개	A급 2단위 10개, B급 3단위 9개, C급 적응성 4개, K급 5개

必勝! 합격수기

― 제17회 **김성진** 소방시설관리사님 합격수기 ―

안녕하세요 28살에 운이 좋게 자격을 취득한 청년입니다.
워낙 내공이 깊으신 분들이 많기에 이런 글을 쓰는 것이 조심스럽습니다. 저는 제가 공부한 방법을 몇 자 적어보겠습니다.

1. 공부기간

2017.01.01~2017.09.22 (265일)
공부기간은 절대적인 암기기간(6개월정도)을 강행군 해주시면 제 생각에 1년 안에 충분히 하실 수 있으리라 봅니다. 1월1일 기준으로 기사시험을 본 지도 좀 돼서 다시 감을 잡고 시작해야 하는 시점이었고, 앞으로 얼마나 많은 것을 외워야 하는지도 몰랐었습니다.

2. 공부시간

아침 8시~밤 11시 (최소 12시간 이상 하려고 노력했습니다) 한 달에 4~5일은 쉬었습니다.

3. 하루 공부량 체크

최소 A4용지 기준으로 양면 10장 빼곡히 쓴다.

4. 저만의 공부 방법

1월 : 공부범위의 파악과 월별 주별 계획을 달력에 적어 놓기.
이 과정을 꼭 거치시는 것을 추천합니다. 큰 틀을 정하지 않으면 흘러가는 물에 몸을 맡긴 채 어디로 떠내려가는지도 모르면서 중요한 타이밍을 놓치게 됩니다. 그리고 외워야 될 범위를 알게 되면 무력함과 막연함이 몰려오실 겁니다. 하지만 정말 절실하다면 하실 수 있습니다. 저는 법제처에서 모든 법령과 기준을 전체 출력하여 1월부터 법령들을 정독하였습니다. 제1조..2조..3조..머리 속에서 이해하면서 각 조항마다 저만의 쉬운 암기법을 정독과 동시에 만듭니다. 교재의 암기법이 더 쉽다면 교재의 도움을 받으면서도 하였습니다.

2월 : 정독과 암기법
1월과 마찬가지로 정독과 저만의 암기법을 따내는데 썼습니다. 이것은 제 기준입니다. 자신만의 효율적인 공부법을 찾아보십시오.

3월 : 서브노트 작성시작.
1,2월동안 정독하고 암기법은 땄지만 암기는 하지 않았기에 '아 막상 시작은 했는데 이걸 언제 다외우나...'단계입니다. 하지만 지금 이 기초 작업을 안 해놓으면 자신의 암기법을 따낼 시간이 앞으로 더욱 없습니다. 원문을 보고 따낸 암기법과 원장님 교재의 모든 문제를 비교 정리하여 차곡차곡 순서별로 암기노트를 만들었습니다. 한끝소만큼 구석구석 상세히 기술한 교재는 보기 드물더라고요.

4월 : 필기시험
이제 17회 기준을 본다면 필기시험도 쉽게 보시면 안 됩니다. 평균 75점 이상을 받을 수 있도록 공부하시기 바랍니다. 실기 공부는 필기시험 전부터 계속 공부해놓고 있어야 하는 게 팩트입니다. 흘러가는 물처럼 당연하듯이 자연스럽게 아무 일 없었던 것처럼 필기시험을 치르고 실기공부 계속하시기 바랍니다.

5월 : 모의고사반 입성.

　필기 끝나자마자 바로 공부 시작하십시오. 하루하루가 중요할 시기이며, 쉬는날도 의미있게 쉬어야 합니다. 학원별 모의고사반 추천드립니다. 반복과 노력이 답입니다. 답안지 쓰는 방법 쓰는 속도 모든 게 익숙해져야만 시험장에서 많은 도움이 됩니다. 그렇게 달달 볶았는데도 막상 가면 낯설고 당황하게 됩니다. 또한 서브노트는 새로운 문제를 그때그때 추가하면서 제 목숨과도 같아져 갔습니다.

6월 : 서브노트 암기 + 타 교재, 서적 체크.

　저는 3월부터 소규모 스터디그룹에 참가하여 엄청난 도움을 받았습니다. 스터디에서 학원모의고사 진도보다 한주 빠르게 진행하여 학원모의고사에서 60~80점은 꾸준히 받을 수 있도록 강행군을 하였습니다. 주변에 내공이 깊으신 분들이 계시다면 바짓가랑이 붙잡고 같이 스터디 하십시오. 멤버들의 행동 하나하나가 서로에게 도움이 됩니다.

7~9월 : 서브노트 쌓아 먹기.

　서브노트가 수백장(800개 이상)에 달해지면서 학원하고 스터디 가는 날 빼고 한 주 한 주 범위를 정해놓고 무조건 달달 외웠습니다. 그럼 한 바퀴가 돌려지고 두 바퀴가 돌려지고 세 바퀴가 돌려집니다. 줄여서 외우지 말고 예상해서 문제 버리거나 추리지 마세요. 확실하게 외우도록 노력하세요. 그렇지 않으면 독이 되어 돌아옵니다. 도서관에서 집에 가고 싶을 때 그날 쓴 이면지 장수를 세어보십시오. 20장 못쓰고 집에 가면 안된다고 버텼습니다. 그만큼 노력의 대가는 반드시 있다고 믿습니다.

5. 마무리.

　제 책상 유리 밑에는 소방학과를 졸업할 당시 30살까지의 목표를 세운 쪽지가 있습니다. 그 쪽지를 적을 당시에는 이렇게 되보고 싶다!라는 꿈이었습니다. 하지만 그 계획대로 착착 진행이 되어가고 있어 뿌듯하고 신기합니다. 그리고 지금부터 또 10년 후까지의 두 번째 플랜을 짜고 있습니다. 소방인 여러분 파이팅입니다.

　1년 조금 안되는 기간 동안 필기,실기 한방에 끝낼수 있도록 도와주신 정신적지주 이항준 원장님, 다른 곳에서 찾아볼 수 없는 공부환경을 제공해주신 모아소방학원 황모아 원장님, 멘토가 되어주신 박성진,정경희 관리사님 그리고 저희 스터디 운병국 관리사님과 멤버분들 모두모두 잊지 않겠습니다.
　한끝소 화이팅!!

　　　　　　　　　　단기간 또한 젊은 나이에 합격하신 한분입니다.
앞으로 기술사 취득, 사업, 대학강의를 목표로 무한한 가능성을 두고 미래를 계획하는 너무나도 모범적인
　　　　　　김성진 소방시설관리사의 앞날 항상 건승하기를 기원합니다....^^

02 기초 유체역학

1 단위 및 차원

1. 단위의 정의
양을 표현하기 위한 비교의 기준으로 사용하는 양을 단위라 한다.

2. 단위의 구분

(1) 기본단위
   ① 절대단위계 : 질량[kg], 길이[m], 시간[sec]으로 표현
   ② 중력단위계 : 무게(힘)[N], 길이[m], 시간[sec]으로 표현
   → 질량과 힘의 관계 : $1N = 1kg \cdot m/s^2$

(2) 유도단위
   기본단위의 조합으로 이루어진 단위

3. 기본단위 및 유도단위

(1) 질량[kg]
   물질이 가지고 있는 고유한 물질의 양을 말하며, 분자량 등도 질량에 해당한다.

(2) 무게 = 힘
   어떤 질량을 가진 물체가 만류인력에 의해 중력을 받게 되면 중력에 의한 가속도를 받게 되며, 이것을 중력가속도($g = 9.8m/s^2$)라 한다. 즉, 질량에 (중력)가속도를 가하면 무게(힘)가 된다.
   $F = ma, \quad F = mg$
   여기서, F : 힘(무게)[$N = kg \cdot m/s^2$]
   $\quad\quad\quad m$: 질량[kg]
   $\quad\quad\quad a$: 가속도[m/s^2]
   $\quad\quad\quad g$: 중력가속도[$9.8m/s^2$]

> **이해 必**
>
> ☑ 힘의 단위는 1kg의 질량을 가지는 물체를 $1m/s^2$의 가속도를 가했을 때를 말하며 다음과 같다.
> $1N = 1kg \cdot m/s^2[1N \cdot s^2/m = 1kg]$ 여기에 일반가속도 대신 중력가속도를 가해 줄 경우 $1kg \times 9.8m/s^2 = 9.8N = 1kg_f$가 된다. 우리가 일반적으로 알고 있는 중량단위인 kg_f가 산출되지만 현재 시험에서는 **SI단위인 N이 출제되고 있으므로 주의하여야 한다.**
>
> ☑ 힘과 가속도의 관계
> ① 그림과 같이 멈춰 있는 공에 단위시간(1sec) 동안 힘을 가해주면 0m/s에서 3m/s로 속도변화가 생기게 되며, 이때 속도변화율이 가속도가 된다. 마찰이 없다고 가정할 경우 물체는 관성의 법칙에 의해 3m/s로 등속도 운동을 하며, 이때 속도변화는 없으므로 가속도는 0이다. 이것은 더 이상 힘이 가해지지 않았기 때문이며, 만약, 힘을 가해 줄 경우 속도변화에 따른 가속도가 발생한다.

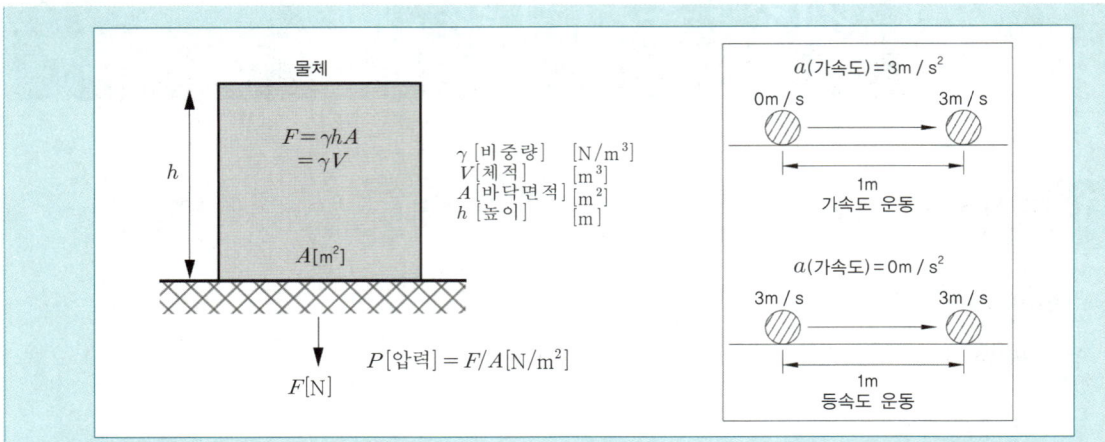

〈힘, 압력 및 비중량〉   〈속도와 가속도〉

② 물체의 무게(힘), 압력 및 비중량 : 단위체적당 무게는 비중량이 되므로 물체의 전체 무게(중력에 의해 아래로 작용하는 힘)는 비중량에 체적을 곱하여 구할 수 있다.

$$F = mg = PA = \gamma hA = \gamma V = \rho g V [N]$$

→ $F = \rho g V_{체적} = \rho \times \dfrac{m}{s^2} \times m^3 = \rho \times \dfrac{m}{s} \times \dfrac{m^3}{s} = \rho V_{유속} Q \therefore F = \rho Q \Delta V_{유속}$

(3) 밀도

단위체적당 질량을 밀도라 하며, 그 역수를 비체적($V_s [\text{m}^3/\text{kg}]$)이라 한다.

$$\rho = \dfrac{m}{V}$$

여기서, ρ : 밀도[물 : $1,000 \text{kg/m}^3 = 1,000 \text{N} \cdot \text{s}^2/\text{m}^4$]
  m : 질량[kg]
  V : 체적[m^3]

이해必

☑ 이 공식은 이렇게 적용하세요…^^ : 밀도[kg/m^3] 🔥🔥🔥

문제표현 → 요구값	적용 공식	요구 공식
비중량[N/m^3] → 밀도(ρ)	$\gamma = \rho g = \dfrac{F}{V}$	$\rho = \dfrac{\gamma}{g},\ \rho = \dfrac{F}{gV}$
비체적[m^3/kg] → 밀도(ρ)	$V_s = \dfrac{1}{\rho} = \dfrac{V}{m}$	$\rho = \dfrac{1}{V_s}$
액체비중 → 밀도(ρ)	$S = \dfrac{\rho}{\rho_w} = \dfrac{\gamma}{\gamma_w}$	$\rho = S \times \rho_w$
레이놀즈수 → 밀도(ρ)	$Re = \dfrac{\rho VD}{\mu} = \dfrac{VD}{\nu}$	$\rho = \dfrac{Re \times \mu}{VD},\ \rho = \dfrac{\mu VD}{\nu VD} = \dfrac{\mu}{\nu}$
기체상수, 온도, 압력 → 밀도(ρ)	$PV = \dfrac{W}{M}RT = W\overline{R}T\ \left[\overline{R} = \dfrac{R}{M}\right]$	$\rho = \dfrac{W}{V} = \dfrac{PM}{RT},\ \rho = \dfrac{W}{V} = \dfrac{P}{RT}$

(4) 비중량

단위체적당 유체의 중량 ["비(specific : 특정한)"는 단위당이라는 의미를 가지고 있다.]

$$\gamma = \rho g = \frac{F}{V}$$

여기서, γ : 비중량[물 : $9,800 \text{N/m}^3 = 9.8 \text{kN/m}^3 = 0.0098 \text{MN/m}^3 = 1,000 \text{kg}_f/\text{m}^3$]
ρ : 밀도[물 : $1,000 \text{kg/m}^3 = 1,000 \text{N} \cdot \text{s}^2/\text{m}^4$]
g : 중력가속도[9.8m/s^2]
F : 힘, 무게[N]
V : 체적[m^3]

> **이해 必**
>
> ☑ **이 공식은 이렇게 적용하세요…^^** : 비중량 (포수용액 등 액체의 비중량은 달라질 수 있다.)
>
> | 문제표현 → 요구값 | 적용 공식 | 요구 공식 |
> |---|---|---|
> | 액체비중 → 비중량(γ) | $S = \dfrac{\gamma}{\gamma_w} = \dfrac{\rho}{\rho_w}$ | $\gamma = S \times \gamma_w$ |
>
> ☑ $\gamma = \rho g$가 성립 되는 이유
>
> 힘 $F = ma$ [$\text{N} = \text{kg} \times \text{m/s}^2$] 는 질량에 중력가속도를 곱한 것이다. 그런데, 밀도 $\rho[\text{kg/m}^3]$는 단위체적당 질량이므로 여기에 중력가속도를 곱하면 단위체적당 중량으로 볼 수 있으며 이를 비중량 $\gamma[\text{N/m}^3]$라 하며, 단위정리는 다음과 같다.
>
> $$\gamma = \rho g = \text{kg/m}^3 \times \text{m/s}^2 = \frac{\text{kg} \cdot \text{m/s}^2}{\text{m}^3} = \frac{\text{N}}{\text{m}^3} = \frac{F}{V}$$

(5) 비체적

단위질량당 체적(밀도와 역수 관계) 또는 단위중량당 체적[화재안전기술기준에서의 가스계 소화설비는 단위중량당 체적을 사용하며, 소화약제 선형상수라고도 한다.]

$$V_s = \frac{V}{m}$$

여기서, V_s : 비체적[m^3/kg]
m : 질량[kg]
V : 체적[m^3]

> **이해 必**
>
> ☑ **이 공식은 이렇게 적용하세요…^^** : 비체적(약제체적 또는 약제량 산출할 경우)
>
> | 문제에서 표현 | 적용 공식 | 적용 |
> |---|---|---|
> | $P = 1\text{atm}$ 또는 압력조건 없음 | $S = K_1 + K_1 \times \dfrac{t}{273}$
[S : 특정온도비체적, 1atm 비체적, K_1 : 0℃] | $W = \dfrac{V}{S}$, $V = S \times W$ |
> | $P \neq 1\text{atm}$ 인 경우 | $PV = \dfrac{W}{M} RT$ | $W = \dfrac{PVM}{RT}$, $V = \dfrac{WRT}{PM}$ |

✅ 가스의 특성

① 온도 : 샤를의 법칙에 따라 온도가 변할 경우 기체의 체적은 1/273씩 변한다. 즉, 소화약제의 경우 온도가 달라짐에 따라 비체적[m^3/kg] 또는 설계농도가 달라질 수 있다.

② 압력 : 보일의 법칙에 따라 압력이 변할 경우 기체의 체적은 달라진다. 즉, 압력이 달라질 경우 비체적[m^3/kg] 또는 설계농도가 달라질 수 있다. 압력이 달라질 경우 압력을 고려한 이상기체 상태방정식에 따라 약제량을 산정한다.

✅ 온도의 단위변환

보일-샤를의 법칙, 이상기체 상태방정식에서 항상 절대온도를 대입하여야 하며, 온도를 묻는 문제에서 최종 함정은 ℃ 또는 K이므로 주의하여야 한다.

구분	공식	구분	공식
절대온도=켈빈온도[K]	$K = 273 + ℃$ 🔥🔥🔥	화씨[℉]	$℉ = \dfrac{9}{5}℃ + 32$
섭씨[℃]	$℃ = \dfrac{5}{9}(℉ - 32)$	랭킨온도[R]	$R = 460 + ℉$

(6) 비중

① 기체비중 : 기체는 0℃, 1atm을 기준으로 하여 공기분자량(약 29g)에 대한 가스분자량의 비를 말하며 기체비중을 증기밀도(vapor density)로 표현하기도 하며 기체의 분자량이 클수록 비중은 커진다.

$$S(기체비중) = \dfrac{기체의 분자량(g)}{공기의 분자량(g)} = \dfrac{기체의 밀도(g/l)}{공기의 밀도(g/l)}$$

② 액체비중 : 어떤 물체의 무게와 이와 같은 부피의 4℃의 물의 무게와의 비 🔥🔥🔥

$$S = \dfrac{\gamma}{\gamma_w} = \dfrac{\rho g}{\rho_w g} = \dfrac{\rho}{\rho_w}$$

여기서, S : 비중
  γ_w : 4[℃]의 물의 비중량[$9,800N/m^3 = 9.8kN/m^3 = 0.0098MN/m^3 = 1,000kg_f/m^3$]
  γ : t[℃]의 물체의 비중량[N/m^3]
  ρ_w : 4[℃]의 물의 밀도[$1,000kg/m^3 = 1,000N \cdot s^2/m^4$]
  ρ : t[℃]의 물체의 밀도[kg/m^3]

🔔 암기 必

✅ **이 공식은 이렇게 적용하세요…^^** : 비중(포수용액 등 액체의 비중량은 달라질 수 있다.)

문제표현 → 요구값	공식	적용
액체비중 → 비중량(γ) 액체비중 → 밀도(ρ)	$S = \dfrac{\gamma}{\gamma_w} = \dfrac{\rho}{\rho_w}$	$\gamma = S \times \gamma_w$ $\rho = S \times \rho_w$

2 유체

1. 유체의 정의

유체란 아무리 작은 값이라도 전단력(점성, 마찰)이 유체 내부에 작용하면 비교적 크게 변형을 이루다가 전단력을 제거하여도 유체 내부에 전단응력이 작용하는 동안 연속적으로 변형을 일으키는 물질을 말한다. 밀도변화, 점성의 유무, 변형률에 따라 구분을 한다.

2. 유체의 분류

(1) 밀도변화에 따른 분류
   ① **압축성 유체** : 주위의 압력변화에 따라 체적이 변하는 유체(예 기체, 액체 중 음속 이상의 속도로 물체가 지나갈 경우 그 주변의 일부가 압축성 유체가 되기도 한다.)
   ② **비압축성 유체** : 주위의 압력변화에 따라 체적이 변하지 않는 유체(예 액체)

(2) 점성유무에 따른 분류
   ① **실제유체** : 전단응력(점성, 마찰)이 존재하며 압축성을 가진다.(점성유체)
   ② **이상유체** : 점성이 없으며 비압축성인 유체(비점성유체, 완전유체)

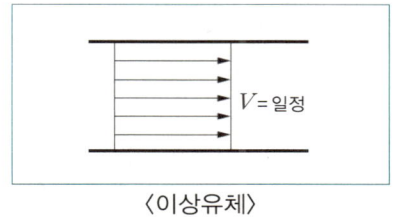

〈이상유체〉

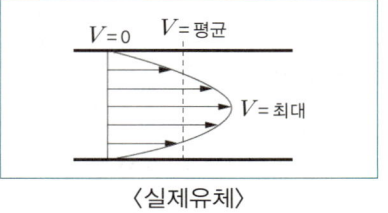

〈실제유체〉

> **이해 必**
>
> ☑ **이 공식은 이렇게 적용하세요…^^** : 이상유체, 실제유체

문제의 표현	공식	적용 $[Z_1 = Z_2]$
• 이상유체 • 점성이 없는 • 마찰이 없는	$H = \dfrac{P_1}{\gamma} + \dfrac{V_1^2}{2g} + Z_1 = \dfrac{P_2}{\gamma} + \dfrac{V_2^2}{2g} + Z_2$	$\dfrac{P_1 - P_2}{\gamma} = \dfrac{V_2^2 - V_1^2}{2g}$ [압력차 발생=유속차 발생]
• 실제유체 • 점성이 있는 • 마찰이 있는	$H = \dfrac{P_1}{\gamma} + \dfrac{V_1^2}{2g} + Z_1 = \dfrac{P_2}{\gamma} + \dfrac{V_2^2}{2g} + Z_2 + \Delta H$	$\Delta H = \dfrac{P_1 - P_2}{\gamma} + \dfrac{V_1^2 - V_2^2}{2g}$

(3) 변형률에 따른 분류
뉴턴의 점성 법칙이 성립할 경우 뉴턴유체, 성립하지 않을 경우 비뉴턴유체라 한다.

3 유체의 정역학

정역학이란 유동하지 않는 유체에 의해 작용하는 힘에 대한 영역으로 정압을 말한다. 🔥🔥🔥

$$P = \gamma H = \rho g H = \frac{F}{A}$$

여기서, P : 압력[Pa = N/m²]
  γ : 비중량[물 : 9,800N/m³ = 9.8kN/m³ = 0.0098MN/m³ = 1,000kg$_f$/m³]
  ρ : 밀도[물 1,000kg/m³ = 1,000N·s²/m⁴]
  H : 높이(수두)[m]
  F : 힘[N]
  A : 면적[m²]

1. 표준대기압과 절대압

지구를 둘러싼 **공기의 무게에 의해 발생**하는 것으로 공기는 지구위에서의 높이 및 온도에 따라 무게가 미소한 차이가 발생하므로 그 기준을 정한 것인데 공학 등에서는 해발의 높이나 온도를 특별하게 보정하여야 하는 정밀한 상태가 아니라면, 표준대기압을 사용하며 **온도 0℃, 북위 45도의 해면**(해발 0m)에서 **수은주 높이 760mmHg** 가 단위면적에 작용하는 힘으로 이 압력의 값은 1atm 이며 최대밀도를 갖는 4℃의 물(비중 1)을 기준으로 수주로 표현하면 10.332mH₂O가 되며 단위별로 환산하면 다음과 같다.

(1) **압력환산** 술86(10)89(10) 🔥🔥🔥

1atm	=	10,332mmH₂O	=	760mmHg
101,325Pa	=	10.332mH₂O	=	76cmHg
101.325kPa	=	10.332mAq	=	1,013mbar
0.101325MPa	=	1.0332kg$_f$/cm²	=	1.013bar
14.7psi	=	10,332kg$_f$/m²	=	30inHg

• 1기압(대기압)과 동일한 각종 압력단위 [mH₂O = mAq(아쿠아=물)]
• 좌측의 색이 있는 부분의 압력단위는 시험에 거의 출제되지 않으나, 기타 압력은 암기 필수

> 📖 **이해 必**
>
> ☑ **이 공식은 이렇게 적용하세요…^^** : 압력단위환산
>
> | 압력단위환산 | 적용(예 400kPa → ? mH₂O) |
> |---|---|
> | 일반적인 압력환산 | $\dfrac{400\text{kPa}}{101.325\text{kPa}} \times 10.332\text{mH}_2\text{O} = 40.787 \therefore 40.79\text{mH}_2\text{O}$ |
> | 비중량으로 압력환산 | $H = \dfrac{P[\text{kPa} = \text{kN/m}^2]}{\gamma[물 : 9.8\text{kN/m}^3]} = \dfrac{400\text{kN/m}^2}{9.8\text{kN/m}^3} = 40.816 \therefore 40.82\text{mH}_2\text{O}$ [오차범위는 발생하지만 비중량으로 산출 가능하다.] |

(2) **절대압** 술113(10)125(10)

완전진공 상태를 기준으로 측정한 압력이므로 절대압이 대기압보다 높을 수도 있고 낮을 수도 있다. **액주계 또는 압력관련 부분에서 절대압 또는 계기압은 문제의 함정으로 자주 출제되므로 보일-샤를의 법칙 및 이상 기체상태방정식 등에 적용할 경우 필히 구분하여 적용하여야 한다.** 술86(10)89(10) 🔥🔥🔥

① 절대압이 대기압 보다 높은 경우 : 절대압 = 대기압 + 계기압
(순수한 대기압상태에서의 절대압력은 1atm 이며, 펌프의 토출 측 또는 저장용기에서 측정되는 압력은 계기압이므로 대기압을 더해주어야 절대압이 된다.)

② 절대압이 대기압 보다 낮은 경우 : 절대압 = 대기압 - 진공압
(유효흡입수두는 절대압으로 진공압에서 측정되는 손실(낙차, 마찰)을 감하고 유효하게 펌프에 흡입되는 수두)

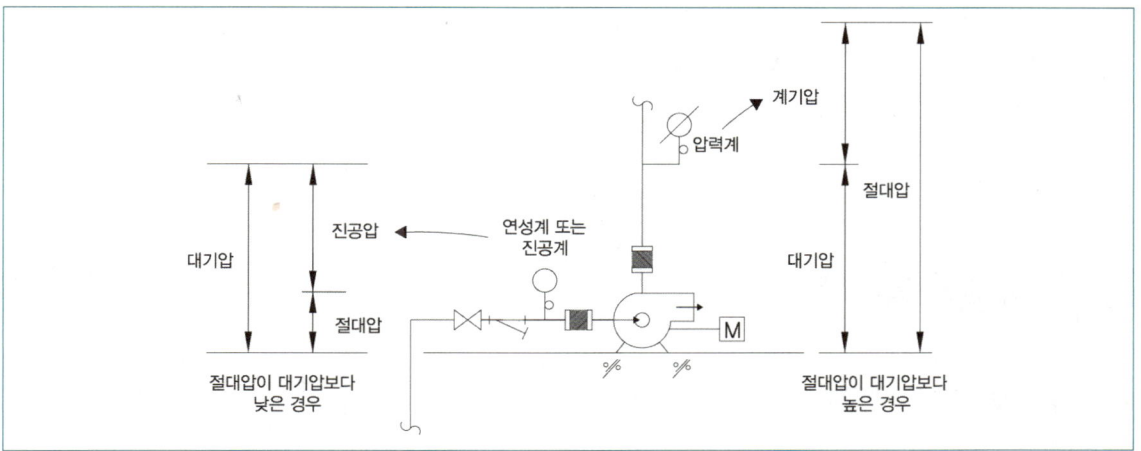

2. 유체압력의 원리

(1) 유체의 압력은 유체와 접촉하는 벽면에 대하여 언제나 수직으로 작용한다.
(2) 정지유체 속에 있는 한 점에 미치는 압력 크기는 방향에 관계없이 일정하다.
(3) 밀폐된 용기속의 유체에 압력을 가할 경우 그 압력은 유체 내의 모든 부분에 그대로 전달된다.

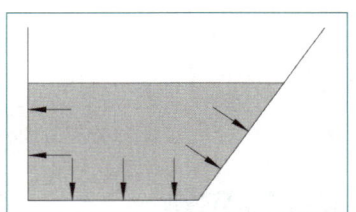

→ 파스칼의 원리(수압기의 원리) : 밀폐된 용기 내에 작용한 압력은 그대로 물의 모든 부분에 전달된다는 것을 말한다. 이것은 수압기에서도 사용이 되며 소방에서는 스프링클러설비 중 건식밸브에서도 응용되어 사용된다. 🔥🔥🔥

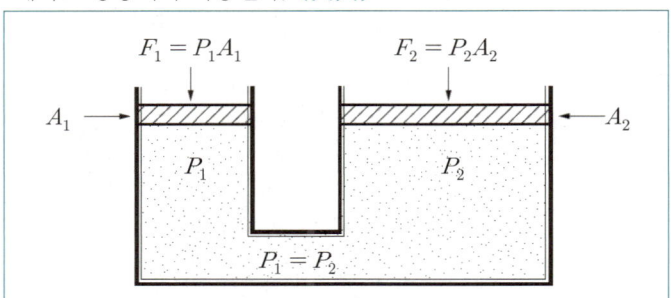

(4) 개방된 용기의 액체압력은 액체의 깊이와 밀도에 비례한다.
$P = \gamma H = \rho g H \ [\gamma = \rho g]$
여기서, P : 압력[Pa = N/m²]
  γ : 비중량[물 : 9,800N/m³ = 9.8kN/m³ = 0.0098MN/m³]
  ρ : 밀도[물 : 1,000kg/m³ = 1,000N·s²/m⁴]
  H : 높이(수두)[m]
  g : 중력가속도[9.8m/s²]

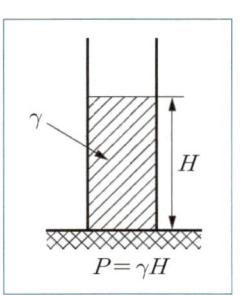

(5) 용기의 밑바닥에 작용하는 유체의 압력은 용기의 크기나 모양에 상관없이 일정하다.

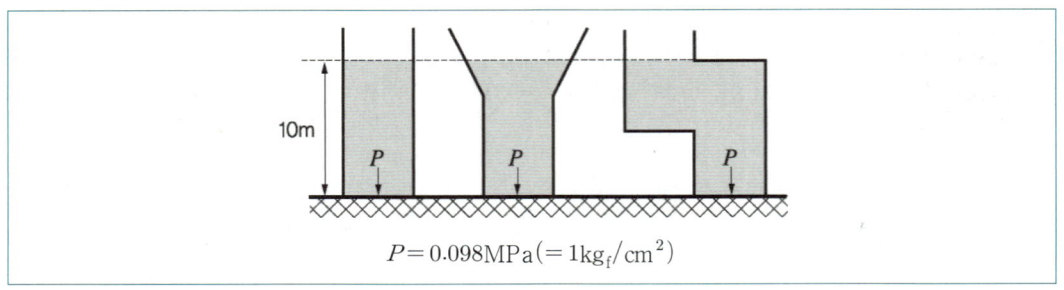

4 유체의 동역학

1. 연속의 방정식과 베르누이 정리 🔥🔥🔥

(1) 유량

$$Q = AV = A\sqrt{2gH}$$

여기서, Q : 유량[m³/s]
A : 배관단면적 $\left(\dfrac{\pi}{4}D^2[\text{m}^2]\right)$
V : 유속[m/s]

$$\left[V = \sqrt{2gH} = \sqrt{2g\dfrac{P}{\gamma}} = \sqrt{2g\dfrac{P}{\rho g}} = \sqrt{\dfrac{2}{\rho}P} \quad (P = \gamma H \text{이므로 } H = \dfrac{P}{\gamma})\right]$$

(물탱크)

$$Q = AV = \dfrac{\pi}{4}D^2\sqrt{2gH}$$

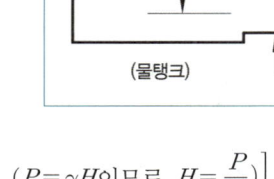 이해 必

☑ 이 공식은 이렇게 적용하세요…^^ : 유량 및 연속의 방정식

문제표현 → 요구값	적용 공식	요구 공식
유량 / 유속 → 내경(D)	$Q = AV$	$D = \sqrt{\dfrac{4Q}{\pi V}}$
유량 / 구경 → 유속(V)	$Q = AV$	$V = \dfrac{4Q}{\pi D^2}$
수두, 압력 → 유속(V : 토리첼리 정리)	$H = \dfrac{V^2}{2g}$, $H = \dfrac{P}{\gamma}$	$V = \sqrt{2gH} = \sqrt{2g \cdot \dfrac{P}{\gamma}}$
K값 / 방수압 → 유량(Q)	$Q = K\sqrt{P}$	$Q = K\sqrt{P}$, $K = \dfrac{Q}{\sqrt{P}}$
D_1, D_2 → 유속비율(V_1, V_2)	$Q = A_1 V_1 = A_2 V_2$	$V_1 = \dfrac{D_2^2}{D_1^2} \cdot V_2$
유량 / 구경(D_1, D_2) → 유속(V_1, V_2)	$Q = A_1 V_1 = A_2 V_2$	$V_1 = \dfrac{Q}{A_1}$, $V_2 = \dfrac{Q}{A_2}$

(2) 토리첼리의 정리 🔥🔥🔥

$$V = \sqrt{2gH} = \sqrt{2g\frac{P}{\gamma}} = \sqrt{2g\frac{P}{\rho g}} = \sqrt{\frac{2}{\rho}P} \quad \left[H = \frac{P}{\gamma}, \gamma = \rho g \text{이므로}\right]$$

여기서, V : 유속[m/s]
　　　　g : 중력가속도[9.8m/s²]
　　　　H : 높이(수두)[m]
　　　　γ : 비중량[물 : 9,800N/m³]
　　　　ρ : 밀도[물 : 1,000kg/m³ = 1,000N·s²/m⁴]
　　　　P : 압력[Pa = N/m²]

(3) 유량 및 유량계수 🔥🔥🔥

$$Q = CAV = [(A \times C_o) \times (V \times C_v)] \quad [C = C_o \times C_v \text{이므로}]$$

여기서, Q : 유량[m³/s]
　　　　A : 배관단면적$\left(\frac{\pi}{4}D^2[\text{m}^2]\right)$
　　　　V : 유속[m/s]
　　　　C : 유량계수
　　　　C_o : 수축계수
　　　　C_v : 속도계수

① 유량계수($C = C_o \times C_v$)가 주어지는 것은 배관 등에서 발생하는 손실로 인해 실제 단면적(orifice : 배관, 헤드, 노즐 등)보다 작은 면적으로 유체가 흐름에 따라 원래 배관단면적에 대한 실제 사용 단면적의 비율(A_2/A_1)로서 손실을 보정한다는 의미이다.
② 단면이 줄어들게 되면 유속이 변하므로 이를 속도계수라 하기도 하고 단면이 줄어들어 수축계수라 하기도 하며, 조건에 따라 두 가지 모두 주어질 수 있다.
③ **베나 콘트렉트(Vena Contracts)** : 노즐에 의해 물을 방사할 경우 교축단면을 말하는 것으로 **교축단면이 가장 작은 지점인 노즐구경의 1/2 떨어진 위치에서 속도가 가장 빠르므로 피토게이지로 방수압을 측정한다.**
④ 물탱크에서의 유량
　㉠ 총 유입유량 = 탱크 내 유량 + 토출유량
　㉡ 탱크 내 유량 = 총 유입유량 - 토출유량

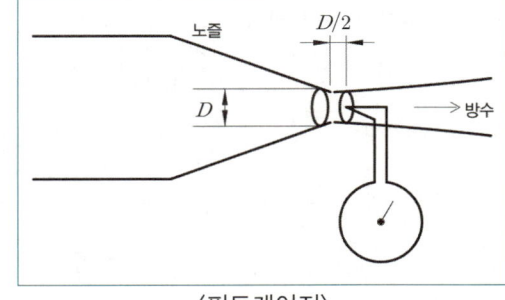

〈피토게이지〉

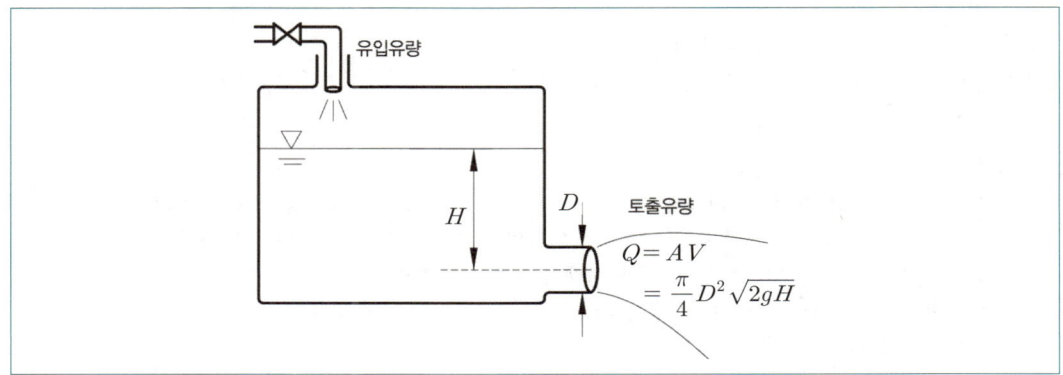

(4) 옥내소화전 유량 공식 유도(SI 단위기준) 술79(25)88(10)125(25)관설6,20(SP)

단위환산 전	단위환산 후
$Q = AV = \dfrac{\pi}{4}D^2 \times \sqrt{2gH}$ 관점17	$q = 2.107d^2\sqrt{P}$
$Q = C \times \dfrac{\pi}{4}D^2 \times \sqrt{2gH}$ [유량계수 고려]	$q = 2.086d^2\sqrt{P}$ [유량계수 고려]

여기서, Q : 유량[m³/s]
　　　　q : 유량[lpm]
　　　　A : 배관단면적$\left(\dfrac{\pi}{4}D^2 [\text{m}^2]\right)$
　　　　D : 구경[m]
　　　　d : 구경[mm]
　　　　V : 유속[m/s] $\left[V = \sqrt{2gH} = \sqrt{2g\dfrac{P}{\gamma}} = \sqrt{\dfrac{2}{\rho}P}\ (\because H = \dfrac{P}{\gamma})\right]$
　　　　H : 양정[m]
　　　　P : 방수압[MPa = MN/m²]
　　　　C : 유량계수(속도계수, 손실계수)

① 노즐에서 방출되는 방사압력은 속도수두로서 유속을 압력으로 환산할 수 있으므로 $H = \dfrac{V^2}{2g}$

　따라서, $V = \sqrt{2gH}$ (토리첼리 정리)를 대입하면 $Q = \dfrac{\pi}{4}D^2 \times \sqrt{2gH}$

② 양정(H[m] → P[MPa]), 구경(D[m] → d[mm]), 유량(Q[m³/s] → q[l/min])의 단위를 각각 환산하여 대입하기 위하여 비례관계로 정리하면 다음과 같다.

　㉠ 양정 : $\dfrac{H[\text{m}]}{P[\text{MPa}]} = \dfrac{10.332}{0.101325}$ 이므로 $H[\text{m}] = 101.9689 \times P[\text{MPa}]$

　㉡ 구경 : $\dfrac{D[\text{m}]}{d[\text{mm}]} = \dfrac{1}{1,000}$ 이므로 $D^2[\text{m}^2] = \left(\dfrac{d}{1,000}\right)^2 [\text{mm}^2]$

　㉢ 유량 : $\dfrac{Q[\text{m}^3/\text{s}]}{q[l/\text{min}]} = \dfrac{1}{1,000 \times 60}$ 이므로 $Q[\text{m}^3/\text{s}] = \dfrac{q}{6 \times 10^4}[l/\text{min}]$

③ 위의 비례관계를 $Q = \dfrac{\pi}{4}D^2 \times \sqrt{2gH}$ 에 대입하면

$$\dfrac{q}{6 \times 10^4}[l/\text{min}] = \dfrac{\pi}{4} \times \left(\dfrac{d}{1,000}\right)^2 \times \sqrt{2 \times 9.8\text{m/s}^2 \times 101.9689 P[\text{MPa}]}$$

$$\therefore q[l/\text{min}] = 2.1067 d^2 [\text{mm}] \sqrt{P[\text{MPa}]}$$

④ 유량계수($C = 0.99$)를 대입하면[손실 등으로 인하여 이론유량의 99%만 사용할 수 있다는 의미]
　$q = 2.086 d^2 \sqrt{P}$

(5) 연속의 방정식

연속의 법칙(**질량보존의 법칙**을 전제)에 관계가 있으며 배관의 **단면의 변화**에 따른 **유량은 일정**한데 유체가 흘러가는 **단면이 크면 유속은 느려지고 단면이 줄어들면 유속이 증가**하므로 동압(운동에너지)은 증가하나 부근의 정압은 감소한다. 즉, 베르누이 정리와 관계가 있다. 🔥🔥🔥

$Q = A_1 V_1 = A_2 V_2$ [체적유량 : 단위시간당 흐르는 체적]
$M = \rho_1 A_1 V_1 = \rho_2 A_2 V_2$ [질량유량 : 단위시간당 흐르는 질량] 관설17
$G = \gamma_1 A_1 V_1 = \gamma_2 A_2 V_2$ [중량유량 : 단위시간당 흐르는 중량]

여기서, Q : 체적유량[m³/s]
　　　　M : 질량유량[kg/s]

G : 중량유량[N/s]

A_1, A_2 : 배관단면적 $\left(\dfrac{\pi}{4}D^2[\text{m}^2]\right)$

V_1, V_2 : 유속[m/s]

ρ_1, ρ_2 : 밀도[물 : $1,000\text{kg/m}^3 = 1,000\text{N}\cdot\text{s}^2/\text{m}^4$]

γ : 비중량[물 : $9,800\text{N/m}^3 = 9.8\text{kN/m}^3 = 0.0098\text{MN/m}^3 = 1,000\text{kg}_f/\text{m}^3$]

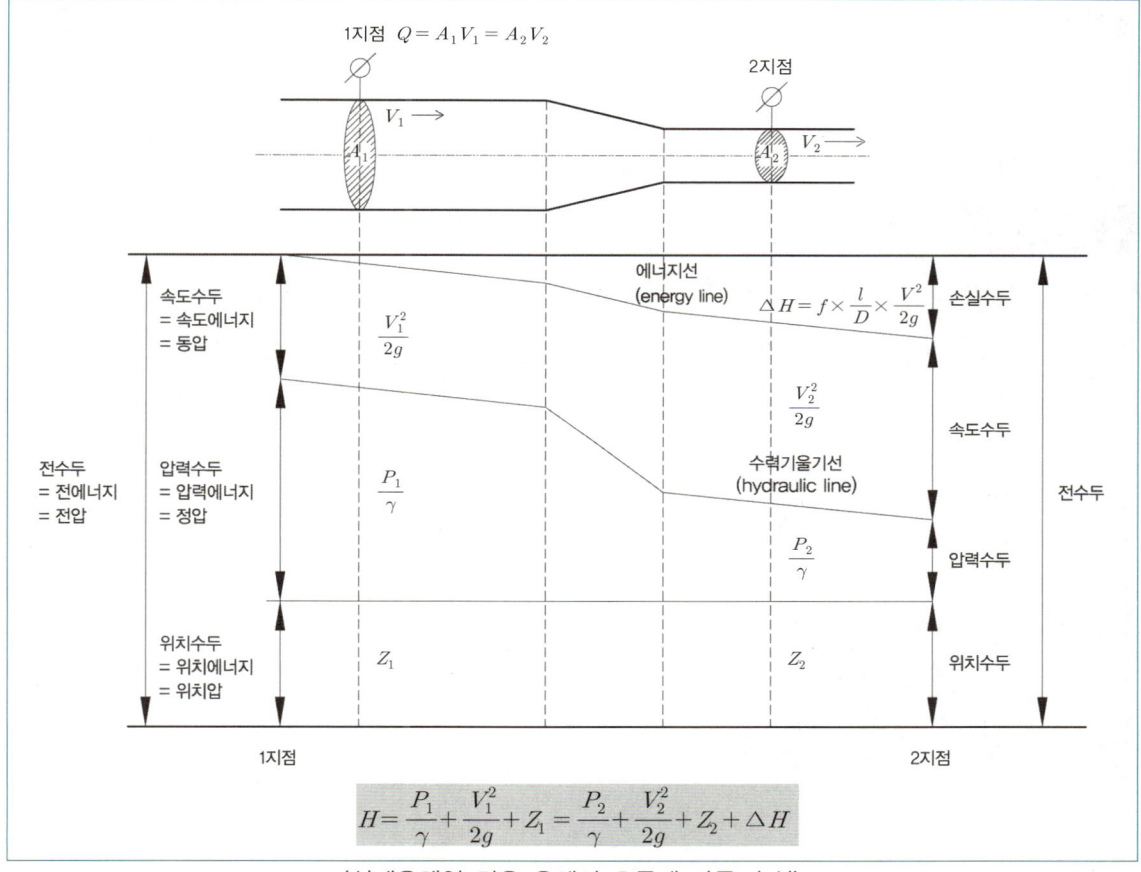

〈실제유체일 경우 유체의 흐름에 따른 손실〉

이해 必

☑ 이 공식은 이렇게 적용하세요…^^ : 연속의 방정식[유속(비율)을 베르누이 정리 등에 대입]

문제표현 → 요구값	적용 공식	요구 공식
D_1, D_2 → 유속비율(V_1, V_2)	$Q = A_1 V_1 = A_2 V_2$	$V_1 = \dfrac{D_2^2}{D_1^2}\cdot V_2$
유량 / 구경(D_1, D_2) → 유속(V_1, V_2)	$Q = A_1 V_1 = A_2 V_2$	$V_1 = \dfrac{Q}{A_1},\ V_2 = \dfrac{Q}{A_2}$

Chapter 02 기초 유체역학

(6) 베르누이 정리 술102(25)104(10)107(10)113(10)113(10)관설14,15 🔥🔥🔥

이상유체(비점성 흐름, 비압축성, 정상흐름)일 경우 속도수두와 압력수두와 위치수두의 **총합**은 배관의 모든 부분에서 **일정하다.**(에너지보존의 법칙) 실제유체의 흐름에서는 마찰손실이 발생하게 된다.

$$H = \frac{P_1}{\gamma} + \frac{V_1^2}{2g} + Z_1 = \frac{P_2}{\gamma} + \frac{V_2^2}{2g} + Z_2$$

여기서, H : 전수두[m]
P_1, P_2 : 압력[Pa = N/m²]
γ : 비중량[물 : 9,800N/m³ = 9.8kN/m³ = 0.0098MN/m³]
V_1, V_2 : 속도[m/s]
g : 중력가속도[9.8m/s²]
Z_1, Z_2 : 위치수두[m]

📘 이해 必

☑ **이 공식은 이렇게 적용하세요…^^** : 베르누이 정리

문제의 표현	공식	적용
• 이상유체 • 점성이 없는 • 마찰이 없는	$H = \frac{P_1}{\gamma} + \frac{V_1^2}{2g} + Z_1 = \frac{P_2}{\gamma} + \frac{V_2^2}{2g} + Z_2$	$\frac{P_1 - P_2}{\gamma} = \frac{V_2^2 - V_1^2}{2g}$ [압력차 발생 = 유속차 발생]
• 실제유체 • 점성이 있는 • 마찰이 있는	$H = \frac{P_1}{\gamma} + \frac{V_1^2}{2g} + Z_1 = \frac{P_2}{\gamma} + \frac{V_2^2}{2g} + Z_2 + \Delta H$	$\Delta H = \frac{P_1 - P_2}{\gamma} + \frac{V_1^2 - V_2^2}{2g}$

☑ **베르누이 정리 공식 정리**

이상유체일 경우 [$Z_1 = Z_2$]	실제유체일 경우 [$Z_1 = Z_2$]
$\frac{P_1}{\gamma} + \frac{V_1^2}{2g} + Z_1 = \frac{P_2}{\gamma} + \frac{V_2^2}{2g} + Z_2$ $\frac{P_1 - P_2}{\gamma} = \frac{V_2^2 - V_1^2}{2g}$ → $P_1 - P_2 = \gamma \cdot \frac{V_2^2 - V_1^2}{2g}$ $P_1 - P_2 = \frac{\rho}{2}(V_2^2 - V_1^2)$ → $\Delta P = \frac{\rho}{2}(V_2^2 - V_1^2)$	$\frac{P_1}{\gamma} + \frac{V_1^2}{2g} + Z_1 = \frac{P_2}{\gamma} + \frac{V_2^2}{2g} + Z_2 + \Delta H$ $\Delta H = \frac{P_1 - P_2}{\gamma} + \frac{V_1^2 - V_2^2}{2g}$

☑ **수두(Head)** : 물의 높이에 따라 가지는 기계적인 에너지의 크기. 즉, **압력**을 말하며 **수위가 높을수록 압력은 커진다.** 유체역학 등에서 사용하며 **수두**는 **양정**으로 표현하기도 한다. 수두(양정)를 표기할 경우 mH₂O 내지 mmH₂O로 하지만 이를 줄여서 m로 표기하기도 한다.

---

2. 유체의 점성유동에 따른 손실 술111(10)

(1) 레이놀즈수 🔥🔥🔥

마찰손실은 점성력을 의미하며 레이놀즈수에 반비례한다. 유속은 관성력을 의미하므로 점성력(마찰)에 대한 관성력의 비율로서 점성력보다 관성력(유속에 의한 힘)이 4,000배 이상이 될 경우 난류가 된다는 것을 의미한다.

$$Re = \frac{\rho VD}{\mu} = \frac{VD}{\nu} \quad \left[\frac{관성력}{점성력}\right]$$

여기서, Re : 레이놀즈수
   ρ : 밀도[물 : $1,000\text{kg/m}^3 = 1,000\text{N} \cdot \text{s}^2/\text{m}^4$]
   V : 유속[m/s]
   D : 내경[m]
   μ : 점도[kg/m·s = N·s/m²]
   ν : 동점도[m²/s]

① 층류 : 질서 정연하게 흐르는 흐름
   [$Re \leq 2,100$(하임계 레이놀즈수)]
② 전이영역(임계영역, 천이영역) : $2,100 < Re < 4,000$
③ 난류 : 불규칙하게 운동하면서 흐르는 흐름
   [$Re \geq 4,000$(상임계 레이놀즈수)]

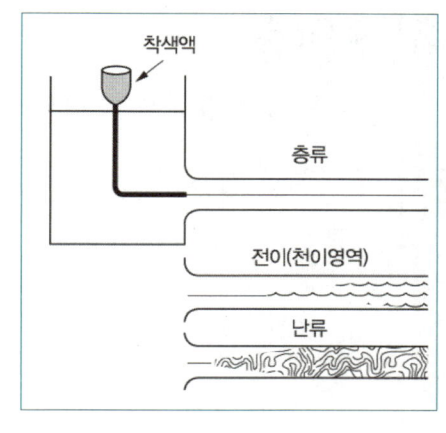

이해 必

☑ **기타 레이놀즈수(무차원수) 공식으로 알 수 있는 여러 가지**

확인사항	단위 및 적용 공식	요구 단위 및 공식
점성계수 단위	$\mu[\text{kg/m}\cdot\text{s} = \text{N}\cdot\text{s/m}^2]$	$Re = \frac{\rho VD}{\mu} = \frac{\text{kg/m}^3 \times \text{m/s} \times \text{m}}{\mu} = \frac{\text{kg/m}\cdot\text{s}}{\mu}$
동점성계수 단위	$\nu[\text{m}^2/\text{s}]$	$Re = \frac{VD}{\nu} = \frac{\text{m/s} \times \text{m}}{\nu} = \frac{\text{m}^2/\text{s}}{\nu}$
점성계수와 동점성계수의 관계	$Re = \frac{\rho VD}{\mu} = \frac{VD}{\nu}$	$\frac{\rho}{\mu} = \frac{1}{\nu} \rightarrow \nu = \frac{\mu}{\rho}$

☑ **이 공식은 이렇게 적용하세요…^^** : 레이놀즈수(점성계수 및 동점성계수가 주어짐)

문제표현 → 요구값	적용 공식	요구 공식
유량 / 유속 → 내경(D)	$Q = AV$	$D = \sqrt{\frac{4Q}{\pi V}}$
유량 / 구경 → 유속(V)	$Q = AV$	$V = \frac{4Q}{\pi D^2}$
수두, 압력 → 유속(V)	$H = \frac{V^2}{2g}, H = \frac{P}{\gamma}$	$V = \sqrt{2gH} = \sqrt{2g \cdot \frac{P}{\gamma}}$
비중 → 밀도(ρ)	$S = \frac{\rho}{\rho_w}$	$\rho = S \times \rho_w$

(2) **달시-웨버의 식** 출81(10)99(10)106(10)107(10)관설5,15 🔥🔥🔥

원형 직관에 있어서의 마찰손실수두를 구할 수 있다. 층류와 난류 모두 적용한다. **마찰손실은 유속의 제곱과 배관의 길이에 비례하고 지름에 반비례**한다.

$$H = f \cdot \frac{l}{D} \cdot \frac{V^2}{2g}$$

여기서, H : 마찰손실[m], f : 마찰손실계수$\left(f = \frac{64}{Re} \text{는 조건에 따라 사용}\right)$
   l : 배관길이[m], D : 배관직경[m]
   V : 유속[m/s], g : 중력가속도[9.8m/s²]

> **이해 必**

☑ **이 공식은 이렇게 적용하세요…^^** : 달시-웨버 식[마찰손실계수가 주어지거나 점성계수(동점성계수)가 주어져 레이놀즈수를 구하는 형태로 조건이 주어진다.]

문제표현 → 요구값	적용 공식	요구 공식
유량 / 유속 → 내경(D)	$Q = AV$	$D = \sqrt{\dfrac{4Q}{\pi V}}$
유량 / 구경 → 유속(V)	$Q = AV$	$V = \dfrac{4Q}{\pi D^2}$
수두, 압력 → 유속(V)	$H = \dfrac{V^2}{2g},\ H = \dfrac{P}{\gamma}$	$V = \sqrt{2gH} = \sqrt{2g \cdot \dfrac{P}{\gamma}}$
점성, 동점성계수 → 마찰손실계수 $\left(\dfrac{64}{Re}\right)$	$f = \dfrac{64}{Re}$	$f = \dfrac{64\mu}{\rho VD},\ f = \dfrac{64\nu}{VD}$
비중 → 밀도(ρ)	$S = \dfrac{\rho}{\rho_w}$	$\rho = S \times \rho_w$

(3) 하젠-윌리암스 식 술84(10)88(10)99(10)107(10)117(25) 🔥🔥🔥

마찰손실은 $Q^{1.85}$승에 비례하고 $C^{1.85}$승에 반비례한다. 또한 배관이 매끄러워 조도가 클수록 마찰손실은 작아지게 된다.

$$\Delta P = 6.053 \times 10^4 \times \dfrac{Q^{1.85}}{C^{1.85} \times D^{4.87}} \times L$$

여기서,
ΔP : 1m당 손실되는 압력[MPa]
C : 조도
D : 배관의 내경[mm]
Q : 유량[lpm]
L : 배관의 길이[m]

배관 또는 튜브		조도(C)	조도계수
비라이닝 : 주철 또는 덕타일 주철		100	0.713
흑관 또는 백관(아연도금강관)	건식 · 준비작동식	100	0.713
	습식 · 일제살수식	120	1
라이닝 : 콘크리트 · 시멘트 주철관 · 덕타일 주철관		140	1.33
동관 · 황동관 · 스테인리스관 · 합성수지관		150	1.51

→ 배관의 종류 등에 따른 상당관길이에 조도계수를 곱하여 적용한다.

> **이해 必**

☑ **이 공식은 이렇게 적용하세요…^^** : 하젠-윌리암스 식

문제표현 → 요구값	적용 공식	요구 공식
유량 / 내경 / 길이 / 조도 → 마찰손실	$\Delta P = 6.053 \times 10^4 \times \dfrac{Q^{1.85} \times L}{C^{1.85} \times D^{4.87}}$	좌동
증축(펌프 교체) 전 · 후 : 변경 전 마찰손실 및 유량, 변경 후 유량 → 변경 후 마찰손실($\Delta P_\text{후}$) 관설19	$\Delta P = 6.053 \times 10^4 \times \dfrac{Q^{1.85} \times L}{C^{1.85} \times D^{4.87}}$	$\Delta P_\text{후} = \Delta P_\text{전} \times \left(\dfrac{Q_\text{후}}{Q_\text{전}}\right)^{1.85}$ [C, D, L 없어도 무관]

☑ 증축 또는 펌프 교체 전 · 후와 마찰손실을 구할 경우 문제조건

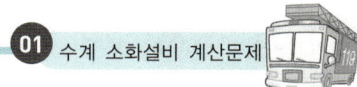

① C, D, L 전부 또는 일부가 없으므로 비례식으로 산출하여야 한다.
② 유량을 산출하는 조건이 주어짐 : $Q = K\sqrt{P}$ (변경 전·후 유량 산출)

$\Delta P_{변경전} : \Delta P_{변경후} = 마찰손실_{변경전} : 마찰손실_{변경후}$

$$\Delta P_{변경후} = \Delta P_{변경전} \times \frac{마찰손실_{변경후}}{마찰손실_{변경전}} = \Delta P_{변경전} \times \frac{\dfrac{6.053 \times 10^4 \times Q_{변경후}^{1.85}}{C^{1.85} \times D^{4.87}} \times L}{\dfrac{6.053 \times 10^4 \times Q_{변경전}^{1.85}}{C^{1.85} \times D^{4.87}} \times L}$$

$$= \Delta P_{변경전} \times \left(\frac{Q_{변경후}}{Q_{변경전}}\right)^{1.85}$$

(4) 돌연확대관의 손실 술104(10)관설20

$$H = \frac{(V_1 - V_2)^2}{2g} = K\frac{V_1^2}{2g}$$

여기서, H : 손실수두[m]
V_1, V_2 : 유속[m/s]
g : 중력가속도[9.8m/s^2]
K : 돌연확대관 손실계수 $\left[K = \left\{1 - \left(\dfrac{d_1}{d_2}\right)^2\right\}^2\right]$

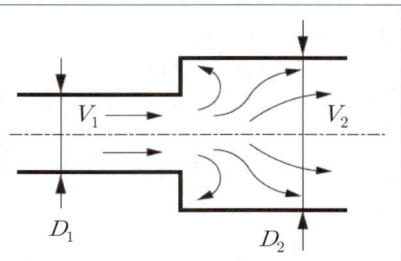

(5) 돌연축소관의 손실

$$H = \frac{(V_0 - V_2)^2}{2g} = k\frac{V_2^2}{2g}$$

여기서, H : 손실수두[m]
V_0, V_2 : 유속[m/s]
g : 중력가속도[9.8m/s^2]
C_c : 수축계수 $\left[C_c = \left(\dfrac{A_0}{A_2}\right)\right]$
k : 돌연축소관 손실계수 $\left[K = \left(\dfrac{1}{C_c} - 1\right)^2 = \left(\dfrac{A_2}{A_0} - 1\right)^2 = \left(\dfrac{V_0}{V_2} - 1\right)^2\right]$

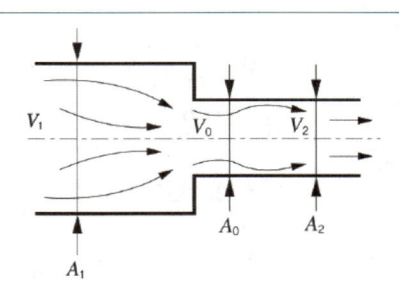

3. 역적($力積$) - 운동량 방정식

(1) 역적-운동량 방정식

배관 내의 질량 m인 유체가 dt만큼 흐를 경우에 유속이 V_1에서 V_2 만큼 변했다고 하면 유체에 작용한 힘은 다음과 같이 된다.

$$\sum F = ma = \frac{m}{dt} \cdot (V_2 - V_1) = m \cdot \frac{(V_2 - V_1)}{dt} \quad \cdots\cdots ①$$

$$\left(\sum F\right) \cdot dt = m \cdot (V_2 - V_1) \quad \cdots\cdots ②$$

$\left(\sum F\right) \cdot dt$는 일정한 시간동안 힘을 모은다하여 역적($力積$: impulse)이라 하며 $m \cdot (V_2 - V_1)$는 속도변화에 따른 운동량의 변화를 의미하므로 식 ②를 역적-운동량 방정식이라 한다.

식 ①의 $\dfrac{m}{dt}$[kg/s]는 질량유량으로 볼 수 있으므로 $\left[\dfrac{m}{dt} = \rho AV = \rho Q\right]$를 대입하면 $\sum F = \rho Q(V_2 - V_1)$이므로 일반적으로 쓰는 공식이 된다.

$$F = \rho Q(V_2 - V_1)$$
여기서, F : 힘[N]
ρ : 밀도[물 : 1,000kg/m³ = 1,000N·s²/m⁴]
Q : 유량[m³/s]
$\Delta V = V_2 - V_1$: 유속차[m/s]

(2) 옥내, 옥외소화전, 연결송수관설비의 노즐에서의 반동력 🔥🔥🔥
① 유속의 차이에 의한 힘
$$F = \rho Q(V_2 - V_1)$$
여기서, F : 유속의 차이에 의한 힘[N = kg·m/s²]
ρ : 밀도[물 : 1,000kg/m³ = 1,000N·s²/m⁴]
Q : 유량[m³/s]
$\Delta V = V_2 - V_1$: 유속차[m/s]

② 유속의 차이에 의한 힘의 정리 : 반발력으로 알려져 있으나 이것은 유속의 차이에 의한 힘을 정리한 공식으로 다음과 같다.
$F = \rho Q \Delta V = \rho A V^2$ [속도 $V_1 = 0$m/s $V_2 = V$[m/s]일 경우 $Q = AV$를 대입할 수 있다.]

㉠ $A = \dfrac{\pi}{4}D^2$, $V = \sqrt{2gH}$ 이므로 $V^2 = 2gH$를 대입하면

$$F = \rho \times \dfrac{\pi}{4}D^2 \times 2gH$$

㉡ 구경(D[m] → d[mm])과 압력(H[m] → P[MPa])의 단위를 각각 환산하여 대입하기 위하여 비례관계로 정리하면

- 구경 : $\dfrac{D[\text{m}]}{d[\text{mm}]} = \dfrac{1}{1,000}$ 이므로 $D^2[\text{m}^2] = \left(\dfrac{d}{1,000}\right)^2 [\text{mm}^2]$

- 압력 : $\dfrac{H[\text{m}]}{P[\text{MPa}]} = \dfrac{10.332}{0.101325}$ 이므로 $H[\text{m}] = 101.9689 \times P[\text{MPa}]$

- 위의 비례관계를 $F = \rho \times \dfrac{\pi}{4}D^2 \times 2gH$ 에 대입하면

$$F = 1,000 \times \dfrac{\pi}{4} \times \left(\dfrac{d}{1,000}\right)^2 \times (2 \times 9.8 \times 101.9689 \times P)$$
$$= 1.5701 \times d^2 \times P$$

∴ $F = 1.57 d^2 P$

여기서, F : 유속의 차이에 의한 힘[N]
ρ : 밀도[물 : 1,000kg/m³ = 1,000N·s²/m⁴]
d : 구경[mm]
P : 노즐방사압력[MPa]

③ 노즐 플랜지(연결부분)에 작용하는 힘(반발력)
㉠ 유체의 흐름이 없을 경우의 힘의 합(배관 내부) : 유속($V_{방수전} = 0$)이 없으므로 힘의 합은 정압이 되므로 배관에 작용하는 압력(P_1)에 배관의 단면적(A_1)을 곱한 것이 힘의 합($F_{정지} = P_1 A_1$)이 된다.
㉡ 유체의 흐름이 있을 경우의 힘의 합(노즐 외부) : 밸브를 개방하여 노즐에서 방수 되었을 경우에 유체가 대기압으로 방출됨에 따라 유체가 가지는 정압 $P_2 = 0$이 되면서 정압의 일부는 동압으로 전환(에너지보존의 법칙)되어 유체의 유속으로 변한다. 이것은 유속의 차이에 의해 발생하는 힘이 노즐에서의 방출되는 유체가 가지는 힘의 합[$F_{유동} = \rho Q(V_2 - V_1)$]이 된다는 것을 의미한다.
㉢ 그러므로 유체의 흐름이 없을 경우 배관 내부의 힘의 합($F_{정지}$)에서 유체가 흐름에 따라 노즐에서 방출될 때 유체가 가지고 있는 힘(유속의 차이에 따른 힘 : $F_{유동}$)을 감하고 남은 힘이 노즐에 작용하는 반발력($F_{반발}$)이 된다.

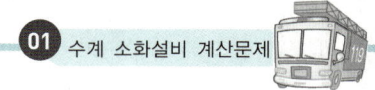

$$F_{반발} = P_1A_1 - \rho Q(V_2 - V_1)$$

여기서, $F_{반발}$: 노즐에 작용하는 힘[N]
  P_1 : 압력[Pa = N/m²]
  A_1 : 단면적[m²]
  ρ : 밀도[물 : 1,000kg/m³]
  Q : 유량[m³/s]
  $\Delta V = V_2 - V_1$: 유속차[m/s]

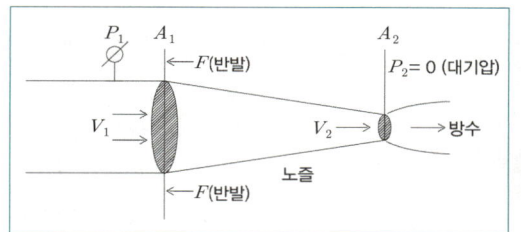

〈노즐 플랜지(연결부분)에 작용하는 힘〉

📖 이해 必

☑ 이 공식은 이렇게 적용하세요…^^ : 반발력

문제표현 → 요구값	적용 공식	요구 공식
구경, 방수압 → 유량(Q)	$Q = AV$	$Q = 2.086D^2\sqrt{P}$
유량 / 구경(D_1, D_2) → 유속(V_1, V_2)	$Q = A_1V_1 = A_2V_2$	$V = \dfrac{4Q}{\pi D^2}$
압력이 없음 → 유속(V_1, V_2) → 압력(P)	$\dfrac{P_1 - P_2}{\gamma} = \dfrac{V_2^2 - V_1^2}{2g}$	$P_1 = P_2 + \gamma \cdot \dfrac{V_2^2 - V_1^2}{2g}$

➡ **유체가 배관 내부를 지속적으로 흐를 경우 반발력 유도(Ⅰ)**

① 압력계의 아래 부분을 1지점, 유체가 방출되는 노즐 외부를 2지점이라고 한다면

$$\dfrac{P_1}{\gamma} + \dfrac{V_1^2}{2g} + Z_1 = \dfrac{P_2}{\gamma} + \dfrac{V_2^2}{2g} + Z_2 + \Delta H$$

② $Z_1 = Z_2$, $P_2 = 0$(대기압)이고 ΔH(손실)은 돌연축소관손실(마찰)을 포함한 실제 손실로 노즐에 작용하는 힘이 된다.

$$\dfrac{P_1}{\gamma} + \dfrac{V_1^2}{2g} = \dfrac{V_2^2}{2g} + \Delta H$$

$$\Delta H = \dfrac{P_1}{\gamma} - \dfrac{(V_2^2 - V_1^2)}{2g} = \dfrac{P_1}{\gamma} - \dfrac{(V_2 + V_1)(V_2 - V_1)}{2g} \quad [(V_2^2 - V_1^2) \text{ 인수분해}]$$

③ 비중량($\gamma = \rho g$)에 단면적(A_1)을 곱하면 힘($F_{반발} = \gamma \Delta H A_1 = $ N/m³ × m × m² = N)이므로

$$F_{반발} = \gamma \times \Delta H \times A_1 = \gamma \times \dfrac{P_1}{\gamma} \times A_1 - \rho g \times A_1 \times \dfrac{(V_2 + V_1)}{2g} \times (V_2 - V_1)$$

$$= P_1A_1 - \rho \times A_1 \times \dfrac{(V_2 + V_1)}{2} \times (V_2 - V_1)$$

④ $\dfrac{(V_1 + V_2)}{2}$ 은 노즐에서의 평균유속이므로 평균유량은 $Q = A_1 \times \dfrac{(V_1 + V_2)}{2}$ 이므로

$F = P_1A_1 - \rho Q(V_2 - V_1)$ 즉, 반발력의 결과 식은 동일하다.

➡ **유체가 배관 내부를 지속적으로 흐를 경우 베르누이 정리에 따른 반발력 유도(Ⅱ)**

F(유속의 차에 의한 힘) $= P_1A_1$(배관 내부 압력) $- F_x$(노즐 반발력) $- P_2A_2$(노즐 외부 압력)

$F_x = P_1A_1 - F \cdots$ ⓐ $[P_2 = 0(대기압)]$

$$\dfrac{P_1}{\gamma} + \dfrac{V_1^2}{2g} + Z_1 = \dfrac{P_2}{\gamma} + \dfrac{V_2^2}{2g} + Z_2 \quad [Z_1 = Z_2,\ P_2 = 0(대기압)]$$

$$\frac{P_1}{\gamma} = \frac{V_2^2}{2g} - \frac{V_1^2}{2g} \quad [Q = A_1 V_1 = A_2 V_2 \text{ 이므로 } V_1 = \frac{Q}{A_1}, \ V_2 = \frac{Q}{A_2} \text{ 대입}]$$

$$P_1 = \gamma \cdot \left\{ \frac{\left(\frac{Q}{A_2}\right)^2}{2g} - \frac{\left(\frac{Q}{A_1}\right)^2}{2g} \right\} = \frac{\gamma Q^2}{2gA_2^2} - \frac{\gamma Q^2}{2gA_1^2} \quad [F_1 = P_1 A_1 \text{이므로 양변에 } A_1 \text{을 곱한다.}]$$

$$F_1 = P_1 A_1 = \left(\frac{\gamma Q^2}{2gA_2^2} - \frac{\gamma Q^2}{2gA_1^2} \right) \cdot A_1 = \frac{\gamma Q^2 A_1}{2gA_2^2} - \frac{\gamma Q^2 A_1}{2gA_1^2} \quad \cdots\cdots\cdots \text{ⓑ}$$

$$F = \rho Q(V_2 - V_1) = \rho Q\left(\frac{Q}{A_2} - \frac{Q}{A_1}\right) = \frac{\rho Q^2}{A_2} - \frac{\rho Q^2}{A_1} = \frac{\gamma Q^2}{gA_2} - \frac{\gamma Q^2}{gA_1} \cdots \text{ⓒ} \quad [V_1 = \frac{Q}{A_1}, \ V_2 = \frac{Q}{A_2}, \ \gamma = \rho g \text{ 대입}]$$

식 ⓐ에 식 ⓑ, ⓒ를 대입하여 정리한다.

$$F_x = P_1 A_1 - F$$

$$= \frac{\gamma Q^2 A_1}{2gA_2^2} - \frac{\gamma Q^2 A_1}{2gA_1^2} - \left(\frac{\gamma Q^2}{gA_2} - \frac{\gamma Q^2}{gA_1} \right) = \gamma Q^2 \cdot \left(\frac{A_1}{2gA_2^2} - \frac{A_1}{2gA_1^2} - \frac{1}{gA_2} + \frac{1}{gA_1} \right)$$

$$= \gamma Q^2 \cdot \left(\frac{A_1 A_1^2}{2gA_2^2 A_1^2} - \frac{A_1 A_2^2}{2gA_1^2 A_2^2} - \frac{2A_1^2 A_2}{gA_2 \cdot 2A_1^2 A_2} + \frac{2A_2^2 A_1}{gA_1 \cdot 2A_2^2 A_1} \right) = \gamma Q^2 \cdot \left(\frac{A_1^3 - A_1 A_2^2 - 2A_1^2 A_2 + 2A_1 A_2^2}{2gA_1^2 A_2^2} \right)$$

$$= \frac{\gamma Q^2 A_1}{2g} \cdot \left(\frac{A_1^2 - A_2^2 - 2A_1 A_2 + 2A_2^2}{A_1^2 A_2^2} \right) = \frac{\gamma Q^2 A_1}{2g} \cdot \left(\frac{A_1 - A_2}{A_1 A_2} \right)^2$$

$$= \frac{9,800 \text{N/m}^3 \times Q^2 \times \frac{\pi}{4} \times D_1^2}{2 \times 9.8 \text{m/s}^2} \times \left(\frac{\frac{\pi}{4} \times D_1^2 - \frac{\pi}{4} \times D_2^2}{\frac{\pi}{4} \times D_1^2 \times \frac{\pi}{4} \times D_2^2} \right)^2 = \frac{2,000}{\pi} \times Q^2 \times D_1^2 \times \left(\frac{D_1^2 - D_2^2}{D_1^2 \times D_2^2} \right)^2$$

따라서, $F = \dfrac{2,000}{\pi} \times Q^2 \times D_1^2 \times \left(\dfrac{D_1^2 - D_2^2}{D_1^2 \times D_2^2} \right)^2$

5 펌프 및 팬의 동력계산

1. 동력 술97(10)관설1,2,4,7,12,15 🔥🔥🔥

(1) **수동력(水動力)** : 유체를 이송하기 위해 필요한 순수한 동력

$P_w = \gamma H Q$ [kN/m³ × m × m³/s = kN·m/s = kJ/s = kW]

(2) **축동력(軸動力)** : 펌프에서 유체에 전달될 때 발생하는 손실을 효율($\eta = P_w/P_s$: 축동력에 대한 수동력의 비)로 보정한 동력

$P_s = \dfrac{\gamma H Q}{\eta}$

(3) **전동기 동력** : 전동기(모터)에서 샤프트를 거쳐 펌프로 동력이 전달될 때 발생하는 손실을 전달계수

($K = P/P_s$: 축동력에 대한 전동기 동력의 비)로 보정한 동력

$P = \dfrac{\gamma H Q}{\eta} \times K$

여기서, P : 전동기 동력[kW] P_s : 축동력[kW] P_w : 수동력[kW]

γ : 비중량[물 : $9.8\text{kN}/\text{m}^3 = 9,800\text{N}/\text{m}^3$] H : 전양정[m] Q : 유량[m^3/s]
η : 전효율[$\eta_{전효율} = \eta_{수력효율} \times \eta_{체적효율} \times \eta_{기계효율} = P_w/P_s$]
K : 전달계수[$K = P/P_s$: 전동기 직결 1.1, 내연기관 1.15~1.2]

(4) 전수두(전양정)
= 낙차수두 + 마찰손실수두 + 법정토출수두

① 낙차수두 = 흡입낙차수두 + 토출낙차수두
② 마찰손실수두 : 흡입 및 토출 측 배관 내의 물의 흐름에 대한 마찰손실값을 수두로 표현한 것[주(배관) 손실 + 부차적(밸브 등) 손실]
③ 법정토출수두 : 옥내소화전 또는 「스프링클러설비의 화재안전기술기준」에서 고가수조 및 압력수조는 $0.17\text{MPa} = 17\text{m}$ 또는 $0.1\text{MPa} = 10\text{m}$로 경미한 오차는 무시하고 적용한다. 그러나 펌프의 전양정을 산출할 경우에 대한 정확한 양정계산 방법은 제시하지 않았으므로 유체역학을 바탕으로 한 양정으로 적용하는 것이 좋을 것으로 판단된다.

$$\frac{0.17\text{MPa}}{0.101325\text{MPa}} \times 10.332\text{m}\,\text{H}_2\text{O} = 17.334$$

$\therefore 17.334\text{m}\,\text{H}_2\text{O}$

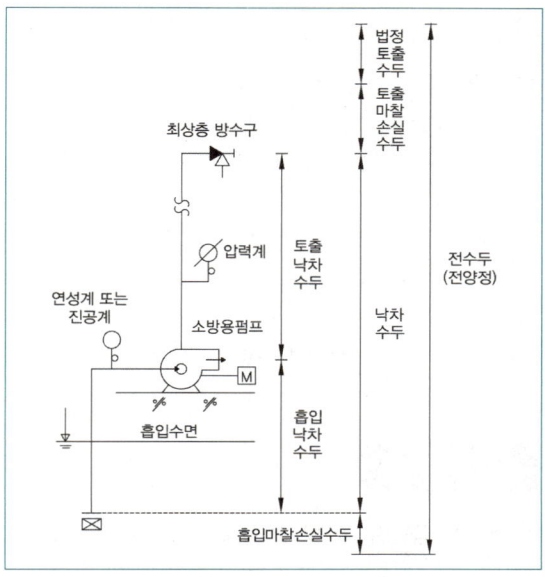

이해 必

☑ **이 공식은 이렇게 적용하세요…^^** : 동력

① 비중량, 유량, 마찰손실 등 모든 것을 포함할 수 있는 문제가 동력산출이므로 관리사 시험에 가장 많이 출제되었다.
② 동력문제 풀이의 핵심은 전양정 산출 : 마찰손실 공식에 따른 전양정 계산 숙지 필요
  전수두 = 낙차수두 + 마찰손실수두 + 법정토출수두

요구값	문제표현		적용 공식	요구 공식
비중량	밀도		$\gamma = \rho g$	$\gamma = \rho g$
	비중		$S = \dfrac{\gamma}{\gamma_w}$	$\gamma = S \times \gamma_w$
마찰 손실	상당관길이 → 달시-웨버식 및 하젠-윌리암스식		$L_e = \dfrac{KD}{f}$	$H = f \cdot \dfrac{L_e}{D} \cdot \dfrac{V^2}{2g}$
마찰 손실	마찰손실계수, (동)점성계수 → 달시-웨버식		$f = \dfrac{64}{Re}$	$H = \dfrac{64}{Re} \cdot \dfrac{l}{D} \cdot \dfrac{V^2}{2g}$
마찰 손실	하젠-윌리암스 식	일반적인 형태	$\Delta P = 6.053 \times 10^4 \times \dfrac{Q^{1.85} \times L}{C^{1.85} \times D^{4.87}}$	
		증축(변경) 전·후	$\Delta P_{후} = \Delta P_{전} \times \left(\dfrac{Q_{후}}{Q_{전}}\right)^{1.85}$	
유량	구경 / 유속		$Q = AV$	$Q = AV$
	구경 / 방수압 / K-factor		$Q = AV$	$Q = 2.086 D^2 \sqrt{P},\ Q = K\sqrt{P}$
	유량이 없을 경우		각 설비별 법정 방수량	

③ $P[\text{kW}] = \dfrac{0.163HQ}{\eta} \times K$: 기존의 동력 공식으로는 포수용액 등과 같이 비중량(또는 비중)이 다른 액체의 동력을 산출할 수 없으므로 본 교재의 공식을 따른다.

(5) 팬의 동력 관설9,13,15

$$P = \dfrac{P_T \cdot Q}{102 \times 60\eta} \times K = \dfrac{P_T \cdot Q}{6{,}120\eta} \times K$$

여기서, P : 동력[kW]

[단위환산 : $P = P_T \cdot Q = \gamma h Q = \text{kN/m}^3 \times \text{m} \times \text{m}^3/\text{s} = \text{kN} \cdot \text{m/s} = \text{kJ/s} = \text{kW}$]

P_T : 전압[mmAq = mmH$_2$O] $\left[\text{단위환산} : \dfrac{1\text{mmAq}}{10{,}332\text{mmAq}} \times 101.325\text{kPa} = \dfrac{1}{102}\text{kPa} \right]$

Q : 풍량[m^3/min] $\left[\text{단위환산} : 1\text{m}^3/\text{min} \times \dfrac{1\text{min}}{60\text{s}} \right]$

η : 효율, K : 전달계수

이해 必

☑ 이 공식은 이렇게 적용하세요…^^ : 팬의 동력

요구값	문제표현	적용 공식	요구 공식
비중량	밀도	$\gamma = \rho g$	$\gamma = \rho g$
	기체상수 등 이상기체상태방정식 조건	$PV = \dfrac{W}{M}RT = W\overline{R}T$	$\rho = \dfrac{W}{V} = \dfrac{PM}{RT}$, $\rho = \dfrac{W}{V} = \dfrac{P}{\overline{R}T}$
마찰 손실	마찰손실(mmAq/m)	mmAq/m × 덕트길이	
	덕트마찰손실선도	덕트마찰손실선도에서의 mmAq/m × 덕트길이	
풍량	수직거리(거실제연)	수직거리에 따른 배출량	
	누설량, 보충량(차압제연)	급기량(Q) = 누설량($Q_{누설}$) + 보충량($Q_{보충}$)	

6 이상기체상태방정식 및 기타

1. 이상기체상태방정식 술101(10)

(1) 이상기체상태방정식

아보가드로의 법칙(1kmol은 0℃, 1atm, 22.4m^3)에 따라 보일-샤를의 법칙이 $\dfrac{PV}{T} = R$(일정)하다면 이상기체상태방정식을 다음과 같이 적용할 수 있으며, 기체의 분자량에 따라 기체상수는 달라질 수 있다.

$$PV = nRT = \dfrac{W}{M}RT = W\overline{R}T$$

여기서, P : 절대압력 = 대기압 + 계기압[Pa = N/m^2]

V : 체적[m^3], n : 몰수[kmol] = $\dfrac{W(\text{실제 질량})[\text{kg}]}{M(\text{분자량})[\text{kg}]}$

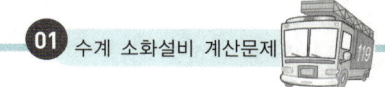

T : 절대온도[K = 273 + ℃], $R = \dfrac{PV}{nT}$: 일반기체상수[8,313.85N·m/kmol·K]

$\overline{R} = \dfrac{R}{M}$: 특정기체상수[N·m/kg·K = J/kg·K] [1J = 1N·m]

$P = 1\text{atm}, \ V = 22.4\text{m}^3, \ T = 0℃ = 273\text{K}$ 일 경우 일반기체상수	$P = 101{,}325\text{Pa}[= \text{N/m}^2], \ V = 22.4\text{m}^3$ $T = 0℃ = 273\text{K}$ 일 경우 특정기체상수
$R = \dfrac{PV}{nT}\left(= \dfrac{PVM}{WT}\right)$ $= \dfrac{1\text{atm} \times 22.4\text{m}^3}{1\text{kmol} \times 273\text{K}}$ $\fallingdotseq 0.082\, \text{atm}·\text{m}^3/\text{kmol}·\text{K}$	$R = \dfrac{PV}{nT}\left(= \dfrac{PVM}{WT}\right)$ $= \dfrac{101{,}325\text{N/m}^2 \times 22.4\text{m}^3}{1\text{kmol} \times 273\text{K}}$ $\fallingdotseq 8{,}313.85\text{N}·\text{m/kmol}·\text{K}\,[1\text{N}·\text{m} = 1\text{J}]$ $\fallingdotseq 8{,}313.85\text{J/kmol}·\text{K}$

(2) 이상기체상태방정식 $PV = \dfrac{W}{M}RT = W\overline{R}T$ 으로 밀도를 구할 경우 🔥🔥🔥

① $\rho = \dfrac{W}{V} = \dfrac{PM}{RT} = \dfrac{\text{N/m}^2 \times \text{kg}}{\text{N}·\text{m/K} \times \text{K}} = \text{kg/m}^3$

② $\rho = \dfrac{W}{V} = \dfrac{P}{\overline{R}T} = \dfrac{\text{N/m}^2}{\text{N}·\text{m/(kg·K)} \times \text{K}} = \text{kg/m}^3$

🔍 주의 必

☑ 이 공식은 이렇게 적용하세요…^^ : 이상기체상태방정식

문제에서 표현	기체상수	적용 공식
기체상수가 주어짐 (단위 주의)	$R = \text{N}·\text{m/kmol}·\text{K} = \text{J/kmol}·\text{K}$	$PV = \dfrac{W}{M}RT$
	$R = \text{N}·\text{m/kg}·\text{K} = \text{J/kg}·\text{K}$	$PV = W\overline{R}T$
기체상수 없음	$R = 8{,}313.85\,\text{N}·\text{m/kmol}·\text{K} = [\text{J/kmol}·\text{K}]$ $R = 0.082\,\text{atm}·\text{m}^3/\text{kmol}·\text{K}$	$PV = \dfrac{W}{M}RT$

① 보일-샤를의 법칙에 의해 이상기체상태방정식이 유도되며, 이때 적용하는 압력은 절대압력(=대기압+계기압)이며, 온도 또한 절대온도[273 + ℃ = K]를 대입하여야 하며, 문제에서 함정으로 자주 출제된다.

가스계 소화설비약제량 등 관련 문제에서 압력이 주어질 경우 기체(압축성유체)의 체적이 달라지므로 이상기체상태방정식에 의해 산출하며, 압력변화가 없는 대기압상에서는 비체적[m³/kg]에 의해 약제량을 산출할 수 있다.

Mind-Control

☑ 계산문제 풀기 전 … : "실수를 줄이는 습관"은 "합격하는 습관"

계산문제가 합격을 좌우 할 수 있습니다. 그러므로 단순한 실수는 치명적일 수 있습니다. "습관"으로 실수를 최소화해야 합니다. 여러분들의 "합격하는 습관"은 아래와 같습니다.

① 문제의 패턴을 이해하고 공식을 답안지에 적으며, 과정 중 무엇을 산출해야 하는지 확인한다.
② 답안의 최종 단위는 항상 문제지에 특정표기(○, □, ☆)하여 답안 작성 전 확인한다.
③ 계산 과정 및 답안작성 중 문제와 함정을 없는지 중간 중간 문제를 확인한다.

이제 모든 준비를 마치고 계산문제에 푹 빠져 봅시다.
다양한 문제 패턴을 익히고 실수를 최대한 줄여 합격을 향하여 함께 달려 봅시다.^^

1 밀폐된 용기 속에 비중이 0.8인 기름이 들어 있고, 위 공간에 공기가 들어 있다. 공기의 압력이 9,800Pa로서 기름 표면에 미치고 있다. 기름 표면부터 1m 깊이에 있는 점의 압력을 수두(head)로 환산하면 몇 [m]인가? 🔥🔥

해설

절대압=대기압+계기압
대기압 = 9,800Pa이므로

(1) 계기압을 구하면

$P = \gamma H = \rho g H$ [$\gamma = \rho g$이므로]

여기서, P : 압력[Pa = N/m^2]
γ : 비중량[물 : 9,800N/m^3]
ρ : 밀도[물 : 1,000kg/m^3 = 1,000N·s^2/m^4]
g : 중력가속도[9.8m/s^2]
H : 높이[m]

① $h_{기름} = 1$m이므로 기름의 비중량을 구하면

액체비중 : 어떤 물체의 무게와 이와 같은 부피의 4℃의 물의 무게와의 비이므로 비중량으로 적용하며 $\gamma = \rho g$, $\gamma_w = \rho_w g$이므로 밀도를 넣어도 동일하다.

$$S = \frac{\rho}{\rho_w} = \frac{\gamma}{\gamma_w}$$

여기서, S : 비중
ρ_w : 4℃의 물의 밀도[1,000 kg/m^3 = 1,000N·s^2/m^4]
ρ : t℃의 물체의 밀도[kg/m^3]
γ_w : 4℃의 물의 비중량[9,800N/m^3 = 9.8kN/m^3]
γ : t℃의 물체의 비중량[N/m^3]
g : 중력가속도[9.8m/s^2]

$S_{기름} = 0.8$이므로
$\gamma_{기름} = S \cdot \gamma_w = 0.8 \times 9,800$N/m^3

② 계기압력을 구하면
$P_{계기} = \gamma_{기름} h_{기름} = 0.8 \times 9,800$N/m^3 $\times 1$m $= 7,840$ ∴ $7,840$N/m$^2 = 7,840$Pa

(2) 절대압을 구하면
절대압 = 대기압 + 계기압 = 9,800Pa + 7,840Pa = 17,640 ∴ 17,640Pa

(3) 압력을 환산하면

1atm	=	10,332mmH$_2$O	=	760mmHg
101,325Pa	=	10.332mH$_2$O	=	76cmHg
101.325kPa	=	10.332mAq	=	1,013mbar
0.101325MPa	=	1.0332kg$_f$/cm^2	=	1.013bar
14.7psi	=	10,332kg$_f$/m^2	=	30inHg

- 1기압(대기압)과 동일한 각종 압력 단위 [mH$_2$O = mAq(아쿠아=물)]
- 계산식에서의 표현 : 물이라는 특수성에 의해 보통 "mH$_2$O"를 "m"로 줄여 쓰기도 한다.

$$\frac{17,640\text{Pa}}{101,325\text{Pa}} \times 10.332\text{mH}_2\text{O} = 1.798 \quad \therefore 1.8\text{m}$$

01 수계 소화설비 계산문제

> **주의**
>
> ☑ **이 공식은 이렇게 적용하세요…^^** : 압력단위환산
>
> | 압력단위환산 | 적용(예 : 400kPa → ? mH₂O) |
> |---|---|
> | 일반적인 압력환산 | $\dfrac{400\text{kPa}}{101.325\text{kPa}} \times 10.332\text{mH}_2\text{O} = 40.787$ ∴ $40.79\text{mH}_2\text{O}$ |
> | 비중량으로 압력환산 | $H = \dfrac{P[\text{kPa} = \text{kN/m}^2]}{\gamma[\text{물}:9.8\text{kN/m}^3]} = \dfrac{400\text{kN/m}^2}{9.8\text{kN/m}^3} = 40.816$ ∴ $40.82\text{mH}_2\text{O}$ [오차범위는 발생하지만 비중량으로 산출 가능하다.] |
>
> ☑ **이 문제의 함정은?** : 절대압과 계기압의 구분 및 공식 적용과 압력의 단위 구분 🔥🔥🔥

2 다음의 그림에 따라 배관의 길이 250m, 배관마찰손실 7m일 때 노즐 K에서의 방수압[kPa]은 얼마인가?

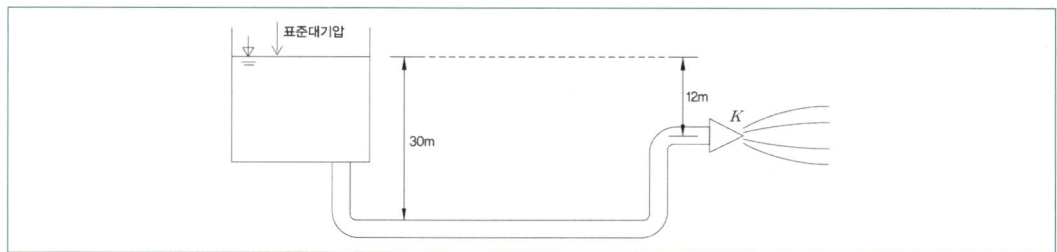

해설

물탱크 수면에서 노즐에서의 수두(수위)는 12m이고 전체 배관 250m에 대한 마찰손실은 7m이므로 이를 감할 경우가 노즐에서의 방수압이 된다. (이때 "m"는 물의 수위(수두)에 해당하므로 H₂O가 생략되어 있다 볼 수 있으므로 참고 바란다)

수조로부터 노즐의 수두(수위)-마찰손실수두=노즐의 방수압(수두)
$12\text{m} - 7\text{m} = 5\text{m}$

(1) **수두환산 방법 I** : 압력으로 환산하기

1atm	=	10,332mmH₂O	=	760mmHg
101,325Pa	=	10.332mH₂O	=	76cmHg
101.325kPa	=	10.332mAq	=	1,013mbar
0.101325MPa	=	1.0332kg_f/cm²	=	1.013bar
14.7psi	=	10,332kg_f/m²	=	30inHg

- 1기압(대기압)과 동일한 각종 압력단위 [mH₂O=mAq(아쿠아=물)]
- 계산식에서의 표현 : 물이라는 특수성에 의해 보통 "mH₂O"를 "m"로 줄여 쓰기도 한다.

$\dfrac{5\text{mH}_2\text{O}}{10.332\text{mH}_2\text{O}} \times 101.325\text{kPa} = 49.034$ ∴ 49.03kPa

(2) **수두환산 방법(II)** : 압력수두로 환산하기

$H = \dfrac{P[\text{kPa} = \text{kN/m}^2]}{\gamma[\text{물}:9.8\text{kN/m}^3]}$ 이므로

$P = \gamma H = 9.8\text{kN/m}^3 \times 5\text{m} = 49$ ∴ $49\text{kN/m}^2 = 49\text{kPa}$

mH₂O를 kPa로 환산방법은 위와 같이 두 가지가 있으며 약간의 오차는 발생하나 무방하다.

> 마찰손실을 감하는 전형적인 문제로서 비교적 간단한 형태이다. 그러나 이것을 응용한다면 배관의 구경과 마찰손실계수 등이 주어질 경우 달시-웨버식, 하젠-윌리암스식으로 마찰손실을 산출할 수 있다.

3 어느 층의 소화전의 개폐밸브를 열고 방수량과 방사압을 측정하였더니 방사압 0.17MPa, 방사량 130l / min이 되었다. 이 소화전에서 유량을 200l / min으로 할 경우 압력[MPa]은 얼마가 되겠는가? 🔥🔥🔥

[해설]

$Q = K\sqrt{P}$

여기서, Q : 유량[l/min]
K : $K-$ factor
P : 압력[MPa]

$Q_1 = 130$lpm, $P_1 = 0.17$MPa 이므로

(1) K-factor를 구하면

$$K = \frac{Q_1}{\sqrt{P_1}} = \frac{130\text{lpm}}{\sqrt{0.17\text{MPa}}} = 315.296 \therefore K = 315.3$$

(2) $Q = 315.3\sqrt{P}$ 이므로 유량 $Q_2 = 200l/\text{min}$ 일 때 압력을 구하면

$$P_2 = \left(\frac{Q_2}{K}\right)^2 = \left(\frac{200\text{lpm}}{315.3}\right)^2 = 0.402 \therefore 0.4\text{MPa}$$

> 이 공식은 이렇게 적용하세요…^^ : 유량 및 연속의 방정식

문제표현 → 요구값	적용 공식	요구 공식
유량 / 유속 → 내경(D)	$Q = AV$	$D = \sqrt{\dfrac{4Q}{\pi V}}$
유량 / 구경 → 유속(V)	$Q = AV$	$V = \dfrac{4Q}{\pi D^2}$
수두, 압력 → 유속(V : 토리첼리 정리)	$H = \dfrac{V^2}{2g}$, $H = \dfrac{P}{\gamma}$	$V = \sqrt{2gH} = \sqrt{2g \cdot \dfrac{P}{\gamma}}$
K값 / 방수압 → 유량(Q)	$Q = K\sqrt{P}$	$Q = K\sqrt{P}$, $K = \dfrac{Q}{\sqrt{P}}$
D_1, D_2 → 유속비율(V_1, V_2)	$Q = A_1 V_1 = A_2 V_2$	$V_1 = \dfrac{D_2^2}{D_1^2} \cdot V_2$
유량 / 구경(D_1, D_2) → 유속(V_1, V_2)	$Q = A_1 V_1 = A_2 V_2$	$V_1 = \dfrac{Q}{A_1}$, $V_2 = \dfrac{Q}{A_2}$

4 헤드 방수압력이 0.1MPa일 때 방수량이 80ℓ/min인 폐쇄형 스프링클러설비의 수리계산에 대하여 답하시오. 관설10

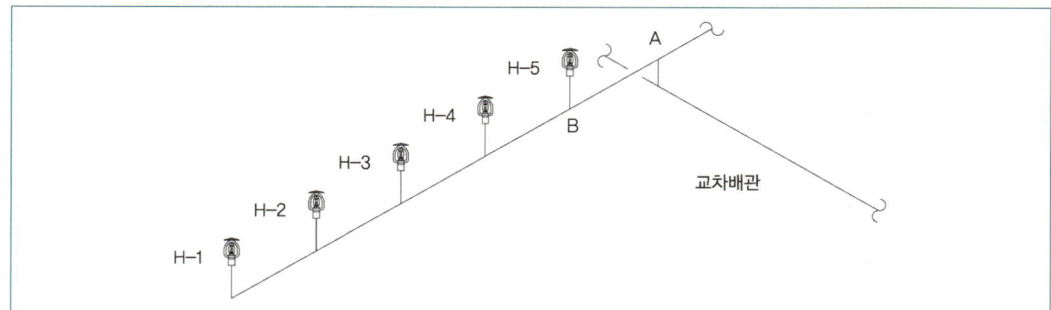

〈 조 건 〉
① H-1~H-5까지 각 헤드 마다의 방수압력 차이는 0.02MPa이다.
② A~B 구간의 마찰손실은 0.03MPa이다.
③ H-1 헤드에서의 방수량은 80ℓ/min이다.

(1) A 지점의 필요최소압력은 몇 [MPa]인가?
(2) 각 헤드에서의 방수량은 몇 [ℓ/min]인가?
(3) A~B 구간에서의 유량은 몇 [ℓ/min]인가?
(4) A~B 구간에서의 최소내경은 몇 [mm]인가?

해설

(1) A 지점의 필요최소압력[MPa]
$0.1\text{MPa}+0.02\text{MPa}+0.02\text{MPa}+0.02\text{MPa}+0.02\text{MPa}+0.03\text{MPa}=0.21$ ∴ 0.21MPa

(2) 각 헤드에서의 방수량[ℓ/min]
$Q=K\sqrt{P}$
여기서, Q : 유량[ℓ/min]
         K : K-factor
         P : 압력[MPa]
$Q_1=80\text{lpm},\ P_1=0.1\text{MPa}$ 이므로

① K-factor 를 구하면
$K=\dfrac{Q_1}{\sqrt{P_1}}=\dfrac{80\text{lpm}}{\sqrt{0.1\text{MPa}}}=252.982$ ∴ 252.98

② 각 헤드별 방수압의 차이가 0.02MPa일 때 유량을 구하면
$Q_{H-1}=252.98\sqrt{0.1\text{MPa}}=79.999$ ∴ 80ℓ/min
$Q_{H-2}=252.98\sqrt{0.12\text{MPa}}=87.634$ ∴ 87.63ℓ/min
$Q_{H-3}=252.98\sqrt{0.14\text{MPa}}=94.656$ ∴ 94.66ℓ/min
$Q_{H-4}=252.98\sqrt{0.16\text{MPa}}=101.192$ ∴ 101.19ℓ/min
$Q_{H-5}=252.98\sqrt{0.18\text{MPa}}=107.33$ ∴ 107.33ℓ/min

(3) A~B 구간에서의 유량[ℓ/min]
$80ℓ/\text{min}+87.63ℓ/\text{min}+94.66ℓ/\text{min}+101.19ℓ/\text{min}+107.33ℓ/\text{min}=470.81$
∴ 470.81ℓ/min

(4) A~B 구간에서의 최소내경[mm]
화재안전기술기준상 스프링클러설비의 경우 수리계산 시 가지배관의 유속은 6m/s 이하이므로
$Q = AV$
여기서, Q : 유량[m³/s]
$\quad\quad\quad A$: 배관단면적$\left(\dfrac{\pi}{4}D^2 [\text{m}^2]\right)$
$\quad\quad\quad V$: 유속[m/s]

$Q = 470.81 l/\min \times \dfrac{1\text{m}^3}{1,000 l} \times \dfrac{1\min}{60\text{s}}$, $V = 6\text{m/s}$[스프링클러설비의 경우 수리계산 시 배관의 기타 유속은 10m/s(가지배관은 6m/s)]이므로

$Q = \dfrac{\pi}{4} \times D^2 \times V$ 이므로

$D = \sqrt{\dfrac{4 \times Q}{\pi \times V}} = \sqrt{\dfrac{4 \times 470.81 l/\min}{\pi \times 6\text{m/s} \times 1,000 l \times 60\text{s}}} = 0.0408$ ∴ 0.0408m = 40.8mm

∴ 호칭구경일 경우 50mm배관으로 적용한다.

5 용량 2,000l의 탱크에 물을 가득 채운 소방차가 화재현장에 출동하여 노즐압력 390kPa(계기압력), 노즐구경 2.5cm를 사용하여 방수한다면 소방차 내의 물이 전부 방수되는데 걸리는 시간[s]을 구하시오. 🔥🔥

해설

$t = \dfrac{V}{Q}$

여기서, t : 시간[s]
$\quad\quad\quad Q$: 유량[m³/s]
$\quad\quad\quad V$: 체적[m³]

$V = 2,000 l = 2\text{m}^3$ 이므로

(1) 유량을 구하면
$Q = Av$
여기서, Q : 유량[m³/s]
$\quad\quad\quad A$: 배관단면적$\left(\dfrac{\pi}{4}D^2 [\text{m}^2]\right)$
$\quad\quad\quad v$: 유속[m/s]

$A = \dfrac{\pi}{4} \times 0.025^2 \text{m}^2$ 이므로

① 유속을 구하면
$v = \sqrt{2gH}$
여기서, v : 유속[m/s]
$\quad\quad\quad g$: 중력가속도[9.8m/s²]
$\quad\quad\quad H$: 높이(수두)[m]

㉠ 압력 390kPa을 수두로 환산하면

$\dfrac{390\text{kPa}}{101.325\text{kPa}} \times 10.332\text{mH}_2\text{O} = 39.767$ ∴ 39.767mH₂O

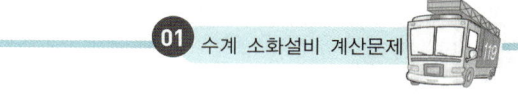

1atm	=	10,332mmH$_2$O	=	760mmHg
101,325Pa	=	10.332mH$_2$O	=	76cmHg
101.325kPa	=	10.332mAq	=	1,013mbar
0.101325MPa	=	1.0332kg$_f$/cm^2	=	1.013bar
14.7psi	=	10,332kg$_f$/m^2	=	30inHg

• 수두환산 방법(Ⅱ)

$$H = \frac{P[\text{kPa} = \text{kN/m}^2]}{\gamma[\text{물}: 9.8\text{kN/m}^3]}$$

(약간의 오차는 발생한다.)

$$v = \sqrt{2gH} = \sqrt{2 \times 9.8\text{m/s}^2 \times 39.767\text{m}} = 27.918 \quad \therefore 27.918\text{m/s}$$

② 유량을 구하면

$$Q = Av = \frac{\pi}{4} \times 0.025^2 \text{m}^2 \times 27.918\text{m/s} = 0.013 \quad \therefore 0.013\text{m}^3/\text{s}$$

(2) 방출시간을 구하면

$$t = \frac{V}{Q} = \frac{2\text{m}^3}{0.013\text{m}^3/\text{s}} = 153.846 \quad \therefore 153.85\text{s}$$

6 수조의 물이 배수되는데 걸리는 시간[s]을 구하시오. (단, 유량계수를 고려한다.)

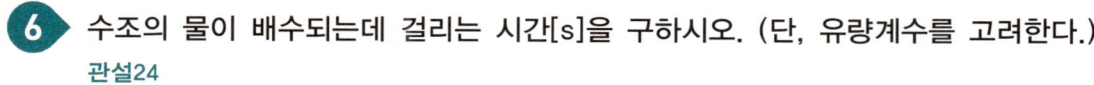
관설24

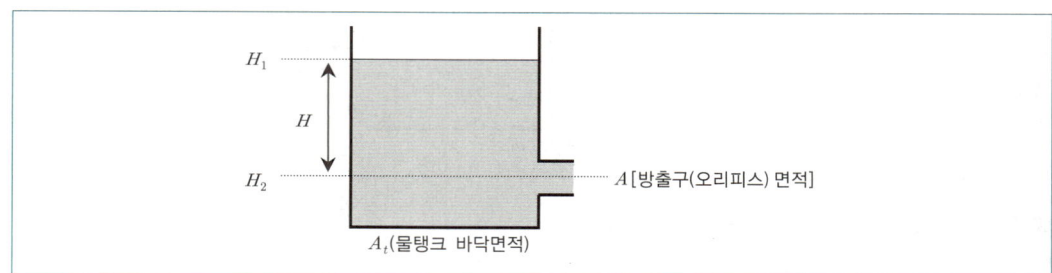

해설

시간이 흐름에 따라 유체가 방출되어 체적 감소(−)를 감안한 유량을 구하면

$$Q = -\frac{dV}{dt} = -\frac{A_t \cdot dH}{dt} \quad [\because dV = A_t \cdot dH]$$

$$dt = -\frac{A_t \cdot dH}{Q} = -\frac{A_t \cdot dH}{C_Q \cdot A\sqrt{2gH}} \quad [Q = C_Q \cdot AV = C_Q \cdot A\sqrt{2gH} \text{를 대입하면}]$$

$$= -\frac{A_t}{C_Q \cdot A\sqrt{2g}} \times \frac{dH}{\sqrt{H}}$$

양변을 적분하면

$$t = -\frac{A_t}{C_Q \cdot A\sqrt{2g}} \int_{H_1}^{H_2} \frac{1}{\sqrt{H}} dH \quad \left[\frac{1}{\sqrt{H}} = H^{-0.5} \text{이므로}\right]$$

$$= -\frac{A_t}{C_Q \cdot A\sqrt{2g}} \int_{H_1}^{H_2} H^{-0.5} dH \quad \left[\int x^n dt = \frac{1}{1+n}x^{n+1} + C(\text{적분상수 : 생략})\text{이므로}\right]$$

$$= -\frac{2A_t}{C_Q \cdot A\sqrt{2g}} [H^{0.5}]_{H_1}^{H_2} \quad \left[\int H^{-0.5} dt = \frac{1}{1-0.5} H^{-0.5+1} = 2H^{0.5} + C(\text{생략})\right]$$

$$= \frac{2A_t}{C_Q \cdot A\sqrt{2g}} [H^{0.5}]_{H_2}^{H_1} \quad \left[H_1 > H_2 \text{이므로} \int_a^b f(x)dx = -\int_b^a f(x)dx \text{를 적용}\right]$$

$$\therefore t = \frac{2A_t}{C_Q \cdot A\sqrt{2g}}(\sqrt{H_1} - \sqrt{H_2}) \quad \left[[H^{0.5}]_{H_2}^{H_1} = (\sqrt{H_1} - \sqrt{H_2}) \right]$$

여기서, t : 토출시간[s]
C_Q : 유량계수
g : 중력가속도[9.8m/s²]
A : 방출구단면적$\left(\frac{\pi}{4}D^2[m^2]\right)$
A_t : 물탱크 바닥면적[m²]
Q : 유량[m³/s]
V : 유속[m/s]
H_1 : 수면에서 방출구까지의 높이[m]
H_2 : 수면에서 탱크 내 오리피스의 높이를 제외한 방출구까지의 높이[m]

7. 수조의 물이 모두 배수되는데 걸리는 시간은 몇 분인가? (단, 유량계수 0.8) 관설18,24

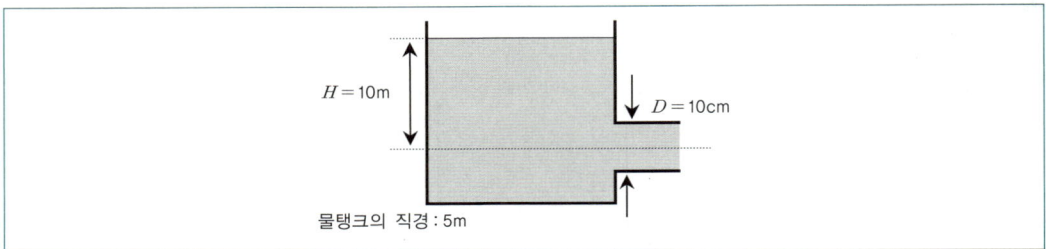

해설

$$t = \frac{2A_t}{C_Q \cdot A\sqrt{2g}}(\sqrt{H_1} - \sqrt{H_2})$$

여기서, t : 토출시간[s]
C_Q : 유량계수
g : 중력가속도[9.8m/s²]
A : 방출구단면적$\left(\frac{\pi}{4}D^2[m^2]\right)$
A_t : 물탱크 바닥면적[m²]
H_1 : 수면에서 방출구까지의 높이[m]
H_2 : 수면에서 탱크 내 오리피스의 높이를 제외한 방출구까지의 높이[m]

$C_Q = 0.8$, $A = \frac{\pi}{4} \times 0.1^2 m^2$, $A_t = \frac{\pi}{4} \times 5^2 m^2$, $H_1 = 10m$, $H_2 = 0$이므로

$$t = \frac{2A_t}{C_Q \cdot A\sqrt{2g}}(\sqrt{H_1} - \sqrt{H_2}) = \frac{2 \times \frac{\pi}{4} \times 5^2 m^2}{0.8 \times \frac{\pi}{4} \times 0.1^2 m^2 \times \sqrt{2 \times 9.8 m/s^2}}(\sqrt{10m} - \sqrt{0m}) = 4,464.285$$

$\therefore 4,464.285s \times \frac{1min}{60s} = 74.404$ $\therefore 74.4min$

> **이 문제의 함정은?**
> 수조의 형태가 압력탱크 등 탱크 내부에 압력이 가해질 경우 그 만큼의 수위가 올라가는 것과 마찬가지이므로 기존의 수위에서 H_1, H_2에서 가해지는 압력만큼 더해서 대입하면 된다.
> $\left(H_1+\dfrac{P}{\gamma},\ H_2+\dfrac{P}{\gamma}\ \text{등으로 대입할 수 있다.}\right)$

8 직육면체의 구조의 옥상수조 가압방식의 옥내소화전설비에서 수조의 바닥면적(저수면적) 50m^2, 저수면의 높이 6m의 수조 바닥에 연결된 배관으로 부터 수직 30m 하부에 위치한 내경 40mm의 옥내소화전 방수구를 통하여 소화수를 대기 중으로 개방할 때 다음 사항을 산출하시오. (단, 소화수조에 대한 추가 급수는 없으며, 전(全)배관계통의 마찰손실은 무시한다.) 술93(25)관설18(유사)

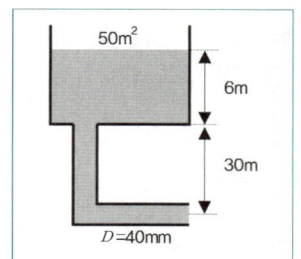

(1) 방수구에서의 분출 시 최대 순간유속[m/s]
(2) 저장된 소화수를 수조바닥까지 비우는데 걸리는 시간 (0시 0분 단위까지 계산할 것)

해설

(1) 방수구에서의 분출 시 최대 순간유속[m/s]
$V = \sqrt{2gH}$
여기서, V : 유속[m/s]
　　　　g : 중력가속도[9.8m/s^2]
　　　　H : 높이(수두)[m]
$H = 6\text{m} + 30\text{m} = 36\text{m}$
$V = \sqrt{2gH} = \sqrt{2 \times 9.8\text{m/s}^2 \times 36\text{m}} = 26.563$　∴ 26.56m/s

(2) 저장된 소화수를 수조바닥까지 비우는데 걸리는 시간 (0시 0분 단위까지 계산할 것)
$t = \dfrac{2A_t}{C_Q \cdot A\sqrt{2g}}(\sqrt{H_1} - \sqrt{H_2})$
여기서, t : 토출시간[s]
　　　　C_Q : 유량계수
　　　　g : 중력가속도[9.8m/s^2]
　　　　A : 방출구단면적$\left(\dfrac{\pi}{4}D^2[\text{m}^2]\right)$
　　　　A_t : 물탱크 바닥면적[m^2]
　　　　H_1 : 수면에서 방출구까지의 높이[m]
　　　　H_2 : 수면에서 탱크 내 오리피스의 높이를 제외한 방출구까지의 높이[m]
$A = \dfrac{\pi}{4} \times 0.04^2\text{m}^2$, $A_t = 50\text{m}^2$, $H_1 = 36\text{m}$, $H_2 = 30\text{m}$, $C_Q = 1$(조건에 없음)

$$t = \frac{2A_t}{C_Q \cdot A\sqrt{2g}}(\sqrt{H_1} - \sqrt{H_2}) = \frac{2 \times 50\text{m}^2}{\frac{\pi}{4} \times 0.04^2\text{m}^2 \times \sqrt{2 \times 9.8\text{m/s}^2}}(\sqrt{36\text{m}} - \sqrt{30\text{m}}) = 9,396.723$$

∴ 9,396.723s = 2시간 36.61분

9 펌프 토출량이 3,600l / min일 때 토출유속이 5m / s라면 배관의 내경은 몇 [mm]인가? 관설2

해설

$Q = AV$

여기서, Q : 유량[m³/s]
  A : 배관단면적$\left(\frac{\pi}{4}D^2[\text{m}^2]\right)$
  V : 유속[m/s]

$Q = 3,600l/\text{min} \times \frac{1\text{m}^3}{1,000l} \times \frac{1\text{min}}{60\text{s}}$, $V = 5\text{m/s}$이므로

$Q = \frac{\pi}{4} \times D^2 \times V$이므로

$D = \sqrt{\frac{4 \times Q}{\pi \times V}} = \sqrt{\frac{4 \times 3,600l/\text{min} \times 1\text{m}^3 \times 1\text{min}}{\pi \times 5\text{m/s} \times 1,000l \times 60\text{s}}} = 0.1236$ ∴ 0.1236m = 123.6mm

∴ 호칭구경일 경우 125mm 배관으로 적용한다.

이해 必

☑ 이 공식은 이렇게 적용하세요…^^ : 유량 및 연속의 방정식

문제표현 → 요구값	적용 공식	요구 공식
유량 / 유속 → 내경(D)	$Q = AV$	$D = \sqrt{\frac{4Q}{\pi V}}$
유량 / 구경 → 유속(V)	$Q = AV$	$V = \frac{4Q}{\pi D^2}$
수두, 압력 → 유속 (V : 토리첼리 정리)	$H = \frac{V^2}{2g}$, $H = \frac{P}{\gamma}$	$V = \sqrt{2gH} = \sqrt{2g \cdot \frac{P}{\gamma}}$
K값 / 방수압 → 유량(Q)	$Q = K\sqrt{P}$	$Q = K\sqrt{P}$, $K = \frac{Q}{\sqrt{P}}$
D_1, D_2 → 유속비율(V_1, V_2)	$Q = A_1V_1 = A_2V_2$	$V_1 = \frac{D_2^2}{D_1^2} \cdot V_2$
유량 / 구경(D_1, D_2) → 유속(V_1, V_2)	$Q = A_1V_1 = A_2V_2$	$V_1 = \frac{Q}{A_1}$, $V_2 = \frac{Q}{A_2}$

10 스프링클러설비에 사용되는 관의 내경이 35mm인 수평배관의 유량이 100L/s이다. 이때, 배관 내 압력[kPa]을 구하시오.

해설

$Q = AV$

여기서, Q: 유량[m³/s]
A: 배관 단면적 $\left(\dfrac{\pi}{4}D^2[\text{m}^2]\right)$
D: 구경[m]
V: 유속[m/s] $\left[V = \sqrt{2gH} = \sqrt{2g\dfrac{P}{\gamma}} = \sqrt{\dfrac{2}{\rho}P} \ \left(\because H = \dfrac{P}{\gamma}, \gamma = \rho g\right)\right]$
H: 양정[m]
P: 방수압[Pa = N/m²]

$D = 35\text{mm} = 0.035\text{m}$, $Q = 100l/s = 0.1\text{m}^3/\text{s}(\because 1\text{m}^3 = 1,000l)$, $g = 9.8\text{m/s}^2$, $\gamma_w = 9.8\text{kN/m}^3$
스프링클러설비는 물을 사용하고 문제의 조건에 따른 압력의 단위는 kPa이므로

$Q = \dfrac{\pi}{4}D^2 \times V \rightarrow V = \dfrac{4Q}{\pi D^2} \rightarrow \sqrt{2gH} = \dfrac{4Q}{\pi D^2} \rightarrow \sqrt{2g \cdot \dfrac{P}{\gamma}} = \dfrac{4Q}{\pi D^2}$ [양변에 제곱]

$\rightarrow 2g \times \dfrac{P}{\gamma} = \left(\dfrac{4Q}{\pi D^2}\right)^2 \rightarrow P = \dfrac{\gamma}{2g} \times \left(\dfrac{4Q}{\pi D^2}\right)^2$

$P = \dfrac{\gamma}{2g} \times \left(\dfrac{4Q}{\pi D^2}\right)^2 = \dfrac{9.8\text{kN/m}^3}{2 \times 9.8\text{m/s}^2} \times \left(\dfrac{4 \times 0.1\text{m}^3/\text{s}}{\pi \times 0.035^2\text{m}^2}\right)^2 = 5,401.545 \ \therefore 5,401.55\text{kPa}$

11 다음 그림과 같은 벤츄리관을 설치하여 관로를 유동하는 물의 유속을 측정하고자 한다. 액주계에는 비중 13.6인 수은이 들어 있고 액주계에서 수은의 높이차가 50mm일 때 흐르는 물의 속도는 몇 [m/s]인가? (단, 피토정압관의 속도계수는 0.97이며, 직경 300mm관과 직경 150mm관의 위치수두는 동일하다. 또한 중력가속도는 9.81m/s²이다.)

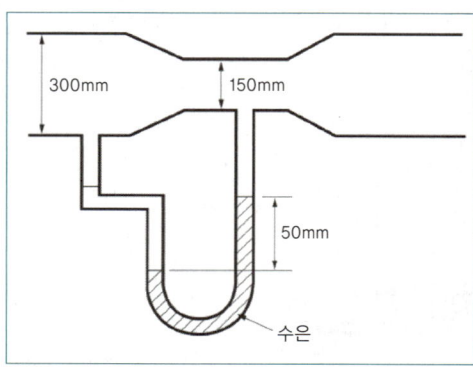

해설

$V = C\sqrt{2gH\left(\dfrac{\gamma - \gamma_w}{\gamma_w}\right)} = C\sqrt{2gH\left(\dfrac{\gamma}{\gamma_w} - 1\right)} = C\sqrt{2gH\left(\dfrac{S}{S_w} - 1\right)}$

여기서, V: 유속[m/s]
C: 속도계수
g: 중력가속도[9.8m/s²]
H: 속도수두(높이)[m]
γ: 피토관 내 액체의 비중량[N/m³], γ_w: 배관 내 유체의 비중량[물: 9,800N/m³]
S: 피토관 내 액체의 비중, S_w: 배관 내 유체의 비중

$C = 0.97$, $g = 9.81 \text{m/s}^2$, $H = 50\text{mm} = 0.05\text{m}$, $S = 13.6$(수은), $S_w = 1$(물)

$$V = C\sqrt{2gH\left(\frac{S}{S_w} - 1\right)} = 0.97 \times \sqrt{2 \times 9.81\text{m/s}^2 \times 0.05\text{m} \times \left(\frac{13.6}{1} - 1\right)} = 3.41 \quad \therefore 3.41\text{m/s}$$

12 피토(pitot)관을 이용하여 흐르는 물의 속도를 측정하려고 한다. 액주계에는 비중 13.6인 수은이 들어 있고 액주계에서 수은의 높이차가 30cm일 때 흐르는 물의 속도는 몇 [m/s]인가? (단, 피토정압관의 보정계수는 0.94이다.)

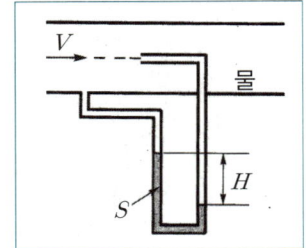

해설

배관의 벽면에는 정압이 작용하고 배관의 가운데에서는 전압(=정압+동압)이 측정되며 두 지점에 압력의 작용에 의해 액주높이 H에서 측정되는 압력은 동압이므로 이를 환산하면 유속이 된다. 이것은 제연설비의 덕트에서 유속을 구해 풍량을 산출하기 위해 사용한다.

$$V = C\sqrt{2gH\left(\frac{\gamma - \gamma_w}{\gamma_w}\right)} = C\sqrt{2gH\left(\frac{\gamma}{\gamma_w} - 1\right)} = C\sqrt{2gH\left(\frac{S}{S_w} - 1\right)}$$

여기서, V : 유속[m/s]
 C : 보정계수
 g : 중력가속도[9.8m/s^2]
 H : 속도수두(높이)[m]
 γ : 피토관 내 액체의 비중량[N/m^3]
 γ_w : 배관 내 유체의 비중량[9,800N/m^3]
 S : 피토관 내 액체의 비중
 S_w : 배관 내 유체의 비중

$C = 0.94$, $S_w = 1$(물), $S = 13.6$(수은), $H = 0.3\text{m}$

$$V = C\sqrt{2gH\left(\frac{S}{S_w} - 1\right)} = 0.94 \times \sqrt{2 \times 9.8\text{m/s}^2 \times 0.3\text{m} \times \left(\frac{13.6}{1} - 1\right)} = 8.090 \quad \therefore 8.1\text{m/s}$$

이해 必

☑ **이 공식은 이렇게 적용하세요…^^** : 연기의 풍속을 구할 경우에도 적용가능하다.

$$V = \sqrt{2gh\left(\frac{\rho_a - \rho_s}{\rho_s}\right)} \quad [\gamma = \rho g \text{이므로 밀도 대신 비중량을 넣어도 동일하다.}]$$

여기서, V : 풍속[m/s]
 g : 중력가속도[9.8m/s^2]
 h : 연기층과 공기층의 높이차[m]
 ρ_s : 화재실의 연기밀도[kg/m^3]
 ρ_a : 화재실 외부의 공기밀도[kg/m^3]

13 유량산출 공식을 다음 조건을 적용하여 유도하시오. 술81(25)관설18

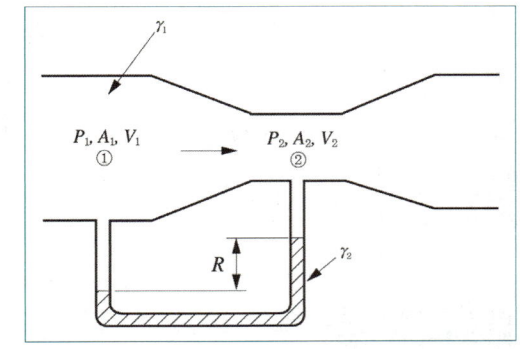

⟨ 조 건 ⟩

$$Q = C \frac{A_2}{\sqrt{1-\left(\frac{D_2}{D_1}\right)^4}} \times \sqrt{2g \frac{(\gamma_2 - \gamma_1)}{\gamma_1} R}$$

해설

베르누이 정리에 연속의 방정식에 따른 유속을 대입하여 유도한다.

$Q = A_1 V_1 = A_2 V_2$

여기서, Q : 유량[m³/s]

A_1, A_2 : 배관단면적 $\left(\frac{\pi}{4} D^2 [\text{m}^2]\right)$

V_1, V_2 : 유속[m/s]

$V_1 = \frac{A_2}{A_1} V_2$ ········· ①

$H = \frac{P_1}{\gamma} + \frac{V_1^2}{2g} + Z_1 = \frac{P_2}{\gamma} + \frac{V_2^2}{2g} + Z_2$

여기서, H : 전수두[m]

P_1, P_2 : 압력[Pa = N/m²]

γ : 비중량[물 : 9,800N/m³ = 9.8kN/m³]

V_1, V_2 : 속도[m/s]

g : 중력가속도[9.8m/s²]

Z_1, Z_2 : 위치수두[m]

$\frac{P_1}{\gamma_1} + \frac{V_1^2}{2g} = \frac{P_2}{\gamma_1} + \frac{V_2^2}{2g}$ [$Z_1 = Z_2$]

$\frac{V_2^2 - V_1^2}{2g} = \frac{P_1 - P_2}{\gamma_1}$ [$\Delta P = P_1 - P_2 = (\gamma_2 - \gamma_1)R$을 대입]

$V_2^2 - V_1^2 = 2g \times \frac{(\gamma_2 - \gamma_1)R}{\gamma_1}$ ········· ② [식 ②에 식 ①을 대입]

$V_2^2 - \left(\frac{A_2}{A_1}\right)^2 V_2^2 = 2gR \times \frac{(\gamma_2 - \gamma_1)}{\gamma_1}$

$V_2^2 \times \left\{1 - \left(\frac{A_2}{A_1}\right)^2\right\} = 2gR \times \frac{(\gamma_2 - \gamma_1)}{\gamma_1}$

$V_2 = \frac{1}{\sqrt{1-\left(\frac{A_2}{A_1}\right)^2}} \times \sqrt{2gR \times \frac{(\gamma_2 - \gamma_1)}{\gamma_1}}$ [$Q = A_2 V_2$이므로 A_2를 곱한다.]

$Q = A_2 V_2 = \frac{A_2}{\sqrt{1-\left(\frac{A_2}{A_1}\right)^2}} \times \sqrt{2gR \times \frac{(\gamma_2 - \gamma_1)}{\gamma_1}}$ [유량계수 C를 고려하면]

$$Q = CA_2 V_2 = C \frac{A_2}{\sqrt{1-\left(\frac{A_2}{A_1}\right)^2}} \times \sqrt{2gR \times \frac{(\gamma_2 - \gamma_1)}{\gamma_1}} \quad \left[\left(\frac{A_2}{A_1}\right)^2 = \left(\frac{\frac{\pi}{4}D_2^2}{\frac{\pi}{4}D_1^2}\right)^2 = \left(\frac{D_2}{D_1}\right)^4 \text{이므로}\right]$$

$$= C \frac{A_2}{\sqrt{1-\left(\frac{D_2}{D_1}\right)^4}} \times \sqrt{2gR \times \frac{(\gamma_2 - \gamma_1)}{\gamma_1}}$$

📖 이해 必

☑ **이 공식은 이렇게 적용하세요…^^** : 연속의 방정식[유속(비율)을 베르누이 정리 등에 대입]

문제표현 → 요구값	적용 공식	요구 공식
D_1, D_2 → 유속비율(V_1, V_2)	$Q = A_1 V_1 = A_2 V_2$	$V_1 = \frac{D_2^2}{D_1^2} \cdot V_2$
유량 / 구경(D_1, D_2) → 유속(V_1, V_2)	$Q = A_1 V_1 = A_2 V_2$	$V_1 = \frac{Q}{A_1}$, $V_2 = \frac{Q}{A_2}$

☑ **이 공식은 이렇게 적용하세요…^^** : 베르누이 정리

문제의 표현	공식	적용
• 이상유체 • 점성이 없는 • 마찰이 없는	$H = \frac{P_1}{\gamma} + \frac{V_1^2}{2g} + Z_1 = \frac{P_2}{\gamma} + \frac{V_2^2}{2g} + Z_2$	$\frac{P_1 - P_2}{\gamma} = \frac{V_2^2 - V_1^2}{2g}$ [압력차 발생=유속차 발생]
• 실제유체 • 점성이 있는 • 마찰이 있는	$H = \frac{P_1}{\gamma} + \frac{V_1^2}{2g} + Z_1 = \frac{P_2}{\gamma} + \frac{V_2^2}{2g} + Z_2 + \Delta H$	$\Delta H = \frac{P_1 - P_2}{\gamma} + \frac{V_1^2 - V_2^2}{2g}$

☑ 벤추리미터 또는 마노미터에서 유량 등을 구할 경우 마노미터 R의 높이(20mmHg)를 수두로 환산하여 적용하는 경우가 있는데 이는 수두(mH₂O)로 환산하여서는 안 되며, 순수한 높이를 의미하므로 R = 20mm = 0.02m로 적용하여야 한다.

☑ 1, 2지점에서의 압력 [$h_1 = h_2 + R$이므로]
$P_1 + \gamma_1 h_2 + \gamma_1 R = P_2 + \gamma_1 h_2 + \gamma_2 R$
$P_1 - P_2 = \gamma_2 R - \gamma_1 R$
$\Delta P = (\gamma_2 - \gamma_1) R$

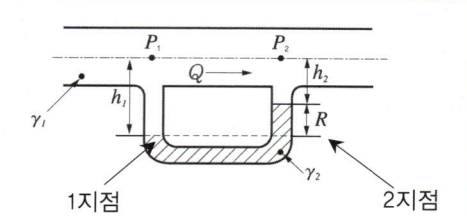

☑ 문제의 표현에서 "압력차(ΔP)"로 주어지는 경우에는 다음과 같이 적용한다.
$\Delta P = P_1 - P_2 = \gamma_2 R - \gamma_1 R = (\gamma_2 - \gamma_1) R$ 이므로

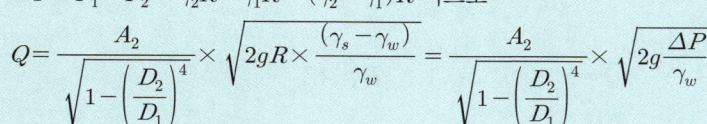

14 마노미터의 압력차가 $R=20$mmHg일 경우 가압송수장치의 토출량을 구하면 몇 [l / min]인가 구하시오. (단, $D_1=100$mm, $D_2=50$mm, $\gamma_w=9,800$N / m³, $\gamma_s=13.6\times9,800$N / m³이다.) 관설18(유사)

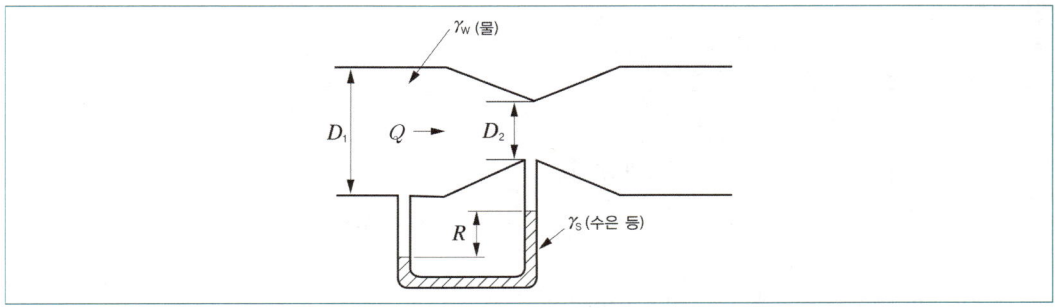

해설

$$Q=C\frac{A_2}{\sqrt{1-\left(\frac{D_2}{D_1}\right)^4}}\times\sqrt{2gR\times\frac{(\gamma_s-\gamma_w)}{\gamma_w}}$$

여기서, Q : 유량[m³/s][벤추리미터에서의 유량]
C : 유량계수
D_1, D_2 : 구경[m]
A_2 : 배관단면적$\left(\frac{\pi}{4}D^2[\text{m}^2]\right)$
g : 중력가속도[9.8m/s²]
γ_s : 액주의 비중량[수은 : $13.6\times9,800$N/m³]
γ_w : 배관 내 액체의 비중량[물 : $9,800$N/m³ $= 9.8$kN/m³ $= 0.0098$MN/m³]
R : 높이[m] $R\times\frac{(\gamma_s-\gamma_w)}{\gamma_w}=\frac{\Delta P}{\gamma_w}=\Delta H$: 수두차 $\left[\text{m}\times\frac{\text{N/m}^3}{\text{N/m}^3}=\frac{\text{N/m}^2}{\text{N/m}^3}=\text{m}\right]$

$A_2=\frac{\pi}{4}\times0.05^2\text{m}^2$, $D_1=0.1$m, $D_2=0.05$m, $\gamma_w=9,800$N/m³, $\gamma_s=13.6\times9,800$N/m³, $R=0.02$m

(1) 유량을 구하면(유량계수는 주어지지 않았으므로 무시한다.)

$$Q=\frac{A_2}{\sqrt{1-\left(\frac{D_2}{D_1}\right)^4}}\times\sqrt{2gR\times\frac{(\gamma_s-\gamma_w)}{\gamma_w}}$$

$$=\frac{\frac{\pi}{4}\times0.05^2\text{m}^2}{\sqrt{1-\left(\frac{0.05\text{m}}{0.1\text{m}}\right)^4}}\times\sqrt{2\times9.8\text{m/s}^2\times0.02\text{m}\times\frac{(13.6\times9,800\text{N/m}^3-9,800\text{N/m}^3)}{9,800\text{N/m}^3}}$$

$$=0.0045\text{m}^3/\text{s}$$

(2) 단위를 변환하면

$$Q_{\text{lpm}}=0.0045\text{m}^3/\text{s}\times\frac{60\text{s}}{1\text{min}}\times\frac{1,000l}{1\text{m}^3}=270 \quad \therefore \ 270[\text{lpm}]$$

15 소화설비의 배관 내경이 10cm인 관로 상에 지름이 2cm인 오리피스가 설치되었을 때 오리피스 전후의 압력수두 차이가 120mmH₂O일 경우의 유량[m³/min]을 계산하시오. (단, 유동계수는 0.66이다.) 관설18(유사)

해설

$$Q = C \frac{A_2}{\sqrt{1-\left(\frac{D_2}{D_1}\right)^4}} \times \sqrt{2gR \times \frac{(\gamma_s - \gamma_w)}{\gamma_w}}$$

여기서, Q : 유량[m³/s][벤추리미터에서의 유량]
C : 유량계수, D_1, D_2 : 구경[m], A_2 : 배관단면적$\left(\frac{\pi}{4}D^2[m^2]\right)$
g : 중력가속도[9.8m/s²]
γ_s : 액주의 비중량[수은 : 13.6×9,800N/m³]
γ_w : 배관 내 액체의 비중량[물 : 9,800N/m³ = 9.8kN/m³ = 0.0098MN/m³]
R : 높이[m] $R \times \frac{(\gamma_s - \gamma_w)}{\gamma_w} = \frac{\Delta P}{\gamma_w} = \Delta H$: 수두차 $\left[m \times \frac{N/m^3}{N/m^3} = \frac{N/m^2}{N/m^3} = m\right]$

$A_2 = \frac{\pi}{4} \times 0.02^2 m^2$, $D_1 = 0.1m$, $D_2 = 0.02m$, $C = 0.66$

$$Q = C \frac{A_2}{\sqrt{1-\left(\frac{D_2}{D_1}\right)^4}} \times \sqrt{2g\Delta H} = 0.66 \times \frac{\frac{\pi}{4} \times 0.02^2 m^2}{\sqrt{1-\left(\frac{0.02m}{0.1m}\right)^4}} \times \sqrt{2 \times 9.8m/s^2 \times 0.12m}$$
$$= 0.000318$$

∴ $0.000318 m^3/s \times \frac{60s}{1min} = 0.019$ ∴ $0.02 m^3/min$

16 단면적이 변하는 수평 원관 내부에 밀도가 1,000kg/m³인 유체가 흐르고 있다. 안지름이 300mm인 곳과 100mm인 곳의 압력차가 14.7kPa일 때 유량은 약 몇 [m³/s]인가? (단, 유량계수 C=0.7이고 마찰손실은 무시한다.) 관설18(유사)

해설

$$Q = C \frac{A_2}{\sqrt{1-\left(\frac{D_2}{D_1}\right)^4}} \times \sqrt{2gR \times \frac{(\gamma_s - \gamma_w)}{\gamma_w}}$$

여기서, Q : 유량[m³/s][벤추리미터에서의 유량]
C : 유량계수, D_1, D_2 : 구경[m], A_2 : 배관단면적$\left(\frac{\pi}{4}D^2[m^2]\right)$
g : 중력가속도[9.8m/s²]
γ_s : 액주의 비중량[수은 : 13.6×9,800N/m³]
γ_w : 배관 내 액체의 비중량[물 : 9,800N/m³ = 9.8kN/m³ = 0.0098MN/m³]
R : 높이[m] $R \times \frac{(\gamma_s - \gamma_w)}{\gamma_w} = \frac{\Delta P}{\gamma_w} = \Delta H$: 수두차 $\left[m \times \frac{N/m^3}{N/m^3} = \frac{N/m^2}{N/m^3} = m\right]$

$A_2 = \dfrac{\pi}{4} \times 0.1^2 \mathrm{m}^2$, $D_1 = 300\mathrm{mm} = 0.3\mathrm{m}$, $D_2 = 100\mathrm{mm} = 0.1\mathrm{m}$, $\Delta P = 14.7\mathrm{kPa}$, $C = 0.7$

$\gamma_w = \rho g = 1{,}000\mathrm{kg/m^3} \times 9.8\mathrm{m/s^2} = 9{,}800 \dfrac{\mathrm{kg \cdot m/s^2}}{\mathrm{m^3}} = 9{,}800\mathrm{N/m^3} = 9.8\mathrm{kN/m^3}$

$Q = C \dfrac{A_2}{\sqrt{1-\left(\dfrac{D_2}{D_1}\right)^4}} \times \sqrt{2g \times \dfrac{\Delta P}{\gamma_w}} = 0.7 \times \dfrac{\dfrac{\pi}{4} \times 0.1^2 \mathrm{m}^2}{\sqrt{1-\left(\dfrac{0.1\mathrm{m}}{0.3\mathrm{m}}\right)^4}} \times \sqrt{2 \times 9.8\mathrm{m/s^2} \times \dfrac{14.7\mathrm{kN/m^2}}{9.8\mathrm{kN/m^3}}}$

$= 0.029 \quad \therefore 0.03\mathrm{m^3/s}$

17 어느 소화설비의 상류측 배관 내경이 25cm, 하류측 배관 내경이 40cm 확대배관인 경우 상류측 배관의 유속과 압력이 각각 1.5m/s, 100kPa일 때, 하류측 소화배관에서 소화수의 유속[m/s]과 압력[kPa]을 계산하시오. (단, 마찰손실은 무시한다.)

관설14(유사문제)

해설

$H = \dfrac{P_1}{\gamma} + \dfrac{V_1^2}{2g} + Z_1 = \dfrac{P_2}{\gamma} + \dfrac{V_2^2}{2g} + Z_2$

여기서, H : 전수두[m]
   P_1, P_2 : 압력[Pa = N/m²]
   γ : 비중량[물 : 9,800N/m³ = 9.8kN/m³]
   V_1, V_2 : 속도[m/s]
   g : 중력가속도[9.8m/s²]
   Z_1, Z_2 : 위치수두[m]

상류측 $D_1 = 0.25\mathrm{m}$, $V_1 = 1.5\mathrm{m/s}$, $P = 100\mathrm{kPa}$, 하류측 $D_2 = 0.4\mathrm{m}$이므로

(1) 하류측 소화배관에서 소화수의 유속(V_2)을 구하면

$Q = A_1 V_1 = A_2 V_2$

여기서, Q : 유량[m³/s]
   A_1, A_2 : 배관단면적$\left(\dfrac{\pi}{4}D^2 [\mathrm{m^2}]\right)$
   V_1, V_2 : 유속[m/s]

$A_1 = \dfrac{\pi}{4} \times 0.25^2 \mathrm{m}^2$, $A_2 = \dfrac{\pi}{4} \times 0.4^2 \mathrm{m}^2$이므로

$Q = A_1 V_1 = A_2 V_2$

$\dfrac{\pi}{4} \times 0.25^2 \mathrm{m}^2 \times 1.5\mathrm{m/s} = \dfrac{\pi}{4} \times 0.4^2 \mathrm{m}^2 \times V_2$

$V_2 = 0.585 \quad \therefore \ 0.585\mathrm{m/s}$

(2) 하류측 소화배관에서 소화수의 압력(P_2[kPa])을 구하면
마찰손실수두($\Delta H = 0$)는 무시하고 $Z_1 = Z_2$이므로

$\dfrac{P_1}{\gamma} + \dfrac{V_1^2}{2g} = \dfrac{P_2}{\gamma} + \dfrac{V_2^2}{2g}$ → $\dfrac{P_1 - P_2}{\gamma} = \dfrac{V_2^2 - V_1^2}{2g}$ → $P_1 - P_2 = \gamma \cdot \dfrac{V_2^2 - V_1^2}{2g}$ 이므로

$P_2 = P_1 - \gamma \cdot \dfrac{V_2^2 - V_1^2}{2g} = 100\mathrm{kPa} - 9.8\mathrm{kN/m^3} \times \dfrac{(0.585\mathrm{m/s})^2 - (1.5\mathrm{m/s})^2}{2 \times 9.8\mathrm{m/s^2}} = 100.95 \quad \therefore 100.95\mathrm{kPa}$

이해 必

☑ **이 공식은 이렇게 적용하세요…^^** : 연속의 방정식[유속(비율)을 베르누이 정리 등에 대입]

문제표현 → 요구값	적용 공식	요구 공식
$D_1, D_2 \rightarrow$ 유속비율(V_1, V_2)	$Q = A_1 V_1 = A_2 V_2$	$V_1 = \dfrac{D_2^2}{D_1^2} \cdot V_2$
유량/구경$(D_1, D_2) \rightarrow$ 유속(V_1, V_2)	$Q = A_1 V_1 = A_2 V_2$	$V_1 = \dfrac{Q}{A_1},\ V_2 = \dfrac{Q}{A_2}$

☑ **이 공식은 이렇게 적용하세요…^^** : 베르누이 정리

문제의 표현	공식	적용
• 이상유체 • 점성이 없는 • 마찰이 없는	$H = \dfrac{P_1}{\gamma} + \dfrac{V_1^2}{2g} + Z_1 = \dfrac{P_2}{\gamma} + \dfrac{V_2^2}{2g} + Z_2$	$\dfrac{P_1 - P_2}{\gamma} = \dfrac{V_2^2 - V_1^2}{2g}$ [압력차 발생=유속차 발생]
• 실제유체 • 점성이 있는 • 마찰이 있는	$H = \dfrac{P_1}{\gamma} + \dfrac{V_1^2}{2g} + Z_1 = \dfrac{P_2}{\gamma} + \dfrac{V_2^2}{2g} + Z_2 + \Delta H$	$\Delta H = \dfrac{P_1 - P_2}{\gamma} + \dfrac{V_1^2 - V_2^2}{2g}$

☑ **베르누이 정리 공식 변환**

이상유체일 경우 $[Z_1 = Z_2]$	실제유체일 경우 $[Z_1 = Z_2]$
$\dfrac{P_1}{\gamma} + \dfrac{V_1^2}{2g} + Z_1 = \dfrac{P_2}{\gamma} + \dfrac{V_2^2}{2g} + Z_2$ $\dfrac{P_1 - P_2}{\gamma} = \dfrac{V_2^2 - V_1^2}{2g} \rightarrow \boxed{P_1 - P_2 = \gamma \cdot \dfrac{V_2^2 - V_1^2}{2g}}$ $P_1 - P_2 = \dfrac{\rho}{2}(V_2^2 - V_1^2) \rightarrow \Delta P = \dfrac{\rho}{2}(V_2^2 - V_1^2)$	$\dfrac{P_1}{\gamma} + \dfrac{V_1^2}{2g} + Z_1 = \dfrac{P_2}{\gamma} + \dfrac{V_2^2}{2g} + Z_2 + \Delta H$ $\Delta H = \dfrac{P_1 - P_2}{\gamma} + \dfrac{V_1^2 - V_2^2}{2g}$

☑ **토리첼리 정리 유도**

$\dfrac{P_1}{\gamma} + \dfrac{V_1^2}{2g} + Z_1 = \dfrac{P_2}{\gamma} + \dfrac{V_2^2}{2g} + Z_2$

$Z_1 = \dfrac{V_2^2}{2g} + Z_2$ $[P_1 = P_2(대기압),\ V_1 = 0(수면)]$

$V_2^2 = 2g(Z_1 - Z_2)$

$V_2 = \sqrt{2g(Z_1 - Z_2)}$ $[H = Z_1 - Z_2]$

$V = \sqrt{2gH}$

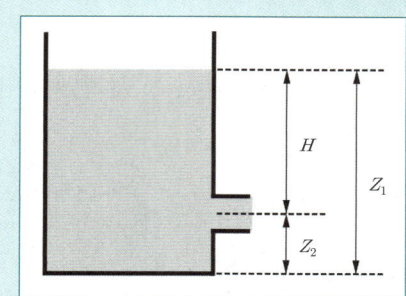

18 안지름 15cm인 관이 사이폰 작용에 의해 물이 3,180*l*/min으로 송수된다. 대기압이 0.1013MPa_abs, 물의 포화증기압이 0.016MPa_abs일 경우 늘어뜨린 관의 길이 h를 구하시오. (단, 마찰손실은 무시하며, 수면과 사이폰관의 말단을 기준으로 한다.)

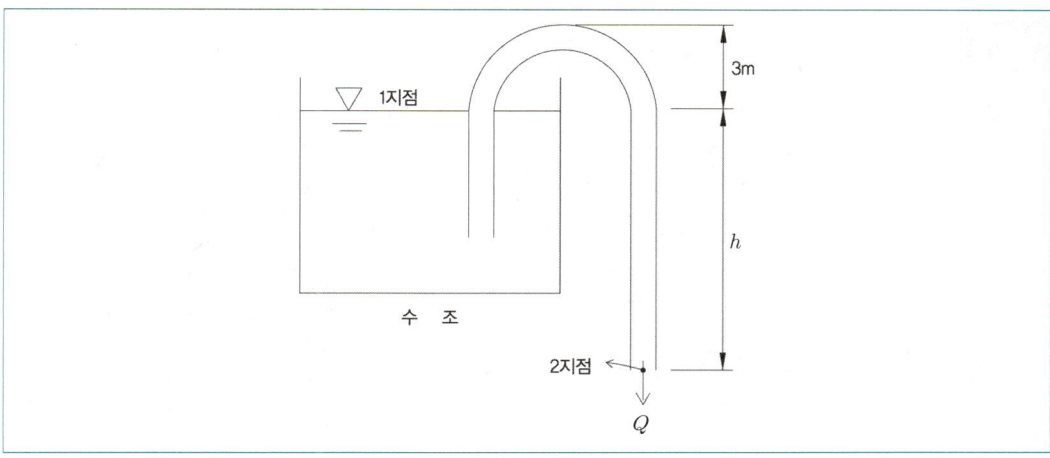

해설

$$H = \frac{P_1}{\gamma} + \frac{V_1^2}{2g} + Z_1 = \frac{P_2}{\gamma} + \frac{V_2^2}{2g} + Z_2$$

여기서, H : 전수두[m]
P_1, P_2 : 압력[MPa = MN/m²]
γ : 비중량[물 : 9,800N/m³ = 9.8kN/m³ = 0.0098MN/m³]
V_1, V_2 : 속도[m/s]
g : 중력가속도[9.8m/s²]
Z_1, Z_2 : 위치수두[m]

$P_1 = P_2$(대기압), $P_{포화} = 0.016\text{MPa} = 0.016\text{MN/m}^2$
$V_1 = 0\text{m/s}$, $Z_1 = 0\text{m}$(수면이므로 속도와 낙차가 없다.), $D = 0.15\text{m}$, $Q = 3,180\text{lpm}$

(1) 배관 내의 유속($V_{배관}$)을 구하면
$Q = AV$
여기서, Q : 유량[m³/s]
A : 배관단면적 $\left(\frac{\pi}{4}D^2[\text{m}^2]\right)$
D : 구경[mm]

$A = \frac{\pi}{4} \times 0.15^2 \text{m}^2$ 이므로

① 유량의 단위를 변환하면 : $Q = 3,180l/\min \times \frac{1\text{m}^3}{1,000l} \times \frac{1\min}{60\text{s}} = 0.053$ ∴ $0.053\text{m}^3/\text{s}$

② 유속(V_2)을 구하면 : $V_2 = \frac{Q}{A} = \frac{0.053\text{m}^3/\text{s}}{\frac{\pi}{4} \times 0.15^2 \text{m}^2} = 2.999$ ∴ 2.999m/s

(2) 수면을 기준으로 아래로 늘어뜨린 관의 길이 $h(=Z_2)$를 구하면(이때, 2지점의 정압은 대기압과 포화증기압이 함께 작용한다.)

$$\frac{P_1}{\gamma} + \frac{V_1^2}{2g} + Z_1 = \frac{P_2}{\gamma} + \frac{P_{포화}}{\gamma} + \frac{V_2^2}{2g} + Z_2 \quad [P_1 = P_2(\text{대기압}), \ V_1 = 0\text{m/s}, \ Z_1 = 0\text{m}]$$

$$0 = \frac{P_{포화}}{\gamma} + \frac{V_2^2}{2g} + Z_2$$

$$Z_2 = -\frac{P_{포화}}{\gamma} - \frac{V_2^2}{2g} = -\frac{0.016\text{MN/m}^2}{0.0098\text{MN/m}^3} - \frac{(2.999\text{m/s})^2}{2 \times 9.8\text{m/s}^2} = -2.091 \quad \therefore 2.09\text{m}(호스길이)$$

참고만

☑ **사이폰 작용**

물속에 말단이 폐쇄된 투명 비닐 호스를 완전히 잠기게 한 후 투명 비닐 호스를 물속에서부터 세우게 되면 대기압이 1atm 일 경우 물의 높이(수두)는 10.332m가 된다.

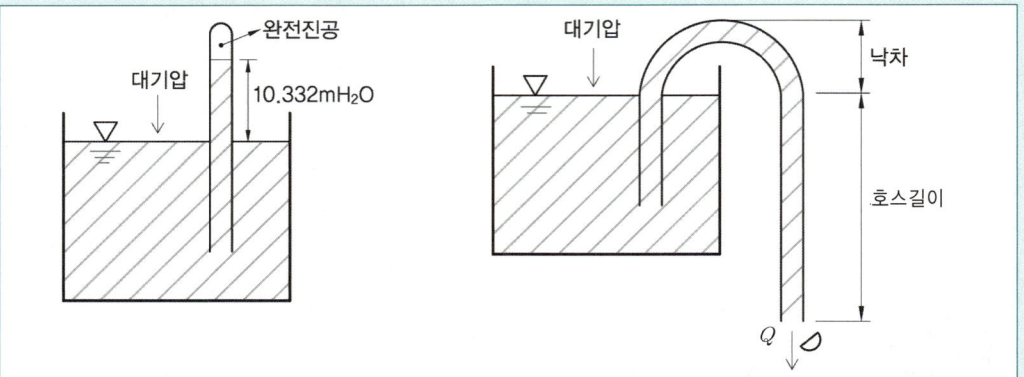

이때 투명 비닐 호스를 그림과 같이 구부려 수면보다 아래로 늘어뜨려 폐쇄된 말단을 잘라내면 수면에 작용한 대기압에 의해 지속적으로 물이 배출되게 되며, 이것을 사이폰 작용이라 한다. 이 사이폰 작용이 발생할 경우 손실로서 작용할 수 있는 부분은 배관의 마찰손실, 포화증기압, 유속(곡관 부분의 낙차는 올라갔다 내려오므로 상쇄됨) 등이 있게 되며, 이러한 손실을 제한 압력이 호스 아래에 작용하게 되며, 손실이 커지거나 또는 호스가 수면 위로 올라갈 경우에는 똑같이 대기압이 작용하므로 물은 배출되지 않는다. 이것은 펌프의 유효흡입수두와 유사하다는 것을 알 수 있다.

19 그림과 같이 관에 중량유량이 980N/min 으로 40℃의 물이 흐르고 있다. ②점에서 공동현상이 일어나지 않을 ①점에서의 최소압력은 몇 [kPa]인지 구하시오. (단, 관의 손실은 무시하고 40℃ 물의 증기압은 55.32mmHg이며 소수점 다섯째자리까지 구하시오.) 관설21

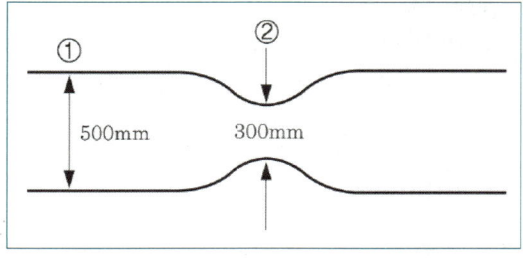

🔊 **해설**

공동현상은 배관 내부에서 정압보다 유체의 증기압이 커지게 될 경우 발생하게 되므로 ②지점에서의 정압을 공동현상이 발생하는 한계인 유체의 증기압을 기준으로 ①지점에서의 압력을 산출한다. 문제의 조건에 따라 손실은 없으므로 베르누이 정리를 적용하여 ①지점과 ②지점에서의 전수두(전에너지)는 같다. 각각의 위치에서 배관의 구경은 달라지므로 압력수두와 속도수두는 달라지며, 위치수두는 서로 동일하다.

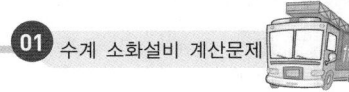

$$H = \frac{P_1}{\gamma} + \frac{V_1^2}{2g} + Z_1 = \frac{P_2}{\gamma} + \frac{V_2^2}{2g} + Z_2$$

여기서, H : 전수두[m]

P_1, P_2 : 압력[Pa = N/m²]

γ : 비중량[물 : 9,800N/m³ = 9.8kN/m³ = 0.0098MN/m³]

V_1, V_2 : 속도[m/s]

g : 중력가속도[9.8m/s²]

Z_1, Z_2 : 위치수두[m]

$\gamma = 9.8$kN/m³(물), $P_2 = 55.32$mmHg, $Z_1 = Z_2$이므로

① 중량유량을 고려하여 유속을 구하면

$$G = \gamma A_1 V_1 = \gamma A_2 V_2$$

여기서, A_1, A_2 : 배관단면적 $\left(\frac{\pi}{4} D^2 [\text{m}^2]\right)$

V_1, V_2 : 유속[m/s] $[V = \sqrt{2gH}]$

γ : 비중량[물 : 9,800N/m³ = 9.8kN/m³]

$G = 980$N/min $\times \frac{1\text{min}}{60\text{s}}$, $D_1 = 500$mm $= 0.5$m, $D_2 = 300$mm $= 0.3$m, $\gamma = 9,800$N/m³

중량을 중량유량의 단위에 맞추어 계산을 최소로 하여 유속을 산출한다. 문제 조건에 따라 소수점 다섯째자리까지 구한다.

$G = \gamma A V = \gamma \times \frac{\pi}{4} \times D^2 \times V$ 이므로 $V = \frac{4G}{\pi \gamma D^2}$

㉠ $V_1 = \frac{4G}{\pi \gamma D_1^2} = \frac{4 \times 980\text{N/min} \times \frac{1\text{min}}{60\text{s}}}{\pi \times 9,800\text{N/m}^3 \times 0.5^2 \text{m}^2} = 0.00848$m/s

㉡ $V_2 = \frac{4G}{\pi \gamma D_2^2} = \frac{4 \times 980\text{N/min} \times \frac{1\text{min}}{60\text{s}}}{\pi \times 9,800\text{N/m}^3 \times 0.3^2 \text{m}^2} = 0.02357$m/s

② P_2의 압력을 환산하면

1atm	=	10,332mmH₂O	=	760mmHg
101,325Pa	=	10.332mH₂O	=	76cmHg
101.325kPa	=	10.332mAq	=	1,013mbar
0.101325MPa	=	1.0332kg_f/cm²	=	1.013bar
14.7psi	=	10,332kg_f/m²	=	30inHg

• 1기압(대기압)과 동일한 각종 압력단위 [mH₂O = mAq(아쿠아 = 물)]

• 계산식에서의 표현 : 물이라는 특수성에 의해 보통 "mH₂O"를 "m"로 줄여 쓰기도 한다.

$P_2 = \frac{55.32\text{mmHg}}{760\text{mmHg}} \times 101.325\text{kPa} = 7.37539\text{kPa} = 7.37539\text{kN/m}^2$

③ P_1의 압력을 산출하면

$$\frac{P_1}{\gamma} + \frac{V_1^2}{2g} = \frac{P_2}{\gamma} + \frac{V_2^2}{2g} \ [Z_1 = Z_2]$$

$$\frac{P_1 - P_2}{\gamma} = \frac{V_2^2 - V_1^2}{2g}$$ 이므로

$$P_1 = P_2 + \gamma \times \frac{V_2^2 - V_1^2}{2g}$$

$$P_1 = P_2 + \gamma \times \frac{V_2^2 - V_1^2}{2g} = 7.37539\text{kN/m}^2 + 9.8\text{kN/m}^3 \times \frac{(0.02357\text{m/s})^2 - (0.00848\text{m/s})^2}{2 \times 9.8\text{m/s}^2}$$

$= 7.37563$ ∴ 7.37563kN/m² $= 7.37563$kPa

20 물이 흐르고 있는 관로에서 a지점의 게이지압력이 300kPa이고 유량이 15kg/s일 때 a와 b지점 사이의 손실수두(m)를 계산하시오. 술107(10)

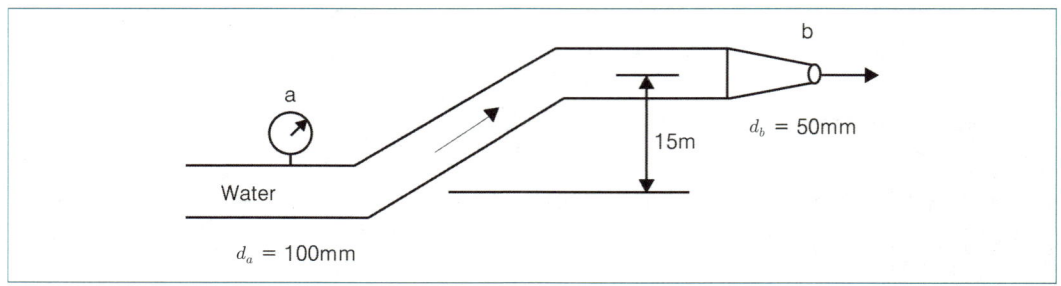

해설

$$H = \frac{P_1}{\gamma} + \frac{V_1^2}{2g} + Z_1 = \frac{P_2}{\gamma} + \frac{V_2^2}{2g} + Z_2 + \Delta H$$

여기서, H : 전수두[m]
  P_1, P_2 : 압력[Pa = N/m²]
  γ : 비중량[물 : 9,800N/m³ = 9.8kN/m³ = 0.0098MN/m³]
  V_1, V_2 : 속도[m/s]
  g : 중력가속도[9.8m/s²]
  Z_1, Z_2 : 위치수두[m]
  ΔH : 배관마찰손실[m]

$d_a = 100\text{mm} = 0.1\text{m}$, $d_b = 50\text{mm} = 0.05\text{m}$, $P_a = 300\text{kPa} = 300\text{kN/m}^2$,
$P_b = 0$(방출 후 정압은 대기압이므로 0으로 본다.),
$Z_a = 0\text{m}$, $Z_b = 15\text{m}$ 이므로

$$\frac{P_a}{\gamma} + \frac{V_a^2}{2g} + Z_a = \frac{V_b^2}{2g} + Z_b + \Delta H \text{ 이므로 } \Delta H = \frac{P_a}{\gamma} + \frac{V_a^2 - V_b^2}{2g} + Z_a - Z_b$$

(1) 유속을 구하면

$M = \rho_1 A_1 V_1 = \rho_2 A_2 V_2$

여기서, M : 질량유량[kg/s]
  ρ_1, ρ_2 : 밀도[물 : 1,000kg/m³ = 1,000N·s²/m⁴]
  A_1, A_2 : 단면적$\left(\frac{\pi}{4}D^2[\text{m}^2]\right)$
  V_1, V_2 : 유속[m/s]

$M = 15\text{kg/s}$, $\rho_a = \rho_b = 1,000\text{kg/m}^3$ (물), $A_a = \frac{\pi}{4} \times 0.1^2 \text{m}^2$, $A_b = \frac{\pi}{4} \times 0.05^2 \text{m}^2$이므로

$$V_a = \frac{M}{\rho_a A_a} = \frac{15\text{kg/s}}{1,000\text{kg/m}^3 \times \frac{\pi}{4} \times 0.1^2 \text{m}^2} = 1.909 \quad \therefore 1.909\text{m/s}$$

$$V_b = \frac{M}{\rho_b A_b} = \frac{15\text{kg/s}}{1,000\text{kg/m}^3 \times \frac{\pi}{4} \times 0.05^2 \text{m}^2} = 7.639 \quad \therefore 7.639\text{m/s}$$

(2) 베르누이 정리에 의해 손실수두를 구하면

$$\Delta H = \frac{P_a}{\gamma} + \frac{V_a^2 - V_b^2}{2g} + Z_a - Z_b = \frac{300\text{kN/m}^2}{9.8\text{kN/m}^3} + \frac{(1.909\text{m/s})^2 - (7.639\text{m/s})^2}{2 \times 9.8\text{m/s}^2} + 0\text{m} - 15\text{m} = 12.82$$

$\therefore 12.82\text{m}$

21 다음 그림을 보고 물음에 답하시오. (단, 유체의 자중을 고려하여 산출한다.)

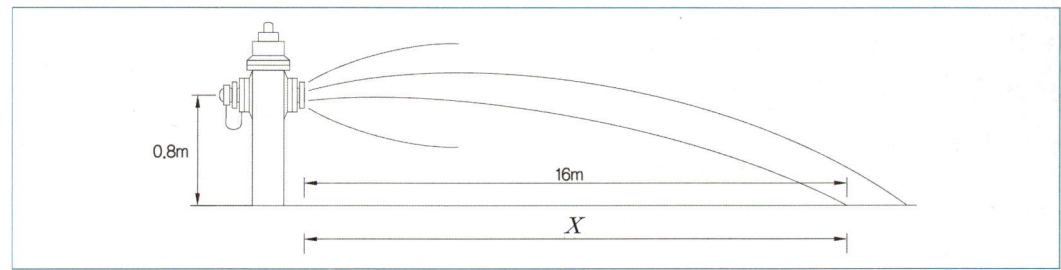

(1) 옥외소화전에서 방사거리가 16m일 경우에 유량 [m³/s]를 구하시오.
(2) 화재안전기술기준에 의거 규정 방수량으로 방사될 경우 X의 길이를 구하시오.

해설

(1) **옥외소화전에서 방사거리가 16m일 경우의 유량**

$$Q = AV$$

여기서, Q : 유량[m³/s]
A : 배관단면적$\left(\dfrac{\pi}{4}D^2[\text{m}^2]\right)$
V : 유속[m/s]

$A = \dfrac{\pi}{4} \times 0.065^2 \text{m}^2$이므로 유속을 산출하여야 하는데 자중에 따른 낙하를 고려한다.

① 소화전에서 방사될 때 x방향으로 등속도 운동을 하며, y방향으로는 중력에 의해 등가속도 운동으로 자유낙하한다. 임의의 시간 t초 후의 속도는 다음과 같다.

$$V = \dfrac{S}{t}$$

여기서, V : 유속[m/s]
S : 유체의 x방향 이동거리[m]
$t = \sqrt{\dfrac{2h}{g}}$: y방향으로의 중력가속도에 따른 낙하시간[s]
h : 수직낙하거리[m]
g : 중력가속도[9.8m/s²]

$S = 16$m이므로 중력가속도에 따른 낙하시간을 구해야 하므로 (이때, 가속도는 시간변화율에 대한 유속의 변화율[$\Delta V = V_2$(최종유속) $- V_1$(최초유속 $= 0$)]이므로 다음과 같다.)

$$g = \dfrac{\Delta V}{dt} = \dfrac{(V_2 - V_1)}{dt} \rightarrow g \cdot dt = V_2 \quad [V_1 = 0\text{m/s이므로}]$$

$V_2 = g \cdot dt$ [V_2에 낙하시간(t)을 곱해주면 수직낙하거리(h)가 되므로]
$h = V_2 \cdot t = g \cdot tdt$ [시간에 대하여 적분하면]
$h = \dfrac{1}{2}gt^2$ $\left[\because \displaystyle\int t^n dt = \dfrac{1}{1+n}t^{n+1} + C\text{(적분상수 : 생략)}\right]$

$t = \sqrt{\dfrac{2h}{g}}$ [시간을 유속에 대입하면]

$$V = \dfrac{S}{\sqrt{\dfrac{2h}{g}}} = \dfrac{16\text{m}}{\sqrt{\dfrac{2 \times 0.8\text{m}}{9.8\text{m/s}^2}}} = 39.597 \quad \therefore 39.597\text{m/s}$$

② 유속을 대입하여 유량을 구하면

$$Q = AV = \frac{\pi}{4} \times 0.065^2 \text{m}^2 \times 39.597 \text{m/s} = 0.131 \quad \therefore 0.131 \text{m}^3/\text{s}$$

(2) 규정 방수량으로 방수할 경우의 X 거리

$$X = V \times t = V \times \sqrt{\frac{2h}{g}} \quad h = 0.8 \text{m 이므로}$$

① 유속을 구하면

$$Q = 350 l/\min (\text{옥외소화전 방수량})$$

$$= 0.35 \text{m}^3/\min \times \frac{1 \min}{60 \text{s}} (1 \text{m}^3 = 1,000 l), \ A = \frac{\pi}{4} \times 0.065^2 \text{m}^2$$

$$V = \frac{Q}{A} = \frac{0.35 \text{m}^3/\min \times \frac{1 \min}{60 \text{s}}}{\frac{\pi}{4} \times 0.065^2 \text{m}^2} = 1.757 \quad \therefore 1.757 \text{m/s}$$

② X 거리를 구하면

$$X = V \times \sqrt{\frac{2h}{g}} = 1.757 \text{m/s} \times \sqrt{\frac{2 \times 0.8 \text{m}}{9.8 \text{m/s}^2}} = 0.709 \quad \therefore 0.71 \text{m}$$

22. 37.5℃인 물이 30m³/min로 원관을 흐르고 있다. 층류로 흐를 수 있는 관의 최소직경은 몇 [m]인가? (단, 동점성계수는 $6 \times 10^{-5} \text{m}^2/\text{s}$ 이다.)

해설

$$Re = \frac{\rho VD}{\mu} = \frac{VD}{\nu} \quad \left[\frac{\text{관성력}}{\text{점성력}}\right]$$

여기서, Re : 레이놀즈수
  ρ : 밀도[물 : $1,000 \text{kg/m}^3 = 1,000 \text{N} \cdot \text{s}^2/\text{m}^4$]
  V : 유속[m/s]
  D : 내경[m]
  μ : 점도[$\text{kg/m} \cdot \text{s} = \text{N} \cdot \text{s/m}^2$]
  ν : 동점도[m^2/s]

구분	레이놀즈수
층류	$Re \leq 2,100$
전이(임계, 천이) 영역	$2,100 < Re < 4,000$
난류	$Re \geq 4,000$

단순하게 레이놀즈수로 볼 경우 미지수(구경 및 유속)가 두 가지이므로 유량 공식을 변환하여 레이놀즈수에 대입하여 구할 수 있다.

$$Q = \frac{\pi}{4} D^2 \times V \rightarrow V = \frac{4Q}{\pi D^2} \text{를 레이놀즈수에 대입한다. } Re = \frac{DV}{\nu} = \frac{D \times \frac{4Q}{\pi D^2}}{\nu} = \frac{4Q}{\pi D \nu}$$

$Re = 2,100$(하임계 레이놀즈수 : 층류로 흐를 수 있는 최소직경), $\nu = 6 \times 10^{-5} \text{m}^2/\text{s}$

$$Q = 30 \text{m}^3/\min \times \frac{1 \min}{60 \text{s}}$$

$$D = \frac{4Q}{\pi \cdot Re \cdot \nu} = \frac{4 \times 30 \text{m}^3/\min \times 1 \min}{\pi \times 2,100 \times 6 \times 10^{-5} \text{m}^2/\text{s} \times 60 \text{s}} = 5.052 \quad \therefore 5.05 \text{m}$$

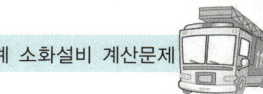

이 공식은 이렇게 적용하세요…^^ : 레이놀즈수(점성계수 및 동점성계수가 주어짐)

문제표현 → 요구값	적용 공식	요구 공식
유량 / 유속 → 내경(D)	$Q = AV$	$D = \sqrt{\dfrac{4Q}{\pi V}}$
유량 / 구경 → 유속(V)	$Q = AV$	$V = \dfrac{4Q}{\pi D^2}$
수두, 압력 → 유속(V)	$H = \dfrac{V^2}{2g},\ H = \dfrac{P}{\gamma}$	$V = \sqrt{2gH} = \sqrt{2g \cdot \dfrac{P}{\gamma}}$
비중 → 밀도(ρ)	$S = \dfrac{\rho}{\rho_w}$	$\rho = S \times \rho_w$

23. 배관마찰손실 중 부차적 손실에 대하여 설명하시오.

해설

부차적 손실	관로의 급격한 확대, 축소로 인한 손실, 관 부속품에 의한 손실
상당길이법	부차적 손실을 배관의 길이(상당관길이=등가길이=등가관장)로 나타낸다. $H = f \cdot \dfrac{L_e}{D} \cdot \dfrac{V^2}{2g} = K \dfrac{V^2}{2g}$ 정리하면 $L_e = \dfrac{KD}{f}$ 여기서, H : 마찰손실[m] f : 마찰손실계수$\left[f = \dfrac{64}{Re}\ \text{는 조건에 따라 사용}\right]$ L_e : 상당 관길이=등가길이≒등가관장[m] D : 배관직경[m] V : 유속[m/s] K : 손실계수 g : 중력가속도[9.8m/s^2]
저항계수법	$H = K \dfrac{V^2}{2g}$ [저항(손실)계수에 의해 산출]

이 공식은 이렇게 적용하세요…^^ : 상당관길이

① 모든 마찰손실 공식의 결과 산출되는 마찰손실수두는 전양정에 포함되어 동력을 산출하는 형태로 출제될 수 있다.
② 동력문제 풀이의 핵심은 전양정 산출 : 마찰손실 공식에 따른 전양정 계산 숙지 필요
 전수두(전양정)=낙차수두+마찰손실수두+법정토출압수두

요구값	문제표현		적용 공식	요구 공식
마찰손실	상당관길이 → 달시-웨버식 및 하젠-윌리암스식		$L_e = \dfrac{KD}{f}$	$H = f \cdot \dfrac{L_e}{D} \cdot \dfrac{V^2}{2g}$
	마찰손실계수, (동)점성계수 → 달시-웨버식		$f = \dfrac{64}{Re}$	$H = \dfrac{64}{Re} \cdot \dfrac{l}{D} \cdot \dfrac{V^2}{2g}$
	하젠-윌리암스식	일반적인 형태	$\Delta P = 6.053 \times 10^4 \times \dfrac{Q^{1.85} \times L}{C^{1.85} \times D^{4.87}}$	
		증축 전·후	$\Delta P_후 = \Delta P_전 \times \left(\dfrac{Q_후}{Q_전}\right)^{1.85}$	

24 마찰계수가 0.032인 내경 65mm의 배관에 물이 흐르고 있다. 이 배관에 관부속품인 구형밸브(손실계수 K_1=10)와 티(손실계수 K_2=1.6)가 결합되어 있을 경우 이 배관의 상당길이는 몇 [m]인가? 🔥

해설

$L_e = \dfrac{KD}{f}$

여기서, L_e : 상당관길이=등가길이=등가관장[m]
K : 부차손실계수
D : 지름[m]
f : 마찰손실계수

$f = 0.032$, $K_{v/v} = 10$, $K_t = 1.6$, $D = 0.065$m 이므로

$L_e = \dfrac{K_{v/v}D}{f} + \dfrac{K_tD}{f} = \dfrac{(K_{v/v} + K_t)D}{f} = \dfrac{(10+1.6) \times 0.065\text{m}}{0.032} = 23.562$

∴ 23.56m

25 0.01539m³/s의 유량으로 지름 30cm인 주철관 속을 비중 0.85, 점성계수 0.103N · s/m²의 유체가 흐르고 있다. 길이 3,000m에 대한 손실수두는 약 몇 [m]인가? 🔥🔥

해설

$H = f \cdot \dfrac{l}{D} \cdot \dfrac{V^2}{2g}$

여기서, H : 마찰손실수두[m]
f : 마찰손실계수 $\left[f = \dfrac{64}{Re} \text{ 는 조건에 따라 사용}\right]$
l : 배관길이[m]
D : 배관직경[m]
V : 유속[m/s]
g : 중력가속도[9.8m/s²]

$D = 0.3$m, $l = 3,000$m이므로 유속과 마찰손실계수를 구한 후 배관마찰손실수두를 구한다.

(1) 유속을 구하면

$Q = AV$

여기서, Q : 유량[m³/s]

A : 배관단면적$\left(\dfrac{\pi}{4}D^2[\text{m}^2]\right)$

V : 유속[m/s]

$Q = 0.01539\text{m}^3/\text{s}$, $A = \dfrac{\pi}{4} \times 0.3^2 \text{m}^2$

$V = \dfrac{Q}{A} = \dfrac{0.01539\text{m}^3/\text{s}}{\dfrac{\pi}{4} \times 0.3^2 \text{m}^2} = 0.217$ ∴ 0.217m/s

(2) 마찰손실계수를 구하면

$f = \dfrac{64}{Re}$ 이므로

① 레이놀즈수를 구하면

$Re = \dfrac{\rho VD}{\mu} = \dfrac{VD}{\nu}$ $\left[\dfrac{\text{관성력}}{\text{점성력}}\right]$

여기서, Re : 레이놀즈수

ρ : 밀도[물 : $1,000\text{kg/m}^3 = 1,000\text{N} \cdot \text{s}^2/\text{m}^4$]

V : 유속[m/s]

D : 내경[m]

μ : 점도[kg/m·s = N·s/m²]

ν : 동점도[m²/s]

$\mu = 0.103\text{N} \cdot \text{s/m}^2$, $D = 0.3\text{m}$이므로

② 비중이 주어졌으므로 밀도를 구하면

액체비중 : 어떤 물체의 무게와 이와 같은 부피의 4℃의 물의 무게와의 비이므로 비중량으로 적용하며 $\gamma = \rho g$, $\gamma_w = \rho_w g$이므로 밀도를 넣어도 동일하다.

$S = \dfrac{\rho}{\rho_w} = \dfrac{\gamma}{\gamma_w}$

여기서, S : 비중

ρ_w : 4℃의 물의 밀도[$1,000\text{kg/m}^3 = 1,000\text{N} \cdot \text{s}^2/\text{m}^4$]

ρ : t[℃]의 물체의 밀도[kg/m³]

γ_w : 4℃의 물의 비중량[$9,800\text{N/m}^3 = 9.8\text{kN/m}^3$]

γ : t[℃]의 물체의 비중량[N/m³]

$S = 0.85$이므로

$\rho = S \cdot \rho_w = 0.85 \times 1,000\text{N} \cdot \text{s}^2/\text{m}^4$

③ 레이놀즈수를 구하면

$Re = \dfrac{\rho VD}{\mu} = \dfrac{0.85 \times 1,000\text{N} \cdot \text{s}^2/\text{m}^4 \times 0.217\text{m/s} \times 0.3\text{m}}{0.103\text{N} \cdot \text{s/m}^2} = 537.233$ ∴ 537.233

④ 마찰손실계수 : $f = \dfrac{64}{Re} = \dfrac{64}{537.233}$

(3) 손실수두를 구하면

$H = f \cdot \dfrac{l}{D} \cdot \dfrac{V^2}{2g} = \dfrac{64}{537.233} \times \dfrac{3,000\text{m}}{0.3\text{m}} \times \dfrac{(0.217\text{m/s})^2}{2 \times 9.8\text{m/s}^2} = 2.862$ ∴ 2.86m

> **이해 必**
>
> ☑ **이 공식은 이렇게 적용하세요…^^** : 달시-웨버식 [마찰손실계수가 주어지거나 점성계수(동점성계수)가 주어져 레이놀즈수를 구하는 형태로 조건이 주어진다.]

문제표현 → 요구값	적용 공식	요구 공식
유량 / 유속 → 내경(D)	$Q = AV$	$D = \sqrt{\dfrac{4Q}{\pi V}}$
유량 / 구경 → 유속(V)	$Q = AV$	$V = \dfrac{4Q}{\pi D^2}$
수두, 압력 → 유속(V)	$H = \dfrac{V^2}{2g}$, $H = \dfrac{P}{\gamma}$	$V = \sqrt{2gH} = \sqrt{2g \cdot \dfrac{P}{\gamma}}$
점성, 동점성계수 → 마찰손실계수$\left(\dfrac{64}{Re}\right)$	$f = \dfrac{64}{Re}$	$f = \dfrac{64\mu}{\rho VD}$, $f = \dfrac{64\nu}{VD}$
비중 → 밀도(ρ)	$S = \dfrac{\rho}{\rho_w}$	$\rho = S \times \rho_w$

26 스프링클러소화설비에서 토출량이 2.4m³ / min, 유속이 3m / s일 경우 다음 물음에 답하시오. 관설5

(1) 토출측 배관의 구경 [mm]을 계산하시오.
(2) 조건상의 토출량을 방사할 경우의 기준개수는 몇 개로 계산되는가?
(3) 달시-웨버의 식을 적용하여 입상관에서의 마찰손실수두 [m]를 계산하시오. (단, 입상관의 구경 150mm, 마찰계수 0.02, 높이 60m, 유속 3m / s)

해설

(1) **토출측 배관의 구경**
  $Q = AV$
  여기서, Q : 유량[m³/s]
  　　　　A : 배관단면적$\left(\dfrac{\pi}{4}D^2[\text{m}^2]\right)$
  　　　　V : 유속[m/s]

  $Q = 2.4\text{m}^3/\text{min} \times \dfrac{1\text{min}}{60\text{s}}$, $V = 3\text{m/s}$이므로

  $Q = \dfrac{\pi}{4} \times D^2 \times V$이므로

  $D = \sqrt{\dfrac{4 \times Q}{\pi \times V}} = \sqrt{\dfrac{4 \times 2.4\text{m}^3/\text{min} \times 1\text{min}}{\pi \times 3\text{m/s} \times 60\text{s}}} = 0.13$ ∴ 0.13m = 130mm

  ∴ 호칭구경일 경우 150mm배관으로 적용한다.

(2) 조건상의 토출량을 방사할 경우의 기준개수(2.4m³/min = 2,400l/min 이므로)
  2,400l/min ÷ 80l/min = 30개

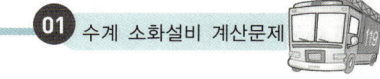

(3) 달시-웨버의 식을 적용하여 입상관에서의 마찰손실수두[m]를 계산
정상류의 원형 직관에 있어서의 마찰손실수두를 구할 수 있다. 층류와 난류 모두 적용한다. 달시-웨버의 식에 의한 유체의 마찰손실은 유속의 제곱과 배관의 길이에 비례하고 지름에 반비례한다.

$$H = f \cdot \frac{l}{D} \cdot \frac{V^2}{2g}$$

여기서, H : 마찰손실수두[m]

f : 마찰손실계수 $\left[f = \dfrac{64}{Re} \text{는 조건에 따라 사용한다.} \right]$

l : 배관길이[m]
D : 배관직경[m]
V : 유속[m/s]
g : 중력가속도[9.8m/s²]

$f = 0.02$, $l = 60\text{m}$, $V = 3\text{m/s}$, $D = 150\text{mm} = 0.15\text{m}$이므로

$$H = f \cdot \frac{l}{D} \cdot \frac{V^2}{2g} = 0.02 \times \frac{60\text{m}}{0.15\text{m}} \times \frac{(3\text{m/s})^2}{2 \times 9.8\text{m/s}^2} = 3.673 \quad \therefore 3.67\text{m}$$

27 조건에 따라 노즐의 유속 [m/s]을 계산하시오. 🔥🔥🔥

〈 조 건 〉
① 배관의 내경은 65mm이다.   ② 노즐의 내경은 19mm이다.
③ 배관의 마찰손실계수는 0.064이다.   ④ 노즐의 마찰손실은 무시한다.

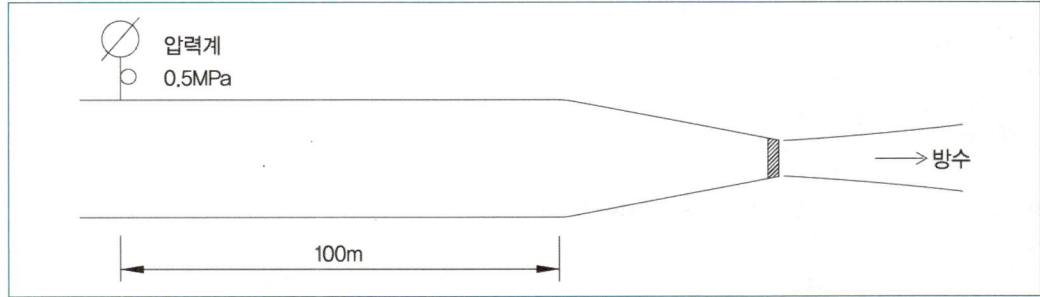

해설

$$H = \frac{P_1}{\gamma} + \frac{V_1^2}{2g} + Z_1 = \frac{P_2}{\gamma} + \frac{V_2^2}{2g} + Z_2 + \Delta H$$

여기서, H : 전수두[m]

P_1, P_2 : 압력[Pa = N/m²]
γ : 비중량[물 : 9,800N/m³ = 9.8kN/m³ = 0.0098MN/m³]
V_1, V_2 : 속도[m/s]
g : 중력가속도[9.8m/s²]
Z_1, Z_2 : 위치수두[m]
ΔH : 배관마찰손실[m]

$D_{배관} = 65\text{mm}$, $D_{노즐} = 19\text{mm}$, $f = 0.064$, $P_{배관} = 0.5\text{MPa}$, $P_{노즐} = 0$ (방출 후 정압은 대기압이므로 0으로 본다.), $Z_{배관} = Z_{노즐}$이므로

$$\frac{P_{배관}}{\gamma} + \frac{V_{배관}^2}{2g} = \frac{V_{노즐}^2}{2g} + \Delta H \text{이므로}$$

(1) 문제의 조건에 따라 노즐의 마찰손실을 무시하고 배관마찰손실(ΔH)을 구하면

$$H = f \cdot \frac{l}{D} \cdot \frac{V^2}{2g}$$

여기서, H : 마찰손실수두[m]

f : 마찰손실계수 $\left[f = \dfrac{64}{Re} \text{ 는 조건에 따라 사용한다.} \right]$

l : 배관길이[m]
D : 배관직경[m]
V : 유속[m/s]
g : 중력가속도[9.8m/s^2]

$$H = \Delta H = f \cdot \frac{l}{D} \cdot \frac{V_{배관}^2}{2g} = 0.064 \times \frac{100\text{m}}{0.065\text{m}} \times \frac{V_{배관}^2}{2 \times 9.8\text{m/s}^2} = 5.023 V_{배관}^2$$

(2) 유량은 같으므로(질량보존의 법칙)

$$Q = A_1 V_1 = A_2 V_2$$

여기서, Q : 체적유량[m^3/s]

A_1, A_2 : 단면적 $\left(\dfrac{\pi}{4} D^2 [\text{m}^2] \right)$

V_1, V_2 : 유속[m/s]

$Q = A_{배관} V_{배관} = A_{노즐} V_{노즐}$에서

$$\left(\frac{\pi}{4} \times 0.065^2 \text{m}^2 \right) \times V_{배관} = \left(\frac{\pi}{4} \times 0.019^2 \text{m}^2 \right) \times V_{노즐}$$

$$\frac{0.065^2 \text{m}^2}{0.019^2 \text{m}^2} \times V_{배관} = V_{노즐}$$

$11.70 V_{배관} = V_{노즐}$

(3) 베르누이 정리에 의해 유속을 구하면(에너지보존의 법칙)

$$\frac{P_{배관}}{\gamma} + \frac{V_{배관}^2}{2g} = \frac{V_{노즐}^2}{2g} + \Delta H$$

$$\frac{0.5\text{MPa}}{0.0098\text{MN/m}^3} + \frac{V_{배관}^2}{2 \times 9.8\text{m/sec}^2} = \frac{(11.7 V_{배관})^2}{2 \times 9.8\text{m/sec}^2} + 5.023 V_{배관}^2$$

$11.956 V_{배관}^2 = 51.02$

$V_{배관} = \sqrt{\dfrac{51.02}{11.956}} = 2.065 \quad \therefore 2.065\text{m/s}$

$V_{노즐} = 11.7 \times 2.065\text{m/s} = 24.16 \quad \therefore 24.16\text{m/s}$

이해 必

☑ 이 공식은 이렇게 적용하세요…^^ : 연속의 방정식[유속(비율)을 베르누이 정리 등에 대입]

문제표현 → 요구값	적용 공식	요구 공식
D_1, D_2 → 유속비율(V_1, V_2)	$Q = A_1 V_1 = A_2 V_2$	$V_1 = \dfrac{D_2^2}{D_1^2} \cdot V_2$
유량 / 구경(D_1, D_2) → 유속(V_1, V_2)	$Q = A_1 V_1 = A_2 V_2$	$V_1 = \dfrac{Q}{A_1}, \ V_2 = \dfrac{Q}{A_2}$

☑ 이 공식은 이렇게 적용하세요…^^ : 베르누이 정리

문제의 표현	공식	적용
• 이상유체 • 점성이 없는 • 마찰이 없는	$H = \dfrac{P_1}{\gamma} + \dfrac{V_1^2}{2g} + Z_1 = \dfrac{P_2}{\gamma} + \dfrac{V_2^2}{2g} + Z_2$	$\dfrac{P_1 - P_2}{\gamma} = \dfrac{V_2^2 - V_1^2}{2g}$ [압력차 발생 = 유속차 발생]
• 실제유체 • 점성이 있는 • 마찰이 있는	$H = \dfrac{P_1}{\gamma} + \dfrac{V_1^2}{2g} + Z_1 = \dfrac{P_2}{\gamma} + \dfrac{V_2^2}{2g} + Z_2 + \Delta H$	$\Delta H = \dfrac{P_1 - P_2}{\gamma} + \dfrac{V_1^2 - V_2^2}{2g}$

28 직사형의 소방노즐에서 $200l / \min$의 유량이 방사되고 있다. 관의 지름은 2인치, 노즐 끝의 지름은 1인치이다. 노즐 끝에 발생하는 국부손실[kPa]을 구하시오. (단, $k = 5.5$이다.) 🔥🔥

해설

$P = \gamma H$

여기서, P: 압력[Pa = N/m²]
γ: 비중량[물: $9,800 \text{N/m}^3 = 9.8 \text{kN/m}^3 = 0.0098 \text{MN/m}^3$]
H: 수두(양정)[m]

조건에 따라 압력을 산출할 경우 마찰손실수두를 구한 후 압력(mH₂O → MPa)을 환산하여도 되고 다음과 같이 유체가 물(소화수)일 경우 물의 비중량을 곱하여 산출할 수도 있다.

$H = \dfrac{(V_0 - V_2)^2}{2g} = k \dfrac{V_2^2}{2g}$

여기서, H: 돌연축소관 손실수두[m]
V_0, V_2: 유속[m/s]
g: 중력가속도[9.8m/s²]
C_c: 수축계수 $\left[C_c = \dfrac{A_0}{A_2} = \dfrac{D_0^2}{D_2^2} \right]$
k: 돌연축소관 손실계수 $\left[k = \left(\dfrac{1}{C_c} - 1 \right)^2 = \left(\dfrac{A_2}{A_0} - 1 \right)^2 = \left(\dfrac{V_0}{V_2} - 1 \right)^2 \right]$

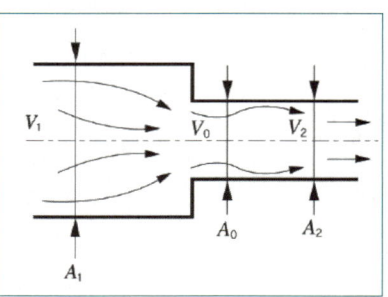

$k = 5.5, \ Q = 200 l/\min = 0.2 \text{m}^3/\min \times \dfrac{1 \min}{60 \text{s}}, \ D_2 = 1'' = 2.54 \text{cm} = 0.0254 \text{m}$이므로

(1) 유속을 구하면
$Q = AV$

여기서, Q : 유량[m³/s]
A : 배관단면적 $\left(\frac{\pi}{4}D^2[\text{m}^2]\right)$
V : 유속[m/s]

$A_2 = \frac{\pi}{4} \times 0.0254^2 \text{m}^2$, $Q = 0.2 \text{m}^3/\text{min} \times \frac{1\text{min}}{60\text{s}}$ 이므로

$V_2 = \frac{Q}{A_2} = \frac{0.2\text{m}^3/\text{min} \times \frac{1\text{min}}{60\text{s}}}{\frac{\pi}{4} \times 0.0254^2 \text{m}^2} = 6.578$ ∴ 6.578m/s

(2) 돌연축소관 손실압력[kPa]을 구하면

$P = \gamma H = \gamma \times k \frac{V_2^2}{2g} = 9.8\text{kN/m}^3 \times 5.5 \times \frac{(6.578\text{m/s})^2}{2 \times 9.8\text{m/s}^2} = 118.992$ ∴ $118.99\text{kN/m}^2 = 118.99\text{kPa}$

29 안지름이 각각 300mm와 450mm의 원관이 직접 연결되어 있을 때 안지름이 작은 관에서 큰 관 방향으로 매 초 230*l*의 물이 흐르고 있을 때 돌연확대부분에서의 손실수두 [m]를 구하시오. 🔥🔥

해설

$H = \frac{(V_1 - V_2)^2}{2g} = K\frac{V_1^2}{2g}$

여기서, H : 돌연확대관 손실수두[m]
V_1, V_2 : 유속[m/s]
g : 중력가속도[9.8m/s²]
K : 돌연확대관 손실계수 $\left[K = \left\{1 - \left(\frac{D_1}{D_2}\right)^2\right\}^2\right]$

$D_1 = 300\text{mm} = 0.3\text{m}$, $D_2 = 450\text{mm} = 0.45\text{m}$, $Q = 230l/\text{s} = 0.23\text{m}^3/\text{s}$

(1) 유속을 구하면
$Q = A_1V_1 = A_2V_2$

여기서, Q : 체적유량[m³/s]
A_1, A_2 : 단면적 $\left(\frac{\pi}{4}D^2[\text{m}^2]\right)$
V_1, V_2 : 유속[m/s]

$V_1 = \frac{Q}{A_1} = \frac{0.23\text{m}^3/\text{s}}{\frac{\pi}{4} \times 0.3^2 \text{m}^2} = 3.253$ ∴ 3.253m/s

$V_2 = \frac{Q}{A_2} = \frac{0.23\text{m}^3/\text{s}}{\frac{\pi}{4} \times 0.45^2 \text{m}^2} = 1.446$ ∴ 1.446m/s

(2) 돌연확대관 손실수두를 구하면

$H = \frac{(V_1 - V_2)^2}{2g} = \frac{(3.253\text{m/s} - 1.446\text{m/s})^2}{2 \times 9.8\text{m/s}^2} = 0.166$ ∴ 0.17m

30 어느 소화설비의 상류측 배관 내경이 25cm, 하류측 배관 내경이 40cm 확대배관인 경우 상류측 배관의 유속과 압력이 각각 1.5m/s, 100kPa일 때, 하류측 소화배관에서 손실을 고려하여 소화수의 유속[m/s]과 압력[kPa]을 계산하시오. 술90(10)

해설

(1) 하류측 유속(V_2)

$$Q = A_1 V_1 = A_2 V_2$$

여기서, Q : 체적유량[m³/s]

A_1, A_2 : 단면적 $\left(\dfrac{\pi}{4}D^2[\text{m}^2]\right)$

V_1, V_2 : 유속[m/s]

$D_1 = 25\text{cm} = 0.25\text{m}$, $D_2 = 40\text{cm} = 0.4\text{m}$, $V_1 = 1.5\text{m/s}$이므로

$$A_1 V_1 = A_2 V_2 \rightarrow \frac{\pi}{4}D_1^2 \cdot V_1 = \frac{\pi}{4}D_2^2 \cdot V_2 \rightarrow V_2 = \frac{D_1^2}{D_2^2} \cdot V_1$$

$$V_2 = \frac{D_1^2}{D_2^2} \cdot V_1 = \frac{(0.25\text{m})^2}{(0.4\text{m})^2} \times 1.5\text{m/s} = 0.585 \quad \therefore 0.59\text{m/s}$$

(2) 하류측 압력(P_2)

$$H = \frac{P_1}{\gamma} + \frac{V_1^2}{2g} + Z_1 = \frac{P_2}{\gamma} + \frac{V_2^2}{2g} + Z_2 + \Delta H$$

여기서, H : 전수두[m]

P_1, P_2 : 압력[Pa = N/m²]

γ : 비중량[물 : 9,800N/m³ = 9.8kN/m³ = 0.0098MN/m³]

V_1, V_2 : 속도[m/s]

g : 중력가속도[9.8m/s²]

Z_1, Z_2 : 위치수두[m]

ΔH : 배관마찰손실[m]

$P_1 = 100\text{kPa}$, $V_1 = 1.5\text{m/s}$, $V_2 = 0.59\text{m/s}$, $Z_1 = Z_2$, ΔH는 기타 조건이 없어 돌연확대관 손실로만 본다.

$$\frac{P_1}{\gamma} + \frac{V_1^2}{2g} = \frac{P_2}{\gamma} + \frac{V_2^2}{2g} + \Delta H \rightarrow \frac{P_2}{\gamma} = \frac{P_1}{\gamma} + \frac{(V_1^2 - V_2^2)}{2g} - \Delta H \rightarrow P_2 = P_1 + \gamma \cdot \frac{(V_1^2 - V_2^2)}{2g} - \gamma \Delta H$$

① 돌연확대관 손실수두에 의한 손실압력

$$P = \gamma H$$

여기서, P : 압력[kPa]

γ : 비중량[물 : 9,800N/m³ = 9.8kN/m³]

H : 높이(수두)[m]

$\gamma = 9.8\text{kN/m}^3$(소화수)이므로

$$H = \frac{(V_1 - V_2)^2}{2g} = K\frac{V_1^2}{2g}$$

여기서, H : 돌연확대관 손실수두[m]

V_1, V_2 : 유속[m/s]

g : 중력가속도[9.8m/s²]

K : 돌연확대관 손실계수 $\left[K = \left\{1 - \left(\dfrac{D_1}{D_2}\right)^2\right\}^2\right]$

$V_1 = 1.5\text{m/s}$, $V_2 = 0.59\text{m/s}$이므로

$$P = \gamma H = \gamma \cdot \frac{(V_1 - V_2)^2}{2g} = 9.8\text{kN/m}^3 \times \frac{(1.5\text{m/s} - 0.59\text{m/s})^2}{2 \times 9.8\text{m/s}^2}$$

$$= 0.414 \quad \therefore 0.414\text{kN/m}^2 = 0.414\text{kPa}$$

② 하류측 압력(P_2)

$$P_2 = P_1 + \gamma \cdot \frac{(V_1^2 - V_2^2)}{2g} - \gamma \Delta H = 100\text{kPa} + 9.8\text{kN/m}^3 \times \frac{\{(1.5\text{m/s})^2 - (0.59\text{m/s})^2\}}{2 \times 9.8\text{m/s}^2} - 0.414\text{kPa}$$

$$= 100.536 \quad \therefore 100.54\text{kPa} \text{ (돌연확대관이므로 정압재취득이 발생하여 압력은 커진다.)}$$

31. 다음 물음에 답하시오. 🔥🔥

(1) 소화설비의 내경이 50cm, 길이가 1,000m인 호스에 소화용수가 $80l$ / s로 공급되는 경우 마찰손실수두와 상당구배를 계산하시오. (단, 마찰손실계수 $\lambda = 0.03$, 관벽의 마찰손실은 무시할 것) 술65(10)

(2) 통수능이 $80l$ / min이 된다면, (1)에서 구해진 상당구배를 적용하여 유량을 구하시오.

[해설]

(1) 소화설비의 내경이 50cm, 길이가 1,000m인 배관에 소화용수가 $80l$ / s로 공급되는 경우 마찰손실수두와 상당구배를 계산하시오. (단, 마찰손실계수 $\lambda = 0.03$, 관벽의 마찰손실은 무시할 것)

$$H = f \cdot \frac{l}{D} \cdot \frac{V^2}{2g}$$

여기서, H : 마찰손실수두[m]

f : 마찰손실계수 $\left[f = \dfrac{64}{Re} \text{는 조건에 따라 사용한다.} \right]$

l : 배관길이[m]
D : 배관직경[m]
V : 유속[m/s]
g : 중력가속도[9.8m/s^2]

$D = 0.5\text{m}$, $l = 1,000\text{m}$, $f = \lambda = 0.03$이므로

① 유속

$$Q = AV$$

여기서, Q : 유량[m^3/s]

A : 배관단면적 $\left(\dfrac{\pi}{4} D^2 [\text{m}^2] \right)$

V : 유속[m/s]

$A = \dfrac{\pi}{4} \times 0.5^2 \text{m}^2$, $Q = 80l/\text{s} = 0.08\text{m}^3/\text{s}$이므로

$$V = \frac{Q}{A} = \frac{0.08\text{m}^3/\text{s}}{\frac{\pi}{4} \times 0.5^2 \text{m}^2} = 0.407 \quad \therefore 0.407\text{m/s}$$

② 마찰손실수두

$$H = f \cdot \frac{l}{D} \cdot \frac{V^2}{2g} = 0.03 \times \frac{1,000\text{m}}{0.5\text{m}} \times \frac{(0.407\text{m/s})^2}{2 \times 9.8\text{m/s}^2} = 0.507 \quad \therefore 0.51\text{m}$$

③ 상당구배(기울기) : 배관(또는 호스)의 길이에 대한 최대 마찰손실수두의 비

$$상당구배(기울기) = \frac{h_f}{L}$$

여기서, h_f : 최대 마찰손실수두[m]
       L : 배관(또는 호스)길이[m]

$$\frac{h_f}{L} = \frac{0.51\text{m}}{1,000\text{m}} = 5.1 \times 10^{-4} \quad \therefore 5.1 \times 10^{-4}$$

(2) **통수능이 80l / min이 된다면, (1)에서 구해진 상당구배를 적용하여 유량을 구하시오.**
통수능이란 소방호스에 통수시킬 수 있는 최대능력 유량을 말한다.

$$Q = K\sqrt{\frac{h_f}{L}}$$

여기서, Q : 유량[l/min]
       K : 통수능[l/min]
       h_f : 최대 마찰손실수두[m]
       L : 배관(또는 호스)길이[m]

$K = 80l/\text{min}$, $L = 1,000\text{m}$, $h_f = 0.51\text{m}$인데 상당구배는 (1)에서 구해진 상태이므로

$$Q = K\sqrt{\frac{h_f}{L}} = 80 \times \sqrt{5.1 \times 10^{-4}} = 1.806 \quad \therefore 1.81 l/\text{min}$$

32 다음 공식의 단위를 화살표 방향의 SI단위로 치환하여 유도하시오.

$p = 4.52 \times \dfrac{q^{1.85}}{C^{1.85} \times d^{4.87}}$	p : 마찰손실압력[psi/ft] → P : 마찰손실압력 [MPa/m] q : 유량[gpm] → Q : 유량[lpm] d : 직경[inch] → D : 직경[mm]	

해설

(1) 각각의 단위를 환산하여 대입하기 위하여 비례관계로 정리하면 다음과 같다.
    14.7psi = 0.101325MPa, 1ft = 0.3048m, 1gallon = 3.785l, 1inch = 25.4mm 이므로

① 압력 : $\dfrac{p[\text{psi/ft}]}{P[\text{MPa/m}]} = \dfrac{14.7/1}{0.101325/0.3048}$ → $p[\text{psi/ft}] = 44.2196 \times P[\text{MPa/m}]$

② 유량 : $\dfrac{q[\text{gpm}]}{Q[l/\text{min}]} = \dfrac{1}{3.785}$ → $q[\text{gpm}] = \dfrac{1}{3.785} \times Q[l/\text{min}]$

③ 구경 : $\dfrac{d[\text{inch}]}{D[\text{mm}]} = \dfrac{1}{25.4}$ → $d[\text{inch}] = \dfrac{1}{25.4} \times D[\text{mm}]$

(2) 비례관계를 대입하면

$$44.2196 \times P = 4.52 \times \dfrac{\left(\dfrac{1}{3.785} \times Q\right)^{1.85}}{C^{1.85} \times \left(\dfrac{1}{25.4} \times D\right)^{4.87}} \rightarrow P = \dfrac{4.52 \times \left(\dfrac{1}{3.785}\right)^{1.85}}{44.2196 \times \left(\dfrac{1}{25.4}\right)^{4.87}} \times \dfrac{Q^{1.85}}{C^{1.85} \times D^{4.87}}$$

$$P = 6.048 \times 10^4 \times \dfrac{Q^{1.85}}{C^{1.85} \times D^{4.87}}$$

→ $P = 6.053 \times 10^4 \times \dfrac{Q^{1.85}}{C^{1.85} \times D^{4.87}}$ 식과 오차범위로서 약간의 차이가 발생하므로 참고 바란다.

33 Hazen-Williams 방정식으로 관로상의 압력손실을 계산할 경우에 다음 항목의 오차범위(%)를 각각 계산하시오. 🔥🔥

(1) C-factor ±15% 오차 경우
(2) 배관 내경 ±5% 오차 경우

해설

$$\Delta P = 6.053 \times 10^4 \times \frac{Q^{1.85}}{C^{1.85} \times D^{4.87}} \times L$$

여기서,
ΔP : 1m당 손실되는 압력[MPa]
C : 조도
D : 배관의 내경[mm]
Q : 유량[lpm]
L : 배관의 길이[m]

배관 또는 튜브		조도(C)	조도계수
비라이닝 : 주철 또는 덕타일 주철		100	0.713
흑관 또는 백관(아연도금강관)	건식 · 준비작동식	100	0.713
	습식 · 일제살수식	120	1
라이닝 : 콘크리트 · 시멘트 주철관 · 덕타일 주철관		140	1.33
동관 · 황동관 · 스테인리스관 · 합성수지관		150	1.51

→ 배관의 종류 등에 따른 상당관길이에 조도계수를 곱하여 적용한다.

(1) C-factor ±15% 오차의 경우는 $0.85C$, $1.15C$가 되므로
① C-factor = −15% 일 경우 손실압력(ΔP_1)을 구하면

$$\Delta P_1 = 6.053 \times 10^4 \times \frac{Q^{1.85} \times L}{(0.85C)^{1.85} \times D^{4.87}} = \frac{1}{0.85^{1.85}} \times 6.053 \times 10^4 \times \frac{Q^{1.85} \times L}{C^{1.85} \times D^{4.87}}$$

$$\Delta P_1 = \frac{1}{0.85^{1.85}} \times \Delta P$$

$\Delta P_1 = 1.35 \Delta P$ ∴ 135%

② C-factor = +15% 일 경우 손실압력(ΔP_2)을 구하면

$$\Delta P_2 = 6.053 \times 10^4 \times \frac{Q^{1.85} \times L}{(1.15C)^{1.85} \times D^{4.87}} = \frac{1}{1.15^{1.85}} \times 6.053 \times 10^4 \times \frac{Q^{1.85} \times L}{C^{1.85} \times D^{4.87}}$$

$$\Delta P_2 = \frac{1}{1.15^{1.85}} \times \Delta P$$

$\Delta P_2 = 0.772 \Delta P$ ∴ 77%

③ 산출된 오차범위 : 77~135%

(2) 배관 내경 ±5% 오차의 경우는 $0.95D$, $1.05D$가 되므로
① D = −5% 일 경우 손실압력(ΔP_3)을 구하면

$$\Delta P_3 = 6.053 \times 10^4 \times \frac{Q^{1.85} \times L}{C^{1.85} \times (0.95D)^{4.87}} = \frac{1}{0.95^{4.87}} \times 6.053 \times 10^4 \times \frac{Q^{1.85} \times L}{C^{1.85} \times D^{4.87}}$$

$$\Delta P_3 = \frac{1}{0.95^{4.87}} \times \Delta P \quad \Delta P_3 = 1.283 \Delta P \quad \therefore 128\%$$

② D = +5% 일 경우 손실압력(ΔP_4)을 구하면

$$\Delta P_4 = 6.053 \times 10^4 \times \frac{Q^{1.85} \times L}{C^{1.85} \times (1.05D)^{4.87}} = \frac{1}{1.05^{4.87}} \times 6.053 \times 10^4 \times \frac{Q^{1.85} \times L}{C^{1.85} \times D^{4.87}}$$

$$\Delta P_4 = \frac{1}{1.05^{4.87}} \times \Delta P \quad \Delta P_4 = 0.788 \Delta P \quad \therefore 79\%$$

③ 산출된 오차범위 : 79~128%

34. 다음 그림과 같이 배관 A점에서 배관 B, C로 물이 흐르고 있다. 다음 조건을 참조하여 Q_1, Q_2, Q_3의 유량 [m³/s]을 각각 구하시오. (단, 달시-웨버의 식을 이용하며 d_4의 배관마찰손실은 d_3 배관의 마찰손실수두를 포함하고 있으며, d_2, d_4 배관의 마찰손실은 동일하다.)

─〈 조 건 〉─
① 내경 : $d_1 = d_2 = 0.4\text{m}$, $d_3 = d_4 = 0.322\text{m}$
② 관마찰계수 : $f_1 = f_2 = 0.025$, $f_3 = f_4 = 0.028$

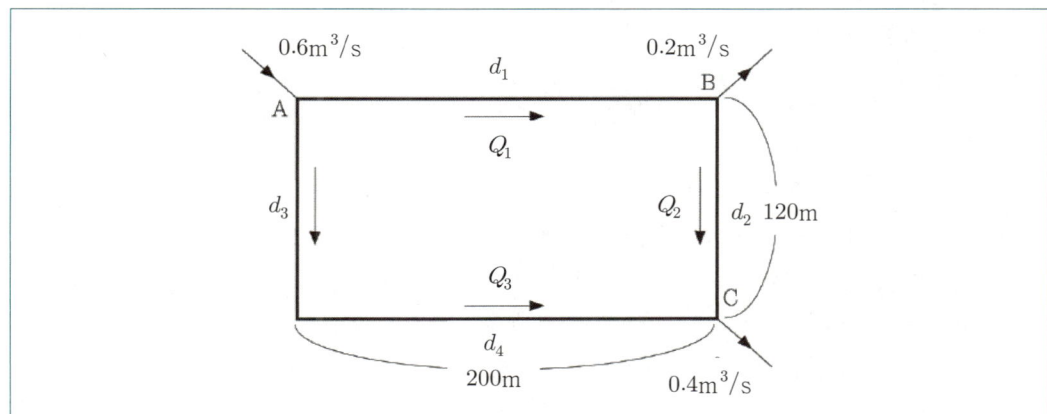

해설

$Q = Q_1 + Q_2$

여기서, $Q = AV$: 유량 합계 [m³/s]

A : 배관단면적 $\left(\dfrac{\pi}{4}D^2 [\text{m}^2]\right)$

V : 유속 [m/s]

$Q_1 = A_1 V_1$: 병렬 배관유량 [m³/s]

A_1 : 배관단면적 $\left(\dfrac{\pi}{4}D_1^2 [\text{m}^2]\right)$

V_1 : 유속 [m/s]

$Q_2 = A_2 V_2$: 병렬 배관유량 [m³/s]

A_2 : 배관단면적 $\left(\dfrac{\pi}{4}D_2^2 [\text{m}^2]\right)$

V_2 : 유속 [m/s]

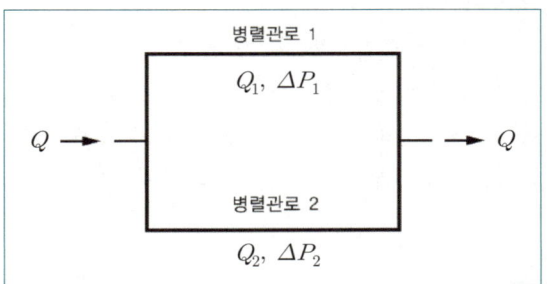

병렬관로가 2개로 분기될 경우 일반적인 병렬관로 해석 방법은 위와 같다.
그러나 문제의 조건에 따라 분기될 경우는 다음과 같다.
$Q_A(0.6\text{m}^3/\text{s}) = Q_1 + Q_3$, $Q_C(0.4\text{m}^3/\text{s}) = Q_2 + Q_3$
(Q_3가 중복 적용되어 Q_3를 구하는 것이 편리하다.)
$d_1 = d_2 = 0.4\text{m}$, $d_3 = d_4 = 0.322\text{m}$,
$f_{1,2} = 0.025$, $f_{3,4} = 0.028$, $l_2 = 120\text{m}$, $l_4 = 200\text{m}$

① 유속을 구하면
  ㉠ 각 병렬배관에서 마찰손실은 동일하므로 달시-웨버 식으로 유속의 비율을 구한다.
     (문제의 단서에 따라 d_2, d_4 배관의 마찰손실수두는 동일)

$$H = f \cdot \frac{l}{D} \cdot \frac{V^2}{2g}$$

여기서, H : 마찰손실수두[m]

f : 마찰손실계수 $\left(f = \dfrac{64}{Re}\right)$

l : 배관길이[m]
D : 배관직경[m]
V : 유속[m/s]
g : 중력가속도[9.8m/s²]

$$f_2 \cdot \frac{l_2}{D_2} \cdot \frac{V_2^2}{2g} = f_4 \cdot \frac{l_4}{D_4} \cdot \frac{V_4^2}{2g}$$

[2g는 동일하므로 약분]

$0.025 \times \dfrac{120\text{m}}{0.4\text{m}} \times V_2^2 = 0.028 \times \dfrac{200\text{m}}{0.322\text{m}} \times V_4^2$

$7.5 V_2^2 = 17.391 V_4^2$

$V_2 = \sqrt{\dfrac{17.391}{7.5}} \times V_4 = 1.522 V_4$

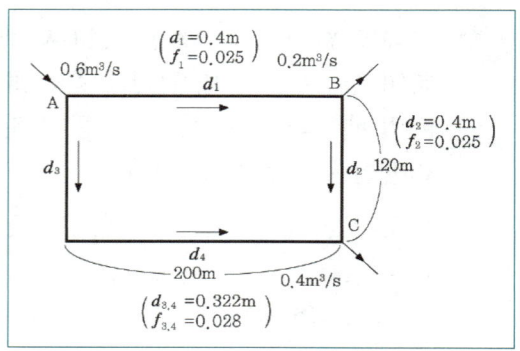

ⓒ 유량과 유속의 비율을 대입하여 유속을 산출하면

$Q_C = Q_2 + Q_4 = A_2 V_2 + A_4 V_4$ [$V_2 = 1.522 V_4$을 대입하면]

$0.4\text{m}^3/\text{s} = \dfrac{\pi}{4} \times 0.4^2 \text{m}^2 \times 1.522 V_4 + \dfrac{\pi}{4} \times 0.322^2 \text{m}^2 \times V_4$

$0.272\text{m}^2 \times V_4 = 0.4\text{m}^3/\text{s}$

$V_4 = \dfrac{0.4\text{m}^3/\text{s}}{0.272\text{m}^2} = 1.47$ ∴ 1.47m/s

② 유량을 구하면

$Q_3 = A_4 V_4 = \dfrac{\pi}{4} \times 0.322^2 \text{m}^2 \times 1.47\text{m/s} = 0.119$ ∴ 0.12m³/s

$Q_A(0.6\text{m}^3/\text{s}) = Q_1 + Q_3$, $Q_C(0.4\text{m}^3/\text{s}) = Q_2 + Q_3$ 이므로

$Q_2 = Q_C - Q_3 = 0.4\text{m}^3/\text{s} - 0.12\text{m}^3/\text{s} = 0.28\text{m}^3/\text{s}$

$Q_1 = Q_A - Q_3 = 0.6\text{m}^3/\text{s} - 0.12\text{m}^3/\text{s} = 0.48\text{m}^3/\text{s}$

35 다음 그림과 같은 루프(loop) 배관에 직접 연결된 살수헤드에서 $200l$ / min의 유량으로 물이 방수되고 있다. 화살표 방향으로 흐르는 Q_1 및 Q_2의 유량 [l / min]을 조건을 참조하여 계산하시오. 🔥🔥

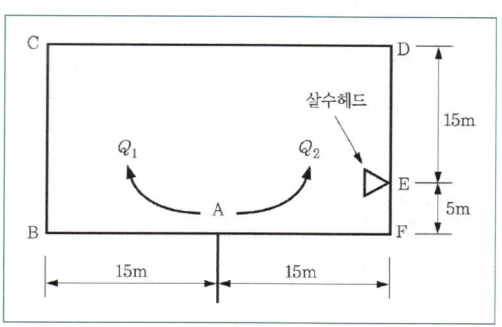

01 수계 소화설비 계산문제

〈 조 건 〉

① 배관마찰손실은 하젠-윌리암스의 공식을 사용 하고 계산의 편의상 다음과 같다고 가정한다.

$$\triangle P = \frac{6 \times 10^4 \times Q^2}{100^2 \times d^5}$$

여기서, $\triangle P$: 배관 1m당 마찰손실압력[MPa / m]
   Q : 배관 내 유수량[l / min]
   d : 배관의 안지름[mm]

② 루프(loop) 배관의 안지름은 40mm이다.
③ 배관 부속품의 등가길이는 모두 무시한다.

해설

Q_1 방향 배관의 마찰손실과 Q_2 방향 배관의 마찰손실은 흐르는 유량의 비율에 따라 동일하므로
$\triangle P_{ABCDE} = \triangle P_{AFE}$, $Q = 200 l/\min$, $d = 40\mathrm{mm}$
$L_{ABCDE} = L_1 = 15\mathrm{m} + 20\mathrm{m} + 30\mathrm{m} + 15\mathrm{m} = 80\mathrm{m}$(조건 ③ 배관부속품의 등가길이는 모두 무시)
$L_{AFE} = L_2 = 15\mathrm{m} + 5\mathrm{m} = 20\mathrm{m}$(조건 ③ 배관부속품의 등가길이는 모두 무시)

① 마찰손실압력이 동일하므로 유량의 비율을 구하면
   $\triangle P_{ABCDE} = \triangle P_{AFE}$ 이므로
   $$\frac{6 \times 10^4 \times Q_1^2}{100^2 \times d^5} \times L_1 = \frac{6 \times 10^4 \times Q_2^2}{100^2 \times d^5} \times L_2 \text{ [상수, 조도, 구경 동일하므로 약분]}$$
   $L_1 \times Q_1^2 = L_2 \times Q_2^2$
   $80\mathrm{m} \times Q_1^2 = 20\mathrm{m} \times Q_2^2$
   $Q_2 = \sqrt{\dfrac{80\mathrm{m}}{20\mathrm{m}}} \times Q_1 = 2Q_1$

② 유량 Q_1을 구하면
   $Q_1 + Q_2 = 200 l/\min$이므로 [$Q_2 = 2Q_1$을 대입]
   $Q_1 + 2Q_1 = 200 l/\min$
   $3Q_1 = 200 l/\min$
   $Q_1 = \dfrac{200 l/\min}{3} = 66.666 ≒ 66.67 l/\min$

③ 유량 Q_2를 구하면
   $Q_1 + Q_2 = 200 l/\min$
   $66.67 l/\min + Q_2 = 200 l/\min$
   $Q_2 = 200 l/\min - 66.67 l/\min = 133.33 l/\min$

이해 必

☑ 이 공식은 이렇게 적용하세요…^^ : 병렬관로 해석

문제표현 → 요구값	적용 및 요구 공식
레이놀즈 수, 점성, 동점성계수, 마찰손실계수$\left(f = \dfrac{64}{Re}\right)$ → 달시-웨버 식에 의한 마찰손실수두	$H_1 = H_2$(마찰손실수두)이므로 [f, $2g$ 등 약분] $f_1 \cdot \dfrac{l_1}{D_1} \cdot \dfrac{V_1^2}{2g} = f_2 \cdot \dfrac{l_2}{D_2} \cdot \dfrac{V_2^2}{2g}$ $V_1 = x V_2$(x는 상수, 유속 비율 산출) 유속 비율 대입 후 유량 산출 $Q = Q_1 + Q_2 = A_1 V_1 + A_2 V_2$

Chapter 02 기초 유체역학

문제표현 → 요구값	적용 및 요구 공식
하젠-윌리암스 식 조건에 주어짐 $\Delta P = 6.053 \times 10^4 \times \dfrac{Q^{1.85} \times L}{C^{1.85} \times D^{4.87}}$	$\Delta P_1 = \Delta P_2$이므로 [상수, 조도, 구경 등 약분] $6.053 \times 10^4 \times \dfrac{Q_1^{1.85} \times L_1}{C^{1.85} \times D_1^{4.87}} = 6.053 \times 10^4 \times \dfrac{Q_2^{1.85} \times L_2}{C^{1.85} \times D_2^{4.87}}$ $Q_1 = xQ_2$ (x는 상수, 유량 비율 산출) 유량 비율 대입 후 유량 산출 $Q = Q_1 + Q_2$

36 다음과 같은 어느 배관에서 화살표 방향으로 물이 흐르고 있다. 주어진 조건을 참조하여 Q_1과 Q_2의 유량을 각각 구하시오.

(1) 배관의 구간 (ⓐ-①-②-ⓑ)인 유량 $Q_1[l/\text{min}]$을 구하시오.
(2) 배관의 구간 (ⓐ-③-④-ⓑ)인 유량 $Q_2[l/\text{min}]$을 구하시오.

〈 조 건 〉

① 하젠-윌리암스의 공식은 다음과 같다.
$\triangle P = \dfrac{6.053 \times 10^4 \times Q^{1.85}}{C^{1.85} \times D^{4.87}}$

단, $\triangle P$: 배관 1m당 마찰손실압력[MPa / m]
　　Q : 배관 내 유량[l / min]
　　C : 조도
　　D : 배관 안지름[mm]
② 호칭 25mm 배관의 안지름은 27mm이다.
③ 호칭 25mm 엘보(90°)의 등가길이는 1m이다.
④ 배관은 아연도금강관이다.
⑤ 배관 내에 흐르는 유량은 200l / min이다.
⑥ 배관의 각 구간의 길이는 다음과 같다.
　　ⓐ-① : 3m, ①-② : 10m, ②-ⓑ : 2m
　　ⓐ-③ : 6m, ③-④ : 10m, ④-ⓑ : 7m
⑦ ⓐ점 및 ⓑ점에 있는 티의 마찰손실은 무시한다.

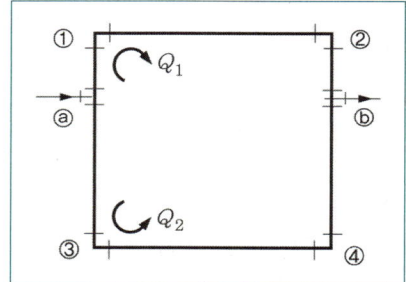

해설

(1) **배관의 구간(ⓐ-①-②-ⓑ)인 유량 $Q_1[l / \text{min}]$**
　Q_1방향 배관의 마찰손실과 Q_2방향 배관의 마찰손실은 흐르는 유량의 비율에 따라 **동일**하므로
　$\triangle P_{a12b} = \triangle P_{a34b}$
　$Q = 200l/\text{min}, \ D = 27\text{mm}, \ C = 120$ (아연도금강관 : 약분되므로 의미 없다)
　$L_{a12b} = L_1 = 3\text{m} + 10\text{m} + 2\text{m} + 1\text{m} \times 2$개(엘보) $= 17\text{m}$(조건 ③ 엘보의 등가길이 참고)
　$L_{a34b} = L_2 = 6\text{m} + 10\text{m} + 7\text{m} + 1\text{m} \times 2$개(엘보) $= 25\text{m}$(조건 ③ 엘보의 등가길이 참고)
　① 마찰손실압력이 동일하므로 유량의 비율을 구하면
　　$\Delta P_{a12b} = \Delta P_{a34b}$이므로

$$\frac{6.053\times 10^4\times Q_1^{1.85}}{C^{1.85}\times D^{4.87}}\times L_1 = \frac{6.053\times 10^4\times Q_2^{1.85}}{C^{1.85}\times D^{4.87}}\times L_2 \text{ [상수, 조도, 구경 동일하므로 약분]}$$

$$L_1\times Q_1^{1.85} = L_2\times Q_2^{1.85}$$

$$17\text{m}\times Q_1^{1.85} = 25\text{m}\times Q_2^{1.85}$$

$$Q_2 = \sqrt[1.85]{\frac{17\text{m}}{25\text{m}}}\times Q_1 = 0.811\,Q_1$$

② 유량 Q_1을 구하면

$Q_1 + Q_2 = 200\,l/\text{min}$ 이므로 $[Q_2=0.811Q_1$을 대입$]$

$Q_1 + 0.811Q_1 = 200\,l/\text{min}$

$1.811Q_1 = 200\,l/\text{min}$

$Q_1 = \dfrac{200\,l/\text{min}}{1.811} = 110.436 ≒ 110.44\,l/\text{min}$

(2) 배관의 구간(ⓐ-③-④-ⓑ)인 유량 $Q_2\,[l/\text{min}]$

$Q_1 + Q_2 = 200\,l/\text{min}$

$110.44\,l/\text{min} + Q_2 = 200\,l/\text{min}$

$Q_2 = 200\,l/\text{min} - 110.44\,l/\text{min} = 89.56\,l/\text{min}$

37 다음 그림과 같은 배관을 통하여 흐르고 있는 유량이 $80\,l/s$이다. B, C관의 마찰손실수두는 4m이고, B관의 유량은 $20\,l/s$일 때 C관의 내경 [mm]을 구하시오.
(단, 하젠-윌리암스의 공식은

$$\triangle P = 6.053\times 10^4 \times \frac{Q^{1.85}}{C^{1.85}\times D^{4.87}}\times L,\ \triangle P\text{는 압력차 [MPa]},\ L\text{은 배관길이 [m]},\ Q\text{는}$$

유량 $[l/\text{min}]$, C(조도계수)는 120이며, D는 내경 [mm]이다.) 🔥🔥

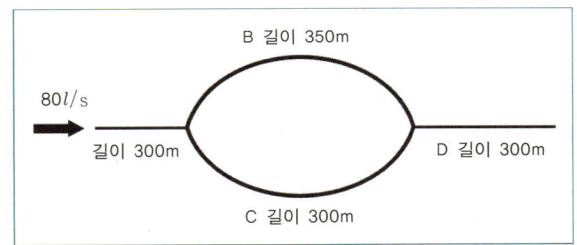

해설

$$\triangle P = 6.053\times 10^4\times \frac{Q^{1.85}}{C^{1.85}\times D^{4.87}}\times L$$

여기서,
$\triangle P$: 1m당 손실되는 압력[MPa]
C : 조도
D : 배관의 내경[mm]
Q : 유량[lpm]
L : 배관의 길이[m]

배관 또는 튜브		조도(C)	조도계수
비라이닝 : 주철 또는 덕타일 주철		100	0.713
흑관 또는 백관(아연도금강관)	건식 · 준비작동식	100	0.713
	습식 · 일제살수식	120	1
라이닝 : 콘크리트 · 시멘트 주철관 · 덕타일 주철관		140	1.33
동관 · 황동관 · 스테인레스관 · 합성수지관		150	1.51

→ 배관의 종류 등에 따른 상당관길이에 조도계수를 곱하여 적용한다.

$$D^{4.87} = 6.053\times 10^4 \times \frac{Q^{1.85}}{C^{1.85}\times \triangle P}\times L \text{ 이므로 } D = \sqrt[4.87]{6.053\times 10^4 \times \frac{Q^{1.85}}{C^{1.85}\times \triangle P}\times L}$$

$C = 120$(문제조건), $Q = 80\,l/s$, $Q_B = 20\,l/s$, $L_C = 300\text{m}$,

$$\Delta P_B = \Delta P_C = \frac{4\text{mH}_2\text{O}}{10.332\text{mH}_2\text{O}} \times 0.101325\text{MPa} = 0.039\text{MPa}$$

1atm	=	10,332mmH$_2$O	=	760mmHg
101,325Pa	=	10.332mH$_2$O	=	76cmHg
101.325kPa	=	10.332mAq	=	1,013mbar
0.101325MPa	=	1.0332kg$_f$/cm^2	=	1.013bar
14.7psi	=	10,332kg$_f$/m^2	=	30inHg

- 1기압(대기압)과 동일한 각종 압력단위 [mH$_2$O = mAq(아쿠아 = 물)]
- 계산식에서의 표현 : 물이라는 특수성에 의해 보통 "mH$_2$O"를 "m"로 줄여 쓰기도 한다.

(1) Q_C를 구하면

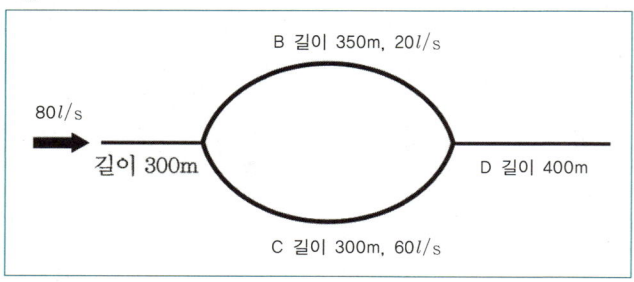

$Q = Q_B + Q_C$ 이므로
$Q_C = Q - Q_B = 80l/\text{s} - 20l/\text{s} = 60l/\text{s}$

∴ $60l/\text{s} \times \dfrac{60\text{s}}{1\text{min}}$

(2) 구경을 구하면

$$D = \sqrt[4.87]{6.053 \times 10^4 \times \frac{\left(60l/\text{s} \times \frac{60\text{s}}{1\text{min}}\right)^{1.85}}{120^{1.85} \times 0.039\text{MPa}} \times 300\text{m}} = 219.283 \fallingdotseq 219.28\text{mm}$$

38 어느 수계소화설비 배관(일정한 관경)의 두 지점에서 압력계로 흐르는 물의 수압을 측정하였더니 각각 0.45MPa, 0.4MPa이었다. 만약, 이 때의 유량보다 1.5배 유량을 흘려보냈다면 두 지점간의 수압차 [MPa]는 얼마나 될 것인가? (단, 배관의 마찰손실은 하젠-윌리암스 공식을 따른다고 한다.) 🔥🔥

해설

$$\Delta P = 6.053 \times 10^4 \times \frac{Q^{1.85}}{C^{1.85} \times D^{4.87}} \times L$$

여기서,
ΔP : 1m당 손실되는 압력[MPa]
C : 조도
D : 배관의 내경[mm]
Q : 유량[lpm]
L : 배관의 길이[m]

배관 또는 튜브		조도(C)	조도계수
비라이닝 : 주철 또는 덕타일 주철		100	0.713
흑관 또는 백관(아연도금강관)	건식 · 준비작동식	100	0.713
	습식 · 일제살수식	120	1
라이닝 : 콘크리트 · 시멘트 주철관 · 덕타일 주철관		140	1.33
동관 · 황동관 · 스테인리스관 · 합성수지관		150	1.51

→ 배관의 종류 등에 따른 상당관길이에 조도계수를 곱하여 적용한다.

일정한 관경의 두 지점에서 압력차는 마찰손실압력($\Delta P = P_1 - P_2 = 0.45\text{MPa} - 0.4\text{MPa}$)가 되며, 배관의 마찰손실은 일정한 비율로 변하므로 다음과 같이 비례식이 성립된다.

$$\Delta P_{\text{전}} : \Delta P_{\text{후}} = \text{마찰손실}_{\text{전}} : \text{마찰손실}_{\text{후}}$$

$$\Delta P_{\text{후}} = \Delta P_{\text{전}} \times \frac{\text{마찰손실}_{\text{후}}}{\text{마찰손실}_{\text{전}}} = \Delta P_{\text{전}} \times \frac{6.053 \times 10^4 \times \frac{Q_{\text{후}}^{1.85}}{C^{1.85} \times D^{4.87}} \times L}{6.053 \times 10^4 \times \frac{Q_{\text{전}}^{1.85}}{C^{1.85} \times D^{4.87}} \times L} \quad [C, D, L \text{ 동일}, 1.5Q_{\text{전}} = Q_{\text{후}}]$$

$$= \Delta P_{\text{전}} \times \left(\frac{Q_{\text{후}}}{Q_{\text{전}}}\right)^{1.85} = \Delta P_{\text{전}} \times \left(\frac{1.5Q_{\text{전}}}{Q_{\text{전}}}\right)^{1.85}$$

$$= \Delta P_{\text{전}} \times 1.5^{1.85} = (0.45\text{MPa} - 0.4\text{MPa}) \times 1.5^{1.85} = 0.105 \quad \therefore 0.11\text{MPa}$$

39 양정 50m의 성능인 연결송수관 펌프가 운전 중 말단의 노즐 방수압이 0.2MPa이었다. 소방차의 송수없이 법정 방수압을 맞출 수 있도록 운전할 경우, 펌프가 필요로 하는 양정[m]은 얼마인가? (단, 0.1MPa=10mH₂O이고 노즐에서의 유량은 Q [lpm]$= 4,300\sqrt{P[\text{MPa}]}$ 적용한다.) 관설19(유사)

해설

펌프전수두=낙차수두+마찰손실수두+법정토출수두

(1) 연결송수관설비에서 필요한 법정토출압은 0.35MPa이고 현재 설치된 펌프의 전수두는 50m로서 이때 변경 전의 방수압은 0.2MPa이므로 펌프를 교체(변경 후)하여야 하는데, 기타 조건이 없으므로 낙차수두는 무시한다. 이때 마찰손실은 Hazen-Williams식에 의해 $Q^{1.85}$에 비례하므로 비율이 일정하다는 의미이므로 비례식에 의해 마찰손실수두를 구할 수 있다는 뜻이다.

$$\Delta P = 6.053 \times 10^4 \times \frac{Q^{1.85}}{C^{1.85} \times D^{4.87}} \times L$$

여기서,
ΔP : 1m당 손실되는 압력[MPa]
C : 조도
D : 배관의 내경[mm]
Q : 유량[lpm]
L : 배관의 길이[m]

배관 또는 튜브		조도(C)	조도계수
비라이닝 : 주철 또는 덕타일 주철		100	0.713
흑관 또는 백관(아연도금강관)	건식·준비작동식	100	0.713
	습식·일제살수식	120	1
라이닝 : 콘크리트·시멘트 주철관·덕타일 주철관		140	1.33
동관·황동관·스테인리스관·합성수지관		150	1.51

→ 배관의 종류 등에 따른 상당관길이에 조도계수를 곱하여 적용한다.

$$\Delta P_{\text{변경 전}} : \Delta P_{\text{변경 후}} = \text{마찰손실}_{\text{변경 전}} : \text{마찰손실}_{\text{변경 후}}$$

$$\Delta P_{\text{변경 후}} = \Delta P_{\text{변경 전}} \times \frac{\text{마찰손실}_{\text{변경 후}}}{\text{마찰손실}_{\text{변경 전}}} = \Delta P_{\text{변경전}} \times \frac{6.053 \times 10^4 \times \frac{Q_{\text{변경후}}^{1.85} \times L}{C^{1.85} \times D^{4.87}}}{6.053 \times 10^4 \times \frac{Q_{\text{변경전}}^{1.85} \times L}{C^{1.85} \times D^{4.87}}}$$

$$= \Delta P_{\text{변경 전}} \times \left(\frac{Q_{\text{변경 후}}}{Q_{\text{변경 전}}}\right)^{1.85} \quad [C, D, L \text{은 동일}]$$

즉, 변경 전의 마찰손실과 변경 전·후의 유량을 구해야 한다.

① 펌프의 전수두가 50m일 경우. 즉, 변경 전의 마찰손실을 구하면
펌프전수두=낙차수두+마찰손실수두+토출수두이므로
마찰손실수두$_{\text{변경 전}}$ = 펌프전수두$_{\text{변경 전}}$ − 낙차수두 − 토출수두$_{\text{변경 전}}$
$= 50\text{m} - 0\text{m} - 20\text{m} = 30$

$\therefore 30\text{m} = 0.3\text{MPa}$(문제의 조건에 따라 $0.1\text{MPa} = 10\text{mH}_2\text{O}$)

② 조건에 따라 유량을 구하면
$Q = K\sqrt{P}$
여기서, Q : 유량[lpm]
K : $K-$factor
P : 압력[MPa]
㉠ 변경 전인 $P_{변경\ 전} = 0.2$MPa일 경우 유량($Q_{변경\ 전}$)을 구하면
$Q_{변경\ 전} = 4,300\sqrt{P_{변경\ 전}} = 4,300\sqrt{0.2\text{MPa}} = 1,923.018$ ∴ 1,923.018lpm
㉡ 변경 후인 법정방수압($P_{변경\ 후} = 0.35$MPa)일 경우의 유량($Q_{변경\ 후}$)을 구하면
$Q_{변경\ 후} = 4,300\sqrt{P_{변경\ 후}} = 4,300\sqrt{0.35\text{MPa}} = 2,543.914$ ∴ 2,543.914lpm

③ 마찰손실을 구하면
$\Delta P_{변경\ 후} = \Delta P_{변경\ 전} \times \left(\dfrac{Q_{변경\ 후}}{Q_{변경\ 전}}\right)^{1.85} = 0.3\text{MPa} \times \left(\dfrac{2,543.914\text{lpm}}{1,923.018\text{lpm}}\right)^{1.85} = 0.503$

∴ 0.503MPa = 50.3mH_2O(일반적으로 mH_2O를 m로 표기하기도 한다.)

(2) 변경 후의 펌프의 전수두를 구하면
펌프전수두$_{변경\ 후}$ = 낙차수두 + 마찰손실수두$_{변경\ 후}$ + 법정토출수두$_{변경\ 후}$
= 0m + 50.3m + 35m = 85.3 ∴ 85.3m

📖 이해 必

☑ **이 공식은 이렇게 적용하세요…^^** : 하젠-윌리암스식

문제표현 → 요구값	적용 공식	요구 공식
유량 / 내경 / 길이 / 조도 → 마찰손실	$\Delta P = 6.053 \times 10^4 \times \dfrac{Q^{1.85} \times L}{C^{1.85} \times D^{4.87}}$	좌동
증축(펌프 교체) 전·후 : 변경 전 마찰손실 및 유량, 변경 후 유량 → 변경 후 마찰손실($\Delta P_{후}$)	$\Delta P = 6.053 \times 10^4 \times \dfrac{Q^{1.85} \times L}{C^{1.85} \times D^{4.87}}$	$\Delta P_{후} = \Delta P_{전} \times \left(\dfrac{Q_{후}}{Q_{전}}\right)^{1.85}$ [C, D, L 없어도 무관]

☑ **증축 또는 펌프 교체 전·후와 마찰손실을 구할 경우 문제조건**

① C, D, L 전부 또는 일부가 없으므로 비례식으로 산출하여야 한다.
② 유량을 산출하는 조건이 주어짐 : $Q = K\sqrt{P}$ (변경 전·후 유량 산출)

$\Delta P_{변경전} : \Delta P_{변경후} = $ 마찰손실$_{변경전}$: 마찰손실$_{변경후}$

$\Delta P_{변경후} = \Delta P_{변경전} \times \dfrac{마찰손실_{변경후}}{마찰손실_{변경전}} = \Delta P_{변경전} \times \dfrac{6.053 \times 10^4 \times \dfrac{Q_2^{1.85}}{C^{1.85} \times D^{4.87}} \times L}{6.053 \times 10^4 \times \dfrac{Q_1^{1.85}}{C^{1.85} \times D^{4.87}} \times L}$

$= \Delta P_{변경전} \times \left(\dfrac{Q_{변경후}}{Q_{변경전}}\right)^{1.85}$

40 옥외소화전설비에서 펌프의 전양정이 45m이고 말단 방수노즐의 방수압력이 0.15MPa 이었다. 관련법에 맞게 펌프를 교체하려고 하면 펌프의 전양정을 몇 [m]로 하여야 하는지 답하시오.

〈 조건 〉

① 옥외소화전 1개를 기준
② $Q[\text{lpm}] = 700\sqrt{P[\text{MPa}]}$
③ 0.1MPa=10mH$_2$O이며 주어지지 않은 조건은 무시한다.

 해설

펌프전수두=낙차수두+마찰손실수두+법정토출수두

(1) 옥외소화전에서의 법정토출압은 0.25MPa이고 현재 설치된 펌프의 전수두는 45m로서 이때의 변경 전의 방수압은 0.15MPa이므로 펌프를 교체(변경 후)하여야 하는데, 낙차수두는 조건에 없어 무시한다. 이때 마찰손실은 Hazen-Williams식에 의해 $Q^{1.85}$에 비례하므로 비율이 일정하다는 의미이므로 비례식에 의해 마찰손실수두를 구할 수 있다는 뜻이다.

$$\Delta P = 6.053 \times 10^4 \times \frac{Q^{1.85}}{C^{1.85} \times D^{4.87}} \times L$$

여기서,
ΔP : 1m당 손실되는 압력[MPa]
C : 조도
D : 배관의 내경[mm]
Q : 유량[lpm]
L : 배관의 길이[m]

배관 또는 튜브		조도(C)	조도계수
비라이닝 : 주철 또는 덕타일 주철		100	0.713
흑관 또는 백관(아연도금강관)	건식 · 준비작동식	100	0.713
	습식 · 일제살수식	120	1
라이닝 : 콘크리트 · 시멘트 주철관 · 덕타일 주철관		140	1.33
동관 · 황동관 · 스테인리스관 · 합성수지관		150	1.51

→ 배관의 종류 등에 따른 상당관길이에 조도계수를 곱하여 적용한다.

$\Delta P_{\text{변경 전}} : \Delta P_{\text{변경 후}} = $ 마찰손실$_{\text{변경 전}} : $ 마찰손실$_{\text{변경 후}}$

$$\Delta P_{\text{변경 후}} = \Delta P_{\text{변경 전}} \times \frac{\text{마찰손실}_{\text{변경 후}}}{\text{마찰손실}_{\text{변경 전}}} = \Delta P_{\text{변경 전}} \times \frac{6.053 \times 10^4 \times \frac{Q_{\text{변경 후}}^{1.85}}{C^{1.85} \times D^{4.87}} \times L}{6.053 \times 10^4 \times \frac{Q_{\text{변경 전}}^{1.85}}{C^{1.85} \times D^{4.87}} \times L}$$

$$= \Delta P_{\text{변경 전}} \times \left(\frac{Q_{\text{변경 후}}}{Q_{\text{변경 전}}}\right)^{1.85} \quad [C,\ D,\ L\text{은 동일}]$$

① 펌프의 전수두가 45m일 경우. 즉, 변경 전의 마찰손실을 구하면
  ㉠ 펌프전수두=낙차수두+마찰손실수두+법정토출수두
  마찰손실수두$_{\text{변경 전}}$ = 펌프전수두$_{\text{변경 전}}$ − 낙차수두 − 법정토출수두$_{\text{변경 전}}$
  $= 45\text{m} - 0\text{m} - 15\text{m} = 30$
  ∴ 30m = 0.3MPa (문제의 조건에 따라 0.1MPa=10mH$_2$O)
  ㉡ 변경 전의 마찰손실을 하젠-윌리암스식에 대입하면
  $$\Delta P_1 = 6.053 \times 10^4 \times \frac{Q^{1.85}}{C^{1.85} \times D^{4.87}} \times L = 0.3\text{MPa}$$

② 조건에 따라 유량을 구하면
  $Q = K\sqrt{P}$
  여기서, Q : 유량[lpm]
  K : $K-factor$
  P : 압력[MPa]

㉠ 변경 전인 $P_{변경\ 전} = 0.15\text{MPa}$일 경우 유량($Q_{변경\ 전}$)을 구하면
$$Q_{변경\ 전} = 700\sqrt{P_{변경\ 전}} = 700\sqrt{0.15\text{MPa}} = 271.108 \quad \therefore 271.108\text{lpm}$$
㉡ 변경 후인 $P_{변경\ 후} = 0.25\text{MPa}$일 경우 유량($Q_{변경\ 후}$)을 구하면
$$Q_{변경\ 후} = 700\sqrt{P_{변경\ 후}} = 700\sqrt{0.25\text{MPa}} = 350 \quad \therefore 350\text{ lpm}$$
③ 마찰손실을 구하면
$$\Delta P_{변경\ 후} = \Delta P_{변경\ 전} \times \left(\frac{Q_{변경\ 후}}{Q_{변경\ 전}}\right)^{1.85} = 0.3\text{MPa} \times \left(\frac{350\text{lpm}}{271.108\text{lpm}}\right)^{1.85} = 0.481$$
∴ $0.481\text{MPa} = 48.1\text{mH}_2\text{O}$ (일반적으로 mH_2O를 m로 표기하기도 한다.)

(2) 변경 후의 펌프의 전수두를 구하면
펌프전수두$_{변경\ 후}$ = 낙차수두 + 마찰손실수두$_{변경\ 후}$ + 법정토출수두$_{변경\ 후}$
= 0m + 48.1m + 25m = 73.1 ∴ 73.1m

41 기존 건물을 증축하여 증축부분에 스프링클러설비를 설치하려고 한다. 소화펌프의 신설없이 기존의 펌프로 사용 가능한지 검토하시오. 술53(25)

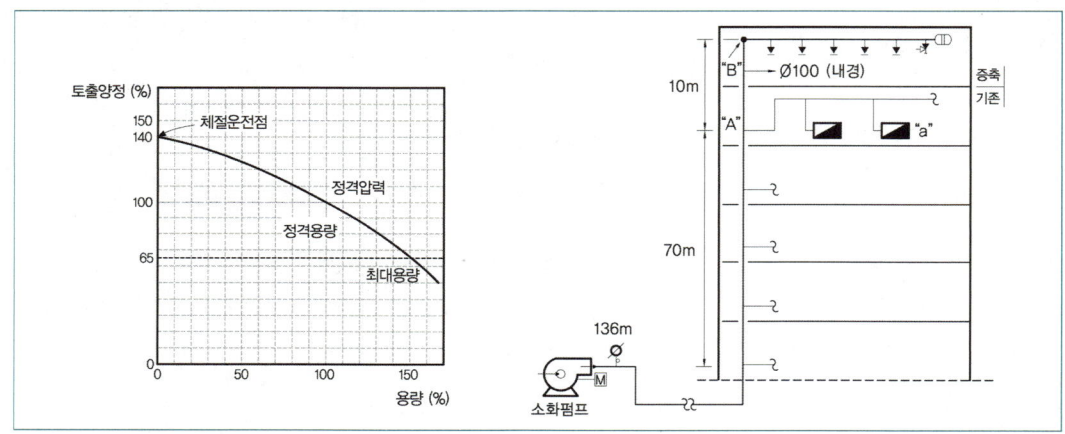

―〈 조 건 〉―
① B점의 필요압력 20m, 유량은 $400l$ / min
② A~a 간의 마찰손실압력은 15m
③ 옥내소화전 방사시험 결과 압력은 40m이고, 이때 토출측 압력계는 136m
④ 소화펌프의 흡입양정은 0으로 가정
⑤ C는 120
⑥ 소화펌프의 정격유량 및 정격토출압은 2,000l / min, 100m이고 성능곡선은 앞의 그림과 같다.

해설

건축물의 증축에 따라 기존 펌프의 사용가능 여부를 판단하여야 하므로 증축부분에서 필요한 전양정을 산출하여, 펌프성능곡선에 따른 방수량을 확인하여야 한다.
증축 후 펌프의 전수두 = 낙차수두 + 증축 후 마찰손실수두 + 법정토출수두
(1) **법정토출수두** = 20m(B점에 필요한 압력 : B점 이후의 마찰손실을 포함한다.)
(2) **낙차수두** = 10m + 70m = 80 ∴ 80m
(3) **증축 후 마찰손실수두는 B점에서 필요한 유량(400l / min)에 따른 마찰손실로 산출한다.**
증축 후 마찰손실수두 = 펌프~A구간 마찰손실수두 + A~B구간 마찰손실수두

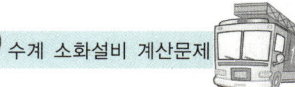

① 증축 후 펌프~A구간 마찰손실수두
   ㉠ 증축 전 : 조건에 따라 옥내소화전 방사시험을 기준으로 마찰손실을 산출한다.
   • 펌프의 전수두=낙차수두+마찰손실수두(펌프~A구간+A~a구간)+법정토출수두
     펌프~A구간 마찰손실수두=펌프의 전수두-낙차수두-A~a구간 마찰손실수두-법정토출수두
     $= 136\text{m} - 70\text{m} - 15\text{m} - 40\text{m} = 11$ ∴ 11m

     압력환산: $\dfrac{11\text{mH}_2\text{O}}{10.332\text{mH}_2\text{O}} \times 0.101325\text{MPa} = 0.1078$ ∴ 0.1078MPa
   • 유량 : 펌프의 전수두가 136m일 경우의 유량은 성능시험곡선을 통해 확인하면 정격유량의 약 10%에 해당하므로 $2{,}000 l/\text{min} \times 0.1 = 200 l/\text{min}$
   ㉡ 증축 후 : 필요한 유량에 따라 비례식으로 마찰손실을 산출한다.

$\triangle P = 6.053 \times 10^4 \times \dfrac{Q^{1.85}}{C^{1.85} \times D^{4.87}} \times L$

배관 또는 튜브		조도(C)	조도계수
비라이닝 : 주철 또는 덕타일 주철		100	0.713
흑관 또는 백관(아연도금강관)	건식 · 준비작동식	100	0.713
	습식 · 일제살수식	120	1
라이닝 : 콘크리트 · 시멘트 주철관 · 덕타일 주철관		140	1.33
동관 · 황동관 · 스테인리스관 · 합성수지관		150	1.51

여기서,
$\triangle P$: 1m당 손실되는 압력[MPa]
C : 조도
D : 배관의 내경[mm]
Q : 유량[lpm]
L : 배관의 길이[m]

→ 배관의 종류 등에 따른 상당관길이에 조도계수를 곱하여 적용한다.

$P_{증축 전} = 0.1078\text{MPa}$, $Q_{증축 전} = 200 l/\text{min}$, $Q_{증축 후} = 400 l/\text{min}$이므로
$\triangle P_{증축 전} : \triangle P_{증축 후} = 마찰손실_{증축 전} : 마찰손실_{증축 후}$

$\triangle P_{증축 후} = \triangle P_{증축 전} \times \dfrac{마찰손실_{증축 후}}{마찰손실_{증축 전}}$ [C, D, L 동일]

$= \triangle P_{증축 전} \times \left(\dfrac{Q_{증축 후}}{Q_{증축 전}}\right)^{1.85}$

$= 0.1078\text{MPa} \times \left(\dfrac{400 l/\text{min}}{200 l/\text{min}}\right)^{1.85} = 0.3886$ ∴ 0.3886MPa

② 증축 후 A~B구간 마찰손실수두
   $C = 120$, $D = 100\text{mm}$, $Q_{증축 후} = 400 l/\text{min}$, $L = 10\text{m}$이므로
   $\triangle P = 6.053 \times 10^4 \times \dfrac{Q^{1.85}}{C^{1.85} \times D^{4.87}} \times L = 6.053 \times 10^4 \times \dfrac{(400 l/\text{min})^{1.85}}{120^{1.85} \times (100\text{mm})^{4.87}} \times 10\text{m} = 0.001$
   ∴ 0.001MPa

③ 증축 후 마찰손실수두
   증축 후 마찰손실수두=펌프-A구간 마찰손실수두+A~B구간 마찰손실수두
   $= 0.3886\text{MPa} + 0.001\text{MPa} = 0.3896\text{MPa}$
   ∴ $\dfrac{0.3896\text{MPa}}{0.101325\text{MPa}} \times 10.332\text{mH}_2\text{O} = 39.727$ ∴ $39.727\text{mH}_2\text{O}$

(4) **증축 후 필요한 펌프의 전수두를 구하면**
   펌프의 전수두=낙차수두+마찰손실수두+법정토출수두
   $= 80\text{m} + 39.727\text{m} + 20\text{m} = 139.727$ ∴ 139.73m
즉, 기존의 펌프를 사용할 경우 정격양정(수두)이 부족하며, 만약 139.73m로 운전이 된다고 하더라도 펌프성능곡선에서 확인할 경우 유량은 매우 작아 사용이 불가능하다.

> **이해 必**
>
> • 문제의 조건에서 낙차수두(80m)와 증축 후 B점에서 필요한 압력(20m)만으로도 기존 펌프의 정격양정인 100m가 되어버리므로 마찰손실을 고려할 경우 기존의 펌프는 사용할 수 없다. 그러나 소방시설관리사로서 점검중인 건축물에 증축은 발생하므로 그 방법은 알아야 한다.

42 다음 그림과 같이 기존 건물을 증축하여 증축부분(B부분)에 옥내소화전 5개를 설치하려고 한다. 소화펌프의 신설없이 기존의 소화펌프로 사용이 가능한지 여부를 검토하여라. (단, 소화펌프로부터 A까지의 배관의 길이 및 크기는 설계도면의 분실로 알 수 없으며, 실측이 불가능한 실정이므로, 다음의 조건을 참조하여라.) 출58(25)

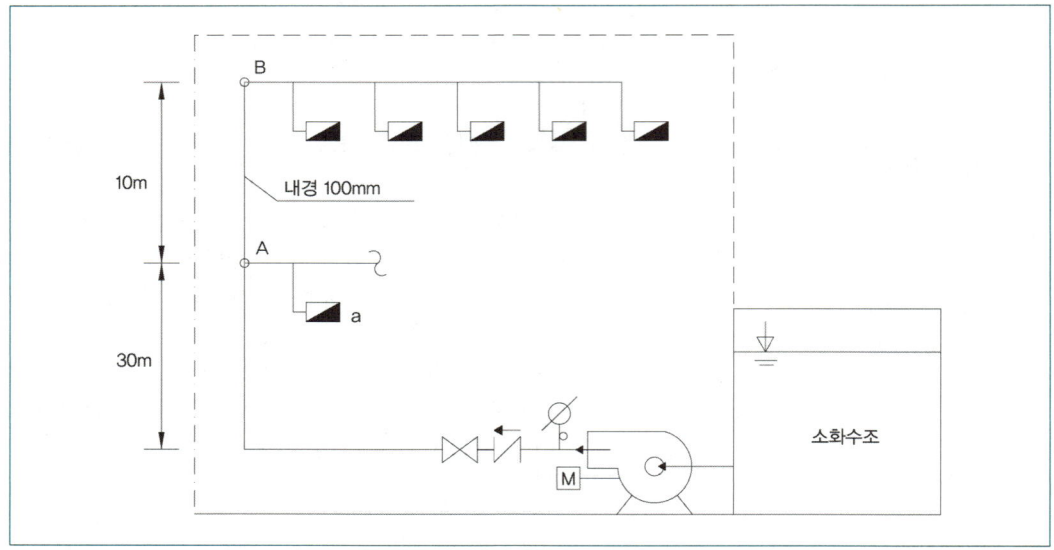

〈 조 건 〉
① B점에서 필요한 압력과 유량은 26m, 유량은 700ℓ/min
② A점과 옥내소화전 노즐 a 사이의 마찰손실은 15m
③ 옥내소화전 노즐 a의 방사시험결과 압력은 50m이고, 이때 소화펌프 토출측 압력계는 110m를 지시하였다. (노즐의 직경은 13mm이다.)
④ 소화펌프의 흡입양정은 0으로 가정
⑤ 배관의 H&W C 값은 120으로 한다.
⑥ 소화펌프의 정격토출량은 2,000ℓ/min이고 체절압력은 120m이다.

해설

건축물의 증축에 따라 기존 펌프의 사용가능 여부를 판단하여야 하므로 증축부분에서 필요한 전수두를 산출, 확인하여야 한다.

증축 후 펌프의 전수두 = 낙차수두 + 증축 후 마찰손실수두 + 법정토출수두

(1) **법정토출수두** = 26m(B점에 필요한 압력 : B점 이후의 마찰손실을 포함한다.)
(2) **낙차수두** = 10m + 30m = 40 ∴ 40m
(3) **증축 후 마찰손실수두**는 B점에서 필요한 유량(700ℓ/min)에 따른 마찰손실로 산출한다.
증축 후 마찰손실수두 = 펌프~A구간 마찰손실수두 + A~B구간 마찰손실수두
① 증축 후 펌프~A구간 마찰손실수두
㉠ 증축 전 : 조건에 따라 옥내소화전 방사시험을 기준으로 마찰손실을 산출한다.
• 펌프의 전수두 = 낙차수두 + 마찰손실수두(펌프~A구간 + A~a구간) + 법정토출수두
펌프~A구간 마찰손실수두 = 펌프의 전수두 – 낙차수두 – A~a구간 마찰손실수두 – 법정토출수두
= 110m – 30m – 15m – 50m = 15 ∴ 15m
압력환산 : $\dfrac{15\text{m}\,H_2O}{10.332\text{m}\,H_2O} \times 0.101325\text{MPa} = 0.1471$ ∴ 0.1471MPa

- 유량(조건에 구경이 주어졌으므로 다음의 공식으로 산출)

  $Q = 2.086 d^2 \sqrt{P}$

  여기서, Q : 유량[l/min]

  d : 구경[mm]

  P : 방수압[MPa = MN/m^2]

  $d = 13\text{mm}$, $P = 50\text{m} = \dfrac{50\text{mH}_2\text{O}}{10.332\text{mH}_2\text{O}} \times 0.101325\text{MPa} = 0.49$ ∴ 0.49MPa이므로

  $Q = 2.086 d^2 \sqrt{P} = 2.086 \times (13\text{mm})^2 \times \sqrt{0.49\text{MPa}} = 246.773$ ∴ 246.773 l/min

ⓒ 증축 후 : 필요한 유량에 따라 비례식으로 마찰손실을 산출한다.

$\triangle P = 6.053 \times 10^4 \times \dfrac{Q^{1.85}}{C^{1.85} \times D^{4.87}} \times L$

여기서,
$\triangle P$: 1m당 손실되는 압력[MPa]
C : 조도
D : 배관의 내경[mm]
Q : 유량[lpm]
L : 배관의 길이[m]

배관 또는 튜브		조도(C)	조도계수
비라이닝 : 주철 또는 덕타일 주철		100	0.713
흑관 또는 백관(아연도금강관)	건식·준비작동식	100	0.713
	습식·일제살수식	120	1
라이닝 : 콘크리트·시멘트 주철관·덕타일 주철관		140	1.33
동관·황동관·스테인리스관·합성수지관		150	1.51

→ 배관의 종류 등에 따른 상당관길이에 조도계수를 곱하여 적용한다.

$P_{증축 전} = 0.1471\text{MPa}$, $Q_{증축 전} = 246.773 l/\text{min}$, $Q_{증축 후} = 700 l/\text{min}$이므로

$\triangle P_{증축 전} : \triangle P_{증축 후} = \text{마찰손실}_{증축 전} : \text{마찰손실}_{증축 후}$

$\triangle P_{증축 후} = \triangle P_{증축 전} \times \dfrac{\text{마찰손실}_{증축 후}}{\text{마찰손실}_{증축 전}}$ [C, D, L 동일]

$= \triangle P_{증축 전} \times \left(\dfrac{Q_{증축 후}}{Q_{증축 전}}\right)^{1.85}$

$= 0.1471\text{MPa} \times \left(\dfrac{700 l/\text{min}}{246.773 l/\text{min}}\right)^{1.85} = 1.0122$ ∴ 1.0122MPa

② 증축 후 A~B구간 마찰손실수두

$C = 120$, $D = 100\text{mm}$, $Q_{증축 후} = 700 l/\text{min}$, $L = 10\text{m}$

$\triangle P = 6.053 \times 10^4 \times \dfrac{Q^{1.85}}{C^{1.85} \times D^{4.87}} \times L = 6.053 \times 10^4 \times \dfrac{(700 l/\text{min})^{1.85}}{120^{1.85} \times (100\text{mm})^{4.87}} \times 10\text{m}$

$= 0.0028$ ∴ 0.0028MPa

③ 증축 후 마찰손실수두

증축 후 마찰손실수두 = 펌프 A구간 마찰손실수두 + A~B구간 마찰손실수두
$= 1.0122\text{MPa} + 0.0028\text{MPa} = 1.015\text{MPa}$

∴ $\dfrac{1.015\text{MPa}}{0.101325\text{MPa}} \times 10.332\text{mH}_2\text{O} = 103.498$ ∴ 103.498mH$_2$O

(4) 증축 후 필요한 펌프의 전수두를 구하면

펌프의 전수두 = 낙차수두 + 마찰손실수두 + 법정토출수두
$= 40\text{m} + 103.498\text{m} + 26\text{m} = 169.498$ ∴ 169.5m

즉, 기존의 펌프를 사용할 경우 정격양정(수두)이 부족하여 사용이 불가능하다.

43 다음과 같은 배관 Network에서 유량 2,000ℓ/min인 방수층을 사용할 경우 A, B구간 중 배관 ②의 마찰손실[MPa](접속점 A, B의 마찰손실은 생략)을 구하시오. (단, Hazen & Williams 공식은 $P = 6.053 \times 10^4 \times \dfrac{Q^{1.85}}{C^{1.85} \times D^{4.87}}$을 사용하고 C값은 100이며, 배관의 부속의 등가길이는 90°엘보의 경우 4m, 티의 경우에는 10.7m 게이트밸브의 경우 1.2m이다.) 술81(25)관설14(유사문제)

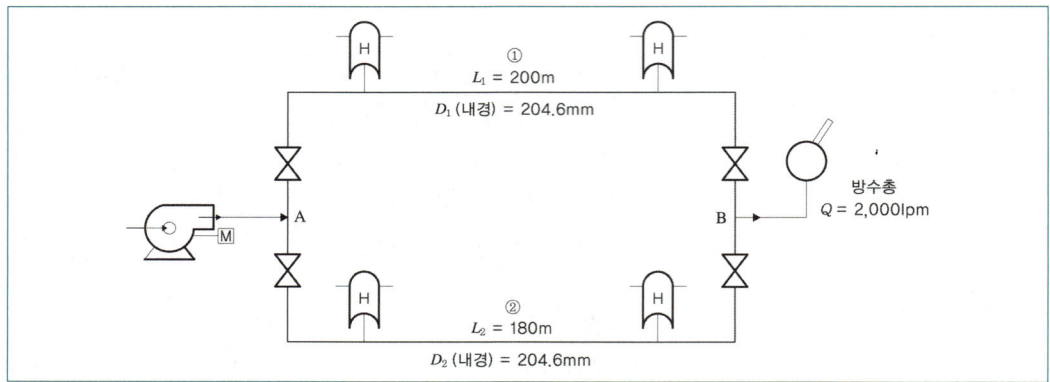

해설

$$\triangle P = 6.053 \times 10^4 \times \dfrac{Q^{1.85}}{C^{1.85} \times D^{4.87}} \times L$$

여기서,
ΔP : 1m당 손실되는 압력[MPa]
C : 조도
D : 배관의 내경[mm]
Q : 유량[lpm]
L : 배관의 길이[m]

배관 또는 튜브		조도(C)	조도계수
비라이닝 : 주철 또는 덕타일 주철		100	0.713
흑관 또는 백관(아연도금강관)	건식 · 준비작동식	100	0.713
	습식 · 일제살수식	120	1
라이닝 : 콘크리트 · 시멘트 주철관 · 덕타일 주철관		140	1.33
동관 · 황동관 · 스테인리스관 · 합성수지관		150	1.51

→ 배관의 종류 등에 따른 상당관길이에 조도계수를 곱하여 적용한다.

배관 Network의 경우 각 배관으로 흐르는 유량의 비율에 따른 마찰손실은 동일하다.
$Q = Q_1 + Q_2 = 2,000 l/\min$이고 $\Delta P_1 = \Delta P_2$가 되므로
$L_1 =$ 배관의 길이 + 상당배관길이 $= 200\text{m} + (1.2\text{m} + 10.7\text{m} + 4\text{m}) \times 2$개 $= 231.8\text{m}$
$L_2 =$ 배관의 길이 + 상당배관길이 $= 180\text{m} + (1.2\text{m} + 10.7\text{m} + 4\text{m}) \times 2$개 $= 211.8\text{m}$
$C = 100$, $D_1 = D_2 = 204.6\text{mm}$로 동일하므로 약분할 수 있다.

(1) 유량의 비율을 구하면

$$6.053 \times 10^4 \times \dfrac{Q_1^{1.85}}{C^{1.85} \times D_1^{4.87}} \times L_1 = 6.053 \times 10^4 \times \dfrac{Q_2^{1.85}}{C^{1.85} \times D_1^{4.87}} \times L_2$$

$Q_1^{1.85} \times 231.8\text{m} = Q_2^{1.85} \times 211.8\text{m}$ [양변에 $\dfrac{1}{1.85}$ 승을 곱하고 정리하면]

$$Q_1 = \left(\dfrac{211.8\text{m}}{231.8\text{m}}\right)^{\frac{1}{1.85}} \times Q_2$$

$\therefore Q_1 = 0.952 Q_2$

(2) 유량을 구하면
$Q = Q_1 + Q_2 = 2,000 l/\min$
$= 0.952 Q_2 + Q_2 = 2,000 l/\min$

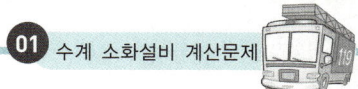

$$Q_2 = \frac{2{,}000\,l/\min}{1.952} = 1{,}024.59 \quad \therefore 1{,}024.59\,l/\min$$

(3) $\Delta P_1 = \Delta P_2$이므로 배관 ②의 마찰손실압력을 구하면

$$\Delta P_2 = 6.053 \times 10^4 \times \frac{Q_2^{1.85}}{C^{1.85} \times D_2^{4.87}} \times L_2 = 6.053 \times 10^4 \times \frac{(1{,}024.59\,l/\min)^{1.85}}{100^{1.85} \times (204.6\,\mathrm{mm})^{4.87}} \times 211.8\mathrm{m} = 0.0052$$

$$\therefore 0.005\mathrm{MPa}$$

44 물이 흐르는 배관에 레이놀즈수가 2,000, 유속 3m/s, 관경 100mm, 배관길이 1,000m일 때 배관 내 조도 C값을 구하시오.

해설

$$\triangle P = 6.053 \times 10^4 \times \frac{Q^{1.85}}{C^{1.85} \times D^{4.87}} \times L$$

여기서,
ΔP : 1m당 손실되는 압력[MPa]
C : 조도
D : 배관의 내경[mm]
Q : 유량[lpm]
L : 배관의 길이[m]

배관 또는 튜브		조도(C)	조도계수
비라이닝 : 주철 또는 덕타일 주철		100	0.713
흑관 또는 백관(아연도금강관)	건식·준비작동식	100	0.713
	습식·일제살수식	120	1
라이닝 : 콘크리트·시멘트 주철관·덕타일 주철관		140	1.33
동관·황동관·스테인리스관·합성수지관		150	1.51

→ 배관의 종류 등에 따른 상당관길이에 조도계수를 곱하여 적용한다.

$D = 100\mathrm{mm}$이므로 유량과 마찰손실압력을 구하면

(1) 유량

$$Q = AV$$

여기서, Q : 유량[m³/s]
A : 배관단면적$\left(\frac{\pi}{4}D^2 [\mathrm{m}^2]\right)$
V : 유속[m/s]

$A = \frac{\pi}{4} \times 0.1^2 \mathrm{m}^2$, $V = 3\mathrm{m/s}$이므로

$$Q = AV = \frac{\pi}{4} \times 0.1^2 \mathrm{m}^2 \times 3\mathrm{m/s} = 0.023 \quad \therefore 0.023\mathrm{m}^3/\mathrm{s} \times \frac{1{,}000l}{1\mathrm{m}^3} \times \frac{60s}{1\min} = 1{,}380\,\mathrm{lpm}$$

(2) 압력

$$P = \gamma H$$

여기서, P = 압력[Pa = N/m²]
γ : 비중량[물 : 9,800N/m³ = 9.8kN/m³ = 0.0098MN/m³]
H : 수두(양정)[m]

수두(마찰손실수두)를 구해야 하므로 조건에 따라 달시-웨버식으로 수두를 산출한다. (압력을 산출할 경우 달시-웨버식으로 마찰손실수두를 구한 후 압력(mH₂O → MPa)을 환산하여도 되고 다음과 같이 유체가 물이므로 물의 비중량을 곱하여 산출할 수도 있다.

$$H = f \cdot \frac{l}{D} \cdot \frac{V^2}{2g}$$

여기서, H : 마찰손실수두[m]
f : 마찰손실계수 $\left[f = \frac{64}{Re}\text{는 조건에 따라 사용}\right]$
l : 배관길이[m]

D : 배관직경[m]
V : 유속[m/s]
g : 중력가속도[9.8m/s²]

$Re = 2,000$, $V = 3$m/s, $D = 0.1$m, $l = 1,000$이므로

$$P = \gamma H = \gamma \times \frac{64}{Re} \cdot \frac{l}{D} \cdot \frac{V^2}{2g}$$

$$= 0.0098\text{MN/m}^3 \times \frac{64}{2,000} \times \frac{1,000\text{m}}{0.1\text{m}} \times \frac{(3\text{m/s})^2}{2 \times 9.8\text{m/s}^2} = 1.44 \quad \therefore 1.44\text{MN/m}^2 = 1.44\text{MPa}$$

이때 달시-웨버식으로 산출한 값은 배관 1,000m에 대한 마찰손실압력이므로 하젠-윌리암스식에도 1,000m에 대한 마찰손실값을 적용해야 한다.

(3) 조도

$$\triangle P = 6.053 \times 10^4 \times \frac{Q^{1.85} \times L}{C^{1.85} \times D^{4.87}} \rightarrow C^{1.85} = 6.053 \times 10^4 \times \frac{Q^{1.85} \times L}{\triangle P \times D^{4.87}}$$

$$C = \left(6.053 \times 10^4 \times \frac{Q^{1.85} \times L}{\triangle P \times D^{4.87}}\right)^{\frac{1}{1.85}}$$

$$= \left(6.053 \times 10^4 \times \frac{(1,380\text{lpm})^{1.85} \times 1,000\text{m}}{1.44\text{MPa} \times (100\text{mm})^{4.87}}\right)^{\frac{1}{1.85}} = 99.065$$

$\therefore 99.07$

45 내경 50mm 옥내소화전 노즐에서 420l/min이 분사된다. 배관 내의 물의 압력은 250kPa 노즐의 길이 300mm, 노즐의 내경 20mm, 필요한 반발력 [kN]은? 🔥🔥🔥

해설

$F_{반발} = P_1 A_1 - \rho Q(V_2 - V_1)$

여기서, $F_{반발}$: 노즐에 작용하는 힘[N]
P_1 : 압력[Pa = N/m²]
A_1 : 배관단면적$\left(\frac{\pi}{4}D^2[\text{m}^2]\right)$
ρ : 밀도[물 : 1,000kg/m³]
Q : 유량[m³/s]
$\triangle V = V_2 - V_1$: 유속차[m/s]

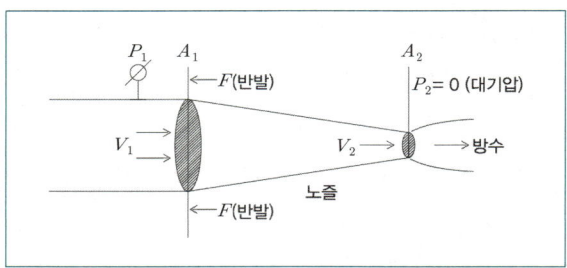

〈노즐 플랜지(연결부분)에 작용하는 힘〉

$P_1 = 250\text{kPa} = 250\text{kN/m}^2$, $\rho = 1,000\text{kg/m}^3$,

$Q = 420l/\min \times \frac{1\text{m}^3}{1,000l} \times \frac{1\min}{60\text{s}} = 0.007\text{m}^3/\text{s}$

$A_1 = \frac{\pi}{4} \times 0.05\text{m}^2$, $A_2 = \frac{\pi}{4} \times 0.02\text{m}^2$이므로

(1) 유속을 구하면

$Q = A_1 V_1 = A_2 V_2$

여기서, Q : 체적유량[m³/s]
A_1, A_2 : 단면적$\left(\frac{\pi}{4}D^2[\text{m}^2]\right)$
V_1, V_2 : 유속[m/s]

① V_1을 구하면

$$V_1 = \frac{Q}{A_1} = \frac{0.007 \text{m}^3/\text{s}}{\frac{\pi}{4} \times 0.05^2 \text{m}^2} = 3.565 \quad \therefore 3.565 \text{m/s}$$

② V_2를 구하면

$$V_2 = \frac{Q}{A_2} = \frac{0.007 \text{m}^3/\text{s}}{\frac{\pi}{4} \times 0.02^2 \text{m}^2} = 22.281 \quad \therefore 22.281 \text{m/s}$$

(2) 반발력을 구하면

$$F = P_1 A_1 - \rho Q (V_2 - V_1)$$
$$= 250 \text{kN/m}^2 \times \frac{\pi}{4} \times 0.05^2 \text{m}^2 - 1,000 \text{kg/m}^3 \times 0.007 \text{m}^3/\text{s} \times (22.281 \text{m/s} - 3.565 \text{m/s}) \times \frac{1 \text{kN}}{1,000 \text{N}}$$
$$= 0.359 \quad \therefore 0.36 \, [\text{kN}]$$

이해 必

☑ 이 공식은 이렇게 적용하세요…^^ : 반발력

문제표현 → 요구값	적용 공식	요구 공식
구경, 방수압 → 유량(Q)	$Q = AV$	$Q = 2.086 D^2 \sqrt{P}$
유량 / 구경(D_1, D_2) → 유속(V_1, V_2)	$Q = A_1 V_1 = A_2 V_2$	$V = \dfrac{4Q}{\pi D^2}$
압력이 없음 → 유속(V_1, V_2) → 압력(P)	$\dfrac{P_1 - P_2}{\gamma} = \dfrac{V_2^2 - V_1^2}{2g}$	$P_1 = \gamma \cdot \dfrac{V_2^2 - V_1^2}{2g} + P_2$

46 지름이 40mm인 소방호스에 노즐선단의 구경이 13mm인 노즐이 부착되어 있고, 0.2m³/min의 물을 대기 중으로 방수 할 경우 노즐의 반동이 소방호스의 접결구에 작용하는 힘[N]을 구하시오. (단, 마찰손실은 없는 것으로 간주한다.)

해설

$F_{\text{반발}} = P_1 A_1 - \rho Q (V_2 - V_1)$

여기서, $F_{\text{반발}}$: 노즐에 작용하는 힘[N]

P_1 : 압력[Pa = N/m²]

A_1 : 배관단면적$\left(\dfrac{\pi}{4} D^2 [\text{m}^2]\right)$

ρ : 밀도[물 : 1,000kg/m³]

Q : 유량[m³/s]

$\triangle V = V_2 - V_1$: 유속차[m/s]

$A_1 = \dfrac{\pi}{4} \times 0.04^2 \text{m}^2$, $A_2 = \dfrac{\pi}{4} \times 0.013^2 \text{m}^2$,

$Q = 0.2 \text{m}^3 / \min$이므로

(1) 유속을 구하면

$Q = A_1 V_1 = A_2 V_2$

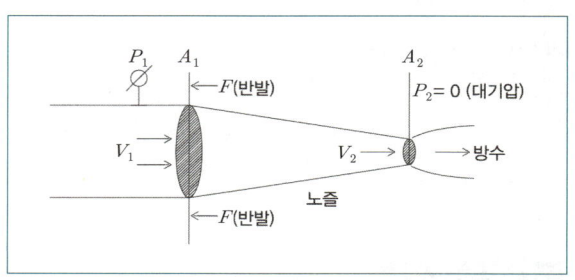

〈노즐 플랜지(연결부분)에 작용하는 힘〉

여기서, Q : 체적유량[m³/s]
A_1, A_2 : 배관단면적$\left(\dfrac{\pi}{4}D^2[\text{m}^2]\right)$
V_1, V_2 : 유속[m/s]

① V_1을 구하면 : $V_1 = \dfrac{Q}{A_1} = \dfrac{0.2\text{m}^3/\min \times \dfrac{1\min}{60\text{s}}}{\dfrac{\pi}{4} \times 0.04^2 \text{m}^2} = 2.652$ ∴ 2.652m/s

② V_2를 구하면 : $V_2 = \dfrac{Q}{A_2} = \dfrac{0.2\text{m}^3/\min \times \dfrac{1\min}{60\text{s}}}{\dfrac{\pi}{4} \times 0.013^2 \text{m}^2} = 25.113$ ∴ 25.113m/s

(2) **압력 P_1을 구하면**

$$H = \dfrac{P_1}{\gamma} + \dfrac{V_1^2}{2g} + Z_1 = \dfrac{P_2}{\gamma} + \dfrac{V_2^2}{2g} + Z_2$$

여기서, H : 전수두[m]
P_1, P_2 : 압력[Pa = N/m²]
γ : 비중량[물 : 9,800N/m³ = 9.8kN/m³ = 0.0098MN/m³]
V_1, V_2 : 속도[m/s]
g : 중력가속도[9.8m/s²]
Z_1, Z_2 : 위치수두[m]

P_1과 P_2를 기준으로 베르누이 방정식을 정리하면

$\dfrac{P_1}{\gamma} + \dfrac{V_1^2}{2g} + Z_1 = \dfrac{P_2}{\gamma} + \dfrac{V_2^2}{2g} + Z_2$ [$Z_1 = Z_2$, $P_2 = 0$ (대기압이므로 정압은 0이다.)]

$\dfrac{P_1}{\gamma} + \dfrac{V_1^2}{2g} = \dfrac{V_2^2}{2g}$

$\dfrac{P_1}{\gamma} = \dfrac{V_2^2 - V_1^2}{2g}$

$P_1 = \gamma \times \dfrac{V_2^2 - V_1^2}{2g}$

$= 9,800\text{N/m}^3 \times \dfrac{(25.113\text{m/s})^2 - (2.652\text{m/s})^2}{2 \times 9.8\text{m/s}^2}$

$= 311,814.832$

∴ $311,814.832\text{Pa} = 311,814.832\text{N/m}^2$

(3) **반발력을 구하면**

$F = P_1 A_1 - \rho Q(V_2 - V_1)$

$= 311,814.832\text{N/m}^2 \times \dfrac{\pi}{4} \times 0.04^2 \text{m}^2 - 1,000\text{kg/m}^3 \times 0.2\text{m}^3/\min \times \dfrac{1\min}{60\text{s}} \times (25.113\text{m/s} - 2.652\text{m/s})$

$= 316.968$

∴ 316.97[N]

> 🔍 **주의 必**
>
> ☑ 베르누이 정리를 실제유체에 적용할 경우 2지점에서 마찰손실($\triangle H$)을 고려한다. 그러나, 본 문제에서 P_1을 구하기 위해서는 마찰이 없는 이상유체로 간주하여야 산출된다. 즉, 문제가 성립되지 않지만, 보편적인 해법을 위와 같이 제시하여 수록하였음을 이해바란다.

47 그림과 같이 옥내소화전설비 계통도에서 2지점의 방수구에서 소화수가 방수될 경우 고가수조 및 펌프방식에서 필요한 전양정이 다음과 같을 경우 베르누이 정리로 유도하시오. (단, 고가수조방식일 경우 펌프는 기동하지 않는다.)

(1) 펌프방식
　　전수두＝낙차수두＋마찰손실(호스＋배관)수두＋법정토출수두
(2) 고가수조방식 술104(10)
　　필요한 낙차＝마찰손실(호스＋배관)수두＋법정토출수두

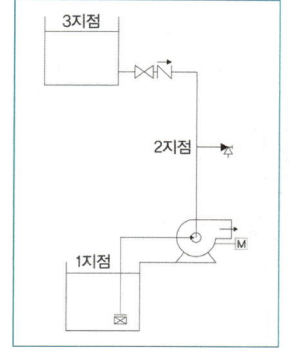

해설

(1) 펌프의 전양정(수두)
펌프에서 에너지를 공급하고 마찰손실이 발생하므로 다음과 같이 정리된다.

$$\frac{P_1}{\gamma}+\frac{V_1^2}{2g}+Z_1+H_p=\frac{P_2}{\gamma}+\frac{V_2^2}{2g}+Z_2+\Delta H$$

여기서, H_p : 펌프의 전수두[m]
　　　　ΔH : 마찰손실수두[m]
　　　　P_1, P_2 : 압력[Pa ＝ N/m²]
　　　　γ : 비중량[물 : 9,800N/m³ ＝ 9.8kN/m³ ＝ 0.0098MN/m³]
　　　　V_1, V_2 : 속도[m/s]
　　　　g : 중력가속도[9.8m/s²]
　　　　Z_1, Z_2 : 위치수두[m]

2지점인 방수구에서 화재안전기술기준상 필요한 법정토출압(옥내소화전 : 0.17MPa)이 토출되기 위해서는 1지점의 유체에 펌프(H_p)에서 에너지를 가해주어야 한다. 이때, 공급해주어야 하는 에너지가 낙차수두, 마찰손실수두 및 법정토출수두의 합이다.

$$\frac{P_1}{\gamma}+\frac{V_1^2}{2g}+Z_1+H_p=\frac{P_2}{\gamma}+\frac{V_2^2}{2g}+Z_2+\Delta H \quad [1,\ 2\text{지점에서 } P_1 ≒ P_2(\text{대기압}),\ V_1=0\text{m/s}(\text{수면})]$$

$$H_p=(Z_2-Z_1)+\Delta H+\frac{V_2^2}{2g} \quad [Z_1\text{은 펌프 설치 높이에 따라 달라진다.}]$$

전수두＝낙차수두＋마찰손실(배관＋호스)수두＋법정토출수두

(2) 고가수조에서의 전양정 : 펌프가 없으므로 마찰손실만 고려한다.

$$\frac{P_3}{\gamma}+\frac{V_3^2}{2g}+Z_3=\frac{P_2}{\gamma}+\frac{V_2^2}{2g}+Z_2+\Delta H \quad [3,\ 2\text{지점에서 } P_3 ≒ P_2(\text{대기압}),\ V_3=0\text{m/s}(\text{수면})]$$

$$Z_3-Z_2=\Delta H+\frac{V_2^2}{2g} \quad [Z_3\text{은 수조의 설치높이에 따라 달라질 수 있다.}]$$

필요낙차수두＝마찰손실(배관＋호스)수두＋법정토출수두(17m)

이해 必

☑ 연속의 방정식($Q=↑A_1V_1↓ = ↓A_2V_2↑$)에 따라 구경이 달라질 경우 유속 또한 달라진다. 즉, 방수구와 배관의 구경은 다르므로 유속은 달라진다. 2지점에서의 속도수두는 법정방수압이 되며, 1지점에서의 유속은 $V_1=0$m/s이다. 그러므로 옥내소화전 방수구에서 피토게이지로 동압을 측정하는 이유가 여기에 있다.

> ☑ **방수압환산수두**
>
> 옥내소화전 또는 「스프링클러설비의 화재안전기술기준」에서 고가수조 및 압력수조는 0.17MPa = 17m 또는 0.1MPa = 10m로 경미한 오차는 무시하고 적용한다. 그러나 펌프의 전양정을 산출할 경우에 대한 정확한 양정계산 방법은 제시하지 않았으므로 유체역학에 의한 정확한 값으로 적용하는 것이 좋을 것으로 판단된다.
>
> $$\frac{0.17\text{MPa}}{0.101325\text{MPa}} \times 10.332\text{mH}_2\text{O} = 17.334 \quad \therefore 17.334\text{mH}_2\text{O}$$

48 1개 층의 옥내소화전이 6개이다. 전양정이 50m이며 전달계수는 1.1, 펌프의 효율은 60%이다. 전동기용량 [kW]과 소요마력 [PS]을 구하시오. (단, 계산식을 쓰고 답하시오.) 관설1 🔥🔥

해설

수동력	축동력	전동기용량
$P = \gamma HQ$	$P = \dfrac{\gamma HQ}{\eta}$	$P = \dfrac{\gamma HQ}{\eta} \times K$

- P : 동력[kW] → $P = \dfrac{\gamma HQ}{\eta} \times K$
- γ : 비중량[물 : 9.8kN/m³] → 9.8kN/m³
- H : 전양정(전수두)[m] → 50m
- Q : 유량[m³/s] → $Q = 2\text{개} \times 130l/\text{min} = 260l/\text{min} \times \dfrac{1\text{m}^3}{1{,}000l} \times \dfrac{1\text{min}}{60\text{s}}$
- η : 전효율[$\eta_{\text{전효율}} = \eta_{\text{수력효율}} \times \eta_{\text{체적효율}} \times \eta_{\text{기계효율}}$] → 0.6
- K : 전달계수 → 1.1

(1) **전동기용량**

$$P = \frac{\gamma HQ}{\eta} \times K = \frac{9.8\text{kN/m}^3 \times 50\text{m} \times 260l/\text{min} \times \frac{1\text{m}^3}{1{,}000l} \times \frac{1\text{min}}{60\text{s}}}{0.6} \times 1.1 = 3.892 \quad \therefore 3.89\text{kW}$$

(2) **소요마력**[1kW = 1.36PS = 1.34HP (1HP[영국마력] = 745W, 1PS[국제마력] = 735W)]
  3.89kW × 1.36 = 5.29 ∴ 5.29[PS]

49 지상 4층 건물에 옥내소화전을 설치하려고 한다. 각 층에 130l/min씩 송출하는 옥내소화전 3개씩을 배치하며, 이때, 실양정은 40m, 배관의 압력손실수두는 실양정의 25%라고 본다. 또, 호스의 마찰손실수두가 3.5m, 노즐선단의 방수압력환산수두는 17m, 펌프효율이 0.75, 여유율은 1.2이고, 30분간 연속 방수되는 것으로 하였을 때 다음 사항을 구하시오. 관설2 🔥🔥

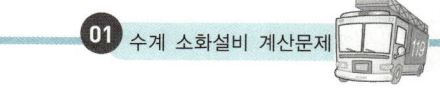

(1) 펌프의 토출량[m³/min]
(2) 전양정[m]
(3) 펌프의 용량[kW]
(4) 수원의 용량[m³]

해설

(1) 펌프의 토출량[m³/min]
옥내소화전이 최대기준개수가 2개이므로
$Q = N \times 0.13\text{m}^3/\text{min} = 2$개$\times 0.13\text{m}^3/\text{min} = 0.26$ ∴ $0.26\text{m}^3/\text{min}$

(2) 전양정[m]
펌프전수두 = 낙차수두 + 마찰손실수두 + 법정토출수두
 = $40\text{m} + (40\text{m} \times 0.25 + 3.5\text{m}) + 17\text{m} = 70.5$ ∴ 70.5m

(3) 펌프의 용량[kW]

수동력	축동력	전동기용량
$P = \gamma H Q$	$P = \dfrac{\gamma H Q}{\eta}$	$P = \dfrac{\gamma H Q}{\eta} \times K$

P : 동력[kW]	→ $P = \dfrac{\gamma H Q}{\eta} \times K$
γ : 비중량[물 : 9.8kN/m³]	→ 9.8kN/m³
H : 전양정(전수두)[m]	→ 70.5m [문제 (2)]
Q : 유량[m³/s]	→ $0.26\text{m}^3/\text{min} \times \dfrac{1\text{min}}{60s}$ [문제 (1)]
η : 전효율[$\eta_{전효율} = \eta_{수력효율} \times \eta_{체적효율} \times \eta_{기계효율}$]	→ 0.75
K : 전달계수	→ 1.2

$P = \dfrac{\gamma H Q}{\eta} \times K = \dfrac{9.8\text{kN/m}^3 \times 70.5\text{m} \times 0.26\text{m}^3/\text{min} \times \dfrac{1\text{min}}{60s}}{0.75} \times 1.2 = 4.79$ ∴ 4.79kW

(4) 수원의 용량[m³]
$Q = N \times 0.13\text{m}^3/\text{min} \times 30\text{min}$(문제조건) = 2개 $\times 0.13\text{m}^3/\text{min} \times 30\text{min} = 7.8$ ∴ $7.8[\text{m}^3]$

이해 必

☑ **이 공식은 이렇게 적용하세요…^^** : 동력
① 비중량, 유량, 마찰손실 등 모든 것을 포함할 수 있는 문제가 동력산출이므로 관리사시험에 가장 많이 출제되었다.

Chapter 02 기초 유체역학

② 동력문제 풀이의 핵심은 전수두 산출 : 마찰손실공식에 따른 전수두 계산 숙지 필요
전수두=낙차수두+마찰손실수두+법정토출수두

요구값	문제표현		적용 공식	요구 공식
비중량	밀도		$\gamma = \rho g$	$\gamma = \rho g$
	비중		$S = \dfrac{\gamma}{\gamma_w}$	$\gamma = S \times \gamma_w$
마찰 손실	상당관길이 → 달시-웨버식 및 하젠-윌리암스식		$L_e = \dfrac{KD}{f}$	$H = f \cdot \dfrac{L_e}{D} \cdot \dfrac{V^2}{2g}$
	마찰손실계수, (동)점성계수 → 달시-웨버식		$f = \dfrac{64}{Re}$	$H = \dfrac{64}{Re} \cdot \dfrac{l}{D} \cdot \dfrac{V^2}{2g}$
	하젠-윌리암스식	일반적인 형태	$\Delta P = 6.053 \times 10^4 \times \dfrac{Q^{1.85} \times L}{C^{1.85} \times D^{4.87}}$	
		증축(변경) 전·후	$\Delta P_{후} = \Delta P_{전} \times \left(\dfrac{Q_{후}}{Q_{전}}\right)^{1.85}$	
유량	구경 / 유속		$Q = AV$	
	구경 / 방수압 / K-factor		$Q = 2.086 D^2 \sqrt{P},\ Q = K\sqrt{P}$	
	유량이 없을 경우		각 설비별 법정 방수량	

③ $P[kW] = \dfrac{0.163 HQ}{\eta} \times K$: 기존의 동력공식으로는 포수용액 등과 같이 비중량(또는 비중)이 다른 액체의 동력을 산출할 수 없으므로 본 교재의 공식을 따른다.

50 지상 25층, 지하 1층의 계단실형 APT에 옥내소화전과 스프링클러설비를 설치할 경우 다음 각각의 물음에 답하시오. (단, 지상층-층당 바닥면적은 320m², 옥내소화전 2개 / 층, 폐쇄형 습식스프링클러헤드 28개 / 층, 지하층-바닥면적 6,300m²로 방화구획 완화 규정 적용, 옥내소화전 9개와 준비작동식스프링클러설비가 혼합 설치되고, 소화펌프-옥내소화전과 스프링클러 겸용) 관설7 🔥🔥

(1) 소화펌프의 토출량[l / min]과 전동기의 동력[kW]을 구하시오. (단, 실양정 70m, 손실수두 25m, 전달계수 1.1, 효율 65%로 하며, 방수압은 옥내소화전을 기준으로 하되 안전율 10m를 고려함)

(2) 수원을 전량 지하수조로만 적용하고자 할 때 화재안전기술기준에 의한 조치방법을 제시하시오.

(3) 소화펌프의 토출측 주배관[mm]의 수리계산방식에 의한 최소값을 구하시오. (단, 배관 내 유속은 옥내소화전 화재안전기술기준-NFTC 102에 의한 상한값 사용)

(4) 하나의 계단으로부터 출입할 수 있는 세대수가 층당 2세대일 경우 스프링클러설비의 방호구역을 설정하시오. (단, 지하 주차장 포함)

해설

(1) 소화펌프의 토출량[l/min]과 전동기의 동력[kW]을 구하시오.

수동력	축동력	전동기용량
$P = \gamma H Q$	$P = \dfrac{\gamma H Q}{\eta}$	$P = \dfrac{\gamma H Q}{\eta} \times K$

- P : 동력[kW] → $P = \dfrac{\gamma H Q}{\eta} \times K$
- γ : 비중량[물 : 9.8kN/m³] → 9.8kN/m³
- H : 전양정(전수두)[m] → 펌프전수두＝낙차수두＋마찰손실수두＋법정방수압수두
  ＝70m＋25m＋17.33m＋10m(안전율)
  ＝122.33 ∴ 122.33m
- Q : 유량[m³/s] → 옥내소화전 기준개수 2개, 스프링클러 기준개수 10개(주차장과 연결안됨)
  2개×130l/min＋10개(주차장 연결 없음)×80l/min
  ＝1,060l/min＝1.06m³/min × $\dfrac{1\text{min}}{60\text{s}}$
- η : 전효율[$\eta_{전효율}=\eta_{수력효율}\times\eta_{체적효율}\times\eta_{기계효율}$] → 0.65
- K : 전달계수 → 1.1

$$P = \dfrac{\gamma H Q}{\eta} \times K = \dfrac{9.8\text{kN/m}^3 \times 122.33\text{m} \times 1.06\text{m}^3/\text{min} \times \dfrac{1\text{min}}{60\text{s}}}{0.65} \times 1.1 = 35.842 \quad \therefore 35.84\text{kW}$$

(2) 수원을 전량 지하수조로만 적용하고자 할 때 화재안전기술기준에 의한 조치방법

주펌프와 동등 이상의 성능이 있는 별도의 펌프로서 내연기관의 기동과 연동하여 작동되거나 비상전원을 연결하여 설치한 경우

(3) 소화펌프의 토출측 주배관[mm]의 수리계산방식에 의한 최소값(배관 내 유속은 옥내소화전설비의 화재안전기술기준에 의한 상한값 사용)

$Q = AV$

여기서, Q : 유량[m³/s]

A : 배관단면적$\left(\dfrac{\pi}{4}D^2[\text{m}^2]\right)$

V : 유속[m/s]

$Q = 1.06\text{m}^3/\text{min} \times \dfrac{1\text{min}}{60\text{s}}$, $V = 4\text{m/s}$(옥내소화전설비의 화재안전기술기준에 따른 주배관의 유속)

$Q = \dfrac{\pi}{4} \times D^2 \times V = \sqrt{\dfrac{4 \times Q}{\pi \times V}} = \sqrt{\dfrac{4 \times 1.06\text{m}^3/\text{min} \times 1\text{min}}{\pi \times 4\text{m/s} \times 60\text{s}}} = 0.0749$ ∴ 0.0749m ＝ 74.9mm

∴ 호칭구경일 경우 80mm배관으로 적용한다.

(4) 하나의 계단으로부터 출입할 수 있는 세대수가 층당 2세대일 경우 스프링클러설비의 방호구역설정(지하주차장 포함)

방호구역은 층(1개 층에 설치되는 스프링클러헤드의 수가 10개 이하인 경우와 복층형구조의 공동주택에는 3개 층 이내로 가능) 및 면적(3,000m²마다)으로 나누면 되므로 지상층은 층당 1방호구역으로 설정하고 지하층은 6,300m² ÷ 3,000m² ＝ 2.1 ∴ 3방호구역이 되므로
방호구역＝25구역(지상층)＋3구역(지하층)＝28구역

51 소화펌프의 흡입계통 설계도면이다. 각 물음에 답하시오. 관설11

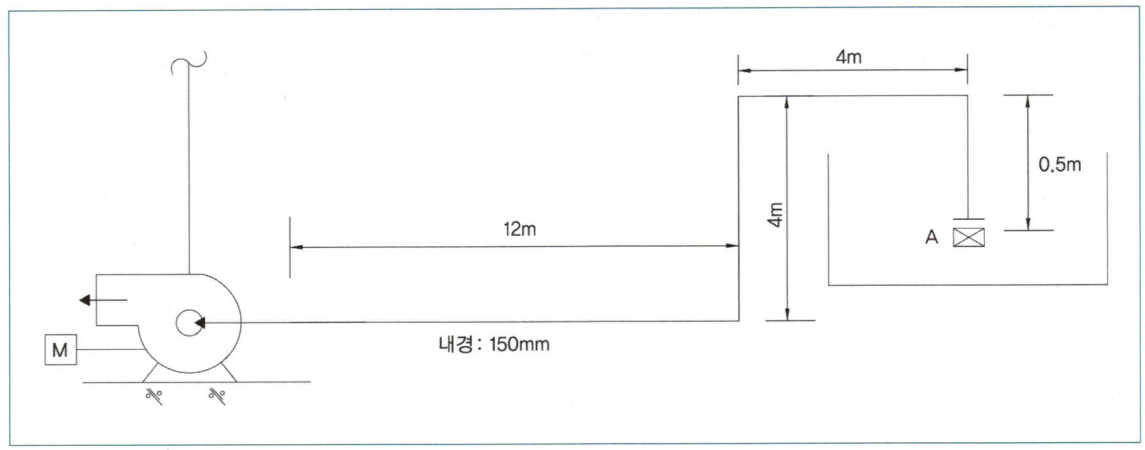

〈 조 건 〉

① 펌프의 토출량은 180m³/hr이다.
② 소화펌프의 토출압은 0.8MPa이다.
③ 흡입 배관상의 관부속품(엘보 등)의 직관, 상당길이는 10m로 적용한다.
④ 소화수 증기압은 0.023kg/cm², 대기압은 1atm으로 적용한다.
⑤ 배관 압력손실은 다음의 Hazen-williams 식으로 계산한다. (단, 속도수두는 무시한다.)

$$\Delta H = 6.05 \times \frac{Q^{1.85} \times L}{C^{1.85} \times D^{4.87}} \times 10^6$$

여기서, ΔH : 압력손실[mH₂O]
Q : 유량[lpm]
C : 마찰계수[100]
L : 배관길이[m]
D : 배관내경[mm]
⑥ 유효 흡입양정의 기준점의 A(후드밸브)로 한다.

(1) 흡입배관에서의 마찰손실수두[mH₂O]를 계산하시오. (단, 계산과정을 쓰고 답을 소수점 넷째자리에서 반올림해서 셋째자리까지 구하시오.)
(2) 유효흡입양정(NPSHav : Available NPSH)을 계산하시오. (단, 계산과정을 쓰고 답을 소수점 넷째자리에서 반올림해서 셋째자리까지 구하시오.)

해설

(1) 흡입배관에서의 마찰손실수두[mH₂O](단, 계산과정을 쓰고 답을 소수점 넷째자리에서 반올림해서 셋째자리까지 구하시오.)

$$\Delta H = 6.05 \times \frac{Q^{1.85} \times L}{C^{1.85} \times D^{4.87}} \times 10^6$$

$Q = 180 \text{m}^3/\text{hr} = 180 \text{m}^3/\text{hr} \times \frac{1,000l}{1\text{m}^3} \times \frac{1\text{hr}}{60\text{min}}$, $C = 100$, $D = 150\text{mm}$이므로

① 배관의 상당길이(L) = 주손실(배관길이) + 부차적손실(부속품)이므로
주손실 = 12m + 4m + 4m + 0.5m = 20.5m
부차적손실 = 10m이므로
$L = 20.5\text{m} + 10\text{m} = 30.5\text{m}$

② 마찰손실수두를 구하면

$$\Delta H = 6.05 \times \frac{Q^{1.85} \times L}{C^{1.85} \times D^{4.87}} \times 10^6 = 6.05 \times \frac{\left(180\text{m}^3/\text{hr} \times \frac{1,000l}{1\text{m}^3} \times \frac{1\text{hr}}{60\text{min}}\right)^{1.85} \times 30.5\text{m}}{100^{1.85} \times (150\text{mm})^{4.87}} \times 10^6$$

$$= 2.5186 \quad \therefore 2.519\,\text{mH}_2\text{O} \ [\text{단위는 문제의 조건에 따른다.}]$$

(2) 유효흡입양정(NPSHav : Available NPSH)을 계산(단, 계산과정을 쓰고 답을 소수점 넷째자리에서 반올림해서 셋째자리까지 구하시오.)

$NPSH_{av} = H_a - H_v - H_f \pm H_h$

여기서, $NPSH_{av}$: 유효흡입수두[mH₂O], H_a : 대기압환산수두[mH₂O]
H_v : 포화증기압수두[mH₂O], H_f : 마찰손실수두[mH₂O]
H_h : 낙차환산수두[mH₂O], H_a = 1atm = 10.332mH₂O

1atm	=	10,332mmH₂O	=	760mmHg
101,325Pa	=	10.332mH₂O	=	76cmHg
101.325kPa	=	10.332mAq	=	1,013mbar
0.101325MPa	=	1.0332kgf/cm²	=	1.013bar
14.7psi	=	10,332kgf/m²	=	30inHg

• 1기압(대기압)과 동일한 각종 압력단위 [mH₂O = mAq(아쿠아=물)]
• 계산식에서의 표현 : 물이라는 특수성에 의해 보통 "mH₂O"를 "m"로 줄여 쓰기도 한다.

$H_v = 0.023\text{kg}_f/\text{cm}^2 = \frac{0.023\text{kg}_f/\text{cm}^2}{1.0332\text{kg}_f/\text{cm}^2} \times 10.332\text{mH}_2\text{O} = 0.23 \quad \therefore 0.23\text{mH}_2\text{O}$

$H_f = 2.519\text{mH}_2\text{O}$

$H_h = 4\text{m} - 0.5\text{m} = 3.5\text{m}$ (낙차환산수두에서 흡입이 아니라 압입이며 배관의 낙차 4m와 물탱크의 낙차 0.5m를 빼주게 되면)

$NPSH_{av} = H_a - H_v - H_f \pm H_h = 10.332\text{mH}_2\text{O} - 0.23\text{mH}_2\text{O} - 2.519\text{mH}_2\text{O} + 3.5\text{mH}_2\text{O}$
$= 11.083 \quad \therefore 11.083\text{mH}_2\text{O}$

52 조건에 따라 다음 물음에 답하시오. 관설12

─〈 조 건 〉─
① 계단실형 아파트 지하 2층(각 동과 주차장으로 연결), 지상 12층(아파트 각 층 2세대)
② 각 층에 옥내소화전 및 스프링클러설비 설치
③ 지하층에 옥내소화전 방수구 3조 설치
④ 아파트 세대별로 설치된 스프링클러헤드 설치 수 12개
⑤ 각 설비가 설치되어 있는 장소는 방화구획, 불연재료로 구획되어 있지 않고 저수조, 펌프 및 입상배관은 겸용으로 설치되어 있다.
⑥ 옥내소화전 : 실양정 48m, 배관마찰손실은 실양정의 15%, 호스마찰손실은 실양정의 30%
⑦ 스프링클러 : 실양정 50m, 배관마찰손실은 실양정의 35%
⑧ 수력효율 90%, 체적효율 80%, 기계효율 75%
⑨ 전달계수 1.1

(1) 주펌프의 전양정 [m] 및 수원 [m³]을 구하시오.
(2) 펌프토출량 [l/min], 동력 [kW]을 구하시오.

> **해설**

(1) **주펌프의 전양정[m] 및 수원[m]**
  ① 펌프의 전양정(전수두)을 구하면
   ㉠ 옥내소화전의 전양정(전수두)
    전수두=낙차수두+마찰손실수두+법정토출수두
    $= 48\text{mH}_2\text{O} + (48\text{mH}_2\text{O} \times 0.15 + 48\text{mH}_2\text{O} \times 0.3) + \dfrac{0.17\text{MPa}}{0.101325\text{MPa}} \times 10.332\text{mH}_2\text{O}$
    $= 86.934 \quad \therefore \ 86.93\text{mH}_2\text{O}$

1atm	=	10,332mmH₂O	=	760mmHg
101,325Pa	=	10.332mH₂O	=	76cmHg
101.325kPa	=	10.332mAq	=	1,013mbar
0.101325MPa	=	1.0332kg_f/cm²	=	1.013bar
14.7psi	=	10,332kg_f/m²	=	30inHg

  · 1기압(대기압)과 동일한 각종 압력 단위 [mH₂O = mAq(아쿠아=물)]
  · 계산식에서의 표현 : 물이라는 특수성에 의해 보통 "mH₂O"를 "m"로 줄여 쓰기도 한다.

   ㉡ 스프링클러의 전양정(전수두)
    전수두=낙차수두+마찰손실수두+법정토출수두
    $= 50\text{mH}_2\text{O} + (50\text{mH}_2\text{O} \times 0.35) + \dfrac{0.1\text{MPa}}{0.101325\text{MPa}} \times 10.332\text{mH}_2\text{O}$
    $= 77.696 \quad \therefore \ 77.7\text{mH}_2\text{O}$

   ㉢ 펌프의 전수두는 옥내소화전이 크므로 옥내소화전을 기준으로 한다.(옥내소화전의 화재안전기술기준에 의해 지하층 등의 노즐선단의 방수압력이 0.7MPa을 초과할 우려가 있으나 문제의 풀이상 관계없으므로 무시한다.)
  ② 수원 : 각 설비별로 방화구획 되어 있지 않으므로 수원의 양은 합해서 구해야 한다. 옥내소화전 최대기준개수는 2개
    수원= 옥내소화전 기준개수×130l/min×20min + sp 기준개수×80l/min×20min
    = 2ea×130l/min×20min + 30ea×80l/min×20min
    = 53,200 $\therefore$ 53,200 l = 53.2m³

(2) **펌프토출량[l/min], 동력[kW]**
동력은 크게 수동력, 축동력, 전동기용량 3가지로 나눌 수 있으므로 이를 구분하여 접근하며, 문제의 조건을 모두 활용하여 전동기용량으로 산출한다. (필요에 따라서는 3가지 동력을 모두 구하는 것이 안전할 수 있으므로 주의!)

수동력	축동력	전동기용량
$P = \gamma H Q$	$P = \dfrac{\gamma H Q}{\eta}$	$P = \dfrac{\gamma H Q}{\eta} \times K$

P : 동력[kW]	→ $P = \dfrac{\gamma H Q}{\eta} \times K$
γ : 비중량[물 : 9.8kN/m³]	→ 9.8kN/m³
H : 전양정(전수두)[m]	→ 86.93m [문제 (1)]
Q : 유량[m³/s]	→ $Q = $ 2ea×130l/min + 30ea×80l/min [문제 (1)] = 2,660l/min × $\dfrac{1\text{m}^3}{1,000l}$ × $\dfrac{1\text{min}}{60\text{s}}$ = 0.044m³/s
η : 전효율[$\eta_{전효율} = \eta_{수력효율} \times \eta_{체적효율} \times \eta_{기계효율}$]	→ $\eta = \eta_{수력효율} \times \eta_{체적효율} \times \eta_{기계효율}$ = 0.9 × 0.8 × 0.75 = 0.54 $\therefore$ 0.54 (54%)
K : 전달계수	→ 1.1

$$P = \frac{\gamma HQ}{\eta} \times K = \frac{9.8\text{kN/m}^3 \times 86.93\text{m} \times 0.044\text{m}^3/\text{s}}{0.54} \times 1.1 = 76.356 \quad \therefore 76.36\text{kW}$$

53 펌프의 입구와 출구에서의 계기압력이 각각 -30kPa, 440kPa이고, 출구쪽 압력계는 입구쪽의 것보다 60cm 높은 곳에 설치되어 있으며, 흡입관과 송출관의 지름은 같다. 도중에 에너지손실이 없고 펌프의 유량이 3m³/min일 때 펌프의 동력[kW]은?

해설

수동력	축동력	전동기용량
$P = \gamma HQ$	$P = \dfrac{\gamma HQ}{\eta}$	$P = \dfrac{\gamma HQ}{\eta} \times K$

P : 동력[kW]	→	$P = \gamma HQ$
γ : 비중량[물 : 9.8kN/m³]	→	9.8kN/m^3
H : 전양정(전수두)[m]	→	$h = $(토출측 압력수두 $-$ 흡입측 압력수두) $+$ 낙차수두 $= 440\text{kPa} - (-30\text{kPa}) + 0.6\text{m}$ $= \dfrac{470\text{kPa}}{101.325\text{kPa}} \times 10.332\text{m} + 0.6\text{m} = 48.525$ $\therefore 48.53\text{m}$
Q : 유량[m³/s]	→	$3\text{m}^3/\text{min} \times \dfrac{1\text{min}}{60\text{s}}$
η : 전효율[$\eta_{\text{전효율}} = \eta_{\text{수력효율}} \times \eta_{\text{체적효율}} \times \eta_{\text{기계효율}}$]	→	조건 없음
K : 전달계수	→	조건 없음

$P = \gamma HQ = 9.8\text{kN/m}^3 \times 48.53\text{m} \times 3\text{m}^3/\text{min} \times \dfrac{1\text{min}}{60\text{s}} = 23.779 \quad \therefore 23.78\text{kW}$

54 근린생활시설로 사용되는 8층 건물에 스프링클러설비를 설치하고자 한다. 다음의 조건과 그림을 참고하여 물음에 답하시오. 관설4

— 〈 조 건 〉 —
① 토출 실양정은 40m, 배관의 마찰손실은 실양정의 35%로 한다.
② 펌프 흡입측의 연성계는 -355mmHg를 지시하고 있으며, 이 때 대기압은 1.03kg/cm²이다.
③ 펌프의 수력효율 90%, 체적효율 80%, 기계효율 95%이며, 주어지지 않은 것은 무시한다.

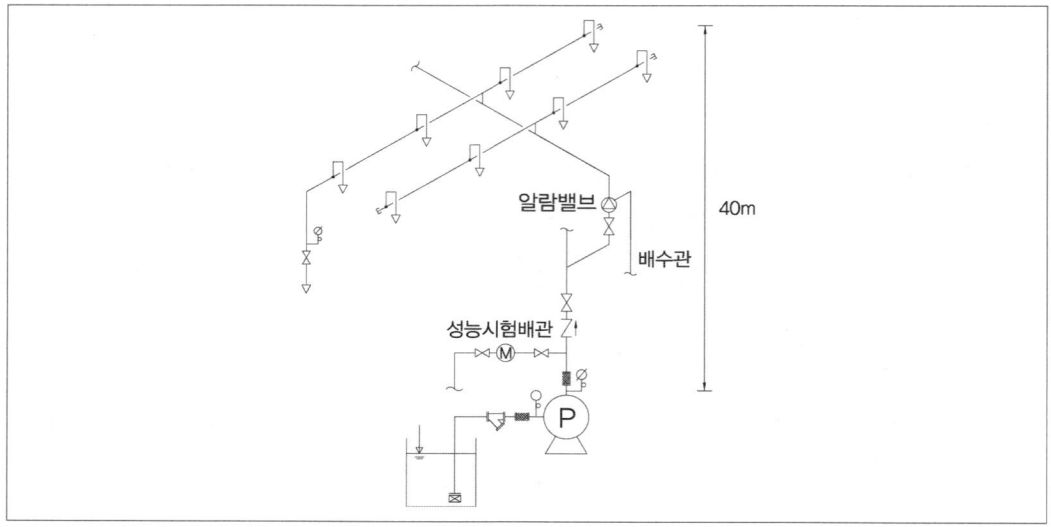

(1) 펌프의 전양정[m]
(2) 펌프의 분당 토출량[m³/min]
(3) 펌프의 동력[kW]

해설

(1) 펌프의 전양정(전수두)

펌프전수두＝낙차수두＋마찰손실수두＋법정토출수두

1atm	=	10,332mmH₂O	=	760mmHg
101,325Pa	=	10.332mH₂O	=	76cmHg
101.325kPa	=	10.332mAq	=	1,013mbar
0.101325MPa	=	1.0332kg_f/cm²	=	1.013bar
14.7psi	=	10,332kg_f/m²	=	30inHg

- 1기압(대기압)과 동일한 각종 압력단위
  [mH₂O ＝ mAq(아쿠아＝물)]
- 계산식에서의 표현 : 물이라는 특수성에 의해 보통 "mH₂O"를 "m"로 줄여 쓰기도 한다.

그림의 조건에서 토출측 실양정(40m)에 연성계의 압력은 흡입측 실양정 및 마찰손실로 볼 수 있고 대기압은 $1.03\text{kg/cm}^2 = 10.3\text{mH}_2\text{O}$ 이므로

① 낙차수두＋연성계압력(＝흡입낙차수두＋마찰손실수두)을 구하면

실양정＝$40\text{m}(\text{토출측}) + \dfrac{355\text{mmHg}}{760\text{mmHg}} \times 10.3\text{mH}_2\text{O}(\text{흡입측}) = 44.811$ ∴ $44.811\text{mH}_2\text{O}$

② 마찰손실수두를 구하면

$44.811\text{mH}_2\text{O} \times 0.35 = 15.683$ ∴ $15.683\text{mH}_2\text{O}$

③ 법정토출수두

$\dfrac{0.1\text{MPa}}{0.101325\text{MPa}} \times 10.3\text{mH}_2\text{O} = 10.165\text{mH}_2\text{O}$

④ 전수두를 구하면

펌프전수두＝낙차수두＋마찰손실수두＋법정토출수두
＝$44.811\text{m} + 15.683\text{m} + 10.165\text{m} = 70.659$ ∴ 70.66m

(2) 펌프의 분당 토출량(m³/min)

10층 이하의 근린생활시설은 스프링클러헤드 기준개수 20개를 적용

$20개 \times 80l/\text{min} = 1,600$ ∴ $1,600l/\text{min} = 1.6\text{m}^3/\text{min}$

(3) 펌프의 동력

수동력	축동력	전동기용량
$P = \gamma H Q$	$P = \dfrac{\gamma H Q}{\eta}$	$P = \dfrac{\gamma H Q}{\eta} \times K$

P : 동력[kW] → $P = \dfrac{\gamma H Q}{\eta} \times K$

γ : 비중량[물 : 9.8kN/m³] → 9.8kN/m³

H : 전양정(전수두)[m] → 70.66m [문제 (1)]

Q : 유량[m³/s] → $1.6 \text{m}^3/\text{min} \times \dfrac{1\text{min}}{60\text{s}}$ [문제 (2)]

η : 전효율[$\eta_{전효율} = \eta_{수력효율} \times \eta_{체적효율} \times \eta_{기계효율}$] → $\eta_{전효율} = \eta_{수력효율} \times \eta_{체적효율} \times \eta_{기계효율}$
$= 0.9 \times 0.8 \times 0.95 = 0.684$ [조건 ③]

K : 전달계수 → 1.1

$P = \dfrac{\gamma H Q}{\eta} = \dfrac{9.8\text{kN/m}^3 \times 70.66\text{m} \times 1.6\text{m}^3/\text{min} \times \dfrac{1\text{min}}{60\text{s}}}{0.684} = 26.996 \quad \therefore 27\text{kW}$

55 펌프를 이용하여 지하탱크의 물을 시간당 36m³의 비율로 소화설비의 2차 수원으로 사용하기 위하여 옥상 물탱크에 양수하는 경우 다음 물음에 답하시오. 🔥

〈 조건 〉

① 유속 = 2m/s, 배관길이 = 100m, 실양정 = 50m, 90° 엘보(5개), 게이트밸브 2개, 체크밸브 1개, 후드밸브 1개를 사용한다.
② 양수 배관의 마찰손실은 단위길이(m)당 80mmAq로 한다.
③ 관이음쇠 및 밸브류의 마찰저항의 등가길이(m)는 다음 표를 이용한다.

관경(mm)	90° 엘보	45° 엘보	게이트밸브	체크밸브	후드밸브
40	1.50	0.90	0.30	13.5	13.5
50	2.10	1.20	0.39	16.5	16.5
65	2.40	1.50	0.48	19.5	19.5
80	3.00	1.80	0.60	24.0	24.0

(1) 배관의 구경은 몇 [mm] 이상으로 하여야 하는가?
(2) 밸브류 및 관이음쇠의 등가길이[m]는 얼마인가?
(3) 배관의 총 등가길이[m]는 얼마인가?
(4) 전체 손실수두[m]는 얼마인가?
(5) 펌프의 소요양정[m]은 얼마인가?
(6) 펌프의 최소동력[kW]은 얼마인가? (단, 효율은 60%, 전달계수는 1.1)

해설

(1) 배관의 구경

$Q = AV$

여기서, Q : 유량[m³/s]

A : 배관단면적 $\left(\dfrac{\pi}{4}D^2[\text{m}^2]\right)$

V : 유속[m/s]

$V = 2\text{m/s}$, $Q = 36\text{m}^3/\text{hr} = 0.01\text{m}^3/\text{s}$이므로

$Q = AV = \dfrac{\pi}{4}D^2 \times V$

$D = \sqrt{\dfrac{4Q}{\pi V}} = \sqrt{\dfrac{4 \times 0.01\text{m}^3/\text{s}}{\pi \times 2\text{m/s}}} = 0.079$

∴ 0.079[m] = 79[mm]이므로 배관구경은 80mm로 한다.

(2) 배관의 구경이 80mm이므로 80mm 배관부속을 기준으로 하여 등가길이를 구하면

관경(mm)	90° 엘보	45° 엘보	게이트밸브	체크밸브	후드밸브
80	3.00	1.80	0.60	24.0	24.0

① 90° 엘보 = 3m × 5개 = 15m
② 게이트밸브 = 0.6m × 2개 = 1.2m
③ 체크밸브 = 24m × 1개 = 24m
④ 후드밸브 = 24m × 1개 = 24m
⑤ 밸브 및 관이음쇠의 등가길이 = 15m + 1.2m + 24m + 24m = 64.2m

(3) 총 등가길이 = 실제배관길이 + 밸브 및 이음쇠 등가길이
  = 100m + 64.2m = 164.2 ∴ 164.2m

(4) 조건에서 마찰손실수두 80mmAq/m = 0.08mAq/m이므로
전체손실수두 = 총 등가길이 × 0.08mAq/m
 = 164.2m × 0.08mAq/m = 13.136 ∴ 13.136m

(5) 펌프의 소요양정(수두)을 구하면

H = 낙차수두 + 전체손실수두 + 법정토출수두
 = 50m + 13.136m + 0m = 63.136 ∴ 63.136m

(6) 펌프의 동력을 구하면

수동력	축동력	전동기용량
$P = \gamma HQ$	$P = \dfrac{\gamma HQ}{\eta}$	$P = \dfrac{\gamma HQ}{\eta} \times K$

P : 동력[kW] → $P = \dfrac{\gamma HQ}{\eta} \times K$

γ : 비중량[물 : 9.8kN/m³] → 9.8kN/m³

H : 전양정(전수두)[m] → 63.136m [문제 (5)]

Q : 유량[m³/s] → $36\text{m}^3/\text{hr} \times \dfrac{1\text{hr}}{3{,}600\text{s}}$

η : 전효율[$\eta_{전효율} = \eta_{수력효율} \times \eta_{체적효율} \times \eta_{기계효율}$] → 0.6

K : 전달계수 → 1.1

$P = \dfrac{\gamma HQ}{\eta} \times K = \dfrac{9.8\text{kN/m}^3 \times 63.136\text{m} \times 36\text{m}^3/\text{hr} \times \dfrac{1\text{hr}}{3{,}600\text{s}}}{0.6} \times 1.1 = 11.343$ ∴ 11.34kW

56 그림과 같이 관로상에 펌프가 설치되어 있다. 펌프의 소요동력 [kW]을 계산하시오.
(단, $P_1 = 500$Pa, $P_2 = 3$bar, $Q = 0.2$m³/s, $d_1 = 10$cm, $d_2 = 5$cm, $h = 3$m이다.) 술97(25)

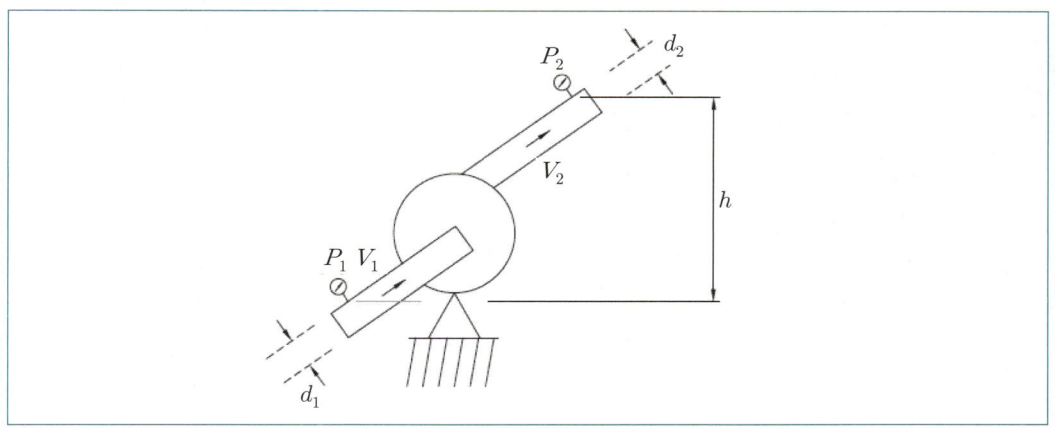

해설
조건에 없으므로 유체는 물로 가정하고, 효율과 전달계수가 없으므로 수동력으로 산출한다.
$Q = 0.2$m³/s이므로 전양정을 산출해야 하므로

(1) 전양정

$$\frac{P_1}{\gamma} + \frac{V_1^2}{2g} + Z_1 + H_p = \frac{P_2}{\gamma} + \frac{V_2^2}{2g} + Z_2 + \Delta H$$

여기서, H_p : 펌프의 전수두[m]
ΔH : 마찰손실수두[m]
P_1, P_2 : 압력[Pa = N/m²]
γ : 비중량[물 : 9,800N/m³ = 9.8kN/m³ = 0.0098MN/m³]
V_1, V_2 : 유속[m/s]
g : 중력가속도[9.8m/s²]
Z_1, Z_2 : 위치수두[m]

펌프의 전수두를 기준으로 정리하면 $H_p = (Z_2 - Z_1) + \Delta H + \frac{P_2 - P_1}{\gamma} + \frac{V_2^2 - V_1^2}{2g}$

$Z_2 - Z_1 = 3$m, $P_1 = 500$Pa[= N/m²], $P_2 = 3$bar, $\Delta H = 0$ (조건에 없음)이므로

① 토출압력을 환산하면

토출압력환산 : $P_2 = \dfrac{3\,\text{bar}}{1.013\,\text{bar}} \times 101{,}325\text{Pa} = 300{,}074.037$ ∴ $300{,}074.037\text{Pa}[= \text{N/m}^2]$

1atm	=	10,332mmH₂O	=	760mmHg
101,325Pa	=	10.332mH₂O	=	76cmHg
101.325kPa	=	10.332mAq	=	1,013mbar
0.101325MPa	=	1.0332kg_f/cm²	=	1.013bar
14.7psi	=	10,332kg_f/m²	=	30inHg

▶ 1기압(대기압)과 동일한 각종 압력단위 [mH₂O = mAq(아쿠아=물)]
▶ 계산식에서의 표현 : 물이라는 특수성에 의해 보통 "mH₂O"를 "m"로 줄여 쓰기도 한다.

② 유속을 구하면
$Q = A_1 V_1 = A_2 V_2$

여기서, Q : 유량[m³/s]

$A_1,\ A_2$: 단면적 $\left(\dfrac{\pi}{4}D^2[\text{m}^2]\right)$

$V_1,\ V_2$: 유속[m/s]

$A_1 = \dfrac{\pi}{4} \times 0.1^2 \text{m}^2,\ A_2 = \dfrac{\pi}{4} \times 0.05^2 \text{m}^2$ 이므로

$V_1 = \dfrac{Q}{A_1} = \dfrac{0.2\text{m}^3/\text{s}}{\dfrac{\pi}{4} \times 0.1^2 \text{m}^2} = 25.464\ \therefore 25.464\text{m/s}$

$V_2 = \dfrac{Q}{A_2} = \dfrac{0.2\text{m}^3/\text{s}}{\dfrac{\pi}{4} \times 0.05^2 \text{m}^2} = 101.859\ \therefore 101.859\text{m/s}$

③ 전수두를 구하면

$H_p = (Z_2 - Z_1) + \Delta H + \dfrac{P_2 - P_1}{\gamma} + \dfrac{V_2^2 - V_1^2}{2g}$

$= 3\text{m} + 0\text{m} + \dfrac{300,074.037\text{N/m}^2 - 500\text{N/m}^2}{9,800\text{N/m}^3} + \dfrac{(101.859\text{m/s})^2 - (25.464\text{m/s})^2}{2 \times 9.8\text{m/s}^2}$

$= 529.836\ \therefore 529.836\text{m}$

(2) 수동력을 구하면
$P = \gamma H Q = 9.8\text{kN/m}^3 \times 529.836\text{m} \times 0.2\text{m}^3/\text{s} = 1,038.478\ \therefore 1,038.48\text{kW}$

이해 必

☑ 흡입측에 −압력이 주어질 경우 : 전수두=[토출압력−(−흡입측 압력)]수두+낙차수두]

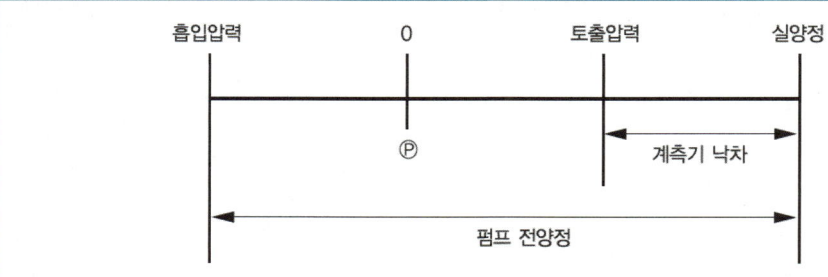

☑ 배관이 경사진 경우의 실양정

$P = \gamma h = \gamma \cdot L \cdot \sin\theta$

여기서, P : 압력[Pa = N/m²]

γ : 비중량[물 : 9.800N/m³]

h : 높이(수두)[m]

L : 경사길이[m]

θ : 경사각

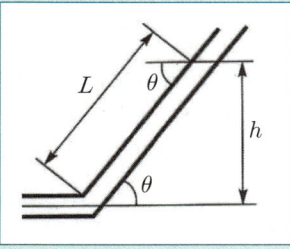

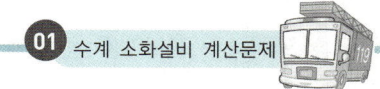

57 계산과정을 적고 조건에 따라 물음에 답을 하며, 주어지지 않은 조건은 무시한다. 🔥🔥

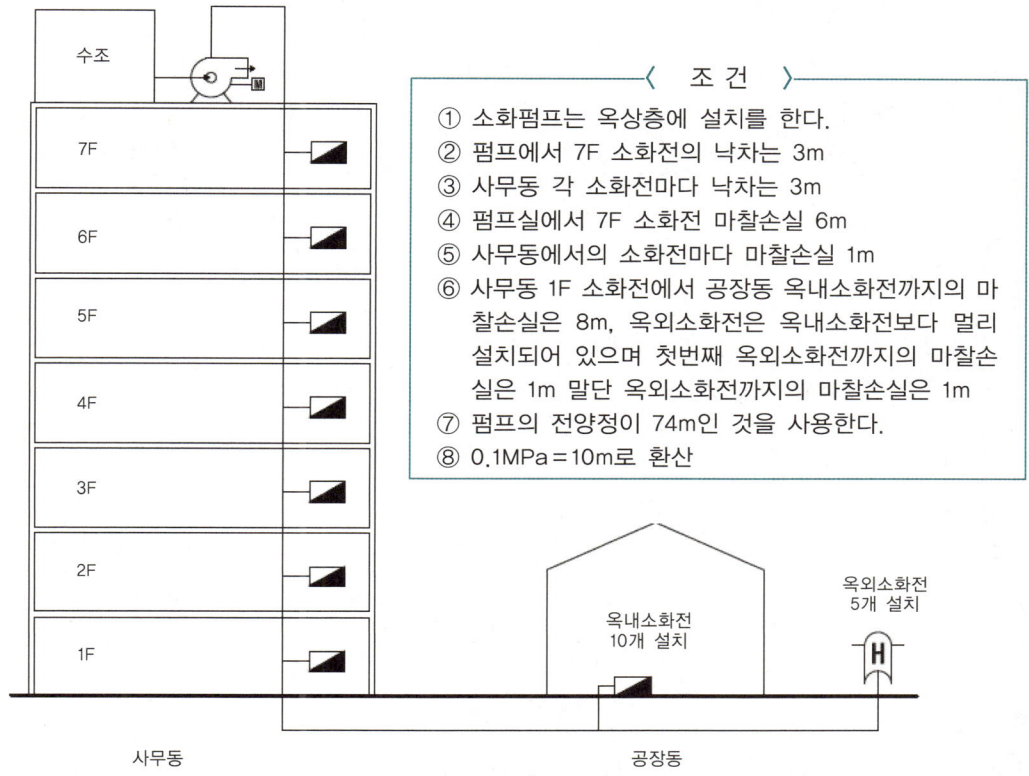

〈 조 건 〉
① 소화펌프는 옥상층에 설치를 한다.
② 펌프에서 7F 소화전의 낙차는 3m
③ 사무동 각 소화전마다 낙차는 3m
④ 펌프실에서 7F 소화전 마찰손실 6m
⑤ 사무동에서의 소화전마다 마찰손실 1m
⑥ 사무동 1F 소화전에서 공장동 옥내소화전까지의 마찰손실은 8m, 옥외소화전은 옥내소화전보다 멀리 설치되어 있으며 첫번째 옥외소화전까지의 마찰손실은 1m 말단 옥외소화전까지의 마찰손실은 1m
⑦ 펌프의 전양정이 74m인 것을 사용한다.
⑧ 0.1MPa = 10m로 환산

(1) 화재안전기술기준에 의한 펌프토출량 [*l* / min]을 구하시오.
(2) 정격토출량을 방사할 경우 옥외소화전 말단에서의 방사압력[MPa]을 구하고 화재안전기술기준상의 조치방법을 쓰시오.
(3) 위 조건에 따라 화재안전기술기준상 이상이 없도록 말단의 옥외소화전을 기준으로 가장 경제적인 방법으로 펌프의 전수두를 설계하시오.
(4) "(1)"의 답과 "(3)"의 답에 의해 펌프의 동력[kW]을 구하시오. (단, $K=1.1$, $\eta=0.6$)

해설

(1) **펌프방출량=옥내소화전 기준개수(최대 2개)+옥외소화전 기준개수(최대 2개)**
$= 130 l/\min \times 2개 + 350 l/\min \times 2개 = 960$
∴ $960 l/\min$

(2) **옥외소화전 말단 방사압력 및 화재안전기술기준상 조치방법**
① 옥외소화전 말단에서의 방사압력
펌프의 전수두= 74m
마찰손실수두= ⓟ~7F + 1~7F + 사무동~공장+첫째 옥외소화전+말단 옥외소화전
$= 6m + 6m + 8m + 1m + 1m = 22m$
낙차환산수두= $3m \times 7 = 21m$이므로
옥외소화전 말단 법정토출수두=펌프의 전수두－마찰손실수두±낙차수두
$= 74m - 22m + 21m = 73m$
→ 낙차압력환산수두는 옥상 층에서 아래로 작용하므로 더해주어야 한다.
② 방수압력이 0.7MPa을 초과할 경우에는 호스접결구의 인입측에 감압장치를 설치

(3) 펌프의 전수두＝마찰손실수두＋방수압환산수두±낙차
$= 22m + 25m - 21m = 26m$

7층 옥내소화전 법정토출수두＝펌프전수두－마찰손실수두＋낙차수두
$= 26m - 6m + 3m = 23$ ∴ $23m$

7층의 옥내소화전에서 방수할 경우에 최소 17m 이상의 압력으로 방사해야 하므로 문제없다.

(4) 펌프의 동력을 구하면

수동력	축동력	전동기용량
$P = \gamma HQ$	$P = \dfrac{\gamma HQ}{\eta}$	$P = \dfrac{\gamma HQ}{\eta} \times K$

P : 동력[kW] → $P = \dfrac{\gamma HQ}{\eta} \times K$

γ : 비중량[물 : 9.8kN/m³] → 9.8kN/m³

H : 전양정(전수두)[m] → 26m [문제 (3)]

Q : 유량[m³/s] → $960 l/min \times \dfrac{1m^3}{1,000 l} \times \dfrac{1min}{60s}$ [문제 (1)]

η : 전효율[$\eta_{전효율} = \eta_{수력효율} \times \eta_{체적효율} \times \eta_{기계효율}$] → 0.6

K : 전달계수 → 1.1

$P = \dfrac{\gamma HQ}{\eta} \times K = \dfrac{9.8kN/m^3 \times 26m \times 960 l/min \times \dfrac{1m^3}{1,000 l} \times \dfrac{1min}{60s}}{0.6} \times 1.1 = 7.474$ ∴ $7.47kW$

58 어떤 소방펌프의 회전수가 1,800rpm 상태에서 소화수를 전양정 40m, 유량 2,400 l/min으로 방사할 수 있다. 이 펌프의 회전수를 3,600rpm으로 바꾼다면 전양정[m]은 얼마가 되고, 축동력은 처음 축동력의 몇 배가 되겠는가? 🔥🔥

해설

구분	설명
유량에 대한 상사법칙	$\dfrac{Q_2}{Q_1} = \left(\dfrac{N_2}{N_1}\right)^1 \cdot \left(\dfrac{D_2}{D_1}\right)^3$ 유량은 펌프 **회전수**에 비례하고 임펠러 **직경의 3승**에 비례
전양정에 대한 상사법칙	$\dfrac{H_2}{H_1} = \left(\dfrac{N_2}{N_1}\right)^2 \cdot \left(\dfrac{D_2}{D_1}\right)^2$ 양정은 펌프 **회전수의 2승**에 비례하고 임펠러 **직경의 2승**에 비례
축동력에 대한 상사법칙	$\dfrac{L_2}{L_1} = \left(\dfrac{N_2}{N_1}\right)^3 \cdot \left(\dfrac{D_2}{D_1}\right)^5 \cdot \left(\dfrac{\eta_1}{\eta_2}\right)$ 축동력은 펌프 **회전수 3승**에 비례하고 임펠러 **직경의 5승**에 비례

여기서, Q_1, Q_2 : 유량[lpm], H_1, H_2 : 양정[m], L_1, L_2 : 축동력[kW]
N_1, N_2 : 회전수[rpm], D_1, D_2 : 직경[m], η_1, η_2 : 효율

🖉 **암기법** 유양축 123(회전수의 1, 2, 3승) 325(직경의 3, 2, 5승)

• 비속도가 같으면 펌프의 크기가 달라도 이를 상사(Affinity)라 하며, 회전수나 임펠러 지름이 변할 때 토출량, 양정, 축동력은 일정한 비로 변한다.

$N_1 = 1,800\text{rpm}$, $Q_1 = 2,400 l/\min$, $H_1 = 40\text{m}$, $N_2 = 3,600\text{rpm}$ 이고 효율은 조건에 없으므로

(1) 전양정을 구하면

$$H_2 = H_1 \times \left(\frac{N_2}{N_1}\right)^2 = 40\text{m} \times \left(\frac{3,600\text{rpm}}{1,800\text{rpm}}\right)^2 = 160\text{m}$$

(2) 축동력을 구하면

$$\frac{P_2}{P_1} = \left(\frac{N_2}{N_1}\right)^3 = \left(\frac{3,600\text{rpm}}{1,800\text{rpm}}\right)^3 = 8 \rightarrow P_2 = 8P_1 \text{이므로 8배}$$

📖 이해 必

☑ **상사법칙 공식 유도** 술119(10)

① 유량 : 체적유량 $Q_1 = A_1 V_1$, $Q_2 = A_2 V_2$라면, 변경 전 유량에 대한 변경 후의 유량의 비는 다음과 같다. 이때, 회전속도인 각 속도 $V_1 = \pi D_1 N_1$, $V_2 = \pi D_2 N_2$를 각각 대입하여 정리한다.

$$\frac{Q_2}{Q_1} = \frac{A_2}{A_1} \cdot \frac{V_2}{V_1} = \frac{\frac{\pi}{4}D_2^2}{\frac{\pi}{4}D_1^2} \cdot \frac{\pi D_2 N_2}{\pi D_1 N_1} = \left(\frac{N_2}{N_1}\right) \cdot \left(\frac{D_2}{D_1}\right)^3 \rightarrow \boxed{\frac{Q_2}{Q_1} = \left(\frac{N_2}{N_1}\right) \cdot \left(\frac{D_2}{D_1}\right)^3}$$

② 양정 : 토리첼리 정리 $V_1 = \sqrt{2gH_1}$, $V_2 = \sqrt{2gH_2}$라면, 변경 전 유속에 대한 변경 후의 유속의 비는 다음과 같다. 이때, 회전속도인 각 속도 $V_1 = \pi D_1 N_1$, $V_2 = \pi D_2 N_2$을 각각하여 대입 정리한다.

$$\frac{V_2}{V_1} = \frac{\sqrt{2gH_2}}{\sqrt{2gH_1}} = \left(\frac{H_2}{H_1}\right)^{\frac{1}{2}} \rightarrow \frac{H_2}{H_1} = \left(\frac{V_2}{V_1}\right)^2 = \left(\frac{\pi D_2 N_2}{\pi D_1 N_1}\right)^2 = \left(\frac{N_2}{N_1}\right)^2 \cdot \left(\frac{D_2}{D_1}\right)^2 \rightarrow \boxed{\frac{H_2}{H_1} = \left(\frac{N_2}{N_1}\right)^2 \cdot \left(\frac{D_2}{D_1}\right)^2}$$

③ 축동력 : 축동력 $L_1 = \dfrac{\gamma H_1 Q_1}{\eta_1}$, $L_2 = \dfrac{\gamma H_2 Q_2}{\eta_2}$라면, 변경 전 축동력에 대한 변경 후의 축동력의 비는 다음과 같다. 이때, 양정 및 유량에 대한 상사법칙을 각각 대입하여 정리한다.

$$\frac{L_2}{L_1} = \frac{\dfrac{\gamma H_2 Q_2}{\eta_2}}{\dfrac{\gamma H_1 Q_1}{\eta_1}} = \left(\frac{H_2}{H_1}\right) \cdot \left(\frac{Q_2}{Q_1}\right) \cdot \left(\frac{\eta_1}{\eta_2}\right) = \left\{\left(\frac{N_2}{N_1}\right)^2 \cdot \left(\frac{D_2}{D_1}\right)^2\right\} \cdot \left\{\left(\frac{N_2}{N_1}\right) \cdot \left(\frac{D_2}{D_1}\right)^3\right\} \cdot \left(\frac{\eta_1}{\eta_2}\right)$$

$$= \left(\frac{N_2}{N_1}\right)^3 \cdot \left(\frac{D_2}{D_1}\right)^5 \cdot \left(\frac{\eta_1}{\eta_2}\right) \rightarrow \boxed{\frac{L_2}{L_1} = \left(\frac{N_2}{N_1}\right)^3 \cdot \left(\frac{D_2}{D_1}\right)^5 \cdot \left(\frac{\eta_1}{\eta_2}\right)}$$

---

59 정격용량이 82psi에서 1,000gpm인 디젤 엔진구동 소화펌프에 있어 제조업체의 성능시험 성적서 내용은 다음과 같다. 술102(25)

구분	체절운전	정격운전 시	최대운전 시
유량	0gpm	1,000gpm	1,500gpm
토출압력	99psi	82psi	54psi

그런데 현장에서 펌프성능시험 시 시험결과치는 다음과 같으며 이때, 회전수는 1,700 rpm에서 운전되고 있다. 이 경우 펌프 제조업체의 성능시험 성적서의 양부를 판단하여라.

구분	체절운전	정격운전 시	최대운전 시
유량	0gpm	955gpm	1,434gpm
토출압력	90psi	75psi	50psi

해설

(1) 소화펌프의 성능을 시험하기 위해서는 정격운전, 체절운전, 최대운전 시의 유량과 양정이 제조업체에서 제시한 성능시험 성적서와의 적부를 판단하면 되고, 제조사에서 시험하였던 회전수에서 유량과 양정을 만족하면 된다는 의미이다.

(2) 그러므로 현장에 설치 시를 기준(변경 전)으로 보아 제조사(변경 후)의 회전수를 기준으로 유량과 양정을 구할 수 있다. 이때 동일한 펌프이므로 직경은 동일하다.

구분	설명
유량에 대한 상사법칙	$\frac{Q_2}{Q_1} = \left(\frac{N_2}{N_1}\right)^1 \cdot \left(\frac{D_2}{D_1}\right)^3$ 유량은 펌프 **회전수**에 비례하고 임펠러 **직경의 3승**에 비례
전양정에 대한 상사법칙	$\frac{H_2}{H_1} = \left(\frac{N_2}{N_1}\right)^2 \cdot \left(\frac{D_2}{D_1}\right)^2$ 양정은 펌프 **회전수의 2승**에 비례하고 임펠러 **직경의 2승**에 비례
축동력에 대한 상사법칙	$\frac{L_2}{L_1} = \left(\frac{N_2}{N_1}\right)^3 \cdot \left(\frac{D_2}{D_1}\right)^5 \cdot \left(\frac{\eta_1}{\eta_2}\right)$ 축동력은 펌프 **회전수 3승**에 비례하고 임펠러 **직경의 5승**에 비례

여기서, Q_1, Q_2 : 유량[lpm] H_1, H_2 : 양정[m] L_1, L_2 : 축동력[kW]
       N_1, N_2 : 회전수[rpm] D_1, D_2 : 직경[m] η_1, η_2 : 효율

암기법 유양축 123(회전수의 1, 2, 3승) 325(직경의 3, 2, 5승)

- 비속도가 같으면 펌프의 크기가 달라도 이를 상사(Affinity)라 하며, 회전수나 임펠러 지름이 변할 때 토출량, 양정, 축동력은 일정한 비로 변한다.

(3) 정격운전일 경우

$H_{현장} = 75\text{psi}$, $H_{제조사} = 82\text{psi}$, $N_{현장} = 1,700\text{rpm}$, $Q_{현장} = 955\text{gpm}$

① 양정에 대한 상사법칙을 적용하여 제조사에서의 회전수를 구하면 (유량으로 적용해도 관계없음)

$$\frac{H_{제조사}}{H_{현장}} = \left(\frac{N_{제조사}}{N_{현장}}\right)^2$$

$$N_{제조사} = N_{현장} \times \sqrt{\frac{H_{제조사}}{H_{현장}}}$$

$$= 1,700\text{rpm} \times \sqrt{\frac{82\text{psi}}{75\text{psi}}} = 1,777.563$$

→ 단위환산
- 1gpm = 3.785l/min
- 1psi = 1lb/in² (14.7psi = 1atm)
  (1lb = 0.4536kg$_f$ = 0.0462N, 1in = 2.54cm)

∴ 1,777.563rpm (체절, 정격, 최대운전일 경우 분당 회전수는 동일하다.)

② $N_{제조사} = 1,777.563\text{rpm}$ 일 경우 유량에 대한 상사법칙을 적용하여 제조사에서의 유량을 구하면

$$\frac{Q_{제조사}}{Q_{현장}} = \left(\frac{N_{제조사}}{N_{현장}}\right)^1 \rightarrow Q_{제조사} = Q_{현장} \times \frac{N_{제조사}}{N_{현장}} = 955\text{gpm} \times \frac{1,777.563\text{rpm}}{1,700\text{rpm}} = 998.592 \quad \therefore 998.59\text{gpm}$$

정격운전일 경우 제조사에서 제시한 1,000gpm과 거의 일치하므로 양호하다.

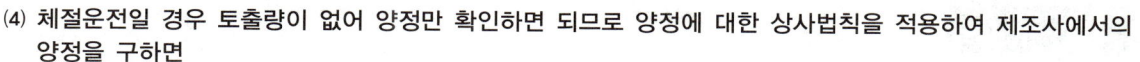

(4) 체절운전일 경우 토출량이 없어 양정만 확인하면 되므로 양정에 대한 상사법칙을 적용하여 제조사에서의 양정을 구하면

$H_{현장} = 90\text{psi}, N_{현장} = 1,700\text{rpm}, N_{제조사} = 1,777.563\text{rpm}$

$$\frac{H_{제조사}}{H_{현장}} = \left(\frac{N_{제조사}}{N_{현장}}\right)^2 \rightarrow H_{제조사} = H_{현장} \times \left(\frac{N_{제조사}}{N_{현장}}\right)^2 = 90\text{psi} \times \left(\frac{1,777.563\text{rpm}}{1,700\text{rpm}}\right)^2 = 98.399 \quad \therefore 98.4\text{psi}$$

체절운전일 경우 제조사에서 제시한 99psi와 거의 일치하므로 양호하다.

(5) 최대운전일 경우

$H_{현장} = 50\text{psi}, N_{현장} = 1,700\text{rpm}, N_{제조사} = 1,777.563\text{rpm}, Q_{현장} = 1,434\text{rpm}$

① 양정에 대한 상사법칙을 적용하여 제조사에서의 양정을 구하면

$$\frac{H_{제조사}}{H_{현장}} = \left(\frac{N_{제조사}}{N_{현장}}\right)^2 \rightarrow H_{제조사} = H_{현장} \times \left(\frac{N_{제조사}}{N_{현장}}\right)^2 = 50\text{psi} \times \left(\frac{1,777.563\text{rpm}}{1,700\text{rpm}}\right)^2 = 54.666 \quad \therefore 54.67\text{psi}$$

최대운전일 경우 제조사에서 제시한 54psi와 거의 일치하므로 양호하다.

② 유량에 대한 상사법칙을 적용하여 제조사에서의 유량을 구하면

$$\frac{Q_{제조사}}{Q_{현장}} = \left(\frac{N_{제조사}}{N_{현장}}\right)^1$$

$$Q_{제조사} = Q_{현장} \times \frac{N_{제조사}}{N_{현장}} = 1,434\text{gpm} \times \frac{1,777.563\text{rpm}}{1,700\text{rpm}} = 1,499.426 \quad \therefore 1,499.43\text{gpm}$$

최대운전일 경우 제조사에서 제시한 1,500gpm과 거의 일치하므로 양호하다.

(6) 제조사에서 제시한 시험성적서는 거의 일치하므로 양호하다.

60 양정 220m, 회전수 $N = 2,900$rpm, 비교회전도 176인 4단 원심펌프에서 유량[m³/min]을 구하시오. 관설14(유사문제)

해설

펌프의 비교회전도(비속도 : Specific speed) : 임펠러의 상사성 또는 펌프의 특성, 형식을 결정할 경우 이용되며 1m³/min의 유량을 1m 양수하는데 필요한 회전수(N_s)를 말하며 회전차의 형상을 비교하여 나타낼 수 있다.

$$N_s = N\frac{\sqrt{Q}}{\left(\frac{H}{n}\right)^{0.75}}$$

여기서, N_s : 비교회전도(비속도)[rpm, m³/min, m]
N : 펌프의 회전속도[rpm]
Q : 유량[m³/min](양 흡입일 경우 유량은 1/2로 적용)
H : 전수두[m]
n : 단수

$H = 220$m, $N = 2,900$rpm, $N_s = 176$rpm, $n = 4$단이므로

$N_s = N\frac{\sqrt{Q}}{\left(\frac{H}{n}\right)^{0.75}}$ 를 정리하면

$$Q = \left(\frac{N_s\left(\frac{H}{n}\right)^{0.75}}{N}\right)^2 = \left(\frac{176\text{rpm} \times \left(\frac{220\text{m}}{4\text{단}}\right)^{0.75}}{2,900\text{rpm}}\right)^2 = 1.502 \quad \therefore 1.5\text{m}^3/\text{min}$$

이해 必

☑ 비교회전도(비속도 : Specific speed)의 공식 유도   술111(25)

① 유량 $\left[\dfrac{Q_2}{Q_1}=\left(\dfrac{N_2}{N_1}\right)^1\cdot\left(\dfrac{D_2}{D_1}\right)^3\right]$ 과 양정 $\left[\dfrac{H_2}{H_1}=\left(\dfrac{N_2}{N_1}\right)^2\cdot\left(\dfrac{D_2}{D_1}\right)^2\right]$ 에 대한 상사법칙을 응용하여 유도한다.
D_1, D_2를 최종 약분하기 위해 양정에 대한 상사법칙 양변에 3/2승을 곱하여 정리한다.

$$\left(\dfrac{H_2}{H_1}\right)^{\frac{3}{2}}=\left(\dfrac{N_2}{N_1}\right)^{2\times\frac{3}{2}}\cdot\left(\dfrac{D_2}{D_1}\right)^{2\times\frac{3}{2}} \rightarrow \left(\dfrac{H_2}{H_1}\right)^{\frac{3}{2}}=\left(\dfrac{N_2}{N_1}\right)^3\cdot\left(\dfrac{D_2}{D_1}\right)^3 \quad \cdots\cdots\cdots \text{ⓐ}$$

식 ⓐ를 유량에 대한 상사법칙으로 나누어 정리한다.

$$\dfrac{\left(\dfrac{H_2}{H_1}\right)^{\frac{3}{2}}}{\left(\dfrac{Q_2}{Q_1}\right)}=\dfrac{\left(\dfrac{N_2}{N_1}\right)^3\cdot\left(\dfrac{D_2}{D_1}\right)^3}{\left(\dfrac{N_2}{N_1}\right)\cdot\left(\dfrac{D_2}{D_1}\right)^3} \rightarrow \left(\dfrac{H_2}{H_1}\right)^{\frac{3}{2}}=\left(\dfrac{N_2}{N_1}\right)^2\cdot\left(\dfrac{Q_2}{Q_1}\right) \rightarrow \dfrac{H_2^{\frac{3}{2}}}{H_1^{\frac{3}{2}}}=\dfrac{N_2^2\cdot Q_2}{N_1^2\cdot Q_1}$$

$$\rightarrow \dfrac{N_1^2\cdot Q_1}{H_1^{\frac{3}{2}}}=\dfrac{N_2^2\cdot Q_2}{H_2^{\frac{3}{2}}} \quad \cdots\cdots\cdots\cdots\cdots\cdots\cdots\cdots \text{ⓑ}$$

② 비교회전도는 1m³/min의 유량을 1m 양수하는데 필요한 회전수(N_s)를 말하므로 식 ⓑ에 이를 대입하여 유도한다. 또한, 임펠러의 단수에 따라 양정은 달라지므로 단수를 고려하면 다음과 같이 정리된다.

$$\dfrac{N_1^2\times(1\text{m}^3/\text{min})}{(1\text{m})^{\frac{3}{2}}} \rightarrow N_1=\left(\dfrac{N_2^2\cdot Q_2}{H_2^{\frac{3}{2}}}\right)^{\frac{1}{2}}=N_2\cdot\dfrac{\sqrt{Q_2}}{H_2^{\frac{3}{4}}} \rightarrow N_s=N\cdot\dfrac{\sqrt{Q}}{H^{0.75}} \rightarrow \boxed{N_s=N\cdot\dfrac{\sqrt{Q}}{\left(\dfrac{H}{n}\right)^{0.75}}}$$

---

61 어떤 팬이 1,750rpm으로 회전할 때의 전압은 155mmAq, 풍량은 240m³/min이다. 이것과 상사한 팬을 만들어 1,650rpm, 전압 200mmAq로 작동할 때 풍량은 약 몇 [m³/min]인가? (단, 비속도는 같다.) 🔥🔥

해설

$$N_s=N\dfrac{\sqrt{Q}}{\left(\dfrac{H}{n}\right)^{0.75}}$$

여기서, N_s : 비교회전도(비속도)[rpm, m³/min, m]
       N : 펌프의 회전속도[rpm]
       Q : 유량[m³/min](양 흡입일 경우 유량은 1/2로 적용)
       H : 전수두[m]
       n : 단수

$N_1=1{,}750\text{rpm}$, $P_{T1}=155\text{mmAq}=0.155\text{mH}_2\text{O}$, $N_2=1{,}650\text{rpm}$, $P_{T2}=200\text{mmAq}=0.2\text{mH}_2\text{O}$
$n=1$(조건에 없음), $Q_1=240\text{m}^3/\text{min}$이고 비속도가 동일하므로 (상사법칙 적용 아님 <u>주의 必!</u>)

$$N_s = N_1 \times \frac{\sqrt{Q_1}}{H_1^{0.75}} = N_2 \times \frac{\sqrt{Q_2}}{H_2^{0.75}} \text{이므로} \quad \sqrt{Q_2} = \frac{N_1}{N_2} \times \frac{\sqrt{Q_1} \times H_2^{0.75}}{H_1^{0.75}}$$

$$Q_2 = \left(\frac{N_1}{N_2} \times \frac{\sqrt{Q_1} \times H_2^{0.75}}{H_1^{0.75}}\right)^2 = \left(\frac{1{,}750\text{rpm}}{1{,}650\text{rpm}} \times \frac{\sqrt{240\text{m}^3/\text{min}} \times (0.2\text{mH}_2\text{O})^{0.75}}{(0.155\text{mH}_2\text{O})^{0.75}}\right)^2 = 395.7 \quad \therefore \quad 396\text{m}^3/\text{min}$$

62 유량이 4m³/min인 펌프가 3,000rpm의 회전으로 100m의 양정이 필요하다면 비속도가 530~560 범위에 속하는 다단 펌프를 사용할 경우 몇 단의 펌프를 사용하여야 하는가? 🔥🔥

해설

$$N_s = N \frac{\sqrt{Q}}{\left(\frac{H}{n}\right)^{0.75}}$$

여기서, N_s : 비교회전도(비속도)[rpm, m³/min, m]
  N : 펌프의 회전속도[rpm]
  Q : 유량[m³/min](양 흡입일 경우 유량은 1/2로 적용)
  H : 전수두[m]
  n : 단수

$N_s = 530 \sim 560$, $N = 3{,}000\text{rpm}$ $Q = 4\text{m}^3/\text{min}$, $H = 100\text{m}$ 이므로

$$\left(\frac{H}{n}\right)^{0.75} = \frac{N\sqrt{Q}}{N_s} \rightarrow \frac{H}{n} = \left(\frac{N\sqrt{Q}}{N_s}\right)^{\frac{1}{0.75}} \rightarrow n = \frac{H}{\left(\frac{N\sqrt{Q}}{N_s}\right)^{\frac{1}{0.75}}}$$

(1) 비속도 530일 경우

$$n = \frac{H}{\left(\frac{N\sqrt{Q}}{N_s}\right)^{\frac{1}{0.75}}} = \frac{100\text{m}}{\left(\frac{3{,}000\text{rpm} \times \sqrt{4\text{m}^3/\text{min}}}{530}\right)^{\frac{1}{0.75}}} = 3.933$$

(2) 비속도 560일 경우

$$n = \frac{H}{\left(\frac{N\sqrt{Q}}{N_s}\right)^{\frac{1}{0.75}}} = \frac{100\text{m}}{\left(\frac{3{,}000\text{rpm} \times \sqrt{4\text{m}^3/\text{min}}}{560}\right)^{\frac{1}{0.75}}} = 4.233$$

∴ 단수는 3.934~4.233이므로 4단 펌프를 사용한다.

63 단수가 5인 어느 수평회전축 펌프를 운전하면서 흡입구로 들어가는 물의 수압을 측정하였더니 0.05MPa이고 토출측에서는 1.05MPa이었다. 펌프 몸체 내에 있는 하나의 회전차는 몇 [MPa]의 가압능력을 가지고 있는지 구하시오. (단, 펌프 내에서 물의 에너지손실 및 속도수두는 고려하지 않는다.) 🔥🔥

해설

회전차(임펠러) 1개의 가압송수능력 $= \dfrac{P_2 - P_1}{\varepsilon}$

여기서, P_1 : 흡입측 압력[MPa], P_2 : 토출측 압력[MPa], ε : 단수
$P_1 = 0.05\text{MPa}$, $P_2 = 1.05\text{MPa}$, $\varepsilon = 5$

회전차(임펠러) 1개의 가압송수능력 $= \dfrac{P_2 - P_1}{\varepsilon} = \dfrac{1.05\text{MPa} - 0.05\text{MPa}}{5} = 0.2$ ∴ **0.2MPa**

---

64. 단수가 5인 어느 수평회전축 소화펌프를 운전시키면서 흡입구로 들어가는 물의 압력을 측정하였더니 흡입측 압력이 0.05MPa, 토출측 압력이 1.05MPa이었다. 각 단의 임펠러에 가해지는 흡입측 압력 [MPa]과 토출측 압력 [MPa]을 각각 구하시오.)

해설

$K = \sqrt[\varepsilon]{\dfrac{P_2}{P_1}}$

여기서, K : 압축비, ε : 단수, P_1 : 흡입측 압력[MPa], P_2 : 토출측 압력[MPa]

압축비 $K = \sqrt[5]{\dfrac{1.05\text{MPa}}{0.05\text{MPa}}} = 1.838$

각 단의 임펠러에 가해지는 토출측 압력 = 흡입측 압력 × K(압축비)

① 1단 ┌ 흡입측 압력 : 0.05MPa
     └ 토출측 압력 : 0.05 × 1.838 = 0.091 ≒ **0.09MPa**

② 2단 ┌ 흡입측 압력 : **0.09MPa**
     └ 토출측 압력 : 0.09 × 1.838 = 0.165 ≒ **0.17MPa**

③ 3단 ┌ 흡입측 압력 : **0.17MPa**
     └ 토출측 압력 : 0.17 × 1.838 = 0.312 ≒ **0.31MPa**

④ 4단 ┌ 흡입측 압력 : **0.31MPa**
     └ 토출측 압력 : 0.31 × 1.838 = 0.569 ≒ **0.57MPa**

⑤ 5단 ┌ 흡입측 압력 : **0.57MPa**
     └ 토출측 압력 : 0.57 × 1.838 = 1.047 ≒ **1.05MPa**

---

65. 펌프의 유효흡입수두(NSPH$_{av}$), 필요흡입수두(NPSH$_{re}$), 공동현상(Cavitation)에 대하여 설명하시오. 술74(25)80(25)82(10)82(25)83(25)84(10)86(10)88(25)89(10)89(25)91(25)97(25)101(25)112(10)125(25)관설1,11

해설

(1) **유효흡입수두**($NPSH_{av}$) : 대기압에서 펌프 흡입측에 발생하는 각종 손실을 감하고 유효하게 펌프에 흡입되는 수두

$NPSH_{av} = H_a - H_f - H_v \pm H_h$

여기서, $NPSH_{av}$: 유효흡입수두[m]
H_a : 대기압환산수두[m] H_f : 마찰손실환산수두[m]
H_v : 포화증기압환산수두[m] H_h : 낙차환산수두[m]

(2) **필요흡입수두**($NPSH_{re}$) : 펌프 내 유체를 흡입하기 위해 **펌프 흡입배관 내부를** 부압(대기압보다 낮은 압력)으로 유지하는 능력을 말한다. 그런데, 이와 같은 부압을 진공계 또는 연성계에서 측정할 경우 진공압이라고 하며, 진공압은 유효흡입수두 입장에서는 손실로 작용하므로 유효흡입수두(펌프 흡입측 절대압)을 **감소시킨다**. 그리고 유효흡입수두보다 필요흡입수두가 커지게 될 경우 배관 내부의 압력(정압)은 작아지며, 낮은 압력에 의해 물이 끓어 기포가 발생하며, 이 현상을 캐비테이션이라 한다. (물은 0.01MPa의 대기압에서 약 45℃ 정도에서 끓어버린다.) 일반적으로 30% 여유를 두어 $NPSH_{av} \geq NPSH_{re} \times 1.3$으로 적용하며, 다음과 같이 여러 방법으로 계산할 수 있다.

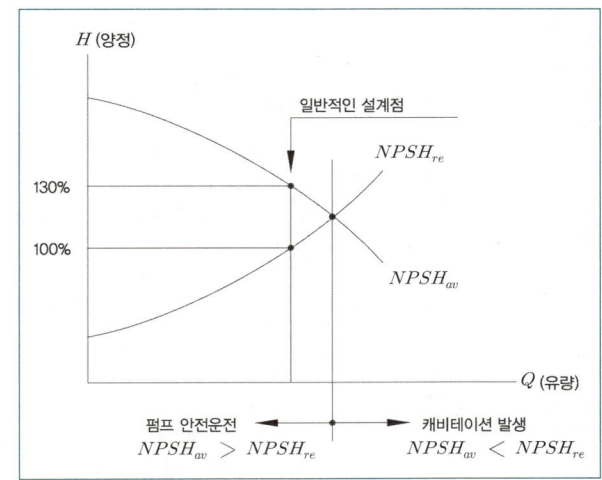

① 실험에 의한 방법 : 펌프 기동 시 전수두가 3% 감소되었을 때 흡입수두를 계산
② Thoma의 캐비테이션 계수에 의한 방법 : Thoma의 계수는 흡입비속도와 관련한 그래프를 통해 구한다.
$NPSH_{re} = \sigma H$
여기서, $NPSH_{re}$: 필요흡입수두[m]
σ : Thoma의 캐비테이션계수
H : 전수두[m]

📖 이해 必

☑ **비교회전도에 의한 필요흡입수두 유도**

$$N_s = N \frac{\sqrt{Q}}{\left(\dfrac{H}{n}\right)^{0.75}}$$

여기서, N_s : 비교회전도(비속도)[rpm, m³/min, m]
N : 펌프의 회전속도[rpm]
Q : 유량[m³/min](양 흡입일 경우 유량은 1/2로 적용)
n : 단수
전수두는 필요흡입수두로 적용하며, 흡입이므로 임펠러 단수는 1로 본다. (압축과 관계되는 그 외 단수는 무시)

$$N_s = N \frac{\sqrt{Q}}{\left(\dfrac{H}{n}\right)^{0.75}} \rightarrow N_s = \frac{N \cdot \sqrt{Q}}{NPSH_{re}^{\frac{3}{4}}} \rightarrow NPSH_{re}^{\frac{3}{4} \times \frac{4}{3}} = \left(\frac{N \cdot \sqrt{Q}}{N_s}\right)^{\frac{4}{3}}$$ [양 변에 $\frac{4}{3}$ 승을 곱하여 정리한다.]

$$NPSH_{re} = \left(\frac{N \cdot \sqrt{Q}}{N_s}\right)^{\frac{4}{3}}$$

(3) 캐비테이션(Cavitation : 공동현상)

구분	설명
정의	흡입측 배관의 손실(마찰, 낙차, 포화증기압)이 커지게 되어 배관 내의 압력이 물의 포화증기압보다 낮아져 기포가 발생하는 현상을 말한다. • 배관 내 정압 < 포화증기압일 경우 발생 • [$NPSH_{av} < NPSH_{re}$]일 경우 발생
원인	• 펌프보다 수원이 낮아 흡입수두가 클 때 • 펌프의 임펠러 회전속도가 클 때 • 펌프의 흡입관경이 작을 때, 흡입배관의 길이가 길 경우 • 흡입측 배관의 유속이 빠를 때 • 흡입측 배관의 마찰손실이 클 때 $\left[H = f \cdot \dfrac{l}{D} \cdot \dfrac{V^2}{2g}, \ P = 6.053 \times 10^4 \times \dfrac{Q^{1.85}}{C^{1.85} \times D^{4.87}} \times L \right]$ • 수온이 높을 때
현상	• 소음과 진동이 생긴다. • 임펠러(수차의 날개)에 침식이 생긴다. • 토출량 및 양정이 감소되며 전체적인 펌프의 효율이 감소된다.
대책	• 펌프의 설치위치를 가급적 낮게 한다. • 회전차를 수중에 완전히 잠기게 한다. • 흡입관경을 크게 한다. • 펌프의 회전수를 낮춘다. • 2대 이상의 펌프를 사용한다. • 양흡입 펌프를 사용한다.

66 다음 조건을 참조하여 해발 900m에 설치된 펌프의 유효흡입수두 [m]를 구하고, 펌프의 사용가능 여부를 판단하시오.

〈 조 건 〉

① 배관의 마찰손실수두 : 0.7m
② 해발 0m에서의 대기압 : 101,325Pa
③ 해발 900m에서의 대기압 : 91,800Pa
④ 물의 증기압 : 2,300Pa
⑤ 필요흡입수두($NPSH_{re}$) : 31,000Pa
⑥ 흡입낙차 : 4.2m

해설

$NPSH_{av} = H_a - H_f - H_v \pm H_h$

여기서, $NPSH_{av}$: 유효흡입수두[m]
      H_a : 대기압환산수두[m]
      H_f : 마찰손실환산수두[m]
      H_v : 포화증기압환산수두[m]
      H_h : 낙차환산수두[m]

$H_a = 91,800\text{Pa}$ (문제의 조건에 따라 해발 900m에서의 기압을 기준으로 한다.)

$H_f = 0.7\text{m}$, $H_v = 2,300\text{Pa}$, $H_h = -4.2\text{m}$ (흡입이므로), $NPSH_{re} = 31,000\text{Pa}$ 이므로 수두로 환산한다.

(1) 유효흡입수두

1atm	=	10,332mmH$_2$O	=	760mmHg
101,325Pa	**=**	**10.332mH$_2$O**	**=**	76cmHg
101.325kPa	=	10.332mAq	=	1,013mbar
0.101325MPa	=	1.0332kg$_f$/cm^2	=	1.013bar
14.7psi	=	10,332kg$_f$/m^2	=	30inHg

- 1기압(대기압)과 동일한 각종 압력단위 [mH$_2$O = mAq(아쿠아=물)]
- 계산식에서의 표현 : 물이라는 특수성에 의해 보통 "mH$_2$O"를 "m"로 줄여 쓰기도 한다.

$$H_a = \frac{91,800\text{Pa}}{101,325\text{Pa}} \times 10.332\text{mH}_2\text{O} = 9.36 \quad \therefore 9.36\text{m}$$

$$H_v = \frac{2,300\text{Pa}}{101,325\text{Pa}} \times 10.332\text{mH}_2\text{O} = 0.234 \quad \therefore 0.234\text{m}$$

$$NPSH_{av} = H_a - H_f - H_v \pm H_h = 9.36\text{m} - 0.7\text{m} - 0.234\text{m} - 4.2\text{m} = 4.226 \quad \therefore 4.23\text{m}$$

(2) 필요흡입수두

$$NPSH_{re} = \frac{31,000\text{Pa}}{101,325\text{Pa}} \times 10.332\text{mH}_2\text{O} = 3.161 \quad \therefore 3.16\text{m}$$

(3) 펌프 사용가능 여부

유효흡입수두(4.23m)가 필요흡입수두(3.16m)보다 커서 캐비테이션이 발생하지 않는다. 따라서 흡입 가능하므로 펌프 사용이 가능하다.

이해 必

☑ **이 공식은 이렇게 적용하세요…^^** : 유효흡입수두

① 대기압(조건에 없으면 10.332mH$_2$O)과 포화증기압은 조건으로 주어진다.

② 마찰손실을 산출하는 것이 관건 : 상당관길이, 달시-웨버식, 하젠-윌리암스식으로 마찰손실을 구하는 조건으로 문제 출제 가능하다.(± 낙차는 함정으로 작용 가능)

요구값	문제표현	적용 공식	요구 공식
마찰손실	상당관길이 → 달시-웨버식 및 하젠-윌리암스식	$L_e = \dfrac{KD}{f}$	$H = f \cdot \dfrac{L_e}{D} \cdot \dfrac{V^2}{2g}$
	마찰손실계수, (동)점성계수 → 달시-웨버식	$f = \dfrac{64}{Re}$	$H = \dfrac{64}{Re} \cdot \dfrac{l}{D} \cdot \dfrac{V^2}{2g}$
	하젠-윌리암스식		$\Delta P = 6.053 \times 10^4 \times \dfrac{Q^{1.85} \times L}{C^{1.85} \times D^{4.87}}$

67 다음 조건을 이용하여 이 펌프가 갖추어야 할 유효흡입수두($NPSH_{av}$)를 구하고 펌프의 사용가능 여부를 판단하시오.

― 〈 조 건 〉 ―
① 25℃에서의 수증기압은 0.001MPa, 흡입낙차는 5m이다.
② 펌프 흡입배관에서의 최대송수 시 마찰손실압력 : 0.002MPa(단, 설계기준온도는 25℃이며, 대기압은 0.1MPa, 물의 밀도는 1g/cm³로 하며 펌프운전 시 배관에서의 속도수두는 무시한다.)
③ Thoma의 캐비테이션 계수는 0.05이며, 펌프의 전수두는 100m이다.

해설

$NPSH_{av} = H_a - H_f - H_v \pm H_h$

여기서, $NPSH_{av}$: 유효흡입수두[m]
 H_a : 대기압환산수두[m]
 H_f : 마찰손실환산수두[m]
 H_v : 포화증기압환산수두[m]
 H_h : 낙차환산수두[m]

$H_a = 0.1\text{MPa}$, $H_f = 0.002\text{MPa}$, $H_v = 0.001\text{MPa}$, $H_h = -5\text{m}$ (흡입이므로)이므로

(1) 유효흡입수두

1atm	=	10,332mmH₂O	=	760mmHg
101,325Pa	=	10.332mH₂O	=	76cmHg
101.325kPa	=	10.332mAq	=	1,013mbar
0.101325MPa	=	1.0332kg_f/cm²	=	1.013bar
14.7psi	=	10,332kg_f/m²	=	30inHg

• 1기압(대기압)과 동일한 각종 압력단위 [$mH_2O = mAq$(아쿠아=물)]
• 계산식에서의 표현 : 물이라는 특수성에 의해 보통 "mH_2O"를 "m"로 줄여 쓰기도 한다.

$H_a = \dfrac{0.1\text{MPa}}{0.101325\text{MPa}} \times 10.332\text{mH}_2\text{O} = 10.196$ ∴ 10.196m

$H_f = \dfrac{0.002\text{MPa}}{0.101325\text{MPa}} \times 10.332\text{mH}_2\text{O} = 0.203$ ∴ 0.203m

$H_v = \dfrac{0.001\text{MPa}}{0.101325\text{MPa}} \times 10.332\text{mH}_2\text{O} = 0.101$ ∴ 0.101m

$NPSH_{av} = H_a - H_f - H_v \pm H_h = 10.196\text{m} - 0.203\text{m} - 0.101\text{m} - 5\text{m} = 4.892$ ∴ 4.89m

(2) 필요흡입수두

$NPSH_{re} = \sigma H$

여기서, $NPSH_{re}$: 필요흡입수두[m]
 σ : Thoma의 캐비테이션계수
 H : 전수두[m]

$\sigma = 0.05$, $H = 100\text{m}$ 이므로
$NPSH_{re} = \sigma H = 0.05 \times 100\text{m} = 5$ ∴ 5m

(3) 펌프 사용가능 여부판단
유효흡입수두(4.89m)가 필요흡입수두(5m)보다 작아 캐비테이션이 발생하므로 적합하지 않다.

68. 다음 조건을 참조하여 펌프의 유효흡입수두($NPSH_{av}$)를 계산하고, 펌프의 사용가능 여부를 판단하시오.

〈 조 건 〉

① 소화수조의 수증기압은 0.0022MPa, 대기압은 0.1MPa, 흡입배관의 마찰손실수두는 2m이다.
② 흡상일 때 후드밸브에서 펌프까지 수직거리 4.5m이다.
③ 필요흡입수두는 3.58m이다.

해설

$NPSH_{av} = H_a - H_f - H_v \pm H_h$

여기서, $NPSH_{av}$: 유효흡입수두[m]
　　　　H_a : 대기압환산수두[m]
　　　　H_f : 마찰손실환산수두[m]
　　　　H_v : 포화증기압환산수두[m]
　　　　H_h : 낙차환산수두[m]

$H_a = 0.1\text{MPa}$, $H_f = 2\text{m}$, $H_v = 0.0022\text{MPa}$, $H_h = -4.5\text{m}$(흡입이므로)이므로

(1) 유효흡입수두

1atm	=	10,332mmH₂O	=	760mmHg
101,325Pa	=	10.332mH₂O	=	76cmHg
101.325kPa	=	10.332mAq	=	1,013mbar
0.101325MPa	=	1.0332kg$_f$/cm²	=	1.013bar
14.7psi	=	10,332kg$_f$/m²	=	30inHg

- 1기압(대기압)과 동일한 각종 압력단위
  [mH₂O = mAq(아쿠아=물)]
- 계산식에서의 표현 : 물이라는 특수성에 의해 보통 "mH₂O"를 "m"로 줄여 쓰기도 한다.

$H_a = \dfrac{0.1\text{MPa}}{0.101325\text{MPa}} \times 10.332\text{mH}_2\text{O} = 10.196$　∴ 10.196m

$H_v = \dfrac{0.0022\text{MPa}}{0.101325\text{MPa}} \times 10.332\text{mH}_2\text{O} = 0.224$　∴ 0.224m

$NPSH_{av} = H_a - H_f - H_v \pm H_h = 10.196\text{m} - 2\text{m} - 0.224\text{m} - 4.5\text{m} = 3.472$　∴ 3.47m

(2) 펌프 사용가능 여부판단

유효흡입수두(3.47m)가 필요흡입수두(3.58m)보다 작아 캐비테이션이 발생하므로 적합하지 않다.

Mind-Control

게으른 행동에 대해서 하늘이 주는 벌은 두 가지이다.
하나는 자신의 실패이고
다른 하나는 내가 하지 않은 일을 한 옆 사람의 성공이다.

— 미상 —

69 다음 조건에 따라 물음에 답하시오.

───〈 조 건 〉───

① 배관의 길이는 50m이며, 배관의 구경은 15cm이다.
② 그림과 같이 물탱크의 수위는 4m이며, 유입되는 오리피스의 중심은 바닥으로부터 50cm 위에 있다.
③ A밸브의 부차적 손실계수는 2, 점성계수는 0.1kg/m·s이며, 유체는 층류로 흐른다고 가정한다.
④ 배관 내 포화수증기압 환산수두는 0.1m이다.

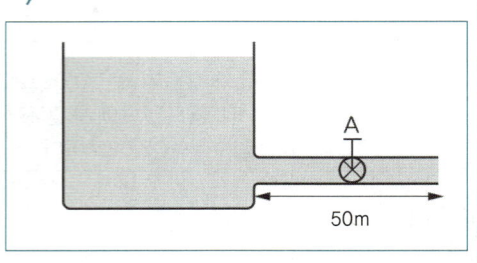

(1) 마찰손실을 구하기 위한 배관의 길이 [m]를 구하시오. (단, 유속은 손실을 무시한 오리피스 입구의 유속을 적용한다.)
(2) (1)의 계산결과를 고려하여 마찰손실수두 [m]를 구하시오.
(3) (2)의 계산결과를 고려하여 배관의 말단에 펌프를 설치할 경우 유효흡입수두 [m]를 구하시오.
(4) 설치된 펌프의 유도전동기는 6극, 60Hz, 슬립(slip)률은 8%이다. 펌프 회전속도 [rpm]를 구하시오.
(5) (4)의 계산결과를 고려하여 비교회전도 [rpm]를 구하시오. (단, 아파트에 설치하는 스프링클러설비 펌프이며, 전수두는 60m, 단수는 5이다.)

해설

(1) 마찰손실을 구하기 위한 배관의 길이[m](단, 유속은 손실을 무시한 오리피스 입구의 유속을 적용한다.)

l = 배관의 실제길이 + 관부속품 등의 상당 관길이

① 관부속품 등의 상당 관길이

$$L_e = \frac{KD}{f}$$

여기서, L_e : 상당 관길이=등가길이=등가관장[m]
　　　　K : 부차손실계수
　　　　D : 지름[m]
　　　　f : 마찰손실계수

$K_{v/v} = 2$, $D = 0.15\text{m}$ 이므로

㉠ 마찰손실계수

$$f = \frac{64}{Re}$$

$$Re = \frac{\rho VD}{\mu} = \frac{VD}{\nu} \quad \left[\frac{관성력}{점성력}\right]$$

여기서, Re : 레이놀즈수
　　　　ρ : 밀도[물 : 1,000kg/m³ = 1,000N·s²/m⁴]
　　　　V : 유속[m/s]
　　　　D : 내경[m]
　　　　μ : 점도[kg/m·s = N·s/m²]
　　　　ν : 동점도[m²/s]

$\rho = 1{,}000\text{kg/m}^3$, $\mu = 0.1\text{kg/m·s}$, $D = 0.15\text{m}$

$V = \sqrt{2gH} = \sqrt{2 \times 9.8\text{m/s}^2 \times (4\text{m} - 0.5\text{m})} = 8.282$ ∴ 8.282m/s (오리피스 중심의 수위 적용)

$$f = \frac{64}{Re} = \frac{64}{\frac{\rho VD}{\mu}} = \frac{64\mu}{\rho VD} = \frac{64 \times 0.1 \text{kg/m} \cdot \text{s}}{1,000 \text{kg/m}^3 \times 8.282 \text{m/s} \times 0.15 \text{m}} = 0.005 \quad \therefore 0.005$$

ⓒ 상당관길이

$$L_e = \frac{KD}{f} = \frac{2 \times 0.15 \text{m}}{0.005} = 60 \quad \therefore 60\text{m}$$

② 배관의 길이

$l = $ 배관의 실제길이 + 관부속품 등의 상당관길이 $= 50\text{m} + 60\text{m} = 110 \quad \therefore 110\text{m}$

(2) (1)의 계산결과를 고려한 마찰손실수두[m]

$$H = f \cdot \frac{l}{D} \cdot \frac{V^2}{2g}$$

여기서, H : 마찰손실수두[m]

f : 마찰손실계수 $\left[f = \frac{64}{Re} \text{는 조건에 따라 사용} \right]$

l : 배관길이[m]

D : 배관직경[m]

V : 유속[m/s]

g : 중력가속도[9.8m/s^2]

$f = 0.005$, $D = 0.15\text{m}$, $l = 110\text{m}$, $V = 8.282\text{m/s}$ ((1)의 계산에 따라 마찰손실계수, 배관길이, 유속 적용)

$$H = f \cdot \frac{l}{D} \cdot \frac{V^2}{2g} = 0.005 \times \frac{110\text{m}}{0.15\text{m}} \times \frac{(8.282\text{m/s})^2}{2 \times 9.8\text{m/s}^2} = 12.831 \quad \therefore 12.83\text{m}$$

(3) (2)의 계산결과를 고려하며, 배관의 말단에 펌프를 설치할 경우 유효흡입수두[m]

$$NPSH_{av} = H_a - H_f - H_v \pm H_h$$

여기서, $NPSH_{av}$: 유효흡입수두[m]

H_a : 대기압환산수두[m]

H_f : 마찰손실환산수두[m]

H_v : 포화증기압환산수두[m]

H_h : 낙차환산수두[m]

$H_a = 10.332\text{m}$(표준대기압 적용), $H_v = 0.1\text{m}$, $H_f = 12.83\text{m}$, $H_h = 3.5\text{m}$(압입)이므로

$NPSH_{av} = H_a - H_f - H_v \pm H_h = 10.332\text{m} - 12.83\text{m} - 0.1\text{m} + 3.5\text{m} = 0.902 \quad \therefore 0.9\text{m}$

(4) 설치된 펌프의 유도전동기는 6극, 60Hz, 슬립(slip)률은 8%이다. 펌프 회전속도[rpm]

$$N = \frac{120f}{P}(1-S)$$

여기서, N : 회전속도[rpm]

f : 주파수[Hz]

P : 극수

S : 슬립(slip : 미끄럼)

$$S = \frac{N_s - N}{N_s}$$

여기서, S : 슬립(slip : 미끄럼)

$N_s = \frac{120f}{P}$: 동기속도[rpm]

N : 회전(자)속도[rpm]

※ 동기속도 : 교류전원에 의해 만들어지는 회전자기장의 회전속도

$f = 60\text{Hz}$, $P = 6$, $S = 8\% = 0.08$이므로

$$N = \frac{120f}{P}(1-S) = \frac{120 \times 60\text{Hz}}{6} \times (1 - 0.08) = 1,104 \quad \therefore 1,104\text{rpm}$$

(5) (4)의 계산결과를 적용하여 비교회전도[rpm] (단, 아파트에 설치하는 스프링클러설비 펌프이며, 전수두는 60m, 단수는 5이다.)

$$N_s = N \frac{\sqrt{Q}}{\left(\frac{H}{n}\right)^{0.75}}$$

여기서, N_s : 비교회전도(비속도)[rpm, m³/min, m]
N : 펌프의 회전속도[rpm]
Q : 유량[m³/min](양 흡입일 경우 유량은 1/2로 적용)
H : 전수두[m]
n : 단수

$N = 1{,}104\text{rpm}$, $H = 60\text{m}$, $n = 5$, $Q = 800 l/\text{min} = 0.8\text{m}^3/\text{min}$ (아파트의 sp 기준개수 10개)이므로

$$N_s = N \frac{\sqrt{Q}}{\left(\dfrac{H}{n}\right)^{0.75}} = 1{,}104\text{rpm} \times \frac{\sqrt{0.8\text{m}^3/\text{min}}}{\left(\dfrac{60\text{m}}{5}\right)^{0.75}} = 153.153 \quad \therefore 153.15\text{rpm, m}^3/\text{min, m}$$

70 다음 조건에 따라 물음에 답하시오. 🔥🔥

〈 조 건 〉

① 배관의 길이는 100m이며, 배관의 구경은 10cm이다.
② 그림과 같이 물탱크의 수위는 5m이며, 유입되는 오리피스의 중심은 바닥으로부터 10cm 위에 있다.
③ 탱크에서 배관으로 유입되는 오리피스의 손실계수는 0.5이며, A밸브는 돌연축소관으로만 가정하며, 손실계수는 5이며, 마찰손실계수는 0.01로서 층류로 흐른다고 가정한다.
④ 배관 내 포화수증기압 환산수두는 0.203m이다.

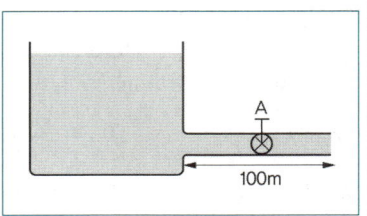

(1) 배관 말단의 유속[m/s]을 구하시오.
(2) 배관 말단에 펌프를 설치할 경우 유효흡입수두[m]를 구하시오. (단, 최악의 압입 조건 고려치 않음)
(3) 물탱크를 지하수조로 설치하고, 마찰손실, 포화수증기압은 기존과 동일하고 압입수두가 흡입수두로 변경된 경우의 유효흡입수두[m]를 구하시오. (단, 최악의 흡입 조건을 고려함)
(4) 펌프의 중심에서 1m 높은 위치에 압력계가 설치되어 있으며, 펌프 기동 시 압력계의 지침이 1.15MPa이고, 건축물의 층수가 30층인 아파트에 스프링클러설비가 설치되어 있을 경우 펌프의 동력을 구하시오. 다만, (2)와 (3)의 답을 고려하여 각각의 최소 펌프동력[kW]을 구하시오. (단, 펌프 전후 배관구경의 변화는 없다.)
(5) (4)에 의해 계산된 전수두를 기준으로 비교회전도를 구하시오. (단, 펌프의 회전속도는 900rpm, 단수는 6이다.)

📢 해설

(1) 배관 말단의 유속[m/s]

$$\frac{P_1}{\gamma} + \frac{V_1^2}{2g} + Z_1 = \frac{P_2}{\gamma} + \frac{V_2^2}{2g} + Z_2 + \Delta H$$

여기서, P_1, P_2 : 압력[Pa = N/m²]
γ : 비중량[물 : 9,800N/m³ = 9.8kN/m³ = 0.0098MN/m³]
V_1, V_2 : 유속[m/s]
g : 중력가속도[9.8m/s²]
Z_1, Z_2 : 위치수두[m]
ΔH : 마찰손실수두[m]

물탱크의 수면을 1지점, 배관 말단의 토출 부분은 2지점이고 $P_1=P_2$(대기압), $V_1=0\text{m/s}$(수면)이므로

$$\frac{P_1}{\gamma}+\frac{V_1^2}{2g}+Z_1=\frac{P_2}{\gamma}+\frac{V_2^2}{2g}+Z_2+\Delta H \rightarrow Z_1-Z_2=\frac{V_2^2}{2g}+\Delta H$$

① 위치수두 : 조건 ②에 따라 수위($Z_1=5\text{m}$)와 물탱크 바닥에서 중심위치($Z_2=0.1\text{m}$)를 고려한다.

$Z_1-Z_2=5\text{m}-0.1\text{m}=4.9$ ∴ 4.9m

② "마찰손실수두합(ΔH)=주배관 마찰손실수두($H_주$)+부차적 손실수두($H_{부차적}$)"이므로 조건 ③을 적용한다.

㉠ 주배관 마찰손실수두(달시-웨버식)

$$H=f\cdot\frac{l}{D}\cdot\frac{V^2}{2g}$$

여기서, H : 마찰손실수두[m]

f : 마찰손실계수 $\left[f=\dfrac{64}{Re}\text{ 는 조건에 따라 사용}\right]$

l : 배관길이[m]
D : 배관직경[m]
V : 유속[m/s]
g : 중력가속도[9.8m/s^2]
$f=0.01$, $D=0.1\text{m}$, $l=100\text{m}$이므로

$$H_주=f\cdot\frac{l}{D}\cdot\frac{V_2^2}{2g}=0.01\times\frac{100\text{m}}{0.1\text{m}}\times\frac{V_2^2}{2g}=10\times\frac{V_2^2}{2g}$$

㉡ 부차적 손실수두=유입 오리피스 부차적손실[돌연축소관]+A밸브 부차적 손실수두[돌연축소관(조건 ③)]

$$H=\frac{(V_0-V_2)^2}{2g}=k\frac{V_2^2}{2g}$$

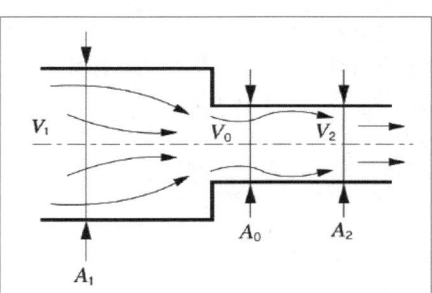

여기서, H : 돌연축소관 손실수두[m]

V_0, V_2 : 유속[m/s]
g : 중력가속도[9.8m/s^2]
C_c : 수축계수 $\left[C_c=\dfrac{A_0}{A_2}=\dfrac{D_0^2}{D_2^2}\right]$

k : 돌연축소관 손실계수 $\left[k=\left(\dfrac{1}{C_c}-1\right)^2=\left(\dfrac{A_2}{A_0}-1\right)^2=\left(\dfrac{V_0}{V_2}-1\right)^2\right]$

손실계수가 주어졌으므로 $k_o=0.5$, $k_{v/v}=5$이므로
부차적 손실수두(돌연축소관 손실수두)=유입 오리피스 부차적손실+A밸브 부차적 손실수두

$$H_{부차적}=k_o\frac{V_2^2}{2g}+k_{v/v}\frac{V_2^2}{2g}=0.5\times\frac{V_2^2}{2g}+5\times\frac{V_2^2}{2g}=5.5\times\frac{V_2^2}{2g}$$

㉢ 마찰손실수두합=주배관 마찰손실수두+부차적 손실수두

$$\Delta H=H_주+H_{부차적}=10\times\frac{V_2^2}{2g}+5.5\times\frac{V_2^2}{2g}=15.5\times\frac{V_2^2}{2g}$$

③ 배관 내 유속

$$Z_1-Z_2=\frac{V_2^2}{2g}+\Delta H \rightarrow 4.9\text{m}=\frac{V_2^2}{2g}+15.5\times\frac{V_2^2}{2g}$$

$$4.9\text{m}=16.5\times\frac{V_2^2}{2g} \rightarrow V_2^2=\frac{4.9\text{m}\times 2g}{16.5}$$

$$V_2=\sqrt{\frac{4.9\text{m}\times 2\times 9.8\text{m/s}^2}{16.5}}=2.412 \quad \therefore 2.41\text{m/s}$$

(2) 배관 말단에 펌프를 설치할 경우 유효흡입수두 (단, 최악의 압입조건은 고려하지 않음)

최악의 압입조건은 수조의 수원을 소모하여 수위가 고려할 수 없는 상태이며, 이를 고려하지 않는다는 뜻이다.

$NPSH_{av} = H_a - H_f - H_v \pm H_h$

여기서, $NPSH_{av}$: 유효흡입수두[m]

H_a : 대기압환산수두[m]

H_f : 마찰손실환산수두[m]

H_v : 포화증기압환산수두[m]

H_h : 낙차환산수두[m]

$H_a = 10.332m$(표준대기압 적용), $H_v = 0.203m$, $H_h = 4.9m$(압입)이므로

① 마찰손실환산수두(=주배관 마찰손실수두+부차적 손실수두)

$H_f = \Delta H = H_{주} + H_{부차적} = 15.5 \times \dfrac{V_2^2}{2g} = 15.5 \times \dfrac{(2.41\text{m/s})^2}{2 \times 9.8\text{m/s}^2} = 4.593$ ∴ 4.593m

② 유효흡입수두

$NPSH_{av} = H_a - H_f - H_v \pm H_h = 10.332m - 4.593m - 0.203m + 4.9m = 10.436$ ∴ 10.44m

(3) 물탱크를 지하수조로 설치하고, 마찰손실, 포화수증기압은 기존과 동일하고 압입수두가 흡입수두로 변경된 경우의 유효흡입수두 (최악의 흡입조건을 고려함)

$NPSH_{av} = H_a - H_f - H_v \pm H_h = 10.332m - 4.593m - 0.203m - 4.9m = 0.636$ ∴ 0.64m

(4) 펌프의 중심에서 1m 높은 위치에 압력계가 설치되어 있으며, 펌프 기동 시 압력계의 지침이 1.15MPa이고, 층수가 30층인 아파트에 스프링클러가 설치되어 있을 경우 펌프의 동력을 구하시오. 다만, (2)와 (3)의 답을 고려하여 각각의 최소 펌프동력 (단, 펌프 전후 배관구경의 변화는 없다.)

수동력	축동력	전동기용량
$P = \gamma H Q$	$P = \dfrac{\gamma H Q}{\eta}$	$P = \dfrac{\gamma H Q}{\eta} \times K$

P : 동력[kW]	➔ $P = \dfrac{\gamma H Q}{\eta} \times K$
γ : 비중량[물 : 9.8kN/m³]	➔ 9.8kN/m³
H : 전양정(전수두)[m]	➔ 128.038m [해설 ②의 ㉠]
Q : 유량[m³/s]	➔ $800 l/\min = 0.8\text{m}^3/\min \times \dfrac{1\min}{60s}$ (기준개수 10개)
η : 전효율[$\eta_{전효율} = \eta_{수력효율} \times \eta_{체적효율} \times \eta_{기계효율}$]	➔ 조건 없음
K : 전달계수	➔ 조건 없음

① 문제 (2)에 따른 최소 펌프 동력(수조가 압입일 경우)

  ㉠ 펌프의 전양정 : 펌프 흡입 측을 1지점, 펌프 토출 측의 압력계 측정위치를 2지점으로 본다. 2지점에서 압력계에 의해 측정된 계기압($P_2 = 1.15\text{MPa} = 1{,}150\text{kPa} = 1{,}150\text{kN/m}^2$)은 마찰손실에 의해 감소된 압력이므로 $\Delta H = 0$이다. 또한, 2지점에서의 압력은 계기압이므로 1지점의 압력 또한 계기압으로 적용한다. 이때, 1지점의 계기압은 흡입 측 손실을 고려한 절대압(유효흡입수두= 10.44m)을 고려한다.

  절대압=대기압+계기압

  계기압=절대압-대기압$= 10.44m - 10.332m = 0.108$ ∴ $\dfrac{P_1}{\gamma} = 0.108m$

  낙차(Z_1)는 유효흡입수두에 포함되어 $Z_1 = 0$으로 적용하고, 압력계의 위치 $Z_2 = 1m$를 적용한다.

  $\dfrac{P_1}{\gamma} + \dfrac{V_1^2}{2g} + Z_1 + H_p = \dfrac{P_2}{\gamma} + \dfrac{V_2^2}{2g} + Z_2 + \Delta H$ [$V_1 = V_2$(배관 구경 동일), $\Delta H = 0$, $Z_1 = 0$]

  $H_p = \dfrac{P_2}{\gamma} - \dfrac{P_1}{\gamma} + Z_2 = \dfrac{1{,}150\text{kN/m}^2}{9.8\text{kN/m}^3} - 0.108m + 1m = 118.238$ ∴ 118.238m

ⓒ 펌프의 동력

$$P = \gamma H Q = 9.8 \text{kN/m}^3 \times 118.238\text{m} \times 0.8\text{m}^3/\text{min} \times \frac{1\text{min}}{60\text{s}} = 15.449 \quad \therefore 15.45\text{kW}$$

② 문제 (3)에 따른 최소 펌프 동력(수조가 흡입일 경우)
  ⓐ 펌프의 전양정 : 1지점의 압력수두(펌프 흡입측의 절대압인 유효흡입수두 = 0.64m)를 계기압으로 적용
  절대압 = 대기압 + 계기압 이므로

  계기압 = 절대압 - 대기압 = 0.64m - 10.332m = -9.692 $\therefore \frac{P_1}{\gamma} = -9.692$m

  $$H_p = \frac{P_2}{\gamma} - \frac{P_1}{\gamma} + Z_2 = \frac{1,150\text{kN/m}^2}{9.8\text{kN/m}^3} - (-9.692\text{m}) + 1\text{m} = 128.038 \quad \therefore 128.038\text{m}$$

  ⓑ 펌프의 동력

  $$P = \gamma H Q = 9.8\text{kN/m}^3 \times 128.038\text{m} \times 0.8\text{m}^3/\text{min} \times \frac{1\text{min}}{60\text{s}} = 16.73 \quad \therefore 16.73\text{kW}$$

(5) (4)에 의해 계산된 전수두를 기준으로 비교회전도를 구하시오. (단, 펌프의 회전속도는 900rpm, 단수는 6이다.)

$$N_s = N \frac{\sqrt{Q}}{\left(\frac{H}{n}\right)^{0.75}}$$

여기서, N_s : 비교회전도(비속도)[rpm, m³/min, m]
  N : 펌프의 회전속도[rpm]
  Q : 유량[m³/min](양 흡입일 경우 유량은 1/2로 적용)
  H : 전수두[m]
  n : 단수

$N = 900$rpm, $Q = 0.8$m³/min(아파트 기준개수 10개), $n = 6$

구분	수조가 압입인 경우	수조가 흡입인 경우
비교 회전도	$H = 118.238$m $N_s = 900\text{rpm} \times \dfrac{\sqrt{0.8\text{m}^3/\text{min}}}{\left(\dfrac{118.238\text{m}}{6}\right)^{0.75}}$ $= 86.066$rpm, m³/min, m	$H = 128.038$m $N_s = 900\text{rpm} \times \dfrac{\sqrt{0.8\text{m}^3/\text{min}}}{\left(\dfrac{128.038\text{m}}{6}\right)^{0.75}}$ $= 81.076$rpm, m³/min, m

71 펌프 과열현상에 대하여 설명하시오. 술88(10)

해설

소화펌프의 유량 특성상 펌프기동 시 기준개수(옥내소화전 2개, 스프링클러헤드 10~30개)에 따라 운전되는 경우는 거의 없이 옥내소화전 1개(스프링클러헤드 1~2개)가 개방되므로 펌프가 밀어주는 유량은 100%이지만 실제 토출량은 최소량이므로 체절운전에 가깝게 운전되며, 임펠러의 마찰에 의해 수온이 상승하게 된다. 이때 펌프흡입 측의 손실이 크고 체절운전에 가깝게 운전된다면 캐비테이션이 발생할 수 있으며, 펌프의 축, 기타 부속품 등이 열에 의한 손상을 받을 수 있다.

(1) **원인** : 체절점 부근에서 펌프가 운전되어 펌프 대부분의 에너지가 마찰에 의해 열로 변환되어 발생
(2) **대책** : 순환배관을 설치하거나 릴리프밸브를 설치하여 수온 상승을 방지한다.

72 수격작용이 발생할 경우 유속의 차가 압력차가 됨을 설명하시오. 술80(10)114(10)

해설

구분	설명
유속차 = 압력차	속도(운동)에너지가 정지되면 에너지보존의 법칙에 따라 압력에너지로 전환되어 배관에 충격을 준다. [유속의 차에 따라 발생하는 힘 : $F = \rho Q(V_2 - V_1)$] $\dfrac{P_1}{\gamma} + \dfrac{V_1^2}{2g} + Z_1 = \dfrac{P_2}{\gamma} + \dfrac{V_2^2}{2g} + Z_2$ [$Z_1 = Z_2$]이므로 $\dfrac{P_1}{\gamma} - \dfrac{P_2}{\gamma} = \dfrac{V_2^2}{2g} - \dfrac{V_1^2}{2g}$ 속도차는 압력차가 되는데 속도차가 클수록 압력차는 커지므로 충격이 크다.
수격현상 정의	펌프의 기동, 급정지 밸브 등의 급개폐, 터빈의 출력변화 등에 의해 유속차가 발생하여 압축파로 전환되어 충격파가 전달되는 현상으로 수주(水柱 : 물기둥)가 분리되기도 한다.

대책	• 유속의 차이가 크지 않도록 한다.
	  – 관로의 관경을 크게 하면 유속이 낮아진다.
	  – 유량을 감소시켜 유속을 낮춘다.
	  – 펌프의 송출구 가까이 밸브를 설치하고 개폐속도를 낮춘다.
	  – 펌프에 플라이휠(fly wheel)을 설치하여 속도가 급격히 변하는 것을 막는다.
	 • 수격방지기(Water Hammer Cushion) 내지 에어챔버(Air chamber)를 써서 완충작용을 하여 수격을 방지한다.
	 • 조압수조(surge tank)에 의한 완충작용으로 적절한 압력을 유지한다.
	 • 압력 릴리프밸브 및 스모렌스키 체크밸브를 적절히 설치한다.

73 맥동(서징 : Surging) 현상에 대하여 설명하시오. 술60(10)84(10)86(25)101(10)114(10)

해설

구분	설명
정의	맥동현상이라고도 하며 주기적으로 진동과 소음 등이 발생하는 것을 말한다.
발생 원인	• 펌프의 성능곡선이 산형 곡선(우상향)일 경우 운전점이 그 정상부 부근일 경우 • 배관 중에 수조가 있을 경우 • 배관 중에 기체상태(공기 고임)의 부분이 있을 경우 • 유량조절밸브가 배관 중 수조의 위치 후단에 있을 경우
대책	• 펌프의 성능곡선을 우하향인 펌프 선정 • 바이-패스 배관을 설치하여 배출 • 유량조절밸브를 펌프 토출 직후 설치

74. 에어락(Air lock) 현상에 대하여 설명하시오. 술80(10)관점16

해설

구분	설명
정의	배관 내부에 부분적으로 공기고임(Air Pocket)에 의해 유체가 흐를 수 없거나 방해하는 현상을 말한다.
발생 원인	압력 수조를 가압송수장치로 사용할 경우 압력수조와 옥상수조 사이의 배관에 공기가 용입되어 그 공기의 압력이 옥상수조의 자연낙차압보다 높을 경우 옥상수조에서는 물이 공급되지 않는 상태로 Air Pocket이 생성되어 물의 송수를 정지 또는 지연시킴
대책	배관 내부의 공기유입을 방지하는 것이 기본대책 • 공기압축기로부터 유입되는 공기관은 압력수조의 상부에 설치하고 소화수의 토출관은 하부에 설치한다. • 급수펌프의 압력을 압축공기압보다 높게 하거나 압축공기의 압력을 감소한다. • 압력수조에 격막을 설치하여 공기부분과 소화수부분을 분리한다. • 옥상수조의 자연낙차압을 높인다.

75. 에어바인딩(Air binding)에 대하여 간단히 쓰시오.

해설

에어바인딩(Air Binding)이란, 원심펌프에서 자주 발생하는 현상으로 펌프 내 채워진 공기로 인하여 소화수가 송수되지 않는 현상을 말하며, 펌프를 작동하기 전에 프라이밍컵(사진 참고)을 통하여 공기를 배출하고 물을 채워 방지할 수 있다.

76. 펌프를 단독운전 할 경우와 성능이 동일한 펌프를 직렬운전 또는 병렬운전 할 경우에 대하여 설명하시오. 술78(25)80(10)

해설

(1) **펌프 단독운전**
  ① 소요양정 및 유량에 적합한 펌프 1대를 사용하는 방식으로 일반적으로 대부분의 소규모 소방대상물에 많이 사용한다.
  ② 펌프 설치방식 중 가장 경제적이며 설치공간을 작게 차지하므로 장점이 있는 반면 기동전류가 크고 고장 시 대책이 없다는 단점이 있다.

(2) **성능이 동일한 펌프를 직렬연결 할 경우**
  ① 유량은 그대로이고 양정이 2배로 된다.($2H$)
  ② 양정변화가 커서 1대의 펌프로 양정이 부족할 경우 사용한다.
  ③ 사용 예 : 연결송수관 가압펌프와 소방펌프차의 직렬연결

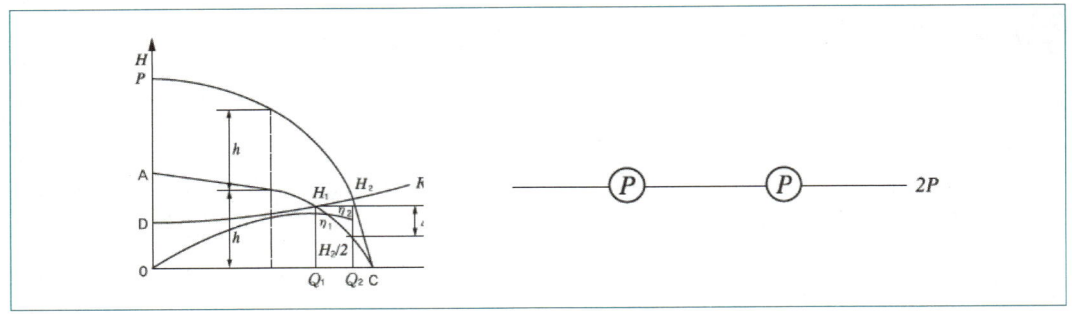

(3) 성능이 동일한 펌프를 병렬연결 할 경우
① 양정은 그대로 이고 유량이 2배로 된다.($2Q$)
② 유량변화가 크고 1대의 펌프로는 유량이 부족할 경우 2대 이상의 펌프를 병렬로 운전하는데 둘 중 1대의 펌프가 고장일 경우 fail-safe적으로 유리하지만 펌프 설치공간, 설치비용 및 유지관리비용이 증가하게 된다.

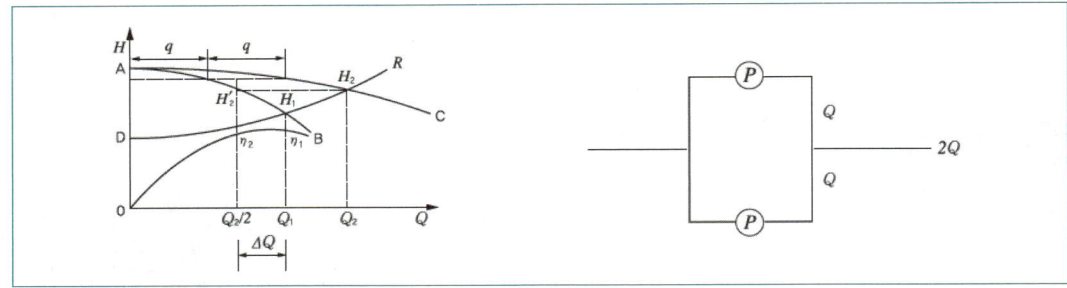

> **참고만**
>
> 실제로는 완전하게 유량과 양정이 두 배로 되지 않으나 통상 2배로 간주한다. 또한 팬도 마찬가지로 적용할 수 있으며, 공기의 특성상 압축성 유체의 특성을 가진다.

77. 베르누이 정리를 유도하시오. (단, 액체 및 기체에 적용할 경우를 구분하여 정리하시오.)

해설

① 정상류(층류), 비압축성 유체가 단면이 일정하지 않은 관로를 유동할 때 동일 유선상 각 지점에서의 총 기계적 에너지(압력수두, 속두수두, 위치수두)의 합은 일정하다.
② 베르누이 방정식의 적용조건
   ㉠ 임의의 두 점은 같은 유선상에 있다.
   ㉡ 정상상태의 흐름이다.
   ㉢ 비압축성 유체의 흐름이다.
③ 베르누이 방정식 유도(에너지 보존법칙)
   역학적 에너지=압력에너지+운동에너지+위치에너지
   ㉠ 압력에너지 : $\int FdS = \int (PA)dS = P\int dV = PV$
   ㉡ 운동에너지 : $\int FdS = \int (ma)dS = \int \left(m\dfrac{dv}{dt}\right)dS = m\int vdv = \dfrac{1}{2}mv^2$

ⓒ 위치에너지 : $\int FdS = \int (mg)dS = mg \int dS = mgZ$

∴ $E = PV + \dfrac{1}{2}mv^2 + mgZ$ ·· ⓐ

식 ⓐ의 양 변을 mg로 나누면

$\dfrac{E}{mg} = \dfrac{PV}{mg} + \dfrac{mv^2}{2mg} + \dfrac{mgZ}{mg}$ $\left[\dfrac{PV}{mg} = \dfrac{P}{g} \times \dfrac{1}{\rho} = \dfrac{P}{\gamma} \text{이므로} \right]$

∴ $H = \dfrac{P}{\gamma} + \dfrac{v^2}{2g} + Z$ ·· ⓑ

④ 비점성유체의 경우
  ㉠ 단위중량당 유체(액체)가 갖는 에너지(m)

  $\dfrac{P_1}{\gamma_1} + \dfrac{V_1^2}{2g} + Z_1 = \dfrac{P_2}{\gamma_2} + \dfrac{V_2^2}{2g} + Z_2$

  ㉡ 단위중량당 유체(기체)가 갖는 에너지(N/m^3 또는 mAq)

  $P_1 + \dfrac{V_1^2}{2g} \cdot \gamma_1 + Z_1 \cdot \gamma_1 = P_2 + \dfrac{V_2^2}{2g} \cdot \gamma_2 + Z_2 \cdot \gamma_2$

⑤ 점성유체의 경우 : 마찰손실(ΔP) 발생
  ㉠ 액체의 경우(m)

  $\dfrac{P_1}{\gamma_1} + \dfrac{V_1^2}{2g} + Z_1 = \dfrac{P_2}{\gamma_2} + \dfrac{V_2^2}{2g} + Z_2 + \Delta P$

  ㉡ 기체의 경우(N/m^3 또는 mAq) : 기체의 종류에 따라 무게가 다를 수 있어 위치에너지 고려함

  $P_1 + \dfrac{V_1^2}{2g} \cdot \gamma_1 + Z_1 \cdot \gamma_1 = P_2 + \dfrac{V_2^2}{2g} \cdot \gamma_2 + Z_2 \cdot \gamma_2 + \Delta P$

  ㉢ 공기의 경우(N/m^3 또는 mAq) : 공기 중이므로 위치에너지 무시

  $P_1 + \dfrac{V_1^2}{2g} \cdot \gamma_1 = P_2 + \dfrac{V_2^2}{2g} \cdot \gamma_2 + \Delta P$

  여기서, P_1, P_2 : 1, 2지점에서의 압력[$Pa = N/m^2$]
  γ_1, γ_2 : 1, 2지점에서의 비중량[물 : $9,800 N/m^3$]
  V_1, V_2 : 1, 2지점에서의 유속[m/s]
  Z_1, Z_2 : 1, 2지점에서의 위치수두[m]
  g : 중력가속도[$9.8 m/s^2$]

78. 유체의 이송을 위하여 유체에 최종 전달되는 순수한 동력 공식을 유도하시오.

해설

유체를 일정 높이[m] 등으로 이송하여 일정 토출량[m^3/s]을 송수하는 것으로서 일정한 높이(또는 거리)로 이송함에 따른 일[J = N · m]을 한 것과 같으며, 이것을 일정 시간당[s]으로 적용할 경우 일률(시간당 하는 일=동력)이 유도된다. 이때, 순수하게 유체를 이송하여 일정 토출량을 얻기 위해 필요한 동력을 수동력(水動力)이라 하며, 펌프에서 유체로 전달되는 과정에서 발생하는 손실을 고려하여 효율을 보정한 동력을 축동력(軸動力)이라고 하며, 전동기(모터)에서 펌프로 전달되는 과정중에 발생하는 손실을 전달계수로 보정하여 여유율을 주어 전기에너지를 산출하기 위하여 전동기 용량을 산정한다.

(1) 수동력(水動力 : 유체를 이송하기 위해 필요한 순수한 동력)

$P_w = \dfrac{FH}{t} = \dfrac{mgH}{t} = \dfrac{m}{t}gH = \rho QgH = \gamma HQ$

$$[F[\text{N}] = mg, \quad \frac{m}{t}[\text{kg/s}] = \rho A V = \rho Q, \quad \gamma[\text{N/m}^3] = \rho g]$$

$P_w = \gamma H Q$ $[\text{kN/m}^3 \times \text{m} \times \text{m}^3/\text{s} = \text{kN} \cdot \text{m/s} = \text{kJ/s} = \text{kW}]$

축동력 및 전동기 동력 🔥🔥🔥

① **축동력(軸動力)**: 펌프에서 유체에 전달될 때 발생하는 손실을 효율($\eta = P_w/P_s$: 축동력에 대한 수동력의 비)로 보정한 동력

$$P_s = \frac{\gamma H Q}{\eta}$$

② **전동기 동력**: 전동기(모터)에서 샤프트를 거쳐 펌프로 동력이 전달될 때 발생하는 손실을 전달계수($K = P/P_s$: 축동력에 대한 전동기 동력의 비)로 보정한 동력

$$P = \frac{\gamma H Q}{\eta} \times K$$

여기서, P : 전동기 동력[kW], P_s : 축동력[kW], P_w : 수동력[kW]
γ : 비중량[물 : $9.8\text{kN/m}^3 = 9,800\text{N/m}^3$]
H : 전양정[m]
Q : 유량[m^3/s]
η : 전효율[$\eta_{전효율} = \eta_{수력효율} \times \eta_{체적효율} \times \eta_{기계효율} = P_w/P_s$]
K : 전달계수[$K = P/P_s$: 전동기 직결 1.1, 내연기관 1.15~1.2]

(2) 펌프의 동력산출에 있어 효율 및 전달계수를 동력간의 상관관계 유도
 ① 전효율
$$P_s = \frac{\gamma H Q}{\eta} = \frac{P_w}{\eta} \rightarrow \eta = \frac{P_w}{P_s}$$
 ② 전달계수
$$P = \frac{\gamma H Q}{\eta} \times K = P_s \times K \rightarrow K = \frac{P}{P_s}$$

必勝! 합격수기

― 제11회 **김봉섭** 소방시설관리사님 합격 수기 ―

저는 부산에 있는 소방시설유지 관리업을 전문으로 하는 ㈜대한소방기술의 소방시설관리사로 근무하는 김봉섭 상무입니다.

막상 이항준원장님으로부터 합격수기를 권유받고 적으려하니 막막하기도 하지만 저의 보잘 것 없는 관리사 준비과정의 경험이 지금 관리사를 꿈꾸시는 모든 수험생들께 작은 보탬이 되고자하는 마음으로 몇 자 적어봅니다.

저는 인문계고등학교 출신에 대학에서는 경제학을 전공하여 졸업 후에는 금융회사에 약 5년 정도 근무를 하였습니다. 그러던 중 회사 생활의 많은 스트레스로 인해 남들이 부러워하는 직장생활을 접고 외삼촌이 경영하시는 소방설비업체로 자리를 옮기게 되었습니다. 소방설비업체에서의 하루하루는 제가 생각해 왔던 것과는 거리가 먼 생활로서 박봉에 매일매일 고된 하루의 연장이었습니다.

그래서, 소방설비기사를 취득하면 조금이나마 나아질까봐 소방설비기사 전기분야에 도전하여 자격을 취득한 후 설비 회사로 이직한 뒤 1년이 흐른 뒤 소방설비업체를 직접 운영을 하였습니다.

하지만, IMF의 여파로 회사경영은 순탄치 못했고 2002년 세상이 월드컵 열풍에 젖어 있을 때 회사부도로 인해 저에겐 인생에 있어 최대 위기가 찾아 왔습니다. 신용불량자가 되었고 채무자들의 독촉으로 인해 아무것도 할 수 없었습니다. 그러던 중 지인의 권유로 소방공사현장의 소장으로 일을 시작하게 되었고 정말 휴일 없이 열심히 시공현장을 누비고 다녔습니다. 그러나 2006년 다니던 회사가 부도가 나게 되어 그 마저도 그만두게 되었습니다.

이때 후배가 에어컨 시공일을 배워보라고 해서 첫차로 출근하고, 퇴근 후에는 일이 힘드니까 음주를 하는 다람쥐 쳇바퀴 같은 희망이 보이지 않는 고된 생활을 하던 중 지금의 회사인 대한소방 공사팀장으로 이직을 하게 되었습니다.

지금의 회사는 주 5일 근무하는 회사로 휴일이면 번번 쉬지 못했던 저에겐 정말 꿀맛 같은 휴식이었습니다. 매주 놀러다니던 기쁨도 잠시 이제는 시간이 안가고 이대로 허송세월을 보내는 것 같은 불안감이 엄습해오기 시작할 무렵 부산에서도 소방시설관리사 학원이 생겼다는 소식을 듣고 학원을 찾게 되었습니다.

첫날 강사님이 하신 첫마디가 너무 인상적이었습니다. "여러분은 관리사합격과 동시에 로또에 당첨된 것과 같습니다. 지금 관리사 연봉이 5,000만원 이상인데 20년만 일해도 10억이 아니겠습니까? 포기만 하지 않는다면 누구나 합격하실 수 있습니다."라고…… 지금 나는 적지 않은 나이인데 50세가 되기 전에 무엇이라도 이루어 놓아야 하겠다는 …

관리사가 나의 암울한 미래를 바꿀수 있다는 생각으로 소방시설관리사를 꿈꾸게 되었습니다.

1. 소방시설관리사를 준비하며 …

학원 선생님들의 조언으로 탁상용 달력에 매일매일 공부한 시간을 적어나가기 시작했는데 낮에는 직장생활을 해야되고 저녁에는 영업상 술자리, 막상 1주일동안 공부한 시간은 주당 20시간을 넘기지 못하게 되었습니다. 그래서 선생님들이 조언해 주신데로 자투리시간을 이용하는 방법으로 출·퇴근시간의 버스와 전철안에서 암기카드를 작성해서 공부하기 시작하니 주당 25시간에서 30시간정도를 공부에 투자 할 수 있었습니다. 그렇게 공부를 지속하던 중 절대공부시간은 약 800시간 정도밖에 안 되는데 10회 관리사 시험을 치르게 되었습니다. 하지만 역시 결과는 참담했습니다. 결과 발표 후 1달 정도를 방황하다가 "포기하지만 않는다면 이룰 수 있다"는 생각에 다시 한 번 도전하게 되었습니다.

주말에는 학원에서 공부하고 주중에는 독서실에서 공부를 했으며, 가까운 지인들과 어떻게 하는지도 모르면서 모여서 스터디하고 그렇게 시험을 준비해 오던 중 절대공부시간이 1800시간을 넘게되어 11회 관리사 시험에서는 좋은 성적으로 일을 하면서도 합격을 할 수 있었습니다.

2. 나름 소방시설관리사의 공부 방법

첫 번째로는 일을 해야하기 때문에 여유시간을 활용할려고 노력했습니다.
두 번째로는 나이가 많은 관계로 암기에는 절대적으로 불리하므로 이해하려고 하였고 낙숫물이 시간이 지나면 바위를 뚫는다는 생각으로 많은 반복을 하였습니다.
세 번째로는 스터디를 조직해서 서로가 시험 채점위원이 되어 문제도 출제하고 시험도 치루었습니다.
네 번째로는 내가 배운 이론과 현장을 연계시켜 이해하려고 하였습니다.
다섯 번째로는 관리사문제 뿐만 아니라 과년도 기술사 기출문제도 참조하여 공부하였습니다.
여섯 번째로는 학원의 유능한 선생님의 지도를 그대로 따라해 보려고 많은 노력을 해봤습니다.
일곱 번째로는 폭넓게 공부하려고 했습니다.
여덟 번째로는 보다 많은 테스트 기회를 가지려고 노력했습니다.

3. 말을 마치며 …

두서없이 글재주도 없는 제가 부끄럽게 적어봅니다. 하지만 후배 수험생여러분 지금 시험에 떨어졌다고 좌절하지 마십시오. 지금 내가 처한 환경이 먹고사는 문제 때문에 공부할 시간이없다고 좌절하지 마십시오. 가슴에 가만이 손을 대고 내가 내 자신에게 얼마나 정직했는지를 반성하고 내일을 위해 다시 한 번 시작하십시오. 포기하지만 않는다면 반드시 합격하실 수 있습니다.

한 번 아니 두 번 실패했다고 자신을 책망하지 마십시오. 오늘의 실패가 내일의 성공을 가져오는 겁니다. 저는 아픈 지난날의 현장경험과 시험의 실패로 인한 더 많은 시험준비가 오늘 제가 근무하는 회사에서 만족할 만한 대우와 실무현장에서의 내공의 밑거름이 되었습니다.

정직하게 땀을 흘리면 반드시 성공하실 수 있습니다. 자! 지금부터 탁상용 달력에 절대공부시간을 기재하시고 합격 후 관리사로 활동하는 나의 미래를 그려보며 고단한 하루를 의미있는 하루로 변화시킬 수 있도록 먼저 그 길을 걸어온 선배로서 기원합니다. 부끄러운 저의 글이 후배님들의 마음에 작은 위안이 나마 되기를 …

CEO → 부도 → 신용불량자 → 소방시설관리사 → 그리고 … ing

㈜대한소방기술 김봉섭 상무님의 합격수기입니다. 앞으로 건강하시기를 바랍니다.
이번에는 여러분들이 주인공이 되실 차례입니다.
앞으로 나의 인생은 나의 의지로 내의 계획대로 흘러갈 것입니다.
힘을 내십시오 …^^*

03 옥내・외소화전설비

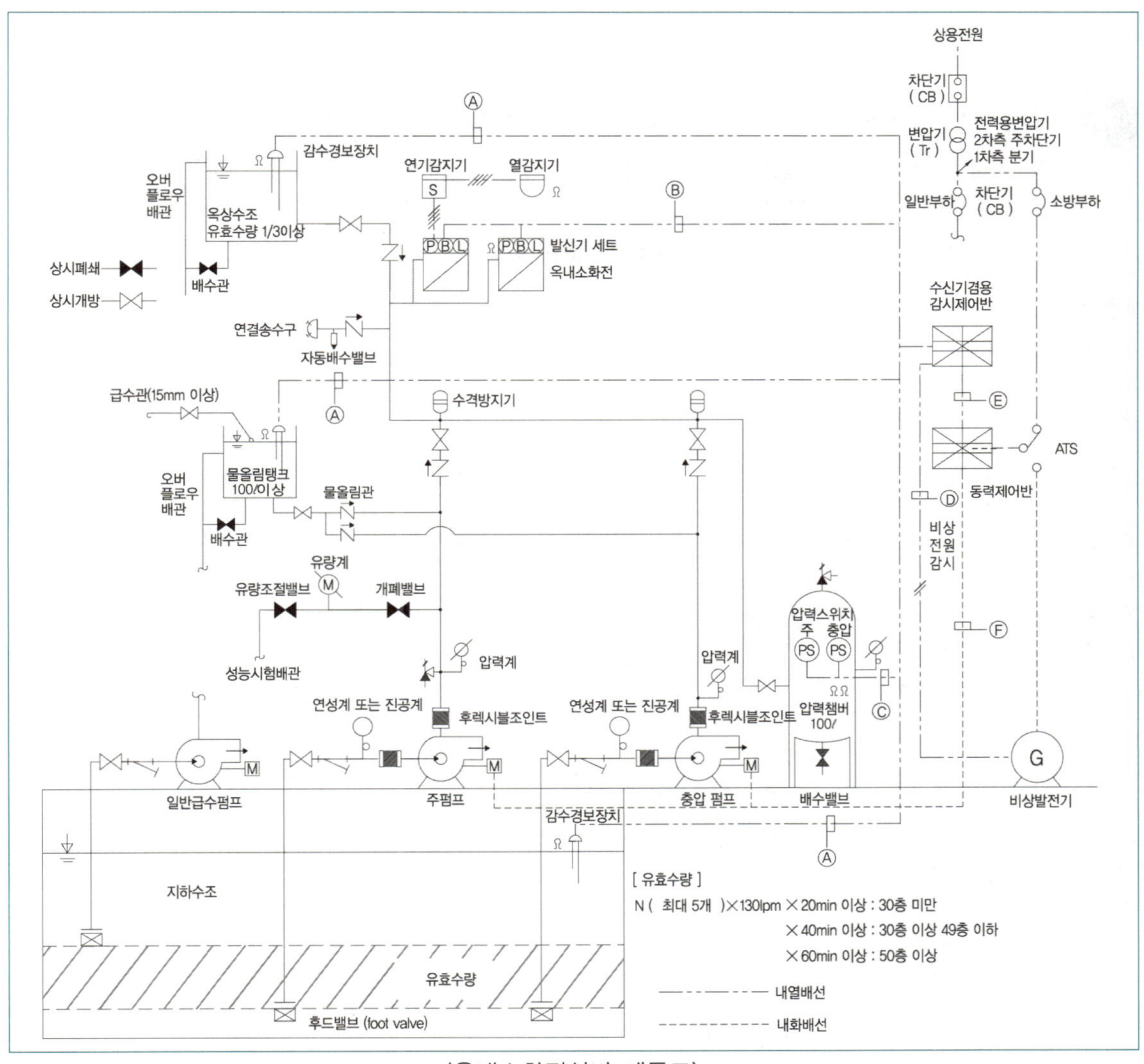

〈옥내소화전설비 계통도〉

구간		규격 및 가닥수	용도
Ⓐ	저수위 SW → 감시제어반	HFIX 2.5sq×2C(16C)	저수위 스위치 2
Ⓑ	자동기동방식 소화전 → 감시제어반	HFIX 2.5sq×2C(16C)	펌프 기동표시등 2
	수동기동방식(압력챔버 없음) 소화전 → 감시제어반	HFIX 2.5sq×4C(22C)	펌프기동 1, 펌프기동표시 1 펌프정지 1, 공통 1
Ⓒ	압력챔버 → 감시제어반	HFIX 2.5sq×3C(16C)	주펌프 P/S 1, 충압펌프 P/S 1, 공통 1
Ⓓ	비상발전기 → 감시제어반	HFIX 2.5sq×2C(16C)	비상전원감시표시 2

구간	규격 및 가닥수	용도
Ⓔ	동력제어반 → 감시제어반	HFIX 2.5sq×10C(28C)	(기동 1, 정지 1, 기동확인표시 1, 정지확인표시 1, 공통1)×펌프 2대
Ⓕ	펌프모터 → 동력제어반	배선굵기는 용량에 따름 6C	RST 3×2대

1 압력수조(내용적 20m³)와 최고위 스프링클러헤드까지의 수직높이는 20m이고 수조 내 내용적 1/2만큼 물이 있다. 이 경우 수조 내 유지해야 할 공기압(계기압)은 몇 [MPa]인가? (단, 대기압은 0.1034MPa이고 0.1MPa=10m로 환산하며, 주어지지 않은 조건은 무시한다.) 술101(25 : 유사문제 출제)

해설

$$\frac{P_1 V_1}{T_1} = \frac{P_2 V_2}{T_2}$$

여기서, P_1, P_2 : 절대압=대기압+계기압[MPa]

V_1, V_2 : 기체부분 부피[m³]

T_1, T_2 : 절대온도=273+℃[K]

P_1 = 대기압 + 계기압 = 0.1034MPa + P(압력수조 필요압), V_1 = 20m³, $T_1 = T_2$(조건에 없으므로 동일)

P_2 = 대기압 + 계기압 = 0.1034MPa + x, V_2 = 10m³

① 압력수조 필요압력 : 모든 수원을 방사한 체적(압력수조 전체 체적)일 경우 압력수조에 필요한 압력이다.

$P = P_① + P_② + 0.1\text{MPa}$

여기서, P : 압력수조에 필요한 압력[MPa]

$P_①$: 낙차압[MPa]

$P_②$: 배관의 마찰손실압력[MPa]

$P_①$ = 20m = 0.2MPa(문제의 조건), $P_②$ = 0MPa(조건에 없음)

$P = P_① + P_② + 0.1\text{MPa} = 0.2\text{MPa} + 0\text{MPa} + 0.1\text{MPa} = 0.3$ ∴ 0.3MPa

② 수조 내 공기압력을 구하면

$P_1 V_1 = P_2 V_2$ → $(0.1034\text{MPa} + 0.3\text{MPa}) \times 20\text{m}^3 = (0.1034\text{MPa} + x) \times 10\text{m}^3$ → ∴ $x = 0.7\text{MPa}$

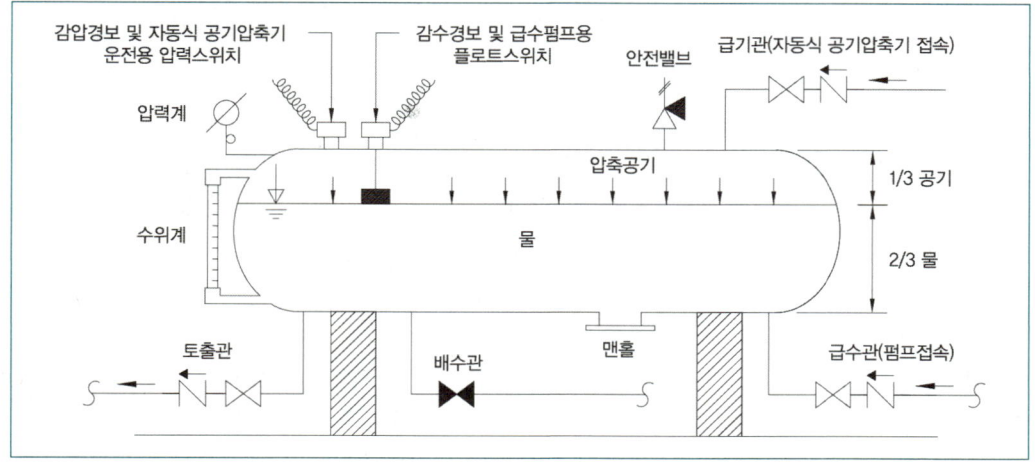

2 옥내소화전설비에 고가수조를 사용하고 고층부에는 펌프로 수원을 공급하며, 저층부에는 자연낙차에 따라 소화용수를 공급하고자 할 경우 저층부와 고층부에서 압력을 확인하고자 한다. 이 때 고려하여야 할 사항에 대하여 쓰시오. 🔥🔥

해설

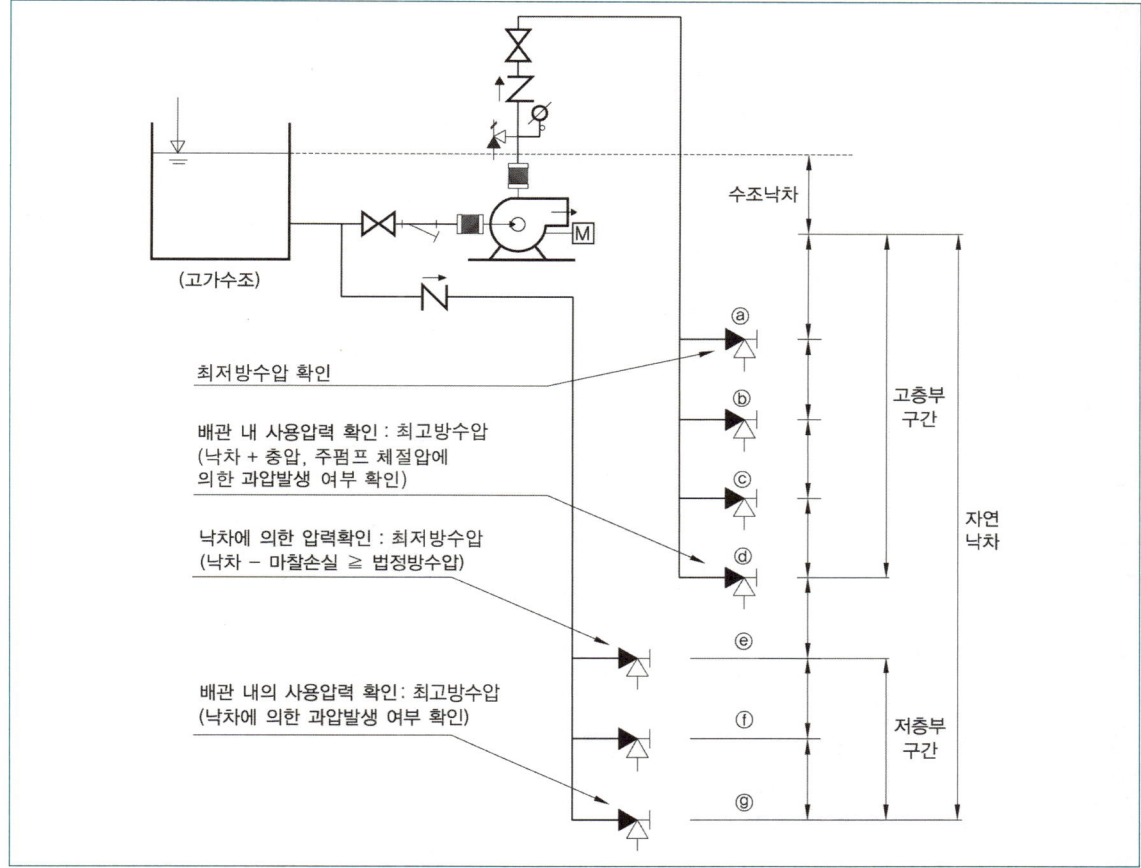

(1) 펌프로 가압송수하는 구간인 고층부에서 배관 내의 사용압력 확인
  ① 고층부 중 최상층 부분 : 펌프양정+자연낙차−마찰손실(기준개수 개방 시) ≥ 법정방수압
  ② 고층부 중 최하층 부분 : 자연낙차+충압, 주펌프 체절압력=과압 발생 여부 확인
(2) 자연낙차에 따라 소화수를 공급하는 저층부에서 확인사항
  ① 저층부 중 최상층 부분 : 자연낙차−마찰손실 ≥ 법정방수압
  ② 저층부 중 최하층 부분 : 자연낙차−마찰손실=과압 발생 여부 확인

Mind-Control

어떤 일에 열중하기 위해서는 그 일을 올바르게 믿고 자기는 그것을 성취할 힘이 있다고 믿으며, 적극적으로 그것을 이루어 보겠다는 마음을 갖는 일이다.
그러면 낮이 가고 밤이 오듯이 저절로 그 일에 열중하게 된다.
"신념을 가진다는 것" 간단한 것 같지만 무척이나 힘든 일이지요.
아마 흔들리는 마음을 갖는 것이 합격과 성공의 우선순위가 아닐까 합니다.

— 데일 카네기 —

3 다음 그림과 같이 옥내소화전설비가 설치되어 있을 경우 물음에 답하시오.

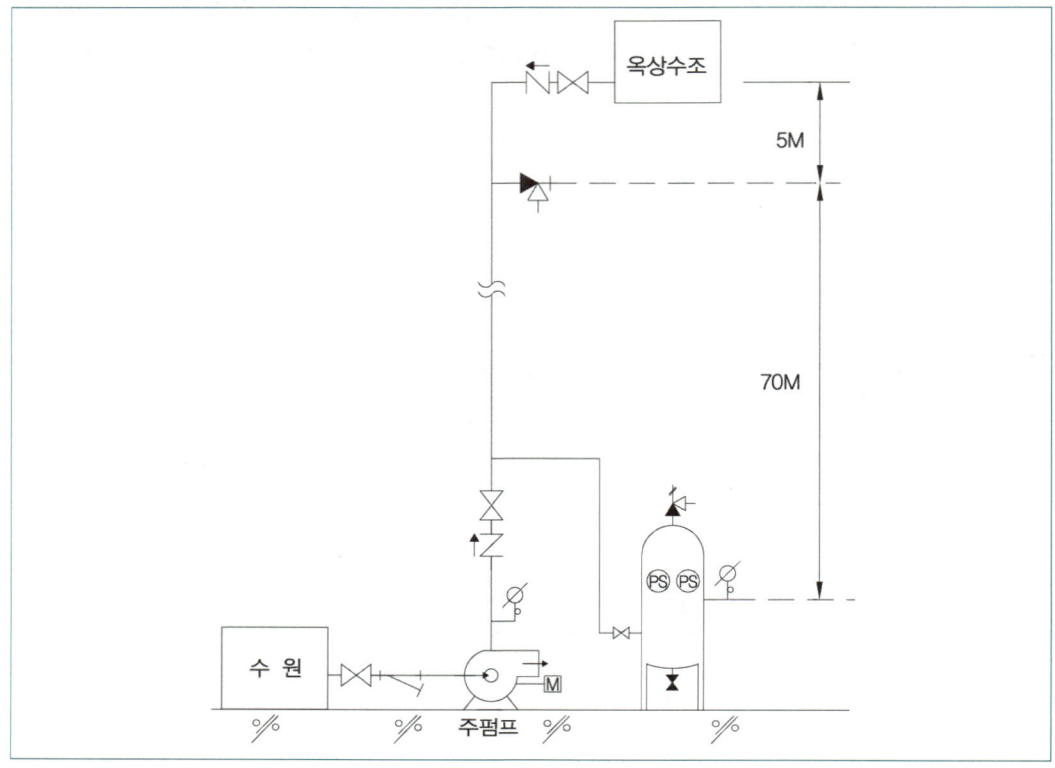

―〈 조 건 〉―
① 주펌프 전양정 : 1MPa
② 주펌프 기동점 : 0.7MPa
③ 10m = 0.1MPa로 환산한다.
④ 압력의 표기는 소수점 둘째자리에서 반올림하여 첫째자리로만 표기한다.
⑤ 마찰손실은 무시하며, 계통도상의 최상층 앵글밸브에서 소화수를 방수한다.
⑥ 기타 조건은 화재안전기술기준에 따른다.

(1) 충압펌프를 설치할 경우 정격토출압력 범위를 쓰시오.
(2) "(1)"에 따라 산출된 충압펌프의 정격토출압력 중 최저값을 충압펌프 기동점으로 가정할 경우 주펌프를 자동기동하기 위한 최저설정압력과 이유를 쓰시오. (단, 충압펌프의 최저설정압력과 0.05MPa 차이 나도록 한다.)

해설

(1) 충압펌프를 설치할 경우 자동기동을 위한 압력세팅 범위
① 기동용 수압개폐장치를 사용할 경우 충압펌프 세팅압력 : 펌프의 토출압력은 그 설비의 최고위 호스접결구의 자연압보다 적어도 0.2MPa이 더 크도록 하거나 가압송수장치의 정격토출압력과 같게 할 것
② 압력설정범위 : 0.9～1.0MPa
㉠ 최고위 호스접결구의 자연압보다 적어도 0.2MPa 더 클 경우 : 0.9MPa
㉡ 가압송수장치의 정격토출압력 : 1.0MPa

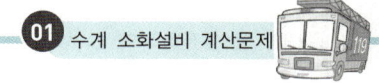

(2) 주펌프의 압력

① 주펌프의 기동압력은 옥상수조로부터 주펌프까지 자연낙차가 0.75MPa(= 75m : 문제조건)이므로 옥상수조에서의 수원을 모두 소진하기 전까지 펌프에서는 0.75MPa 이하로 떨어지지 않으므로 펌프에서의 기동압력은 0.75MPa을 초과하여야 주펌프가 자동기동된다. 즉, 주펌프의 세팅압력은 옥상수조의 자연낙차 보다 항상 높게 설정하여야 한다.

② 주펌프 자동기동 설정압력의 범위는 0.75~0.85MPa[단서 조건 : 충압펌프 자동기동 최소설정압력 (0.9MPa)−0.05MPa]이므로 문제의 조건에 따라 소숫점 첫째자리까지 표기하므로 최저설정압력은 0.8MPa이 된다.(실제 펌프의 압력설정을 가정한 문제임)

4 다음 계통도와 주어진 조건에 따라 다음 물음에 답하시오.

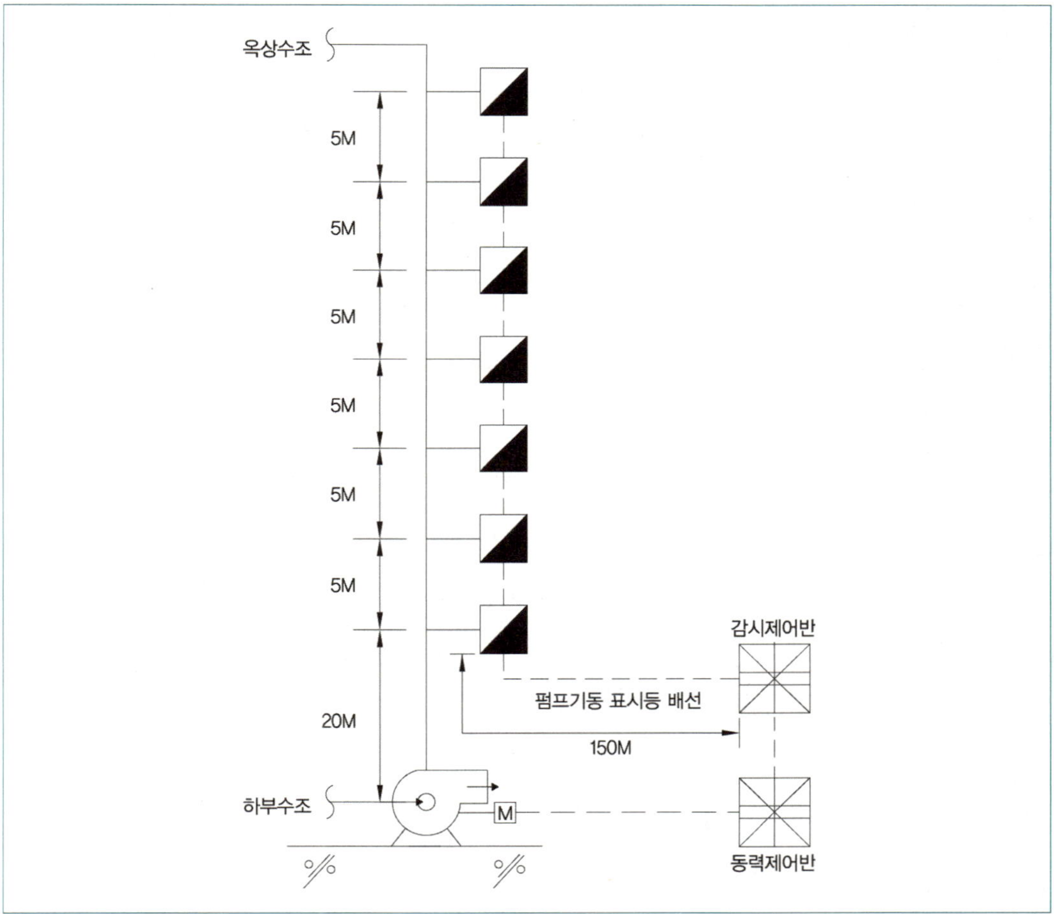

〈 조 건 〉

① 지상 7층 건축물로서 층당 옥내소화전은 1개가 설치되어 있다.
② 효율 70%, 전달계수는 1.1이다.
③ 옥내소화전 펌프 기동표시등이 각 소화전마다 직렬로 설치되어 있으며, 1개당 소비전류는 300mA이며, 전선의 굵기는 2.5mm², 감시제어반에서의 공급전압은 DC 24V이다.
④ 모든 계산은 소수점 셋째자리에서 반올림한다.
⑤ 옥내소화전설비의 설치기준은 화재안전기술기준에 따른다.

(1) 비중이 2인 액체를 구경 100mm의 배관으로 130ℓ/min으로 이송하여 말단 소화전에서 방수한다. 계통도상의 주배관(입상배관)의 직관부의 마찰손실수두를 구하시오. (단, 부차적 손실은 무시하며 점성계수는 $\mu = 0.1\text{N} \cdot \text{s/m}^2$이다.)
(2) "(1)"의 조건을 고려하여 전동기용량 [kW]을 구하시오.
(3) 옥내소화전 펌프 기동에 따라 펌프 기동표시등이 점등되었다. 마지막 층의 펌프 기동표시등에 공급되는 전압을 계산하시오.

해설

(1) 비중이 2인 액체를 구경 100mm의 배관으로 130ℓ/min으로 이송하여 말단 소화전에서 방수한다. 계통도상의 주배관(입상배관)의 직관부의 마찰손실수두를 구하시오. (단, 부차적 손실은 무시하며 점성계수는 $\mu = 0.1\text{N} \cdot \text{s/m}^2$이다.)

$$H = f \cdot \frac{l}{D} \cdot \frac{V^2}{2g}$$

여기서, H : 마찰손실[m]
f : 마찰손실계수 $\left[f = \frac{64}{Re} \text{는 조건에 따라 사용} \right]$
l : 배관길이[m]
D : 배관직경[m]
V : 유속[m/s]
g : 중력가속도[9.8m/s²]

$l = 5\text{m} \times 6$개 층 $+ 20\text{m} = 50\text{m}$, $D = 0.1\text{m}$, $Q = 130l/\text{min} = 0.13\text{m}^3/\text{min} \times \frac{1\text{min}}{60\text{s}}$이므로 유속과 마찰손실계수를 구해야 한다.

① 유속

$$Q = AV$$

여기서, Q : 유량[m³/s]
A : 배관단면적 $\left(\frac{\pi}{4}D^2 [\text{m}^2] \right)$
V : 유속[m/s]

$Q = 0.13\text{m}^3/\text{min} \times \frac{1\text{min}}{60\text{s}}$, $A = \frac{\pi}{4} \times 0.1^2 \text{m}^2$이므로

$$V = \frac{Q}{A} = \frac{0.13\text{m}^3/\text{min} \times \frac{1\text{min}}{60\text{s}}}{\frac{\pi}{4} \times 0.1^2 \text{m}^2} = 0.275 \quad \therefore 0.28\text{m/s}$$

② 마찰손실계수

$f = \frac{64}{Re}$이므로 레이놀즈수를 구하면

$$Re = \frac{\rho VD}{\mu} = \frac{DV}{\nu} \quad \left[\begin{array}{l} \text{관성력} \\ \text{점성력} \end{array} \right]$$

여기서, Re : 레이놀즈수
ρ : 밀도[kg/m³]
V : 유속[m/s]
D : 내경[m]
μ : 점도[kg/m·s = N·s/m²]
ν : 동점도[m²/s]

$\rho = 2 \times 1,000\text{kg/m}^3 (\because S = 2)$이므로
$V = 0.28\text{m/s}$, $D = 0.1\text{m}$, $\mu = 0.1\text{N} \cdot \text{s/m}^2$

• 액체 비중(S)

$$S = \frac{\rho}{\rho_w} = \frac{\gamma}{\gamma_w}$$

ρ_w : 4℃의 물의 밀도[1,000kg/m³ = 1,000N·s²/m⁴]
ρ : t[℃]의 물체의 밀도[kg/m³]
γ_w : 4℃의 물의 비중량[9,800N/m³ = 9.8kN/m³]
γ : t[℃]의 물체의 비중량[N/m³]
$\rho = S \times \rho_w = 2 \times 1,000\text{kg/m}^3$
$\gamma = S \times \gamma_w = 2 \times 9,800\text{N/m}^3$

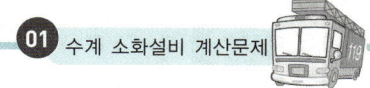

$$Re = \frac{\rho VD}{\mu} = \frac{2 \times 1{,}000\text{kg/m}^3 \times 0.28\text{m/s} \times 0.1\text{m}}{0.1\text{N} \cdot \text{s/m}^2} = 560 \quad \therefore 560$$

$$f = \frac{64}{Re} = \frac{64}{560} \quad \therefore \frac{64}{560}$$

③ 마찰손실수두를 구하면

$$H = f \cdot \frac{l}{D} \cdot \frac{V^2}{2g} = \frac{64}{560} \times \frac{50\text{m}}{0.1\text{m}} \times \frac{(0.28\text{m/s})^2}{2 \times 9.8\text{m/s}^2} = 0.228 \quad \therefore H = 0.23\text{m}$$

> **이해 必**
>
> ☑ **이 공식은 이렇게 적용하세요…^^** : 달시-웨버식 [마찰손실계수가 주어지거나 점성계수(동점성계수)가 주어져 레이놀즈수를 구하는 형태로 조건이 주어진다.]
>
> | 문제표현 → 요구값 | 적용 공식 | 요구 공식 |
> |---|---|---|
> | 유량 / 유속 → 내경(D) | $Q = AV$ | $D = \sqrt{\dfrac{4Q}{\pi V}}$ |
> | 유량 / 구경 → 유속(V) | $Q = AV$ | $V = \dfrac{4Q}{\pi D^2}$ |
> | 수두, 압력 → 유속(V) | $H = \dfrac{V^2}{2g},\ H = \dfrac{P}{\gamma}$ | $V = \sqrt{2gH} = \sqrt{2g \cdot \dfrac{P}{\gamma}}$ |
> | 점성, 동점성계수 → 마찰손실계수$\left(\dfrac{64}{Re}\right)$ | $f = \dfrac{64}{Re}$ | $f = \dfrac{64\mu}{\rho VD},\ f = \dfrac{64\nu}{VD}$ |
> | 비중 → 밀도(ρ) | $S = \dfrac{\rho}{\rho_w}$ | $\rho = S \times \rho_w$ |

(2) "(1)"의 조건을 고려한 전동기용량 [kW]을 구하시오.

구분		설명
수동력	$P = \gamma HQ$	효율(η) 및 전달계수(K)를 고려치 않은 순수한 동력
축동력	$P = \dfrac{\gamma HQ}{\eta}$	수동력에 효율(η)을 보정하여 펌프운전에 필요한 동력
전동기용량	$P = \dfrac{\gamma HQ}{\eta} \times K$	축동력에서 전달계수(K)를 고려한 동력

여기서, P : 동력[kW], γ : 비중량[물 : 9.8kN/m³]

H : 전양정(전수두)[m], Q : 유량[m³/s]

η전효율[η전효율=η수력효율×η체적효율×η기계효율], K : 전달계수

$\gamma = 2 \times 9.8\text{kN/m}^3 (\because S = 2)$, $Q = 130l/\text{min} = 0.13\text{m}^3/\text{min} \times \dfrac{1\text{min}}{60\text{s}}$, $\eta = 0.7$, $K = 1.1$이므로

① 전양정(전수두)을 구하면
  전수두=낙차수두+마찰손실수두+법정토출수두
  $= 50\text{m} + 0.23\text{m} + 17.33\text{m} = 67.56\text{m}$

② 전동기용량을 구하면

$$P = \frac{\gamma HQ}{\eta} \times K = \frac{2 \times 9.8\text{kN/m}^3 \times 67.56\text{m} \times 0.13\text{m}^3/\text{min} \times \dfrac{1\text{min}}{60\text{s}}}{0.7} \times 1.1 = 4.508 \quad \therefore 4.51\text{kW}$$

> **이해 必**
>
> ☑ **법정토출수두**
>
> 옥내소화전 또는 「스프링클러설비의 화재안전기술기준」에서 고가수조 및 압력수조는 $0.17\text{MPa} = 17\text{m}$ 또는 $0.1\text{MPa} = 10\text{m}$로 경미한 오차는 무시하고 적용한다. 그러나 펌프의 전수두를 산출할 경우에 대한 정확한 수두계산 방법은 제시하지 않았으므로 유체역학적으로 정확한 값으로 적용하는 것이 좋을 것으로 판단된다.
>
> $$\frac{0.17\text{MPa}}{0.101325\text{MPa}} \times 10.332\text{mH}_2\text{O} = 17.334 \quad \therefore 17.334\text{mH}_2\text{O}$$

(3) 옥내소화전 펌프 기동에 따라 펌프 기동표시등이 점등되었다. 마지막 층의 펌프 기동표시등에 공급되는 전압을 계산

구 분	전압강하(Ⅰ)	전압강하(Ⅱ)	전력
단상 2선식	$e = \dfrac{35.6LI}{1,000A}$	$e = V_s - V_r = 2IR$	$P = VI\cos\theta$
3상 3선식	$e = \dfrac{30.8LI}{1,000A}$	$e = V_s - V_r = \sqrt{3}IR$	$P = \sqrt{3}VI\cos\theta$
단상 3선식 3상 4선식	$e' = \dfrac{17.8LI}{1,000A}$	–	–

여기서, e : 각 선로간의 전압강하[V] e' : 각 선로간의 1선과 중심선 사이의 전압강하[V]
　　　 A : 전선단면적[mm²]　　　　　 L : 선로길이[m]
　　　 I : 전부하전류[A]　　　　　　　 V_s : 입력전압[V]
　　　 V_r : 출력전압(단자전압)[V]　　　$\cos\theta$: 역률

$A = 2.5\text{mm}^2$, $I = 300\text{mA} = 0.3\text{A}$이고 공급전압은 DC 24V이므로

구분	전선길이 (L)	전선에 흐르는 전류(I)	전압강하(e)
7층	5m	0.3A×기동램프 1개=0.3A	$e_{7F} = \dfrac{35.6LI}{1,000A} = \dfrac{35.6 \times 5\text{m} \times 0.3\text{A}}{1,000 \times 2.5\text{mm}^2} = 0.021$　$\therefore 0.02\text{V}$
6층	5m	0.3A×기동램프 2개=0.6A	$e_{6F} = \dfrac{35.6LI}{1,000A} = \dfrac{35.6 \times 5\text{m} \times 0.6\text{A}}{1,000 \times 2.5\text{mm}^2} = 0.042$　$\therefore 0.04\text{V}$
5층	5m	0.3A×기동램프 3개=0.9A	$e_{5F} = \dfrac{35.6LI}{1,000A} = \dfrac{35.6 \times 5\text{m} \times 0.9\text{A}}{1,000 \times 2.5\text{mm}^2} = 0.064$　$\therefore 0.06\text{V}$
4층	5m	0.3A×기동램프 4개=1.2A	$e_{4F} = \dfrac{35.6LI}{1,000A} = \dfrac{35.6 \times 5\text{m} \times 1.2\text{A}}{1,000 \times 2.5\text{mm}^2} = 0.085$　$\therefore 0.09\text{V}$
3층	5m	0.3A×기동램프 5개=1.5A	$e_{3F} = \dfrac{35.6LI}{1,000A} = \dfrac{35.6 \times 5\text{m} \times 1.5\text{A}}{1,000 \times 2.5\text{mm}^2} = 0.106$　$\therefore 0.11\text{V}$
2층	5m	0.3A×기동램프 6개=1.8A	$e_{2F} = \dfrac{35.6LI}{1,000A} = \dfrac{35.6 \times 5\text{m} \times 1.8\text{A}}{1,000 \times 2.5\text{mm}^2} = 0.128$　$\therefore 0.13\text{V}$
1층	150m	0.3A×기동램프 7개=2.1A	$e_{1F} = \dfrac{35.6LI}{1,000A} = \dfrac{35.6 \times 150\text{m} \times 2.1\text{A}}{1,000 \times 2.5\text{mm}^2} = 4.485$　$\therefore 4.49\text{V}$

말단공급전압 = 공급전압 − 전압강하 합계
　　　　　　 $= 24\text{V} - (e_{7F} + e_{6F} + e_{5F} + e_{4F} + e_{3F} + e_{2F} + e_{1F})$
　　　　　　 $= 24\text{V} - (0.02\text{V} + 0.04\text{V} + 0.06\text{V} + 0.09\text{V} + 0.11\text{V} + 0.13\text{V} + 4.49\text{V})$
　　　　　　 $= 19.06$　　$\therefore 19.06\text{V}$

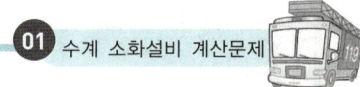

01 수계 소화설비 계산문제

5 옥외소화전설비의 소화전함 설치기준에 대한 다음 각 물음에 답하시오.

(1) 옥외소화전이 7개 설치되었을 때 5m 이내의 장소에 설치하여야 할 소화전함은 몇 개 이상이어야 하는지 구하시오.
(2) 옥외소화전이 17개 설치되었을 때 소화전함은 몇 개 이상 설치하여야 하는지 구하시오.
(3) 옥외소화전이 37개 설치되었을 때 소화전함은 몇 개 이상 설치하여야 하는지 구하시오.

해설

(1) 옥외소화전이 7개 설치되었을 때 5m 이내의 장소에 설치하여야 할 소화전함은 몇 개 이상 설치
옥외소화전의 설치개수가 7개이므로 옥외소화전마다 "5m 이내의 장소에 1개 이상"의 소화전함을 설치하여야 한다.

(2) 옥외소화전이 17개 설치되었을 때 소화전함은 몇 개 이상 설치
옥외소화전의 설치개수가 17개이므로 "11개 이상 소화전함을 분산 설치"하여야 한다.

(3) 옥외소화전이 37개 설치되었을 때 소화전함은 몇 개 이상 설치
옥외소화전의 설치개수가 37개이므로 "소화전 3개마다 1개 이상"의 소화전함을 설치하여야 한다.

$$\frac{37개}{3개 \ 마다 \ 1개 \ 이상} = 12.333 \quad \therefore 13개$$

이해必

옥외소화전설비의 각종 수치 정리

구분		설치기준
노즐당 방수량		350l/min 이상
수원		최대 2개 × 350l/min × 20min = 14,000l = 14m^3
노즐의 방수압력		0.25~0.7MPa(0.7MPa 초과 시 감압장치 설치)
호스 및 노즐 구경		65mm
호스접결구		• 지면으로부터 높이 0.5m 이상 1m 이하 • 각 부분으로부터 수평거리 40m 이내
옥외소화전 소화전함	10개 이하 설치된 경우	5m 이내의 장소에 1개 이상 설치
	11개 이상 30개 이하	11개 이상의 소화전함은 각각 분산 설치
	31개 이상 설치된 경우	옥외소화전 3개마다 1개 이상의 소화전함 설치

Mind-Control

허송세월하며 할 일이 없는 사람은 악으로 끌려가는 것이 아니라 저절로 기울어진다.

– 히포크라테스 –

6 다음 그림은 어느 공장에 설치된 지하매설 소화용 배관도이다. "가 ~ 마"까지 각각의 옥외소화전의 측정수압이 다음 표와 같을 때 다음 각 물음에 답하시오. (단, 소수점 넷째자리에서 반올림하여 소수점 셋째자리까지 나타내시오.)

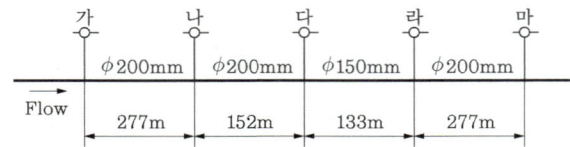

위치 압력	가	나	다	라	마
정압	0.557	0.517	0.572	0.586	0.552
방사압력	0.49	0.379	0.296	0.172	0.069

※ 방사압력은 소화전의 노즐캡을 열고 소화전 본체 직근에서 측정한 Residual Pressure를 말한다.

(1) 다음은 동수경사선(Hydraulic gradient line)을 작성하기 위한 과정이다. 주어진 자료를 활용하여 표의 빈 곳을 채우시오. (단, 계산과정을 나타낼 것)

항목 소화전	구경 [mm]	실관장 [m]	측정압력[MPa]		펌프로부터 각 소화전까지 전마찰손실[MPa]	소화전간의 배관마찰손 실 [MPa]	gauge elevation [MPa]	경사선의 elevation [MPa]
			정압	방사 압력				
가	-	-	0.557	0.49	①	-	0.029	0.519
나	200	277	0.517	0.379	②	⑤	0.069	⑩
다	200	152	0.572	0.296	③	0.138	⑧	0.31
라	150	133	0.586	0.172	0.414	⑥	0	⑪
마	200	277	0.552	0.069	④	⑦	⑨	⑫

(단, 기준 elevation으로부터의 정압은 0.586MPa로 본다.)

(2) 상기 (1)항에서 완성된 표를 자료로 하여 답안지의 동수경사선과 Pipe profile을 완성하시오.

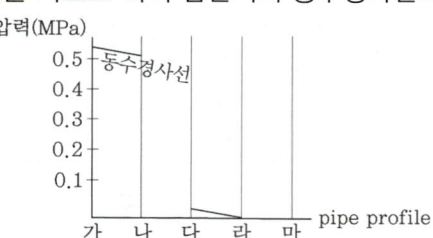

(1) 표의 빈 곳 채우기

항목 소화전	구경 [mm]	실관장 [m]	측정압력[MPa]		펌프로부터 각 소화전까지 전마찰손실[MPa]	소화전간의 배관마찰손실 [MPa]	gauge elevation [MPa]	경사선의 elevation [MPa]
			정압	방사 압력				
가	–	–	0.557	0.49	① 0.557−0.49 =0.067	–	0.029	0.519
나	200	277	0.517	0.379	② 0.517−0.379 =0.138	⑤ 0.138−0.067 =0.071	0.069	⑩ 0.379+0.069 =0.448
다	200	152	0.572	0.296	③ 0.572−0.296 =0.276	0.138	⑧ 0.586−0.572 =0.014	0.31
라	150	133	0.586	0.172	0.414	⑥ 0.414−0.276 =0.138	0	⑪ 0.172+0 =0.172
마	200	277	0.552	0.069	④ 0.552−0.069 =0.483	⑦ 0.483−0.414 =0.069	⑨ 0.586−0.552 =0.034	⑫ 0.069+0.034 =0.103

(2) 동수경사선

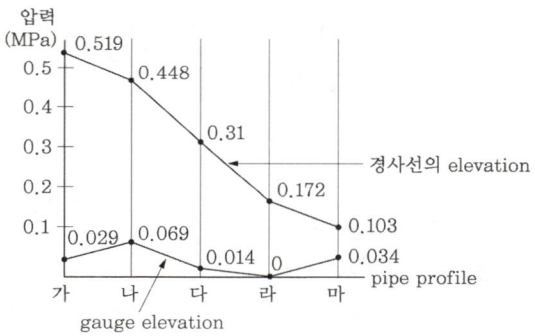

이해 必

☑ 동수경사선(＝수두경사선, 압력선)
　수로를 따라 각 지점의 위치수두와 압력수두의 합을 수평기준면에서 연직으로 나타낸 점을 연결한 선으로서, 유체의 흐름에 대한 정보를 제공한다.

Mind-Control

보람 있게 보낸 하루가
편안한 잠을 가져다주듯이
값지게 보낸 인생은
편안한 죽음을 가져다준다.

－ 레오나르도 다빈치 －

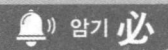

☑ 옥외소화전설비의 각종 수치 정리

구분		설치기준
노즐당 방수량		350l/min 이상
수원		최대 2개 × 350l/min × 20min = 14,000l = 14m³
노즐의 방수압력		0.25~0.7MPa(0.7MPa 초과 시 감압장치 설치)
호스 및 노즐 구경		65mm
호스접결구		• 지면으로부터 높이 0.5m 이상 1m 이하 • 각 부분으로부터 수평거리 40m 이내
옥외소화전 소화전함	10개 이하 설치된 경우	5m 이내의 장소에 1개 이상 설치
	11개 이상 30개 이하	11개 이상의 소화전함은 각각 분산 설치
	31개 이상 설치된 경우	옥외소화전 3개마다 1개 이상의 소화전함 설치

☑ 각 설비별 각종 수치 정리

① 보행거리 및 수평거리

소방설비	수평거리	보행거리
• 소형소화기	–	20m 이내
• 대형소화기	–	30m 이내
• 예상제연구역의 각 부분에서 배출구까지의 거리	10m 이내	–
• 호스릴포설비 / 호스릴 CO_2설비 / 호스릴분말설비	15m 이하	–
• 호스릴할로겐화합물설비	20m 이하	–
• 옥내소화전설비 방수구 / 호스릴옥내소화전설비 방수구 • 미분무호스릴설비 • 연결송수관설비의 방수구 [지하가(터널 제외) / 지하층 바닥면적 3,000m² 이상]	25m 이하	–
• 옥외소화전설비 방수구	40m 이하	–
• 연결송수관설비 방수구(기타)	50m 이하	–
• 상수도소화용수설비(대지경계선으로 부터 180m 이내 75mm 상수도 용배수관 없을 경우 소화수조 및 저수조 설치가능)	140m 이하	–
• 발신기 / 음향장치 (경종 또는 사이렌) • 비상콘센트 (지하상가 또는 지하층의 바닥면적의 합계 : 3,000m² 이상)	25m 이하	–
• 비상콘센트 (기타)	50m 이하	–
• 유도표지	–	15m 이하
• 연기감지기 3종 [수직거리(계단, 경사로) : 10m마다]	–	20m마다
• 복도통로유도등 / 거실통로유도등	–	20m마다
• 연기감지기 1종 / 2종 [수직거리(계단, 경사로) : 15m마다]	–	30m마다
• 무선기기 접속단자 (지상에 설치 시)	–	300m 이내

② 각 설비별 배관의 기울기

구분	기울기
• 연결살수설비의 수평주행배관	1/100 이상
• 물분무소화설비의 배수설비	2/100 이상
• 습식스프링클러설비 또는 부압식스프링클러설비 외의 설비의 가지배관 • 개방형 미분무소화설비의 가지배관	1/250 이상
• 습식스프링클러설비 또는 부압식스프링클러설비 외의 수평주행배관 • 개방형 미분무소화설비의 수평주행배관	1/500 이상
• 연소방지설비의 수평주행배관	1/1,000 이상

③ 배관구경

구분			구경
• 물올림장치(100ℓ 이상)	급수배관		15mm 이상
• 순환배관			20mm 이상
• 옥내소화전설비	호스릴 방식	방수구로 연결되는 배관(가지배관)	25mm 이상
		주배관 중 수직배관	32mm 이상
	일반적인 방식	방수구로 연결되는 배관(가지배관)	40mm 이상
		주배관 중 수직배관	50mm 이상
	연결송수관 배관겸용	방수구로 연결되는 배관(가지배관)	65mm 이상
		주배관 중 수직배관	100mm 이상
• 스프링클러설비	교차배관, 청소구		40mm 이상
	수직배수배관		50mm 이상
• 간이스프링클러설비 (캐비닛형 / 상수도직결형)	주배관, 수평주행배관, 상수도직결형 수도배관		32mm 이상
	가지배관		25mm 이상
• 연결송수관설비	주배관		100mm 이상
• 상수도소화용수설비	수도배관(호칭지름)		75mm 이상
	소화전(호칭지름)		100mm 이상

④ 방수압 및 방수량

구분	방수압	방수량
• 옥내소화전설비	0.17MPa 이상 (0.7MPa 초과 시 감압장치 설치)	130ℓ/min 이상(옥내소화전 최대 2개)
• 옥외소화전설비	0.25MPa 이상 (0.7MPa 초과 시 감압장치 설치)	350ℓ/min 이상(옥외소화전 최대 2개)
• 스프링클러설비	0.1MPa 이상 1.2MPa 이하	80ℓ/min 이상
• 드렌처설비	0.1MPa 이상	80ℓ/min 이상
• 간이스프링클러설비	0.1MPa 이상	50ℓ/min 이상(주차장에 표준반응형 헤드 사용할 경우 80ℓ/min 이상)
• ESFR 스프링클러설비	「화재조기진압용 스프링클러의 화재안전기술기준」 별표 3에 따른다.	

구분	방수압	방수량

• 연결송수관설비	0.35MPa 이상	− 2,400l/min 이상
		  (계단식 아파트 : 1,200l/min)
		− 해당 층에 설치된 방수구가 3개 초과
		  (최대 5개) 시 방수구마다 800l/min
		  (계단식 아파트 : 400l/min)을 가산

• 소화용수설비	0.15MPa 이상 (소화수조가 옥상 또는 옥탑에 설치된 경우)	수원의 소요수량 − 20~40m^3 미만 : 1,100l/min 이상 − 40~100m^3 미만 : 2,200l/min 이상 − 100m^3 이상 : 3,300l/min 이상

⑤ 설치높이 🔥🔥🔥

설치높이	소방기기
0.5m 이하	• 축광방식의 피난유도선
0.5~1m 이하	• 소화설비, 소화활동설비 송수구, 옥외소화전 호스접결구 • 소화수조 채수구
1m 이하	• 통로유도표지 • 복도통로, 계단통로 유도등 • 광원점등방식의 피난유도선
0.8~1.5m 이하	• 물분무 및 드렌처 제어밸브, 소화설비 수동기동장치 • 수신기, 발신기, 비상방송, 속보설비의 조작스위치 • 스프링클러 유수검지장치, 일제개방밸브 • 공기관식 차동식분포형감지기 검출부 • 휴대용 비상조명등 • 연결송수관설비 가압송수장치의 송수구 부근 수동기동 스위치 • 비상콘센트 • 무선기기 접속단자
1.5m 이하	• 자동화재탐지설비의 종단저항(전용함 설치 시) • 터널수동식소화기, 소화기구, 투척용 소화기 • 옥내소화전 방수구, 소화설비 호스릴 함 및 호스함 • 공기관식 차동식 분포형 감지기 공기관과 감지구역의 각 변과의 수평거리 • 기둥에 설치하는 거실통로 유도등 • 거실제연설비 공기유입구(바닥면적이 400m^2 이상의 거실) • 연소방지설비(스프링클러헤드) 수평거리
1.5m 이상	• 감지기(차동식분포형의 것을 제외한다)는 실내로의 공기유입구로부터 1.5m 이상 떨어진 위치에 설치 • 피난구유도등(출입구 인접하도록 설치), 거실통로 유도등 • 누설동축케이블 및 공중선(고압의 전로로부터 이격거리)
1.5~1.7m 이하	• 급수탑 개폐밸브(소화용수시설)
2m 이하	• 연소방지설비(전용헤드) 수평거리

⑥ 유속 및 풍속 🔥🔥🔥

구분		유속	풍속
• 옥내소화전설비(토출측 주배관)		4m/s 이하	–
• 스프링클러설비	가지배관	6m/s 이하	–
	기타 배관	10m/s 이하	–
• 제연설비	흡입측 풍도	–	15m/s 이하
	배출측 풍도	–	20m/s 이하
	유입풍도	–	

Mind-Control

우리가 정말로 외롭고 힘들 때 누가 옆에 있어주면 그 시간을 참고 보낼 수 있다. 왜냐하면, 혼자 있으면 지금의 고통 나만 겪는다고 생각하는데, 같이 있으면 그 친구가 나도 겪었다고 또 이것도 지나간다고 일러주기 때문이다.

－혜민 스님－

고통을 함께 하겠습니다. 다음 카페 "한방에 끝내는 소방"으로 노크해 주세요.

必勝! 합격수기

― 제16회 **김창연** 소방시설관리사님 합격수기 ―

"김창연님 소방시설2차 합격예정을 축하드립니다."
이 한 문장을 듣기 위해서 언 4년을 쉼 없이 화재안전기술기준과
점검실무로 제 하루하루를 가득 채워 왔던 것 같습니다.
또한, 이 귀한 시간들이 있었기에 지금의 이 합격수기를 남길 수 있는 것이 아닐까 싶습니다.

1. 소방에 입문

중소기업인 유통회사에서 위험물안전관리자로 근무를 하였습니다. 그러던 중 취득한 위험물기능장 자격증으로 미래를 설계 할 수
있는 직종을 알아보던 중 소방시설관리사는 자격증을 알게 되었고, 곧장 소방이라는 학문에 뛰어 들게 되었습니다. 그리고 단순하게도 공부란, 시간이 다 해결해주리라는 생각으로 무모하게 첫 스타트를
끊었습니다.
소방의 소자로 모르고 시작한터라 화재안전기술기준이 뭔지 가압송수장치가 뭔지도 모르고 매주 그렇게 5시간씩 강의를 들었습니다. 평일은 수업시간 녹음해둔 원장님 강의를 2배속하여 다시 듣기와 서브노트 만들기에 많은 시간을 보냈으며, 공부시간은 회사에서 평일 2~3시간을 쪼개고, 집에서는 저녁9시부터 새벽2시까지 많게는 3시까지 꼭 책을 붙들고 있었습니다. 또한, 휴일에는 부족한 잠을 보충하면서 8시간 정도 책상에 앉아 있었습니다.
이렇게 5개월 정도 지나다보니 부족했던 모의고사 점수가 차츰 합격권에 들게 되었으며, 이런 결과에 힘입어 더욱더 자신있게 매진을 하다 보니, 13회 시험 한 달 전에는 학원에서도 상위레벨에 속하게 되었습니다. 이 때 항상 마음속으로 학원 교재도 다 알지 못하고선 관리사 시험 볼 자격이 없다는 말을 되새기며, 학원교재에 충실했습니다. 그 결과 13회 시험 2차 문제 풀이 시, 평점 130점 초반대의 점수가 나왔습니다. 도저히 믿기지가 않았습니다.
하지만 기쁨은 채 하루가 가지 않았습니다. 왜냐하면 2차와 함께 봤던 1차에서 1문제, 그 딱 1문제가 모자랐습니다. 하지만 매년 오류문제가 있었기에 희망을 버리지 않고, 발표 날만 기다렸지만 결과는 변함이 없었습니다. 그렇게 힘들게 보낸 1년은 어이없게도 끝나 버렸습니다.

2. 14회

비록 합격을 하진 못했으나 첫 시험에서 만족하는 점수가 나왔기 때문일까요, 제 자신감은 하늘을 찔렀고, 자만심에 빠진 채 저 혼자만의 공부를 하게 되었습니다.
그러다보니, 과오를 범하게 되었고, 당연히 14회 시험은 출제문제도 어려웠지만 정말 한심할 정도의 점수로 떨어지게 되었습니다.

3. 15회

앞선 실수를 하지 말자는 다짐으로 시작을 했지만 스터디 등 아무런 교류와 정보가 없는 상태에서는 한계가 있었습니다. 타 학원 모의고사를 비롯해 많은 문제들을 보고 시험장에 갔지만, 1년 동안 무슨 공부를 한 건지 후회와 아쉬움이 남는 시험이었습니다.
저만의 무기가 부족함을 뼈저리게 느낀 시험이었습니다.

4. 16회

관리사 공부를 계속할지 아니면 기술사로 넘어가야 할지 고민으로 시작했던 해였습니다. 몇 년간의 노력이 결실이 없는 헛된 시간이 아닌지 자신에게 묻고 또 되물었습니다. 결론은, 올해까지만 잘 해보자라는 마음으로 다시 화재안전기술기준을 손에 쥐었습니다.

제일 먼저 한 일은 이전의 실패를 교훈 삼아 시험전략을 짜는 일이였습니다. 계산문제에 약점이 있던 터라, 계산문제는 대부분의 수험생이 풀 수 있을 정도의 난이도까지로 정했으며, 서술형문제는 어떤 문제가 나오더라도 술술 적을 수 있을 정도의 실력을 갖추자는 계획으로 공부를 시작하였습니다. 이 계획을 실천하기 위해 학원교재외의 다른 교재를 구입했고,

모르는 문제는 전부 다 암기를 하였습니다. 암기는 저녁시간 초벌 암기를 하고 아침에 일어나 반복을, 자투리 시간에 최종 점검을 하는 식으로 익숙하지 않은 문제에 많은 시간을 할애를 하였습니다. 다른 수험생들과는 다른 저만의 무기를 만들려고 노력했으며 이 역시도 처음이 어렵지 두 번 세 번 반복되면 어느 순간 익숙한 문제가 되고 마는, 신기한 일이 벌어지곤 했습니다.

그렇게 간절한 마음으로 공부를 했더니, 길었던 시험도 3주 정도 남았고, 이 시기부터는 새로운 지식이나 문제가 아닌, 이미 알던 것들을 무한 반복하는 방식으로 공부했습니다. 그 결과, 제16회 시험에 당당하게 합격을 하였습니다.

아무것도 모르던 저를 소방시설관리사까지 만들어주신 이항준원장님, 마건국부원장님, 이중희기술사님, 김미란실장님 그리고 함께 스터디하며 동고동락 했던 올합회 회원님들 진심으로 감사드립니다. 2년 뒤에는 소방기술사로 합격수기 다시 올리겠습니다.

> 서울과 부산을 통틀어 가장 성적이 좋았던 분 중 한분입니다. 멀리보지 마십시오.
> 학원 모의고사반 내에서 등수 안에 들면 합격입니다.

MEMO

04 스프링클러설비

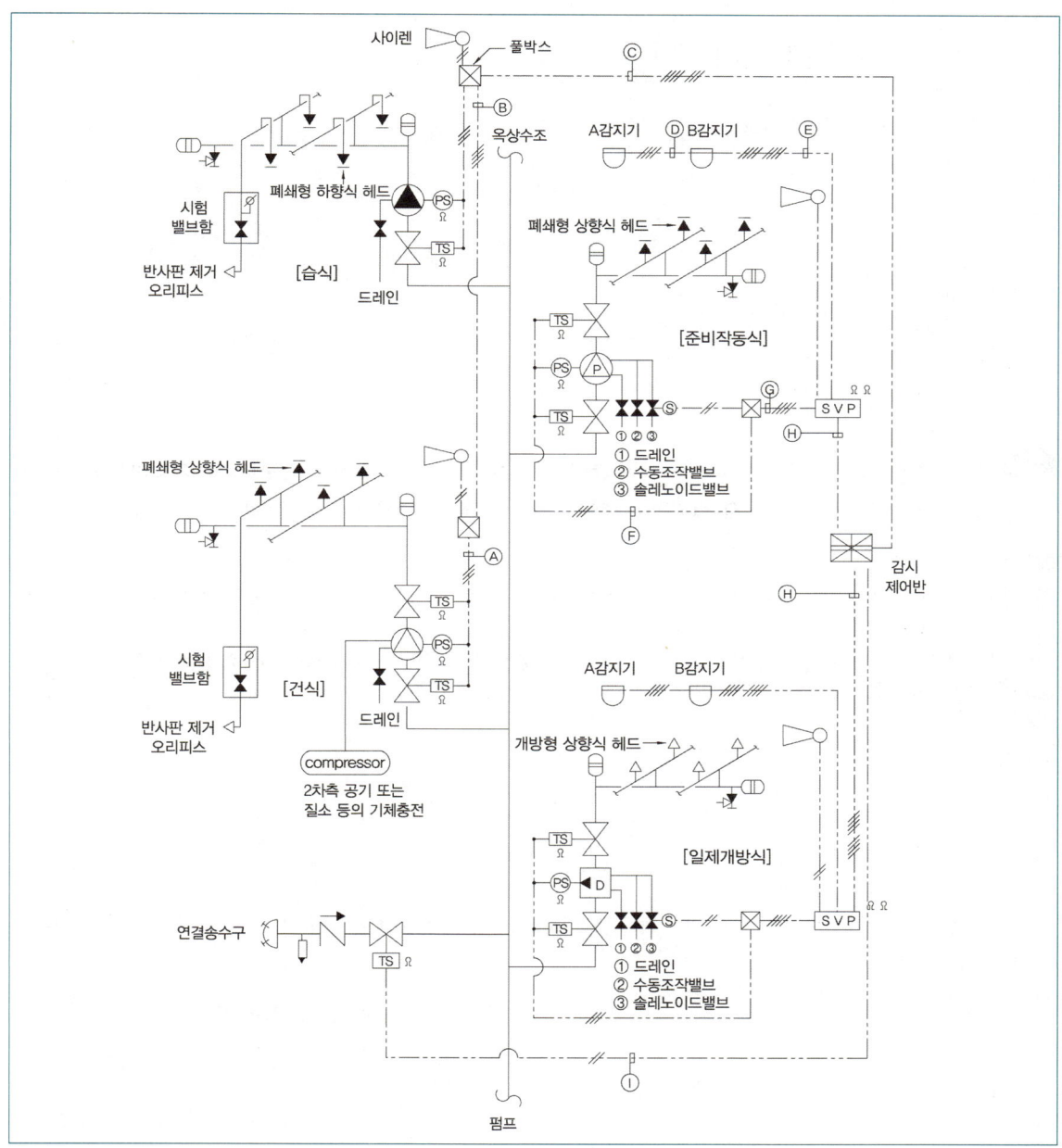

〈스프링클러설비 계통도〉

	구간	규격 및 가닥수	용도
Ⓐ	건식유수검지장치 → 전기박스	HFIX 2.5sq×3C(16C)	탬퍼스위치(T/S : 밸브주의) 1, 압력스위치(P/S : 밸브기동 확인) 1, 공통 1
Ⓑ	전기박스 → 전기박스	HFIX 2.5sq×4C(16C)	T/S 1, P/S 1, 사이렌 1, 공통 1
Ⓒ	전기박스 → 감시제어반	HFIX 2.5sq×7C(22C)	T/S 2, P/S 2, 사이렌 2, 공통 1
Ⓓ	A 감지기 → B 감지기	HFIX 1.5sq×4C(16C)	A 회로 2, 공통 2
Ⓔ	B 감지기 → SVP	HFIX 1.5sq×8C(22C)	A 회로 2, B 회로 2, 공통 4
Ⓕ	준비작동식 유수검지장치 → 전기박스	HFIX 2.5sq×3C(16C)	T/S 1, P/S 1, 공통 1
Ⓖ	전기박스 → SVP	HFIX 2.5sq×6C(22C)	T/S 1, P/S 1, S/V 1, 공통 1
Ⓗ	SVP → 감시제어반	HFIX 2.5sq×8C(28C)	전원(+, −) 2, (T/S 1, P/S 1, S/V 1, 사이렌 1, A감지기 1, B감지기 1)
Ⓘ	급수밸브 → 감시제어반	HFIX 2.5sq×2C(16C)	T/S 2

※ Ⓖ의 경우 기사실기에서는 6가닥으로 적용하였으나 실무적으로 4가닥으로 적용해도 이상 없다.

1 RTI(Response Time Index : 반응시간지수)와 전도열전달계수(Conductivity : C)에 대하여 설명하시오. 술74(25)94(25)97(25)107(25)119(25)121(25)122(10)관점12

해설

스프링클러설비의 작동 메커니즘의 첫 번째는 화염 등에 의해 발생한 열기류가 천장에 부딪쳐 이동하는 천장제트흐름(Ceiling jet flow)에 의한 열전달에 따라 스프링클러헤드의 감열부에서 반응하는 것이 첫번째인데, 감열부의 감열의 빠르기 정도. 즉, 감도를 나타내는 것을 **반응시간지수(RTI : Response Time Index)**라 한다. (같은 온도에 반응하는 헤드라고 하더라도 RTI가 낮을 경우 빨리 개방된다.)

$RTI = \tau\sqrt{u}$

여기서, RTI : 반응시간지수$[\sqrt{m \cdot s}]$

τ : 시간상수 $\left[\tau = \dfrac{m \cdot c}{h \cdot A} = \dfrac{kg \times J/kg \cdot ℃}{J/s \cdot m^2 \cdot ℃ \times m^2} = s\right]$, m : 질량[kg]

c : 비열[J/kg·℃], h : 대류열전달계수[W/m² · ℃ = J/s · m² · ℃]

A : 감열부 표면적[m²], u : 기류속도[m/s]

C : 열전도계수[$\sqrt{m/s}$][그래프에서의 전도열전달계수(Conductivity)로 배관 속 유체에 의해 손실되는 열량을 나타내므로 작을수록 조기에 작동한다]

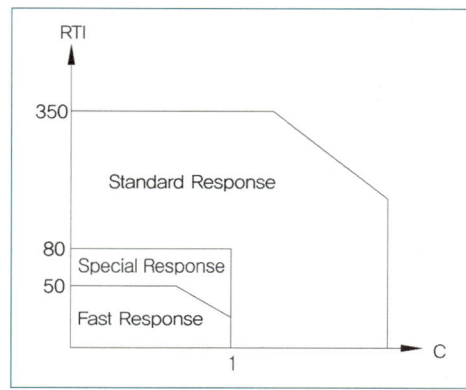

✓ RTI 범위에 따른 스프링클러의 종류

헤드의 구분	RTI[$\sqrt{m \cdot s}$]	C[$\sqrt{m/s}$]
조기반응형 (Fast Response Type)	50 이하	1 미만
특수형 (Special Response Type)	50 초과 80 이하	1 미만
표준형 (Standard Response Type)	80 초과 350 이하	2 미만

✓ **조기반응형 헤드 종류** : 조기반응형, 간이, ESFR 헤드 등

2 ADD와 RDD를 설명하시오. 술83(10)94(25)관설21

해설

헤드의 감열에 따라 소화수가 방출되었을 경우 화재를 진압하기 위해 필요한 물의 양을 **필요진화밀도**(RDD : Required Delivered Density)라 하며, 가연물의 상단에 도달하는 물량을 **실제침투밀도**(ADD : Actual Delivered Density)라 한다.

$$RDD = \frac{화재진압에\ 필요한\ 방수량}{가연물\ 상단\ 면적}[lpm/m^2]$$

$$ADD = \frac{가연물\ 상단에\ 도달된\ 방수량}{가연물\ 상단\ 면적}[lpm/m^2]$$

(1) 화재 초기에는 시간이 지남에 따라 화염은 커지므로 화재를 진압하기 위한 물의 양(RDD) 또한 시간에 따라 커지게 되며, 화염이 커짐에 따라 그 열기로 인하여 증발되는 물의 양이 많아지므로 가연물의 상단에 도달하는 물의 양(ADD)은 작아질 수 밖에 없다.

(2) 화재가 시간이 지나면서($T_1 \to T_3$) 성장함에 따라 RDD 그래프에서 화재진압에 필요한 물의 양은 $Q_1 \to Q_3$로 늘어나게 된다.

(3) 화재가 시간이 지나면서($T_1 \to T_3$) 성장함에 따라 ADD 그래프에서 가연물의 상단에 도달하는 물의 양은 $Q_3 \to Q_1$로 작아지게 된다.

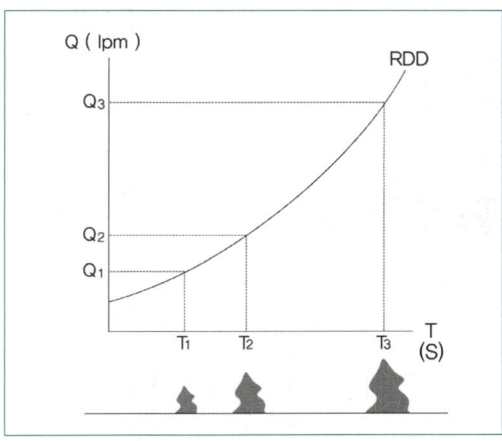

〈시간의 흐름에 따른 화염의 확장〉

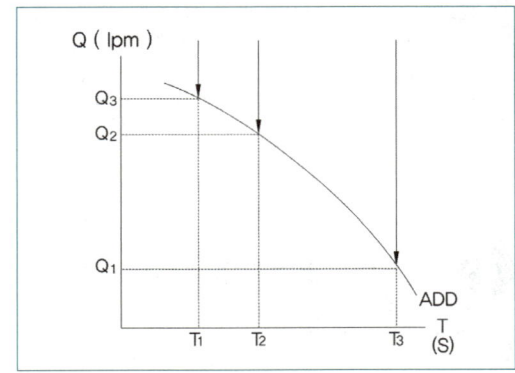

3 다음 물음에 답하시오. 술125(25)

(1) 건식밸브의 방수지연시간 및 급속개방장치에 대하여 설명하시오.
술80(25)87(10)88(10)92(10)118(25)132(10) 🔥🔥🔥

(2) 급속개방장치에 대하여 설명하시오. 술80(25)87(10)88(10)92(10)관설16

(3) 물기둥(Water columing) 현상에 대하여 설명하시오. 술80(25)117(10) 🔥🔥

해설

(1) **방수지연시간**
① 건식스프링클러시스템은 특성상 배관 내부의 기체 방출 후 소화수가 방사되므로 방수지연시간이 발생할 수 밖에 없으며, 이것은 화재가 커지게 된다는 의미와도 같다.
  방수지연시간＝트립시간(클래퍼 개방시간)＋소화수 이송시간(헤드까지 이송시간)
② 트립시간(Trip time)이란 헤드의 개방으로 배관 내부의 기체(공기 또는 질소 등)가 빠져나가 힘의 균형이 깨어져 건식밸브의 클래퍼가 개방되기까지의 시간을 말하며, 1차측 수압이 낮거나, 2차측의 공기압력(1차 압력에 대한 저항으로 작용)이 상대적으로 높거나 헤드의 구경(오리피스)이 작을수록 많이 걸린다.
③ 소화수 이송시간(Transit time)이란 개방된 클래퍼에 의해 소화수가 헤드까지 이송되기까지의 시간을 말하며 이송시간이 지연되는 경우는 트립시간과 동일하며 이송시간에 비하여 트립시간이 매우 길다. 그러므로 트립시간을 줄이기 위한 노력이 필요하므로 엑셀레이터를 일반적으로 설치한다.

(2) **급속개방장치**
   ① **가속기(Accelerator)** : 헤드가 작동하여 배관 내의 압력이 설정압력 이하로 저하되면 엑셀레이터가 이를 감지하여 2차측의 압축공기의 일부를 1차측으로 우회시켜 1차측의 수압과 엑셀레이터를 통한 2차측 공기압이 합해져 클래퍼를 보다 빨리 개방시키는 역할을 하여 Trip Time을 단축시키는 역할을 한다.
   ② **이그져스터(Exhauster)** : 헤드가 작동하여 배관 내 압축공기가 설정압력 이하로 저하되면 이그져스터가 이를 감지하여 2차측 배관 내의 압축공기를 방호구역 외의 다른 곳으로 배출시키는데 이는 헤드가 개방된 효과를 보이므로 소화수 이송시간을 단축시키는 역할을 한다. 일반적으로 트립시간을 단축시키는 것이 더 효과적이므로 엑셀레이터를 많이 사용한다.

> 📖 이해 必
>
> ☑ 건식밸브에서 트립압력이란 클래퍼에서 균형을 이루고 있는 압력을 말하는데 이 균형이 깨어질 경우 클래퍼가 개방된다. NFPA Code에서는 수압 대 기체압의 비율이 5.5 : 1이 되도록 하며 저압식의 경우 1.1 : 1의 압력이 되도록 하여 균형을 유지하도록 한다. 저차압일수록 압력차가 작으므로 클래퍼의 개방은 빠르다는 의미가 된다.

(3) **물기둥(Water columing) 현상**
건식스프링클러시스템의 특성상 냉동창고 등에 설치할 수 있으며 그에 따라 헤드와 배관의 설치장소와 건식밸브 설치장소와는 온도차이가 발생할 수 밖에 없으므로 결로(물방울)가 발생하며 그에 따라 건식밸브 클래퍼 위에 쌓이게 되어 물기둥(Water Columning)이 발생하며 그 하중으로 인하여 건식밸브의 클래퍼 개방시간(트립시간)에 영향을 주게 되며 심할 경우 개방이 되지 않을 수 있다. 그러므로 주기적인 점검으로 유지관리하여야 자동기동에 문제가 생기지 않는다.

4 스프링클러헤드의 배치 방법에 대하여 쓰시오.

해설

(1) **정사각형(정방형) 배치** : 헤드간 거리(S)와 가지배관과의 거리(L)가 같다. r은 헤드의 수평거리 그림에서 이등변삼각형으로 직각을 제외한 양측의 각도는 45°이다.
$$\cos 45° = \frac{S}{2r} \quad \therefore\ S = 2r\cos 45°$$

(2) **장방형(직사각형) 배치** : 헤드간 거리와 가지배관의 거리가 동일하지 않으며 그림에서의 $\theta_1, \theta_2 = (30 \sim 60°)$ 사이의 각을 쓰는 것이 보편적이며, θ_1, θ_2 어떠한 각도를 가지고 구해도 마찬가지다.

① θ_1을 기준으로 하여 L을 구하면 : $\sin\theta_1 = \frac{L}{2r}$
$\therefore L = 2r\sin\theta_1$

② θ_1을 기준으로 하여 S를 구하면 : $\cos\theta_1 = \frac{S}{2r}$
$\therefore S = 2r\cos\theta_1$

③ $2r = \sqrt{S^2 + L^2}$ (피타고라스 정리)로 S 또는 L을 구할 수 있다.

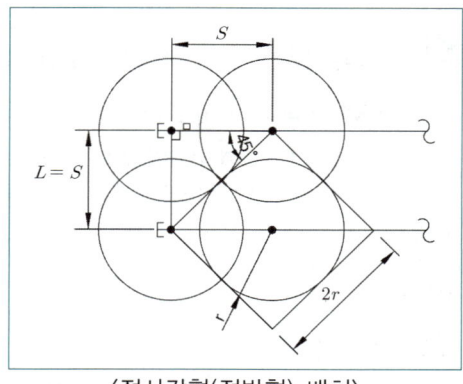

〈정사각형(정방형) 배치〉

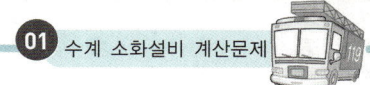

(3) **지그재그형(마름모형)의 배치** : 3개의 헤드로 작게는 정삼각형, 4개의 헤드로 크게는 마름모형의 배치가 되는데 보통 살수장애 등에 대한 대처 등 여러 가지 이유로 실무적으로 사용하지는 않는다.

① 작은 직각삼각형에 따라 S를 구하면
$$\cos 30° = \frac{S/2}{r} = \frac{S}{2r} \quad \therefore S = 2r\cos 30°$$

② 큰 직각삼각형에 따라 L을 구하면
$$\sin 60° = \frac{L}{S} \quad \therefore L = S \cdot \sin 60°$$

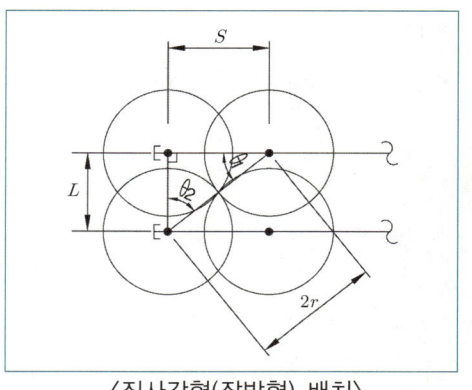

〈직사각형(장방형) 배치〉

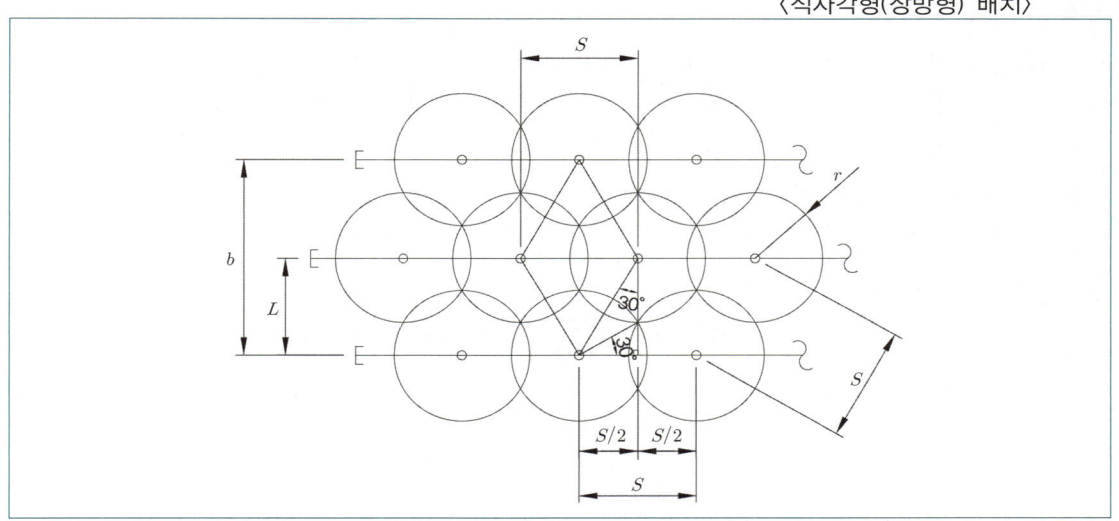

〈지그재그(마름모)형 배치〉

5 다음 물음에 답하시오. (단, 소수점 첫째자리까지 산출한다.)

(1) 스프링클러헤드를 화재안전기술기준에서 정하는 수평거리에 따라 정방형으로 배치하였을 경우 각 설치장소별 수평거리, 헤드사이의 거리 및 헤드별 방호면적을 구하시오. 🔥🔥🔥

(2) 간이헤드를 화재안전기술기준에 따라 정방형으로 배치할 경우 헤드와 헤드사이의 거리 및 방호면적을 산출하시오.

(3) 화재조기진압용 스프링클러헤드의 배치와 관련하여 다음 물음에 답하시오. 🔥🔥🔥
  ① 가지배관 사이의 거리를 쓰시오.
  ② 헤드당 방호면적에 따라 헤드간 거리 및 수평거리를 산출하시오.
  ③ 가지배관 헤드사이의 거리를 천장의 높이를 구분하여 헤드간 수평거리와 방호면적을 산출하시오. (단, 정방형으로 배치한다.)

(4) 포소화설비에서 화재안전기술기준상 포워터스프링클러헤드 및 포헤드의 방호면적에 따른 헤드사이의 거리와 수평거리를 산출하시오. 🔥

해설

(1) 스프링클러헤드를 정방형으로 배치하였을 경우의 수평거리, 헤드간 거리, 헤드별 방호면적

구분	수평거리 (r)	각 헤드사이의 거리 ($S=2r\cos45°$)	방호면적 (S^2)
무대부・특수가연물 저장 취급 장소 특수가연물을 저장 취급하는 창고	1.7m	$S=2\times1.7\text{m}\times\cos45°=2.404$ ∴ 2.4m	5.7m²
일반구조/특수가연물 제외 저장 창고	2.1m	$S=2\times2.1\text{m}\times\cos45°=2.969$ ∴ 2.9m	8.4m²
내화구조/특수가연물 제외 저장 창고	2.3m	$S=2\times2.3\text{m}\times\cos45°=3.252$ ∴ 3.2m	10.2m²
아파등의 세대 내의 거실	2.6m	$S=2\times2.6\text{m}\times\cos45°=3.676$ ∴ 3.6m	12.9m²

※ 헤드사이의 거리 및 방호면적을 반올림할 경우 초과할 수 있으므로 반올림하지 않고 버린다.

(2) 간이헤드를 정방형으로 배치할 경우 헤드와 헤드사이의 거리 및 헤드별 방호면적

구분	수평거리(r)	각 헤드사이의 거리($S=2r\cos45°$)	방호면적(S^2)
간이헤드	2.3m	$S=2\times2.3\text{m}\times\cos45°=3.252$ ∴ 3.2m	10.2m²

(3) 화재조기진압용 스프링클러헤드의 배치 관련

① 가지배관사이의 거리 : 2.4m 이상 3.7m 이하로 할 것. 다만, 천장의 높이가 9.1m 이상 13.7m 이하인 경우에는 2.4m 이상 3.1m 이하로 한다.

② 헤드당 방호면적에 따른 헤드간 수평거리

구분	수평거리(r)	각 헤드사이의 거리($S=2r\cos45°$)
헤드당 방호면적별 구분 $S^2=6.0\text{m}^2$ 이상 9.3m² 이하	1.7~2.1m	$S=\sqrt{6\text{m}^2}=2.449$ ∴ 2.4m, $r=\dfrac{\sqrt{6\text{m}^2}}{2\times\cos45°}=1.732$ ∴ 1.7m $S=\sqrt{9.3\text{m}^2}=3.049$ ∴ 3m, $r=\dfrac{\sqrt{9.3\text{m}^2}}{2\times\cos45°}=2.156$ ∴ 2.1m

③ 가지배관의 헤드사이의 수평거리 및 방호면적

천장높이	헤드간 거리	각 헤드사이의 거리($S=2r\cos45°$)	수평거리(r)	방호면적
9.1m 미만	2.4m 이상 3.7m 이하	$r=\dfrac{2.4\text{m}}{2\times\cos45°}=1.697$ ∴ 1.6m $r=\dfrac{3.7\text{m}}{2\times\cos45°}=2.616$ ∴ 2.6m	1.6~2.6m	5.7~13.6m²
9.1m 이상 13.7m 이하	3.1m 이하	$r=\dfrac{3.1\text{m}}{2\times\cos45°}=2.192$ ∴ 2.1m	2.1m	9.6m²

> **참고만**
>
> ☑ 헤드 면적당 방호면적을 볼 경우 정방형으로 배치한다면 헤드간 거리는 $S=2.4$~3.1m로 배치하여야 하며 천장높이 9.1m 미만일 때 헤드간 거리 $S=3.7$m 이하로 될 경우에는 사실상 배치할 수 없다. 왜냐하면, 화대안전기준상 헤드당 방호면적은 6.0m² 이상 9.3m² 이하로 규정하고 있기 때문이다.

(4) 포소화설비에서 화재안전기술기준상 포워터스프링클러헤드 및 포헤드의 방호면적에 따른 헤드사이의 거리와 수평거리

구분	수평거리(r)	각 헤드사이의 거리($S=2r\cos45°$)
포워터스프링클러헤드 (헤드당 방호면적 $S^2=8\text{m}^2$)	2m	$r=\dfrac{\sqrt{8\text{m}^2}}{2\times\cos45°}=2$ ∴ 2m ($r=2.1$m로 헤드를 배치하면 방호면적이 부족하게 됨)
포헤드 (헤드당 방호면적 $S^2=9\text{m}^2$)	2.1m	$r=\dfrac{\sqrt{9\text{m}^2}}{2\times\cos45°}=2.121$ ∴ 2.1m ($S=2\times2.1\text{m}\times\cos45°=2.969$ ∴ 2.9m)

6 한 개의 방호구역으로 구성된 가로 15m, 세로 15m, 높이 6m의 랙식 창고에 특수가연물을 저장하고 있고, 라지드롭형 스프링클러헤드 폐쇄형을 정방형으로 설치하려고 한다. 다음 물음에 답하시오. 관설8 🔥🔥

(1) 헤드 설치수
(2) 총 헤드를 담당하는 최소배관의 구경(스케줄 방식배관)
(3) 헤드 1개당 $160l/\min$으로 방출 시 옥상수조를 포함한 수원의 양[l]

해설

(1) 헤드 설치수

구분	수평거리 (r)	각 헤드사이의 거리 ($S=2r\cos45°$)	방호면적 (S^2)
무대부·특수가연물 저장 취급 장소 특수가연물을 저장 취급하는 창고	1.7m	$S=2\times1.7\text{m}\times\cos45°=2.404$ ∴ 2.4m	5.7m^2
일반구조/특수가연물 제외 저장 창고	2.1m	$S=2\times2.1\text{m}\times\cos45°=2.969$ ∴ 2.9m	8.4m^2
내화구조/특수가연물 제외 저장 창고	2.3m	$S=2\times2.3\text{m}\times\cos45°=3.252$ ∴ 3.2m	10.2m^2
아파트등의 세대 내의 거실	2.6m	$S=2\times2.6\text{m}\times\cos45°=3.676$ ∴ 3.6m	12.9m^2

헤드 개수=가로 또는 세로길이[m]÷헤드간 거리[m]=15m÷2.4m=6.25 ∴ 7개
가로, 세로 길이가 같으므로 가로 7개×세로 7개=49 ∴ 49개
특수가연물을 저장하는 랙식 창고에는 랙 높이 3m 이하마다 스프링클러헤드를 설치하므로
49개×2열=98 ∴ 98개

(2) 총 헤드를 담당하는 최소배관의 구경(스케줄 방식배관)

구분	급수관의 구경									
	25	32	40	50	65	80	90	100	125	150
폐쇄형 헤드	2	3	5	10	30	60	80	100	160	161 이상
폐쇄형 헤드(반자위, 아래 설치할 경우)	2	4	7	15	30	60	65	100	160	161 이상
폐쇄형 헤드(무대부, 특수가연물 저장취급) 개방형 헤드 사용할 경우	1	2	5	8	15	27	40	55	90	91 이상

특수가연물을 저장하는 경우로서 폐쇄형 스프링클러헤드 설치 : 150mm

(3) 헤드 1개당 160*l* / min으로 방출 시 옥상수조를 포함한 수원의 양(*l*)

스프링클러설비 설치장소 (창고시설 및 공동주택 포함)			기준개수
• 지하층을 제외한 층수가 11층 이상인 특정소방대상물·지하가 또는 지하역사			30
• 아파트등의 각 동이 주차장과 연결된 경우의 주차장(폐쇄형 헤드 적용)			
• 창고시설(라지드롭헤드가 30개 이상 설치된 경우)			
지하층을 제외한 층수가 10층 이하인 소방대상물	공장(특수가연물 저장·취급하는 것)		20
	근린생활시설·판매시설·운수시설 또는 복합건축물 관점17(계산) 📝암기법 **복합판권(근)운수**	판매시설 또는 복합건축물(판매시설이 설치되는 복합건축물을 말한다.)	
		그 밖의 것(특수가연물 제외 공장 포함)	
	그 밖의 것	헤드의 부착높이가 <u>8m</u> 이상인 것	
		헤드의 부착높이가 <u>8m</u> 미만인 것	10
아파트등(폐쇄형 헤드 적용)			

[비고] 하나의 소방대상물이 2 이상의 "스프링클러헤드의 기준개수"란에 해당하는 때에는 기준개수가 많은 것을 기준으로 한다. 다만, 각 기준개수에 해당하는 수원을 별도로 설치하는 경우에는 그렇지 않다.

특수가연물을 저장 랙식창고(160*l*/min, 9.6m³)이므로 「창고시설의 화재안전기술기준」을 적용한다.
① 수원의 양(유효수량) : 30개 × 160*l*/min × 60min = 288,000 ∴ 228,000*l*
② 옥상수조 수원량(유효수량의 1/3 이상) : 228,000*l* ÷ 3 = 76,000 ∴ 76,000*l*
③ 옥상수조를 포함한 수원의 양 : 228,000*l* + 76,000*l* = 308,000 ∴ 304,000*l*

7 다음 조건에 따라 물음에 답하시오. 관설17 🔥🔥

〈 조 건 〉
- 건식밸브 1차측 가압수의 압력이 0.3MPa
- 동밸브 2차측의 공기압이 0.07MPa
- 1차측의 수압이 클래퍼에 작용하는 단면적이 68cm²

(1) 파스칼의 원리를 설명하시오.
(2) 클래퍼가 개방되지 않을 경우 2차측의 공기압이 클래퍼에 작용하는 단면적 [cm²]를 구하시오.
(3) "(2)"의 답에 따른 배관경 [mm]을 구하시오.
(4) 점검 중 실수로 건식밸브 클래퍼가 개방되어 1차측 수압으로 유지될 경우, 건식밸브 2차측 배관의 체적이 2.5m³라면 충수되는 물의 체적 [m³]과 무게 [N]를 구하시오.

📢 해설

(1) **파스칼의 원리(수압기의 원리)** : 밀폐된 용기 속에 작용한 외부압력은 외부압력의 크기에 변화없이 그대로 물의 모든 부분에 전달된다는 것을 말한다. 이것은 수압기에서도 사용이 되며 소방에서는 스프링클러설비 중 건식밸브에서도 응용되어 사용된다. 🔥🔥🔥

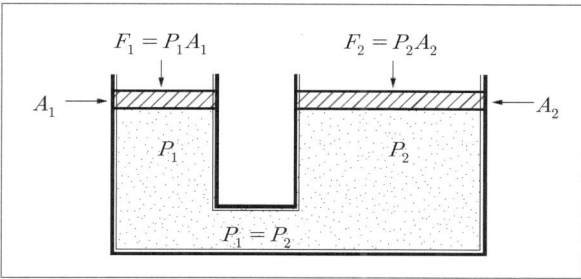

$$\frac{F_1}{A_1} = \frac{F_2}{A_2} \left[P_1 = P_2, \ P_1 = \frac{F_1}{A_1}, \ P_2 = \frac{F_2}{A_2} \right]$$

여기서, P_1, P_2 : 압력 $[\text{Pa} = \text{N}/\text{m}^2]$
F_1, F_2 : 힘[N]
A_1, A_2 : 면적$[\text{m}^2]$

(2) 클래퍼에 작용하는 단면적
파스칼의 원리를 응용하여 단면적을 구하는데 파스칼의 원리는 작용하는 압력($P_1 = P_2$)이 같으나 단면적의 크기가 달라 작용하는 힘은 달라지게 된다. 건식밸브의 경우에는 그 면적의 비율에 따른 힘의 균형($F_1 = F_2$)으로 볼 수 있으므로 클래퍼 1차측의 수압(P_1)은 높고 단면적(A_1)은 작고 2차측의 공기압(P_2)은 낮지만 단면적(A_2)이 커서 힘의 균형을 이루며 이 균형이 깨어질 때 건식밸브는 작동을 하며 일반적으로 2차측의 공기압을 조금 더 크게 하여 안정되도록 한다.
$F_1 = F_2$이므로 $F = P_1 \times A_1 = P_2 \times A_2$

$$A_2 = A_1 \times \frac{P_1}{P_2} = 68\text{cm}^2 \times \frac{0.3\text{MPa}}{0.07\text{MPa}} = 291.428$$

∴ $291.43[\text{cm}^2]$

(3) 배관경을 구하면 $A_2 = \frac{\pi}{4} D_2^2$ 이므로

$$D_2 = \sqrt{\frac{4A_2}{\pi}} = \sqrt{\frac{4 \times 291.43 \text{cm}^2}{\pi}} = 19.262$$

∴ $19.26\text{cm} = 192.6\text{mm}$ (호칭구경일 경우 200mm를 선정한다.)

(4) 점검 중 실수로 건식밸브 클래퍼가 개방되어 1차측 수압으로 유지될 경우, 건식밸브 2차측 배관의 체적이 2.5m^3라면 충수되는 물의 체적$[\text{m}^3]$과 무게[N]
① 충수된 물의 체적
충수되는 물의 체적=변경 전 공기체적(배관의 체적)−변경 후 공기체적
기체는 압축성 유체로서 온도, 압력이 변할 경우 일정하게 변한다. 온도 조건이 없으므로 보일의 법칙을 적용한다.
㉠ 변경 후 공기체적
$P_1 V_1 = P_2 V_2$
여기서, P_1 : 변경 전 절대압(=대기압+계기압)[MPa]
P_2 : 변경 후 절대압(=대기압+계기압)[MPa]
V_1 : 변경 전 체적$[\text{m}^3]$
V_2 : 변경 후 체적$[\text{m}^3]$
P_1 = 대기압 + 계기압(2차측 공기압) = 0.101325MPa + 0.07MPa = 0.171325MPa
P_2 = 대기압 + 계기압(변경된 1차측 수압) = 0.101325MPa + 0.3MPa = 0.401325MPa
$V_1 = 2.5\text{m}^3$(변경 전 공기의 체적=변경 전 배관의 체적)

$$V_2 = \frac{P_1}{P_2} \cdot V_1 = \frac{0.171325\text{MPa}}{0.401325\text{MPa}} \times 2.5\text{m}^3 = 1.067 \quad \therefore 1.07\text{m}^3$$

㉡ 충수되는 물의 체적
충수되는 물의 체적=변경 전 공기체적−변경 후 공기체적=$2.5\text{m}^3 - 1.07\text{m}^3 = 1.43$ ∴ 1.43m^3
② 충수된 물의 무게
$F = \gamma V$
여기서, F : 힘, 무게[N]
γ : 비중량[물 : $9,800\text{N}/\text{m}^3 = 9.8\text{kN}/\text{m}^3$]
V : 체적$[\text{m}^3]$

$\gamma = 9,800\text{N/m}^3(\text{물})$, $V = 1.43\text{m}^3$이므로

$F = \gamma V = 9,800\text{N/m}^3 \times 1.43\text{m}^3 = 14,014$ $\therefore 14,014\text{N}$

8 다음 조건에 따라 물음에 답하시오. 🔥🔥

─〈 조 건 〉─

① 화재 발생 전 NTP(Normal Tempature And Pressure) 상태로 유지되고 있다.
② 화재가 발생하여 준비작동식밸브가 작동하여 배관 내부 수압 0.6MPa, 온도는 200℃로 상승하였으나 스프링클러헤드는 개방되지 않았다.
③ 준비작동식 밸브 2차측 배관의 체적은 3m³이다.

(1) 화재 발생 후 준비작동식밸브 2차측에 충수되는 소화수의 체적 [m³]을 구하시오.
(2) 소화수의 비중이 0.95라면 충수되는 유체의 무게[kN]를 구하시오.

해설

(1) 화재 발생 후 준비작동식밸브 2차측에 충수되는 소화수의 체적[m³]
충수되는 물의 체적=변경 전 공기체적(배관의 체적)−변경 후 공기체적
기체는 압축성 유체로서 온도, 압력이 변할 경우 일정하게 변하므로 보일−샤를의 법칙을 적용한다.
① 변경 후 공기체적

$$\frac{P_1 V_1}{T_1} = \frac{P_2 V_2}{T_2}$$

여기서, P_1 : 변경 전 절대압(=대기압+계기압)[MPa]
P_2 : 변경 후 절대압(=대기압+계기압)[MPa]
V_1 : 변경 전 체적[m³]
V_2 : 변경 후 체적[m³]
T_1 : 변경 전 절대온도[K = 273 + ℃]
T_2 : 변경 후 절대온도[K = 273 + ℃]

NTP(Normal Tempature And Pressure : 20℃, 1atm)는 상온 · 상압 조건이므로
$P_1 = $ 대기압 + 계기압 $= 0.101325\text{MPa} + 0 = 0.101325\text{MPa}$
$P_2 = $ 대기압 + 계기압(변경된 수압) $= 0.101325\text{MPa} + 0.6\text{MPa} = 0.701325\text{MPa}$
$V_1 = 3\text{m}^3$ (변경 전 공기의 체적=변경 전 배관의 체적)
$T_1 = 273 + 20℃ = 293\text{K}$, $T_2 = 273 + 200℃ = 473\text{K}$

$\frac{P_1 V_1}{T_1} = \frac{P_2 V_2}{T_2}$ → $V_2 = \frac{P_1}{P_2} \cdot \frac{T_2}{T_1} \cdot V_1 = \frac{0.101325\text{MPa}}{0.701325\text{MPa}} \times \frac{473\text{K}}{293\text{K}} \times 3\text{m}^3 = 0.699$ $\therefore 0.699\text{m}^3$

② 충수되는 물의 체적
충수되는 물의 체적=변경 전 공기체적−변경 후 공기체적$= 3\text{m}^3 - 0.699\text{m}^3 = 2.301$ $\therefore 2.3\text{m}^3$

(2) 소화수의 비중이 0.95라면 충수되는 유체의 무게[kN]
$F = \gamma V$
여기서, F : 힘, 무게[N]
γ : 비중량[물 : 9,800N/m³ = 9.8kN/m³]
V : 체적[m³]
$\gamma = S \cdot \gamma_w = 0.95 \times 9.8\text{kN/m}^3$, $V = 2.3\text{m}^3$이므로
$F = \gamma V = 0.95 \times 9.8\text{kN/m}^3 \times 2.3\text{m}^3 = 21.413$ $\therefore 21.41\text{kN}$

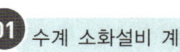

9 다음 조건에 따라 RDD 및 ADD[lpm / m²]를 구하시오.

─〈 조 건 〉─

① 층수가 10층으로 판매시설의 일부 구획실로서 가로 16m, 세로 19m, 높이 4m이며, 통로 등 가연물을 적재할 수 없는 부분은 바닥면적의 10%이다.
② 스프링클러설비의 설치장소에 따른 기준개수가 개방되어 해당 수원이 모두 방수되어 화재는 진압되었고, 스키핑(skpping : 화염에 의해 증발된 방수량 일부가 인근 헤드를 적시는 현상)에 의해 전체 방수량의 10%가 소실되었다.

해설

(1) **필요진화밀도(RDD : Required Delivered Density)**

$$RDD = \frac{화재진압에\ 필요한\ 방수량}{가연물\ 상단면적}[lpm/m^2]$$

스프링클러설비 설치장소(창고시설 및 공동주택 포함)			기준개수
지하층을 제외한 층수가 11층 이상인 특정소방대상물·지하가 또는 지하역사			30
아파트등의 각 동이 주차장과 연결된 경우의 주차장(폐쇄형 헤드 적용)			
창고시설(라지드롭헤드가 30개 이상 설치된 경우)			
지하층을 제외한 층수가 10층 이하인 소방대상물	공장(특수가연물 저장·취급하는 것)		
	근린생활시설·판매시설·운수시설 또는 복합건축물 **관점17(계산)** **암기법** 복합판권(근)운수	판매시설 또는 복합건축물(판매시설이 설치되는 복합건축물을 말한다.)	
		그 밖의 것(특수가연물 제외 공장 포함)	20
	그 밖의 것	헤드의 부착높이가 8m 이상인 것	
		헤드의 부착높이가 8m 미만인 것	10
아파트등(폐쇄형 헤드 적용)			

[비고] 하나의 소방대상물이 2 이상의 "스프링클러헤드의 기준개수"란에 해당하는 때에는 기준개수가 많은 것을 기준으로 한다. 다만, 각 기준개수에 해당하는 수원을 별도로 설치하는 경우에는 그렇지 않다.

화재진압에 필요한 방수량 = $80l/min \cdot 개 \times 30개 = 2,400l/min$

가연물 상단면적(통로 등 가연물을 적재할 수 없는 10% 제외 면적) = $16m \times 19m \times 0.9 = 273.6m^2$

$$RDD = \frac{화재진압에\ 필요한\ 방수량[lpm]}{가연물\ 상단\ 면적[m^2]}$$

$$= \frac{2,400l/min}{273.6m^2} = 8.771 \quad \therefore 8.77 lpm/m^2$$

(2) **실제침투밀도(ADD : Actual Delivered Density)**

$$ADD = \frac{가연물\ 상단에\ 도달된\ 방수량}{가연물\ 상단면적}[lpm/m^2]$$

가연물 상단에 도달된 방수량(스키핑에 의한 방수량 제외) = $80l/min \cdot 개 \times 30개 \times 0.9 = 2,160l/min$

가연물 상단면적(통로 등 가연물을 적재할 수 없는 10% 제외 면적) = $16m \times 19m \times 0.9 = 273.6m^2$

$$ADD = \frac{가연물\ 상단에\ 도달된\ 방수량[lpm]}{가연물\ 상단\ 면적[m^2]}$$

$$= \frac{2,160l/min}{273.6m^2} = 7.894 \quad \therefore 7.89 lpm/m^2$$

10 다음 조건에 따라 물음에 답하시오.

〈 조 건 〉
① 내화구조가 아닌 공장으로 특수가연물을 저장하며, 가로 25m, 세로 30m, 높이 6m이다.
② 일제살수식 스프링클러설비를 설치한다.
③ 스프링클러설비의 모든 저장량이 방수되어 화재는 진압되었고, 전체 방수량의 5%가 화염에 의해 소실된 것으로 보고 추가적인 급수는 없다.

(1) 일제개방밸브 1개가 담당하는 최대방수면적 [m²]을 구하시오. (단, 헤드는 정방형으로만 배치한다.)
(2) 구조는 무시하고 공장에 설치해야 하는 일제개방밸브의 개수를 구하시오. (단, (1)의 답을 기준으로 적용한다.)
(3) 화재로 인하여 일제개방밸브 1개가 개방될 경우 RDD 및 ADD [lpm/m²]를 구하시오. (단, 헤드가 가장 많이 설치된 일제개방밸브를 기준으로 적용하며, 헤드당 80lpm을 적용한다.)

해설

(1) 일제개방밸브 1개가 담당하는 최대방수면적[m²] (단, 헤드는 정방형으로 배치한다.)
$$A = NS^2 = N \times (2r \cdot \cos\theta)^2$$
여기서, A : 일제 개방밸브 1개당 방수면적[m²]
N : 설치 헤드 개수[개]
$S^2 = (2r \cdot \cos\theta)^2$: 헤드 1개의 방호면적[m²/개]
r : 헤드의 수평거리[m]
$r = 1.7$m(특수가연물을 저장, 취급), $N = 50$개(일제개방밸브 1개당 최대 헤드 개수)
$A = NS^2 = 50$개 $\times (2 \times 1.7\text{m} \times \cos 45°)^2 = 289$ ∴ 289m^2

(2) 구조는 무시하고 랙식 창고에 설치해야 하는 일제개방밸브의 개수(단, (1)의 답을 기준으로 적용한다.)
바닥면적 $\div A = (25\text{m} \times 30\text{m}) \div 289\text{m}^2 = 2.595$ ∴ 3개

(3) 일제개방밸브 화재로 인하여 일제개방밸브 1개가 개방될 경우 RDD 및 ADD[lpm/m²]
① 필요진화밀도(RDD : Required Delivered Density)
$$RDD = \frac{\text{화재진압에 필요한 방수량}}{\text{가연물 상단면적}} [\text{lpm/m}^2]$$
화재진압에 필요한 방수량(헤드 50개 동시 개방) = $80l/\min \cdot$ 개 $\times 50$개 $= 4,000l/\min$
가연물 상단면적(일제개방밸브 1개 담당면적) $= 289\text{m}^2$
$$RDD = \frac{\text{화재진압에 필요한 방수량}[lpm]}{\text{가연물 상단면적}[\text{m}^2]} = \frac{4,000l/\min}{289\text{m}^2} = 13.84 \quad \therefore 13.84 lpm/\text{m}^2$$

② 실제침투밀도(ADD : Actual Delivered Density)
$$ADD = \frac{\text{가연물 상단에 도달된 방수량}}{\text{가연물 상단면적}} [\text{lpm/m}^2]$$
가연물 상단에 도달된 방수량(스키핑에 의한 방수량 제외) = $80l/\min \cdot$ 개 $\times 50$개 $\times 0.95 = 3,800l/\min$
가연물 상단면적(일제개방밸브 1개 담당면적) $= 289\text{m}^2$
$$ADD = \frac{\text{가연물 상단에 도달된 방수량}[lpm]}{\text{가연물 상단 면적}[\text{m}^2]} = \frac{3,800l/\min}{289\text{m}^2} = 13.148 \quad \therefore 13.15 lpm/\text{m}^2$$

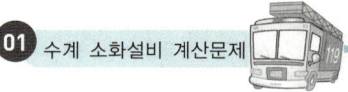

11 조건에 따라 다음 물음에 답하시오.

> **〈 조 건 〉**
> 내화구조의 건축물로 지하 3층, 지상 2층이며 지상층은 무창구조이며 지상 1층의 바닥은 지표면과 동일하다. 지하 3층~지상 1층은 업무시설, 지상 2층은 교육연구시설로서 지하층 20m×40m, 지상층은 20m×50m, 각 층의 층고는 4m로 옥상층에 구조물은 없다.

(1) 스프링클러를 설치할 경우 설치하여야 하는 헤드의 최소개수는 총 몇 개인가? (단, 정방형으로 헤드를 배치한다.) 🔥🔥🔥

(2) 스프링클러헤드의 기준개수를 구하고, 그 이유를 설명하시오. 🔥🔥🔥

(3) 수조는 지하 3층에 설치하며 화재안전기술기준에 따라 옥상수조의 수원량을 포함한 최소 수원 [ton]을 구하시오. 🔥🔥🔥

(4) 유효수량의 1/3을 옥상수조에 설치할 경우 화재안전기술기준에 따라 옥상수조를 대체할 수 있는 방법을 쓰시오. 🔥

해설

(1) 헤드개수

「소방시설법 시행령」 별표 4에 따라 지하층, 무창층, 4층 이상인 층으로서 바닥면적 1,000m² 이상인 층에만 설치하므로 지하 1~3층의 바닥면적은 800m²로서 설치대상이 아니므로, 지상 1, 2층(바닥면적 1,000m²)에만 스프링클러설비를 설치하면 다음과 같다. (복합건축물인 경우 연면적(층별 바닥면적의 합계)이 5,000m² 이상일 경우 모든 층에 스프링클러를 설치한다.)

$S = 2r\cos\theta = 2 \times 2.3\text{m} \times \cos 45° = 3.2526$ ∴ 3.25m

가로 20m ÷ 3.25m/개 = 6.153 ∴ 7개, 세로 50m ÷ 3.25m/개 = 15.384 ∴ 16개

7개 × 16개 × 2개 층 = 224 ∴ 설치헤드 총계 224개

(2) 기준개수 : 판매시설이 없는 복합건축물이므로 "그 밖의 것"에 해당되어 기준개수는 20개

(3) 최소 수원량 : 화재안전기술기준상 건축물의 높이가 10m 이하로 옥상수조 설치대상이 아니므로

20개 × 20분 × 80lpm = 32,000*l* ∴ 32 ton만 있으면 화재안전기술기준상 합당하나 fail-safe적 개념으로 옥상수조를 자진설비로서 설치한다면 $32\text{ton} + 32\text{ton} \times \frac{1}{3} = 42.667$ ∴ 43ton 필요

(4) 옥상수조를 대체할 수 있는 방법 : 조건에 따를 경우 건축물의 높이가 10m 이하로 옥상수조에 설치대상이 되지 않으나 그 외의 대체 방법은 다음과 같다.
① **수**원이 건축물의 최상층에 설치된 헤드보다 높은 위치에 설치된 경우
② **주**펌프와 동등 이상의 성능이 있는 별도의 펌프로서 내연기관의 기동과 연동하여 작동되거나 비상전원을 연결하여 설치하여야 한다.
③ **가**압수조를 가압송수장치로 설치한 스프링클러설비
④ **고**가수조를 가압송수장치로 설치한 스프링클러설비

📝 **암기법** 수주가고

12 「소방시설의 설치 및 관리에 관한 법률 시행령」 별표 4에 따라 스프링클러설비를 설치할 경우 내화구조로서 지상 1~5층의 통신촬영시설로서 각 층은 40m×25m로서 정방형으로 헤드를 배치할 경우 최소로 설치하여야 하는 헤드의 개수를 구하시오. 🔥🔥🔥

해설

「소방시설법 시행령」 별표 4에 따라 지하층, 무창층, 4층 이상인 층으로서 바닥면적 1,000m² 이상인 층에만 설치하므로 지상 4~5층에만 스프링클러를 설치하면 다음과 같다.
$S = 2r\cos\theta = 2 \times 2.3m \times \cos 45° = 3.2526$ ∴ 3.25m
가로 40m ÷ 3.25m/개 = 12.307 ∴ 13개
세로 25m ÷ 3.25m/개 = 7.69 ∴ 8개
13개 × 8개 × 2개 층 = 208 ∴ 설치헤드 총계 208개

13 바닥면적이 가로 25m, 세로 15m되는 10층 갱생보호시설(교정 및 군사 시설, 내화구조, 반자높이 4m)에 헤드를 정방형으로 설치할 경우 소요 헤드수와 수원의 양을 구하시오. 🔥

해설

(1) 소요 헤드수
정방형 배치의 경우 헤드간격 $S = 2r\cos 45°$ 이며, 수평거리 = 2.3m 이다.
$S = 2r\cos 45° = 2 \times 2.3m \times \cos 45° = 3.2526$ ∴ 3.25m
가로열의 헤드수 = 25m ÷ 3.25m/개 = 7.69 ∴ 8개
세로열의 헤드수 = 15m ÷ 3.25m/개 = 4.61 ∴ 5개
따라서 총 헤드수 = 8개 × 5개 = 40개

(2) 수원의 양
10층으로 갱생보호시설(교정 및 군사 시설)은 그 밖의 것에 해당하므로 기준개수가 10개이다.
∴ 수원의 양[m³] = 10개 × 80lpm × 20min = 16m³

14 옥내소화전설비·스프링클러설비·간이스프링클러설비·화재조기진압용스프링클러설비·물분무소화설비·포소화설비 및 옥외소화전설비의 가압송수장치와 일반급수용 가압송수장치와 상호 연결하여 사용할 경우 조치사항을 쓰시오. 🔥🔥

해설

연결배관에는 개폐표시형밸브를 설치하여야 하며, 각 소화설비의 성능에 지장이 없도록 하여야 한다.

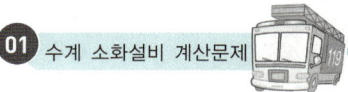

15 교육연구시설(연구소)로서 조건에 따라 다음 물음에 답하시오.

〈 조 건 〉

① 건물의 층별 높이는 다음과 같으며 지상층은 유창층이다.

구분	지하 2층	지하 1층	지상 1층	지상 2층	지상 3층	지상 4층	지상 5층
층높이[m]	5.5	4.5	4.5	4.5	4	4	4
반자높이[m]	5.0	4.0	4.0	4.0	3.5	3.5	3.5
바닥면적[m²]	2,500	2,500	2,000	2,000	2,000	1,800	900

② 지상 1층에 있는 국제회의실은 바닥으로부터 반자까지의 높이가 8.5m
③ 지하 2층 바닥 아래 부압흡입방식의 저수조에는 저수조 바닥으로부터 3m 위에 소방용 후드(foot) 밸브가 위치해 있으며, 저수조는 일반급수 펌프와 소방용 펌프를 겸용으로 사용하며, 내부 크기는 가로 8m, 세로 5m, 높이 4m이다.
④ 스프링클러 헤드 설치 시 반자(헤드 부착면) 높이는 위 표에 따른다.
⑤ 배관 및 관 부속의 마찰손실수두는 실양정의 30%이다.
⑥ 펌프의 효율은 60%, 전달계수는 1.1이다.
⑦ 산출량은 최소치를 적용한다.
⑧ 기타 조건은 소방관련법령 및 화재안전기술기준을 따른다.

(1) 이 건물에서 스프링클러설비를 설치하여야 하는 층과 그 이유를 설명하시오.
(2) 일반급수펌프의 흡수구와 소화펌프의 흡수구 사이의 수직거리 [m]를 구하시오.
(3) 옥상수조를 설치할 경우 옥상수조에 보유하여야 할 최소 저수량 [m³]을 구하시오.
(4) 소방펌프의 정격토출량 [l/min]을 구하시오.
(5) 소화펌프의 전양정 [m]을 구하시오.
(6) 소화펌프의 전동기동력 [kW]을 구하시오.

해설

(1) 이 건물에서 스프링클러설비를 설치하여야 하는 층과 그 이유
① 이유 : 「소방시설법 시행령」 별표 4에 따라 지하층, 무창층 또는 4층 이상인 층으로서 바닥면적 $1,000m^2$ 이상인 층에만 스프링클러설비를 설치한다.
② 설치하여야 하는 층 : 지하층에 해당하는 지하 1~2층(바닥면적 $2,500m^2$), 지상 4층(바닥면적 $1,800m^2$)
→ 지상 5층은 4층 이상에 해당되지만 바닥면적이 $900m^2$이므로 스프링클러설비를 설치하지 않는다.

(2) 일반급수펌프의 흡수구와 소화펌프의 흡수구 사이의 수직거리[m]
① 스프링클러설비의 수원(유효수량) : 화재안전기술기준에 따라 기준개수는 10개(1층 국제회의실의 경우 스프링클러의 설치대상이 되지 않으므로 반자높이 8.5m는 기준개수와 의미가 없다.)
$1.6m^3 \times 10개 = 16m^3$

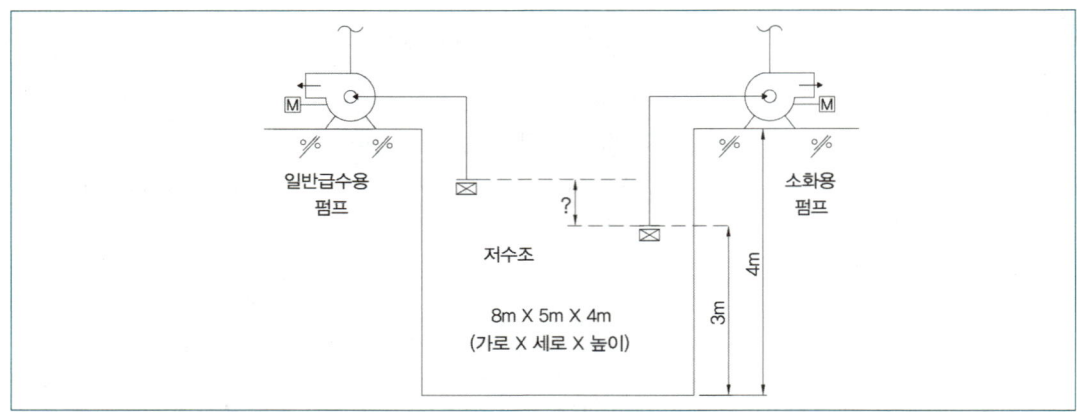

② 흡수구 사이의 거리 : 소화용수로 사용가능한 수원은 문제의 조건에 따라 산출한 최소치를 적용하여야 하며, 일반 급수용 흡수구(후드밸브)는 항상 소방용 흡수구(후드밸브) 위에 위치하여야 소화용수를 확보할 수 있다.

스프링클러설비 설치장소(창고시설 및 공동주택 포함)			기준개수
• 지하층을 제외한 층수가 11층 이상인 특정소방대상물·지하가 또는 지하역사 • 아파트등의 각 동이 주차장과 연결된 경우의 주차장(폐쇄형 헤드 적용) • 창고시설(라지드롭헤드가 30개 이상 설치된 경우)			30
지하층을 제외한 층수가 10층 이하인 소방대상물	공장(특수가연물 저장·취급하는 것)		30
	근린생활시설·판매시설·운수시설 또는 복합건축물 관점17(계산) 🖉암기법 복합판권(근)운수	판매시설 또는 복합건축물(판매시설이 설치되는 복합건축물을 말한다.)	
	그 밖의 것	그 밖의 것(특수가연물 제외 공장 포함)	20
		헤드의 부착높이가 8m 이상인 것	
		헤드의 부착높이가 8m 미만인 것	10
아파트등(폐쇄형 헤드 적용)			

[비고] 하나의 소방대상물이 2 이상의 "스프링클러헤드의 기준개수"란에 해당하는 때에는 기준개수가 많은 것을 기준으로 한다. 다만, 각 기준개수에 해당하는 수원을 별도로 설치하는 경우에는 그렇지 아니하다.

$8\text{m} \times 5\text{m} \times H[\text{m}] = 16\text{m}^3$

$H = \dfrac{16\text{m}^3}{8\text{m} \times 5\text{m}} = 0.4\text{m}$

즉, 흡수구 사이의 거리는 0.4m 이상 확보하여야 한다.

(3) 옥상수조를 설치할 경우 옥상수조에 보유하여야 할 최소 저수량[m³]

유효수량의 1/3 이상을 확보하여야 하므로 $16\text{m}^3 \times \dfrac{1}{3} = 5.333$ ∴ 5.33m³

(4) 소방펌프의 정격토출량[l / min]

기준개수가 10개이므로 $10개 \times 80l/\min = 800$ ∴ $800 l/\min$

(5) 소화펌프의 전양정(전수두)[m]

전수두 = 낙차수두 + 마찰손실수두 + 법정토출수두

① 낙차수두

구분	지하 2층	지하 1층	지상 1층	지상 2층	지상 3층	지상 4층	지상 5층
층높이[m]	5.5	4.5	4.5	4.5	4	4	4
반자높이[m]	5.0	4.0	4.0	4.0	3.5	3.5	3.5
바닥면적[m²]	2,500	2,500	2,000	2,000	2,000	1,800	900

소화펌프의 설치위치와 후드밸브 설치위치에 따른 흡입낙차수두 1m를 고려하며, 스프링클러설비는 지상 4층까지 설치되고 스프링클러헤드는 반자에 설치하므로 반자높이까지가 낙차수두가 된다.

낙차수두 $= 1m + 5.5m + 4.5m \times 3$개 층$+ 4m + 3.5m = 27.5$ ∴ 27.5m

② 마찰손실수두는 문제의 조건에 따라 낙차수두의 30%
마찰손실수두 $= 27.5m \times 0.3 = 8.25$ ∴ 8.25m

③ 전양정(전수두)
전수두 = 낙차수두 + 마찰손실수두 + 법정토출수두
$$= 27.5m + 8.25m + \frac{0.1MPa}{0.101325MPa} \times 10.332mH_2O = 45.946 \quad ∴ 45.946m$$

(6) 소화펌프의 전동기동력[kW]

수동력	축동력	전동기용량
$P = \gamma HQ$	$P = \dfrac{\gamma HQ}{\eta}$	$P = \dfrac{\gamma HQ}{\eta} \times K$

P : 동력[kW]	→ $P = \dfrac{\gamma HQ}{\eta} \times K$
γ : 비중량[물 : 9.8kN/m³]	→ 9.8kN/m³
H : 전양정(전수두)[m]	→ 45.946m
Q : 유량[m³/s]	→ $800 l/min = 0.8m^3/min \times \dfrac{1min}{60s}$
η : 전효율[$\eta_{전효율} = \eta_{수력효율} \times \eta_{체적효율} \times \eta_{기계효율}$]	→ 0.6
K : 전달계수	→ 1.1

$$P = \frac{\gamma HQ}{\eta} \times K = \frac{9.8kN/m^3 \times 45.946m \times 0.8m^3/min \times \frac{1min}{60s}}{0.6} \times 1.1 = 11.006 \quad ∴ 11.01kW$$

16 습식스프링클러헤드(폐쇄형)를 사용한 설비로서 5층 건물의 도매시장이 있다. 다음 물음에 답하시오.

〈 조 건 〉
- 헤드수 : 1~5층까지 각 층 25개씩
- 펌프에서 최상층 헤드까지의 높이 : 40m(흡입양정은 무시한다.)
- 배관의 마찰손실수두 : 15m[단, 0.1MPa = 10m]
- 펌프의 효율 : 65%

(1) 수원의 수량 [m³]을 구하시오.
(2) 펌프의 토출량 [m³/min]을 구하시오.
(3) 펌프의 양정 [m]을 구하시오.
(4) 펌프의 동력 [kW]을 구하시오.

해설

(1) 수원량[m³] : 도매시장(판매시설)의 기준개수는 30개이나, 각 층의 헤드설치가 기준개수보다 적으므로 기준개수는 설치개수가 된다.

∴ 수원의 양 = 설치개수(25개) × 1.6m³ = 40m³

(2) 토출량[m³/min] : 토출량 = 설치개수 × 80l/min = 25개 × 80l/min = 2,000l/min = 2m³/min

(3) 양정[m] : $H = H_1 + H_2 + H_3 = 40 + 15 + 10 = 65m$

(4) 동력 : 문제의 조건에 효율은 있으나 전달계수가 주어지지 않았으므로 축동력을 구하면

수동력	축동력	전동기용량
$P = \gamma H Q$	$P = \dfrac{\gamma H Q}{\eta}$	$P = \dfrac{\gamma H Q}{\eta} \times K$

P : 동력[kW]	→ $P = \dfrac{\gamma H Q}{\eta}$
γ : 비중량[물 : 9.8kN/m³]	→ 9.8kN/m³
H : 전양정(전수두)[m]	→ 65m [문제 (3)]
Q : 유량[m³/s]	→ 2m³/min × $\dfrac{1\min}{60s}$ [문제 (2)]
η : 전효율[$\eta_{전효율} = \eta_{수력효율} \times \eta_{체적효율} \times \eta_{기계효율}$]	→ 0.65
K : 전달계수	→ 조건 없음

$$P = \frac{\gamma H Q}{\eta} = \frac{9.8\text{kN/m}^3 \times 65\text{m} \times 2\text{m}^3/\min \times \dfrac{1\min}{60\text{s}}}{0.65} = 32.666 \quad \therefore 32.67\text{kW}$$

---

17 다음 물음에 답하시오. 🔥🔥

8층 옥탑	휴게실
7층 업무시설	
6층 업무시설	
5층 업무시설	
4층 업무시설	
3층 업무시설	
2층 수퍼마켓	
1층 수퍼마켓	펌프실 및 물탱크실

〈 조 건 〉

① 내화구조의 건축물로서 1~7층은 가로 20m, 세로 43m이다.
② 1층에는 펌프실 및 물탱크실이 있으며 가로 20m, 세로 17m이며 내화구조의 벽으로 구획되어 있으며 거실의 형태는 직사각형이다.
③ 8층의 휴게실은 가로, 세로가 각각 5m, 13m이다.
④ 스프링클러헤드는 폐쇄형이며 정방형으로 배치한다.
⑤ 스프링클러의 주배관은 헤드가 가장 많이 설치된 유수검지장치를 기준으로 한다.
⑥ 화재안전기술기준에 따르며, 기타 주어지지 않은 조건은 무시한다.

(1) 최소한의 층별 스프링클러헤드 개수 및 유수검지장치의 규격 및 개수를 구하시오.
(2) 스프링클러 주배관의 유속을 구하시오.

해설

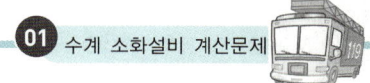

01 수계 소화설비 계산문제

(1) 최소한의 층별 스프링클러헤드 개수 및 유수검지장치의 규격 및 개수

① 각 층별 헤드의 개수
  헤드간 거리에서 내화구조이므로 $r = 2.3m$를 적용하면
  $S = 2r\cos\theta = 2 \times 2.3m \times \cos 45° = 3.2526$ ∴ 3.25m

  ㉠ 1층의 스프링클러헤드의 개수 : 1층에 펌프실 및 물탱크실은 스프링클러헤드 설치제외 장소이므로 펌프실 및 물탱크실의 크기만큼 감해주어야 하므로
    가로 = 20m, 세로 = 43m − 17m = 26m이므로
    • 가로 : 20m ÷ 3.25m/개 = 6.153   ∴ 7개
    • 세로 : 26m ÷ 3.25m/개 = 8   ∴ 8개
    ∴ 7 × 8 = 56개를 1층에 설치하여야 한다.

  ㉡ 2~7층의 스프링클러헤드의 개수
    가로 = 20m, 세로 = 43m이므로
    • 가로 : 20m ÷ 3.25m/개 = 6.153   ∴ 7개
    • 세로 : 43m ÷ 3.25m/개 = 13.230 ∴ 14개
    ∴ 7 × 14 = 98개를 각 층별로 설치하여야 한다.

  ㉢ 8층의 스프링클러헤드의 개수
    가로 = 5m, 세로 = 13m이므로
    • 가로 : 5m ÷ 3.25m/개 = 1.538   ∴ 2개
    • 세로 : 13m ÷ 3.25m/개 = 4   ∴ 4개
    ∴ 2 × 4 = 8개를 설치하여야 한다.

이해 必

〈스프링클러헤드 수별 급수관의 구경(제8조제3항제3호 관련)〉 술92(25)100(10)118(25)

(단위 : mm)

구분 \ 급수관의 구경	25	32	40	50	65	80	90	100	125	150
가. 폐쇄형 헤드	2	3	5	10	30	60	80	100	160	161 이상
나. 폐쇄형 헤드(반자위, 아래 설치할 경우)	2	4	7	15	30	60	65	100	160	161 이상
다. 폐쇄형 헤드(무대부, 특수가연물 저장취급) 개방형 헤드 사용할 경우	1	2	5	8	15	27	40	55	90	91 이상

[주] 1. 폐쇄형 스프링클러헤드를 사용하는 설비의 경우로서 1개 층에 하나의 급수배관(또는 밸브 등)이 담당하는 구역의 최대면적은 3,000m²를 초과하지 아니할 것
  2. 폐쇄형 스프링클러헤드를 설치하는 경우에는 "가"란의 헤드 수에 따를 것. 다만, 100개 이상의 헤드를 담당하는 급수배관(또는 밸브)의 구경을 100mm로 할 경우에는 수리계산을 통하여 제8조제3항제3호(수리계산하는 경우 가지배관은 6m/s 그 밖의 배관은 10m/s를 초과하지 않을 것)에서 규정한 배관의 유속에 적합하도록 할 것
  3. 폐쇄형 스프링클러헤드를 설치하고 반자 아래의 헤드와 반자속의 헤드를 동일 급수관의 가지관상에 병설하는 경우에는 "나"란의 헤드수에 따를 것
  4. 제10조제3항제1호(무대부, 특수가연물 저장, 취급 1.7m 이하)의 경우로서 폐쇄형 스프링클러헤드를 설치하는 설비의 배관구경은 "다"란에 따를 것
  5. 개방형 스프링클러헤드를 설치하는 경우 하나의 방수구역이 담당하는 헤드의 개수가 30개 이하일 때는 "다"란의 헤드수에 의하고, 30개를 초과할 때는 수리계산 방법에 따를 것

② 유수검지장치의 규격 및 개수
  각 층별 유수검지장치의 규격은 폐쇄형 헤드의 급수관 구경에 따르므로
  ㉠ 1층에 설치하는 헤드의 개수가 56개이므로 80mm 1개
  ㉡ 2~6층에 설치하는 헤드의 개수가 98개이므로 100mm를 각 층별로 설치하므로 5개

ⓒ 7층에 설치하는 헤드의 개수는 98개이나 「스프링클러설비의 화재안전기술기준」 2.3.1.3에 의해 1개 층에 설치하는 헤드의 개수가 10 이하인 경우에는 1개의 유수검지장치로 설치할 수 있으므로 7층과 8층에는 하나의 유수검지장치로 사용할 수 있으므로 설치되는 헤드의 개수는 106개이므로 유수검지장치는 125mm 1개

(2) **스프링클러 주배관의 유속**
주배관의 정의는 각 층을 수직으로 관통하는 수직배관을 말하므로 주배관의 구경은 스프링클러헤드가 가장 많이 설치된 유수검지장치를 기준으로 하므로 125mm이며 유량은 복합 건축물로서 수퍼마켓(판매시설)이 설치되므로 기준개수는 30개로 분당 방출량은 $2,400 l/min$이 되므로 유속을 구하면

$Q = AV$

여기서, Q : 유량[m³/s]
A : 배관단면적$\left(\frac{\pi}{4}D^2 [m^2]\right)$
V : 유속[m/s]

$Q = 2,400 \text{lpm} = 2.4 \text{m}^3/\text{min}$ 1분당이므로 60초를 나눈다. [$1\text{m}^3 = 1,000 l$]

$A = \frac{\pi}{4} \times 0.125^2 \text{m}^2$ 이므로

$V = \frac{Q}{A} = \frac{2.4 \text{m}^3/\text{min}}{\frac{\pi}{4} \times 0.125^2 \text{m}^2 \times 60 \text{s}} = 3.259$ ∴ 3.26m/s

이해 必

스프링클러설비 설치장소(창고시설 및 공동주택 포함)			기준개수
• 지하층을 제외한 층수가 11층 이상인 특정소방대상물·지하가 또는 지하역사			30
• 아파트등의 각 동이 주차장과 연결된 경우의 주차장(폐쇄형 헤드 적용)			
• 창고시설(라지드롭헤드가 30개 이상 설치된 경우)			
지하층을 제외한 층수가 10층 이하인 소방대상물	공장(특수가연물 저장·취급하는 것)		
	근린생활시설·판매시설·운수시설 또는 **복합건축물** 관점17(계산) 🖊암기법 복합판권(근)운수	판매시설 또는 복합건축물(판매시설이 설치되는 복합건축물을 말한다.)	
		그 밖의 것(특수가연물 제외 공장 포함)	20
	그 밖의 것	헤드의 부착높이가 **8m 이상**인 것	
		헤드의 부착높이가 **8m 미만**인 것	10
아파트등(폐쇄형 헤드 적용)			

[비고] 하나의 소방대상물이 2 이상의 "스프링클러헤드의 기준개수"란에 해당하는 때에는 기준개수가 많은 것을 기준으로 한다. 다만, 각 기준개수에 해당하는 수원을 별도로 설치하는 경우에는 그렇지 않다.

18 다음과 같이 고가수조방식으로 스프링클러를 설치하였다. 각 물음에 답하시오. (단, 0.1MPa=10m)

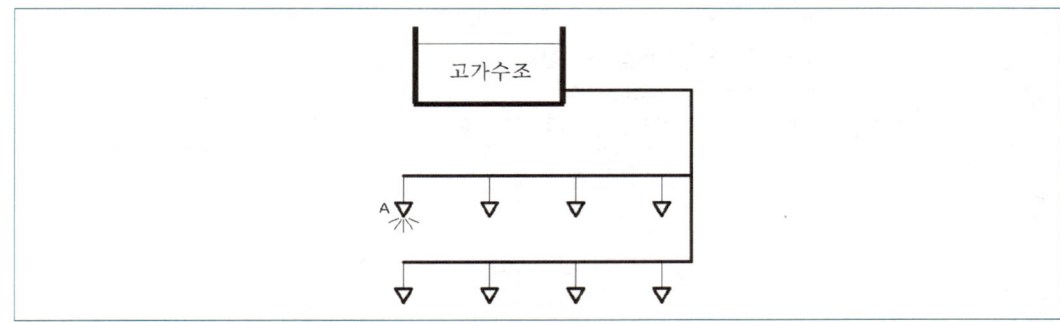

(1) 가장 높은 층의 말단의 헤드 A까지의 낙차가 15m이고, 배관의 마찰손실압력은 0.04MPa일 때 방수압력 [MPa]을 구하시오.
(2) (1)에서 A헤드의 방수압력이 0.12MPa이 되게 하려면 수조는 기존의 높이보다 몇 [m]를 올려야 하는가? (단, 배관의 마찰손실압력은 0.04MPa로 일정하다.)
(3) 고가수조에 설치하는 부속장치 및 배관을 4가지만 쓰시오.

해설

(1) A헤드의 방수압력
A헤드의 방수압력(P) = 낙차 환산수두압력(P_1) − 배관 마찰손실압력(P_2)
조건에 따라 0.1MPa=10m이므로
∴ A헤드의 방수압력
P = 15m − 0.04MPa = 0.15MPa − 0.04MPa = 0.11MPa

(2) A헤드의 방수압력
= 낙차 환산수두압력 − 배관 마찰손실압력
0.12MPa = (0.15MPa + x) − 0.04MPa
0.12MPa + 0.04MPa = (0.15MPa + x)
0.12MPa + 0.04MPa − 0.15MPa = x
0.01MPa = x 조건에 따라 0.1MPa=10m이므로 x = 0.01MPa = 1m

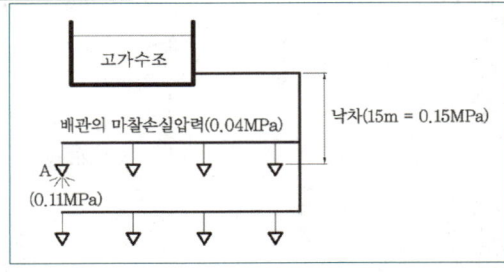

(3) 고가수조, 압력수조, 가압수조에 설치하여야 할 부속장치 4가지
수위계, 급수관, 배수관, 오버플로관, 맨홀

19 다음 그림은 어느 습식 스프링클러설비에서 배관의 일부를 나타내는 평면도이다. 각 A, B, C, D 내에 필요한 관부속품의 개수를 답란의 빈 칸에 기입하시오.

───〈 조 건 〉───
① 다음의 표에 주어진 관이음쇠만 산출한다.
② 크로스 티는 사용할 수 없다.
③ 헤드는 니플로만 연결하되, 장니플, 단니플 구분없이 1개소에 1개로 산출한다.

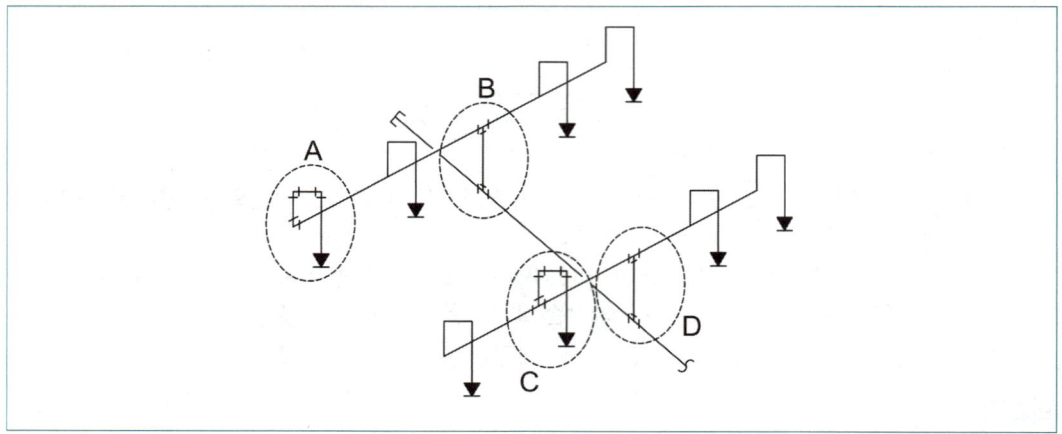

지점	품명	규격	수량	지점	품명	규격	수량
A	엘보	25A	( )	B	티	40A×40A×40A	( )
	레듀셔	25A×15A	( )		레듀셔	40A×25A	( )
	니플	25A	( )		니플	40A	( )
					니플	25A	( )
C	티	25A×25A×25A	( )	D	티	50A×50A×40A	( )
	엘보	25A	( )		티	40A×40A×40A	( )
	레듀셔	25A×15A	( )		레듀셔	50A×40A	( )
	니플	25A	( )		레듀셔	40A×25A	( )
					니플	40A	( )
					니플	25A	( )

해설

구분	급수관의 구경	25	32	40	50	65	80	90	100	125	150
가. 폐쇄형 헤드		2	3	5	10	30	60	80	100	160	161 이상
나. 폐쇄형 헤드(반자위, 아래 설치할 경우)		2	4	7	15	30	60	65	100	160	161 이상
다. 폐쇄형 헤드(무대부, 특수가연물 저장취급) 개방형 헤드 사용할 경우		1	2	5	8	15	27	40	55	90	91 이상

문제의 그림에서 **폐쇄형 스프링클러헤드를 사용**하므로 가에 따라 급수관의 구경을 정하고, 관부속품의 개수를 산출한 결과는 다음과 같다.

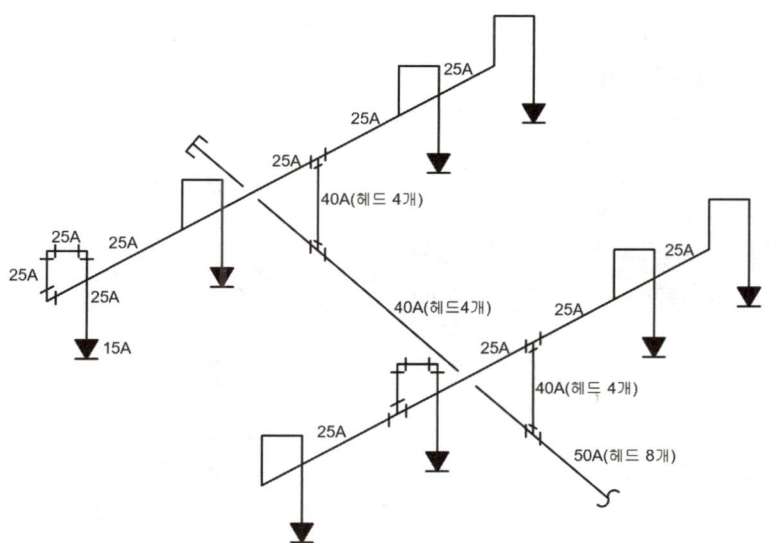

지점	문제그림	실제그림	관부속품의 개수		
			품명	규격	수량
A			엘보	25A	(3)
			레듀셔	25A×15A	(1)
			니플	25A	(3)
B			티	40A×40A×40A	(2)
			레듀셔	40A×25A	(2)
			니플	40A	(3)
			니플	25A	(0)
C			티	25A×25A×25A	(1)
			엘보	25A	(2)
			레듀셔	25A×15A	(1)
			니플	25A	(3)
D			티	50A×50A×40A	(1)
			티	40A×40A×40A	(1)
			레듀셔	50A×40A	(1)
			레듀셔	40A×25A	(2)
			니플	40A	(3)
			니플	25A	(0)

20 그림의 스프링클러설비 가지배관에서의 구성부품과 규격 및 수량을 산출하여 다음 답란을 완성하시오.

─〈 조 건 〉─

① 티는 모두 동일구경을 사용하고 배관이 축소되는 부분은 반드시 레듀셔를 사용한다.
② 교차배관은 제외한다.
③ 구경에 따른 헤드개수는 다음과 같다.

25mm	32mm	40mm	50mm
2개	3개	5개	10개

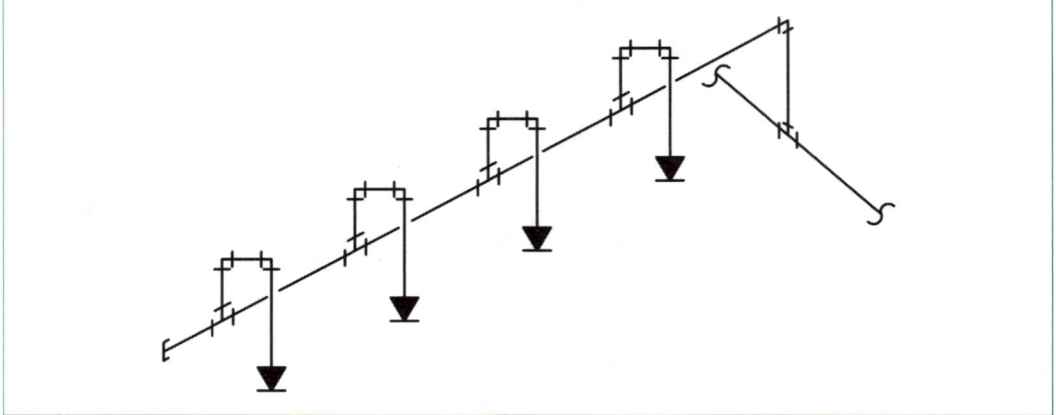

구성부품	규격 및 수량
헤드	15mm 4개
캡	
티	
90° 엘보	
레듀셔	

해설

조건 ③을 적용하여 헤드수별 배관의 구경을 산출한 결과는 다음과 같다.

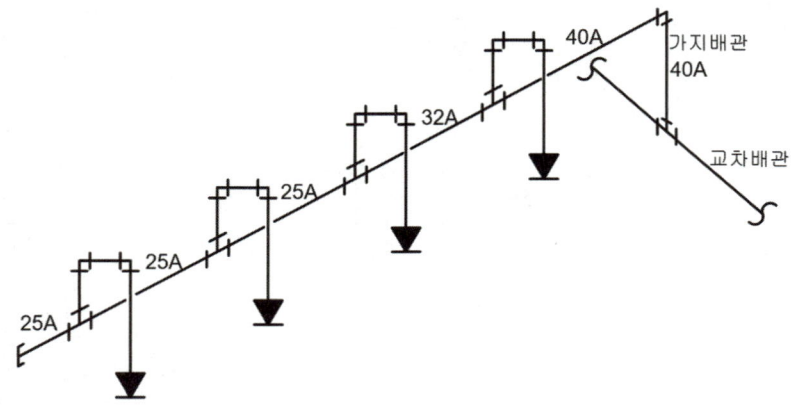

(1) 캡

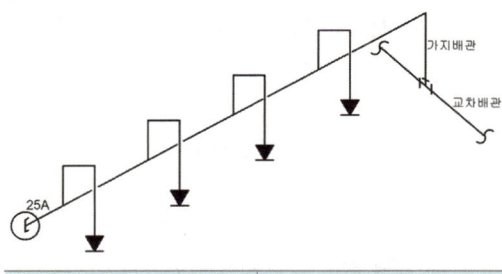

규격	수량
25mm	1개

(2) 티

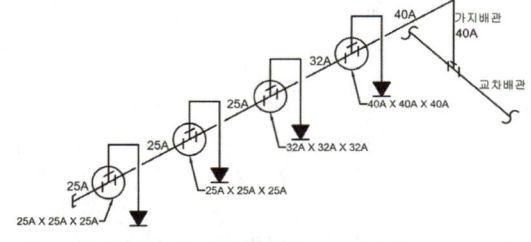

규격	수량
25mm×25mm×25mm	2개
32mm×32mm×32mm	1개
40mm×40mm×40mm	1개

(3) 90° 엘보

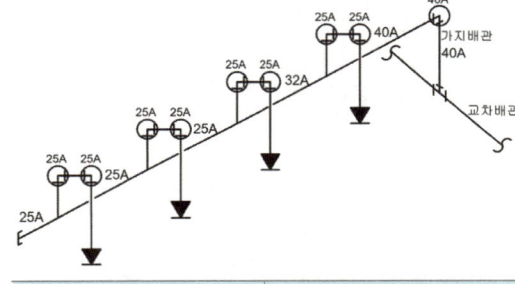

규격	수량
25mm	8개
40mm	1개

(4) 티 레듀셔(도면에 별도로 표기되지 않음에 주의!)

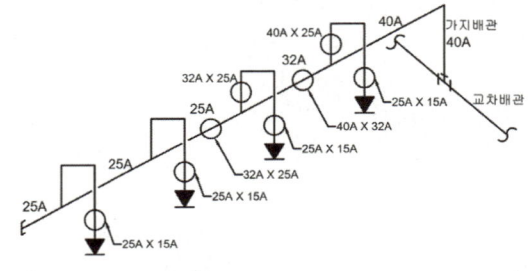

규격	수량
25mm×15mm	4개
32mm×25mm	2개
40mm×25mm	1개
40mm×32mm	1개

※ 조건 ②에 따라 교차배관은 제외하고 관부속품의 규격 및 수량을 산출함에 주의한다.

21 다음 그림은 일제개방형 스프링클러설비 계통도의 일부를 나타낸 것이다. 주어진 조건을 참조하여 구간별 유량 [l/min] 및 손실압력 [MPa]을 계산하시오. 🔥🔥

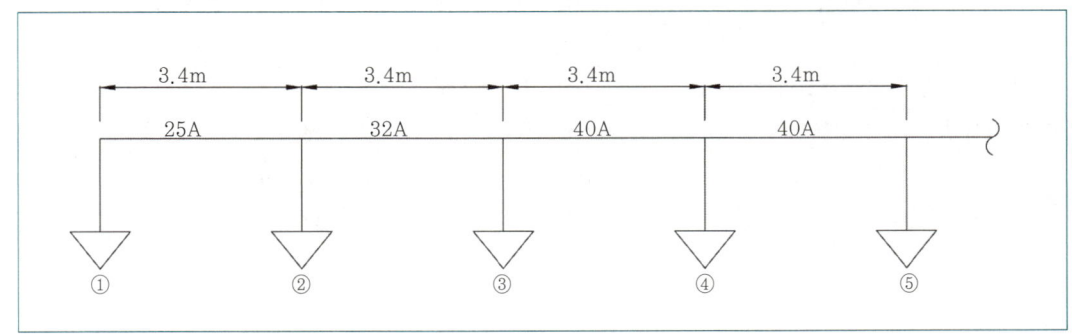

〈 조건 〉

① 배관의 마찰손실압력은 하젠-윌리엄의 식에 따르되 계산의 편의상 다음 식과 같다고 가정한다.

$$\triangle P = \frac{6 \times 10^4 \times Q^2}{120^2 \times d^5}$$

여기서, $\triangle P$: 배관 1m당 마찰손실압력[MPa/m]
Q : 배관 내의 유량[l/min]
d : 배관의 안지름[mm]

② 헤드는 개방형 헤드이며, 각 헤드의 방출계수 K는 동일하며, 방수압력변화와 관계없이 그 값은 $K=80$이다.
③ 가지관과 헤드 간의 마찰손실과 관부속품의 마찰손실은 무시한다.
④ 배관 내경은 호칭경과 같다고 가정한다.
⑤ 헤드번호 ①의 방수압은 0.1MPa이다.

지점	손실압력[MPa]	유량[l/min]
①	0.1MPa	
②		
③		
④		
⑤		

해설

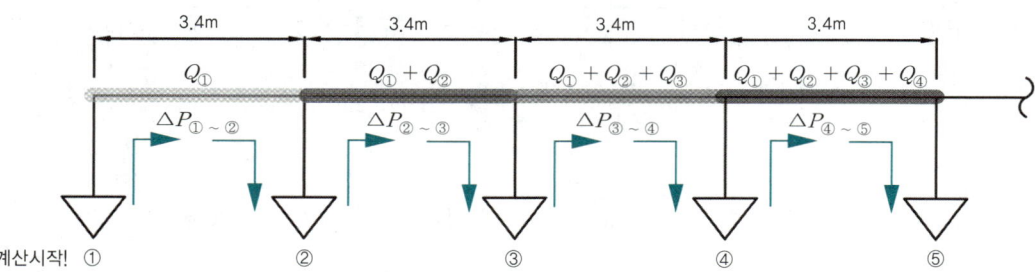

계산시작! ①　　　　　②　　　　　③　　　　　④　　　　　⑤

$P_① = 0.1\text{MPa}$　　$P_② = P_① + \triangle P_{①\sim②}$　　$P_③ = P_② + \triangle P_{②\sim③}$　　$P_④ = P_③ + \triangle P_{③\sim④}$　　$P_⑤ = P_④ + \triangle P_{④\sim⑤}$

$Q_① = K\sqrt{10P_①}$　　$Q_② = K\sqrt{10P_②}$　　$Q_③ = K\sqrt{10P_③}$　　$Q_④ = K\sqrt{10P_④}$　　$Q_⑤ = K\sqrt{10P_⑤}$

$\triangle P = \frac{6 \times 10^4 \times Q^2}{120^2 \times d^5} \times L$	하젠-윌리엄의 식(마찰손실압력)				
	구간	①~②	②~③	③~④	④~⑤
$\triangle P$: 배관의 마찰손실압력[MPa]	→	계산Ⓐ	계산Ⓒ	계산Ⓔ	계산Ⓖ
Q : 배관 내의 유량[l/min]	→	80 l/min	계산Ⓑ	계산Ⓓ	계산Ⓕ
d : 배관의 안지름[mm]	→	25mm	32mm	40mm	40mm
L : 배관의 길이[m]	→	3.4m	3.4m	3.4m	3.4m

01 수계 소화설비 계산문제

구간	손실압력[MPa]	유량[l/min]
①	$P_① = 0.1\text{MPa}$	$Q_① = K\sqrt{10P_①} = 80\sqrt{10 \times 0.1}$ $= 80 l/\text{min}$
②	$P_② = P_① + \Delta P_{①\sim②} = 0.1 + \dfrac{6 \times 10^4 \times 80^2}{120^2 \times 25^5} \times 3.4$ $= 0.109 ≒ 0.11\text{MPa}$	$Q_② = K\sqrt{10P_②} = 80\sqrt{10 \times 0.11}$ $= 83.904$ $≒ 83.9 l/\text{min}$
③	$P_③ = P_② + \Delta P_{②\sim③} = 0.11 + \dfrac{6 \times 10^4 \times (80+83.9)^2}{120^2 \times 32^5} \times 3.4$ $= 0.121 ≒ 0.12\text{MPa}$	$Q_③ = K\sqrt{10P_③} = 80\sqrt{10 \times 0.12}$ $= 87.635$ $≒ 87.64 l/\text{min}$
④	$P_④ = P_③ + \Delta P_{③\sim④}$ $= 0.12 + \dfrac{6 \times 10^4 \times (163.9+87.64)^2}{120^2 \times 40^5} \times 3.4$ $= 0.128 ≒ 0.13\text{MPa}$	$Q_④ = K\sqrt{10P_④} = 80\sqrt{10 \times 0.13}$ $= 91.214$ $≒ 91.21 l/\text{min}$
⑤	$P_⑤ = P_④ + \Delta P_{④\sim⑤}$ $= 0.13 + \dfrac{6 \times 10^4 \times (251.54+91.21)^2}{120^2 \times 40^5} \times 3.4$ $= 0.146 ≒ 0.15\text{MPa}$	$Q_⑤ = K\sqrt{10P_⑤} = 80\sqrt{10 \times 0.15}$ $= 97.979$ $≒ 97.98 l/\text{min}$

구간	방사압력[MPa]	방사량[l/min]
①	$P_① = 0.1\text{MPa}$ (조건⑤)	$Q_① = K\sqrt{10P_①} = 80\sqrt{10 \times 0.1\text{MPa}}$ $= 80 l/\text{min}$
①~②	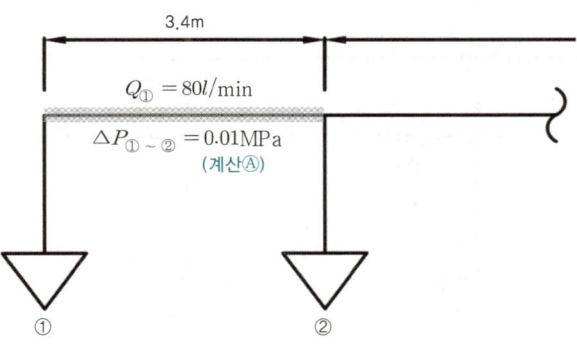 $P_① = 0.1\text{MPa}$ $Q_① = K\sqrt{10P_①}$ $= 80 l/\text{min}$ $P_② = P_① + \Delta P_{①\sim②} = 0.11\text{MPa}$ $Q_② = K\sqrt{10P_②} = 83.9 l/\text{min}$ (계산Ⓑ) $\boxed{P_② = P_① + \Delta P_{①\sim②}}$ $= 0.1\text{MPa} + 0.01\text{MPa} = \mathbf{0.11\text{MPa}}$ 계산Ⓐ : $\Delta P_{①\sim②}$ $= \dfrac{6 \times 10^4 \times (80 l/\text{min})^2}{120^2 \times (25\text{mm})^5} \times 3.4\text{m}$ $= 0.009\text{MPa} ≒ \mathbf{0.01\text{MPa}}$	$\boxed{Q_② = K\sqrt{10P_②}}$ 계산Ⓑ : $Q_② = 80\sqrt{10 \times 0.11\text{MPa}}$ $= 83.904 l/\text{min}$ $≒ \mathbf{83.9 l/\text{min}}$

Chapter 04 스프링클러설비

구간	방사압력[MPa]	방사량[l/min]
②~③	필요압력 $P_② = 0.11\text{MPa}$ 방사량 $Q_② = 83.9l/\text{min}$ ($Q_① + Q_② = 163.9l/\text{min}$, $\triangle P_{②\sim③} = 0.01\text{MPa}$, 3.4m, 계산ⓒ)	$P_③ = P_② + \triangle P_{②\sim③} = 0.12\text{MPa}$ $Q_③ = K\sqrt{10P_③} = 87.64l/\text{min}$ (계산ⓓ)
	$P_③ = P_② + \triangle P_{②\sim③}$ $= 0.11\text{MPa} + 0.01\text{MPa} = \mathbf{0.12\text{MPa}}$ 계산ⓒ : $\triangle P_{②\sim③}$ $= \dfrac{6 \times 10^4 \times (80+83.9)l/\text{min}^2}{120^2 \times (32\text{mm})^5} \times 3.4\text{m}$ $= 0.011\text{MPa} \fallingdotseq \mathbf{0.01\text{MPa}}$	$Q_③ = K\sqrt{10P_③}$ 계산ⓓ : $Q_③ = 80\sqrt{10 \times 0.12\text{MPa}}$ $= 87.635l/\text{min}$ $\fallingdotseq \mathbf{87.64}l/\text{min}$
③~④	필요압력 $P_③ = 0.12\text{MPa}$ 방사량 $Q_③ = 87.64l/\text{min}$ ($Q_① + Q_② + Q_③ = 251.54l/\text{min}$, $\triangle P_{③\sim④} = 0.01\text{MPa}$, 3.4m, 계산ⓔ)	$P_④ = P_③ + \triangle P_{③\sim④} = 0.13\text{MPa}$ $Q_④ = K\sqrt{10P_④} = 91.21l/\text{min}$ (계산ⓕ)
	$P_④ = P_③ + \triangle P_{③\sim④}$ $= 0.12\text{MPa} + 0.01\text{MPa} = \mathbf{0.13\text{MPa}}$ 계산ⓔ : $\triangle P_{③\sim④}$ $= \dfrac{6 \times 10^4 \times (163.9+87.64)l/\text{min}^2}{120^2 \times (40\text{mm})^5}$ $\times 3.4\text{m}$ $= 0.008\text{MPa} \fallingdotseq \mathbf{0.01\text{MPa}}$	$Q_④ = K\sqrt{10P_④}$ 계산ⓕ : $Q_④ = 80\sqrt{10 \times 0.13\text{MPa}}$ $= 91.214l/\text{min}$ $\fallingdotseq \mathbf{91.21}l/\text{min}$

구간	방사압력[MPa]	방사량[l/min]

④~⑤

$Q_① + Q_② + Q_③ + Q_④ = 342.75 l/\text{min}$
$\triangle P_{④\sim⑤} = 0.02\text{MPa}$
(계산ⓖ)
3.4m

	필요압력 $P_④ = 0.13\text{MPa}$ 방사량 $Q_④ = 91.21 l/\text{min}$	$P_⑤ = P_④ + \triangle P_{④\sim⑤} = 0.15\text{MPa}$ $Q_⑤ = K\sqrt{10P_⑤} = 97.981 l/\text{min}$ (계산ⓗ)

$P_⑤ = P_④ + \triangle P_{④\sim⑤}$
$= 0.13\text{MPa} + 0.02\text{MPa} = \mathbf{0.15\text{MPa}}$
계산ⓖ : $\triangle P_{④\sim⑤}$
$= \dfrac{6 \times 10^4 \times (251.54 + 91.21) l/\text{min}^2}{120^2 \times (40\text{mm})^5}$
$\times 3.4\text{m}$
$= 0.016\text{MPa} \fallingdotseq \mathbf{0.02\text{MPa}}$

$Q_⑤ = K\sqrt{10P_⑤}$

계산ⓗ : $Q_⑤ = 80\sqrt{10 \times 0.15\text{MPa}}$
$= 97.979 l/\text{min}$
$\fallingdotseq \mathbf{97.98 l/\text{min}}$

22 폐쇄형 헤드를 사용한 스프링클러설비 끝부분의 배관 중 K점에 필요한 압력수의 수압을 다음 조건을 이용하여 계산하시오. 🔥🔥

(1) 배관 및 관부속품의 마찰손실수두 [m]를 구하시오.
(2) 위치수두 [m]를 구하시오.
(3) K점에 필요한 압력 P [MPa]를 구하시오. (단, 소수점 셋째자리까지 구하여 답하시오.)

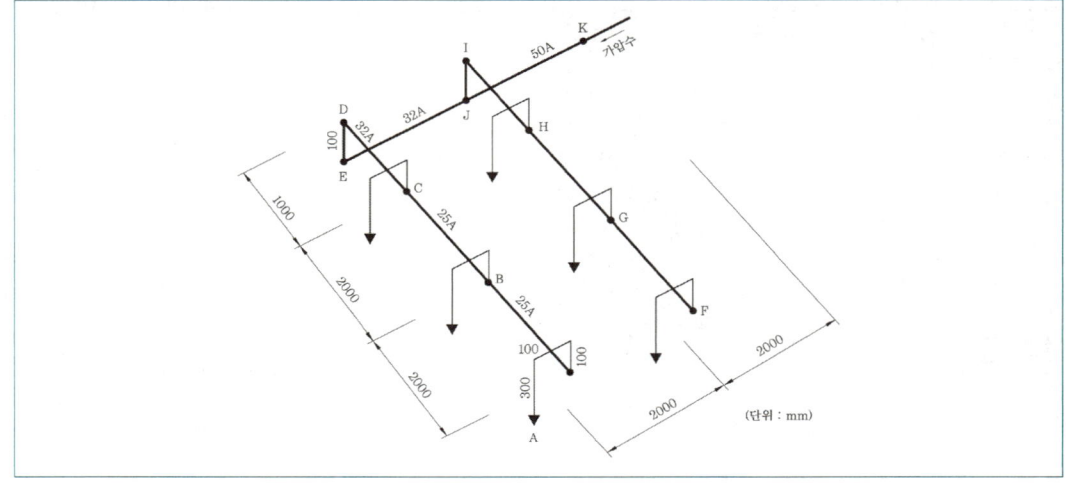

───── 〈 조 건 〉 ─────

① 직관 마찰손실수두(10m당) (단위 : m)

개수	유량	25A	32A	40A	50A
1	80 l / min	39.82	11.38	5.40	1.68
2	160 l / min	150.42	42.84	20.29	6.32
3	240 l / min	307.77	87.66	41.51	12.93
4	320 l / min	521.92	148.66	70.40	21.93
5	400 l / min	789.04	224.75	106.31	32.99
6	480 l / min		321.55	152.26	47.43

② 관이음쇠 및 마찰손실에 해당하는 직관길이 (단위 : m)

구분	25A	32A	40A	50A
엘보(90°)	0.9	1.2	1.5	2.1
리듀셔	0.54	0.72	0.9	1.2
티(직류)	0.27	0.36	0.45	0.6
티(분류)	1.5	1.8	2.1	3.0

※ 티는 직류만 사용한다.
③ 헤드 나사는 PT 1 / 2(15A) 기준
④ 헤드 방사압은 0.1MPa 기준(단, 0.1MPa=10m)
⑤ 수압산정에 필요한 계산과정을 상세히 명시할 것

구간	마찰손실수두
A ~ B	
B ~ C	
C ~ J	
J ~ K	

※ 위의 표는 별도로 작성한다.

해설

(1) 배관 및 관부속품의 마찰손실수두(h_1)

구간	호칭구경 [A]	유량 [l / min]	직관 및 등가길이 [m]	10m당 마찰손실	마찰손실수두 [m]
A~B	25	80	• 직관 : 2+0.1+0.1+0.3＝2.5 • 관부속품 － 엘보(90°) : 3개×0.9＝2.7 － 리듀셔(25×15A) : 1개×0.54＝0.54 • 소계 : 5.74	$\dfrac{39.82}{10}$ (헤드 개수 1개)	$5.74 \times \dfrac{39.82}{10}$ ＝22.856 ≒22.86
B~C	25	160	• 직관 : 2 • 관부속품 － 티(직류) : 1개×0.27＝0.27 • 소계 : 2.27	$\dfrac{150.42}{10}$ (헤드 개수 2개)	$2.27 \times \dfrac{150.42}{10}$ ＝34.145 ≒34.15

구간	호칭구경 [A]	유량 [*l* / min]	직관 및 등가길이 [m]	10m당 마찰손실	마찰손실수두 [m]
C~J	32	240	• 직관 : 2+0.1+1=3.1 • 관부속품 　- 엘보(90°) : 2개×1.2=2.4 　- 티(직류) : 1개×0.36=0.36 　- 리듀셔(32×25A) : 1개×0.72=0.72 • 소계 : 6.58	$\dfrac{87.66}{10}$ (헤드 개수 3개)	$6.58 \times \dfrac{87.66}{10}$ $= 57.68$
J~K	50	480	• 직관 : 2 • 관부속품 　- 티(직류) : 1개×0.6=0.6 　- 리듀셔(50×32A) : 1개×1.2=1.2 • 소계 : 3.8	$\dfrac{47.43}{10}$ (헤드 개수 6개)	$3.8 \times \dfrac{47.43}{10}$ $= 18.023$ $≒ 18.02$
배관 및 관부속품 마찰손실수두 합계					132.71

(2) **위치수두(낙차)**(h_2)

　수직배관만 **적용**

　가압수가 헤드방향으로 흐르므로 물이 **위**로 흐를 때에는 **+**, **아래**로 흐를 때에는 **−**이다.

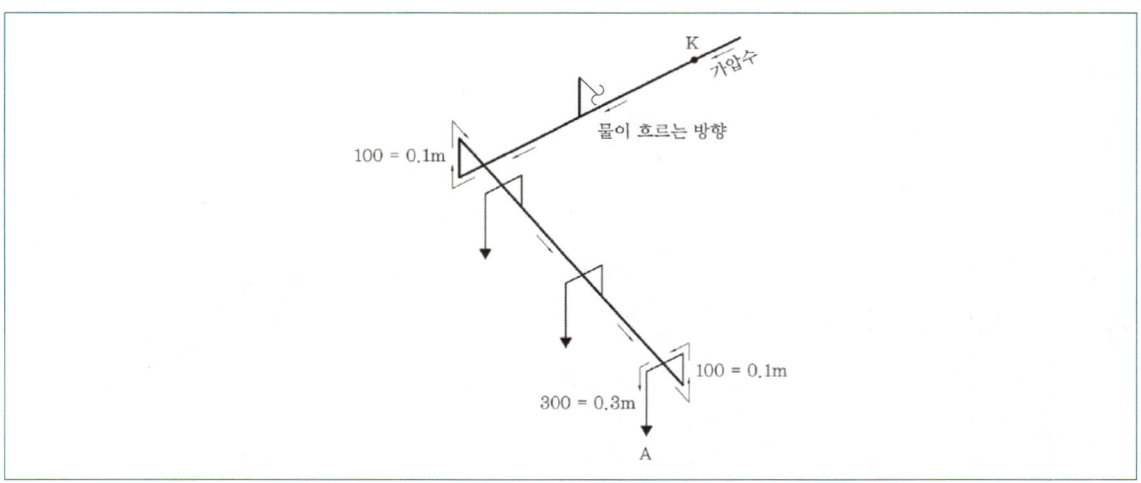

　위치수두(낙차)　$h_2 = 0.1\text{m} + 0.1\text{m} - 0.3\text{m} = \mathbf{-0.1\text{m}}$

(3) K점에 필요한 압력(P)

　$P = P_1 + P_2 + 0.1$ 에서 **0.1MPa=10m**로 **환산**하여 계산하면

　P_1 (배관 및 관부속품의 마찰손실수두압) : 132.71m=**1.3271MPa**

　P_2 (낙차의 환산수두압) :　−0.1m = **−0.001MPa**

　∴ K점에 필요한 압력

　$P = 1.3271\text{MPa} + (-0.001\text{MPa}) + 0.1\text{MPa} = 1.4261 ≒ \mathbf{1.426\text{MPa}}$

　※ 조건에 의해 소수점 셋째자리까지 구한다.

☑ 배관 및 관부속품의 마찰손실수두 산출

※ 직류 티·분류(측류) 티

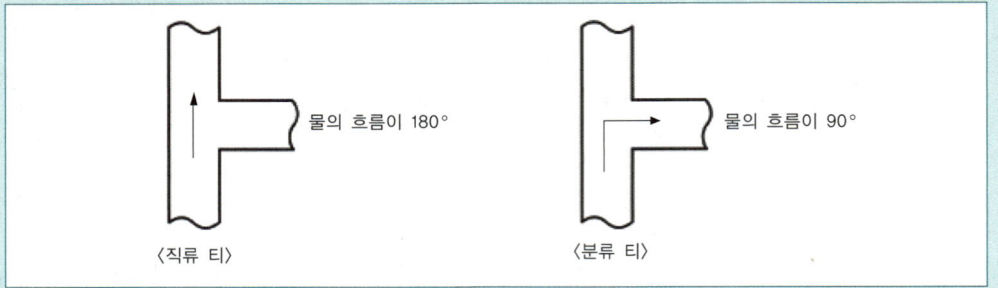

(1) A ~ B 구간
- 호칭구경 : 25A
- 유량 : B~A 구간의 배관 뒤에 설치된 헤드가 1개이므로 조건 ①에서 80ℓ/min이다.
- 직관 및 등가길이 ┌ 직관 : 2m+0.1m+0.1m+0.3m=2.5m
  └ 관부속품 ┌ 엘보(90°) : 3개×0.9=2.7m
           └ 리듀셔(25×15A) : 1개×0.54=0.54m
- 소계 : 2.5m+2.7m+0.54m=5.74m

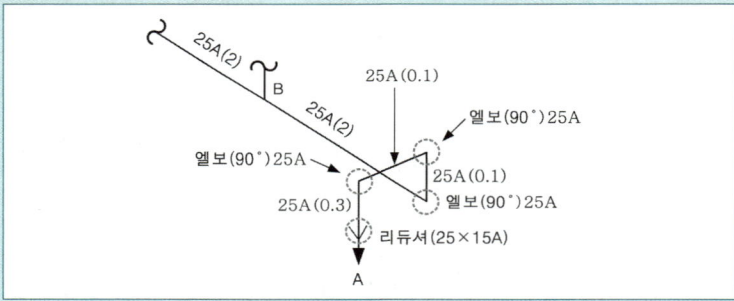

- 10m당 마찰손실 : 조건 ①에서 $\dfrac{39.82}{10}$ 이다.

- 마찰손실수두 : $5.74m \times \dfrac{39.82}{10} = 22.856 ≒ 22.86m$

(2) B ~ C 구간
- 호칭구경 : 25A
- 유량 : C~B 구간의 배관 뒤에 설치된 헤드가 2개이므로 조건 ①에서 160ℓ/min이다.
- 직관 및 등가길이 ┌ 직관 : 2m
  └ 관부속품 - 티(직류) : 1개×0.27=0.27m
- 소계 : 2m+0.27m=2.27m

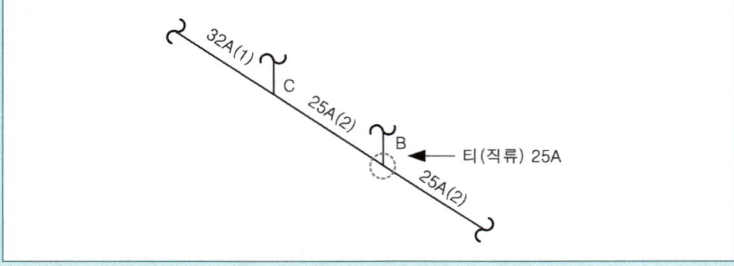

- 10m당 마찰손실 : 조건 ①에서 $\dfrac{150.42}{100}$ 이다.
- 마찰손실수두 : $2.27\text{m} \times \dfrac{150.42}{10} = 34.145 = 34.15\text{m}$

(3) C ~ J 구간
- 호칭구경 : 32A
- 유량 : J ~ C 구간의 배관 뒤에 설치된 헤드가 3개이므로 조건 ①에서 $240l/\min$이다.
- 직관 및 등가길이 ┌ 직관 : 2m+0.1m+1m=3.1m
  └ 관부속품 ┌ 엘보(90°) : 2개×1.2=2.4m
           ├ 티(직류) : 1개×0.36=0.36m
           └ 리듀셔(32×25A) : 1개×0.72=0.72m
- 소계 : 3.1m+2.4m+0.36m+0.72m=6.58m

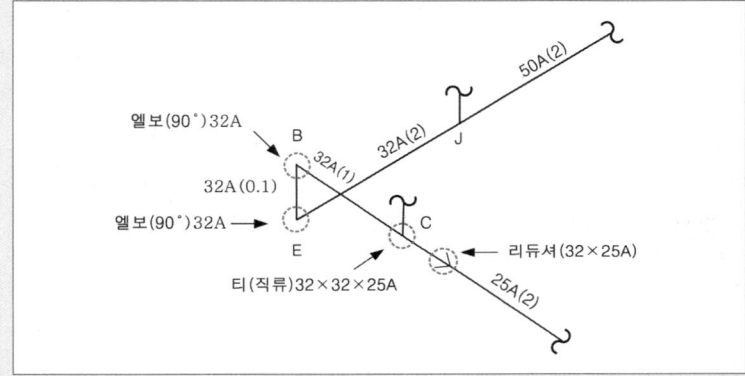

- 10m당 마찰손실 : 조건 ①에서 $\dfrac{87.66}{10}$ 이다.
- 마찰손실수두 : $6.58\text{m} \times \dfrac{87.66}{10} = 57.68\text{m}$

(4) K ~ J 구간
- 호칭구경 : 50A
- 유량 : K ~ J 구간의 배관 뒤에 설치된 헤드가 6개이므로 조건 ①에서 $480l/\min$이다.
- 직관 및 등가길이 ┌ 직관 : 2m
  └ 관부속품 ┌ 티(직류) : 1개×0.6=0.6m
           └ 리듀셔(50×32A) : 1개×1.2=1.2m
- 소계 : 2m+0.6m+1.2m=3.8m

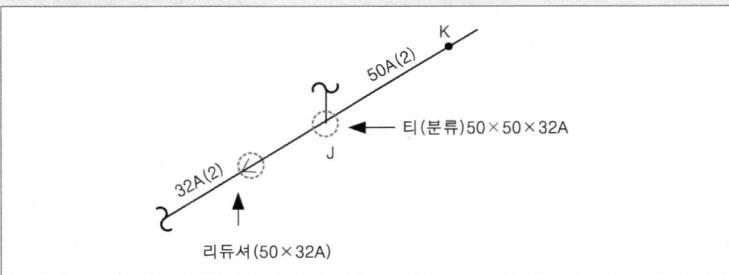

- 10m당 마찰손실 : 조건 ①에서 $\dfrac{47.43}{10}$ 이다.
- 마찰손실수두 : $3.8\text{m} \times \dfrac{47.43}{10} = 18.023 = 18.02\text{m}$

23 폐쇄형 헤드를 사용한 스프링클러설비에서 A점에 설치된 헤드 1개만이 개방되었을 때 A점에서의 헤드 방사압력은 몇 [MPa]인가? (단, 방사압력 산정에 필요한 계산 과정을 상세히 명시하고 방사압력을 소수점 4자리까지 구하시오. 소수점 4자리 미만은 삭제)

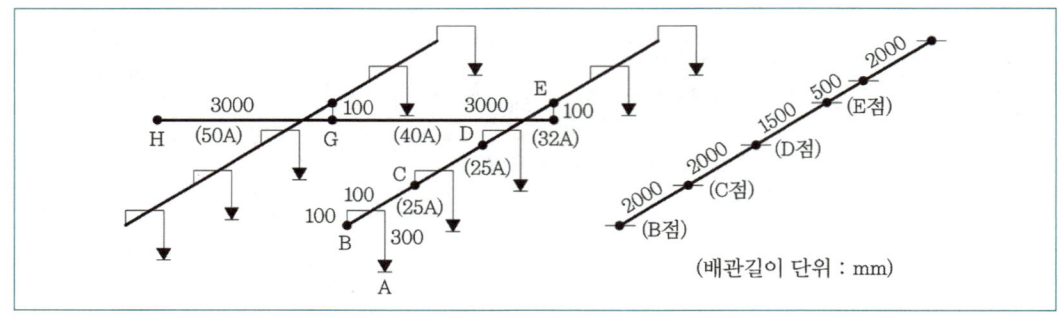

〈 조 건 〉

① 급수관 중 「H점」에서의 가압수압력은 0.15MPa로 계산한다. [단, 0.1MPa=10m]
② 티 및 엘보는 직경이 다른 티 및 엘보는 사용하지 않는다.
③ 스프링클러헤드는 「15A」헤드가 설치된 것으로 한다.
④ 직관 마찰손실(100m당) (단위 : m)

유량	25A	32A	40A	50A
80ℓ/min	39.82	11.38	5.40	1.68

(A점에서의 헤드 방수량은 80ℓ/min로 계산한다.)

⑤ 관이음쇠 마찰손실에 해당하는 직관길이 (단위 : m)

구분	25A	32A	40A	50A
엘보(90°)	0.9	1.20	1.50	2.10
리듀셔	(25×15A) 0.54	(32×25A) 0.72	(40×32A) 0.90	(50×40A) 1.20
티(직류)	0.27	0.36	0.45	0.60
티(분류)	1.50	1.80	2.10	3.00

해설

A점에서의 헤드 방사압력

P = H점에서의 압력 $-\triangle P$(낙차+배관 및 관부속품의 마찰손실수두)

① H점에서의 압력 : 조건 ①에서 **0.15MPa**이다.
② 낙차
　수직배관만 적용하며, 펌프 **방식**이므로 물이 위로 흐를 때에는 **+**, **아래**로 흐를 때에는 **−**이다.
　∴ 낙차 = 0.1m+0.1m−0.3m = **−0.1m**

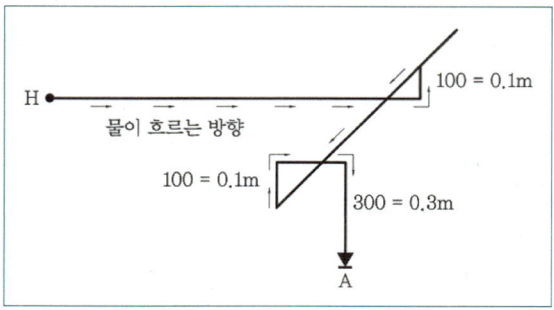

③ 배관 및 관부속품의 마찰손실수두

구간	호칭구경 [A]	유량 [l/min]	직관 및 등가길이[m]	100m당 마찰손실	마찰손실 수두[m]

A~D	25	80	• 직관 : 2+2+0.1+0.1+0.3=4.5
			• 관부속품
			  – 티(직류) : 1개×0.27=0.27
			  – 엘보(90°) : 3개×0.9=2.7
			  – 리듀셔(25×15A) : 1개×0.54=0.54
			• 소계 : 8.01
				$\dfrac{39.82}{100}$	$8.01 \times \dfrac{39.82}{100}$
					$= 3.1895$

D~E	32	80	• 직관 : 1.5
			• 관부속품
			  – 티(직류) : 1개×0.36=0.36
			  – 리듀셔(32×25A) : 1개×0.72=0.72
			• 소계 : 2.58
				$\dfrac{11.38}{100}$	$2.58 \times \dfrac{11.38}{100}$
					$= 0.2936$

E~G	40	80	• 직관 : 3+0.1=3.1
			• 관부속품
			  – 엘보(90°) : 1개×1.5=1.5
			  – 티(분류) : 1개×2.1=2.1
			  – 리듀셔(40×32A) : 1개×0.9=0.9
			• 소계 : 7.6
				$\dfrac{5.4}{100}$	$7.6 \times \dfrac{5.4}{100}$
					$= 0.4104$

G~H	50	80	• 직관 : 3
			• 관부속품
			  – 티(직류) : 1개×0.6=0.6
			  – 리듀셔(50×40A) : 1개×1.2=1.2
			• 소계 : 4.8
				$\dfrac{1.68}{100}$	$4.8 \times \dfrac{1.68}{100}$
					$= 0.0806$

합 계					3.9741

④ $\triangle P$(낙차+배관 및 관부속품의 마찰손실수두)=−0.1m+3.9741m=**3.8741m**
  0.1MPa=10m로 **환산**하여 계산하면
  3.8741m=0.038741MPa≒**0.0387MPa**
  ∴ A점에서의 헤드 방사압력 P=0.15MPa−0.0387MPa=**0.1113MPa**
  ※ 조건 ⑥에 의해 방사압력은 소수점 4째자리까지 구할 것

📖 이해 必

☑ 배관 및 관부속품의 마찰손실수두 산출
  (1) A~D 구간
    • 호칭구경 : 25A
    • 직관 및 등가길이 ┌ 직관 : 2m+2m+0.1m+0.1m+0.3m=4.5m
                      └ 관부속품 ┌ 티(직류) : 1개×0.27=0.27m
                                ├ 엘보(90°) : 3개×0.9=2.7m
                                └ 리듀셔(25×15A) : 1개×0.54=0.54m
    • 소계 : 4.5m+0.27m+2.7m+0.54m=8.01m

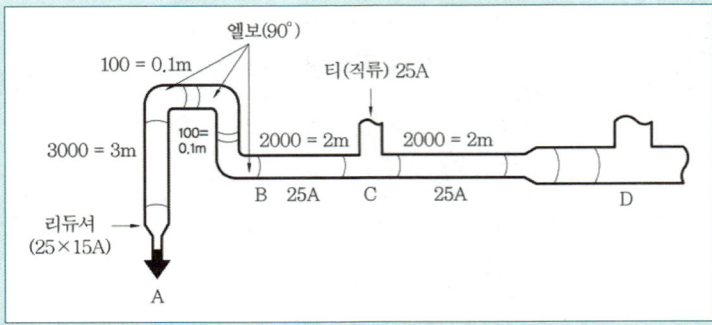

- 100m당 마찰손실 : 조건 ④에서 $\frac{39.82}{100}$ 이다.
- 마찰손실수두 : $8.01\text{m} \times \frac{39.82}{100} = 3.1895\text{m}$

(2) D~E 구간
- 호칭구경 : 32A
- 직관 및 등가길이 ┌ 직관 : 1.5m
  └ 관부속품 ┌ 티(직류) : 1개×0.36=0.36m
            └ 리듀셔(32×25A) : 1개×0.72=0.72m
- 소계 : 1.5m+0.36m+0.72m = 2.58m

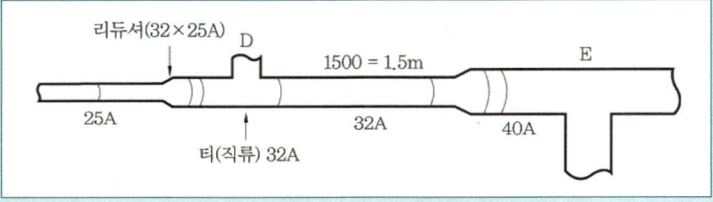

- 100m당 마찰손실 : 조건 ④에서 $\frac{11.38}{100}$ 이다.
- 마찰손실수두 : $2.58\text{m} \times \frac{11.38}{100} = 0.2936\text{m}$

(3) E~G 구간
- 호칭구경 : 40A
- 직관 및 등가길이 ┌ 직관 : 3m+0.1m=3.1m
  └ 관부속품 ┌ 엘보(90°) : 1개×1.5=1.5m
            ├ 티(분류) : 1개×2.1=2.1m
            └ 리듀셔(40×32A) : 1개×0.9=0.9m
- 소계 : 3.1m+1.5m+2.1m+0.9m=7.6m

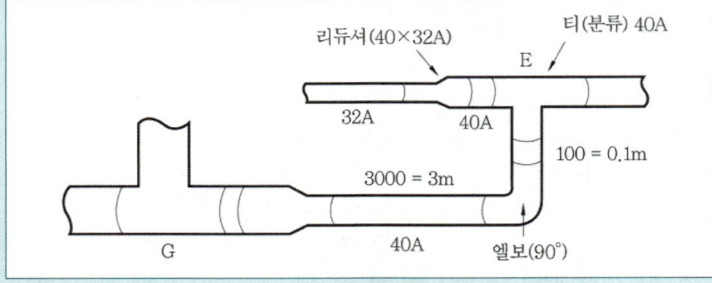

- 100m당 마찰손실 : 조건 ④에서 $\frac{5.4}{100}$ 이다.

- 마찰손실수두 : $7.6\text{m} \times \dfrac{5.4}{100} = 0.4104\text{m}$

(4) G~H 구간
- 호칭구경 : 50A
- 직관 및 등가길이 ┌ 직관 : 3m
                    └ 관부속품 ┌ 티(직류) : 1개 × 0.6 = 0.6m
                               └ 리듀셔(50×40A) : 1개 × 1.2 = 1.2m
- 소계 : 3m + 0.6m + 1.2m = 4.8m

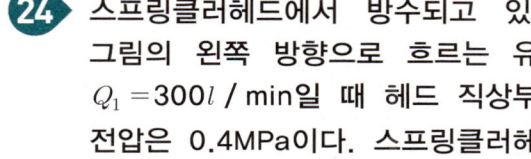

- 100m당 마찰손실 : 조건 ④에서 $\dfrac{1.68}{100}$ 이다.
- 마찰손실수두 : $4.8\text{m} \times \dfrac{1.68}{100} = 0.0806\text{m}$ (조건 ⑥에서 소수점 4째자리까지 구하라고 하였으므로)

24 스프링클러헤드에서 방수되고 있다. 그림의 왼쪽 방향으로 흐르는 유량 $Q_1 = 300l/\text{min}$일 때 헤드 직상부의 전압은 0.4MPa이다. 스프링클러헤드 유량은 $Q_2[l/\text{min}] = 256\sqrt{P[\text{MPa}]}$을 적용하며, 가지배관의 안지름은 40mm

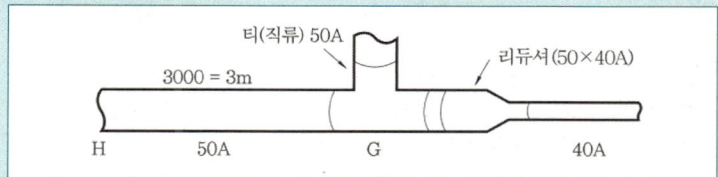

이다. 유입되는 유량 $Q[l/\text{min}]$을 구하시오. (단, 동압을 고려하며, 마찰손실, 낙차 등 주어지지 않은 조건은 무시한다.) 술59(25)유사문제 🔥🔥

해설

$Q = Q_1 + Q_2$

여기서, $Q = AV$, $Q_1 = A_1 V_1$, $Q_2 = A_2 V_2$: 유량[m³/s]

A, A_1, A_2 : 배관단면적 $\left[\dfrac{\pi}{4}D^2[\text{m}^2],\ \dfrac{\pi}{4}D_1^2[\text{m}^2],\ \dfrac{\pi}{4}D_2^2[\text{m}^2]\right]$

V, V_1, V_2 : 유속[m/s]

$Q_2 = 256\sqrt{P}$, $Q_1 = 300l/\text{min} = 0.3\text{m}^3/\text{min} \times \dfrac{1\text{min}}{60\text{s}}$, $D = 0.04$m를 기준으로 유속 V_1을 구할 수 있다. 이때, 유속은 마찰손실이 없으므로 유입구에서의 유속($V_1 = V$)으로 볼 수 있으며, 이 유속은 배관 내 동압이 된다.

(1) 동압
① 유속

$Q_1 = A_1 V_1 \rightarrow V_1 = \dfrac{Q_1}{A_1} = \dfrac{Q_1}{\dfrac{\pi}{4}D_1^2} = \dfrac{4Q_1}{\pi D_1^2} = \dfrac{4 \times 0.3\text{m}^3/\text{min} \times \dfrac{1\text{min}}{60\text{s}}}{\pi \times 0.04^2\text{m}^2} = 3.978 \quad \therefore 3.978\text{m/s}$

② 동압 : 속도수두$\left(H=\dfrac{V^2}{2g}\right)$에 비중량(물 : $\gamma=9,800\text{N/m}^3=9.8\text{kN/m}^3=0.0098\text{MN/m}^3$)을 곱한다.

$$P=\gamma H=\gamma\cdot\dfrac{V^2}{2g}=0.0098\text{MN/m}^3\times\dfrac{(3.978\text{m/s})^2}{2\times 9.8\text{m/s}^2}=0.007\quad\therefore 0.007\text{MPa}$$

(2) 정압

$P_t = P_s + P_v + P_h$

여기서, P_t : 전압[MPa]
  P_s : 정압[MPa]
  P_v : 동압[MPa]
  P_h : 위치압[MPa]

$P_t=0.4\text{MPa}$, $P_v=0.007\text{MPa}$, $P_h=0$(낙차 무시)하므로 동압을 알면 정압을 구할 수 있다.
$P_s = P_t - P_v = 0.4\text{MPa} - 0.007\text{MPa} = 0.393\quad\therefore 0.393\text{MPa}$

(3) 유입유량

$Q = Q_1 + Q_2 = 300l/\min + 256\sqrt{0.393\text{MPa}} = 460.485\quad\therefore 460.49l/\min$

Mind-Control

쉽게 이룬 것은 쉽게 무너집니다. 공부 또한 마찬가지입니다. 단순 암기가 아닌 이해할 수 있도록 노력하여야 합니다. 이해가 되지 않으면 질문 하십시오. 언제나 열려 있습니다.

— 네이버 카페 "소방 365" —

必勝! 합격수기

― 제10회 김철기 소방시설관리사님 합격수기(㈜일신기술단) ―
모범 아버지가 되기 위하여

- 들어가며 …

안녕하십니까? 2010년도 11회 소방시설관리사에 합격한 김철기입니다. 처음 소방시설관리사 합격 수기를 써 달라는 요청을 받았을 땐 많이 망설였습니다. 2년 전에 합격한 터라 시간이 좀 지나기도 했고, 수험 생활에 크게 특별하거나 남다른 점이 없지 않았나라는 생각에서 였습니다. 그래도 제가 시험을 준비하며 깨달았던 것들이 아무리 사소한 것일지라도 시험을 준비하는 분들께 작은 도움이나 동기 부여가 되었으면 합니다.

저의 딸이 고3 수험생이었을 때, 자율학습을 마치면 자정이 넘어 늦게 귀가하는데 제가 딸보다 먼저 잠들기가 일쑤였습니다. 그러고는 저의 출근 준비 시간보다 일찍 일어나 또다시 등교 준비를 하는 딸을 보니 못내 미안했습니다. 딸이 고생하는데 아버지로서 조금이라도 본보기가 되어 공부하는 모습을 보여주며 보조를 맞추어 주기 위해 직업과도 관련되고 평소에 관심도 두어 왔던 소방시설관리사 공부를 시작하게 되었습니다.

- 수험 생활 전반

1. 2008년 소방시설관리사 1차 시험 합격(10회)

아파트 관리소장(주택관리사 5회)시절 틈틈이 공부하여 소방설비기사(전기, 기계)를 손쉽게 취득하였습니다. 그것을 기초 지식으로 하며 수험생이던 딸과 아들에게 모범을 보이기 위해 날마다 퇴근 후 집에서 소방시설관리사 관련 수험서를 읽었고, 때로는 인터넷 강의를 듣기도 하면서 공부를 했습니다. 덕분에 늦은 시간까지 저희 집은 항상 고요했습니다.

비교적 충분히 공부했다고 생각한 뒤 2008년 처음으로 소방시설관리사 시험에 응시하였습니다. 부푼 꿈을 품고 치른 대전에서의 1차 시험은 무난히 합격하였지만, 오후에 치른 2차 시험은 너무나 먼 산처럼 느껴져 대전발 부산행 열차에 몸을 싣고 허탈한 마음으로 부산으로 내려왔습니다.

2. 마라톤, 등산하면서

2009년도 여름부터 1차 시험에 합격한 것이 아깝다는 마음에 소방시설관리사 2차 시험 준비를 다시 시작하였습니다. 1년이라는 시간은 여유가 있었지만, 시간적 여유가 합격을 보장하는 것이 아니라는 것을 되새기며 반드시 합격하겠다는 의지를 다졌습니다.

소방시설관리사 2차 시험도 중요하지만 체력이 뒷받침되지 않으면 공부도 할 수 없다고 생각했기 때문에 시험 준비를 시작할 무렵에 규칙적으로 운동하는 계획을 세웠고, 저는 평소에도 종종 해오던 동백섬에서 마라톤을 하는 것과 해운대 장산에서 등산을 하는 것을 선택했습니다. 그리고 운동을 하는 중에는 국가화재안전기술기준을 직접 녹음한 것을 들으며 외웠습니다. 자신의 목소리가 스스로에게 얼마나 익숙하며, 귀에 잘 들어오는지 알고 계시지요? 본인 목소리로 들을 때의 암기력이 배가된다는 점을 저는 적극 수험 생활 내내 유용하게 활용하였습니다. 운동 시간 이외에도, 운전할 때 등 틈이 나면 CD에 넣어둔 제 목소리를 재생해서 들었는데 이것이 암기에 큰 도움이 되었습니다.

3. 학원등록(학원 모의고사 중요성)

혼자 공부를 하다가 2009년 12월, 부산 에듀파이어기술학원에 11회 소방시설관리사 시험대비 정규반 모집(노동부에서 직장근로자에게 혜택을 주는 코스)에 등록을 하려고 했습니다. 며칠 전만 해도 여유 있게 등록해도 된다고 해서 안심하고 있었는데, 막상 등록을 하려고 하니 이미 마감되었다고 하여 원장님께 사정사정하여 겨우 등록하게 되었습니다.

남들이 편히 쉬는 추운 겨울 토요일 오후부터 밤늦은 시간까지, 때로는 일요일에도 나이 쉰에 주말을 포기하며 학원에서 공부하기란 결코 쉬운 일은 아니었습니다. 하지만 문과였던 저에게는 학원 등록이 소방 공부에 대해 많은 도움이 되었습니다. 소방 지식은 독학으로 얻는 것 보다는 강의를 듣는 것이 시간적으로 효율성이 컸습니다.

특히 2010년도 소방시설관리사 시험보기 몇 달 전부터 학원 강사님의 감독하에 본 시험과 같이 시간을 정하여 매주 치뤘던 학원 모의고사가 저에게는 11회 소방시설관리사가 될 수 있었던 가장 큰 핵심이었습니다. 모의고사로 시험의 경향을 파악할 수 있었고, 시간에 맞추어 시험을 보는 것이 실제 시험에서의 긴장감을 크게 줄여 주었기 때문입니다.

4. 올인(5개월)

2010년 3월 말로 아파트 관리소장직을 퇴직하고 소방시설관리사 공부에 전념하려고 하니 아내의 반대가 심했습니다. 합격의 보장도 없고, 합격한다고 해도 이후의 취직도 걱정, 적지 않은 나이가 새로운 일을 하는 것에 걸림돌은 되지 않을 것인지, 무엇보다도 서울 사립대학에 다니는 딸의 학비, 또 재수하는 아들 학원비 걱정 등등. 집안의 모든 문제, 거기에 경제적인 문제까지 아내가 떠맡게 되는 점에 대해서 몹시 안쓰럽고 미안하게 생각하였지만 저는 합격과, 합격 이후의 삶에 확신하며 겨우 아내를 설득시켜 배수의 진을 치고 아내의 도움을 받으며 공부를 계속하게 되었습니다.

5. 해운대 도서관에서 …

운 좋게도 2010년 4월에 집과 도보 15분 거리에 해운대 도서관이 새로 개관하게 되었습니다. 매일같이 아침 6시 30분이면 사랑하는 아내가 싸 주는 도시락 2개와 책가방을 메고 도서관으로 향했고 밤 11시 도서관 폐관 벨소리로 귀가했습니다. 일요일, 명절, 경조사 모두 뒤로하고 5개월 동안 하루도 쉬지 않고 계속 도서관으로 출퇴근했습니다. 당당하게 시작한 공부였지만 사람 마음이 항상 담담하지만은 않은지, 도서관을 오갈 때 혹시나 아는 사람을 만나게 되면 실직한 것처럼 보이진 않을까 모자를 눌러쓰고 다녔고 아는 사람이 보일 땐 마주치지 않도록 멀리 피해 다니기도 했습니다.

6. 하루에 14~16시간 공부

하루에 14시간 내지 16시간씩 도서관에서 국가화재안전기술기준을 외우고, 학원에서는 공부 내용을 예습하고 복습을 했습니다. 그리고 학원에서 제시한 모의고사 시험 범위 내에서 열심히 공부했습니다. 공부 시간은 일정하게 하고 그 이외의 시간을 조절하니 수면 시간이 넉넉하진 않았습니다. 졸음을 참기 위해 하루에 도시락 2개로 소식하는 생활을 5개월가량 하고 시험을 본 뒤, 누적된 피로가 가득한 얼굴과 살이 빠진 제 모습을 보고 저의 형님께서 어디 아프지는 않는지 물으며 걱정하셨던 기억이 납니다.

7. 2010년도 소방시설관리사 2차 시험 합격(11회)

여러 번 치른 모의고사 성적으로 학원에서는 '김철기씨는 실수만 안 하면 꼭 합격한다'고 했고, 시험을 본 후에도 나름대로 합격에 조금은 자신은 있었습니다. 그러나 결과는 아직 나오지 않았고 합격을 100% 장담할 수는 없었으므로 2차 시험 후 해운대 모 아파트에서 다시 관리소장직을 맡게 되었습니다.

그로부터 3개월째 되던 2010년 12월. 합격자 발표일이었습니다. 사실 불안한 마음에 산업인력공단 홈페이지의 합격자 명단 페이지에 접속하지 못하고 있었는데, 저보다도 먼저 합격자 명단에서 제 이름을 보신 일신기술단의 박항묵 사장님께서 합격 소식을 전화로 전해 주셨습니다. 그리고 응원해준 많은 사람들의 축하를 받으며 합격의 기쁨을 나누었습니다. 딸의 명문대학 합격 소식 이후 두 번째로 제 인생에서 가장 큰 환희를 맛 본 날이었습니다.

― 글을 마치며 …

합격의 소식을 듣고 몇 군데에서 스카우트 제의를 받았지만 저는 일신기술단을 택했습니다. 이름은 알려지지 않았지만 성장하는, 성장할 것이 눈에 보이는 회사이고, 회사를 크게 키우기에 충분한 사장님의 인품과 성실함에 끌리어 2년째 근무하고 있습니다. 그 동안 '일신기술단'이라는 소방업체를 많이 알렸고, 직원도 늘어 2년간 꽤 많은 성과가 있었습니다. 2013년에도 더욱 내실 있는 듬직한 회사를 만들기 위해 노력할 것입니다.

건물을 관리하는 "갑"측 관계자 여러분께 이 글을 통하여 간곡히 부탁드립니다. 소방법이 많이 강화되고 소방서의 관리감독이 강화되었습니다. 저희 소방업체로부터 소방종합정밀점검과 작동기능점검을 받은 뒤, 불량지적내역은 빼 달라는 요구를 수 차례 받은 경우가 있습니다. 과거에는 가능했을 수도 있겠지만, 현재는 법적으로 불가능합니다. 점검하여 확인된 불량내역을 비용 때문에 고치지 않는다면, 많은 점검비를 지불하며 점검 받을 이유가 있겠습니까? 만약 불량지적내역을 허위로 보고하면 회사는 영업정지를 당할 수 있으며 소방시설관리사 개인은 자격을 상실하게 됩니다. "갑"측 입장만 생각하시지 마시고 힘이 약한 소방업체 "을"측 입장도 생각하여 주시기 바랍니다.

― 감사하는 분들 …

합격할 수 있도록 응원하고 도와 준 저의 버팀목이 되어주었던 사랑하는 아내와 가족들에게 감사드리고, 에듀파이어기술학원 이항준원장님, 이양주기술사님, 그리고 서로 경쟁하면서도 모두 소방시설관리사에 합격한 자랑스런 팔빙수팀(김영석관리사, 이봉섭관리사, 성현채관리사, 이문원관리사, 김창열관리사), 또한 항상 제게 큰 도움을 주시는 많은 아파트 관리소장님들께 감사드립니다. 끝으로 이 글을 읽고 계시는 분들 중 소방시설관리사를 준비하는 분이 계신다면 반드시 합격하시길 기원하며, 모든 분들의 앞날에 행복만이 가득하길 바랍니다.

주택관리사로 근무중 소방시설관리사로 합격하셨습니다.
앞으로 건승하시기를 바랍니다.
이제는 당신 차례입니다…. ^^

05 간이스프링클러설비

🔊 화재안전기술기준 요약

구분	간이스프링클러설비 술80(25)93(10)
설치 대상 **관설20**	• 공동주택 중 연립주택 및 다세대주택(연립주택 및 다세대 주택에 설치하는 간이스프링클러설비는 화재안전기술기준에 따른 주택전용 간이스프링클러설비를 설치) • 근린생활시설(/) 　① 근린생활시설 사용 부분의 바닥면적 1,000m² 이상인 것은 모든 층 　② 의원, 치과의원 및 한의원으로서 입원실이 있는 시설 　③ 조산원 및 산후조리원으로서 연면적 600m² 미만인 시설 • 의료시설 중 다음의 어느 하나에 해당하는 것 　① 종합병원, 병원, 치과병원, 한방병원 및 요양병원(의료재활시설은 제외한다)으로 사용되는 바닥면적의 합계가 600m² 미만인 시설 　② 정신의료기관 또는 의료재활시설로 사용되는 바닥면적의 합계가 300m² 이상 600m² 미만인 시설 　③ 정신의료기관 또는 의료재활시설로 사용되는 바닥면적의 합계가 300m² 미만이고, 창살(철재·플라스틱 또는 목재 등으로 사람의 탈출 등을 막기 위하여 설치한 것을 말하며, 화재 시 자동으로 열리는 구조로 되어 있는 창살은 제외한다)이 설치된 시설 • 교육연구시설 내의 합숙소 연면적 100m² 이상 • 노유자시설 　① 노유자생활시설(단독주택 또는 공동주택에 설치되는 경우 제외) 　② "①"에 해당하지 않는 노유자시설로 해당 시설로 사용되는 바닥면적의 합계가 300m² 이상 600m² 미만 또는 바닥면적의 합계가 300m² 미만으로 창살(철재, 플라스틱 또는 목재 등으로 사람의 탈출 등을 막기 위하여 설치한 것)이 있는 경우 • 숙박시설로 사용되는 바닥면적의 합계가 300m² 이상 600m² 미만인 시설 • 건물을 임차하여 「출입국관리법」 제52조제2항에 따른 보호시설로 사용되는 부분 • 복합건축물(별표 2 제30호 나목의 건축물 : 하나의 건축물이 근린생활시설, 판매시설, 업무시설, 숙박시설 또는 위락시설의 용도와 주택의 용도로 함께 사용되는 것) • 다중이용업소 (권총사격장, 지하층·무창층에 설치된 영업장)
방수량 / 시간(수원) 🔥🔥🔥	• 상수도직결형의 경우에는 수돗물 • 수조("캐비닛형"을 포함한다)를 사용하고자 하는 경우에는 적어도 1개 이상의 자동급수장치를 갖추어야 하며, 2개의 간이헤드에서 최소 10분[영 별표 4 제1호마목2)가) 또는 6)과 8)에 해당하는 경우에는 5개의 간이헤드에서 최소 20분] 이상 방수할 수 있는 양 이상을 수조에 확보할 것 　① 근린생활시설로 사용하는 부분의 바닥면적 합계가 1천m² 이상인 것은 모든 층 　② 숙박시설로 사용되는 바닥면적의 합계가 300m² 이상 600m² 미만인 시설 　③ 복합건축물(하나의 건축물이 근린생활시설, 위락시설, 숙박시설, 판매시설, 업무시설, 또는 의 용도와 주택의 용도로 함께 사용하는 것)으로 연면적 1천m² 이상인 것은 모든 층 📝 **암기법** 근천 숙박 36 근위 숙판업주 천
헤드 설치	상·하향식	천장 또는 반자까지의 거리는 25~102mm 이내 (1~4inch)
	측벽형	천장 또는 반자까지의 거리는 102~152mm 이내 (4~6inch)
헤드종류 / 작동온도	간이헤드(조기반응형) / 57~77℃
수평거리/방수압	2.3m / 0.1MPa

1 조건에 따라 간이스프링클러설비에 대하여 물음에 답하시오. 🔥🔥🔥

〈 조 건 〉

① 주택 및 주차장 10m×10m, 근린생활시설은 30m×40m이다.
② 근린생활시설에는 콘크리트구조의 천장과 준불연재료의 반자가 설치되어 있으며, 천장과 반자사이의 거리는 1.5m이다.
③ 부속용도인 주차장에는 표준반응형 스프링클러헤드 설치

3층	주택
2층	근린생활시설
1층	근린생활시설
지하 1층	주차장

(1) 간이 헤드의 공칭작동온도를 쓰시오. **관점19**
(2) 벽 등 구조물은 없으며, 간이스프링클러설비의 헤드를 정방형으로 배치할 때 층별 개수를 구하시오.
(3) 유수검지장치의 최소 개수를 구하시오.
(4) 간이스프링클러설비의 펌프의 토출량 [lpm] 및 수원 [m³]을 구하시오.
(5) 간이스프링클러설비의 비상전원의 설치기준을 쓰시오.
(6) 간이헤드 수별 급수관의 구경에서 캐비닛형 및 상수도직결형일 경우 주배관, 수평주행배관, 가지배관의 구경 및 가지배관의 설치헤드의 개수를 쓰시오. **관설20**

해설

(1) 간이 헤드의 공칭작동온도

간이헤드의 작동온도는 실내의 최대 주위천장온도가 0℃ 이상 **38℃ 이하**인 경우 공칭작동온도가 **57℃**에서 **77℃**의 것을 사용하고, **39℃ 이상 66℃ 이하**인 경우에는 **공칭작동온도가 79℃**에서 **109℃**의 것을 사용할 것

🔖**암기법** 천 삼팔이(하) 오직(57) 칠칠하고 삼구이상 육육 이하 공작 친구 백구

(2) 구조물 및 장애물을 고려하지 않고 층별 간이스프링클러설비의 헤드의 개수

간이헤드의 수평거리는 2.3m 이므로 헤드간 거리
$S = 2r\cos\theta = 2 \times 2.3m \times \cos 45° = 3.2526$ ∴ 3.25m

① 3층 주택 및 지하1층 주차장 : 10m×10m
   가로 및 세로 10m ÷ 3.25m/개 = 3.07 ∴ 4개
   4개 × 4개 = 16 ∴ 층 당 16개

② 1층 및 2층 근린생활시설(30m×40m) : 천장과 반자 중 한쪽만 불연재료 일 경우 천장과 반자사이의 거리가 1m 이내일 경우 스프링클러헤드 설치 제외하므로 조건에 따라 천장은 콘크리트구조의 불연재이며, 준불연재의 반자가 설치되어 그 사이의 거리가 1.5m이므로 천장과 반자 사이에 헤드를 추가로 설치해야 한다.
   가로 30m ÷ 3.25m/개 = 9.23 ∴ 10개
   세로 40m ÷ 3.25m/개 = 12.3 ∴ 13개
   10개 × 13개 × 2단(반자위 추가설치) = 260 ∴ 층당 260개

(3) 유수검지장치의 최소 개수

간이스프링클러설비의 방호구역은 바닥면적 1,000m²를 초과할 수 없으므로 근린생활시설의 유수검지장치는 2개이며, 주택 및 주차장은 각 1개를 설치하여야 하므로 총 6개의 유수검지장치가 필요하다.

(4) 간이스프링클러설비의 수원[m³]

① 간이스프링클러설비의 수원
   ㉠ 상수도직결형의 경우에는 수돗물
   ㉡ 수조("캐비닛형"을 포함한다)를 사용하고자 하는 경우에는 적어도 1개 이상의 자동급수장치를 갖추어야 하며, 2개의 간이 헤드에서 최소 10분[영 별표 4 제1호마목2)가) 또는 6)과 8)에 해당하는 경우 : ⓐ, ⓑ, ⓒ]에는 5개의 간이헤드에서 최소 20분] 이상 방수할 수 있는 양 이상을 수조에 확보할 것
      ⓐ **근**린생활시설로 사용하는 부분의 바닥면적 합계가 1**천**m² 이상인 것은 모든 층

ⓑ **숙박**시설로 사용되는 바닥면적의 합계가 300m² 이상 600m² 미만인 시설
ⓒ 복합건축물(하나의 건축물이 **근**린생활시설, **위**락시설, **숙**박시설, **판**매시설, **업**무시설, 또는 의 용도와 **주**택의 용도로 함께 사용하는 것)으로 연면적 1**천**m² 이상인 것은 모든 층

✏️암기법 **근천 숙박 36 근위 숙판업주 천**

② 주택과 근린생활시설이 설치되어 있는 복합건축물이므로 5개의 간이 헤드에서 최소 20분 이상 방수할 수 있어야 하며, 주차장에 표준반응형 스프링클러헤드를 설치하므로 헤드 개당 방수량은 80ℓ/min을 기준으로 수원을 산정하여야 하므로
  ㉠ 펌프의 토출량 : 80ℓ/min · 개×5개 = 400   ∴ 400ℓ/min
  ㉡ 수원 : 80ℓ/min · 개×20min×5개 = 8,000   ∴ 8000ℓ = 8m³

(5) 간이스프링클러설비의 비상전원의 설치기준

간이스프링클러설비에는 다음 각 호의 기준에 적합한 비상전원 또는 「소방시설용 비상전원수전설비의 화재안전기술기준(NFTC 602)」의 규정에 따른 비상전원수전설비를 설치하여야 한다. 다만, 무전원으로 작동되는 간이스프링클러설비의 경우에는 모든 기능이 10분[아래의 ㉠, ㉡, ㉢에 해당하는 경우에는 20분] 이상 유효하게 지속될 수 있는 구조를 갖추어야 한다.

① 간이스프링클러설비를 유효하게 10분[아래의 ㉠, ㉡, ㉢에 해당하는 경우에는 20분] 이상 작동할 수 있도록 할 것
  ㉠ **근**린생활시설로 사용하는 부분의 바닥면적 합계가 1**천**m² 이상인 것은 모든 층
  ㉡ **숙박**시설로 사용되는 바닥면적의 합계가 300m² 이상 600m² 미만인 시설
  ㉢ 복합건축물(하나의 건축물이 **근**린생활시설, **위**락시설, **숙**박시설, **판**매시설 또는 **업**무시설의 용도와 **주**택의 용도로 함께 사용하는 경우)로서 연면적 1**천**m² 이상인 것은 모든 층

✏️암기법 **근천 숙박 36 근위 숙판업주 천**

② 상용전원으로부터 전력의 공급이 중단된 때에는 자동으로 비상전원으로부터 전원을 공급받을 수 있는 구조로 할 것

(6) 간이 헤드 수별 급수관의 구경에서 캐비닛형 및 상수도직결형일 경우 주배관, 수평주행배관, 가지배관의 구경 및 가지배관의 설치헤드의 개수

① **주**배관 구경 32mm
② **수**평주행배관 구경 32mm, **가지**배관의 구경 25mm
③ **가지**배관의 간이헤드 설치개수 3개 이내

✏️암기법 **주수32 가지25 가지3**

📖 이해 必

✅ **[별표 1] 스프링클러헤드 수별 급수관의 구경**

구분 \ 급수관의 구경	25	32	40	50	65	80	100	125	150
가. 폐쇄형 헤드	2	3	5	10	30	60	100	160	161 이상
나. 폐쇄형 헤드(반자위, 아래 설치할 경우)	2	4	7	15	30	60	100	160	161 이상

[주] 1. 폐쇄형 스프링클러헤드를 사용하는 설비의 경우로서 1개 층에 하나의 급수배관(또는 밸브 등)이 담당하는 구역의 최대면적은 1,000m²를 초과하지 아니할 것
  2. 폐쇄형 스프링클러헤드를 설치하는 경우에는 "가"란의 헤드수에 따를 것
  3. 폐쇄형 스프링클러헤드를 설치하고 반자 아래의 헤드와 반자속의 헤드를 동일 급수관의 가지관상에 병설하는 경우에는 "나"란의 헤드수에 따를 것
  4. "캐비닛형" 및 "상수도직결형"을 사용하는 경우 주배관은 32, 수평주행배관은 32, 가지배관은 25 이상으로 할 것. 이 경우 최장배관은 제5조제6항(「캐비닛형 간이스프링클러설비의 성능인증 및 제품검사의 기술기준」)에 따라 인정받은 길이로 하며 하나의 가지배관에는 간이 헤드를 3개 이내로 설치하여야 한다.

必勝! 합 격 수 기

– 제12회 **박경민** 소방시설관리사님 합격 수기 –

누군가 말하길, 삶은 계속된 도전의 연속이라고 하더군요. 그러나 제 인생에 있어서 언젠가 부터는 해당되지 않는 말이었습니다. 어느 순간 돌아본 제 모습은 그저 놓여있는 앞길을 무작정 따라가는, 별 생각도, 계획도 없는 이십대와 삼십대를 지나오고 있었습니다.

하지만 우연한 기회로 입문하게 된 소방분야에서 전 생존을 위하여 무언가 해야만 했었고, 또 절실하였기에 결국 앞에 놓인 산들을 향해 도전이란 것을 시작하게 되었고 이제는 그 도전은 앞으로도 계속되어야만 한다고 생각합니다.

뒤늦게 시작한 소방분야에서 짧은 기간 사이에 남들을 따라가기 위해 현장실무와 자격증 취득을 병행하여 공부하였고, 결과적으로 제 앞에 놓여있던 소방시설관리사라는 작은 산 하나는 이제 갓 넘어올 수 있게 되었습니다.

향후 계속될 소방시설관리사에 도전하시는 분들을 위하여 제가 나름대로 느낀 몇 가지 자잘한 이야기들을 적어보려 하는데, 혹여라도 글의 내용 중 극히 일부분이라도 도움이 될 수 있는 부분이 있었으면 합니다.

소방시설관리사 수험준비에 있어서 노력과 암기, 꾸준한 반복 등등의 이야기는 수험생이라면 너무나 잘 알고 있으므로 별다른 도움이 되지 않을 듯 싶기에, 저는 그와는 다른 이야기들을 해보려 합니다.

첫째, 반복학습은 저에게 너무나 지겨웠습니다.

누구나 알고 있듯이 암기를 위한 같은 내용의 반복학습은 무척이나 지겹고 진도가 잘 나가지 않는 정신노동입니다.

우리 주변을 보면 보통 한 가지 기본서를 정하여 수십 차례 반복하여 암기하는 방법을 많이들 사용하시는데, 제 경우에는 그러한 방법은 싫증을 많이 내는 천성 탓인지 진도도 잘 나아가지 않고, 또한 이미 암기한 부분에 있어서도 확실히 암기가 되었는지 신뢰할 수 없는 불안한 마음으로 인해 쉽게 책장을 넘기기가 어려웠기에 효율적이라 생각되지 않았습니다.

그러한 이유로 저는 시중에 출간된 수험서를 대부분 구입하여 계속적으로 바꾸어가며 공부하였습니다.

빳빳하게 날이선 새 책을 처음 펼칠 때의 긴장과 기대감을 최대한 활용하여 보다 집중코저 하였고, 이러한 방법으로 정독이 끝난 후에는 가차 없이 또 다른 교재를 구입하여 정독하곤 하였습니다.

결과적으로 볼 때, 이러한 방법은 결국 화재안전기술기준을 기반으로 하는 수험서들의 공통성 탓에 중요내용은 반복학습을 하게 되는 결과를 낳았고, 또한 출제범위 내의 구석구석을 찌르는 최근의 출제경향으로 볼 때 각 교재들을 망라하는 더욱 촘촘한 그물망을 수험자로 하여금 칠 수 있게 하여주는 장점이 있는 방법이 아니었나 싶습니다.

마지막으로 시중에 더 이상 구매할 수험서가 없을 때에 비로소 서브노트를 작성하여 여러 권의 수험서의 내용을 단권으로 정리하고 이를 항시 휴대하며 학습하였고, 이 서브노트는 수험장에 입장할 때까지 제가 들고 다니는 유일한 수험서가 되었습니다.

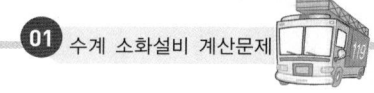

둘째, '화재안전기술기준 토시하나 틀리지 않고 달달 외우기'는 포기하였습니다.

제가 수강한 부산 에듀파이어학원의 원장님을 비롯한 강사님들께서는 늘 강의의 방향을 법규내용 및 화재안전기술기준의 내용을 이해시키려 강의방향을 잡으셨습니다.

이러한 강의방식은 이해가 선행되면 암기의 분량이 절반으로 감소하고, 암기된 내용의 저장기간 또한 보다 길어질 수 밖에 없다고 판단한 제 개인의 생각과도 상통하는 강의였습니다.

이러한 이해를 위해서 저는 '화재안전기술기준을 통째로 달달 외워야 한다'는 강박관념에서 먼저 벗어나려 하였습니다.

저는 아직까지 화재안전기술기준 조차 '달달' 외우지 못하였으나 운좋게 합격할 수 있었고, 또 어쩌면 선배 관리사님들 중에도 저처럼 완전히 외우고 계시지 못한분이 계실지도 모르니 향후 수험생들께서도 '완전 암기'라는 거창한 타이틀에 목매는 우를 범하지 않았으면 합니다.

물론 화재안전기술기준의 암기는 필수사항이고 합격을 위해서는 죽어라 노력해야 할 부분임에는 틀림없으나, '책 한권을 완벽히 외워야 한다'는 명제에 매몰된 상태로 학습을 시작하는 것은 좋은 방법이 아닌 것 같다는 말입니다.

물론 이해가 되지 않는 내용도 암기하다보면 이해가 된다는 논리와 말들도 있습니다만, 그것은 수험생 각자의 판단에 따라 결국 결정해야 할 부분이라고 생각됩니다.

그저 제 개인적 생각에는 이해가 먼저이고 암기는 이해 후에 따라야 할 순서가 아닌가 생각될 따름입니다.

셋째, 땀에 젖은 답안지에 떨리는 글씨의 답안작성은 하고 싶지 않았습니다.

저는 합격을 위하여 학원수강이 필수라고는 생각하지 않습니다만, 모의고사 등의 답안작성 연습은 필수라고 봅니다.

수험장에서 여러분은 시험 종료 시간이 다가올수록 주체할 수 없이 떨려오는 여러분의 볼펜 끝을 경험하게 될 것이며, 이러한 상태에서는 좋은 답안작성은 기대하기 어려운 것이 당연할 것이라 봅니다.

그러기에 평소 충분한 모의고사를 통하여 '시간 내에' 답안을 작성하는 연습은 필수적입니다.

제 경우에는 시험 수 개월 전부터는 학원에서 제공하는 답안지 양식을 연습장 대신 사용하였으며 그 정도 비용지불은 결과적으로 충분히 보상받을 만큼의 효과가 있었다고 생각합니다.

침착한 환경에서의 제대로 된 실력발휘를 위해서, 가급적 가능한 모든 것을 시험장에서의 실제 환경과 비슷하도록 만드는 노력이 중요하다고 보는데, 그 가장 쉬운 방법이 바로 모의고사 반복실시와 답안지 작성 연습이 아닐까 생각합니다.

제 경우에는 에듀파이어기술학원의 문제풀이반에 등록하여 모의고사를 매주 보는 것으로 답안지 작성법을 연습하였고 이 과정이 합격에 결정적 도움이 되었다는 점 부정하기 어렵습니다.

제아무리 충분한 학습이 이루어진 상태의 수험생일지라도 적당량의 문제를 적당한 시간 내에 답안지에 써내려가는 연습 없이는 합격은 요원한 일이라고 생각되기에, 수험 전 학원이나 기타 방법을 통하여 충분한 연습을 하고 수험장에 입장하시기를 권유 드립니다.

별다른 내용 없이 두서없는 글이 자꾸만 길어지는 것 같아 이외의 몇몇 가지 잡다한 수험기억들은 그저 제 기억 속에만 남겨둘까 싶습니다. 모쪼록 수험생 여러분의 건승을 기원합니다.

방법은 여러 가지입니다. 여러분 파이팅입니다……^^

MEMO

06 화재조기진압용 스프링클러설비

📢 각종 수치정리 🔥🔥🔥

구분		천장높이	
		9.1m(30ft) 미만	9.1m(30ft) 이상 13.7m(45ft) 이하
가지배관사이의 거리(L) 관설21		2.4m 이상 3.7m 이하 (8ft 이상 12ft 이하)	2.4m 이상 3.1m 이하 (8ft 이상 10ft 이하)
헤드사이의 거리(S)		2.4m 이상 3.7m 이하 (8ft 이상 12ft 이하) 📝 암기법 이사이상 삼칠(3.7)이하	3.1m 이하
헤드하나의 방호면적 ($S \times L$)		6.0m² 이상 9.3m² 이하 (64ft² 이상 100ft² 이하) (최소면적, 헤드 및 가지배관 거리 규정은 스키핑(skipping) 방지를 위해서임) → **주의사항** : 헤드 면적당 방호면적을 볼 경우 정방형으로 배치한다면 헤드간 거리는 $S=2.4\sim3.1\text{m}$로 배치하여야 하며 천장높이 9.1m 미만일 때 헤드간 거리 $S=3.7\text{m}$ 이하로 될 경우에는 사실상 배치할 수 없다. $S^2 = 6.0\text{m}^2$ 이상 9.3m^2 미만 $S = \sqrt{6\text{m}^2} = 2.449$ ∴ 2.4m $S = \sqrt{9.3\text{m}^2} = 3.049$ ∴ 3.04m	
수원		12개(기준개수)×60분(방사시간)	
헤드	하향식	반사판의 위치는 천장이나 반자아래 125mm 이상 355mm(14inch) 이하 (NFPA Code에서는 6inch=152mm로 표기되어 있어 오타로 판단됨)	
	상향식	감지부의 중앙은 천장 또는 반자와 101mm(≒4inch) 이상 152mm(6inch) 이하이며 반사판의 위치는 스프링클러 배관 윗부분에서 최소 178mm(≒7inch) 상부에 설치	
헤드~저장물 최상부와 거리		914mm(3ft) 이상 확보	
헤드~벽과의 거리		102mm(4inch) 이상 ~ $S/2$ 초과하지 않을 것	
헤드의 작동온도		74℃ 이하 (헤드 주위온도 38℃ 이상일 경우 공인기관의 시험을 거친 것 사용)	
헤드 살수장애		별표 1, 2 및 별도 1, 2, 3 참고	
단위 환산		25.4mm=1inch, 12inch=1ft=30.48cm (조기진압용 스프링클러설비의 대부분의 수치가 inch나 ft로 환산 할 경우 거의 대부분이 정리되므로 참고 바람)	

Mind-Control

힘들다고 포기하거나 주저앉지 않아야 한다.
세상은 내가 주저앉고 포기하려 할 때마다 더 무겁게 너를 짓누를 것이다.
힘들고 무겁더라도 일어나야 한다.
그리하면 더 많은 무게도 지행할 수 있는 힘을 얻을 것이다.

1 조건에 따라 다음 물음에 답하시오. 술117(10 : 유사)

〈 조 건 〉
① 랙식 창고로 화재조기진압용 스프링클러설비를 설치하며 헤드수는 30개
② 창고의 층고는 13.7m이며, 최대 저장높이는 10.7m, 지상수조 및 옥상수조 설치
③ $K=360$을 사용하며 방사압력은 다음 표에서 선택한다.

〈화재조기진압용 스프링클러헤드의 최소방사압력[MPa]〉

최대층고 [m]	최대 저장높이[m]	화재조기진압용 스프링클러헤드				
		$K=360$ 하향식	$K=320$ 하향식	$K=240$ 하향식	$K=240$ 상향식	$K=200$ 하향식
13.7	12.2	0.28	0.28	—	—	—
13.7	10.7	0.28	0.28	—	—	—
12.2	10.7	0.17	0.28	0.36	0.36	0.52
10.7	9.1	0.14	0.24	0.36	0.36	0.52
9.1	7.6	0.10	0.17	0.24	0.24	0.34

(1) 펌프의 토출량 [l/min]을 구하시오.
(2) 옥상수조의 수원을 포함한 수원의 양 [m³]을 구하시오.

해설

(1) 펌프의 토출량
① 최대 층고 및 최대 저장높이 및 $K-$factor를 고려하여 최소방사압력은 0.28MPa을 선택하고 화재안전기술기준상의 수원은 수리학적으로 가장 먼 가지배관 3개에 각각 4개의 스프링클러헤드가 동시에 개방되어 60분간 방사할 수 있는 양으로 계산식은 다음과 같다.
$Q = 12 \times 60 \times K\sqrt{10p}$
여기서, Q : 수원의 양[l]
K : 상수[l/min/(MPa)$^{1/2}$]
p : 헤드선단의 압력[MPa]
② 펌프의 토출량[lpm]은 다음과 같다.
$Q = 12 \times K\sqrt{10p} = 12 \times 360\sqrt{10 \times 0.28\text{MPa}} = 7,228.742$ ∴ 7,228.74lpm

(2) 옥상수조를 포함한 수원의 양
① 지상수조의 수원
$Q = 12 \times 60 \times K\sqrt{10p} = 12 \times 60 \times 360\sqrt{10 \times 0.28} = 433,724.557$ ∴ 433,724.56l
② 옥상수조의 수원은 지상수조의 $\frac{1}{3}$ 이상이 되므로 옥상수조를 포함한 수원의 양은
$433,724.56\,l \times \frac{4}{3} = 578,299.413$ ∴ 578,299l ≒ 578.3m³

07 물분무소화설비

1 물분무소화설비의 적응장소별 수원에 대하여 쓰시오. 술93(25)125(25)

해설

적응장소	가압송수장치 분당토출량	수원	기준면적(A)
특수가연물 저장 또는 취급	$10l/\min \cdot m^2 \times Am^2$	$10l/\min \cdot m^2 \times Am^2 \times 20\min$	최소 바닥면적 $50m^2$
콘베이어 벨트	$10l/\min \cdot m^2 \times Am^2$	$10l/\min \cdot m^2 \times Am^2 \times 20\min$	바닥면적
절연유 봉입변압기	$10l/\min \cdot m^2 \times Am^2$	$10l/\min \cdot m^2 \times Am^2 \times 20\min$	바닥면적 제외 표면적
케이블트레이 케이블덕트	$12l/\min \cdot m^2 \times Am^2$	$12l/\min \cdot m^2 \times Am^2 \times 20\min$	투영된 바닥면적
차고 또는 주차장	$20l/\min \cdot m^2 \times Am^2$	$20l/\min \cdot m^2 \times Am^2 \times 20\min$	최소 바닥면적 $50m^2$

암기법 특수 콘 절케 차고 1120

---

2 옆의 그림과 같이 바닥면이 자갈로 되어 있는 절연유 봉입변압기에 물분무소화설비를 설치하고자 한다. (단, 계산과정을 쓰시오.) 관설11

(1) 소화펌프의 최소토출량 [lpm]을 구하시오.
(2) 필요한 최소수원의 양 [m³]을 구하시오.

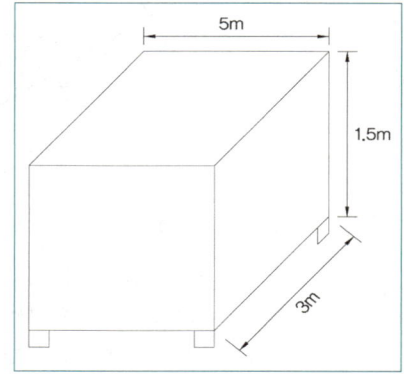

해설

(1) 소화펌프의 최소토출량[lpm]을 구하시오.

적응장소	가압송수장치 분당 토출량	수원	기준면적(A)
특수가연물 저장 또는 취급	$10l/\min \cdot m^2 \times Am^2$	$10l/\min \cdot m^2 \times Am^2 \times 20\min$	바닥면적 최소 $50m^2$
콘베이어 벨트	$10l/\min \cdot m^2 \times Am^2$	$10l/\min \cdot m^2 \times Am^2 \times 20\min$	바닥면적
절연유 봉입변압기	$10l/\min \cdot m^2 \times Am^2$	$10l/\min \cdot m^2 \times Am^2 \times 20\min$	바닥면적 제외 표면적
케이블트레이 케이블덕트	$12l/\min \cdot m^2 \times Am^2$	$12l/\min \cdot m^2 \times Am^2 \times 20\min$	투영된 바닥면적
차고 또는 주차장	$20l/\min \cdot m^2 \times Am^2$	$20l/\min \cdot m^2 \times Am^2 \times 20\min$	바닥면적 최소 $50m^2$

암기법 특수 콘 절케 차고 1120

① 바닥면적을 제외한 표면적을 구하면
  5m × 3m × 1면 + 1.5m × 3m × 2면 + 5m × 1.5m × 2면 = 39 ∴ 39m²
② 분당 토출량을 구하면
  39m² × 10l/min·m² = 390 ∴ 390 lpm

(2) 필요한 최소수원의 양[m³]을 구하시오.
  수원[m³] = 분당 토출량[lpm] × 20min = 390 lpm × 20min = 7,800l ∴ 7.8m³

3 다음 물분무설비에서 A점의 최소유량[l/min] 및 양정[m]을 구하시오. (단, ③~⑥ 구간의 레듀셔는 무시하고 적용하며, 압력은 소수점 넷째자리에서 반올림하고 최소유량 및 기타는 소수점 첫째자리에서 반올림하여 계산한다.) 🔥

〈 조 건 〉

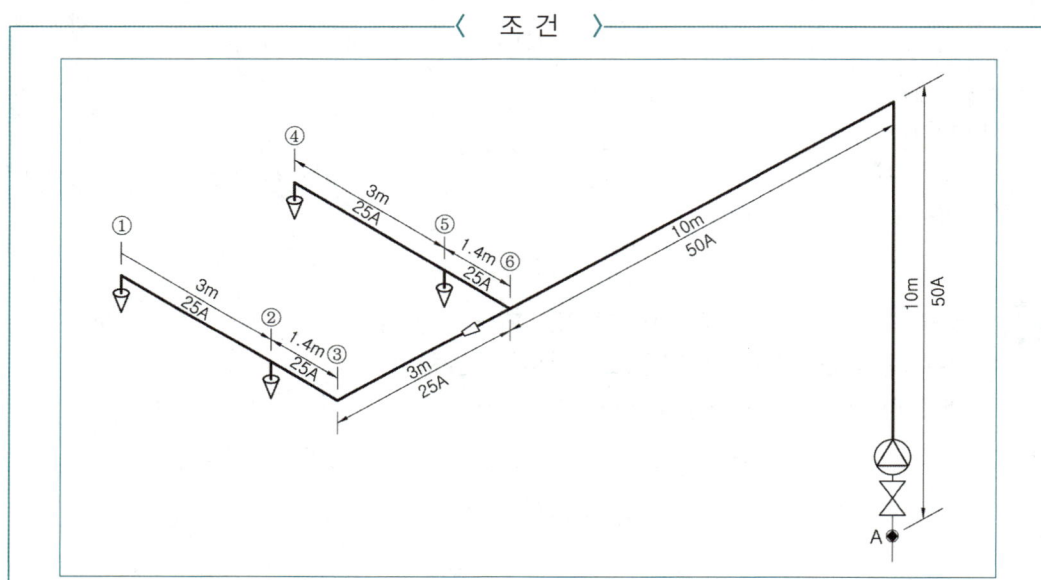

① 최소방출압력 : 0.225MPa
② Hazen-Williams 공식을 사용
③ 속도수두 무시
④ 관 내경은 호칭경으로 한다.
⑤ 유량 : $Q[l/\text{min}] = 252\sqrt{P[\text{MPa}]}$
⑥ C factor = 100으로 한다.
⑦ 등가관장은 다음 표를 이용한다.

구분	25A	50A
엘보	0.6	1.5
티	1.5	3.1
데류지밸브	−	0.3
게이트밸브	1.5	3.4

해설

$$\triangle P = 6.053 \times 10^4 \times \frac{Q^{1.85}}{C^{1.85} \times D^{4.87}} \times L$$

여기서,
$\triangle P$: 1m당 손실되는 압력[MPa]
C : 조도
D : 배관의 내경[mm]
Q : 유량[lpm]
L : 배관의 길이[m]

배관 또는 튜브		조도(C)	조도계수
비라이닝 : 주철 또는 덕타일 주철		100	0.713
흑관 또는 백관(아연도금강관)	건식・준비작동식	100	0.713
	습식・일제살수식	120	1
라이닝 : 콘크리트・시멘트 주철관・덕타일 주철관		140	1.33
동관・황동관・스테인리스관・합성수지관		150	1.51

→ 배관의 종류 등에 따른 상당관길이에 조도계수를 곱하여 적용한다.

(1) ①점의 압력은 0.225MPa이므로
①점 헤드의 방사량 $Q_1 = K\sqrt{P_1} = 252\sqrt{0.225\text{MPa}} = 119.5$ ∴ 120 $l/\min$
①-② 간의 마찰손실을 구하면
∴ 총 상당 직관장 3m + (엘보 1개 × 0.6m) = 3.6m
$\triangle P_{1-2} = 6.053 \times 10^4 \times \frac{(120\text{lpm})^{1.85}}{100^{1.85} \times (25\text{mm})^{4.87}} ≒ 0.0131$ ∴ 0.013MPa/m
3.6m × 0.013MPa/m = 0.0468 ∴ 0.047MPa

(2) ②점의 압력은 ∴ 0.225MPa + 0.047MPa = 0.272 ∴ 0.272MPa
②점 헤드의 방출량 $Q_2 = K\sqrt{P_2} = 252\sqrt{0.272\text{MPa}} = 131.4$ ∴ 131 $l/\min$
②-③간의 유량은 120 $l/\min$ + 131 $l/\min$ = 251 $l/\min$
②-③간의 마찰손실
∴ 총 상당 직관장 1.4m + (티 1개 × 1.5m) = 2.9m
$\triangle P_{2-3} = 6.053 \times 10^4 \times \frac{(251\ l/\min)^{1.85}}{100^{1.85} \times (25\text{mm})^{4.87}} = 0.0516$ ∴ 0.052MPa/m
2.9m × 0.052MPa/m = 0.1508 ∴ 0.151MPa

(3) ③점의 압력 ∴ 0.272MPa + 0.151MPa = 0.423 ∴ 0.423MPa
③-⑥간의 마찰손실 : ③-⑥ 구간의 레듀서는 조건에 따라 무시한다.
∴ 총 상당 직관장 : 직관장 3m + (엘보 1개 × 0.6m) = 3.6m
3.6m × 0.052MPa/m = 0.1872 ∴ 0.187MPa

(4) ⑥점의 압력 ∴ 0.423MPa + 0.187MPa = 0.61 ∴ 0.61MPa
④-⑥간의 배관을 하나의 헤드로 보고 새로운 $K-$factor 를 구하는데, ①-③간의 배관과 모든 조건이 동일
$Q_{1-3} = K\sqrt{P_3}$ 에서 새로운 $K-$factor 를 구할 수 있다.
$Q_{1-3} = 251\ l/\min$, $P_3 = 0.423\text{MPa}$이므로 $K-$factor 를 구하면
$K_{1\sim3} = \frac{Q_{1-3}}{\sqrt{P_3}} = \frac{251\ l/\min}{\sqrt{0.423\text{MPa}}} = 385.9$ ∴ 386
⑥점에서 필요한 최소압력은 0.61MPa이므로 새로운 $K-$factor 로 유량을 구하면
$Q_6 = K_{1\sim3}\sqrt{P_6} = 386\sqrt{0.61\text{MPa}} = 301.4$ ∴ 301 $l/\min$
따라서 ⑥-A사이의 유량은 251$l/\min$ + 301$l/\min$ = 552 ∴ 552lpm이다.

(5) ⑥-A간의 마찰손실
∴ 총 상당장 = 직관장 20m + (티 1개 × 3.1m) + (엘보 1개 × 1.5m) + (데류지밸브 1개 × 0.3)
        + (게이트밸브 1개 × 3.4m) = 28.3m
$\triangle P_{6-A} = 6.053 \times 10^4 \times \frac{(552l/\min)^{1.85}}{100^{1.85} \times (50\text{mm})^{4.87}} = 0.0075$ ∴ 0.008MPa/m
마찰손실압력 0.61MPa + 0.008MPa/m × 28.3m = 0.8364 ∴ 0.836MPa
낙차 10m를 고려한 A점에서 필요한 최소양정
$10\text{mH}_2\text{O} + \frac{0.836\text{MPa}}{0.101325\text{MPa}} \times 10.332\text{mH}_2\text{O} = 95.246$ ∴ 95.25m

08 미분무소화설비

1 다음 물음에 답하시오. 관설13

(1) 폐쇄형 미분무헤드의 표시온도가 79℃일 때 평상 시 최고주위온도가 몇 [℃]인지 구하시오.

(2) 미분무의 수원의 양 [m³]을 구하시오.

> ① 헤드 개수＝30개
> ② 헤드 1개당 방수량＝50l/min
> ③ 설계방수시간＝1시간
> ④ 배관 총 체적＝0.07m³

해설

(1) 폐쇄형 미분무헤드의 표시온도가 79℃일 때 평상 시 최고주위온도[℃]

$T_a = 0.9 T_m - 27.3℃$

여기서, T_a : 최고주위온도[℃]

T_m : 헤드의 표시온도[℃]

$T_a = 0.9 T_m - 27.3℃ = 0.9 \times 79℃ - 27.3℃ = 43.8℃$

(2) 미분무의 수원의 양[m³]

> ㉠ 헤드 개수＝30개
> ㉡ 헤드 1개당 방수량＝50l/min
> ㉢ 설계방수시간＝1시간
> ㉣ 배관 총 체적＝0.07m³

$Q = N \times D \times T \times S + V$

여기서, Q : 수원의 양[m³]

N : 방호구역(방수구역) 내 헤드의 개수

D : 설계유량[m³/min]

T : 설계방수시간[min]

S : 안전율(1.2 이상)

V : 배관의 총 체적[m³]

$N = 30$개, $D = 50l/min = 0.05 m^3/min$, $T = 60 min$, $S = 1.2$, $V = 0.07 m^3$

$Q = N \times D \times T \times S + V$

$= 30개 \times 0.05 m^3/min \times 60 min \times 1.2 + 0.07 m^3 = 108.07$ ∴ $108.07 m^3$

必勝! 합격수기

― 제10회 백상옥 소방시설관리사 합격수기 ―

2005년도 5월 20일경 나의 첫 관리사 공부는 시작되었다.

젊다면 젊은 나이 33살에 시작한 공부였다. 어디서 왔는지 모르지만, 자신감은 충만했었고 나만 열심히 하면 합격도 할 수 있다고 생각했다. 시험은 같은 해 7월 3일 이었다. 대학졸업 (1998년 자격증시험) 이후 처음 해보는 공부였고, 혼자였으며 공부방법도 몰랐다. 자신감 하나와 책 각 한권(1차, 2차)으로 시작했다. 학원 강의도 몰랐다. 운 좋게 1차는 합격하고 2차는 떨어졌다. 당연한 결과였다. 다음 해 7월 9회 관리사 2차 시험을 치뤘다. 3개월 정도 올인을 했다.

공부에 손을 놓고 있다가 시작한 공부였다. 서울 학원의 인터넷 강의를 등록하고 학원에서 보내준 책으로 공부했다. 방향 없는 혼자만의 공부였고, 열심히도 안 했던 것 같다. 당연하게 떨어졌고, 자신감도 떨어졌다. 공부를 하면 할수록 관리사 시험이 더 어렵게 느껴졌다. 어리석게도 시험을 치르고 또 공부에 손을 놓았다.

2008년 9월 제10회 관리사 시험이 있었다. 지금 근무하는 (주)남경이엔지 사장님의 재 권고로 갈팡질팡 하던 마음을 다잡고 공부를 시작했다. 시험 130일 전이었다. 도서관에 자리를 잡고 화재안전기술기준부터 공부를 시작했다. 꾸준하게 공부를 하지 않았던게 너무 후회 됐다.

2개월 정도 독학 하다가 edu-fire기술학원을 알게 되었다. 접수가 늦어 이론 강의는 듣지 못하고 (고맙게도 이 항준 원장님이 4명 정도를 개인 강의를 해주셨다) 최종 문제 풀이반을 수강했다. 학원을 통해 많은 정보가 들어왔고, 다른 수험생들의 공부방법과 수준을 알 수 있었다. 학원의 잘 정리된 교재와 많은 정보로 공부 범위가 확실하게 정해졌다.

혼자만의 생각으로 우회하고 있던 길을 똑바로 가는 기분이었다. 인생에 있어서 가장 열심히 공부했던 것 같다. 강의중에 당시 부원장님께서 관리사 시험에 합격하려면 통상적으로 1200시간에서 1500시간 정도 공부가 필요하다고 말씀하셨다. 정확한 통계치는 아니겠지만 많은 의미를 내포하는 말이 아닌가 싶다. 나의 나태함을 한번 더 되짚어 보는 얘기였다.

관리사 공부의 방법론에 대해서는 이미 여러 경로를 통해 많이 알고 있으리라 생각한다. 이 글을 통해 관리사 시험을 준비하는 마음가짐과 이것이 아니면 안 된다는 독기를 얘기하고 싶다. 이런 저런 핑계로 공부 시기를 늦추는 수험생이나 어영부영 공부하는 수험생들에게 이 글이 마음가짐의 조그마한 전환점이 되었으면 한다. 덧붙여 지금 수험생들의 수준은 예전에 비해 훨씬 상향 평준화 되었으므로 변별력을 가질려면 남보다 더 정확하게 더 많은 답을 작성해야 할 것이다. 이정도면 되겠지 라는 생각을 버려야 할 것이다. 그래서 관리사 시험에 있어 다음을 얘기하고 싶다.

첫째, 스터디를 시작하라. 공부는 혼자 하는 게 아니다. 하나의 주제를 정해 남에게 설명해 보라.
둘째, 학원 강의를 들어라. 이론적인 부분의 도움 이외에 올바른 학습방향의 길잡이가 되어줄 것이다.
셋째, 결국 공부는 스스로 하는 것이다. 아이큐는 다 비슷한 것 같다. 무한반복만이 살 길이다.
넷째, 자만도 포기도 하지마라. 상대방도 불안하다.
다섯째, 공부도 건강이다. 장기 레이스에 건강(컨디션)은 필수다.
여섯째, 시험은 운칠기삼인 것 같다. 당일 컨디션이 제일 중요하다.(제생각)

수험생 여러분 모두 합격합시다.

[100% 성공=참을성+꾸준함]… 포기는 김장할 때…^^*

09 포소화설비

포소화설비의 수원, 약제량 및 펌프토출량 산정 🔥🔥🔥

(1) 포워터스프링클러설비(적응장소 : 특수가연물 저장·취급, 차고 또는 주차장, 항공기격납고)

구분	설명
수원량	수원$[l] = N \times Q_{헤드} \times T = N$개$\times 75l/\min \cdot$개$\times 10\min$
헤드수	N[헤드 개수(올림정수)]$= A$(바닥면적 $200m^2$ 이내)$m^2 \div 8m^2$/개 (항공기 격납고의 경우 바닥면적 제한 없음)
포약제량	약제량$[l] = N \times Q_{헤드} \times T \times S = N$개$\times 75l/\min \cdot$개$\times 10\min \times S$(약제농도)
펌프토출량	펌프 분당토출량$[l/\min] = N \times Q_{헤드} = N \times 75l/\min \cdot$개

(2) 포헤드설비(적응장소 : 특수가연물 저장·취급, 차고 또는 주차장, 항공기격납고)

구분	설명
수원량	수원$[l] = A \times Q_{바닥} \times T$ $= Am^2 \times 6.5l/\min \cdot m^2 \times 10\min$ ① 특수가연물 저장·취급 할 경우의 약제량$[Q_{바닥}]$ → 단백포, 합성계면활성제포, 수성막포 약제량 동일 : $6.5l/\min \cdot m^2$ ② 차고 또는 주차장, 항공기격납고일 경우의 약제량$[Q_{바닥}]$ <table><tr><th>소방대상물</th><th>포소화약제의 종류</th><th>바닥면적 $1m^2$당 방사량</th></tr><tr><td rowspan="3">차고·주차장 및 항공기격납고</td><td>단백포 소화약제</td><td>$6.5l$ 이상</td></tr><tr><td>합성계면활성제포 소화약제</td><td>$8.0l$ 이상</td></tr><tr><td>수성막포 소화약제</td><td>$3.7l$ 이상</td></tr></table>
헤드수	N[헤드 개수(올림정수)]$= A$(바닥면적 $200m^2$ 이내)$m^2 \div 9m^2$/개 (항공기격납고의 경우 바닥면적 제한 없음)
포약제량	약제량$[l] = A \times Q_{바닥} \times T \times S = Am^2 \times 6.5l/\min \cdot m^2$(단백포)$\times 10\min \times S$(약제농도)
펌프토출량	펌프 분당 토출량$[l/\min] = A \times Q_{바닥} = Am^2 \times 6.5l/\min \cdot m^2$(단백포)

Mind-Control

가끔식 혼자 조용히 있을 때 느끼는 마음의 고요는 마음에 주는 약과도 같습니다. 홀로 조용히 있을 수 있을 때 지혜가 나고 본인의 중심을 되찾으며 내안의 신성과 만날 수도 있습니다. 고요함의 약을 스스로에게 주세요.

힘이 드십니까?
스스로와 대화하고 돌아보십시오.
이미 당신은 해결방법을 알고 있습니다.
그것이 인생 아닐까요?

– 혜민 스님 –

(3) 호스릴 · 포소화전 설비[적응장소 : 차고 또는 주차장, 항공기격납고(호스릴포 소화설비만 설치 가능)]

구분	설명
수원량	차고 · 주차장에 설치하는 경우 수원$[l] = N \times 300l/min \cdot$ 개 $\times 20min$ [$300l/min \cdot$ 개 $\times 20min = 6,000l/$개 $= 6m^3$] N(최대 5)개 $\times 300l/min \cdot$ 개 $\times 20min$ → 1개 층의 바닥면적이 $200m^2$ 이하인 경우의 포수용액에 대한 방출량은 $230l/min$ 이상으로 가능
포약제량	약제량$[l] = N \times S \times 6,000l = N$(최대 5)개$\times S$(약제농도)$\times 6,000l/$개 → 바닥면적 $200m^2$ 미만인 건축물의 포약제량은 75%로 할 수 있다. → 항공기격납고에 대한 약제량 감소 규정은 없다. 바닥면적 $1,000m^2$ 이상인 항공기격납고로 격납 위치가 한정되어 있을 경우만 호스릴포 소화설비 설치에 해당하므로 항공기격납고는 해당되지 않는다.
펌프토출량	펌프 분당 토출량$[l/min] = N$(최대 5)개$\times 300l/min \cdot$ 개 → 포노즐 선단의 방수압력은 0.35MPa 이상
참고	수원을 「위험물안전관리에 관한 세부기준」 제133조제3호라목(옥내방사량은 $200l/min$, 옥외일 경우는 $400l/min$)에 따를 경우는 다음과 같으며 방출시간과 유량이 화재안전기술기준과는 다르다. 수원$[l] = N \times 6m^3 = N$(최대 4)개$\times 200l/min \cdot$ 개$\times 30min$

(4) 고정포 방출설비(적응장소 : 특수가연물 저장 · 취급 중 탱크의 액표면에 방사할 경우)

구분	설명
수원량 🔥🔥🔥	수원$[l] = (A \times Q_{바닥} \times T) + (N \times 8,000l) + \left(\dfrac{\pi}{4}D^2 \times L \times 1,000\right)$ $= (A$(탱크액 표면적)$m^2 \times Q_{바닥} l/min \cdot m^2 \times 10min)$ [탱크 표면 약제량] $+ (N$(최대 3)개$\times 400l/min \cdot$ 개$\times 20min)$ [보조포소화전 약제량] $+ \left(\dfrac{\pi}{4}D^2 m^2 \times L(송액관길이)m \times 1,000\right)$ (송액관약제량 : 배관구경 75mm 초과일 때 해당, 위험물 관련 기준은 구경과 관계 없이 추가함)
방출구수	$Q_{바닥}$(바닥면적당 약제량)이 화재안전기술기준상 규정되지 않아 「위험물안전관리에 관한 세부기준」 제133조의 기준을 따름. 고정포방출구 개수 또한 마찬가지이다.
포약제량	약제량$[l] =$ 수원$[l] \times S$
펌프토출량	펌프 분당 토출량$[l/min] = A \times Q_{바닥} + N \times 400l/min$ $= A[m^2] \times Q_1 [l/min \cdot m^2] + N$(최대 3)개$\times 400l/min \cdot$ 개

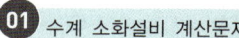

01 수계 소화설비 계산문제

(5) 고발포용 고정포방출설비

적응장소	구분	설명
특수가연물 저장·취급 (탱크 제외 기타), 차고 또는 주차장 및 항공기격납고 (전역방출방식) 술134(25)	수원량	수원$[l] = V_{관포} \times Q_{체적} \times T$ $= V_{관포}[m^3] \times Q_{체적}[l/min \cdot m^3] \times 10min$ ① $Q_{체적}$(분당, 체적당 방사량) : 고발포이므로 합성계면활성제포에 해당된다. **1m³에 대한 분당 포수용액 방출량** | 포의 팽창비 | 항공기 격납고 | 차고 또는 주차장 | 특수가연물을 저장 또는 취급하는 소방대상물 | |---|---|---|---| | 팽창비 80 이상 250 미만의 것 | 2.00l | 1.11l | 1.25l | | 팽창비 250 이상 500 미만의 것 | 0.5l | 0.28l | 0.31l | | 팽창비 500 이상 1,000 미만의 것 | 0.29l | 0.16l | 0.18l | ② 관포체적($V_{관포}$) : 방호대상물 높이보다 0.5m 위까지의 체적(불연성물질이 있을 경우는 제외한다.)
	방출구수	고정포방출구수(정수올림) $= Am^2 \div 500m^2/개$
	포약제량	약제량$[l] = V_{관포} \times Q_{체적} \times T \times S$ $= V_{관포}m^3 \times Q_{체적} l/min \cdot m^3 \times 10min \times S$(약제농도)
	펌프 토출량	펌프 분당 토출량$[l/min] = V_{관포} \times Q_{체적}$ $= V_{관포}m^3 \times Q_{체적} l/min \cdot m^3$
특수가연물 저장·취급 (탱크 제외 기타), 차고 또는 주차장 및 항공기격납고 (국소방출방식)	수원량	수원$[l] = A \times Q_{바닥} \times T$ $= Am^2 \times Q_{바닥} l/min \cdot m^2 \times 10min$ ① $Q_{면적}$(분당, 면적당 방사량) : 고발포이므로 합성계면활성제포에 해당된다. | 방호대상물 | 방호면적 1m²에 대한 1분당 방출량 | |---|---| | 특수가연물 | 3l | | 기타의 것 | 2l | ② 바닥면적(A)은 방호대상물 높이(최소 1m)의 3배의 거리를 수평으로 연장한 선으로 둘러싸인 부분의 면적
	포약제량	약제량$[l] = A \times Q_{바닥} \times T \times S$ $= Am^2 \times Q_{바닥} l/min \cdot m^2 \times 10min \times S$ (약제농도)
	펌프 토출량	펌프 분당 토출량$[l/min] = A \times Q_{바닥} = Am^2 \times Q l/min \cdot m^2$

(6) 압축공기포 🔥🔥🔥

구분	설명			
수원량	수원[l] = $A \times Q_{설계} \times T$ = $A(방호면적)\text{m}^2 \times Q_{설계}l/\min \cdot \text{m}^2 \times 10\min$			
	방호대상물	방출량	수원의 설계방출밀도[$l/\min \cdot \text{m}^2$]	팽창비
	특수가연물	$2.3l/\min \cdot \text{m}^2$	알코올류, 케톤류의 설계방출밀도는 특수가연물의 방출량과 동일함	20 이하
	기타의 것	$1.63l/\min \cdot \text{m}^2$	일반가연물, 탄화수소류의 설계방출밀도는 기타의 것의 방출량과 동일함	20 이하
분사헤드	• 유류탱크 주위 : 바닥면적 13.9m^2/개 이상 • 특수가연물 저장소 : 바닥면적 9.3m^2/개 이상			
포약제량	약제량[l] = 수원[l] × S			
펌프 토출량	펌프 분당 토출량[l/min] = $A \times Q_{설계}$ = $A(방호면적)\text{m}^2 \times Q_{설계}l/\min \cdot \text{m}^2$			

Mind-Control

사람은 자기가 만든 과거, 현재, 미래를 살 것입니다.
전적으로 자신의 선택에 의해 결정됩니다.
그러면 한 번뿐인 인생에서 후회하며 살아갈 것인가를 생각해 보아야 합니다.
저는 소방공사업체에서 배관, 배선을 하고 파이프랜치를 돌리고, 용접을 하였습니다.
비록 느렸지만 조금이라도 미래를 바꾸기 위해 소방법규와 화재안전기술기준을 펴고 씨름을 하였습니다.
그 결과 관리사 및 기술사를 취득하고 학원을 운영중이며,
산업기사, 기사, 관리사 자격 관련 서적인 "한방에 끝내는 소방시리즈"를 런칭하였고
총 11권을 출판하였습니다.
여러분께서는 어떠한 선택을 하시겠습니까?

- 이항준 -

01 수계 소화설비 계산문제

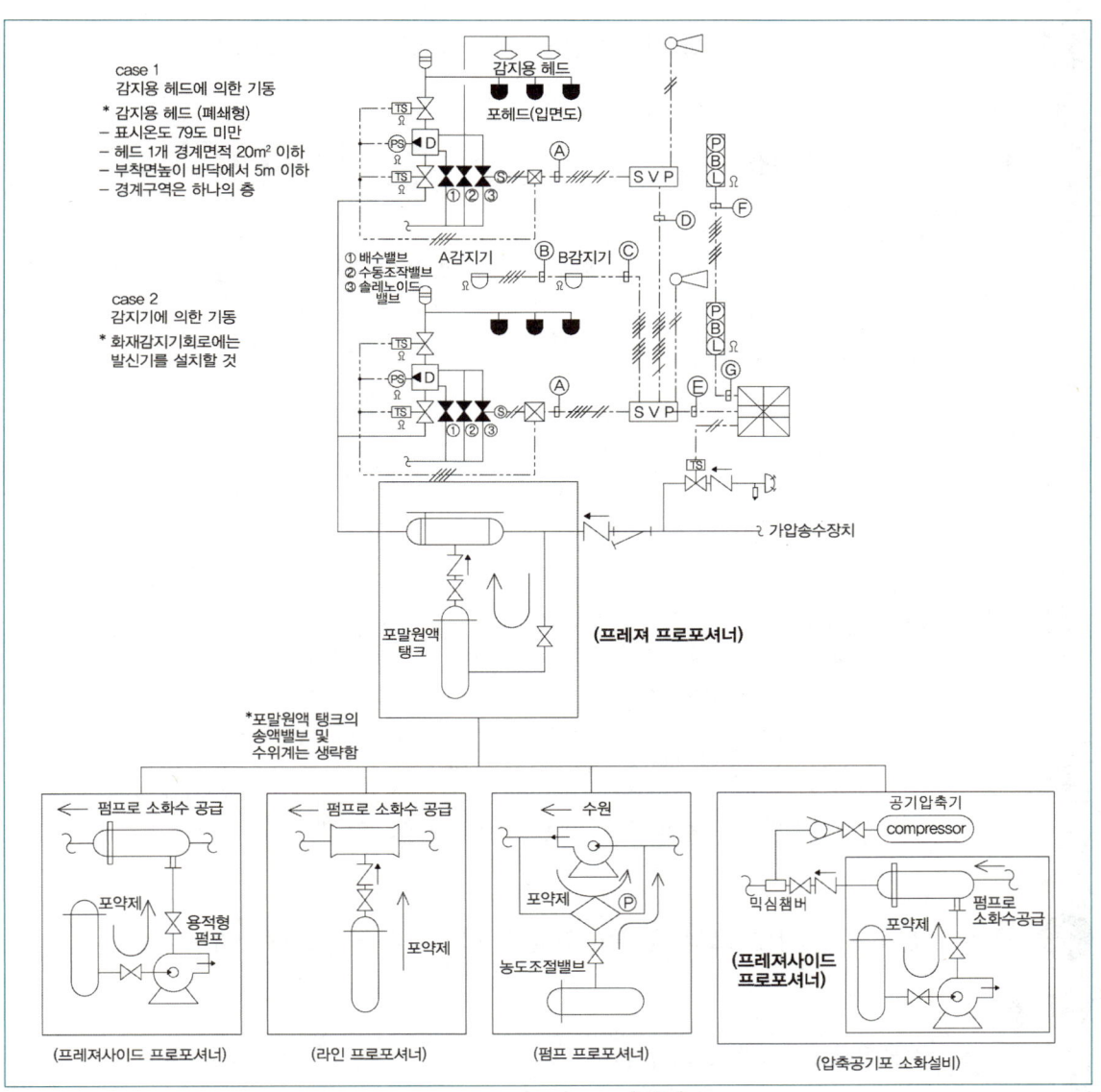

〈포소화설비 계통도〉

	구간	규격 및 가닥수	용도
Ⓐ	일제개방밸브 전기박스 → SVP	HFIX 2.5sq×6C(22C)	탬퍼스위치(T/S : 밸브주의) 2, 압력스위치(P/S : 밸브기동확인) 2, 밸브기동(S/V : 솔레노이드밸브 기동) 2
Ⓑ	A 감지기 → B 감지기	HFIX 1.5sq×4C(16C)	A 회로 2, 공통 2
Ⓒ	B 감지기 → SVP	HFIX 1.5sq×8C(28C)	A 회로 2, B 회로 2, 공통 4
Ⓓ	SVP → SVP	HFIX 2.5sq×7C(22C)	전원(＋, －) 2, 전화 1, [사이렌 1, T/S 1, P/S 1, S/V 1]
Ⓔ	SVP → 감시제어반	HFIX 2.5sq×13C(28C)	전원(＋, －) 2, 전화 1, [사이렌 1, T/S 1, P/S 1, S/V 1]×2구역, [A감지기 1, B감지기 1]×1구역
Ⓕ	발신기 → 발신기	HFIX 2.5sq×7C(22C)	발신기 공통 1, 경종/표시등 공통 1, 표시등 1, 발신기 1, 전화 1, 경종 1, 회로 1
Ⓖ	발신기 → 감시제어반 (직상발화)	HFIX 2.5sq×9C(16C)	발신기 공통 1, 경종, 표시등 공통 1, 표시등 1, 발신기 1, 전화 1, 경종 2, 회로 2

Chapter 09 포소화설비

1 화재안전기술기준상 포소화설비 종류와 적응성 및 수원을 쓰시오. 🔥🔥🔥

해설

구분	적용설비	수원
특수가연물 저장·취급	• 포워터스프링클러 • 포헤드 • 고정포방출 • 압축공기포	① 각 설비별 가장 많이 설치된 층의 방출구 또는 포헤드(포헤드는 바닥면적 $200m^2$ 이내) 기준으로 10분 이상 방사량 이상 ② 설비가 복수로 설치된 경우 각 설비별 수량 중 최대의 것을 저수량으로 함
차고· 주차장	• 포워터스프링클러 • 포헤드 • 고정포방출 • 압축공기포 • 호스릴, 포소화전(차고, 주차장)	① 포헤드, 포워터스프링클러설비, 고정포방출구의 경우 위의 "①"을 따른다. ② 차고, 주차장에 설치된 호스릴포 및 포소화전(최대 5개) 설치개수에 $6m^3$ ③ 설비가 복수로 설치된 경우 각 설비별 수량 중 최대의 것을 저수량으로 함
항공기격납고	• 포워터스프링클러 • 포헤드 • 고정포방출 • 압축공기포 • 호스릴포(바닥면적 $1,000m^2$ 이상 항공기 격납위치 한정된 경우)	① 각 설비별 가장 많이 설치된 층의 포헤드로 10분 이상 방사량 ② 호스릴포(최대 5개) 설치개수에 $6m^3$ ③ 호스릴포소화설비가 함께 설치된 경우 각 설비별 수량을 합한 양 이상을 저수량으로 함
발전기실 등	• 고정식 압축공기포 (발전기실, 엔진펌프실, 변압기, 전기케이블실, 유압설비 : 바닥면적 $300m^2$ 미만의 장소)	① 방수량은 설계사양에 따라 방호구역에 최소 10분간 방사 ② 설계방출밀도 　㉠ 일반가연물, 탄화수소류 : $1.63l/min \cdot m^2$ 　㉡ 알코올류와 케톤류 : $2.3l/min \cdot m^2$

2 포의 팽창비율에 따른 포의 종류와 포방출구의 종류를 쓰시오. 출132(25)

해설

포팽창비율에 따른 포의 종류	포방출구의 종류
팽창비가 20 이하인 것(저발포)	포헤드, 압축공기포 헤드
팽창비가 80 이상 1,000 미만인 것(고발포)	고발포용 고정포방출구

3 고발포용 포방출구의 포의 팽창비에 따른 방출량을 쓰시오.

해설

포의 팽창비	$1m^3$에 대한 분당 포수용액 방출량		
	항공기격납고	차고 또는 주차장	특수가연물을 저장 또는 취급하는 소방대상물
팽창비 80 이상 250 미만의 것	$2.00l$	$1.11l$	$1.25l$
팽창비 250 이상 500 미만의 것	$0.5l$	$0.28l$	$0.31l$
팽창비 500 이상 1,000 미만의 것	$0.29l$	$0.16l$	$0.18l$

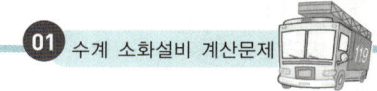

01 수계 소화설비 계산문제

4 포소화설비의 설계 시 다음의 조건을 참고하여 물음에 답하시오. 관설5

---< 조 건 >---

① Ⅱ형 방출구 사용
② 직경 35m, 높이 15m인 휘발유탱크이다.
③ 6%형 수성막포 사용
④ 보조포소화전은 5개가 설치되어 있다.
⑤ 설치된 송액관의 구경 및 길이는 150mm 100m, 125mm 80m, 80mm 70m, 65mm 50m이다.

포방출구의 종류 위험물의 종류	Ⅰ형		Ⅱ형, Ⅲ형, Ⅳ형		특형	
	포수용액량 [l/m^2]	방출률 [$l/min \cdot m^2$]	포수용액량 [l/m^2]	방출률 [$l/min \cdot m^2$]	포수용액량 [l/m^2]	방출률 [$l/min \cdot m^2$]
제4류 인화점 21℃ 미만	120 (30분)	4	220 (55분)	4	240 (30분)	8
제4류 인화점 21~70℃ 미만	80 (20분)	4	120 (30분)	4	160 (20분)	8
제4류 인화점 70℃ 이상	60 (15분)	4	100 (25분)	4	120 (15분)	8

탱크의 구조 및 포방출구의 종류 탱크 직경	포방출구의 개수			
	고정지붕구조		부상덮개부착 고정지붕구조	부상지붕구조
	Ⅰ형 또는 Ⅱ형	Ⅲ형 또는 Ⅳ형	Ⅱ형	특형
13m 미만	2		2	2
13m 이상 19m 미만		1	3	3
19m 이상 24m 미만			4	4
24m 이상 35m 미만		2	5	5
35m 이상 42m 미만	3	3	6	6

(1) 포소화약제 저장량 [m³]
(2) 고정포방출구의 개수
(3) 혼합장치의 방출량 [m³/min]

해설

(1) 포소화약제 저장량 [m³]

① Ⅱ형 고정포방출구에서 방출하기 위하여 필요한 양
$Q = A \times Q_1 \times T \times S$

여기서, Q : 포소화약제의 양 [l]
A : 탱크의 액표면적 [m^2]
Q_1 : 단위 포소화수용액의 양 [$l/m^2 \cdot min$]
T : 방출시간 [min]
S : 포소화약제의 사용농도

$A = \dfrac{\pi}{4} \times 35^2 \, m^2$, $Q_1 = 4 \, l/min \cdot m^2$ (휘발유의 인화점은 21℃ 이하), $T = 55 \, min$, $S = 0.06$

$$Q = A \times Q_1 \times T \times S = \frac{\pi}{4} \times 35^2 \text{m}^2 \times 4l/\text{min} \cdot \text{m}^2 \times 55\text{min} \times 0.06 = 12,699.888 \quad \therefore 12,699.888l$$

② 보조포소화전에서 필요한 약제량
$$Q = N \times S \times 8,000l$$
여기서, Q : 포소화약제의 양[l]
N : 호스접결구수 [3개 이상인 경우는 3]
S : 포소화약제의 사용농도
$$Q = N \times S \times 8,000 = 3 \times 0.06 \times 8,000l = 1,440 \quad \therefore 1,440l$$

③ 송액관 충전약제량(65mm는 제외한다)
$$Q = V \times S$$
여기서, Q : 포소화약제의 양[l]
V : 송액관의 체적 $\left[\frac{\pi}{4} \times D^2[\text{m}^2] \times L[\text{m}] \times \frac{1,000l}{1\text{m}^3}\right]$
S : 소화약제농도

$$V = \frac{\pi}{4} \times (0.15^2 \text{m}^2 \times 100\text{m} + 0.125^2 \text{m}^2 \times 80\text{m} + 0.08^2 \text{m}^2 \times 70\text{m}) \times \frac{1,000l}{1\text{m}^3} = 3,100.75l$$

$\therefore 3,100.75l$
$S = 0.06$ 이므로
$Q = V \times S = 3,100.75 \times 0.06 = 186.045 \quad \therefore 186.045l$
$\therefore$ 최소포약제량 = 고정포방출구 방출량 + 보조포소화전 방출량 + 송액관 충전량
$= 12,699.888l + 1,440l + 186.045l = 14,325.933 \quad \therefore 14.33\text{m}^3$

(2) **고정포방출구의 개수**
  탱크의 직경에 따라 Ⅱ형 고정포방출구의 개수는 3개

(3) **혼합장치의 방출량[m³ / min]**
$$Q = A \times Q_1 + N \times 400$$
$$= \frac{\pi}{4} \times 35^2 \text{m}^2 \times 4l/\text{min} \cdot \text{m}^2 + 3\text{개} \times 400l/\text{min} \cdot \text{개} = 5,048.45l$$
$\therefore 5,048.45l/\text{min} ≒ 5.05\text{m}^3/\text{min}$

---

5 콘루프형 위험물 저장 옥외탱크(내경 15m×높이 10m)에 Ⅱ형 포방출구 2개를 설치할 경우 관설8 🔥🔥

〈 조 건 〉

① 포수용액량 : 220l / m²
② 포방출률 : 4l / min · m²
③ 소화약제(포)의 사용농도 : 3%
④ 보조포소화전 : 4개 설치
⑤ 송액관 내경 100mm, 길이 500m

(1) 고정포방출구에서 방출하기 위하여 필요한 소화약제 저장량[l]
(2) 보조포소화전에서 방출하기 위하여 필요한 소화약제 저장량[l]
(3) 탱크까지 송액관에 충전하기 위하여 필요한 소화약제 저장량[l]
(4) 그 합[l]을 구하시오.

해설

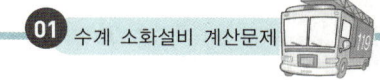

(1) 고정포방출구에서 방출하기 위하여 필요한 소화약제 저장량[l]
$Q = A \times Q_1 \times T \times S$
여기서, Q : 포소화약제의 양[l]
A : 탱크의 액표면적[m^2]
Q_1 : 단위 포소화수용액의 양[$l/m^2 \cdot \min$]
T : 방출시간[$\min$]
S : 포소화약제의 사용농도
$A = \dfrac{\pi}{4} \times 15^2 m^2$, $S = 0.03$, $Q_1 = 220 l/m^2$(방출시간 동안 방출한 면적당 약제량이므로)
$Q = A \times Q_1 \times S = \dfrac{\pi}{4} \times 15^2 m^2 \times 220 l/m^2 \times 0.03 = 1,166.316$ ∴ $1,166.32 l$

(2) 보조포소화전에서 방출하기 위하여 필요한 소화약제 저장량[l]
$Q = N \times S \times 8,000 l$
여기서, Q : 포소화약제의 양[l]
N : 호스접결구수 [3개 이상인 경우 3]
S : 포소화약제의 사용농도
$Q = N \times S \times 8,000 = 3 \times 0.03 \times 8,000 l = 720$ ∴ $720 l$

(3) 탱크까지 송액관에 충전하기 위하여 필요한 소화약제 저장량[l]
$Q = V \times S$
여기서, Q : 포소화약제의 양[l]
V : 송액관의 체적 $\left[\dfrac{\pi}{4} \times D^2[m^2] \times L[m] \times \dfrac{1,000 l}{1 m^3} \right]$
S : 소화약제농도
$V = \dfrac{\pi}{4} \times 0.1^2 m^2 \times 500 m \times \dfrac{1,000 l}{1 m^3} = 3,926.99$ ∴ $3,926.99 l$, $S = 0.03$이므로
$Q = V \times S = 3,926.99 l \times 0.03 = 117.809$ ∴ $117.81 l$

(4) 그 합[l]을 구하시오.
최소포약제량 = 고정포방출구 방출량 + 보조포소화전 방출량 + 송액관 충전량
= $1,166.32 l + 720 l + 117.81 l = 2,004.13$ ∴ $2,004.13 l$

6 포소화설비의 화재안전기술기준에 따라 다음 물음에 답하시오. 관설15

(1) 바닥면적이 150m^2인 주차용건축물에 옥내포소화전설비를 설치하고자 하며, 호스접결구의 수는 4개로서 최소포 약제량[l]을 구하시오. (단, 단백포 2% 사용)
(2) 주차장에 호스릴포소화설비를 설치하며 방수구는 6개로 최소 포소화약제량[l]을 구하시오. (단, 단백포 2% 사용, 바닥면적은 150m^2)

해설

(1) 바닥면적이 150m^2인 주차용건축물에 옥내포소화전설비를 설치할 경우의 최소약제량[l]
$Q = N \times S \times 6,000 l$
여기서, Q : 포소화약제의 양[l]
N : 호스접결구수 [5개 이상인 경우는 5]
S : 포소화약제의 사용농도
바닥면적이 200m^2 미만인 건축물은 산출한 양의 75%로 할 수 있으므로 문제의 조건에 따라 다음과 같이 최소약제량을 구할 수 있다.
$Q = N \times S \times 6,000 l \times 0.75 = 4$개 $\times 0.02 \times 6,000 l \times 0.75 = 360$ ∴ $360 l$

(2) 주차장에 호스릴포소화설비를 설치하는 경우의 최소약제량[l]

1개 층의 바닥면적이 $200m^2$ 이하인 경우에는 $230l/min$ 이상으로 할 수 있으므로 문제의 조건에 따라 다음과 같이 최소약제량을 구할 수 있다.

$Q = N \times S \times 300 l/min \times 20 min$

여기서, Q : 포소화약제의 양[l]
N : 호스접결구수 [5개 이상인 경우는 5]
S : 포소화약제의 사용농도

$Q = N \times S \times 230 l/min \times 20 min = 5개 \times 0.02 \times 230 l/min \times 20 min = 460$ ∴ $460l$

7 조건에 따라 다음 물음에 답하시오. 관설17(유사)

〈 조 건 〉

① 항공기격납고로서 전역방출방식의 고발포용 고정포방출구가 설치되어 있다.
② 격납고의 크기는 45m×60m×10m(높이)이다.
③ 개구부 등에는 자동폐쇄장치가 되어 있다.
④ 방호대상물의 높이는 4.5m이다.
⑤ 합성계면활성제포 2%를 사용한다.
⑥ 포의 팽창비는 600이다.

소방대상물	포의 팽창비	1m³에 대한 분당 포수용액 방출량
항공기 격납고	팽창비 80 이상 250 미만의 것	2.0l
	팽창비 250 이상 500 미만의 것	0.5l
	팽창비 500 이상 1,000 미만의 것	0.29l

(1) 포수용액의 양 [m^3] 및 포원액의 양 [l]을 구하시오.
(2) 설치하여야 할 고정포방출구의 수 및 고정포방출구당 방출량[l/min]을 구하시오.

해설

(1) 포수용액의 양 및 포원액의 양
① 고정포방출구는 소방대상물 및 포의 팽창비에 따른 종별에 따라 해당 방호구역의 관포체적(해당 바닥면으로부터 방호대상물의 높이보다 0.5m 높은 위치까지의 체적을 말한다) $1m^3$에 대하여 1분당 방출량을 위의 표에 의해 방출하여야 하므로 포팽창비가 600이므로 체적당[m^3] $0.29l/min$으로 하여 포수용액을 방출하면 된다.
② 방호대상물의 높이가 4.5m이므로 관포체적은 다음과 같다.
$45m \times 60m \times 5m = 13,500m^3$
③ 화재안전기술기준상 항공기격납고의 방출시간은 10분이므로 포수용액의 양은 다음과 같다.
$13,500m^3 \times 0.29l/min \cdot m^3 \times 10min = 39,150l$ ∴ $39.15m^3$
④ 합성계면활성제포 2%이므로 포원액의 양은
$39,150l \times 0.02 = 783l$ ∴ $783l$

(2) 설치하여야 할 고정포방출구의 수 및 고정포방출구당 방출량
① 고정포방출구의 수는 $500m^2$마다 1개 이상이므로
$45m \times 60m \div 500m^2 = 5.4$ ∴ 6개
② 고정포당 방출량
$39,150l \div 6개 \div 10분 = 652.5 l/min$

8 국소방출방식의 고발포용 고정포방출구의 설치에 대하여 쓰시오.

해설

(1) 방호대상물이 서로 인접하여 불이 쉽게 붙을 우려가 있는 경우에는 불이 옮겨 붙을 우려가 있는 범위 내의 방호대상물을 하나의 방호대상물로 하여 설치할 것
(2) 고정포방출구(포발생기가 분리되어 있는 것에 있어서는 해당 포발생기를 포함한다)는 방호대상물의 구분에 따라 해당 방호대상물 높이의 3배(1m 미만의 경우에는 1m)의 거리를 수평으로 연장한 선으로 둘러쌓인 부분의 면적 $1m^2$에 대하여 1분당 방출량이 다음 표에 따른 양 이상이 되도록 할 것

방호대상물	방호면적 $1m^2$에 대한 1분당 방출량
특수가연물	$3l$
기타의 것	$2l$

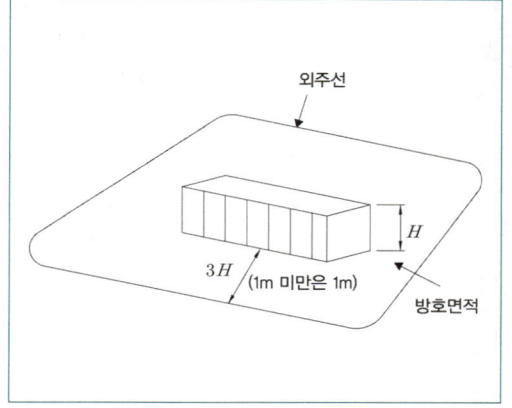

9 팽창비가 18인 포소화설비에서 6%의 포원액 저장량이 $200l$라면 포를 방출한 후의 포의 체적[m³]은 얼마가 되는가?

해설

$$팽창비 = \frac{방출\ 후\ 포수용액의\ 체적[m^3]}{방출\ 전\ 포수용액의\ 체적[m^3]}$$

(1) **방출 전 포수용액의 체적은 비례식으로 구할 수 있으므로**
농도가 6%라면 물은 94%이므로 수원의 체적을 구하면,
$94\% : 6\% = x : 200l$
$x = \frac{(94 \times 200l)}{6} = 3,133.333$ ∴ $3,133.3l$ 이므로
방출 전 포수용액의 체적 $= 3,133.3l + 200l = 3,333.3$ ∴ $3.33m^3$ (∵ $1m^3 = 1,000l$)

(2) **방출 후 포수용액의 체적을 구하면**
$18 = \frac{방출\ 후\ 포수용액의\ 체적[m^3]}{3.33m^3}$
방출 후 포수용액의 체적$[m^3] = 18 \times 3.33m^3 = 59.94$ ∴ $59.94m^3$

10 조건에 따라 다음 물음에 답하시오.

───〈 조 건 〉───
① 내화구조이며 항공기격납고로서 크기는 20m×60m, 층고는 7m
② 항공기의 격납 위치는 한정되며 크기는 20m×18m
③ 기타 부분은 호스릴포 소화설비를 설치하며, 건물구조와 관계없이 설치한다.
④ 소화약제는 합성계면활성제포 3%형을 사용한다.

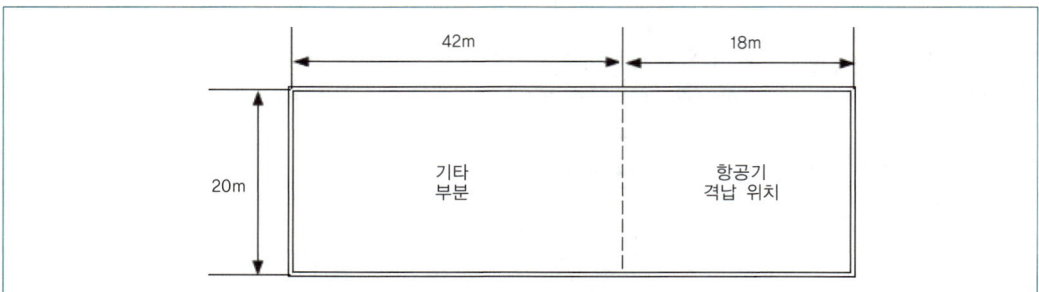

(1) 항공기격납 위치에 면적별, 정방형, 장방형(각도범위 : 30~60°)으로 배치하여야 하는 최소 포헤드의 개수를 구하시오.
(2) 기타 부분에 설치하여야 할 호스릴포의 최소 개수를 구하시오.
(3) 전체 수원 [l] 및 약제량 [l]을 구하시오.
(4) 조건에 따라 정방형으로 포헤드를 배치한 경우 포헤드 개당 방출량 [l/min] 및 펌프의 분당 방출량 [l/min]을 구하시오.

해설

(1) 항공기격납 위치에 설치하여야 하는 최소한의 포헤드의 개수
① 면적으로 구할 경우 : $360\text{m}^2 \div 9\text{m}^2/\text{개} = 40$개
② 수평거리로 구할 경우
　㉠ 정방형일 경우
　　$S = 2r\cos\theta = 2 \times 2.1\text{m} \times \cos 45° = 2.969$ ∴ 2.969m
　　가로 : $18\text{m} \div 2.969\text{m}/\text{개} = 6.062$ ∴ 7개
　　세로 : $20\text{m} \div 2.969\text{m}/\text{개} = 6.736$ ∴ 7개
　　∴ $7 \times 7 = 49$ ∴ 49개
　㉡ 장방형
　　$P_t = 2r$, $S = \sqrt{4r^2 - L^2}$, $L = 2r\cos\theta$
　　$L = 2 \times 2.1\text{m} \times \cos 30° = 3.637$ ∴ 3.637m,
　　$S = \sqrt{4 \times (2.1\text{m})^2 - (3.637\text{m})^2} = 2.1$ ∴ 2.1m

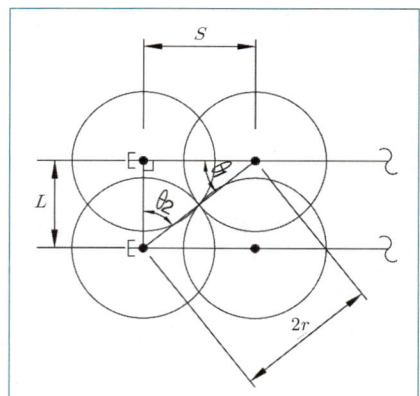

　　• Case 1
　　　가로 : $18\text{m} \div 3.637\text{m}/\text{개} = 4.949$ ∴ 5개
　　　세로 : $20\text{m} \div 2.1\text{m}/\text{개} = 9.523$ ∴ 10개
　　　∴ $5 \times 10 = 50$ 개
　　• Case 2
　　　가로 : $18\text{m} \div 2.1\text{m}/\text{개} = 8.571$ ∴ 9개
　　　세로 : $20\text{m} \div 3.637\text{m}/\text{개} = 5.499$ ∴ 6개
　　　∴ $9 \times 6 = 54$ 개

(2) 호스릴포의 개수 : 수평거리 15m이므로
　호스릴포소화전을 가로변을 기준으로 하면 소화전 사이의 거리는 다음과 같다.
　$S = 2r\cos\theta = 2 \times 15\text{m} \times \cos 45° = 21.211$ ∴ 21.211m
　① 가로 : $42\text{m} \div 21.211\text{m} = 1.98$ ∴ 2개

② 세로 : $20\text{m} \div 21.211\text{m} = 0.942$ ∴ 1개
③ 최소 개수 : 2개 × 1개 = 2 ∴ 2개

(3) 전체 수원 및 약제량
① 수원
㉠ 호스릴포 : $Q = N \times 6{,}000 = 2 \times 6{,}000 = 12{,}000l$
㉡ 포헤드 : $Q = A[\text{m}^2] \times 8[l/\text{min} \cdot \text{m}^2]$(항공기격납고 : 합성계면활성제포) $\times 10\text{min}$
  $= 360\text{m}^2 \times 8l/\text{min} \cdot \text{m}^2 \times 10\text{min} = 28{,}800l$
㉢ 수원의 양 : $12{,}000 + 28{,}800 = 40{,}800l$ [포수용액의 양]
  $40{,}800l \times 0.97 = 39{,}576l$ [수원의 양]
[포소화설비의 화재안전기술기준 2.2.1에 의하면 포수용액을 포소화설비의 수원으로 하고 있으나 계산상으로는 0.97을 적용하여 수원 산정함]
② 약제량 : $40{,}800l \times 0.03 = 1{,}224l$

(4) 포헤드 개당 방출량[l/min] 및 펌프의 분당 방출량[l/min]
① 포헤드 1개당 방출량 : $28{,}800l \div 10\text{min} \div 49개 = 58.775$ ∴ 58.78$l$pm
② 펌프의 분당 방출량 : $28{,}800l \div 10\text{min} + 12{,}000l \div 20\text{min} = 3{,}480$ ∴ 3,480$l$pm

11 조건에 따라 포소화설비의 화재안전기술기준에 따라 필요한 최소 포소화약제량[l]을 구하시오. 🔥🔥🔥

〈 조 건 〉
① 콘루프 탱크로서 직경 20m인 특수가연물을 저장한다.
② 고정포방출구는 Ⅰ형을 사용한다.
③ 합성계면활성제포 3%, 포 방출률은 $0.31l/\text{min} \cdot \text{m}^2$, 송액관의 관경은 50mm로 한다.
④ 보조포 소화전이 4개 설치되어 있다.

해설

화재안전기술기준에 따른 필요한 최소 포소화약제량은 "고정포방출구에서의 방출량+보조포소화전에서 방출하기 위해 필요한 양+송액관 충전량"인데 송액관의 내경은 50mm이므로 이를 제외하면 다음과 같다.

(1) 고정포방출구에서 방출하기 위해 필요한 양
$Q = A \times Q_1 \times T \times S$

여기서, Q : 포소화약제의 양[l] A : 탱크의 액표면적[m^2]
  Q_1 : 단위 포소화수용액의 양[$l/\text{m}^2 \cdot \text{min}$] T : 방출시간[min]
  S : 포소화약제의 사용농도

$A = \dfrac{\pi}{4} \times 20^2 \text{m}^2$, $Q_1 = 0.31 l/\text{min} \cdot \text{m}^2$, $T = 10\text{min}$(특수가연물 저장), $S = 0.03$

$Q = A \times Q_1 \times T \times S = \dfrac{\pi}{4} \times 20^2 \text{m}^2 \times 0.31 l/\text{m}^2 \cdot \text{min} \times 10\text{min} \times 0.03 = 29.216$ ∴ 29.22l

(2) 보조포소화전에서 필요한 약제량
$Q = N \times S \times 8{,}000l$

여기서, Q : 포소화약제의 양[l]
  N : 호스접결구수[3개 이상인 경우는 3]
  S : 포소화약제의 사용농도

$Q = N \times S \times 8{,}000 = 3 \times 0.03 \times 8{,}000l = 720$ ∴ 720l

∴ 최소 포소화약제량 $= 29.22l + 720l = 749.22$ ∴ 749.22l

12 조건에 따라 다음 물음에 답하시오.

< 조 건 >
① 콘루프 탱크로서 직경 23m인 위험물탱크로 제1석유류를 저장한다.
② 고정포방출구는 Ⅰ형을 사용한다.
③ 포약제는 단백포, 농도는 3%, 송액관의 관경은 65mm로 한다.
④ 단위포 방출량 및 방사시간은 아래 표를 이용한다.
⑤ 보조포 소화전이 5개 설치되어 있다.

포방출구의 종류 위험물의 종류	Ⅰ형		Ⅱ형, Ⅲ형, Ⅳ형		특형	
	포수용액량 [l/m²]	방출률 [l/min·m²]	포수용액량 [l/m²]	방출률 [l/min·m²]	포수용액량 [l/m²]	방출률 [l/min·m²]
제4류 인화점 21℃ 미만	120 (30분)	4	220 (55분)	4	240 (30분)	8
제4류 인화점 21~70℃ 미만	80 (20분)	4	120 (30분)	4	160 (20분)	8
제4류 인화점 70℃ 이상	60 (15분)	4	100 (25분)	4	120 (15분)	8

(1) 위험물안전관리에 관한 세부기준에 의한 고정포 방출구의 최소 개수를 구하시오.
(2) [조건] ① 중 탱크 직경이 99m일 경우 Ⅰ~Ⅳ형 고정포 방출구의 개수를 위험물안전관리에 관한 세부기준에 의해 구하시오.
(3) 위 표에 따라 최소 포소화약제량[l]을 구하시오.

해설

(1) 고정포 방출구의 개수 : 1개

탱크의 구조 및 포방출구의 종류 탱크 직경	포방출구의 개수			
	고정지붕구조		부상덮개부착 고정지붕구조	부상지붕 구조
	Ⅰ형 또는 Ⅱ형	Ⅲ형 또는 Ⅳ형	Ⅱ형	특형
13m 미만	2	1	2	2
13m 이상 19m미만			3	3
19m 이상 24m미만			4	4
24m 이상 35m미만		2	5	5
60m 이상 67m미만	왼쪽란에 해당하는 직경의 탱크에는 Ⅰ형 또는 Ⅱ형의 포방출구를 8개 설치하는 것 외에, 오른쪽란에 표시한 직경에 따른 포방출구의 수에서 8을 뺀 수의 Ⅲ형 또는 Ⅳ형의 포방출구를 폭 30m의 환상부분을 제외한 중심부의 액표면에 방출할 수 있도록 추가로 설치할 것	10		10
67m 이상 73m미만		12		12
73m 이상 79m미만		14		
79m 이상 85m미만		16		14
85m 이상 90m미만		18		
90m 이상 95m미만		20		16
95m 이상 99m미만		22		
99m 이상		24		18

※ 위험물안전관리에 관한 세부기준에 의해 위의 표에서 정한 개수[고정지붕구조의 탱크 중 탱크 직경이 24m 미만인 것은 당해 포방출구(III형 및 IV형은 제외)의 개수에서 1을 뺀 개수]에 유효하게 방출할 수 있도록 설치할 것

(2) 탱크 직경이 99m일 경우 Ⅰ~Ⅳ형 고정포 방출구의 개수
  Ⅰ형 또는 Ⅱ형 8개, Ⅲ형 또는 Ⅳ형 16개(표 참조)

(3) 필요한 최소 포소화약제량[l]은 "고정포방출구에서의 방출량+보조포소화전에서 방출하기 위해 필요한 양+송액관 충전량"인데 송액관의 내경은 65mm이므로 이를 제외하면 다음과 같다.
  ① 고정포방출구에서 방출하기 위해 필요한 양
    $Q = A \times Q_1 \times T \times S$
    여기서, Q : 포소화약제의 양[l]
        A : 탱크의 액표면적[m^2]
        Q_1 : 단위 포소화수용액의 양[$l/m^2 \cdot min$]
        T : 방출시간[min]
        S : 포소화약제의 사용농도

> **주의 必**
>
> ☑ 제4류 위험물의 인화점에 의한 포수용액량 및 방출률의 구분
>   ① 제4류 인화점 21℃ 미만 : 특수인화물(이황화탄소, 디에틸에테르), 제1석유류(아세톤, 휘발유)
>   ② 제4류 인화점 21~70℃ 미만 : 제2석유류(등유, 경유)
>   ③ 제4류 인화점 70℃ 이상 : 제3석유류(중유, 클레오소트유), 제4류(기어유, 실린더유)

위의 내용에 따라 제1석유류의 단위 포수용액의 양 $Q_1 = 4l/min \cdot m^2$이고 방사시간 $T = 30min$
$A = \frac{\pi}{4} \times 23^2 m^2$, $Q_1 = 4l/min \cdot m^2$, $T = 30min$(제1석유류), $S = 0.03$
$Q = A \times Q_1 \times T \times S = \frac{\pi}{4} \times 23^2 m^2 \times 4l/min \cdot m^2 \times 30min \times 0.03 = 1,495.712$ ∴ $1,495.71 l$

② 보조포소화전에서 필요한 약제량
  $Q = N \times S \times 8,000 l$
  여기서, Q : 포소화약제의 양[l]
      N : 호스접결구수[3개 이상인 경우는 3]
      S : 포소화약제의 사용농도
  $Q = N \times S \times 8,000 = 3 \times 0.03 \times 8,000 l = 720$ ∴ $720 l$
∴ 최소 포소화약제량 $= 1,495.71 l + 720 l = 2,215.71$ ∴ $2,215.71 l$

13 플루팅루프 탱크 내부 측판으로부터 1.2m 떨어진 위치에 굽도리판이 설치되어 있으며 탱크의 직경은 21m이다. 특형 방출구로 부터의 1분당 포방출량을 구하여라. (단, 방출량은 $8l$ / min · m^2이다.)

해설
환상부분의 면적은 탱크 전체의 면적에서 굽도리판 내측의 면적을 감해주어야 하므로
1분당 방출량 = 방출량[$l/min \cdot m^2$] × 환상부분면적[m^2]
$= 8l/min \cdot m^2 \times \frac{\pi}{4} \times [21^2 - (21 - 1.2 \times 2)^2] m^2 = 597.153$ ∴ $597.15\ l/min$

14 직경이 30m인 경유 플로팅 루프탱크에 포소화설비를 하려고 한다. 다음의 조건에 대하여 물음에 답하여라.

― 〈 조 건 〉 ―
① 탱크 내면과 굽도리판의 간격은 1.2m로 한다.
② 소화약제는 수성막포 5%를 사용하며, 팽창비는 80, 분당 방출량은 $10l/min \cdot m^2$이며, 방사시간은 20분으로 한다.
③ 보조포 소화전 5개 설치
④ 설치된 송액관의 구경 및 길이는 100mm×100m, 80mm×80m, 65mm×65m이며, 펌프 토출량에 포함한다.
⑤ 전양정은 80m, 펌프효율은 70%, 전달계수 1.1로 한다.
⑥ 펌프의 토출량은 포수용액의 체적을 기준으로 한다.

(1) 최소 포약제량 $[l]$ 및 수원의 양 $[l]$과 방출 후 포의 체적 $[m^3]$을 구하여라.
(2) 조건에 따라 전동기의 최소동력 $[kW]$을 구하여라.

해설

(1) **최소 포수용액의 양$[l]$, 수원의 양$[l]$, 방출 후 포체적$[l]$**
필요한 최소 포소화약제량은 "고정포방출구에서의 방출량+보조포소화전에서 방출하기 위해 필요한 양 + 송액관 충전량"이므로 약제량을 먼저 구하면

① **최소 포소화약제량**
 ㉠ 고정포방출구에서 방출하기 위해 필요한 약제량
  $Q = A \times Q_1 \times T \times S$
  여기서, Q : 포소화약제의 양$[l]$
     A : 탱크의 액표면적$[m^2]$
     Q_1 : 단위 포소화수용액의 양$[l/m^2 \cdot min]$
     T : 방출시간$[min]$
     S : 포소화약제의 사용농도

  $A = \dfrac{\pi}{4} \times [30^2 m^2 - (30-1.2\times2)^2 m^2]$, $Q_1 = 10l/min \cdot m^2$, $T = 20min$, $S = 0.05$

  $Q = A \times Q_1 \times T \times S = \dfrac{\pi}{4} \times [30^2 m^2 - (30-1.2\times2)^2 m^2] \times 10l/min \cdot m^2 \times 20min \times 0.05$
  $= 1,085.734$ ∴ $1,085.73 l$

 ㉡ 보조포 소화전에서 필요한 약제량
  $Q = N \times S \times 8,000 l$
  여기서, Q : 포소화약제의 양$[l]$
     N : 호스접결구수[3개 이상인 경우는 3]
     S : 포소화약제의 사용농도
  $Q = N \times S \times 8,000 = 3 \times 0.05 \times 8,000 l = 1,200$ ∴ $1,200 l$

 ㉢ 송액관 충전약제량(65mm는 제외한다)
  $Q = V \times S$
  여기서, Q : 포소화약제의 양$[l]$
     V : 송액관의 체적 $\left[\dfrac{\pi}{4} \times D^2 [m^2] \times L[m] \times \dfrac{1,000l}{1m^3}\right]$
     S : 소화약제농도

  $V = \dfrac{\pi}{4} \times (0.1^2 m^2 \times 100m + 0.08^2 m^2 \times 80m) \times \dfrac{1,000l}{1m^3} = 1,187.522$ ∴ $1,187.52 l$ $S = 0.05$

$$Q = V \times S = 1,187.52 \times 0.05 = 59.376 \quad \therefore 59.38 l$$

∴ 최소 포약제량=고정포방출구 방출량+보조 포소화전 방출량+송액관 충전량
$$= 1,085.73l + 1,200l + 59.38 = 2,345.11 \quad \therefore 2,345.11 l$$

② 수원의 양은 포약제가 5%이므로 95%는 물로 볼 수 있다.

$$95\% : 5\% = x : 2,345.11 l$$

$$x = \frac{(95\% \times 2,345.11 l)}{5\%} = 44,557.09 \quad \therefore 44,557.09 l$$

③ 방출 후 포수용액의 체적

$$팽창비 = \frac{방출\ 후\ 포수용액의\ 체적[m^3]}{방출\ 전\ 포수용액의\ 체적[m^3]}$$

방출 전 포수용액의 체적=포약제 체적+수원의 체적=$2,345.11l + 44,557.09l$
$$= 46,902.2 \quad \therefore 46,902.2 l = 46.9 m^3 (\because 1,000l = 1m^3)$$

$$80 = \frac{방출\ 후\ 포수용액의\ 체적[m^3]}{46.9 m^3}$$

방출 후 포수용액의 체적[m³]$= 80 \times 46.9 m^3 = 3,752 \quad \therefore 3,752 m^3$

(2) 전동기의 최소동력 : 효율과 전달계수가 주어졌으므로 전동기용량으로 볼 수 있으며 약제량 계산은 다음과 같다.

수동력	축동력	전동기용량
$P = \gamma H Q$	$P = \dfrac{\gamma H Q}{\eta}$	$P = \dfrac{\gamma H Q}{\eta} \times K$

P : 동력[kW]	→	$P = \dfrac{\gamma H Q}{\eta} \times K$
γ : 비중량[물 : 9.8kN/m³]	→	9.8kN/m³
H : 전양정(전수두)[m]	→	80m
Q : 유량[m³/s]	→	조건에 따라 포수용액의 체적을 기준으로 하므로 방출시간은 20분을 고려하여 토출량을 산정 $\dfrac{46.9 m^3}{20 min} \times \dfrac{1 min}{60 s}$
η : 전효율[$\eta_{전효율} = \eta_{수력효율} \times \eta_{체적효율} \times \eta_{기계효율}$]	→	0.7
K : 전달계수	→	1.1

$$P = \frac{\gamma H Q}{\eta} \times K = \frac{9.8 kN/m^3 \times \dfrac{46.9 m^3}{20 min} \times \dfrac{1 min}{60 s} \times 80 m}{0.7} \times 1.1 = 48.15 \quad \therefore 48.15 kW$$

> **주의**
>
> ☑ 송액관 충전량은 펌프의 분당 토출량에 포함하지 않는 것이 일반적이나 충전량을 포함하여도 화재안전기술기준상 문제는 없다. 그러므로 설계자 또는 출제자의 의도에 따라 포함하거나 포함하지 않을 수 있으므로 시험에서는 문제의 조건을 필히 확인하여야 한다.

15 가로 20m, 세로 10m의 특수가연물을 저장 및 취급하는 창고에 포소화설비를 설치하고자 한다. 다음 주어진 조건을 참고하여 각 물음에 답하시오.

───⟨ 조 건 ⟩───
① 포원액은 수성막포 3%를 사용하며, 포헤드를 설치한다.
② 펌프의 전양정은 35m이다.
③ 펌프의 효율은 65%이며, 전동기 전달계수는 1.1이다.

(1) 헤드를 정방형으로 배치하려고 한다. 포헤드의 설치 개수를 구하시오.
(2) 수원의 저수량 [m³]을 구하시오.
(3) 포원액의 양 [l]을 구하시오.
(4) 펌프의 토출량 [l / min]을 구하시오..
(5) 펌프의 최소 소요동력 [kW]을 구하시오.

해설

(1) 포헤드의 설치 개수(정방형)
① 헤드 설치 개수
   헤드 설치 개수 = 가로헤드 설치 개수 × 세로헤드 설치 개수

   가로헤드 설치 개수 = $\dfrac{가로길이}{헤드간격}$ 세로헤드 설치 개수 = $\dfrac{세로길이}{헤드간격}$

② 포헤드의 배치형태
   $S = 2R\cos 45°$
   여기서, S : 포헤드 상호간의 거리[m]
   　　　　R : 유효반경(2.1m)

   ㉠ 정방형 헤드 간격
   　 포소화설비에서의 **유효반경**(R)은 특정소방대상물과 구조에 관계없이 **2.1m**를 **적용**한다.
   　 따라서, 헤드 간격 $S = 2 × 2.1\text{m} × \cos 45° = 2.969\text{m}$

   ㉡ 가로헤드 설치 개수 = $\dfrac{20\text{m}}{2.969\text{m}}$ = 6.736 ≒ 7개(소수점 이하는 절상한다.)

   ㉢ 세로헤드 설치 개수 = $\dfrac{10\text{m}}{2.969\text{m}}$ = 3.368 ≒ 4개(소수점 이하는 절상한다.)

   ∴ 헤드 설치 개수 = 7 × 4 = 28 개

(2) 수원의 저수량
$Q = A \cdot Q_1 \cdot T \cdot S$
여기서, Q : 수원의 양[l]
　　　　A : 바닥면적[m²]
　　　　Q_1 : 방사량[$l/\text{min} \cdot \text{m}^2$]
　　　　T : 방출시간[min]
　　　　S : 농도[%]

$A = 20\text{m} × 10\text{m} = 200\text{m}^2$, $Q_1 = 6.5l/\text{min} \cdot \text{m}^2$(특수가연물 저장·취급 창고),
$T = 10\text{min}$(포헤드 방출시간), $S = 100\% - 3\% = 97\% = 0.97$(수원)
$Q = A \cdot Q_1 \cdot T \cdot S = 200\text{m}^2 × 6.5l/\text{min} \cdot \text{m}^2 × 10\text{min} × 0.97 = 12,610$
∴ $12,610l = 12.61\text{m}^3$

01 수계 소화설비 계산문제

• 포헤드의 특정소방대상물별 및 포소화약제에 따른 방사량

소방대상물	포소화약제의 종류	방사량
차고, 주차장 항공기격납고	수성막포	3.7l / min · m^2
	단백포	6.5l / min · m^2
	합성계면활성제포	8.0l / min · m^2
특수가연물을 저장·취급하는 소방대상물	수성막포	6.5l / min · m^2
	단백포	
	합성계면활성제포	

(3) 포원액의 양
 $S = 3\% = 0.03$ (수성막포)
 $Q = A \cdot Q_1 \cdot T \cdot S = 200\text{m}^2 \times 6.5l/\text{min} \cdot \text{m}^2 \times 10\text{min} \times 0.03 = 390$ ∴ 390l

(4) 펌프의 토출량
 $Q = A \cdot Q_1$
 여기서, Q : 펌프의 분당 토출량[l/min]
     A : 바닥면적[m^2]
 $Q = A \cdot Q_1 = 200\text{m}^2 \times 6.5l/\text{min} \cdot \text{m}^2 = 1,300$ ∴ 1,300l/min

(5) 펌프의 최소 소요동력[kW]

수동력	축동력	전동기용량
$P = \gamma H Q$	$P = \dfrac{\gamma H Q}{\eta}$	$P = \dfrac{\gamma H Q}{\eta} \times K$

P : 동력[kW] → $P = \dfrac{\gamma H Q}{\eta} \times K$

γ : 비중량[물 : 9.8kN/m^3] → 9.8kN/m^3

H : 전양정(전수두)[m] → 35m [문제 조건]

Q : 유량[m^3/s] → 1,300l/min = 1.3m$^3 \times \dfrac{1\text{min}}{60\text{s}}$ [문제 (3)]

η : 전효율[$\eta_{전효율} = \eta_{수력효율} \times \eta_{체적효율} \times \eta_{기계효율}$] → 0.65

K : 전달계수 → 1.1

$P = \dfrac{\gamma H Q}{\eta} \times K = \dfrac{9.8\text{kN/m}^3 \times 35\text{m} \times 1.3\text{m}^3/\text{min} \times \dfrac{1\text{min}}{60s}}{0.65} \times 1.1 = 12.576$ ∴ 12.58kW

Mind-Control

교육의 목적은 비어 있는 머리를 열려 있는 머리로 바꾸는 것이다.

– 말콤 포브스 –

16 바닥면적이 250m²인 변압기실에 압축공기포 소화설비를 설치하였다. 물음에 답하시오. 🔥🔥

(1) 압축공기포 수원 [m³]을 구하시오.
(2) 화재안전기술기준상 최대의 팽창비로 방사한 경우 발생 후 최대 포 체적 [m³]을 구하시오.
(3) 압축공기포 분사헤드의 개수를 구하시오.

해설

(1) 압축공기포 수원[m³]

발전기실, 엔진펌프실, 변압기, 전기케이블실, 유압설비에 바닥면적의 합계가 300m² 미만의 장소에는 고정식 압축공기포 소화설비를 설치 할 수 있으며, 변압기실(바닥면적 250m²)의 경우 기타의 것에 해당하므로 다음과 같다.

방호 대상물	면적당 헤드 개수	방출량	최소 방수시간	팽창비	수원의 설계방출밀도 [l / min · m²]
특수 가연물	9.3m² / 개	2.3L / min · m²	10분	20 이하	알코올류, 케톤류의 설계방출밀도는 특수가연물의 방출량과 동일함
기타의 것	13.9m² / 개 (유류탱크 주위)	1.63L / min · m²	10분	20 이하	일반가연물, 탄화수소류의 설계방출밀도는 기타의 것의 방출량과 동일함

$Q_{수원} = A \times Q_{설계} \times T$

여기서, $Q_{수원}$: 수원[l]
　　　　A : 바닥면적[m²]
　　　　$Q_{설계}$: 설계방출밀도[l/min · m²]
　　　　T : 방사시간 [10min]

$Q_{수원} = A \times Q_{설계} \times T = 250\text{m}^2 \times 1.63 l/\text{min} \cdot \text{m}^2 \times 10\text{min} = 4{,}075$ ∴ $4{,}075 l ≒ 4.08\text{m}^3$

(2) 화재안전기술기준상 최대의 팽창비로 방사한 경우 발생 후 최대 포 체적 [m³]

팽창비 = $\dfrac{\text{방출 후 포수용액의 체적}[\text{m}^3]}{\text{방출 전 포수용액의 체적}[\text{m}^3]}$

방출 후 포수용액의 체적[m³] = 팽창비 × 방출 전 포수용액의 체적[m³]
　　　　　　　　　　　　　= 20 × 4.08m³ = 81.6　∴ 81.6m³

(3) 압축공기포 분사헤드의 개수

헤드 개수 = $A \div 13.9\text{m}^2/$개 = 250m² ÷ 13.9m²/개 = 17.985　∴ 18개

01 수계 소화설비 계산문제

17 옥외저장탱크에 포소화설비를 설치하려고 한다. 그림 및 조건을 참고하여 다음 각 물음에 답하시오.

───────⟨ 조 건 ⟩───────

① 탱크 용량 및 형태
  · 원유저장탱크＝플루팅루프탱크(부상지붕구조)이며 탱크 내측면과 굽도리판 사이의 거리는 0.6m이다.
  · 등유저장탱크＝콘루프탱크
② 고정포방출구
  · 원유저장탱크＝특형이며, 방출구의 수는 2개이다.
  · 등유저장탱크＝Ⅰ형이며, 방출구의 수는 2개이다.
③ 포소화약제의 종류 : 단백포 3%
④ 보조포소화전＝4개 설치
⑤ 고정포방출구의 방출량 및 방사시간

포방출구의 종류 방출량 및 방사시간	Ⅰ형	Ⅱ형	특형
방출량[l/min·m²]	4	4	8
방사시간[분]	30	55	30

⑥ 구간별 배관길이

배관번호	①	②	③	④	⑤	⑥
배관길이[m]	20	10	10	50	50	100

⑦ 송액관 내의 유속은 3m/s이다.
⑧ 탱크 2대에서의 동시 화재는 없는 것으로 간주한다.

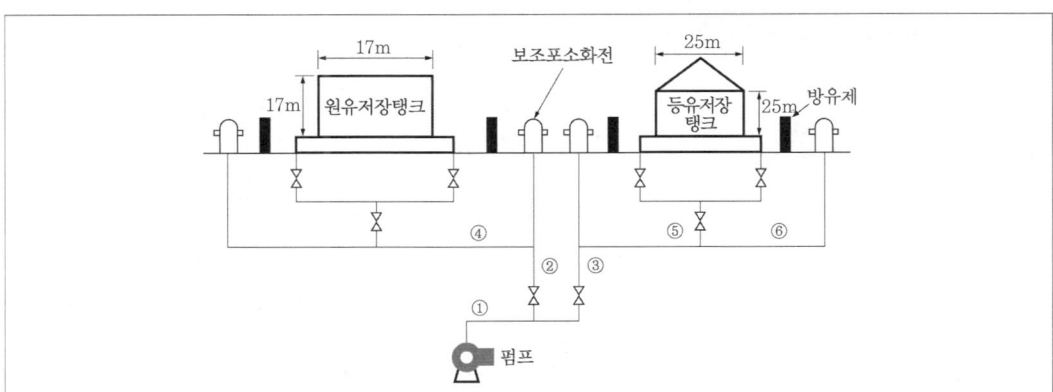

(1) 각 탱크에 필요한 포수용액의 양 [l/min]을 구하시오.
(2) 보조포소화전에 필요한 포수용액의 양 [l/min]을 구하시오.
(3) 각 탱크에 필요한 소화약제의 양 [l]을 구하시오.
(4) 보조포소화전에 필요한 소화약제의 양 [l]을 구하시오.
(5) 각 번호별 송액관의 구경 [mm]을 구하시오.
(6) 송액관에 필요한 포소화약제의 양 [l]을 구하시오.
(7) 포소화설비에 필요한 소화약제의 총량 [l]을 구하시오.

해설

(1) 각 탱크에 필요한 포수용액의 양[l/min]

$Q_① = A \times Q_A$ (약어)	포수용액의 양(고정포방출구)
$Q_①$: 포수용액의 양[l/min]	→ $Q_① = A \times Q_A$
A : 탱크의 액표면적 $\left(\dfrac{\pi}{4}D^2[\text{m}^2]\right)$	→ • 원유저장탱크 : $\dfrac{\pi}{4} \times \{17^2 - (17-1.2)^2\}\text{m}^2$ • 등유저장탱크 : $\dfrac{\pi}{4} \times 25^2 \text{m}^2$
Q_A : 바닥면적 1m²에 따른 분당 방사량 [l/min · m²]	→ • 원유저장탱크 : $8l/\text{m}^2 \cdot \text{min}$ (조건 ②, 특형 방출구) • 등유저장탱크 : $4l/\text{m}^2 \cdot \text{min}$ (조건 ②, Ⅰ형 방출구)

포방출구의 종류 방출량 및 방사시간	Ⅰ형	Ⅱ형	특형
방출량[l/min · m²]	4	4	8
방사시간[분]	30	55	30

① 원유저장탱크의 고정포방출구 포수용액의 양($Q_①$) = $A \times Q_A = \dfrac{\pi}{4} \times \{17^2 - (17-1.2)^2\}\text{m}^2 \times 8l/\text{min} \cdot \text{m}^2$
$= 247.306 l/\text{min} ≒ \mathbf{247.31 l/min}$

② 등유저장탱크의 고정포방출구 포수용액의 양($Q_①$) = $A \times Q_A = \dfrac{\pi}{4} \times 25^2 \text{m}^2 \times 4l/\text{min} \cdot \text{m}^2$
$= 1,963.495 l/\text{min} ≒ \mathbf{1,963.5 l/min}$

참고만

☑ **플로팅루프탱크(FRT)의 액표면적**

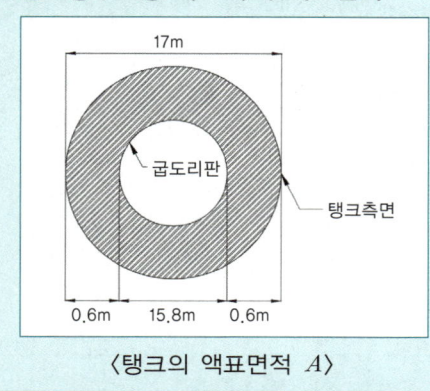

플로팅루프탱크(부상지붕구조)의 경우 포소화약제가 탱크의 측판과 굽도리판 사이에만 방출되므로 그림의 음영 부분 즉, 굽도리판 간격(0.6m)만 고려한다.

→ 탱크의 액표면적 : $A = \dfrac{\pi}{4} \times \{17^2 - (17-1.2)^2\}\text{m}^2$
$= \dfrac{\pi}{4} \times (17^2 - 15.8^2)\text{m}^2$
$= 30.913 \text{m}^2 ≒ \mathbf{30.91 m^2}$

〈탱크의 액표면적 A〉

(2) 보조포소화전에 필요한 포수용액의 양[l/min]

$Q_② = N \times 400 l/\text{min}$	포수용액의 양(보조포소화전)
$Q_②$: 포수용액의 양[l/min]	→ $Q_② = N \times 400 l/\text{min}$
N : 호스접결구의 수 (최대 3개)	→ 3 (조건④, 최대 3개 적용)

$Q_② = N \times 400 l/\text{min} = 3 \times 400 l/\text{min} = \mathbf{1,200 l/min}$

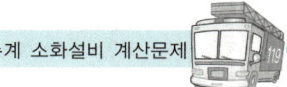

> **참고만**
>
> ☑ **호스접결구의 수**
>
> ※ 쌍구형인지, 단구형인지 그림을 정확히 확인하자!
> - 조건 ④에 따라 보조포소화전이 4개 설치되어 있으며, 문제의 그림에서 보조포소화전이 **쌍구형**이므로 호스접결구의 수는 8개이다.
> - 호스접결구의 수는 최대 3개이므로 $N=3$ 이다.

(3) 각 탱크에 필요한 소화약제의 양[l]

$Q_① = A \times Q_A \times T \times S$ (악어떼들)	포소화약제의 양(고정포방출구)
$Q_①$: 포소화약제의 양[l]	→ $Q_① = A \times Q_A \times T \times S$
A : 탱크의 액표면적 $\left(\dfrac{\pi}{4}D^2[\text{m}^2]\right)$	→ • 원유저장탱크 : $\dfrac{\pi}{4} \times \{17^2 - (17-1.2)^2\}\text{m}^2$ • 등유저장탱크 : $\dfrac{\pi}{4} \times 25^2 \text{m}^2$
Q_A : 바닥면적 1m^2에 따른 분당 방사량 [$l/\text{min} \cdot \text{m}^2$]	→ • 원유저장탱크 : $8l/\text{m}^2 \cdot \text{min}$ (조건 ②, 특형 방출구) • 등유저장탱크 : $4l/\text{m}^2 \cdot \text{min}$ (조건 ②, Ⅰ형 방출구)
T : 방출시간[min]	→ • 원유저장탱크 : 30min • 등유저장탱크 : 30min
S : 포소화약제의 사용농도[%]	→ 0.03 (조건③, 3% 단백포)

① 원유저장탱크의 포소화약제의 양 $= A \times Q_A \times T \times S$

$$= \dfrac{\pi}{4} \times \{17^2 - (17-1.2)^2\}\text{m}^2 \times 8l/\text{min} \cdot \text{m}^2 \times 30\text{min} \times 0.03$$

$$= 222.575l ≒ \mathbf{222.58}\,\boldsymbol{l}$$

② 등유저장탱크의 포소화약제의 양 $= A \times Q_A \times T \times S = \dfrac{\pi}{4} \times 25^2 \text{m}^2 \times 4l/\text{min} \cdot \text{m}^2 \times 30\text{min} \times 0.03$

$$= 1{,}767.145l ≒ \mathbf{1{,}767.15}\,\boldsymbol{l}$$

(4) 보조포소화전에 필요한 소화약제의 양[l]

$Q_② = N \times 8{,}000 l \times S$	포소화약제의 양(보조포소화전)
$Q_②$: 포소화약제의 양[l]	→ $Q_② = N \times 8{,}000l \times S$
N : 호스접결구의 수 (최대 3개)	→ 3 (조건 ④, 최대 3개 적용)
S : 포소화약제의 사용농도[%]	→ 0.03 (조건 ③, 3% 단백포)

$Q_② = N \times 8{,}000 \times S = 3 \times 8{,}000 \times 0.03 = \mathbf{720}\,\boldsymbol{l}$

(5) 각 번호별 송액관의 구경[mm]

$Q = AV = \dfrac{\pi}{4}D^2 V$	체적유량
Q : 유량[m^3/s]	→ 각 배관의 연결상태에 따른 최대 포수용액의 양
A : 배관단면적 $\left(\dfrac{\pi}{4}D^2[\text{m}^2]\right)$	→ $D = \sqrt{\dfrac{4Q}{\pi \times 3\text{m/s}}} = \sqrt{\dfrac{4Q}{3\pi}}$
V : 유속[m/s]	→ 3m/s (조건 ⑦)

송액관의 연결상태	원유저장탱크 (247.31 l/min)	등유저장탱크 (1,963.5 l/min)	호스접결구의 개수 (400 l/min, 최대 3개)
배관번호 ①	● (①→②→④) • 유량 $Q = 1,963.5 l/\text{min} + (400 l/\text{min} \times 3) = 3,163.5 l/\text{min}$ • 송액관의 구경($d_①$) $d_① = \sqrt{\dfrac{4Q}{3\pi}} = \sqrt{\dfrac{4 \times 3.1635 \, \text{m}^3/\text{s}}{3\pi \times 60}} = 0.14959\text{m} = 149.59\text{mm}$	● (①→③→⑤→⑥) (각 탱크 중 큰 값 적용)	8개 ∴ 호칭구경 **150mm** 선정
배관번호 ②	● (①→②→④) • 유량 $Q = 247.31 l/\text{min} + (400 l/\text{min} \times 3) = 1,447.31 l/\text{min}$ • 송액관의 구경($d_②$) $d_② = \sqrt{\dfrac{4Q}{3\pi}} = \sqrt{\dfrac{4 \times 1.44731 \, \text{m}^3/\text{s}}{3\pi \times 60}} = 0.10118\text{m} = 101.18\text{mm}$	○	4개 ∴ 호칭구경 **125mm** 선정
배관번호 ③	○	● (①→③→⑤→⑥) • 유량 $Q = 1,963.5 l/\text{min} + (400 l/\text{min} \times 3) = 3,163.5 l/\text{min}$ • 송액관의 구경($d_③$) $d_③ = \sqrt{\dfrac{4Q}{3\pi}} = \sqrt{\dfrac{4 \times 3.1635 \, \text{m}^3/\text{s}}{3\pi \times 60}} = 0.14959\text{m} = 149.59\text{mm}$	4개 ∴ 호칭구경 **150mm** 선정
배관번호 ④	● (①→②→④) • 유량 $Q = 247.31 l/\text{min} + (400 l/\text{min} \times 2) = 1,047.31 l/\text{min}$ • 송액관의 구경($d_④$) $d_④ = \sqrt{\dfrac{4Q}{3\pi}} = \sqrt{\dfrac{4 \times 1.04731 \, \text{m}^3/\text{s}}{3\pi \times 60}} = 0.086070\text{m} = 86.07\text{mm}$	○	2개 ∴ 호칭구경 **90mm** 선정
배관번호 ⑤	○	● (①→③→⑤→⑥) • 유량 $Q = 1,963.5 l/\text{min} + (400 l/\text{min} \times 2) = 2,763.5 l/\text{min}$ • 송액관의 구경($d_⑤$) $d_⑤ = \sqrt{\dfrac{4Q}{3\pi}} = \sqrt{\dfrac{4 \times 2.7635 \, \text{m}^3/\text{s}}{3\pi \times 60}} = 0.139813\text{m} = 139.813\text{mm}$	2개 ∴ 호칭구경 **150mm** 선정
배관번호 ⑥	○	○ • 유량 $Q = 400 l/\text{min} \times 2 = 800 l/\text{min}$ • 송액관의 구경($d_⑥$) $d_⑥ = \sqrt{\dfrac{4Q}{3\pi}} = \sqrt{\dfrac{4 \times 0.8 \, \text{m}^3/\text{s}}{3\pi \times 60}} = 0.075225\text{m} = 75.225\text{mm}$	2개 ∴ 호칭구경 **80mm** 선정

● : 연결상태 / ○ : 미연결상태

(6) 송액관에 필요한 포소화약제의 양[l] ➜ 배관의 내경 75mm 초과 시 적용
  송액관에 필요한 포소화약제의 양(Q_3)
  =송액관 배관번호 ①~⑥의 포소화약제량의 합
  =$(A_①L_① + A_②L_② + A_③L_③ + A_④L_④ + A_⑤L_⑤ + A_⑥L_⑥) \times S \times 1,000 l/\text{m}^3$
  송액관의 구경과 길이는 다음과 같으며, 또한 소화약제의 농도는 $S = 0.03$이므로 송액관에 필요한 포소화약제의 양[l]은,

배관번호	①	②	③	④	⑤	⑥
송액관의 구경 d[m]	0.15	0.125	0.15	0.09	0.15	0.08
배관길이 l[m]	20	10	10	50	50	100

$$Q_③ = \left\{\left(\frac{\pi}{4} \times 0.15^2 \text{m}^2 \times 20\text{m}\right) + \left(\frac{\pi}{4} \times 0.125^2 \text{m}^2 \times 10\text{m}\right) + \left(\frac{\pi}{4} \times 0.15^2 \text{m}^2 \times 10\text{m}\right)\right.$$
$$\left. + \left(\frac{\pi}{4} \times 0.09^2 \text{m}^2 \times 50\text{m}\right) + \left(\frac{\pi}{4} \times 0.15^2 \text{m}^2 \times 50\text{m}\right) + \left(\frac{\pi}{4} \times 0.08^2 \text{m}^2 \times 100\text{m}\right)\right\}$$
$$\times 0.03 \times 1{,}000 \, l/\text{m}^3$$
$$= 70.715 \, l \fallingdotseq \mathbf{70.72} \, \mathbf{l}$$

(7) 포소화설비에 필요한 소화약제의 총량[l]

$Q = Q_① + Q_② + Q_③$	포소화약제의 총량
Q : 포소화약제의 총량[l]	→ $Q = Q_① + Q_② + Q_③$
$Q_①$: 고정포방출구의 포소화약제의 양[l]	→ 1,767.15 l [문제(3), 큰 값, 등유저장탱크 적용]
$Q_②$: 보조포소화전의 포소화약제의 양[l]	→ 720 l [문제(4)]
$Q_③$: 송액관의 포소화약제의 양[l]	→ 70.72 l [문제(6)]

$Q = Q_① + Q_② + Q_③ = 1{,}767.15 \, l + 720 \, l + 70.72 \, l = \mathbf{2{,}557.87} \, \mathbf{l}$

18 다음과 같이 휘발유탱크 1기와 경유탱크 1기를 1개를 방유제에 설치하는 옥외탱크저장소에 대하여 각 물음에 답하시오.

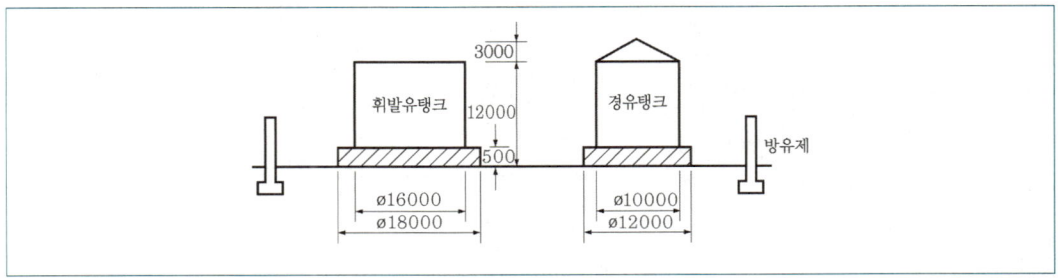

〈 조 건 〉

① 탱크 용량 및 형태
  • 휘발유탱크=2,000m³(지정수량의 20,000배) 부상지붕구조의 플루팅루프탱크(탱크 내측면과 굽도리판 사이의 거리는 0.8m이다.)
② 고정포방출구
  • 경유탱크=Ⅱ형, 휘발유탱크 : 설계자가 선정하도록 한다.
③ 포소화약제의 종류=수성막포 3%
④ 보조포소화전=쌍구형×2개 설치
⑤ 포소화약제의 저장탱크의 종류=700l, 750l, 800l, 900l, 1,000l, 1,200l(단, 포저장탱크의 용량은 포소화약제의 저장량을 말한다.)
⑥ 화재는 저장탱크 2개에서 동시에 발생하는 경우는 없는 것으로 간주한다.

⑦ 참고 법규
  1) 옥외탱크저장소의 보유공지

저장 또는 취급하는 위험물의 최대수량	공지의 너비
지정수량의 500배 이하	3m 이상
지정수량의 501~1,000배 이하	5m 이상
지정수량의 1,001~2,000배 이하	9m 이상
지정수량의 2,001~3,000배 이하	12m 이상
지정수량의 3,001~4,000배 이하	15m 이상
지정수량의 4,000배 초과	해당 탱크의 수평단면의 최대지름(횡형인 경우에는 긴 변)과 높이 중 큰 것과 같은 거리 이상. 다만, 30m 초과의 경우에는 30m 이상으로 할 수 있고, 15m 미만의 경우에는 15m 이상으로 할 것

  2) 고정포방출구의 방출량 및 방사시간

포방출구의 종류 위험물의 구분	Ⅰ형		Ⅱ형		특형		Ⅲ형		Ⅳ형	
	포수 용액량 [l/m^2]	방출률 [l/min ·m^2]	포수 용액량 [l/m^2]	방출률 [l/min ·m^2]	포수 용액량 [l/m^2]	방출률 [l/min ·m^2]	포수 용액량 [l/m^2]	방출률 [l/min ·m^2]	포수 용액량 [l/m^2]	방출률 [l/min ·m^2]
제4류 위험물 중 인화점이 21℃ 미만인 것	120	4	220	4	240	8	220	4	220	4
제4류 위험물 중 인화점이 21℃ 이상 70℃ 미만인 것	80	4	120	4	160	8	120	4	120	4
제4류 위험물 중 인화점이 70℃ 이상인 것	60	4	100	4	120	8	100	4	100	4

(1) 다음 A, B, C 및 D의 법적으로 최소가능한 거리를 정하시오. (단, 탱크 측판두께의 보온 두께는 무시한다.)

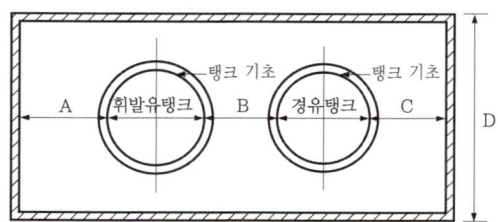

① A(휘발유탱크 측판과 방유제 내측거리[m])
② B(휘발유탱크 측판과 경유탱크 측판 사이 거리[m])
③ C(경유탱크 측판과 방유제 내측거리[m])
④ D(방유제 최소폭[m])

(2) 다음에서 요구하는 각 장비의 용량을 구하시오.
① 포저장탱크의 용량 [l]를 구하시오. (단, 75mm를 초과하는 배관길이는 50m이고, 배관 크기는 100mm이다.)
② 소화설비의 수원(저수량[m^3])을 구하시오. (단, m^3 이하는 절상하여 정수로 표시한다.)
③ 가압송수장치(펌프)의 유량 [l/min]을 구하시오.
④ 포소화약제의 혼합장치 중 프레져프로포셔너방식을 사용할 경우의 최소유량 [l/min]과 최대유량 [l/min]의 범위를 정하시오.

01 수계 소화설비 계산문제

해설

(1) A, B, C, D의 법적 최소가능거리

☑ 방유제와 탱크 측면의 이격거리

탱크지름	이격거리
15m 미만	탱크높이의 $\frac{1}{3}$ 이상
15m 이상	탱크높이의 $\frac{1}{2}$ 이상

☑ 옥외탱크저장소의 보유공지

저장 또는 취급하는 위험물의 최대수량	공지의 너비
지정수량의 500배 이하	3m 이상
지정수량의 501~1,000배 이하	5m 이상
지정수량의 1,001~2,000배 이하	9m 이상
지정수량의 2,001~3,000배 이하	12m 이상
지정수량의 3,001~4,000배 이하	15m 이상
지정수량의 4,000배 초과	해당 탱크의 수평단면의 최대지름(횡형인 경우에는 긴 변)과 높이 중 큰 것과 같은 거리 이상. 다만, 30m 초과의 경우에는 30m 이상으로 할 수 있고, 15m 미만의 경우에는 15m 이상으로 할 것

※ 보유공지란 제조소 등의 주위에 확보해야 할 절대적인 공간을 의미한다.

① A(휘발유탱크 측판과 방유제 내측거리[m]) : 휘발유탱크의 지름은 $\phi 16,000 = 16\text{m}$로 **15m 이상**이므로 탱크높이의 $\frac{1}{2}$ 이상을 적용한다.

$$A = 12\text{m} \times \frac{1}{2} = \mathbf{6m}$$

참고만

☑ 높이 산정 시 주의사항
① 방유제와 탱크측면의 이격거리 및 보유공지 산정 시=탱크의 기초높이 **포함**한 탱크의 높이
② 탱크의 용량 산정 시=탱크의 기초높이를 **제외**한 탱크의 높이
③ 콘루프탱크(CRT)의 경우=콘부분을 포함하지 **아니한** 탱크의 높이

② B(휘발유탱크 측판과 경유탱크 측판 사이 거리[m])
㉠ 휘발유탱크 : 조건 ①에 따라 휘발유탱크는 지정수량의 배수가 20,000배이므로 조건 ㉧(옥외탱크저장소의 보유공지)에서 주어진 표의 **"지정수량의 4,000배 초과"**를 적용한다.
휘발유탱크의 공지의 너비 : "탱크의 수평단면의 최대지름(16m) > 탱크의 높이(12m)"이므로 큰 값인 **16m**와 같은 거리 이상이 된다.
㉡ 경유탱크
$$\text{지정수량의 배수} = \frac{\text{탱크의 용량}}{\text{지정수량}}$$

• 탱크의 용량 : $V = \frac{\pi}{4} \times 10^2 \text{m}^2 \times (12\text{m} - 0.5\text{m}) = 903.207\text{m}^3 = 903,207l$

- 지정수량=1,000l (경유, 제2석유류의 비수용성)

∴ 지정수량의 배수=$\frac{903,207 l}{1,000 l}$=903.207≒903배

경유탱크의 공지의 너비=5m 이상 (지정수량의 501~1,000배에 해당)
ⓒ 휘발유탱크 측판과 경유탱크 측판 사이 거리 B[m] : **16m** (보유공지 긴 값 선정)
③ C(경유탱크 측판과 방유제 내측거리[m]) : 경유탱크의 지름은 φ10,000=10m로 **15m 미만**이므로 탱크높이의 $\frac{1}{3}$ 이상을 적용한다.

C=12m×$\frac{1}{3}$=**4m**

④ D(방유제 최소폭[m])
→ 방유제 최소폭 : D=A+휘발유탱크의 지름+A=6m+16m+6m=**28m**

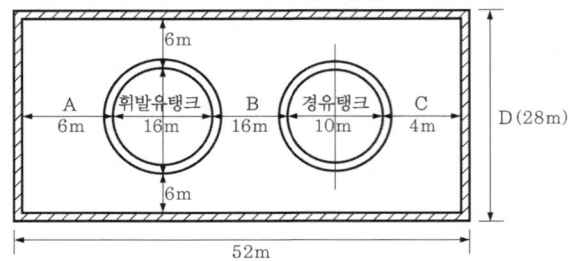

> **참고만**
>
> ☑ **물분무소화설비로 방호조치한 경우**
>
> 물분무소화설비로 방호조치한 경우에는 그 보유공지를 산출된 보유공지의 $\frac{1}{2}$ 이상의 너비(최소 3m 이상)로 할 수 있다.

(2) **각 장비의 용량**
① 포저장탱크의 용량[l] : 조건⑤에 따라 포저장탱크의 용량은 포소화약제의 저장량을 말하므로 포소화약제의 양을 산정하여야 한다.

포방출구의 종류 위험물의 구분	Ⅰ형		Ⅱ형		특형		Ⅲ형		Ⅳ형	
	포수 용액량 [l/m²]	방출률 [l/min·m²]	포수 용액량 [l/m²]	방출률 [l/min·m²]	포수 용액량 [l/m²]	방출률 [l/min·m²]	포수 용액량 [l/m²]	방출률 [l/min·m²]	포수 용액량 [l/m²]	방출률 [l/min·m²]
제4류 위험물 중 인화점이 21℃ 미만인 것(제1석유류)	120	4	220	4	240	8	220	4	220	4
제4류 위험물 중 인화점이 21℃ 이상 70℃ 미만인 것(제2석유류)	80	4	120	4	160	8	120	4	120	4
제4류 위험물 중 인화점이 70℃ 이상인 것(제3석유류)	60	4	100	4	120	8	100	4	100	4

01 수계 소화설비 계산문제

☑ **휘발유탱크(제1석유류, 인화점 21℃ 미만)**

$Q = Q_① + Q_② + Q_③$	휘발유탱크 - 포원액의 양(고정포방출구)
Q : 포원액의 양[l]	→ $Q = Q_① + Q_② + Q_③$ [풀이④]
$Q_①$: 고정포방출구 포소화약제의 양[l]	→ $Q_① = A \times Q_A \times T \times S$ [풀이①]
$Q_②$: 보조포소화전 포소화약제의 양[l]	→ $Q_② = N \times 8,000 l \times S$ [풀이②]
$Q_③$: 배관보정량[l] (송액관)	→ $Q_③ = A \times L \times S \times 1,000 l/\text{m}^3$ [풀이③]

㉠ 고정포방출구($Q_①$)

$Q_① = A \times Q_A \times T \times S$ (악어떼들)	포소화약제의 양(고정포방출구)
$Q_①$: 포소화약제의 양[l]	→ $Q_① = A \times Q_A \times T \times S$
A : 탱크의 액표면적 $\left(\dfrac{\pi}{4}D^2[\text{m}^2]\right)$	→ $\dfrac{\pi}{4} \times \{16^2 - (16-1.6)^2\}\text{m}^2$ (조건 ①)
Q_A : 바닥면적 1m²에 따른 분당 방사량 [$l/\text{min} \cdot \text{m}^2$]	→ $8 l/\text{m}^2 \cdot \text{min}$ (인화점 21℃ 미만, 플루팅루프탱크, 특형 방출구)
T : 방출시간[min]	→ 30min (조건 ⑥)
S : 포소화약제의 사용농도[%]	→ 0.03 (조건 ③, 수성막포 3%)

$Q_① = A \times Q_A \times T \times S$
$= \dfrac{\pi}{4} \times \{16^2 - (16-1.6)^2\}\text{m}^2 \times 8 l/\text{min} \cdot \text{m}^2 \times 30\text{min} \times 0.03$
$= 275.052 l ≒ \mathbf{275.05}\, l$

참고만

☑ **플로팅루프탱크(FRT)의 액표면적**

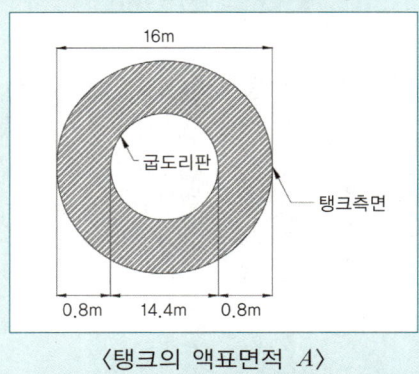

〈탱크의 액표면적 A〉

플로팅루프탱크(부상지붕구조)의 경우 포소화약제가 탱크의 측판과 굽도리판 사이에만 방출되므로 그림의 음영부분 즉, 굽도리판 간격(0.8m)만 고려한다.

→ 탱크의 액표면적 : $A = \dfrac{\pi}{4} \times \{16^2 - (16-1.6)^2\}\text{m}^2$
$= \dfrac{\pi}{4} \times (16^2 - 14.4^2)\text{m}^2$
$= 38.201\text{m}^2 ≒ \mathbf{38.2}\text{m}^2$

㉡ 보조포소화전($Q_②$)

$Q_② = N \times 8,000 l \times S$	포소화약제의 양(보조포소화전)
$Q_②$: 포소화약제의 양[l]	→ $Q_② = N \times 8,000 l \times S$
N : 호스접결구의 수 (최대 3개)	→ 3 (조건 ④, 쌍구형 2개, 최대 3개 적용)
S : 포소화약제의 사용농도[%]	→ 0.03 (조건 ③, 수성막포 3%)

$Q_② = N \times 8,000 \times S = 3 \times 8,000 \times 0.03 = \mathbf{720}\, l$

Chapter 09 포소화설비

ⓒ 송액관에 필요한 포소화약제의 양($Q_③$)

	배관보정량(송액관)
$Q_③ = A \times L \times S \times 1{,}000\,l/\mathrm{m}^3$	
$Q_③$: 배관보정량[l] (75mm 초과 시 적용) →	$Q_③ = A \times L \times S \times 1{,}000\,l/\mathrm{m}^3$
A : 배관의 단면적$\left(\dfrac{\pi}{4}D^2[\mathrm{m}^2]\right)$ →	$\dfrac{\pi}{4} \times 0.1^2\,\mathrm{m}^2$ (문제의 단서조건)
L : 배관의 길이[m] →	50m (문제의 단서조건)
S : 포소화약제의 사용농도[%] →	0.03 (조건 ③, 수성막포 3%)

$Q_③ = A \times L \times S \times 1{,}000\,l/\mathrm{m}^3$
$= \dfrac{\pi}{4} \times 0.1^2\,\mathrm{m}^2 \times 50\mathrm{m} \times 0.03 \times 1{,}000\,l/\mathrm{m}^3 = \mathbf{11.78}\,l$

ⓓ 고정포방출설비 포소화약제의 저장량($Q_{휘발유}$) $= Q_① + Q_② + Q_③$
$= 275.05\,l + 720\,l + 11.78\,l = \mathbf{1{,}006.83}\,l$

☑ **경유탱크(제2석유류, 인화점 21℃ 이상 70℃ 미만)**

$Q = Q_① + Q_② + Q_③$	경유탱크 – 포원액의 양(고정포방출구)
Q : 포원액의 양[l] →	$Q = Q_① + Q_② + Q_③$ [풀이④]
$Q_①$: 고정포방출구 포소화약제의 양[l] →	$Q_① = A \times Q_A \times T \times S$ [풀이①]
$Q_②$: 보조포소화전 포소화약제의 양[l] →	$Q_② = N \times 8{,}000\,l \times S$ [풀이②]
$Q_③$: 배관보정량[l] (송액관) →	$Q_③ = A \times L \times S \times 1{,}000\,l/\mathrm{m}^3$ [풀이③]

㉠ 고정포방출구($Q_①$)

$Q_① = N \times 8{,}000\,l \times S$	포소화약제의 양(보조포소화전)
$Q_①$: 포소화약제의 양[l] →	$Q_① = A \times Q_A \times T \times S$
A : 탱크의 액표면적$\left(\dfrac{\pi}{4}D^2[\mathrm{m}^2]\right)$ →	$\dfrac{\pi}{4} \times 10^2\,\mathrm{m}^2$
Q_A : 바닥면적 1m²에 따른 분당 방사량 [$l/\min \cdot \mathrm{m}^2$] →	$4\,l/\mathrm{m}^2 \cdot \min$ (제2석유류, 조건 ②, Ⅱ형 방출구)
T : 방출시간[min] →	30min (조건 ⑥)
S : 포소화약제의 사용농도[%] →	0.03 (조건 ③, 수성막포 3%)

$Q_① = A \times Q_A \times T \times S$
$= \dfrac{\pi}{4} \times 10^2\,\mathrm{m}^2 \times 4\,l/\min \cdot \mathrm{m}^2 \times 30\min \times 0.03$
$= 282.743\,l ≒ \mathbf{282.74}\,l$

㉡ 보조포소화전($Q_②$)

$Q_② = N \times 8{,}000\,l \times S$	포소화약제의 양(보조포소화전)
$Q_②$: 포소화약제의 양[l] →	$Q_② = N \times 8{,}000\,l \times S$
N : 호스접결구의 수(최대 3개) →	3 (조건 ④, 쌍구형 2개, 최대 3개 적용)
S : 포소화약제의 사용농도[%] →	0.03 (조건 ③, 수성막포 3%)

$Q_② = N \times 8{,}000 \times S = 3 \times 8{,}000 \times 0.03 = \mathbf{720}\,l$

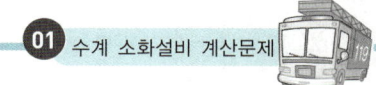

ⓒ 송액관에 필요한 포소화약제의 양($Q_③$)

$Q_③ = A \times L \times S \times 1{,}000 \, l/m^3$	배관보정량(송액관)
$Q_③$: 배관보정량[l] (75mm 초과 시 적용)	→ $Q_③ = A \times L \times S \times 1{,}000 \, l/m^3$
A : 배관의 단면적 $\left(\dfrac{\pi}{4}D^2[m^2]\right)$	→ $\dfrac{\pi}{4} \times 0.1^2 \, m^2$ (문제의 단서조건)
L : 배관의 길이[m]	→ 50m (문제의 단서조건)
S : 포소화약제의 사용농도[%]	→ 0.03 (조건 ③, 수성막포 3%)

$Q_③ = A \times L \times S \times 1{,}000 \, l/m^3$
$= \dfrac{\pi}{4} \times 0.1^2 \, m^2 \times 50m \times 0.03 \times 1{,}000 \, l/m^3 = \mathbf{11.78} \boldsymbol{l}$

ⓔ 고정포방출설비 포소화약제의 저장량($Q_{경유}$) $= Q_① + Q_② + Q_③$
$= 282.74 l + 720 l + 11.78 l = \mathbf{1{,}014.52} \boldsymbol{l}$

☑ 최종 포소화약제의 저장량

구분	포소화약제의 저장량
휘발유탱크	1,006.82 l
경유탱크	1,014.52 l
최종 포소화약제의 저장량 (큰 값의 포소화약제량 적용)	1,014.52 l → 조건 ⑤에 따라 1,200 l 의 포저장탱크를 선정

② 소화설비의 수원(저수량[m³])

포수용액[m³] $= \dfrac{포원액[m^3]}{농도[\%]} = \dfrac{물[m^3]}{1-농도[\%]}$ 이므로, 물[m³] $=$ 포원액[m³] $\times \dfrac{1-농도[\%]}{농도[\%]}$ 임을 알 수 있다.

문제(2)의 ①에서 계산한 경유의 포소화약제의 저장량 $1{,}014.52 l$과 농도 $S = 0.03$을 이용하여 수원의 양[m³]을 산출하면,

소화설비의 수원의 양[m³] $= 1{,}014.52 l \times \dfrac{1-0.03}{0.03} = 32{,}802.813 l = 32.802 m^3 ≒ \mathbf{33 m^3}$

※ 문제의 단서조건을 적용하여 m³ 이하는 절상하여 정수로 표시함에 주의하여 답안을 작성한다.

③ 가압송수장치(펌프)의 유량[l/min]

가압송수장치의 분당 토출량[l/min] $= \dfrac{배관보정량(Q_③)을\ 제외한\ 포수용액의\ 양[l]}{방출시간[min]}$

가압송수장치의 분당 토출량[l/min]
$= Q_①[l/min] + Q_②[l/min] = \left\{4 l/min \cdot m^2 \times \dfrac{\pi}{4} \times 10^2 m^2 \right\} + (3 \times 400 l/min)$
$= 1{,}514.159 l/min ≒ \mathbf{1{,}514.16} \boldsymbol{l/min}$

④ 프레져프로포셔너방식을 사용할 경우의 최소유량[l/min]과 최대유량[l/min]의 범위 : 프레져프로포셔너 방식의 유량범위는 50~200%이므로, 최소유량은 50%, 최대유량은 200%가 된다.
  ㉠ 최소유량 : $Q_{MIN} = 1{,}514.16 l/min \times 0.5 = \mathbf{757.08} \boldsymbol{l/min}$
  ㉡ 최대유량 : $Q_{MAX} = 1{,}514.16 l/min \times 2 = \mathbf{3{,}028.32} \boldsymbol{l/min}$

必勝! 합격수기

— 제16회 **김태영** 소방시설관리사님 합격수기 —

먼저 제게 합격수기를 쓰게 해주신 이항준 원장님, 마건국 선생님, 이중희 선생님께 감사하다는 말을 전하고 싶습니다.

2015년 6월 소방 "소"자도 모르는 소방의 문외한인 제가 불쑥 에듀파이어 기술학원에 찾아가서 자격증을 따야되니 책과 수강비, 향후 진로 등등을 상의하러 갔던 기억이 납니다.

지금 생각해보면 참 겁 없이 덤볐구나 싶습니다. ㅋㅋ

소방설비기사 기계와 전기를 오프라인 강의와 온라인 동영상을 병행하여 재미있게(??) 공부하고(지금 생각해보면 기사 공부는 범위가 정해져 있고 또 모의고사 문제지를 정복하면 합격하겠다는 자신감이 있었음.) 그래서 공부가 재미있었던 것 아닌가 싶습니다--

하루종일 기사 공부만 하니 풀었던 문제를 반복 또 반복 지겨울 정도로 공부했습니다. 기사 시험 1달 전에는 1일 1독이 가능했습니다.

기사 시험을 한번에 합격하고 난 후 계획대로 기술사 공부를 시작했지만 정말 나 자신의 무능함에 실망의 연속이었다. 분명히 안다고 생각한 것도 글로 표현하고 서론, 본론, 결론의 형식에 맞추어서 적기는 역부족이었다. detail하게 공부하면 공부할 내용이 한도 끝도 없었고 그렇다고 읽고 넘어가자니 공부한게 하나도 없었다는 생각에 도무지 갈피를 잡을 수가 없었다.

결국 포기할 수도 없고 그렇다고 내 목표대로 합격할 자신도 없고 정말 어찌할 바를 몰랐다.

기술사반 스터디 그룹에서는 나 보다 훨씬 오랜기간동안 공부한 친구들, 형님들, 동생들이 많았었고 공부 방향을 못잡을때마다 소주한잔 기울이며 묻고 또 물었다. 어찌해야 하는지를??

답은 성급하게 하지말고 차근차근 선생님 강의에 귀 기울이고 착실하게 공부하라는 것이었다.

하루에 수백번씩 변하는 마음을 다잡고 다시 시작했다. 쪼금씩 정리가 되기 시작하는 느낌도 들었다. 그러나 넘어야 할 벽은 너무나 높았다. 공부하는 중 관리사 시험이 있다는 정보를 알고 일단 필기시험을 보기로 하였다. 기사시험공부와 기술사 시험공부를 해왔던 나에게는 많은 도움이 되었고 합격할 수 있었다. 이왕 합격한 시험인데 도전해보고 싶었다. 관리사 시험과 기술사 시험 공부는 많이 틀리다는 이야기를 듣고 (내용은 비슷하지만 공부하는 방법은 틀린 것 같았음) 관리사부터 취득하고 기술사 공부를 계속해야겠다는 생각이 들었다. 필기 시험 합격이후 이항준 원장님이 지도하고 계신 소방시설관리사 전투반 강의를 신청하고 동시에 온라인 동영상을 들었다. 내방식대로 온라인 동영상은 처음 1번은 그대로 듣고 2번째 부터는 강의 속도를 올려서 하루에 전체 강의를 다 들었다. 외우는 것 보다는 원장님이 이야기하는 것을 빠른 속도로 계속 1일 1강 하니 전체 맥을 좀 알 수 있었던 것 같다. 전투반의 수업방식은 문제풀이와 시험의 연속이었다. 첫 시험의 소감은 나자신에 대한 실망이었다. 정말 열심히 공부하고 들었건만 알고는 있는 내용이지만 적을 수는 없었다. 환장할 노릇이었다. 나이외의 다른 사람들은 정말 열심히 적고 있었다. 적는 중간중간 막히는 글은 흐르는 시간을 더 빨리 재촉하는 것 같았다. 조금 집중했는데 시험 시간은 어느새 막바지로 치닫고 있었습니다. 빠른 속도로 많은 양을 보느냐 정독하여 느리게 보느냐 두가지 기로에서 고민을 많이 하였습니다. 세밀하게 보자니 시험일정은 다가오고 볼 건 많고(봤다고 해서 쓸 수 있는 것도 아니고…)해서 맘 편하게 속독하고 반복하는 방법을 택하였습니다. 기술사 스터디 그룹에서 조언해준

(학원에서 준 교재와 모의고사지는 완전히 씹어 먹어라!!!)말을 잊지않고 반복 또 반복하였습니다. 조금씩 쓸 수 있는 능력이 배양되었고 모의고사 점수가 올라갔습니다. 그때부턴 "나도 할 수 있다"라는 자신감이 생겼고 이 악물고 공부 또 공부했습니다. 밥 먹을 때 화장실 갈때도 모의고사 문제지와 답을 손에 놓지 않고 계속 읽었습니다. 시험치기 약 20일 전부터는 조바심이 생기기 시작했습니다. 남들은 명절이라고 고향내려가는데 전 고향갈 엄두도 내지 못하고 정관도서관에서 모의고사 문제지와 씨름했습니다. 참 한심하다는 생각이 들었습니다. 효도 한번 못하고 이 나이에 공부하는 내 모습이 넘 초라했습니다. 시험일이 빨리 왔으면 했습니다. 오히려 외웠던 것을 계속 까먹고 있다는 생각에 다시 좌절이 왔습니다. 이래선 안되겠다 싶어 내가 볼 수 있는 것을 보자라는 생각으로 공부 방향을 바꾸고 나름대로의 범위를 정해서 책마다 중요한 부분을 찢어서 한 권의 책으로 다시 만들고 그걸 반복 또 반복하였습니다. 시험일 문제지 받는 순간 멍 했습니다.. 자신감이 떨어지는 순간 나 자신에게 최면을 걸었습니다. 이항준 원장님이 하던 말씀 "내가 어려우면 남도 어렵다" 그 말이 생각 났습니다. 젖 먹던 기억까지 짜내서 적었습니다. 그 결과 신은 저를 버리지 않았습니다. 합격하였습니다. 두서없이 적었습니다. 죄송합니다. 합격하게 해주신 원장님, 이쌤, 우리 스터디 그룹 맴버들, 학원 직원분들 모두에게 감사드립니다. 감사합니다.

공부에 일가견이 있다는 분이라면 이분을 말씀드리고 싶습니다. 거의 최단기로 합격하신 분으로 제가 자주 말씀드렸던 분으로 5월에 2차를 시작하여 9월에 합격하신분입니다.

이제는 여러분들 차례입니다. 힘 내십시오…^^

10 소화용수설비

화재안전기술기준 요약

구분	설명 등		
	소방대상물의 구분		면적
저수량 산출 등	① 창고시설		5,000m²
	② 1층 및 2층의 바닥면적 합계가 15,000m² 이상인 소방대상물		7,500m²
	③ ②에 해당되지 아니하는 그 밖의 소방대상물		12,500m²

저수량	20m³	40m³	60m³	80m³	100m³
흡수관투입구		1		2	
채수구	1		2		3
가압송수장치 토출량[l/min]	1,100		2,200		3,300

1 소화수조 및 저수조의 화재안전기술기준(NFTC 402) 중에서 특정소방대상물로부터 180m 이내에 구경 75mm 이상의 배수관이 없는 경우 소화수조 또는 저수조 관련하여 다음 물음에 답하시오. 관설12

〈 조 건 〉
① 연면적 : 38,500m², 지하 1층~지상 3층 1개동
② 지하 1층(2,000m²), 지상 1층(13,500m²), 지상 2층(13,500m²), 지상 3층(9,500m²)

(1) 소화수조 또는 지하수조를 설치 시 저수조에 확보하여야 할 저수량 [m³]을 구하시오.
(2) 저수조에 설치하여야 할 흡수관투입구, 채수구의 최소 설치수량을 구하시오.

해설

(1) 소화수조 또는 지하수조를 설치 시 저수조에 확보하여야 할 저수량
소화수조 또는 저수조의 저수량은 소방대상물의 연면적을 다음 표에 따른 기준면적으로 나누어 얻은 수(소수점 이하의 수는 1로 본다)에 20m³를 곱한 양 이상이 되도록 하여야 한다.

소방대상물의 구분	면적
① 창고시설	5,000m²
② 1층 및 2층의 바닥면적 합계가 15,000m² 이상인 소방대상물	7,500m²
③ ②에 해당되지 아니하는 그 밖의 소방대상물	12,500m²

1, 2층의 바닥면적의 합계는 27,000m²로 15,000m² 이상이므로

$\frac{38,500}{7,500} = 5.133$ ∴ 6이므로 $20m^3 \times 6 = 120$ ∴ 120m³

(2) 저수조에 설치하여야 할 흡수관투입구, 채수구의 최소 설치수량
① 흡수관투입구는 소방차가 2m 이내의 지점까지 접근할 수 있는 위치에 설치하여야 하며 설치기준은 다음과 같다.
지하에 설치하는 소화용수설비의 흡수관투입구는 그 한 변이 0.6m 이상이거나 직경이 0.6m 이상인 것으로 하고, 소요수량이 80m^3 미만인 것에 있어서는 1개 이상, 80m^3 이상인 것에 있어서는 2개 이상을 설치하여야 하며, "흡수관투입구"라고 표시한 표지를 하여야 할 것
② 채수구는 다음 표에 따라 소방용 호스 또는 소방용 흡수관에 사용하는 구경 65mm 이상의 나사식 결합금속구를 설치할 것

소요수량	20m^3 이상 40m^3 미만	40m^3 이상 100m^3 미만	100m^3 이상
채수구의 수	1개	2개	3개

2 연면적이 33,000m^{2}인 건축물로서 지상 1~3층으로 각 층의 바닥면적은 11,000m^{2}로서 소화용수설비를 설치하고자 한다. 다음 물음에 답하시오. 술82(25)

(1) 소화수조를 설치하는 경우 저수조의 저수량[m^3]을 구하시오.
(2) 지하에 소화수조를 설치할 경우 흡수관투입구의 설치기준 및 개수를 구하시오.
(3) 지하수조에서 가압송수장치를 설치하여야 하는 경우를 쓰시오.
(4) 가압송수장치를 설치할 경우 분당 양수량[l / min]을 구하시오.
(5) 가압송수장치를 설치할 경우 채수구의 설치기준 및 개수를 구하시오.
(6) 소화수조를 설치하지 아니할 수 있는 경우에 대하여 쓰시오.
(7) 수조를 옥상 또는 옥탑에 설치하는 경우 지상에 설치된 채수구에서의 압력은 얼마 이상인가?

해설

(1) 소화수조 또는 저수조의 저수량
소방대상물의 연면적을 다음 표에 따른 기준면적으로 나누어 얻은 수(소수점 이하의 수는 1로 본다)에 20m^{3}를 곱한 양 이상이 되도록 하여야 한다.

소방대상물의 구분	면적
① 창고시설	5,000m^2
② 1층 및 2층의 바닥면적 합계가 15,000m^2 이상인 소방대상물	7,500m^2
③ ②에 해당되지 아니하는 그 밖의 소방대상물	12,500m^2

1, 2층의 바닥면적의 합계는 22,000m^{2}으로 15,000m^2 이상이므로
$\dfrac{33,000\text{m}^2}{7,500\text{m}^2} = 4.4$ ∴ 5 $20\text{m}^3 \times 5 = 100$ ∴ 100m^3

(2) 흡수관투입구의 설치기준 및 개수
① 소화수조, 저수조의 채수구 또는 흡수관투입구는 소방차가 2m 이내의 지점까지 접근할 수 있는 위치에 설치하여야 하며 설치기준은 다음과 같다.
지하에 설치하는 소화용수설비의 흡수관투입구는 그 한 변이 0.6m 이상이거나 직경이 0.6m 이상인 것으로 하고, 소요수량이 80m^3 미만인 것은 1개 이상, 80m^3 이상인 것은 2개 이상을 설치하여야 하며, "흡수관투입구"라고 표시한 표지를 할 것
② 흡수관투입구의 수 : 2개 이상 설치

(3) 지하수조에서 가압송수장치를 설치하여야 하는 경우
   소화수조 또는 저수조가 지표면으로부터의 깊이(수조 내부바닥까지의 길이를 말한다)가 4.5m 이상인 지하에 있는 경우에는 다음 표에 따라 가압송수장치를 설치하여야 한다. 다만, 저수량을 지표면으로부터 4.5m 이하인 지하에서 확보할 수 있는 경우에는 소화수조 또는 저수조의 지표면으로부터의 깊이에 관계없이 가압송수장치를 설치하지 아니할 수 있다.

(4) 가압송수장치의 분당 양수량

소요수량	20m³ 이상 40m³ 미만	40m³ 이상 100m³ 미만	100m³ 이상
가압송수장치의 1분당 양수량	1,100l 이상	2,200l 이상	3,300l 이상

(5) 채수구의 설치기준 및 설치개수
  ① 채수구의 설치기준
    ㉠ 채수구는 다음 표에 따라 소방용 호스 또는 소방용 흡수관에 사용하는 구경 65mm 이상의 나사식 결합금속구를 설치할 것

소요수량	20m³ 이상 40m³ 미만	40m³ 이상 100m³ 미만	100m³ 이상
채수구의 수	1개	2개	3개

   ㉡ 채수구는 지면으로부터의 높이가 0.5m 이상 1m 이하의 위치에 설치하고 "채수구"라고 표시한 표지를 할 것
  ② 채수구의 수 : 3개

> **참고만**
> ☑ "채수구"란 소방차의 소방호스와 접결되는 흡입구를 말한다.

(6) 소화수조를 설치하지 아니할 수 있는 경우
   소화용수설비를 설치하여야 할 특정소방대상물에 있어서 유수의 양이 0.8m³/min 이상인 유수를 사용할 수 있는 경우에는 소화수조를 설치하지 아니할 수 있다.

(7) 소화수조가 옥상 또는 옥탑의 부분에 설치된 경우에는 지상에 설치된 채수구에서의 압력이 0.15MPa 이상이 되도록 하여야 한다.

11 연결송수관/연결살수/지하구

연결송수관설비의 각종 수치 정리 🔥🔥🔥

구분		설명

방수구
술124
(25)
	설치제외
	관점20
		• 아파트의 1층 및 2층
		• 소방차가 접근이 가능하고 소방대원이 소방차로부터 쉽게 도달할 수 있는 피난층
		• 송수구가 부설된 옥내소화전을 설치한 특정소방대상물(집회장·관람장·백화점·도매시장·소매시장·판매시설·공장·창고시설 또는 지하가 제외)
		  ① 지하층을 제외한 층수가 4층 이하이고 연면적 $6,000m^2$ 미만인 특정소방대상물의 지상층
		  ② 지하층의 층수가 2 이하인 특정소방대상물의 지하층

	아파트 또는 $1,000m^2$ 미만 $1,000m^2$ 이상	• 계단이 2 이상인 경우에는 그 중 1개의 계단으로부터 5m 이내에 설치 • 각 계단이 3 이상인 경우에는 그 중 2개의 계단으로부터 5m 이내에 설치
	추가설치	• 지하가(터널은 제외한다) 또는 지하층의 바닥면적의 합계가 $3,000m^2$ 이상인 경우 25m • 위 항목에 해당하지 않는 경우 50m
	쌍구형	• 11층 이상의 부분[단, 아파트의 용도로 사용되는 층, 스프링클러설비가 유효하게 설치되어 방수구가 2개소 이상 설치된 층은 1개(단구형) 가능]
	호스접결구	• 바닥으로부터 0.5m 이상 1m 이하
	구경	• 연결송수관 전용 또는 옥내소화전 방수구로서 구경 65mm
	방수기구함	• 피난층과 가장 가까운 층을 기준으로 3개 층마다 설치하되 그 층의 방수구마다 보행거리 5m 이내에 설치하고 "방수기구함"이라고 표시한 축광식 표지를 할 것 • 호스 : 유효하게 방사할 수 있는 개수 이상(쌍구형은 단구형의 2배) • 노즐 : 단구형은 1개, 쌍구형은 2개

	방수구
	설치수량 등
		• 설치수량=기본수량+추가 설치(수평거리에 따른 추가 설치)
		  ① 기본수량 : 계단(계단 부속실을 포함한 출입구)로부터 5m 이내 설치
		    ㉠ 아파트 또는 바닥면적이 $1,000m^2$ 미만인 층 : 1개의 계단
		    ㉡ 바닥면적 $1,000m^2$ 이상인 층(아파트 제외) : 2개의 계단
		  ② 수평거리에 따른 추가 설치
		    ㉠ 지하가 또는 지하층의 바닥면적의 합계가 $3,000m^2$ 이상 : 25m
		    ㉡ 기타 부분 : 50m

가압 송수 장치	대상	• 지표면에서 최상층 방수구의 높이가 70m 이상의 특정소방대상물
	토출량	• $2,400 l/min$(계단식 아파트의 경우 $1,200 l/min$) 이상 • 해당 층에 방수구가 3개를 초과(방수구가 5개 이상인 경우에는 5개)하는 것은 1개마다 $800 l/min$(계단식 아파트는 $400 l/min$) 이상 • $Q[l]=800 l/min \cdot$ 개(계단식 아파트 $400 l/min \cdot$ 개)$\times N$개 (최소 3~최대 5개)
	방수압	• 0.35MPa
	내연기관 연료량	• 펌프를 20분 (층수가 30층 이상 49층 이하는 40분, 50층 이상은 60분) 이상 운전할 수 있는 용량일 것

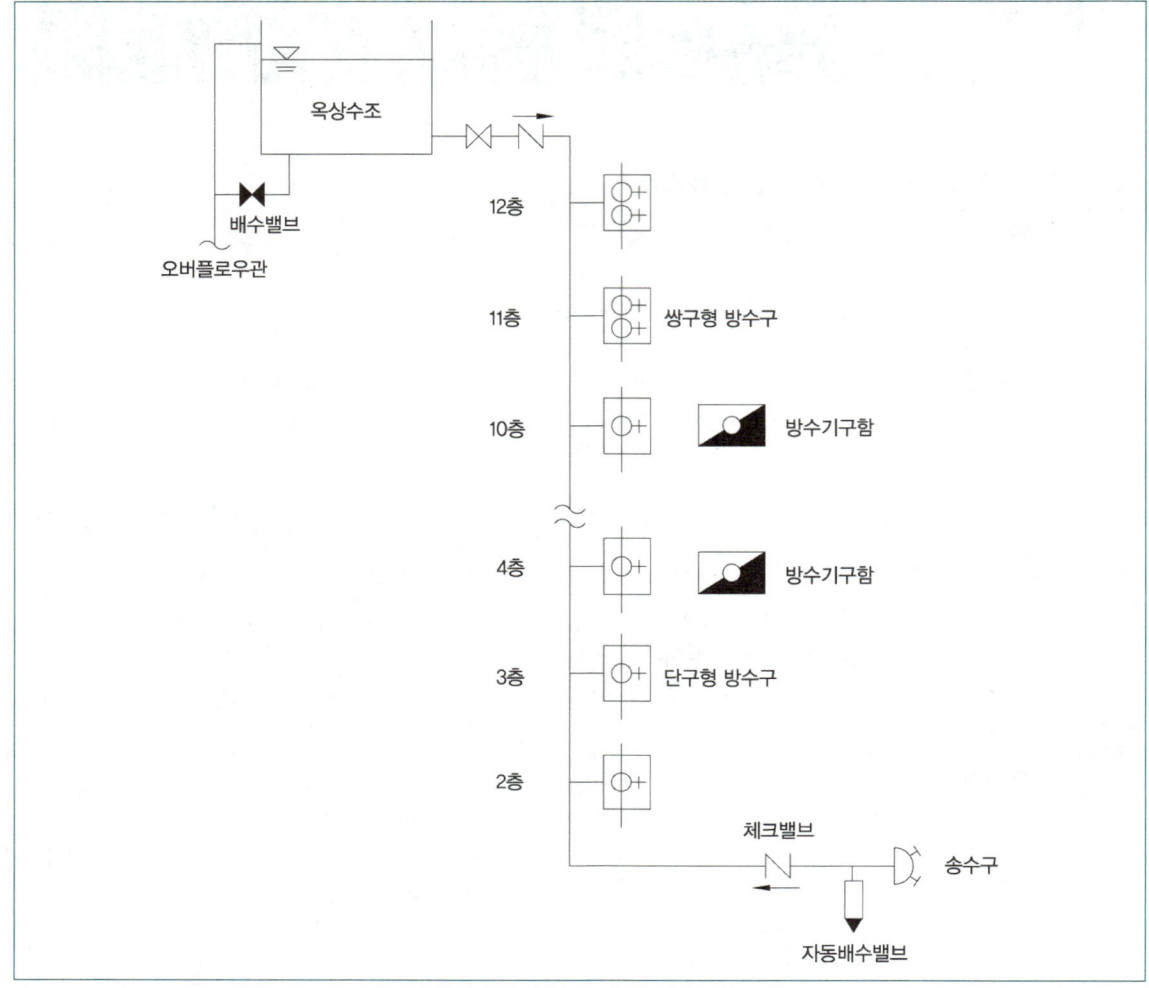

〈연결송수관설비 계통도(습식)〉

1 층수가 30층인 복합건축물로 층당 바닥면적은 2,000m²이며, 특별피난계단은 4개일 때, 연결송수관설비 방수구(앵글밸브) 및 방수기구함의 최소 개수를 구하시오. (단, 스프링클러설비가 설치되어 있으며, 방수구의 수평거리에 따른 설치는 무시하며, 피난층으로의 접근은 용이하다.)

해설

(1) 방수구(앵글밸브) 수
 ① 아파트를 제외한 바닥면적 1,000m² 이상인 층의 경우 계단이 3 이상 있는 층의 경우에는 그 중 2개의 계단(계단 부속실을 포함한 출입구로부터 5m 이내)에 설치 : 1~10층의 방수구는 2개 / 층
 ② 11층 이상은 방수구를 쌍구형으로 설치하여야 하지만, 아파트의 용도로 사용되는 층 및 스프링클러설비가 설치되고 방수구가 층별 2개 이상인 경우에는 단구형으로 설치가 가능 : 11층 이상의 방수구는 2개 / 층(단구형 설치)
 ③ 소방차 및 소방대의 접근이 용이한 피난층의 경우 방수구는 설치제외(아파트의 경우 1층 및 2층) : 1층(피난층) 방수구 설치제외
  방수구수 = 2개/층 × {총30개층 − 1개층(피난층)} = 58개

(2) 방수기구함 수

피난층과 가장 가까운 층을 기준으로 3개층마다 설치하므로 1층을 제외하고 4층, 7층, …, 25층, 28층에 방수기구함을 설치하고, 29층 및 30층은 3개 층을 넘지 않으므로 설치하지 않는다.

방수기구함 수 = 27개 층 ÷ 3개 층(마다) × 2개/층 = 18   ∴ 18개

2 층수가 15층인 업무시설로 층당 바닥면적은 950m²이며, 특별피난계단은 3개일 때, 연결송수관설비 방수구(앵글밸브) 및 방수기구함의 최소 개수를 구하시오. (단, 스프링클러설비가 설치되어 있으며, 방수구의 수평거리에 따른 설치는 무시하며, 피난층으로의 접근은 용이하다.) 🔥🔥🔥

해설

(1) 방수구(앵글밸브) 수
   ① 아파트 또는 바닥면적이 1,000m² 미만인 층의 경우 계단이 2 이상 있는 층의 경우에는 그 중 1개의 계단(계단 부속실을 포함한 출입구로부터 5m 이내)에 설치 : 1~10층의 방수구는 1개/층
   ② 11층 이상은 방수구를 쌍구형으로 설치하여야 하지만, 아파트 및 스프링클러설비가 설치되고 방수구가 층별 2개 이상인 경우에는 단구형으로 설치 : 11층 이상의 방수구는 2개/층(쌍구형 설치)
   ③ 소방차 및 소방대의 접근이 용이한 피난층의 경우 방수구는 설치제외(아파트의 경우 1층 및 2층) : 1층(피난층) 방수구 설치제외

   방수구수 = 1개/층 × {10개층 − 1개층(피난층)} + 2개/층 × 5개층(11~15층) = 19개

(2) 방수기구함 수 : 피난층과 가장 가까운 층을 기준으로 3개 층마다 설치하므로 1층을 제외하고 4층, 7층, 10층, 13층에 방수기구함을 설치하고, 14층 및 15층은 3개 층을 넘지 않으므로 설치하지 않는다.

   방수기구함 수 = 12개층 ÷ 3개층(마다) = 4   ∴ 4개

3 층수가 20층인 복도형 아파트로 층당 바닥면적은 1,500m²이며, 특별피난계단은 3개일 때, 연결송수관설비 방수구(앵글밸브) 및 방수기구함의 최소 개수를 구하시오. (단, 스프링클러설비가 설치되어 있으며, 방수구의 수평거리에 따른 설치는 무시하며, 피난층으로의 접근은 용이하다.) 🔥🔥🔥

해설

(1) 방수구(앵글밸브) 수
   ① 아파트 또는 바닥면적이 1,000m² 미만인 층의 경우 계단이 2 이상 있는 층의 경우에는 그 중 1개의 계단(계단부속실을 포함한 출입구로부터 5m 이내)에 설치 : 1~10층의 방수구는 1개/층
   ② 11층 이상은 방수구를 쌍구형으로 설치하여야 하지만, 아파트 및 스프링클러설비가 설치되고 방수구가 층별 2개 이상인 경우에는 단구형으로 설치 : 11층 이상의 방수구는 1개/층(단구형 설치)
   ③ 소방차 및 소방대의 접근이 용이한 피난층의 경우 방수구는 설치제외(아파트의 경우 1층 및 2층) : 1층 및 2층 방수구 설치제외

   방수구수 = 1개/층 × {20개 층 − 2개 층(1층 및 2층)} = 18개

(2) 방수기구함 수 : 피난층과 가장 가까운 층을 기준으로 3개층마다 설치하므로 1층을 제외하고 4층, 7층, …, 16층, 19층에 방수기구함을 설치한다.

   방수기구함 수 = 17개층 ÷ 3개층(마다) = 5.666   ∴ 6개

4 연결송수관설비에 대하여 다음 물음에 답하시오.

(1) 가압송수장치를 설치하는 경우를 쓰시오.
(2) 가압송수장치를 설치하는 경우의 토출량 및 방수압을 쓰시오.
(3) 가압송수장치의 기동에 대하여 쓰시오.

해설

(1) **가압송수장치를 설치하는 경우**
　지표면에서 최상층 방수구의 높이가 70m 이상의 특정소방대상물에는 연결송수관설비의 가압송수장치를 설치하여야 한다.

(2) **가압송수장치를 설치하는 경우의 토출량 및 방수압**
　① 펌프의 토출량은 2,400*l*/min(계단식 아파트의 경우에는 1,200*l*/min) 이상이 되는 것으로 할 것. 다만, 해당 층에 설치된 방수구가 3개를 초과(방수구가 5개 이상인 경우에는 5개)하는 것에 있어서는 1개마다 800*l*/min(계단식 아파트의 경우에는 400*l*/min)를 가산한 양이 되는 것으로 할 것
　② 펌프의 양정은 최상층에 설치된 노즐선단의 압력이 0.35MPa 이상의 압력이 되도록 할 것

(3) **가압송수장치의 기동**
　가압송수장치는 방수구가 개방될 때 자동으로 기동되거나 또는 수동스위치의 조작에 따라 기동되도록 할 것. 이 경우 수동스위치는 2개 이상을 설치하되, 그 중 1개는 다음 각목의 기준에 따라 송수구의 부근에 설치하여야 한다.
　① 송수구로부터 5m 이내의 보기 쉬운 장소에 바닥으로부터 높이 0.8m 이상 1.5m 이하로 설치할 것
　② 1.5mm 이상의 강판함에 수납하여 설치하고 "연결송수관설비 수동스위치"라고 표시한 표지를 부착할 것. 이 경우 문짝은 불연재료로 설치할 수 있다.
　③ 「전기사업법」 제67조에 따른 기술기준에 따라 접지하고 빗물등이 들어가지 아니하는 구조로 할 것

5 연결살수설비에서 개방형 헤드를 사용하는 경우 하나의 송수구역에 설치할 수 있는 살수헤드의 개수를 쓰고 연결살수 전용 헤드를 사용하는 경우 헤드 개수에 따른 배관의 구경을 쓰시오.

해설

(1) 살수헤드의 개수 : 10개 이하
(2) 연결살수 전용 헤드를 사용하는 경우 헤드 개수에 따른 배관의 구경

하나의 배관에 부착하는 살수헤드의 개수	1개	2개	3개	4개 또는 5개	6개 이상 10개 이하
배관의 구경[mm]	32	40	50	65	80

6 길이가 1,000m인 지하구에 연소방지설비를 설치하고자 한다. 해당 지하구에는 400m, 800m 지점에 환기구가 설치되어 있으며, 헤드는 연소방지설비 전용 헤드를 설치하려고 한다. 다음 각 물음에 답하시오.

(1) 최소살수구역의 개수를 구하시오.
(2) 지하구의 폭이 4m, 높이 3m인 경우 최소소요 살수헤드의 개수를 구하시오. (단, 살수구역의 길이는 화재안전기술기준에서 정한 최소길이를 적용한다.)
(3) 송수구로부터 급수배관의 호칭구경 [mm]을 쓰시오. (단, 1개의 살수구역의 한쪽 방향 기준으로 한다.)

해설

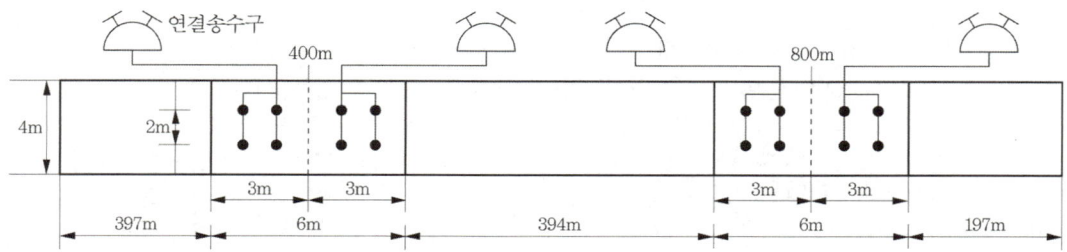

(1) **최소살수구역의 개수**
소방대원의 출입이 가능한 **환기구·작업구마다** 지하구의 **양쪽방향**으로 살수헤드를 설치하여야 하므로, 환기구가 설치된 400m 지점(살수구역 1), 800m 지점(살수구역 2)에 살수헤드를 설치하여야 한다.
→ 살수구역의 개수 = 2개

(2) **최소살수헤드의 개수**
① 살수구역 1, 살수구역 2

㉠ 가로(폭) 설치 헤드의 개수 = $\dfrac{4\text{m}}{2\text{m}}$ = 2개 (연소방지설비 전용헤드의 수평거리 $r = 2\text{m}$)

㉡ 세로(살수구역의 길이) 설치 헤드의 개수 = $\dfrac{3\text{m}}{2\text{m}}$ = 1.5 ≒ 2개

(한쪽 방향의 살수구역의 최소길이 = 3m)
→ 한쪽 방향 살수구역의 헤드개수 = 2개 × 2개 = 4개
→ 양쪽 방향 살수구역의 헤드개수 = 4개 × 2개 = 8개

② 전체살수구역의 헤드의 개수 = $\dfrac{8개}{1개\ 살수구역}$ × 2개 살수구역 = 16개

(3) **급수배관의 호칭구경**(1개 살수구역의 한쪽 방향 기준)

하나의 배관에 부착하는 살수헤드의 개수	1개	2개	3개	4개 또는 5개	6개 이상
급수관의 구경[mm]	32	40	50	65	80

1개 살수구역의 한쪽 방향에 설치하는 살수헤드(연소방지설비 전용헤드)의 개수는 4개이므로, 송수구로부터 급수배관의 호칭구경은 **65mm**로 하여야 한다.

必勝! 합격수기

— edu-Fire기술학원 이항준 원장 합격수기 —
소방시설관리사, 소방기술사가 되기까지….

도움이 될지 모르지만 소방기술사가 되기까지 제 이야기를 몇 자 적어 봅니다. 아무쪼록 도움이 되었으면 합니다.

저는 전문대학에서 기계과를 전공하여(그 시절 술로 거의 대부분을 탕진하고 공부와는 담을 쌓고 있었습니다.) 겨우겨우 소방설비 기계분야 산업기사를 취득한 후 다른 분야에서 경력을 1년 쌓아 기계분야, 전기분야 기사 자격을 취득하게 되었습니다. 사실 본격적으로 소방업에 종사한 것은 기사를 따고 나서라고 할 수 있습니다. 그런데 공사업체 취직을 하고 첫 월급을 받았는데 72만원을 받았습니다. 당시 IMF의 폭풍이 불고 있었으니 일자리가 있다는 것만으로도 만족을 해야 했습니다. 그나마 다행인 것은 제가 근무하는 회사의 사장님께서 소방시설관리사를 취득하고 있었던지라(당시에는 소방시설관리사의 취득이 상당히 어려웠습니다. 물론 지금도 쉽지는 않습니다만) 이름도 생소했던 소방점검과 공사를 동시에 하게 되었습니다.
지금도 그때를 생각해보면 그때 그렇게 많은 설비를 동시에 보았기에 남들보다 조금은 빨리 배울 수 있었지 않았나 합니다. 그러나 다들 아시다 시피 소방업계의 현실은 너무나도 영세한 업체가 많기 때문에 누구보다도 열심히 하였지만 어느 정도 선 이상은 올라갈 수 없다는 한계가 있다는 현실에 좌절을 하게 되었습니다. 방법도 모르고 어떻게 해야 하는 것이 현명한지 몰라 고민을 많이 하였습니다.
그러던 중 지인의 권유로 7회 소방시설관리사 시험을 보게 되었으며 1차 합격을 하고 8회 소방시설관리사에 최종합격을 하게 되었습니다. 그 당시 소방시설관리사는 제 인생의 모든 것 이었습니다.

지방이라는 열악한 환경과 학원을 가려 해도 갈수 없는 현실(시간, 경제적 여건 등) 너무나도 지금의 현실을 벗어나고 싶었기에 또 보다 당당하게 살고 싶었기에… 어떤 이들은 목표를 달성하기 위해 목숨을 거는 사람들도 있다는데 위안을 하며 저와의 싸움은 그렇게 시작을 하였습니다.

너무나도 벗어나고 싶은 마음 때문에 새벽 4시 30분에 회사에 출근을 하였습니다. 조금이라도 일찍 나와 첫 버스를 놓치지 않기 위해 전날 머리를 감고 면도를 하여 아침에는 세수만하고 출근을 하였습니다.

세수를 하고 집밖으로 나오는 순간부터 나 스스로와의 전쟁은 시작되었습니다.(그 당시에는 전쟁이라는 표현이 적합할 것 같습니다.) 집에서 나서면서부터 제 손에는 책이 들려져 있었고 버스를 타도 걸어다녀도 마찬가지였습니다. 회사 도착 시간은 5시 반가량, 8시 반까지는 거의 나만의 시간이었으므로 걸어오면서+버스안+회사에서의 시간을 합하면 3~4시간 가량을 이때 공부할 수 있었습니다. 본격적인 업무가 시작되어도 공부시간을 만들기 위해 업무를 한치의 실수도 없이 하려고 하였고 이에 따라 회사 트럭운전을 하면서도 공책을 옆에 놓고 노래 부르듯이 화재안전기술기준을 암기하다보니 기억이 나지 않으면 운전 중 신호가 걸리기를 바라며 운전한 적도 너무 많았습니다.(너무 위험하겠지요…^^;) 거의 모든 자투리 시간을 낭비하지 않도록 노력하니 일과중에 많으면 3~4시간, 작으면 2~3시간 정도의 시간을 만들 수 있었고 퇴근을 하여 집에서 2~3시간정도 공부를 하니 많으면 10시간 내지 작으면 8시간을 공부할 수 있더군요. 지금 생각해 봐도 정말 피말리는 시간이었습니다.

그렇게 몇 달을 공부하던 중 오른쪽 눈이 이상해서 안과에 갔었는데 시신경의 2 / 3가 죽었고 계속해서 그렇게 무리를 하면 오른쪽 눈이 실명할 수도 있다고 하는 청천벽력 같은 소리를 들었습니다. 그런데 저는 너무나도 어리석게도 오른쪽 눈을 포기할 각오를 하고 공부를 하였는데 지금은 다행이도 더 이상 나빠지지 않았습니다. 여러분들은 이런 어리석은 행동을 하지 마시기 바랍니다. 제일 중요한 것은 건강입니다.

관리사 시험 전에 집사람과의 결혼을 미룰 수 없는 처지라서 시험 2주 전에 결혼식을 올렸는데 신혼여행 중에 집사람보다 화재안전기술기준을 껴안고 보내다보니 아직도 집사람에게 좋은 소리를 듣지는 못하고 있습니다.

이후 결과는 좋아 소방시설관리사를 취득하게 되었고 합격자 발표 후 바로 소방기술사에 도전을 하여 그 다음 해에 소방기술사까지 취득을 하게 되었습니다.

제가 생각하는 시험의 본질은 자기 자신과의 싸움이라 생각합니다. 경쟁자는 옆에서 공부하는 사람이 아니라 자기 자신이라는 것을 말씀드리고 싶습니다. 저의 경우 흔들리지 않는 마음을 가지기 위해 2~3개월 정도 투자 아닌 투자를 했습니다. 다른 사람은 되고 나는 왜 안될까라는 화두를 안고 나이가 많으신 인생의 선배들을 만나 술먹으며 이야기도 많이 듣고 책도 많이 읽었습니다. 이때 읽은 책 중에서 제가 힘들 때 마다 찾아보며 위안을 삼아 수십 번 읽은 책도 있습니다. 그때의 시간들이 많은 도움이 되었습니다.

합격기간을 일부 줄이고 좀 쉽게 가기위한 방법으로 보통 학원내지는 아는 기술사 등을 찾게 되는데 학원에서 줄 수 있는 부분은 말 그대로 도움일 뿐입니다. 진짜 핵심은 자기 자신이 직접 하는 것만이 진실이라는 사실입니다. 이렇듯 마음의 준비가 되었을 때 좋은 교재와 좋은 공부방법을 접했을 때 최상의 효과를 발휘하지 않을까 합니다.

가끔가다 받는 질문 중에 하나가 "화재안전기술기준 다 외워야 됩니까?", "○○교재 다 외워야 됩니까?"라는 질문을 받는데 이 질문의 배경은 "외우기 싫고 보기 싫다"라는 뉘앙스가 들어 있지는 않은지 한 번 생각해 봐야 할 문제입니다. 대다수의 합격자들이 다 외우고 이해하려고 노력하는데 하기 싫어서 보지 않으면 합격을 할 수가 없겠지요.

소방시설관리사의 경우 기술사 공부를 병행하시는 분들의 합격률이 상대적으로 높을 수 밖에 없는 것이 현실입니다. 왜냐하면 화재안전기술기준을 이해하고 적는 것과 암기하고 적는 것과의 차이는 채점자(대부분이 기술사입니다.)의 입장에서 봤을 때 기술사적 관점으로 적는 것이 당연히 유리하겠지요.

소방기술사의 경우 어떠한 문제가 나와도 응용하여 기술할 수 있도록 다독과 이해가 필수가 되겠지요. 문제를 찍어서 하는 것은 너무 위험합니다.

자기 자신의 인생을 바꿀 수 있는 것은 오로지 자기 자신 뿐입니다.

사실 합격수기를 적어보는 것은 처음이라 두서없이 적었습니다. 모자란 것이 너무 많은 미약한 한 인간의 이야기였습니다. 개인적으로는 과거를 돌아보는 좋은 계기가 되었습니다.
저 역시 올바르게 소방이 발전하기를 기원하는 한 사람의 기술자일 뿐입니다.

자기 자신의 인생을 바꿀 수 있는 것은 오로지 자기 자신 밖에 없습니다.
어떤 선택이든지 간에 항상 목표를 정하여 도전한다면 이룰 것입니다.
지금 우리에게 필요한 것은 인내라는 것을…
그리고 그 뒤에 찾아올 영광을 위하여…

MEMO

12 도로터널

🔊 화재안전기술기준 정리 🔥🔥🔥

구분		설명
소화기	능력단위	• A급 3단위 / B급 5단위 / C급 적응성
	총중량	• $7kg_f$ 이하
	설치	• 주행차로 우측 측벽에 따라 50m 이내 간격으로 2개 이상 설치 • 편도 2차선 이상 양방향 터널, 4차로 이상 일방향터널 : 양쪽 측벽 각각 50m 이내 간격 엇갈리게 2개 이상 설치
	높이	• 바닥(차로 또는 보행로)으로부터 1.5m 이하의 높이에 설치
	표지	• 소화기함의 상부에 "소화기" 표지판 부착 : 조명식 또는 반사판식의 표지
옥내소화전	소화전함과 방수구 설치 **관설12**	• 주행차로 우측 측벽 따라 50m 이내 간격으로 설치 • 편도 2차선 이상 양방향 터널, 4차로 이상 일방향 터널 : 양쪽 측벽 각각 50m 이내 간격 엇갈리게 설치
	수원 방수압 등 **관설12**	• 2개×190l/min · 개×40min=15,200 ∴ 15.2m^3 • 4차로 이상의 터널인 경우 3개×190l/min · 개×40min=22,800 ∴ 22.8m^3 • 노즐선단 방수압력 0.35MPa 이상(0.7MPa 초과할 경우 호스접결구 인입측 감압장치 설치)
	펌프	• 압력수조나 고가수조가 아닌 펌프를 사용하는 경우 별도의 예비펌프를 설치
	방수구	• 구경 40mm 단구형, 바닥으로부터 1.5m 이하의 높이에 설치할 것
	함	• 방수구 1개, 15m 이상의 소방호스 3본 이상 및 방수노즐 비치
	비상전원	• 40분 이상
물분무 소화설비 🔥🔥	방수량	• 6l/min · m^2 이상(도로면 1m^2당)
	방수구역 및 수원	• 하나의 방수구역 25m 이상, 3개의 방수구역 40분간 동시 방사수량 확보 • Q[수원량 : l]=6l/min · m^2×40min×A[도로면적 : m^2]
	비상전원	• 40분 이상
비상 경보설비 **술124(25)** **관설15**	발신기 설치	• 주행차로 한쪽 측벽에 50m 이내 간격으로 설치 • 편도 2차선 이상, 4차로 이상 일방향 터널 : 양쪽 측벽에 각각 50m 이내 간격 엇갈리게 설치
	발신기 높이	• 바닥으로부터 0.8m 이상 1.5m 이하
	음향장치	• 발신기 설치위치와 동일하게 설치(비상방송설비와 연동 시 지구음향장치 설치하지 않아도 됨) • 음향장치의 중심으로부터 1m 떨어진 위치에 90dB 이상 • 터널 내 동시에 경보를 발하도록 설치
	시각경보기	• 주행차로 한쪽 측벽 50m 이내의 간격 및 비상경보설비 상부 직근 설치하여 동기(동시에 점등 및 소등되는 방식)방식으로 설치

구분		설명
자동화재 탐지설비	감지기 종류 **관설12**	• 차동식분포형감지기 • 정온식감지선형감지기(아날로그식에 한함) • 중앙기술심의위원회 심의를 거쳐 터널화재에 적응성이 인정된 감지기
	경계구역	• 하나의 경계구역은 100m 이하
	감지기 설치기준	• 감지기의 감열부와 감열부 사이 이격거리 10m 이하, 터널의 좌·우측 벽면과의 이격거리 6.5m 이하로 설치 • 아치형 터널 1열 설치 : 감열부와 감열부 사이 이격거리 10m 이하로 천장의 중앙의 최상부에 1열로 설치 • 아치형 터널 2열 설치 : 감열부와 감열부 사이 이격거리 10m 이하로 감지기 간의 이격거리는 6.5m 이하로 설치 • 감지기를 천장면에 설치하는 경우 천장면에 밀착되지 않도록 고정금구 등 사용 • 형식승인에 설치방법이 규정된 경우 형식승인 내용에 따라 설치(감지기와 천장면과의 이격거리가 제조사 시방서에 규정되어 있는 경우 시방서에 따름)
	발신기 등	• 발신기와 음향장치는 비상경보설비의 설치기준에 따라 설치함
비상조명등 설비 **술124(25)**	조도	• 상시 조명이 소등된 상태에서 바닥면의 조도는 10lx 이상, 그 외 모든 지점의 조도는 1lx 이상이 될 수 있도록 설치할 것
	점등	• 상용전원 차단된 경우 60분 이상 자동점등
	비상전원	• 내장된 예비전원, 축전지설비는 상용전원에 상시 충전상태 유지
제연 설비 **술124(25)**	설계화재 강도 및 연기배출량	• 설계화재강도 : 20MW, 연기발생률 : 80m³/s 기준으로 배출량은 발생된 연기와 혼합된 공기를 충분히 배출할 수 있는 용량 이상 확보 • 화재강도가 설계화재강도보다 높을 것으로 예상될 경우 위험도 분석을 통하여 설계화재 강도를 설정
	종류환기방식	• 제트팬의 소손을 고려하여 예비용 제트팬을 설치
	(반)횡류 환기방식	• 대배기구방식의 팬은 덕트의 길이에 따라 노출온도가 달라질 수 있으므로 수치해석 등을 통해서 내열온도 등을 검토한 후에 적용
	대배기구	• 대배기구의 개폐용 전동 모터는 정전 등 전원이 차단되는 경우에도 조작상태를 유지할 수 있도록 할 것
	전선 등 **관설15**	• 화재 노출 우려가 있는 제연설비와 전원공급선 및 제트팬 사이의 전원공급장치 등은 250℃의 온도에서 60분 이상 운전상태 유지
	기동 **관설15**	• 화재감지기가 작동되는 경우 • 발신기의 스위치 조작 또는 자동소화설비의 기동장치를 동작시키는 경우 • 화재수신기 또는 감시제어반의 수동조작스위치를 동작시키는 경우
	비상전원	• 60분 이상
연결송수관 설비 **술124(25)**	방수압 등 **관설12**	• 방수압력 0.35MPa 이상 방수량 400*l*/min 이상 유지
	방수구 설치	• 50m 이내의 간격으로 옥내소화전함에 병설하거나 독립적으로 터널 출입구 부근과 피난연결통로에 설치
	방수기구함	• 50m 이내의 간격으로 옥내소화전함 안에 설치하거나 독립적으로 설치하고, 하나의 방수기구함에 65mm 방수노즐 1개, 15m 이상의 호스 3본 설치
무선통신 보조설비	설치위치 등	• 무전기 접속단자는 방재실과 터널 출입구 부근과 피난연결통로에 설치 • 라디오 재방송설비가 설치되는 터널의 경우 겸용 가능

구분		설명
비상 콘센트설비 관설12	전원회로	• 단상교류 220V인 것으로서, 그 공급용량은 1.5kVA 이상인 것으로 할 것 • 전원회로는 주배전반에서 전용회로로 할 것. 다만, 다른 설비의 회로의 사고에 따른 영향을 받지 아니하도록 되어 있는 것은 그렇지 않다. • 콘센트마다 배선용 차단기(KS C 8321)를 설치하여야 하며, 충전부가 노출되지 아니하도록 할 것
	설치위치	• 주행차로의 우측 측벽에 50m 이내의 간격으로 바닥으로부터 0.8m 이상 1.5m 이하의 높이에 설치

 조건에 따라 도로터널 화재안전기술기준에 대하여 물음에 답하시오. 관설12

〈 조 건 〉
① 도로터널길이 2,500m이다.
② 편도 4차선으로 일방향 터널이다.
③ 「소방시설 설치 및 관리에 관한 법률 시행령」 별표 4에 따라 소방시설을 설치한다.

(1) 터널에 설치하는 옥내소화전 방수구의 최소 설치수량 및 수원량 [m^3]을 구하시오.
(2) 화재안전기술기준에 따른 옥내소화전 및 연결송수관설비의 노즐선단에서의 법적 방수압 [MPa] 및 방수량 [l/min]을 쓰시오.
(3) 터널 내의 자동화재탐지설비를 설치할 경우 최소 경계구역의 수와 설치가능한 화재감지기 3가지를 쓰시오. (단, 경계구역은 다른 설비와의 연동은 없다.)
(4) 터널 내 비상콘센트 최소 설치수량을 산정하고 설치기준을 쓰시오.

해설

(1) 터널에 설치하는 옥내소화전 방수구의 최소 설치수량 및 수원량[m^3]

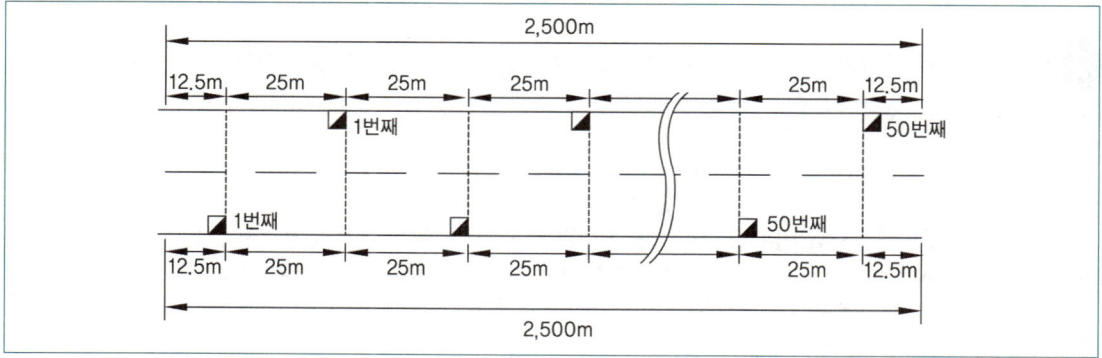

① 옥내소화전의 설치수량 : 소화전함과 방수구는 주행차로 우측 측벽을 따라 50m 이내의 간격으로 설치하며, 편도 2차선 이상의 양방향 터널이나 4차로 이상의 일방향 터널의 경우에는 양쪽 측벽에 각각 50m 이내의 간격으로 엇갈리게 설치할 것
∴ 위쪽 벽 50개+아래쪽 벽 50개=100개 설치
② 옥내소화전 수원량 : 수원은 그 저수량이 옥내소화전의 설치개수 2개(4차로 이상의 터널의 경우 3개)를 동시에 40분 이상 사용할 수 있는 충분한 양 이상을 확보할 것(방수량은 190l/min 이상)
$190l/\text{min} \times 3\text{ea} \times 40\text{min} = 22,800$ ∴ $22,800l = 22.8m^3$

(2) 화재안전기술기준에 따른 옥내소화전 및 연결송수관설비의 노즐선단에서의 법적 방수압[MPa] 및 방수량[l / min]
   ① 옥내소화전 : 각 옥내소화전의 노즐선단에서의 방수압력은 0.35MPa 이상이고 방수량은 190l/min 이상이 되는 성능의 것으로 할 것. 다만, 하나의 옥내소화전을 사용하는 노즐선단에서의 방수압력이 0.7MPa을 초과할 경우에는 호스접결구의 인입측에 감압장치를 설치하여야 한다.
   ② 연결송수관 : 방수압력은 0.35MPa 이상, 방수량은 400L/min 이상을 유지할 수 있도록 할 것
(3) 터널 내의 자동화재탐지설비를 설치할 경우 최소 경계구역의 수와 설치가능한 화재감지기 3가지를 쓰시오. (단, 경계구역은 다른 설비와의 연동은 없다.)
   ① 자동화재탐지설비의 경계구역 : 하나의 경계구역의 길이는 100m 이하로 하여야 함
   $$\frac{2,500m}{100m/경계구역} = 25 \quad \therefore 25경계구역$$
   ② 설치가능한 화재감지기 3가지
      ㉠ 차동식분포형 감지기
      ㉡ 정온식감지선형 감지기(아날로그식에 한한다. 이하 같다.)
      ㉢ 중앙기술심의위원회의 심의를 거쳐 터널화재에 적응성이 있다고 인정된 감지기
(4) 터널 내 비상콘센트 최소 설치수량을 산정하고 설치기준을 쓰시오.
   ① 비상콘센트 최소 설치수량 : 총 50개 설치

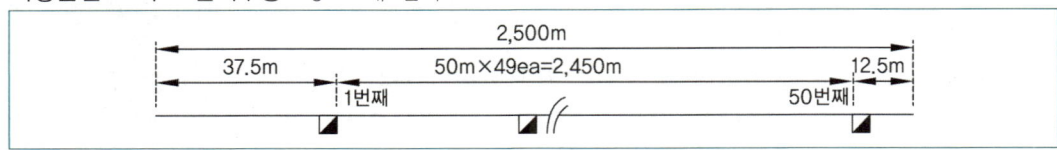

   ② 비상콘센트 설치기준
      ㉠ 비상콘센트설비의 전원회로는 단상교류 220V인 것으로서, 그 공급용량은 1.5kVA 이상인 것으로 할 것
      ㉡ 전원회로는 주배전반에서 전용회로로 할 것. 다만, 다른 설비회로의 사고에 따른 영향을 받지 아니하도록 되어 있는 것에 있어서는 그러하지 아니하다.
      ㉢ 콘센트마다 배선용차단기(KS C 8321)를 설치하여야 하며, 충전부가 노출되지 아니하도록 할 것
      ㉣ 주행차로의 우측 측벽에 50m 이내의 간격으로 바닥으로부터 0.8m 이상 1.5m 이하의 높이에 설치할 것

2 도로터널 화재안전기술기준에 대하여 조건에 따라 물음에 답하시오. 🔥🔥

〈 조 건 〉
① 너비는 12m, 길이는 1,000m 편도 4차로 일방향 터널
② 옥내소화전설비, 연결송수관설비, 물분무소화설비, 자동화재탐지설비, 제연설비 설치
③ 물분무소화설비의 방수구역은 화재안전기술기준에 따라 최소방수구역을 기준으로 한다.
④ Normal Temperature and Pressure 상태에서 화재가 발생하여 500℃로 상승한다.
⑤ 비상조명등의 조명률 0.5, 보수율 0.8, 광속 4,000lm, 100W 백열전등을 6m에 위치 설치한다.

(1) 물분무소화설비에 필요한 펌프 토출량[l / min] 및 성능시험배관의 유량계 용량[l / min]을 선정하시오.
(2) 물분무소화설비에 필요한 수원[m³]을 구하시오.
(3) ③의 조건에 따른 화재가 발생하여 물분무소화설비의 수원이 모두 방사되어 소화에 사용하는 경우 제어 가능한 열량[MJ]을 구하시오. (단, 소화수의 온도는 NTP에 따른다.)
(4) 자동화재탐지설비의 경계구역 수를 계산하시오.
(5) ⑤의 조건에 따라 비상조명등의 개수를 구하시오.

01 수계 소화설비 계산문제

(6) (5)에서 구해진 비상조명등의 개수를 기준으로 상용전원 차단된 경우 비상조명등의 최소 점등 시간을 만족하기 위한 전력량 [kWh]를 구하시오.
(7) 조건에 따라 비상조명등을 설치하고, 작업면의 위치를 0.8m로 할 경우 실지수를 구하시오.
(8) 「비상조명등의 화재안전기술기준」에 따른 비상전원 용량을 쓰시오.

해설

(1) **물분무소화설비에 필요한 펌프 토출량[l/min] 및 성능시험배관의 유량계 용량[lpm]**
  ① 물분무소화설비에서 물분무헤드는 도로면에 6[$l/min \cdot m^2$]이며, 최소 방수구역은 25m이며, 너비는 12m이므로 3개의 방수구역을 동시에 40분 이상 방수할 수 있는 수원으로 확보하여야 하므로 유량[l/min]을 구하면
  $6l/min \cdot m^2 \times 25m \times 12m \times 3개 구역 = 5,400$ ∴ $5,400l/min$
  ② 성능시험배관의 유량계의 용량[lpm] : 성능시험배관의 유량계는 정격유량의 175% 이상에 해당하는 유량계를 선정하면 되므로
  $5,400l/min \times 1.75 = 9,450$ ∴ $9,450l/min$ 이상의 유량계를 선정한다.

(2) **물분무소화설비에 필요한 수원[m^3]**
  $5,400l/min \times 40min = 216,000$ ∴ $216,000l = 216m^3$

(3) ③의 조건에 따른 화재가 발생하여 물분무소화설비의 수원이 모두 방사되어 소화에 사용하는 경우 제어 가능한열량[MJ](단, 소화수의 온도는 Normal Temperature and Pressure에 따른다.)
  $Q = C_1 m \triangle T_1 + \gamma m + C_2 m \triangle T_2$
  여기서, Q : 열량[kJ]
  m : 질량[kg]
  $\triangle T_1, \triangle T_2$: 온도차[℃]
  γ : 증발잠열[물 : 2,253.02kJ/kg]
  C_1 : 비열[물 : 4.18kJ/kg·℃]
  C_2 : 비열[수증기 : 1.85kJ/kg·℃]

구분	비열		잠열	
	kcal/kg·℃	kJ/kg·℃	kcal/kg	kJ/kg
얼음	0.5	2.09	79	330.22
물	1	4.18	539	2,253.02
수증기	0.441	1.85	–	–

  $m = 216,000kg (= 216,000l)$, $C_1 = 4.18kJ/kg \cdot ℃$, $C_2 = 1.85kJ/kg \cdot ℃$
  $\gamma = 539 \times 4.18kJ/kg = 2,253.02kJ/kg$,
  $\triangle T_1 = (100-20)℃ = 80℃ (NTP : 1atm, 20℃)$, $\triangle T_2 = (500-100)℃ = 400℃$
  $Q = C_1 m \triangle T_1 + \gamma m + C_2 m \triangle T_2$
   $= 4.18kJ/kg \cdot ℃ \times 216,000kg \times 80℃ + 2,253.02kJ/kg \times 216,000kg$
   $+ 1.85kJ/kg \cdot ℃ \times 216,000kg \times 400℃$
   $= 718,722,720$
  ∴ $718,722,720kJ ≒ 718,722.72MJ$

(4) **자동화재탐지설비의 경계구역 수**
  도로터널 화재안전기술기준에 따라 자동화재탐지설비의 경계구역은 100m마다 1경계구역으로 하여야 하지만 물분무소화설비가 설치되어 있으며, 조건 ③에 따라 최소방수구역을 기준으로 하나의 경계구역은 25m마다 1개 경계구역으로 적용한다.
  $1,000m \div 25m/경계구역 = 40$ ∴ 40경계구역

(5) ⑤의 조건에 따라 비상조명등의 개수
  $N = \dfrac{AED}{FU} = \dfrac{AE}{FUM}$ 여기서, N : 등기구 개수[개]
  A : 면적[m^2] E : 조도[lx]
  F : 조명 광속[lm] D : 감광보상률
  U : 조명률 M : 보수율
  $A = 12m \times 1,000m = 12,000m^2$, $E = 10lx$, $F = 4,000lm$, $U = 0.5$, $M = 0.8$,

Chapter 12 도로터널 263

$$N = \frac{AE}{FUM} = \frac{12{,}000\text{m}^2 \times 10\text{lx}}{4{,}000\text{lm} \times 0.5 \times 0.8} = 75 \quad \therefore 75개$$

(6) (5)에서 구해진 비상조명등의 개수를 기준으로 상용전원 차단된 경우 비상조명등의 최소 점등 시간을 만족하기 위한 전력량[kWh]

$W = Pt$

여기서, W : 전력량[kWh]
   P : 전력[kW]
   t : 시간[hr]

100W의 백열전등을 사용하므로 $P = 0.1\text{kW} \times 75개$, $t = 1\text{hr}$(상용전원 차단 시 비상조명등 점등시간)
$P = 0.1\text{kW} \times 75개 \times 1\text{hr} = 7.5$ ∴ 7.5kWh

(7) 조건에 따라 비상조명등을 설치하고, 작업면의 위치를 0.8m로 할 경우 실지수

실지수는 방의 크기, 형태 등에 대한 광속의 이용 정도를 나타내는 수치로 수치가 클수록 조명률이 높다.

$$K = \frac{X \times Y}{H(X+Y)}$$

여기서, K : 실지수
   H : 작업위치에서 광원까지의 높이[m]
   X : 실의 가로길이[m]
   Y : 실의 세로길이[mm]

$X = 1{,}000\text{m}$, $Y = 12\text{m}$, $H = (6\text{m} - 0.8\text{m})$

$$K = \frac{X \times Y}{H(X+Y)} = \frac{1{,}000\text{m} \times 12\text{m}}{(6\text{m} - 0.8\text{m}) \times (1{,}000\text{m} + 12\text{m})} = 2.28 \quad \therefore 2.28$$

(8) 「비상조명등의 화재안전기술기준」에 따른 비상전원 용량

비상전원은 비상조명등을 **20분** 이상 유효하게 작동시킬 수 있는 용량으로 할 것. 다만, 다음의 특정소방대상물의 경우에는 그 부분에서 피난층에 이르는 부분의 비상조명등을 **60분** 이상 유효하게 작동시킬 수 있는 용량으로 하여야 한다.
① **무**창층 또는 **지**하층으로서 용도가 **여객**자동차터미널 · **소**매시장 · **도**매시장 · **지**하역사 또는 지하**상**가
② 지하층을 제외한 층수가 **11층** 이상의 층

📝 암기법   20분, 60분은 무지 여객 소도 지상 11층

---

3 도로터널에서 물분무소화설비가 작동하여 소화수를 방사할 경우 화재안전기술기준에 따른 제연설비의 설계화재강도에 해당하는 열량으로 3분 동안 화재가 진행되었고 이때, 발생한 열량을 완전히 제어하기 위해 필요한 수원의 양 [kg]은 얼마인가? (단, NTP 상태에서 화재로 인하여 주위온도가 300°C로 상승하였고 방사된 소화수의 40%만 열량을 제어한다.) 관설21(유사) 🔥🔥

해설

$Q = C_1 m \Delta T_1 + \gamma m + C_2 m \Delta T_2$

여기서, Q : 열량[kJ]
   m : 질량[kg]
   ΔT_1, ΔT_2 : 온도차[°C]
   γ : 증발잠열[물 : 2,253.02kJ/kg]
   C_1 : 비열[물 : 4.18kJ/kg·°C]
   C_2 : 비열[수증기 : 1.85kJ/kg·°C]

구분	비열		잠열	
	kcal/kg·°C	kJ/kg·°C	kcal/kg	kJ/kg
얼음	0.5	2.09	79	330.22
물	1	4.18	539	2,253.02
수증기	0.441	1.85	–	–

$Q = 20\text{MW} \times 3\text{min} = 20{,}000\text{kJ/s} \times 180\text{s} = 3{,}600{,}000\text{kJ}$ (제연설비의 설계화재강도×시간),
$C_1 = 4.18\text{kJ/kg·°C}$, $C_2 = 1.85\text{kJ/kg·°C}$, $\gamma = 2{,}253.02\text{kJ/kg}$,

$\triangle T_1 = (100-20)℃ = 80℃\,(\text{NTP}: 1\text{atm}, 20℃)$, $\triangle T_2 = (300-100)℃ = 200℃$ 이므로
$Q = C_1 m \triangle T_1 + \gamma m + C_2 m \triangle T_2$ → $Q = (C_1 \triangle T_1 + \gamma + C_2 \triangle T_2) \times m$

$m = \dfrac{Q}{(C_1 \triangle T_1 + \gamma + C_2 \triangle T_2)} = \dfrac{3{,}600{,}000\text{kJ}}{4.18\text{kJ/kg}\cdot℃ \times 80℃ + 2{,}253.02\text{kJ/kg} + 1.85\text{kJ/kg}\cdot℃ \times 200℃}$

$= 1{,}217.277$ ∴ $1{,}217.28\text{kg}$

조건에 따라 방사된 소화수의 40%만이 열량을 제어하므로

총 방수량 × 0.4 = 1,217.28kg → 총 방수량 = $\dfrac{1{,}217.28\text{kg}}{0.4}$ = 3,043.2 ∴ 3,043.2kg

4 도로터널 화재안전기술기준에 대하여 물음에 답하시오. 🔥

(1) 너비 16m 편도 4차로 일방향 터널로서 길이가 500m일 경우 물분무소화설비의 최소방수 구역으로 적용할 경우 펌프의 토출량[$l/\min$]과 필요한 수원[m³]을 구하시오.

(2) 터널 내에 연쇄 추돌에 의한 교통사고로 화재가 발생하여 발생한 총열량은 2,000MJ이며, 소화수 및 주위온도가 NTP에서 300℃로 상승 후 물분무소화설비가 작동하였다. 방수되는 소화수의 30%만 열량을 제어한다면, 필요한 방수량[kg]을 구하시오. **관설21(유사)**

(3) 동력제어반에서 3상 380V를 사용하는 급수펌프로 (2)의 답에 따른 방수량을 소화수조에 채우는데 걸리는 시간[s]을 구하시오. (단, 동력 30kW, 역률 70%, 보수율 0.8, 효율 0.7, 전달계수 1.2 전양정은 20m이다.) **관설21(유사)**

(4) (3)의 조건에 따른 펌프에 흐르는 전류[A]와 전동기의 역률을 90%로 개선하기 위한 전력용 콘덴서의 용량[kVar]을 구하시오.

해설

(1) 너비 16m 편도 4차로 일방향 터널로서 길이가 500m일 경우 물분무소화설비의 최소방수구역으로 적용할 경우 펌프의 토출량[$l/\min$]과 필요한 수원[m³]을 구하시오
  ① 물분소화설비에서 물분무헤드는 도로면에 6[$l/\min\cdot \text{m}^2$]이며, 최소방수구역은 25m이며, 너비는 16m이므로 3개의 방수구역을 동시에 40분 이상 방수할 수 있는 수원으로 확보하여야 하므로 유량[$l/\min$]을 구하면
  $6 l/\min \cdot \text{m}^2 \times 25\text{m} \times 16\text{m} \times 3$개 구역 = 7,200 ∴ 7,200$l/\min$
  ② 필요한 수원[m³]
  $7{,}200 l/\min \times 40\min = 288{,}000$ ∴ $288{,}000 l = 288\text{m}^3$

(2) 터널 내에 연쇄 추돌에 의한 교통사고로 화재가 발생하여 발생한 총열량은 2,000MJ이며, 소화수 및 주위 온도가 NTP에서 300℃로 상승 후 물분무소화설비가 작동하였다. 방수되는 소화수의 30%만 열량을 제어한다면, 제어에 필요한 방수량[kg]
  $Q = C_1 m \triangle T_1 + \gamma m + C_2 m \triangle T_2$
  여기서, Q : 열량[kJ]
   m : 질량[kg]
   $\triangle T_1, \triangle T_2$: 온도차[℃]
   γ : 증발잠열[물 : 2,253.02kJ/kg]
   C_1 : 비열[물 : 4.18 kJ/kg·℃]
   C_2 : 비열[수증기 : 1.85 kJ/kg·℃]

구분	비열		잠열	
	kcal/kg·℃	kJ/kg·℃	kcal/kg	kJ/kg
얼음	0.5	2.09	79	330.22
물	1	4.18	539	2,253.02
수증기	0.441	1.85	–	–

$Q = 2{,}000\text{MJ} = 2{,}000{,}000\text{kJ}$, $C_1 = 4.18\text{kJ/kg}\cdot℃$, $C_2 = 1.85\text{kJ/kg}\cdot℃$, $\gamma = 2{,}253.02\text{kJ/kg}$,
$\triangle T_1 = (100-20)℃ = 80℃\,(\text{NTP}: 1\text{atm}, 20℃)$, $\triangle T_2 = (300-100)℃ = 200℃$ 이므로
$Q = C_1 m \triangle T_1 + \gamma m + C_2 m \triangle T_2$ → $Q = (C_1 \triangle T_1 + \gamma + C_2 \triangle T_2) \times m$

$$m = \frac{Q}{(C_1 \triangle T_1 + \gamma + C_2 \triangle T_2)} = \frac{2{,}000{,}000\text{kJ}}{4.18\text{kJ/kg} \cdot \text{℃} \times 80\text{℃} + 2{,}253.02\text{kJ/kg} + 1.85\text{kJ/kg} \cdot \text{℃} \times 200\text{℃}}$$
$= 676.265 \quad \therefore 676.265\text{kg}$

조건에 따라 방사된 소화수의 30%만이 열량을 제어하므로 필요한 방수량은 다음과 같다.

필요한 방수량 $\times 0.3 = 676.265\text{kg} \rightarrow$ 필요한 방수량 $= \dfrac{676.265\text{kg}}{0.3} = 2{,}254.216 \quad \therefore 2{,}254.22\text{kg}$

(3) 동력제어반에서 3상 380V를 사용하는 급수펌프로 (2)의 답에 따른 방수량을 소화수조에 채우는데 걸리는 시간[s] (단, 동력 30kW, 역률 70%, 보수율 0.8, 효율 0.7, 전달계수 1.2, 전양정은 20m이다.)

$$P = \frac{\gamma H Q}{\eta t} \times K$$

여기서, P : 전동기용량[kW]
γ : 비중량[물 : 9.8kN/m³]
H : 전양정[m]
Q : 토출량(양수량)[m³]
η : 효율
t : 시간[s]
K : 전달계수

$\gamma = 9.8\text{kN/m}^3$, $H = 20\text{m}$, $Q = 2{,}254.22\text{kg} = 2.254\text{m}^3 (\because 1\text{m}^3 = 1{,}000\text{kg})$, $P = 30\text{kW}$, $\eta = 0.7$이므로

$$t = \frac{\gamma H Q}{P\eta} \times K = \frac{9.8\text{kN/m}^3 \times 20\text{m} \times 2.254\text{m}^3}{30\text{kW} \times 0.7} \times 1.2 = 25.244 \quad \therefore 25.24\text{s}$$

(4) (3)의 조건에 따른 펌프에 흐르는 전류[A]와 전동기의 역률을 90%로 개선하기 위한 전력용 콘덴서의 용량 [kVar]

① 3상 380V인 경우 흐르는 전류의 용량[A]

$$P = \sqrt{3}\, VI\cos\theta$$

여기서, P : 전력[W], V : 전압[V]
I : 전류[A], $\cos\theta$: 역률

$P = 30\text{kW} = 30{,}000\text{W}$, $V = 380\text{V}$, $\cos\theta = 0.7$이므로

$$P = \sqrt{3}\, VI\cos\theta \rightarrow I = \frac{P}{\sqrt{3}\, V\cos\theta}$$

$$I = \frac{P}{\sqrt{3}\, V\cos\theta} = \frac{30{,}000\text{W}}{\sqrt{3} \times 380\text{V} \times 0.7} = 65.114 \quad \therefore 65.11\text{A}$$

② 전력용 콘덴서의 용량[kVar]

$$Q_C = P(\tan\theta_1 - \tan\theta_2) = P\left(\frac{\sin\theta_1}{\cos\theta_1} - \frac{\sin\theta_2}{\cos\theta_2}\right) = P\left(\frac{\sqrt{1-\cos^2\theta_1}}{\cos\theta_1} - \frac{\sqrt{1-\cos^2\theta_2}}{\cos\theta_2}\right)$$

여기서, Q_C : 콘덴서의 용량[kVar]
P : 유효전력[kW]
$\cos\theta_1$: 개선 전 역률
$\cos\theta_2$: 개선 후 역률

$P = 30\text{kW}$, $\cos\theta_1 = 0.7$, $\cos\theta_2 = 0.9$ 이므로

$$Q_C = P\left(\frac{\sqrt{1-\cos^2\theta_1}}{\cos\theta_1} - \frac{\sqrt{1-\cos^2\theta_2}}{\cos\theta_2}\right) = 30\text{kW} \times \left(\frac{\sqrt{1-0.7^2}}{0.7} - \frac{\sqrt{1-0.9^2}}{0.9}\right) = 16.076$$

$\therefore 16.08\text{kVar}$

13 고층건축물

🔊 **화재안전기술기준 정리** 🔥🔥🔥

구분		설명
건축물 정의	고층	• 층수가 30층 이상이거나 높이가 120m 이상인 건축물
	준초고층	• 층수 30층 이상 49층 이하 또는 120m 이상 200m 미만인 건축물로서 초고층건축물이 아닌 것[고층건축물은 30층 이상 120m 이상]
	초고층	• 층수 50층 이상 또는 높이 200m 이상인 건축물
옥내소화전	수원	• N(최대 5개)$\times 5.2m^3$(50층 이상인 경우 $7.8m^3$)
	옥상수조	• 유효수량의 1/3 이상을 옥상에 설치(설치제외 : 고가수조 설치 또는 수원이 건축물의 최상층에 설치된 방수구보다 높은 위치에 설치된 경우)
	배관	• 급수배관은 전용으로 하며 연결송수관설비와 겸용 가능 • 50층 이상인 건축물의 옥내소화전설비 주배관 중 수직배관은 2개 이상(주배관의 성능을 갖는 동일 호칭 배관)으로 하나의 수직배관의 파손 등 작동 불능 시에도 다른 수직배관으로부터 소화용수 공급
	비상전원	• 종류 : 자가발전설비, 축전지설비(내연기관의 경우 내연기관의 기동 및 제어용 축전지) 또는 전기저장장치(외부 전기에너지를 저장해 두었다가 필요할 때 전기를 공급하는 장치) • 용량 : 40분 이상(50층 이상인 경우 60분 이상)
스프링클러	수원	• $N\times 3.2m^3$(50층 이상인 경우 $4.8m^3$)[N : 아파트 10개 / 기타 30개]
	옥상수조	• 유효수량의 1/3 이상을 옥상에 설치(설치 제외 : 고가수조 설치 또는 수원이 건축물의 최상층에 설치된 헤드보다 높은 위치에 설치된 경우)
	배관	• 급수배관은 전용 • 50층 이상인 건축물의 스프링클러설비 주배관 중 수직배관은 2개 이상(주배관의 성능을 갖는 동일 호칭 배관)으로 하나의 수직배관의 파손 등 작동 불능 시에도 다른 수직배관으로부터 소화용수 공급 및 각각의 수직배관에 유수검지장치 설치 • 50층 이상인 건축물의 스프링클러헤드에는 2개 이상의 가지배관 양방향에서 소화용수 공급(수리계산에 의한 설계)
	음향경보 (비상방송, 자탐 동일)	• 2층 이상의 층에서 발화 : 발화층 및 그 직상 4개층에 경보 • 1층에서 발화 : 발화층・그 직상 4개층 및 지하층에 경보 • 지하층에서 발화 : 발화층・그 직상층 및 기타의 지하층에 경보
	비상전원	• 종류 : 자가발전설비, 축전지설비(내연기관의 경우 내연기관의 기동 및 제어용 축전지) 또는 전기저장장치(외부 전기에너지를 저장해 두었다가 필요할 때 전기를 공급하는 장치) • 용량 : 40분 이상(50층 이상인 경우 60분 이상)
비상방송	비상전원	• 종류 : 축전지설비(수신기 내장 포함) 또는 전기저장장치(외부 전기에너지를 저장해 두었다가 필요할 때 전기를 공급하는 장치) • 용량 : 감시상태 60분간 지속 후 유효하게 30분 이상 경보
자동화재	감지기	• 아날로그방식(공동주택의 경우 감지기의 작동 및 설치지점을 확인할 수 있는

구분		설명
탐지설비	종류	아날로그방식 외의 감지기 설치 가능)으로 감지기의 작동 및 설치지점을 수신기에서 확인할 수 있는 것
	배선 관점17	• 50층 이상인 건축물에 설치하는 통신·신호 배선은 이중배선을 설치하고 단선시에도 고장표시 및 정상작동할 수 있는 성능유지(수신기와 수신기사이의 통신배선, 수신기와 중계기 사이의 신호배선, 수신기와 감지기사이의 신호배선)
	비상전원	• 종류 : 축전지설비(수신기 내장 포함 : 상용전원이 축전지설비일 경우 제외가능) 또는 전기저장장치(외부 전기에너지를 저장해 두었다가 필요할 때 전기를 공급하는 장치) • 용량 : 감시상태 60분간 지속 후 유효하게 30분 이상 경보
제연설비	비상전원	• 종류 : 자가발전설비 • 종류 : 40분 이상(50층 이상인 경우 60분 이상)
연결송수관	배관	• 배관은 전용(주배관의 구경이 100mm 이상인 옥내소화전설비와 겸용 가능)
	비상전원	• 종류 : 자가발전설비, 축전지설비(내연기관의 경우 내연기관의 기동 및 제어용 축전지) 또는 전기저장장치(외부 전기에너지를 저장해 두었다가 필요할 때 전기를 공급하는 장치) • 용량 : 40분 이상(50층 이상인 경우 60분 이상)
별표 1 피난안전 구역 관설21	제연설비 관점18	• 피난안전구역과 비제연구역 차압 : 50Pa(스프링클러 설치 시 12.5Pa) • 피난안전구역의 한쪽면 이상이 외기에 개방된 구조는 설치 제외
	피난유도선	• 피난안전구역 설치 층의 계단실 출입구에서 피난안전구역 주출입구 또는 비상구까지 설치 • 계단실에 설치하는 경우 계단 및 계단참에 설치 • 피난유도 표시부의 너비 25mm 이상 • 광원점등방식으로 60분 이상 작동
	비상조명등	• 비상조명등 점등 시 각 부분의 바닥 조도 10lx 이상
	휴대용 비상조명등 관점18	• 초고층건축물이 설치된 피난안전구역 : 피난안전구역 위층의 재실자수의 1/10 이상 설치 • 지하연계 복합건축물에 설치된 피난안전구역 : 피난안전구역이 설치된 층의 수용인원의 1/10 이상 • 용량 : 건전지 및 충전식 건전지의 용량은 40분 이상(피난안전구역이 50층 이상에 설치되어 있을 경우 60분 이상)
	인명구조 기구 관점23	• 방열복, 인공소생기 각 2개 이상 비치 • 공기호흡기(보조마스크 포함) 2개 이상 : 45분 이상 사용(피난안전구역이 50층 이상에 설치된 경우 동일한 성능의 예비용기 10개 이상 비치) • 화재 시 쉽게 반출할 수 있고 '인명구조기구' 표지판 부착

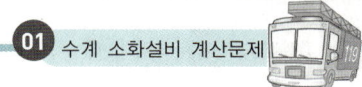

 「고층건축물의 화재안전기술기준」에 대하여 물음에 답하시오. 🔥🔥🔥

> 〈 조 건 〉
> ① 복합건축물로서 층수는 51개 층이며, 지하층은 5개 층으로 주차장, 기계실 및 전기실이다.
> ② 층고는 4m이며, 층별 바닥은 72m×60m(가로×세로)이다.
> ③ 주 펌프는 2대로 나누어 병렬 설치하며, 이때, 각 펌프는 정격유량의 90%만 사용할 수 있다.
> ④ 펌프는 지하 5층의 기계실 및 피난안전구역이 설치된 층의 일부를 구획하여 설치하며, 지하 및 피난안전구역에 설치된 펌프는 완전 별개로 운영되며, 옥상수조는 겸용으로 사용한다.
> ⑤ 옥내소화전, 연결송수관 및 스프링클러설비가 설치되어 있으며, 규정되지 않는 사항은 관련 법령에 따른다.

(1) 전 층에 설치된 유수검지장치의 최소 개수를 구하시오. (단, 습식과 준비작동식만 설치되어 있다.)
(2) 피난안전구역을 「건축법」에 따라 설치해야 할 부분 중 가운데에 설치할 경우 그 층수를 구하시오.
(3) 각 설비별 펌프의 토출량[l/min]을 모두 구하시오. (단, 옥내소화전 방수구 등은 정방형으로 배치하며, 충압펌프는 제외한다.)
(4) 각 설비별 설치하여야 하는 모든 수원의 합[m³]을 구하시오. (단, (3)에 따른 주 펌프의 토출량은 무시하며, 연결송수관설비의 성능시험용 수원은 설계된 모든 펌프를 기준으로 계산한다.)
(5) 마찰손실은 전체 낙차수두의 30%로 적용하며, 충압펌프를 제외한 모든 펌프의 전수두 [m]를 구하시오. (단, 스프링클러헤드의 설치 높이는 층고로 하며, 옥내소화전 및 연결송수관설비의 방수구 및 송수구는 화재안전기술기준상 가장 높은 위치로 적용하며, 소방차의 전수두는 165m로서 최대로 가압한다.)
(6) 각 문제에서 구해진 주 펌프의 토출량 및 전수두를 고려하여 모든 펌프의 동력[kW]을 구하시오. (단, 충압펌프는 제외한다.)

🔊 **해설**

(1) **전 층에 설치된 유수검지장치의 최소 개수(단, 습식과 준비작동식만 설치)**
<u>50층(층수는 지상층만을 뜻함) 이상인 건축물의 스프링클러설비 주배관 중 수직배관은 2개 이상(주배관 성능을 갖는 동일 호칭배관)</u>으로 설치하고, 하나의 수직배관이 파손 등 작동 불능 시에도 다른 수직배관으로부터 소화용수가 공급되도록 구성하여야 하며, <u>각각의 수직배관에 유수검지장치를 설치하여야 한다.</u>
유수검지장치 개수 = 층수×2개 = 56층(지상 51개층 + 지하 5개층) × 2개/층 = 112 ∴ 112개

(2) **피난안전구역을 「건축법」에 따라 설치해야 할 부분 중 가운데에 설치 할 경우 그 층수**
① 초고층 건축물(층수 50층 이상 또는 높이 200m 이상인 건축물)에는 피난층 또는 지상으로 통하는 직통계단과 직접 연결되는 피난안전구역(건축물의 피난·안전을 위하여 건축물 중간층에 설치하는 대피공간을 말한다. 이하 같다.)을 <u>지상층으로부터 최대 30개 층마다 1개소 이상 설치하여야 한다.</u>
② 피난안전구역을 설치해야 할 부분은 지상층이며, 그 부분 중 가운데에 위치하는 26층이다. [1~25층(25개 층)과 27~51층(25개 층) 사이에 해당하는 26층이 가운데 층이 된다.]

(3) **각 설비별 펌프의 토출량[l/min](단, 각 설비의 주펌프는 병렬로 설치하며. 충압펌프는 제외한다.)**
① 옥내소화전설비 주 펌프 : 초고층 건축물(층수 50층 이상 또는 높이 200m 이상)인 건축물에 해당하므로 주 펌프와 예비 펌프를 설치해야 하며 조건에 따라 주 펌프의 경우 병렬로 나누어 설치한다.
  $Q_p = N \times 130 l/\min \cdot 개$
  여기서, Q_p : 펌프 토출량[l/min]
  N : 옥내소화전 기준개수[개(최대 5개)]
  ㉠ 방수구간 거리(옥내소화전설비의 방수구 등은 정방형 배치)
    $S = 2r \cdot \cos\theta = 2 \times 25\text{m} \times \cos 45° = 35.355$ ∴ 35.355m

Chapter 13 고층건축물 **269**

ⓒ 기준개수 산정 : 층별 바닥 72m×60m(가로×세로)
　　　72m÷35.355m = 2.036 ∴ 가로 3개
　　　60m÷35.355m = 1.697 ∴ 세로 2개
　　　3개×2개=6개 ∴ 5개(최대)
　　ⓒ 필요한 토출량
　　　$Q_p = N \times 130l/min \cdot 개 = 5개 \times 130l/min = 650$ ∴ $650l/min$
　　ⓒ 주 펌프의 토출량 : 조건 ③에 따라 주펌프는 병렬로 설치, 각 펌프는 정격유량의 90%만 사용한다.
　　　$650l/min ÷ 2대 = 325$ ∴ $325l/min$
　　　$x \times 0.9 = 325l/min$ ➡ $x = \dfrac{325l/min \cdot 대}{0.9} = 361.111$ ∴ $361.11l/min$
　　ⓒ 예비 펌프의 토출량 : $650l/min$ (주펌프만 병렬로 설치)
　➡ 실제 조건에서는 에너지손실이 발생하므로 $325l/min \times$ 펌프 2대를 병렬연결할 경우 유량이 모자랄 수 있으므로 이를 고려한 문제이다.
② **스프링클러설비 펌프** : 초고층 건축물(층수 50층 이상 또는 높이 200m 이상)인 건축물에 해당하므로 주 펌프와 예비 펌프를 설치해야 하며 조건에 따라 주 펌프의 경우 병렬로 나누어 설치한다.

스프링클러설비 설치장소 (창고시설 및 공동주택 포함)			기준개수
• 지하층을 제외한 층수가 11층 이상인 특정소방대상물·지하가 또는 지하역사			30
• 아파트등의 각 동이 주차장과 연결된 경우의 주차장(폐쇄형 헤드 적용)			
• 창고시설(라지드롭헤드가 30개 이상 설치된 경우)			
지하층을 제외한 층수가 10층 이하인 소방대상물	공장(특수가연물 저장·취급하는 것)		30
	근린생활시설·판매시설·운수시설 또는 복합건축물 **관점17(계산)** ✏️**암기법** 복합판권(근)운수	판매시설 또는 복합건축물(판매시설이 설치되는 복합건축물을 말한다.)	
		그 밖의 것(특수가연물 제외 공장 포함)	20
	그 밖의 것	헤드의 부착높이가 <u>8m</u> 이상인 것	
		헤드의 부착높이가 <u>8m</u> 미만인 것	10
아파트등(폐쇄형 헤드 적용)			

[비고] 하나의 소방대상물이 2 이상의 "스프링클러헤드의 기준개수"란에 해당하는 때에는 기준개수가 많은 것을 기준으로 한다. 다만, 각 기준개수에 해당하는 수원을 별도로 설치하는 경우에는 그렇지 않다.

　$Q_p = N \times 80l/min \cdot 개$
　여기서, Q_p : 펌프 토출량$[l/min]$
　　　　　N : 스프링클러헤드 기준개수[개]
　ⓒ 필요한 토출량
　　$Q_p = N \times 80l/min \cdot 개 = 30개 \times 80l/min = 2,400$ ∴ $2,400l/min$
　ⓒ 주 펌프의 토출량 : 조건 ③에 따라 주 펌프는 병렬로 설치, 각 펌프는 정격유량의 90%만 사용한다.
　　$2,400l/min ÷ 2대 = 1,200$ ∴ $1,200l/min$
　　$x \times 0.9 = 1,200l/min$ ➡ $x = \dfrac{1,200l/min \cdot 대}{0.9} = 1,333.333$ ∴ $1,333.33l/min$
　ⓒ 예비 펌프의 토출량 : $2,400l/min$ (주 펌프만 병렬로 설치)
③ **연결송수관설비 주 펌프** : 가압송수장치는 지표면에서 최상층 방수구의 높이가 70m 이상인 특정소방대상물에 설치하며, 펌프의 토출량은 계단식아파트와 기타 건축물로 나누어진다.

계단식 아파트	기 타
$Q_p = N \times 400 l/\min \cdot 개$ 여기서, Q_p : 펌프 토출량[$l/\min$] N : 연결송수관 방수구수 [최소 3 ~ 최대 5개]	$Q_p = N \times 800 l/\min \cdot 개$ 여기서, Q_p : 펌프 토출량[$l/\min$] N : 연결송수관 방수구수 [최소 3 ~ 최대 5개]

㉠ 방수구간 거리(옥내소화전설비의 방수구 등은 정방형 배치) : 방수구는 바닥면적이 1,000m² 이상인 층의 경우 계단이 3 이상 있는 층의 경우 그 중 2개의 계단으로부터 5m이내에 설치하되, 그 방수구로부터 그 층의 각 부분까지의 거리가 지하가(터널 제외) 또는 지하층의 바닥면적의 합계가 3,000m2 이상인 것은 수평거리 25m <u>그 밖의 것은 수평거리 50m로 배치한다.</u>
$S = 2r \cdot \cos\theta = 2 \times 50m \times \cos 45° = 70.71 \quad \therefore 70.71m$

㉡ 기준개수 산정 : 층별 바닥 72m×60m(가로×세로)
$72m \div 70.71m = 1.018 \quad \therefore 가로 2개$
$60m \div 70.71m = 0.848 \quad \therefore 세로 1개$
$2개 \times 1개 = 2개 \quad \therefore 3개(최소)$

㉢ 필요한 토출량
$Q_p = N \times 800 l/\min \cdot 개 = 3개 \times 800 l/\min = 2,400 \quad \therefore 2,400 l/\min$

㉣ 주 펌프의 토출량 : 조건 ③에 따라 주펌프는 병렬로 설치, 각 펌프는 정격유량의 90%만 사용하며, 별도의 예비 펌프는 없다.
$2,400 l/\min \div 2대 = 1,200 \quad \therefore 1,200 l/\min$
$x \times 0.9 = 1,200 l/\min \rightarrow x = \dfrac{1,200 l/\min \cdot 대}{0.9} = 1,333.333 \quad \therefore 1,333.33 l/\min$

④ 각 펌프의 토출량

구분	옥내소화전설비	스프링클러설비	연결송수관설비
필요한 토출량	$650 l/\min$	$2,400 l/\min$	$2,400 l/\min$
주 펌프 1대당 토출량 (2대 병렬 연결)	$361.11 l/\min$	$1,333.33 l/\min$	$1,333.33 l/\min$
예비 펌프 토출량	$650 l/\min$	$2,400 l/\min$	규정에 없음

(4) 각 설비별 설치하여야 하는 모든 수원의 합[m³]을 구하시오. (단, (3)에 따른 주 펌프의 토출량은 무시하며, 연결송수관설비의 성능시험용 수원은 설계된 모든 펌프를 기준으로 계산)

구분	옥내소화전설비	스프링클러설비	연결송수관설비
펌프 토출량	$650 l/\min$	$2,400 l/\min$	$2,400 l/\min$
수원 (50층 이상인 건축물의 방사시간 60분) 지하 5층, 지상 26층	$650 l/\min \times 60\min \times 2개소$ $= 78,000 l \quad \therefore 78 m^3$	$2,400 l/\min \times 60\min \times 2개소$ $= 288,000 l \quad \therefore 288 m^3$	$1,333.33 l/\min$ $\times 1.5 \times 2대 \times 5\min$ $= 19,999.99 l$ $\therefore 20 m^3$
옥상수조 수원 (유효수량의 1/3)	$39 m^3 \times \dfrac{1}{3} = 13 m^3$	$144 m^3 \times \dfrac{1}{3} = 48 m^3$	규정에 없음
모든 수원의 합	$(78 m^3 + 13 m^3) + (288 m^3 + 48 m^3) + 20 m^3 = 447 \quad \therefore 447 m^3$		

(5) 마찰손실은 전체 낙차수두의 30%로 적용하며, 충압펌프를 제외한 모든 펌프의 전수두[m]를 구하시오. (단, 스프링클러헤드의 설치 높이는 층고로 하며, 옥내소화전 및 연결송수관설비의 방수구 및 송수구는 화재안전기술기준상 가장 높은 위치로 적용하며, 소방차의 전수두는 165m로서 최대로 가압한다.)
전수두=낙차수두+마찰손실수두+법정토출수두

① 지하 5층 기계실(펌프실) : 층고는 4m이며, 지하 5층에 설치된 펌프는 피난안전구역 아래층인 25층까지 방호한다. 옥내소화전설비의 방수구는 바닥으로부터 1.5m 이하에 설치하므로 조건에 따라 1.5m를 적용하고, 스프링클러헤드의 설치 높이는 층고의 높이로 적용한다.

Chapter 13 고층건축물

구분	옥내소화전설비	스프링클러설비
낙차수두	지하 5층~24층×층고+방수구 높이 = 29개 층×4m + 1.5m = 117.5m	지하 5층~25층×층고 = 30개 층×4m = 120m
마찰손실수두	낙차수두×30% = 117.5m×0.3 = 35.25m	낙차수두×30% = 120m×0.3 = 36m
법정토출수두	$\dfrac{0.17\text{MPa}}{0.101325\text{MPa}} \times 10.332\text{mH}_2\text{O} = 17.334\text{m}$	$\dfrac{0.1\text{MPa}}{0.101325\text{MPa}} \times 10.332\text{mH}_2\text{O} = 10.196\text{m}$
전수두	117.5m + 35.25m + 17.334m = 170.084 ∴ 170.08m	120m + 36m + 10.196m = 166.196 ∴ 166.2m

② 26층 피난안전구역 기계실(펌프실) : 층고는 4m, 26층에 설치된 펌프는 51층까지 방호. 옥내소화전설비의 방수구는 1.5m 높이에 설치하고, 스프링클러헤드의 설치 높이는 층고의 높이로 적용한다.

구분	옥내소화전설비	스프링클러설비
낙차수두	26층~50층×층고+방수구 높이 = 25개 층×4m + 1.5m = 101.5m	26층~51층×층고+낙차수두 = 26개 층×4m = 104m
마찰손실수두	낙차수두×30% 101.5m×0.3 = 30.45m	낙차수두×30% = 마찰손실수두 104m×0.3 = 31.2m
법정토출수두	17.334m	10.196m
전수두	101.5m + 30.45m + 17.334m = 149.284 ∴ 149.28m	104m + 31.2m + 10.196m = 145.396 ∴ 145.4m

③ 26층 구역 기계실(펌프실) : 연결송수관설비의 방수구 및 송수구는 바닥으로부터 0.5~1m 이하에 설치하므로 조건에 따라 1m를 적용한다. 또한, 소방차의 전수두가 165m 이며 최대로 가압할 경우이며, 펌프가 직렬로 연결된 형태이므로 여유 압력만큼 감해주어 산출한다.

구분	연결송수관설비	
	소방차에서 중계할 경우 소모되는 수두	피난안전구역 펌프에 필요한 전수두
낙차수두	1층~25층×층고-송수구 높이 = 25개 층×4m - 1m = 99m	26층~50층×층고+방수구 높이 = 25개 층×4m + 1m = 101m
마찰손실수두	낙차수두×30% 99m×0.3 = 29.7m	낙차수두×30% = 마찰손실수두 101m×0.3 = 30.3m
법정토출수두	피난안전구역의 펌프로 중계하므로 법정토출수두는 소모되지 않는다.	$\dfrac{0.35\text{MPa}}{0.101325\text{MPa}} \times 10.332\text{mH}_2\text{O} = 35.689\text{m}$
전수두 등	피난안전구역 펌프로 중계 시 소모되는 수두 99m + 29.7m = 128.7m 소방차 전수두-소모되는 수두=펌프 유입수두 165m - 128.7m = 36.3m	소방차 가압 전 필요 전수두 101m + 30.3m + 35.689m = 166.989m 소방차 가압 후 필요 전수두 166.989m - 36.3m = 130.689 ∴ 130.69m

(6) 각 문제에서 구해진 주 펌프의 토출량 및 전수두를 고려하여 모든 펌프의 동력 [kW]을 구하시오. (단, 충압펌프는 제외한다.)

위치	주 펌프	전수두	유량	동력(수동력 : $P = \gamma H Q$)
지하 5층	옥내소화전	170.08m	361.11 l/min ≒ 0.361m³/min × $\dfrac{1\text{min}}{60\text{s}}$	$P = 9.8\text{kN/m}^3 \times 170.08\text{m} \times 0.361\text{m}^3/\text{min} \times \dfrac{1\text{min}}{60\text{s}}$ = 10.028 ∴ 10.03kW
	스프링클러	166.2m	1,333.33 l/min ≒ 1.333m³/min × $\dfrac{1\text{min}}{60\text{s}}$	$P = 9.8\text{kN/m}^3 \times 166.2\text{m} \times 1.333\text{m}^3/\text{min} \times \dfrac{1\text{min}}{60\text{s}}$ = 36.185 ∴ 36.19kW

위치	주 펌프	전수두	유량	동력(수동력 : $P=\gamma HQ$)
지상 26층 (피난안 전구역)	옥내 소화전	149.28m	$361.11 l/\min$ $\fallingdotseq 0.361 m^3/\min \times \dfrac{1\min}{60s}$	$P = 9.8 kN/m^3 \times 149.28m \times 0.361 m^3/\min \times \dfrac{1\min}{60s}$ $= 8.8 \quad \therefore 8.8 kW$
	스프링 클러	145.4m	$1,333.33 l/\min$ $\fallingdotseq 1.333 m^3/\min \times \dfrac{1\min}{60s}$	$P = 9.8 kN/m^3 \times 145.4m \times 1.333 m^3/\min \times \dfrac{1\min}{60s}$ $= 31.656 \quad \therefore 31.66 kW$
	연결 송수관	130.69m	$1,333.33 l/\min$ $\fallingdotseq 1.333 m^3/\min \times \dfrac{1\min}{60s}$	$P = 9.8 kN/m^3 \times 130.69m \times 1.333 m^3/\min \times \dfrac{1\min}{60s}$ $= 28.454 \quad \therefore 28.45 kW$

Mind-Control

많은 사람이 재능의 부족보다는 결심의 부족으로 실패한다.

― 발리 선데이 ―

성공한 사람들은 모든 일에 항상 실패의 가능성이 있다는 것을 알고 있습니다.
그러나, 그들은 실패를 두려워하지 않습니다.
왜냐하면, 실패가 성공의 과정이라는 것을 알기 때문입니다.
실패를 극복하는 순간 값진 것을 얻을 수 있으며,
새로운 인생이 시작될 수 있다는 것을 아는 사람들이기 때문입니다.
바로 지금 이 글을 읽고 있는 당신의 모습이기도 합니다 … ^^

― 이항준 ―

14 피난기구 / 인명구조기구

1 다음 물음에 답하시오. 출110(25)관점15

(1) 피난기구의 층 및 면적당 설치개수를 쓰고, 그 개수 중 1/2을 그 층에서 감할 수 있는 경우를 쓰시오. 출77(25)119(25)관설18(유사)

(2) (1)에 따라 설치하는 피난기구 외 숙박시설(휴양콘도미니엄 제외)에 추가해야 하는 피난기구를 쓰시오.

(3) (1)에 따라 설치하는 피난기구 외 공동주택[「공동주택관리법」제2조제1항제2호(마목 제외)]에 따른 의무관리대상 공동주택의 경우 설치해야 하는 피난기구의 추가 및 추가 제외에 대하여 쓰시오.

(4) (1)에 따라 설치한 피난기구 외 4층 이상의 층에 설치된 노유자시설 중 장애인 관련 시설로서 주된 사용자 중 스스로 피난이 불가한 자가 있는 경우 추가해야 하는 피난기구를 쓰시오.

(5) (1)의 피난기구 설치개수 산정에서 피난기구의 층 및 면적당 설치개수를 특정 구조의 건널 복도가 설치된 층에는 건널 복도 수의 2배수를 뺄 수 있다. 그 구조를 쓰시오.

(6) (1)의 피난기구 설치개수 산정에서 피난기구의 설치개수 산정을 위한 바닥면적에서 제외할 수 있는 노대의 구조를 쓰시오. 🔥

해설

(1) 피난기구의 층 및 면적당 설치개수 및 그 개수 중 1/2을 감할 수 있는 경우
① 피난기구의 층 및 면적당 설치개수

구분	용도(층별 바닥면적마다 1개 이상 설치)
500m²마다	**노**유자시설・**숙**박시설 및 **의**료시설로 사용되는 층 🖉 암기법 **오 노숙의**
800m²마다	**위**락시설・**문**화집회 및 **운**동시설・**판**매시설로 사용되는 층 또는 **복**합용도의 층 (하나의 층이 연립주택, 다세대주택, 기숙사, 종교시설, 교육연구시설, 노유자시설, 수련시설, 운동시설, 업무시설, 숙박시설, 위락시설, 공장, 창고시설, 위험물 저장 및 처리시설, 항공기 및 자동차 관련 시설 중 2 이상의 용도로 사용되는 층을 말한다.)에 있어서는 그 층 🖉 암기법 **팔 위문 운판복**
1,000m²마다	그 밖의 용도의 층에 있어서는 그 층의 바닥면적 1,000m²마다 1개 이상 설치할 것
각 세대마다	계단실형 아파트/아파트등(주택으로 쓰는 층수가 5층 이상인 주택)

② 피난기구의 설치개수 중 1/2을 그 층에서 감할 수 있는 경우 : 다음의 기준에 적합한 층
㉠ 직통계단인 피난계단 또는 특별피난**계단**이 **2 이상** 설치되어 있을 것
㉡ 주요구조부가 **내화구조**로 되어 있을 것
🖉 암기법 **계단 2 이상 내화구조**

(2) (1)에 따라 설치하는 피난기구 외 숙박시설(휴양콘도미니엄 제외)에 추가해야 하는 피난기구
 피난기구 외에 숙박시설(휴양콘도미니엄을 제외한다)의 경우에는 추가로 객실마다 완강기 또는 2 이상의 간이완강기를 설치할 것
(3) (1)에 따라 설치하는 피난기구 외 공동주택[「공동주택관리법」 제2조제1항제2호(마목 제외)]에 따른 의무관리대상 공동주택의 경우 설치해야 하는 피난기구의 추가 및 추가제외
 "의무관리대상 공동주택"의 경우에는 하나의 관리주체가 관리하는 공동주택 구역마다 공기안전매트 1개 이상을 추가로 설치할 것. 다만, 옥상으로 피난이 가능하거나 수평 또는 수직 방향의 인접세대로 피난할 수 있는 구조인 경우에는 추가로 설치하지 않을 수 있다.

> **참고만**
>
> ☑ 「공동주택관리법 시행령」 제2조(정의)제1항제2호 "의무관리대상 공동주택"
>   2. "의무관리대상 공동주택"이란 해당 공동주택을 전문적으로 관리하는 자를 두고 자치 의결기구를 의무적으로 구성하여야 하는 등 일정한 의무가 부과되는 공동주택으로서, 다음 각 목 중 어느 하나에 해당하는 공동주택을 말한다.
>   가. 300세대 이상의 공동주택
>   나. 150세대 이상으로서 승강기가 설치된 공동주택
>   다. 150세대 이상으로서 중앙집중식 난방방식(지역난방방식을 포함한다)의 공동주택
>   라. 「건축법」 제11조에 따른 건축허가를 받아 주택 외의 시설과 주택을 동일 건축물로 건축한 건축물로서 주택이 150세대 이상인 건축물
>   마. 가목부터 라목까지에 해당하지 아니하는 공동주택 중 입주자등이 대통령령으로 정하는 기준에 따라 동의하여 정하는 공동주택

(4) (1)에 따라 설치한 피난기구 외 4층 이상의 층에 설치된 노유자시설 중 장애인 관련 시설로서 주된 사용자 중 스스로 피난이 불가한 자가 있는 경우 추가해야 하는 피난기구를 쓰시오.
 4층 이상의 층에 설치된 노유자시설 중 장애인 관련 시설로서 주된 사용자 중 스스로 피난이 불가한 자가 있는 경우에는 층마다 구조대를 1개 이상 추가로 설치할 것
(5) (1)의 피난기구 설치개수 산정에서 건널 복도 수의 2배수를 뺄 수 있는 건널 복도의 구조
 ① 내화구조 또는 철골조로 되어 있을 것
 ② 건널 복도 양단의 출입구에 자동폐쇄장치를 한 60분+ 방화문 또는 60분 방화문(방화셔터를 제외한다.)이 설치되어 있을 것
 ③ 피난·통행 또는 운반의 전용 용도일 것
(6) (1)의 피난기구의 설치개수 산정을 위한 바닥면적에서 제외할 수 있는 노대의 구조
 ① 노대를 포함한 특정소방대상물의 주요구조부가 내화구조일 것
 ② 노대가 거실의 외기에 면하는 부분에 피난 상 유효하게 설치되어 있어야 할 것
 ③ 노대가 소방사다리차가 쉽게 통행할 수 있는 도로 또는 공지에 면하여 설치되어 있거나, 또는 거실부분과 방화 구획되어 있거나 또는 노대에 지상으로 통하는 계단 그 밖의 피난기구가 설치되어 있어야 할 것

2 의료시설로서 3층의 바닥면적은 2,600㎡이다. 다음 물음에 답하시오. 술110(10)유사문제
 (1) 소방대상물의 설치장소별 피난기구의 적응성에 따라 설치가능한 피난기구의 종류를 쓰시오.
 (2) 설치하여야 하는 피난기구의 개수를 산출하시오.

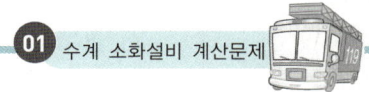

해설

(1) 소방대상물의 설치장소별 피난기구의 적응성에 따라 설치가능한 피난기구의 종류

설치장소별 구분	층별	1층	2층	3층	4층 이상 10층 이하
2. 의료시설·근린생활시설 중 입원실이 있는 의원·접골원·조산원 술77(25)				• 피난교 • 승강식 피난기 • 미끄럼대 • 구조대 • 피난용트랩 • 다수인피난장비 🖉암기법 피승미구 피트다	• 피난교 • 승강식 피난기 • 구조대 • 피난용트랩 • 다수인피난장비 🖉암기법 피승구 피트다

(2) 피난기구의 개수 산출

구분	용도(층별 바닥면적마다 1개 이상 설치)
500m²마다	노유자시설·숙박시설 및 의료시설로 사용되는 층 🖉암기법 오 노숙의
800m²마다	위락시설·문화집회 및 운동시설·판매시설로 사용되는 층 또는 복합용도의 층(하나의 층이 연립주택, 다세대주택, 기숙사, 종교시설, 교육연구시설, 노유자시설, 수련시설, 운동시설, 업무시설, 숙박시설, 위락시설, 공장, 창고시설, 위험물 저장 및 처리시설, 항공기 및 자동차 관련 시설 중 2 이상의 용도로 사용되는 층을 말한다.)에 있어서는 그 층 🖉암기법 팔 위문 운판복
1,000m²마다	그 밖의 용도의 층에 있어서는 그 층의 바닥면적 1,000m²마다 1개 이상 설치할 것
각 세대마다	계단실형 아파트/아파트등(주택으로 쓰는 층수가 5층 이상인 주택)

$$피난기구수 = \frac{바닥면적[m^2]}{해당 용도의 바닥면적별 피난기구[m^2/개]} = \frac{2,600m^2}{500m^2/개} = 5.2 \quad \therefore 6개$$

3 4층에 있는 숙박시설(바닥면적은 2,700m², 객실수 50개)로서 다음 물음에 답하시오.

(1) 소방대상물의 설치장소별 피난기구의 적응성에 따른 피난기구의 종류를 6가지 이상 쓰시오.
(2) 설치하여야 하는 피난기구의 개수를 산출하시오.

해설

(1) 소방대상물의 설치장소별 피난기구의 적응성에 따른 피난기구의 종류

설치장소별 구분	층별	1층	2층	3층	4층 이상 10층 이하
(4) 그 밖의 것 관설18 (10층 업무시설)			• 완강기 • 간이완강기[2] • 피난교 • 승강식 피난기 • 미끄럼대	• 구조대 • 피난사다리 • 다수인피난장비 • 피난용트랩 • 공기안전매트[3] 🖉암기법 완간이 피승미 구피다 피트공	• 완강기 • 간이완강기[2] • 피난교 • 승강식피난기	• 구조대 • 피난사다리 • 다수인피난장비 • 공기안전매트[3] 🖉암기법 완간이 피승 구피다 공

(2) 피난기구의 개수 산출

구분	용도(층별 바닥면적마다 1개 이상 설치)
500m²마다	노유자시설·숙박시설 및 의료시설로 사용되는 층 🖉암기법 오 노숙의
800m²마다	위락시설·문화집회 및 운동시설·판매시설로 사용되는 층 또는 복합용도의 층(하나의 층이 연립주택, 다세대주택, 기숙사, 종교시설, 교육연구시설, 노유자시설, 수련시설, 운동시설, 업무시설, 숙박시설, 위락시설, 공장, 창고시설, 위험물 저장 및 처리시설, 항공기 및 자동차 관련 시설 중 2 이상의 용도로 사용되는 층을 말한다.)에 있어서는 그 층 🖉암기법 팔 위문 운판복
1,000m²마다	그 밖의 용도의 층에 있어서는 그 층의 바닥면적 1,000m²마다 1개 이상 설치할 것
각 세대마다	계단실형 아파트/아파트등(주택으로 쓰는 층수가 5층 이상인 주택)

① 피난기구 개수

$$피난기구수 = \frac{바닥면적[m^2]}{해당\ 용도의\ 바닥면적별\ 피난기구[m^2/개]} = \frac{2,700m^2}{500m^2/개} = 5.4 \quad \therefore 6개$$

② 객실(50개)에 추가로 설치하여야 피난기구 : 완강기 설치 시 50개, 간이완강기 설치 시 100개

4 소방대상물의 설치장소별 피난기구의 적응성에 대하여 물음에 답하시오. 술133(25) 🔥🔥

(1) 노유자시설에 층별로 설치가능한 피난기구의 종류를 쓰시오. 술116(25)
(2) 의료시설·근린생활시설 중 입원실이 있는 의원·접골원·조산원에 층별로 설치가능한 피난기구의 종류를 쓰시오.
(3) 「다중이용업소의 안전관리에 관한 특별법 시행령」 제2조에 따른 다중이용업소로서 영업장의 위치가 4층 이하인 다중이용업소에 층별로 설치가능한 피난기구의 종류를 쓰시오. 술116(25)
(4) 그 밖의 것에 층별로 설치가능한 피난기구의 종류를 쓰시오. 관설18
(5) 비고에 따른 피난기구 적응성을 쓰시오.

해설 표 2.1.1 설치장소별 피난기구의 적응성

설치장소별 구분 \ 층별	1층	2층	3층	4층 이상 10층 이하
(1) 노유자시설 술116(25)	• 미끄럼대 • 구조대 • 피난교 • 다수인피난장비 • 승강식피난기	• 미끄럼대 • 구조대 • 피난교 • 다수인피난장비 • 승강식 피난기	• 미끄럼대 • 구조대 • 피난교 • 다수인피난장비 • 승강식 피난기	• 구조대 • 피난교 • 다수인피난장비 • 승강식피난기

01 수계 소화설비 계산문제

층별 설치장소별 구분	1층	2층	3층	4층 이상 10층 이하
(2) 의료시설·근린생활시설 중 입원실이 있는 의원·접골원·조산원 술77(25)			• 피난교 • 승강식 피난기 • 미끄럼대 • 구조대 • 피난용트랩 • 다수인피난장비 🖉암기법 피승미구 피트다	• 피난교 • 승강식 피난기 • 구조대 • 피난용트랩 • 다수인피난장비 🖉암기법 피승구 피트다
(3) 「다중이용업소의 안전관리에 관한 특별법 시행령」 제2조에 따른 다중이용업소로서 영업장의 위치가 4층 이하인 다중이용업소 술116(25)		• 피난사다리 • 구조대 • 미끄럼대 • 완강기 • 다수인피난장비 • 승강식 피난기 🖉암기법 사구미완 다승	• 피난사다리 • 구조대 • 미끄럼대 • 완강기 • 다수인피난장비 • 승강식 피난기 🖉암기법 사구미완 다승	• 피난사다리 • 구조대 • 미끄럼대 • 완강기 • 다수인피난장비 • 승강식 피난기 🖉암기법 사구미완 다승
(4) 그 밖의 것 관설18 (10층 업무시설)			• 완강기 • 간이완강기 [2] • 피난교 • 승강식 피난기 • 미끄럼대 • 구조대 • 피난사다리 • 다수인피난장비 • 피난용트랩 • 공기안전매트 [3] 🖉암기법 완간이 피승미 구피다 피트공	• 완강기 • 간이완강기 [2] • 피난교 • 승강식피난기 • 구조대 • 피난사다리 • 다수인피난장비 • 공기안전매트 [3] 🖉암기법 완간이 피승 구피다 공

(5) 비고에 따른 피난기구 적응성

① 구조대의 적응성은 장애인 관련시설로서 주된 사용자 중 스스로 피난이 불가한 자가 있는 경우 2.1.2.4 (4층 이상에 설치된 노유자시설 중 장애인 관련시설)로서 주된 사용자 중 스스로 피난이 불가한 자가 있는 경우 구조대 1개 이상 추가 설치)에 따라 추가로 설치하는 경우에 한한다.
②, ③ 간이완강기의 적응성은 2.1.2.2에 따라 숙박시설의 3층 이상에 있는 객실에 공기안전매트의 적응성은 2.1.2.3 [숙박시설(휴양콘도미니엄 제외)에 객실마가 추가로 완강기 또는 그 상이의 완강기]에 따라 공동주택(「공동주택관리법」 제2조제1항제2호 가목부터 라목까지 중 어느 하나에 해당하는 공동주택)에 추가로 설치하는 경우에 한한다.

Mind-Control

우리가 정말로 외롭고 힘들 때 누가 옆에 있어주면 그 시간을 참고 보낼 수 있다. 왜냐하면, 혼자 있으면 지금의 고통 나만 겪는다고 생각하는데, 같이 있으면 그 친구가 나도 겪었다고 또 이것도 지나간다고 일러주기 때문이다.

— 혜민 스님 —

고통을 함께 하겠습니다. 다음 카페 "한방에 끝내는 소방"으로 노크해 주세요.

15 소방시설의 내진설계기준

1 「소방시설의 내진설계기준」에 대하여 조건에 따라 다음 물음에 답하시오.

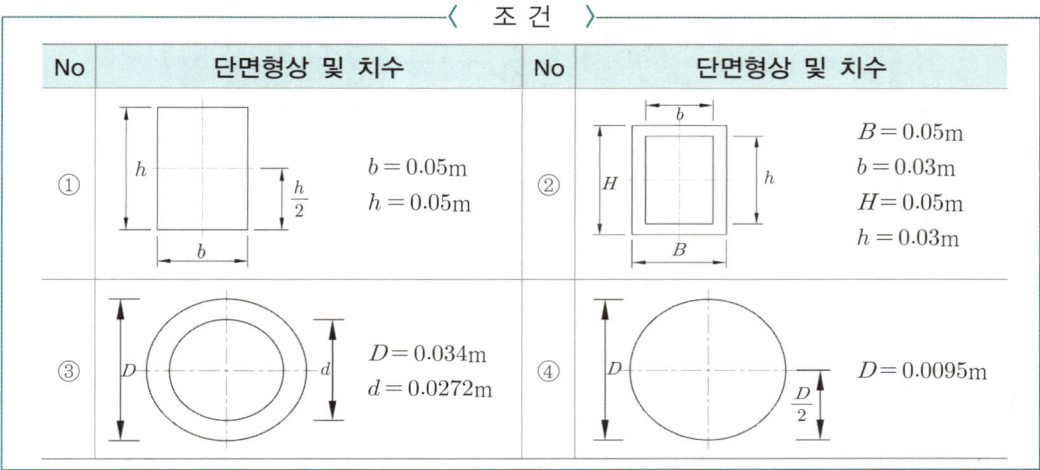

(1) ①의 사각봉을 흔들림 방지 버팀대의 지지대로 사용할 경우 최대길이를 구하시오.
(2) ②의 각형 배관을 흔들림 방지 버팀대의 지지대로 사용할 경우 최대길이를 구하시오.
(3) ③의 원형 배관을 흔들림 방지 버팀대의 지지대로 사용할 경우 최대길이를 구하시오.
(4) ④를 환봉타입 가지배관 고정장치로 사용할 경우 세장비에 따른 최대길이를 구하시오.

해설

세장비(λ) = $\dfrac{l}{r}$ 출110(25)112(25)119(25)132(25)

여기서, λ : 세장비[지지대는 300 이하, 환봉형 가지배관 고정장치는 400 이하]
  l : 버팀대의 길이[m]
  $r = \sqrt{\dfrac{I}{A}}$: 최소 단면 2차 반경[m]
  I : 버팀대의 단면 2차 모멘트[m^4]
  A : 버팀대의 단면적[m^2]

No	단면형상	면적(A)	도심에서 하단거리	단면 2차 모멘트(I)	단면계수(Z)	단면 2차 반경(r)
①	h, b, $y = \dfrac{h}{2}$	bh	$y = \dfrac{h}{2}$	$\dfrac{bh^3}{12}$	$\dfrac{bh^2}{6}$	$\dfrac{h}{\sqrt{12}}$

No	단면형상	면적(A)	도심에서 하단거리	단면 2차 모멘트(I)	단면계수(Z)	단면 2차 반경(r)
②	(직사각형 중공단면, B, H, b, h, $y=h$)	$BH - bh$	$y = \dfrac{H}{2}$	$\dfrac{BH^3 - bh^3}{12}$	$\dfrac{BH^3 - bh^3}{6H}$	$\sqrt{\dfrac{BH^3 - bh^3}{12(BH - bh)}}$
③	(원형 중공단면, D, d)	$\dfrac{\pi(D^2 - d^2)}{4}$	$y = \dfrac{D}{2}$	$\dfrac{\pi(D^4 - d^4)}{64}$	$\dfrac{\pi(D^4 - d^4)}{64}$	$\dfrac{\sqrt{D^2 + d^2}}{4}$
④	(원형 단면, D, $\dfrac{D}{2}$)	$\dfrac{\pi D^2}{4} = \pi r^2$	$y = \dfrac{D}{2} = r$	$\dfrac{\pi D^4}{64}$	$\dfrac{\pi D^3}{32}$	$\dfrac{D}{4}$

→ 단면계수 $\left(Z = \dfrac{I}{y}\right)$: 단면계수가 큰 단면이 휘어짐에 대한 저항이 크다.

→ 흔들림 방지 버팀대용 지지대의 세장비는 300 이하이며, 환봉타입 가지배관 고정장치의 세장비는 400 이하로 적용한다.

(1) ①의 사격봉을 흔들림 방지 버팀대의 지지대로 사용할 경우 최대길이

No	단면형상	면적(A)	단면 2차 모멘트(I)	단면 2차 반경(r)
①	(직사각형 단면, $b = 0.05$m, $h = 0.05$m, $\dfrac{h}{2}$)	bh	$\dfrac{bh^3}{12}$	$\dfrac{h}{\sqrt{12}}$

최소 단면 2차 반경 : $r = \sqrt{\dfrac{I}{A}} = \sqrt{\dfrac{\dfrac{bh^3}{12}}{bh}} = \dfrac{h}{\sqrt{12}} = \dfrac{0.05\text{m}}{\sqrt{12}} = 0.014$ ∴ 0.014m

세장비(λ) $= \dfrac{l}{r}$ 이므로 지지대 최대길이 : $l = \lambda \times r = 300 \times 0.014\text{m} = 4.2$ ∴ 4.2m

이해 필

☑ 좌굴(buckling) 현상

철골부재 등에 압축응력을 가하면 휘어지게 되며, 원래대로 되돌아 가려는 탄성이 발생한다. 이때, 탄성한계의 끝을 항복점이라 하며, 이를 넘어서면 원래상태로 되돌아갈 수 없으므로 변형이 발생하여 휘거나 주름이 발생하는 현상을 좌굴이라 한다.

01 수계 소화설비 계산문제

(2) ②의 각형 배관을 흔들림 방지 버팀대의 지지대로 사용할 경우 최대길이

No	단면형상	면적(A)	단면 2차 모멘트(I)	단면 2차 반경(r)
②	$B=0.05\text{m}$, $b=0.03\text{m}$, $H=0.05\text{m}$, $h=0.03\text{m}$	$BH-bh$	$\dfrac{BH^3-bh^3}{12}$	$\sqrt{\dfrac{BH^3-bh^3}{12(BH-bh)}}$

② 최소 단면 2차 반경 : $r = \sqrt{\dfrac{I}{A}} = \sqrt{\dfrac{\dfrac{BH^3-bh^3}{12}}{BH-bh}} = \sqrt{\dfrac{BH^3-bh^3}{12(BH-bh)}}$

$= \sqrt{\dfrac{(0.05\text{m} \times 0.05^3\text{m}^3)-(0.03\text{m} \times 0.03^3\text{m}^3)}{12 \times (0.05\text{m} \times 0.05\text{m})-(0.03\text{m} \times 0.03\text{m})}} = 0.016 \quad \therefore 0.016\text{m}$

세장비(λ) $= \dfrac{l}{r}$ 이므로 지지대 최대길이 : $l = \lambda \times r = 300 \times 0.016\text{m} = 4.8 \quad \therefore 4.8\text{m}$

(3) ③의 원형 배관을 흔들림 방지 버팀대의 지지대로 사용할 경우 최대길이

No	단면형상	면적(A)	단면 2차 모멘트(I)	단면 2차 반경(r)
③	$D=0.034\text{m}$, $d=0.0272\text{m}$ [KS D 3562 25A 배관 치수임]	$\dfrac{\pi(D^2-d^2)}{4}$	$\dfrac{\pi(D^4-d^4)}{64}$	$\dfrac{\sqrt{D^2+d^2}}{4}$

③ 최소 단면 2차 반경 : $r = \sqrt{\dfrac{I}{A}} = \sqrt{\dfrac{\dfrac{\pi(D^4-d^4)}{64}}{\dfrac{\pi(D^2-d^2)}{4}}} = \dfrac{\sqrt{D^2+d^2}}{4}$

$= \dfrac{\sqrt{0.034^2\text{m}^2 + 0.0272^2\text{m}^2}}{4} = 0.001 \quad \therefore 0.001\text{m}$

세장비(λ) $= \dfrac{l}{r}$ 이므로 지지대 최대길이 : $l = \lambda \times r = 300 \times 0.001\text{m} = 3 \quad \therefore 3\text{m}$

(4) ④의 환봉타입 가지배관 고정장치로 사용할 경우 세장비에 따른 최대길이

No	단면형상	면적(A)	단면 2차 모멘트(I)	단면 2차 반경(r)
④	$D=0.0095\text{m}$ [3/8″ 전산볼트 치수임]	$\dfrac{\pi D^2}{4} = \pi r^2$	$\dfrac{\pi D^4}{64}$	$\dfrac{D}{4}$

최소 단면 2차 반경 : $r = \sqrt{\dfrac{I}{A}} = \sqrt{\dfrac{\dfrac{\pi D^4}{64}}{\pi r^2}} = \dfrac{D}{4} = \dfrac{0.0095\text{mm}}{4} = 0.002 \quad \therefore 0.002\text{m}$

세장비(λ) $= \dfrac{l}{r}$ 이므로 환봉 최대길이 : $l = \lambda \times r = 400 \times 0.002\text{m} = 0.8 \quad \therefore 0.8\text{m}$

2 「소방시설의 내진설계기준」에 대하여 조건에 따라 다음 물음에 답하시오.

〈 조 건 〉

① 지진구역 Ⅰ(서울, 인천, 대전, 부산, 대구, 울산, 광주, 세종)의 유효지반가속도(S)는 0.22g이다.
② 지진구역 Ⅱ(제주, 강원북부)의 유효지반가속도(S)는 0.14g이다.
③ [별표 1] 단주기 응답지수별 소화배관의 지진계수

단주기 응답지수(S_s)	지진계수(C_p)
0.33 이하	0.35
0.40	0.38
0.50	0.40
0.60	0.42
0.70	0.42
0.80	0.44

(1) 직선보간법으로 지진구역 Ⅰ의 지진계수를 구하시오.
(2) 직선보간법으로 지진구역 Ⅱ의 지진계수를 구하시오.
(3) 산출된 지진구역 Ⅰ, Ⅱ의 지진계수에 따른 배관 재질에 따른 가지배관 고정장치 최대설치간격을 쓰시오.

해설

(1) **직선보간법으로 지진구역 Ⅰ의 지진계수**

직선보간법이란 시작점과 끝점의 값이 주어졌을 때 그 사이에 위치한 값을 추정하기 위하여 직선거리에 따라 선형적으로 계산하는 방법을 말한다.

$$y = y_0 + (y_1 - y_0) \times \frac{x - x_0}{x_1 - x_0}$$

여기서, y : 직선보간 추정 y값 x : 직선보간 추정 x값
y_0 : 시작하는 y_0값 x_0 : 시작하는 x_0값
y_1 : 끝나는 y_1값 x_1 : 끝나는 x_1값

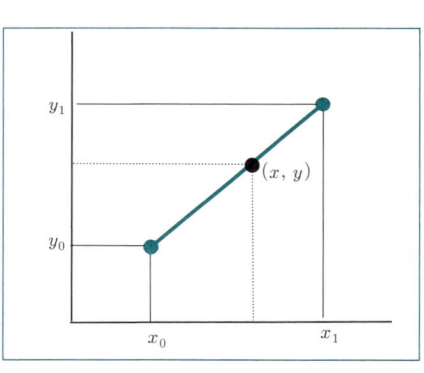

〈직선보간법〉

① 단주기 응답지수(S_s) : 최대고려 지진의 유효지반가속도 S를 2.5배한 값
$S_s = S \times 2.5$
여기서, S_s : 단주기 응답지수
S : 유효지반가속도
지진구역 Ⅰ의 유효지반가속도 $S = 0.22$
$S_s = S \times 2.5 = 0.22 \times 2.5 = 0.55$이므로
단주기 응답지수 0.5~0.6 사이의 구간을 직선보간한다.

단주기 응답지수(S_s)	지진계수(C_p)	비고
0.50	0.40	지진구역 Ⅰ 시작점
0.60	0.42	지진구역 Ⅰ 끝점

1. 표의 값을 기준으로 S_s의 사이값은 직선보간법 이용하여 적용할 수 있다.
2. S_s : 단주기 응답지수(Short period response parameter)로서 최대고려 지진의 유효지반가속도 S를 2.5배한 값

② 직선보간에 따른 지진구역 Ⅰ의 지진계수
$x_0 = 0.5$, $y_0 = 0.4$, $x_1 = 0.6$, $y_1 = 0.42$, $x = 0.55(=S_s)$, $y = C_p$

$$y = y_0 + (y_1 - y_0) \times \frac{x - x_0}{x_1 - x_0} = 0.4 + (0.42 - 0.4) \times \frac{0.55 - 0.5}{0.6 - 0.5} = 0.41 \quad \therefore C_p = 0.41$$

(2) 직선보간법으로 지진구역 Ⅱ의 지진계수
① 단주기 응답지수(S_s) : 최대고려 지진의 유효지반가속도 S를 2.5배한 값
$S_s = S \times 2.5$
여기서, S_s : 단주기 응답지수
S : 유효지반가속도
지진구역 Ⅱ의 유효지반가속도 $S = 0.22$
$S_s = S \times 2.5 = 0.22 \times 2.5 = 0.35$이므로 단주기 응답지수 0.33~0.4 사이의 구간을 직선보간한다.

단주기 응답지수(S_s)	지진계수(C_p)	비고
0.33 이하	0.35	지진구역 Ⅱ 시작점
0.40	0.38	지진구역 Ⅱ 끝점

② 직선보간에 따른 지진구역 Ⅱ의 지진계수
$$y = y_0 + (y_1 - y_0) \times \frac{x - x_0}{x_1 - x_0}$$
여기서, y : 직선보간 추정 y값 x : 직선보간 추정 x값
　　　　y_0 : 시작하는 y_0값 x_0 : 시작하는 x_0값
　　　　y_1 : 끝나는 y_1값 x_1 : 끝나는 x_1값
$x_0 = 0.33$, $y_0 = 0.35$, $x_1 = 0.4$, $y_1 = 0.38$, $x = 0.35(=S_s)$, $y = C_p$

$$y = y_0 + (y_1 - y_0) \times \frac{x - x_0}{x_1 - x_0} = 0.35 + (0.38 - 0.35) \times \frac{0.35 - 0.33}{0.4 - 0.33} = 0.358 \quad \therefore C_p = 0.36$$

(3) 산출된 지진구역 Ⅰ, Ⅱ의 지진계수에 따른 배관 재질에 따른 가지배관 고정장치 최대설치간격
지진구역 Ⅰ의 지진계수 $C_p = 0.41$이며, 지진구역 Ⅱ의 지진계수 $C_p = 0.36$이므로「소방시설의 내진설계기준」별표 3 가지배관 고정장치의 최대설치간격은 다음과 같다.
① 강관 및 스테인리스(KS D 3576) 배관의 최대설치간격[m]

호칭구경	지진계수(C_p)			
	$C_p \leq 0.50$	$0.5 < C_p \leq 0.71$	$0.71 < C_p \leq 1.4$	$1.4 < C_p$
25A	13.1	11.0	7.9	6.7
32A	14.0	11.9	8.2	7.3
40A	14.9	12.5	8.8	7.6
50A	16.1	13.7	9.4	8.2

② 동관, CPVC 및 스테인리스(KS D 3595) 배관의 최대설치간격[m]

호칭구경	지진계수(C_p)			
	$C_p \leq 0.50$	$0.5 < C_p \leq 0.71$	$0.71 < C_p \leq 1.4$	$1.4 < C_p$
25A	10.3	8.5	6.1	5.2
32A	11.3	9.4	6.7	5.8
40A	12.2	10.3	7.3	6.1
50A	13.7	11.6	8.2	7.0

3 「소방시설의 내진설계기준」에 대하여 조건에 따라 다음 물음에 답하시오.

〈 조 건 〉

① [별표 1] 단주기 응답지수별 소화배관의 지진계수

단주기 응답지수(S_s)	지진계수(C_p)
0.50	0.40
0.60	0.42
0.70	0.42

② KS D 3507 100A 배관의 외경 114.3mm, 내경 105.3mm, 배관 1m의 하중은 119.56N이다.
③ "① 및 ② 버팀대"는 「소방시설의 내진설계기준」에 따라 각각 최대거리를 기준으로 배치한다.
④ 가지배관 등 기타 연결되는 배관은 없다.
⑤ 횡방향 흔들림 방지 버팀대의 배치는 다음과 같으며, 용수충전 배관무게 및 지진계수는 조건에 따라 산출된 값을 적용하며, 기타 주어지지 않은 조건은 무시한다.

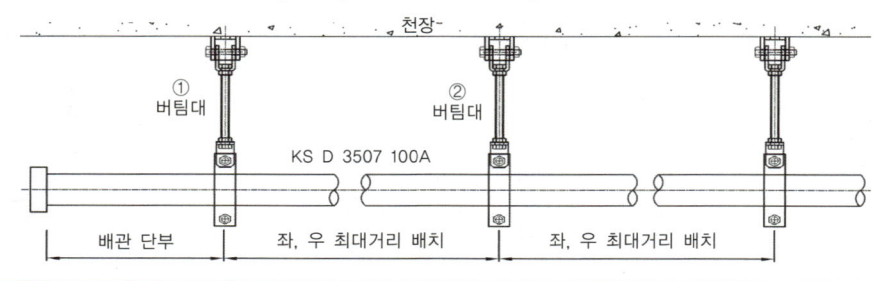

(1) 유효지반가속도가 0.23일 경우 조건의 별표 1을 고려하여 직선보간법에 의한 지진계수를 구하시오.
(2) 조건을 참고하여 100A 배관의 1m당 용수충전 배관무게 [N]를 구하시오.
(3) ① 버팀대의 횡방향 수평지진하중 [N]을 구하시오.
(4) ② 버팀대의 횡방향 수평지진하중 [N]을 구하시오.

해설

(1) 유효지반가속도가 0.23일 경우 조건의 별표 1을 고려하여 직선보간법에 의한 지진계수

$$y = y_0 + (y_1 - y_0) \times \frac{x - x_0}{x_1 - x_0}$$

여기서, y : 직선보간 추정 y값 x : 직선보간 추정 x값
y_0 : 시작하는 y_0값 x_0 : 시작하는 x_0값
y_1 : 끝나는 y_1값 x_1 : 끝내는 x_1값

① 단주기 응답지수(S_s) : 최대고려 지진의 유효지반가속도 S를 2.5배한 값
$S_s = S \times 2.5$
여기서, S_s : 단주기 응답지수 S : 유효지반가속도
$S = 0.23$이므로 $S_s = S \times 2.5 = 0.23 \times 2.5 = 0.575$
단주기 응답지수 0.5~0.6 사이의 구간을 직선보간한다.

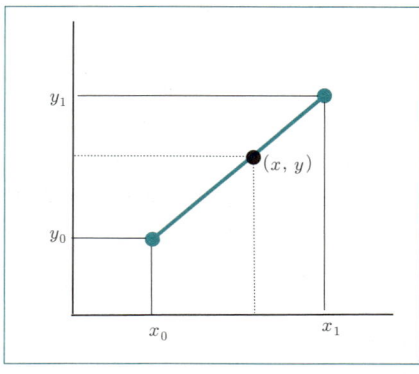

〈직선보간법〉

단주기 응답지수(S_s)	지진계수(C_p)	비고
0.40	0.38	
0.50	0.40	시작점
0.60	0.42	끝점

② 직선보간에 따른 지진구역 Ⅰ의 지진계수
$x_0 = 0.5$, $y_0 = 0.4$, $x_1 = 0.6$, $y_1 = 0.42$, $x = 0.575(= S_s)$, $y = C_p$
$y = y_0 + (y_1 - y_0) \times \dfrac{x - x_0}{x_1 - x_0} = 0.4 + (0.42 - 0.4) \times \dfrac{0.575 - 0.5}{0.6 - 0.5} = 0.415$ ∴ $C_p = 0.42$

(2) 조건을 참고하여 100A 배관의 1m당 용수충전 배관무게[N]
① 배관 내 용수(물) 무게
$F = \gamma V$
여기서, F : 힘, 무게[N]
γ : 비중량[물 : 9,800N/m³ = 9.8kN/m³]
V : 체적[m³]
$V = AL = \dfrac{\pi}{4} \times D^2 \times L = \dfrac{\pi}{4} \times 0.1053^2 \text{m}^2 \times 1\text{m}$ (배관 1m당 내용적)
$F = \gamma V = 9,800\text{N/m}^3 \times \dfrac{\pi}{4} \times 0.1053^2 \text{m}^2 \times 1\text{m} = 85.343$ ∴ 85.34N

② 용수충전 배관무게 : 119.56N + 85.34N = 204.9   ∴ 204.9N

(3) ① 버팀대의 횡방향 수평지진하중[N]
배관 단부로부터 최대거리는 1.8m 이내이며, 횡방향 흔들림 방지 버팀대간 최대거리는 12m이므로 배관 단부로부터 반대측 거리는 6m이므로 ① 버팀대의 횡방향 영향구역은 7.8m가 된다.

호칭	배관길이 합계	용수충전 배관무게	하중 합계
100	1.8m+6m	204.9N / m	7.8m × 204.9N = 1,598.22N
	용수충전 배관무게 총계		1,598.22N
	용수충전 배관무게×1.15=가동중량		1,598.22N × 1.15 = 1,837.953N
	수평지진하중	$F_{pw} = C_p W_p = 0.42 \times 1,837.953\text{N} = 771.94$ ∴ 771.94N	

(4) ② 버팀대의 횡방향 수평지진하중[N]
횡방향 흔들림 방지 버팀대간 최대거리는 12m이므로 ② 버팀대의 횡방향 영향구역은 12m가 된다.

호칭	배관길이 합계	용수충전 배관무게	하중 합계
100	12m	204.9N / m	12m × 204.9N = 2,458.8N
	용수충전 배관무게 총계		2,458.8N
	용수충전 배관무게×1.15=가동중량		2,458.8N × 1.15 = 2,827.62N
	수평지진하중	$F_{pw} = C_p W_p = 0.42 \times 2,827.62\text{N} = 1,187.6$ ∴ 1,187.6N	

이해 必

☑ 횡방향 흔들림 방지 버팀대의 수평지진하중 계산에서 이해해야 할 사항들

① KS D 3507 배관 사양에 따른 용수충전 배관무게

호칭 A	외경 mm	두께 mm	내경 mm	배관무게 N/m(B)	용수무게 $F = \gamma V$[N](C)	용수충전 배관무게 N/m(=B+C)
25	34.0	3.25	27.5	24.01	5.82	29.83
32	42.7	3.25	36.2	30.97	10.08	41.05

호칭 A	외경 mm	두께 mm	내경 mm	배관무게 N/m(B)	용수무게 $F=\gamma V$[N](C)	용수충전 배관무게 N/m(=B+C)
25	34.0	3.25	27.5	24.01	5.82	29.83
32	42.7	3.25	36.2	30.97	10.08	41.05
40	48.6	3.25	42.1	35.57	13.64	49.21
50	60.5	3.65	53.2	50.18	21.78	71.96
65	76.3	3.65	69	64.09	36.64	100.73
80	89.1	4.05	81	83.20	50.49	133.69
100	114.3	4.50	105.3	119.56	85.34	204.9
125	139.8	4.85	130.1	157.78	130.27	288.05
150	165.2	4.85	155.5	237.16	186.11	423.27
200	216.3	5.85	204.6	297.92	322.20	620.12

② 횡방향 수평지진하중 산정 시 가지배관 용수충전 배관무게 : 스프링클러설비 배관에 가지배관이 다음과 같이 설치된다면, 영향구역 Zone 1에 ① 버팀대가 설치된 경우 영향구역 Zone 1에 설치된 ①~③ 가지배관의 용수충전 배관무게를 추가하여 ① 버팀대의 수평지진하중을 산정하여야 한다. Zone 2에 ② 버팀대가 설치된 경우 또한 마찬가지로 영향구역 내에 설치된 ①~④ 가지배관의 용수충전 배관무게를 추가하여 수평지진하중을 산정하여야 한다.

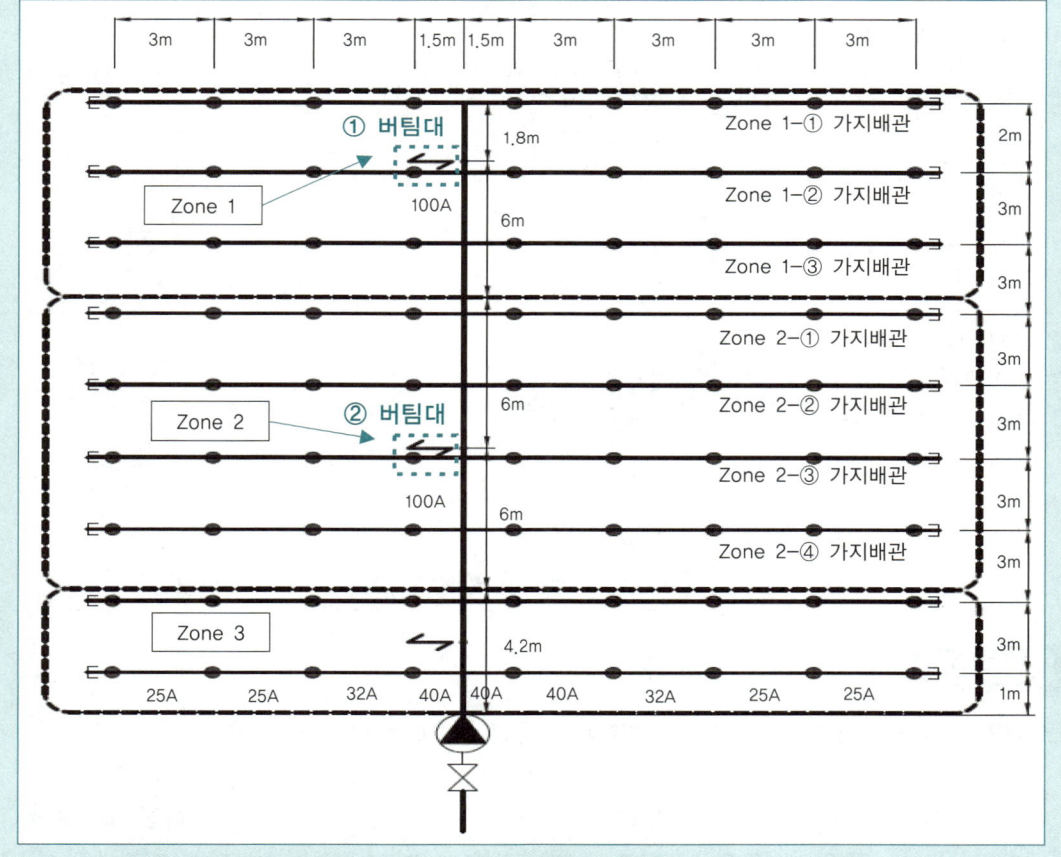

〈스프링클러설비에 설치된 횡방향 흔들림 방지 버팀대와 영향구역〉

③ 가동중량(W_p) 산출 : 각 구역별 산출된 용수충전 배관무게에 1.15의 할증을 주어 가동중량(밸브, 부속 등의 하중을 고려한 하중)을 구한다.
④ 지진계수(C_p) : 「소방시설 내진설계기준」별표 1에 따라 유효지반가속도(S)값이 주어질 경우 지진계수를 직선보간법에 따라 산정하는 것을 "허용응력법"이라 하며, 또, 다른 방법으로는 「건축구조기준」중 「건축물 내진설계기준」에 따라 "한계상태법"에 따라 산정할 수 있다. "한계상태법"은 건축물 높이에 따라 지진계수를 별도로 산정할 수 있으며, 상호 관계는 다음과 같다.
허용응력법에 의한 지진계수 = 0.7 × 한계상태법에 의한 지진계수
→ 제3조의2(공통 적용사항) 제2항제4호에 다음과 같은 규정이 있으니 참고 바람.
(예상 : 흔들림 방지 버팀대의 수평설계지진력에 의한 유효수직반력을 견디도록 설치해야 하는 경우에 대하여 쓰시오.)
4. 지진에 의한 배관의 수평설계지진력이 $0.5W_p$을 초과하고, 흔들림 방지 버팀대의 각도가 수직으로부터 45도 미만인 경우 또는 수평설계지진력이 $1.0W_p$를 초과하고 흔들림 방지 버팀대의 각도가 수직으로부터 60도 미만인 경우 흔들림 방지 버팀대는 수평설계지진력에 의한 유효수직반력을 견디도록 설치해야 한다.
⑤ 수평지진하중(F_{pw}) 산정 : 가동중량에 지진계수를 곱하여 산출한다. 이때, 산출된 수평지진하중을 고려하여 흔들림 방지 버팀대가 버틸 수 있는 하중을 고려하여 설치한다.
$F_{pw} = C_p \times W_p$
⑥ Zone 1~3 중 하중이 가장 큰 Zone 2 구역의 횡방향 흔들림 방지 버팀대의 수평지진하중을 산출할 경우 다음과 같다.

호칭	배관길이 합계	용수충전 배관무게	하중 합계
25	3m×4개소×4열=48m	29.83N/m	48m×29.83N=1,431.84N
32	3m×2개소×4열=24m	41.05N/m	24m×41.05N=985.2N
40	3m×2개소×4열=24m	49.21N/m	24m×49.21N=1,181.04N
100	12m	204.9N/m	12m×204.9N=2,458.8N
용수충전 배관무게 총계			6,056.88N
용수충전 배관무게×1.15=가동중량			6,056.88N×1.15=6,965.412N
수평지진하중(문제에서 산출된 지진계수 C_p=0.55 적용함)		$F_{pw}=C_pW_p=0.55\times6,965.412N=3,830.976$	∴ 3,830.98N

주의 必! ① 지진 시 횡방향 흔들림 방지 버팀대 좌우 배관에는 수평지진하중(F)와 배관 길이(L)에 따른 모멘트($F\times L$)가 작용한다. 이때, 배관의 항복강도 미만으로 모멘트가 작용해야 배관이 파손되지 않으므로 「소방시설의 내진설계기준」별표 2에서는 하중 또는 배관 길이를 제한하고 있다.

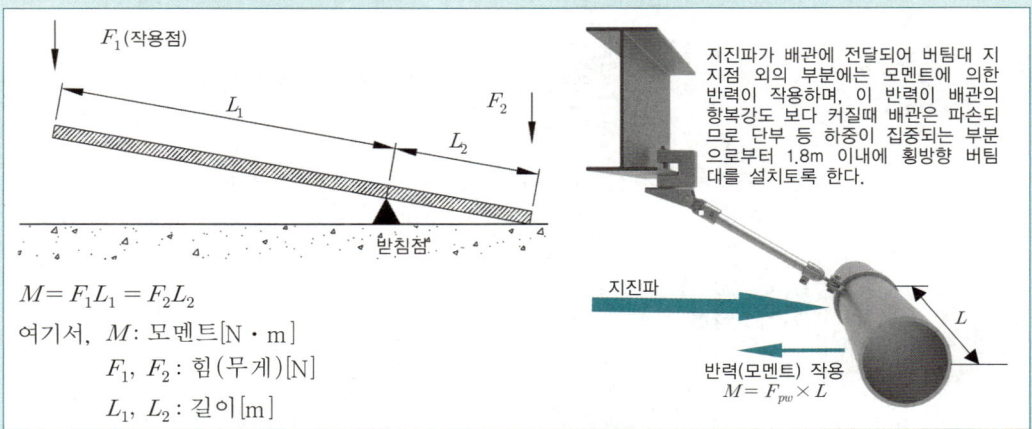

$M = F_1L_1 = F_2L_2$
여기서, M : 모멘트[N·m]
F_1, F_2 : 힘(무게)[N]
L_1, L_2 : 길이[m]

〈모멘트(지렛대의 원리와 동일하며, 하중 및 길이가 길수록 큰 힘이 발생함)〉

→ 별표 2. 소화배관의 종류별 흔들림 방지 버팀대의 간격에 따른 영향구역

1. KS D 3507 소화배관의 흔들림 방지 버팀대의 간격에 따른 영향구역의 최대허용하중(N)

재료의 항복강도 F_y : 200MPa

배관구경 [mm]	횡방향 흔들림 방지 버팀대의 간격[m]				
	6	8	9	11	12
25	450	338	295	245	212
32	729	547	478	397	343
40	969	727	635	528	456
50	1,770	1,328	1,160	964	832
65	2,836	2,128	1,859	1,545	1,334
80	4,452	3,341	2,918	2,425	2,094
100	8,168	6,130	5,354	4,449	3,842
125	13,424	10,074	8,798	7,311	6,315
150	19,054	14,299	12,488	10,378	8,963
200	39,897	29,943	26,150	21,731	18,769

2. KS D 3562(#40) 소화배관의 흔들림 방지 버팀대의 간격에 따른 영향구역의 최대허용하중(N)

재료의 항복강도 F_y : 250MPa

배관구경 [mm]	횡방향 흔들림 방지 버팀대의 간격[m]				
	6	8	9	11	12
25	597	448	391	325	281
32	1,027	771	673	559	483
40	1,407	1,055	922	766	661
50	2,413	1,811	1,581	1,314	1,135
65	5,022	3,769	3,291	2,735	2,362
80	7,506	5,663	4,920	4,088	3,531
100	13,606	10,211	8,918	7,411	6,400
125	22,829	17,133	14,962	12,434	10,739
150	34,778	26,100	22,794	18,943	16,360
200	70,402	52,836	46,143	38,346	33,119

3. KS D 3576(#10) 소화배관의 흔들림 방지 버팀대의 간격에 따른 영향구역의 최대허용하중(N)

재료의 항복강도 F_y : 205MPa

배관구경 [mm]	횡방향 흔들림 방지 버팀대의 간격[m]				
	6	8	9	11	12
25	415	311	272	226	195
32	687	515	450	374	323
40	909	682	596	495	428
50	1,462	1,097	958	796	688
65	2,488	1,867	1,630	1,355	1,170
80	3,599	2,701	2,359	1,960	1,693
100	6,052	4,542	3,966	3,296	2,847
125	9,884	7,418	6,478	5,383	4,650
150	13,958	10,475	9,148	7,602	6,566
200	29,625	22,233	19,417	16,136	13,936

4. KS D 3576(#20) 소화배관의 흔들림 방지 버팀대의 간격에 따른 영향구역의 최대허용하중(N)

재료의 항복강도 F_y : 205MPa

배관구경 [mm]	횡방향 흔들림 방지 버팀대의 간격[m]				
	6	8	9	11	12
25	443	332	290	241	208
32	736	552	482	401	346
40	943	708	618	514	443
50	1,738	1,304	1,139	946	817
65	2,862	2,148	1,876	1,559	1,346
80	4,635	3,479	3,038	2,525	2,180
100	7,635	5,730	5,004	4,158	3,592
125	14,305	10,736	9,376	7,792	6,729
150	20,313	15,245	13,314	11,064	9,556
200	46,462	34,870	30,453	25,307	21,857

5. KS D 3595 소화배관의 흔들림 방지 버팀대의 간격에 따른 영향구역의 최대허용하중(N)

재료의 항복강도 F_y : 205MPa

배관구경 [mm]	횡방향 흔들림 방지 버팀대의 간격[m]				
	6	8	9	11	12
25	123	92	81	67	58
32	216	162	141	117	101
40	316	237	207	172	148
50	850	638	557	463	399
65	1,264	948	828	688	594
80	2,483	1,864	1,627	1,352	1,168
100	4,144	3,110	2,716	2,257	1,949
125	5,877	4,410	3,852	3,201	2,764
150	12,433	9,331	8,149	6,772	5,849
200	22,535	16,912	14,770	12,274	10,601

6. CPVC 소화배관의 흔들림 방지 버팀대의 간격에 따른 영향구역의 최대허용하중(N)

재료의 항복강도 F_y : 55MPa

배관구경 [mm]	횡방향 흔들림 방지 버팀대의 간격[m]				
	6	8	9	11	12
25	113	85	74	61	46
32	229	172	150	125	108
40	349	262	229	190	164
50	680	510	445	370	277
65	1,199	900	786	653	564
80	2,200	1,651	1,442	1,198	1,035

주의 必! ② 횡방향 흔들림 방지 버팀대의 경우 상쇄배관(Offset : 영향구역 내 방향 전환되어 다시 같은 방향으로 연속되는 배관으로 합산된 길이 3.7m 이내의 배관)이 있을 경우 상쇄배관의 길이를 포함한 최대 12m로 적용한다.(물론, 별표 2에 따른 배관 종류별 길이별 하중은 고려되어야 한다.)

주의 必! ③ 횡방향 또는 종방향 흔들림 방지 버팀대가 인정받은 하중이 크더라도 그 힘은 앵커볼트로 최종전달되어 앵커볼트가 지지하는 구성을 가짐에 따라 앵커볼트의 지지력이 작을 경우 흔들림 방지 버팀대는 추가되어야 한다. 이때, 앵커볼트가 천장, 벽, 측벽 설치 또는 앵커볼트와 함께 건축물에 부착되는 건축물 부착장치의 형상에 따라 지지할 수 있는 하중은 달라지므로 주의하여야 한다.

4 「소방시설의 내진설계기준」에 대하여 조건에 따라 다음 물음에 답하시오. ♠♠♠

〈 조 건 〉

① [별표 1] 단주기 응답지수별 소화배관의 지진계수

단주기 응답지수(S_s)	지진계수(C_p)
0.40	0.38
0.50	0.40
0.60	0.42

② KS D 3507 150A 배관의 외경 165.2mm, 내경 155.5mm, 배관 1m의 하중은 237.16N이다.
③ "① 버팀대"는 「소방시설의 내진설계기준」에 따라 각각 최대거리를 기준으로 배치한다.
④ 기타 연결되는 배관은 없다.
⑤ 종방향 흔들림 방지 버팀대의 배치는 다음과 같으며, 용수충전 배관무게 및 지진계수는 조건에 따라 산출된 값을 적용하며, 기타 주어지지 않은 조건은 무시한다.

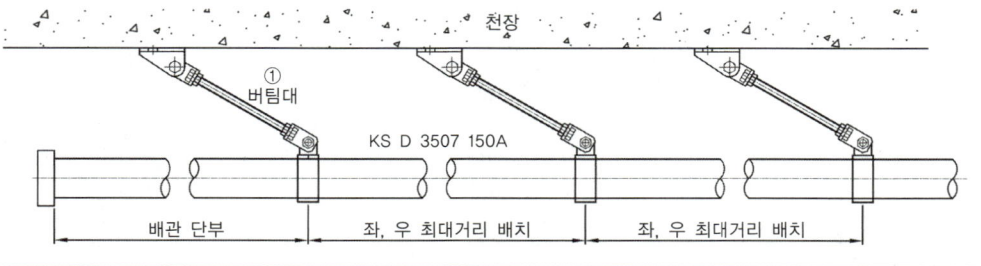

(1) 유효지반가속도가 0.18일 경우 조건의 별표 1을 고려하여 직선보간법에 의한 지진계수를 구하시오.
(2) 조건을 참고하여 150A 배관의 1m당 용수충전 배관무게 [N]를 구하시오.
(3) ① 버팀대의 종방향 수평지진하중 [N]을 구하시오.

해설

(1) 유효지반가속도가 0.18일 경우 조건의 별표 1을 고려하여 직선보간법에 의한 지진계수

$$y = y_0 + (y_1 - y_0) \times \frac{x - x_0}{x_1 - x_0}$$

여기서, y : 직선보간 추정 y값
x : 직선보간 추정 x값
y_0 : 시작하는 y_0값
x_0 : 시작하는 x_0값
y_1 : 끝나는 y_1값
x_1 : 끝나는 x_1값

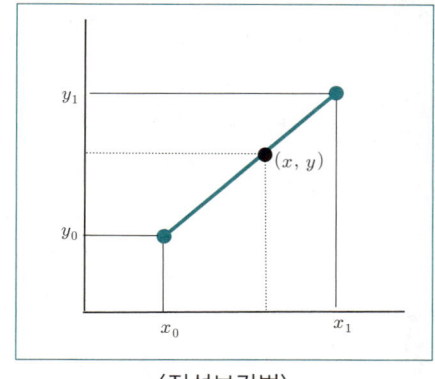

〈직선보간법〉

① 단주기 응답지수(S_s) : 최대고려 지진의 유효지반가속도 S를 2.5배한 값
$S_s = S \times 2.5$
여기서, S_s : 단주기 응답지수 S : 유효지반가속도
$S = 0.18$ 이므로 $S_s = S \times 2.5 = 0.18 \times 2.5 = 0.45$
단주기 응답지수 0.5~0.6 사이의 구간을 직선보간한다.

단주기 응답지수(S_s)	지진계수(C_p)	비고
0.40	0.38	시작점
0.50	0.40	끝점
0.60	0.42	

② 직선보간에 따른 지진구역 Ⅰ의 지진계수
$x_0 = 0.4,\ y_0 = 0.38,\ x_1 = 0.5,\ y_1 = 0.4,\ x = 0.45(= S_s),\ y = C_p$

$$y = y_0 + (y_1 - y_0) \times \frac{x - x_0}{x_1 - x_0} = 0.38 + (0.4 - 0.38) \times \frac{0.45 - 0.4}{0.5 - 0.4} = 0.39 \quad \therefore\ C_p = 0.39$$

(2) 조건을 참고하여 150A 배관의 1m당 용수충전 배관무게[N]
① 배관 내 용수(물) 무게
$F = \gamma V$
여기서, F : 힘, 무게[N]
γ : 비중량[물 : $9,800\text{N/m}^3 = 9.8\text{kN/m}^3$]
V : 체적[m^3]

$$V = AL = \frac{\pi}{4} \times D^2 \times L = \frac{\pi}{4} \times 0.1555^2 \text{m}^2 \times 1\text{m}(배관 1\text{m당 내용적})$$

$$F = \gamma V = 9,800\text{N/m}^3 \times \frac{\pi}{4} \times 0.1555^2 \text{m}^2 \times 1\text{m} = 186.113 \quad \therefore\ 186.11\text{N}$$

② 용수충전 배관무게 : $237.16\text{N} + 186.11\text{N} = 423.27 \quad \therefore\ 423.27\text{N}$

(3) ① 버팀대의 종방향 수평지진하중[N]

배관 단부로부터 최대거리는 1.8m 이내이며, 종방향 흔들림 방지 버팀대간 최대거리는 24m이므로 ① 버팀대의 종방향 영향구역은 24m가 된다.

호칭	배관길이 합계	용수충전 배관무게	하중 합계
100	24m	423.27N / m	$24\text{m} \times 423.27\text{N} = 10,158.48\text{N}$
	용수충전 배관무게 총계		10,158.48N
	용수충전 배관무게×1.15=가동중량		$10,158.48\text{N} \times 1.15 = 11,682.252\text{N}$
	수평지진하중	$F_{pw} = C_p W_p = 0.39 \times 11,682.252\text{N} = 4,556.078$	$\therefore\ 4,556.08\text{N}$

이해 必

종방향 흔들림 방지 버팀대의 수평지진하중 계산에서 이해해야 할 사항들

① KS D 3507 배관 사양에 따른 용수충전 배관무게

호칭 A	외경 mm	두께 mm	내경 mm	배관무게 N/m(B)	용수무게 $F=\gamma V$ [N](C)	용수충전 배관무게 N/m(=B+C)
25	34.0	3.25	27.5	24.01	5.82	29.83
32	42.7	3.25	36.2	30.97	10.08	41.05
40	48.6	3.25	42.1	35.57	13.64	49.21
50	60.5	3.65	53.2	50.18	21.78	71.96
65	76.3	3.65	69	64.09	36.64	100.73
80	89.1	4.05	81	83.20	50.49	133.69
100	114.3	4.50	105.3	119.56	85.34	204.9
125	139.8	4.85	130.1	157.78	130.27	288.05
150	165.2	4.85	155.5	237.16	186.11	423.27
200	216.3	5.85	204.6	297.92	322.20	620.12

② 종방향 수평지진하중 산정 시 가지배관 용수충전 배관무게 : 스프링클러설비 배관에 가지배관이 다음과 같이 설치된다면, 영향구역 Zone 1에 ① 버팀대가 설치된 경우 가지배관의 하중을 포함하지 않으며, 횡방향 버팀대와 같은 모멘트는 발생하지 않는 것으로 간주하여 별표 2는 적용하지 않는다.

③ 가동중량(W_p) 산출 : 각 구역별 산출된 용수충전 배관무게에 1.15의 할증을 주어 가동중량(밸브, 부속 등의 하중을 고려한 하중)을 구한다.

④ 지진계수(C_p) : 「소방시설 내진설계기준」 별표 1에 따라 유효지반가속도(S)값이 주어질 경우 지진계수를 직선보간법에 따라 산정하는 것을 "허용응력법"이라 하며, 또, 다른 방법으로는 「건축구조기준」 중 「건축물 내진설계기준」에 따라 "한계상태법"에 따라 산정할 수 있다. "한계상태법"은 건축물 높이에 따라 지진계수를 별도로 산정할 수 있으며, 상호관계는 다음과 같다.

허용응력법에 의한 지진계수 = 0.7 × 한계상태법에 의한 지진계수

→ 제3조의2(공통 적용사항) 제2항제4호에 다음과 같은 규정이 있으니 참고 바람
(예상 : 흔들림 방지 버팀대의 수평설계지진력에 의한 유효수직반력을 견디도록 설치해야 하는 경우에 대하여 쓰시오.)

4. 지진에 의한 배관의 수평설계지진력이 $0.5W_p$을 초과하고, 흔들림 방지 버팀대의 각도가 수직으로부터 45도 미만인 경우 또는 수평설계지진력이 $1.0W_p$를 초과하고 흔들림 방지 버팀대의 각도가 수직으로부터 60도 미만인 경우 흔들림 방지 버팀대는 수평설계지진력에 의한 유효수직반력을 견디도록 설치해야 한다.

Mind-Control

미쳤다는 소리를 들어보지 못했는가?
독하다는 소리를 들어보지 못했는가?
그렇다면 당신은 어떤 일에 대해 열정을 쏟아보지 않았음에 있다.
스스로를 위하여 공부에 미쳐보자.
비록 결과가 좋지 않더라도
더 이상 미련과 후회가 생기지 않도록 노력하는 것이 스스로를 위하는 것임을 알아야 한다.

⑤ 수평지진하중(F_{pw}) 산정 : 가동중량에 지진계수를 곱하여 산출한다. 이때, 산출된 수평지진하중을 고려하여 흔들림 방지 버팀대가 버틸 수 있는 하중을 고려하여 설치한다.

$F_{pw} = C_p \times W_p$

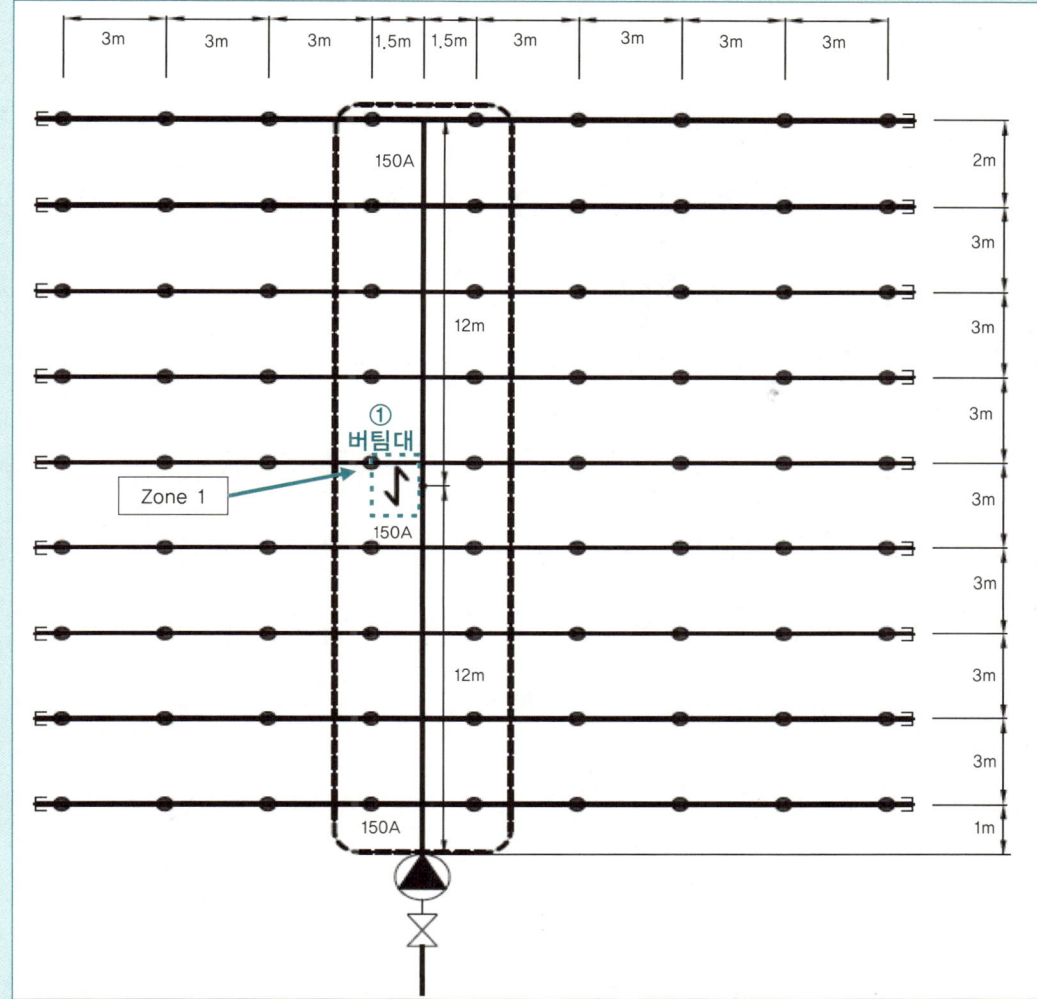

〈스프링클러설비에 설치된 종방향 흔들림 방지 버팀대와 영향구역〉

주의 必! ① 종방향 흔들림 방지 버팀대의 경우 상쇄배관(Offset : 영향구역 내 방향 전환되어 다시 같은 방향으로 연속되는 배관으로 합산된 길이 3.7m 이내의 배관)이 있을 경우 상쇄배관의 길이를 포함한 최대 24m로 적용한다.

주의 必! ② 횡방향 또는 종방향 흔들림 방지 버팀대가 인정받은 하중이 크더라도 그 힘은 앵커볼트로 최종전달되어 앵커볼트가 지지하는 구성을 가짐에 따라 앵커볼트의 지지력이 작을 경우 흔들림 방지 버팀대는 추가되어야 한다. 이때, 앵커볼트가 천장, 벽, 측벽 설치 또는 앵커볼트와 함께 건축물에 부착되는 건축물 부착장치의 형상에 따라 지지할 수 있는 하중은 달라지므로 주의하여야 한다.

MEMO

16 전기저장/창고시설/공동주택

🔊 화재안전기술기준 정리 🔥🔥🔥

구분		설명
전기저장장치	스프링클러	• 바닥면적이 230m² 이상인 경우에는 230m²에 1m²에 분당 12.2L/min 이상의 수량을 균일하게 30분 이상 방수 • 스프링클러헤드간 1.8m 이상 유지(최대 간격은 소화성능에 이상이 없을 것)
	배출설비	• 바닥면적 1m²당 18m³/hr 이상
창고시설	옥내소화전	• 수원 : $V = 0.13\,\mathrm{m^3/min} \times 40\mathrm{min} \times N(\max:2) = 5.2N$

	스프링클러	• 라지드롭형 스프링클러헤드 습식으로 설치. 다만 냉동창고, 영하의 온도로 저장하는 냉장창고, 창고시설 내 상시 근무자가 없어 난방을 하지 않는 창고시설은 건식프링클러설비 설치 가능
		• 랙식 창고 : 라지드롭형 스프링클러헤드를 3m 이하마다 설치 (수평거리 15cm 이상의 송기공간이 있는 경우 송기공간에 설치 가능)
		• 천장 높이가 13.7m 이한인 창고(랙식 창고 포함)는 화재조기진압용 스프링클러설치 가능
		• 높이가 4m 이상이 창고(랙식 창고 포함)에 설치하는 폐쇄형 스프링클러헤드 설치장소 평상시 최고 주위온도에 관계없이 121℃ 이상의 것
		• 가지배관에 설치되는 헤드 개수 : 4개 이하
		• 헤드 수평거리
		  ① 특수가연물 저장 취급 창고 : 1.7m
		  ② 그 외의 창고 : 2.1m (내화구조인 경우 2.3m)
		• 수원(기준개수 : 30개 이상 설치된 경우 30개)
		  ① 창고시설 : $V = 0.16\,\mathrm{m^3/min} \times 20\mathrm{min} \times N = 3.2N$
		  ② 랙식 창고 : $V = 0.16\,\mathrm{m^3/min} \times 60\mathrm{min} \times N = 9.6N$
		• 가압송수장치 송수량 : 0.1MPa의 방수압력 기준으로 $160l/\min$ 이상 방수성능
		• 비상전원 : 20분 (랙식 창고는 60분)

	비상방송	• 확성기 음성입력 : 3W 이상 • 음향경보 : 화재 시 전층 경보 • 축전지 또는 전기저장장치 : 감시상태 60분 지속 후 유효하게 30분 이상 경보

	자동화재탐지	• 감지기
		  ① 작동 시 감지기의 위치 수신기 표시
		  ② 아날로그방식의 감지기, 광전식 공기흡입형 감지기 또는 이와 동등 이상의 기능·성능이 인정되는 감지기를 설치
		  ③ 감지기 신호처리방식은 유선식, 무선식, 유·무선식 적용
		• 음향경보 : 화재 시 전층 경보
		• 축전지 또는 전기저장장치 : 감시상태 60분 지속 후 유효하게 30분 이상 경보

	유도등	• 피난구유도등/거실통로유도등 : 대형 설치
		• 피난유도선 : 연면적 15,000m² 이상인 창고시설의 지하층 및 무창층에 설치
		  ① 광원점등방식으로 바닥으로부터 1m 이하의 높이에 설치할 것
		  ② 각 층 직통계단 출입구로부터 건물 내부 벽면으로 10m 이상 설치
		  ③ 화재 시 점등되며 비상전원 30분 이상을 확보할 것
		  ④ 「피난유도선 성능인증 및 제품검사의 기술기준」에 적합한 것으로 설치할 것

구분		설명
창고시설	소화수조 및 저수조	• 저수량 = $\dfrac{\text{특정소방대상물의 연면적}[\text{m}^2]}{5{,}000\text{m}^2}$ (소수점 이하는 1로 본다) $\times 20\text{m}^3$
공동주택	옥내소화전	• 호스릴(hose reel) 방식으로 설치할 것 • 복층형 구조인 경우에는 출입구가 없는 층에 방수구를 설치하지 아니할 수 있다. • 감시제어반 전용실은 피난층 또는 지하 1층에 설치할 것. 다만, 상시 사람이 근무하는 장소 또는 관계인이 쉽게 접근할 수 있고 관리가 용이한 장소에 감시제어반 전용실을 설치할 경우에는 지상 2층 또는 지하 2층에 설치할 수 있다.
	스프링클러	• 수원(폐쇄형 헤드 적용) ① 아파트등(기준개수 10개) : $V = 0.8\text{m}^3/\text{min} \times T(20 \sim 60\text{min}) \times N(\max : 10)$ ② 아파트등의 각 동이 주차장으로 서로 연결된 구조(기준개수 30개) $\quad V = 0.8\text{m}^3/\text{min} \times T(20 \sim 60\text{min}) \times N(\max : 30)$ • 하나의 방호구역은 2개 층에 미치지 아니하도록 할 것. 다만, 복층형 구조의 공동주택에는 3개 층 이내로 할 수 있다. • 헤드 수평거리 : 아파트등의 세대 내(조기반응형 헤드 설치) 2.6m 이하 • 외벽에 설치된 창문에서 0.6m 이내에 스프링클러헤드를 배치하고, 배치된 헤드의 수평거리 이내에 창문이 모두 포함되도록 할 것. 다만, 다음의 기준에 어느 하나에 해당하는 경우에는 그렇지 않다. ① 창문과 창문 사이의 수직부분이 내화구조로 90cm 이상 이격되어 있거나, 「발코니 등의 구조변경 절차 및 설치기준」 제4조제1항부터 제5항까지에서 정하는 구조와 성능의 방화판 또는 방화유리창을 설치한 경우 ② 창문에 드렌처설비가 설치된 경우 • 대피공간은 헤드 설치 제외 • 「스프링클러설비의 화재안전기술기준(NFTC 103)」 2.7.7.1(반경 60cm 이상 공간 보유 및 벽과 스프링클러헤드간 공간은 10cm 이상) 및 2.7.7.3(살수장애 시 장애물 폭의 3배 이상 확보)의 기준에도 불구하고 세대 내 실외기실 등 소규모 공간에서 해당 공간 여건상 헤드와 장애물 사이에 60cm 반경을 확보하지 못하거나 장애물 폭의 3배를 확보하지 못하는 경우에는 살수방해가 최소화되는 위치에 설치할 수 있다.
	자동 화재탐지	• 감지기 ① 아날로그방식의 감지기, 광전식 공기흡입형 감지기 또는 이와 동등 이상의 기능·성능이 인정되는 것으로 설치 ② 세대 내 거실(취침용 방 및 거실)에는 연기감지기 설치 ③ 감지기회로 단선 시 고장표시가 되며, 해당 회로에 설치된 감지기가 정상 작동될 수 있는 성능을 갖도록 할 것 • 복층형 구조인 경우에는 출입구가 없는 층에 발신기를 설치하지 아니할 수 있다.
	비상방송	• 확성기는 각 세대마다 설치할 것 • 아파트등의 경우 실내에 설치하는 확성기 음성입력은 2W 이상

구분		설명
공동주택	피난기구	• 아파트등의 경우 각 세대마다 설치할 것 • 피난장애가 발생하지 않도록 하기 위하여 피난기구를 설치하는 개구부는 동일 직선상이 아닌 위치에 있을 것. 다만, 수직 피난방향으로 동일 직선상인 세대별 개구부에 피난기구를 엇갈리게 설치하여 피난장애가 발생하지 않는 경우에는 그렇지 않다. • 「공동주택관리법」제2조제1항제2호(마목은 제외함)에 따른 "의무관리대상 공동주택"의 경우에는 하나의 관리주체가 관리하는 공동주택 구역마다 공기안전매트 1개 이상을 추가로 설치할 것. 다만, 옥상으로 피난이 가능하거나 수평 또는 수직 방향의 인접세대로 피난할 수 있는 구조인 경우에는 추가로 설치하지 않을 수 있다. • 갓복도식 공동주택 또는 「건축법 시행령」제46조제5항에 해당하는 구조 또는 시설을 설치하여 수평 또는 수직 방향의 인접세대로 피난할 수 있는 아파트는 피난기구를 설치하지 않을 수 있다. • 승강식 피난기 및 하향식 피난구용 내림식 사다리가 「건축물의 피난·방화구조 등의 기준에 관한 규칙」제14조에 따라 방화구획된 장소(세대 내부)에 설치될 경우에는 해당 방화구획된 장소를 대피실로 간주하고, 대피실의 면적규정과 외기에 접하는 구조로 대피실을 설치하는 규정을 적용하지 않을 수 있다.
	유도등	• 소형 피난구 유도등을 설치할 것. 다만, 세대 내에는 유도등을 설치하지 않을 수 있다. • 주차장으로 사용되는 부분은 중형 피난구유도등을 설치할 것 • 「건축법 시행령」제40조제3항제2호나목 및 「주택건설기준 등에 관한 규정」제16조의2 제3항에 따라 비상문자동개폐장치가 설치된 옥상 출입문에는 대형 피난구유도등을 설치할 것 • 내부구조가 단순하고 복도식이 아닌 층에는 「유도등 및 유도표지의 화재안전기술기준 (NFTC 303)」 2.2.1.3 및 2.3.1.1.1 기준을 적용하지 아니할 것
	비상조명등	• 비상조명등은 각 거실로부터 지상에 이르는 복도·계단 및 그 밖의 통로에 설치해야 한다. 다만, 공동주택의 세대 내에는 출입구 인근 통로에 1개 이상 설치한다.
	차압 제연설비	• 특별피난계단의 계단실 및 부속실 제연설비는 「특별피난계단의 계단실 및 부속실 제연설비의 화재안전기술기준(NFTC 501A)」 2.22의 기준에 따라 성능확인을 해야 한다. 다만, 부속실을 단독으로 제연하는 경우에는 부속실과 면하는 옥내 출입문만 개방한 상태로 방연풍속을 측정할 수 있다.
	연결송수관	• 방수구 ① 층마다 설치(아파트등의 1층과 2층(또는 피난층과 그 직상층)에는 설치 제외) ② 아파트등의 경우 계단의 출입구(계단의 부속실을 포함하며 계단이 2 이상 있는 경우에는 그 중 1개의 계단을 말한다)로부터 5m 이내에 방수구를 설치하되, 그 방수구로부터 해당 층의 각 부분까지의 수평거리가 50m를 초과하는 경우에는 방수구를 추가로 설치할 것 ③ 쌍구형(아파트등의 용도로 사용되는 층에는 단구형 설치) ④ 송수구는 동별로 설치하되, 소방차량의 접근 및 통행이 용이하고 잘 보이는 장소에 설치할 것 • 펌프의 토출량은 $2,400l/min$ 이상(계단식 아파트의 경우에는 $1,200l/min$ 이상)으로 하고, 방수구 개수가 3개를 초과(방수구가 5개 이상인 경우에는 5개)하는 경우에는 1개 마다 $800l/min$(계단식 아파트의 경우에는 $400l/min$ 이상)를 가산해야 한다.
	비상콘센트	• 아파트등의 경우에는 계단의 출입구(계단의 부속실을 포함하며 계단이 2개 이상 있는 경우에는 그 중 1개의 계단을 말한다)로부터 5m 이내에 비상콘센트를 설치하되, 그 비상콘센트로부터 해당 층의 각 부분까지의 수평거리가 50m를 초과하는 경우에는 비상콘센트를 추가로 설치해야 한다.

한 방에 끝 내는 소 방시설관리사

Part **02**

가스계 소화설비 및 제연설비 계산문제

에듀파이어

소방시설관리사 2차 시험 출제경향 분석 및 출제예상 부분

회 차	1~10	11~20회	21~30	합계
문제 수	16	31	23	70

☑ 가스계 소화설비 및 제연설비 기출 계산문제

이산화탄소	• CO_2 가스 소화농도 계산 (**3회**) • CO_2 소화설비의 Block Diagram과 헤드 설치제외 장소 (**점3회/설13회/21회**) • CO_2의 각종 전기적, 기계적 구성기기의 작동순서 (**7회**) • 모피창고와 서고의 최소 소화약제 산출 저장량 / 에탄올 저장창고의 최소 소화약제 산출 저장량 / 용기 1병당 저장량 / 각 실별 저장용기수, 저장용기실의 최소 저장용기수 / 산소농도가 10%일 때 이산화탄소 농도 및 체적(무유출 기준) (**13회**) • 국소방출방식(방호공간체적, 방호공간벽면적, 합계, 방호대상물 주위에 설치된 벽면적, 최소약제량, 용기수) (**16회**) • 체적 55m³ 미만인 전기설비(비체적, 자유유출, 심부화재 약제량 및 농도, 설계농도 계산) (**16회**) • 각 방호구역 개구부 최대면적, 최소 소화약제 산출량, 저장용기수, 최소 소화약제 저장량, 석탄가스 및 에틸렌의 설계농도 (**18회**) • 설계농도 (**21회**) • 최소 저장량/헤드 최소 방사량/방사소요시간 (**23회**) • 이산화탄소소화설비 심부화재(10℃)에서 소화약제 선형상수 산출 (**설24 : 4점**)
할론	• 할론 1301의 최소약제량 / 저장용기수 / 분구면적 (**6회**) • 충전비에 따른 최소약제량 / 비체적 / 약제농도 계산 (**21회**)
할로겐 화합물 및 불활성기체	• HCFC Bland-A 화학식과 조성비/IG-541 소화약제 산출 및 기호설명, 선형상수, 약제량, 저장용기수, 선택밸브통과유량 (**14회**) • 배관의 최대허용응력 및 두께 산출 (**17회**) • HFC-23 저장량/분사헤드 유량, IG-100 저장량/저장용기 수/배관 두께/배관의 구경 선정기준 (**19회**) • 제조소 IG-100, IG-55, IG-541 약제량 (**20회**) • 무유출/자유유출 산출식 유도/HFC-227ea 선형상수/최소 용기수/사람 상주 시 HFC-227ea 및 IG-100 최대 용기 수 (**23회**) • 배관의 최대허용압력 계산 (**4점**) / 소화약제 선형상수 개념 설명 (**4점**) (**설24**)
분말	• 계산문제 출제 없음
고체 에어로졸	• 계산문제 출제 없음
제연설비	• 경유 거실의 배출량 / 풍도의 최소폭 / 축동력 / 배출량을 20% 증가 시 회전수 / 전압 / 전동기 사용가능 여부 판단 (**6회**) • Fan의 동력을 마력으로 산정 (**9회**) • 배출량 / 동력 / 풍도의 최소폭 / 강판두께 (**13회**) • A구역 배출량 / B구역 배출량 / 급·배기댐퍼 동작 (**15회**) • 송풍기 필요 압력 (**15회**) / 송풍기 동력 (**15회**) • 공동예상제연구역 배출량, 통로배출방식, 상사법칙에 따른 전동기 동력, 공기유입량, 공기유입구의 최소면적 (**16회**) • 거실제연설비 공동예상제연구역 전체배출량 (**4점**)/ A, B, C실의 공기유입구 최소직선거리 (**4점**) (**설24**)

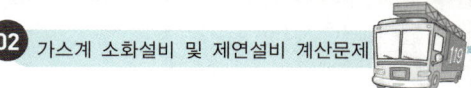

02 가스계 소화설비 및 제연설비 계산문제

소방시설관리사 2차 시험 출제경향 분석 및 출제예상 부분		회차	1~10	11~20회	21~30	합계
		문제수	16	31	23	70

| 차압 제연설비 | • 개방력에 의한 차압 계산 (**10회**)
 • 출입문 누설틈새면적 / 누설량 (**18회**)
 • 송풍기 풍량 / 송풍기 정압산정 / 전동기용량 (**19회**)
 • 송풍기풍량/덕트내 평균풍속/달시-바이스바흐식에 의한 덕트마찰손실/최저배출량 (**23회**)
 • 부속실 제연설비 누설량 계산 (**5점**) / 「문세트(KS F 3109)」에 따른 기준을 적용한 최대허용 누설량 (**5점**) / 송풍기 풍량 및 입상덕트 최소크기 (**4점**) / 폐쇄력 계산 (**4점**) / 급기송풍기 풍량 (**3점**) / 동력 (**3점**) / 입상덕트 최소크기 (**3점**) (**설24회**) |

01 이산화탄소소화설비

🔊 CO₂ 소화설비의 고압식, 저압식설비의 수치 정리 🔥🔥🔥

구분		고압식	저압식
충전비	저장용기	1.5~1.9 이하	1.1~1.4 이하
	기동용기	1.5 이상	
저장용기 안전밸브의 작동압력		—	내압시험압력의 0.64~0.8배 : 2.24~2.8MPa
저장용기 봉판의 작동압력		—	내압시험압력의 0.8~1(내압시험압력) 이하 : 2.8~3.5MPa
압력경보장치의 작동압력		—	2.3MPa 이상 1.9MPa 이하
저장용기 저장압력		15℃ : 5.3MPa 20℃(상온) : 6MPa	−18℃ 이하 : 2.1MPa (자동냉동장치)
저장용기 내압시험 압력		25MPa 이상	3.5MPa 이상
저장용기와 선택밸브 또는 개폐밸브 사이의 안전장치 작동압력		내압시험압력의 0.8배 : 20MPa	내압시험압력의 0.8배 : 2.8MPa
기동용기의 내압시험압력		25MPa 이상	
기동용기안전장치의 작동압력		내압시험압력의 0.8~1(내압시험압력) 이하 : 20~25MPa 이하	
개폐밸브 또는 선택밸브 배관부속의 시험압력		1차측 : 4MPa 이상 2차측 : 2MPa 이상	1, 2차측 : 2MPa 이상
분사헤드의 방사압력		2.1MPa 이상	1.05MPa 이상
배관	압력배관용 탄소강관 (KS D 3562)	스케줄 80 이상(호칭구경 20mm 이하 : 스케줄 40 이상)	스케줄 40 이상
	이음이 없는 구리 및 구리합금관 (KS D 5301)	16.5MPa	3.75MPa
	배관부속	1차측 : 4MPa 이상 2차측 : 2MPa 이상	2MPa

각 설비별 국소방출방식 약제량 산출방식

구분		면적식일 경우의 약제량[kg_f]	체적식일 경우의 약제량[kg_f]					Y값	방사압력 [MPa]
			방호공간체적[m^3]×	(X	−	Y	×$\frac{a}{A}$)× 할증		
CO_2	저압식	$A \times 13 \times 1.1$	〃	8	−	6	〃 1.1	$X \times 0.75$ $= Y$	1.05
	고압식	$A \times 13 \times 1.4$	〃	8	−	6	〃 1.4		2.1
할론	2402	$A \times 8.8 \times 1.1$	〃	5.2	−	3.9	〃 1.1		0.1
	1211	$A \times 7.6 \times 1.1$	〃	4.4	−	3.3	〃 1.1		0.2
	1301	$A \times 6.8 \times 1.25$	〃	4	−	3	〃 1.25		0.9
분말	1종	$A \times 8.8 \times 1.1$	〃	5.2	−	3.9	〃 1.1		
	2,3종	$A \times 5.2 \times 1.1$	〃	3.2	−	2.4	〃 1.1		−
	4종	$A \times 3.6 \times 1.1$	〃	2	−	1.5	〃 1.1		

(1) a : 방호대상물의 주변에 설치된 벽면적의 합계[m^2](→ 0.6m이내에 설치된 실제 벽을 말하며, 누설되지 않는 벽면적을 의미한다.)
(2) A : 방호공간의 벽면적(벽이 없는 경우에는 벽이 있는 것으로 가정한 부분의 면적)의 합계[m^2](→ 전체 벽 면적으로서 0.6m 이내에 실제 벽이 있을 경우를 포함하며, 0.6m 이내에 벽이 없을 경우에는 가상의 벽이 있다고 가정한 벽 면적의 합계를 말한다.)

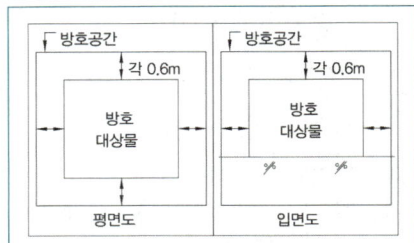

국소방출방식에서 체적식일 경우의 약제량 산출 의미 관설16

방호대상물 주위 사방에 벽이 있는 경우와 벽이 없는 경우 또는 일부분에만 벽이 있는 경우로 볼 수 있는데 가상의 방호공간(방호대상물 각 부분으로부터 0.6m보다 큰 공간)에 대하여 소화약제를 방사하는 것으로서 벽으로 볼 수 있는 기준은 방호대상물로부터 0.6m(2ft) 이내에 설치된 벽의 유무로서 판단한다.(NFPA Code 참고)

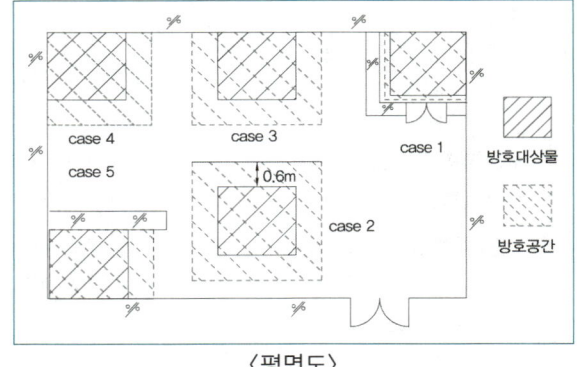

〈평면도〉

(1) 방호대상물 주위 0.6m 이내 사방이 벽인 경우(Case 1) : 가상의 방호공간(0.6m) 내에 실제 벽이 있으므로 방호공간의 벽면적과 방호대상물의 벽면적이 같은($a = A$) 경우로서 방호공간의 체적당 약제량은 최소량인 $2kg_f/m^3$이 된다.

$$Q = 8 - 6 \times \frac{a}{A} = 8 - 6 \times 1 = 2 \quad \therefore 2kg_f/m^3$$

(2) 방호대상물 주위 0.6m 내 벽이 없는 경우(Case 2) : 벽이 없으므로 $a = 0$을 적용하면 방호공간 약제량은 최대량인 $8kg_f/m^3$이다.

$$Q = 8 - 6 \times \frac{a}{A} = 8 - 6 \times \frac{0}{A} = 8 \quad \therefore 8kg_f/m^3$$

(3) 한 면에 벽이 있는 경우(Case 3) : 방호대상물의 크기를 정육면체로 가정하여 가로, 세로, 높이를 1m로 가정(이하 동일)하여 산출한다.

$a =$ 가로×높이×1면(상부벽면) = $(1m + 0.6m \times 2) \times (1m + 0.6m) = 3.52 \quad \therefore 3.52m^2$

$A =$ 가로×높이×2면(상, 하부면)+가로×높이×2면(좌, 우측면)
$= (1m + 0.6m \times 2) \times (1m + 0.6m) \times 2면 + (1m + 0.6m) \times (1m + 0.6m) \times 2면 = 12.16 \quad \therefore 12.16m^2$

$$Q = 8 - 6 \times \frac{a}{A} = 8 - 6 \times \frac{3.52m^2}{12.16m^2} = 6.263 \quad \therefore 6.3kg_f/m^3(필요한 약제량이므로 절상한다)$$

(4) 두 면에 벽이 있는 경우(Case 4)

　　a = 가로×높이×2면(상, 좌측벽면) = $(1m+0.6m)\times(1m+0.6m)\times 2$면 $= 5.12$ ∴ $5.12m^2$

　　A = 가로×높이×4면(상, 하, 좌, 우측면)
　　　$= (1m+0.6m)\times(1m+0.6m)\times 4$면 $= 10.24$ ∴ $10.24m^2$

　　$Q = 8 - 6 \times \dfrac{a}{A} = 8 - 6 \times \dfrac{5.12m^2}{10.24m^2} = 5$ ∴ $5kg_f/m^3$

(5) 세 면에 벽이 있는 경우(Case 5)

　　a = 가로×높이×2면(상, 하부벽면)+가로×높이×1면(좌측벽면)
　　　$= (1m+0.6m)\times(1m+0.6m)\times 2$면 $+ 1m\times(1m+0.6m)\times 1$면 $= 6.72$ ∴ $6.72m^2$

　　A = 가로×높이×2면(상, 하부면)+가로×높이×2면(좌, 우측면)
　　　$= (1m+0.6m)\times(1m+0.6m)\times 2$면 $+ 1m\times(1m+0.6m)\times 2$면 $= 8.32$ ∴ $8.32m^2$

　　$Q = 8 - 6 \times \dfrac{a}{A} = 8 - 6 \times \dfrac{6.72m^2}{8.32m^2} = 3.15$ ∴ $3.2kg_f/m^3$

> **이해 必**
>
> ☑ 화재안전기술기준상 방호대상물 주위의 벽의 유무로서 $8\sim 2kg_f/m^3$ 사이의 범위 내에서 소화약제를 방사하라는 의미로서 "$6\times a/A$"에서 "6"은 가상의 방호공간에서 소실될 수 있는 최대약제량($6kg_f/m^3$)을 의미하며, A는 방호공간 전체 벽면적이며, a는 실제 설치된 벽면적으로 약제가 소실되지 않는 면적을 뜻하므로 "$6\times a/A$"는 벽면적의 비율에 따라 소실되지 않는 약제량을 의미하므로 기본 약제량에서 소실되지 않는 약제량을 감해주면 필요한 약제량이 된다.(벽이 많을수록 소실되는 약제량은 작아진다.)
>
> | 방호대상물 주위에
벽이 없을 경우의 기본약제량
$8kg_f/m^3$ | 소실되지 않는 약제량
$6\times \dfrac{a}{A}$
필요한 약제량 $Q = 8 - 6\times \dfrac{a}{A}$ |
> |---|---|

📢 설비별 약제방사시간 술77(10)78(25) 🔥🔥🔥

구분		이산화탄소소화설비		할론 소화설비	할로겐화합물 및 불활성기체소화설비 술115(25)		분말 소화 설비
		표면 화재	심부 화재		할로겐화합물	불활성기체	
전역 방출 방식	특정소방 대상물	1분 이내	7분 이내(설계농도 2분 이내 30% 도달)	10초 이내	10초 이내 (설계농도의 95% 이상 방사)	A · C급 2분, B급 1분 이내 (설계농도의 95% 이상 방사)	30초 이내
	위험물 제조소등	60초 이내	60초 이내	30초 이내	—		30초 이내
국소 방출 방식	특정소방 대상물	30초 이내	30초 이내	10초 이내	—		30초 이내
	위험물 제조소등	30초 이내	30초 이내	30초 이내	—		30초 이내

각 설비별 호스릴 관련 수치 정리

구분	kg / nozzle	참고	kg / min	수평거리
CO_2	90	—	60	15m
할론 1301	45	—	35	20m
할론 1211	50	—	40	20m
할론 2402	50	×0.9=	45	20m
분말소화약제 1종	50	×0.9=	45	15m
분말소화약제 2, 3종	30	×0.9=	27	15m
분말소화약제 4종	20	×0.9=	18	15m

주의必

☑ **가스계소화약제의 계산에서 주의하여야 할 사항**

① 이산화탄소소화설비
  ㉠ 고·저압식 충전비에 따라 최대, 최소 약제량 산출가능 주의
  ㉡ 전역방출방식 : 표면화재에서 설계농도 34%를 넘을 경우 보정계수 사용법(그래프 사용법)
  ㉢ 전역방출방식 : 심부화재에서 방출시간 7분(2분 이내 설계농도 30% 도달 확인)
  ㉣ 국소방출방식 : 면적식과 체적식이 있으며, 고압식은 1.4, 저압식은 1.1의 할증을 준다.
  ㉤ 약제량 산출공식 : 비체적 적용(표면화재 30℃, 심부화재 10℃) 및 농도 적용 가능

  $$x\,[kg/m^3] = 2.303 \times \log\left[\frac{100}{100-C\%}\right] \times \frac{1}{S\,[m^3/kg]}$$

② 할론소화설비
  ㉠ 충전비 및 최대, 최소 약제량에 따라 약제량 산출가능(할론 1301 : 0.32~0.64kg)
  ㉡ 약제방사시간 전역방출방식 10초, 국소방출방식 10초
  ㉢ 약제량 산출공식(농도적용가능) : $W[kg] = \dfrac{V\,[m^3]}{S\,[m^3/kg]} \times \left[\dfrac{C\%}{100-C\%}\right]$

③ 할로겐화합물 및 불활성기체소화설비 출100(25)
  ㉠ 할로겐 계열 : 약제방사시간 10초 : $W[kg] = \dfrac{V\,[m^3]}{S\,[m^3/kg]} \times \left[\dfrac{C\%}{100-C\%}\right]$
  ㉡ 불활성기체 계열 : A·C급 화재는 2분, B급 화재는 1분

  $$x\,[m^3/m^3] = 2.303 \times \frac{V_s\,[m^3/kg]}{S\,[m^3/kg]} \times \log\left[\frac{100}{100-C\%}\right]$$

  ㉢ 설계농도 : 소화농도에 A급 1.2, B급 1.3, C급 1.35의 안전계수를 준다.
④ 분말소화설비 : 전역 및 국소 방출방식 방사시간 30초
⑤ 가스계 공통
  ㉠ 방호구역 체적이 주어질 경우 저장장소 내의 불연성 물질은 그 체적에서 제외한다.
  ㉡ 체적을 구할 경우 문제의 조건에서 압력이 주어질 경우, 이상기체상태방정식을 적용한다.(가스는 압축성유체이므로 압력의 변화에 따라 비체적은 변하기 때문이며, 대기압 등 압력변화가 없을 경우 비체적 적용)

  - $PV = nRT = \dfrac{W}{M}RT$

  - $R = \dfrac{PV}{nT}\left(=\dfrac{PVM}{WT}\right) = \dfrac{101,325N/m^2 \times 22.4m^3}{1kmol \times 273K}$

    $\fallingdotseq 8,313.85\,N\cdot m/kmol\cdot K = 8,313.85\,J/kmol\cdot K\,[1N\cdot m = 1J]$

  ㉢ 선택밸브 통과유량을 구할 경우 최소약제량 기준인지, 저장용기 기준인지에 따라 통과유량은 달라진다. 할로겐화합물 및 불활성기체소화설비의 경우 최소설계농도의 95%에 해당하는 약제량을 방사시간 내에 방사해야 하므로 주의!

㉣ 기타 가스량 및 가스농도 공식

- 소화가스농도[%] = $\dfrac{\text{방사된 가스량 } [m^3]}{\text{실체적 } [m^3] + \text{방사된 가스량 } [m^3]} \times 100$

- 소화가스농도[%] = $\dfrac{21 - O_2\%}{21} \times 100$

- 방사된 소화가스량[m^3] = $\dfrac{21 - O_2\%}{O_2\%} \times V \ [m^3]$

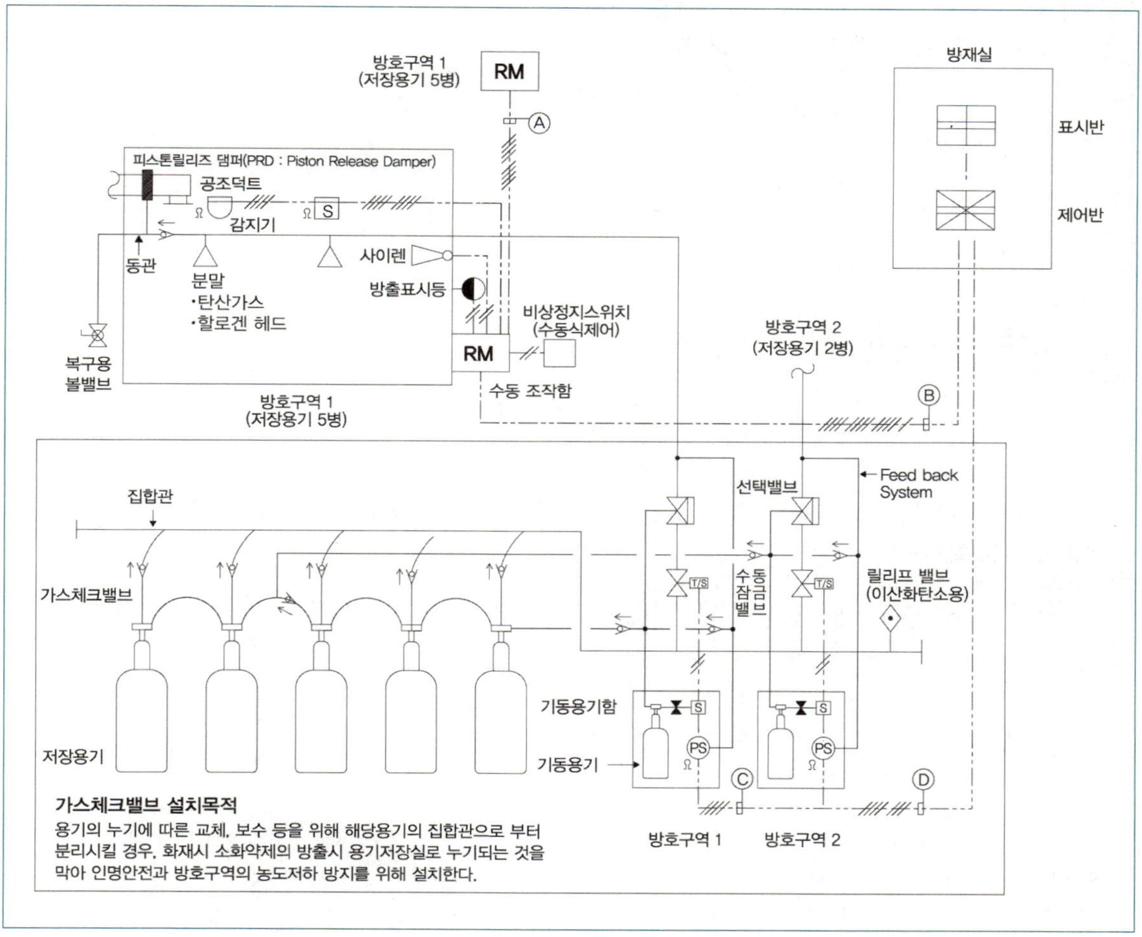

〈저장용기실〉

	구간	규격 및 가닥수	용도
Ⓐ	수동조작함 → 수동조작함	HFIX 2.5sq×8C(28C)	전원(+, −) 2, 비상정지 1, [사이렌 1, 방출표시등 1, 수동기동 S/W 1, A감지기 1, B감지기 1]
Ⓑ	수동조작함 → 제어반	HFIX 2.5sq×13C(28C)	전원(+, −) 2, 비상정지 1 [사이렌 1, 방출표시등 1, 수동기동 S/W 1, A감지기 1, B감지기 1]×2구역
Ⓒ	기동용기함 → 기동용기함	HFIX 2.5sq×4C(16C)	솔레노이드밸브 1, 압력스위치 1, T/S 1, 공통 1
Ⓓ	기동용기함 → 제어반	HFIX 2.5sq×7C(22C)	솔레노이드밸브 2, 압력스위치 2, T/S 2, 공통 1

1 가스계소화설비의 전역방출방식일 경우의 약제량 산정 방법 중 자유유출일 경우를 설명하고 CO_2 및 할로겐화합물 및 불활성기체소화설비에서의 약제량 산출공식을 구하시오. 술77(25)81(25)89(10)95(25)109(25)112(25)117(25)관설16

해설

(1) 자유유출

방호구역에 불활성소화약제(CO_2, IG 계열가스)와 같이 고압으로 많은 양의 가스를 방출하여 물리적인 농도를 낮추어 소화하는 경우 방호구역 내에는 순간적인 고압으로 인해 창문틈새, 문틈새, 전기배관, 덕트 등에 의해 소화약제가 누출이 되게 되는데 이때를 "자유유출"이라 한다.

[자유유출이 전제인 경우의 불활성가스계소화약제의 양]

$$e^x = \frac{100}{100-C} \rightarrow x = \log e\left(\frac{100}{100-C}\right) \rightarrow x = 2.303 \times \log\frac{100}{100-C}$$

여기서, x : 방호구역 체적당 소화약제의 체적[m^3/m^3]
C : 소화약제의 설계농도[%]

→ 방호구역 1[m^3]당 필요한 불활성가스 소화약제 체적이 $x[m^3/m^3]$이므로 CO_2의 경우 비체적(소화약제 선형상수)인 $1/S$를 곱하여 주게 되며 단위는 [kg/m^3]이다.

(2) 이산화탄소일 경우

$$x = 2.303 \times \log\left(\frac{100}{100-C}\right) \times \frac{1}{S}$$

여기서, x : 방호구역 체적당 소화약제량(flooding factor)[kg_f/m^3]
C : 소화약제의 설계농도[%]
S : 비체적[m^3/kg_f]

이산화탄소는 위의 식으로 계산하여 표의 형태로 만든 것이 화재안전기술기준의 약제량이다.

(3) 불활성기체소화약제일 경우

$$x = 2.303 \times \log\left(\frac{100}{100-C}\right) \times \frac{V_s}{S}$$

여기서, x : 공간체적당 더해진 소화약제의 부피[m^3/m^3]
S : 소화약제별 선형상수($K_1 + K_2 \times t$)[m^3/kg]
C : 체적에 따른 소화약제의 설계농도[%]
V_s : 20℃에서 소화약제의 비체적[m^3/kg]
t : 방호구역의 최소예상온도[℃]

소화약제선형상수(S)와 20℃에서의 비체적(V_s)은 온도 기준만 다를 뿐이며 이를 통칭하여 비체적으로 부를 수 있다. 화재안전기술기준에서는 특정 기준 온도에서의 비체적을 소화약제 선형상수라 하여 구분을 하고 있다. 그리고 V_s/S의 의미는 온도에 대한 보정치로써 온도가 높을 경우에는 체적이 커지고 온도가 낮을 경우에는 체적이 낮아진다. 즉, 온도의 변화에 따라 비체적은 달라지므로 20℃를 기준으로 하여 온도가 높거나 낮을 경우 보정하여 계산한다는 의미이다.

이해 必

☑ **비체적[m^3/kg 또는 m^3/N, m^3/kg_f]**

단위 질량 당 체적 또는 단위 중량 당 체적을 비체적이라 하며, 단위질량 또는 중량은 동일하지만 샤를의 법칙에 따라 기체의 온도가 1℃ 상승할 때마다 체적은 1/273 씩 증가하므로 체적의 변화에 따라 비체적은 달라지므로 그에 따라 설계농도 또한 달라질 수 있으므로 가스계에서는 가장 기본적인 개념으로 볼 수 있다.

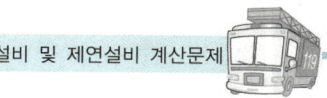

2. 가스계소화설비의 전역방출방식일 경우의 약제량 산정 방법 중 무유출일 경우를 설명하고 약제량 산출공식을 구하시오.
술77(25)79(10)80(25)81(25)89(10)95(25)97(25)112(25)관설9

해설

(1) 무유출

할로겐 계열의 경우로서 불활성가스계와는 달리 **연쇄반응 차단**에 의해 소화되고 상대적으로 소화약제의 양이 작으며 유실이 적다. 이를 "무유출"이라고 하는데 화재안전기술기준상 CO_2(자유유출)의 경우 최대약제량은 $2.7\text{kg}/\text{m}^3$(고무류 등 심부화재)로 규정되어 있으며, 할론 1301(무유출)의 경우 최소약제량은 $0.32\text{kg}/\text{m}^3$(전기실 등)로 약 8배 이상의 차이가 난다.

(2) 무유출이 전제인 할로겐화합물소화약제의 량

$$C = \frac{\text{방사한 약제부피}}{\text{방호구역체적} + \text{방사한 약제부피}} \times 100 = \frac{v}{V+v} \times 100$$

위 식에 $v[\text{m}^3] = S[\text{m}^3/\text{kg}] \times W[\text{kg}]$ 를 대입

$C = \frac{SW}{V+SW} \times 100$을 정리하면,

$$W = \frac{V}{S} \times \left[\frac{C}{100-C}\right]$$

여기서, W : 약제량[kg], S : 비체적[m^3/kg], V : 방호구역체적[m^3]
v : 방사한 약제부피[m^3], C : 소화약제의 설계농도[%]

3. 가스계소화설비의 자동폐쇄장치의 설치기준을 쓰시오. 관설10

해설

(1) **환기장치** 등을 설치한 것은 소화약제가 방출되기 전에 해당 환기장치가 정지할 수 있도록 할 것
(2) **개구부**가 있거나 천장으로부터 1m 이상의 아래부분 또는 바닥으로부터 해당 층의 높이의 3분의 2 이내의 부분에 통기구가 있어 소화약제의 유출에 따라 소화효과를 감소시킬 우려가 있는 것은 소화약제가 방사되기 전에 해당 개구부 및 통기구를 폐쇄할 수 있도록 할 것
(3) **자동폐쇄**장치는 방호구역 또는 방호대상물이 있는 구획의 밖에서 복구할 수 있는 구조로 하고, 그 위치를 표시하는 표지를 할 것

📝 암기법 환기장치, 개구부 자동폐쇄

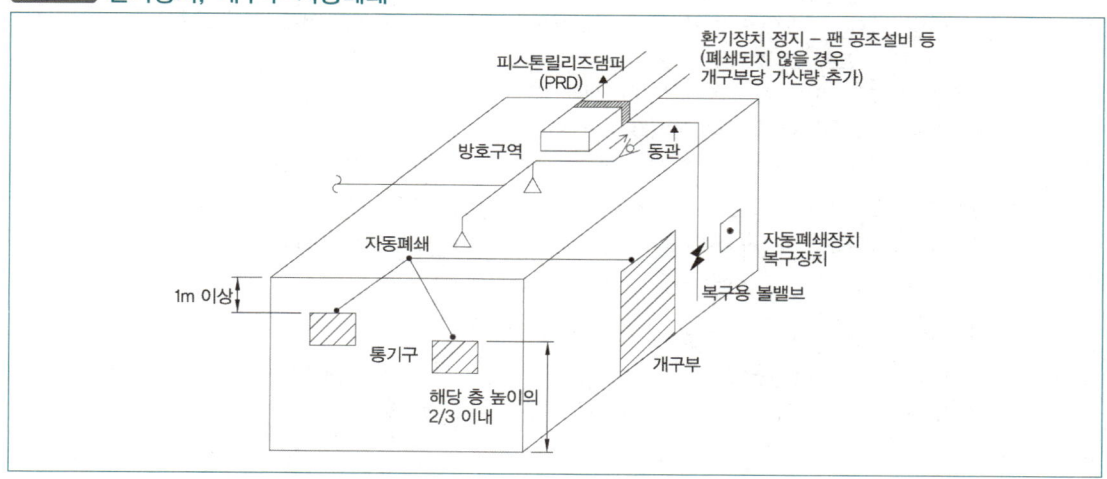

☑ 고체에어로졸소화설비 방호구역의 자동폐쇄
① 방호구역 내의 개구부와 통기구는 고체에어로졸이 방출되기 전에 폐쇄되도록 할 것
② 방호구역 내의 환기장치는 고체에어로졸이 방출되기 전에 정지되도록 할 것
③ 자동폐쇄장치의 복구장치는 제어반 또는 그 직근에 설치하고, 해당 장치를 표시하는 표지를 부착할 것

☑ 전역방출방식의 포소화설비의 개구부에 설치하는 자동폐쇄장치의 종류 및 기능 🔥🔥
개구부에 자동폐쇄장치(「건축법 시행령」 제64조제1항에 따른 방화문 또는 불연재료로된 문으로 포수용액이 방출되기 직전에 개구부가 자동적으로 폐쇄될 수 있는 장치를 말한다.)를 설치할 것. 다만, 해당 방호구역에서 외부로 새는 양 이상의 포수용액을 유효하게 추가하여 방출하는 설비가 있는 경우에는 그러하지 아니하다.

☑ 제연구역 및 옥내의 출입문(자동폐쇄장치) 관설17
① 제연구역의 출입문(창문을 포함한다.)은 언제나 **닫**힌 상태를 유지하거나 자동폐쇄장치에 의해 **자**동으로 **닫**히는 구조로 할 것. 다만, 아파트인 경우 제연구역과 계단실 사이의 출입문은 자동폐쇄장치에 의하여 자동으로 닫히는 구조로 하여야 한다.
② 제연구역의 출입문에 설치하는 자동폐쇄장치는 제연구역의 기압에도 불구하고 출입문을 용이하게 닫을 수 있는 충분한 **폐**쇄력이 있을 것
③ 제연구역의 출입문등에 자동폐쇄장치를 사용하는 경우에는 「자동폐쇄장치의 성능인증 및 제품검사의 기술기준」에 **적합**한 것으로 설치하여야 한다.
④ **옥**내의 출입문(방화구조의 복도가 있는 경우로서 복도와 거실사이의 출입문에 한한다.)은 다음의 기준에 적합하도록 할 것
　㉠ 출입문은 언제나 **닫**힌 상태를 유지하거나 **자**동폐쇄장치에 의해 자동으로 닫히는 구조로 할 것
　㉡ 거실 쪽으로 열리는 구조의 출입문에 자동폐쇄장치를 설치하는 경우에는 출입문의 개방 시 유입공기의 압력에도 불구하고 출입문을 용이하게 닫을 수 있는 충분한 **폐**쇄력이 있는 것으로 할 것

> 🔖**암기법** 제닫자폐 적합 옥닫자폐

---

4 모피창고, 서고 및 에탄올 저장창고에서 고압식으로 설계를 하려고 한다. 다음 물음에 답하시오. 관설13

> ① 모피창고의 크기가 8m×6m×3m, 개구부 크기 2m×1m이고 자동폐쇄장치가 설치되어 있고 설계 농도가 75%이다.
> ② 서고의 크기가 6m×5m×3m, 개구부 크기가 1m×1m이고 자동폐쇄장치가 설치되어 있지 않고 설계 농도가 65%이다.
> ③ 에탄올 저장창고의 크기가 5m×4m×2m, 개구부 크기가 1m×1.5m이고 자동폐쇄장치가 설치되어 있고 보정계수는 1.2로 한다.
> ④ 충전비가 1.511, 저장용기의 내용적은 68l이다.
> ⑤ 하나의 집합관에 3개의 선택밸브가 설치되어 있다.

(1) 모피창고와 서고의 최소 소화약제 산출 저장량[kg]을 구하시오.
(2) 에탄올 저장창고의 최소 소화약제 산출 저장량[kg]을 구하시오.
(3) 용기 1병당 저장량[kg]을 구하시오.
(4) 각 실별 저장용기수, 저장용기실의 최소 저장용기수
(5) 서고와 에탄올 저장창고의 산소농도가 10%일 때 이산화탄소 농도[%] 및 체적[m³]을 각각 구하시오.(방호구역 내 약제의 누출은 없는 것으로 한다.)

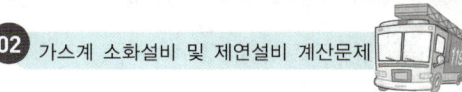

02 가스계 소화설비 및 제연설비 계산문제

해설

(1) 모피창고와 서고의 최소 소화약제 산출 저장량[kg]
심부화재에 해당하므로 약제량은 다음과 같으므로

방호대상물	방호구역의 체적 1m³에 대한 소화약제의 양	설계농도 (%)
유압기기를 제외한 전기설비, 케이블실	1.3kg	50
체적 55m³ 미만의 전기설비	1.6kg	50
목재가공품창고, 박물관, 서고, 전자제품창고 📝암기법 재물이(2.0) 고자	2.0kg	65
고무류, 석탄창고, 면화류창고, 모피창고, 집진설비 📝암기법 이점집(2.7) 고무, 석면 모집	2.7kg	75

구분	체적[m³]	개구부 면적 [가산량 10kg/m²]	저장량[kg]
모피창고 [2.7 kg/m³]	8m × 6m × 3m = 144m³	자동폐쇄장치 설치	144m³ × 2.7kg/m³ = 388.8kg
서고 [2.0 kg/m³]	6m × 5m × 3m = 90m³	1m × 1m = 1m²	90m³ × 2.0kg/m³ + 1m² × 10kg/m² = 190kg

(2) 에탄올 저장창고의 최소 소화약제 산출 저장량[kg]
표면화재에 해당하므로 약제량은 다음과 같으므로

방호구역 체적	방호구역의 체적 1m³에 대한 소화약제의 양	소화약제저장량의 최저한도의 양	설계농도 (참고용)
45m³ 미만	1.00kg	45kg	43%
45m³ 이상 150m³ 미만	0.90kg		40%
150m³ 이상 1,450m³ 미만	0.80kg	135kg	36%
1,450m³ 이상	0.75kg	1,125kg	34%

구분	체적	개구부	저장량[kg]
에탄올 저장창고 [1kg/m³]	5m × 4m × 2m = 40m³	자동폐쇄 장치설치	40m³ × 1kg/m³ × 1.2(보정계수) = 48kg

→ 「이산화탄소소화설비의 화재안전기술기준」 2.2.1.1.1에 따라 산출한 기본소화약제량(방호구역의 체적 1m³에 대한 소화약제의 양)에 대하여 보정계수를 곱하여 산출함. (화재안전기술기준상 "소화약제저장량의 최저한도"를 기본약제량으로 보기 어려우며 실무에서 약제량을 계산할 경우와도 부합하지 않는다.)

(3) 용기 1병당 저장량[kg]
충전비 = $\dfrac{\text{내용적}[l]}{\text{저장량}[kg]}$ 이므로 저장량[kg] = $\dfrac{\text{내용적}[l]}{\text{충전비}} = \dfrac{68l}{1.511} = 45.003$ ∴ 45kg

(4) 각 실별 저장용기수, 저장용기실의 최소 저장용기수
① 모피창고 : 388.8kg ÷ 45kg = 8.64 ∴ 9병
② 서고 : 190kg ÷ 45kg = 4.222 ∴ 5병
③ 에탄올 저장창고 : 48kg ÷ 45kg = 1.06 ∴ 2병
④ 최소 저장용기수 : 9병

(5) 서고와 에탄올 저장창고의 산소농도가 10%일 때 이산화탄소 농도[%] 및 체적[m³] (방호구역 내 약제의 누출은 없는 것으로 한다.)

$$\text{방사된 소화가스량 } [m^3] = \frac{21 - O_2\%}{O_2\%} \times V \, [m^3]$$

① 이산화탄소 체적을 구하면
  ㉠ 서고
  $$\text{방사된 소화가스량 } [m^3] = \frac{21 - O_2\%}{O_2\%} \times V \, [m^3] = \frac{21 - 10\%}{10\%} \times 90m^3 = 99m^3$$
  ㉡ 에탄올 저장창고
  $$\text{방사된 소화가스량 } [m^3] = \frac{21 - O_2\%}{O_2\%} \times V \, [m^3] = \frac{21 - 10\%}{10\%} \times 40m^3 = 44m^3$$
  (약제가 방출된 이후 이므로 보정계수는 의미가 없다.)

② 이산화탄소의 농도를 구하면(서고 및 에탄올저장 창고 농도는 동일함)
  $$\text{소화가스 농도}[\%] = \frac{21 - O_2\%}{21} \times 100 = \frac{21 - 10\%}{21} \times 100 = 52.38\%$$

5 내화구조의 창고로서 가로 10m, 세로 10m, 높이 5m로서 전역방출방식의 이산화탄소소화설비를 설치하고자 하며 설계농도 56%인 가연성 액체를 저장하고 있으며 개구부는 2m×2m, 4개소가 있으며 이산화탄소소화설비를 설치하고자 한다. 화재안전기술기준에 적합하도록 하며, 창고의 구조적인 부분을 최소로 조정하여 이산화탄소의 최소약제량, 저장용기[68ℓ/45kg]수 및 저장용기 수에 따른 선택밸브 통과 유량[kg/s]을 구하시오. 관설13(보정계수),18(유사)

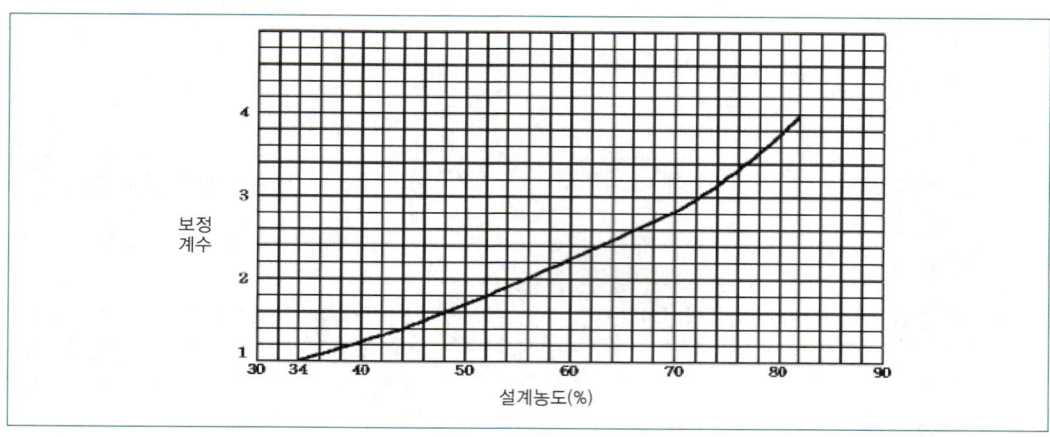

해설

문제의 조건에 따라 가연성액체를 저장하고 표면화재 방호대상물에 해당하므로 체적당 방사량은 다음 표를 기준으로 한다.

방호구역체적	방호구역의 체적 1m³에 대한 소화약제의 양	소화약제 저장량의 최저한도의 양	설계농도 (참고용)
45m³ 미만	1.00kg	45kg	43%
45m³ 이상 150m³ 미만	0.90kg		40%
150m³ 이상 1,450m³ 미만	0.80kg	135kg	36%
1,450m³ 이상	0.75kg	1,125kg	34%

(1) 설계농도 56%이므로 그래프상의 보정계수는 2이므로 체적당 방사량에 보정계수를 곱해주어야 한다. 체적은 $10 \times 10 \times 5 = 500m^3$이므로 체적당 방사량은 $0.8kg/m^3 \times 2$(보정계수)이다.

(2) 개구부당 가산량은 $5kg/m^2$이고 개구부는 $4m^2$ 4개소이므로 $16m^2$ 그런데, 화재안전기술기준상 개구부는 전체 표면적의 3% 이하이므로 전체 표면적을 구하면
$10m \times 10m \times 2면 + 10m \times 5m \times 4면 = 400$ ∴ $400m^2$이므로 개구부의 면적을 산출하면
$400m^2 \times 0.03 = 12$ ∴ $12m^2$ 이하가 되도록 하여야 하므로 개구부 중 한 곳에 자동폐쇄장치를 설치하거나 폐쇄하여야 한다.

(3) 약제량 : $500m^3 \times 0.8kg/m^3 \times 2 + 12m^2 \times 5kg/m^2 = 860$ ∴ 860kg

(4) 저장용기수 : $860kg \div 45kg/병 = 19.11$ ∴ 20병

(5) **표면화재**이므로 방출시간은 60초이므로 선택밸브 통과 유량은 다음과 같다.
$20병 \times 45kg \div 60초 = 15$ [kg/s]

암기必

☑ [별표 1] 가연성 액체 또는 가연성 가스의 소화에 필요한 설계농도(제5조제1호 나목관련) 관설18,21

방호대상물	설계농도	방호대상물	설계농도
수소(Hydrogen)	75%	석탄가스, 천연가스(Coal, Natural gas)	37%
아세틸렌(Acetylene)	66%	사이크로프로판(Cyclo Propane)	37%
일산화탄소(Carbon Monoxide)	64%	이소부탄(Iso Butane)	36%
산화에틸렌(Ethylene Oxide)	53%	프로판(Propane)	36%
에틸렌(Ethylene)	49%	부탄(Butane)	34%
에탄(Ethane)	40%	메탄(Methane)	34%

6 A구역(용기 3병), B구역(용기 5병, 체적 242m³), C구역(용기 3병)에 전역방출방식의 고압식 CO_2 소화설비를 설치하고자 한다. 이 경우 저장용기는 $68l$ / 45kg, 압력스위치는 선택밸브 상단 배관상에 설치, CO_2 제어반은 저장용기실에 설치, 저장용기 개방은 가스압력식이다. 각 물음에 답하시오. 관설3

(1) CO_2 저장용기실의 계통도를 작도하시오. (단, 배관구경 및 케이블 규격은 생략가능)
(2) B구역에 약제방출 후 CO_2 가스 소화농도(%)를 계산하시오.(0℃, 1atm)

해설

(1) CO_2 저장용기실의 계통도를 작도

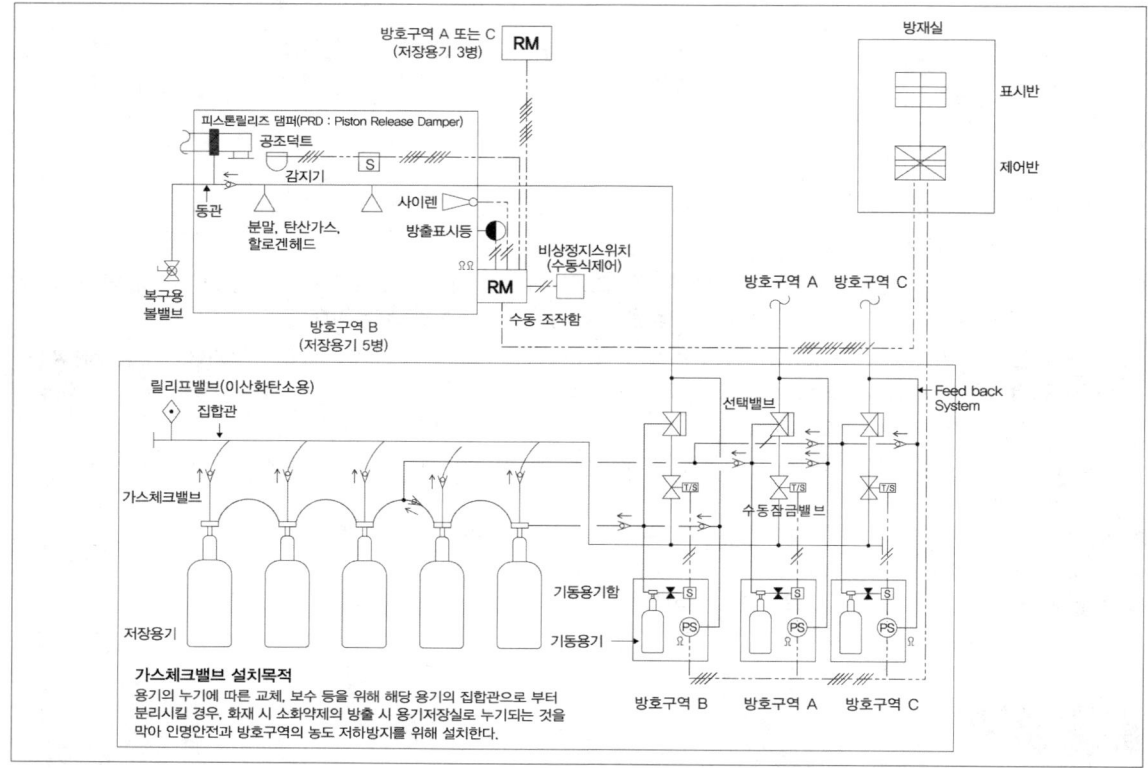

〈저장용기실〉

(2) B구역에 약제방출 후 CO_2 가스 소화농도(%)

$$CO_2\text{의 농도 [\%]} = \frac{\text{방사된}CO_2\text{가스량 [m}^3\text{]}}{\text{실체적 [m}^3\text{]} + \text{방사된 }CO_2\text{가스량 [m}^3\text{]}} \times 100$$

방호구역체적(실체적) = 242 m³이므로

① 방사된 CO_2의 체적을 구하기 위하여

　㉠ 비체적[m³/kg]을 구하면

$$S = K_1 + K_2 \times t = K_1 + K_1 \times \frac{t}{273}$$

　여기서, S : 소화약제 선형상수(특정온도에서의 비체적)[m³/kg]

　　　　K_1 : 0℃에서의 비체적 $\left[\frac{22.4\text{m}^3}{\text{분자량kg}}\right]$

　　　　K_2 : 특정온도에서의 비체적 $\left[K_2 = \frac{K_1}{273} \text{ m}^3/\text{kg}\right]$

　　　　t : 특정온도[℃]

　　C 원자량 = 12kg, O 원자량 = 16kg 이므로 CO_2분자량 : 12kg + 16kg × 2 = 44 ∴ M = 44kg
　　$t = 0℃$ (문제의 조건에 따라 0℃를 기준으로 한다.)

$$S = K_1 + K_2 \times t = \frac{22.4\text{m}^3}{44\text{kg}} + \frac{22.4\text{m}^3}{44\text{kg}} \times \frac{0℃}{273} = 0.509 \quad ∴ 0.509\text{m}^3/\text{kg}$$

　㉡ 실의 가스체적을 구하면

$$V = SW = 0.509\text{m}^3/\text{kg} \times 45\text{kg} \times 5\text{병} = 114.525 \quad ∴ 114.53\text{m}^3$$

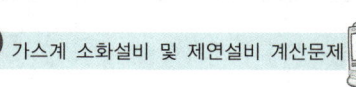

② CO_2 가스 소화농도(%)를 구하면

$$CO_2의\ 농도[\%] = \frac{방사된\ CO_2가스량[m^3]}{실체적[m^3] + 방사된\ CO_2가스량[m^3]} \times 100$$

$$= \frac{114.53m^3}{242m^3 + 114.53m^3} \times 100 = 32.123 \quad \therefore 32.12\%$$

🔔 암기 必

☑ **자유유출과 무유출의 구분**

이산화탄소의 경우 자유유출에 해당하므로 위의 소화가스 농도계산 공식을 사용하는 것은 올바르지 않으며 문제의 취지상 위의 형태로 풀 수 밖에 없다. 또한 문제의 조건상 표면화재 및 심부화재의 구분이 있어야 하며, 온도조건이 있어야 정확하게 산출 가능하므로 다음 조건을 추가하여 계산할 경우 다음과 같다.

ex) 표면화재일 경우 B구역에 약제방출 후 CO_2 가스 소화농도(%)를 계산하시오. (단, 0℃, 1atm)

방호구역 체적	방호구역의 체적 $1m^3$에 대한 소화약제의 양	소화약제 저장량의 최저한도의 양	설계농도 (참고용)
$45m^3$ 미만	1.00kg	45kg	43%
$45m^3$ 이상 $150m^3$ 미만	0.90kg		40%
$150m^3$ 이상 $1,450m^3$ 미만	0.80kg	135kg	36%
$1,450m^3$ 이상	0.75kg	1,125kg	34%

$$x = 2.303 \times \log\left(\frac{100}{100-C}\right) \times \frac{1}{S}$$

여기서, x : 방호구역체적당 소화약제량(flooding factor)[kg/m^3]
C : 소화약제의 설계농도[%]
S : 비체적[m^3/kg]

방호구역체적(실체적)=$242m^3$이므로 $x=0.8kg/m^3$, $S=0.509m^3/kg$ 이므로 설계농도는

$$0.8kg/m^3 = 2.303 \times \log\frac{100}{100-C} \times \frac{1}{0.509m^3/kg}$$

$$0.1768 = \log\frac{100}{100-C}$$

$$10^{0.1768} = \frac{100}{100-C}$$

$$10^{0.1768} \times (100-C) = 100$$

$$C = \frac{10^{0.1768} \times 100 - 100}{10^{0.1768}}$$

$$C = 100 - \frac{100}{10^{0.1768}} = 33.442 \quad \therefore 33.44\%$$

• 로그의 기본성질 $a \neq 1, a > 0, b > 0$ 일 때
$a^x = b \Rightarrow x = \log_a b$ 이므로 위의 경우 상용로그 이므로 밑 $a=10$이 되므로
$0.1768 = \log\frac{100}{100-C} \Rightarrow 10^{0.1768} = \frac{100}{100-C}$

7 내화구조의 목재가공품창고로서 가로 10m, 세로 10m, 높이 2.5m로 전역방출방식의 이산화탄소소화설비를 설치하고자 한다. 창고 내부에 환기장치가 설치되어 있으며 환기장치의 면적은 1.5m²로서 8개소가 있으며, 화재 시 자동 정지된다. 화재안전기술기준에 적합하도록 하며, 창고의 구조적인 부분을 최소로 조정하며 이산화탄소의 최소약제량, 저장용기[68ℓ/45kg]수 및 저장용기수에 따른 선택밸브 통과유량[kg/s]을 구하시오. (단, 0℃, 1atm)

해설

전역방출방식으로서 종이·목재·석탄·섬유류·합성수지류 등 심부화재 방호대상물일 경우의 약제량은 다음 표와 같다.

방호대상물	방호구역의 체적 1m³에 대한 소화약제의 양	설계농도 (%)
유압기기를 제외한 전기설비, 케이블실	1.3kg	50
체적 55m³ 미만의 전기설비	1.6kg	50
목재가공품창고, 박물관, 서고, 전자제품창고 ✏️암기법 재물이(2.0) 고자	2.0kg	65
고무류, 석탄창고, 면화류창고, 모피창고, 집진설비 ✏️암기법 이점집(2.7) 고무, 석면 모집	2.7kg	75

(1) **방호구역의 체적** : 10m × 10m × 2.5m = 250 ∴ 250m³

(2) **방호구역의 체적에 대한 소화약제의 양은 심부화재이므로** 2.0kg/m³
    250m³ × 2kg/m³ = 500 ∴ 500kg

(3) **방호구역의 표면적** : 10m × 10m × 2면 + 10m × 2.5m × 4면 = 300 ∴ 300m²
    화재안전기술기준상 개구부면적은 방호구역 전체면적의 3% 이하이므로 9m² 이하로 하여야 한다. 문제의 조건상 환기장치는 1.5m² × 8개소 = 12m²이므로 개구부 2곳은 폐쇄하거나 자동폐쇄장치를 설치하여야 하며, 심부화재에 해당되므로 개구부당 가산량은 10kg/m²이며 9m² × 10kg/m² = 90kg 이다.

(4) **저장량** : 500kg + 90kg = 590kg

(5) **저장용기수** : 590kg ÷ 45kg/병 = 13.11 ∴ 14병

(6) **심부화재이므로 방출시간은 7분**(420 sec), **선택밸브 통과 유량을 구하면**
    14병 × 45kg ÷ 420sec = 1.5 [kg/sec]
    ① 화재안전기술기준상 2분 이내에 설계농도가 30%에 도달하여야 하므로 이를 확인하면

    $$x = 2.303 \times \log\left(\frac{100}{100-C}\right) \times \frac{1}{S}$$

    여기서, x : 방호구역체적당 소화약제량(flooding factor) [kg/m³]
    　　　　C : 소화약제의 설계농도 [%]
    　　　　S : 비체적 [m³/kg]
    $x = 2.0$kg/m³, $C = 30\%$, 0℃, 1atm 이므로
    ㉠ 비체적 [m³/kg]을 구하면

    $$S = K_1 + K_2 \times t = K_1 + K_1 \times \frac{t}{273}$$

    여기서, S : 소화약제 선형상수(특정온도에서의 비체적)[m³/kg]
    　　　　K_1 : 0℃에서의 비체적 $\left[\dfrac{22.4\text{m}^3}{\text{분자량kg}}\right]$
    　　　　K_2 : 특정온도에서의 비체적[$K_2 = \dfrac{K_1}{273}$ m³/kg], t : 특정온도[℃]

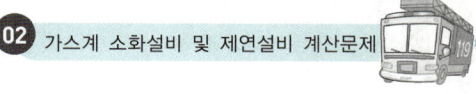

C 원자량=12kg, O 원자량=16kg 이므로 CO_2 분자량 : 12kg+16kg×2 = 44 ∴ M =44kg
$t=0℃$ (문제의 조건에 없으므로 0℃를 기준으로 한다.)

$$S = K_1 + K_2 \times t = \frac{22.4m^3}{44kg} + \frac{22.4m^3}{44kg} \times \frac{0℃}{273} = 0.509 \quad \therefore 0.509 m^3/kg$$

ⓒ 2분 이내에 설계농도가 30%가 되는 약제량을 산출하면

$$x = 2.303 \times \log\frac{100}{100-30\%} \times \frac{1}{0.509 m^3/kg} = 0.7 kg/m^3$$

ⓒ 설계농도가 30%가 되도록 방호구역에 필요한 약제량을 단위 시간당으로 산출하면

$$250 m^3 \times 0.7 kg/m^3 \div 120 s = 1.458 \quad \therefore 1.46 kg/s$$

ⓔ 선택밸브 통과유량이 1.5kg/s 이므로 이상없다.

8 조건에 따라 다음 물음에 답하시오. 🔥🔥🔥

〈 조 건 〉
① 제4류 위험물을 저장하며 윗면이 개방되어 연소면은 한정되어 있다.
② 이산화탄소소화설비를 국소방출방식으로서 고압식으로 설치한다.
③ 탱크의 직경은 5m이다.
④ 설치된 이산화탄소의 헤드 수량은 2개이다.

(1) 소화약제의 양[kg]을 구하시오.
(2) 헤드의 방출량[kg/s]을 구하시오.

📢 해설

(1) 소화약제의 양

① 방호대상물의 표면적 : $\frac{\pi}{4} \times 5^2 m^2 = 19.634 \quad \therefore 19.634 m^2$

② 국소방출방식으로서 면적방식이므로 $13 kg/m^2$ 이며, 고압식이므로 1.4를 곱해야 하므로 약제량은
$19.634 m^2 \times 13 kg/m^2 \times 1.4 = 357.338 \quad \therefore 357.34 kg$ 이다.

(2) 국소방출방식의 경우 소화약제 방출시간은 30초 이내에 방출하여야 하므로 헤드 1개의 방출량은 다음과 같다.
357.27kg ÷ 30sec ÷ 2개 = 5.954 ∴ 5.95 [kg/sec]

9 CO_2 소화설비에서 방호구역의 체적 1,450m³, 체적당 방사량 0.75kg/m³, 표면화재 [30℃]일 경우의 설계농도를 산출하시오. 술112(10) 🔥🔥🔥

📢 해설

$$x = 2.303 \times \log\left(\frac{100}{100-C}\right) \times \frac{1}{S}$$

여기서, x : 방호구역체적당 소화약제량(flooding factor)[kg/m³]
C : 소화약제의 설계농도[%]
S : 비체적[m³/kg]

$x = 0.75 kg/m^3$ 이므로

(1) 표면화재($t=30℃$)에서의 비체적을 구하면

$$S = K_1 + K_2 \times t = K_1 + K_1 \times \frac{t}{273}$$

여기서, S : 소화약제 선형상수(특정온도에서의 비체적)[m³/kg]

　　　　K_1 : 0℃에서의 비체적 $\left[\dfrac{22.4\text{m}^3}{\text{분자량kg}}\right]$

　　　　K_2 : 특정온도에서의 비체적$\left[K_2 = \dfrac{K_1}{273}\text{ m}^3/\text{kg}\right]$

　　　　t : 특정온도[℃]

0℃, 1atm에서 이산화탄소의 비체적은 V_s [m³/kg] $= \dfrac{22.4\text{m}^3}{\text{분자량 [kg]}} = \dfrac{22.4\text{m}^3}{44\text{kg}} = 0.509\text{m}^3/\text{kg}$

(C 원자량=12kg, O 원자량=16kg 이므로 CO_2분자량 : 12kg+16kg×2=44 ∴ M=44kg)

$$S = K_1 + K_1 \times \frac{t}{273} = 0.509\text{m}^3/\text{kg} + 0.509\text{m}^3/\text{kg} \times \frac{30}{273} = 0.564 \quad \therefore 0.564\text{m}^3/\text{kg}$$

(2) 설계농도를 구하면

$$0.75\text{kg/m}^3 = 2.303 \times \log\frac{100}{100-C} \times \frac{1}{0.564\text{m}^3/\text{kg}}$$

$$0.1836 = \log\frac{100}{100-C}$$

$$10^{0.1836} = \frac{100}{100-C}$$

$$10^{0.1836} \times (100-C) = 100$$

$$C = \frac{10^{0.1836} \times 100 - 100}{10^{0.1836}}$$

$$C = 100 - \frac{100}{10^{0.1836}} = 34.476 \quad \therefore 34.48\%$$

이해 必

☑ **로그의 기본성질** $a \neq 1$, $a > 0$, $b > 0$ 일 때

　　$a^x = b \Rightarrow x = \log_a b$ 이므로 위의 경우 상용로그이므로 밑 $a=10$이 되므로

　　$0.1836 = \log\dfrac{100}{100-C} \Rightarrow 10^{0.1836} = \dfrac{100}{100-C}$

---

10 CO_2 소화설비에서 체적 55m³ 미만인 전기설비에서 발생한 화재를 심부화재(10℃)로 가정하여 약제량 1.6kg/m³로 소화약제의 설계농도를 산출하시오. 관설16

해설

$$x = 2.303 \times \log\left(\frac{100}{100-C}\right) \times \frac{1}{S}$$

여기서, x : 방호구역체적당 소화약제량(flooding factor) [kg/m³]
　　　　C : 소화약제의 설계농도 [%]
　　　　S : 비체적 [m³/kg]

$x = 1.6\text{kg/m}^3$ 이므로

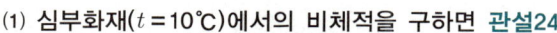

(1) 심부화재($t=10℃$)에서의 비체적을 구하면 <관설24>

$$S = K_1 + K_2 \times t = K_1 + K_1 \times \frac{t}{273}$$

여기서, S : 소화약제 선형상수(특정온도에서의 비체적)[m^3/kg]

K_1 : 0℃에서의 비체적 $\left[\dfrac{22.4m^3}{분자량 kg}\right]$

K_2 : 특정온도에서의 비체적 $\left[K_2 = \dfrac{K_1}{273} m^3/kg\right]$

t : 특정온도[℃]

0℃, 1atm에서 이산화탄소의 비체적은 V_s [m^3/kg] = $\dfrac{22.4m^3}{분자량 [kg]} = \dfrac{22.4m^3}{44kg} = 0.509 m^3/kg$

(C 원자량=12kg, O 원자량=16kg 이므로 CO_2분자량 : $12kg+16kg \times 2 = 44$ ∴ $M=44kg$)

$S = K_1 + K_1 \times \dfrac{t}{273} = 0.509 m^3/kg + 0.509 m^3/kg \times \dfrac{10}{273} = 0.527$ ∴ $0.527 m^3/kg$

(2) 설계농도를 구하면

$1.6 kg/m^3 = 2.303 \times \log \dfrac{100}{100-C} \times \dfrac{1}{0.527 m^3/kg}$ → $0.3661 = \log \dfrac{100}{100-C}$

$10^{0.3661} = \dfrac{100}{100-C}$ → $10^{0.3661} \times (100-C) = 100$ → $C = \dfrac{10^{0.3661} \times 100 - 100}{10^{0.3661}}$

$C = 100 - \dfrac{100}{10^{0.3661}} = 56.957$ ∴ 56.96%

---

11 섬유(면화류) 저장창고로서 전역방출방식의 이산화탄소소화설비가 설치되어 있으며, 방호구역체적 100m^3일 경우 소요약제량과 2분 이내에 30%에 도달할 수 있는 약제량[kg]을 구하시오. 🔥🔥

해설

방호대상물	방호구역의 체적 1m^3에 대한 소화약제의 양	설계농도 (%)
유압기기를 제외한 전기설비, 케이블실	1.3kg	50
체적 55m^3 미만의 전기설비	1.6kg	50
서고, 전자제품창고, 목재가공품창고, 박물관 📝암기법 재물이(2.0) 고자	2.0kg	65
고무류, 석탄창고, 면화류창고, 모피창고, 집진설비 📝암기법 이점집(2.7) 고무, 석면 모집	2.7kg	75

(1) 섬유(면화류) 저장창고이므로 체적당 필요한 약제량은 2.7kg / m^3(설계농도 75%)이므로 소요약제량을 산출하면

$Q = 2.7 kg/m^3 \times 100 m^3 = 270$ ∴ $270kg$

(2) 2분 이내 30%에 도달하는 약제량을 구하면

① 체적당 약제량을 구하면

$$x = 2.303 \times \log\left(\dfrac{100}{100-C}\right) \times \dfrac{1}{S}$$

여기서, x : 방호구역체적당 소화약제량(flooding factor)[kg/m^3]

C : 소화약제의 설계농도[%]

S : 비체적[m^3/kg]

$C = 30\%$이므로

② 비체적은 면화류 저장창고이고 심부화재이므로 온도는 $t=10℃$를 기준한다. (표면화재에 해당할 경우 온도는 30℃를 기준으로 한다.)

$$S = K_1 + K_2 \times t = K_1 + K_1 \times \frac{t}{273}$$

여기서, S : 소화약제 선형상수(특정온도에서의 비체적)[m³/kg]

   K_1 : 0℃에서의 비체적 $\left[\dfrac{22.4\text{m}^3}{\text{분자량kg}}\right]$

   K_2 : 특정온도에서의 비체적 $\left[K_2 = \dfrac{K_1}{273} \text{m}^3/\text{kg}\right]$

   t : 특정온도[℃]

0℃, 1atm에서 이산화탄소의 비체적은 V_s [m³/kg]$= \dfrac{22.4\text{m}^3}{\text{분자량 [kg]}} = \dfrac{22.4\text{m}^3}{44\text{kg}} = 0.509\text{m}^3/\text{kg}$

(C 원자량=12kg, O 원자량=16kg이므로 CO₂분자량 : 12kg+16kg×2 = 44 ∴ M = 44kg)

$S = K_1 + K_1 \times \dfrac{t}{273} = 0.509\text{m}^3/\text{kg} + 0.509\text{m}^3/\text{kg} \times \dfrac{10}{273} = 0.527$ ∴ $0.527\text{m}^3/\text{kg}$

③ 2분 이내에 30%에 도달할 수 있는 체적당 약제량[kg/m³]

$x = 2.303 \times \log\left(\dfrac{100}{100-30\%}\right) \times \dfrac{1}{0.527\text{m}^3/\text{kg}_f} = 0.676$ ∴ 0.676kg/m^3

④ 2분 이내에 30%에 도달할 수 있는 전체 체적에 대한 약제량

$Q = 0.676\text{kg/m}^3 \times 100\text{m}^3 = 67.6$ ∴ 67.6kg

> **이해 必**
>
> ☑ 1분당 소요약제량 : $Q_{30\%\min} = 67.6\text{kg} \div 2\text{min} = 33.8\text{kg/min}$
>
> ☑ 전체 약제량에 대한 소요시간을 구하면 270kg÷33.8kg/min = 7.99min으로 화재안전기술기준상 방출시간인 7분을 초과한다. 그러므로 전체 약제량을 7분으로 나눈 값 이상을 방출하여야 7분 이내에 방출 할 수 있게 되므로 270kg÷7min ≒ 38.6kg/min이 되도록 약제의 방출량은 늘려야 하며, 그에 따라 2분 이내에 도달해야 할 농도는 30%보다 높아질 것이다.

12 44kg의 CO₂ 가스를 21℃의 변전실에 방사할 경우 체적[m³]은 얼마가 되는가? 🔥🔥

해설

$$PV = nRT = \frac{W}{M}RT = W\overline{R}T$$

여기서, P : 절대압력=대기압+계기압[Pa = N/m²]
   V : 체적[m³]
   n : 몰수[kmol] $= \dfrac{W(\text{실제 질량})[\text{kg}]}{M(\text{분자량})[\text{kg}]}$
   T : 절대온도[K = 273+℃]
   R : 일반 기체상수[8,313.85 J/kmol・K]
   $\overline{R} = \dfrac{R}{M}$: 특정 기체상수[J/kg・K]

$P = 101,325\text{Pa}[= \text{N/m}^2]$, $V = 22.4\text{m}^3$,
$T = 0℃ = 273\text{K}$일 때 기체상수

$R = \dfrac{PV}{nT} \left(= \dfrac{PVM}{WT}\right)$

 $= \dfrac{101,325\text{N/m}^2 \times 22.4\text{m}^3}{1\text{kmol} \times 273\text{K}}$

 ≒ 8,313.85 N・m/kmol・K [1N・m = 1J]

 ≒ 8,313.85 J/kmol・K

문제의 조건에 따라 이상기체상태방정식을 적용하면
$P = 1\text{atm} = 101,325\text{Pa}[= \text{N/m}^2]$, $W = 44\text{kg}$, $T = (273+21)\text{K}$ 이고
C 원자량=12kg, O 원자량=16kg 이므로 CO_2분자량 : $12\text{kg} + 16\text{kg} \times 2 = 44$ ∴ $M = 44\text{kg}$

$PV = \dfrac{W}{M}RT$ 이므로

$V = \dfrac{WRT}{MP} = \dfrac{44\text{kg} \times 8,313.85\text{N} \cdot \text{m/K} \times (273+21)\text{K}}{44\text{kg} \times 101,325\text{N/m}^2} = 24.123$ ∴ 24.12m^3

이해 必

☑ 또 다른 해법

① 0℃, 1atm에서의 이산화탄소의 비체적은

$K_1 = V_s = \dfrac{22.4\text{m}^3}{\text{분자량 [kg]}} = \dfrac{22.4\text{m}^3}{44\text{kg}} = 0.509\text{m}^3/\text{kg}$

C의 원자량=12kg, O 의 원자량=16kg, CO_2의 분자량 : $12\text{kg} + 16\text{kg} \times 2 = 44$ ∴ $M = 44\text{kg}$

$S = K_1 + K_1 \times \dfrac{t}{273} = 0.509\text{m}^3/\text{kg} + 0.509\text{m}^3/\text{kg} \times \dfrac{21}{273} = 0.548$ ∴ $0.548\text{m}^3/\text{kg}$

$V = SW = 0.548\text{m}^3/\text{kg} \times 44\text{kg} = 24.112$ ∴ 24.11m^3 위의 답과 약간의 오차만 발생한다.

② 위의 계산이 성립하는 이유는 압력을 $1\text{atm}(= 101,325\text{Pa})$으로 보았기 때문이다.

③ **약제량 계산문제의 조건에 압력이 주어질 경우** : 이상기체상태방정식으로 문제를 풀어야 함.
(∵ 기체는 압축성 유체이므로 압력에 따라 체적이 변하므로 비체적이 달라진다.)

13 5kg의 액체 CO_2는 31℃, 740mmHg$_{abs}$에서 몇[l]의 기체가 되는가?

해설

$PV = nRT = \dfrac{W}{M}RT = W\overline{R}T$

여기서, P : 절대압력=대기압+계기압$[\text{Pa} = \text{N/m}^2]$
V : 체적$[\text{m}^3]$
n : 몰수$[\text{kmol}] = \dfrac{W(\text{실제 질량})[\text{kg}]}{M(\text{분자량})[\text{kg}]}$
T : 절대온도$[K = 273 + ℃]$
R : 일반 기체상수$[8,313.85\,\text{J/kmol} \cdot \text{K}]$
$\overline{R} = \dfrac{R}{M}$: 특정 기체상수$[\text{J/kg} \cdot \text{K}]$

$P = 101,325\text{Pa}[= \text{N/m}^2]$, $V = 22.4\text{m}^3$,
$T = 0℃ = 273\text{K}$ 일 때 기체상수

$R = \dfrac{PV}{nT}\left(= \dfrac{PVM}{WT}\right)$

$= \dfrac{101,325\text{N/m}^2 \times 22.4\text{m}^3}{1\text{kmol} \times 273\text{K}}$

$≒ 8,313.85\,\text{N} \cdot \text{m/kmol} \cdot \text{K}[1\text{N} \cdot \text{m} = 1\text{J}]$

$≒ 8,313.85\,\text{J/kmol} \cdot \text{K}$

문제의 조건에 따라 이상기체상태방정식을 적용하면
$P = \dfrac{740\text{mmHg}}{760\text{mmHg}} \times 101,325\text{Pa}[= \text{N/m}^2]$, $W = 5\text{kg}$, $T = (273+31)\text{K}$ 이고
C 원자량=12kg, O 원자량=16kg 이므로 CO_2분자량 : $12\text{kg} + 16\text{kg} \times 2 = 44$ ∴ $M = 44\text{kg}$

$PV = \dfrac{W}{M}RT$ 이므로 $V = \dfrac{WRT}{MP} = \dfrac{5\text{kg} \times 8,313.85\text{N} \cdot \text{m/K} \times (273+31)\text{K}}{44\text{kg} \times \dfrac{740\text{mmHg}}{760\text{mmHg}} \times 101,325\text{N/m}^2} = 2.911$ ∴ $2.911\text{m}^3 ≒ 2,911\,l$

(∵ $1\text{m}^3 = 1,000\,l$)

> 🔍 **주의 必**
>
> ☑ 이 공식은 이렇게 적용하세요…^^ : 이상기체상태방정식
>
> | 문제에서 표현 | 기체상수 | 적용 공식 |
> |---|---|---|
> | 기체상수 주어짐
(단위 주의) | $R = N \cdot m/kmol \cdot K = J/kmol \cdot K$ | $PV = \dfrac{W}{M}RT$ |
> | | $R = N \cdot m/kg \cdot K = J/kg \cdot K$ | $PV = WRT$ |
> | 기체상수 없음 | $R = 8,313.85 \, N \cdot m/kmol \cdot K$ | $PV = \dfrac{W}{M}RT$ |
> | | $R = 0.082 \, atm \cdot m^3/kmol \cdot K$ | |
>
> ① 보일-샤를의 법칙에 의해 이상기체상태방정식이 유도되며, 이때 적용하는 압력은 절대압력이며, 온도 또한 절대온도[273+℃=K]를 대입하여야 하며, 문제에서 함정으로 자주 출제된다.
> ② 가스계소화설비 약제량 등 관련 문제에서 압력이 주어질 경우 기체는 압축성유체로 체적이 달라지므로 이상기체상태방정식에 의해 산출하며, 대기압상에서는 비체적[m³/kg]에 의해 약제량을 산출할 수 있다.

14 바닥면적 60m², 천장높이 5m인 발전실의 화재로 이산화탄소소화설비가 작동되어 진화되었다. 이때 실내온도 180℃, 압력 0.125MPa_abs, 방사된 CO₂량이 실체적의 30%라면 CO₂의 양[kg]은 얼마인가? 🔥🔥

해설

$P = 0.125MPa = 125,000Pa[=N/m^2]$, $V = (60m^2 \times 5m) \times 0.3$, $T = (273+180)K$이고
C 원자량=12kg, O 원자량=16kg 이므로 CO₂분자량 : $12kg + 16kg \times 2 = 44$ ∴ $M = 44kg$

$PV = \dfrac{W}{M}RT$ 이므로 $W = \dfrac{PVM}{RT} = \dfrac{125,000N/m^2 \times (60m^2 \times 5m) \times 0.3 \times 44kg}{8,313.85N \cdot m/K \times (273+180)K} = 131.433$ ∴ $131.43kg$

15 방호구역체적이 500m³인 일반 구조의 전기실에 전역방출방식의 고압식 CO₂소화설비를 하였다. 화재를 가정하여 소화약제를 방사한 후 O₂의 농도를 확인하였더니 12%이다. 저장된 용기 내의 CO₂가스가 100%로 방사되었다고 가정하고 다음 물음에 답하시오. (단, 방호구역 내부 압력은 0.12MPa_abs, 25℃이다.) 🔥🔥

(1) 무유출을 기준으로 하여 소화에 필요한 최소 CO₂ 가스량[kg]을 구하시오.
(2) 용기 내 용적이 68ℓ일 때 저장실에 보관해야 할 최대, 최소 용기수는?
(3) 최대, 최소 용기(저장량)을 각각 배출하였을 경우 과압배출구 면적[mm²]을 구하시오.

02 가스계 소화설비 및 제연설비 계산문제

해설

(1) 소화에 필요한 최소 CO₂ 가스량[kg]

$$PV = nRT = \frac{W}{M}RT = W\overline{R}T$$

여기서, P : 절대압력=대기압+계기압[Pa = N/m²]
V : 체적[m³]
n : 몰수[kmol] = $\frac{W(실제\ 질량)[kg]}{M(분자량)[kg]}$
T : 절대온도[K = 273 + ℃]
R : 일반 기체상수[8,313.85 J/kmol·K]
$\overline{R} = \frac{R}{M}$: 특정 기체상수[J/kg·K]

$P = 101,325\text{Pa}[=\text{N/m}^2]$, $V = 22.4\text{m}^3$,
$T = 0℃ = 273\text{K}$일 때 기체상수

$R = \frac{PV}{nT}\left(=\frac{PVM}{WT}\right)$

$= \frac{101,325\text{N/m}^2 \times 22.4\text{m}^3}{1\text{kmol} \times 273\text{K}}$

$≒ 8,313.85\ \text{N}\cdot\text{m/kmol}\cdot\text{K}[1\text{N}\cdot\text{m} = 1\text{J}]$

$≒ 8,313.85\ \text{J/kmol}\cdot\text{K}$

$PV = \frac{W}{M}RT$ 이므로 $W = \frac{PVM}{RT}$

① 문제의 조건에 따라 이상기체상태방정식을 적용하면
$P = 0.12\text{MPa} = 120,000\text{Pa}[=\text{N/m}^2]$, $T = (273+25)\text{K}$
C 원자량 = 12kg, O 원자량 = 16kg 이므로 CO₂분자량 : 12kg + 16kg × 2 = 44 ∴ $M = 44\text{kg}$

② 소화약제의 체적을 구하면
$$\text{CO}_2 = \frac{21 - \text{O}_2\%}{\text{O}_2\%} \times V$$

여기서, CO₂ : 가스량[m³]
O₂ : 산소농도[%]
V : 방호구역체적[m³]

O₂ = 12%, V = 500m³이므로

$\text{CO}_2 = \frac{21-\text{O}_2\%}{\text{O}_2\%} \times V = \frac{21-12\%}{12\%} \times 500\text{m}^3 = 375$ ∴ 375m³

③ 소화에 필요한 최소 CO₂ 가스량[kg]을 구하면
$W = \frac{PVM}{RT} = \frac{120,000\text{N/m}^2 \times 375\text{m}^3 \times 44\text{kg}}{8,313.85\text{N}\cdot\text{m/K} \times (273+25)\text{K}} = 799.183$ ∴ 799.18kg

(2) 최대, 최소 용기수(충전비는 고압식일 경우 1.5 이상~1.9 이하)

충전비 = $\frac{용기\ 내용적[l]}{용기당\ 약제량[kg]}$ 이므로 용기당 약제량[kg] = $\frac{용기\ 내용적[l]}{충전비}$

구분	충전비 1.5일 경우	충전비 1.9일 경우
용기당 약제량[kg] = $\frac{용기\ 내용적[l]}{충전비}$	$\frac{68l}{1.5} = 45.333$ ∴ 45.33kg	$\frac{68l}{1.9} = 35.789$ ∴ 35.79kg
용기수[병] = $\frac{약제량[kg]}{용기당\ 약제량[kg]}$	$\frac{799.18\text{kg}}{45.33\text{kg}} = 17.63$ ∴ 18병	$\frac{799.18\text{kg}}{35.79\text{kg}} = 22.329$ ∴ 23병

(3) 최대, 최소 용기(저장량)을 각각 배출하였을 경우 과압배출구 면적[mm²]

$X = \frac{239Q}{\sqrt{P}}$ 술111(25)

여기서, X : 과압배출구 면적[mm²]
Q : CO₂ 유량[kg/min]
P : 방호구역 내 구조물의 허용압력[kPa]
[경량 구조물 = 1.2kPa, 일반 구조물 = 2.4kPa, 둥근 구조물 = 4.8kPa]

일반 구조($P=2.4\text{kPa}$)이며, 전기실(전기설비)은 심부화재이므로 약제 방출시간은 7분이며 조건에 따라 최대, 최소 저장량 100%가 방출된다.

구분	최소 용기 (충전비 1.5일 경우)	최대 용기 (충전비 1.9일 경우)
CO_2 유량 [kg/min]	$Q = \dfrac{45.33\text{kg/병} \times 18\text{병}}{7\text{min}} = 116.562\text{kg/min}$	$Q = \dfrac{35.79\text{kg/병} \times 23\text{병}}{7\text{min}} = 117.595\text{kg/min}$
과압배출구 면적 [mm²]	$X = \dfrac{239 \times 116.562\text{kg/min}}{\sqrt{2.4\text{kPa}}} = 17{,}982.46\text{mm}^2$	$X = \dfrac{239 \times 117.595\text{kg/min}}{\sqrt{2.4\text{kPa}}} = 18{,}141.83\text{mm}^2$

→ 표면화재, 심부화재 등 조건에 따른 이산화탄소소화 약제량 산출과 방사시간(표면화재 1분, 심부화재 7분)에 따라 CO_2 유량은 달라지므로 **주의 必!**

이해 必

☑ **과압배출구 면적(IG-541)**

각 가스별로 과압배출구 면적산출 공식은 상이하며, 이너젠가스의 경우 다음과 같다.

$$X = \dfrac{42.9Q}{\sqrt{P}} \quad \text{술111(25)}$$

여기서, X : 과압배출구 면적[cm²]
Q : 이너젠 유량[m³/min]
P : 방호구역 내 구조물의 허용압력[kg/m²]
[경량 구조물=10kg/m², 블록 마감=50kg/m², 철근콘크리트 벽=100kg/m²]

---

16 다음 물음에 답하시오. 🔥🔥

(1) 아보가드로의 법칙을 기준으로 CO_2의 기체상수[J/kg·K]를 구하시오.
(2) 68L 저장용기의 온도는 40℃, 고압식 CO_2소화설비의 최대, 최소 충전비[L/kg]에 따른 저장용기의 절대압[MPa$_{abs}$]을 구하시오.
(3) 200L 저장용기의 온도는 -18℃, 저압식 CO_2소화설비의 최대, 최소 충전비[L/kg]에 따른 저장용기의 계기압[MPa$_g$]을 구하시오.
(4) 화재안전기술기준에 따른 최소 수치로 CO_2 가압식 기동용기에 채워야 하는 질소[kg]를 구하시오.

해설

(1) 아보가드로의 법칙을 기준으로 CO_2의 기체상수[J/kg·K]

$$PV = nRT = \dfrac{W}{M}RT = W\overline{R}T$$

여기서, P : 절대압력=대기압+계기압[Pa = N/m²]
V : 체적[m³]
n : 몰수[kmol] $= \dfrac{W(\text{실제 질량})[\text{kg}]}{M(\text{분자량})[\text{kg}]}$
T : 절대온도[K = 273 + ℃]
R : 일반 기체상수[8,313.85 J/kmol·K]
$\overline{R} = \dfrac{R}{M}$: 특정 기체상수[J/kg·K]

$P = 101{,}325\text{Pa}[=\text{N/m}^2]$, $V = 22.4\text{m}^3$,
$T = 0℃ = 273\text{K}$ 일 때 기체상수

$R = \dfrac{PV}{nT} \left(= \dfrac{PVM}{WT} \right)$

$= \dfrac{101{,}325\text{N/m}^2 \times 22.4\text{m}^3}{1\text{kmol} \times 273\text{K}}$

$≒ 8{,}313.85\text{N}\cdot\text{m/kmol}\cdot\text{K}[1\text{N}\cdot\text{m} = 1\text{J}]$

$≒ 8{,}313.85\text{J/kmol}\cdot\text{K}$

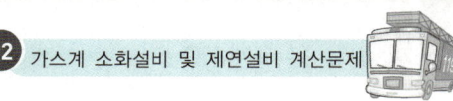

아보가드로의 법칙 : 0℃, 1atm = 101,325Pa[= N/m²]에서 모든 기체 1kmol 은 $V=22.4\text{m}^3$ 을 기준으로 적용하며, $n=\dfrac{W}{M}=1\text{kmol}$ 을 적용하기 위해 CO_2분자량 M과 동일한 W(실제질량)을 적용한다.

C 원자량=12kg, O 원자량=16kg, CO_2분자량 : 12kg+16kg×2 = 44 ∴ M=44kg 이므로 W=44kg

$\overline{R}=\dfrac{PV}{WT}=\dfrac{101,325\text{N/m}^2 \times 22.4\text{m}^3}{44\text{kg} \times 273\text{K}}=188.951$ ∴ 188.95N·m/kg·K = 188.95J/kg·K

→ 일반 기체상수 외에 특정 가스에 대한 기체상수를 구하거나 주어질 수 있으므로 이를 고려하여야 하며, 일반 기체상수에 분자량을 바로 대입해도 결과는 동일하다. **이해 必!**

$\overline{R}=\dfrac{R}{M}=\dfrac{8,313.85\text{J/kmol·K}}{44\text{kg}}=188.951$ ∴ 188.95J/kg·K

(2) 68L 저장용기의 온도는 40℃, 고압식 CO_2소화설비의 최대, 최소 충전비[l/kg]에 따른 저장용기의 절대압[MPa$_{abs}$]

$\overline{R}=188.95N\cdot \text{m/kg·K}$, $V=68l=0.068\text{m}^3$, $T=(273+40℃)\text{K}$ 이고 $PV=W\overline{R}T$ → $P=\dfrac{W\overline{R}T}{V}$

충전비[l/kg]	실제질량[약제량 : W]	절대압
1.5일 경우	$W=\dfrac{68l}{1.5l/\text{kg}}=45.333\text{kg}$	$P=\dfrac{45.333\text{kg}\times 188.95\text{N·m/kg·K}\times(273+40)\text{K}}{0.068\text{m}^3}$ $=39,427,276.76$ ∴ $39,427,276.76\text{Pa} ≒ 39.43\text{MPa}_{abs}$
1.9일 경우	$W=\dfrac{68l}{1.9l/\text{kg}}=35.789\text{kg}$	$P=\dfrac{35.789\text{kg}\times 188.95\text{N·m/kg·K}\times(273+40)\text{K}}{0.068\text{m}^3}$ $=31,126,614.34$ ∴ $31,126,614.34\text{Pa} ≒ 31.13\text{MPa}_{abs}$

→ 저장용기실의 온도가 40℃ 경우 고압식 CO_2 저장용기 내 절대압(=대기압+계기압) 산출 문제 **이해 必!**

(3) 200L 저장용기의 온도는 -18℃, 저압식 CO_2소화설비의 최대, 최소 충전비[l/kg]에 따른 저장용기의 계기압[MPa$_g$]

$\overline{R}=188.95N\cdot \text{m/kg·K}$, $V=200l=0.2\text{m}^3$, $T=(273-18℃)\text{K}$ 이고 $PV=W\overline{R}T$ → $P=\dfrac{W\overline{R}T}{V}$

충전비[l/kg]	실제질량[약제량 : W]	계기압=절대압-대기압(0.101325MPa)
1.1일 경우	$W=\dfrac{200l}{1.1l/\text{kg}}=181.818\text{kg}$	$P=\dfrac{181.818\text{kg}\times 188.95\text{N·m/kg·K}\times(273-18)\text{K}}{0.2\text{m}^3}Z$ $=43,802,001.65$ ∴ $43,802,001.65\text{Pa} ≒ 43.802001\text{MPa}_{abs}$ 계기압 = 43.802001MPa - 0.101325MPa = 43.700676 ∴ 43.7MPa_g
1.4일 경우	$W=\dfrac{200l}{1.4l/\text{kg}}=142.857\text{kg}$	$P=\dfrac{142.857\text{kg}\times 188.95\text{N·m/kg·K}\times(273-18)\text{K}}{0.2\text{m}^3}$ $=34,415,858.44$ ∴ $34,415,858.44\text{Pa} ≒ 34.415858\text{MPa}_{abs}$ 계기압 = 34.415858MPa - 0.101325MPa = 34.314533 ∴ 34.31MPa_g

→ 저압식 CO_2의 저장용기 내부 온도가 -18℃에서 2.1MPa의 압력을 유지할 수 있는 자동냉동장치를 설치해야 하므로 이를 기준으로 적용한 문제이며, 계산결과에 따라 저장압력 등 문제가 될 수 있음. **주의 必!**

(4) 화재안전기술기준에 따른 최소 수치로 CO_2 가압식 기동용기에 채워야 하는 질소[kg]

「이산화탄소소화설비의 화재안전기술기준」에 따른 가스압력식 기동용 가스용기에 대한 설치기준은 용적 5L 이상으로 하고, 해당 용기에 저장하는 질소 등 비활성기체는 6.0MPa 이상(21℃ 기준)의 압력으로 충전 해야 하며, 기동용 가스용기에는 충전여부를 확인할 수 있는 압력게이지를 설치해야 한다. 즉, 6.0MPa은 계기압으로 볼 수 있으며, 가스가 질소로 달라졌으므로 일반 기체상수를 적용하여 질소의 량을 구하며, 조건에 따라 최소 수치를 적용한다.

P = 대기압 + 계기압 = 6.0MPa + 0.101325MPa = 6.101325MPa = 6,101,325Pa[N/m^2]

$V = 5l = 0.005m^3$, $T = (273 + 21℃)K$, $R = 8,313.85 N\cdot m/kmol\cdot K$, $M(N_2) = 14kg \times 2 = 28kg$

$PV = \dfrac{W}{M}RT$ ➡ $W = \dfrac{PVM}{RT} = \dfrac{6,101,325 N/m^2 \times 0.005m^3 \times 28kg}{8,313.85 N\cdot m/kmol\cdot K \times (273+21)K} = 0.349$ ∴ 0.35kg

---

17 이산화탄소 소화배관의 최고사용압력이 5MPa이고 인장강도가 380MPa인 탄소강을 배관재료로 사용하였을 경우 이 압력배관용 탄소강관의 스케줄 수를 선정하시오. (단, 안전율은 4이고 스케줄 수는 10, 20, 30, 40, 60, 80에서 선정한다.) 🔥🔥

해설

(1) 스케줄 수(번호)(Schedule No)

$$\text{스케줄 수} = \dfrac{\text{내부작업응력(최고사용압력)}}{\text{재료의 허용응력}} \times 1,000$$

(2) 안전율

$$\text{안전율} = \dfrac{\text{인장강도(극한강도)}}{\text{재료의 허용응력}}$$

① 재료의 허용응력 = $\dfrac{\text{인장강도(극한강도)}}{\text{안전율}} = \dfrac{380MPa}{4} = 95$ ∴ 95MPa

② 스케줄 수 = $\dfrac{5MPa}{95MPa} \times 1,000 = 52.631$ ∴ 52.63 문제의 단서에 의해 **스케줄 60**을 선정한다.

---

18 「이산화탄소소화설비의 화재안전기술기준」에 따라 전역방출방식에서 가연성액체 등 표면화재대상물일 경우 설계농도가 34% 이상인 경우 보정계수 그래프를 활용하여 소화약제를 산출한다. 보정계수그래프에 대한 방정식을 유도하시오.

해설

$$x = 2.303 \times \log\left(\dfrac{100}{100-C}\right) \times \dfrac{1}{S}$$

여기서, x : 방호구역 체적당 소화약제량(flooding factor)[kg_f/m^3]
　　　　C : 소화약제의 설계농도[%]
　　　　S : 비체적[m^3/kg_f]

이산화탄소소화약제의 경우 자유유출에 해당하며, 표면화재에 해당할 경우 비체적은 30℃에서의 비체적($S = 0.564 m^3/kg$)을 적용하고, 설계농도가 C=34%일 경우 보정계수가 1로 적용하면, 설계농도를 x, 보정계수를 y로 적용하여 다음과 같이 비례식으로 정리할 수 있다.

$x = 2.303 \times \log\left(\dfrac{100}{100-34\%}\right) \times \dfrac{1}{0.564 m^3/kg} = 0.736$ ∴ $0.736 kg_f/m^3$

$0.736\text{kg/m}^3 : 1 = 2.303 \times \log\left(\dfrac{100}{100-x}\right) \times \dfrac{1}{0.564\text{m}^3/\text{kg}} : \text{y}$

$0.736\text{kg/m}^3 \times \text{y} = 2.303 \times \log\left(\dfrac{100}{100-x}\right) \times \dfrac{1}{0.564\text{m}^3/\text{kg}}$

$y = \dfrac{2.303}{0.564\text{m}^3/\text{kg} \times 0.736\text{kg/m}^3} \times \log\left(\dfrac{100}{100-x}\right)$

$\therefore y = 5.548 \times \log\left(\dfrac{100}{100-x}\right)$

이해必

☑ 표면화재의 비체적(소화약제 선형상수) 🔥🔥🔥

0℃, 1atm 에서 이산화탄소의 비체적은 $V_s[\text{m}^3/\text{kg}] = \dfrac{22.4\text{m}^3}{\text{분자량[kg]}} = \dfrac{22.4\text{m}^3}{44\text{kg}} = 0.509\text{m}^3/\text{kg}$

(C 원자량=12kg, O 원자량=16kg 이므로 CO_2분자량 : 12kg+16kg×2 = 44 ∴ M=44kg)

$S = K_1 + K_1 \times \dfrac{t}{273} = 0.509\text{m}^3/\text{kg} + 0.509\text{m}^3/\text{kg} \times \dfrac{30}{273} = 0.564$ ∴ $0.564\text{m}^3/\text{kg}$

Mind-Control

긍정적인 생각과 합쳐진 긍정적인 행동은 성공을 불러온다.

― 시브 카에라 ―

必勝! 합격수기

— 제11회 소방시설관리사 합격수기 **이문원 님** —

안녕하세요. 11회 소방시설관리사에 합격한 이문원입니다.
관리사 합격 후 합격수기를 쓰기로 모기술사님과 약속했는 데 여때까지 미루다가 2년 전 이맘때가 생각나 부끄러운 글이지만 올려봅니다.

공부의 시작 …
크게 공부의 시작이랄 것은 없습니다.
관리사가 똥인지 된장인지 전혀 모르고 시작했고요, 무식하면 용감하다고 생각됩니다.
2010년 7월경 관리사 시험을 봐야겠다고 생각하고 S학원 동영상을 봤습니다. 그전에 화재안전기술기준을 읽었는데 당채 뭔 말인지 이해 불가능이었구요. 동영상은 대략 1.8배속으로 2회정도 봤습니다. 그렇게 대충 소화기, 옥내소화전, 스프링클러, 가스계, 포, 수신기 등등
그래도 소방이 뭔지 감도 안 잡히고 해서 A3용지에 옥내소화전 그림을 그리고 그 옆에 화재안전기술기준을 적었습니다. 수조 옆에는 수조설치기준, 펌프 옆에는 펌프 설치기준 등을…
그 다음에는 스프링클러설비 그림을 그리고 설치기준을 적고, 가스계도 그리고 설치기준을 적고… 이렇게 적은 A3용지를 그림 보면서 설치기준을 외우니까 조금 알겠다 싶더라구요.
에듀파이어 기술학원을 다니다.
화재안전기술기준 외우다가 부산에 있는 에듀파이어기술학원을 12월부터 다녔습니다. 그 다음해 2월 정도까지 이항준기술사님이 화재안전기술기준을 구석구석 강의해 주는 것을 들었습니다. 이때 비교적 중요한 부분 좀 덜 중요한 부분 등을 파악하게 되었습니다.
그리고 3월부터는 모의고사반을 에듀파이어기술학원에서 계속 연결해서 들었습니다.
첫 모의고사 점수 36점 좀 한심한 점수죠!. 그래도 실망 안하고 계속 모의고사를 치니 조금씩 나아졌습니다. 관리사 공부하시는 분들께 모의고사를 자주 치라고 권하고 싶습니다. 머릿속으로 좀 외웠다 싶어도 막상 써보면 개발새발이 되는데 그것을 자주 하니까 정말 조금씩 나아지더라구요.
계속해서 소방학원에서 모의고사를 치르다.
에듀파이어기술학원은 계속해서 다녔습니다. 첫 모의고사반 끝나고 다음 모의고사반으로 연속해서 들었죠. 모의고사 치고 나면 쪽 팔립니다. 점수가 공개 되니까. 때에 따라 많이 부끄럽습니다.
그래도 시험 떨어져 쪽 팔리는 것보다 훨 낫습니다. 쪽 팔리면 다음 주 모의고사 잘 보려고 한 주일 동안 공부할 수 밖에 없으니까요.
그렇게 모의고사를 보면서 3, 4, 5월 6, 7, 8월을 보냈습니다.

소방시설관리사 시험을 치다
제가 시험칠 때에는 부산에서 대전까지 갔습니다. 12회는 부산에서도 치는 것 같던데…
시험 치는 날 새벽 4시 반쯤 E / V앞에서 와이프 하는말 – 인간아! 인간아! 이번 시험 떨어지면 알지….
– 헐입니다
시험 당일 아침 그것도 1년간 열심히 공부하는 것을 봤을 텐데, 그리고 이번 시험이 처음 보는 관리사 시험인데….
그런 얘기를 듣고 대전가는 버스에 올랐습니다.

오전에 필기 1차를 쳤고요, 위험물 시험문제가 어려웠다고 얘기하면서 도시락점심을 먹고 2차 시험을 봤습니다.

긴장한 속에서 2차 시험 문제를 봤는데 좀 적을 수 있을 것 같더라구요. 나름대로 점검실무 먼저 적고, 다음 설계시공을 적었고요. 설계시공 중 계산문제는 맨 나중에 풀었습니다.

시험치고 나서…
시험치고 내려오는 버스 안에서 소방학원에서 준비해준 맥주 시원하게 먹었습니다. 시험공부 할 때부터 술을 안 먹었는데 생각보다는 조금 덜 시원했던 것으로 기억되고요. 버스 안에서 부산 사하소방서에서 근무하시는 소방관이 다음에도 관리사 시험에 도전하겠다는 얘기 등을 했던 것으로 생각됩니다.

발표날
시험친 사람은 누구나 새벽부터 긴장하는 날인 것 같습니다. 저도 새벽부터 9시 될 때까지 왔다 갔다 뭐 마려운 강아지마냥….
9시 3분 제 이름 3자 보고 무지 기뻤습니다. 같이 시험 친 사람들 이름도 찾아 보고
와이프한테 전화했습니다. 시험 당일 4시 30분에 E/V 앞에서 인간아! 인간아! … 했던 그 와이프한테
와이프 반응이 글쎄 좀 심더렁 하더라고요. 인간아! 인간아! 이 수준은 아니지만 뭐 그런 것 붙은 게 대순가 하는 그런 정도…
처음으로 관리사 1년 공부해서 한번에 1, 2차 한방에 붙었는데 반응이 좀 그렇죠!
그럼에도 불구하고 기분 좋은 날이었습니다. 저녁 때는 같이 공부한 사람들 끼리 한잔 쭈-욱 했습니다.

요약하면
공부기간 : 2010년 7월경부터 2011년 9월 5일 대략 13개월 정도
공부방법 : 동영상 대략 2회, 그 외 에듀파이어기술학원 2010년 12월부터 2011년 8월까지 이론 및 모의고사
공부시간 : 공부 초기 대략 2~3시간
　　　　　중간쯤부터 3~5시간
　　　　　시험에 임박해서 5~6시간

맺음말
요즘 관리사 구인광고가 많습니다. 7월부터 적용되는 면적별 기준, 세대별 기준 등을 충족하려고 관리사를 더 고용하다보니 연쇄적으로 일어나는 반응인 것 같습니다.
그리고 관리사 연봉이 6000이니 하며 모집공고가 나는데 연봉이 공부할 때 중요한 기준이기는 하나 항상 오르고 내림이 있는 만큼 공부의 절대적 기준은 아니었으면 좋겠습니다.
저는 운이 좋아 비교적 짧은 기간의 공부에도 불구하고 1, 2차를 한 번에 패스할 수 있었습니다.
2년 전 막 공부를 시작하던 제 모습이 생각나 못난 글이지만 올려봅니다.

　　　　주택관리사로 근무하시다가 소방시설관리사 1, 2차 동시패스
　　　　　　이번에는 여러분들 차례입니다. ^^*

02 할론소화설비

🔊 할론소화설비의 각종 수치 정리 🔥🔥🔥

구분			할론 1301	할론 1211	할론 2402
분자량			148.9kg	165.35kg	259.8kg
충전비			0.9~1.6 이하	0.7~1.4 이하	가압식 : 0.51~0.67 미만 축압식 : 0.67~2.75 이하
축압식 저장용기의 저장압력(20℃)			2.5MPa 또는 4.2MPa (축압가스 : 질소)	1.1MPa 또는 2.5MPa (축압가스 : 질소)	—
가압용 가스용기(21℃)			2.5MPa 또는 4.2MPa(가압가스 : 질소) → 압력조정장치 설치(2.0MPa 이하)		
방사시간(전역 / 국소)			10초		
방사압력(전역 / 국소)			0.9MPa 이상	0.2MPa 이상	0.1MPa 이상
국소 약제량	면적식		6.8kg	7.6kg	8.8kg
	체적식	X 수치	4.0	4.4	5.2
		Y 수치	$4 \times 0.75 = 3.0$	$4.4 \times 0.75 = 3.3$	$5.2 \times 0.75 = 3.9$
	할증		1.25	1.1	1.1
호스릴 소화 설비	노즐당 약제량		45kg	50kg	50kg
	노즐 1분당 방사량(20℃)		35kg	40kg	45kg
	기타 기준		수평거리 20m / 저장용기 개방밸브는 수동으로 개폐 / 저장용기는 호스릴 설치장소마다 설치 / 적색의 표시등 설치 및 할로겐화합물 소화설비가 있음을 알리는 표지설치		
배관	강관		압력배관용탄소강관(KS D 3562) 중 스케줄 40 이상 또는 이와 동등 이상의 강도 및 내식성으로 아연도금 등에 따라 방식처리된 것(배관부속 및 밸브 동등 이상)		
	동관		이음이 없는 동 및 동합금관(KS D 5301)로 고압식은 16.5MPa 이상, 저압식은 3.75MPa 이상의 압력에 견딜 수 있는 것 사용할 것(배관부속 및 밸브 동등 이상)		

1 바닥면적이 1,000m², 실의 높이가 3m, 컴퓨터실에 할론 1301 소화설비를 전역방출방식으로 하려고 한다. 다음 물음에 답하시오. (단, 소수 둘째자리까지 구하고 내화구조이며, 3m×2m의 자동폐쇄되지 않는 개구부 1개소가 있다.) 관설6 🔥🔥

(1) 할론 1301의 최소약제량[kg]을 산출하시오.
(2) 할론 1301 소화약제 저장용기수를 쓰시오. (단, 저장용기는 50kg의 약제를 저장한다.)
(3) 방호구역에 차동식 스포트형 1종 감지기를 설치할 경우 감지기수를 산출하시오.
(4) 감지회로의 최소회로수는 몇 개인가?
(5) Soaking Time에 대하여 쓰시오.
(6) 배관을 강관으로 사용할 경우 배관의 설치기준을 쓰시오.

(7) 최소약제량을 방사할 경우 약제방출률이 2kg / cm² · sec · 개이고 방사헤드수가 25개, 노즐 1개의 방사압이 20kg / cm²일 경우 노즐의 최소 오리피스 분구면적[mm²]을 구하시오.

해설

(1) 할론 1301의 최소약제량[kg]을 산출

소방대상물 또는 그 부분	소화약제의 종별	소화약제량	
		방호구역의 체적 1m³당	개구부의 면적 1m²당
차고 · 주차장 · 전기실 · 통신기기실 · 전산실 기타 이와 유사한 전기설비가 설치되어 있는 부분 🖉 암기법 차 주차 전통전 32	할론 1301	0.32kg 이상 0.64kg 이하	2.4kg

약제량[kg] = 방호구역체적[m³] × 체적당 약제량[kg/m³] + 개구부면적[m²] × 개구부 면적당 가산량[kg/m²]
= (1,000m² × 3m) × 0.32kg/m³ + (3m × 2m) × 2.4kg/m² = 974.4 ∴ 974.4kg

(2) 할론 1301 소화약제 저장용기수(저장용기는 50kg 약제 저장)
저장용기수[병] = 약제량[kg] ÷ 저장용기저장량[kg / 병]
= 974.4kg ÷ 50kg/병 = 19.488 ∴ 20병

(3) 방호구역에 차동식 스포트형 1종 감지기를 설치할 경우 감지기수
층고 4m 미만이므로 1개당 감지면적은 90m²가 되므로
1,000m² ÷ 90m² = 11.111 ∴ 12개 교차회로 방식이므로 24개

(4) 감지회로의 최소회로수 : 교차회로방식이므로 최소회로수는 2회로

(5) Soaking Time

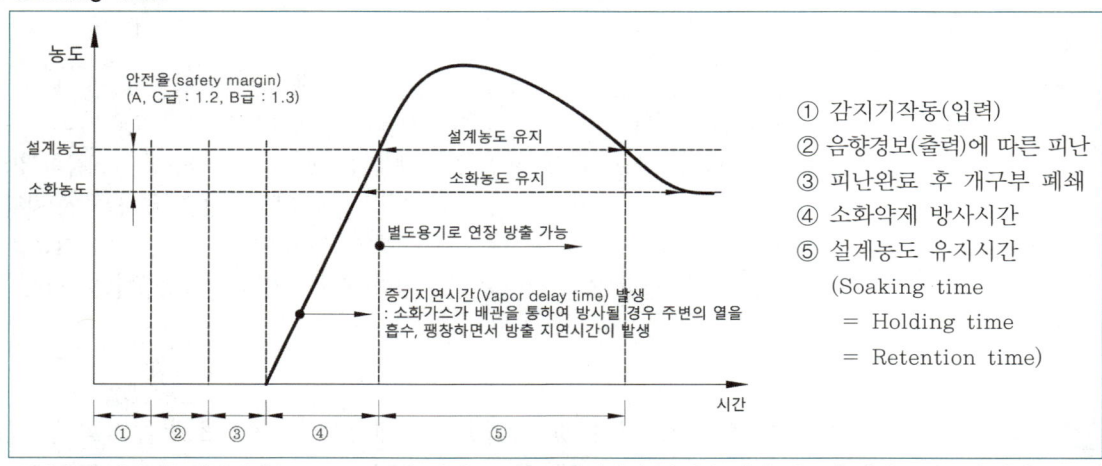

소화약제 방사 후 일정시간(20~30분)동안 설계농도를 유지하여야 화재가 진압 되는데 일정농도를 유지하는 동안 화염은 없어지는데 이때 자연냉각을 유도하여 가연물 표면을 발화점 이하로 되게 한다. 이를 "설계농도유지시간(Soaking time = Retention time = Holding time))"이라 한다.

(6) 배관을 강관으로 사용할 경우 배관의 설치기준
① 배관은 전용으로 할 것
② 강관을 사용하는 경우의 배관은 압력배관용탄소강관(KS D 3562) 중 스케줄 40 이상의 것 또는 이와 동등 이상의 강도를 가진 것으로서 아연도금 등에 따라 방식처리된 것을 사용할 것

(7) 약제방출률이 2kg / cm² · sec · 개 이고 방사헤드수가 25개, 노즐 1개의 방사압이 20kg / cm²일 경우 노즐의 최소 오리피스 분구면적[mm²]
할론의 약제방사시간은 10초이므로

$$\text{분구면적} = \frac{\frac{\text{약제량 [kg]}}{\text{방사시간 [s]} \times \text{헤드수}}}{\text{약제방출률 [kg/cm}^2\cdot\text{s}\cdot\text{개]}} = \frac{\frac{974.4\text{kg}}{10\text{s} \times 25\text{개}}}{2\text{kg/cm}^2\cdot\text{s}\cdot\text{개}} = 1.9488 \quad \therefore 1.9488\text{cm}^2 = 194.88\text{mm}^2$$

2. 화재안전기술기준에 따라 합성수지를 저장하는 창고에 할론 1301설비를 설치하며, 다음의 조건에 따라 물음에 답하시오. 관설21(유사)

〈 조건 〉

① 바닥면적 A실=8m×6m, B실=15m×8m, C실=4m×4m, 전체 실의 높이는 4m이며, 자동폐쇄 되지 않는 개구부가 각 실당 1m²씩 있다.
② 소화약제 저장용기의 내용적은 68ℓ이다.
③ 소화약제 방출 시 실의 온도는 20℃이며, 할론 1301의 분자량은 149kg.

(1) 화재안전기술기준에 따른 A, B, C실에 필요한 최대, 최소 약제량 및 저장용기수를 구하시오.
(2) 소화약제 방출 시의 비체적을 구하시오.
(3) 각 실별 최대약제량을 방사할 경우 각 실별 가스농도[%]를 구하시오.

해설

(1) 최대, 최소 저장용기수

소방대상물 또는 그 부분		소화약제의 종별	소화약제량	
			방호구역의 체적 1m³당	개구부의 면적 1m² 당
차고 · 주차장 · 전기실 · 통신기기실 · 전산실 기타 이와 유사한 전기설비가 설치되어 있는 부분 **암기법** 차 주차 전통전 32		할론 1301	0.32kg 이상 0.64kg 이하	2.4kg
소방기본법 시행령 별표 2의 특수가 연물을 저장 · 취급하는 소방대상물 또는 그 부분	가연성고체류 · 가연성액체류	할론 2402	0.40kg 이상 1.1kg 이하	3.0kg
		할론 1211	0.36kg 이상 0.71kg 이하	2.7kg
		할론 1301	0.32kg 이상 0.64kg 이하	2.4kg
	면화류 · 나무껍질 및 대팻밥 · 넝마 및 종이부스러기 · 사류 · 볏짚류 · 목재가공품 및 나무부스러기를 저장 · 취급하는 것	할론 1211	0.60kg 이상 0.71kg 이하	4.5kg
		할론 1301	0.52kg 이상 0.64kg 이하	3.9kg
	합성수지류를 저장 · 취급하는 것	할론 1211	0.36kg 이상 0.71kg 이하	2.7kg
		할론 1301	0.32kg 이상 0.64kg 이하	2.4kg

① 충전비[ℓ/kg]는 0.9 이상 1.6 이하이고 내용적은 68ℓ이므로 용기당 약제량을 구하면

$$\text{충전비} = \frac{\text{용기 내용적}[\ell]}{\text{용기당 약제량}[\text{kg}]} \text{이므로 용기당 약제량}[\text{kg}] = \frac{\text{용기 내용적}[\ell]}{\text{충전비}}$$

구분	충전비 0.9일 경우	충전비 1.6일 경우
용기당 약제량[kg] = $\frac{\text{용기 내용적}[\ell]}{\text{충전비}}$	$\frac{68\ell}{0.9} = 75.555 \quad \therefore 75.56\text{kg}$	$\frac{68\ell}{1.6} = 42.5 \quad \therefore 42.5\text{kg}$

② 화재안전기술기준에 따라 합성수지류를 저장·취급할 경우 할론 1301의 최대, 최소 약제량은 위의 표에 따라 0.32kg 이상 0.64kg 이하이며, 개구부당 가산량은 2.4kg(각 실별 자동폐쇄되지 않는 개구부 1m² 가 있음)

구분	실체적	약제량	최소 용기수	최대 용기수
A실	8m × 6m × 4m = 192m³	최대약제량일 경우 192m³ × 0.64kg + 2.4kg = 125.28kg 125.28kg ÷ 75.56kg/병 = 1.658 ∴ 1병 125.28kg ÷ 42.5kg/병 = 2.947 ∴ 2병	1병	2병
		최소약제량일 경우 192m³ × 0.32kg + 2.4kg = 63.84kg 63.84kg ÷ 75.56kg/병 = 0.844 ∴ 1병 63.84kg ÷ 42.5kg/병 = 1.568 ∴ 2병	1병	2병
B실	15m × 8m × 4m = 480m³	최대약제량일 경우 480m³ × 0.64kg + 2.4kg = 309.6kg 309.6kg ÷ 75.56kg/병 = 4.097 ∴ 4병 309.6kg ÷ 42.5kg/병 = 7.284 ∴ 7병	4병	7병
		최소약제량일 경우 480m³ × 0.32kg + 2.4kg = 156kg 156kg ÷ 75.56kg/병 = 2.064 ∴ 3병 156kg ÷ 42.5kg/병 = 3.67 ∴ 4병	3병	4병
C실	4m × 4m × 4m = 64m³	최대약제량일 경우 64m³ × 0.64kg + 2.4kg = 43.36 ∴ 43.36kg 43.36kg ÷ 75.56kg/병 = 0.573 ∴ 0병 43.36kg ÷ 42.5kg/병 = 1.02 ∴ 1병	0병 사용불가	1병
		최소약제량일 경우 64m³ × 0.32kg + 2.4kg = 22.88kg 22.88kg ÷ 75.56kg/병 = 0.302 ∴ 0병 22.88kg ÷ 42.5kg/병 = 0.538 ∴ 1병	0병 사용불가	1병

> ☑ 할론소화약제의 최대약제량인 0.64kg으로 약제량 및 저장용기를 계산할 때 허용설계농도를 초과하게 되므로 저장용기수는 절상할 수 없다.

(2) 소화약제 방출 시의 비체적

$$S = K_1 + K_2 \times t = K_1 + K_1 \times \frac{t}{273}$$

여기서, S : 소화약제 선형상수(특정온도에서의 비체적)[m³/kg]

K_1 : 0℃에서의 비체적 $[\frac{22.4\text{m}^3}{\text{분자량} \text{kg}}]$

K_2 : 특정온도에서의 비체적 $[K_2 = \frac{K_1}{273}$ m³/kg$]$

t : 특정온도[℃]

할론 1301의 0℃, 1atm에서의 비체적을 구하면 $K_1 = \dfrac{22.4\text{m}^3}{149\text{kg}} = 0.150$ ∴ $0.15\text{m}^3/\text{kg}$, $t = 20℃$

$S = K_1 + K_1 \times \dfrac{t}{273} = 0.15\text{m}^3/\text{kg} + 0.15\text{m}^3/\text{kg} \times \dfrac{20}{273} = 0.160$ ∴ $0.16\text{m}^3/\text{kg}$

(3) 각 실별 최대약제량을 방사할 경우 가스농도(문제에서 최대저장량으로 방사할 경우가 아니므로 주의하여야 한다.)

가스농도[%] = $\dfrac{\text{방사된 소화가스량}[\text{m}^3]}{\text{실체적}[\text{m}^3] + \text{방사된 소화가스량}[\text{m}^3]} \times 100$ 이므로

구분	체적	최대 약제량	가스체적 (비체적×약제량 = 가스체적)	가스농도
A실	192m³	125.28kg	0.16m³/kg × 125.28kg = 20.044m³	$\dfrac{20.044\text{m}^3}{192\text{m}^3 + 20.044\text{m}^3} \times 100 = 9.452$ ∴ 9.45%
B실	480m³	309.6kg	0.16m³/kg × 309.6kg = 49.536m³	$\dfrac{49.536\text{m}^3}{480\text{m}^3 + 49.536\text{m}^3} \times 100 = 9.354$ ∴ 9.35%
C실	64m³	43.36kg	0.16m³/kg × 43.36kg = 6.937m³	$\dfrac{6.937\text{m}^3}{64\text{m}^3 + 6.937\text{m}^3} \times 100 = 9.779$ ∴ 9.78%

3 전산실에 할론 1301을 전역방출방식으로 설치하며, 주어진 조건에 따라 물음에 답하시오. 🔥🔥🔥

〈 조 건 〉

① 면적은 30m×10m, 높이는 5m이다.
② 전산실 내 불연재로 마감된 콘크리트 기둥이 3개이며, 각 기둥의 체적은 3m³이다.
③ 설계농도는 10%를 적용하며, 설계농도를 초과할 수 없다.
④ 0℃, 1atm이며, 할론 1301의 분자량은 149kg이다.
⑤ 저장용기는 68ℓ / 45kg이다.

(1) 조건에 따라 비체적을 구하시오.
(2) 전산실에 필요한 약제량[kg] 및 저장용기를 구하시오.
(3) 필요한 약제량에 따른 방출 후 가스량[m³]을 구하시오.
(4) 화재안전기술기준에 따른 방사시간을 고려하여 필요한 약제량에 따른 선택밸브에서의 통과유량[m³/s]을 구하시오.
(5) Feed back system에 대하여 설명하시오.

해설

(1) **비체적**

$S = K_1 + K_2 \times t = K_1 + K_1 \times \dfrac{t}{273}$

여기서, S : 소화약제 선형상수(특정온도에서의 비체적)[m³/kg]

K_1 : 0℃에서의 비체적 $\left[\dfrac{22.4\text{m}^3}{\text{분자량kg}}\right]$

K_2 : 특정온도에서의 비체적 $\left[K_2 = \dfrac{K_1}{273} \text{ m}^3/\text{kg}\right]$

t : 특정온도[℃]

할론 1301의 0℃, 1atm에서의 비체적을 구하면 $K_1 = \dfrac{22.4\text{m}^3}{149\text{kg}} = 0.15$ ∴ $0.15\text{m}^3/\text{kg}$, $t = 0℃$이므로 $K_1 = S$ 이므로 바로 적용하면 된다.

(2) 전산실에 필요한 약제량[kg] 및 저장용기수

① 전산실에 필요한 약제량[kg]

$$W = \dfrac{V}{S} \times \boxed{\dfrac{C}{100-C}}$$

여기서, W : 약제량[kg]
S : 비체적[m^3/kg]
V : 방호구역체적[m^3]
C : 소화약제의 설계농도[%]

$V = 30\text{m} \times 10\text{m} \times 5\text{m} - 3\text{m}^3 \times 3$개(기둥) $= 1{,}491\text{m}^3$, $S = 0.15\text{m}^3/\text{kg}$, $C = 10\%$이므로

$W = \dfrac{V}{S} \times \dfrac{C}{100-C} = \dfrac{1{,}491\text{m}^3}{0.15\text{m}^3/\text{kg}} \times \dfrac{10\%}{100-10\%} = 1{,}104.444$ ∴ $1{,}104.44\text{kg}$

② 저장용기수

$1{,}104.44\text{kg} \div 45\text{kg}/$병 $= 24.543$ ∴ 24병 (반올림할 경우 조건 ③에 따라 설계농도 10%를 초과하게 된다.)

(3) 필요한 약제량에 따른 방출 후 가스량[m^3](저장용기수에 따른 저장량과 필요한 약제량은 차이가 나기 때문에 문제에서 구분하여야 한다.)

$V = S \times W = 0.15\text{m}^3/\text{kg} \times 1{,}104.44\text{kg} = 165.666$ ∴ 165.67m^3

(4) 필요한 약제량에 따른 선택밸브에서의 통과유량[m^3/s], 화재안전기술기준에 따른 방사시간은 10초이므로 선택밸브에서의 통과유량은 다음과 같다.

$Q = 165.67\text{m}^3 \div 10\text{sec} = 16.567$ ∴ $16.57\text{m}^3/\text{sec}$

(5) Feed back system : 가스압력식 기동장치에서 기동용기에 의해 저장용기가 개방되는데 기동용기의 압력부족 혹은 동관 등에서의 누설 등에 의해 저장용기가 개방되지 않는 경우가 있으므로 이를 방지하기 위하여 선택밸브 2차측 저장용기의 가스압력으로 저장용기를 개방하는 방식을 Feed back system이라 한다.

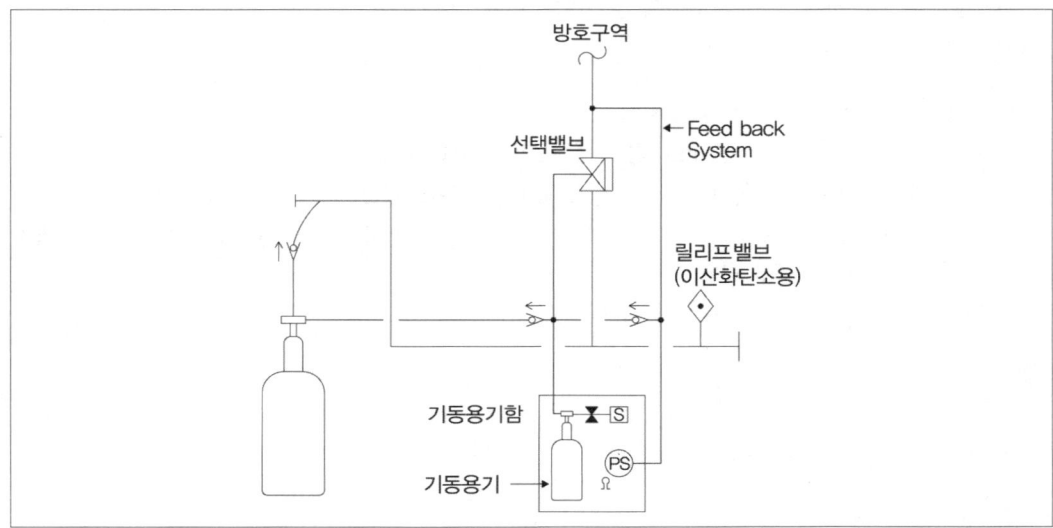

4 할론을 방출시켜 공기와 혼합시키면 상대적으로 공기 중의 산소는 희석된다. 이 경우 할론가스와 O_2가 갖는 부피농도[V%]의 이론적 관계를 증명하시오. 🔥🔥

■ 해설

할론가스는 무유출에 해당되므로

할론가스의 농도[%] = $\dfrac{\text{방사된 할론가스량}[m^3]}{\text{실체적}[m^3] + \text{방사된 할론가스량}[m^3]} \times 100$ ············ ①

방사된 할론가스량$[m^3]$ = $\dfrac{21 - O_2\%}{O_2\%} \times V[m^3]$ ·················· ②

식 ②를 식 ①에 대입하면
여기서 방사된 할론가스량은 소화에 필요한 최소할론가스량을 말한다.

할론의 농도[%] = $\dfrac{\dfrac{21 - O_2\%}{O_2\%} \times V}{V + \dfrac{21 - O_2\%}{O_2\%} \times V} \times 100 = \dfrac{21 - O_2\%}{21} \times 100$

여기서, $O_2\%$: 산소농도[%]

📖 이해 必

☑ **소화가스 농도 21-O_2%의 개념** : 가스계소화약제의 방출로 인하여 $O_2\%$의 농도가 감해진다는 의미이며 여기에 100을 곱하여 %로 치환한 것이다.

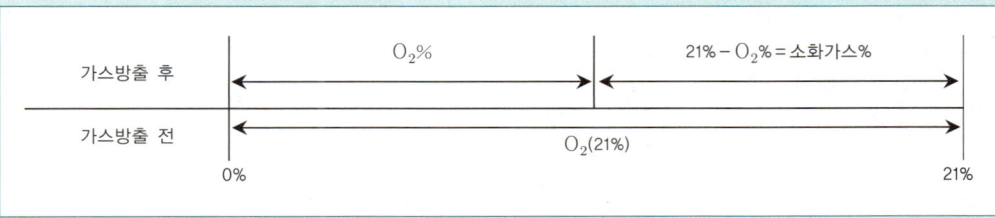

〈소화가스 방출 전·후 농도비율〉

5 전산실[20m×15m×3m(높이)]에 할론 1301이 최대 약제량으로 설계되어 있으며, 자동폐쇄 되지 않는 개구부는 $2m^2$이며, 저장용기는 68l/45kg에 충전한다. 저장용기와 집합관을 연결하는 후렉시블, 집합관, 기타 배관의 모든 체적은 400l이며, 20℃에서 할론 1301의 액체 밀도는 1.58kg/l 이다. 별도 독립배관방식으로 설계여부를 판단하시오. 🔥🔥

■ 해설

방출경로 배관 체적합계 ÷ 저장용기 약제체적(특정 온도 액체상태의 체적) = 1.5 미만여부 판단
하나의 구역을 담당하는 **소화약제 저장용기의 소화약제량의 체적(특정 온도에서의 액체상태의 체적)**합계보다 그 소화약제 방출시 방출경로가 되는 배관(집합관 포함)의 내용적이 1.5배 이상일 경우에는 해당 방호구역에 대한 설비는 별도 독립방식으로 하여야 한다.
그러므로 방호구역의 할론 1301 저장량을 구한 후 액체밀도를 나누어 액체 상태 약제의 체적을 구한다.

(1) 할론 1301 액체 체적
  ① 할론 1301 약제량
     = 체적 $1m^3$당 약제량[kg]×방호구역체적[m^3]+개구부 $1m^2$당 가산량[kg]×개구부 면적[m^2]
     = $0.64kg/m^3 \times (20m \times 15m \times 3m) + 2.4kg/m^2 \times 2m^2 = 580.8$ ∴ 580.8kg
  ② 할론 1301 저장용기 수(저장용기는 $68l/45kg$)
     $\dfrac{580.8kg}{45kg} = 12.906$ ∴ 12병 (최대허용설계농도(0.64kg)이하로 저장하여야 하므로 절하한다.)
  ③ 할론 1301 액체 체적(할론 1301 액체 밀도 $\rho = 1.58kg/l$)
     $\dfrac{45kg/병 \times 12병}{1.58kg/l} = 341.772$ ∴ $341.77l$

(2) 별도 독립배관방식 판단
    방출경로 배관 체적합계 ÷ 저장용기 약제체적 = $400l \div 341.772l = 1.17$ ∴ 1.17배
    1.5배 미만이므로 별도 독립배관방식으로 하지 않아도 무방하다.

6 「할론소화설비의 화재안전기술기준」에 따른 할론 1301, 1211 및 2402 소화약제의 최대, 최소약제량에 따른 설계농도를 구하시오. (단, 온도는 25℃ 이다.)

해설

$$C = \dfrac{v}{V+v} \times 100 = \dfrac{SW}{V+SW} \times 100$$

여기서, C: 소화가스농도[%]
       V: 방호구역 체적[m^3]
       v: 소화가스 체적[$v = SW = m^3/kg \times kg = m^3$]
       S: 소화약제 선형상수(특정온도에서의 비체적)[m^3/kg]
       W: 소화가스량[kg]

방호구역은 $1m^3$로 적용하여 단위체적 당 최대, 최소 약제량을 25℃ 기준으로 비체적을 산출 적용한다.

① 할론 1301(CF_3Br)의 비체적[m^3/kg]

$$S = K_1 + K_2 \times t = K_1 + K_1 \times \dfrac{t}{273}$$

여기서, S: 소화약제 선형상수(특정온도에서의 비체적)[m^3/kg]
       K_1: 0℃에서의 비체적[$\dfrac{22.4m^3}{분자량}$]
       K_2: 특정온도에서의 비체적[$K_2 = \dfrac{K_1}{273}$ m^3/kg]
       t: 특정온도[℃]

C = 12kg, F = 19kg, Cl = 35.5kg, Br = 79.9kg 이므로
$CF_3Br = 12kg + 19kg \times 3 + 79.9kg = 148.9$ ∴ $M = 148.9kg$

$t = 25℃$ 이므로 $S = K_1 + K_2 \times t = \dfrac{22.4m^3}{148.9kg} + \dfrac{22.4m^3}{148.9kg} \times \dfrac{25℃}{273} = 0.164$ ∴ $0.164m^3/kg$

② 할론 1211(CF_2ClBr)의 비체적[m^3/kg]
   C = 12kg, F = 19kg, Cl = 35.5kg, Br = 79.9kg 이므로
   $CF_2ClBr = 12kg + 19kg \times 2 + 35.5kg + 79.9kg = 165.4$ ∴ $M = 165.4kg$

$t = 25℃$ 이므로 $S = K_1 + K_2 \times t = \dfrac{22.4m^3}{165.4kg} + \dfrac{22.4m^3}{165.4kg} \times \dfrac{25℃}{273} = 0.147$ ∴ $0.147m^3/kg$

③ 할론 2402($C_2F_4Br_2$)의 비체적[m^3/kg]

C = 12kg, F = 19kg, Cl = 35.5kg, Br = 79.9kg 이므로

$C_2F_4Br_2 = 12kg \times 2 + 19kg \times 4 + 79.9kg \times 2 = 259.8$ ∴ $M = 259.8$kg

$t = 25℃$ 이므로 $S = K_1 + K_2 \times t = \dfrac{22.4m^3}{259.8kg} + \dfrac{22.4m^3}{259.8kg} \times \dfrac{25℃}{273} = 0.094$ ∴ $0.094 m^3/kg$

④ 설계농도

소방대상물 또는 그 부분		소화약제				
		종별	방호구역의 체적 $1m^3$당	개구부 $1m^2$당	설계농도 $\left[C = \dfrac{v}{V+v} \times 100 = \dfrac{SW}{V+SW} \times 100\right]$	
차고 · 주차장 · 전기실 · 통신기기실 · 전산실 기타 이와 유사한 전기설비가 설치되어 있는 부분 📝 암기법 차 주차 전통전 32		할론 1301	0.32kg 이상 0.64kg 이하	2.4kg	최소 약제량	$C = \dfrac{0.164m^3/kg \times 0.32kg}{1m^3 + 0.164m^3/kg \times 0.32kg} \times 100 = 4.986$ ∴ 4.99%
					최대 약제량	$C = \dfrac{0.164m^3/kg \times 0.64kg}{1m^3 + 0.164m^3/kg \times 0.64kg} \times 100 = 9.498$ ∴ 9.5%
소방 기본법 시행령 별표 2의 특수 가연물을 저장 · 취급하는 소방 대상물 또는 그 부분	가연성고체류 · 가연성액체류	할론 2402	0.40kg 이상 1.1kg 이하	3.0kg	최소 약제량	$C = \dfrac{0.094m^3/kg \times 0.4kg}{1m^3 + 0.094m^3/kg \times 0.4kg} \times 100 = 3.623$ ∴ 3.62%
					최대 약제량	$C = \dfrac{0.094m^3/kg \times 1.1kg}{1m^3 + 0.094m^3/kg \times 1.1kg} \times 100 = 9.371$ ∴ 9.37%
		할론 1211	0.36kg 이상 0.71kg 이하	2.7kg	최소 약제량	$C = \dfrac{0.147m^3/kg \times 0.36kg}{1m^3 + 0.147m^3/kg \times 0.36kg} \times 100 = 5.026$ ∴ 5.03%
					최대 약제량	$C = \dfrac{0.147m^3/kg \times 0.71kg}{1m^3 + 0.147m^3/kg \times 0.71kg} \times 100 = 9.45$ ∴ 9.45%
		할론 1301	0.32kg 이상 0.64kg 이하	2.4kg	최소 약제량	$C = \dfrac{0.164m^3/kg \times 0.32kg}{1m^3 + 0.164m^3/kg \times 0.32kg} \times 100 = 4.986$ ∴ 4.99%
					최대 약제량	$C = \dfrac{0.164m^3/kg \times 0.64kg}{1m^3 + 0.164m^3/kg \times 0.64kg} \times 100 = 9.498$ ∴ 9.5%
	면화류 · 나무껍질 및 대팻밥 · 넝마 및 종이부스러기 · 사류 · 볏짚류 · 목재가공품 및 나무부스러기를 저장 · 취급하는 것	할론 1211	0.60kg 이상 0.71kg 이하	4.5kg	최소 약제량	$C = \dfrac{0.147m^3/kg \times 0.6kg}{1m^3 + 0.147m^3/kg \times 0.6kg} \times 100 = 8.105$ ∴ 8.11%
					최대 약제량	$C = \dfrac{0.147m^3/kg \times 0.71kg}{1m^3 + 0.147m^3/kg \times 0.71kg} \times 100 = 9.45$ ∴ 9.45%
		할론 1301	0.52kg 이상 0.64kg 이하	3.9kg	최소 약제량	$C = \dfrac{0.164m^3/kg \times 0.52kg}{1m^3 + 0.164m^3/kg \times 0.52kg} \times 100 = 7.857$ ∴ 7.86%
					최대 약제량	$C = \dfrac{0.164m^3/kg \times 0.64kg}{1m^3 + 0.164m^3/kg \times 0.64kg} \times 100 = 9.498$ ∴ 9.5%

소방대상물 또는 그 부분	종별	소화약제			
		방호구역의 체적 1m³당	개구부 1m²당	설계농도 $\left[C=\dfrac{v}{V+v}\times100=\dfrac{SW}{V+SW}\times100\right]$	
합성수지류를 저장·취급하는 것	할론 1211	0.36kg 이상 0.71kg 이하	2.7kg	최소 약제량	$C=\dfrac{0.147\text{m}^3/\text{kg}\times0.36\text{kg}}{1\text{m}^3+0.147\text{m}^3/\text{kg}\times0.36\text{kg}}\times100$ $=5.026 \quad \therefore 5.03\%$
				최대 약제량	$C=\dfrac{0.147\text{m}^3/\text{kg}\times0.71\text{kg}}{1\text{m}^3+0.147\text{m}^3/\text{kg}\times0.71\text{kg}}\times100$ $=9.45 \quad \therefore 9.45\%$
	할론 1301	0.32kg 이상 0.64kg 이하	2.4kg	최소 약제량	$C=\dfrac{0.164\text{m}^3/\text{kg}\times0.32\text{kg}}{1\text{m}^3+0.164\text{m}^3/\text{kg}\times0.32\text{kg}}\times100$ $=4.986 \quad \therefore 4.99\%$
				최대 약제량	$C=\dfrac{0.164\text{m}^3/\text{kg}\times0.64\text{kg}}{1\text{m}^3+0.164\text{m}^3/\text{kg}\times0.64\text{kg}}\times100$ $=9.498 \quad \therefore 9.5\%$

이해 必

☑ 기타 가스량 및 가스농도 관련 공식

- 소화가스농도[%] $=\dfrac{21-O_2\%}{21}\times100$
- 소화가스량[m³] $=\dfrac{21-O_2\%}{O_2\%}\times V[\text{m}^3]$

7 다음 주어진 평면도와 설계조건을 기준으로 방호대상구역별로 소요되는 전역방출방식의 할론소화설비에서 각 실의 방출노즐당 설계방출량 [kg/s]을 구하시오

〈 조 건 〉

① 할론저장용기는 고압식 용기로서 각 용기의 약제량은 50kg이다.
② 용기밸브의 작동방식은 가스압력식으로 한다.
③ 방호구역은 4개 구역으로서 각 구역마다 개구부는 무시한다.
④ 각 방호대상구역에서 체적[m³]당 약제소요량 기준은 다음과 같다.

A실	B실	C실	D실
0.33kg/m³	0.52kg/m³	0.33kg/m³	0.52kg/m³

⑤ 각 실의 바닥으로부터 천장까지의 높이는 모두 5m이다.
⑥ 분사헤드의 수량은 도면수량을 기준으로 한다.
⑦ 설계방출량[kg/s] 계산 시 약제용량은 적용되는 용기의 용량기준으로 한다.

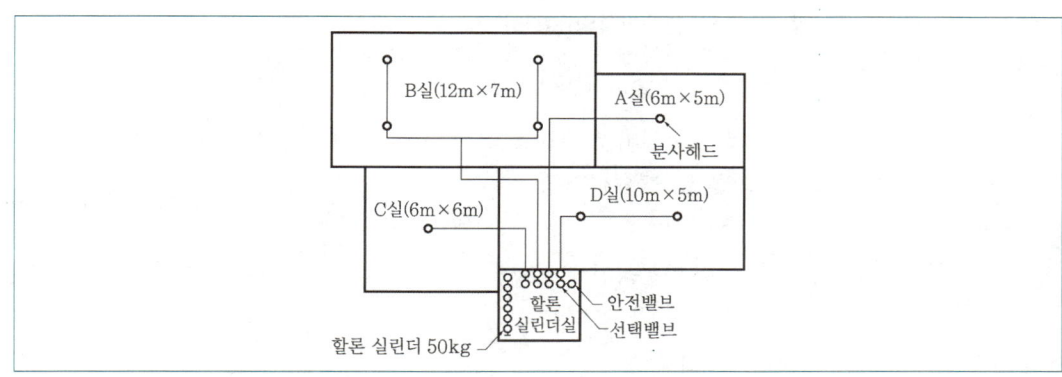

(1) A실의 방출노즐당 설계방출량 [kg/s]를 구하시오.
(2) B실의 방출노즐당 설계방출량 [kg/s]를 구하시오.
(3) C실의 방출노즐당 설계방출량 [kg/s]를 구하시오.
(4) D실의 방출노즐당 설계방출량 [kg/s]를 구하시오.

해설

(1)~(4) A, B, C, D실의 소화약제의 저장량[kg] 및 저장용기의 개수[병]
  ① 소화약제 저장량[kg]

$Q = K_1 V + K_2 A$	소화약제의 저장량(전역방출방식)
Q : 소화약제의 저장량[kg]	→ $Q = K_1 V + K_2 A$
K_1 : 방호구역 1m³당 소요약제량[kg/m³]	→ $A = C = 0.33\text{kg/m}^3$ (조건④) $B = D = 0.52\text{kg/m}^3$ (조건④)
V : 방호구역의 체적[m³]	→ $A = 6\text{m} \times 5\text{m} \times 5\text{m}$, $B = 12\text{m} \times 7\text{m} \times 5\text{m}$ $C = 6\text{m} \times 6\text{m} \times 5\text{m}$, $D = 10\text{m} \times 5\text{m} \times 5\text{m}$
K_2 : 개구부가산량[kg/m²]	→ 개구부의 가산량은 고려하지 않음(조건③)
A : 개구부의 면적[m²]	

  ② 소화약제 저장용기의 개수[병]

  소화약제 저장용기의 개수[병] = $\dfrac{\text{소화약제의 저장량[kg]}}{\text{저장용기 1병당 저장량[kg/병]}}$

구 분	방호구역 1m³당 소요약제량(K_1)	방호구역의 체적 V[m³]		소화약제의 저장량 Q[kg]		저장용기의 개수[병]	
		계산과정	결과	계산과정	결과	계산과정	결과
A실	0.33kg/m3	6m×5m×5m	150m³	0.33kg/m³×150m³	49.5kg	$\dfrac{49.5\text{kg}}{50\text{kg/병}}=0.99$병	1병
B실	0.52kg/m3	12m×7m×5m	420m³	0.52kg/m³×420m³	218.4kg	$\dfrac{218.4\text{kg}}{50\text{kg/병}}=4.36$병	5병
C실	0.33kg/m3	6m×6m×5m	180m³	0.33kg/m³×180m³	59.4kg	$\dfrac{59.4\text{kg}}{50\text{kg/병}}=1.18$병	2병
D실	0.52kg/m3	10m×5m×5m	250m³	0.52kg/m³×250m³	130kg	$\dfrac{130\text{kg}}{50\text{kg/병}}=2.6$병	3병
참고	조건④	조건⑤ 및 도면		조건③에 따라 개구부가산량 고려 ×		조건①에 따라 50kg/병	

(1)~(4) A, B, C, D실의 방출노즐당 설계방출량[kg/s]

$$방출노즐당\ 설계방출량[kg/s] = \frac{저장용기\ 1병의\ 저장량[kg/병] \times 병수[병]}{방출시간[s] \times 방출노즐의\ 개수[개]}$$

가스계 소화설비별 특정소방대상물의 소화약제 방사시간

구 분	할로겐화합물 및 불활성기체 소화설비		할론 소화설비	분말 소화설비	이산화탄소소화설비	
	할로겐화합물	불활성기체			표면화재	심부화재
전역방출방식	10초 이내	A·C급 화재 — 2분 이내 B급 화재 — 1분 이내 → 설계농도의 95% 이상 방사	10초 이내	30초 이내	1분 이내	7분 이내 (설계농도가 2분 이내 30% 도달)
국소방출방식	—	—	10초 이내	30초 이내	30초 이내	30초 이내

구 분	저장용기 1병의 저장량[kg/병]	저장용기의 개수[병]	방출시간[s]	방출노즐의 개수[개]	방출노즐당 설계방출량[kg/s]	
					계산과정	답
A실	50kg/병	1병	10s	1개	$\frac{50kg/병 \times 1병}{10s \times 1개}$	5kg/s
B실	50kg/병	5병	10s	4개	$\frac{50kg/병 \times 5병}{10s \times 4개}$	6.25kg/s
C실	50kg/병	2병	10s	1개	$\frac{50kg/병 \times 2병}{10s \times 1개}$	10kg/s
D실	50kg/병	3병	10s	2개	$\frac{50kg/병 \times 3병}{10s \times 2개}$	7.5kg/s
참고	조건①	—	할론소화설비	도면		

8 다음과 같은 조건이 주어질 때 할론 1301의 소화설비를 설계하는데 필요한 다음 각 물음에 답하시오.

〈 조 건 〉

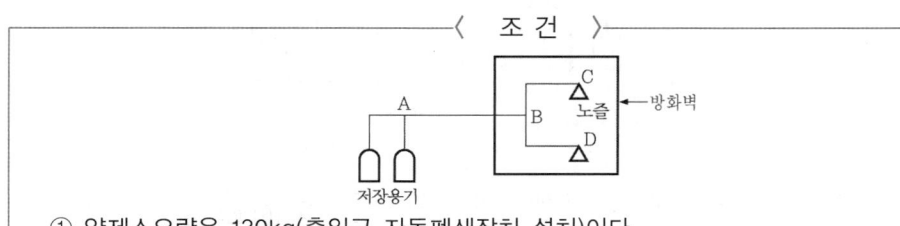

① 약제소요량은 130kg(출입구 자동폐쇄장치 설치)이다.
② 초기압력강하는 1.5MPa이다.
③ 고저에 따른 압력손실은 0.06MPa이다.
④ A, B간의 마찰저항에 따른 압력손실은 0.06MPa이다.
⑤ B-C, B-D 간의 각 압력손실은 0.03MPa이다.
⑥ 저장용기 내 소화약제 저장압력은 4.2MPa이다.
⑦ 작동 30초 이내에 약제 전량이 방출된다.

(1) 소화설비가 작동하였을 때 A-B사이의 배관 내를 흐르는 유량 [kg/s]을 구하시오.
(2) B-C사이의 소화약제의 유량 [kg/s]을 구하시오. (단, B-D간 약제의 유량과 같다.)
(3) C점 노즐에서 방출되는 약제의 압력 [kg/cm^2]을 구하시오. (단, D점의 방사압력과 같다.)
(4) 노즐 1개의 방사량 [kg/s · 개]을 구하시오.
(5) C점 노즐에서의 방출량이 2.5kg/s · cm^{2}일 때, 헤드의 등가분구면적 [cm^2]을 구하시오.

해설

(1) A-B 사이의 배관 내 유량[kg/s]

$$\text{유량[kg/s]} = \frac{\text{약제소요량[kg]}}{\text{방사시간[s]}}$$

① 약제소요량[kg] = 130kg (조건①)
② 방사시간[s] = 30s (조건⑦)

→ A-B 사이의 배관 내 유량 : $Q_{A-B} = \dfrac{130\text{kg}}{30\text{s}} = 4.333\text{kg/s} ≒ \mathbf{4.33\text{kg/s}}$

(2) B-C 사이의 배관 내 유량[kg/s]

도면에 따라 $Q_{A-B} = Q_{B-C} + Q_{B-D}$이고, 문제의 단서조건에 따라 $Q_{B-C} = Q_{B-D}$이므로 "$Q_{A-B} = 2Q_{B-C} = 2Q_{B-D}$"임을 알 수 있다.

→ B-C 사이의 배관 내 유량 : $Q_{B-C} = \dfrac{Q_{A-B}}{2} = \dfrac{4.33\text{kg/s}}{2} = 2.165\text{kg/s} ≒ \mathbf{2.17\text{kg/s}}$

(3) C점 노즐의 방출압력[kg/cm^2]

C점 노즐의 방출압력 = 약제저장압력 - 모든 압력손실

① 약제저장압력[MPa] = 4.2MPa (조건⑥)
② 초기압력강하[MPa] = 1.5MPa (조건②)
③ 고저에 의한 압력손실[MPa] = 0.06MPa (조건③)
④ A-B 사이의 압력손실[MPa] = 0.06MPa (조건④)
⑤ B-C 사이의 압력손실[MPa] = 0.03MPa (조건⑤)

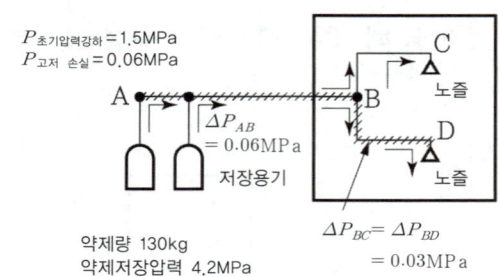

→ C점 노즐의 방출압력 : $P_C = (4.2 - 1.5 - 0.06 - 0.06 - 0.03)\text{MPa} = \dfrac{2.55\text{MPa}}{0.101325\text{MPa}} \times 1.0332\text{kg/cm}^2$

$= 26.002\text{kg/cm}^2 ≒ \mathbf{26\text{kg/cm}^2}$

(4) 노즐 1개의 방사량[kg/s · 개]

$$\text{노즐 1개의 방사량[kg/s · 개]} = \dfrac{\text{약제소요량[kg]}}{\text{방사시간[s]} \times \text{노즐의 개수[개]}}$$

① 약제소요량[kg] = 130kg (조건①)
② 방사시간[s] = 30s (조건⑦)
③ 노즐의 개수[개] = 2개 (도면참고)

→ 노즐 1개의 방사량 : $Q = \dfrac{130\text{kg}}{30\text{s} \times 2\text{개}} = 2.166\text{kg/s · 개} ≒ \mathbf{2.17\text{kg/s · 개}}$

(5) C점 헤드의 등가분구면적[cm²]

$$\text{헤드의 등가분구면적[cm}^2\text{]} = \dfrac{\text{방출유량[kg/s]}}{\text{헤드의 방사율[kg/s · cm}^2\text{]} \times \text{헤드의 개수[개]}}$$

① B-C 사이의 방출유량[kg/s] = 2.17kg/s (문제(2))
② C점 헤드의 방사율[kg/s · cm²] = 2.5kg/s · cm² (문제의 단서조건)
③ 노즐의 개수[개] = 1개 (C점 헤드)

→ 헤드 1개의 등가분구면적 : $A = \dfrac{2.17\text{kg/s}}{2.5\text{kg/s · cm}^2 \times 1\text{개}} = 0.868\text{cm}^2 = \mathbf{0.87\text{cm}^2}$

Mind-Control

나를 망치는 것은 환경이 아니라 내 생각이다.

- 이항준 드림 -

03 할로겐화합물 및 불활성기체 소화설비

1 충전비와 충전밀도를 비교하여 설명하시오. 🔥🔥🔥

해설

구분	충전비[l / kg]	충전밀도[kg / m³]
정의	용기의 체적과 소화약제 중량과의 비	용기의 단위용적당 소화약제 중량의 비율
공식	$C_r = \dfrac{V[l]}{W[kg]}$	$F_\rho = \dfrac{W[kg]}{V[m^3]}$
설명	용기체적(내용적)이 일정하므로 충전비가 커진다는 것은 약제량이 작다는 의미가 된다. 그러므로 최소와 최대 저장량에 따른 충전비를 적용할 수 있으며 이산화탄소와 할론소화설비에 적용한다.	단위용적이 일정하므로 충전밀도가 커진다는 것은 약제량이 많다는 의미가 된다. 개념상 충전비와 반대가 되지만 사용 목적상 같다고 볼 수 있으며 할로겐화합물 및 불활성기체 소화설비에 적용

2 화재안전기술기준상 할로겐화합물 및 불활성기체의 종류를 10가지 이상 쓰시오. 술 62(25) 74(10)100(10)관설4

해설

소화약제	화학식	최대허용 설계농도(%)	분자량 [kg]
퍼플루오로부탄 (이하 "FC-3-1-10"이라 한다)	C_4F_{10}	40	238.03
하이드로클로로플루오로카본혼화제 관설14 (이하 "HCFC BLEND A"라 한다)	HCFC-123($CHCl_2CF_3$) : 4.75% HCFC-22($CHClF_2$) : 82% HCFC-124($CHClFCF_3$) : 9.5% $C_{10}H_{16}$: 3.75%	10	92.83
클로로테트라플루오르에탄 (이하 "HCFC-124"라 한다)	$CHClFCF_3$	1.0	142.22
펜타플루오로에탄 (이하 "HFC-125"라 한다)	CHF_2CF_3	11.5	122.74
헵타플루오로프로판 (이하 "HFC-227ea"라 한다)	CF_3CHFCF_3 술82(25)관설20	10.5	176.52
트리플루오로메탄 (이하 "HFC-23"라 한다)	CHF_3	30 관설10	70.8
헥사플루오로프로판 (이하 "HFC-236fa"라 한다)	$CF_3CH_2CF_3$	12.5	158.53
트리플루오로이오다이드 (이하 "FIC-13I1"라 한다)	CF_3I 술78(10)관설20	0.3 관설10	196.84
불연성·불활성기체 혼합가스 (이하 "IG-01"이라 한다)	Ar	43	39.4

소화약제	화학식	최대허용 설계농도(%)	분자량 [kg]
불연성・불활성기체 혼합가스 (이하 "IG-100"이라 한다)	N_2	43	28.01
불연성・불활성기체 혼합가스 (이하 "IG-541"이라 한다)	N_2 : 52%, Ar : 40%, CO_2 : 8% 술91(25)	43	34.04
불연성・불활성기체 혼합가스 (이하 "IG-55"라 한다)	N_2 : 50%, Ar : 50%	43	33.95
도데카플루오로-2-메틸펜탄-3-원 (이하 "FK-5-1-12"라 한다)	$CF_3CF_2C(O)CF(CF_3)_2$ 관설20	10	337.35

☑ 할로겐화합물 및 불활성기체소화약제의 설치제외 관설10

① 사람이 상주하는 곳으로써 제7조제2항의 최대허용설계농도를 초과하는 장소
② 「위험물안전기본법 시행령」별표 1의 제3류위험물 및 제5류위험물을 사용하는 장소. 다만, 소화성능이 인정되는 위험물은 제외한다.

3 소화약제의 선형상수를 설명하시오. 술84(10)관설24

해설

(1) 아보가드로의 법칙에서 0℃, 1atm, 1kmol은 $22.4m^3$이므로

(2) 0℃에서의 기체의 비체적 $K_1 = \dfrac{22.4m^3}{분자량kg}$ 이다. 샤를의 법칙에 의해 온도가 1℃ 올라갈 때마다 체적은 1/273씩 증가하므로

(3) 임의의 온도 t℃에서의 비체적은 $S = K_1 + K_1 \times \dfrac{t}{273}$ 이 되므로

$$S = K_1 + K_2 \times t = K_1 + K_1 \times \dfrac{t}{273}$$

여기서, S : 소화약제 선형상수(특정온도에서의 비체적)[m^3/kg]

K_1 : 0℃에서의 비체적 $\left[\dfrac{22.4m^3}{분자량kg}\right]$

K_2 : 특정온도에서의 비체적 $\left[K_2 = \dfrac{K_1}{273} \, m^3/kg\right]$

t : 특정온도[℃]

4 할로겐화합물 및 불활성기체 소화설비에서의 설계농도 산정방법에 대하여 쓰시오. 관설9

해설 표 2.4.1.3 A・B・C급 화재별 안전계수

설계농도	소화농도	안전계수
A급	A급	1.2
B급	B급	1.3
C급	A급	1.35

5 할로겐화합물 및 불활성기체 소화설비에 사용하기 위하여 압력배관용탄소강관(KS D 3562)을 전기저항용접으로 가정하여 설계하고자 할 경우 배관의 두께[mm]를 구하시오. (단, 배관의 인장강도는 25MPa이며, 항복점은 30MPa, 최대허용압력은 1.0MPa, 배관의 외경은 70mm이다.) 관설17(유사), 19(유사)

해설

$$t = \frac{PD}{2SE} + A$$

여기서, t : 관의 두께[mm]
P : 최대허용압력[kPa]
D : 배관의 바깥지름[mm]
SE : 최대허용응력[kPa]
(배관재질 인장강도의 1/4 값과 항복점의 2/3 값 중 적은 값×배관이음효율×1.2)
※ 배관이음효율
- 이음매 없는 배관 : 1.0
- 전기저항 용접배관 : 0.85
- 가열맞대기 용접배관 : 0.60

A : 나사이음, 홈이음 등의 허용값[mm](헤드설치부분은 제외한다.)
- 나사이음 : 나사의 높이
- 절단홈이음 : 홈의 깊이
- 용접이음 : 0

$P = 1\text{MPa} = 1,000\text{kPa}, \ D = 70\text{mm}, \ A = 0$(전기저항용접)이므로

(1) **최대허용응력을 구하면**(배관재질 인장강도의 1/4값과 항복점의 2/3 값 중 적은 값×배관이음효율×1.2로 하여야 하므로)
① 인장강도의 1/4 값 : 25MPa ÷ 4 = 6.25 ∴ 6.25MPa
② 항복점의 2/3 값 : 30MPa × 2/3 = 20 ∴ 20MPa
③ 인장강도의 1/4값이 작으므로 최대허용응력을 구하면
6.25MPa × 0.85 × 1.2 = 6.375 ∴ 6.375MPa = 6,375kPa

(2) **관의 두께를 구하면**

$$t = \frac{PD}{2SE} + A = \frac{1,000\text{kPa} \times 70\text{mm}}{2 \times 6,375\text{kPa}} + 0 = 5.490 \ \therefore 5.49\text{mm}$$

6 할로겐화합물 및 불활성기체소화설비에 압력배관용탄소강관을 다음 조건과 같이 사용하려고 한다. 최대허용압력[kPa]을 구하시오. 관설24(유사)

〈 조 건 〉
① 압력배관용탄소강관의 인장강도는 420kPa, 항복점은 200kPa이다.
② 전기저항 용접배관이며, 배관의 바깥지름은 112.3mm이고, 두께는 6.0mm이다.

해설

$$t = \frac{PD}{2SE} + A$$

여기서, t : 관의 두께[mm]
P : 최대허용압력[kPa]
D : 배관의 바깥지름[mm]

SE : 최대허용응력[kPa]
  (배관재질 인장강도의 1/4 값과 항복점의 2/3 값 중 적은 값×배관이음효율×1.2)
  ※ 배관이음효율
   • 이음매 없는 배관 : 1.0
   • 전기저항 용접배관 : 0.85
   • 가열맞대기 용접배관 : 0.60
A : 나사이음, 홈이음 등의 허용값[mm](헤드설치부분은 제외한다.)
   • 나사이음 : 나사의 높이
   • 절단홈이음 : 홈의 깊이
   • 용접이음 : 0

$t = 6\text{mm}$, $D = 112.3\text{mm}$, $A = 0$(용접이음)
인장강도=420kPa, 항복점=200kPa, 배관이음효율=0.85(전기저항용접배관)이므로

(1) 최대허용응력(SE)을 구하면
   배관재질인장강도의 1/4 값과 항복점의 2/3 값 중 적은 값×배관이음효율×1.2이므로

   ① 인장강도의 1/4 값 : $420\text{kPa} \times \dfrac{1}{4} = 105$ ∴ 105kPa

   ② 항복점의 2/3 값 : $200\text{kPa} \times \dfrac{2}{3} = 133.333$ ∴ 133.333kPa

   ③ 인장강도의 1/4 값이 작으므로 최대허용응력을 구하면
      $SE = 105\text{kPa} \times 0.85 \times 1.2 = 107.1$ ∴ 107.1kPa

(2) 최대허용압력을 구하면
   $t = \dfrac{PD}{2SE} + A \rightarrow t - A = \dfrac{PD}{2SE}$ 를 정리하면
   $P = \dfrac{(t-A) \times 2SE}{D} = \dfrac{(6-0)\text{mm} \times 2 \times 107.1\text{kPa}}{112.3\text{mm}} = 11.444$ ∴ 11.44kPa

---

7 25℃에서 내용적 68L 용기 내 IG-541 소화가스 10kg을 충전하면 이 용기의 가스압력[MPa$_{abs}$]은 얼마인가? (단, 질소 52%, 아르곤 40%, 이산화탄소 8%이고 각 성분기체는 이상기체의 성질을 따른다고 가정하며 질소, 아르곤, 탄소 및 산소의 원자량은 14, 40, 12, 16이다.) 술54(10)

해설

$$PV = nRT = \dfrac{W}{M}RT = W\overline{R}T$$

여기서, P : 절대압력=대기압+계기압[Pa = N/m²]
   V : 체적[m³]
   n : 몰수[kmol] = $\dfrac{W(\text{실제 질량})[\text{kg}]}{M(\text{분자량})[\text{kg}]}$
   T : 절대온도[K = 273 + ℃]
   R : 일반 기체상수[8,313.85 J/kmol·K]
   $\overline{R} = \dfrac{R}{M}$: 특정 기체상수[J/kg·K]

$P = 101,325\text{Pa}[= \text{N/m}^2]$, $V = 22.4\text{m}^3$,
$T = 0℃ = 273\text{K}$ 일 때 기체상수
$R = \dfrac{PV}{nT} \left(= \dfrac{PVM}{WT}\right)$
$= \dfrac{101,325\text{N/m}^2 \times 22.4\text{m}^3}{1\text{kmol} \times 273\text{K}}$
≒ 8,313.85 N·m/kmol·K [1N·m = 1J]
≒ 8,313.85 J/kmol·K

$T = 273 + 25℃ = 298\text{K}$, $V = 68l = 0.068\text{m}^3$, $W = 10\text{kg}$ 이므로

(1) 체적비에 의한 질량(kmol당 질량)

$N_2 = 52\%$, $Ar = 40\%$, $CO_2 = 8\%$

$M = N_2 \times 체적비 + Ar \times 체적비 + CO_2 \times 체적비$

$= 14kg \times 2 \times 0.52 + 40kg \times 1 \times 0.4 + (12kg + 16kg \times 2) \times 0.08 = 34.08$ ∴ 34.08kg

(2) 압력

$PV = \dfrac{W}{M}RT$

$P = \dfrac{WRT}{MV} = \dfrac{10kg \times 8,313.85 N \cdot m/kmol \cdot K \times 298K}{34.08kg \times 0.068m^3}$

$= 10,690,793.72$ ∴ $10,690,793.72 Pa \; [=N/m^2] ≒ 10.69 MPa_{abs}$

8 할로겐화합물 및 불활성기체 소화설비에 대하여 다음 물음에 답하시오. 🔥🔥

(1) 21℃에서 내용적 75L 용기 내 HCFC BLEND A 소화가스 67.52kg을 충전하면 용기 내 계기압[MPa]은 얼마인가?

(2) 저장용기의 약제량이 일정량 이상 손실된 경우 화재안전기술기준에 따라 저장용기를 재충전하거나 교체해야 하는 데 저장용기 교체 직전의 한계 압력(계기압)[MPa]을 구하시오. (기타 조건은 (1)을 따른다.)

해설

(1) 용기 내 계기압[MPa]

절대압=대기압+계기압

$PV = nRT = \dfrac{W}{M}RT = W\overline{R}T$

여기서, P : 절대압력=대기압+계기압[$Pa = N/m^2$]
V : 체적[m^3]
n : 몰수[kmol] $= \dfrac{W(실제\ 질량)[kg]}{M(분자량)[kg]}$
T : 절대온도[$K = 273 + ℃$]
R : 일반 기체상수[$8,313.85 J/kmol \cdot K$]
$\overline{R} = \dfrac{R}{M}$: 특정 기체상수[$J/kg \cdot K$]

$P = 101,325 Pa[=N/m^2]$, $V = 22.4 m^3$,
$T = 0℃ = 273K$ 일 때 기체상수

$R = \dfrac{PV}{nT} \left(= \dfrac{PVM}{WT}\right)$

$= \dfrac{101,325 N/m^2 \times 22.4 m^3}{1 kmol \times 273K}$

≒ $8,313.85 N \cdot m/kmol \cdot K [1N \cdot m = 1J]$

≒ $8,313.85 J/kmol \cdot K$

$T = (273 + 21℃)K$, $V = 75l = 0.075m^3$, $W = 67.52kg$ 이므로

① 체적비에 의한 질량(kmol당 질량)

원자량은 $C = 12kg$, $H = 1kg$, $Cl = 35.5kg$, $F = 19kg$ 이므로

성분 및 화학식	체적비	체적비에 의한 질량(kmol 당 질량)
HCFC-123($CHCl_2CF_3$)	4.75%	$(12kg \times 2 + 1kg \times 1 + 35.5kg \times 2 + 19kg \times 3) \times 0.0475 = 7.267kg$
HCFC-22($CHClF_2$)	82%	$(12kg \times 1 + 1kg \times 1 + 35.5kg \times 1 + 19kg \times 2) \times 0.82 = 70.93kg$
HCFC-124($CHClFCF_3$)	9.5%	$(12kg \times 2 + 1kg \times 1 + 35.5kg \times 1 + 19kg \times 4) \times 0.095 = 12.967kg$
$C_{10}H_{16}$	3.75%	$(12kg \times 10 + 1kg \times 16) \times 0.0375 = 5.1kg$
합 계	100%	$M = 7.267kg + 70.93kg + 12.967kg + 5.1kg = 96.264kg$

※ 참고 : 소화약제 선형상수에 의한 분자량 92.83kg

② 용기 내 계기압
  ㉠ 용기 내 절대압

  $$PV = \frac{W}{M}RT$$

  $$P = \frac{WRT}{MV} = \frac{67.52\text{kg} \times 8,313.85\text{N} \cdot \text{m/kmol} \cdot \text{K} \times (273+21)\text{K}}{96.264 kg \times 0.075\text{m}^3}$$

  $$= 22,858,976.52 \quad \therefore 22,858,976.52\,\text{Pa}[\text{N/m}^2] ≒ 22.858976\text{MPa}_{abs}$$

  ㉡ 용기 내 계기압(대기압은 조건에 없으므로 표준대기압 적용 : 1atm = 0.101325MPa)
     계기압=절대압−대기압=22.858976MPa − 0.101325MPa = 22.757651 ∴ 22.76MPa$_g$

(2) 저장용기의 약제량이 일정량 이상 손실된 경우 화재안전기술기준에 따라 저장용기를 재충전하거나 교체해야 하는 데 저장용기 교체 직전의 한계 압력(계기압)[MPa]

화재안전기술기준에 따라 저장용기의 <u>약제량 손실이 5%</u>를 초과하거나 압력손실이 10%를 초과할 경우에는 재충전하거나 저장용기를 교체할 것. 다만, 불활성가스 청정소화약제 저장용기의 경우에는 압력손실이 5%를 초과할 경우 재충전하거나 저장용기를 교체하여야 한다. 그러므로 약제량 손실이 5% (약제량이 95%)인 경우를 적용하여 저장용기 교체 직전의 한계 압력(계기압)을 구한다. **관설18**

$T = (273+21℃)\text{K}$, $V = 75l = 0.075\text{m}^3$, $W = 67.52\text{kg} \times 0.95 = 64.144\text{kg}$, $M = 96.264\text{kg}$

① 용기 내 절대압

$$P = \frac{WRT}{MV} = \frac{64.144\text{kg} \times 8,313.85\text{N} \cdot \text{m/kmol} \cdot \text{K} \times (273+21)\text{K}}{96.264 kg \times 0.075\text{m}^3}$$

$$= 21,716,027.7 \quad \therefore 21,716,027.7\,\text{Pa}[\text{N/m}^2] ≒ 21.716027\text{MPa}_{abs}$$

② 용기 내 계기압(대기압은 조건에 없으므로 표준대기압 적용 : 1atm = 0.101325MPa)
   계기압=절대압−대기압=21.716027MPa − 0.101325MPa = 21.614702 ∴ 21.61MPa$_g$

---

9 할로겐화합물소화설비에서 10초 동안 방사된 약제량[kg]을 구하시오. **관설9** 🔥🔥

― 〈 조 건 〉 ―
① 10초 동안 약제가 방사될 경우 설계농도의 95%에 해당하는 약제가 방출된다.
② 실의 구조는 가로 4m, 세로 5m, 높이 4m이다.
③ $K_1 = 0.2413$, $K_2 = 0.00088$, 실온은 20℃이다.
④ C급 화재 발생가능 장소로써, 소화농도는 8.5%이다.

📢 해설

$$W = \frac{V}{S} \times \left[\frac{C}{100-C}\right]$$

여기서, W : 약제량[kg]
  S : 소화약제 선형상수(특정온도에서의 비체적 : $K_1 + K_2 \times t$)[m³/kg]
  V : 방호구역체적[m³]
  C : 소화약제의 설계농도[%]

$V = 4\text{m} \times 5\text{m} \times 4\text{m} = 80\text{m}^3$이므로 소화약제 선형상수와 소화약제의 설계농도를 구한다.

02 가스계 소화설비 및 제연설비 계산문제

(1) 소화약제 선형상수(비체적)를 구하면

$$S = K_1 + K_2 \times t = K_1 + K_1 \times \frac{t}{273}$$

여기서, S : 소화약제 선형상수(특정온도에서의 비체적)[m³/kg]

K_1 : 0℃에서의 비체적 $\left[\frac{22.4\text{m}^3}{\text{분자량kg}}\right]$

K_2 : 특정온도에서의 비체적 $\left[K_2 = \frac{K_1}{273} \text{ m}^3/\text{kg}\right]$

t : 특정온도[℃]

$K_1 = 0.2413$, $K_2 = 0.00088$이므로

$S = K_1 + K_2 \times t = 0.2413\text{m}^3/\text{kg} + 0.00088\text{m}^3/\text{kg} \times 20℃ = 0.2589$ ∴ $0.2589\text{m}^3/\text{kg}$

(2) 설계농도를 구하면

조건에 따라 C급 화재이므로 할증 1.35, 소화농도는 8.5%이고 설계농도의 95%가 방사되므로

$C_{95\% \text{ 설계농도}}$ = 소화농도 × 안전율(A급 1.2, B급 1.3, C급 1.35) × 0.95

= 8.5% × 1.35 × 0.95 = 10.901%

(3) 약제량을 구하면

$$W = \frac{V}{S} \times \frac{C_{95\%}}{100 - C_{95\%}} = \frac{80\text{m}^3}{0.2589\text{m}^3/\text{kg}} \times \frac{10.901\%}{100 - 10.901\%} = 37.805 \quad \therefore 37.81\text{kg}$$

10 바닥면적 300m², 높이 3.7m의 사람이 상주하지 않는 전기실로 전기화재를 가정하여 할로겐화합물 및 불활성기체 소화설비를 설치하고 주어진 조건 이외에는 화재안전기술기준을 따른다. 🔥🔥

― 〈 조 건 〉 ―
① 1기압, 20℃를 기준으로 한다.
② HFC-227ea의 소화농도 8.75%이다.
③ 방호구역 안에 콘크리트 기둥이 3개 있으며 기둥당 체적은 3m³이다.
④ 저장용기는 68l / 75kg이다.
⑤ HFC-227ea의 분자량은 170kg이다.

(1) HFC-227ea의 소화약제 선형상수를 구하시오.
(2) HFC-227ea의 최소약제량은 얼마[kg]인가?
(3) HFC-227ea의 저장용기는 몇 병인가?
(4) 최소약제량을 방사할 경우 선택 통과유량[kg / s]은 얼마인가?
(5) HFC-227ea 시스템에서 피스톤플로우시스템을 쓰는 이유는 무엇인가?

해설

(1) HFC-227ea의 소화약제 선형상수(=비체적)

$$S = K_1 + K_2 \times t = K_1 + K_1 \times \frac{t}{273}$$

여기서, S : 소화약제 선형상수(특정온도에서의 비체적)[m³/kg]

K_1 : 0℃에서의 비체적 $[\frac{22.4\text{m}^3}{\text{분자량 kg}}]$

K_2 : 특정온도에서의 비체적 $[K_2 = \frac{K_1}{273}$ m³/kg$]$

t : 특정온도[℃]

① 0℃에서의 비체적 K_1을 구하면

$$K_1 = \frac{22.4\text{m}^3}{\text{분자량(kg)}} = \frac{22.4\text{m}^3}{170\text{kg}} = 0.131 \quad \therefore 0.13\text{m}^3/\text{kg}$$

② 20℃에서의 비체적 S를 구하면

$$S = K_1 + K_1 \times \frac{t}{273} = 0.13\text{m}^3/\text{kg} + 0.13\text{m}^3/\text{kg} \times \frac{20℃}{273} = 0.139 \quad \therefore 0.14\text{m}^3/\text{kg}$$

(2) HFC-227ea의 최소약제량[kg]

$$W = \frac{V}{S} \times \left[\frac{C}{100-C} \right]$$

여기서, W : 약제량[kg]

S : 소화약제 선형상수(특정온도에서의 비체적 : $K_1 + K_2 \times t$)[m³/kg]

V : 방호구역체적[m³]

C : 소화약제의 설계농도[%]

$S = 0.14$m³/kg이므로 체적과 소화약제의 설계농도를 구해야 하므로

① 체적을 구하면

$V = 300\text{m}^2 \times 3.7\text{m} - 3\text{m}^3 \times 3\text{개(기둥)} = 1,101\text{m}^3$

② 소화약제 설계농도를 구하면 : 소화농도로 8.75%가 주어졌으므로 소화약제의 설계농도는 소화농도에 A급은 1.2, B급은 1.3, C급은 1.35의 할증을 가하며 전기화재이므로 C급 1.35를 적용한다.

$8.75\% \times 1.35 = 11.812 \quad \therefore 11.812\%$

③ 최소약제량을 구하면

$$W = \frac{V}{S} \times \frac{C}{100-C} = \frac{1,101\text{m}^3}{0.14\text{m}^3/\text{kg}} \times \frac{11.812\%}{100-11.812\%} = 1,053.35 \quad \therefore 1,053.35\text{kg}$$

(3) HFC-227ea의 저장용기수

저장용기수 $= 1,053.35\text{kg} \div 75\text{kg/병} = 14.044 \quad \therefore 14$병

(4) 최소약제량을 방사할 경우 선택밸브 통과유량[kg/s]

배관의 구경은 10초(불활성기체소화약제는 A·C급 화재 2분 이내, B급 화재 1분 이내) 이내에 방호구역 각 부분에 최소설계농도의 95% 이상 해당하는 약제량이 방출되도록 하여야 하므로

① 최소설계농도의 95%에 해당하는 약제량을 구하면

$$W = \frac{V}{S} \times \frac{C_{95\%}}{100-C_{95\%}} = \frac{1,101\text{m}^3}{0.14\text{m}^3/\text{kg}} \times \frac{11.812\% \times 0.95}{100-11.812\% \times 0.95} = 994.026 \quad \therefore 994.026\text{kg}$$

② 선택밸브(배관) 통과유량을 구하면(할로겐화합물소화약제이므로 10초)

$994.026 \div 10\text{sec} = 99.402 \quad \therefore 99.4\text{kg/s}$ 이상

(5) 피스톤 플로우 시스템을 쓰는 이유

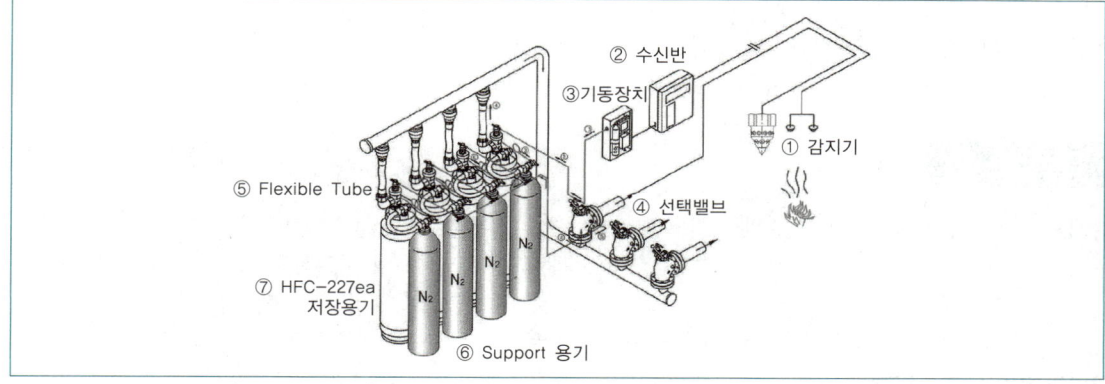

〈HFC-227ea Piston Flow System〉

HFC-227ea(FM-200)은 저장용기에 액화하여 저장한 후, 별도의 용기에 질소를 축압된 상태로 저장하는데, 자체 증기압이 낮으므로 방출거리가 짧은 단점을 보완하기 위하여 질소용기의 가스로 피스톤과 같이 가압하여 방사거리를 대폭 확대하여 150m가량 방사할 수 있게 되었으며 이것을 "피스톤 플로우 시스템"이라 한다.

11. 전기실에 IG-100 불활성기체소화설비를 설치하며 조건에 따라 물음에 답하시오.
관설14(유사문제)

〈 조 건 〉

① 체적은 300m³, 전기화재로 가정하며 소화농도는 35.83%이다.
② 소화약제 선형상수의 $K_1 = 0.7997$, $K_2 = 0.002930$이다.
③ 전기실의 예상최저온도는 10℃이다.
④ 용기당 약제량은 100kg이며, 충전밀도는 1.5kg/m³이다.

(1) IG-100의 소화약제 선형상수와 20℃에서의 비체적을 구하시오.
(2) IG-100의 최소약제량은 얼마[m³]인가?
(3) IG-100의 저장용기는 몇 병인가?
(4) 최소약제량을 방사할 경우 선택밸브 통과유량[m³/s]은 얼마인가?

해설

(1) IG-100의 소화약제 선형상수(=비체적)

$$S = K_1 + K_2 \times t = K_1 + K_1 \times \frac{t}{273}$$

여기서, S : 소화약제 선형상수(특정온도에서의 비체적)[m³/kg]

K_1 : 0℃에서의 비체적 $[\frac{22.4\text{m}^3}{\text{분자량}\text{kg}}]$

K_2 : 특정온도에서의 비체적 $[K_2 = \frac{K_1}{273}$ m³/kg$]$

t : 특정온도[℃]

$K_1 = 0.7997$, $K_2 = 0.00293$이므로

① $t=10℃$ 에서의 소화약제 선형상수(S)를 구하면
$S = K_1 + K_2 \times t = 0.7997 m^3/kg + 0.00293 m^3/kg \times 10℃ = 0.829$ ∴ $0.83 m^3/kg$

② $t=20℃$ 에서의 비체적(V_s)을 구하면(불활성기체 소화약제량 산출공식 참조)
$V_s = K_1 + K_2 \times t = 0.7997 m^3/kg + 0.00293 m^3/kg \times 20℃ = 0.858$ ∴ $0.86 m^3/kg$

> **이해 必**
>
> ☑ 소화약제 선형상수(S)와 20℃에서의 비체적(V_s)은 기준온도만 다를 뿐이며 이를 통칭하여 비체적으로 부를 수 있으며, 화재안전기술기준에서는 특정기준온도에서의 비체적을 소화약제 선형상수라 하여 구분을 하고 있다.

(2) IG-100의 최소약제량[m³]

최소약제량[m³] = 방호구역 체적당 필요한 소화약제 체적[m³/m³]×방호구역체적[m³]이며 방호구역 체적 = 300m³이므로 방호구역 체적당 필요한 소화약제 체적(=공간 체적당 더해진 소화약제의 부피[m³/m³])을 구해야 한다.

$$X = 2.303 \times \frac{V_s}{S} \times \log\left[\frac{100}{100-C}\right]$$

여기서, X : 공간 체적당 더해진 소화약제의 부피[m³/m³]
S : 소화약제 선형상수(특정온도에서의 비체적 : $K_1 + K_2 \times t$)[m³/kg]
C : 체적에 따른 소화약제의 설계농도[%]
V_s : 20℃에서 소화약제의 비체적[m³/kg]
t : 방호구역의 최소예상온도[℃]

$S = 0.83 m^3/kg$, $V_s = 0.86 m^3/s$이므로

① 소화약제 설계농도를 구하면 : 소화농도로 35.83%가 주어졌으므로 소화약제의 설계농도는 소화농도에 A급은 1.2, B급은 1.3, C급은 1.35의 할증을 가하며 전기화재이므로 C급 1.35를 적용한다.
$35.83\% \times 1.35 = 48.37$ ∴ 48.37%

② 방호구역 체적당 필요한 소화약제 체적
$X = 2.303 \times \frac{V_s}{S} \times \log\left[\frac{100}{100-C}\right] = 2.303 \times \frac{0.86 m^3/kg}{0.83 m^3/kg} \times \log\left[\frac{100}{100-48.37\%}\right] = 0.685$ ∴ $0.685 m^3/m^3$

③ 최소약제량[m³] = 방호구역 체적당 필요한 소화약제 체적[m³/m³]×방호구역 체적[m³]
$= 0.685 m^3/m^3 \times 300 m^3 = 205.5$ ∴ $205.5 m^3$

(3) IG-100의 저장용기수를 구하면

저장용기수=약제량[m³]÷용기당 약제량[m³/병]이므로 용기당 약제 체적을 구하면

$$F_\rho = \frac{W}{V}$$

여기서, F_ρ : 충전밀도[kg/m³]
W : 용기약제량[kg]
V : 용기내용적[m³]

$F_\rho = 1.5 kg/m^3$, $W = 100 kg$ 이므로

$V = \dfrac{W}{F_\rho} = \dfrac{100 kg}{1.5 kg/m^3} = 66.666$ ∴ $66.67 m^3$

저장용기수 $= 205.5 m^3 \div 66.67 m^3/병 = 3.082$ ∴ 4병

(4) 최소약제량 방사 시 선택밸브 통과유량[m³/s]

배관의 구경은 10초(불활성기체소화약제는 A·C급 화재 2분 이내, B급 화재 1분 이내) 이내에 방호구역 각 부분에 최소설계농도의 95% 이상 해당하는 약제량이 방출되도록 하여야 하므로

① 최소설계농도의 95%에 해당하는 약제량을 구하면,

$$X = 2.303 \times \frac{V_s}{S} \times \log\left[\frac{100}{100 - C_{95\%}}\right]$$

$$= 2.303 \times \frac{0.86\text{m}^3/\text{kg}}{0.83\text{m}^3/\text{kg}} \times \log\left[\frac{100}{100 - 48.37\% \times 0.95}\right] = 0.637 \quad \therefore 0.637\text{m}^3/\text{m}^3$$

② 최소약제량[m³] = 방호구역 체적당 필요한 소화약제 체적[m³/m³] × 방호구역 체적[m³]
$$= 0.637\text{m}^3/\text{m}^3 \times 300\text{m}^3 = 191.1 \quad \therefore 191.1\text{m}^3$$

③ 선택밸브(배관) 통과유량을 구하면(C급(전기화재)이므로 2분 이내)
$$191.1\text{m}^3 \div 120\sec = 1.592 \quad \therefore 1.59\text{m}^3/\text{s 이상}$$

12 다음 물음에 답하시오. 관설24

(1) 다음 조건을 보고 배관의 최대허용압력[kPa]을 계산하시오.

〈 조 건 〉
① 배관은 전기저항 용접에 의해 제조된 압력배관용 탄소강관이다.
② 배관의 호칭지름은 40mm(외경 48.6mm)이며, 두께는 2.43mm이다.
③ 배관의 인장강도는 400MPa이고, 항복점은 250MPa이다.
④ 계산은 「할로겐화합물 및 불활성기체소화설비의 화재안전기술기준(NFTC 107A)」상의 관련식을 근거로 한다.

(2) 할로겐화합물 소화약제량[kg]의 산출식에서 적용되는 소화약제별 선형상수 S[m³/kg]는 $K_1 + K_2 \times t$를 말한다. 아보가드로의 법칙과 샤를의 법칙의 개념을 쓰고 이를 이용하여 K_1과 K_2를 설명하시오.

(3) 심부화재 방호대상물에서 10℃를 기준으로 이산화탄소 소화약제의 선형상수 S[m³/kg]를 산출하시오.

해설

(1) 다음 조건을 보고 배관의 최대허용압력[kPa] 계산

〈 조 건 〉
① 배관은 전기저항 용접에 의해 제조된 압력배관용 탄소강관이다.
② 배관의 호칭지름은 40mm(외경 48.6mm)이며, 두께는 2.43mm이다.
③ 배관의 인장강도는 400MPa이고, 항복점은 250MPa이다.
④ 계산은 「할로겐화합물 및 불활성기체소화설비의 화재안전기술기준(NFTC 107A)」상의 관련식을 근거로 한다.

$t=\dfrac{PD}{2SE}+A$	최대허용압력
t : 관의 두께[mm]	→ $t=\dfrac{PD}{2SE}+A=2.43\text{mm}$ [조건 ②]
P : 최대허용압력[kPa]	→ $t-A=\dfrac{PD}{2SE}$ → $P=\dfrac{(t-A)\times 2SE}{D}$
D : 배관의 바깥지름[mm]	→ $D=48.6\text{mm}$ [조건 ②]

SE : 최대허용응력[kPa] (배관재질 인장강도의 1/4값과 항복점의 2/3값 중 적은 값×배관이음효율×1.2)
※ 배관이음효율
• 이음매 없는 배관 : 1.0
• 전기저항 용접배관 : 0.85
• 가열맞대기 용접배관 : 0.60
	→ ① 인장강도의 1/4값 [조건 ③, ①]
	   $400\text{MPa}\times 1/4 = 100$ ∴ 100MPa
	② 항복점의 2/3값
	   $250\text{MPa}\times 2/3 = 166.666$ ∴ 166.666MPa
	③ 인장강도의 1/4값이 작으므로 최대허용응력
	   $SE=100\text{MPa}\times 0.85\times 1.2 = 102\text{MPa}=102,000\text{kPa}$

A : 나사이음, 홈이음 등의 허용값[mm] (헤드 설치부분 제외) • 나사이음 : 나사의 높이 • 절단홈이음 : 홈의 깊이 • 용접이음 : 0	→ $A=0$ [조건 ①]

$$P=\dfrac{(t-A)\times 2SE}{D}=\dfrac{(2.43-0)\text{mm}\times 2\times 102,000\text{kPa}}{48.6\text{mm}}=10,200 \quad \therefore 10,200\text{kPa}$$

(2) 할로겐화합물 소화약제량[kg]의 산출식에서 적용되는 소화약제별 선형상수 $S[\text{m}^3/\text{kg}]$는 $K_1+K_2\times t$를 말한다. 아보가드로의 법칙과 샤를의 법칙의 개념을 쓰고 이를 이용 K_1과 K_2 설명

① 아보가드로의 법칙에서 0℃, 1atm, 1kmol 은 22.4m³이므로

② 0℃ 기체의 비체적 $K_1 = \dfrac{22.4\text{m}^3}{분자량(\text{kg})}$, 샤를의 법칙에 의해 온도 1℃ 상승 시 체적은 1/273씩 증가

③ 임의의 온도 t℃에서의 비체적은 $S=K_1+K_1\times \dfrac{t}{273}$ 이 되므로

$$S=K_1+K_2\times t = K_1+K_1\times \dfrac{t}{273}$$

여기서, S : 소화약제 선형상수(특정온도에서의 비체적)[m³/kg]

K_1 : 0℃에서의 비체적 $\left[\dfrac{22.4\text{m}^3}{분자량(\text{kg})}\right]$

K_2 : 특정온도에서의 비체적 $\left[K_2=\dfrac{K_1}{273}\text{ m}^3/\text{kg}\right]$

t : 특정온도[℃]

(3) 심부화재 방호대상물에서 10℃를 기준으로 이산화탄소 소화약제의 선형상수 $S[m^3/kg]$를 산출

$$S = K_1 + K_2 \times t = K_1 + K_1 \times \frac{t}{273}$$

여기서, S : 소화약제 선형상수(특정온도에서의 비체적)$[m^3/kg]$

K_1 : 0℃에서의 비체적 $\left[\dfrac{22.4m^3}{분자량(kg)}\right]$

K_2 : 특정온도에서의 비체적 $\left[K_2 = \dfrac{K_1}{273} \, m^3/kg\right]$

t : 특정온도[℃]

0℃, 1atm에서 이산화탄소의 비체적은 $V_s[m^3/kg] = \dfrac{22.4m^3}{분자량[kg]} = \dfrac{22.4m^3}{44kg} = 0.509m^3/kg$

(C 원자량=12kg, O 원자량=16kg이므로 CO_2 분자량 : 12kg+16kg×2=44 ∴ M=44kg)

$S = K_1 + K_1 \times \dfrac{t}{273} = 0.509m^3/kg + 0.509m^3/kg \times \dfrac{10}{273} = 0.527$ ∴ $0.527m^3/kg$

Mind-Control

맨처음 못알아 들을때부터, 점점 알아가며, 위로가 더 중요한 시기,
결국 스스로 집중해서 해야한다는 것을 느끼기 까지...
학원에서 많은 도움을 받았습니다.
공부하면서 이런 것 까지... 이걸 다 써라?
상식을 벗어나는 문제에 속으로 욕하며 보고도 쓰고 했습니다.
지나보니 결국 그게 답인 걸 깨닫습니다.
이번 시험 막 적었습니다.
말도 안되는 문장도 있습니다.
결국 부분 점수를 줬는지 딱 180, 60점으로 65등 했습니다.
그저 학원이 고맙습니다.
막 적는 버릇을 가르쳐준 학원이 고맙습니다.
어떤 편견을 가지기 전에 본인 스스로 열심히 해야 합니다.
학원을 욕하기 전에 모든걸 포기하는 마음으로 집중 시간을 만들어야 합니다.
어느 학원도 나에게 맞는 학원은 없습니다.
지금도 독서실에서 공부하고 계실 여러분들을 응원하며 꼭 될 것입니다.

– 제21회 소방시설관리사 허상진님 –

04 분말소화설비

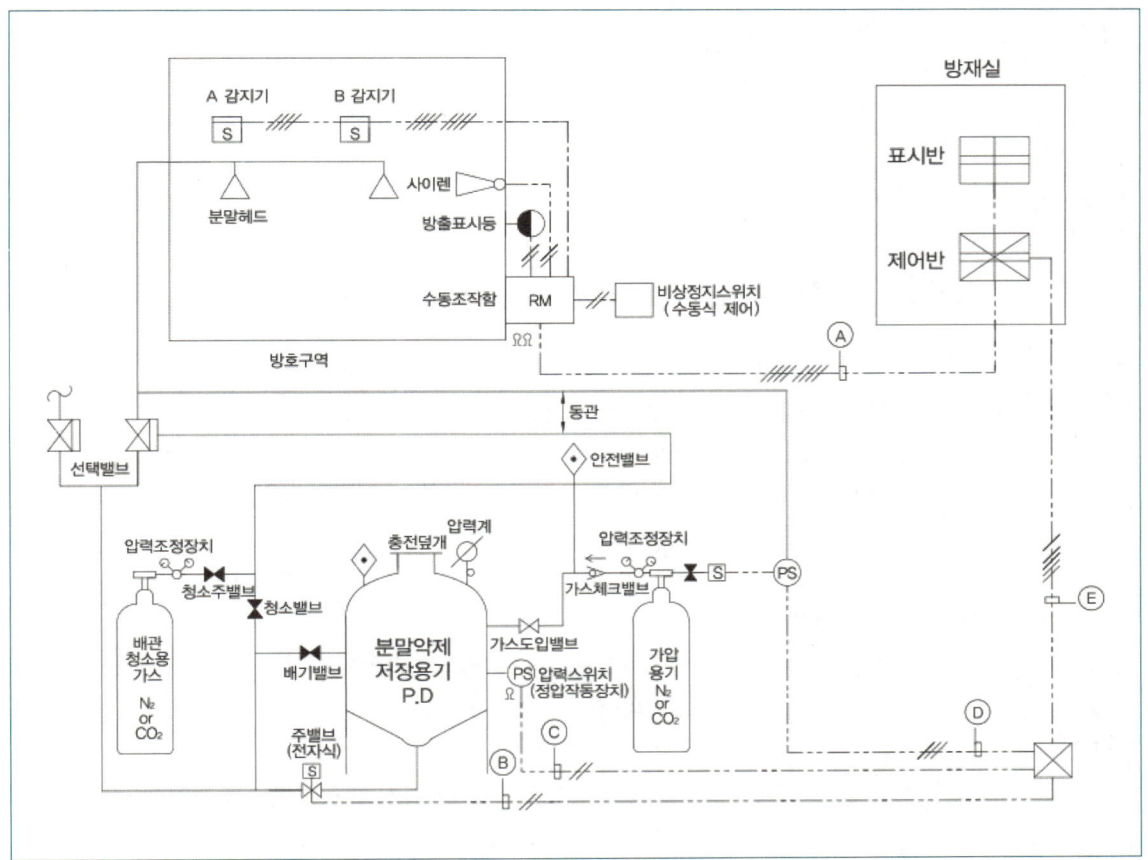

〈분말소화약제소화설비 계통도[가스압력식(정압작동장치 : 압력스위치식)]〉 술74(25)

	구간	규격 및 가닥수	용도
Ⓐ	수동조작함 → 제어반	HFIX 2.5sq×8C(22C)	전원(+, -) 2, 비상정지 1 [사이렌 1, 방출표시등 1, 수동기동S/W 1, A감지기 1, B감지기 1]
Ⓑ	주밸브(솔레노이드) → Box	HFIX 2.5sq×2C(16C)	솔레노이드밸브(밸브기동) 2
Ⓒ	압력스위치 → Box	HFIX 2.5sq×2C(16C)	압력스위치 2
Ⓓ	기동용기함 → Box	HFIX 2.5sq×3C(16C)	솔레노이드밸브 1, 압력스위치 1, 공통 1
Ⓔ	Box → 제어반	HFIX 2.5sq×5C(22C)	솔레노이드 밸브 1, 압력스위치 1, 전자밸브(주밸브) 기동 1, 분말용기압력스위치 1, 공통 1

분말소화설비의 수치 정리 술86(25)

「분말소화설비의 화재안전기술기준」에서 약제량, 가산량, X, Y수치 등 모든 표에서의 공통점
제1종 분말수치＝제2종 분말 또는 제3종 분말수치＋제4종 분말수치(예 0.6kg＝0.36kg＋0.24kg)

구분			제1종 분말	제2, 3종 분말	제4종 분말
전역방출 방식	체적당 약제량[kg/m³]		0.6	0.36	0.24
	개구부당 가산량[kg/m²]		4.5	2.7	1.8
국소방출 방식	X의 수치		5.2	3.2	2.0
	Y의 수치		3.9	2.4	1.5
호스릴 방식	노즐당 약제량[kg]		50	30	20
	노즐당 분당방사량[kg/min]		45	27	18
소화약제 저장용기	약제당 내용적[l/kg]		0.8	1.0	1.25
	안전밸브	가압식	최고사용압력의 1.8배 이하에서 작동		
		축압식	용기 내압시험압력의 0.8배 이하에서 작동		
	정압작동장치		내부설정압력으로 되었을 때 주밸브 개방		
	충전비[l/kg]		0.8 이상		
	청소장치		저장용기 및 배관의 잔류소화약제 처리용으로 설치		
	지시압력계		축압식의 경우에만 설치		
가압용 가스용기	전자개방밸브		가압용 가스용기 3병 이상 설치 시 2개 이상의 용기에 설치		
	압력조정기		2.5MPa 이하에서 작동		
	가스 종류		질소가스 또는 이산화탄소(가압용, 축압용 동일)		
	배관청소가스		별도의 용기에 저장할 것		
	가압용기 가스량	N_2	분말소화약제 1kg마다 40l(35℃, 1atm일 경우) 이상		
		CO_2	분말소화약제 1kg에 20g＋배관 청소에 필요량 가산 이상		
	축압용기 가스량	N_2	분말소화약제 1kg마다 10l(35℃, 1atm일 경우) 이상		
		CO_2	분말소화약제 1kg에 20g＋배관 청소에 필요량 가산 이상		
배관	강관	가압식	배관용탄소강관(KS D3507)		
		축압식	2.5MPa 이상 4.2MPa 이하인 것(20℃)은 압력배관용탄소강관 중 이음이 없는 스케줄 40 이상의 것 또는 이와 동등 이상의 강도를 가진 것으로서 아연도금으로 방식처리된 것 사용		
	동관		최고사용압력의 1.5배 이상의 압력에 견딜 수 있는 것 사용		
배관	기타		배관은 전용, 밸브는 개폐위치, 개폐방향 표시, 배관부속 및 밸브는 배관과 동등 이상의 강도 및 내식성, 분기배관 사용 시 제품검사 합격품 사용		
소화약제 방사시간(전역, 국소 동일)			30초		

02 가스계 소화설비 및 제연설비 계산문제

1 분말소화설비의 가압용 또는 축압용 가스에 대하여 쓰시오. 🔥🔥

용기 종류	사용가스 종류	가스량
가압용기	이산화탄소	분말소화약제 1kg 에 20g + 배관청소에 필요량 가산 이상
	질소	분말소화약제 1kg 마다 40 l (35℃, 1atm일 경우) 이상
축압용기	이산화탄소	분말소화약제 1kg 에 20g + 배관청소에 필요량 가산 이상
	질소	분말소화약제 1kg 마다 10 l (35℃, 1atm일 경우) 이상

➡ 배관의 **청소**에 필요한 양의 가스는 별도의 용기에 저장할 것

📝 암기법 **가축 이질 이사(24) 2일(21) 청소**

2 조건에 따라 다음 물음에 답하시오. 🔥

〈 조 건 〉
① 건물 지하 1층에 설치된 주차장에 전역방출방식의 분말소화설비를 설치
② 주차장의 크기는 10m×20m×4m
③ 차량 출입구는 5m×4m이고, 자동폐쇄할 수 없으며, 기타의 개구부는 자동폐쇄가 가능하다.
④ 온도는 35℃이며, 1atm이다.
⑤ 배관청소 가스량은 가압용 및 축압용으로 필요한 가스량의 10%로 한다.

(1) 주차장에 사용되는 분말소화약제의 특성 및 약제당 내용적[l/kg]을 쓰시오.
(2) 소화약제의 저장량[kg]은 얼마인가?
(3) 분말소화약제 저장용기의 내용적은 몇[l]인가?
(4) 가압용 및 축압용으로 쓸 수 있는 가스의 종류를 쓰시오.
(5) 가압용 또는 축압용으로 사용할 경우 (4)의 가스를 사용할 때 각각 필요한 가스의 양[l 또는 g]을 구하시오.
(6) 헤드 분구면적[cm^2]은 얼마인가? (단, 헤드 방출률은 0.35kg/s·cm^2·개, 설치 헤드개수는 15개이다.)
(7) 분말 저장용기에 사용되는 안전밸브의 작동압력에 대하여 쓰시오.

해설

(1) **주차장에 사용되는 분말소화약제의 특성 및 약제당 내용적[l/kg]** : 주차장이므로 사용할 수 있는 약제는 제3종 분말소화약제이며 약제당 내용적은 1l/kg 이다.
① 제3종 분말소화약제 성분 **술132(25)**
  ㉠ 성분 : 제1인산암모늄
  ㉡ 방습제 : 실리콘 약 3% 첨가
  ㉢ 응고방지제 : 활석분, 운모분
    안료 : 담홍색 착색제

② 소화약제
　㉠ 열분해 반응식

소화약제의 종별	적응 화재	색상	열분해 반응식
제3종 분말소화약제 인산염 $NH_4H_2PO_4$	ABC급 차고 주차장	담홍색	190℃ : $NH_4H_2PO_4 \rightarrow H_3PO_4$(올소인산) $+ NH_3 - Q$kcal 215℃ : $2H_3PO_4 \rightarrow H_4P_2O_7$(피로인산) $+ H_2O$ 250℃ : $2HPO_3 \rightarrow P_2O_5$(오산화인) $+ H_2O$ 300℃ : $H_4P_2O_7 \rightarrow 2HPO_3$(메타인산) $+ H_2O$

　㉡ 흡열반응 및 열분해 시 생성되는 수분에 의한 냉각작용
　㉢ 분해 시 생성되는 암모니아가스(NH_3)의 질식작용
　㉣ 연쇄반응을 일으키는 활성종이 분말 표면에 흡착되는 부촉매작용
　㉤ 분말 미립자에 의한 열복사 차단
　㉥ 열분해 생성물인 메타인산(HPO_3)이 가연물 표면에 용착해서 유리상의 피막을 형성하여 소화는 물론 재연소까지 막아주는 피막작용 술103(10 : 방진작용)
③ 장점
　㉠ A, B, C 급 화재에 두루 사용할 수 있다.
　㉡ 소화성능이 우수하다.
④ 단점
　㉠ 불씨가 남아 있으면 재연소 한다.
　㉡ 소화 후에 주위에 과열된 고온의 금속이 있으면 재연소하기 쉽다.
　㉢ 일반화재 중에서 솜, 종이, 스펀지 등의 심부화재에는 약제가 내부까지 침투하지 못하므로 소화효과를 기대하기 어렵다.

(2) 소화약제의 저장량[kg]

구분		제1종 분말	제2, 3종 분말	제4종 분말
전역 방출방식	체적당 약제량[kg/m³]	0.6	0.36	0.24
	개구부당 가산량[kg/m³]	4.5	2.7	1.8

소화약제 저장량 = 방호구역 체적 × 체적당 약제량 + 개구부 면적 × 개구부 면적당 가산량
　　　　　　　 = 10m × 20m × 4m × 0.36kg/m³ + 4m × 5m × 2.7kg/m² = 342　∴ 342kg

(3) 분말소화약제 저장용기의 내용적[l]
　저장용기의 내용적 = 소화약제 저장량 × 소화약제 1kg 당 저장용기의 내용적
　　　　　　　　　 = 342kg × 1l/kg = 342l

(4) 가압용 및 축압용으로 쓸 수 있는 가스의 종류 : 질소, 이산화탄소

(5) 가압용 또는 축압용으로 사용할 경우 각각 필요한 가스의 양[l 또는 g]
　① 가압용일 경우
　　㉠ 질소가스량 = 소화약제량[kg] × 40l/kg = 342kg × 40l/kg = 13,680l
　　　화재안전기술기준상 질소는 배관청소에 필요한 가스량을 규정하지 않으나, 조건에 따라 산출량의 10%를 고려하면 다음과 같다.
　　　13,680l × 1.1 = 15,048　∴ 15,048l
　　㉡ 이산화탄소 가스량 = 소화약제량 [kg] × 20g/kg = 342kg × 20g/kg = 6,840g
　　　배관청소에 필요한 양은 산출량의 10%이므로 필요한 가스량은 다음과 같다.
　　　6,840g × 1.1 = 7,524　∴ 7,524g
　② 축압용일 경우
　　㉠ 질소가스량 = 소화약제량[kg] × 10l/kg = 342kg × 10l/kg = 3,420l
　　　화재안전기술기준상 질소는 배관청소에 필요한 가스량을 규정하지 않으나, 조건에 따라 산출량의 10%를 고려하면 다음과 같다.
　　　3,420l × 1.1 = 3,762　∴ 3,762l

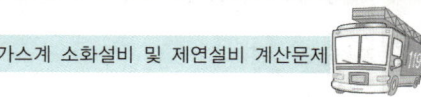

 ⓒ 이산화탄소 가스량=소화약제량 [kg]×20g/kg = 342kg×20g/kg = 6,840g
　배관청소에 필요한 양은 산출량의 10%이므로 필요한 가스량은 다음과 같다.
　6,840g×1.1 = 7,524　　∴ 7,524g

(6) 헤드 분구면적[cm²]

$$헤드\ 분구면적[cm^2] = \frac{약제량}{헤드개수 \times 방출률 \times 방사시간}$$

$$= \frac{342kg}{15개 \times 0.35kg/s \cdot cm^2 \cdot 개 \times 30s} = 2.171 \quad \therefore 2.17cm^2$$

(7) 분말저장용기에 사용되는 안전밸브의 작동압력
　① 가압식 : 최고사용압력의 1.8배 이하
　② 축압식 : 용기내압시험 압력의 0.8배 이하

3 전기실에 제1종 분말소화약제를 사용한 분말소화설비를 가압식의 전역방출방식으로 설치하려고 한다. 다음의 조건을 참조하여 각 물음에 답하시오. 🔥🔥

───〈 조 건 〉───
① 특정소방대상물의 크기는 가로 11m, 세로 9m, 높이 4.5m인 내화구조로 되어 있다.
② 특정소방대상물의 중앙에 가로 1m, 세로 1m, 기둥이 있고 기둥을 중심으로 가로, 세로 보가 교차되어 있다. 보는 천장으로부터 0.6m, 너비 0.4m의 크기이고, 보와 기둥은 내열성 재료이다.
③ 특정소방대상물에는 0.7m×1.0m, 1.2m×0.8m인 개구부가 각각 1개씩 설치되어 있으며, 1.2m×0.8m인 개구부에는 자동폐쇄장치가 설치되어 있다.
④ 방호구역에 내화구조 또는 내열성 재료가 설치된 경우에는 방호공간에서 제외한다.
⑤ 방사헤드의 방출율은 7.8kg/mm²·min·개 이다.
⑥ 약제저장용기 1개의 내용적은 50ℓ 이다.
⑦ 방사헤드 1개의 오리피스 면적은 0.45cm² 이다.
⑧ 소화약제 산정 및 기타 사항은 국가화재안전기술기준에 따라 산정할 것.

(1) 최소 소화약제량[kg]을 구하시오.
(2) 약제저장용기의 수를 구하시오.
(3) 방사헤드의 최소 설치개수를 구하시오. (단, 소화약제의 양은 (2)에서 구한 약제 저장용기 수의 소화약제의 양으로 함)
(4) 전체 방사헤드의 오리피스 면적[mm²]을 구하시오.
(5) 저장용기를 방사할 경우 방사헤드 1개의 방사량[kg/min]을 구하시오.
(6) (2)에서 산출한 약제의 저장용기수의 소화약제가 모두 방출되어 열분해시 발생한 CO_2의 양[kg]과 이때 CO_2의 부피[m³]를 구하시오. (단, 방호구역 내의 압력은 100kPa_{abs}, 주위온도는 500℃ 이고, 분말소화약제 주성분에 대한 각 원소의 원자량은 다음과 같으며, 이상기체상태방정식에 따라 구한다.)

원소기호	H	C	O	Na
원자량	1	12	16	23

해설

(1) 최소 소화약제량[kg]

① 분말소화설비 전역방출방식의 소화약제 저장량

소화약제[kg]=방호구역체적[m³]×체적당 약제량[kg/m³]+개구부 면적[m²]×개구부당 가산량[kg/m²]

구분		제1종 분말	제2, 3종 분말	제4종 분말
전역방출방식	체적당 약제량[kg/m³]	0.6	0.36	0.24
	개구부당 가산량[kg/m²]	4.5	2.7	1.8

㉠ 구조를 무시한 방호구역체적 조건 ①에서 $11m \times 9m \times 4.5m = 445.5m^3$

㉡ 조건 ②에서 방호구역내 내열성의 보와 기둥이 설치되어 있으므로 방호구역의 체적에서 제외한다.
방호구역 체적에서 제외 시켜야 할 체적

ⓐ 기둥 : $1m \times 1m \times 4.5m = 4.5m^3$
ⓑ 가로보 : $(0.6m \times 0.4m \times 5m) \times 2개소 = 2.4m^3$ (가로 및 세로 보에서 기둥체적은 제외)
ⓒ 세로보 : $(0.6m \times 0.4m \times 4m) \times 2개소 = 1.92m^3$

㉢ 구조를 고려한 방호구역 체적
$445.5m^3 - (4.5m^3 + 2.4m^3 + 1.92m^3) = 436.68m^3$

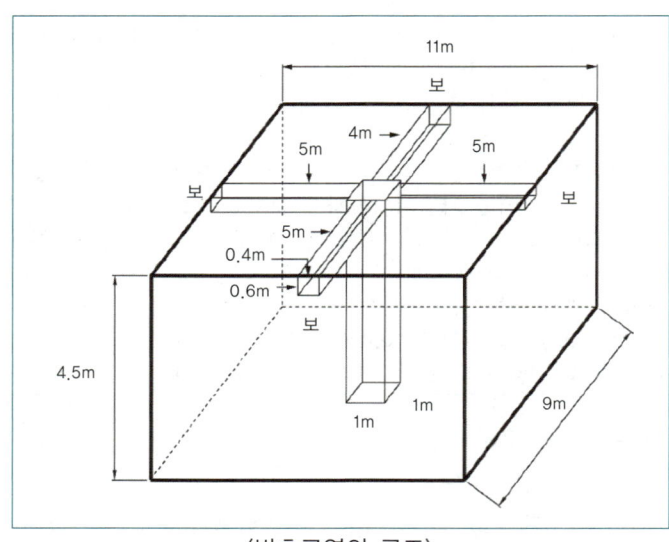

〈방호구역의 구조〉

② 조건 ③에 따른 자동폐쇄장치 미설치된 개구부 면적 : $0.7m \times 1m = 0.7m^2$

③ 소화약제량
소화약제량[kg]=방호구역체적[m³]×체적당 약제량[kg/m³]+개구부 면적[m²]×개구부당 가산량[kg/m²]
$= 436.68m^3 \times 0.6kg/m^3 + 0.7m^2 \times 4.5kg/m^2 = 265.158$ ∴ 265.16kg

(2) 약제저장용기의 수

$$저장용기수 = \frac{소화약제량[kg]}{용기당 저장량[kg/병]}$$

소화약제량 = 265.16kg 이므로

① 용기당 저장량을 구하면

$$C = \frac{V}{G}$$

여기서, C : 충전비[l/kg]

V: 용기 내용적[l]
G: 용기당 저장량(충전량)[kg]

구분	제1종 분말	제2, 3종 분말	제4종 분말
저장용기 충전비[l/kg]	0.8	1	1.25

조건 ⑥에 따라 내용적 $V=50l$ 이므로

$G = \dfrac{V}{C} = \dfrac{50l}{0.8l/\text{kg}} = 62.5\text{kg}$

② 저장용기수 = $\dfrac{\text{소화약제량[kg]}}{\text{용기당 저장량[kg/병]}} = \dfrac{265.16\text{kg}}{62.5\text{kg}} = 4.242$ ∴ 5병

(3) **방사헤드의 최소 설치개수**(단, 소화약제의 양은 (2)에서 구한 약제 저장용기 수의 소화약제의 양으로 함)

분구면적 [mm²] = $\dfrac{\text{용기당 저장량 [kg/병]} \times \text{병수}}{\text{방사율 [kg/mm}^2 \cdot \text{s} \cdot \text{개]} \times \text{방출시간 [s]} \times \text{헤드개수}}$ 이므로

용기당 저장량 = 62.5kg, 병수 = 5병,
방사율(조건 ⑤) = 7.8kg/mm² · min · 개 = 7.8kg/mm² · 60s · 개
분구면적(조건 ⑦) = $0.45\text{cm}^2 \times \dfrac{10\text{mm} \times 10\text{mm}}{1\text{cm} \times 1\text{cm}} = 45\text{mm}^2$, 방출시간 = 30s

• 설비별 약제방사시간

구분		이산화탄소 소화설비		할로겐 화합물 소화설비	청정소화약제 소화설비		분말 소화 설비
		표면 화재	심부 화재		할로겐화합물	불활성 가스	
전역 방출 방식	특정소방 대상물	1분 이내	7분이내(설계농도 2분 이내 30% 도달)	10초 이내	10초 이내(설계농도 의 95% 이상 방사)	60초 이내(설계농도 의 95% 이상 방사)	30초 이내
	위험물 제조소등	60초 이내	60초 이내	30초 이내	–	–	30초 이내
국소 방출 방식	특정소방 대상물	30초 이내	30초 이내	10초 이내	–	–	30초 이내
	위험물 제조소등	30초 이내	30초 이내	30초 이내	–	–	30초 이내

헤드개수 = $\dfrac{\text{용기당 저장량 [kg/병]} \times \text{병수}}{\text{방사율 [kg/mm}^2 \cdot \text{s} \cdot \text{개]} \times \text{방출시간 [s]} \times \text{분구면적 [mm}^2\text{]}}$

= $\dfrac{62.5\text{kg} \times 5\text{병}}{7.8\text{kg/mm}^2 \cdot 60\text{s} \cdot \text{개} \times 30\text{s} \times 45\text{mm}^2}$

= $\dfrac{62.5\text{kg} \times 5\text{병}}{7.8\text{kg/mm}^2 \cdot 60\text{s} \cdot \text{개} \times 30\text{s} \times 45\text{mm}^2} = 1.78$ ∴ 2개

(4) **전체 방사헤드의 오리피스 면적[mm²]**

전체 방사헤드의 오리피스면적 = 헤드 2개 × 45mm² = 90 ∴ 90mm²

(5) **저장용기를 방사할 경우 방사헤드 1개의 방사량[kg/min]**

방사헤드 1개의 방사량 = $\dfrac{\text{용기당 저장량[kg/병]} \times \text{병수}}{\text{방사시간[min]} \times \text{헤드개수}}$

충전량 = 62.5kg, 병수 = 5병, 방사시간 = 30s = 0.5min, 헤드 개수 = 2개

방사헤드 1개의 방사량 = $\dfrac{\text{용기당 저장량[kg/병]} \times \text{병수}}{\text{방사시간[min]} \times \text{헤드 개수}}$

= $\dfrac{62.5\text{kg/병} \times 5\text{병}}{0.5\text{min} \times 2\text{개}} = 312.5$ ∴ 312.5kg/min

(6) (2)에서 산출한 약제의 저장용기수의 소화약제가 모두 방출되어 열분해시 발생한 CO_2의 양[kg]과 이때 CO_2의 부피[m³] (단, 방호구역 내의 압력은 100kPa$_{abs}$, 주위온도는 500℃ 이고, 분말소화약제 주성분에 대한 각 원소의 원자량은 다음과 같으며, 이상기체상태방정식에 따라 구한다.)

① 열분해시 발생한 CO_2의 양[kg]

제1종 분말소화약제 열분해 반응식 : $2NaHCO_3 \rightarrow Na_2CO_3 + CO_2 + H_2O$ 이므로

원소기호	H	C	O	Na
원자량	1	12	16	23

㉠ $2NaHCO_3$의 분자량 $= 2 \times (23kg + 1kg + 12kg + 16kg \times 3) = 168kg$

㉡ CO_2의 분자량 $= 12kg + 16kg \times 2 = 44kg$

㉢ 방출된 분말소화약제량 $= 62.5kg/병 \times 5병 = 312.5kg$

비례식에 의해 발생한 CO_2의 양[kg]을 구하면

$$168kg : 44kg = 312.5kg : x \quad \text{이므로} \quad x = \frac{44kg \times 312.5kg}{168kg} = 81.845 \quad \therefore 81.85kg$$

② 열분해 시 발생한 CO_2의 부피[m³]

$$PV = nRT = \frac{W}{M}RT = W\overline{R}T$$

여기서, P : 절대압력=대기압+계기압[Pa = N/m²]
V : 체적[m³]
n : 몰수[kmol] $= \dfrac{W(\text{실제 질량})[kg]}{M(\text{분자량})[kg]}$
T : 절대온도[$K = 273 + ℃$]
R : 일반 기체상수[8,313.85 J/kmol·K]
$\overline{R} = \dfrac{R}{M}$: 특정 기체상수[J/kg·K]

$P = 101,325Pa[= N/m^2]$, $V = 22.4m^3$, $T = 0℃ = 273K$ 일 때 기체상수

$$R = \frac{PV}{nT} \left(= \frac{PVM}{WT}\right)$$

$$= \frac{101,325N/m^2 \times 22.4m^3}{1kmol \times 273K}$$

$\fallingdotseq 8,313.85 N \cdot m/kmol \cdot K [1N \cdot m = 1J]$

$\fallingdotseq 8,313.85 J/kmol \cdot K$

$P = 100kPa = 100,000N/m^2$, $M = 44kg(CO_2$ 분자량$)$, $W = 81.85kg$(산출한 CO_2량)

$T = 273 + 500℃$ 분자량과 실제 질량이 주어 졌으므로 $PV = \dfrac{W}{M}RT$ 를 적용한다.

(주의 必! $PV = W\overline{R}T$를 사용하는 경우 : 통상 기체상수($\overline{R}$[J/kg·K = N·m/kg·K])가 주어지고 기체상수 단위의 분모에 kg이 들어간다.)

$$V = \frac{WRT}{PM} = \frac{81.85kg \times 8,313.85N \cdot m/kmol \cdot K \times (273+500℃)K}{100,000N/m^2 \times 44kg} = 119.549 \quad \therefore 119.55m^3$$

05 고체에어로졸소화설비

1 「고체에어로졸소화설비의 화재안전기술기준」에 따른 고체에어로졸화합물의 양에 대한 기준을 쓰시오. 🔥🔥

 해설

방호구역 내 소화를 위한 고체에어로졸화합물의 최소 질량은 다음 공식에 따라 산출한 양 이상으로 산정하여야 한다.

$m = d \times V$

여기서, m : 필수소화 약제량[g]
　　　　d : 설계밀도[g/m³]＝소화밀도[g/m³]×1.3(안전계수)
　　　　소화밀도 : 형식승인 받은 제조사의 설계 매뉴얼에 제시된 소화밀도
　　　　V : 방호체적[m³]

Mind-Control

경쟁심이 사라졌을 때 비로소 진정한 배움이 있습니다.
다른 수험생들은 경쟁자가 아니라 동반자입니다. 함께 공부하고 도와주십시오.

MEMO

06 제연설비

각종 수치 정리

구분		설명
제연구역 구획	거실	• 1,000m² 이내, 직경 60m 이내, 2개 층에 미치지 아니할 것
	통로	• 보행중심선 60m 이내, 거실과 통로는 각각 제연구획할 것
	재질	• 내화재료, 불연재료, 성능인정을 받은 것으로 화재 시 쉽게 변형·파괴되지 아니하고 연기가 누설되지 않는 기밀성 있는 재료
	크기	• 제연경계폭 0.6m이상, 수직거리는 2m 이내(구조상 불가피할 경우 2m 초과 가능)
	구조	• 배연 시 기류에 따라 그 하단이 쉽게 흔들리지 않는 구조, 가동식은 급속히 하강하여 인명에 위해를 주지 않는 구조
배출구 (천장 또는 벽에 설치)	400m² 미만	• 벽으로 구획 : 벽에 설치 시 천장 또는 반자와 바닥사이 중간 윗부분에 설치 • 경계로 구획 : 벽에 설치 시 배출구의 하단이 가장 짧은 제연경계하단보다 높을 것
	통로 또는 400m² 이상	• 벽으로 구획 : 벽에 설치 시 배출구의 하단과 바닥간의 최단거리가 2m 이상 • 경계로 구획 : 벽에 설치 시 배출구의 하단이 가장 짧은 제연경계하단보다 높을 것
	수평거리	• 10m 이내($S = 2r\cos\theta = 2 \times 10m \times \cos 45° = 14.142$ ∴ 14.14m)
유입구	유입방식	• 자연유입 또는 강제유입
	400m² 미만 거실설치	• 벽으로 구획 : 공기유입구와 배출구간 직선거리 5m 이상 또는 구획된 실의 장변의 2분의 1 이상으로 할 것(단, 공연장, 집회장, 위락시설의 용도로 사용되는 부분의 바닥면적이 200m²를 초과하는 경우에는 거실면적 400m² 이상인 경우를 따른다.)
	400m² 이상 거실설치	• 벽으로 구획 : 바닥으로부터 1.5m 이하의 높이에 설치 및 주변은 공기의 유입에 장애가 없을 것
	통로 또는 경계로 구획	• 바닥으로부터 1.5m 이하의 높이에 설치 및 주변은 공기의 유입에 장애가 없을 것 • 벽 외의 장소에 설치할 경우 유입구 상단이 천장 또는 반자와 바닥 사이의 중간 아랫부분보다 낮게 되도록 하고 수직거리가 가장 짧은 제연경계 하단보다 낮게 되도록 설치할 것

	공동예상 제연구역일 경우	• 벽으로 구획 : 400m² 미만 또는 400m² 이상 거실의 설치기준을 따른다.
		• 경계로 구획
		  – 바닥으로부터 1.5m 이하의 높이에 설치 및 주변은 공기의 유입에 장애가 없을 것
		  – 벽 외의 장소에 설치할 경우 유입구 상단이 천장 또는 반자와 바닥 사이의 중간 아랫부분보다 낮게 되도록 하고 수직거리가 가장 짧은 제연경계 하단보다 낮게 되도록 설치할 것

	인접구역 급기일 때	• 화재실의 유입구는 자동 폐쇄될 것 • 화재실의 유입(급기) 풍도의 댐퍼는 자동폐쇄될 것
	유입풍속	• 5m/s 이하
	크기	• 배출량 1m³/min당 35cm² 이상
	유입량	• 배출량 이상

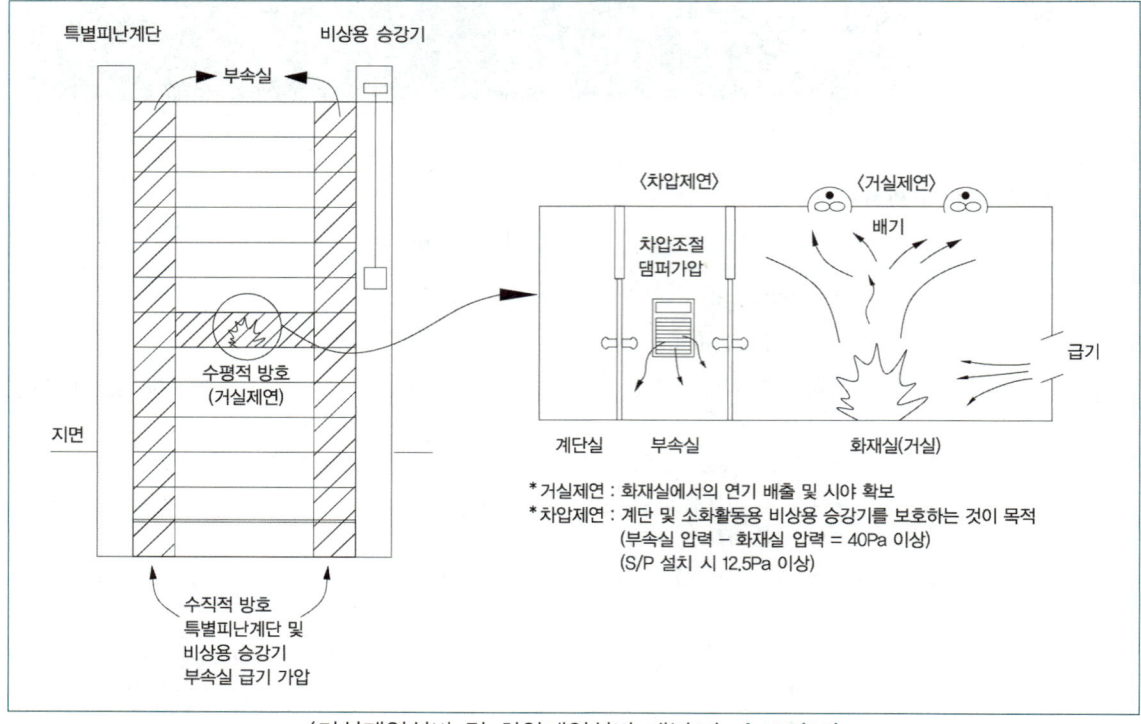

〈거실제연설비 및 차압제연설비 개념도〉 술120(25)

1 다음 물음에 답하시오. 술109(10) 🔥🔥

(1) 제연구역을 구획할 경우의 기준에 대하여 쓰시오. 술74(25)관설7,15,19
(2) 제연구역의 구획은 보, 제연경계벽 및 벽으로 하는데 이에 대한 기준을 쓰시오. 관점19

해설

(1) 제연구역을 구획할 경우의 기준
① 하나의 제연구역의 **면적**은 **1,000**m^2 이내로 할 것
② 하나의 제연구역은 **직경 60**m 원내에 들어갈 수 있을 것
③ 통로상의 제연구역은 보행중심선의 **길이**가 60m를 초과하지 아니할 것

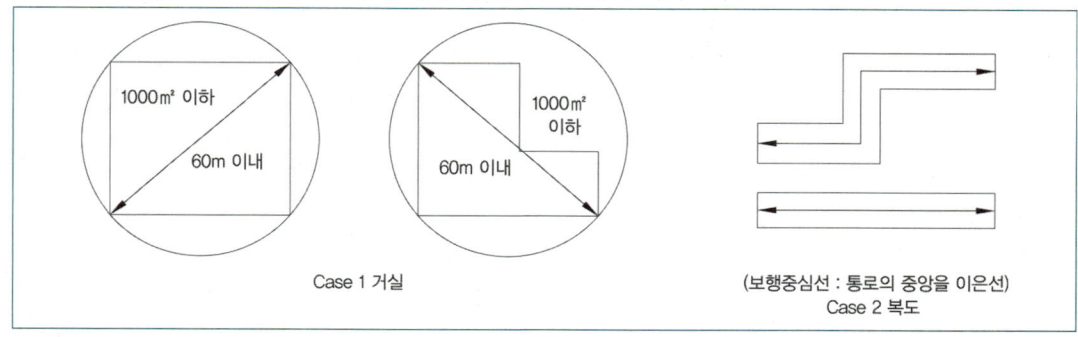

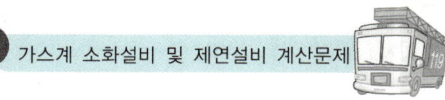

④ 거실과 통로(복도를 포함한다. 이하 같다)는 각각 제연구획 할 것

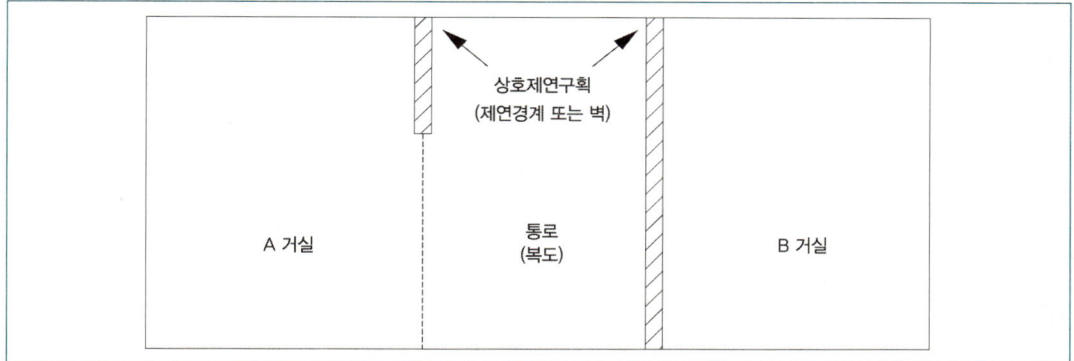

⑤ 하나의 제연구역은 2개 이상 층에 미치지 아니하도록 할 것. 다만, 층의 구분이 불분명한 부분은 그 부분을 다른 부분과 **별도**로 제연구획 하여야 한다.

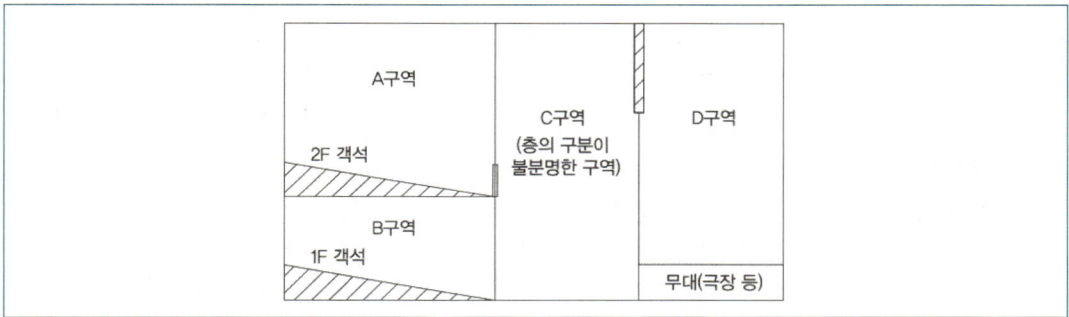

🖉암기법 면적 천(1,000) 직경, 길이 60 상호 별도

(2) 제연구역의 구획은 보·제연경계벽(이하 "제연경계"라 한다) 및 벽(화재 시 자동으로 구획되는 가동벽·샷다·방화문을 포함한다. 이하 같다)으로 하되, 다음 기준에 적합하여야 한다.
 ① 제연경계는 제연경계의 폭이 0.6m 이상이고, **수직**거리는 2m 이내이어야 한다. 다만, 구조상 불가피한 경우는 2m를 초과할 수 있다.
 ② 제연경계벽은 배연 시 **기류**에 따라 그 하단이 쉽게 흔들리지 아니하여야 하며, 또한 가동식의 경우에는 급속히 하강하여 인명에 위해를 주지 아니하는 구조일 것
 ③ **재질**은 내화재료, 불연재료 또는 제연경계벽으로 성능을 인정받은 것으로서 화재 시 쉽게 변형·파괴되지 아니하고 연기가 누설되지 않는 기밀성 있는 재료로 할 것
  🖉암기법 수직 기류 재질

2 거실제연설비의 화재안전기술기준에 따라 다음 물음에 답하시오. 🔥🔥🔥

(1) 거실제연방식에 대하여 쓰시오. 술76(10)94(25)99(25)
(2) 거실에서 제연하지 아니하고 거실과 인접한 통로에서 배출할 수 있는 경우에 대하여 쓰시오.
(3) 통로를 예상제연구역으로 간주하지 아니할 수 있는 경우에 대하여 쓰시오.

🔦해설

(1) 거실제연방식
 ① 예상제연구역에 대하여는 화재 시 연기**배출**(이하 "배출"이라 한다)과 동시에 공기유입이 될 수 있게 하고, 배출구역이 거실일 경우에는 통로에 동시에 공기가 유입될 수 있도록 하여야 한다.

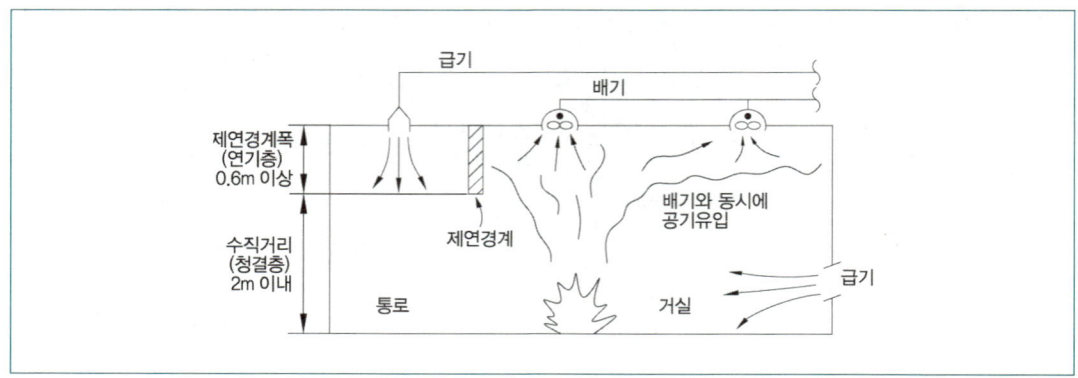

② "①"에도 불구하고 통로와 인접하고 있는 거실의 바닥면적이 $50m^2$ 미만으로 구획(제연경계에 따른 구획은 제외한다. 다만, 거실과 통로와의 구획은 그러하지 아니하다)되고 그 거실에 통로가 인접하여 있는 경우에는 화재 시 그 거실에서 직접 배출하지 아니하고 인접한 통로의 배출로 갈음할 수 있다. 다만, 그 거실이 다른 거실의 피난을 위한 **경유**거실인 경우에는 그 거실에서 직접 배출하여야 한다.

③ 통로의 주요구조부가 **내**화구**조**이며 마감이 불연재료 또는 난연재료로 처리되고 가연성 내용물이 없는 경우에 그 통로는 예상제연구역으로 간주하지 아니할 수 있다. 다만, 화재발생 시 연기의 유입이 우려되는 통로는 그러하지 아니하다.

🖉 **암기법** 경유 배출 내조

(2) 거실에서 제연하지 아니하고 거실과 인접한 통로에서 배출할 수 있는 경우

통로와 인접하고 있는 거실의 바닥면적이 $50m^2$ 미만으로 구획(제연경계에 따른 구획은 제외한다. 다만, 거실과 통로와의 구획은 그러하지 아니하다)되고 그 거실에 통로가 인접하여 있는 경우에는 화재 시 그 거실에서 직접 배출하지 아니하고 인접한 통로의 배출로 갈음할 수 있다.

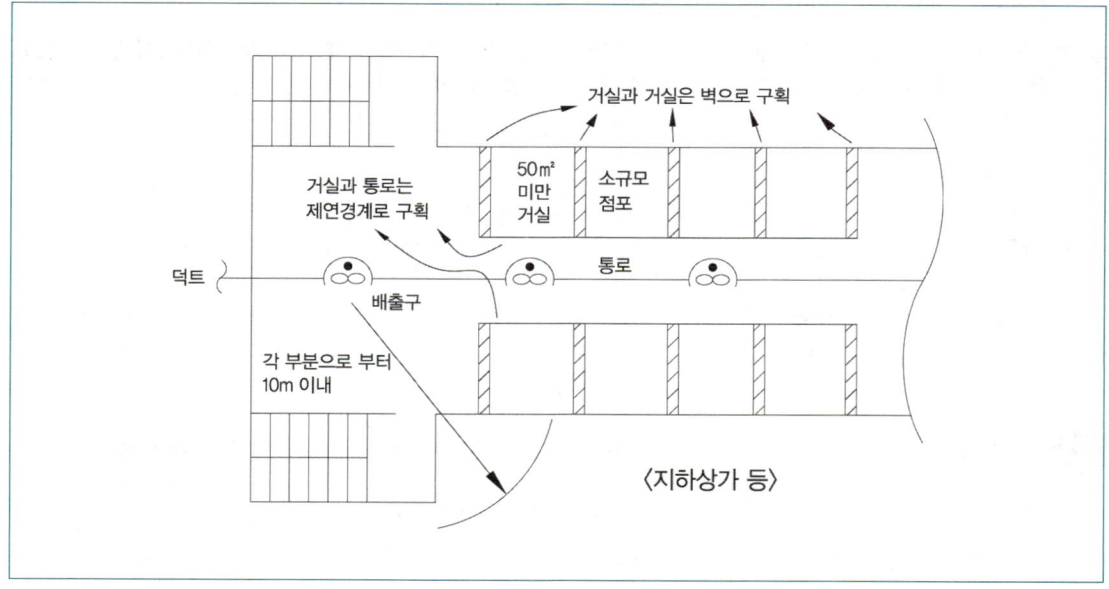

(3) 통로를 예상제연구역으로 간주하지 아니할 수 있는 경우

통로의 주요구조부가 내화구조이며 마감이 불연재료 또는 난연재료로 처리되고 통로 내부에 가연성 물질이 없는 경우에 그 통로는 예상제연구역으로 간주하지 아니할 수 있다. 다만, 화재발생 시 연기의 유입이 우려되는 통로는 그러하지 아니하다.

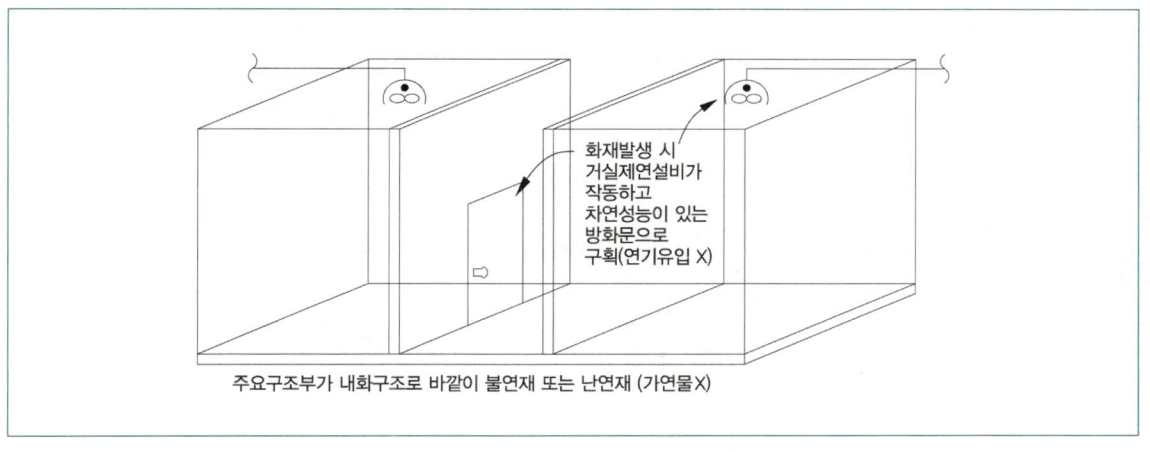

3 거실제연설비에서 제연방식의 종류에 대하여 설명하시오.

(1) 동일실 급·배기 방식
(2) 거실배기·통로급기방식
(3) 인접구역 급기방식(상호제연) **관설15**
(4) 통로배출방식
(5) 통로구획방식

해설

(1) 동일실 급 · 배기 방식

예상제연구역(화재실) 내에서 급기와 배기를 동시에 실시하는 방식으로 바닥면적이 $400m^2$ 미만일 경우에는 급기구를 바닥 이외에 설치할 수 있으나 $400m^2$ 이상일 경우에는 1.5m 이내에서 급기를 하고 급기구 주변은 공기의 유입에 장애가 없도록 하여 청결층을 유지하는 방식이다.(통로에도 급기가 되어야 한다.)

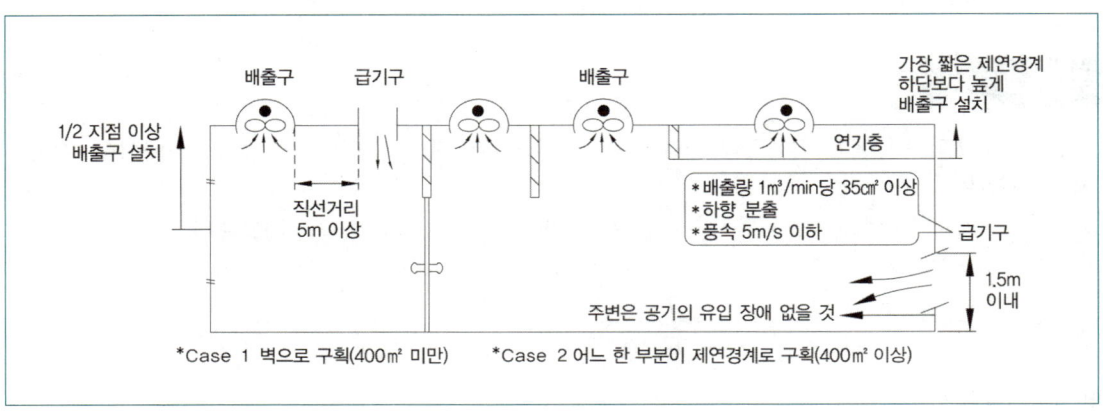

→ 거실에서 배기가 될 경우 통로에 급기가 되어야 한다. 이것은 화재안전기술기준상 통로의 안전을 확보하기 위한 조치로서 거실과 통로가 벽으로 구획되더라도 급기해야 한다는 의미가 되며 거실과 통로가 제연경계로 구획이 되어 있다면, 인접구역 급기방식의 형태를 가지게 된다.

(2) 거실배기 · 통로급기방식
가장 기본적인 형태로서 예상제연구역(화재실)이 거실일 경우 거실에서는 배기를 하고 인접한 통로에는 급기하는 방식이다.

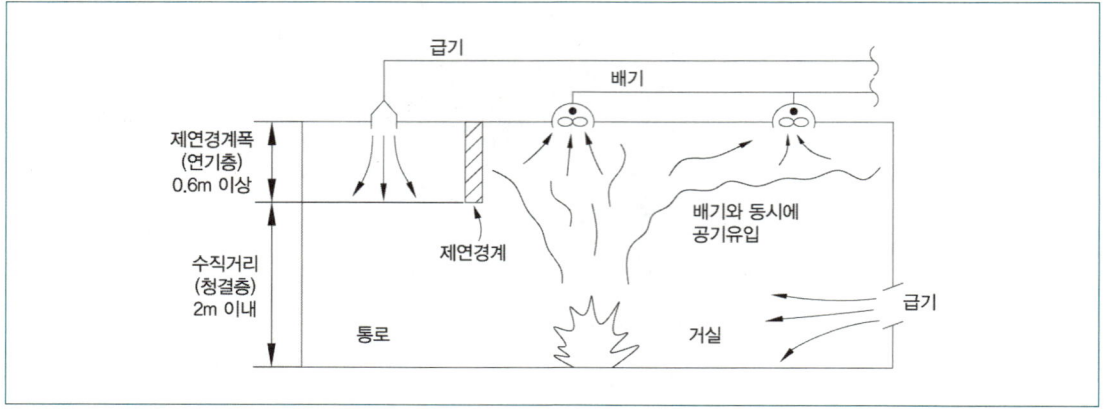

(3) 인접구역 급기방식(상호제연)
예상제연구역(화재실)에서는 배기를 하고 인접구역(인접한 비화재실)에서 급기를 하는 방식으로 신선한 공기의 공급은 자연유입 내지 강제유입을 한다. 이 때 한 개 층에 여러 제연구역이 있을 경우 화재가 발생하지 않은 비화재실로도 공기가 일부 유입되며, 강제유입할 경우 인접한 비화재실의 천장에서 급기를 하는 것이 일반적이므로 급기풍속은 저속이 될 수밖에 없다.(통로에도 급기가 되어야 한다.)

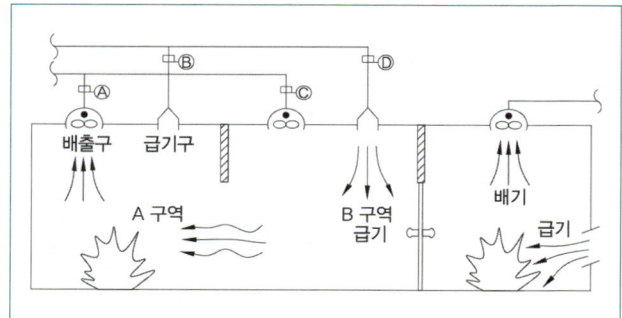

구 분	급기댐퍼 (Ⓑ, Ⓓ)	배기댐퍼 (Ⓐ, Ⓒ)
A구역 화재일 경우	Ⓑ 폐쇄 / Ⓓ 개방	Ⓐ 개방 / Ⓒ 폐쇄
B구역 화재일 경우	Ⓑ 개방 / Ⓓ 폐쇄	Ⓐ 폐쇄 / Ⓒ 개방

〈인접구역 급기방식〉   〈동일실 급배기방식〉

📖 이해 必

☑ 위의 댐퍼의 연동은 인접구역 급기방식일 경우에 해당한다. 그러나 동일실 급 · 배기일 경우는 다음과 같다.

구분	급기 댐퍼(Ⓑ, Ⓓ)	배기댐퍼(Ⓐ, Ⓒ)
A구역 화재일 경우	Ⓑ 개방 / Ⓓ 폐쇄	Ⓐ 개방 / Ⓒ 폐쇄
B구역 화재일 경우	Ⓑ 폐쇄 / Ⓓ 개방	Ⓐ 폐쇄 / Ⓒ 개방

(4) 통로배출방식
지하상가와 같은 형태일 경우 선택할 수 있는 방식으로 통로와 인접하고 있는 거실의 바닥면적이 $50m^2$ 미만으로서 거실 상호간은 벽으로 구획되고 통로와는 제연경계벽(출입구 상부의 인방 등)으로 구획된 경우 그 제연경계를 통하여 배출하는 방식으로 공기유입은 지하상가로 가정할 경우 계단, 통로 등의 개구부에서 자연유입 형태를 취하는 것이 일반적이다.

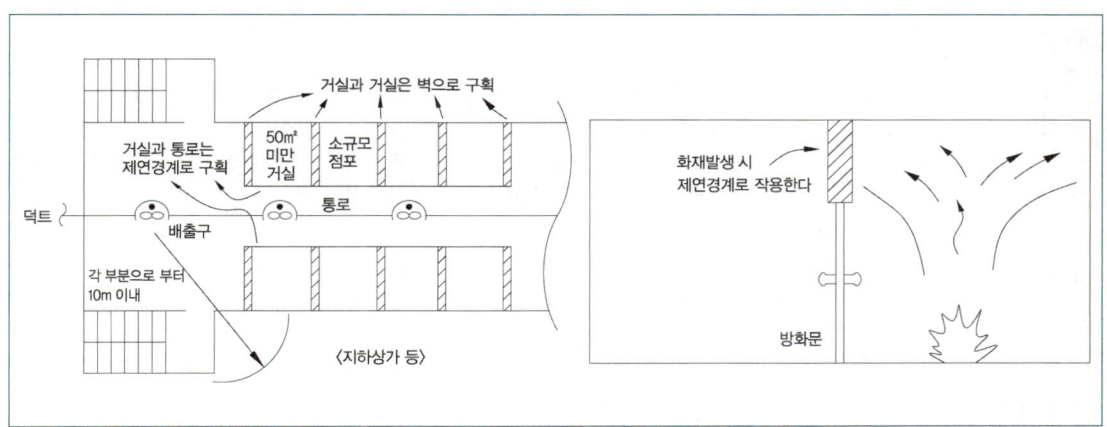

(5) 통로구획방식
통로의 주요구조부가 내화구조이며, 마감이 불연재료 또는 난연재료로 처리되고 가연성 내용물이 없는 경우는 그 통로는 예상제연구역(화재발생가능 구역)으로 간주하지 않을 수 있으나, 거실 등에서 화재가 발생하여 연기의 유입이 우려되는 통로는 제연설비를 설치하여야 한다.

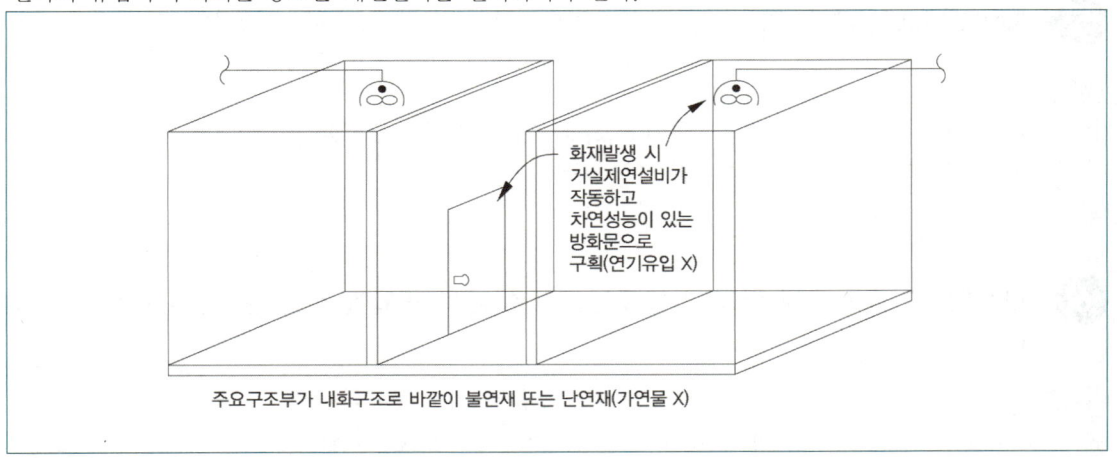

📝 **암기법** 동거인 통통

4 거실제연설비에 대하여 다음 물음에 답하시오. 술76(10)관설15 🔥🔥

(1) 거실의 바닥면적이 400m² 미만으로 구획된 경우 최저 배출량(바닥면적당)을 쓰시오.
(2) 거실의 바닥면적이 400m² 미만으로 예상제연구역을 통로 배출방식으로 하는 경우의 배출량을 쓰시오.
(3) 거실의 바닥면적이 400m² 이상으로서 직경 40m인 원의 범위 안에 있을 경우의 수직거리에 따른 배출량을 쓰시오.
(4) 거실의 바닥면적이 400m² 이상으로서 40m원의 범위를 초과할 경우의 수직거리에 따른 배출량을 쓰시오.
(5) 통로인 경우의 배출량 및 제연경계로 구획된 경우의 배출량을 쓰시오.

해설

길이 직경	수직거리	(3) (40m 이하) (4)(5) (40~60m 이하) 400m² 이상 거실 또는 통로인 경우의 배출량	400m² 미만의 거실	
			(2) 50m² 미만 거실의 통로 배출방식에서의 배출량 (벽으로 구획된 경우 포함)	(1) 최소 배출량

40m 이하	2m 이하	40,000m³/hr 이상	25,000m³/hr	• 바닥면적 1m²당
				  1m³/min 이상
				• 최저 5,000m³/hr
				  이상

	2m 초과 2.5m 이하	45,000m³/hr 이상	30,000m³/hr	
	2.5m 초과 3m 이하	50,000m³/hr 이상	35,000m³/hr	
	3m 초과	60,000m³/hr 이상	45,000m³/hr	
40m 초과 60m 이하	2m 이하	45,000m³/hr 이상	30,000m³/hr	
	2m 초과 2.5m 이하	50,000m³/hr 이상	35,000m³/hr	
	2.5m 초과 3m 이하	55,000m³/hr 이상	40,000m³/hr	
	3m 초과	65,000m³/hr 이상	50,000m³/hr	

5 제연설비에서 배출기의 흡입측 풍도 안의 풍속 및 유입풍도 안의 풍속을 쓰시오.

해설

(1) 배출기의 흡입측 풍도 안의 풍속은 15m/s 이하로 하고 배출측 풍속은 20m/s 이하로 할 것
(2) 유입풍도 안의 풍속은 20m/s 이하로 하여야 한다.

6 화재안전기술기준에 따라 거실제연설비를 설치 제외할 수 있는 경우를 쓰시오. 관점 16

해설

제연설비를 설치하여야 할 특정소방대상물 중 **화**장실·**주**차장·**목**욕실·**발**코니를 설치한 숙박시설(**휴**양콘도미니엄 및 **가**족호텔에 한 한다)의 객실과 사람이 상주하지 아니하는 **전**기실·**기**계실·**공**조실·50m² 미만의 **창고** 등으로 사용되는 부분에 대하여는 배출구·공기유입구의 설치 및 배출량 산정에서 이를 제외한다.
📝 **암기법** 화주 목발휴가를 전기공 창고로(5)

7 면적이 380m²인 제연설비에 대해 다음 물음에 답하시오. 관설6

(1) 소요 배출량[CMH]을 산출하시오.
(2) 흡입측 풍도(DUCT)의 높이를 600mm 기준으로 할 때 풍도의 최소폭은 얼마[mm]인가?(단, 풍도 내 풍속은 화재안전기술기준을 근거로 한다.)
(3) 송풍기의 전압이 50mmAq이고 효율이 55%인 다익 송풍기 사용 시 축동력[kW]을 구하시오. (단, 회전수는 1,200rpm, 전달계수 1.2)
(4) 제연설비의 회전차 크기를 변경하지 않고 배출량을 20% 증가시키고자 할 때 회전수[rpm]를 구하시오.
(5) (4)항의 회전수로 운전할 경우 전압[mmAq]을 구하시오

(6) (3)항에서의 계산결과를 근거로 15kW 전동기를 설치 후 풍량의 20%를 증가시켰을 경우 전동기 사용 가능 여부를 설명하시오.(단, 계산과정을 나타낼 것)
(7) 배연용 송풍기와 전동기의 연결방법에 대하여 설명하시오.
(8) 제연설비에서 일반적으로 사용하는 송풍기의 명칭과 주요특징을 설명하시오.

해설

(1) 소요배출량[CMH]

길이 직경	수직거리	400m² 이상 거실 또는 통로인 경우의 배출량 (통로는 40m 초과 60m 이하인 경우의 배출량과 동일)	400m² 미만의 거실	
			50m² 미만 거실의 통로 배출방식에서의 배출량 (벽으로 구획된 경우 포함)	최소 배출량
40m 이하	2m 이하	40,000m³/hr 이상	25,000m³/hr	• 바닥면적 1m²당 1m³/min 이상 • 최저 5,000m³/hr 이상
	2m 초과 2.5m 이하	45,000m³/hr 이상	30,000m³/hr	
	2.5m 초과 3m 이하	50,000m³/hr 이상	35,000m³/hr	
	3m 초과	60,000m³/hr 이상	45,000m³/hr	
40m 초과 60m 이하	2m 이하	45,000m³/hr 이상	30,000m³/hr	
	2m 초과 2.5m 이하	50,000m³/hr 이상	35,000m³/hr	
	2.5m 초과 3m 이하	55,000m³/hr 이상	40,000m³/hr	
	3m 초과	65,000m³/hr 이상	50,000m³/hr	

거실이 400m² 미만으로 배출량은 $1m^3/min \cdot m^2$ 이상(최소 5,000m³/hr = 83.33m³/min)

소요배출량(CMH) = $380m^2 \times 1m^3/min \cdot m^2 \times \dfrac{60min}{1hr}$ = 22,800CMH

(2) 흡입측 풍도(DUCT)의 높이를 600mm 기준으로 할 때 풍도의 최소폭

$Q = AV$

여기서, Q : 유량[m³/s]

A : 배관단면적 $[\dfrac{\pi}{4}D^2 m^2]$

V : 유속[m/s]

$Q = 22,800 m^3/hr \times \dfrac{1hr}{3,600s}$, $A = a \times b = 0.6m \times b$, $V = 15m/s$(화재안전기술기준상 배출기의 흡입측 풍도 안의 풍속은 15m/s 이하로 하고 배출측 풍속은 20m/s 이하)

$A = \dfrac{Q}{V}$ 이므로 $0.6m \times b = \dfrac{Q}{V}$

$b = \dfrac{22,800 m^3/hr \times 1hr}{0.6m \times 15m/s \times 3,600s} = 0.7037$ ∴ 0.7037m = 703.7mm

주의

☑ $Q = AV$에서 A는 원형 단면을 말하므로 덕트에서는 사용할 수 없다. 유체역학상 사각형과 원형은 유체가 접촉하는 길이가 다르므로 손실이 다르게 나타난다. 그러므로 각형 덕트에서는 이를 "공식으로 산출"하거나 "각형 덕트의 환산지름 환산표"에 의해 상당지름을 구하여 "덕트마찰 손실선도"에 의해 마찰손실을 산출한다. 이때 덕트의 상당지름을 공식으로 산출하는 방법은 다음과 같이 2가지가 있으며, 그 결과는 비슷하다. 그런데 문제의 조건에 따를 경우 다음 공식으로 산출할 수 없으며 최초 문제의 의도는 $Q = AV$를 사용하여 단면적을 구하는 형태일 것으로 판단된다.

① 상당지름 산출공식 Ⅰ 술124(10) 🔥🔥🔥

$$d_e = 1.3 \times \left[\frac{(a \times b)^5}{(a+b)^2}\right]^{\frac{1}{8}}$$

여기서, d_e : 상당지름(장방형 덕트와 동일한 저항크기 원형 덕트의 직경)[m]
  a : 장방형 덕트의 장변의 길이[m]
  b : 장방형 덕트의 단변의 길이[m]

② 상당지름 산출공식 Ⅱ(SMACNA) : $d_e = \sqrt{\frac{4ab}{\pi}}$ 술124(10) 🔥🔥🔥

→ SMACNA(Sheet Metal And Air Conditioning Contractors' National Association : 덕트 및 미국 공기조화사업자 협회)

(3) 송풍기의 전압이 50mmAq이고 효율이 55%인 다익 송풍기 사용 시 축동력[kW](단, 회전수는 1,200rpm, 전달계수 1.2)

$$P = \frac{P_T \cdot Q}{102 \times 60\eta} \times K = \frac{P_T \cdot Q}{6,120\eta} \times K$$

여기서, P : 동력[kW] [$P = P_T \cdot Q = \gamma h Q = kN/m^3 \times m \times m^3/s = kN \cdot m/s = kJ/s = kW$]

  P_T : 전압[mmAq=mmH$_2$O] [$\frac{1mmAq}{10,332mmAq} \times 101.325kPa = \frac{1}{102}kPa$]

  Q : 풍량[m^3/min] [$1m^3/min \times \frac{1min}{60s}$]

  η : 효율
  K : 전달계수

$P_T = 50mmAq$, $Q = 22,800m^3/hr \times \frac{1hr}{60min}$, $\eta = 0.55$, $K = 1.2$(축동력이므로 고려하지 않는다.)

$$P = \frac{P_T \cdot Q}{102 \times 60\eta} = \frac{50mmAq \times 22,800m^3/hr \times 1hr}{6,120 \times 0.55 \times 60min} = 5.644 \quad \therefore 5.64kW$$

(4) 제연설비의 회전차 크기를 변경하지 않고 배출량을 20% 증가시키고자 할 때 회전수

구분	설명
유량에 대한 상사법칙	$\frac{Q_2}{Q_1} = \left(\frac{N_2}{N_1}\right)^1 \cdot \left(\frac{D_2}{D_1}\right)^3$ 유량은 펌프 **회전수**에 비례하고 임펠러 **직경의 3승**에 비례
전양정에 대한 상사법칙	$\frac{H_2}{H_1} = \left(\frac{N_2}{N_1}\right)^2 \cdot \left(\frac{D_2}{D_1}\right)^2$ 양정은 펌프 **회전수의 2승**에 비례하고 임펠러 **직경의 2승**에 비례
축동력에 대한 상사법칙	$\frac{L_2}{L_1} = \left(\frac{N_2}{N_1}\right)^3 \cdot \left(\frac{D_2}{D_1}\right)^5 \cdot \left(\frac{\eta_1}{\eta_2}\right)$ 축동력은 펌프 **회전수 3승**에 비례하고 임펠러 **직경의 5승**에 비례

여기서, Q_1, Q_2 : 유량[lpm] H_1, H_2 : 양정[m]
  L_1, L_2 : 축동력[kW] N_1, N_2 : 회전수[rpm]
  D_1, D_2 : 직경[m] η_1, η_2 : 효율

📝암기법 **유양축 123**(회전수의 1, 2, 3승) **325**(직경의 3, 2, 5승)

• 비속도가 같으면 펌프의 크기가 달라도 이를 상사(Affinity)라 하며, 회전수나 임펠러 지름이 변할 때 토출량, 양정, 축동력은 일정한 비로 변한다.

$Q_1 = 22,800m^3/hr$, $Q_2 = 22,800m^3/hr \times 1.2$, $N_1 = 1,200rpm$, $D_1 = D_2$(회전차의 크기가 같으므로)

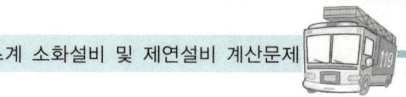

$\dfrac{Q_2}{Q_1} = \left(\dfrac{N_2}{N_1}\right)^1$ 이므로 $N_2 = \dfrac{Q_2}{Q_1} \times N_1 = \dfrac{22{,}800\text{m}^3/\text{hr} \times 1.2}{22{,}800\text{m}^3/\text{hr}} \times 1{,}200\text{rpm} = 1{,}440$ ∴ 1,440rpm

(5) (4)항의 회전수로 운전할 경우 전압[mmAq]

$H_1 = 50\text{mmAq}$, $N_1 = 1{,}200\text{rpm}$, $N_2 = 1{,}440\text{rpm}$, $D_1 = D_2$(회전차의 크기가 같으므로)

$\dfrac{H_2}{H_1} = \left(\dfrac{N_2}{N_1}\right)^2$ 이므로 $H_2 = \left(\dfrac{N_2}{N_1}\right)^2 \times H_1 = \left(\dfrac{1{,}440\text{rpm}}{1{,}200\text{rpm}}\right)^2 \times 50\text{mmAq} = 72$ ∴ 72mmAq

> **이해 必**
> ☑ 상사법칙은 비율에 의해 산출되므로 유량과 양정 전·후의 단위만 같으면 된다.

(6) (3)항에서의 계산결과를 근거로 15kW 전동기를 설치 후 풍량의 20%를 증가시켰을 경우 전동기 사용 가능 여부

(3)에서의 계산결과에 의해 1,440rpm 이었을 경우 전압은 (4)에 의해 산출된 전압으로 하여야 하므로

$P_T = 72\text{mmAq}$, $Q = 22{,}800\text{m}^3/\text{hr} \times \dfrac{1\text{hr}}{60\text{min}} \times 1.2$, $\eta = 0.55$, $K = 1.2$

$P = \dfrac{P_T \cdot Q}{6{,}120\eta} \times K = \dfrac{72\text{mmAq} \times 22{,}800\text{m}^3/\text{hr} \times 1\text{hr} \times 1.2}{6{,}120 \times 0.55 \times 60\text{min}} \times 1.2 = 11.704$ ∴ 11.7kW

∴ 15kW 전동기로 사용가능하다.

(7) 배연용 송풍기와 전동기의 연결방법

배출기의 전동기부분과 배풍기 부분은 분리하여 설치하여야 하며, 배풍기 부분은 유효한 내열처리를 할 것

(8) 제연설비에서 일반적으로 사용하는 송풍기의 명칭과 주요특징

① 명칭 : 제연설비에서 보편적으로 사용하는 다익팬은 시로코팬(전곡익형팬)이라고도 한다. 최근에는 에어포일팬이 설계되기도 하며 시로코팬에 비해 효율은 좋으나 가격이 상대적으로 비싸다.

② 특성
  ㉠ 비교적 소형으로 설치공간을 작게 차지한다. 단가가 저렴하다.
  ㉡ 풍량과 동력변화가 비교적 크며 풍량이 증가하면 동력 또한 급격히 증가하거나 과부하가 걸릴 수 있다.
  ㉢ 풍량을 줄일 경우 서징이 발생할 수 있으며, 효율(40~60%)이 낮다.

〈시로코팬〉

8 바닥면적 350m², 높이 5m, 전압 75mmAq, 효율 65%, 전달계수 1.1인 Fan의 동력을 마력[Hp]으로 산정하시오. 관설9 🔥🔥

해설

$P = \dfrac{P_T \cdot Q}{102 \times 60\eta} \times K = \dfrac{P_T \cdot Q}{6{,}120\eta} \times K$ 또는 $\left[P\,[\text{HP}] = \dfrac{P_T \cdot Q}{76 \times 60\eta} \times K\right]$

여기서, P : 동력[kW] $[P = P_T \cdot Q = \gamma h Q = \text{kN/m}^3 \times \text{m} \times \text{m}^3/\text{s} = \text{kN} \cdot \text{m/s} = \text{kJ/s} = \text{kW}]$

P_T : 전압[mmAq = mmH₂O] $\left[\dfrac{1\text{mmAq}}{10{,}332\text{mmAq}} \times 101.325\text{kPa} = \dfrac{1}{102}\text{kPa}\right]$

Q : 풍량[m³/min] $[1\text{m}^3/\text{min} \times \dfrac{1\text{min}}{60\text{s}}]$

η : 효율
K : 전달계수

$P_T = 75\text{mmAq}$, $\eta = 0.65$, $K = 1.1$ 이므로 풍량을 구해야 한다.

(1) 풍량을 구하면

길이 직경	수직거리	400m² 이상 거실 또는 통로인 경우의 배출량 (통로는 40m 초과 60m 이하인 경우의 배출량과 동일)	400m² 미만의 거실	
			50m² 미만 거실의 통로배출방식에서의 배출량(벽으로 구획된 경우 포함)	최소 배출량
40m 이하	2m 이하	40,000m³/hr 이상	25,000m³/hr	• 바닥면적 1m²당 1m³/min 이상 • 최저 5,000m³/hr 이상
	2m 초과 2.5m 이하	45,000m³/hr 이상	30,000m³/hr	
	2.5m 초과 3m 이하	50,000m³/hr 이상	35,000m³/hr	
	3m 초과	60,000m³/hr 이상	45,000m³/hr	
40m 초과 60m 이하	2m 이하	45,000m³/hr 이상	30,000m³/hr	
	2m 초과 2.5m 이하	50,000m³/hr 이상	35,000m³/hr	
	2.5m 초과 3m 이하	55,000m³/hr 이상	40,000m³/hr	
	3m 초과	65,000m³/hr 이상	50,000m³/hr	

거실이 400m² 미만으로 바닥면적당 1m³/min 이상
(최소 5,000m³/hr = 83.33m³/min)이므로
소요배출량(CMM) = 350m² × 1m³/min · m² = 350 ∴ 350m³/min

➡ 동력의 단위
1kW = 1.36PS = 1.34HP
1PS[국제마력] = 735W
1HP[영국마력] = 745W
➡ 일 : 1J = 1N · m

(2) 팬의 동력을 마력으로 산정하면

$$P = \frac{P_T \cdot Q}{76 \times 60\eta} \times K = \frac{75\text{mmAq} \times 350\text{m}^3/\text{min}}{76 \times 60 \times 0.65} \times 1.1 = 9.741 \quad \therefore 9.74\text{HP}$$

9 자연제연방식에 대한 내용으로 주어진 조건을 참조하여 각 물음에 답하시오.

〈 조건 〉
① 연기층의 높이는 바닥으로부터 3m
② 외부온도는 21℃이고, 화재실의 온도는 807℃
③ 공기 평균분자량은 29kg이고, 연기 평균분자량은 28kg라고 가정한다.
④ 화재실, 실외의 기압은 101,325Pa로 간주

(1) 연기의 유출속도[m/s]는? 🔥🔥
(2) 화재실의 바닥면적 300m², FAN 효율 70%, 전압이 100mmHg일 때 필요한 동력[kW]은 얼마인가?(단, 동력의 전달계수는 1.1로 한다.) 🔥🔥

해설

(1) 연기의 유출속도(m/s)

$$V = \sqrt{2gh\left(\frac{\rho_a - \rho_s}{\rho_s}\right)} \quad [\gamma = \rho g \text{이므로 밀도 대신 비중량을 넣어도 동일하다.}]$$

여기서, V : 유속[m/s]
g : 중력가속도[9.8m/s²]
h : 연기층과 공기층의 높이차[m]

ρ_s : 화재실의 연기밀도[kg/m³]

ρ_a : 화재실 외부의 공기밀도[kg/m³]

$h = 3$m이므로 연기와 공기의 밀도를 구해야 하므로

① 연기의 밀도를 구하면(이상기체상태방정식에 따른다.)

$$PV = nRT = \frac{W}{M}RT \quad \rho = \frac{W}{V} = \frac{PM}{RT}$$

여기서, P : 절대압력[Pa = N/m²]
V : 체적[m³]
n : 몰수[kmol] $= \frac{W(실제\ 질량)[kg]}{M(분자량)[kg]}$
T : 절대온도[K = 273 + ℃]
R : 기체상수[8,313.85N · m/kmol · K]
ρ : 밀도[kg/m³]

$P = 101,325$Pa[= N/m²], $V = 22.4$m³
$T = 0℃ = 273$K 일 때 기체상수
$R = \frac{PV}{nT} \left(= \frac{PVM}{WT}\right)$
$= \frac{101,325\text{N/m}^2 \times 22.4\text{m}^3}{1\text{kmol} \times 273\text{K}}$
$≒ 8,313.85$N · m/kmol · K[1N · m = 1J]
$≒ 8,313.85$J/kmol · K

$P = 101,325$Pa, $M_s = 28$kg, $R = 8,313.85$N · m/kmol · K, $T = (273 + 807)$K 이므로

$$\rho_s = \frac{W}{V} = \frac{PM}{RT} = \frac{101,325\text{N/m}^2 \times 28\text{kg}}{8,313.85\text{N} \cdot \text{m/kmol} \cdot \text{K} \times (273 + 807)\text{K}} = 0.315 \quad \therefore 0.315\text{kg/m}^3$$

② 공기의 밀도를 구하면(이상기체상태방정식에 따른다.)

$P = 101,325$Pa, $M_s = 29$kg, $R = 8,313.85$N · m/kmol · K, $T = (273 + 21)$K

$$\rho_a = \frac{W}{V} = \frac{PM}{RT} = \frac{101,325\text{N/m}^2 \times 29\text{kg}}{8,313.85\text{N} \cdot \text{m/kmol} \cdot \text{K} \times (273 + 21)\text{K}} = 1.202 \quad \therefore 1.202\text{kg/m}^3$$

③ 연기의 유출속도를 구하면

$$V = \sqrt{2gh\left(\frac{\rho_a - \rho_s}{\rho_s}\right)} = \sqrt{2 \times 9.8\text{m/s}^2 \times 3\text{m} \times \left(\frac{1.202\text{kg/m}^3 - 0.315\text{kg/m}^3}{0.315\text{kg/m}^3}\right)} = 12.867 \quad \therefore 12.87\text{m/s}$$

(2) 필요한 동력[kW]

$$P = \frac{P_T \cdot Q}{102 \times 60\eta} \times K = \frac{P_T \cdot Q}{6,120\eta} \times K$$

여기서, P : 동력[kW] $[P = P_T \cdot Q = \gamma hQ = \text{kN/m}^3 \times \text{m} \times \text{m}^3/\text{s} = \text{kN} \cdot \text{m/s} = \text{kJ/s} = \text{kW}]$

P_T : 전압[mmAq = mmH₂O] $\left[\frac{1\text{mmAq}}{10,332\text{mmAq}} \times 101.325\text{kPa} = \frac{1}{102}\text{kPa}\right]$

Q : 풍량[m³/min] $\left[1\text{m}^3/\text{min} \times \frac{1\text{min}}{60\text{s}}\right]$

η : 효율
K : 전달계수

$\eta = 0.7$, $K = 1.1$, $P_T = 100$mmHg이므로 전압을 환산하고 풍량을 구해야 하므로

① 압력을 환산하면

1atm	=	10,332mmH₂O	=	760mmHg
101,325Pa	=	10.332mH₂O	=	76cmHg
101.325kPa	=	10.332mAq	=	1,013mbar
0.101325MPa	=	1.0332kg$_f$/cm²	=	1.013bar
14.7psi	=	10,332kg$_f$/m²	=	30inHg

• 1기압(대기압)과 동일한 각종 압력단위 [mH₂O = mAq(아쿠아 = 물)]
• 계산식에서의 표현 : 물이라는 특수성에 의해 보통 "mH₂O"를 "m"로 줄여 쓰기도 한다.

$$\frac{100\text{mmHg}}{760\text{mmHg}} \times 10,332\text{mmAq} = 1,359.473 \quad \therefore 1,359.473\text{mmAq}$$

② 풍량은 바닥면적이 300m²(바닥면적 400m² 미만에 해당)이므로 바닥면적당 1m³/min이므로 $Q = 300$m³/min를 적용한다. (최저 배출량인 5,000m³/hr = 83.33m³/min를 넘어 이상 없음)

③ 동력을 구하면

$$P = \frac{P_T \cdot Q}{6,120\eta} \times K = \frac{1,359.47\text{mmAq} \times 300\text{m}^3/\text{min}}{6,120 \times 0.7} \times 1.1 = 104.721 \quad \therefore 104.72\text{kW}$$

10 다음 조건과 같은 거실에 제연설비를 설치하고자 한다. 본 거실의 배기팬 구동에 필요한 전동기 용량[kW]을 계산하시오. 관설13(유사문제)

〈 조 건 〉

① 바닥면적 850m²인 거실로서 예상제연구역은 직경 50m이고, 제연경계벽의 수직거리는 2.7m이다.
② 덕트의 길이는 170m, 덕트저항은 0.2mmAq / m, 그릴저항은 4mmAq, 기타 부속류의 저항은 덕트저항의 60%로 하며 효율은 55%, 전달계수는 1.1로 한다.
③ 배기량의 기준은 다음 표를 사용한다.

예상제연구역	제연경계 수직거리	배출량
직경 40m인 원을 초과하는 경우	2m 이하	45,000CMH 이상
	2m 초과 2.5m 이하	50,000CMH 이상
	2.5m 초과 3m 이하	55,000CMH 이상
	3m 초과	65,000CMH 이상

해설

$$P = \frac{P_T \cdot Q}{102 \times 60\eta} \times K = \frac{P_T \cdot Q}{6,120\eta} \times K$$

여기서, P : 동력[kW] [$P = P_T \cdot Q = \gamma h Q = kN/m^3 \times m \times m^3/s = kN \cdot m/s = kJ/s = kW$]

P_T : 전압[mmAq = mmH_2O] [$\frac{1mmAq}{10,332mmAq} \times 101.325kPa = \frac{1}{102}kPa$]

Q : 풍량[m³/min] [$1m^3/min \times \frac{1min}{60s}$]

η : 효율
K : 전달계수

$\eta = 0.55$, $K = 1.1$ 이므로 전압과 풍량을 구해야 하므로

(1) **저항 중 덕트저항** : $0.2mmAq/m \times 170m = 34mmAq$
그릴저항 : $4mmAq$
기타 부속류저항 : 덕트저항의 60%이므로 $34mmAq \times 0.6 = 20.4mmAq$
따라서 손실저항 전체 = $34mmAq + 4mmAq + 20.4mmAq = 58.4mmAq$이며 이것이 송풍기의 전압에 해당된다.

(2) $400m^2$ 이상이므로 제연경계 높이에 따라 배출량이 결정되며 조건에 따라 배출량은 $55,000CMH$가 된다.
$55,000CMH = 55,000m^3/hr \times \frac{1hr}{60min} = 916.666$ ∴ $916.666m^3/min$

(3) **동력을 구하면**
$$P = \frac{P_T \cdot Q}{6,120\eta} \times K = \frac{58.4mmAq \times 916.666m^3/min}{6,120 \times 0.55} \times 1.1 = 17.494 \quad \therefore 17.49kW$$

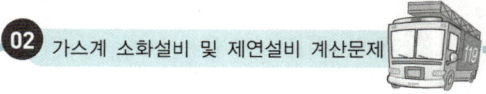

02 가스계 소화설비 및 제연설비 계산문제

11 조건에 따라 송풍기에 대하여 다음 물음에 답하시오. 관설13

> **〈 조 건 〉**
> ① 예상제연구역의 거실 바닥면적 500m², 직경 50m, 수직거리 3.2m이다.
> ② 효율 50%, 전압 65mmAq, 흡입측 풍도높이가 600mm이다.

(1) 배출량[m³/min]을 구하시오.
(2) 동력[kW]을 구하시오.(전달계수 $K=1.2$)
(3) 흡입측 풍도의 최소폭[mm]을 구하시오.
(4) 흡입측 풍도 강판두께[mm]를 구하시오.

해설

(1) **배출량[m³/min]**

직경 40m를 초과하고 수직거리가 3.2m이므로 풍량은 65,000m³/hr 이상

길이 직경	수직거리	400m² 이상 거실 또는 통로인 경우의 배출량
40m 초과 60m 이하	2m 이하	45,000m³/hr 이상
	2m 초과 2.5m 이하	50,000m³/hr 이상
	2.5m 초과 3m 이하	55,000m³/hr 이상
	3m 초과	65,000m³/hr 이상

$65,000\text{m}^3/\text{hr} \times \dfrac{1\text{hr}}{60\text{min}} = 1,083.333$ ∴ $1,083.33\text{m}^3/\text{min}$ 이상

(2) **동력[kW] (전달계수 $K=1.2$)**

$$P = \dfrac{P_T \cdot Q}{102 \times 60\eta} \times K = \dfrac{P_T \cdot Q}{6,120\eta} \times K$$

여기서, P : 동력[kW] $[P = P_T \cdot Q = \gamma h Q = \text{kN/m}^3 \times \text{m} \times \text{m}^3/\text{s} = \text{kN} \cdot \text{m/s} = \text{kJ/s} = \text{kW}]$

P_T : 전압$[\text{mmAq} = \text{mmH}_2\text{O}][\dfrac{1\text{mmAq}}{10,332\text{mmAq}} \times 101.325\text{kPa} = \dfrac{1}{102}\text{kPa}]$

Q : 풍량$[\text{m}^3/\text{min}][1\text{m}^3/\text{min} \times \dfrac{1\text{min}}{60\text{s}}]$

η : 효율
K : 전달계수

$P_T = 65\text{mmAq}$, $Q = 65,000\text{m}^3/\text{hr} \times \dfrac{1\text{hr}}{60\text{min}}$, $\eta = 0.5$, $K = 1.2$이므로

$P = \dfrac{P_T \cdot Q}{6,120\eta} \times K = \dfrac{65\text{mmAq} \times 65,000\text{m}^3/\text{hr} \times \dfrac{1\text{hr}}{60\text{min}}}{6,120 \times 0.5} \times 1.2 = 27.614$ ∴ 27.61kW

(3) **흡입측 풍도의 최소폭[mm]**

$Q = AV$

여기서, Q : 유량[m³/s]

A : 배관단면적$[\dfrac{\pi}{4}D^2 \text{m}^2]$

V : 유속[m/s]

$Q = 65,000\text{m}^3/\text{hr} \times \dfrac{1\text{hr}}{3,600\text{s}}$, $A = a \times b = 0.6\text{m} \times b$, $V = 15\text{m/s}$(화재안전기술기준상 배출기의 흡입측 풍도 안의 풍속은 15m/s 이하로 하고, 배출측 풍속은 20m/s 이하)

$A = \dfrac{Q}{V}$ 이므로 $0.6\text{m} \times b = \dfrac{Q}{V}$

$b = \dfrac{65,000\text{m}^3/\text{hr} \times \dfrac{1\text{hr}}{3,600\text{s}}}{0.6\text{m} \times 15\text{m/s}} = 2.006$ ∴ $2.006\text{m} = 2,006\text{mm}$

(4) 흡입측 풍도 강판두께[mm]
풍도의 긴 변의 길이가 2,006mm이므로 1.0mm이다.

풍도단면의 긴변 또는 직경의 크기	450mm 이하	450mm 초과 750mm 이하	750mm 초과 1,500mm 이하	1,500mm 초과 2,250mm 이하	2,250mm 초과
강판두께	0.5mm	0.6mm	0.8mm	1.0mm	1.2mm

12 다음의 도면, 조건 및 덕트 설계도를 참고로 하여 제연설비의 설계과정 중의 공란을 채우고 배출기의 소요동력 [kW]을 구하시오.

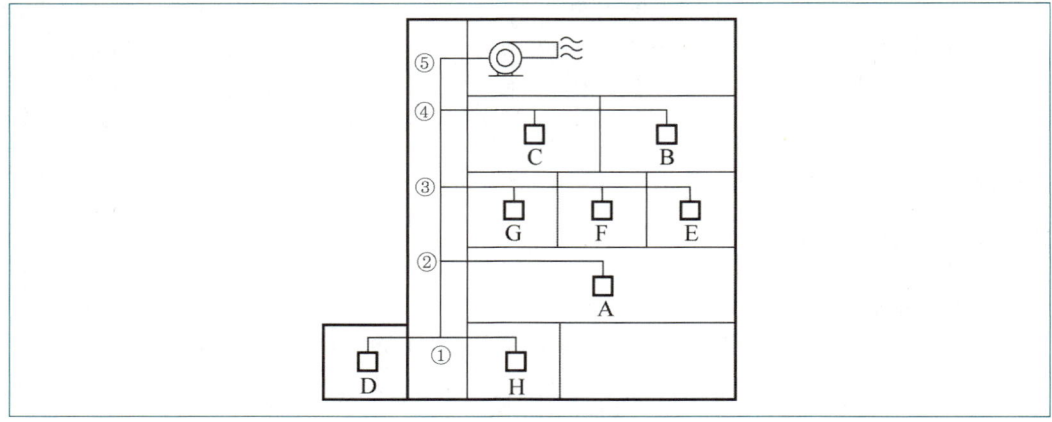

〈 조 건 〉

① A~H는 각 거실의 명칭(제연구획)이다.
② ①~④지점은 메인덕트와 분기덕트의 분기지점이다.
③ $A_Q \sim H_Q$는 각 거실의 설계 배연풍량 [m³/min]이다.
④ 배출풍도 계통 중 한 부분의 통과 풍량은 같은 분기덕트에 속하는 말단에 있는 배연구의 해당 풍량가운데 최대풍량의 2배가 통과할 수 있게 한다.
⑤ 각 제연구역의 용적의 크기는 A>B>C>D>E>F>G>H이다.
⑥ 메인덕트 내의 풍속 15m/s, 분기덕트의 풍속은 10m/s로 가정한다.
⑦ 덕트의 관경[cm]은 32, 40, 50, 65, 80, 100, 125, 150으로 한다.
⑧ 각 거실의 설계 배출풍량은 다음 표와 같다.

구 분	배출풍량[m³/min]	구 분	배출풍량[m³/min]
A_Q	400	E_Q	180
B_Q	300	F_Q	150
C_Q	250	G_Q	100
D_Q	200	H_Q	80

02 가스계 소화설비 및 제연설비 계산문제

(1) 다음 ㉠~㉣을 구하시오.

배출풍도의 부분	통과풍량[m³/min]	담당제연구역	덕트의 직경[cm]
D~①	D_Q (200)	D	80
H~①	H_Q (80)	H	50
①~②	$2D_Q$ (400)	D, H	㉤
A~②	A_Q (400)	A	100
②~③	$2A_Q$ (800)	A, D, H	125
E~F	E_Q (180)	E	㉥
F~G	$2E_Q$ (360)	E, F	100
G~③	㉠	E, F, G	㉦
③~④	㉡	A, D, E, G, F, H	125
B~C	B_Q (300)	B	80
C~④	㉢	B, C	㉧
④~⑤	㉣	A-H	125

(2) 이 덕트의 소요전압이 14.7mmHg이고, 배출기는 터보형 원심송풍기를 사용하려 한다. 이 배출기의 이론소요동력 [kW]을 구하시오. (단, 송풍기의 효율은 50%이며, 여유율은 고려하지 않는다.)

해설

(1) 통과풍량[m³/min] 및 덕트의 직경[cm]
① 통과풍량[m³/min]

배출풍도의 부분	담당제연구역								통과풍량 [m³/min]
	A_Q (400)	B_Q (300)	C_Q (250)	D_Q (200)	E_Q (180)	F_Q (150)	G_Q (100)	H_Q (80)	
D~①				●					D_Q (200)
H~①								●	H_Q (80)
①~②				●				○	$2D_Q$ (400)
A~②	●								A_Q (400)
②~③	●			○				○	$2A_Q$ (800)
E~F					●				E_Q (180)
F~G					●	○			$2E_Q$ (360)
G~③					●	○	○		㉠ $2E_Q$ (360)
③~④	●			○	○	○	○	○	㉡ $2A_Q$ (800)
B~C		●							B_Q (300)
C~④		●	○						㉢ $2B_Q$ (600)
④~⑤	●	○	○	○	○	○	○	○	㉣ $2A_Q$ (800)

➜ 조건④에 따라 담당제연구역이 2개 이상인 경우에는 해당 계통에 흐르는 제연구역의 풍량 중 **최대풍량** [●]의 2배를 적용한다.

② 덕트의 직경[cm]

$Q = AV = \frac{\pi}{4}D^2V$	연속의 방정식(체적유량)
Q : 유량[m³/s]	→ 각 덕트관에서의 풍량 적용
A : 배관단면적 $\left(\frac{\pi}{4}D^2[\text{m}^2]\right)$	→ $D = \sqrt{\frac{4Q}{\pi V}}$
V : 유속[m/s]	→ ㉠ 메인덕트 내 풍속 : $V_{\text{main}} = 15\text{m/s} \times \frac{60s}{1\text{min}} = 900\text{m/min}$ (조건⑥) ㉡ 분기덕트 내 풍속 : $V = 10\text{m/s} \times \frac{60s}{1\text{min}} = 600\text{m/min}$ (조건⑥)

배출풍도의 부분			덕트의 직경[cm] $\left(D = \sqrt{\frac{4Q}{\pi V}}\right)$	직경선정 (조건⑦)
D~① (분기덕트)	유량 Q	200m³/min	$D_{D-①} = \sqrt{\frac{4 \times 20\text{m}^3/\text{min}}{\pi \times 600\text{m/min}}} = 0.65147\text{m} = 65.147\text{cm}$	80cm 선정
	유속 V	600m/min		
H~① (분기덕트)	유량 Q	80m³/min	$D_{H-①} = \sqrt{\frac{4 \times 80\text{m}^3/\text{min}}{\pi \times 600\text{m/min}}} = 0.41202\text{m} = 41.202\text{cm}$	50cm 선정
	유속 V	600m/min		
①~② (메인덕트)	유량 Q	400m³/min	$D_{①-②} = \sqrt{\frac{4 \times 400\text{m}^3/\text{min}}{\pi \times 900\text{m/min}}} = 0.75225\text{m} = 75.225\text{cm}$	㉤ 80cm 선정
	유속 V	900m/min		
A~② (분기덕트)	유량 Q	400m³/min	$D_{A-②} = \sqrt{\frac{4 \times 400\text{m}^3/\text{min}}{\pi \times 600\text{m/min}}} = 0.92131\text{m} = 92.131\text{cm}$	100cm 선정
	유속 V	600m/min		
②~③ (메인덕트)	유량 Q	800m³/min	$D_{②-③} = \sqrt{\frac{4 \times 800\text{m}^3/\text{min}}{\pi \times 900\text{m/min}}} = 1.06384\text{m} = 106.384\text{cm}$	125cm 선정
	유속 V	900m/min		
E~F (분기덕트)	유량 Q	180m³/min	$D_{E-F} = \sqrt{\frac{4 \times 180\text{m}^3/\text{min}}{\pi \times 600\text{m/min}}} = 0.61803\text{m} = 61.803\text{cm}$	㉥ 65cm 선정
	유속 V	600m/min		
F~G (분기덕트)	유량 Q	360m³/min	$D_{F-G} = \sqrt{\frac{4 \times 360\text{m}^3/\text{min}}{\pi \times 600\text{m/min}}} = 0.87403\text{m} = 87.403\text{cm}$	100cm 선정
	유속 V	600m/min		
G~③ (분기덕트)	유량 Q	360m³/min	$D_{G-③} = \sqrt{\frac{4 \times 360\text{m}^3/\text{min}}{\pi \times 600\text{m/min}}} = 0.87403\text{m} = 87.403\text{cm}$	㉧ 100cm 선정
	유속 V	600m/min		
③~④ (메인덕트)	유량 Q	800m³/min	$D_{③-④} = \sqrt{\frac{4 \times 800\text{m}^3/\text{min}}{\pi \times 900\text{m/min}}} = 1.06384\text{m} = 106.384\text{cm}$	125cm 선정
	유속 V	900m/min		
B~C (분기덕트)	유량 Q	300m³/min	$D_{B-C} = \sqrt{\frac{4 \times 300\text{m}^3/\text{min}}{\pi \times 600\text{m/min}}} = 0.79788\text{m} = 79.788\text{cm}$	80cm 선정
	유속 V	600m/min		
C~④ (분기덕트)	유량 Q	600m³/min	$D_{C-④} = \sqrt{\frac{4 \times 600\text{m}^3/\text{min}}{\pi \times 600\text{m/min}}} = 1.12837\text{m} = 112.837\text{cm}$	㉨ 125cm 선정
	유속 V	600m/min		
④~⑤ (메인덕트)	유량 Q	800m³/min	$D_{④-⑤} = \sqrt{\frac{4 \times 800\text{m}^3/\text{min}}{\pi \times 900\text{m/min}}} = 1.06384\text{m} = 106.384\text{cm}$	125cm 선정
	유속 V	900m/min		

Mind-Control

순간을 미루면 인생마저 미루게 된다.

― 마틴 베레가드 ―

(2) 전동기의 동력[kW]

$P = \dfrac{P_T \times Q}{102 \times 60 \times \eta} \times K = \dfrac{P_T \times Q}{6{,}120 \times \eta} \times K$	전동기의 동력
P : 팬의 동력[kW]	→ $P = \dfrac{P_T \times Q}{6{,}120 \times \eta} \times K$
P_T : 전압[mmAq = mmH$_2$O]	→ $\dfrac{14.7\,\text{mmHg}}{760\,\text{mmHg}} \times 10{,}332\,\text{mmAq}$
Q : 풍량[m^3/min]	→ $2A_Q = 800\,\text{m}^3/\text{min}$ (문제(1) 중 최대풍량 적용)
K : 전달계수(여유율)	→ 여유율은 고려하지 않음
η : 전효율	→ 0.5

→ 전동기의 동력 : $P = \dfrac{P_T \times Q}{6{,}120 \times \eta} \times K = \dfrac{\left(\dfrac{14.7\,\text{mmHg}}{760\,\text{mmHg}} \times 10{,}332\,\text{mmAq}\right) \times 800\,\text{m}^3/\text{min}}{6{,}120 \times 0.5} = 52.246\,\text{kW}$
≒ 52.25 kW

13 초등학교 교실의 면적이 100 m^{2}이고, 높이가 6 m인 곳에서 바닥에서 3 m×3 m 크기의 화재가 발생하였다고 가정할 경우, 바닥으로부터 각각 3 m, 2 m, 1.5 m 높이까지의 연기가 도달하는 시간을 Hinkley 공식을 사용하여 구하시오. (단, 연기화염의 온도는 400℃로서 연기의 밀도는 0.4 kg/m^{3}이고 실내의 환기설비는 작동되지 않는다. 기타 조건은 무시한다.) 술81(25)119(10 : 유사)

〈Hinkley 공식〉	$t = \dfrac{20A}{P \times \sqrt{g}} \times \left(\dfrac{1}{\sqrt{y}} - \dfrac{1}{\sqrt{h}}\right)$

해설

$t = \dfrac{20A}{P \times \sqrt{g}} \times \left(\dfrac{1}{\sqrt{y}} - \dfrac{1}{\sqrt{h}}\right)$

여기서, t : 연기하강시간[s]
　　　　A : 화재실 바닥면적[m^2]
　　　　P : 화염둘레길이[대형화염 12 m, 중형화염 6 m, 소형화염 4 m]
　　　　g : 중력가속도[9.8 m/s^2]
　　　　y : 청결층 높이[m]
　　　　h : 화재실 천장높이[m]

$A = 100\,\text{m}^2$, $P = 3\,\text{m} \times 4\text{면} = 12\,\text{m}$, $h = 6\,\text{m}$이므로

연기하강높이	공식 적용
$y = 3\,\text{m}$	$t = \dfrac{20 \times 100\,\text{m}^2}{12\,\text{m} \times \sqrt{9.8\,\text{m/s}^2}} \times \left(\dfrac{1}{\sqrt{3\,\text{m}}} - \dfrac{1}{\sqrt{6\,\text{m}}}\right) = 9.002$ ∴ 9초
$y = 2\,\text{m}$	$t = \dfrac{20 \times 100\,\text{m}^2}{12\,\text{m} \times \sqrt{9.8\,\text{m/s}^2}} \times \left(\dfrac{1}{\sqrt{2\,\text{m}}} - \dfrac{1}{\sqrt{6\,\text{m}}}\right) = 15.911$ ∴ 15.91초
$y = 1.5\,\text{m}$	$t = \dfrac{20 \times 100\,\text{m}^2}{12\,\text{m} \times \sqrt{9.8\,\text{m/s}^2}} \times \left(\dfrac{1}{\sqrt{1.5\,\text{m}}} - \dfrac{1}{\sqrt{6\,\text{m}}}\right) = 21.735$ ∴ 21.74초

14 제연설비의 화재안전기술기준(NFTC 501)에서 제연경계의 수직거리가 2m 이하일 경우 최소 배출풍량이 40,000m³/hr 이상으로 규정된 이유를 Hinkley 공식을 이용하여 설명하시오. (단, 실의 높이(h) : 3m, 중력가속도(g) : 9.8m/s², 화염의 둘레길이 : 12m)

술101(25) 🔥🔥

해설

$$t = \frac{20A}{P \times \sqrt{g}} \times \left(\frac{1}{\sqrt{y}} - \frac{1}{\sqrt{h}}\right)$$

여기서, t : 연기하강시간[s]
A : 화재실 바닥면적[m²]
P : 화염둘레길이[대형화염 12m, 중형화염 6m, 소형화염 4m]
g : 중력가속도[9.8m/s²]
y : 청결층 높이[m]
h : 화재실 천장높이[m]

Q(배출량) $= \dfrac{dV}{dt}$ 이때 $dV = dy \cdot A$이므로 dy를 먼저 구해야 한다.

$t = \dfrac{20A}{P \times \sqrt{g}} \times \left(\dfrac{1}{\sqrt{y}} - \dfrac{1}{\sqrt{h}}\right) = \dfrac{20A}{P \times \sqrt{g}} \times (y^{-1/2} - h^{-1/2})$ [미분하면(상수미분 : $h' = 0$)]

$dt = \dfrac{20A}{P \times \sqrt{g}} \times \left(-\dfrac{1}{2} y^{-3/2}\right) dy$ [$(x^n)' = nx^{n-1} \rightarrow (y^{-1/2})' = -\dfrac{1}{2} y^{-1/2-1} = -\dfrac{1}{2} y^{-3/2}$]

$dy = -\dfrac{P \times \sqrt{g}}{10A \times y^{-3/2}} dt = -\dfrac{P \times \sqrt{g}}{10A} \times y^{3/2} dt$ [dy로 정리하면]

$dV = dy \cdot A = -\dfrac{P \times \sqrt{g}}{10A} \times A \times y^{3/2} dt = -\dfrac{P \times \sqrt{g}}{10} \times y^{3/2} dt$ [순간 연기발생량이므로]

$P = 12$m, $y = 2$m이고, 순간 연기발생량을 적분하면 총 연기발생량을 구할 수 있으므로

$V = -\dfrac{P \times \sqrt{g}}{10} \times y^{3/2} \displaystyle\int_0^{3,600} dt$ [시간당 이므로(1hr = 3,600s)]

$= -\dfrac{12\text{m} \times \sqrt{9.8\text{m/s}^2}}{10} \times (2\text{m})^{3/2} \times 3,600\text{s} = 38,250.91$ ∴ $38,250.91\text{m}^3$

시간당 총 연기발생량은 위와 같으므로 그만큼의 연기를 배출해야 연기의 하강을 막을 수 있으므로 화재안전기술기준에서는 수직거리 2m일 경우 배출량을 40,000m³/hr으로 규정한다.

Mind-Control

바꾸고 싶습니까? 지금부터 행동 하십시오. 성공이란 열정을 잃지 않고 실패를 거듭할 수 있는 능력입니다. 열정으로 다시 시작하십시오. 설령 지금 당장 결과가 나오지 않더라도 후회할 생각이 들지 않도록 최선을 다한 후 다시 돌아보십시오.

그것이 실패인지 아니면 성공으로 가는 중인지…

15 다음 그림과 같이 벽으로 구획된 3개의 거실을 상부 급기 · 상부 배기방식의 공동예상 제역구역으로 할 경우 다음 물에 답하시오. 관설24

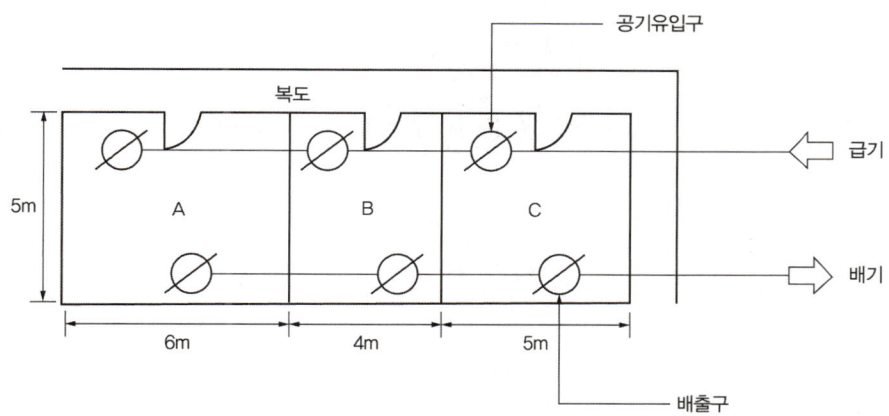

(1) 공동예상 제연구역의 최소 전체배출량[m³/hr]을 구하시오.
(2) A, B, C실의 공기유입구와 배출구의 최소직선거리[m]를 각각 구하시오.

해설

(1) 공동예상 제연구역의 최소 전체배출량[m³/hr]

길이 직경	수직거리	400m² 미만의 거실(50m² 미만 거실의 통로 배출방식에서의 배출량 : 벽으로 구획된 경우 포함)	400m² 미만의 거실 (최소배출량)
40m 이하	2m 이하	25,000m³/hr	• 바닥면적 1m²당 1m³/min 이상 • 최저 5,000m³/hr 이상
	2m 초과 2.5m 이하	30,000m³/hr	
	2.5m 초과 3m 이하	35,000m³/hr	
	3m 초과	45,000m³/hr	
40m 초과 60m 이하	2m 이하	30,000m³/hr	
	2m 초과 2.5m 이하	35,000m³/hr	
	2.5m 초과 3m 이하	40,000m³/hr	
	3m 초과	50,000m³/hr	

실	최저배출량[m³/hr] (400m² 미만의 거실에 해당)
A	$5m \times 6m \times 1m^3/min \times \dfrac{60min}{1hr} = 1,800$ ∴ 1,800m³/hr 이상
B	$5m \times 4m \times 1m^3/min \times \dfrac{60min}{1hr} = 1,200$ ∴ 1,200m³/hr 이상
C	$5m \times 5m \times 1m^3/min \times \dfrac{60min}{1hr} = 1,500$ ∴ 1,500m³/hr 이상
공동 예상 제연 구역 배출량	공동예상제연구역 안에 설치된 예상제연구역이 각각 벽으로 구획된 경우(제연구역의 구획 중 출입구만을 제연경계로 구획한 경우를 포함한다)에는 각 예상제연구역의 배출량을 합한 것 이상으로 할 것. 다만, 예상제연구역의 바닥면적이 400m² 미만인 경우 배출량은 바닥면적 1m²당 1m³/min 이상으로 하고 공동예상구역 전체배출량은 5,000m³/hr 이상으로 할 것 1,800m³/hr + 1,200m³/hr + 1,500m³/hr = 4,500m³/hr ∴ 5,000m³/hr 이상

(2) A, B, C실의 공기유입구와 배출구의 최소직선거리[m]를 각각 구하시오.

> 2.5.2.1 바닥면적 400m² 미만의 거실인 예상제연구역(제연경계에 따른 구획을 제외한다. 다만, 거실과 통로와의 구획은 그렇지 않다)에 대해서는 <u>공기유입구와 배출구간의 직선거리는 5m 이상 또는 구획된 실의 장변의 2분의 1 이상으로 할 것</u>. 다만, 공연장·집회장·위락시설의 용도로 사용되는 부분의 바닥면적이 200m²를 초과하는 경우의 공기유입구는 2.5.2.2(바닥으로부터 1.5m 이하에 설치하고 그 주변은 공기의 유입에 장애가 없도록 할 것) 기준에 따른다.

실	각 실별 공기유입구와 배출구의 최소직선거리(장변의 1/2 적용)
A	$6m \div \frac{1}{2} = 3$ ∴ 3m
B	$5m \div \frac{1}{2} = 2.5$ ∴ 2.5m
C	$5m \div \frac{1}{2} = 2.5$ ∴ 2.5m

Mind-Control

해야 함은 할 수 있음을 함축한다.

— 칸트 —

07 부속실 제연설비

1 급기량의 정의를 쓰고 화재안전기술기준상 급기량을 설명하시오.
술65(25)69(25)71(25)90(25)

해설

(1) **급기량의 정의** : "급기량"이란 제연구역에 공급하여야 할 공기의 양을 말한다.
(2) **급기량**(Q) = 누설량($Q_{누설}$) + 보충량($Q_{보충}$)
  ① 차압[40Pa 이상(스프링클러설비 설치 시 12.5Pa)]을 유지하기 위하여 제연구역에 공급하여야 할 공기량. 이 경우 제연구역에 설치된 출입문(창문을 포함한다. 이하 "출입문등"이라 한다)의 누설량과 같아야 한다.
  ② 피난을 위하여 제연구역의 출입문이 일시적으로 개방되는 경우 방연풍속(0.5~0.7m/s)을 유지하도록 옥외의 공기를 제연구역 내로 공급하여야 할 보충량

2 화재안전기술기준상 누설량의 정의, 출입문의 유형에 따른 누설틈새면적 및 누설량 계산식을 유도하시오. 술65(25)69(25)71(25)90(25)92(10)95(25)119(25)관설18(계산)

해설

(1) **누설량의 정의** : "누설량"이란 틈새를 통하여 제연구역으로부터 흘러나가는 공기량을 말한다.
(2) **출입문의 종류에 따른 누설틈새면적**

출입문 유형		기준틈새 길이(l)	틈새면적(A_d)	창문유형		틈새면적($A : m^2$)
외여닫이	부속실 내측	5.6m	0.01m²	여닫이	방수패킹 ×	2.55×10^{-4}m × 틈새길이(m)
	부속실 외측	5.6m	0.02m²		방수패킹 ○	3.61×10^{-5}m × 틈새길이(m)
쌍여닫이		9.2m	0.03m²	미닫이		1.0×10^{-4}m × 틈새길이(m)
승강기		8.0m	0.06m²	→ 출입문인 경우 누설틈새면적(m²) : $A = \dfrac{L}{l} \times A_d$ 여기서, L : **실제틈새길이**[m]($L < l$ 일 경우 l 적용)		

암기법 오륙오륙 구이 팔고 일이삼육 실(L) / 기(l) 면적(Ad)

(3) **누설량 계산식 유도**
  ① 일반적인 체적유량 공식에서 구할 수 있으며 적용하는 방식은 다르지 않으며 그림과 같이 부속실에서 누기된다고 가정할 경우 그 틈새를 확대하면 그림과 같다.

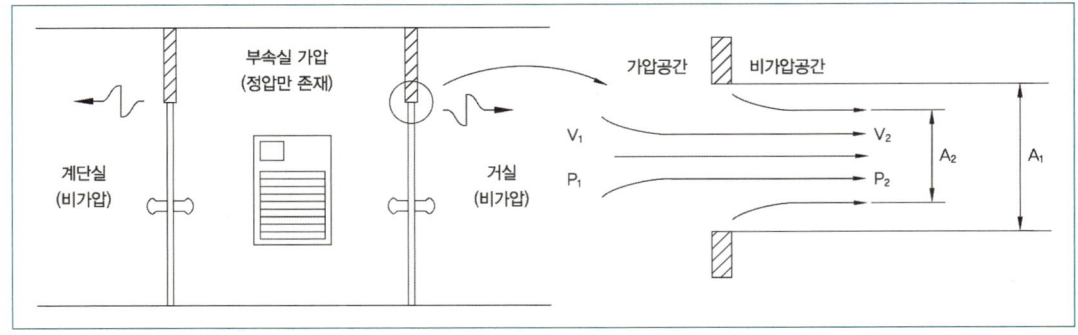

② 실제누설틈새(오리피스) 면적이 A_1일 경우 유체가 사용하는 면적 A_2는 실제면적보다 작아지는데 그 이유는 이상유체가 아닌 실제 유체가 흐르므로 발생하는 손실로서 그 면적비율(A_2/A_1)을 유량계수라 한다.

③ A_2와 같이 줄어든 단면을 교축단면(Vena contracta)이라고 하며 옥내소화전 노즐 등에서는 단면이 가장 작아져 유속이 가장 빠른 지점인 노즐구경의 $D/2$ 떨어진 위치에서 방수압을 측정한다.

④ 손실은 유체가 토출되는 오리피스(옥내소화전 노즐 및 스프링클러헤드 등)에서 크게 발생하며, 이것을 A_2/A_1와 같이 비율로 조정하여 적용하는 것을 유량계수라고 하거나 단면변화에 따라 속도가 달라진다하여 속도계수라고 하기도 한다.(연속의 방정식 : $Q = A_1 V_1 = A_2 V_2$)

⑤ 오리피스의 형상에 따라 유량계수는 옥내소화전 노즐은 $K = 0.99$, 표준형 스프링클러헤드는 $K = 0.75$, 제연설비 댐퍼 등의 경우 $K = 0.65$ 전후를 적용(층류일 경우 $K = 0.7$, 난류일 경우 $K = 0.6$으로 적용)하며, 국내의 경우에는 보편적으로 $K = 0.64$를 적용한다. 즉, 실제단면적의 64%를 사용한다는 의미가 된다.
$Q[\text{m}^3/\text{s}] = K \times A[\text{m}^2] \times V_2[\text{m/s}]$ ·· ⓐ (유량계수 $K = A_2/A_1$)

⑥ 가압공간(부속실)을 1지점으로 보고 비가압공간을 2지점으로 볼 경우 가압공간에서의 유속(속도수두)은 $V_1 ≒ 0\text{m/s}$으로 볼 수 있으므로 정압만 작용하므로 이를 베르누이 정리에 적용한다.

$$\frac{P_1}{\gamma} + \frac{V_1^2}{2g} + Z_1 = \frac{P_2}{\gamma} + \frac{V_2^2}{2g} + Z_2 \text{ 에서 수평이므로 } Z_1 = Z_2, V_1 ≒ 0$$

$$\frac{P_1}{\gamma} = \frac{P_2}{\gamma} + \frac{V_2^2}{2g} \rightarrow \frac{P_1 - P_2}{\gamma} = \frac{V_2^2}{2g} \rightarrow P_1 - P_2 = \frac{V_2^2}{2g} \times \gamma \rightarrow \therefore \Delta P = \frac{V_2^2}{2g} \times \gamma$$

$$V_2 = \sqrt{2g\frac{\Delta P}{\gamma}} = \sqrt{2g\frac{\Delta P}{\rho g}} = \sqrt{\frac{2}{\rho}\Delta P} \text{ ·· ⓑ}$$

⑦ 이상기체상태방정식($PV = \frac{W}{M}RT$)으로 공기의 밀도($\rho = \frac{W[\text{kg}]}{V[\text{m}^3]}$)를 구하면

$P = 1\text{atm} = 101,325\text{Pa}[= \text{N/m}^2]$, $V = 22.4\text{m}^3[1\text{kmol 기준}]$,
$T = 21°\text{C} = (273 + 21)\text{K}[상온]$
$M = 29\text{kg}[공기의 분자량]$, $R = 8,313.85\text{N} \cdot \text{m/K}[= 8,313.85\text{J/K}]$이라면

$$\rho = \frac{W}{V} = \frac{PM}{RT} = \frac{101,325\text{N/m}^2 \times 29\text{kg}}{8,313.85\text{N} \cdot \text{m/K} \times (273 + 21)\text{K}} = 1.202 \quad \therefore 1.2\text{kg/m}^3\text{를 식 ⓑ에 대입하면}$$

$$V_2 = \sqrt{\frac{2}{\rho}\Delta P} = \sqrt{\frac{2}{1.2\text{kg/m}^3} \times \Delta P} = 1.29\sqrt{\Delta P} \text{ ·· ⓒ}$$

⑧ 식 ⓒ를 식 ⓐ에 대입하면 ($\gamma = \rho g$이므로)
$Q = KAV_2 = KA \times 1.29\sqrt{\Delta P}$ ·· ⓓ

⑨ 식 ⓓ에 유량계수 $K = 0.64$를 대입하여 상수를 정리하면
$Q = 0.64 \times A \times 1.29\sqrt{\Delta P} = 0.8256 A\sqrt{\Delta P}$
$\therefore Q = 0.826 A\sqrt{\Delta P}$

⑩ SFPE Handbook에 따라 개구부계수[방화문 $n = 2$, 창문 $n = 1.6$]를 고려할 경우
$\overline{Q = 0.826 A \Delta P^{\frac{1}{n}}}$

여기서, Q : 유량[m^3/s]
K : 유량계수[0.64]
A : 누설틈새면적 합계[m^2]
ΔP : 차압[$\text{Pa} = \text{N/m}^2$]
n : 개구부계수[방화문($n = 2$), 창문($n = 1.6$)]

3 부속실 제연설비에서 누설틈새면적이 직렬 또는 병렬 연결되었을 경우 그 누설틈새면적을 산출하는 공식을 유도하시오. 술105(25)

해설

(1) 병렬연결일 경우

배관망을 다음과 같이 연결되었다고 가정할 경우의 유량은 그림과 같으며 부속실로 가정하였을 경우에도 마찬가지로 작용한다.

$Q = Q_1 + Q_2$ [$Q = KA\Delta P^{1/n}$을 대입하여 $K\Delta P^{1/n}$을 약분한다.]

$KA\Delta P^{1/n} = KA_1\Delta P^{1/n} + KA_2\Delta P^{1/n}$

$A = A_1 + A_2$

여기서, Q : 풍량[m³/s]
Q_1, Q_2 : 분류풍량[m³/s]
K : 유량계수
A : 누설틈새면적 합계[m²]
A_1, A_2 : 누설틈새면적[m²]
ΔP : 차압[Pa = N/m²]
n : 개구부계수[방화문=2, 창문=1.6]

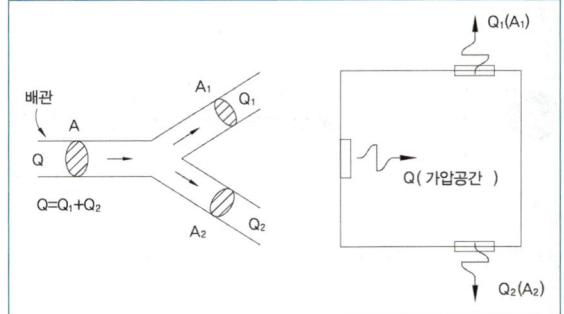

(2) 직렬연결일 경우

배관으로 가정하고 연속의 방정식($Q = A_1V_1 = A_2V_2$)에 의해 배관 내부에 오리피스 형태의 협축부가 있다 하더라도 통과하는 최초 유량과 최후 유량이 거의 일정하고 일부 압력손실이 발생한다면 (실제유체이므로 압력손실이 발생할 경우 유량은 작아지게 되지만 손실되는 압력이 경미하여 유량손실은 없다고 가정한다)

$Q = Q_1 = Q_2 = Q_3$, $P_1 > P_2 > P_3 > P_4$ 이고

$\Delta P_{1-2} = P_1 - P_2$

$\Delta P_{2-3} = P_2 - P_3$

$\Delta P_{3-4} = P_3 - P_4$ 이므로 이를 모두 합하면

$P_1 - P_2 + P_2 - P_3 + P_3 - P_4 = \Delta P_{1-2} + \Delta P_{2-3} + \Delta P_{3-4}$

$P_1 - P_4 = \Delta P_{1-4} = \Delta P_{1-2} + \Delta P_{2-3} + \Delta P_{3-4}$

$\Delta P_{1-4} = \Delta P_{1-2} + \Delta P_{2-3} + \Delta P_{3-4}$

$Q = KA\Delta P^{1/n}$을 $\Delta P = \left(\dfrac{Q}{AK}\right)^n$로 환산하여 대입하면

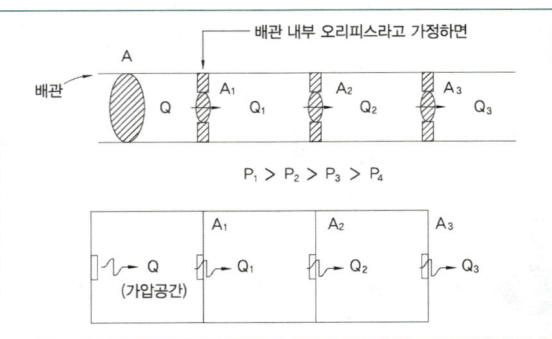

→ $A^{1/n} = B$ → $A^{(1/n)\times n} = B^n$ → $A = B^n$ (번분수 형태로 풀어도 마찬가지)

$\left(\dfrac{Q}{AK}\right)^n = \left(\dfrac{Q}{A_1K}\right)^n + \left(\dfrac{Q}{A_2K}\right)^n + \left(\dfrac{Q}{A_3K}\right)^n$ 가 되므로 $\left(\dfrac{Q}{K}\right)^n$으로 약분하면

$\left(\dfrac{1}{A}\right)^n = \left(\dfrac{1}{A_1}\right)^n + \left(\dfrac{1}{A_2}\right)^n + \left(\dfrac{1}{A_3}\right)^n$

$\therefore \dfrac{1}{A^n} = \dfrac{1}{A_1^n} + \dfrac{1}{A_2^n} + \dfrac{1}{A_3^n} + \cdots\cdots$ 이므로 2개의 누설틈새가 직렬로 설치되어 있다면

① 방화문일 경우 개구부계수 $n=2$이므로

$$A=\sqrt{\frac{A_1^2 \times A_2^2}{A_1^2+A_2^2}}$$

② 창문일 경우 개구부계수 $n=1.6$이므로

$$A=\sqrt[1.6]{\frac{A_1^{1.6} \times A_2^{1.6}}{A_1^{1.6}+A_2^{1.6}}}$$

→ 위의 식에서 보듯이 방화문과 창문이 직렬일 경우 개구부계수인 n값이 다르므로 바로 적용할 수 없다.

4 화재안전기술기준상 보충량의 정의, 기준 및 방연풍속의 선정방법을 쓰시오. 술92(10) 116(10)

해설

(1) **정의** : "보충량"이란 방연풍속을 유지하기 위하여 제연구역에 보충하여야 할 공기량을 말한다.
(2) **기준** : 피난 등으로 인한 출입문의 개방에 따라 유지되어야 하는 방연풍을 위한 보충량은 부속실의 수가 20개 이하 1개 층, 20개 초과는 2개 층 이상의 보충량으로 한다.
(3) **방연풍속의 선정방법**

제연구역		방연풍속
계단실 및 그 부속실을 **동**시에 제연하는 것 또는 **계**단실만 단독으로 제연하는 것		0.**5**m/s 이상
부속실만 단독으로 제연하는 것	부속실 또는 승강장이 면하는 옥내가 **거**실인 경우	0.**7**m/s 이상
	부속실이 면하는 옥내가 **복**도로서 그 구조가 방화구조(내화시간이 30분 이상인 구조를 포함한다)인 것	0.**5**m/s 이상

암기법 똥개(동계) 거북(복) 575

5 제연구역 내의 벽체에서 누설틈새의 면적 등의 조치방법에 대하여 쓰시오.

해설

제연구역을 구성하는 벽체(반자속의 벽체를 포함한다)가 **벽돌** 또는 시멘트블록 등의 조적구조이거나 **석고**판 등의 조립구조인 경우에는 불연재료를 사용하여 **틈새**를 **조정**할 것

암기법 벽돌 썩(석)고 틈새조정

6 그림에서 A실을 급기가압하며 옥외와의 압력차가 50Pa이 유지되도록 하려고 한다. 급기량 [m³/min]을 구하시오.

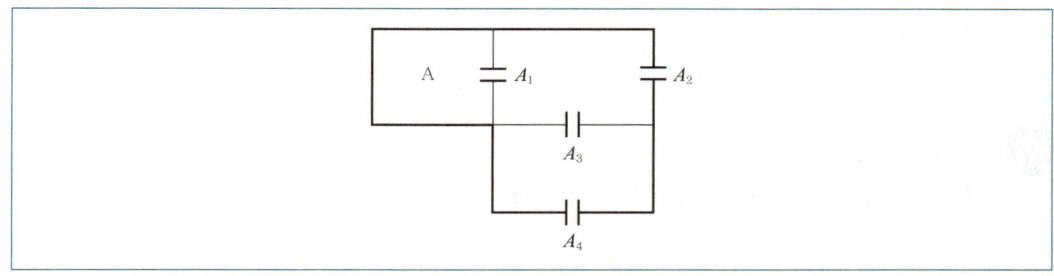

〈 조 건 〉

① 급기량(Q)은 $Q = 0.827 \times A \times \sqrt{P_1 - P_2}$ 로 구한다.
② 그림에서 A_1, A_2, A_3, A_4는 닫힌 출입문으로 공기누설 틈새면적은 모두 0.01m^2로 한다.
  (여기서, Q : 급기량[m³/s], A : 틈새면적[m²], P_1, P_2 : 급기가압실 내·외의 기압[Pa])

해설

$Q = 0.827A\sqrt{P}$	누설량
Q : 누설량[m³/s]	→ $Q = 0.827A\sqrt{P}$ [풀이(2)]
A : 누설틈새면적의 합[m²]	→ $A = A_1 \sim A_4$ [풀이(1)]
P : 차압[Pa]	→ 50Pa

(1) 누설틈새면적 A

① $A_1 = A_2 = A_3 = A_4 = 0.01\text{m}^2$ (조건②)

② $A_3 \sim A_4 = \dfrac{1}{\sqrt{\dfrac{1}{0.01^2\text{m}^2} + \dfrac{1}{0.01^2\text{m}^2}}} = 0.007\text{m}^2$ (직렬연결)

③ A_2와 $A_3 \sim A_4 = 0.01\text{m}2 + 0.007\text{m}2 = 0.017\text{m}^2$ (병렬연결)

④ A_1과 $A_2 \sim A_4 = \dfrac{1}{\sqrt{\dfrac{1}{0.01^2\text{m}^2} + \dfrac{1}{0.017^2\text{m}^2}}} = 0.008\text{m}^2$ (직렬연결)

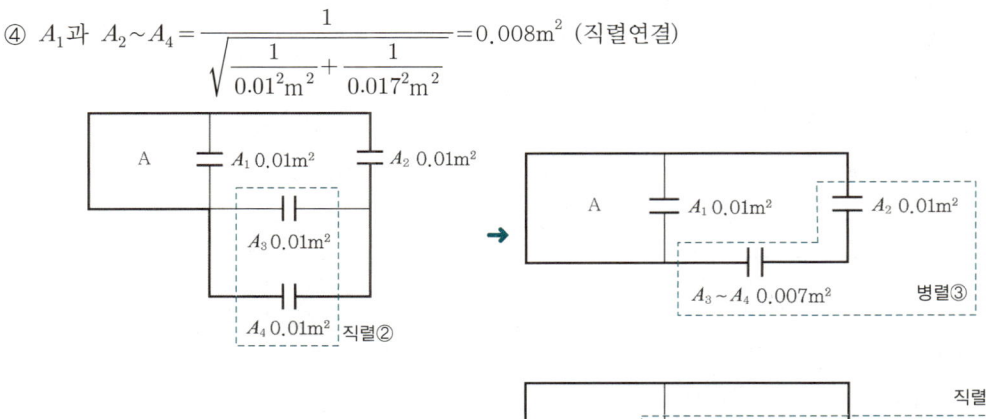

(2) 누설량

$$Q = 0.827A\sqrt{P} = 0.827 \times 0.008\text{m}^2 \times \sqrt{50\text{Pa}} = 0.0467\text{m}^3/\text{s} \times \frac{60\text{s}}{1\text{min}} = 2.802\text{m}^3/\text{min}$$

$$\fallingdotseq 2.8\text{m}^3/\text{min}$$

7 다음 그림은 어느 실들의 평면도이다. 이 실들 중 A실을 급기가압하고자 할 때 주어진 조건을 이용하여 다음을 구하시오

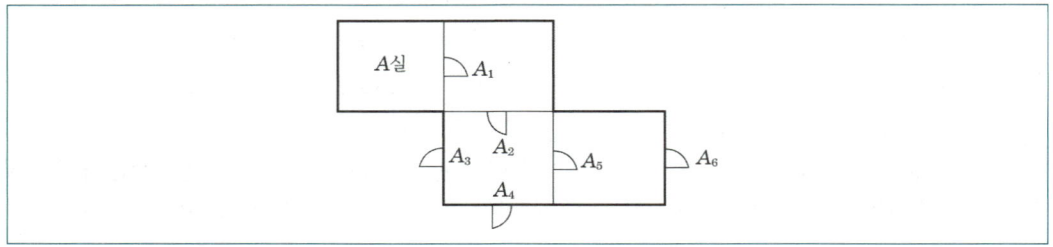

〈 조 건 〉
① 실외부 대기의 기압은 절대압력으로 101,300Pa로서 일정하다.
② A실에 유지하고자 하는 기압은 절대압력으로 101,400Pa이다.
③ 각 실의 문들의 틈새면적은 0.01m²이다.

(1) A실의 전체 누설틈새면적 $A[\text{m}^2]$를 구하시오. (단, 소수점 아래 6째자리에서 반올림하여 소수점 아래 5째자리까지 나타내시오.)
(2) A실에 유입해야 할 풍량[l/s]을 구하시오.

해설

(1) **누설틈새면적(A)**

① $A_1 = A_2 = A_3 = A_4 = A_5 = 0.01\text{m}^2$ (조건③)

② $A_5 \sim A_6 = \dfrac{1}{\sqrt{\dfrac{1}{0.01^2\text{m}^2} + \dfrac{1}{0.01^2\text{m}^2}}} = 0.007071\text{m}^2 = 0.00707\text{m}^2$ (직렬연결)

③ A_3, A_4, $A_5 \sim A_6 = 0.01\text{m}2 + 0.01\text{m}2 + 0.00707\text{m}^2 = 0.02707\text{m}^2$ (병렬연결)

④ A_1, A_2, $A_3 \sim A_6 = \dfrac{1}{\sqrt{\dfrac{1}{0.01^2\text{m}^2} + \dfrac{1}{0.01^2\text{m}^2} + \dfrac{1}{0.02707^2\text{m}^2}}} = 0.006841\text{m}^2 = 0.00684\text{m}^2$ (직렬연결)

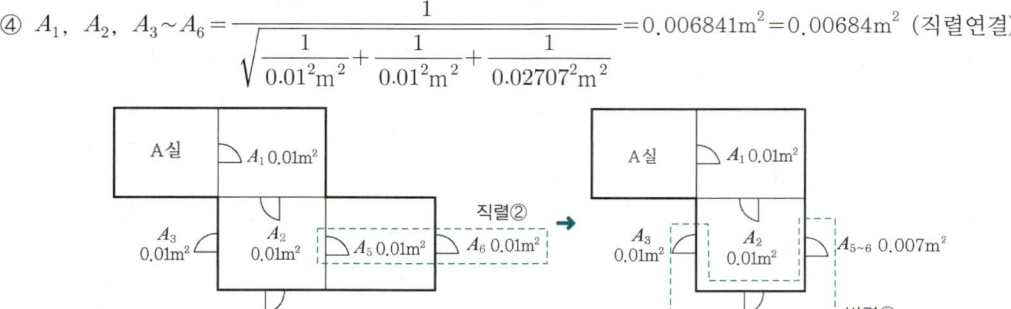

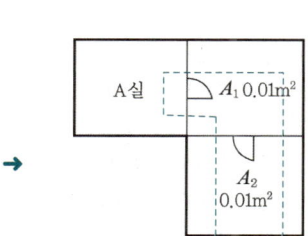

(2) 누설량(Q)

$Q = 0.827A\sqrt{P}$	누설량
Q : 누설량[m³/s]	→ $Q = 0.827A\sqrt{P}$
A : 누설틈새면적의 합[m²]	→ 0.00684m² [문제(1)]
P : 차압[Pa]	→ 101,400Pa − 101,300Pa

$Q = 0.827A\sqrt{P}$
$= 0.827 \times 0.00684\text{m}^2 \times \sqrt{101,400\text{Pa} - 101,300\text{Pa}}$
$= 0.056566\text{m}^3/\text{s} = 56.566l/\text{s} ≒ \mathbf{56.57}l/\text{s}$

8 A실을 0.1m³/s로 급기 가압하였을 경우 다음 〈조건〉을 참고하여 외부와 A실의 차압 [Pa]을 구하시오.

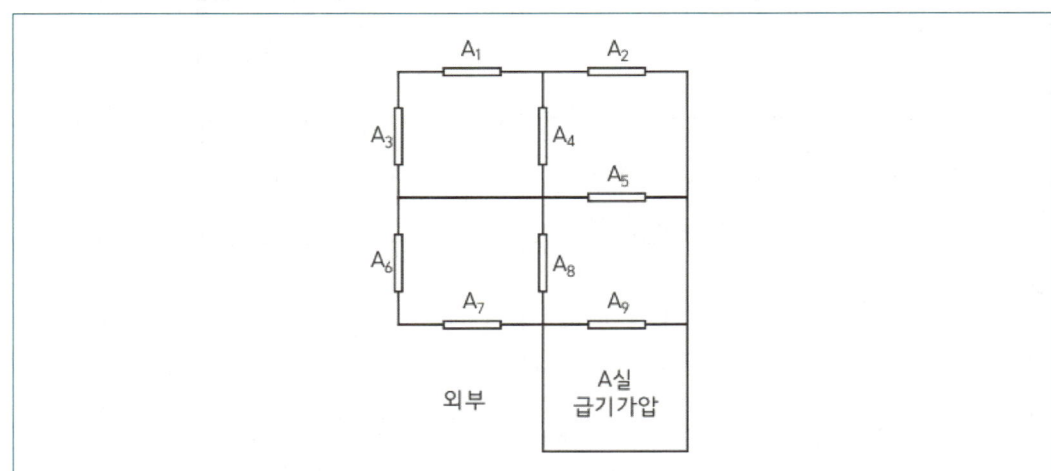

─〈 조 건 〉─

① 어느 실을 급기 가압할 때 그 실의 문의 틈새를 통하여 누출되는 공기의 양은 다음의 식을 따른다.
 $Q = 0.827A\sqrt{P}$
 여기서, Q : 급기량[m³/s]
  A : 문의 틈새면적[m²]
  P : 문을 경계로 한 실내·외 기압차[Pa]
② A_1, A_2 = 0.005m²이고, $A_3 \sim A_9$ = 0.02m²이다.

해설

(1) **누설틈새면적(A)** : 가장 먼 방향에서 급기가압방향으로 접근한다.

① $A_1 = A_2 = 0.005\text{m}^2$, $A_3 \sim A_9 = 0.02\text{m}^2$ (조건 ②)

② $A_1 \sim A_3 = 0.005\text{m}^2 + 0.02\text{m}^2 = 0.025\text{m}^2$ (병렬연결)

③ $A_6 \sim A_7 = 0.02\text{m}^2 + 0.02\text{m}^2 = 0.04\text{m}^2$ (병렬연결)

④ $A_{1,3} \sim A_4 = \dfrac{1}{\sqrt{\dfrac{1}{0.025^2\text{m}^2} + \dfrac{1}{0.02^2\text{m}^2}}} = 0.015\text{m}^2$ (직렬연결)

⑤ $A_{6,7} \sim A_8 = \dfrac{1}{\sqrt{\dfrac{1}{0.04^2\text{m}^2} + \dfrac{1}{0.02^2\text{m}^2}}} = 0.017\text{m}^2$ (직렬연결)

⑥ $A_{1.3.4} \sim A_2 = 0.015\text{m}^2 + 0.005\text{m}^2 = 0.02\text{m}^2$ (병렬연결)

⑦ $A_{1\sim4} \sim A_5 = \dfrac{1}{\sqrt{\dfrac{1}{0.02^2\text{m}^2} + \dfrac{1}{0.02^2\text{m}^2}}} = 0.014\text{m}^2$ (직렬연결)

⑧ $A_{1\sim5} \sim A_{6\sim8} = 0.014\text{m}^2 + 0.017\text{m}^2 = 0.031\text{m}^2$ (병렬연결)

⑨ $A_{1\sim8} \sim A_9 = \dfrac{1}{\sqrt{\dfrac{1}{0.031^2\text{m}^2} + \dfrac{1}{0.02^2\text{m}^2}}} = 0.016\text{m}^2$ (직렬연결)

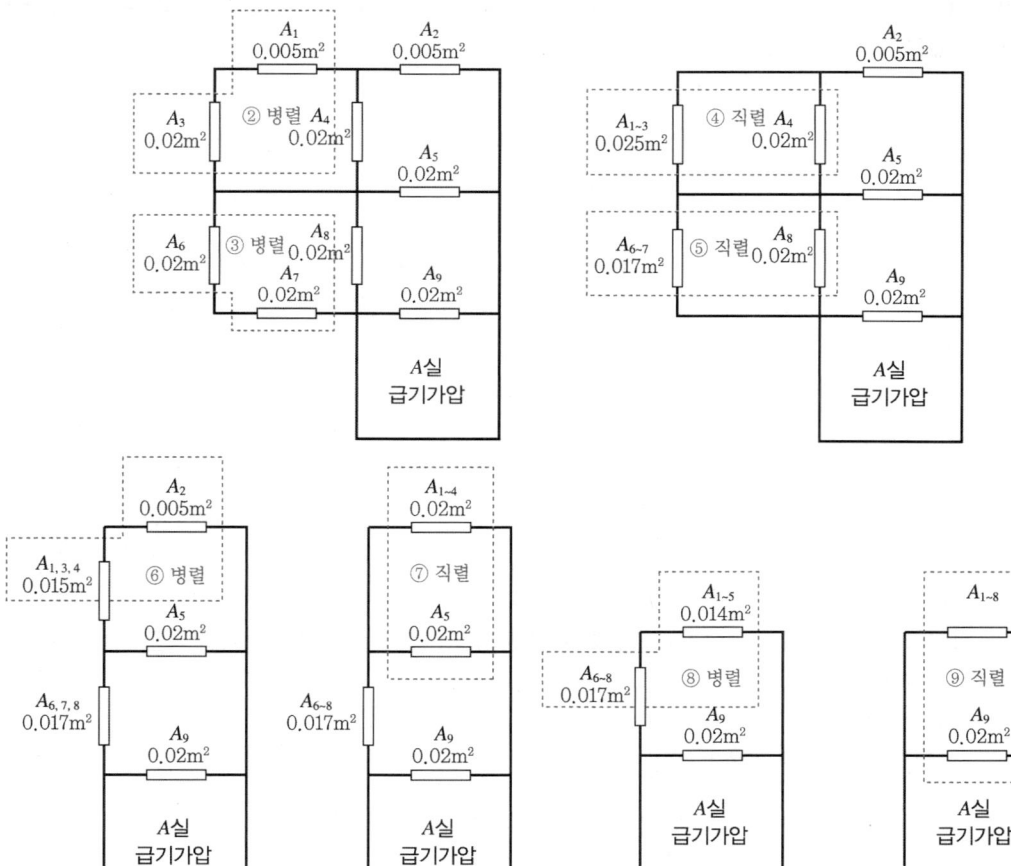

02 가스계 소화설비 및 제연설비 계산문제

(2) 실내·외 기압차[Pa]

$Q=0.827A\sqrt{P}$	누설량
Q : 누설량[m³/s]	→ $0.1 \text{m}^3/\text{s}$
A : 누설틈새면적의 합[m²]	→ 0.016m^2
P : 차압[Pa]	→ $Q=0.827A\sqrt{P}$ → $P=\left(\dfrac{Q}{0.827A}\right)^2$

→ 실내·외 기압차 : $P=\left(\dfrac{Q}{0.827A}\right)^2=\left(\dfrac{0.1\text{m}^3}{0.827\times 0.016\text{m}^2}\right)^2=57.114\text{Pa}$ ∴ 57.11Pa

📖 이해 必

☑ 누설틈새면적의 직렬 및 병렬 연결

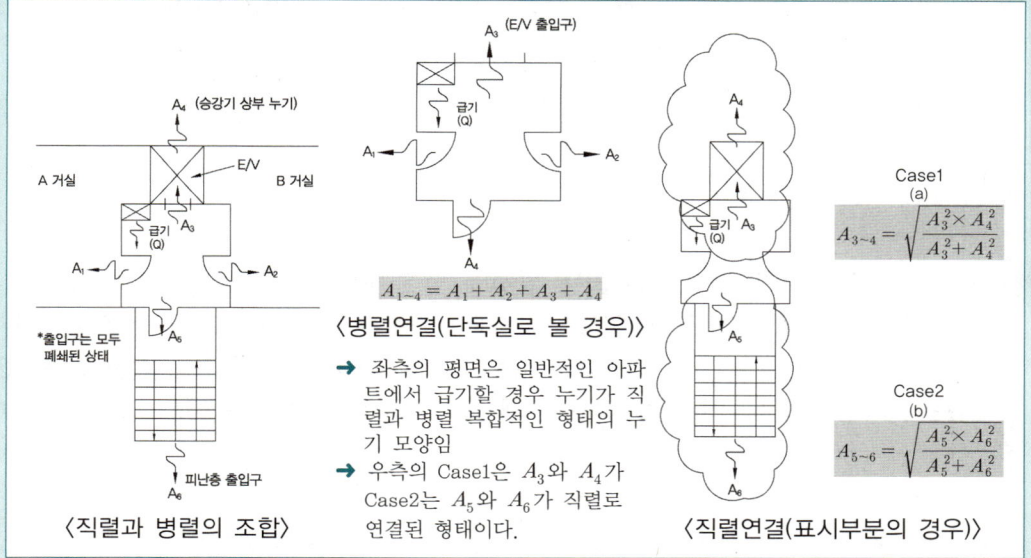

〈직렬과 병렬의 조합〉 〈병렬연결(단독실로 볼 경우)〉 〈직렬연결(표시부분의 경우)〉

$A_{1\sim 4} = A_1 + A_2 + A_3 + A_4$

→ 좌측의 평면은 일반적인 아파트에서 급기할 경우 누기가 직렬과 병렬 복합적인 형태의 누기 모양임
→ 우측의 Case1은 A_3와 A_4가 Case2는 A_5와 A_6가 직렬로 연결된 형태이다.

Case1 (a) $A_{3\sim 4} = \sqrt{\dfrac{A_3^2 \times A_4^2}{A_3^2 + A_4^2}}$

Case2 (b) $A_{5\sim 6} = \sqrt{\dfrac{A_5^2 \times A_6^2}{A_5^2 + A_6^2}}$

→ 평면도에서 직렬과 병렬 조합일 경우 누설틈새면적을 구하면 (가장 먼 곳으로부터 누설틈새면적을 구한다)

(a) A_3과 A_4는 직렬로 누설되므로 $A_{3\sim 4} = \sqrt{\dfrac{A_3^2 \times A_4^2}{A_3^2 + A_4^2}}$

(b) A_5와 A_6은 직렬로 누설되므로 $A_{5\sim 6} = \sqrt{\dfrac{A_5^2 \times A_6^2}{A_5^2 + A_6^2}}$

(c) $A_{1\sim 5}$는 부속실에서 병렬로 누설되므로 $A_{1\sim 5} = A_1 + A_2 + A_{3\sim 4} + A_{5\sim 6}$

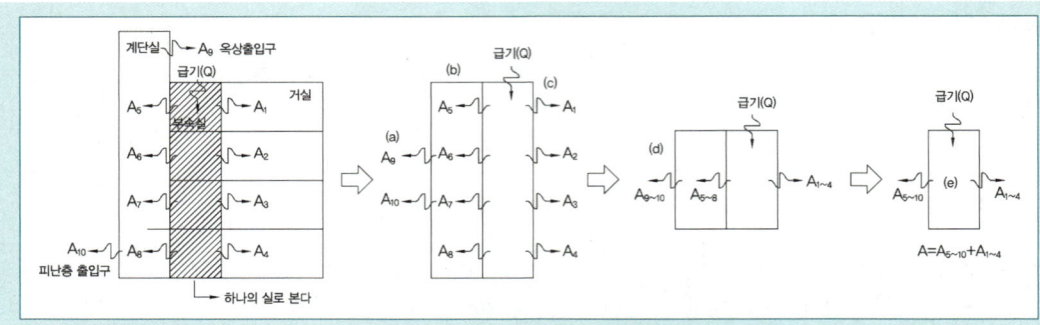

→ 수직단면일 경우(가장 먼 곳으로부터 누설틈새면적을 구한다)
  (a) $A_{9\sim10}$은 계단실에서 병렬로 누설되므로 $A_{9\sim10} = A_9 + A_{10}$
  (b) $A_{5\sim8}$은 부속실에서 병렬로 누설되므로 $A_{5\sim8} = A_5 + A_6 + A_7 + A_8$
  (c) $A_{1\sim4}$는 거실에서 병렬로 누설되므로 $A_{1\sim4} = A_1 + A_2 + A_3 + A_4$
  (d) $A_{9\sim10}$과 $A_{5\sim8}$은 부속실에서 계단실로 직렬로 누설 $A_{5\sim10} = \sqrt{\dfrac{A_{5\sim8}^2 \times A_{9\sim10}^2}{A_{5\sim8}^2 + A_{9\sim10}^2}}$
  (e) $A_{1\sim10}$는 부속실에서 병렬로 누설되므로 $A_{1\sim10} = A_{1\sim4} + A_{5\sim10}$

9 누설면적 0.02m²의 출입문이 있는 실 A와 누설면적 0.005m²의 창문이 있는 실 B가 그림과 같이 연결되어 있다. 이때, 실 A에 0.1m³/s의 급기를 가할 경우 실 A와 외부와의 차압을 구하여라. (단, 유량계수는 0.64로 적용하며, 급기풍량은 화재안전기술기준에 따른 할증에 따르며, 개구부 계수(방화문=2, 창문=1.6)를 고려한다)

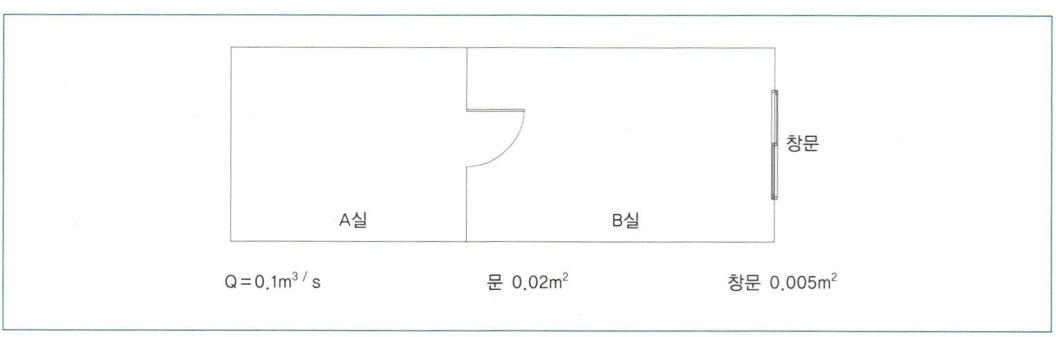

해설

$Q = 1.29 \times K \times A \times \Delta P^{1/n} \times 1.15$

여기서, Q : 풍량 [m³/s]
  K : 유량계수(0.64)
  A : 누설틈새면적 합계 [m²]
  ΔP : 차압 [Pa = N/m²]
  n : 개구부계수(방화문=2, 창문=1.6)
  1.15 : 화재안전기술기준상 급기풍량 할증

P_1 = A실의 압력, P_2 = B실의 압력, P_3 = 외부압력

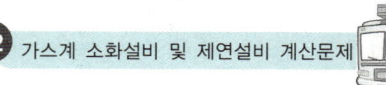

(1) 각 실을 통과하는 풍량(유량)은 동일하므로

$$Q = 1.29 \times K \times A_1 \times (P_1 - P_2)^{\frac{1}{n}} \times 1.15 = 1.29 \times K \times A_2 \times (P_2 - P_3)^{\frac{1}{n}} \times 1.15$$

① A실 통과 풍량으로 압력차를 구하면[개구부계수(방화문=2)]

$$Q = 1.29 \times K \times A_1 \times (P_1 - P_2)^{\frac{1}{n}} \times 1.15$$

$$0.1 \mathrm{m^3/s} = 1.29 \times 0.64 \times 0.02 \mathrm{m^2} \times (P_1 - P_2)^{\frac{1}{2}} \times 1.15$$

$$(P_1 - P_2)^{\frac{1}{2} \times 2} = \left(\frac{0.1 \mathrm{m^3/s}}{1.29 \times 0.64 \times 0.02 \mathrm{m^2} \times 1.15}\right)^2 \text{ (양변을 2승을 한다)}$$

$$P_1 - P_2 = 27.733 \quad \therefore 27.73 \mathrm{Pa} \cdots\cdots\cdots ㉠$$

② A실 통과 풍량으로 압력차를 구하면[개구부계수(창문=1.6)]

$$Q = 1.29 \times K \times A_1 \times (P_2 - P_3)^{\frac{1}{n}} \times 1.15$$

$$0.1 \mathrm{m^3/s} = 1.29 \times 0.64 \times 0.005 \mathrm{m^2} \times (P_2 - P_3)^{\frac{1}{1.6}} \times 1.15$$

$$(P_2 - P_3)^{\frac{1}{1.6} \times 1.6} = \left(\frac{0.1 \mathrm{m^3/s}}{1.29 \times 0.64 \times 0.005 \mathrm{m^2} \times 1.15}\right)^{1.6} \text{ (양변을 1.6승을 한다)}$$

$$P_2 - P_3 = 131.129 \quad \therefore 131.13 \mathrm{Pa} \cdots\cdots\cdots ㉡$$

(2) A실과 외부의 차압을 구하기 위하여 ㉠과 ㉡을 더하면 $(P_1 - P_2) + (P_2 - P_3) = P_1 - P_3$ 이므로 A실과 외부의 차압이 되므로

$$P_1 - P_3 = (P_1 - P_2) + (P_2 - P_3) = 27.73 \mathrm{Pa} + 131.13 \mathrm{Pa} = 158.86 \quad \therefore 158.86 \mathrm{Pa}$$

10 다음 조건에 따라 물음에 답하시오. 🔥🔥🔥

─〈 조 건 〉─

① 계단실형 아파트의 비상용승강기 승강장에 급기가압제연설비를 설치하며 스프링클러설비가 설치되어 있다.
② 거실측의 방화문의 크기는 0.8m×2m
③ 계단실 측의 방화문의 크기는 1m×2m
④ 비상용승강기의 출입문의 크기는 2m×2m
⑤ 방화문 및 출입문 외의 누설은 없는 것으로 간주하며, 유량계수는 0.64를 적용하고 풍량에 할증은 고려하지 않는다.
⑥ 세대별로 설치된 스프링클러헤드는 4개이다.

⑦ 주어지지 않은 조건은 화재안전기술기준에서의 최소 규정을 따른다.

[도면: 비상용승강기, 급기, 세대, 세대, 제연구역, 계단]

(1) 비상용승강기의 설치대상 및 설치제외 할 수 있는 경우에 대하여 쓰시오.
(2) 아파트의 계단실 측에 설치하는 방화문의 설치방법에 대하여 쓰시오.
(3) 한쪽 세대 방화문의 누설틈새면적[m^2]을 구하시오.
(4) 비상용승강기의 출입문의 누설틈새면적[m^2]을 구하시오.
(5) 계단실측의 방화문의 누설틈새면적[m^2]을 구하시오.
(6) 위 층의 제연구역에서의 누설량[m^3/s]합계를 구하시오.
(7) 스프링클러설비의 가압송수장치의 토출량[l/min]및 수원[m^3]을 구하시오.

해설

(1) 비상용승강기의 설치대상 및 설치하지 아니할 수 있는 경우
① 설치대상
  ㉠ 10층 이상의 공동주택(주택건설기준 등에 관한 규정 제15조)
  ㉡ 높이 31m초과 건축물(건축법 제64조)
  🖊️**암기법** 비승 10층 공동 31초
② 설치 제외할 수 있는 경우(「건축물의 설비기준에 관한 규칙」 제9조)
  ㉠ 높이 31m를 넘는 각 층을 거실 외의 용도로 쓰는 건축물
  ㉡ 높이 31m를 넘는 각 층의 바닥면적의 합계가 500m^2 이하인 건축물
  ㉢ 높이 31m를 넘는 층수가 4개 층 이하로서 당해 각 층의 바닥면적의 합계 200m^2(벽 및 반자가 실내에 접하는 부분의 마감을 불연재료로 한 경우에는 500m^2)이내마다 방화구획으로 구획한 건축물
  🖊️**암기법** 제외 거실 바닥 500 사이오(425)

(2) 아파트의 계단실 측에 설치하는 방화문의 설치방법
① 제연구역의 출입문(창문을 포함한다)은 언제나 닫힌 상태를 유지하거나 자동폐쇄장치에 의해 자동으로 닫히는 구조로 할 것. 다만, 아파트인 경우 제연구역과 계단실 사이의 출입문은 자동폐쇄장치에 의하여 자동으로 닫히는 구조로 하여야 한다.
② 제연구역의 출입문에 설치하는 자동폐쇄장치는 제연구역의 기압에도 불구하고 출입문을 용이하게 닫을 수 있는 충분한 폐쇄력이 있을 것
③ 제연구역의 출입문등에 자동폐쇄장치를 사용하는 경우에는 「자동폐쇄장치의 성능인증 및 제품검사의 기술기준」에 적합한 것으로 설치해야 한다.
🖊️**암기법** 제닫자폐 적합

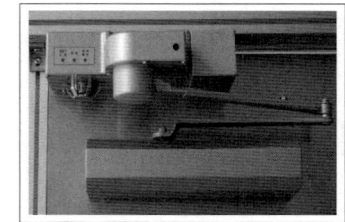
〈성능인증 제품〉

(3) 한쪽 세대의 방화문의 누설틈새면적[m²]

출입문 유형		기준틈새 길이(l)	틈새면적(A_d)	창문유형(참고)		틈새면적[$A : m^2$]
외여 닫이	부속실 내측	5.6m	0.01m²	여닫이	방수패킹 ×	2.55×10^{-4}m × 틈새길이[m]
	부속실 외측	5.6m	0.02m²		방수패킹 ○	3.61×10^{-5}m × 틈새길이[m]
쌍여닫이		9.2m	0.03m²	미닫이		1.0×10^{-4}m × 틈새길이[m]
승강기		8.0m	0.06m²	→ 출입문인 경우 누설틈새면적[m²] : $A = \dfrac{L}{l} \times A_d$ 여기서, L : 실제틈새길이[m]		

📝 **암기법** 오륙오륙 구이 팔고 일이삼육 실(L) / 기(l) 면적(Ad)

외여닫이 문으로 부속실 내측이므로 $l = 5.6$, $A_d = 0.01\text{m}^2$이므로
① 출입문 실제틈새길이 합계 : $L = 2\text{m} + 2\text{m} + 0.8\text{m} + 0.8\text{m} = 5.6$ ∴ 5.6m
② 한쪽 세대 방화문의 누설틈새면적 : $A = \dfrac{L}{l} \times A_d = \dfrac{5.6\text{m}}{5.6\text{m}} \times 0.01\text{m}^2 = 0.01$ ∴ 0.01m²

(4) 비상용승강기의 출입문의 누설틈새면적[m²]
승강기 출입문이므로 $l = 8.0$, $A_d = 0.06\text{m}^2$이므로
① 출입문 실제틈새길이 합계 : $L = 2\text{m} \times 4(\text{상하좌우}) + 2\text{m}(\text{중앙세로}) = 10$ ∴ 10m
② 비상용승강기의 누설틈새면적 : $A = \dfrac{L}{l} \times A_d = \dfrac{10\text{m}}{8\text{m}} \times 0.06\text{m}^2 = 0.075$ ∴ 0.075m²

(5) 계단실측의 방화문의 누설틈새면적[m²]
외여닫이 문으로 부속실 외측이므로 $l = 5.6$, $A_d = 0.02\text{m}^2$이므로
① 출입문 실제틈새길이 합계 : $L = 2\text{m} + 2\text{m} + 1\text{m} + 1\text{m} = 6$ ∴ 6m
② 계단실측의 방화문의 누설틈새면적 : $A = \dfrac{L}{l} \times A_d = \dfrac{6\text{m}}{5.6\text{m}} \times 0.02\text{m}^2 = 0.021$ ∴ 0.021m²

(6) 제연구역에서의 누설량[m³/s]합계
$Q = 1.29 \times K \times A \times \Delta P^{1/n}$
여기서, Q : 풍량[m³/s]
 K : 유량계수(0.64)
 A : 누설틈새면적 합계[m²]
 ΔP : 차압[Pa = N/m²]
 n : 개구부계수(방화문=2, 창문=1.6)
$\Delta P = 12.5\text{Pa}$(스프링클러설비 설치), $n = 2$이므로
① 누설틈새면적의 합계를 구하면(급기구로부터 모두 병렬로 누설)
$A = A_1 + A_2 + A_3 + \cdots$
여기서, A : 누설틈새면적 합계 [m²]
 A_1, A_2, A_3 : 누설틈새면적 [m²]
$A = 0.01\text{m}^2 \times 2\text{개}(\text{세대}) + 0.075\text{m}^2 + 0.021\text{m}^2 = 0.116$ ∴ 0.116m²
② 제연구역에서의 누설량을 구하면
$Q = 1.29 \times K \times A \times \Delta P^{\frac{1}{n}} = 1.29 \times 0.64 \times 0.116\text{m}^2 \times (12.5\text{Pa})^{\frac{1}{2}} = 0.3385$ ∴ 0.339m³/s

(7) 스프링클러설비의 가압송수장치의 토출량[l/min] 및 수원[m³]
세대에 설치된 스프링클러헤드가 4개이므로 이를 기준으로 토출량과 수원을 정한다.
① 토출량 : 4개 × 80lpm = 320 ∴ 320lpm
② 수원 : 4개 × 80l/min × 20min = 6,400 ∴ 6,400l = 6.4m³ (∵ 1,000l = 1m³)

11 다음의 조건을 이용하여 부속실과 거실사이의 차압[Pa]을 구하고 화재안전기술기준에 의한 최소차압 40Pa과 비교하여 설명하시오. 술102(10 : 유사문제)관설10점17

― 〈 조 건 〉 ―
① 거실과 부속실의 출입문 개방에 필요한 힘 F_1=50N이다.
② 화재 시 거실과 부속실의 출입문 개방에 필요한 힘 F_2=90N이다.
③ 출입문폭(w)=0.9m, 높이(h)=2
④ 손잡이는 출입문 끝에 있다고 가정한다.
⑤ 스프링클러설비 미설치

해설

$F = F_{dc} + F_P$

여기서, F : 개방력[N]
F_{dc} : 도어체크 저항력[N]
F_p : 차압에 의해 방화문에 미치는 힘[N]

조건 ①의 출입문 개방에 필요한 힘(F_1)은 도어체크의 저항력으로 볼 수 있으므로
$F_P = F - F_{dc} = 90N - 50N = 40$
∴ 40N

$F_p = \dfrac{K_d W \cdot A \cdot \Delta P}{2(W-d)}$

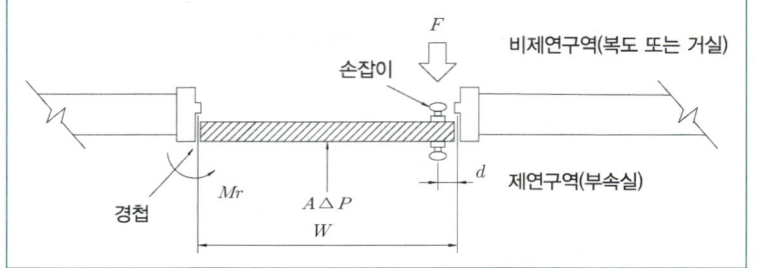

여기서, K_d : 상수[=1]
W : 문의 폭[m]
A : 방화문의 면적[m²]
ΔP : 비제연구역과의 차압[Pa]
d : 손잡이에서 문 끝까지의 거리[m]

$F_p = 40N$, $W = 0.9m$, $A = 0.9m \times 2m$, $d = 0m$이므로 차압(ΔP)을 구하면

$F_p = \dfrac{K_d W \cdot A \cdot \Delta P}{2(W-d)}$ 에서 $\Delta P = \dfrac{F_p \times 2(W-d)}{K_d W \cdot A}$ 이므로

$\Delta P = \dfrac{F_p \times 2(W-d)}{K_d W \cdot A} = \dfrac{40N \times 2(0.9m - 0m)}{1 \times 0.9m \times 0.9m \times 2m} = 44.444$ ∴ 44.44N/m² = 44.44Pa

화재안전기술기준상 최소차압은 40Pa(옥내에 스프링클러설비가 설치된 경우에는 12.5Pa)이고 조건에 따라 차압을 구하면 약 44.44Pa가 나오고 개방력 또한 110N 이하이므로 적합하다.

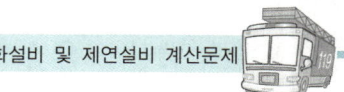

02 가스계 소화설비 및 제연설비 계산문제

🔔 암기 必

☑ **SFPE Handbook에서의 개방력 계산** 술102(10)관설10

$F = F_{dc} + F_P$

여기서, F : 개방력[N]
  F_{dc} : 도어체크 저항력[N]
  F_p : 차압에 의해 방화문에 미치는 힘[N]

$F_p = \dfrac{K_d W \cdot A \cdot \Delta P}{2(W-d)}$

여기서, K_d : 상수[=1]
  W : 문의 폭[m]
  A : 방화문의 면적[m²]
  ΔP : 비제연구역과의 차압[Pa]
  d : 손잡이에서 문 끝까지의 거리[m]

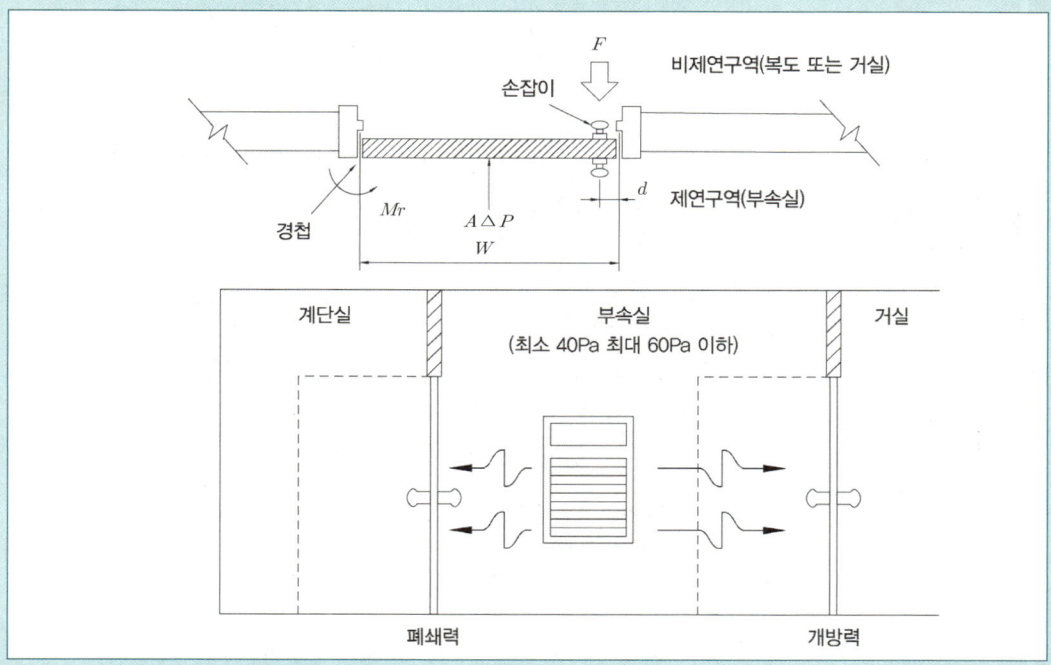

➔ **개방력** : 110N 이하
  제연설비 작동 시 부속실제연설비를 기동하여 차압이 작동할 경우에 확인할 수 있다.

➔ **폐쇄력** : 110N 초과되어야 폐쇄
  제연설비 미작동 시 확인한다.(제연설비 기동 시에는 정확한 폐쇄력을 확인할 수 없다.)

Chapter 07 부속실 제연설비

12 급기 송풍기의 각형 덕트에서 다음 물음에 답하시오.

〈 조 건 〉

① 풍도 내 차압의 측정

② 각형 덕트의 직관길이는 400m이며 m당 마찰손실은 0.25mmAq / m 기타 손실은 직관 길이의 30%이다.
③ 효율은 70% 이며, 전달계수는 1.1이다.

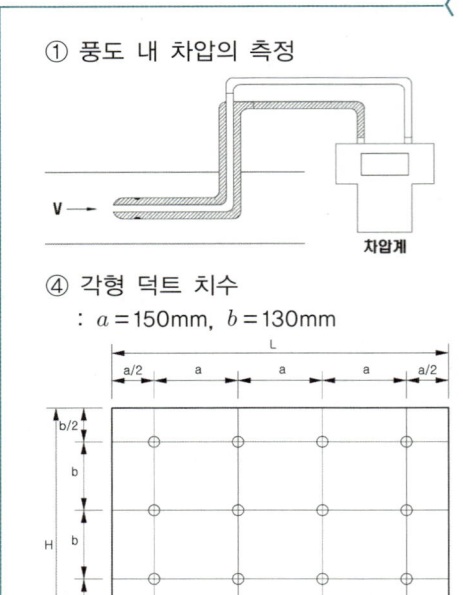

④ 각형 덕트 치수 : a = 150mm, b = 130mm

⑤ 송풍기 풍량 측정 기록지에 측정된 압력

송풍기 풍량 측정 기록지					
제연구역 및 송풍기	○○구역 #○○송풍기			평균 풍속	[m / s]
풍량	[m³/min]			덕트 크기	가로 ×세로
세로\가로	1	2	3	4	
1	35Pa	50Pa	50Pa	35Pa	
2	45Pa	60Pa	60Pa	45Pa	
3	45Pa	60Pa	60Pa	45Pa	
4	35Pa	50Pa	50Pa	35Pa	

(1) 그림과 같이 각형 덕트 내부에 피토관과 차압계를 이용하여 측정한 압력을 다음 표에 기록하였다. 차압을 측정하였는데 그 원리를 설명하시오. 술102(10)
(2) 피토관으로 각형 덕트 내부에 작용하는 풍속을 측정할 때 사용하는 공식을 유도하시오.
(3) 측정된 차압에 의해 송풍기 풍량 측정 기록지를 완성하시오. (단, 계산과정을 쓰시오.)

송풍기 풍량 측정 기록지					
제연구역 및 송풍기	○○구역 #○○송풍기			평균풍속	( )[m/s]
풍량	( )[m³/min]			덕트 크기	가로( )[m]×세로( )[m]
세로\가로	1	2	3	4	
1	( )	( )	( )	( )	
2	( )	( )	( )	( )	
3	( )	( )	( )	( )	
4	( )	( )	( )	( )	

(4) 송풍기 풍량 측정 기록지에 의해 산출된 풍량으로 급기송풍기의 동력[kW]을 구하시오.
(5) 송풍기 풍량측정 기록지에 의해 덕트의 크기를 원형덕트로 환산하기 위한 상당지름[m]을 구하시오.

해설

(1) 차압 측정 원리

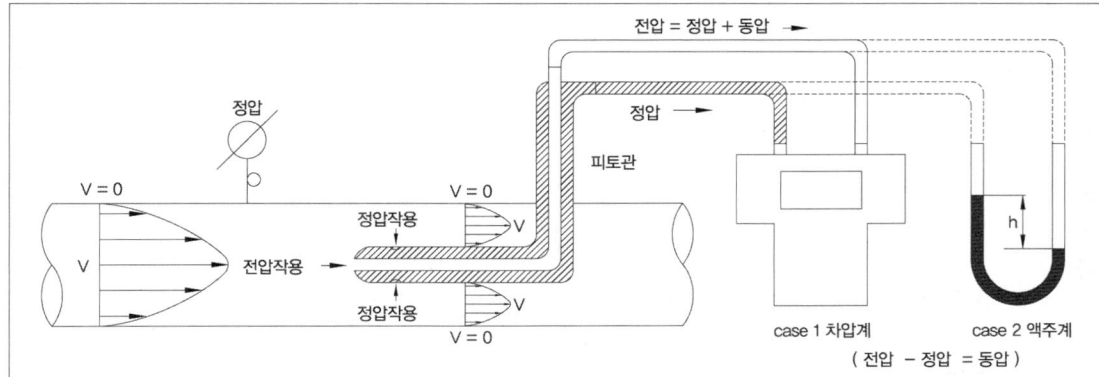

배관의 벽면과 같은 형태이므로 유속이 없는 정압이 가해진다. 즉, 차압계로서 전압과 정압의 차압이 측정되며 이 압력이 동압이므로 이를 풍속으로 환산하여 풍량을 구한다.

차압=전압−정압=(정압+동압)−정압=동압

(2) 피토관으로 각형 덕트 내부에 작용하는 풍속을 측정할 때 사용하는 공식을 유도

$V = \sqrt{2gH}$

여기서, V : 유속[m/s]
g : 중력가속도[9.8m/s²]
H : 수두[m]

$V = \sqrt{2gH}$
$= \sqrt{2g \cdot \dfrac{P}{\gamma}}$ $[H[\text{m}] = \dfrac{P[\text{Pa}=\text{N/m}^2]}{\gamma[\text{N/m}^3]}$ 대입]
$= \sqrt{2g \cdot \dfrac{P}{\rho g}}$ $[\gamma = \rho g = \text{kg/m}^3 \times \text{m/s}^2 = \text{kg} \cdot \text{m/s}^2 \cdot \text{m}^3 = \text{N/m}^3 \ (\because \text{N} = \text{kg} \cdot \text{m/s}^2)$ 대입]
$= \sqrt{\dfrac{2}{\rho} \cdot P}$ $[\rho = \dfrac{W}{V} = \dfrac{PM}{RT} = \dfrac{101{,}325\text{N/m}^2 \times 29\text{kg}}{8{,}313.85\text{N} \cdot \text{m/K} \times (273+21℃)\text{K}} = 1.202 \ \therefore 1.2\text{kg/m}^3$ 대입]
$= 1.29\sqrt{P}$

$PV = nRT = \dfrac{W}{M}RT$

여기서, P : 절대압력[Pa = N/m²]
V : 체적[m³]
n : 몰수[kmol] $= \dfrac{W(\text{실제 질량})[\text{kg}]}{M(\text{분자량})[\text{kg}]}$
T : 절대온도[K = 273 + ℃]
R : 기체상수

$P = 101{,}325\text{Pa}[= \text{N/m}^2]$, $V = 22.4\text{m}^3$,
$T = 0℃ = 273\text{K}$ 일 때 기체상수

$R = \dfrac{PV}{nT} \left(= \dfrac{PVM}{WT}\right)$
$= \dfrac{101{,}325\text{N/m}^2 \times 22.4\text{m}^3}{1\text{kmol} \times 273\text{K}}$
$≒ 8{,}313.85\text{N} \cdot \text{m/kmol} \cdot \text{K}$ [1N · m = 1J]
$≒ 8{,}313.85\text{J/kmol} \cdot \text{K}$

(3) 측정된 차압에 의해 송풍기 풍량 측정 기록지를 완성 (단, 계산과정을 쓰시오.)

제연구역 및 송풍기	○○구역 #○○송풍기		평균풍속	8.85[m/s]
풍량	165.67[m³/min]		덕트 크기	가로0.6[m]×세로0.52[m]
가로\세로	1	2	3	4
1	$V=1.29\sqrt{35Pa}=7.63m/s$	$V=1.29\sqrt{50Pa}=9.12m/s$	$V=1.29\sqrt{50Pa}=9.12m/s$	$V=1.29\sqrt{35Pa}=7.63m/s$
2	$V=1.29\sqrt{45Pa}=8.65m/s$	$V=1.29\sqrt{60Pa}=9.99m/s$	$V=1.29\sqrt{60Pa}=9.99m/s$	$V=1.29\sqrt{45Pa}=8.65m/s$
3	$V=1.29\sqrt{45Pa}=8.65m/s$	$V=1.29\sqrt{60Pa}=9.99m/s$	$V=1.29\sqrt{60Pa}=9.99m/s$	$V=1.29\sqrt{45Pa}=8.65m/s$
4	$V=1.29\sqrt{35Pa}=7.63m/s$	$V=1.29\sqrt{50Pa}=9.12m/s$	$V=1.29\sqrt{50Pa}=9.12m/s$	$V=1.29\sqrt{35Pa}=7.63m/s$

① 평균풍속

$$V_{평균} = \frac{7.63m/s \times 4개소 + 8.65m/s \times 4개소 + 9.12m/s \times 4개소 + 9.99m/s \times 4개소}{16개소}$$

$$= 8.847 \quad \therefore 8.85m/s$$

② 덕트 크기

가로폭 $= 4a = 4 \times 150mm = 600 \quad \therefore 600mm = 0.6m$

세로높이 $= 4b = 4 \times 130mm = 520 \quad \therefore 520mm = 0.52m$

③ 풍량

$Q = AV$

여기서, Q : 유량[m³/s]

A : 배관단면적[$\frac{\pi}{4} \times D^2$m²]

V : 유속[m/s]

단면적은 일반적으로 원형으로 산출하여야 하지만 풍속을 실측하여 마찰과 유량계수가 고려되어 있는 상태로 볼 수 있으므로 단면적은 각형 덕트의 단면적과 풍속을 그대로 적용하여 산출하면 실제풍량이 산출된다.

$Q = AV$ [m³/min으로 물어봤으므로 단위에 주의한다]

$= 0.6m \times 0.52m \times 8.85m/s \times \frac{60s}{1min} = 165.672$

$\therefore 165.67 m^3/min$

(4) 송풍기 풍량 측정 기록지에 의해 산출된 풍량으로 급기송풍기의 동력[kW]

$$P = \frac{P_T \cdot Q}{102 \times 60\eta} \times K = \frac{P_T \cdot Q}{6,120\eta} \times K$$

여기서, P : 동력[kW] [$P = P_T \cdot Q = \gamma h Q = kN/m^3 \times m \times m^3/s = kN \cdot m/s = kJ/s = kW$]

P_T : 전압[mmAq = mmH₂O][$\frac{1mmAq}{10,332mmAq} \times 101.325kPa = \frac{1}{102}kPa$]

Q : 풍량[m³/min][$1m^3/min \times \frac{1min}{60s}$]

η : 효율

K : 전달계수

$Q = 165.67 m^3/min$, $\eta = 0.7$, $K = 1.1$이므로 조건에 따라 전압을 산출하면

$P_T = 400m \times 0.25mmAq/m + 400m \times 0.25mmAq/m \times 0.3 = 130 \quad \therefore 130mmAq$

주어진 조건에 따라 전동기용량을 구하면

$$P = \frac{P_T \cdot Q}{102 \times 60 \times \eta} \times K = \frac{130mmAq \times 165.67m^3/min}{102 \times 60 \times 0.7} \times 1.1 = 5.530 \quad \therefore 5.53kW$$

(5) 송풍기 풍량 측정 기록지에 의해 덕트의 크기를 원형덕트로 환산하기 위한 상당지름[m]
상당지름을 구하는 공식은 두 가지가 있으며 어느 공식으로 산출하더라도 무방하다.
① 상당지름 산출공식 Ⅰ

$$d_e = 1.3 \times \left[\frac{(a \times b)^5}{(a+b)^2}\right]^{\frac{1}{8}}$$

여기서, d_e : 상당지름(장방형덕트와 동일한 저항크기 원형덕트의 직경)[m]
a : 장방형덕트의 장변의 길이[m]
b : 장방형덕트의 단변의 길이[m]
$a = 0.6\text{m}$, $b = 0.52\text{m}$이므로

$$d_e = 1.3 \times \left[\frac{(a \times b)^5}{(a+b)^2}\right]^{\frac{1}{8}} = 1.3 \times \left[\frac{(0.6\text{m} \times 0.52\text{m})^5}{(0.6\text{m} + 0.52\text{m})^2}\right]^{\frac{1}{8}} = 0.610 \quad \therefore 0.61\text{m}$$

② 상당지름 산출공식 Ⅱ(SMACNA)

$$d_e = \sqrt{\frac{4ab}{\pi}}$$

여기서, d_e : 상당지름(장방형덕트와 동일한 저항크기 원형덕트의 직경)[m]
a : 장방형덕트의 장변의 길이[m]
b : 장방형덕트의 단변의 길이[m]
$a = 0.6\text{m}$, $b = 0.52\text{m}$이므로

$$d_e = \sqrt{\frac{4ab}{\pi}} = \sqrt{\frac{4 \times 0.6\text{m} \times 0.52\text{m}}{\pi}} = 0.630 \quad \therefore 0.63\text{m}$$

이해 必

덕트 내 풍량의 측정 술113(10)113(25)관점20

$$Q = AV = A \times 1.29\sqrt{\Delta P}$$

여기서, Q : 풍량[m³/s]
A : 덕트단면적[m²]
V : 평균풍속[m/s] $\left[V = \sqrt{2gH} = \sqrt{2g\frac{\Delta P}{\gamma}} = \sqrt{2g\frac{\Delta P}{\rho g}} = \sqrt{\frac{2}{\rho}\Delta P} \quad (\because H = \frac{P}{\gamma})\right]$
ΔP : 동압[Pa = N/m²]

① 평균풍속
㉠ 이상기체상태방정식($PV = \frac{W}{M}RT$)에 의한 공기밀도($\rho = \frac{W[\text{kg}]}{V[\text{m}^3]}$) 산출 대입

$P = 1\text{atm} = 101,325\text{Pa}[=\text{N/m}^2]$, $V = 22.4\text{m}^3$[1kmol 기준],
$T = 21℃ = (273+21)\text{K}$[상온], $M = 29\text{kg}$[공기의 분자량], $R = 8,313.85\text{N} \cdot \text{m/K}$

$$\rho = \frac{W}{V} = \frac{PM}{RT} = \frac{101,325\text{N/m}^2 \times 29\text{kg}}{8,313.85\text{N} \cdot \text{m/K} \times (273+21)\text{K}} = 1.202 \quad \therefore 1.2\text{kg/m}^3$$

$$V = \sqrt{\frac{2}{\rho}\Delta P} = \sqrt{\frac{2}{1.2\text{kg/m}^3} \times \Delta P} = 1.29\sqrt{\Delta P}$$

ⓒ 원형덕트 또는 송풍기 흡입구(덕트가 설치되지 않은 경우) 동압 측정점

원형덕트 또는 송풍기 흡입구 (덕트가 설치되지 않은 경우) 측정점	각형덕트
• 350mm 이상인 경우 총 20개 지점 측정 • 측정점 위치 | 측정점 1 | 측정점 2 | 측정점 3 | 측정점 4 | 측정점 5 | |---|---|---|---|---| | 0.0257D | 0.0817D | 0.1465D | 0.2262D | 0.3419D |	• 최소 16점 측정 • 16점 이상 측정 시 a, b의 간격은 150mm 이하일 것 • L=1,100일 경우 　1,100 / 150=7.33, 측정점은 8개소 　a=1,100 / 8=137.5mm

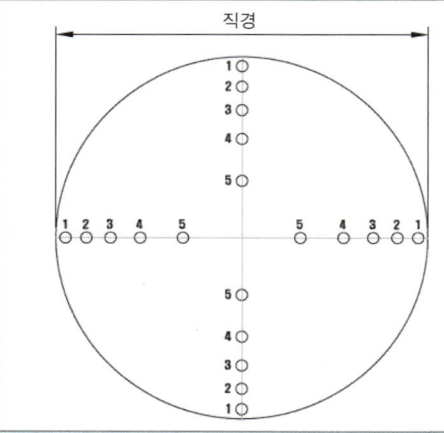
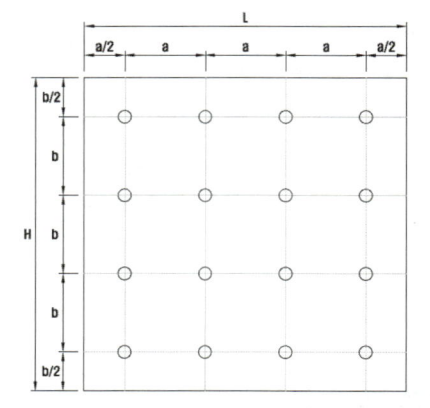

13 지상 200m 높이의 고층건물에서 1층 부분에 발생하는 압력차는 몇 [Pa]인지 계산하시오. (단, 겨울철의 외기온도는 0℃, 실내온도는 20℃이다. 중성대는 건물의 높이 중앙에 있다). 술116(25)유사

해설

$$\triangle P = 3459 \times \left(\frac{1}{T_0} - \frac{1}{T_i}\right)h$$

여기서, $\triangle P$: 굴뚝효과에 의한 압력차[Pa]
　　　　T_o : 외기 절대온도(273+℃)[K]
　　　　T_i : 실내 절대온도(273+℃)[K]
　　　　h : 중성대를 중심으로 한 거리[m]

$$\triangle P = 3459 \times \left(\frac{1}{T_0} - \frac{1}{T_i}\right)h = 3,459 \times \left(\frac{1}{(273+0)\text{K}} - \frac{1}{(273+20)\text{K}}\right) \times 100\text{m} = 86.486 \quad \therefore 86.49\,\text{Pa}$$

14 다음 물음에 답하시오. 관설24

(1) 특별피난계단의 계단실 및 부속실 제연설비에 관한 다음 물음에 답하시오.

―〈 조 건 〉――
○ 지하 4층/지상 3층의 스프링클러설비가 없는 내화구조 건축물로 특별피난계단 부속실에 제연설비가 설치되어 있다.
○ 방화문 크기(높이×폭) : 2.0m×1.0m
○ 중력가속도 : 9.8m/s²
○ 현재기온 : 29℃
○ 공기의 밀도 : 1.204kg/m³
○ 유량계수 C : 0.7
○ 차압은 법적 최소차압을 적용한다.
○ 특별피난계단의 계단실 및 부속실 제연설비의 화재안전성능기준(NFPC 501A), 화재안전기술기준(NFTC 501A)을 따른다.
○ 계산값은 소수점 다섯째자리에서 반올림하여 소수점 넷째자리까지 구한다.

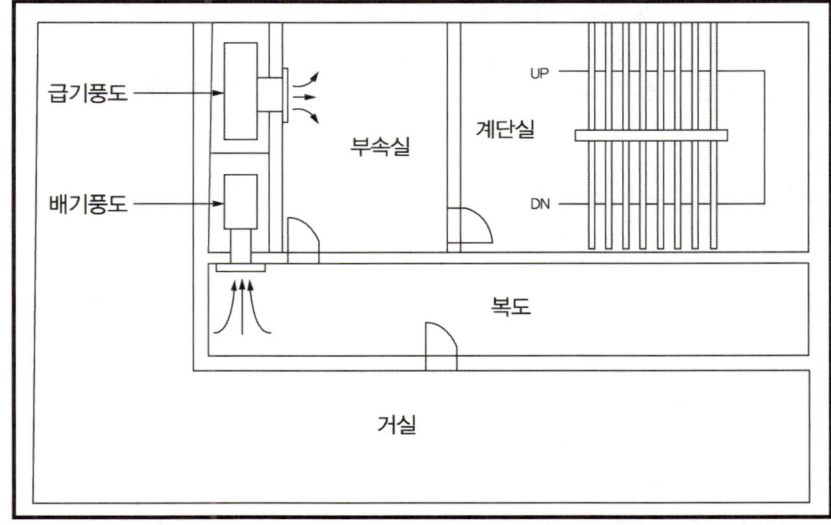

① 지상 2층의 부속실과 복도 사이의 누설량을 구하려고 한다. 다음을 각각 계산하시오.
  ㉠ 화재안전기술기준을 적용한 누설량[m³/s]
  ㉡ 「문세트(KS F 3109)」에 따른 기준을 적용한 최대허용누설량[m³/s]
② 특별피난계단 부속실의 배출용 송풍기 최소풍량[m³/hr] 및 입상덕트의 최소크기[m²]를 각각 계산하시오.
③ 출입문 개방에 필요한 최대 힘을 기준으로 출입문에 설치된 폐쇄장치(Door Closer)의 폐쇄력[N]을 계산하시오. (단, 출입문 손잡이는 문의 끝에 설치되었다.)

④ 수직풍도를 「건축물의 피난·방화구조 등의 기준에 따른 규칙」 제3조제2호의 기준에 맞게 설치할 경우 다음 ( )에 들어갈 내용을 쓰시오.

> ○ 철근콘크리트조 또는 철골철근콘크리트조로서 두께가 (㉠)센티미터 이상인 것
> ○ 골구를 철골조로 하고 그 양면을 두께 (㉡)센티미터 이상의 철망모르타르 또는 두께 (㉢)센티미터 이상의 콘크리트블록·벽돌 또는 석재로 덮은 것
> ○ 철재로 보강된 콘크리트블록조·벽돌조 또는 석조로서 철재에 덮은 콘크리트블록 등의 두께가 (㉣)센티미터 이상인 것
> ○ 무근콘크리트조·콘크리트블록조·벽돌조 또는 석조로서 그 두께가 (㉤)센티미터 이상인 것

(2) 특별피난계단의 계단실 및 부속실 제연설비에 관한 다음 물음에 답하시오. (9점)

〈 조 건 〉
① 누설량 : 2.5m³/s   ② 보충량 : 1.5m³/s
③ 전압 : 600Pa   ④ 풍도의 누기율 : 누설량의 40%
⑤ 송풍기 효율 : 60%   ⑥ 전달계수 1.1

① 급기송풍기 풍량[m³/hr]을 계산하시오.
② 급기송풍기 동력[kW]을 계산하시오.
③ 급기송풍기 풍량을 기준으로 한 입상덕트의 최소크기[m²]를 계산하시오.

해설

(1) 특별피난계단의 계단실 및 부속실 제연설비에 관한 다음 물음에 답하시오.

〈 조 건 〉
① 지하 4층/지상 3층의 스프링클러설비가 없는 내화구조 건축물로 특별피난계단 부속실에 제연설비가 설치되어 있다.
② 방화문 크기(높이×폭) : 2.0m×1.0m
③ 중력가속도 : 9.8m/s²
④ 현재 기온 : 29℃
⑤ 공기의 밀도 : 1.204kg/m³
⑥ 유량계수 C : 0.7
⑦ 차압은 법적 최소차압을 적용한다.
⑧ 특별피난계단의 계단실 및 부속실 제연설비의 화재안전성능기준(NFPC 501A), 화재안전기술기준(NFTC 501A)을 따른다.
⑨ 계산값은 소수점 다섯째자리에서 반올림하여 소수점 넷째자리까지 구한다.

02 가스계 소화설비 및 제연설비 계산문제

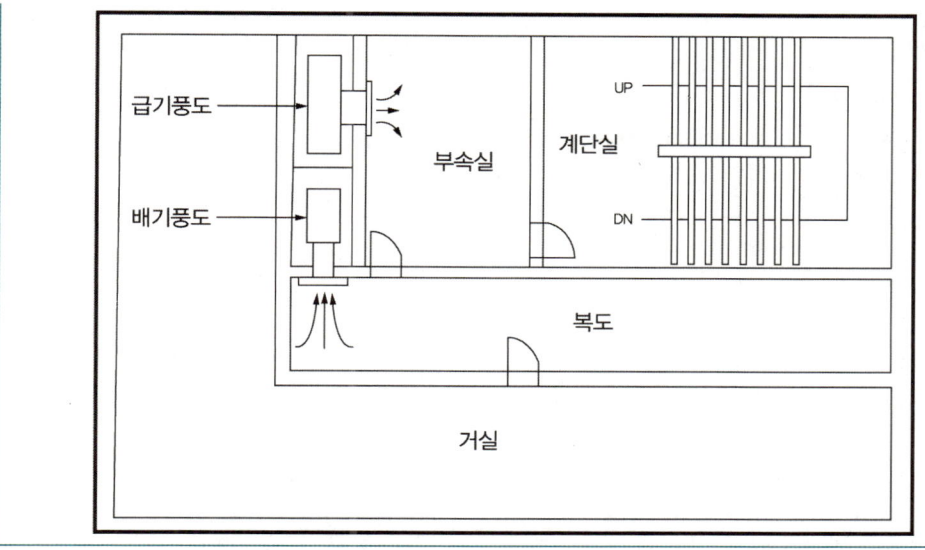

① 지상 2층의 부속실과 복도 사이의 누설량 계산 (10점)
　㉠ 화재안전기술기준을 적용한 누설량[m³/s]

$Q = KA\sqrt{\dfrac{2}{\rho} \times \Delta P}$	누설량
Q : 누설량[m³/s]	→ $Q = KA\sqrt{\dfrac{2}{\rho} \times \Delta P}$
K : 유량계수[0.64]	→ $K = 0.7$ [조건 ③]
A : 누설틈새면적의 합[m²]	→ $A = \dfrac{L}{l} \times A_d = \dfrac{(2+2+1+1)\mathrm{m}}{5.6\mathrm{m}} \times 0.01\mathrm{m}^2 = 0.01071$ ∴ 0.0107m [조건 ②, 부속실 내측 개방]
ρ : 공기밀도[kg/m³]	→ $\rho = 1.204\mathrm{kg/m}^3$ [조건 ⑤]
P : 차압[Pa]	→ 40Pa [조건 ① 스프링클러설비 미설치, ⑦ 최소 차압]

$Q = KA\sqrt{\dfrac{2}{\rho} \times \Delta P} = 0.7 \times 0.0107\mathrm{m}^2 \times \sqrt{\dfrac{2}{1.204\mathrm{kg/m}^3} \times 40\mathrm{Pa}} = 0.06105$　∴ 0.0611m³/s

☑ 출입문의 종류에 따른 누설틈새면적

출입문 유형		기준틈새 길이(l)	틈새 면적(A_d)	창문유형(참고)		틈새면적[A : m²]
외여 닫이	부속실 내측	5.6m	0.01m²	여닫이	방수패킹 (×)	2.55×10^{-4}m × 틈새길이[m]
	부속실 외측	5.6m	0.02m²		방수패킹 (○)	3.61×10^{-5}m × 틈새길이[m]
쌍여닫이		9.2m	0.03m²	미닫이		1.0×10^{-4}m × 틈새길이[m]
승강기		8.0m	0.06m²	→ 출입문인 경우 누설틈새면적[m²] : $A = \dfrac{L}{l} \times A_d$ 　여기서, L : 실제틈새길이[m]		

📝 암기법 **오륙오륙 구이 팔고 일이삼육** 실(L) / 기(l) 면적(A_d)

☑ 누설량 계산식 유도

① 일반적인 체적유량 공식에서 구할 수 있으며, 적용하는 방식은 다르지 않으며, 그림과 같이 부속실에서 누기된다고 가정할 경우 그 틈새를 확대하면 그림과 같다.

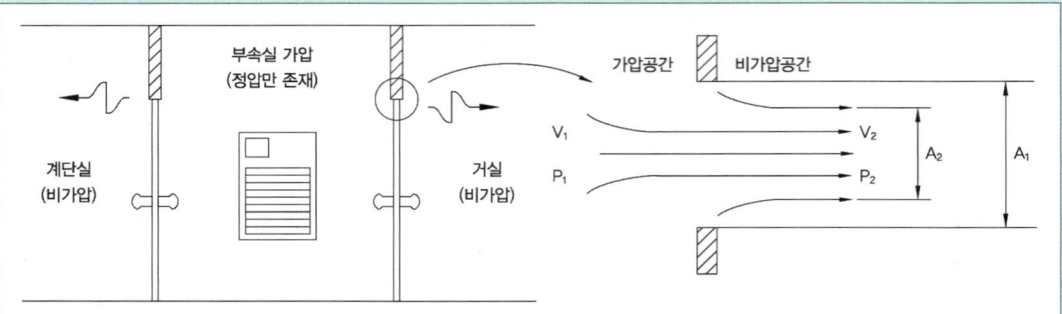

② 실제누설틈새(오리피스) 면적이 A_1일 경우 유체가 사용하는 면적 A_2는 실제면적보다 작아지는데 그 이유는 이상유체가 아닌 실제유체가 흐르므로 발생하는 손실로서 그 면적비율(A_2/A_1)을 유량계수라 한다.

③ A_2와 같이 줄어든 단면을 교축단면(Vena contracta)이라고 하며 옥내소화전 노즐 등에서는 단면이 가장 작아져 유속이 가장 빠른 지점인 노즐구경의 $D/2$ 떨어진 위치에서 방수압을 측정한다.

④ 손실은 유체가 토출되는 오리피스(옥내소화전 노즐 및 스프링클러헤드 등)에서 크게 발생하며, 이것을 A_2/A_1와 같이 비율로 조정하여 적용하는 것을 유량계수라고 하거나 단면변화에 따라 속도가 달라진다하여 속도계수라고 하기도 한다.(연속의 방정식 : $Q = A_1 V_1 = A_2 V_2$)

⑤ 오리피스의 형상에 따라 유량계수는 옥내소화전 노즐은 $K=0.99$, 표준형 스프링클러헤드는 $K=0.75$, 제연설비 댐퍼 등의 경우 $K=0.65$ 전후를 적용(층류일 경우 $K=0.7$, 난류일 경우 $K=0.6$으로 적용)하며, 국내의 경우에는 보편적으로 $K=0.64$를 적용한다. 즉, 실제단면적의 64%를 사용한다는 의미가 된다.

$$Q[m^3/s] = K \times A[m^2] \times V_2[m/s] \quad \cdots\cdots\cdots\cdots\cdots ⓐ \quad (유량계수\ K = A_2/A_1)$$

⑥ 가압공간(부속실)을 1지점으로 보고 비가압공간을 2지점으로 볼 경우 가압공간에서의 유속(속도수두)은 $V_1 ≒ 0m/s$으로 볼 수 있으므로 정압만 작용하므로 이를 베르누이 정리에 적용한다.

$$\frac{P_1}{\gamma} + \frac{V_1^2}{2g} + Z_1 = \frac{P_2}{\gamma} + \frac{V_2^2}{2g} + Z_2 \text{ 에서 수평이므로 } Z_1 = Z_2, \ V_1 ≒ 0$$

$$\frac{P_1}{\gamma} = \frac{P_2}{\gamma} + \frac{V_2^2}{2g} \rightarrow \frac{P_1 - P_2}{\gamma} = \frac{V_2^2}{2g} \rightarrow P_1 - P_2 = \frac{V_2^2}{2g} \times \gamma \rightarrow \therefore \Delta P = \frac{V_2^2}{2g} \times \gamma$$

$$V_2 = \sqrt{2g \frac{\Delta P}{\gamma}} = \sqrt{2g \frac{\Delta P}{\rho g}} = \sqrt{\frac{2}{\rho} \Delta P} \quad \cdots\cdots\cdots\cdots\cdots ⓑ$$

⑦ 이상기체상태방정식 $\left(PV = \frac{W}{M}RT\right)$으로 공기의 밀도 $\left(\rho = \frac{W[kg]}{V[m^3]}\right)$를 구하면

$P = 1atm = 101,325Pa[= N/m^2]$, $V = 22.4m^3$[1kmol 기준],
$T = 21℃ = (273+21)K$[상온]
$M = 29kg$[공기의 분자량], $R = 8,313.85N \cdot m/K [= 8,313.85J/K]$이라면

$\rho = \frac{W}{V} = \frac{PM}{RT} = \frac{101,325N/m^2 \times 29kg}{8,313.85N \cdot m/K \times (273+21)K} = 1.202 \quad \therefore 1.2kg/m^3$를 식 ⓑ에 대입하면

$$V_2 = \sqrt{\frac{2}{\rho} \Delta P} = \sqrt{\frac{2}{1.2kg/m^3} \times \Delta P} = 1.29\sqrt{\Delta P} \quad \cdots\cdots\cdots\cdots\cdots ⓒ$$

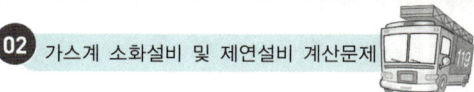

02 가스계 소화설비 및 제연설비 계산문제

⑧ 식 ⓒ를 식 ⓐ에 대입하면 ($\gamma = \rho g$ 이므로)

$$Q = KAV_2 = KA\sqrt{\frac{2}{\rho}\Delta P} = KA \times 1.29\sqrt{\Delta P} \quad \cdots\cdots\cdots ⓓ$$

⑨ 식 ⓓ에 유량계수 $K = 0.64$를 대입하여 상수를 정리하면

$$Q = 0.64 \times A \times 1.29\sqrt{\Delta P} = 0.8256 A\sqrt{\Delta P}$$

$$\therefore Q = 0.826 A\sqrt{\Delta P}$$

ⓛ 「문세트(KS F 3109)」에 따른 기준을 적용한 최대 허용누설량[m³/s]

- 차압 25Pa일 때, 공기누설량은 $0.9\text{m}^3/\text{m}^2 \cdot \text{min}$
- 차압 25Pa에서 방화문 누설량 $= 2\text{m} \times 1\text{m} \times 0.9\text{m}^3/\text{min} \cdot \text{m}^2 \times \frac{1\text{min}}{60\text{s}} = 0.03 \quad \therefore 0.03\text{m}^3/\text{s}$
- 최소 차압에 따른 허용누설량 : $Q = KA\sqrt{\frac{2}{\rho} \times \Delta P}$ 이므로 제곱근에 비례 (비례식 적용)

$$\sqrt{25\text{Pa}} : 0.03\text{m}^3/\text{s} = \sqrt{40\text{Pa}} : x$$

$$x = \sqrt{\frac{40\text{Pa}}{25\text{Pa}}} \times 0.03\text{m}^3/\text{s} = 0.03794 \quad \therefore 0.0379\text{m}^3/\text{s}$$

② 특별피난계단 부속실의 배출용 송풍기 최소풍량[m³/hr] 및 입상덕트의 최소크기[m²] 각각 계산

$Q = \frac{SV_{\text{방연}}}{K} = AV$	송풍기 풍량
Q : 배출용 송풍기 풍량 (보충량)[m³/s]	→ $Q = \frac{SV_{\text{방연}}}{K}$
K : 할증(손실계수)	→ $K = 1$ [조건 없음]
A : 덕트 단면적[m²]	→ $Q = \frac{SV_{\text{방연}}}{K} = AV \quad \therefore A = \frac{SV_{\text{방연}}}{KV}$
V : 덕트 풍속[m/s]	→ $V = 15\text{m/s}$ [2.11.1.4.2 송풍기 이용 가계배출식은 풍속 15m/s 이하 적용]
S : 방화문 면적[m²]	→ $S = 2\text{m} \times 1\text{m}$ [조건 ② 방화문 크기]
$V_{\text{방연}}$: 방연풍속[m/s]	→ $V_{\text{방연}} = 0.5\text{m/s}$ [조건 ① 중 내화구조]

㉠ 송풍기 최소풍량 : $Q = \frac{SV_{\text{방연}}}{K} = \frac{2\text{m} \times 1\text{m} \times 0.5\text{m/s}}{1} \times \frac{3,600\text{s}}{1\text{hr}} = 3,600 \quad \therefore 3,600\text{m}^3/\text{hr}$

㉡ 입상덕트 최소크기 : $A = \frac{SV_{\text{방연}}}{KV} = \frac{2\text{m} \times 1\text{m} \times 0.5\text{m/s}}{1 \times 15\text{m/s}} = 0.06666 \quad \therefore 0.0667\text{m}^2$

✔ 방연풍속의 선정방법

제연구역		방연풍속
계단실 및 그 부속실을 **동**시에 제연하는 것 또는 **계**단실만 단독으로 제연하는 것		0.**5**m/s 이상
부속실만 단독으로 제연하는 것	부속실 또는 승강장이 면하는 옥내가 **거**실인 경우	0.**7**m/s 이상
	부속실이 면하는 옥내가 **복**도로서 그 구조가 방화구조(내화시간이 30분 이상인 구조를 포함한다)인 것	0.**5**m/s 이상

✏️ 암기법 똥개(**동계**) 거북(복) 575

Chapter 07 부속실 제연설비

③ 출입문 개방에 필요한 최대 힘을 기준으로 출입문에 설치된 폐쇄장치(Door Closer)의 폐쇄력[N]을 계산 (단, 출입문 손잡이는 문의 끝에 설치되었다.)

$F = F_{dc} + F_P$	폐쇄력
F : 개방력[N]	→ $F = F_{dc} + F_P = 110\text{N}$ [조건 ⑧ 폐쇄력은 개방력 이상 적용]
F_{dc} : 도어체크 저항력 (폐쇄력)[N]	→ $F = F_{dc} + F_P = F_{dc} + \dfrac{K_d W \cdot A \cdot \Delta P}{2(W-d)}$ $F_{dc} = F - \dfrac{K_d W \cdot A \cdot \Delta P}{2(W-d)}$
F_p : 차압에 의해 방화문에 미치는 힘[N]	→ $F_p = \dfrac{K_d W \cdot A \cdot \Delta P}{2(W-d)}$
K_d : 상수[=1]	→ $K_d = 1$
W : 문의 폭[m]	→ $W = 1\text{m}$ [조건 ② 방화문 폭]
A : 방화문의 면적[m²]	→ $A = 2\text{m} \times 1\text{m}$ [조건 ② 방화문 크기]
ΔP : 비제연구역과의 차압[Pa]	→ $\Delta P = 40\text{Pa}$ [조건 ⑧ 스프링클러설비 미설치, ⑦ 최소 차압]
d : 손잡이에서 문 끝까지의 거리[m]	→ $d = 0$ [문제 조건]

$F_{dc} = F - \dfrac{K_d W \cdot A \cdot \Delta P}{2(W-d)} = 110\text{N} - \dfrac{1 \times 1\text{m} \times 2\text{m} \times 1\text{m} \times 40\text{Pa}}{2 \times (1\text{m} - 0)} = 70 \quad \therefore 70\text{N}$

☑ **개방력 및 폐쇄력 선정 개념도**

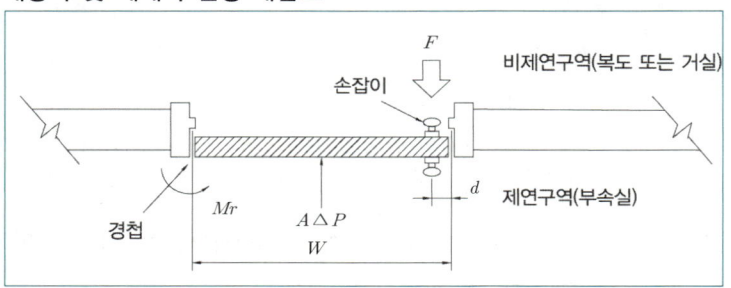

④ 수직풍도를 「건축물의 피난·방화구조 등의 기준에 따른 규칙」 제3조제2호의 기준에 맞게 설치할 경우 다음 ( )에 들어갈 내용을 쓰시오.

○ 철근콘크리트조 또는 철골천근콘크리트조로서 두께가 (㉠ 7)센티미터 이상인 것
○ 골구를 철골조로 하고 그 양면을 두께 (㉡ 3)센티미터 이상의 철망모르타르 또는 두께 (㉢ 4)센티미터 이상의 콘크리트블록·벽돌 또는 석재로 덮은 것
○ 철재로 보강된 콘크리트블록조·벽돌조 또는 석조로서 철재에 덮은 콘크리트블록 등의 두께가 (㉣ 4)센티미터 이상인 것
○ 무근콘크리트조·콘크리트블록조·벽돌조 또는 석조로서 그 두께가 (㉤ 7)센티미터 이상인 것

(2) 특별피난계단의 계단실 및 부속실 제연설비에 관한 다음 물음에 답하시오. (9점)

─〈 조 건 〉─

① 누설량 : 2.5m³/s ② 보충량 : 1.5m³/s
③ 전압 : 600Pa ④ 풍도의 누기율 : 누설량의 40%
⑤ 송풍기 효율 : 60% ⑥ 전달계수 1.1

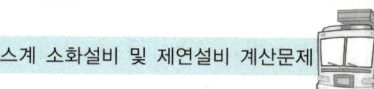

02 가스계 소화설비 및 제연설비 계산문제

① 급기송풍기 풍량[m³/hr] 계산

	송풍기 풍량
$Q = (Q_{누설} + Q_{보충}) \times 1.15$	$Q = (Q_{누설} + Q_{보충}) \times 1.15$
Q : 송풍기 풍량[m³/s]	
$Q_{누설}$: 누설량[m³/s]	→ $Q_{누설} = 2.5\text{m}^3/\text{s} \times 1.4$ [조건 ④ 누기율 만큼 추가]
$Q_{보충}$: 보충량[m³/s]	→ $Q_{보충} = 1.5\text{m}^3/\text{s}$
1.15 : 할증(풍량 실측 조성한 경우 1로 적용)	→ 1 [조건 ④ 누설량 40%]

$Q = (Q_{누설} + Q_{보충}) \times 1 = (2.5\text{m}^3/\text{s} \times 1.4 + 1.5\text{m}^3/\text{s}) \times 1 \times \dfrac{3{,}600\text{s}}{1\text{hr}} = 18{,}000 \quad \therefore 18{,}000 \text{m}^3/\text{hr}$

② 급기송풍기 동력[kW] 계산

	급기 송풍기 동력
$P = \dfrac{P_T \cdot Q}{102 \times 60\eta} \times K = \dfrac{P_T \cdot Q}{6{,}120\eta} \times K$	
P : 동력[kW] $[P = P_T \cdot Q = \text{kN/m}^2 \times \text{m}^3/\text{s} = \text{kN} \cdot \text{m/s} = \text{kJ/s} = \text{kW}]$	→ $P = \dfrac{P_T \cdot Q}{6{,}120\eta} \times K$
P_T : 전압[mmAq = mmH₂O] $\left[\dfrac{1\text{mmAq}}{10{,}332\text{mmAq}} \times 101.325\text{kPa} = \dfrac{1}{102}\text{kPa}\right]$	→ $P_T = \dfrac{600\text{Pa}}{101{,}325\text{Pa}} \times 10{,}332\text{mmAq}$ [조건 ③ 전압 600Pa]
Q : 풍량[m³/min] $\left[1\text{m}^3/\text{min} \times \dfrac{1\text{min}}{60\text{s}}\right]$	→ $Q = 18{,}000\text{m}^3/\text{hr} \times \dfrac{1\text{hr}}{60\text{min}}$
η : 효율	→ $\eta = 0.6$ [조건 ⑤]
K : 전달계수	→ $K = 1.1$ [조건 ⑥]

$P = \dfrac{P_T \cdot Q}{6{,}120 \times \eta} \times K = \dfrac{\dfrac{600\text{Pa}}{101{,}325\text{Pa}} \times 10{,}332\text{mmAq} \times 18{,}000\text{m}^3/\text{hr} \times \dfrac{1\text{hr}}{60\text{min}}}{6{,}120 \times 0.6} \times 1.1 = 5.498 \quad \therefore 5.5\text{kW}$

③ 급기송풍기 풍량을 기준으로 한 입상덕트의 최소크기[m²] 계산

	입상덕트 최소크기
$Q = AV$	→ $Q = AV$
Q : 송풍기 풍량[m³/s]	
A : 덕트 단면적[m²]	→ $Q = AV \quad \therefore A = \dfrac{Q}{V}$
V : 풍속[m/s]	→ $V = 15\text{m/s}$ [2.11.1.4.2 송풍기 이용 가계배출식은 풍속 15m/s 이하 적용]

$A = \dfrac{Q}{V} = \dfrac{18{,}000\text{m}^3/\text{hr} \times \dfrac{1\text{hr}}{3{,}600\text{s}}}{15\text{m/s}} = 0.333 \quad \therefore 0.33\text{m}^2$

Mind-Control

해야 함은 할 수 있음을 함축한다.

— 칸트 —

Part 03

소방전기설비 계산문제

소방시설관리사 2차 시험 출제경향 분석 및 출제예상 부분

회 차	1~10	11~20회	21~30	합계
문제 수	9	9	25	43

☑ 소방전기설비 기출 계산문제

비상경보 및 단독경보형 감지기 /비상방송	• 구획된 3개의 실에 단독경보형 감지기를 설치하고자 한다. 각 실에 필요한 최소설치 수량과 그 근거를 쓰시오. (11회)

실	A실	B실	C실
바닥면적[m²]	28	150	350

자동 화재탐지	• 직상층 우선경보방식에서 최소 전선수 (2회) • 경계구역의 수 및 감지기의 개수 산출 / 감지기 가닥수 (4회) • 할론 1301 소화설비를 전역방출방식일 때, 차동식 스포트형 1종 감지기수 / 최소 회로수 (6회) • 경계구역수 (9회) • 감지기의 종단저항 계산 / 감지기 작동 시 전류 (10회) • 시각경보기 전압강하 (13회) • 최소경계구역수를 계산 (14회) • 경계구역 / 감지기수 (17회) • 정온식 1종 감지기 최소작동시간 (18회) • 지하주차장 및 기계실에 차동식스포트형감지기(2종) 총 설치수량 (19회) • 설비별 중계기 입력 및 출력회로 수 (점19) • 준비작동식 스프링클러설비 간선수 (점21) • 축전지용량 계산 / 전압강하에 따른 전선단면적 / 타임차트 회로명칭 / 제어회로 완성 (21회) • 경계구역 수 (5점) / 감지기 종류별 수량 (5점) / 경보되는 층 (2점) / 배선내역 및 가닥수 (5점) / Y-△기동제어회로 사용 이유 (3점) / Y-△유도과정 (5점) / 전동기 △결선으로 운전시 점등되는 램프 (3점) / THR 명칭과 역할 (2점) (22회) • 도로터널: 동작시퀀스 (3점) / 권선에 인가되는 전압 (2점) / 제어회로 타임차트 (12점) / 순시동작 한시복귀 시 B접점의 타임차트 완성 (2점) / 전압강하 (3점) / 콘덴서 용량 (5점) / 전동기 동기속도와 회전속도 (3점) (23회) • 감지기회로 선로저항 계산 (3점) / 평상 시 및 화재 시 동작전류 계산 (3점) / 브리지 정류회로 최소전압 및 주기 계산 (3점) / 축전지 용량 계산 (5점) (설24)

기타 소방 전기설비	• 층별 비상콘센트가 5개씩 설치되어 있다면 전원회로의 최소 회로수 (점7회) • 비상콘센트 회로수, 설치개수 및 전선의 허용전류 / 전선 단면적 (17회) • 비상콘센트설비 전동기 코드 전류 (3점) (설24)

01 비상경보설비 및 단독경보형 감지기 / 비상방송설비

1 다음 표와 같이 구획된 3개의 실에 단독경보형 감지기를 설치하고자 한다. 각 실에 필요한 최소설치 수량과 그 근거를 쓰시오. 관설11

실	A실	B실	C실
바닥면적[m²]	28	150	350

해설

비상경보설비의 화재안전기술기준에 의해 단독경보형 감지기의 설치개수는 다음과 같다.
[각 실(이웃하는 실내의 바닥면적이 각각 $30m^2$ 미만이고 벽체의 상부의 전부 또는 일부가 개방되어 이웃하는 실내와 공기가 상호 유통되는 경우에는 이를 1개의 실로 본다)마다 설치하되, 바닥면적이 $150m^2$를 초과하는 경우에는 $150m^2$마다 1개 이상 설치할 것]
① A실 : 1개($28m^2$)
② B실 : 1개($150m^2$마다 1개이므로)
③ C실 : 3개($350m^2 \div 150m^2 = 2.333$ ∴ 3개)

2 조건에 따라 물음에 답하시오.

〈 조 건 〉
① 복합건축물로서 층수는 30개 층이며, 지하층은 5개 층으로 주차장, 기계실 및 전기실이다.
② 층고는 4m이며, 층별 바닥은 50m×60m(가로×세로)이다.
③ 스피커는 실내에만 설치하며, 비상방송설비 앰프의 여유율은 10%이다.

(1) 비상방송설비용 앰프의 최소 용량을 산정하시오. (단, 앰프는 비상방송용으로만 사용한다.)
(2) 비상벨설비의 경종에서 1m, 2m, 25m 떨어진 위치에서 소리의 출력 [dB]을 계산하시오.

해설

(1) 비상방송설비용 앰프의 최소 용량 산정(단, 앰프는 비상방송용으로만 사용한다)
 비상방송설비용 확성기(스피커)의 음성입력은 3W(실내에 설치하는 것에 있어서는 1W) 이상이어야 하며, 확성기는 각 층마다 설치하되 그 층의 각 부분으로부터 하나의 확성기까지의 수평거리가 25m 이하가 되도록 하여야 한다. 층수는 지상층을 의미하므로 지하층 포함하여 35층으로 고층건축물(30층 이상이거나 높이 120m 이상인 건축물)에 해당되므로 최대출력은 1층에 화재가 발생한 경우로서 화재층, 직상 4개층 및 지하층에 모두 경보를 출력한다.
$P = \sum W_n \times (1+\alpha)$
여기서, P : 앰프의 정격용량[W]
　　　　W_n : 확성기(스피커) 정격입력의 합[W]
　　　　α : 여유율[%]
$\alpha = 10\% = 0.1$이므로

① 확성기(스피커) 정격입력의 합
  ㉠ 층별 확성기의 수평거리 등
    $S = 2r \cdot \cos\theta = 2 \times 25m \times \cos 45° = 35.355$ ∴ 35.355m
  ㉡ 기준개수 산정 : 층별 바닥 50m × 60m(가로×세로)
    50m ÷ 35.355m = 1.414 ∴ 가로 2개
    60m ÷ 35.355m = 1.697 ∴ 세로 2개
    2개 × 2개 = 4개 ∴ 4개
  ㉢ 1층에 화재가 발생한 경우 10개 층의 확성기(지하 5층~지상 5층)가 동시에 출력된다.
    1W/개 × 4개 × 10개 층 = 40 ∴ 40W
② 비상방송설비용 앰프의 최소 용량
    $P = \sum W_n \times (1+\alpha) = 40W \times (1+0.1) = 44$ ∴ 44W

(2) 비상벨설비의 경종에서 1m, 2m, 25m 떨어진 위치에서 소리의 출력[dB]을 계산

감쇄음압[dB] = $20 \times \log \dfrac{r_2}{r_1}$

여기서, r_1 : 기준거리[m]
       r_2 : 실제거리[m]

화재안전기술기준에 따라 경종에서 1m 떨어진 위치(기준거리 $r_1 = 1m$)에서 90dB로 출력한다.

거리	$r_2 = 1m$	$r_2 = 2m$	$r_2 = 25m$
감쇄음압[dB]	$20 \times \log \dfrac{1m}{1m} = 0dB$	$20 \times \log \dfrac{2m}{1m} = 6dB$	$20 \times \log \dfrac{25m}{1m} ≒ 28dB$
출력[dB]	90dB − 0dB = 90dB	90dB − 6dB = 84dB	90dB − 28dB = 62dB

Mind-Control

지금으로부터 20년 후, 당신은
당신이 했던 것보다는
당신이 하지 않은 것으로 인해
더 크게 실망하게 될 것이다.
그러니 밧줄을 던져라
안전한 항구를 떠나 멀리 항해를 떠나라
항해하여 무역풍과 맞서라, 탐험하라, 꿈을 꾸어라
그리고 찾아내라

– 마크 트웨인 –

02 자동화재탐지설비 및 시각경보장치/화재알림설비

1 자동화재탐지설비의 경계구역에 대하여 다음 물음에 답하시오.
술61(25)62(10)78(25)81(10)84(25)94(10)104(25)관설4,9,14(계산),17(계산)

(1) 층별, 길이별, 면적별 경계구역의 설치기준을 쓰시오.
(2) 계단, 경사로등 수직적인 경계구역에 대하여 쓰시오.
(3) 스프링클러설비·물분무등소화설비 또는 제연설비의 화재감지장치로서 화재감지기를 설치한 경우 경계구역의 길이, 면적별로 정리하시오. (단, 스프링클러 헤드는 정방형으로 배치한다.) 🔥🔥🔥

해설

(1) **층별, 길이별, 면적별 경계구역의 설치기준** : 자동화재탐지설비의 경계구역은 다음의 기준에 따라 설정하여야 한다. 다만, 감지기의 형식승인 시 감지거리, 감지면적 등에 대한 성능을 별도로 인정받은 경우에는 그 성능인정범위를 경계구역으로 할 수 있다.
① **외기**에 면하여 상시 개방된 부분이 있는 차고·주차장·창고 등에 있어서는 외기에 면하는 각 부분으로부터 **5m 미만**의 범위안에 있는 부분은 경계구역의 면적에 산입하지 아니한다.
② 하나의 경계구역이 **2개 이상의 건축물**에 미치지 아니하도록 할 것
③ 하나의 경계구역이 2개 이상의 **층**에 미치지 아니하도록 할 것. 다만, 500m² 이하의 범위안에서는 2개의 층을 하나의 경계구역으로 할 수 있다.
④ 하나의 **경계**구역의 면적은 **600m²** 이하로 하고 한변의 길이는 **50m** 이하로 할 것. 다만, 해당 특정소방대상물의 주된 출입구에서 그 내부 전체가 보이는 것에 있어서는 한 변의 길이가 50m의 범위 내에서 **1,000m²** 이하로 할 수 있다.

📝 **암기법** 외기 5m 미만에서 2개 이상의 권총(건층)으로 경계 651

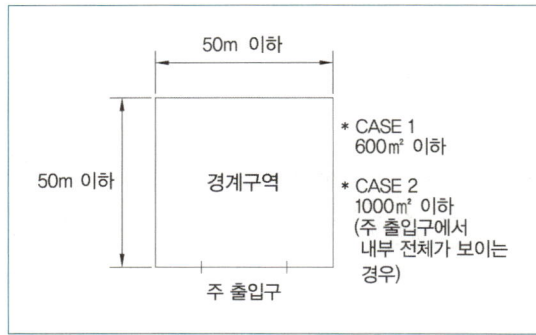
〈하나의 경계구역 면적〉

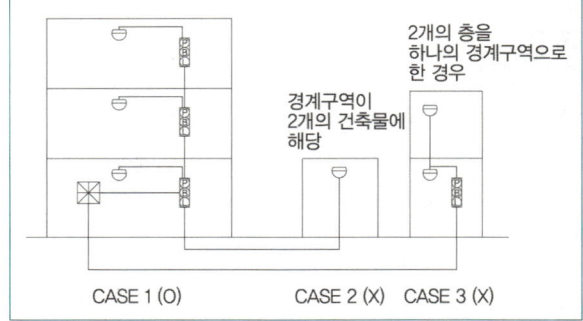
〈2개의 건축물 및 2개의 층에서의 경계구역〉

(2) **계단, 경사로등 수직적인 경계구역** : 계단(직통계단외의 것에 있어서는 떨어져 있는 상하계단의 상호간의 수평거리가 5m 이하로서 서로 간에 구획되지 아니한 것에 한한다. 이하 같다)·경사로(에스컬레이터경사로 포함)·엘리베이터 승강로(권상기실이 있는 경우에는 권상기실)·린넨슈트·파이프 피트 및 덕트 기타 이와 유사한 부분에 대하여는 별도로 경계구역을 설정하되, 하나의 경계구역은 높이 45m 이하(계단 및 경사로에 한한다)로 하고, 지하층의 계단 및 경사로(지하층의 층수가 1일 경우는 제외한다)는 별도로 하나의 경계구역으로 하여야 한다.

📝 **암기법** 그림으로 암기

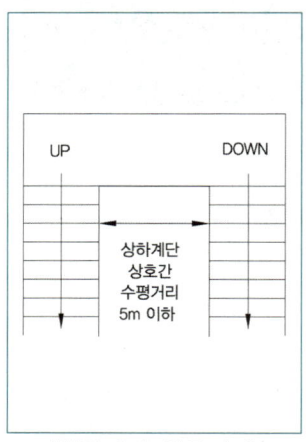
〈상하계단 상호거리〉

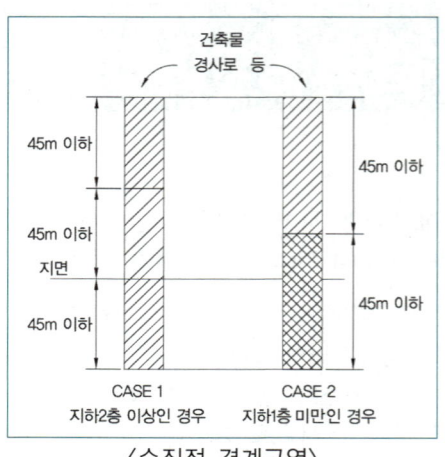
〈수직적 경계구역〉

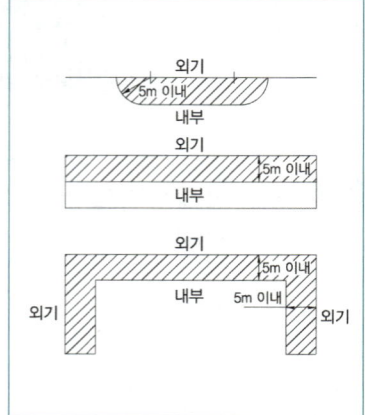
〈경계구역 면적 제외부분〉

(3) 스프링클러설비·물분무등소화설비 또는 제연설비의 화재감지장치로서 화재감지기를 설치한 경우의 경계구역은 해당 소화설비의 방사구역 또는 제연구역과 동일하게 설정할 수 있다.

설비의 종류		경계구역 면적 등
스프링클러	준비작동식	$3,000\text{m}^2$(격자형 배관방식은 $3,700\text{m}^2$)
	일제살수식(정방형 배치)	$S^2 \times 50$개 $= (2 \times 1.7\text{m} \times \cos 45°)^2 \times 50$개 $= 289\text{m}^2$
물분무	특수가연물 저장취급 / 차고주차장	최소 바닥면적 50m^2
	도로터널	길이 25m 이상(3구역 동시 방수)
	기타	없음
미분무, 가스계소화설비		없음
제연설비	거실	60m 원내 $1,000\text{m}^2$
	통로	보행중심선 길이 60m 이내
	층	층의 구분이 불분명할 경우 별도로 구획
도로터널 자동화재탐지설비		길이 100m 마다

참고만

☑ **자동화재탐지설비에서의 경계구역**

① 실제 화재가 발생하였을 경우 관계자에게 가장 중요한 것은 어떤 감지기가 작동하였는가 보다는 어느 층의, 어느 구역에서 화재가 발생하였는가를 정확히 알 수 있어야 대처할 수 있다. 그에 따라 관계자는 소화설비가 자동으로 작동하였는지, 감시제어반 겸용의 복합형 수신기에서 원격조작 및 현장 등에서의 수동조작으로 화재를 진압할 수 있다.
② 경우에 따라 호텔과 같이 객실(거실)이 많아 어느 객실에서 화재가 발생하였는지 알기가 힘든 구조일 경우에는 각 객실에 설치된 감지기마다 개별적인 주소가 있어 어느 객실에서 화재가 발생하였는지를 알 수 있는 주소형 감지기를 설치하기도 한다.

2. 다음의 조건을 참고하여 경계구역의 수와 감지기의 개수를 산출하시오. 관설4

─〈 조 건 〉─

① 지하 2층에서 지상 7층 : 800m² (한 변의 길이는 50m이다.)
② 지상 8층 400m²
③ 계단은 2개소 설치되어 있고 별도의 경계구역으로 한다.
④ 사용 감지기는 차동식 스포트형 1종이다.
⑤ 주요구조부는 내화구조이다.
⑥ 계단에는 연기감지기 2종을 설치한다.
⑦ 지하 2층~지상 7층에는 화장실(면적 30m²)이 설치되어 있다.

계단	8 F		4.5m
	7 F	계단	3.5m
	6 F		3.5m
	5 F		3.5m
	4 F		3.5m
	3 F		3.5m
	2 F		3.5m
	1 F		3.5m
	B 1		4.5m
	B 2		4.5m

해설

(1) 경계구역의 수
- 층별(바닥면적) : 면적 600m² 이하 및 한 변의 길이 50m 이하
- 계단 및 경사로 기준 : 높이 45m 이하. 단, 지하층의 계단은 별도의 경계구역으로 하고 지하층의 층수가 1인 경우는 제외

① 층별(바닥면적) 경계구역
  ㉠ 지하 2층~지상 7층
  $$\frac{800\text{m}^2}{600\text{m}^2} = 1.33 \therefore 2경계구역 \rightarrow 2경계구역 \times 9개층(지상~지하) = 18경계구역$$

  ㉡ 8층 : $\frac{400\text{m}^2}{600\text{m}^2} = 0.67 ≒ 1 \therefore 1경계구역$

② 계단
  ㉠ 지상계단(좌우) : $\frac{(3.5\text{m} \times 7개\ 층) + 4.5\text{m}}{45\text{m}} = 0.64$, $\frac{(3.5\text{m} \times 7개\ 층)}{45\text{m}} = 0.54 \therefore 2경계구역$

  ㉡ 지하계단 : $\frac{4.5\text{m} \times 2개\ 층}{45\text{m}} = 0.2 \therefore 1경계구역 \rightarrow 1경계구역 \times 2개소 = 2경계구역$

③ 경계구역 합계 : 18+1+2+2=23 ∴ 23 경계구역

(2) 감지기의 수량

[감지구역 면적]
- 지하 2층~지상 7층 : 800m² − 30m² = 770m² [출제 당시의 화재안전기술기준상 화장실은 감지기의 설치제외 장소이었으나 개정되어 지금은 화장실에 감지기를 설치하여야 하므로 화장실의 감지기는 추가한다.]
- 지상 8층 : 400m²

① 차동식 스포트형 1종 : 경계구역의 면적에 대한 특정한 조건을 주지 않아 답은 다양하게 산출될 수 있으므로 문제의 취지상 경계구역별로 감지기를 산출하는 형태는 아니라고 판단한다.

㉠ 층고 4m 미만 : 지상 1층~7층(층고에 따라 1개당 감지면적은 90m²)
- $\dfrac{770m^2}{90m^2} = 8.55$ ∴ 9개 → 9개×7개 층=63개
- 화장실에 9개 추가하여 72개(화장실 층고 4m 미만 90m², 4m 이상 8m 미만은 45m²마다 1개)

㉡ 층고 4m 이상 8m 미만(층고에 따라 1개당 감지면적은 45m²)
- 지상 8층 : $\dfrac{400m^2}{45m^2} = 8.89$ ∴ 9개 → 9개×1개 층=9개
- 지하 1,2층 : $\dfrac{770m^2}{45m^2} = 17.11$ ∴ 18개 → 18개×2개 층=36개

㉢ 차동식 감지기 합계 : 72+9+36=117개

② 연기감지기 2종(계단경사로에 있어서는 15m마다 1개씩 설치)
㉠ 지상층 계단
- 좌측계단=$\dfrac{29m}{15m}=1.93$ → ∴2개
- 우측계단=$\dfrac{24.5m}{15m}=1.63$ → ∴2개

㉡ 지하층 계단 : $\dfrac{9m}{15m}=0.6$ ∴1개 → 1개×2개소=2개
㉢ 연기감지기의 합계 : 2+2+2=6개

3 그림과 같은 지상 10층 지하 2층에 대한 다음 각 물음에 답하시오. (단, 내부는 방화구획이나 칸막이가 설치되어 있지 않다.) 관설9

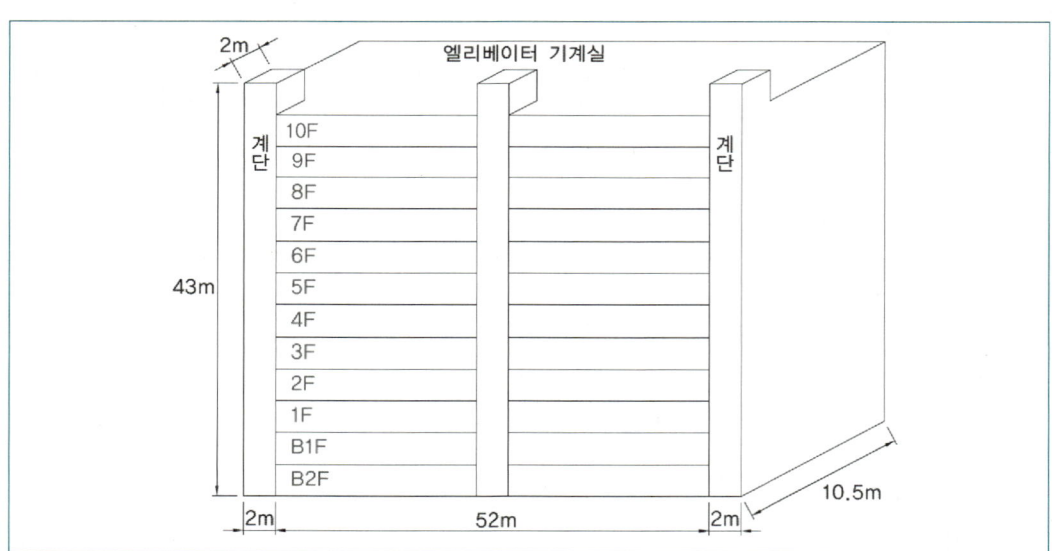

(1) 자동화재탐지설비의 경계구역수를 산출하시오. (단, 산출과정을 상세히 설명할 것)
(2) 지상 1층에서 화재발생 시 경보되어야 할 층을 쓰시오.
(3) 다음 (   ) 안을 채우시오.

> 자동화재탐지설비에는 그 설비에 대한 감시상태를 (①)분간 지속한 후 유효하게 (②)분 이상 경보할 수 있는 (③)를 설치하여야 한다. 다만, (④)이 (⑤)인 경우에는 그러하지 아니하다.

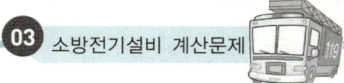

해설

(1) 자동화재탐지설비의 경계구역수
① 1개 층당 경계구역수 산정
  ㉠ $56m \times 10.5m = 588m^2$ ∴ $588m^2 - (계단\ 2개소 + E/V\ 샤프트) = 588 - 2 \times 2 \times 3 = 576m^2$
    으로 하나의 경계구역에 해당하나 한 변의 길이가 50m를 초과(56m)하므로 하나의 층은 각각 2개의 경계구역으로 산정한다.
  ㉡ 층당 2개의 경계구역×12개 층=24개
  → 주된 출입구에 대한 조건이 부족하며, 내부 전체가 보이는 구조가 아니므로 중간 E/V 샤프트로 인한 면적 $600m^2$와 한 변의 길이 50m 이내 기준으로 산정하였음.
② 계단 및 엘리베이터 기계실 경계구역수 산정
  ㉠ 좌측 및 우측의 계단실은 지하 2층 이상이므로 지상층과 지하층은 별도의 경계구역으로 산정
    ∴ 2개 경계구역×2개소 계단실=4개
  ㉡ 엘리베이터 기계실은 계단 경사로와 같이 45m마다 구획하는 것이 아니므로 1개 경계구역으로 설정한다.
  ㉢ ∴ 계단실 4구역+E/V 기계실 1구역=5구역
③ 총 경계구역=24+5=29경계구역

(2) 지상 1층에서 화재발생 시 경보되어야 할 층
    전층 경보

(3) 다음 (   ) 안을 채우시오.
   자동화재탐지설비에는 그 설비에 대한 감시상태를 (① 60)분간 지속한 후 유효하게 (② 10)분 이상 경보할 수 있는 [③ 축전지설비(수신기에 내장하는 경우를 포함한다) 또는 전기저장장치(외부에너지를 저장해 두었다가 필요할 때 전기를 공급하는 장치)]를 설치하여야 한다. 다만, (④ 상용전원)이 (⑤ 축전지설비)인 경우 또는 건전지를 주전원으로 사용하는 무선식설비인 경우 그렇지 않다.

4 조건에 따라 최소 경계구역수를 구하시오. 관설14(유사문제)

〈 조 건 〉

① 전층 스프링클러가 설치되어 있다.
② 1~9F은 거실제연설비가 설치되고 바닥면적은 $3,000m^2$
③ B1~B3F 준비작동식 스프링클러설비가 설치되었으며, 주차장으로 바닥면적은 $3,000m^2$
④ B4F 기계실 $250m^2$, 전기실 $350m^2$로 불활성기체소화설비 설치
⑤ 각 층의 층고는 6m이다.
⑥ 거실제연설비 및 스프링클러설비는 화재안전기술기준상 최대면적으로 구획되어 있다.
⑦ 주어지지 않은 조건은 무시함

PH		E/V 기계실 →
9F		판매시설
8F		판매시설
7F		판매시설
6F		판매시설
5F		판매시설
4F	계단실	판매시설
3F		판매시설
2F		판매시설
1F		판매시설
B1F		주 차 장
B2F		주 차 장
B3F		주 차 장
B4F		기계실 / 전기실

(승강로)

해설

(1) 계단실 : 지하 1층을 초과하므로 지상층과 별도로 구획하여야 하며, 지상층은 6m×10층=60m(옥상층 계단을 포함)하므로, 45m를 초과하므로 2구역으로 나누어 총 3경계구역이다.
(2) E/V 기계실 : 1경계구역

(3) **판매시설** : 스프링클러설비·물분무등소화설비 또는 제연설비의 화재감지장치로서 화재감지기를 설치한 경우의 경계구역은 당해 소화설비의 방사구역 또는 제연구역과 동일하게 설정할 수 있으므로, 화재안전기술기준상 최대로 할 수 있는 제연구역의 구획은 1,000m² 이내이므로
3개 구역×9층=27경계구역
(4) **주차장** : 화재안전기술기준상 최대로 할 수 있는 방호구역은 3,000m² 초과할 수 없으므로
1개구역×3개 층=3경계구역
(5) **전기실** : 불활성기체소화설비(물분무등소화설비)가 설치되어 1경계구역을 별도로 한다.
(6) **기계실** : 자동화재탐지설비 대상으로서 600m² 이하이므로, 1경계구역
(7) **경계구역 합계** : 3+1+27+3+1+1=36 ∴ 총 36경계구역

5 다음 물음에 대하여 답하시오.

(1) 부착높이 8m 이상 15m 미만에 설치하는 감지기를 쓰시오.
(2) 부착높이 15m 이상 20m 미만에 설치하는 감지기를 쓰시오. 술61(10)74(10)
(3) 부착높이 20m 이상의 장소에 설치하는 감지기의 종류 및 설치기준을 쓰시오.
술62(25)95(25)
(4) 화재안전기술기준에 규정된 (3)의 감지기를 설치할 수 있는 장소를 쓰시오.
술66(10)86(25)

해설

부착높이	감지기의 종류
(1) 8m 이상 15m 미만 **암기법** 차이광연불	**차**동식 분포형 **이**온화식 1종 또는 2종 **광**전식(스포트형, 분리형, 공기흡입형) 1종 또는 2종 **연**기복합형 **불**꽃감지기
(2) 15m 이상 20m 미만 **암기법** 이광연불	**이**온화식 1종 **광**전식(스포트형, 분리형, 공기흡입형) 1종 **연**기복합형 **불**꽃감지기
(3) 20m 이상 **암기법** 불광	**불**꽃감지기 **광**전식(분리형, 공기흡입형) 중 아나로그방식

① 불꽃감지기의 설치기준 술61(25)63(25)69(25)75(10)82(25)90(10)103(10)115(10)관점12
  ㉠ 공칭감시거리 및 공칭시야각은 **형**식승인 내용에 따를 것
  ㉡ 그 밖의 설치기준은 형식승인 내용에 따르며 형식승인 사항이 아닌 것은 제조사의 **시방**에 따라 설치할 것
  ㉢ 감지기를 **천장**에 설치하는 경우에는 감지기는 바닥을 향하여 설치할 것
  ㉣ 감지기는 화재감지를 유효하게 감지할 수 있는 **모서리** 또는 벽 등에 설치할 것
  ㉤ **수분**이 많이 발생할 우려가 있는 장소에는 방수형으로 설치할 것
  ㉥ 감지기는 공칭감시거리와 공칭시야각을 기준으로 **감시**구역이 모두 포용될 수 있도록 설치할 것
    암기법 형! 시방 천장 모서리에 수분 감시

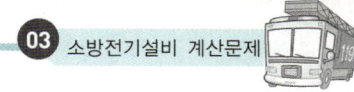

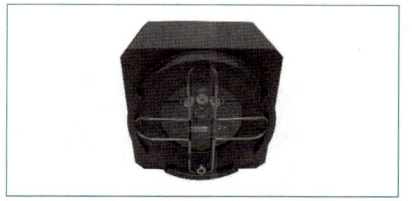

〈UV(자외선) IR(적외선) 겸용 감지기〉

〈IR(적외선) 감지기〉

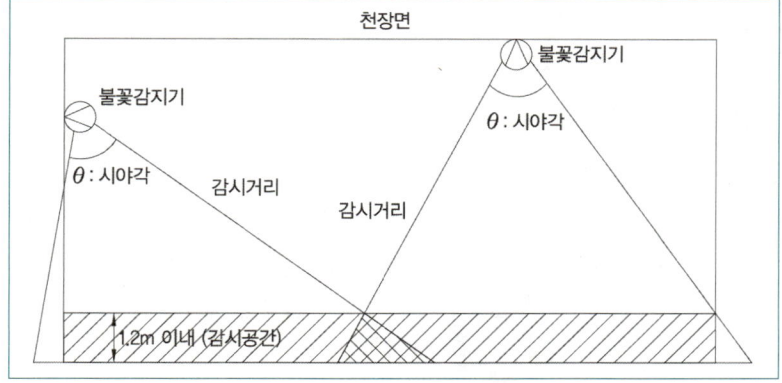

〈불꽃감지기의 설치 예〉

② 광전식분리형 감지기는 다음의 기준에 따라 설치할 것 술77(25)84(25)94(25)97(10)101(25)관점19
  ㉠ 감지기의 수광면은 햇빛을 직접 받지 않도록 설치할 것
  ㉡ 광축(송광면과 수광면의 중심을 연결한 선)은 나란한 벽으로부터 0.6m 이상 이격하여 설치할 것
  ㉢ 감지기의 송광부와 수광부는 설치된 뒷벽으로부터 1m이내 위치에 설치할 것
  ㉣ 광축의 높이는 천장 등(천장의 실내에 면한 부분 또는 상층의 바닥하부면을 말한다) 높이의 80% 이상일 것
  ㉤ 감지기의 광축의 길이는 공칭감시거리 범위 이내일 것
  ㉥ 그 밖의 설치기준은 형식승인 내용에 따르며 형식승인 사항이 아닌 것은 제조사의 시방에 따라 설치할 것

📝암기법 **그림으로 암기**

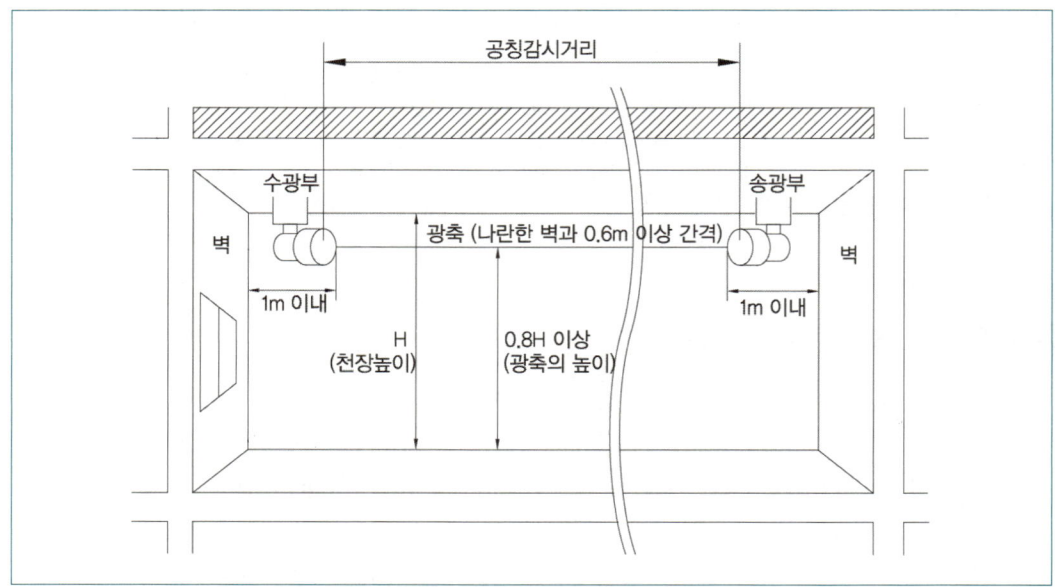

〈광전식분리형 감지기의 설치〉

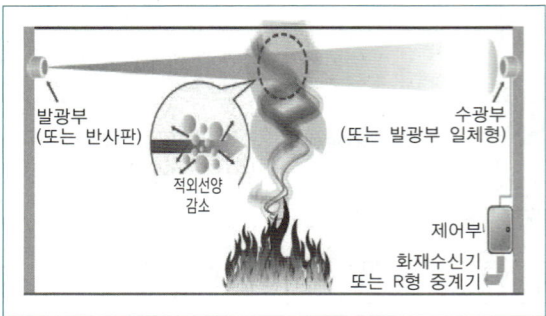 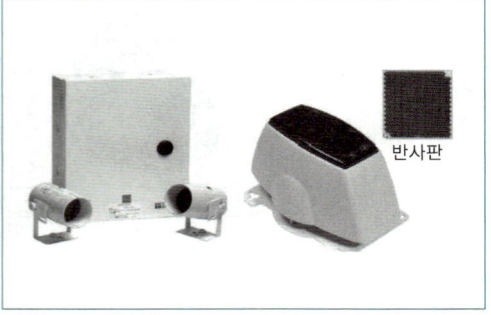

〈광전식분리형 감지기(일반형, 반사판형)〉

> **참고만**
>
> ☑ **광전식 공기흡입형**
> 감지기 내부에 장착된 공기흡입장치로 감지하고자 하는 위치의 공기를 흡입하고 흡입된 공기에 일정한 농도의 연기가 포함된 경우에 작동하는 것 술66(10)86(25)101(25)
>
>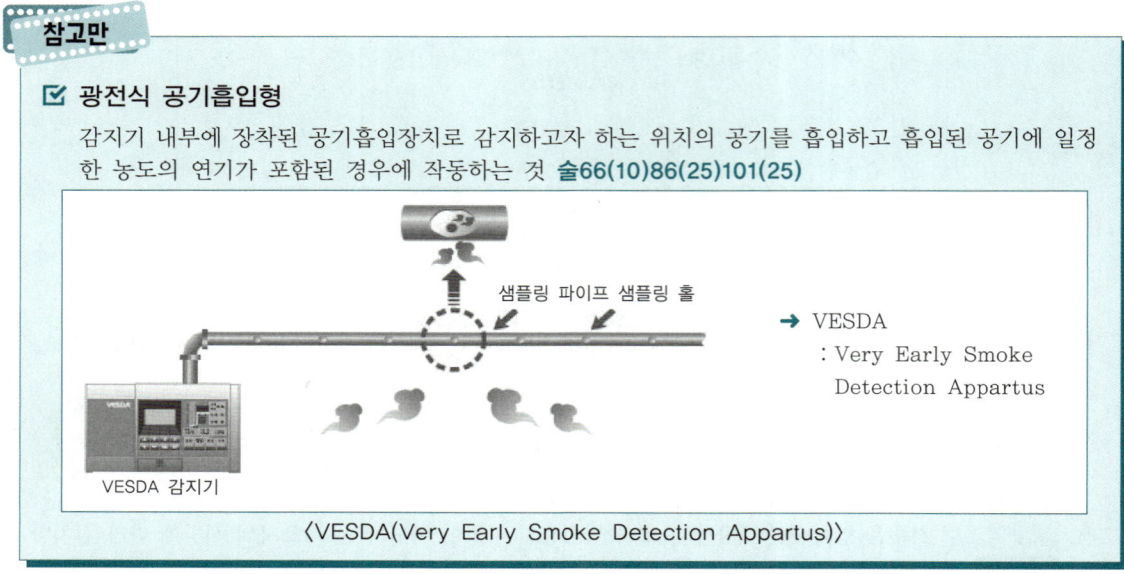
>
> → VESDA
>   : Very Early Smoke Detection Appartus
>
> 〈VESDA(Very Early Smoke Detection Appartus)〉

(4) 다음의 장소에는 각각 광전식분리형 감지기 또는 불꽃감지기를 설치하거나 광전식공기흡입형 감지기를 설치할 수 있다.
 ① **화**학공장·**격**납고·**제**련소등 : **불꽃**감지기 또는 광전식**분리**형 감지기. 이 경우 각 감지기의 공칭감시거리 및 공칭시야각 등 감지기의 성능을 고려하여야 한다.
 ② **반**도체 공장 또는 **전**산실 등 : 광전식공기**흡입**형 감지기. 이 경우 설치장소·감지면적 및 공기흡입관의 이격거리 등은 형식승인 내용에 따르며 형식승인 사항이 아닌 것은 제조사의 시방에 따라 설치하여야 한다.
 🖉**암기법** 화격제 불꽃 분리, 반전 흡입

6 다음 물음에 대하여 답하시오.

(1) MIE의 분산법칙을 설명하시오. 술117(10) 🔥
(2) 이온화식 연기감지기의 감지원리를 설명하시오. 술102(10) 🔥
(3) 광전식 연기감지기의 감지원리를 설명하시오. 술101(25)102(10) 🔥
(4) 연기감지기 설치장소와 연기감지기를 대체 가능한 경우를 쓰시오. 술114(10)
(5) 연기감지기의 설치기준을 쓰시오. 술84(25)85(10)101(25)115(25)관설1,4 🔥🔥
(6) 연기감지기의 도시기호 4가지를 모두 그리시오. 🔥🔥🔥

해설

(1) MIE의 분산법칙 : 입사되는 빛의 파장의 크기보다 입자의 크기가 커야 산란(반사)되는 것을 말한다. 일반적인 연기감지기의 작동원리가 된다. 산란되는 광량의 증가에 따라 광전식 스포트형은 작동하며, 산란되는 광량의 감소에 의해 광전식 분리형은 작동하게 된다. 입자의 크기와 산란과의 관계는 다음과 같다.
① 입자의 크기 ≒ 파장의 크기 → 감도가 최대
② 입자의 크기 > 파장의 크기 → 파장을 흡수
③ 입자의 크기 < 파장의 크기 → 파장이 연기 입자를 통과한다. (감지 안 됨)

(2) 이온화식 연기감지기의 감지원리 : 이온화식 감지기란 주위의 공기가 일정한 농도의 연기를 포함하게 되는 경우에 작동하는 것으로서 일국소의 연기에 의하여 이온전류가 변화하여 작동하는 것을 말한다.
① 이온화식 연기감지기는 감지실(이온실)에 방사능 물질인 Americium-241에 의해 α선을 방출하여 공기분자를 +이온과 -이온으로 분리시키며, 이러한 이온들이 전기장 내로 들어오면 전류를 발생시키게 된다. (감시전류) 이러한 감시전류의 크기는 전극 사이의 공기 함량에 따른 이온생성수에 따라 달라진다.
② 이때 연기가 감지기 내부로 유입되면 이온이 연기중의 미립자에 흡착되어 이동속도가 저하되고 이온화작용을 방해하게 된다.
③ 이에 따라 전류치는 급격히 감소되어 전압은 상승하게 되어, 이를 증폭하여 스위칭회로를 동작시켜 수신기로 신호를 보낸다.
즉, 평상 시 : $V_1 = V_2$, 화재 시 : 저항증가 → 전압증가 → 감도전압(ΔV) 이상 시 작동

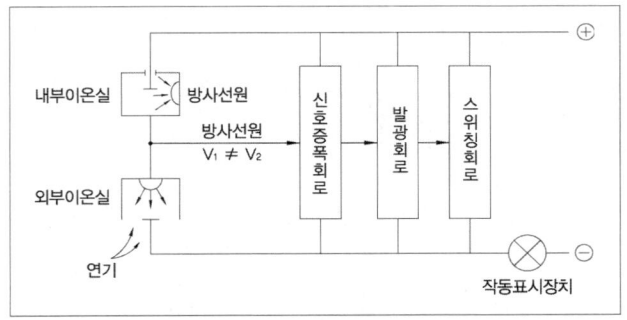
〈이온화식스포트형 감지기의 구조〉

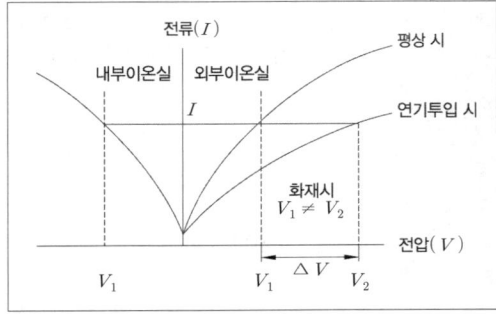
〈이온화식스포트형 감지기의 동작 메커니즘〉

(3) 광전식 연기감지기의 감지원리 : 주위의 공기가 일정한 농도의 연기를 포함하게 되는 경우에 작동하는 것으로서 일국소의 연기에 의하여 광전소자에 접하는 광량의 변화로 작동한다.

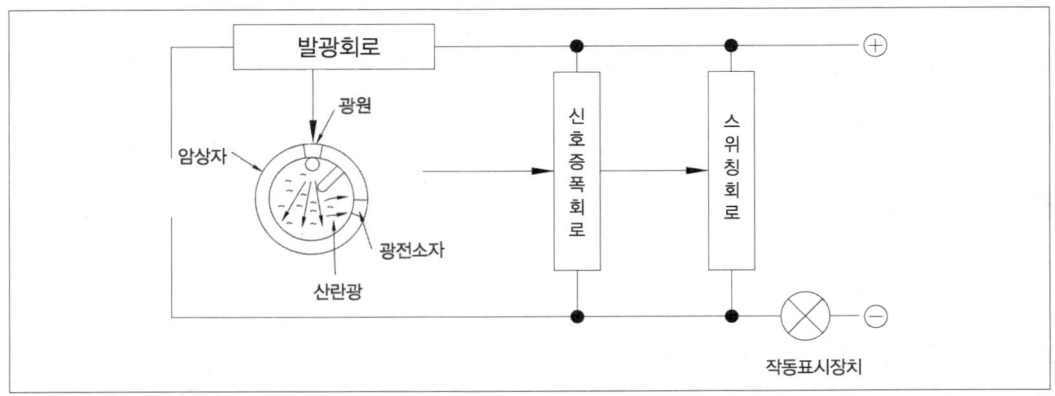
〈광전식스포트형 감지기의 구조〉

(4) 연기감지기 설치장소와 연기감지기 대체 가능한 경우
① 연기감지기 설치장소
㉠ 계단·경사로 및 에스컬레이터 경사로

ⓒ 복도(30m 미만의 것을 제외한다)
　　ⓒ 엘리베이터 승강로(권상기실이 있는 경우에는 권상기실)·린넨슈트·파이프 피트 및 덕트 기타 이와 유사한 장소
　　② 천장 또는 반자의 높이가 15m 이상 20m 미만의 장소
　　◎ 취침·숙박·입원 등 이와 유사한 용도로 사용하는 거실 **관점19**
　　　• 공동주택·오피스텔·숙박시설·노유자시설·수련시설
　　　• 교육연구시설 중 합숙소
　　　• 의료시설, 근린생활시설 중 입원실이 있는 의원·조산원
　　　• 교정 및 군사시설
　　　• 근린생활시설 중 고시원
　　　🖊암기법 계복엘천 취숙[오공 숙박노숙(수) 조교 합의의 고시원]

② 연기감지기를 대체 가능한 경우
　ⓐ 교차회로방식에 따른 감지기가 설치된 장소
　ⓑ 축적방식의 감지기   ⓒ 광전식분리형 감지기
　ⓓ 복합형 감지기   ⓔ 정온식감지선형 감지기
　ⓕ 아날로그방식의 감지기   ⓖ 불꽃감지기
　ⓗ 분포형 감지기   ⓘ 다신호방식의 감지기
　🖊암기법 교 축 광복 정아 불분다

(5) 연기감지기의 설치기준
① 감지기는 **복도** 및 **통로**에 있어서는 보행거리 30m(3종에 있어서는 20m)마다, **계단** 및 **경사로**에 있어서는 수직거리 **15m**(3종에 있어서는 10m)마다 1개 이상으로 할 것 **술132(25)**
② 천장 또는 반자가 **낮은** 실내 또는 좁은 실내에 있어서는 출입구의 가까운 부분에 설치할 것
③ 천장 또는 반자부근에 **배기구**가 있는 경우에는 그 부근에 설치할 것
④ 감지기는 **벽** 또는 보로부터 **0.6m 이상** 떨어진 곳에 설치할 것
⑤ 감지기의 **부착**높이에 따라 다음 표에 따른 바닥면적마다 1개 이상으로 할 것

부착높이	감지기의 종류	
	1종 및 2종	3종
4m 미만	150m²	50m²
4m 이상 20m 미만	75m²	—

🖊암기법 복통이 서서이(332) 개겨(계경) 일요일(151) 낮은 배기구에 벽보는 0.6m 이상 부착

(6) 연기감지기의 도시기호

명칭	도시기호	명칭	도시기호
연기감지기	☐S	이온화식감지기 (스포트형)	☐S_I
광전식연기감지기 (아날로그)	☐S_A	광전식연기감지기 (스포트형)	☐S_P

🖊암기법 연 아이스

---

7 다음 물음에 답하시오. 술113(10)

(1) 열복합형 감지기의 설치기준에 대하여 쓰시오. 🔥🔥🔥
(2) 연기복합형 감지기의 설치기준에 대하여 쓰시오. 🔥🔥🔥
(3) 열연기복합형 감지기의 설치기준에 대하여 쓰시오. 🔥🔥🔥

해설

(1) 열복합형 감지기의 설치기준
① 정온점이 감지기 주위의 평상 시 최고온도보다 20℃ 이상 높은 것으로 설치할 것(보상식스포트형 감지기와 동일함)
② 감지부는 그 부착높이 및 특정소방대상물에 따라 다음 표에 따른 바닥면적마다 1개 이상으로 할 것. 다만, 바닥면적이 다음 표에 따른 면적의 2배 이하인 경우에는 2개(부착높이가 8m 미만이고, 바닥면적이 다음 표에 따른 면적 이하인 경우에는 1개) 이상으로 하여야 한다.

〈열반도체식 차동식분포형 감지기와 동일 술63(10)66(25)〉

부착높이 및 소방대상물의 구분		감지기의 종류	
		1종	2종
8m 미만	주요구조부가 내화구조로된 소방대상물 또는 그 부분	65m²	36m²
	기타 구조의 소방대상물 또는 그 부분	40m²	23m²
8m 이상 15m 미만	주요구조부가 내화구조로 된 소방대상물 또는 그 부분	50m²	36m²
	기타 구조의 소방대상물 또는 그 부분	30m²	23m²

③ 하나의 검출기에 접속하는 감지부는 2개 이상 15개 이하가 되도록 할 것. 다만, 각각의 감지부에 대한 작동여부를 검출기에서 표시할 수 있는 것(주소형)은 형식승인 받은 성능인정범위 내의 수량으로 설치할 수 있다. [열반도체식 차동식분포형 감지기와 동일함 술63(10)66(25)]

(2) 연기복합형 감지기의 설치기준[연기감지기의 설치기준과 동일]
① 감지기는 **복도 및 통로**에 있어서는 보행거리 **30m**(3종에 있어서는 **20m**)마다, **계단 및 경사로**에 있어서는 수직거리 **15m**(3종에 있어서는 10m)마다 1개 이상으로 할 것
② 천장 또는 반자가 **낮은** 실내 또는 좁은 실내에 있어서는 출입구의 가까운 부분에 설치할 것
③ 천장 또는 반자부근에 **배기구**가 있는 경우에는 그 부근에 설치할 것
④ 감지기는 **벽** 또는 **보**로부터 **0.6m 이상** 떨어진 곳에 설치할 것
⑤ 감지기의 **부착**높이에 따라 다음 표에 따른 바닥면적마다 1개 이상으로 할 것

부착높이	감지기의 종류	
	1종 및 2종	3종
4m 미만	150m²	50m²
4m 이상 20m 미만	75m²	-

암기법 복통이 서서이(332) 개겨(계경) 일요일(151) 낮은 배기구에 벽보는 0.6m 이상 부착

(3) 열연기복합형 감지기의 설치기준
① 그 부착 높이 및 특정소방대상물에 따라 다음 표에 따른 바닥면적마다 1개 이상을 설치

〈차동식스포트형 · 보상식스포트형 및 정온식스포트형 감지기와 동일 술66(25)82(10)관설4,6〉

부착높이 및 소방대상물의 구분		감지기의 종류[m²]					
		차동식 스포트형		보상식 스포트형		정온식 스포트형		
		1종	2종	1종	2종	특종	1종	2종
4m 미만	주요구조부를 내화구조로 한 소방대상물 또는 그 부분	90	70	90	70	70	60	20
	기타 구조의 소방대상물 또는 그 부분	50	40	50	40	40	30	15
4m 이상 8m 미만	주요구조부를 내화구조로 한 소방대상물 또는 그 부분	45	35	45	35	35	30	
	기타 구조의 소방대상물 또는 그 부분	30	25	30	25	25	15	

② 감지기는 **복**도 및 **통**로에 있어서는 보행거리 30m(3종에 있어서는 20m)마다, **계**단 및 **경**사로에 있어서는 수직거리 15m(3종에 있어서는 10m)마다 1개 이상으로 할 것 [연기감지기의 설치기준과 동일함]
③ 감지기는 **벽** 또는 **보**로부터 **0.6m 이상** 떨어진 곳에 설치할 것[연기감지기의 설치기준과 동일함]
🖊️**암기법** 복통이 서서이(332) 개겨(계경) 일요일(151) 벽보는 0.6m 이상

8 다음 물음에 답하시오.

(1) 열전대식 차동식분포형 감지기의 설치기준을 쓰시오. 술63(10)66(25)88(25) 🔥🔥
(2) 열전대식 차동식분포형 감지기 및 열반도체식 차동식분포형 감지기의 도시기호를 그리시오. 🔥🔥

📢 **해설**

(1) 열전대식 차동식분포형 감지기의 설치기준
① 하나의 검출부에 접속하는 열전대부는 **20개** 이하로 할 것. 다만, 각각의 열전대부에 대한 작동여부를 검출부에서 표시할 수 있는 것(주소형)은 형식승인 받은 성능인정범위 내의 수량으로 설치할 수 있다.
② **열전대**부는 감지구역의 바닥면적 $18m^2$(주요구조부가 **내화구조**로 된 특정소방대상물에 있어서는 $22m^2$)마다 1개 이상으로 할 것. 다만, 바닥면적이 $72m^2$(주요구조부가 내화구조로 된 특정소방대상물에 있어서는 $88m^2$) 이하인 특정소방대상물에 있어서는 4개 이상으로 하여야 한다.
🖊️**암기법** 20개 열전대 18 내조 두리(22) 치리(72) 팔팔(88)

(2) 열전대식 차동식분포형 감지기 및 열반도체식 차동식분포형 감지기의 도시기호
① 차동식분포형 열전대 : ▬■
② 차동식분포형 열반도체 : ∞

9 정온식감지선형 감지기의 설치기준 및 작동원리를 쓰고 도시기호를 그리시오.
술71(25)96(10)105(10)114(10)118(25)관점14,18,21

📢 **해설**

(1) 정온식감지선형 감지기의 설치기준
① 감지기와 감지구역의 각 부분과의 수평**거리**가 내화구조의 경우 1종 **4.5m** 이하, 2종 **3m** 이하로 할 것. 기타 구조의 경우 1종 **3m** 이하, 2종 **1m** 이하로 할 것
② **분**전반 내부에 설치하는 경우 접착제를 이용하여 돌기를 바닥에 고정시키고 그 곳에 감지기를 설치할 것
③ **케**이블트레이에 감지기를 설치하는 경우에는 케이블트레이 받침대에 마감금구를 사용하여 설치할 것
④ 지**하**구나 창고의 천장 등에 **지**지물이 적당하지 않는 장소에서는 보조선을 설치하고 그 보조선에 설치할 것
⑤ 보조선이나 **고정**금구를 사용하여 감지선이 늘어지지 않도록 설치할 것
⑥ 단자부와 마감 고정금구와의 설치간격은 **10cm** 이내로 설치할 것
⑦ 감지선형 감지기의 굴곡**반경**은 **5cm** 이상으로 할 것
⑧ 그 밖의 설치방법은 형식승인 내용에 따르며 형식승인 사항이 아닌 것은 제조사의 시방(示方)에 따라 설치할 것
🖊️**암기법** 거리에 싸워삼(4.5, 3) 삼일(3,1) 분케하지 고정 10cm 반경 5cm

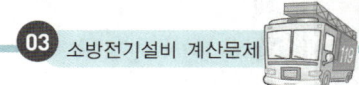

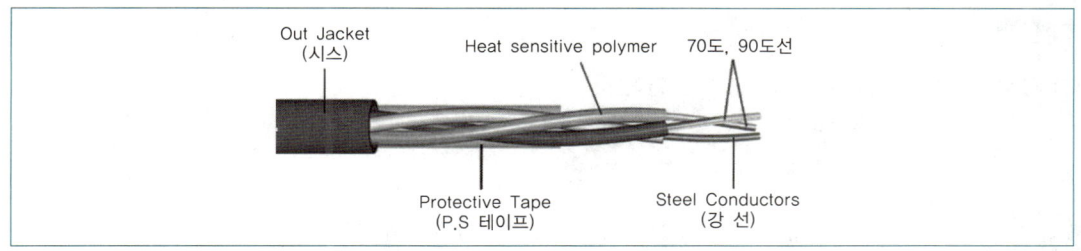

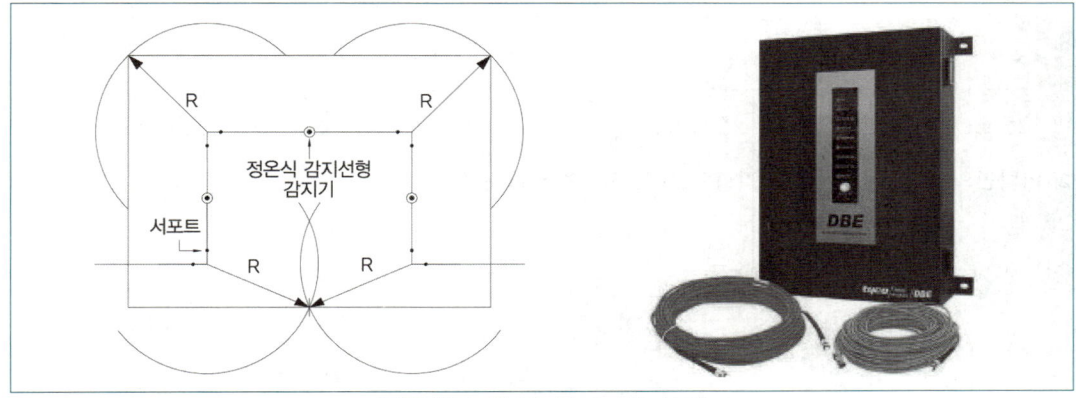

〈정온식감지선형 감지기의 설치〉

정온식 감지선의 구분	내화구조	기타구조
1종 R(수평거리)	4.5m	3m
2종 R(수평거리)	3m	1m

(2) 정온식감지선형 감지기의 작동원리
① 서로 꼬인 강철선이 원형으로 되돌아가고자 하는 비틀리는 힘을 이용
② 내열성능이 아주 작은 Ethyle Cellulose로 꼬인 강철선을 피복하고 난연성 재질로 피복
③ 화재 시 열, 화염에 의해 트위스트된 강철선이 단락되어 동작
④ 절연이 파괴되어 동작하므로 녹은 부분은 재사용이 불가능

(3) 정온식감지선형 감지기의 도시기호 : ─⬤─

10 건축물 실내 천장면에 설치된 불꽃감지기의 부착높이가 8.66m, 불꽃감지기의 공칭감시거리 10m, 공칭시야각은 60°이다. 불꽃감지기가 바닥면까지 원뿔형의 형태로 감지할 경우 다음 각 물음에 답하시오. 🔥🔥

(1) 감지기 1개가 감지하는 바닥면의 원면적 [m²]은?
(2) 설계적용 시 불꽃감지기의 1개당 실제 감지면적을 바닥면의 원에 내접한 정사각형으로 적용할 경우 정사각형의 면적 [m²]은?

해설

(1) 감지기 1개가 감지하는 바닥면의 원면적[m²]

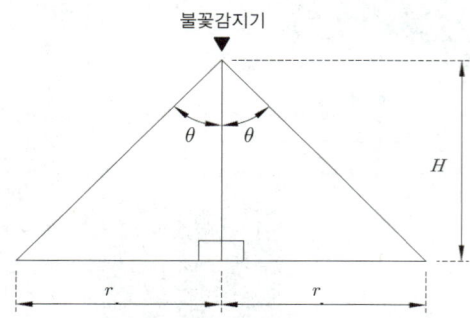

공칭감시거리 : R
공칭시야각 : 2θ
감지면적 : S
감지기 부착높이 : H
원의 반지름 : r

$\tan\theta = \dfrac{r}{H}$ 이므로 $r = H \cdot \tan\theta$, $\theta = 30°$ 이므로
$r = 8.66\text{m} \times \tan 30° = 4.999 \quad \therefore 5\text{m}$
$S = \pi r^2 = \pi \times 5^2 \text{m}^2 = 78.539 \quad \therefore 78.54\text{m}^2$

(2) 바닥면의 원에 내접한 정사각형으로 적용할 경우의 면적[m²]

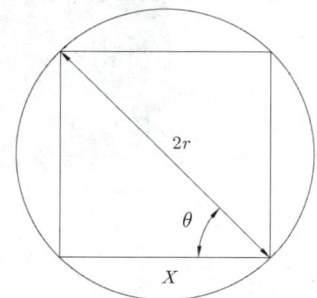

$\cos\theta = \dfrac{X}{2r}$ 이므로 $X = 2r \cdot \cos\theta$, $\theta = 45°$
$X = 2 \times 5\text{m} \times \cos 45° = 7.071 \quad \therefore 7.07\text{m}$
$X^2 = 7.07^2 \text{m}^2 = 49.984 \quad \therefore 49.98\text{m}^2$

11 공칭시야각 90°, 공칭감시거리 20m인 불꽃감지기를 다음 조건과 같은 실내의 천장면에서 바닥면을 향하여 균등하게 배치하여 화재를 감시하고자 한다. 불꽃감지기 1개가 방호하는 감지면적을 계산하여 최소설치수량을 산출하시오. (단, 기타 조건은 무시한다.) 🔥🔥

―⟨ 조 건 ⟩―

① 바닥면적 392m²(14m×28m)
② 천장높이 5m

해설

(1) 감지기 1개가 감지하는 바닥면의 원면적[m²]

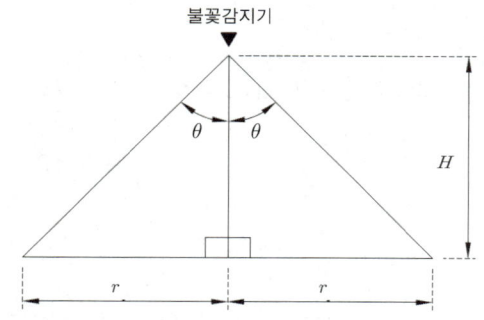

공칭감시거리 : R
공칭시야각 : $2\theta = 90°$
감지면적 : S
감지기 부착높이 : $H = 5\text{m}$
원의 반지름 : r

$\tan\theta = \dfrac{r}{H}$ 이므로 $r = H \cdot \tan\theta$, $\theta = 45°$ 이므로
$r = 5\text{m} \times \tan 45° = 5 \quad \therefore 5\text{m}$
$S = \pi r^2 = \pi \times 5^2 \text{m}^2 = 78.539 \quad \therefore 78.54\text{m}^2$

(2) 바닥면의 원에 내접한 정사각형으로 적용할 경우의 면적[m²]

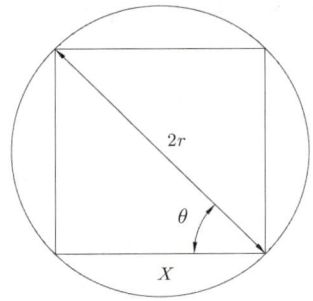

$\cos\theta = \dfrac{X}{2r}$ 이므로 $X = 2r \cdot \cos\theta$, $\theta = 45°$

$X = 2 \times 5\text{m} \times \cos 45° = 7.071$ ∴ 7.07m

$X^2 = 7.07^2 \text{m}^2 = 49.984$ ∴ $49.98\,\text{m}^2$

(3) 불꽃감지기 최소 설치 수량(스프링클러헤드를 정방형으로 배치하는 경우와 동일)

$X = 2r \cdot \cos\theta = 2 \times 5\text{m} \times \cos 45° = 7.071$ ∴ 7.071m

가로 14m이므로 14m ÷ 7.071m = 1.979 ∴ 2개

세로 28m이므로 28m ÷ 7.071m = 3.959 ∴ 4개

∴ 2개 × 4개 = 8개

12 자동화재탐지설비의 감지기 설치제외 장소를 쓰시오. 술63(25)104(10)

해설

(1) **부**식성가스가 체류하고 있는 장소
(2) **목**욕실·욕조나 샤워시설이 있는 화장실·기타 이와 유사한 장소
(3) **천**장 또는 반자의 높이가 20m 이상인 장소. 다만, 부착높이에 따라 적응성이 있는 장소는 제외한다.
(4) **먼**지·가루 또는 수증기가 다량으로 체류하는 장소 또는 주방 등 평시에 연기가 발생하는 장소(연기감지기에 한한다)
(5) **고**온도 및 저온도로서 감지기의 기능이 정지되기 쉽거나 감지기의 유지관리가 어려운 장소
(6) **파**이프덕트 등 그 밖의 이와 비슷한 것으로서 2개층마다 방화구획된 것이나 수평단면적이 5m² 이하인 것
(7) **프**레스공장·주조공장 등 화재발생의 위험이 적은 장소로서 감지기의 유지관리가 어려운 장소
(8) **헛**간 등 외부와 기류가 통하는 장소로서 감지기에 따라 화재발생을 유효하게 감지할 수 없는 장소

암기법 부목천 먼고 파프 헛간

13 자동화재탐지설비 계통도에서 간선(a~f)의 최소 전선수를 명기하시오. (단, 감지기의 경종 표시등의 공통선은 별개로 하며, 직상층 우선경보 방식임.) 관설2

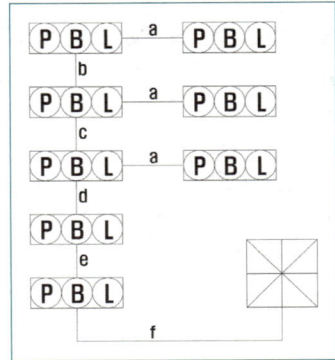

🔦 해설

(1) a 전선수 6선(회로 공통, 경종표시등 공통, 표시, 발신기, 경종, 회로) : 우선경보방식이므로 경종선과 회로선이 추가되며 회로 공통은 7회로마다 추가된다.
(2) b 전선수 : 7선
(3) c 전선수 : 9선
(4) d 전선수 : 11선
(5) e 전선수 : 13선
(6) f 전선수 : 14선

14 수신기에 소비전류가 250mA인 모터사이렌이 60m 간격으로 4개가 설치되어 있다. 마지막 모터사이렌에 공급되는 전압 [V]을 구하시오. (단, 직렬로 설치되어 있으며, 수신기에서의 공급전압은 DC 24V이고 모터사이렌의 소비전력은 48W, 전선의 굵기는 2.0mm²이며, 전선저항은 8.75Ω/km이다.) 관설21(유사) 🔥🔥

🔦 해설

구분	전압강하(Ⅰ) 술125(25)	전압강하(Ⅱ)	전력
단상 2선식	$e = \dfrac{35.6LI}{1,000A}$	$e = V_s - V_r = 2IR$	$P = VI\cos\theta$
3상 3선식	$e = \dfrac{30.8LI}{1,000A}$	$e = V_s - V_r = \sqrt{3}IR$	$P = \sqrt{3}VI\cos\theta$
단상 3선식 3상 4선식	$e' = \dfrac{17.8LI}{1,000A}$	—	—

여기서, e : 각 선로간의 전압강하[V]　　e' : 각 선로간의 1선과 중심선 사이의 전압강하[V]
　　　　A : 전선단면적[mm²]　　　　　L : 선로길이[m]
　　　　I : 전부하전류[A]　　　　　　　V_s : 입력전압[V]
　　　　V_r : 출력전압(단자전압)[V]　　$\cos\theta$: 역률

모터사이렌은 단상 2선식이며, 역률은 조건에 없으므로
(1) 전류 : $I = \dfrac{P}{V} = \dfrac{48}{24} = 2$　∴ 2A
(2) 전선저항(R)은 8.75Ω/km이므로 8.75Ω/km × 0.24km = 2.1Ω
　　단자전압 : $V_r = V_s - 2IR = 24 - (2 \times 2 \times 2.1\Omega) = 15.6$　∴ 15.6V

15 다음 조건의 회로에서 벨, 표시등 공통선의 소요전류와 KS IEC 규격에 의한 전선의 단면적을 구하시오. 🔥🔥

―――――⟨ 조 건 ⟩―――――
① 수신기 : P형 25회로, DC 24V　② 전압강하 : 20%
③ 벨의 소요전류 : 0.06A　　　　④ 표시등의 소요전류 : 0.05A
⑤ 수신기와 선로의 길이 : 500m

구분	전압강하(Ⅰ)	전압강하(Ⅱ)	전력
단상 2선식	$e = \dfrac{35.6LI}{1,000A}$	$e = V_s - V_r = 2IR$	$P = VI\cos\theta$
3상 3선식	$e = \dfrac{30.8LI}{1,000A}$	$e = V_s - V_r = \sqrt{3}\,IR$	$P = \sqrt{3}\,VI\cos\theta$
단상 3선식 3상 4선식	$e' = \dfrac{17.8LI}{1,000A}$	–	–

여기서, e : 각 선로간의 전압강하[V]　　e' : 각 선로간의 1선과 중심선 사이의 전압강하[V]
　　　　A : 전선단면적[mm²]　　　　　L : 선로길이[m]
　　　　I : 전부하전류[A]　　　　　　V_s : 입력전압[V]
　　　　V_r : 출력전압(단자전압)[V]　　$\cos\theta$: 역률

DC 24V이므로 단상 2선식으로 적용하며, $L=500\text{m}$이므로 전부하전류와 전압강하를 구하면
(1) **전부하전류** : P형 25회로이고 기타 조건이 없으므로 일제명동으로 간주하므로 벨(소요전류 0.06A)과 표시등
　　(소요전류 0.05A) 등을 총 25개로 본다.
　　$I = (0.06A + 0.05A) \times 25회로 = 2.75 \quad \therefore 2.75A$
(2) **전압강하** : 24V에 전압강하는 20%이므로
　　$e = 24V \times 0.2 = 4.8 \quad \therefore 4.8V$
(3) **전선의 단면적을 구하면**
　　$A = \dfrac{35.6LI}{1,000e} = \dfrac{35.6 \times 500\text{m} \times 2.75A}{1,000 \times 4.8V} = 10.197 \quad \therefore 10.2\text{mm}^2$

16 3상 3선식 380[V]로 수전하는 곳의 부하전력이 95[kW], 역률이 85[%], 구내배선의 길이는 150[m]이다. 전압강하를 8[V]까지 허용하는 경우, 배선의 단면적을 계산하고 이를 표준규격품으로 답하시오. 🔥🔥

〈배선 표준 규격(단위 : mm²)〉

0.5	0.75	1	1.5	2.5	4	6	10	16	25	35	50
70	95	120	150	185	240	300	400	500	630	800	1,000

해설

구분	전압강하(Ⅰ)	전압강하(Ⅱ)	전력
단상 2선식	$e = \dfrac{35.6LI}{1,000A}$	$e = V_s - V_r = 2IR$	$P = VI\cos\theta$
3상 3선식	$e = \dfrac{30.8LI}{1,000A}$	$e = V_s - V_r = \sqrt{3}\,IR$	$P = \sqrt{3}\,VI\cos\theta$
단상 3선식 3상 4선식	$e' = \dfrac{17.8LI}{1,000A}$	–	–

여기서, e : 각 선로간의 전압강하[V]　　e' : 각 선로간의 1선과 중심선 사이의 전압강하[V]
　　　　A : 전선단면적[mm²]　　　　　L : 선로길이[m]
　　　　I : 전부하전류[A]　　　　　　V_s : 입력전압[V]
　　　　V_r : 출력전압(단자전압)[V]　　$\cos\theta$: 역률

3상 3선식이며, $L = 150\text{m}$, $e = 8V$ (허용 전압강하)이므로

(1) 3상 3선식일 경우 전부하전류는 다음의 공식에 따른다.

$P = \sqrt{3}\,VI\cos\theta$

여기서, P : 전력[W]
V : 전압[V]
I : 전류[A]
$\cos\theta$: 역률

$P = 95\text{kW} = 95,000\text{W}$, $V = 380\text{V}$, $\cos\theta = 0.85$ 이므로

$P = \sqrt{3}\,VI\cos\theta \rightarrow I = \dfrac{P}{\sqrt{3}\,V\cos\theta}$

$I = \dfrac{P}{\sqrt{3}\,V\cos\theta} = \dfrac{95,000\text{W}}{\sqrt{3} \times 380\text{V} \times 0.85} = 169.808$ ∴ 169.81A

(2) **전선의 단면적**

$A = \dfrac{30.8LI}{1,000e} = \dfrac{30.8 \times 150\text{m} \times 169.81\text{A}}{1,000 \times 8\text{V}} = 98.065$ ∴ 98.07mm^2이므로 표준규격품은 120mm^2이다.

※ 전선의 표준규격(공칭단면적)

0.5	0.75	1	1.5	2.5	4	6	10	16	25	35	50
70	95	120	150	185	240	300	400	500	630	800]	1,000

17 수신기에 소비전류가 250mA인 시각경보장치가 60m 간격으로 4개가 설치되어 있다. 마지막 시각경보기에 공급되는 전압[V]을 구하시오. (단, 직렬로 설치되어 있으며, 수신기에서의 공급전압은 DC 24V이고, 전선의 굵기는 2.0mm²이다.) 관설13

해설

구분	전압강하(Ⅰ)	전압강하(Ⅱ)	전력
단상 2선식	$e = \dfrac{35.6LI}{1,000A}$	$e = V_s - V_r = 2IR$	$P = VI\cos\theta$
3상 3선식	$e = \dfrac{30.8LI}{1,000A}$	$e = V_s - V_r = \sqrt{3}\,IR$	$P = \sqrt{3}\,VI\cos\theta$
단상 3선식 3상 4선식	$e' = \dfrac{17.8LI}{1,000A}$	-	-

여기서, e : 각 선로간의 전압강하[V] e' : 각 선로간의 1선과 중심선 사이의 전압강하[V]
A : 전선단면적[mm²] L : 선로길이[m]
I : 전부하전류[A] V_s : 입력전압[V]
V_r : 출력전압(단자전압)[V] $\cos\theta$: 역률

$A = 2.0\text{mm}^2$이고 공급전압은 DC 24V이므로

구분	전선길이 (L)	전선에 흐르는 전류(I)	전압강하(e)
①	60m	$250\text{mA} \times 4\text{개} = 1{,}000\text{mA}\ \therefore 1\text{A}$	$e_① = \dfrac{35.6LI}{1{,}000A} = \dfrac{35.6 \times 60\text{m} \times 1\text{A}}{1{,}000 \times 2.0\text{mm}^2} = 1.068\ \therefore 1.068\text{V}$
②	60m	$250\text{mA} \times 3\text{개} = 750\text{mA}\ \therefore 0.75\text{A}$	$e_② = \dfrac{35.6LI}{1{,}000A} = \dfrac{35.6 \times 60\text{m} \times 0.75\text{A}}{1{,}000 \times 2.0\text{mm}^2} = 0.801\ \therefore 0.801\text{V}$
③	60m	$250\text{mA} \times 2\text{개} = 500\text{mA}\ \therefore 0.5\text{A}$	$e_③ = \dfrac{35.6LI}{1{,}000A} = \dfrac{35.6 \times 60\text{m} \times 0.5\text{A}}{1{,}000 \times 2.0\text{mm}^2} = 0.534\ \therefore 0.534\text{V}$
④	60m	$250\text{mA} \times 1\text{개} = 250\text{mA}\ \therefore 0.25\text{A}$	$e_④ = \dfrac{35.6LI}{1{,}000A} = \dfrac{35.6 \times 60\text{m} \times 0.25\text{A}}{1{,}000 \times 2.0\text{mm}^2} = 0.267\ \therefore 0.267\text{V}$

말단공급전압 = 공급전압 − 전압강하 합계 = $24\text{V} - (e_① + e_② + e_③ + e_④)$
 = $24\text{V} - (1.068\text{V} + 0.801\text{V} + 0.534\text{V} + 0.267\text{V}) = 21.33$ ∴ 21.33V

18 경비실에서 460m의 거리에 위치한 공장(지상 7층, 지하 1층, 연면적 5,000m²)이 있다. 각 층별로 2회로씩 사용하며(총 16회로), 경종 50mA / 1개, 표시등 30mA / 1개의 전류가 소모된다. 다음 각 물음에 답하시오. (단, 여기서 사용되는 전선은 HFIX 2.5mm²로 한다.)

(1) 표시등의 총 소요전류는 몇 [A]인가?
(2) 공장의 지상 1층에서 화재발생 시 경종의 소요전류는 몇 [A]인가?
(3) 지상 1층에서 화재발생 시 경비실에서 공장까지의 전압강하는 몇 [V]인가?
(4) 자동화재탐지설비의 화재안전기술기준에 의하면 지구음향장치는 정격전압의 80[%]에서 음향을 발할 수 있어야 한다. 위 문항 (3)에서의 전압강하 결과치로 판단할 경우 음향을 발할 수 있는지의 여부를 계산과정과 함께 설명하시오.

해설

(1) 표시등의 총 소요전류[A]
 $I = 30\text{mA} \times 16\text{개} = 480\ \therefore 480\text{mA} = 0.48\text{A}$

(2) 공장의 지상 1층에서 화재발생 시 경종의 소요전류[A]
 ① 일제경보방식 : 화재로 인한 경보발령 시 전 층에 경보를 발하는 방식
 ② 우선경보방식 : 층수가 11층(공동주택의 경우에는 16층) 이상인 경우

발화층	10층 이하인 경우 경보층	11층 이상인 경우 (공동주택의 경우 16층) 경보층
2층 이상	전층	발화층+직상 4개 층
1층	전층	발화층+직상 4개 층+지하층
지하층	전층	발화층+직상층+기타 지하층

 ㉠ 경종은 1회로당 1개씩 설치(각 층에 2회로씩 설치되므로 층당 2개 설치)
 ㉡ 일제경종 : 전층경보
  $I = 50\text{mA} \times 2\text{개} \times 8\text{층} = 800\ \therefore 800\text{mA} = 0.8\text{A}$

(3) 지상 1층에서 화재발생 시 경비실에서 공장까지의 전압강하[V]

구분	전압강하(Ⅰ)	전압강하(Ⅱ)	전력
단상 2선식	$e = \dfrac{35.6LI}{1,000A}$	$e = V_s - V_r = 2IR$	$P = VI\cos\theta$
3상 3선식	$e = \dfrac{30.8LI}{1,000A}$	$e = V_s - V_r = \sqrt{3}\,IR$	$P = \sqrt{3}\,VI\cos\theta$
단상 3선식 3상 4선식	$e' = \dfrac{17.8LI}{1,000A}$	-	-

여기서, e : 각 선로간의 전압강하[V] e' : 각 선로간의 1선과 중심선 사이의 전압강하[V]
　　　　A : 전선단면적[mm²]　　　　L : 선로길이[m]　　　　I : 전부하전류[A]
　　　　V_s : 입력전압[V]　　　　V_r : 출력전압(단자전압)[V]　　　$\cos\theta$: 역률

$L = 460\text{m}$, $A = 2.5\text{mm}^2$, $I = 0.48\text{A} + 0.8\text{A} = 1.28\text{A}$ (**표시등 및 경종은 단상 2선식**이다. **표시등은 상시 점등 상태**이고, **화재발생 시 경종은 전층 경보**하므로 (1), (2)에서 계산한 소요전류를 적용)

$e = \dfrac{35.6LI}{1,000A} = \dfrac{35.6 \times 460\text{m} \times 1.28\text{A}}{1,000 \times 2.5\text{mm}^2} = 8.384$　　$\therefore 8.38\text{V}$

(4) 자동화재탐지설비의 화재안전기술기준에 의하면 지구음향장치는 정격전압의 80[%]에서 음향을 발할 수 있어야 한다. 위 문항 (3)에서의 전압강하 결과치로 판단할 경우 음향을 발할 수 있는지 여부 계산 및 설명 음향장치는 정격전압의 80[%] 전압에서 음향을 발할 수 있는 것으로 할 것
① 자동화재탐지설비의 정격전압은 DC 24V이다. 정격전압의 80[%]의 전압은 24[V]×0.8=19.2[V]이므로 지구음향장치(지구경종)의 최소작동전압은 19.2V가 된다.
② 위 문항에서의 출력전압(단자전압)은 (3)에서 구한 전압강하를 빼면 된다.
　출력전압 $V = 24\text{V} - 8.38\text{V} = 15.62\text{V}$가 된다.
③ 따라서 화재안전기술기준에서 정하는 지구음향장치는 정격전압의 80% 전압(19.2V)에서 작동하여야 하나 위 문항에서는 최소작동전압(19.2V)보다 출력전압(15.62V)이 낮으므로 음향을 발할 수 없다.

19 다음 회로도는 자동화재탐지설비의 감시상태 시 감지기회로를 등가회로로 나타낸 것이다. 감시상태 시 감시전류 [mA]와 감지기 작동 시 작동전류 [mA]를 구하시오.
술125(25) 🔥🔥

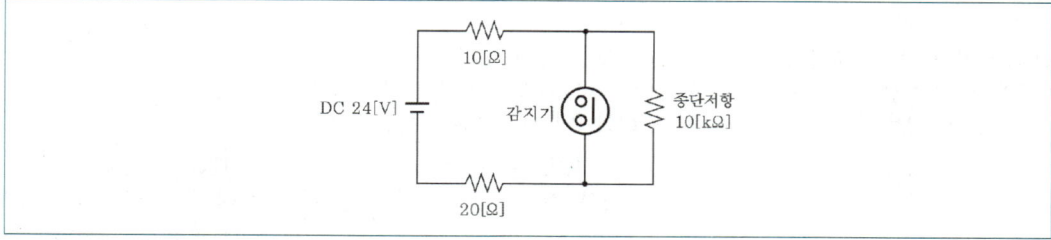

(1) 감시상태 시 감시전류
(2) 작동 시 작동전류

해설

(1) 감시전류

$$I = \frac{회로전압}{릴레이저항 + 배선저항 + 종단저항}$$

$$I = \frac{24V}{10\Omega + 20\Omega + 10 \times 10^3 \Omega} = 0.002392 \quad \therefore 0.002392A = 2.392mA$$

(2) 작동전류

$$I = \frac{회로전압}{릴레이저항 + 배선저항}$$

$$I = \frac{24V}{10\Omega + 20\Omega} = 0.8 \quad \therefore 0.8A = 800mA$$

→ 문제의 그림에서 릴레이저항(10[Ω])과 배선저항(20[Ω])은 정확히 명시되지 않았으므로 계산과정에서 바꾸어도 상관없다.

20

P형 1급 수신기와 감지기 사이에 종단저항 10[kΩ], 릴레이저항 950[Ω], 전압이 DC 24[V]이며, 상시 감시전류는 2[mA]라고 하면 감지기가 동작할 때 흐르는 전류는 몇 [mA]인가?

해설

작동전류 $I = \dfrac{회로전압}{릴레이저항 + 배선저항}$

① 감지기회로 전압은 DC 24[V]이다.
② 배선저항을 구하기 위하여 다음의 식을 이용한다.

감시전류 $I = \dfrac{회로전압}{릴레이저항 + 배선저항 + 종단저항}$

$$2 \times 10^{-3}A = \frac{24V}{950\Omega + x(배선저항) + 10 \times 10^3 \Omega}$$

$x = 1,050\Omega$

③ 작동전류를 구하면

$$I = \frac{24V}{950\Omega + 1,050\Omega} = 0.012 \quad \therefore 0.012A = 12mA$$

21

P형 1급 수신기와 감지기의 배선회로에 관한 다음 각 물음에 답하시오. 관설11,24 (유사)

〈 조건 〉
① 배선회로저항 : 100Ω   ② 릴레이저항 : 800Ω
③ 회로의 전압 : DC 24V   ④ 상시 감시전류 : 2mA
※ 기타 조건은 무시한다.

(1) 감지기의 종단저항은 몇 [Ω]인지 계산과정과 답을 쓰시오.
(2) 감지기 동작 시 회로에 흐르는 전류는 몇 [mA]인가? (단, 계산과정을 쓰고 답은 소수점 셋째자리에서 반올림하여 둘째자리까지 구하시오.)

해설

(1) 감지기의 종단저항[Ω]

$V = IR$

여기서, V : 전압[V]
I : 전류[A]
R : 저항[Ω]

$R_{배선} = 100Ω$, $R_{릴레이} = 800Ω$, $V = DC\ 24V$, $A = 2mA = 0.002A$

$R = \dfrac{V}{I} = \dfrac{24V}{0.002A} = 12{,}000Ω$

릴레이저항($R_{릴레이} = 800Ω$)과 배선저항($R_{배선} = 100Ω$)을 빼주어야 하므로

$12{,}000Ω - 100Ω - 800Ω = 11{,}100Ω$

(2) 감지기 동작 시 회로에 흐르는 전류[mA] (계산과정을 쓰고 답은 소수점 셋째자리에서 반올림하여 둘째자리까지 구하시오.)

감지기 동작 시에는 단락의 형태이므로 저항은 0Ω에 가깝게 되며 종단저항은 11,100Ω이고 감지기와 종단저항은 병렬로 설치되어 있으므로 감지기와 종단저항의 합성저항을 구하면

$R_{합성저항} = \dfrac{R_{감지기} \times R_{종단저항}}{R_{감지기} + R_{종단저항}} = \dfrac{0Ω \times 11{,}100Ω}{0Ω + 11{,}100Ω} = 0Ω$

즉, 감지기와 종단저항의 합성저항은 무시할 수 있다는 의미이므로 릴레이저항과 배선저항만 고려하면 되는데, 릴레이와 배선저항의 접속형태는 직류이므로 이를 고려하여 저항 및 전류(mA)를 구해야 한다.

$R_{동작시저항} = R_{릴레이} + R_{배선} = 800Ω + 100Ω = 900Ω$

$V = DC\ 24V$ 이므로

$I = \dfrac{V}{R} = \dfrac{24V}{900Ω} = 0.026666A$ ∴ $26.67mA$

22 자동화재탐지설비 수신기의 부하전류가 다음과 같을 경우 화재안전기술기준에 따라 필요한 예비전원의 용량을 계산하고 계산결과에 따른 적절한 축전지 용량을 구하시오. 술88(10) 🔥🔥🔥

〈 조 건 〉

① 평상 시 화재수신기의 감시전류 : 3.5A
② 화재수신기가 화재신호를 수신하여 정상작동 시 부하전류 : 5.5A
③ 보수율 : 0.8, 용량환산시간 : 1.2

해설

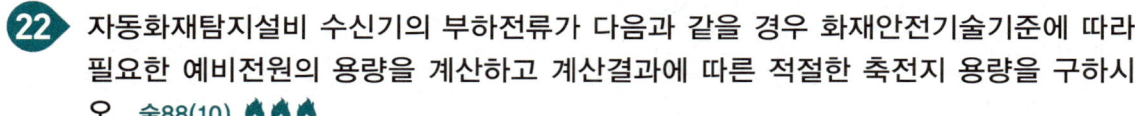

여기서, C : 축전지용량[Ah : 전류[A]×시간[h] = 전류의 양[Ah]]
L : 보수율(경년변화에 따른 여유율)
K : 용량환산시간[h]
I : 방전전류[A]

$L = 0.8$, $K_n = 1.2$, $I_1 = 3.5A$, $I_2 = 5.5A$

화재안전기술기준상 자동화재탐지설비는 60분 감시 후 10분 경보가 가능하여야 하므로 이를 고려하여 축전지용량을 구하면

$C = \dfrac{1}{L}[K_n I_1 + K_n(I_2 - I_1)] = \dfrac{1}{0.8} \times [1.2 \times 3.5A + 1.2 \times (5.5A - 3.5A)] = 8.25$ ∴ 8.25Ah

23 축전지 부하 특성곡선이 다음과 같을 경우 축전지용량을 구하시오.

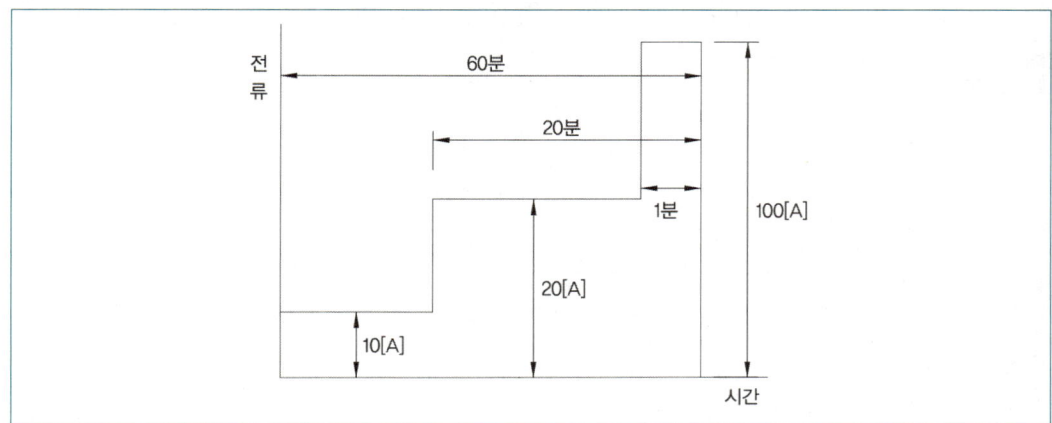

〈축전지 부하 특성곡선〉

〈 조 건 〉

① 축전지 종류 : 연축전지
② 최저 전지온도 : 5℃
③ 허용 최저전압 : 1.7V / cell
④ 보수율 : $L = 0.8$
⑤ 부하 특성별 방전전류 : $I_1 = 10A$, $I_2 = 20A$, $I_3 = 100A$
⑥ 방전시간 : $T_1 = 60min$, $T_2 = 20min$, $T_3 = 1min$
⑦ 용량환산시간계수 : $K_1 = 1.89$, $K_2 = 1.0$, $K_3 = 0.59$

해설

$C = \dfrac{1}{L}[K_1 I_1 + K_2(I_2 - I_1) + \cdots + K_n(I_n - I_{(n-1)})]$

여기서, C : 축전지용량[Ah : 전류[A]×시간[h]=전류의 양[Ah]]
　　　　L : 보수율(경년변화에 따른 여유율)
　　　　K : 용량환산시간[h]
　　　　I : 방전전류[A]

$L = 0.8$, $K_1 = 1.89$, $K_2 = 1.0$, $K_3 = 0.59$, $I_1 = 10A$, $I_2 = 20A$, $I_3 = 100A$

$C = \dfrac{1}{L}[K_1 I_1 + K_2(I_2 - I_1) + K_3(I_3 - I_2)] = \dfrac{1}{0.8} \times [1.89 \times 10A + 1 \times (20A - 10A) + 0.59 \times (100A - 20A)]$
　 $= 95.125$ ∴ 95.13Ah

축전지 부하 특성곡선의 이해
① 축전지의 용량 : 전류[A]×시간[h]=전류의 양[Ah]
② I_1의 방전은 처음부터 끝까지 일정하게 전류가 흐른다.
③ I_2의 방전은 T_2초 후에 임의 부하에 의해서 방전하는 형태이다.
④ I_3의 방전은 T_3초 후에 임의 부하에 의해서 방전하는 형태이다.

$$C = \frac{1}{L}[K_1 I_1 + K_2(I_2 - I_1) + K_3(I_3 - I_2)] \rightarrow \text{부하의 전류가 시간에 따라 증가하는 형태이다.}$$

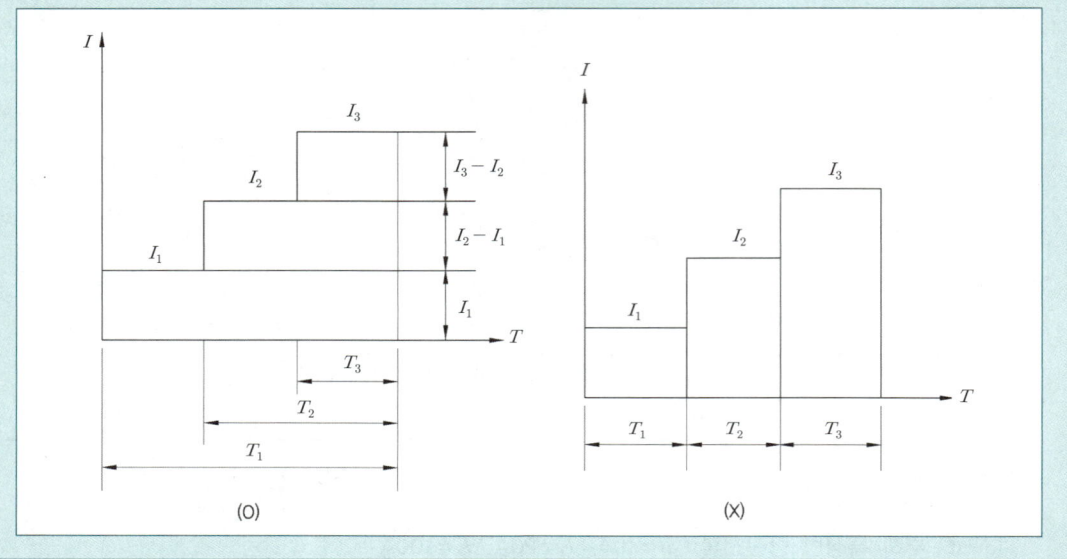

24 비상조명등이 20W가 100개, 30W가 50개 설치되며 방전시간은 60분이며 연축전지 HS(페이스트식)형 54cell, 허용전압이 90V일 때 소요 축전지용량을 구하시오. (다만, 부하의 정격전압 100V, 연축전지 보수율 0.8, 방전시간 60분일 경우 용량환산시간 K는 축전지 공칭전압 1.6V일 경우 $K=1.1$, 1.7V일 경우 $K=1.22$, 1.8V일 경우 $K=1.54$로 한다.) 🔥🔥🔥

해설

$$C = \frac{1}{L}[K_1 I_1 + K_2(I_2 - I_1) + \cdots + K_n(I_n - I_{(n-1)})]$$

여기서, C : 축전지용량[Ah : 전류[A]×시간[h]=전류의 양[Ah]]
　　　　L : 보수율(경년변화에 따른 여유율)
　　　　K : 용량환산시간[h]
　　　　I : 방전전류[A]

$L = 0.8$이므로 전류와 용량환산시간계수를 구해야 하므로

(1) 용량환산시간계수를 구하면
① 허용전압이 90V이고 연축전지가 54cell이므로 방전종지전압을 구하면
$$\frac{90V}{54cell} = 1.666 \quad \therefore 1.67V$$
② 용량환산시간계수 : 1.67V ≒ 1.7V이므로 $K = 1.22$를 선택한다.

(2) 방전전류를 구하면
$P = VI$
여기서, P : 전력[W]
V : 전압[V]
I : 전류[A]
$$I = \frac{P}{V} = \frac{(20W \times 100개 + 30W \times 50개)}{100V} = 35 \quad \therefore 35A$$

(3) 축전지용량
$$C = \frac{1}{L}[K_1 I_1] = \frac{1}{0.8} \times 1.22 \times 35A = 53.375 \quad \therefore 53.38Ah$$

> **참고만**
>
> ☑ 방전종지전압
> 축전지를 어느 한계까지 방전시키면 단자전압은 급격히 떨어지기 시작하는데 이 한도를 넘어서 방전을 계속하면 전압이 너무 낮아져 축전지의 성능이 저하되므로 방전한계전압을 정하여 그 이하로 방전시키지 않도록 하고 있는데, 이 방전한계전압을 방전종지전압이라 한다.

25 35층의 고층건축물에 설치하는 자동화재탐지설비 수신기의 부하특성이 다음과 같을 경우 수신기에 내장하는 축전지의 용량을 산정하시오. 관설24(유사)

〈 조 건 〉

1. 수신기가 감당하는 부하전류
    ① 평상 시 수신기 감시전류 : I_1 = 2.5A
    ② 화재 시 수신기가 소비하는 전류의 합 : I_2 = 9.5A
2. 사용할 축전지의 사양과 환경조건
    ① 사용 축전지 HS 연축전지   ② 최저 전지온도 : 25℃
    ③ 허용 최저전압 : 1.7V   ④ 보수율 : 0.8
3. 제조사에서 제공한 방전시간에 따른 용량환산시간계수는 다음과 같다

방전시간	10	20	30	40	50	60	70	80	90	100
용량환산시간계수	0.6	0.8	1.0	1.2	1.4	1.6	1.8	1.9	2.0	2.1

해설

$$C = \frac{1}{L}[K_1 I_1 + K_2(I_2 - I_1) + \cdots + K_n(I_n - I_{(n-1)})]$$

여기서, C : 축전지용량[Ah : 전류[A]×시간[h]=전류의 양[Ah]]
　　　　L : 보수율(경년변화에 따른 여유율)
　　　　K : 용량환산시간[h]
　　　　I : 방전전류[A]

$L = 0.8$, $I_1 = 2.5\text{A}$, $I_2 = 9.5\text{A}$,
$K_1 = 2.0$(90분 동안 감시), $K_2 = 1.0$(30분 경보) 고층건축물이므로 화재안전기술기준상 60분 감시 후 30분 경보 되는데 수신기는 90분 동안 계속 감시가 지속되는 상태에서 30분 동안 경보가 출력된다.

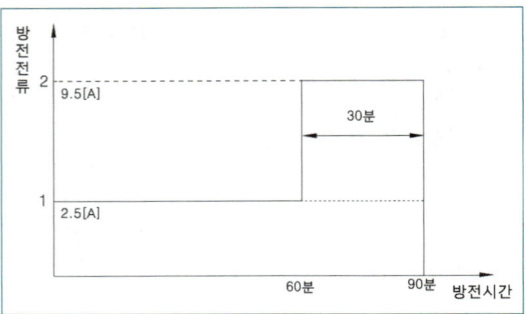

$$C = \frac{1}{L}[K_1 I_1 + K_2(I_2 - I_1)]$$
$$= \frac{1}{0.8} \times [2.0 \times 2.5\text{A} + 1.0 \times (9.5\text{A} - 2.5\text{A})] = 15$$

∴ 15Ah

26 부동충전방식의 충전기에 대하여 물음에 답하시오. 🔥🔥

〈 조건 〉

알칼리축전지의 정격용량은 60[Ah], 공칭용량 5[Ah], 상시 부하 3[kW], 표준전압 100[V]

(1) 2차 충전전류 [A]를 구하시오.
(2) 2차 출력 [kVA]을 구하시오.

해설

(1) **2차 충전전류[A]**

2차 충전전류[A] = $\dfrac{\text{축전지의 정격용량}}{\text{축전지의 공칭용량}} + \dfrac{\text{상시부하}}{\text{표준전압}}$

2차 충전전류[A] = $\dfrac{60\text{Ah}}{5\text{Ah}} + \dfrac{3 \times 10^3 \text{W}}{100\text{V}} = 42$　∴ 42A

→ 축전지의 공칭용량 : 조건에 주어지지 않을 수 있으며, 알칼리축전지는 5Ah, 연축전지는 10Ah이다.

(2) **2차 출력[kVA]**

2차 출력[kVA] = 표준전압 × 2차 충전전류
2차 출력[kVA] = $100\text{V} \times 42\text{A} = 4{,}200$　∴ 4,200VA = 4.2kVA

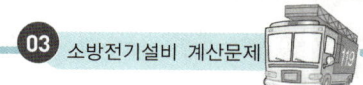

27 전로의 절연열화에 의한 화재사고를 방지하기 위하여 절연저항을 측정하여 전로의 유지보수에 활용하여야 한다. 절연저항 측정에 관한 다음 각 물음에 답하시오.

(1) 220[V] 전로에서 전선과 대지 사이의 절연저항이 0.2[MΩ]이라면 누설전류는 몇 [mA]인가?

(2) 감지기회로 및 부속회로의 전로와 대지 사이 및 배선 상호간의 절연저항을 1경계구역마다 직류 250[V]의 절연저항 측정기로 측정하는 경우 몇 [MΩ] 이상이 되도록 하여야 하는가?

해설

(1) 누설전류

$$I = \frac{V}{R}$$

여기서, I : 전류(누설전류)[A]
  V : 전압[V]
  R : 저항(절연저항)[Ω]

$$I = \frac{V}{R} = \frac{220\text{V}}{0.2 \times 10^6 \Omega} = 0.0011 \quad \therefore 0.0011\text{A} = 1.1\text{mA}$$

(2) 절연저항시험

절연저항계	구분	절연저항	예외
직류(DC) 250[V]	1경계구역	0.1[MΩ] 이상	
	비상방송설비 150[V] 이하	0.1[MΩ] 이상	
	비상방송설비 150[V] 초과	0.2[MΩ] 이상	
직류(DC) 500[V]	수신기 / 자동화재속보설비 / 비상경보설비 / 가스누설경보기	5[MΩ] 이상	• 절연된 선로간 • 교류입력측과 외함간 20[MΩ] 이상
	누전경보기 / 유도등 / 비상조명등 / 시각경보장치	5[MΩ] 이상	
	경종 / 표시등 / 발신기 / 중계기 / 비상콘센트	20[MΩ] 이상	
	감지기	50[MΩ] 이상	정온식 감지선형 감지기 : 1,000[MΩ] 이상
	• 수신기(10회로 이상) • 가스누설경보기(10회로 이상)	50[MΩ] 이상	

Mind-Control

실패가 불가능한 것처럼 행동하라.

― 도로시아 브랜드 ―

28 물음에 답하시오. (단, 계산값은 소수점 둘째자리에서 반올림하여 소수점 첫째자리까지 구한다.) 관설24

(1) 자동화재탐지설비의 감지기회로에 관한 다음 조건을 보고 물음에 답하시오.

〈 조 건 〉

① 감지기 배선은 1.5mm²의 HFIX 전선을 사용한다.
② 전선에 사용된 도체의 고유저항은 $1.7 \times 10^{-8} \Omega \cdot m$이다.
③ 종단저항($10k\Omega$)은 회로의 말단 감지기에 설치한다.
④ 수신기에서 말단 감지기까지의 배선거리는 150m이다.
⑤ 수신기에서 하나의 감지기회로에 사용된 릴레이저항은 800Ω이다.
⑥ 수신기의 감지기회로 전압은 DC 24V이다.

---

① 감지기회로의 선로저항[Ω]을 계산하시오.
② 평상 시 감지기회로에 흐르는 감시전류 I_1[mA], 말단 감지기가 동작했을 때 감지기회로에 흐르는 동작전류 I_2[mA]를 각각 계산하시오.
③ 자동화재탐지설비의 감지기 배선을 노출배관으로 시공하고자 한다. 계통도의 감지기 배선에 다음과 같은 표기가 있다면, 이 도시 기호가 의미하는 바를 모두 쓰시오.

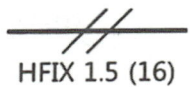

HFIX 1.5 (16)

④ 수신기 공통선 시험의 목적과 판정기준을 각각 쓰시오.

(2) 자동화재탐지설비의 전원회로에 관한 다음 물음에 답하시오.
① 수신기 교류 전원부의 브리지 정류회로는 그림 (a)와 같고, 변압기 2차측 전압파형은 그림 (b)와 같다. 변압기의 1차측 전압은 AC 60[Hz], 220[V]이고, 2차측 전압은 AC 60[Hz], 24[V]이다. 그림 (b)에 표시된 V_m[V]과 T[ms]를 각각 계산하시오.

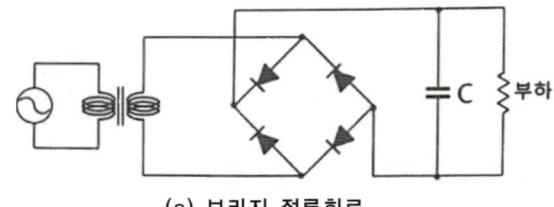
(a) 브리지 정류회로

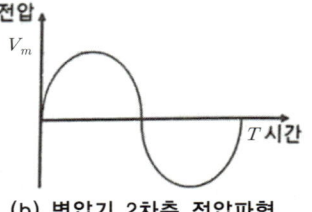
(b) 변압기 2차측 전압파형

② 브리지 정류회로에서 콘덴서 C의 회로 내 역할을 쓰시오.
③ 수신기 비상전원으로 연축전지를 사용하고자 한다. 주어진 조건을 참고하여 축전지의 최소용량[mAh]을 계산하시오.

〈 조 건 〉

① 경계구역 수는 5개이고, P형 1급 수신기를 사용한다.
② 평상시 수신기가 감시상태일 때 흐르는 전류는 총 170[mA]이다.
③ 화재가 발생하여 수신기가 동작상태일 때 흐르는 전류는 최대 400[mA]이다.
④ 축전지의 보수율을 0.8을 적용한다.
⑤ 최저 축전지온도 5℃일 때 사용된 연축전지의 용량환산시간 K는 아래 표와 같다.

시간	10분	20분	30분	60분	100분	120분	180분
용량환산시간	1.30	1.45	1.75	2.55	3.45	3.85	5.05

해설

(1) 자동화재탐지설비의 감지기회로에 관한 다음 조건을 보고 물음에 답하시오.

―――――〈 조 건 〉―――――
① 감지기 배선은 1.5mm²의 HFIX 전선을 사용한다.
② 전선에 사용된 도체의 고유저항은 $1.7 \times 10^{-8}\,\Omega \cdot m$이다.
③ 종단저항(10kΩ)은 회로의 말단 감지기에 설치한다.
④ 수신기에서 말단 감지기까지의 배선거리는 150m이다.
⑤ 수신기에서 하나의 감지기회로에 사용된 릴레이저항은 800Ω이다.
⑥ 수신기의 감지기회로 전압은 DC 24V이다.

① 감지기회로의 선로저항[Ω] 계산

$R = \rho \times \dfrac{L}{A}$	저 항
R : 저항[Ω]	→ $R = \rho \times \dfrac{L}{A}$
ρ : 고유저항[Ω·m]	→ $\rho = 1.7 \times 10^{-8}\,\Omega \cdot m$ [조건 ②]
L : 전선(선로) 길이[m]	→ $L = 150\mathrm{m}$ [조건 ④]
A : 전선(선로) 단면적[m²]	→ $A = 1.5\mathrm{mm}^2$ [조건 ①]

$$R = \rho \times \dfrac{L}{A} = 1.7 \times 10^{-8}\,\Omega \cdot m \times \dfrac{150\mathrm{m}}{1.5\mathrm{mm}^2 \times \dfrac{1\mathrm{m}^2}{(1{,}000\mathrm{mm})^2}} = 1.7 \quad \therefore\ 1.7\,\Omega$$

② 평상시 감지기회로에 흐르는 감시전류 I_1[mA], 말단 감지기가 동작했을 때 감지기회로에 흐르는 동작전류 I_2[mA] 계산

㉠ 감시전류

$I = \dfrac{\text{회로전압}}{\text{릴레이저항} + \text{배선저항} + \text{종단저항}}$	감시 전류
I : 감시전류[A]	→ $I = \dfrac{\text{회로전압}}{\text{릴레이저항} + \text{배선저항} + \text{종단저항}}$
회로전압[V]	→ 회로전압 = 24V [조건 ⑥]
릴레이저항[Ω]	→ 릴레이저항 = 800Ω [조건 ②]
배선저항[Ω]	→ 배선저항 = 1.7Ω [문제 ①]
종단저항[Ω]	→ 종단저항 = 10kΩ = 10,000Ω [조건 ③]

$$I = \dfrac{\text{회로전압}}{\text{릴레이저항} + \text{배선저항} + \text{종단저항}} = \dfrac{24\mathrm{V}}{800\,\Omega + 1.7\,\Omega + 10{,}000\,\Omega} = 0.002221\mathrm{A} = 2.22\mathrm{mA}$$

㉠ 작동전류

$I = \dfrac{\text{회로전압}}{\text{릴레이저항} + \text{배선저항}}$	작동 전류
I : 감시전류[A]	→ $I = \dfrac{\text{회로전압}}{\text{릴레이저항} + \text{배선저항}}$
회로전압[V]	→ 회로전압 = 24V [조건 ⑥]
릴레이저항[Ω]	→ 릴레이저항 = 800Ω [조건 ②]
배선저항[Ω]	→ 배선저항 = 1.7Ω [문제 ①]

$$I = \frac{회로전압}{릴레이저항 + 배선저항} = \frac{24V}{800\Omega + 1.7\Omega} = 0.029938A = 29.94mA$$

③ 자동화재탐지설비의 감지기 배선을 노출배관으로 시공하고자 한다. 계통도의 감지기 배선에 다음과 같은 표기가 있다면, 이 도시 기호가 의미하는 바를 모두 쓰시오.

HFIX 1.5 (16)	설 명
HFIX	→ 450/750V 저독성 난연 가교 폴리올레핀 절연전선
1.5	→ 전선단면적 1.5mm²
(16)	→ 16C 후강전선관(삽입)
//	→ 전선 가닥수 : 2가닥
	→ 노출배선

④ 수신기 공통선 시험의 목적과 판정기준
 ㉠ 공통선 시험 목적 : 공통선이 담당하고 있는 경계구역 수의 적정여부를 확인하기 위한 시험
  • 수신기 내 접속단자의 회로공통선을 1선 제거한다.
  • 회로도통시험의 예에 따라 회로선택스위치를 회전하거나 버튼식일 경우 버튼을 누른다.
  • 전압계 또는 LED를 확인하여 '단선'을 지시한 경계구역의 회선수를 점검한다.
 ㉡ 가부판정의 기준 : 공통선이 담당하고 있는 경계구역의 수가 7 이하일 것

(2) 자동화재탐지설비의 전원회로에 관한 다음 물음에 답하시오.
 ① 수신기 교류 전원부의 브리지 정류회로는 그림 (a)와 같고, 변압기 2차측 전압파형은 그림 (b)와 같다. 변압기의 1차측 전압은 AC 60Hz, 220V이고, 2차측 전압은 AC 60Hz, 24V이다. 그림 (b)에 표시된 $V_m[V]$과 $T[ms]$ 각각 계산

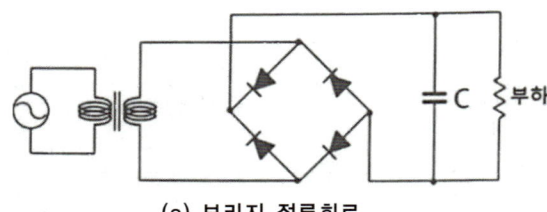
(a) 브리지 정류회로

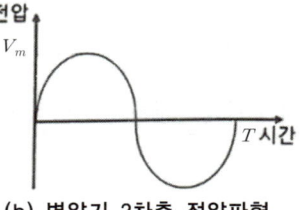
(b) 변압기 2차측 전압파형

㉠ 출력전압
  • 변압기 2차측 전압 : $V_m = 24V$
  • 부하에 걸리는 전압 : $V_m = \sqrt{2}\,V = \sqrt{2} \times 24V = 33.941$ ∴ 33.94V

㉡ 주파수 주기

$f = \dfrac{1}{T}$	주파수
f : 주파수[A]	→ $f = \dfrac{1}{T} = 60Hz$
T : 주기[s]	→ $T = \dfrac{1}{f}$ [단위 주의! : ms(밀리세커)]

$T = \dfrac{1}{f} = \dfrac{1}{60Hz} = 0.016s \times \dfrac{1,000ms}{1s} = 16$ ∴ 16ms

② 브리지 정류회로에서 콘덴서 C의 회로 내 역할
 콘덴서 C는 평활회로[전원의 리플(평활회로를 거치고 난 후의 교류성분)을 제거하기 위한 회로]를 조립하기 위해 사용하는 콘덴서로 정류회로의 출력전압을 직류전압에 가까워지도록 하기 위해 사용한다.

③ 수신기 비상전원으로 연축전지 사용 시 축전지 최소용량[mAh] 계산

〈 조건 〉
① 경계구역 수는 5개이고, P형 1급 수신기를 사용한다.
② 평상시 수신기가 감시상태일 때 흐르는 전류는 총 170mA이다.
③ 화재가 발생하여 수신기가 동작상태일 때 흐르는 전류는 최대 400mA이다.
④ 축전지의 보수율 0.8을 적용한다.
⑤ 최저 축전지온도 5℃일 때 사용된 연축전지의 용량환산시간 K는 아래 표와 같다.

시간	10분	20분	30분	60분	100분	120분	180분
용량환산시간	1.30	1.45	1.75	2.55	3.45	3.85	5.05

$C = \dfrac{1}{L}[K_1 I_1 + K_2(I_2 - I_1) + \cdots]$	축전지용량
C : 축전지용량 [Ah : 전류[A]×시간[h]=전류의 양[Ah]]	→ $C = \dfrac{1}{L}[K_1 I_1 + K_2(I_2 - I_1) + \cdots]$
L : 보수율(경년변화에 따른 여유율)	→ $L = 0.8$ [조건 ④]
K : 용량환산시간[h]	→ $K_1 = 2.55$ [기술기준 : 평상 시 60분 감시] $K_2 = 1.30$ [기술기준 : 화재 시 10분 경보]
I : 방전전류[A]	→ $I_1 = 170\text{mA}$ [조건 ② 평상 시] $I_2 = 400\text{mA}$ [조건 ③ 화재 시]

$$C = \frac{1}{L}[K_1 I_1 + K_2(I_2 - I_1)] = \frac{1}{0.8} \times [2.55 \times 170\text{mA} + 1.3 \times (400-170)\text{mA}] = 915.625 \quad \therefore 915.63\text{mA}$$

각종 수치 모음

① 각종 기기 음량

구분	음량
• 고장표시장치(수신기) • 단독경보형 감지기의 건전지 성능저하 시(음성안내)	60dB 이상
• 누전경보기의 주음향장치 • 가스누설경보기(단독형, 영업용)의 주음향장치 • 단독경보형 감지기의 건전지 성능 저하 시	70dB 이상
• 단독경보형 감지기	85dB 이상
• 자동화재탐지설비 • 비상경보설비(비상벨설비, 자동식사이렌설비) • 가스누설경보기(공업용)의 주음향장치	90dB 이상

② 절연저항시험 술115(10)

절연저항계	구분	절연저항	예외
직류(DC) 250[V]	• 1경계구역	0.1MΩ 이상	
	• 비상방송설비 150V 이하	0.1MΩ 이상	
	• 비상방송설비 150V 초과	0.2MΩ 이상	
직류(DC) 500[V]	• 수신기 • 자동화재속보설비 • 비상경보설비 • 가스누설경보기	5MΩ 이상	20MΩ 이상 { • 절연된 선로간 • 교류입력측과 외함간
	• 누전경보기 • 유도등 • 비상조명등 • 시각경보장치	5MΩ 이상	
	• 경종 • 표시등 • 발신기 • 중계기 • 비상콘센트	20MΩ 이상	
	• 감지기	50MΩ 이상	정온식감지선형 감지기 : 1,000MΩ 이상
	• 수신기(10회로 이상) • 가스누설경보기(10회로 이상)	50MΩ 이상	

Mind-Control

우리가 해야 할 일은
끊임없이 호기심을 갖고
새로운 생각을 시험해보고
새로운 인상을 받는 일이다.

- 월터 페이퍼 -

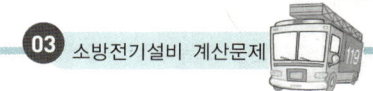

必勝! 합격수기

― 제15회 조충섭 소방시설관리사님 합격수기 ―

1. 소방시설관리사의 인연 : 무에서 유를 창조하다

저는 원래 아파트 관리소장으로 근무하고 있어서 관리사 업무와는 직접적인 관련이 없는 소위 소방의 문외한이었습니다. 제가 근무하고 있는 아파트에 13년 6월 어느 날 박종근 관리사님(12회 합격자, 에듀파이어기술학원 출신)으로부터 우연히 소방시설관리사에 대한 얘기를 듣게 됐습니다.

그러나 당시 제 나이가 많지는 않았지만 57세로 만만치 않은 나이인데다 책을 멀리한지도 상당기간 지속된 상태라 과연 공부를 지속적으로 끈기 있게 할 수 있을지 의문이 들며 자신감이 없었으며 공부를 한다는 것이 너무나 아득해 보였습니다.

그러나 박종근 관리사님으로부터 관리사가 하는 일, 향후 진로와 대우, 전망 등에 대한 개략적인 설명만을 듣고 나서야 어렴풋이나마 관리사가 어떤 직업이며 무슨 일을 하게 되는지를 알게 됐으며 장차 관리소장으로 근무하는 것보다 대우와 재계약 근로 조건 등이 더 낫겠다는 것을 직감하게 되어 이번 기회에 한번 해 보자는 용기가 생기게 됐습니다.

2. 학원 수강 및 소방기초 이론 정립 시험 낙방

그로부터 2달이 지난 후 다시 박종근 관리사님을 만나 관리사 시험에 대한 구체적인 내용(수강 학원 정보 및 수강방법, 1・2차 시험과목별 교재 및 준비요령, 시험시기별 공부 방법 및 요약정리 등)을 듣고 본격적으로 학원에 수강을 하게 됐습니다.

학원 수강은 여러 가지 형편상 서울까지 직접 수강할 수 없는 처지였으며 서울 소재 학원의 동영상 강의에 대한 효과(의문점에 대한 즉각적인 질의응답 등의 한계)도 장담할 수 없어 그나마 마산의 집에서 교통이 편리하고 가까운 에듀파이어기술학원에서 소방에 대한 기초 이론 정립과 실전 모의고사를 통한 전투반 강의를 들었습니다.

이항준 원장님으로부터 소방에 대한 전반적인 기초 지식을 습득하며 집에서 예습, 복습을 꾸준히 실시하였고 학원의 문제풀이반, 모의고사반을 충실히 다녔으며 드디어 14년 5월(14회) 관리사시험에 응시한 결과 8개월의 짧은 준비기간 만으로는 시험 준비에 한계가 있었음을 절감했으나 그나마 1차 시험에 합격한 것으로 위안을 삼아야 했습니다. 다행인 것은 2차 시험 과목에서 점검실무는 어느 정도 궤도에 올라왔지만 설계시공이 많이 부족하다는 사실까지 덤으로 알게 된 것입니다.

3. 재도전 및 기초 재 정리

변명 같지만 14년 14회 시험이 지금까지의 출제 경향이나 수준과 다소 거리가 있어서 당초 예상보다 어려웠고 특히 2차 시험 과목에서 시간이 절대 부족한 것을 실감했으며 15회 시험에 다시 도전할지 어떨지 갈피를 못 잡고 방황하고 있을 때인 14년 9월경 이번에도 항상 저에게 많은 격려와 용기를 붇돋아 주신 박종근 관리사님으로부터 내년도 15회 시험 준비를 잘 하고 있는지 안부전화와 함께 전화연락이 왔습니다.

그 당시 심정으로는 14회 시험이 예상외로 어려웠고 15회 시험 역시 출제경향과 수준이 기존 방향대로 출제된 것인지 아니면 14회 방식대로 다시 어렵게 출제된 것인지 전혀 감을 잡을 수가 없어 관리사 공부 방향을 정할 수 없어 공부를 계속해야 할지 여부를 결정하기가 매우 어려워 선뜻 마음을 정할 수가 없었습니다.

그러나 박종근 관리사님으로부터 계속되는 독려 전화와 이제까지 공부한 것이 너무 아깝고 또 1차까지 합격한 것이니 포기하지 말고 남은 2차 시험이라도 한 번 쳐 보라는 격려 전화에 밑져도 본전이라는 생각으로 다시 용기을 얻어 재도전해 보기로 결심했으며 이번에도 떨어지면 깨끗이 관리사 공부를 포기하기로 독하게 마음을 먹었습니다하지만 막상 3개월 정도 푹 쉬고 나니 좀처럼 마음잡기가 쉽지 않고 책상에 앉아 공부자세로 전환하는 데도 많은 어려움이 있었으나 이를 악물고 다시 그간 정리해 놓은 소방 기초이론과 내용 ,특히 최근 변경된 화재안전기술기준에 대한 재정립이 있어야겠기에 변경된 화재안전기술기준을 기준으로 관련 자료와 내용을 다시 정리했습니다.

또한, 학원과의 전화통화로 인하여 문제풀이반과 실전 전투 모의고사반이 15년 4월경 운영된다는 것을 확인했고 그 기간 동안 집에서 기존 기본서와 그간 정리된 자료를 토대로 혼자서 반복 연습을 했습니다.

특히 14회 시험에서 성적이 좋지 않았던 설계시공에 대한 공부시간을 배로 늘렸으며 기본서에 있는 실전 문제도 "한끝소"책 위주로 많이 풀어 보았는데 실제 시험에서도 많은 도움이 됐습니다.

4. 학원 재 수강 및 열공

15년 4월 학원 모의고사반에 등록해서 첫 시험을 친 결과 설계시공 27점, 점검실무 34점으로 앞이 캄캄한 참담한 성적이었습니다.

그러나 이대로 포기할 수 없다는 신념하에 다시 이를 악물고 매일 열공했습니다.

저는 제 몸 컨디션에 따라 공부를 해야 하기 때문에 하루 평균 6~7시간 정도 충분히 잠을 잤습니다. 그래야 맑은 정신에 집중을 해서 공부 효과를 최대로 가져올 수 있기 때문입니다. 대신 공부 절대시간이 부족하므로 나머지 깨어있는 대부분의 시간을 매우 아껴 함부로 허투루 쓰지 않았고 화장실, 식사 시간과 일부 휴식시간을 빼고는 거의 모든 시간을 공부에 투자했으며 집안 대소사나 사회 활동도 일체 자제를 했습니다.

하루에 몇 시간 공부할 것인지를 따로 정하지 않았으며, 다만 눈 뜬 시간의 거의 대부분은 오로지 공부에만 전념했습니다. 또, 하루 최소의 공부 분량을 정해 놓고 가능한 그 목표치를 초과해서 공부 하려고 최대한 노력하였습니다.

첫 주가 지나고 두 번째 주부터 학원에서 치른 시험 성적이 조금씩 오르기 시작하더니 8주가 지나 문제풀이반이 끝날 때 쯤에는 점수가 제법 합격권에 도달할 정도가 됐습니다. 그래서 더욱 공부에 박차를 가한 결과 모의고사반에서는 거의 매번 시험에서 합격권에 이르는 점수를 받을 수 있었습니다.

하지만 아직도 2% 부족한 점을 느껴 다소 취약한 부분은 별도로 보충 공부를 하기도 했습니다.

5. 학원에서 제시하고 연습한 문제풀이 능력 배양 습득

에듀파이어기술학원에서는 주로 실제 문항수와 시험시간 동안에 문제를 풀 수 있도록 답안지 1장당 문제를 쓰고 문제 내용을 파악해서 정답을 쓰는 문제풀이 소요시간을 시계로 직접 체크해 가능한 빨리 쓸 수 있도록 최대한 노력 했으며 매 시험마다 실제 문항수(소문항 기준 13~17 문항 정도)에 맞춰 문제를 풀도록 실전처럼 연습을 했습니다.

그 결과 실제 시험에서는 많이 적응을 해서 시간 부족에 따른 불안감을 떨쳐 버릴 수가 있었습니다.

원장님의 지도 방침대로 문제 푸는 방식(문항 수에 따른 시간 배정 및 문제풀이 순서, 답안지 1장당 답안을 쓰는 시간 확인 등)대로 충실히 따라한 결과 나중에는 거의 정해진 시험 시간 내에 제가 알고 있는 문제를 모두 떨리지 않고 풀 수 있는 수준에까지 이르게 됐습니다.

15회 시험수준이 작년 14회보다 쉬울 것이라는 당초 예상과는 달리 15회 역시 작년과 비슷한 수준과 경향으로 문제가 출제 됐습니다. 쉬울 것이라 예상하고 문제지를 받아 든 순간 처음에는 다소 당황했으나 학원에서 평상 시 실전 전투반에서 연습한 대로 하나씩 꼼꼼이 그러나 최대한 빠른 시간 내 문제를 풀어 나갔습니다. 우선 1차로 아는 문제 위주로 잠깐도 쉬지 않고 쭉 풀어 나갔는데 시간이 벌써 1시간 30분 가량 지나가 버렸습니다.

나머지 30분을 가지고 다소 문제가 애매하거나 이해가 잘 안되는 부분을 다시 읽어보고 나서 제가 알고 있는 한도 내에서 최대한 성의껏 답을 적었으며, 절대 포기하지 않았습니다.

아예 모르거나 처음 보는 문제는 처음부터 깨끗이 백지상태로 접었고 조금이라도 알거나 들어본 문제에 대해서는 알고 있는 모든 지식(화재안전기술기준, 종합작동점검항목, 관련 법 조문 및 별표 내용 등)을 총 동원해서 가능한 한글자라도 더 쓸려고 노력했습니다.

2시간의 시험시간이 끝날 무렵 제가 알고 있는 문제는 거의 다 빈 곳 없이 조금이라도 쓸 수 있었으며 시험 끝이라는 감독관의 말에 따라 펜을 놓았는데 너무 긴장한 나머지 손이 아프고 제대로 주먹을 펼 수 없었습니다.

그러나 막상 시험을 치고 나와서 문제지를 보고 대략 점수를 확인해 본 결과 아무래도 약간 점수가 모자랄 것 같아 깨끗이 잊고 본래 업무인 아파트 관리소장 업무를 충실히 근무하고 있었습니다.

6. 합격 통지 및 취업

예비 합격자 발표날인 15년 9월 5일 박종근 관리사님으로부터 어떻게 됐냐는 물음에 보나마나 아마 떨어졌을 거라고 체념하고 있었는데 그래도 모르니 한번 Q-NET에 들어가서 확인해 보라고 해서 마지못해 들어가 보니까 이게 웬일입니까? 그곳에 제가 합격했다고 하지 않습니까?

도저히 믿어지지 않아 재차 한국산업인력관리공단에 문의한 결과 분명히 합격했다고 하여 하늘로 날아갈 것 같이 기뻤습니다.

합격의 기쁜 소식을 제일 먼저 에듀파이어기술학원에 연락을 드리고 이항준 원장님께 취업을 부탁드렸는데 원장님께서 여러 곳을 알아보시고는 현재 제가 근무하고 있는 나이스방재를 추천해 주어 15년 11월 23일부터 근무하고 있습니다.

수험생 여러분! 늦다고 생각한 지금이 가장 적기이고 가장 중요한 시기입니다.

앞뒤 가리지 않고 무조건 지금 바로 시작하십시오. 나이나 처해있는 주변 환경은 전혀 문제가 되지 않습니다. 여러분도 할 수 있습니다.

하루라도 빨리 시작하십시오.

시간과 기회는 누구에게나 공평하게 주어져 있습니다.

그리고 시험기간 동안 사회생활은 단절하십시오.

그럼 여러분이 간절히 원하는 목표가 반드시 이뤄질 것입니다.

끝으로 저의 두서없고 보잘것없는 합격수기가 아직도 관리사의 꿈을 버리지 않고 열공하시는 분과 특히 나이가 많아서 지금해도 될까 망설이는 분들께 작으나마 한줄기 희망이 되었으면 하는 저의 조그만 바람으로 이 글을 썼습니다.

지금에 와서야 고백이지만 처음 실력은 합격에 대한 의문이 많았습니다.
좋지 않은 조건, 나이, 체력 등등 ……

기초가 부족했었고, 문제를 접근법 그리고 답안작성 등 많은 부분이 서툴렀기에 고민을 많이 했던 분이었습니다.

그러나, 시험이 가까워질수록 점차 점수가 올라 합격권에 도달하였으며, 결국 합격하였습니다.

다른 사람의 눈에 보이지는 않았으나 확신에 찬 정신력 따른 계획과 실천이 결국 합격을 만든 것입니다.

내가 가진 목표를 달성한 것이 더 의미가 클 것이라고 생각합니다.
남아 있는 나의 인생을 위하여 ……
힘을 내십시오.

이제는 여러분들이 합격수기의 주인공이 되실 차례입니다. …^^*

03 기타 소방전기설비

유도등, 유도표지, 피난유도선의 설치높이

구분	설치높이
• 복도통로유도등 / 계단통로유도등 / 통로유도표지	바닥으로부터 1m 이하
• 피난구유도등 • 거실통로유도등	바닥으로부터 1.5m 이상 (피난구유도등을 출입구에 인접하도록 설치)
• 피난구유도표지	출입구 상단
• 피난유도선(축광방식)	바닥으로부터 0.5m 이하 또는 바닥면
• 피난유도선(광원점등방식)의 표시부	바닥으로부터 1m 이하 또는 바닥면
• 피난유도선(광원점등방식)의 제어부	바닥으로부터 0.8~1.5m 이하

설치개수

① 객석유도등의 설치개수 $= \dfrac{\text{객석통로의 직선부분의 길이}}{4} - 1$

② 복도 또는 거실통로유도등의 설치개수 $= \dfrac{\text{구부러진 곳이 없는 부분의 보행거리[m]}}{20} - 1$

③ 유도표지(계단에 설치하는 것 제외)의 설치개수 $= \dfrac{\text{구부러진 곳이 없는 부분의 보행거리[m]}}{15} - 1$

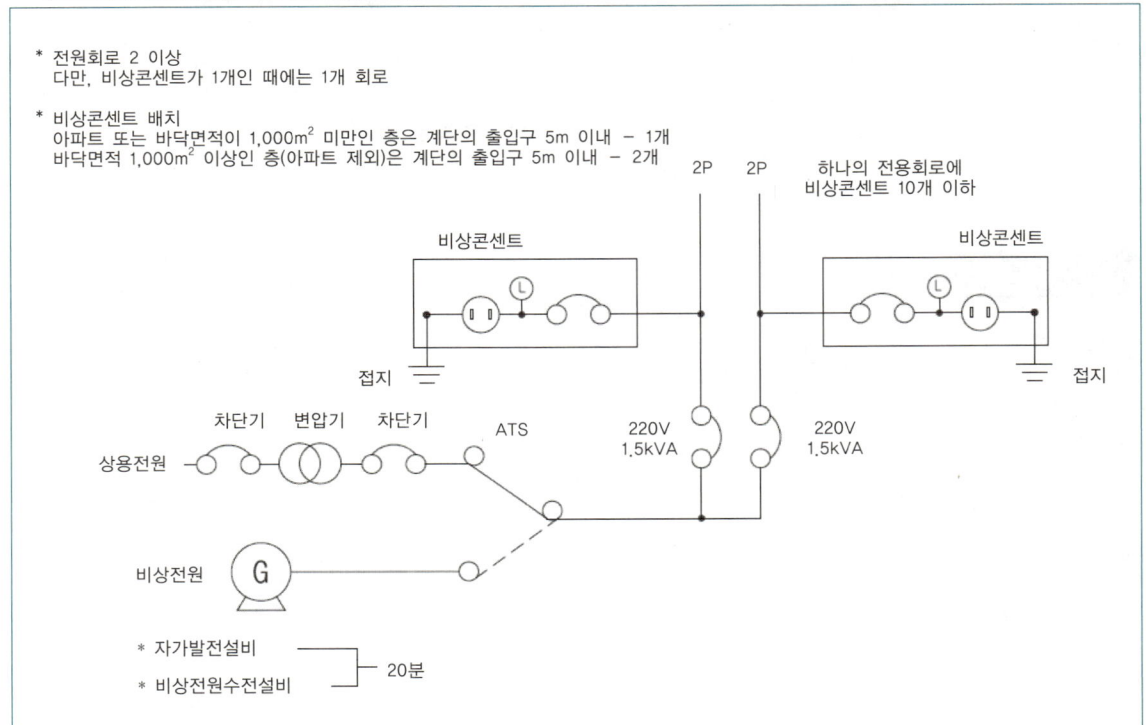

〈비상콘센트설비 계통도〉

1. 비상콘센트설비의 설치높이, 계단 및 수평거리에 따른 수량기준을 쓰시오. 🔥🔥

해설

구분		설치기준
비상 콘센트	설치높이	• 바닥으로부터 높이 0.8m 이상 1.5m 이하
	설치수량 등	• 설치수량=기본수량+추가 설치(수평거리에 따른 추가 설치) ① 기본수량 : 계단(계단 부속실을 포함한 출입구)로부터 5m 이내 설치 　㉠ 아파트 또는 바닥면적이 1,000m² 미만인 층 : 1개의 계단 　㉡ 바닥면적 1,000m² 이상인 층(아파트 제외) : 2개의 계단 ② 수평거리에 따른 추가 설치 　㉠ 지하상가 또는 지하층의 바닥면적의 합계가 3,000m² 이상 : 25m 　㉡ 기타 부분 : 50m

→ 비상콘센트설비의 설치수량은 연결송수관설비 방수구의 설치기준과 동일하다. 즉, 소화활동설비로서 동일한 장소에 시공하라는 의미이다.

2. 층수가 25층인 복합건축물로서 층당 바닥면적은 2,500m²이며, 특별피난계단이 4개일 때, 비상콘센트설비의 최소 회로수 및 비상콘센트함의 개수를 구하시오. (단, 수평거리에 따른 설치는 무시하며, 전선관은 수직으로 설치되어 있다.) 🔥🔥🔥

해설

(1) 비상콘센트 회로수 산정
　① 아파트를 제외한 바닥면적 1,000m² 이상인 층의 경우 계단이 3 이상 있는 층의 경우에는 그 중 2개의 계단(계단 부속실을 포함한 출입구로부터 5m 이내)에 설치 : 2개 계단
　② 층수가 11층 이상인 층에만 설치 : 15개(11~25층)
　③ 각 회로별 비상콘센트는 10개 이하로 설치 : 15개÷10개/회로=1.5　∴ 수직 2회로
　④ 비상콘센트 회로수=2개 계단×수직 2회로=4　∴ 총 4회로

(2) 비상콘센트 세트 개수=15개(11~25층)×2개 계단=30　∴ 30세트

> **주의 必**
> ☑ **층수** : 「건축법 시행령」 제119조에 따른 층수는 지상층으로 정의하므로 문제의 조건에 층수 등이 제시될 경우 주의하여야 한다. 그러므로 "지하층을 포함한"이라는 표현이 아닐 경우에는 지상층으로만 보아야 한다.

Mind-Control

목표가 확실한 사람은 아무리 거친 길이라도 앞으로 나아갈 수 있다.
목표가 없는 사람은 아무리 좋은 길이라도 앞으로 나갈 수 없다.

- 토마스 칼라일 -

지금 순간의 답답함과 막막함도 목표가 확실한 당신 앞에서는 아무것도 아닐 것입니다.

3 층수가 31층인 업무시설로 층당 바닥면적은 900m²이며, 특별피난계단이 3개일 때, 비상콘센트설비의 최소 회로수 및 비상콘센트함의 개수를 구하시오. (단, 수평거리에 따른 설치는 무시하며, 전선관은 수직으로 설치되어 있다.) 🔥🔥🔥

해설
(1) 비상콘센트 회로수 산정
① 아파트 또는 바닥면적이 1,000m² 미만인 층의 경우 계단이 2 이상 있는 층의 경우에는 그 중 1개의 계단(계단 부속실을 포함한 출입구로부터 5m 이내)에 설치 : 1개 계단
② 층수가 11층 이상인 층에만 설치 : 21개(11~31층)
③ 각 회로별 비상콘센트는 10개 이하로 설치 : 21개÷10개/회로 = 2.1 ∴수직 3회로
④ 비상콘센트 회로수 = 1개 계단×수직 3회로 = 3 ∴총 3회로
(2) 비상콘센트 세트 개수 = 21개(11~31층)×1개 계단 = 21 ∴21세트

4 층수가 21층인 복도형 아파트로 층당 바닥면적은 1,500m²이며, 특별피난계단이 3개일 때, 비상콘센트설비의 최소 회로수 및 비상콘센트함의 개수를 구하시오. (단, 수평거리에 따른 설치는 무시하며, 전선관은 수직으로 설치되어 있다.) 🔥🔥🔥

해설
(1) 비상콘센트 회로수 산정
① 아파트 또는 바닥면적이 1,000m² 미만인 층의 경우 계단이 2 이상 있는 층의 경우에는 그 중 1개의 계단(계단 부속실을 포함한 출입구로부터 5m 이내)에 설치 : 1개 계단
② 층수가 11층 이상인 층에만 설치 : 11개(11~21층)
③ 각 회로별 비상콘센트는 10개 이하로 설치 : 11개÷10개/회로 = 1.1 ∴수직 2회로
④ 비상콘센트 회로수 = 1개 계단×수직 2회로 = 2 ∴총 2회로
(2) 비상콘센트 세트 개수 = 11개(11~21층)×1개 계단 = 11 ∴11세트

5 비상콘센트의 전원부와 외함 사이의 절연저항 및 절연내력에 대하여 쓰시오.
술84(10) 🔥🔥

해설
(1) 절연저항은 전원부와 외함 사이를 500V 절연저항계로 측정할 때 20MΩ 이상일 것
(2) 절연내력은 전원부와 외함 사이에 정격전압이 150V 이하인 경우에는 1,000V의 실효전압을, 정격전압이 150V 이상인 경우에는 그 정격전압에 2를 곱하여 1,000을 더한 실효전압을 가하는 시험에서 1분 이상 견디는 것으로 할 것
암기법 저항20 내력 150V 천정2천

참고만
☑ "절연"이란 도체(導體)를 전기가 흐르지 않는 부도체로 감싸서 전기의 전도를 막는 것이다.
☑ "절연저항"이란 절연한 도체(절연물)가 가지는 전기저항을 말한다.
☑ "절연내력"이란 절연물이 절연파괴를 일으키지 않고 절연을 유지하는 능력을 말한다.

6 다음은 비상콘센트설비에 대한 사항이다. 각 물음에 답하시오.

(1) 비상콘센트설비의 배선 설치기준에서 전원회로의 배선과 그 밖의 배선 종류에 대해 쓰시오.
(2) 비상콘센트설비의 전원의 종류, 전압, 공급용량 및 도시기호를 그리시오.
(3) 비상콘센트설비의 절연내력시험을 할 경우 시험전압과 시험방법을 쓰시오.
(4) 업무시설로서 층당 바닥면적은 1,000㎡이며, 층수가 25층인 특정소방대상물에 특별피난계단이 3개소일 경우 비상콘센트의 회로수, 설치개수 및 전선의 허용전류 [A]를 구하시오. (단, 수평거리에 따른 설치는 무시하며, 전선관은 수직으로 설치되어 있다.) 술108(25)관설17
(5) 비상콘센트에 용량이 3kW, 역률이 65%인 소방용 장비를 사용하고자 한다. 층수가 25층인 특정소방대상물의 각층 층고는 4m이며, 비상콘센트(비상콘센트용 풀박스)는 화재안전기술기준상 가장 낮은 위치에 설치하고, 1층의 비상콘센트용 풀박스로부터 수전설비까지의 거리가 100m일 경우 전선의 단면적[mm²]을 구하시오. (단, 전압강하는 정격전압의 10%까지 허용한다.) 술108(25)관설17

해설

(1) 비상콘센트설비의 배선 설치기준에서 전원회로의 배선과 그 밖의 배선종류
전원회로의 배선은 **내화배선**으로, 그 밖의 배선은 **내화배선 또는 내열배선**으로 할 것

(2) 비상콘센트설비의 전원의 종류, 전압, 공급용량 및 도시기호

전원의 종류	전압	공급용량	도시기호
단상교류	220V	1.5~4.5kVA 이상	⊙⊙

(3) 비상콘센트설비의 절연내력시험을 할 경우 시험전압과 시험방법
① 절연저항(전원부와 외함 사이) : 500[V] 절연저항계로 측정할 때 20[MΩ] 이상일 것
② 절연내력 : 절연내력은 전원부와 외함 사이에 정격전압이 150[V] 이하인 경우에는 1,000[V]의 실효전압을, 정격전압이 150[V] 이상인 경우에는 그 정격전압에 2를 곱하여 1,000을 더한 실효전압을 가하는 시험에서 1분 이상 견디는 것으로 할 것
③ 절연내력시험
  ㉠ 정격전압 150[V] 이하 : 1,000[V]의 실효전압을 가한다.
  ㉡ 정격전압 150[V] 이상 : 정격전압[V]×2+1,000[V]의 실효전압을 가한다.
     비상콘센트설비의 정격전압은 220[V]이므로 220[V]×2+1,000[V]=1,440[V]의 실효전압을 가한다.

(4) 업무시설로서 층당 바닥면적은 1,000㎡이며, 층수가 25층인 특정소방대상물에 특별피난계단이 3개소일 경우 비상콘센트의 회로수, 설치개수 및 전선의 허용전류[A] (단, 수평거리에 따른 설치는 무시하며, 전선관은 수직으로 설치되어 있다.)
① 비상콘센트 회로수 산정
  ㉠ 아파트를 제외한 바닥면적 1,000㎡ 이상인 층의 경우 계단이 3 이상 있는 층의 경우에는 그 중 2개의 계단(계단 부속실을 포함한 출입구로부터 5m 이내)에 설치 : 2개 계단
     층수가 11층 이상인 층에만 설치 : 15개(11~25층)
  ㉡ 각 회로별 비상콘센트는 10개 이하로 설치 : 15개÷10개/회로=1.5 ∴ 수직 2회로
  ㉢ 비상콘센트 회로수 = 2개 계단×수직 2회로 = 4 ∴ 총 4회로
② 비상콘센트 설치개수=15개(11~25층)×2개 계단=30 ∴ 30세트
③ 전선의 허용전류

비상콘센트 수	1개	2개	3~10개
전선의 용량 (단상 220[V])	1.5[kVA] 이상	3[kVA] 이상	4.5[kVA] 이상

$P = VI$
여기서, P : 단상용량[VA]
  V : 전압[V]
  I : 전류[A]
㉠ 정격전류
  $I = \dfrac{P}{V} = \dfrac{4.5 \times 1,000\text{VA}}{220\text{V}} = 20.454 \therefore 20.45[\text{A}]$
㉡ 허용전류[전기설비기술기준에 따른 전선의 허용전류]
  • 50[A] 이하 : 정격전류×1.25
  • 50[A] 초과 : 정격전류×1.1
㉠에서 구한 **정격전류**가 50[A] 이하이므로 1.25를 곱한다.
허용전류 $I = 20.45 \times 1.25 = 25.562 \therefore 25.56[\text{A}]$

(5) 비상콘센트에 용량이 3kW, 역률이 65%인 소방용 장비를 사용하고자 한다. 층수가 25층인 특정소방대상물의 각층 층고는 4m이며, 비상콘센트(비상콘센트용 풀박스)는 화재안전기술기준상 가장 낮은 위치에 설치하고, 1층의 비상콘센트용 풀박스로부터 수전설비까지의 거리가 100m일 경우 전선의 단면적[mm²]. (단, 전압강하는 정격전압의 10%까지 허용)

구분	전압강하(Ⅰ)	전압강하(Ⅱ)	전력
단상 2선식	$e = \dfrac{35.6LI}{1,000A}$	$e = V_s - V_r = 2IR$	$P = VI\cos\theta$
3상 3선식	$e = \dfrac{30.8LI}{1,000A}$	$e = V_s - V_r = \sqrt{3}IR$	$P = \sqrt{3}VI\cos\theta$
단상 3선식 3상 4선식	$e' = \dfrac{17.8LI}{1,000A}$	–	–

여기서, e : 각 선로간의 전압강하[V]
  e' : 각 선로간의 1선과 중심선 사이의 전압강하[V]
  A : 전선단면적[mm²]
  L : 선로길이[m]
  I : 전부하전류[A]
  V_s : 입력전압[V]
  V_r : 출력전압(단자전압)[V]
  $\cos\theta$: 역률

$L = 4\text{m} \times 24\text{개 층} + 100\text{m} = 196\text{m}$
  (1~25층 비상콘센트 및 풀박스의 설치높이 0.8~1.5m 중 0.8m 위치에 설치거리+수전설비)
$e = 220\text{V} \times 10\% = 22\text{V}$ 이므로
① 전류를 구하면
  $P = VI\cos\theta$
  여기서, P : 단상전력[W]
    V : 전압[V]
    I : 전류[A]
    $\cos\theta$: 역률
  $P = 3\text{kW} = 3,000\text{W}, V = 220\text{V}, \cos\theta = 0.65$
  $I = \dfrac{P}{V\cos\theta} = \dfrac{3,000\text{W}}{220\text{V} \times 0.65} = 20.979 \therefore 20.979[\text{A}]$
② 전선의 단면적
  $A = \dfrac{35.6LI}{1,000e} = \dfrac{35.6 \times 196\text{m} \times 20.979\text{A}}{1,000 \times 22\text{V}} = 6.653 \therefore 6.65\text{mm}^2$

7 소방관이 비상콘센트에 6kW의 동력을 사용하는 전동기를 연결하여 구조활동을 실시하였다. 이 때 전동기 코드에 흐르는 전류[A]를 계산하시오. (단, 이 전동기의 역률은 70%이다.) 「지하구의 화재안전기술기준」 중 배관의 구경기준을 쓰시오. 관설24

해설

$P = VI\cos\theta$	전류
P : 전력[W]	→ $P = VI\cos\theta = 6\text{kW} = 6,000\text{W}$
V : 전압[V]	→ $V = 220\text{V}$ [기술기준 단상 220V]
I : 전류[A]	→ $I = \dfrac{P}{V\cos\theta}$
$\cos\theta$: 역률	→ $\cos\theta = 0.7$

$$I = \frac{P}{V\cos\theta} = \frac{6,000\text{W}}{220\text{V} \times 0.7} = 38.961 \quad \therefore 38.96\text{A}$$

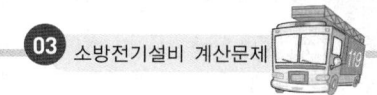

必勝! 합격수기

— 제23회 소방시설관리사 **허일남님** 합격수기 —
뒤늦은 합격수기 ….

제23회 소방시설관리사에 합격한 허○남입니다.
불합격이라 생각하고 다시 복귀한 직장의 일상에 빠져 있다 보니 뒤늦게 합격수기를 올리게 되었습니다. 저는 50대 초반의 직장인으로 소방설비기사(기계, 전기), 특급소방안전관리자, 위험물기능장을 가지고 있습니다.
소방업체 근무경력은 없으며, 공동주택 관리책임자로서 20여년을 근무하면서 간접적으로 소방시설 등에 대한 유지관리업무를 수행하였기에 소방에 대한 전문적인 지식은 없다 할 수 있습니다.
지금 이 순간에도 관리사 시험을 준비하시는 분들께 작은 도움이라도 되기를 소망하며 간단하게나마 저의 경험을 몇 자 적어봅니다.

1. 소방시설관리사 도전

현직에 있으면서 동료 소장님 몇 분이 관리사 시험에 합격하여 점검업체에 근무하면서 시험에 대한 도전을 자주 권유하셨고 저 또한 꾸준히 관심을 가지고 있었지만 1차 시험만 합격하고, 2차 시험은 공부량과 난이도를 누구보다 잘 알기에 응시하지 않는 과정을 되풀이 하면서 몇 년을 보내던 중 도전에 대한 갈증과 더이상 시간을 보내면 후회 할 것 같은 각성이 있었고, 다행히 점검실무행정 한 과목만 칠 수 있는 여건이라 최선을 다해보자는 각오로 23년 1월말 직장을 퇴사하고 2차 시험까지 올인하면서 공부에 전념하였습니다.
지금 생각하면 도전하지 못하고 현실에 너무 안주한 과거가 부끄러운 마음이 큽니다.

2. 공부시작과 마음가짐

가족과 지인들에게 공부시작을 알리고 모임에도 양해를 구한 뒤 직장을 퇴사하고 올인을 선택했기에 반드시 합격해야 한다는 절실한 마음을 가지고 공부를 시작했습니다.
1차 및 2차 시험을 같이 쳐야 했기에 하루에 10시간 이상을 목표로 했으나, 역시나 무리였고 쉽지 않았습니다. 처음부터 무리하게 공부시간을 잡다보니 현실과 목표와의 거리가 커서 자신감이 떨어졌지만 포기하지 않고 매일 10분씩이라도 늘리자고 마음을 다잡으면서 엉덩이에 힘을 주고 노력하다보니 한 달 사이에 목표한 시간을 채울 수 있게 되었습니다.
1차 시험은 기출문제 분석 후 해설과 병행하면서 3월말까지 반복하면서 준비하였고 응시 경험과 취득한 자격증으로 인해 어렵지 않게 70점 중반의 점수로 합격하였습니다.
2차 시험은 4월부터 1차와 병행하면서 화재안전기준과 관계법령 위주로 공부하였으며, 1차 시험 이후 점검항목과 점검실무를 추가하여 반복적으로 학습하였습니다.

3. 2차 공부방법(1차는 생략 하오니 양해바랍니다)

점검실무행정 75점을 목표로 공부 범위를 화재안전기준 3시간, 관계법령 4시간, 점검항목 2시간, 점검실무 1시간으로 나누어서 진행하면서 학원교재와 모의고사 내용은 빠짐없이 암기하기 위해 노력하였고, 특히 원장님이 강조한 내용은 어떻게든 내 것으로 만들기 위해 집중하였고 결과적으로 강조한 문제들 중 일부가 출제되어 많은 도움이 되었습니다.

원장님이 강조한 기본점수의 확보를 위해 상대적으로 양이 적은 자체점검 관련한 내용과 점검항목(다중과 세대별 점검표 포함) 및 도시기호는 95% 이상 복원될 수 있도록 하였고, 관련법령은 화재예방법, 소방시설법은 별표를 포함하여 밀도 있게 준비하였으며, 건축관계법령, 초지복, 다특법 등은 기출은 과감히 버리고 교재와 강조한 내용 위주로 학습하였습니다. 화재안전기준의 경우 그 불량이 상당함에도 불구하고 점검실무행정에서 차지하는 비중을 고려하여 기출문제와 설계 및 시공과 관련된 부분은 제외하고 점검실무와 관련된 내용 위주로 반복하여 공부하였습니다.

4. 모의고사의 중요성

2차 시험은 여러 학원의 동영상 강의를 알아보던 중 모의고사의 중요성을 무엇보다 강조한 ***관리사님의 조언과 추천으로 5월말부터 진행되는 에듀파이어 전투준비반(8주)과 전투반(8주)을 수강하면서 매주 일요일 실제 시험시간과 같이 90분간 2회씩 혹독하게 모의고사를 치뤘습니다.

1주째 모의고사는 90분을 적고나니 겨우 6페이지! 점수는 40점 초반 … 정신이 번쩍 들었습니다. 부족한 공부량, 쓰지 못하면 점수는 없다는 이치와 글씨가 느리다는 것을 알 수 있는 좋은 기회가 되더군요!

이후 모의고사 교재를 기본으로 더 이를 악물고 공부에 집중하면서 악필이라도 글쓰는 속도를 높이기 위해 부단히 노력한 결과 시험 전에는 11페이지 정도 적을 수 있게 되었으며, 덕분에 손목에 파스를 훈장처럼 붙이고 다녔습니다.

실전과 같은 모의고사 16주를 지나면서 답안지 작성요령을 체득하고, 조금씩 실력과 속도가 향상됨을 느낄 수 있었고 시험이 다가올수록 어느 정도 자신감이 붙게 되면서 모의고사의 중요성을 다시 한번 절감할 수 있었습니다.

5. 슬럼프와 극복

2차 시험을 준비하면서 체력적으로 큰 문제는 없었지만 마음과 정신이 지쳐 여러 차례 슬럼프를 겪었습니다.

앉아 있는 시간이 너무 힘들 때는 핸드폰에 내용을 찍어서 한두 시간 동네를 걸으면서 암기, 피곤할 때는 잠시 목욕탕을 찾아 탕 안에서 주절주절 하면서 암기, 잠시 쉬는 시간에도 머릿속으로 되새기면서 암기하고 체력관리를 위해 건강보조식품도 섭취하면서 지루하지만 한걸음씩 나가기 위해 노력하였습니다.

그럼에도 늘지 않은 것 같은 실력으로 가슴이 터질 것 같았고, 제대로 준비되지 않은 것 같은 초조함과 불안으로 슬럼프를 겪었지만, 관리사 도전의 첫 마음을 다잡고 후회 없이 노력해 보자는 다짐과 할 수 있다는 자기믿음, 내가 선택한 학원의 커리큘럼을 믿고 나와 같은 목표로 노력하고 있는 모의고사 동료들의 노랗게 뜬 얼굴들을 보면서 극복할 수 있었습니다.

6. 시험후기와 합격

문제지 1문항(40점)을 보는 순간 나도 모르게 지어지는 미소, 하지만 2문항(30점), 3문항(30점)을 보는 순간 나락으로 떨어지는 느낌이었습니다. 사방에서 들리는 깊은 한숨 소리들을 뒤로하고 아는 문제부터 순서에 상관없이 최대한 정성들여 적어나갔지만 7페이지를 넘지 못했습니다. 잠시 가채점을 해보니 50점 초중반 … 남은 시간은 20분 … 잠시 주위를 둘러보니 수험생 반이 사라지고 없더군요. 더 이상 적을 것이 없는 것 같아 답안지를 제출하고 일어나고 싶었지만 공부한 시간이 너무 억울하고 분하고 원통해서 일어날 수가 없었습니다.

잠시 깊은 심호흡을 하고 원장님이 그렇게도 강조하셨던 절대 포기하지 말고 소설이라도 적어야 점수를 준다는 말씀처럼 페이지를 적어나갔습니다. 성능기준은 기술기준을, 도로터널 제연설비와 감시제어반 성능시험조사표는 기술기준의 항목을 요약해서 적었고, 포 혼합장치 정의와 인명구조기구 설치기준은 가물가물했지만 생각나는 키워드 위주로 반줄이든 한줄이든 절실하게 적고나니 9.5페이지가 되더군요..!

답안지를 제출하고 나오는데 웬 놈의 비는 그리도 오는지 모든 수험생들의 눈물 같았습니다.

일부 부분점수를 받더라도 60점을 넘기 힘들거라 생각되어 불합격을 예상하고 몇주 동안 늪에 빠져 있다가 다시 현직에 복귀하고 내년을 준비하고 있었습니다.

12.13 합격 발표일 김** 팀장님의 문의 전화를 받고 점수나 확인하자는 마음으로 큐넷에 접속하니 평균 65점 합격입니다.

믿을 수가 없어 확인하기를 수차례 … 그날 오전은 허공에 붕 떠 있는 상태로 일이 손에 잡히지 않았습니다.

1문항 평균 32점, 2문항 평균 16점, 3문항 평균 17점(총점 195점 / 평균 65점)

모르는 문제지만 끝까지 포기하지 않고 비슷하게라도 적으려고 한 절실함이 채점위원들에게 전해졌는지 결과적으로 부분점수로 연결되어 합격에 이를 수 있었습니다.

7. 맺음말

합격을 하고나니 고마운 분들이 너무 많습니다.

열심히 격려해 준 가족과 지인들, 열성으로 지도해 주시고 공부 방향을 잘 이끌어 주신 원장님, 같이 고민하고 고생했던 전투반원들, 그리고 끝까지 포기하지 않은 제 자신에게도 고마움을 전합니다!^^

소방시설관리사 시험은 어렵습니다. 그래서 많은 분들이 도전하지 못하거나, 도전을 하더라도 중간에 포기하시는 분들이 많은 걸로 압니다. 저 또한 그중 한 사람이였음을 고백합니다.

하지만 도전의 이유를 찾고 자신을 믿으며 포기하지 않는다면 합격할 수 있는 시험입니다.

많고 적음을 떠나서 매년 합격자는 배출되고 있고 자신이 그 안에 들어갈 수 있다는 믿음과 들어가야 한다는 절실함이 있다면 반드시 자신의 해가 온다는 말씀을 드리고 싶습니다.

공부에 힘들고 지칠 땐 동네 한 바퀴 걸으시는 마음으로 잠시 쉬시고 반드시 찾아오는 슬럼프를 잘 극복하시기 바랍니다. 그 후엔 더욱 발전된 나의 모습이 기다릴 것입니다.

끝으로 관리사 시험의 공부방향과 마음가짐을 잘 느끼게 해주신 이항준 원장님에게 다시 한번 감사드리고, 시간이 지나 관리사 합격으로 다시 만나게 될 이*균 큰형님, 김*택 팀장님, 정*영 부장님, 최*호 아우, 찬**아빠와 전투반 동기여러분의 합격을 진심으로 기원드리며, 자신 자신과 힘든 싸움을 하고 계신 수험생 여러분께도 합격의 영광이 함께 하시기를 소망합니다.

04 소방전기 도면 및 간선 등

1 자동화재탐지설비

1. 소방시설 전선가닥수의 의미

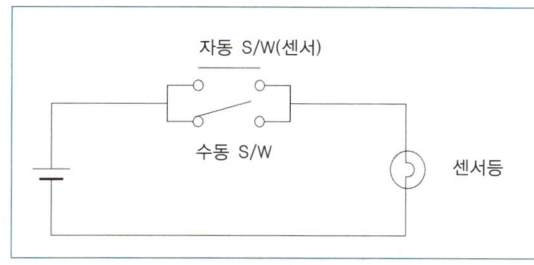

〈일반전기회로 개념도〉

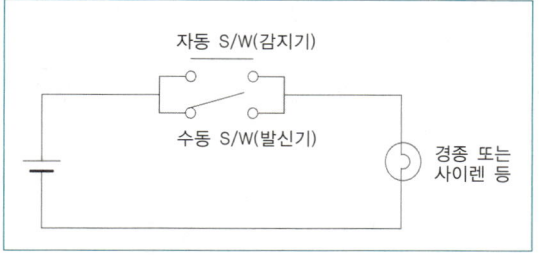

〈소방전기회로 개념도〉

(1) 일반전기회로와 소방전기회로(자동화재탐지설비 등)의 작동원리를 보면 크게 다르지 않음을 알 수 있다. 스위치를 조작하거나 센서등이 작동하여 전구가 켜지는 것과 같이 ① 발신기를 조작하거나 ② 감지기가 작동하여 ③ 경종(또는 사이렌)이 출력되는 것은 같은 메커니즘이다.
(2) 물론, 실제 수신기에서는 ①, ②에 의해 입력된 신호가 릴레이(Relay : 계전기)를 거쳐 간접적으로 ③에 전원을 공급하지만 기본적으로 스위치를 눌러 전구를 켜는 원리와 크게 다르지 않으며, 스위치(감지기 및 발신기)의 동작(화재 등)을 확인하기 위하여 수신기에 화재표시등이 점등되어 확인된다.
(3) 이때, 소방전기회로의 스위치로는 열, 연기, 불꽃 등의 연소생성물을 감지하여 작동하는 감지기 또는 유체의 이동으로 발생하는 압력변화에 의해 작동하는 압력스위치 등이 있다.
(4) 그러므로, 소방전기회로 역시 일반전기회로와 같이 감지기(스위치) 또는 경종(전구)에 전원을 공급하기 위하여 기본적으로 +, - 2가닥이 각각의 기구에 필요하며, "-"선을 공통으로 사용하여 이를 통상 공통선이라고 한다.
(5) 이처럼 모든 전기설비는 전원이 투입되어야 작동된다. 소방전기회로 역시 일반전기회로와 마찬가지이다. 이를 이해하고 공통으로 사용하는 공통선(-선)에 연동 개념에 따라 각 설비에 필요한 기구들의 전선(+선)만 추가하면 암기 없이 소방전기회로의 전선가닥수를 파악할 수 있다.

Mind-Control

점점 책의 마지막을 향해 가고 있습니다.
지금까지 고생하셨습니다.
아마도 마무리 또한 훌륭하게 하실 수 있을 것입니다.
이러한 노력에 의한 결과는 당신의 몫입니다.
한걸음만 더 힘 내세요 …^^

2. 도시기호

명칭	그림기호	비고
차동식스포트형감지기	⌒	
정온식스포트형감지기	⌒	1. 필요에 따라 종별을 표기한다. 2. 방수인 것은 ⌒ 로 한다. 3. 내산인 것은 ⌒ 로 한다. 4. 내알칼리인 것은 ⌒ 로 한다. 5. 방폭인 것은 EX로 표기한다.
보상식스포트형감지기	⌒	
연기감지기	S	1. 필요에 따라 종별을 표기한다. 2. 점검박스 붙이인 경우는 S 로 한다. 3. 매립인 것은 S 로 한다.
차동식분포형감지기의 검출부	⋈	
발신기세트 단독형	ⓟⓑⓛ	1. 경종, 위치표시등, 발신기
발신기세트 옥내소화전 내장형	ⓟⓑⓛ	1. 자동(기동용수압개폐장치) 방식 : 경종, 위치표시등, 발신기, 펌프기동확인표시등 2. 수동(ON-OFF) 방식 : 경종, 위치표시등, 발신기, 펌프기동확인표시등, 기동(ON)스위치, 정지(OFF)스위치
경계구역번호	①	1. ○ 안에 경계구역 번호를 넣는다. 2. 필요에 따라 ⊖로 하고 상부에 필요사항, 하부에 경계구역 번호를 넣는다. 〈보기〉 : 계단 샤프트
수신기	⊠	다른 설비의 기능을 갖는 경우는 필요에 따라 해당 설비의 그림기호를 표기한다. 〈보기〉 : 가스누설경보설비와 일체인 것 가스누설경보설비 및 방배연 연동과 일체인 것
부수신기	⊞	

명칭	그림기호	비고
중계기	▢	
종단저항	Ω	
배전반, 분전반 및 제어반	▭	1. 종류를 구별하는 경우는 다음과 같다. 　배전반 : ⊠ 　분전반 : ◨ 　제어반 : ⊠ 2. 직류용은 그 뜻을 표기한다. 3. 재해방지 전원회로용 배전반 등인 경우는 2중 틀로 하고 필요에 따라 종별을 표기한다. 〈보기〉 ⊠ : 1종　◨ : 2종

3. 종단저항 설치위치에 따른 감지기회로의 가닥수(송배선식)

(1) **송배선식 배선(보내기 배선)** : 수신기에서 **회로도통시험**을 용이하게 하기 위하여 **배선의 도중**에서 **분기하지 않는 방식**

① 종단저항을 감지기 끝(말단) 부분에 설치한 경우(2가닥)

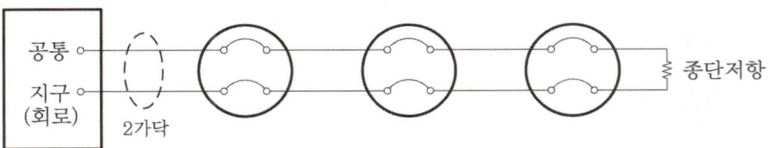

② 종단저항을 발신기함 등에 설치하는 경우 : 송배선식(4가닥)

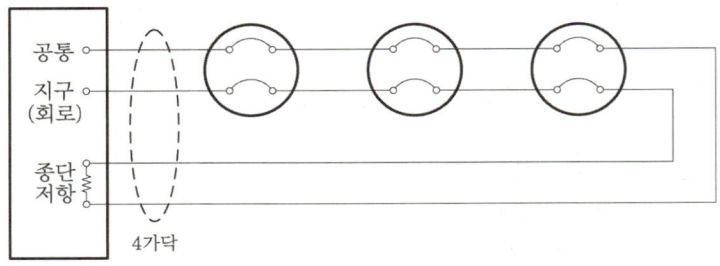

> 📖 이해 必
>
> ✓ 감지기 역시 전기를 필요로 하는 전기기구의 일종이므로 이를 동작시키기 위해서는 기본적으로 +, - 2가닥의 전선이 필요하다. 하지만 실제현장에서 말단의 감지기에 종단저항이 설치된 경우 확인이 어려우므로 유지관리의 편의를 위해 통상적으로 발신기함 내에 설치하기 때문에 감지기에 필요한 선은 4가닥으로 시공되는 경우가 대다수이다.

4. 경보방식

(1) **일제경보방식(일제명동)** : 화재로 인한 경보 발령 시 **전 층**에 **동시**에 **경보**를 발하는 방식
(2) **우선경보방식(직상발화)** : 층수가 **11층**(**공동주택**의 경우에는 **16층**) 이상의 특정소방대상물은 **발화층**에 따라 **경보하는 층**을 **달리하여 경보**를 발할 수 있도록 할 것

5. 자동화재탐지설비의 전선가닥수(P형)

(1) 자동화재탐지설비의 연동 개념도

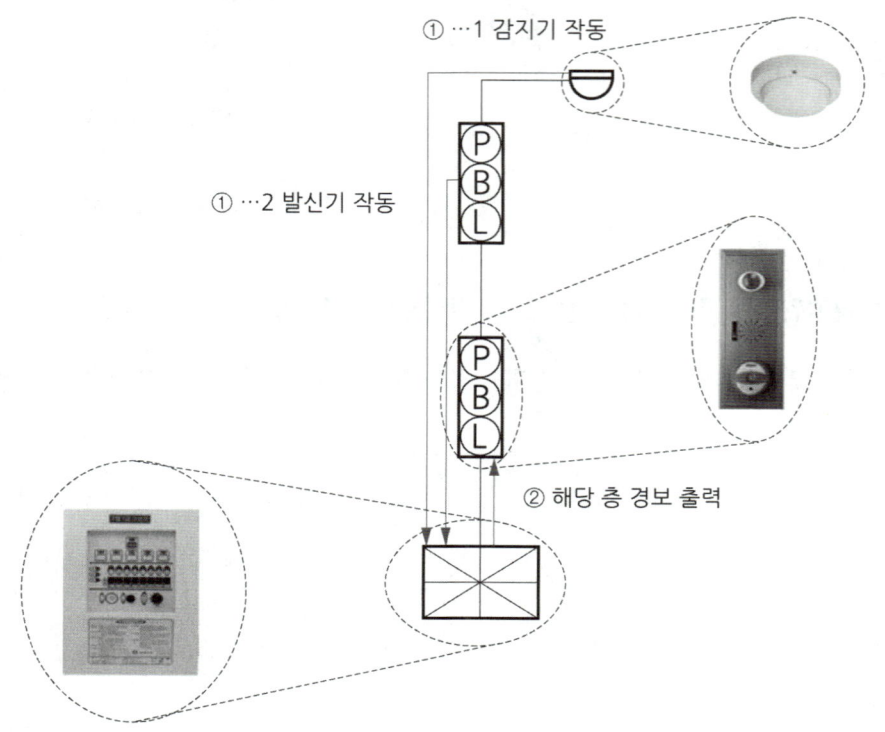

연동 순	작동내용	전선내역	
①…1	감지기 작동신호 입력(자동)	회로 1	회로 공통 1
①…2	발신기 작동신호 입력(수동)	발신기 1	
②	지구음향경보 출력	경종 1	경종·표시등 공통 1
참고…2	표시등 상시 점등상태	표시등 1	

(2) 자동화재탐지설비의 단자대 선로 구성

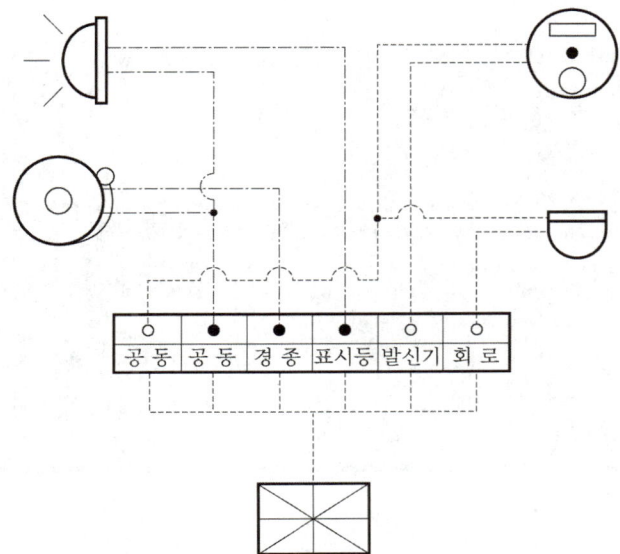

(3) 자동화재탐지설비의 가닥수 증가

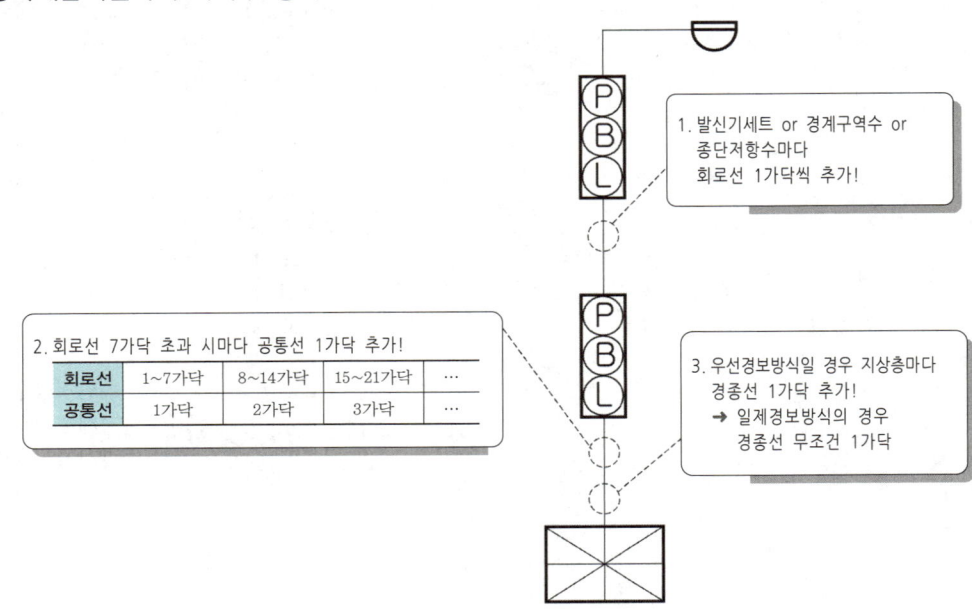

참고만

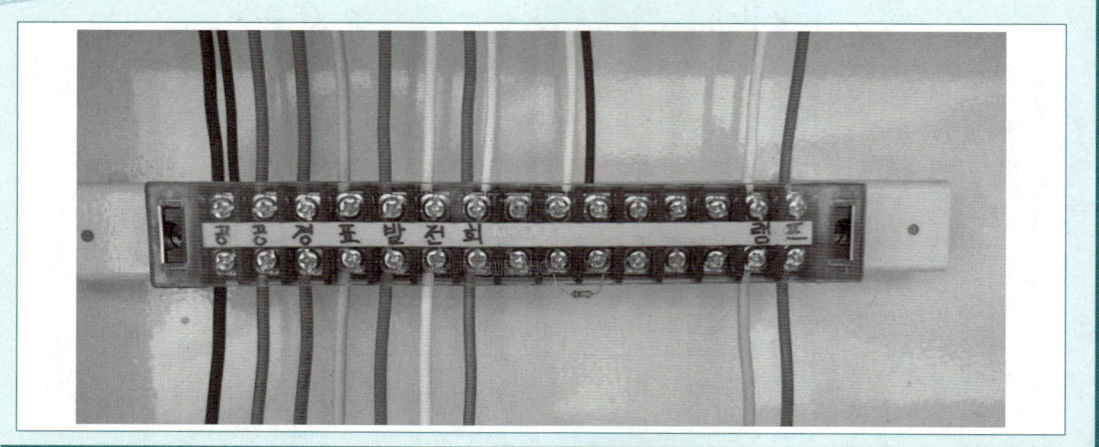

이해 必

☑ 표시등, 발신기, 회로의 경우 테스터기로 확인할 경우 상시 DC 24V가 확인되지만, 경종의 경우에는 평상시 전압이 확인되지 않는다. 경종을 제외한 위의 경우는 화재에 대비해 화재감지를 위한 대기상태(감지기 및 발신기), 위치 확인을 위한 점등상태(표시등)를 위한 용도로 항상 전원이 투입되어 있어야 하지만 경종의 경우 감지기 또는 발신기가 작동(입력)했을 경우에만 전압이 출력(24V) 된다.

구분	전선의 사용용도(가닥수)					
	회로 공통선	경종·표시등 공통선	경종선	표시등선	발신기선	회로선
일제 경보 방식	① 회로선 7가닥 초과 시마다 1가닥 추가 ② 조건에 따라 추가	① 1가닥 ② 조건에 따라 추가	1가닥	① 1가닥 ② 조건에 따라 추가		종단저항수 또는 경계구역수 또는 발신기세트수마다 1가닥 추가
우선 경보 방식			① 지상층층수마다 1가닥씩 추가 ② 지하층 1가닥			

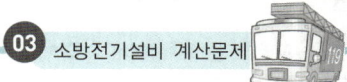

📖 이해 必

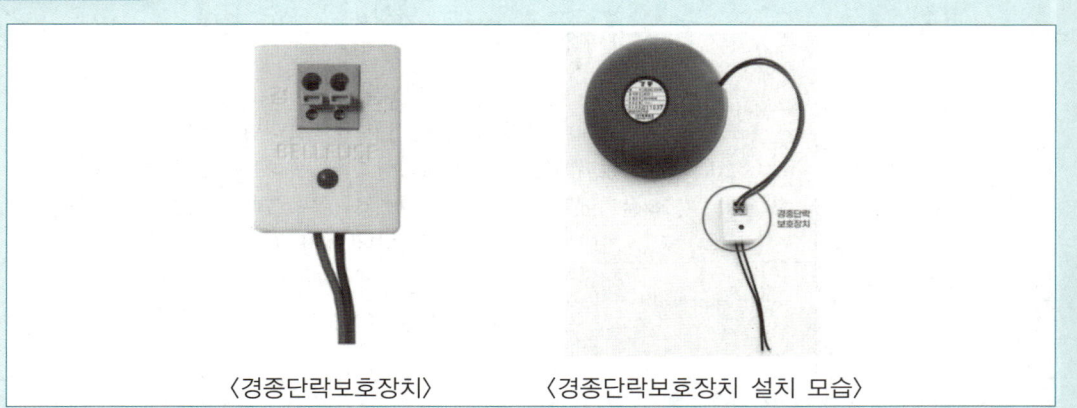

〈경종단락보호장치〉 　　　〈경종단락보호장치 설치 모습〉

☑ 2022년 12월 1일 자동화재탐지설비의 화재안전기술기준 중 '화재로 인하여 하나의 층의 지구음향장치 또는 배선이 단락되어도 다른 층의 화재 통보에 지장이 없도록 각 층 배선상에 유효한 조치를 할 것'이라는 문구가 신설되었다. 초창기에는 이 조건을 만족하기 위하여 일제경보방식, 우선경보방식 할 것 없이 '경종선' 또는 '경종·표시등 공통선'을 각 층마다 한 가닥씩 추가하고 비상방송설비에서의 퓨즈 단자와 같은 설비를 설치하여 경종의 단락에 대비하여야 한다는 의견이 있었으나, 현재는 경종단락보호장치를 사용하여 경종의 불량 등으로 인한 배선 단락의 여파가 수신기 내의 경종 퓨즈까지 흘러가지 않고 경종단락보호장치에서 마무리 됨으로써 다른 층의 경종 출력에 영향을 미치지 않게끔 시공되고 있다.

참고만

☑ 배선의 동일 명칭

구분	회로 공통선	경종·표시등 공통선	경종선	표시등선	발신기선	회로선
동일 명칭	지구 공통선 신호 공통선 표시 공통선 감지기 공통선 발신기 공통선	벨·표시등 공통선	벨선	-	응답선	지구선 신호선 표시선 감지기선

6. 자동화재탐지설비의 전선가닥수(R형)

가닥수	전선의 사용 용도(가닥수)		
	수신기 ↔ 중계기, 중계기 ↔ 중계기		중계기 ↔ 각 Local 기기
	전원선 2	신호선(통신선) 2	
	기타 전화선 등은 조건에 따라 추가		P형 System에 준한다

7. 전선의 약호 및 명칭

약호	명칭
DV	인입용 비닐절연전선
OW	옥외용 비닐절연전선
HFIX	450/750V 저독성 난연 가교 폴리올레핀 절연전선
HFCO(단심)	0.6/1kV 가교 폴리에틸렌 절연 저독성 난연 폴리올레핀 시스 전력케이블
HFCO(삼심)	6/10kV 가교 폴리에틸렌 절연 저독성 난연 폴리올레핀 시스 전력용 케이블
CV	가교 폴리에틸렌 절연비닐 외장(시스)케이블
MI	미네랄 인슈레이션케이블
IH	하이퍼론 절연전선
GV	접지용 비닐절연전선

8. 전선 규격표시 의미

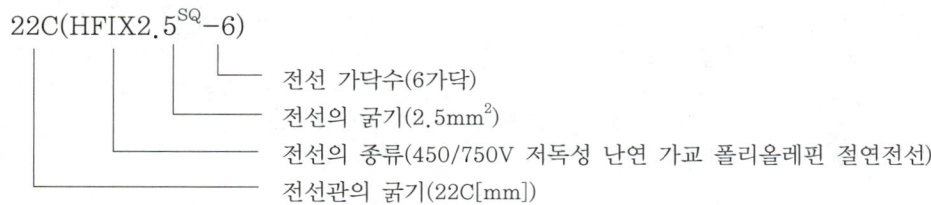

$22C(HFIX2.5^{SQ}-6)$
- 전선 가닥수(6가닥)
- 전선의 굵기($2.5mm^2$)
- 전선의 종류(450/750V 저독성 난연 가교 폴리올레핀 절연전선)
- 전선관의 굵기(22C[mm])

> **참고만**
>
> ☑ 전선관의 규격
>
> | 전선규격 | 전선관의 규격 | | | |
> | --- | --- | --- | --- | --- |
> | | 16mm | 22mm | 28mm | 36mm |
> | $1.5mm^2$ | 1~9가닥 | 10가닥 | 11~17가닥 | – |
> | $2.5mm^2$ | 1~4가닥 | 5~7가닥 | 8~12가닥 | 13~21가닥 |

9. 견적

(1) 물량 산출 : 부싱 및 로크너트

① **부싱** : **전선의 절연피복**을 **보호**하기 위하여 **금속관 끝**에 취부하여 사용하는 것으로서 **전선관과 박스(Box)** 또는 **함의 접속 개소**마다 사용한다.

② **로크너트** : **박스(Box)**와 **금속관**을 고정할 때 사용하는 것으로서 **박스 구멍당 2개**를 사용한다. 즉, **전선관과 박스(Box)** 또는 **함의 접속 개소**마다 **2개**를 사용한다.(**부싱 개수×2배**)

(2) 박스(Box) 사용처

박스의 종류	사용처
4각 박스	① 4방출 이상(문제의 조건에 따라서 산출) ② 한쪽면이 2방출 이상 ③ 수신기, 부수신기, 제어반, 발신기세트, 슈퍼비죠리판넬, 수동조작함 　• 전선관 매립시공, 함 매립시공 : 산출(×) 　　← 전선관 매립시공 　　← 발신기세트 내함 　(자체매립형 내함을 사용하므로 4각 박스가 불필요하다.) 　• 전선관 매립시공, 함에 대한 언급이 없는 경우 : 산출(○) 　　← 전선관 매립시공 　　← 4각 박스 　(노출형 함을 사용하므로 4각 박스가 필요하다.)
8각 박스	① 4각 박스 사용처 이외의 곳 ② 감지기, 유도등, 사이렌, 방출표시등, 습식밸브, 건식밸브, 준비작동식밸브, 일제살수식밸브 등

(3) 품셈표
① 공량계＝수량×내선전공 공량
② 노임단가＝일당(문제에서 주어짐)
③ 노무비＝공량계×노임단가

2 비상방송설비

1. 비상방송설비의 전선가닥수

가닥수	전선의 사용 용도(가닥수)										
	일제경보방식					우선경보방식				
	공통선	비상방송선	공통선	업무용선	비상방송선	공통선	비상방송선	공통선	업무용선	비상방송선
	층수마다 공통선 및 비상방송선 1가닥씩 추가		층수마다 공통선 및 비상방송선 1가닥씩 추가			층수마다 공통선 및 비상방송선 1가닥씩 추가		층수마다 공통선 및 **비상방송선** 1가닥씩 추가		

> **참고만**
> ☑ 비상방송설비 배선의 동일 명칭
>
> | 기본 가닥수 | 공통선 | 업무용선 | 비상방송선 |
> |---|---|---|---|
> | 동일 명칭 | – | 업무선 | 스피커선, 확성기선 |

※ 공통선을 여러 층에서 겸하여 사용하는 일반적인 소방설비와 달리, 비상방송설비에서 **공통선**을 **층별**로 **1가닥씩 추가**하는 이유는 비상방송설비의 화재안전기술기준에 "**화재**로 인하여 **하나의 층의 확성기** 또는 **배선이 단락** 또는 **단선**되어도 **다른 층의 화재통보에 지장이 없도록 할 것**"이 되어 **해당 층에 비상방송**이 출력되지 않더라도 **다른 층**에서의 **비상방송 출력에 지장이 없도록** 하기 위함이다. 이는 실제 현장의 배선과는 다르므로 시험 시 가닥수 산정에 유의하자!!

> **이해 必**
>
> ☑ 현재 특별한 경우를 제외한 대부분의 건축물에 설치된 비상방송설비는 일반방송설비와 겸용으로서 소방관련법령에 의한 검인증 대상 제품이 아니다. 따라서 비상방송설비의 배선이 화재로 인하여 단락(합선)될 경우 비상방송 기능이 저하되거나 차단되는 문제가 발생한다. 이러한 문제를 개선하기 위해 소방청에서 대대적으로 점검 및 보완이 이루어질 수 있도록 추진 중에 있다. 다음은 비상방송설비의 성능 개선을 위한 방안 중 일부이다.

개선방안 1 각 층에 배선용 차단기(퓨즈) 설치	개선방안 2 엠프의 각 배선마다 배선용 차단기(퓨즈) 설치
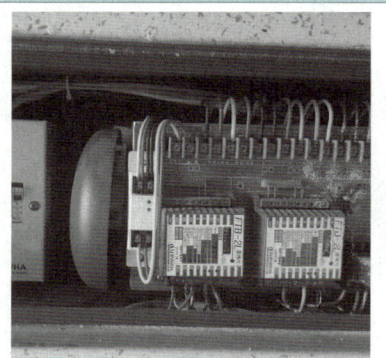	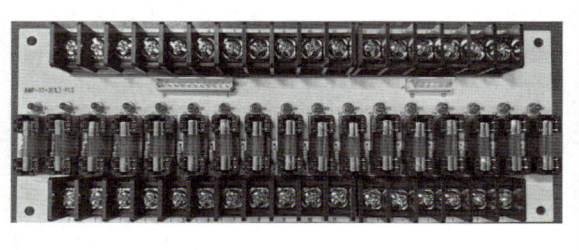

3 옥내소화전

1. 도시기호

명칭	그림기호	사진
옥내소화전함	◺	

명칭	그림기호	사진
압력챔버	(그림)	(사진)
동력제어반	MCC	—

2. 전선가닥수

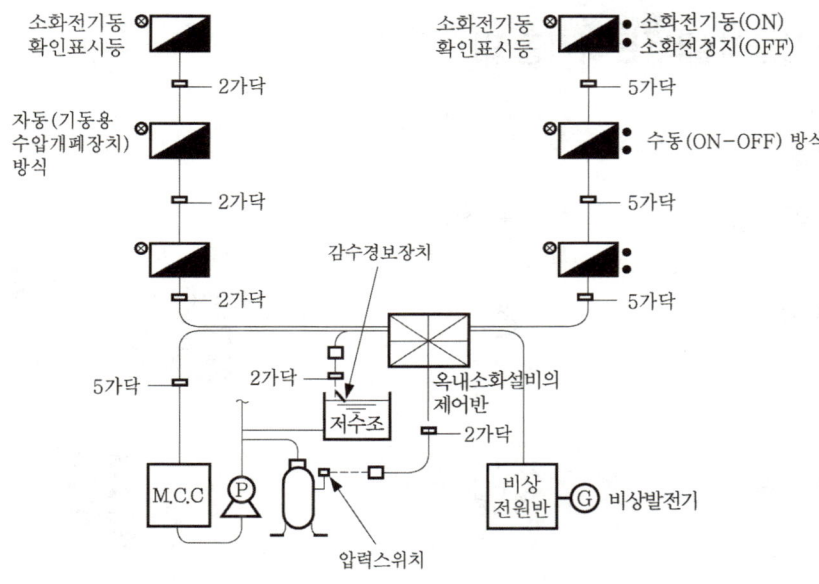

구분	수동방식 (ON-OFF 방식)	자동방식 (기동용 수압개폐장치 방식)
소화전함 ↔ 소화전함 소화전함 ↔ 제어반(수신반)	기본 가닥수 : 5가닥 [공통, ON(기동), OFF(정지), 펌프기동표시등 2(공통 1, 펌프기동표시등 1)]	기본 가닥수 : 2가닥 [펌프기동표시등 2(공통 1, 펌프기동표시등 1)]
압력챔버 ↔ 제어반(수신반)	—	기본 가닥수 : 2가닥 [PS(압력스위치) 2(공통 1, PS 1)]
MCC ↔ 제어반(수신반)	기본 가닥수 : 5가닥 [공통, ON(기동), OFF(정지), 펌프기동표시등, 펌프정지표시등(전원감시표시등)]	기본 가닥수 : 5가닥 [공통, ON(기동), OFF(정지), 펌프기동표시등, 펌프정지표시등(전원감시표시등)]

> **참고만**
>
> ☑ 옥내소화전설비 배선의 동일 명칭
>
> | | 공통 | ON | OFF | 펌프 기동표시등 | PS | 펌프 정지표시등 |
> |---|---|---|---|---|---|---|
> | 동일 명칭 | — | 기동 | 정지 | 펌프기동 확인표시등, 운전표시 | 압력 스위치 | 전원감시표시등 (문제의 조건에 전원감시기능이 있는 경우에는 전원감시표시등으로 답할 것) |

4 스프링클러설비(준비작동식)

1. 도시기호

명칭	그림기호	사진 및 비고
경보밸브(습식)	 (▲)	
프리액션밸브	 (P)	
사이렌	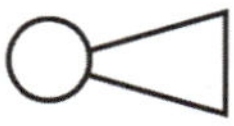 ◁	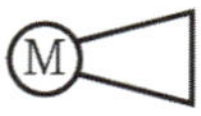 Ⓜ◁ 〈모터사이렌〉 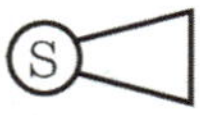 Ⓢ◁ 〈전자사이렌〉
압력스위치	 (PS)	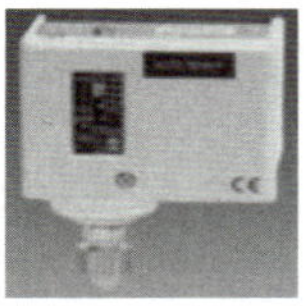 〈펌프기동용〉  〈자동경보밸브용〉
탬퍼스위치	 TS	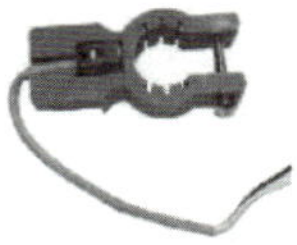

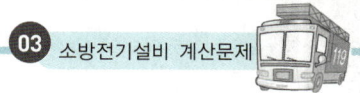

명칭	그림기호	사진 및 비고
천장은폐배선	———————	1. 천장은폐배선 중 천장 속의 배선을 구별하는 경우는 천장 속의 배선에 —·—·— 를 사용하여도 좋다. 2. 노출배선 중 바닥면 노출배선을 구별하는 경우는 바닥면 노출배선에 —··—··— 를 사용하여도 좋다.
바닥은폐배선	— — —	
노출배선	— — — — —	
상승 인하 소통	(화살표 기호)	1. 동일 층의 상승, 인하는 특별히 표시하지 않는다. 2. 관, 선 등의 굵기를 명기한다. 다만, 명백한 경우는 기입하지 않아도 된다. 3. 필요에 따라 공사 종별을 표기한다. 4. 케이블의 방화구획 관통부는 다음과 같이 표시한다. ① 상승 : ◎↗ ② 인하 : ↙◎ ③ 소통 : ◎↕
프리액션밸브 수동조작함	SVP	(사진)

2. 교차회로방식

(1) **교차회로방식** : **설비**의 오작동을 방지하기 위하여 **2개 이상**의 회로가 교차되도록 설치하여 인접한 2개 이상의 회로가 동시에 **작동**해야 **설비**가 작동되도록 하는 방식

〈적용설비〉
① 준비작동식 스프링클러설비
② 일제살수식 스프링클러설비
③ 가스계 소화설비

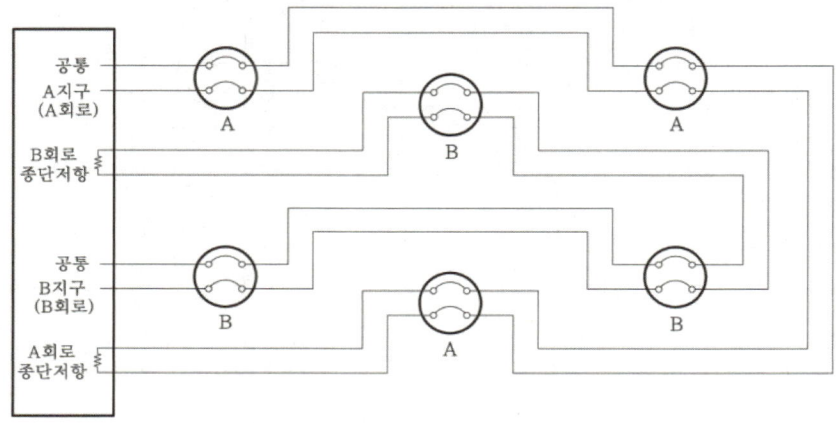

(2) 교차회로방식 배선의 예

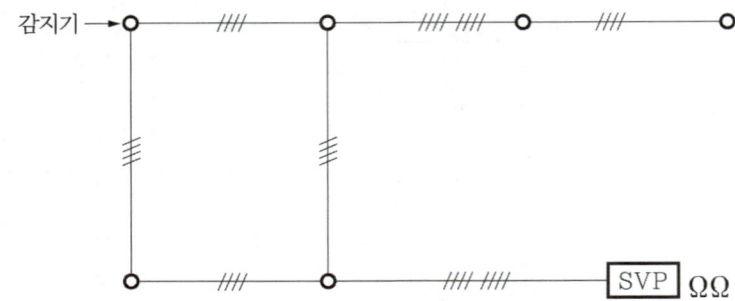

※ 교차회로방식의 배선에서 루프(Loop)방식 부분과 말단 부분은 4가닥, 그 외 부분은 8가닥으로 기억할 것!!

3. 준비작동식 스프링클러설비의 전선가닥수

(1) 준비작동식 스프링클러설비의 연동 개념도

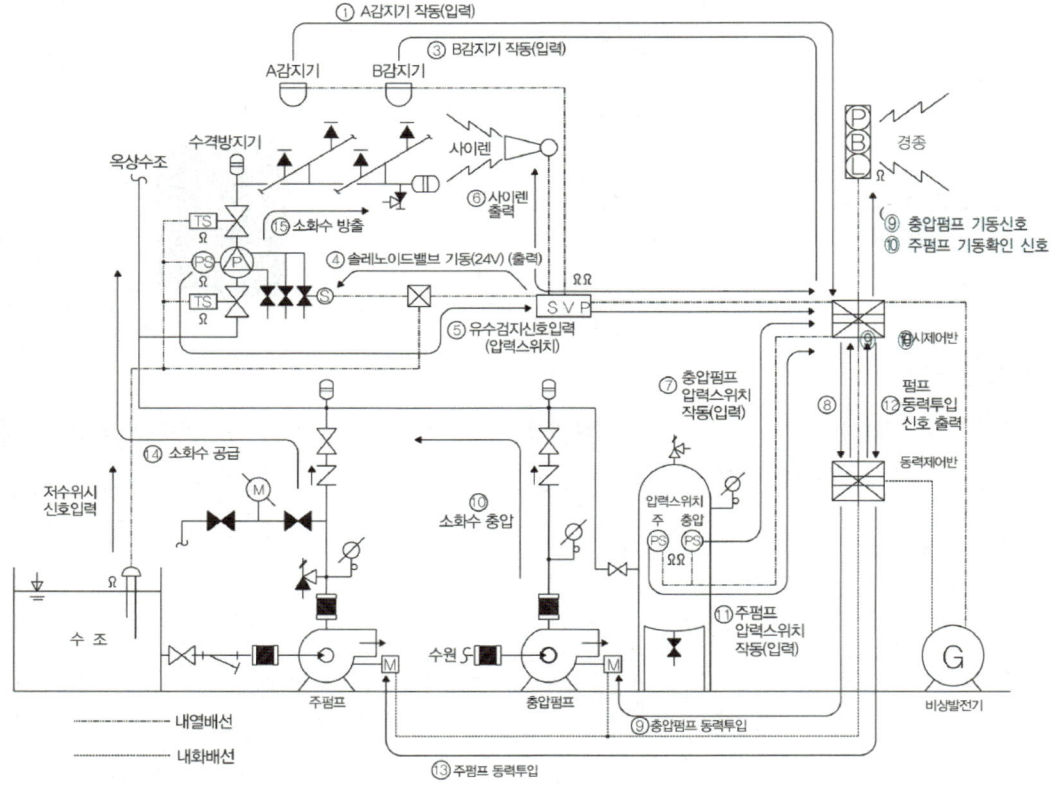

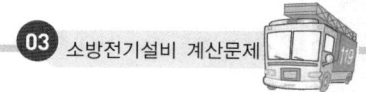

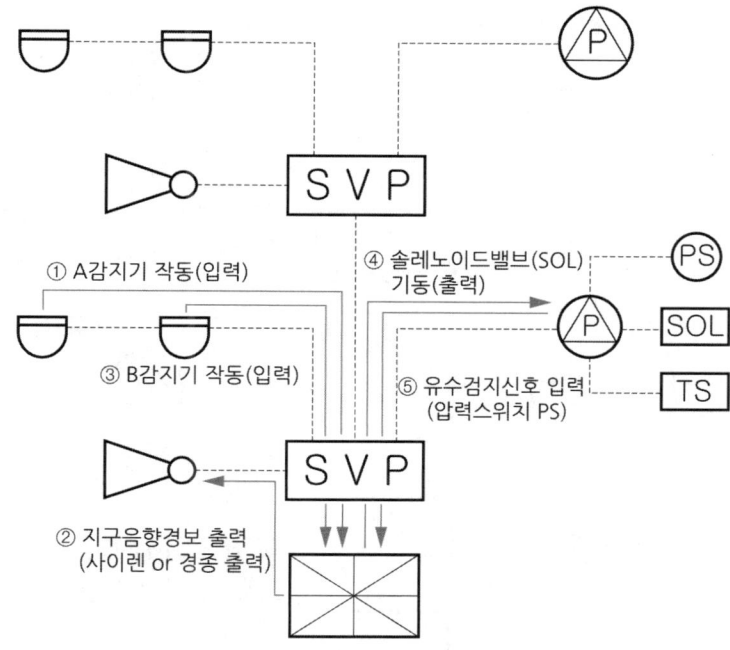

연동 순서	작동내용	필요한 전선내역	
①	A감지기 작동신호 입력	회로 1(A감지기 회로)	
②	지구음향경보 출력 (사이렌 또는 경종 출력)	사이렌 1	
③	B감지기 작동신호 입력	회로 1(B감지기 회로)	
④	솔레노이드밸브로 기동신호 출력 (준비작동식 유수검지장치 개방)	기동(SOL) 1	공통 1
⑤	유수검지장치(압력스위치)의 유수검지신호 입력	밸브개방확인(PS) 1	
참고	급수배관 개폐밸브 폐쇄 시 템퍼스위치 신호 입력	밸브주의(TS) 1	

(2) 준비작동식 스프링클러설비의 가닥수 증가

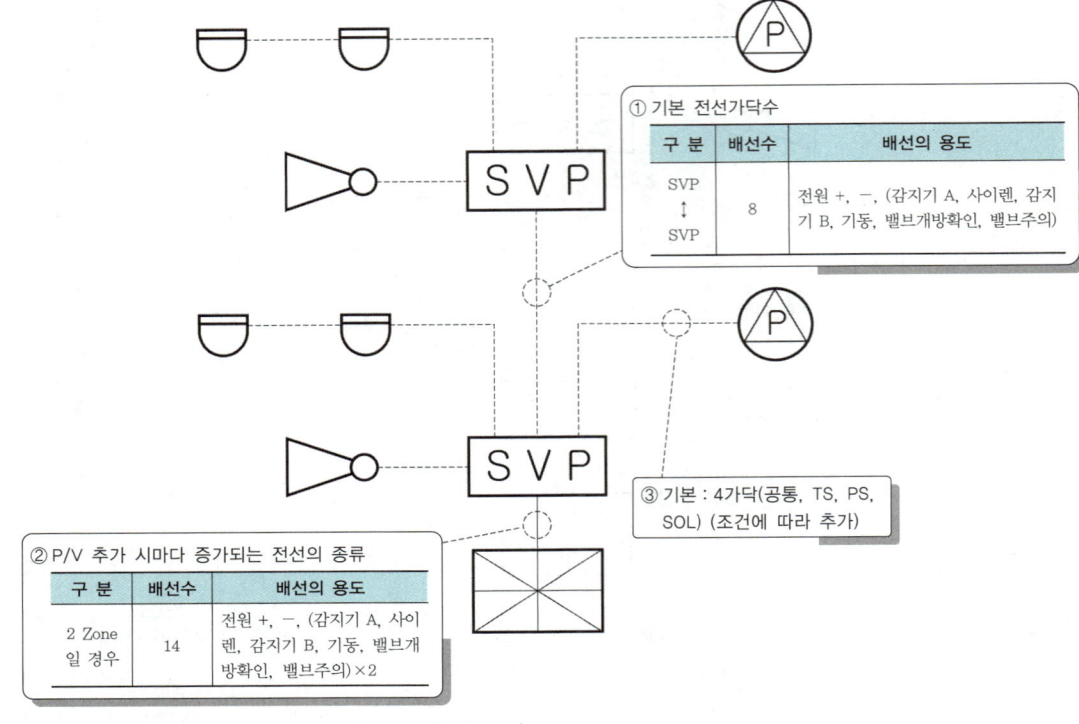

(3) 준비작동식 스프링클러설비의 SVP 선로 구성

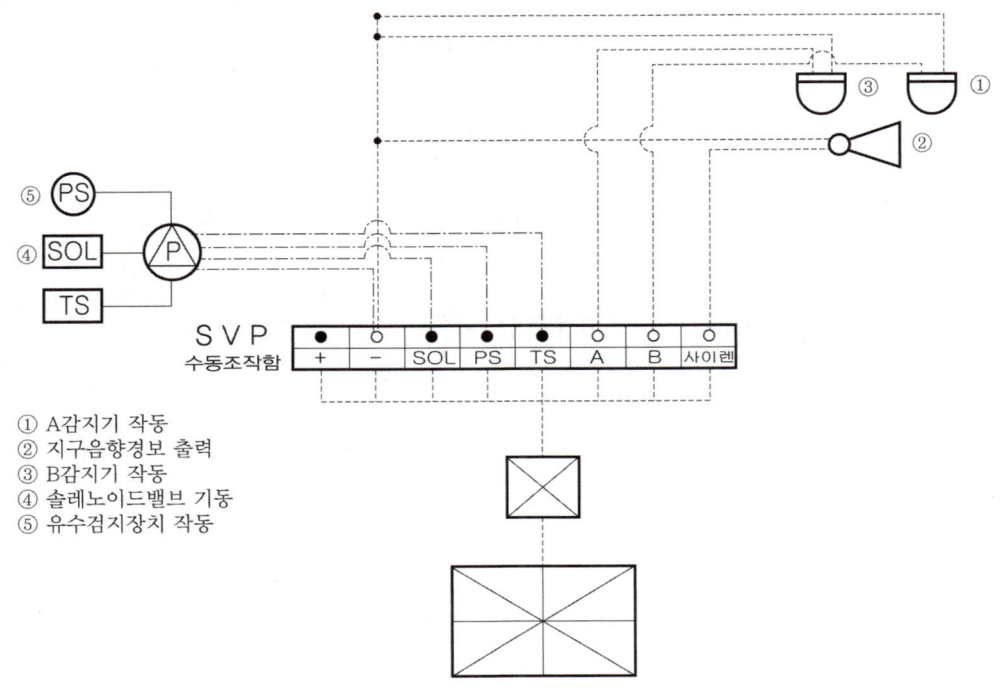

① A감지기 작동
② 지구음향경보 출력
③ B감지기 작동
④ 솔레노이드밸브 기동
⑤ 유수검지장치 작동

① 습식 스프링클러설비

기본 가닥수	공통	TS (탬퍼스위치)	PS (유수검지스위치)	사이렌
가닥수의 추가조건	1가닥	① 습식밸브(알람체크밸브) 수마다 1가닥씩 추가 ② 조건에 따라 추가	습식밸브(알람체크밸브) 수마다 1가닥씩 추가	습식밸브(알람체크밸브) 수마다 1가닥씩 추가

② 준비작동식 스프링클러설비

기본 가닥수	감시제어반(수신반) ↔ SVP (기본 가닥수 : 8가닥)							SVP(슈퍼비죠리판넬) ↔ 준비작동식밸브 (프리액션밸브, P/V) (기본 가닥수 : 4가닥)			
	전원 +	전원 −	감지기 A	사이렌	감지기 B	기동	밸브개 방확인	밸브주 의(TS)	공통	TS	PS	SOL
가닥수의 추가조건	1가닥		① 준비작동식밸브(프리액션밸브(P/V)) 수마다 1가닥씩 추가 ② 밸브주의(TS)선은 조건에 따라 추가						① 4가닥 ② 조건에 따라 추가			

※ 전원(+, −)선은 경계구역(Zone)의 수에 상관없이 각 SVP(슈퍼비죠리판넬)에 전원만 공급해 주면 되므로 가닥수의 추가가 없다.

> **참고만**
>
> ☑ 습식 스프링클러설비 배선의 동일 명칭
>
> | | 공통 | TS(탬퍼스위치) | PS(유수검지스위치) | 사이렌 |
> |---|---|---|---|---|
> | 동일 명칭 | − | 밸브주의
밸브모니터링 스위치
밸브개폐 감시용 스위치 | 압력스위치 | − |

> **참고만**
>
> ☑ 준비작동식 스프링클러설비 배선의 동일 명칭
>
> | 기본 가닥수 | 전원 + | 전원 − | 감지기 A | 사이렌 | 감지기 B | 기동 | 밸브개 방확인 | 밸브주의(TS) | 공통 | TS | PS | SOL |
> |---|---|---|---|---|---|---|---|---|---|---|---|---|
> | 동일 명칭 | − | − | − | − | − | − | 탬퍼스위치,
밸브주의,
밸브모니터링
스위치,
밸브개폐
감시용 스위치 | − | 탬퍼스위치,
밸브주의,
밸브모니터링스위치,
밸브개폐 감시용 스위치 | 유수검지스위치,
압력스위치 | 솔레노이드밸브 |

5 가스계 소화설비

1. 도시기호

명칭	그림기호	사진
수동조작함	RM	
방출표시등	◐ 또는 ⊗	
솔레노이드밸브	S ▶◀ 또는 SOL 또는 SV	
압력스위치	㉿	펌프기동용 자동경보밸브 경보용
표시반		

2. 가스계 소화설비의 전선가닥수

(1) 가스계 소화설비의 연동 개념도

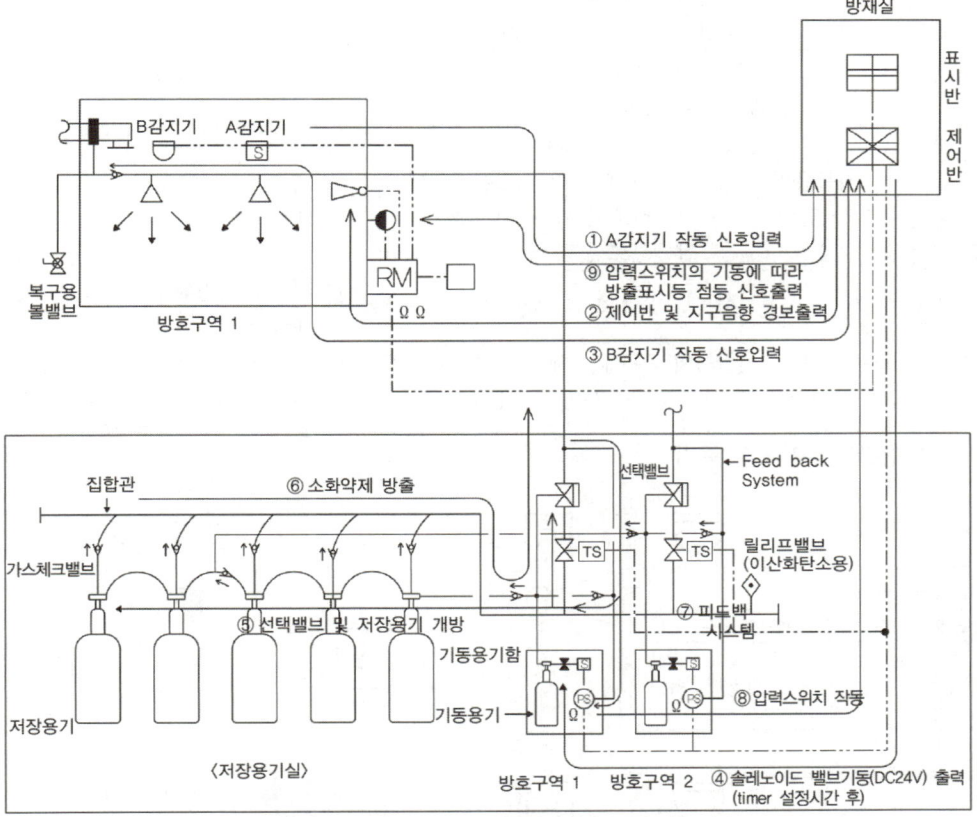

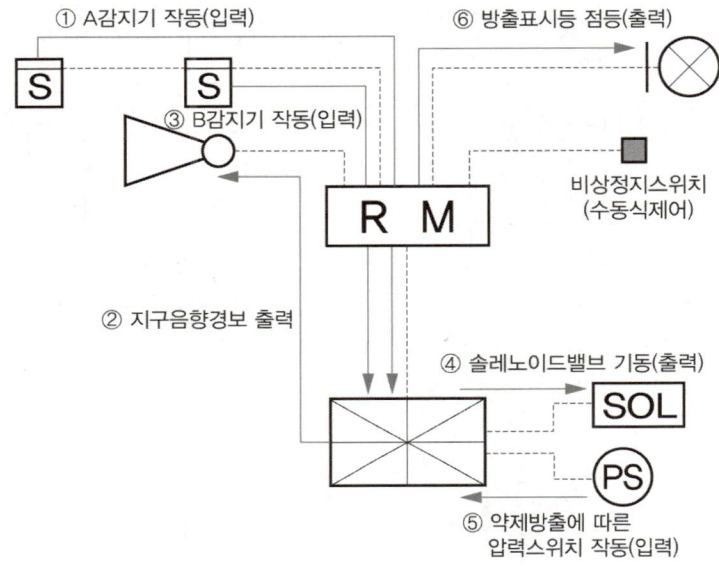

연동 순서	작동내용	필요한 전선내역	
①	A감지기 작동신호 입력	회로 1(A감지기회로)	
②	지구음향경보 출력 (사이렌 또는 경종 출력)	사이렌	
③	B감지기 작동신호 입력	회로 1(B감지기회로)	
④	솔레노이드밸브로 기동신호 출력 (기동용기 개방)	기동스위치(SOL) 1	공통 1
⑤, ⑥	기동용기 개방 → 선택밸브 및 저장용기 개방 → 압력스위치 작동신호 입력 → 방출표시등 점등신호 출력	방출표시등(PS) 1	
참고	방출지연스위치 조작 시 신호 입력	방출지연스위치 (비상스위치) 1	

※ 방출표시등은 압력스위치(PS)의 작동에 의해 점등되기 때문에 연동개념상에 압력스위치(PS)가 설명이 되어 있지만, 실제 감시제어반과 수동조작함 사이의 배선에서는 압력스위치선(PS선)을 산출하지 않음에 유의하자!!

(2) 가스계 소화설비의 가닥수 증가

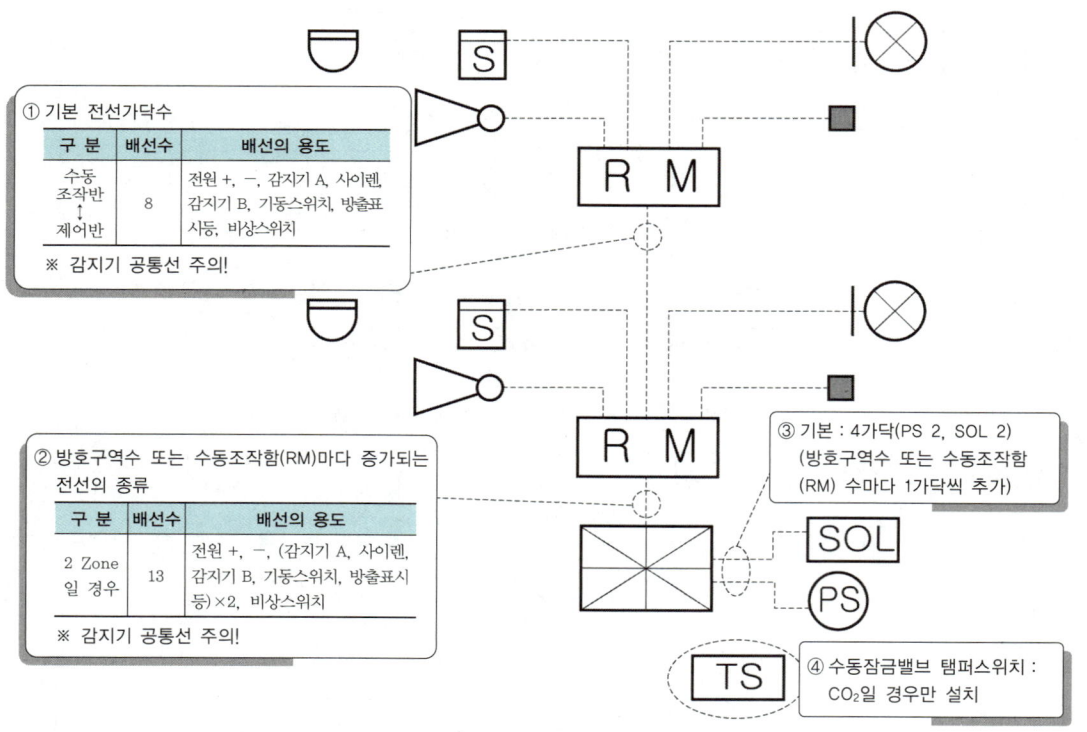

① 기본 전선가닥수

구 분	배선수	배선의 용도
수동 조작반 ↕ 제어반	8	전원 +, −, 감지기 A, 사이렌, 감지기 B, 기동스위치, 방출표 시등, 비상스위치

※ 감지기 공통선 주의!

② 방호구역수 또는 수동조작함(RM)마다 증가되는 전선의 종류

구 분	배선수	배선의 용도
2 Zone 일 경우	13	전원 +, −, (감지기 A, 사이렌, 감지기 B, 기동스위치, 방출표시 등)×2, 비상스위치

※ 감지기 공통선 주의!

③ 기본 : 4가닥(PS 2, SOL 2)
(방호구역수 또는 수동조작함
(RM) 수마다 1가닥씩 추가)

④ 수동잠금밸브 탬퍼스위치 :
CO_2일 경우만 설치

기본 가닥 수	감시제어반(수신반) ↔ 수동조작함(RM) (기본 가닥수 : 8가닥)							감시제어반 (수신반, 컨트롤 판넬) ↔ 저장용기실 (PS 또는 SOL)		
	전원 +	전원 −	감지기 A	사이렌	감지기 B	기동 스위치	방출 표시등	방출지연 스위치	공통선	PS	SOL
가닥 수의 추가 조건	1가닥		① 방호구역수 또는 수동조작함(RM) 수마다 1가닥씩 추가(하나의 방호구역에 둘 이상의 수동조작함이 설치된 경우에는 하나의 수동조작함으로 본다) ② 사이렌선은 문제의 조건에 따라 추가					① 1가닥 ② 문제의 조건에 따라 추가	방호구역수 또는 수동조작함(RM) 수마다 SOL과 PS 1가닥씩 추가(하나의 방호구역에 둘 이상의 수동조작함이 설치된 경우에는 하나의 수동조작함으로 본다)		

※ 전원(+, −)선은 경계구역(Zone)의 수에 상관없이 각 RM(수동조작함)에 전원만 공급해 주면 되고, 방출지연스위치선 또한 어느 방호구역에서든 컨트롤판넬의 타이머를 순간 정지시킬 수 있어야 하므로 가닥수의 추가가 없다.

> **참고만**
>
> ☑ **이산화탄소소화설비의 경우 전선가닥수**
>
> | 기본 가닥 수 | 감시제어반(수신반) ↔ 수동조작함(RM) (기본 가닥수 : 8가닥) | | | | | | | 감시제어반(수신반, 컨트롤 판넬) ↔ 저장용기실(PS 또는 SOL) | | | |
> |---|---|---|---|---|---|---|---|---|---|---|---|
> | | 전원 + | 전원 − | 감지기 A | 사이렌 | 감지기 B | 기동 스위치 | 방출 표시등 | 방출지연 스위치 | 공통선 (−) | TS | PS | SOL |
> | 가닥 수의 추가 조건 | 1가닥 | | ① 방호구역수 또는 수동조작함(RM) 수마다 1가닥씩 추가(하나의 방호구역에 둘 이상의 수동조작함이 설치된 경우에는 하나의 수동조작함으로 본다) ② 사이렌선은 조건에 따라 추가 | | | | | ① 1가닥 ② 조건에 따라 추가 | ① 1가닥 ② 조건에 따라 추가 | 방호구역수 또는 수동조작함(RM) 수마다 SOL과 PS, TS 1가닥씩 추가(하나의 방호구역에 둘 이상의 수동조작함이 설치된 경우에는 하나의 수동조작함으로 본다) | | |
>
> ※ **이산화탄소소화설비**의 경우 다른 가스계소화설비와 달리 화재안전기술기준에 따라 **수동잠금밸브를 설치**해야 한다는 조항이 있다.
>   기준의 개정 이후 소방설비기사(전기분야)에서 이산화탄소소화설비 전선가닥수에 대한 문제로서 언급된 적은 없으나, 문제 출제 시 화재안전기술기준에 따라 **수동잠금밸브의 개폐상태 확인**을 위한 **탬퍼스위치(TS)**를 고려하여 전선가닥수를 **산정함**이 옳다.
> 〈NFTC 106 2.4.1.5〉
> 2.4.1.5 수동잠금밸브의 개폐여부를 확인할 수 있는 표시등을 설치할 것
> 〈NFTC 106 2.5.3〉
> 2.5.3 소화약제의 저장용기와 선택밸브 사이의 집합배관에는 수동잠금밸브를 설치하되 선택밸브 직전에 설치할 것. 다만, 선택밸브가 없는 설비의 경우에는 저장용기실 내에 설치하되 조작 및 점검이 쉬운 위치에 설치해야 한다.

참고만

☑ 가스계(이산화탄소·할론) 소화설비 배선의 동일 명칭

구분	전원 +	전원 -	감지기 A	사이렌	감지기 B	기동 스위치	방출 표시등	방출지연 스위치	TS	PS	SOL
동일 명칭	-	-	-	가스 방출 확인	-	수동 기동	가스 방출 확인	비상 스위치	탬퍼스위치, 밸브주의, 밸브모니터링 스위치, 밸브개폐 감시용 스위치	유수 검지 스위치, 압력 스위치	솔레 노이드 밸브

3. 가스계 소화설비 기기의 설치장소

(1) **경보사이렌** : 방호구역 내
(2) **수동조작함** : 방호구역 외 출입구 부근의 조작이 용이한 장소
(3) **방출표시등** : 방호구역 외 출입구 상부
(4) **SOL(솔레노이드밸브) 기동**

SOL 기동이란 중의적인 의미를 가지는데 첫 번째는 ① '솔레노이드밸브의 동작'으로, 두 번째는 ② '설비의 기동'으로 이해할 수 있다. 정확히 구분 짓자면 A회로, B회로가 모두 동작했을 때 제어반에서의 출력신호에 의해 솔레노이드밸브가 작동(장치의 작동)되고, 이에 따라 설비가 기동(약제 및 소화수의 방출)되는데 이러한 일련의 상황이 동시에 일어나기 때문에 혼란이 발생할 수 있으므로 SOL 기동에 대한 이해가 먼저 선행되어야 한다.

이해 必

☑ SOL(솔레노이드밸브)

준비작동식 스프링클러설비의 솔레노이드밸브	가스계소화설비의 솔레노이드밸브

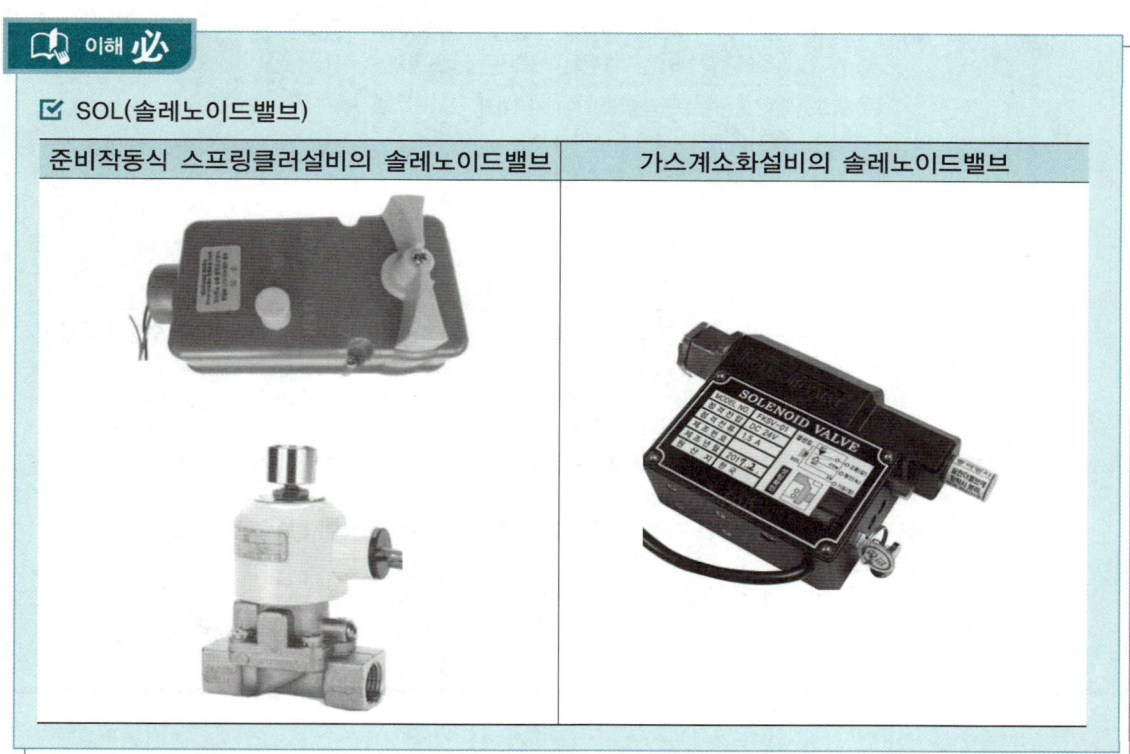

6 제연설비

1. 도시기호

명칭	그림기호	사진
급 · 배기 댐퍼	〈화재댐퍼〉 〈연기댐퍼〉 〈화재/연기댐퍼〉	
급 · 배기 휀		

2. 제연설비의 기본 연동 개념도

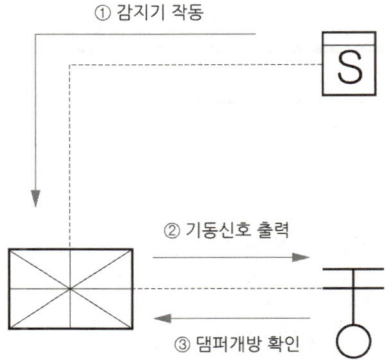

① 감지기 작동
② 기동신호 출력
③ 댐퍼개방 확인

Chapter 04 소방전기 도면 및 간선 등 **493**

3. 배기만 있는 제연설비의 경우

(1) 상가(거실) 제연설비의 전선가닥수(배기만 있는 경우)

기본 가닥수	감시제어반(수신반) ↔ 수동조작함 (기본 가닥수 : 5가닥)					감시제어반(수신반) ↔ MCC (기본 가닥수 : 5가닥)				
	전원 +	전원 −	회로 (감지기)	기동	배기댐퍼 개방확인	공통	ON (기동)	OFF (정지)	FAN 기동 표시등	FAN 정지 표시등
가닥수의 추가 조건	1가닥		배기댐퍼수마다 1가닥씩 추가			1가닥				

※ 1. 조건에서 감지기 공통선을 별도로 사용하라고 하였을 경우 감지기 공통선 1가닥을 추가할 것
　 2. 복구스위치선 추가 조건
　① 자동복구방식 : 복구스위치선(×)
　② 수동복구방식(기동, 복구형 댐퍼방식) : 복구스위치선 1가닥

(2) 계통도

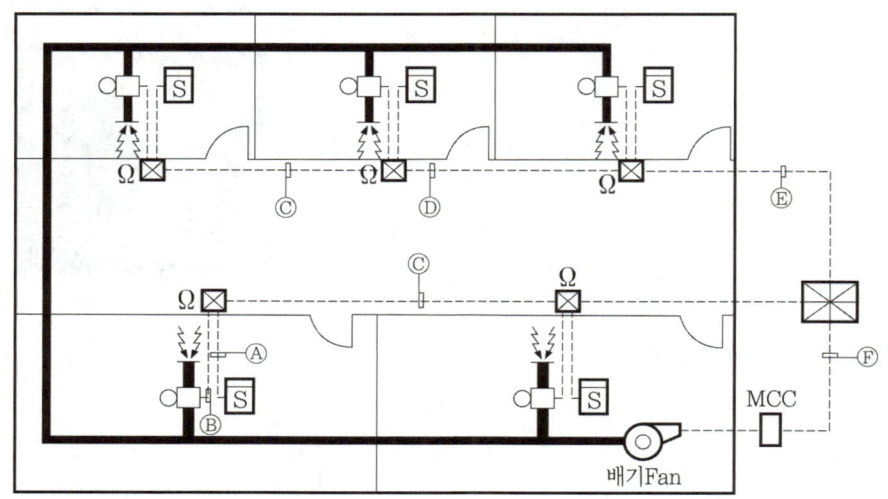

(3) 배선내역

〈 조 건 〉

① 모든 댐퍼는 모터기동방식이며, 별도의 복구선은 없는 것으로 한다.
② 배선수는 운전조작상 필요한 최소 전선수를 쓰도록 한다.

구분	배선수	전선규격	전선관 규격	배선의 용도
Ⓐ	4	HFIX 1.5mm²	16C	공통 2, 회로 2
Ⓑ	4	HFIX 2.5mm²	16C	전원 +, −, 기동, 배기댐퍼 개방확인
Ⓒ	5	HFIX 2.5mm²	22C	전원 +, −, 회로, 기동, 배기댐퍼 개방확인
Ⓓ	8	HFIX 2.5mm²	28C	전원 +, −, (회로, 기동, 배기댐퍼 개방확인)×2
Ⓔ	11	HFIX 2.5mm²	28C	전원 +, −, (회로, 기동, 배기댐퍼 개방확인)×3
Ⓕ	5	HFIX 2.5mm²	22C	공통, 기동, 정지, 기동표시등, 전원표시등

※ 1. 도면에서 통로 부분은 급기, 거실 부분은 배기이다.
　 2. 도면에서 통로(급기댐퍼) 부분은 상시 개방된 급기구를 설치하여 급기 FAN에 의해 일제 급기한다.

3. 도면에서 급기댐퍼 부분에 대한 가닥수는 산출하지 않는다. 따라서, 기본 가닥수에 급기댐퍼 개방확인선은 제외된다.

4. 급기, 배기가 함께 있는 제연설비의 경우

(1) 상가(거실) 제연설비의 전선가닥수(급기, 배기가 함께 있는 경우)

기본 가닥수	감시제어반(수신반) ↔ 수동조작함 (기본 가닥수 : 7가닥)						감시제어반(수신반) ↔ MCC (기본 가닥수 : 5가닥)				
	전원+	전원-	회로 (감지기)	급기 댐퍼 기동	배기 댐퍼 기동	급기 댐퍼 개방 확인	배기 댐퍼 개방 확인	공통	ON (기동)	OFF (정지)	FAN 기동 표시등	FAN 정지 표시등
가닥수의 추가 조건	1가닥		제연구역마다 1가닥씩 추가					1가닥				

※ 1. 문제의 조건에서 감지기 공통선을 별도로 사용하라고 하였을 경우 감지기 공통선 1가닥을 추가할 것
  2. 복구스위치선 추가 조건
  ① 자동복구방식 : 복구스위치선(×)
  ② 수동복구방식(기동, 복구형 댐퍼방식) : 복구스위치선 1가닥

(2) 계통도

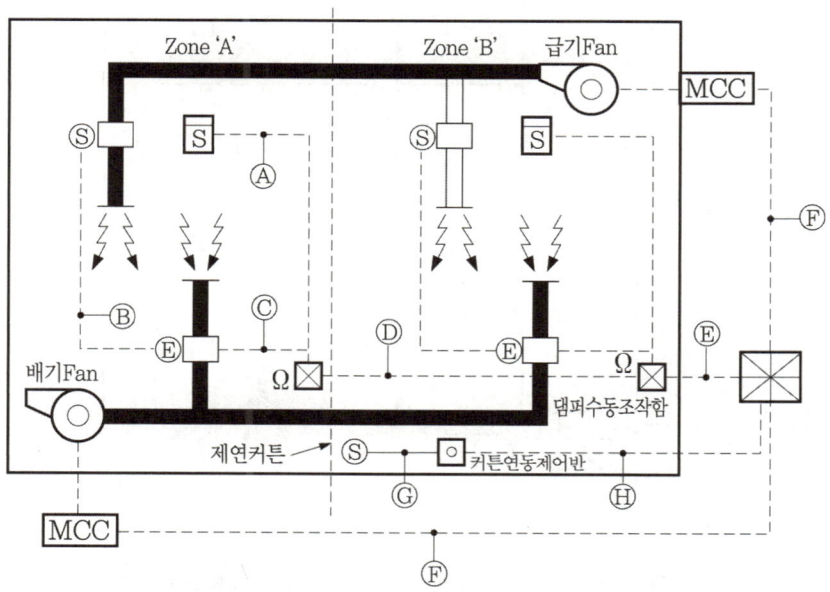

(3) 배선내역

───────〈 조 건 〉───────
① 모든 댐퍼는 모터기동방식이며, 별도의 복구선은 없는 것으로 한다.
② 배선수는 운전조작상 필요한 최소 전선수를 쓰도록 한다.

구분	배선수	전선규격	전선관 규격	배선의 용도
Ⓐ	4	HFIX 1.5mm^2	16C	공통 2, 회로 2
Ⓑ	4	HFIX 2.5mm^2	16C	전원 +, -, 급기댐퍼기동, 급기댐퍼 개방확인
Ⓒ	6	HFIX 2.5mm^2	22C	전원 +, -, 급기댐퍼기동, 배기댐퍼기동, 급기댐퍼 개방확인, 배기댐퍼 개방확인
Ⓓ	7	HFIX 2.5mm^2	22C	전원 +, -, 회로, 급기댐퍼기동, 배기댐퍼기동, 급기댐퍼 개방확인, 배기댐퍼 개방확인
Ⓔ	12	HFIX 2.5mm^2	28C	전원 +, -, (회로, 급기댐퍼기동, 배기댐퍼기동, 급기댐퍼 개방확인, 배기댐퍼 개방확인)×2
Ⓕ	5	HFIX 2.5mm^2	22C	공통, 기동, 정지, 기동표시등, 전원표시등
Ⓖ	3	HFIX 2.5mm^2	16C	공통, 기동, 확인
Ⓗ	4	HFIX 2.5mm^2	16C	기동 2, 확인 2

5. 전실(부속실) 제연설비

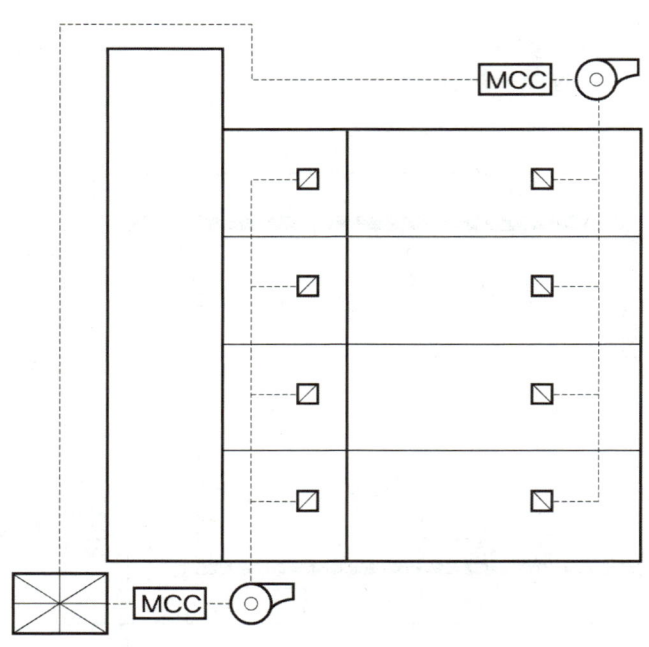

(1) 전실(부속실) 제연설비의 전선가닥수

기본 가닥수	감시제어반(수신반) ↔ 수동조작함 (기본 가닥수 : 7가닥)							감시제어반(수신반) ↔ MCC (기본 가닥수 : 5가닥)				
	전원 +	전원 -	회로 (감지기)	기동	수동기동확인	급기댐퍼 개방확인	배기댐퍼 개방확인	공통	ON (기동)	OFF (정지)	FAN 기동 표시등	FAN 정지 표시등
가닥수의 추가 조건	1가닥		제연구역마다 1가닥씩 추가					1가닥				

※ 1. 문제 조건에서 감지기 공통선을 별도로 사용하라고 하였을 경우 감지기 공통선 1가닥을 추가할 것
   2. 복구스위치선 추가 조건

① 자동복구방식 : 복구스위치선(×)
② 수동복구방식(기동, 복구형 댐퍼방식) : 복구스위치선 1가닥

참고만

☑ 배선의 동일 명칭

기본 가닥 수	회로	기동	수동 기동 확인	급기댐퍼 개방확인	배기댐퍼 개방확인	공통	ON (기동)	OFF (정지)	FAN 기동 표시등	FAN 정지 표시등
가닥 수의 추가 조건	지구, 감지기	–	수동 기동	급기확인, 급기댐퍼 확인	배기확인, 배기댐퍼 확인	–	기동	정지	FAN 기동확인 표시등, 기동표시등	전원 표시등

7 배연창설비 & 자동방화문설비

1. 도시기호

명칭	그림기호	사진
배연창기동 모터	Ⓜ	〈체인모터〉 〈슬라이딩모터〉
자동폐쇄장치	ⒺⓇ	

〈배연창설비 시공 예〉

2. 배연창설비의 설치대상

6층 이상인 건축물로서 문화 및 집회 시설, 종교시설, 판매시설, 운수시설, 의료시설, 교육연구시설 중 연구소, 노유자시설 중 아동관련시설·노인복지시설, 수련시설 중 유스호스텔, 운동시설, 업무시설, 숙박시설, 위락시설, 관광휴게시설, 제2종 근린생활시설 중 고시원 및 장례식장의 거실에는 국토교통부령으로 정하는 기준에 따라 배연설비를 해야 한다. 다만, 피난층인 경우에는 그렇지 않다.

3. 배연창설비의 전선가닥수

(1) 배연창설비의 전선가닥수(솔레노이드방식)

기본 가닥수	전동구동장치 ↔ 수동조작함 (기본 가닥수 : 3가닥)			전동구동장치 ↔ 수신기 (기본 가닥수 : 3가닥)		
	공통	기동	제연창 개방확인	공통	기동	제연창 개방확인
가닥수의 추가 조건	1가닥			1가닥		배연창수마다 1가닥씩 추가

> **참고만**
>
> ☑ 배연창설비(솔레노이드방식) 배선의 동일 명칭
>
> | 기본 가닥수 | 공통 | 기동 | 배연창 개방확인 |
> |---|---|---|---|
> | 동일 명칭 | - | - | 동작확인, 기동확인, 제연창확인 |

(2) 배연창설비의 전선가닥수(모터방식)

기본 가닥수	전동구동장치 ↔ 수동조작함 (기본 가닥수 : 5가닥)					전동구동장치 ↔ 수신기 (기본 가닥수 : 5가닥)				
	전원 +	전원 -	기동	정지	복구	전원 +	전원 -	기동	배연창 개방확인	복구
가닥수의 증감 조건	무조건 1가닥					무조건 1가닥			제연창수마다 1가닥씩 추가	무조건 1가닥

> **참고만**
>
> ☑ 배연창설비(모터방식) 배선의 동일 명칭
>
> | 기본 가닥수 | 전원 + | 전원 - | 기동 | 정지 | 복구 | 배연창 개방확인 |
> |---|---|---|---|---|---|---|
> | 동일 명칭 | - | - | - | - | - | 동작확인, 기동확인, 제연창확인 |

4. 자동방화문(Door release)설비

상시 개방된 피난계단 전실 등의 출입문을 화재감지기의 작동 또는 기동스위치의 조작 등에 의하여 방화문을 폐쇄시켜 화재발생 시 발생되는 연기가 유입되지 않도록 하기 위한 설비

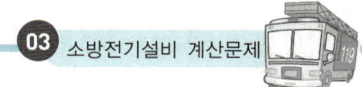

5. 자동방화문설비의 전선가닥수

기본 가닥수	공통	기동	자동방화문 폐쇄확인	회로(감지기)
가닥수의 추가 조건	1가닥	해당 자동방화문 구역마다 1가닥씩 추가	자동방화문(도어릴리즈)수 또는 자동폐쇄기수마다 1가닥씩 추가	해당 자동방화문 구역마다 1가닥씩 추가

> **참고만**
>
> ☑ 자동방화문설비 배선의 동일 명칭
>
> | | 공통 | 기동 | 자동방화문 폐쇄확인 | 회로(감지기) |
> |---|---|---|---|---|
> | 동일 명칭 | - | - | 확인, 자동방화문 확인 | 지구, 감지기 |

8 자동방화셔터

1. 자동방화셔터

방화구획의 용도로 화재 시 **연기** 및 **열**을 감지하여 **자동폐쇄**되는 것으로서, 공장, 체육관 등 넓은 공간에 부득이하게 **내화구조**로 된 **벽**을 **설치하지 못하는 경우**에 사용하는 방화셔터

2. 설치위치

피난이 가능한 60분 + 방화문 또는 60분 방화문으로부터 **3m 이내**에 별도로 설치할 것
※ 일체형 방화셔터 : 방화셔터의 일부에 피난을 위한 출입구가 설치된 셔터

3. 셔터의 구성

① **전동** 또는 수동에 의해서 **개폐**할 수 있는 장치(**연동제어기** 및 **수동개폐장치**)
② **연기감지기**, **열감지기**(정온식 또는 보상식 특종의 **공칭작동온도**가 60~70℃인 것)
③ 화재발생 시 **연기** 및 **열**에 의하여 **자동폐쇄**되는 장치(**셔터 본체** 및 **모터**)

4. 작동기준

① 2단 작동
  ㉠ **연기감지기** 또는 불꽃감지기에 의한 **일부폐쇄**(1단) : **제연경계**의 기능
  ㉡ **열감지기**에 의한 **완전폐쇄**(2단) : **방화구획**의 기능
② 완전폐쇄 시의 기준 : 셔터의 **상부**는 **상층 바닥**에 **직접 닿도록** 해야 하며, 부득이하게 발생한 **바닥과의 틈새**는 화재 시 연기와 열의 **이동통로**가 **되지 않도록** 방화구획에 **준하는** 처리를 할 것(천장까지 완전히 구획할 것)

1 지하 1층, 지상 7층인 사무실용 건물에 자동화재탐지설비를 설치하고자 한다. 각 층의 바닥면적은 550m²로 엘리베이터(E/V)가 설치되어 있으며, 층고는 3.6m이고, 계단은 각 층마다 2개씩 설치되어 있으며, 수신기는 1층에 설치한다. 다음 물음에 답하시오. (단, 종단저항은 발신기세트에 내장되어 있으며 계단감지기는 수신기에 내장되어 있고, 화재로 인하여 하나의 층의 지구음향장치 또는 배선이 단락되어도 다른 층의 화재통보에 지장이 없도록 각 층 배선상에 유효한 조치를 하였다.)

(1) 차동식스포트형감지기(2종)을 설치할 경우 그 수량을 산정하시오. (단, 주요구조부는 내화구조이다.)
(2) 계단에 설치되는 감지기의 종류를 선정하고, 그 수량을 산정하시오.
(3) 계통도를 그리고 각 간선의 전선가닥수를 표시하시오.

해설

(1) 차동식·보상식·정온식 스포트형감지기의 부착높이에 따른 바닥면적 기준

(단위 : [m²])

부착높이 및 소방대상물의 구분		감지기의 종류						
		차동식 스포트형		보상식 스포트형		정온식 스포트형		
		1종	2종	1종	2종	특종	1종	2종
4m 미만	내화구조	90	70	90	70	70	60	20
	기타 구조	50	40	50	40	40	30	15
4m 이상 8m 미만	내화구조	45	35	45	35	35	30	-
	기타 구조	30	25	30	25	25	15	-

문제 조건에 따라 기준면적은 70m²가 되므로 각 층의 감지기 설치개수는 다음과 같다.

$\dfrac{550\text{m}^2}{70\text{m}^2} = 7.857 ≒ 8$개(소수점 이하는 절상한다.)

총 8개 층이므로 전층에 필요한 감지기 수량=8개×8개 층=**64개**

(2) 감지기의 종류 및 수량
  ① 연기감지기 설치장소(NFTC 203 2.4.2)
    ㉠ 계단·경사로 및 에스컬레이터 경사로
    ㉡ 복도(30m 미만인 것을 제외)
    ㉢ 엘리베이터 승강로(권상기실이 있는 경우에는 권상기실), 린넨슈트, 파이프 피트 및 덕트, 기타 이와 유사한 장소
    ㉣ 천장 또는 반자의 높이가 15m 이상 20m 미만인 장소
    ㉤ 다음의 어느 하나에 해당하는 특정소방대상물의 취침·숙박·입원 등 이와 유사한 용도로 사용되는 거실
      • 공동주택·오피스텔·숙박시설·노유자시설·수련시설
      • 교육연구시설 중 합숙소
      • 의료시설, 근린생활시설 중 입원실이 있는 의원·조산원
      • 교정 및 군사시설
      • 근린생활시설 중 고시원
  ② 연기감지기의 계단 및 경사로의 수직거리 설치기준 및 수직적 경계구역
    ㉠ 연기감지기는 **계단** 및 **경사로**에 있어서는 **수직거리 15m**(3종 : 10m)마다 **1개 이상** 설치해야 한다.

ⓒ 수직적 경계구역

구분	계단, 경사로	E/V승강로(권상기실이 있는 경우에는 권상기실), 린넨슈트, 파이프 피트 및 덕트
높이	45m 이하	제한 없음
지하층	별도의 경계구역으로 할 것(지하 1층만 있을 경우에는 지상층과 하나의 경계구역으로 할 수 있다.)	제한 없음

문제 조건에서 층고 3.6m, 8개 층, 연기감지기(2종)(문제에서 감지기의 종별이 주어지지 않았으므로 임의로 선정하여 계산함을 답안 작성 시에도 표시하자)이므로 수직거리 15m마다 1개 이상 설치한다.
따라서, 연기감지기(2종)의 수량은 다음과 같다.

$$\frac{3.6\text{m} \times 8\text{개 층}}{15\text{m}} = 1.92 ≒ 2\text{개}(\text{소수점 이하는 절상한다.})$$

(3) 전선가닥수
① 경보방식
  층수가 **7층**으로서 **11층 미만**이므로 **일제경보방식**으로 풀어야 한다.

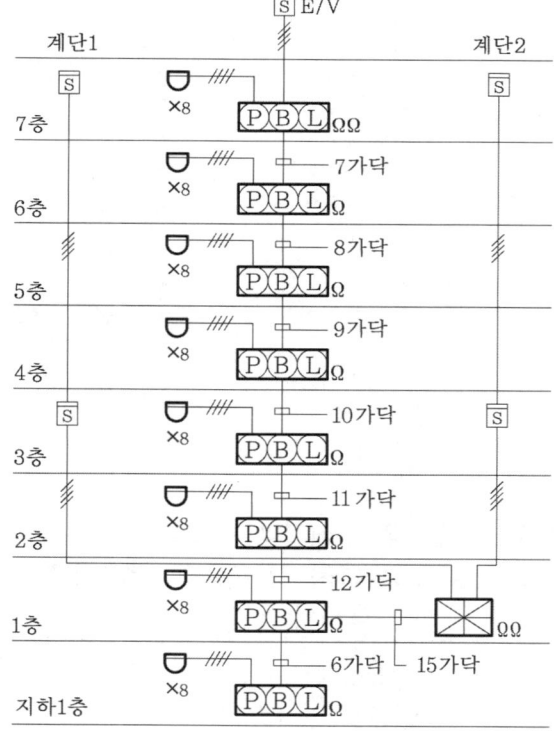

② 자동화재탐지설비의 전선가닥수(P형)

〈일제경보방식(기본 가닥수 : 6가닥)〉

번호	가닥수	전선의 사용 용도(가닥수)					
		회로 공통선	경종·표시등 공통선	경종선	표시 등선	발신 기선	회로선
		① 회로선 7가닥 초과 시마다 1가닥 추가 ② 조건에 따라 추가	① 1가닥 ② 조건에 따라 추가	1가닥	① 1가닥 ② 조건에 따라 추가		종단저항수 또는 경계구역수 또는 발신기세트수마다 1가닥 추가
각층 감지기↕발신기세트	4	2	–	–	–	–	2
계단 감지기↕수신기	4	2	–	–	–	–	2
E/V 감지기↕발신기세트	4	2	–	–	–	–	2
7층 ↔ 6층	7	1	1	1	1	1	2
6층 ↔ 5층	8	1	1	1	1	1	3
5층 ↔ 4층	9	1	1	1	1	1	4
4층 ↔ 3층	10	1	1	1	1	1	5
3층 ↔ 2층	11	1	1	1	1	1	6
2층 ↔ 1층	12	1	1	1	1	1	7
1층 ↔ 수신기	15	2	1	1	1	1	9
		※ 회로선 7가닥 초과 시마다 회로공통선 1가닥씩 추가					
지하 1층 ↔ 수신기	6	1	1	1	1	1	1

2 다음 그림은 자동화재탐지설비의 수신기와 수동발신기세트함 간의 결선을 나타낸 약식 도면이다. 조건 및 도면을 보고 다음 각 물음에 답하시오.

〈 조 건 〉

① 건물은 지상 6층, 지하 1층인 건물이다.
② 배선은 최소 가닥수로 표시한다.
③ 수동발신기 공통선 및 경종표시등 공통선은 6경계구역 초과 시 별도로 결선한다.
④ 수신기는 P형 1급 30회로이며, 지상 1층에 설치한다.
⑤ 화재로 인하여 하나의 층의 지구음향장치 또는 배선이 단락되어도 다른 층의 화재 통보에 지장이 없도록 각 층 배선상에 유효한 조치를 하였다.

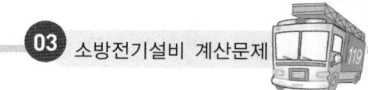

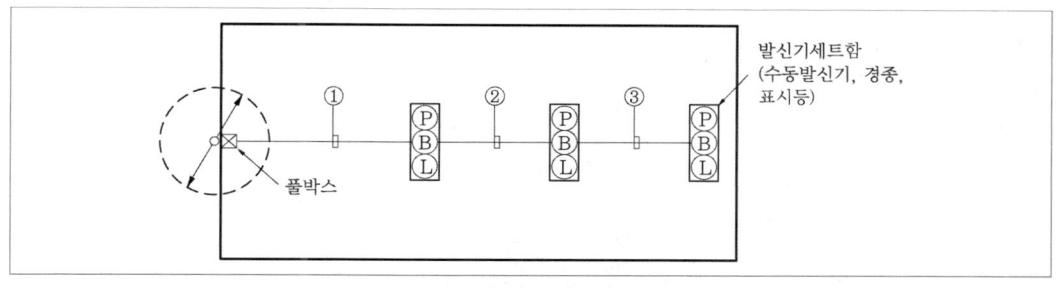

〈평면도〉

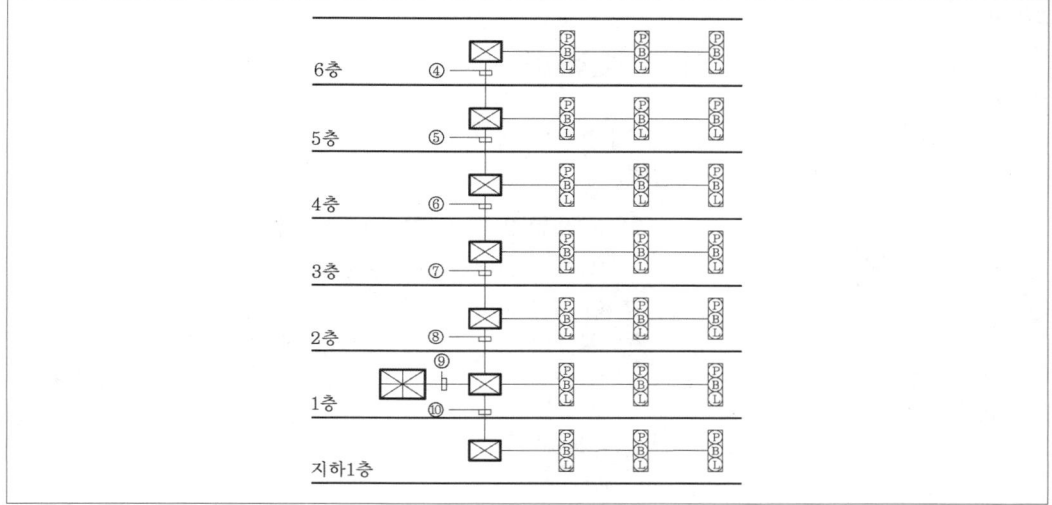

〈간선계통도〉

(1) 평면도의 ①~③에 배선되어야 할 전선가닥수는 최소 몇 가닥인지 구하시오.
(2) 간선계통도를 보고 입상입하 하는 간선수 및 전선의 용도를 답란에 명기하시오.

번호	간선수	전선의 용도
④		
⑤		
⑥		
⑦		
⑧		
⑨		
⑩		

해설

(1) ① 8가닥 ② 7가닥 ③ 6가닥

(2)

번호	간선수	전선의 용도
④	8	수동발신기 공통선 (1), 경종표시등 공통선(1), 경종선(1), 표시등선(1), 발신기선(1), 회로선(3)
⑤	11	수동발신기 공통선 (1), 경종표시등 공통선(1), 경종선(1), 표시등선(1), 발신기선(1), 회로선(6)
⑥	16	수동발신기 공통선 (2), 경종표시등 공통선(2), 경종선(1), 표시등선(1), 발신기선(1), 회로선(9)
⑦	19	수동발신기 공통선 (2), 경종표시등 공통선(2), 경종선(1), 표시등선(1), 발신기선(1), 회로선(12)
⑧	24	수동발신기 공통선 (3), 경종표시등 공통선(3), 경종선(1), 표시등선(1), 발신기선(1), 회로선(15)
⑨	32	수동발신기 공통선 (4), 경종표시등 공통선(4), 경종선(1), 표시등선(1), 발신기선(1), 회로선(21)
⑩	8	수동발신기 공통선 (1), 경종표시등 공통선(1), 경종선(1), 표시등선(1), 발신기선(1), 회로선(3)

☑ **전선가닥수 & 배선내역**
 ① 경보방식 : 층수가 6층으로서 11층 미만이므로 **일제경보방식**으로 풀어야 한다.
 ② 자동화재탐지설비의 전선가닥수(P형)

〈일제경보방식(기본 가닥수 : 6가닥)〉

번호	가닥수	전선의 사용 용도(가닥수)					
		회로 공통선	경종·표시등 공통선	경종선	표시 등선	발신 기선	회로선
		① 회로선 7가닥 초과 시마다 1가닥 추가 ② 조건에 따라 추가	① 1가닥 ② 조건에 따라 추가	1가닥	① 1가닥 ② 조건에 따라 추가		종단저항수 또는 경계구역수 또는 **발신기세트수마다** 1가닥 추가
①	8	1	1	1	1	1	3
②	7	1	1	1	1	1	2
③	6	1	1	1	1	1	1
④	8	1	1	1	1	1	3
⑤	11	1	1	1	1	1	6
⑥	16	2	2	1	1	1	9
		※ 조건 ③에 따라 **수동발신기 공통선**(회로공통선) 및 **경종·표시등 공통선**은 경종선 및 회로선 **6가닥 추가** 시마다 1가닥씩 추가					
⑦	19	2	2	1	1	1	12
		※ 조건 ③에 따라 **수동발신기 공통선**(회로공통선) 및 **경종·표시등 공통선**은 경종선 및 회로선 **6가닥 추가** 시마다 1가닥씩 추가					
⑧	24	3	3	1	1	1	15
		※ 조건 ③에 따라 **수동발신기 공통선**(회로공통선) 및 **경종·표시등 공통선**은 경종선 및 회로선 **6가닥 추가** 시마다 1가닥씩 추가					
⑨	32	4	4	1	1	1	21
		※ 조건 ③에 따라 **수동발신기 공통선**(회로공통선) 및 **경종·표시등 공통선**은 경종선 및 회로선 **6가닥 추가** 시마다 1가닥씩 추가					
⑩	8	1	1	1	1	1	3

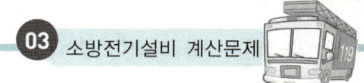

3 다음은 자동화재탐지설비의 평면도이다. 다음 조건을 참고하여 각 물음에 답하시오.

〈 조 건 〉

층고는 4m이고 반자는 없으며 발신기세트와 수신기는 바닥으로부터 1.2m의 높이에 설치되어 있으며, 배선의 할증은 10%를 적용한다.

(1) 감지기와 감지기, 감지기와 발신기세트 간의 배관, 배선의 물량을 다음 표에 작성하시오.

구분	산출내역	총 길이[m]
전선관(16C)		
전선(1.5mm^2)		

(2) 발신기세트와 수신기 간의 배관, 배선의 물량을 다음 표에 작성하시오.

구분	산출내역	총 길이[m]
전선관(22C)		
전선(2.5mm^2)		

해설

(1) 감지기와 감지기, 감지기와 발신기세트 간의 배관, 배선의 물량 산출
  ① 배관(전선관) 물량 산출

품명	규격	산출내역	총 길이[m]
전선관	16C	• 감지기와 감지기 간의 배관(전선관) 6+2+4+4+6+6+6+3+4+4+2+3+6+6=62m • 감지기와 발신기세트 간의 배관(전선관) 2+6+(4-1.2)=10.8m	62+10.8=72.8m

  ㉠ 감지기와 감지기 간의 배관(전선관)

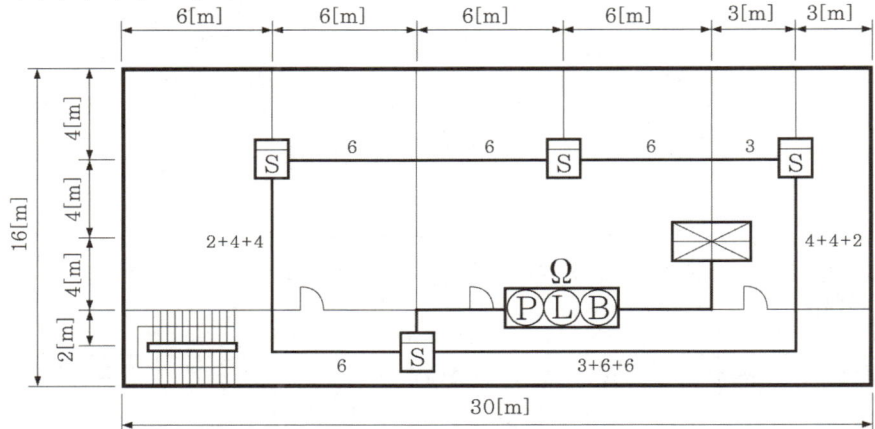

ⓒ 감지기와 발신기세트 간의 배관(전선관)

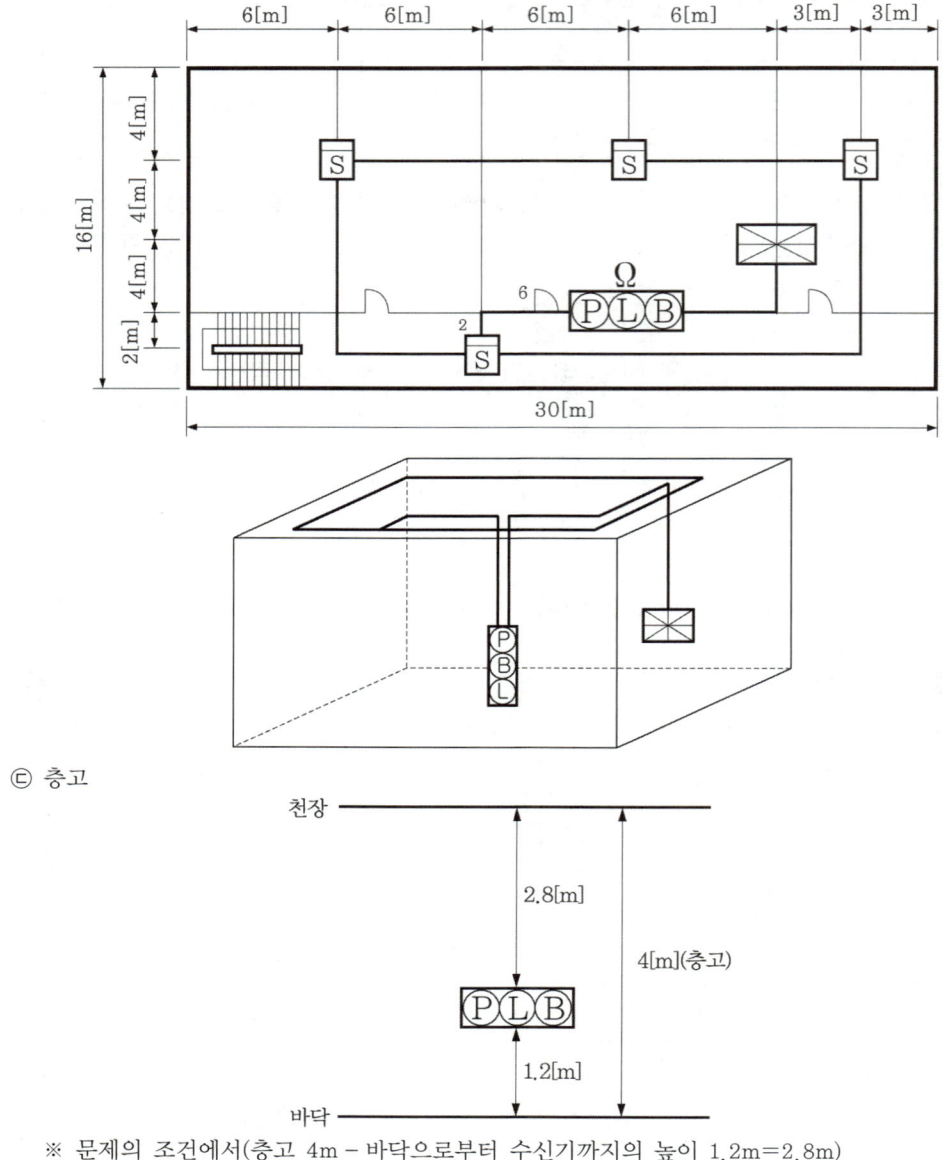

ⓒ 층고

※ 문제의 조건에서(층고 4m - 바닥으로부터 수신기까지의 높이 1.2m=2.8m)

② 배선 물량산출
  ㉠ 문제의 조건에서 배선의 할증은 10%를 적용하므로 1.1을 곱한다.

품명	규격	산출내역	총 길이[m]
전선	1.5mm²	• 감지기와 감지기 간의 배선(2가닥) 62m×2가닥=124m • 감지기와 발신기세트 간의 배선(4가닥) 10.8m×4가닥=43.2m	(124+43.2)×1.1=183.92m

ⓒ 감지기 배선의 가닥수

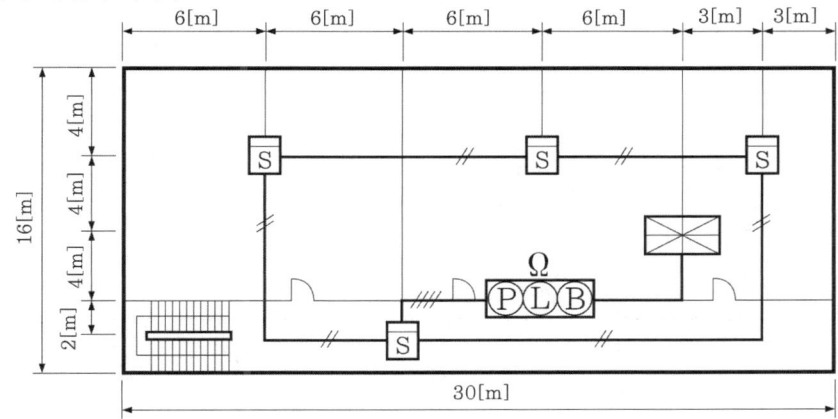

(2) 발신기세트와 수신기 간의 배관, 배선의 물량산출
① 자동화재탐지설비의 전선가닥수(P형)

〈일제경보방식(기본 가닥수 : 6가닥)〉

번호	가닥수	전선의 사용 용도(가닥수)					
		회로 공통선	경종·표시등 공통선	경종선	표시 등선	발신 기선	회로선
		① 회로선 7가닥 초과 시마다 1가닥 추가 ② 문제의 조건에 따 라 추가	① 무조건 1가닥 ② 문제의 조건에 에 따라 추가	무조건 1가닥	① 무조건 1가닥 ② 문제의 조건에 따라 추가		종단저항수 또는 경계구역수 또는 발신기세트수마다 1가닥 추가
발신기세트 ↕ 수신기	6	1	1	1	1	1	1

※ 평면도 상에서는 일제경보방식으로 생각할 것

② 발신기세트와 수신기 간의 배관(전선관) 물량산출

품명	규격	산출내역	총 길이[m]
전선관	22C	(4−1.2)+6+4+(4−1.2)=15.6m	15.6m

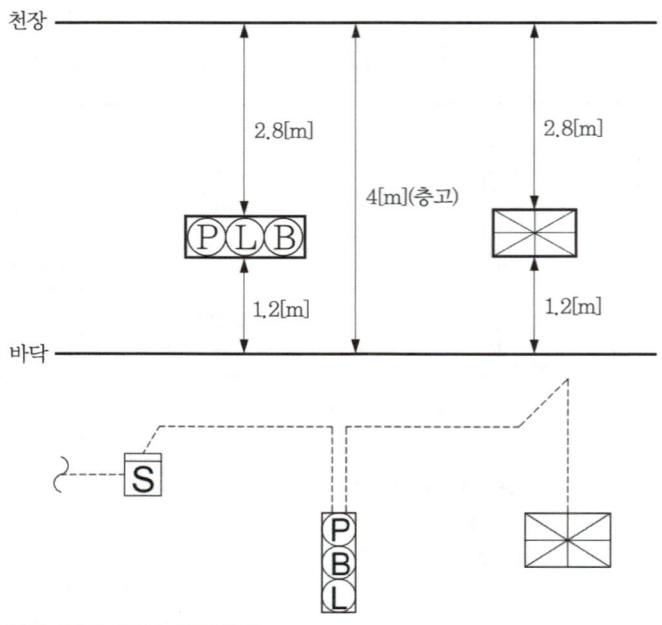

③ 발신기세트와 수신기 간의 배선 물량산출
• 문제의 조건에서 배선의 할증은 10%를 적용하므로 1.1을 곱한다.

품명	규격	산출내역	총 길이[m]
전선	2.5mm²	15.6m×6가닥=93.6m	93.6×1.1=102.96m

4 설비별 중계기 입력 및 출력 회로수를 각각 구분하여 쓰시오. 관점19

설비별	회로	입력(감시)	출력(제어)
자동화재탐지설비	발신기, 경종, 시각경보기	①	②
준비작동식 스프링클러설비	감지기 A, 감지기 B, 압력스위치, 탬퍼스위치, 솔레노이드, 사이렌	③	④
습식 스프링클러설비	압력스위치, 탬퍼스위치, 사이렌	⑤	⑥
할로겐화합물 및 불활성기체 소화설비	감지기 A, 감지기 B, 압력스위치, 지연스위치, 솔레노이드, 사이렌, 방출표시등	⑦	⑧

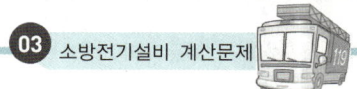

해설

설비별	회로	입력(감시)	출력(제어)
자동화재탐지설비	발신기, 경종, 시각경보기	① 입력 1 : 발신기	② 출력 2 : 경종, 시각경보기
준비작동식 스프링클러설비	감지기 A, 감지기 B, 압력스위치, 탬퍼스위치, 솔레노이드, 사이렌	③ 입력 4 : 감지기 A, 감지기 B, 압력스위치, 탬퍼스위치	④ 출력 2 : 솔레노이드, 사이렌
습식 스프링클러설비	압력스위치, 탬퍼스위치, 사이렌	⑤ 입력 2 : 압력스위치, 탬퍼스위치	⑥ 출력 1 : 사이렌
할로겐화합물 및 불활성기체 소화설비	감지기 A, 감지기 B, 압력스위치, 지연스위치, 솔레노이드, 사이렌, 방출표시등	⑦ 입력 4 : 감지기 A, 감지기 B, 압력스위치, 지연스위치	⑧ 출력 3 : 솔레노이드, 사이렌, 방출표시등

이해 必

☑ 시스템 연동을 위한 신호의 기동(입력), 확인, 출력

기동(입력 / 중계기 입력)	지구확인 (출력 / 중계기 출력)	감시제어반 확인
• 자동화재탐지설비의 **발**신기 또는 감지기	지구음향경보	표시등 및 음향경보 출력
• 자동화재탐지설비의 **감**지기 중 계단 및 E/V실 감지기	출력없음	
• **교**차회로방식의 화재감지기 1회로 작동 (A 또는 B 감지기 중 1개만 작동)	지구음향경보	
• **교**차회로방식의 화재감지기 2회로 작동(A, B 감지기 모두 작동) 또는 수동기동(물분무등소화설비 포함)	지구음향경보 솔레노이드밸브기동	
• **유**수검지장치 또는 일제개방밸브의 **압**력스위치회로	지구음향경보	
• **기**동용수압개폐장치의 **압**력스위치회로	펌프 기동신호	
• **개**폐밸브(이산화탄소소화설비 수동잠금밸브 포함)의 폐쇄상태 확인회로(탬퍼스위치)	출력없음	
• **수**조 또는 물올림탱크의 저수위감시회로	출력없음	
• **제**연설비수동기동	급 · 배기 댐퍼 및 팬기동, 자동폐쇄장치 기동	

5 준비작동식 스프링클러설비 전기계통도(R형 수신기)이다. 최소 배선수 및 회로명칭을 각각 쓰시오. (4점) 관점21

구분	전선의 굵기	최소 배선수 및 회로명칭
①	1.5mm²	(㉠)
②	2.5mm²	(㉡)
③	2.5mm²	(㉢)
④	2.5mm²	(㉣)

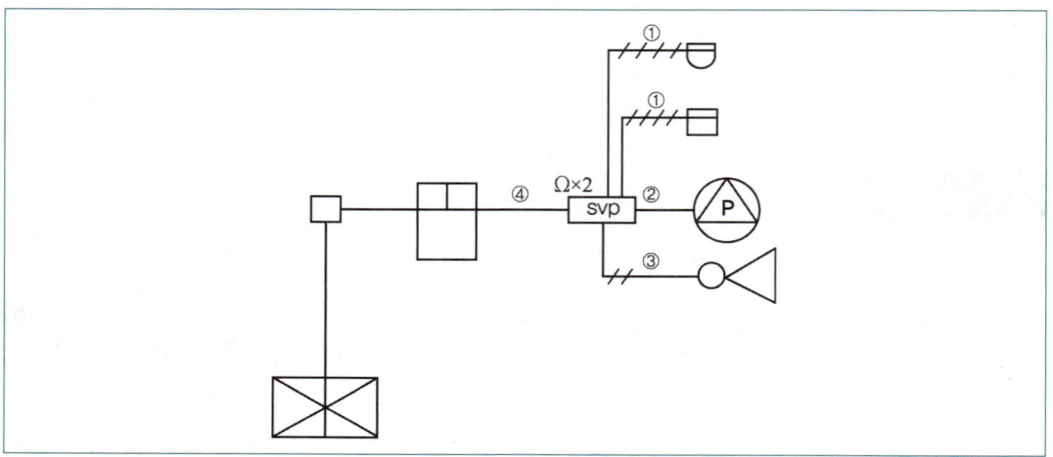

해설

구분	전선의 굵기	최소 배선수 및 회로명칭
①	1.5mm²	㉠ 회로 2, 공통 2
②	2.5mm²	㉡ 압력스위치 1, 탬퍼스위치 1, 솔레노이드밸브 1, 공통 1
③	2.5mm²	㉢ 사이렌 2 (또는 사이렌 1, 공통 1)
④	2.5mm²	㉣ +, -, A, B, 압력스위치, 탬퍼스위치, 솔레노이드밸브, 사이렌 : 8가닥

6 계통도를 보고 조건에 따라 다음 물음에 답하시오.

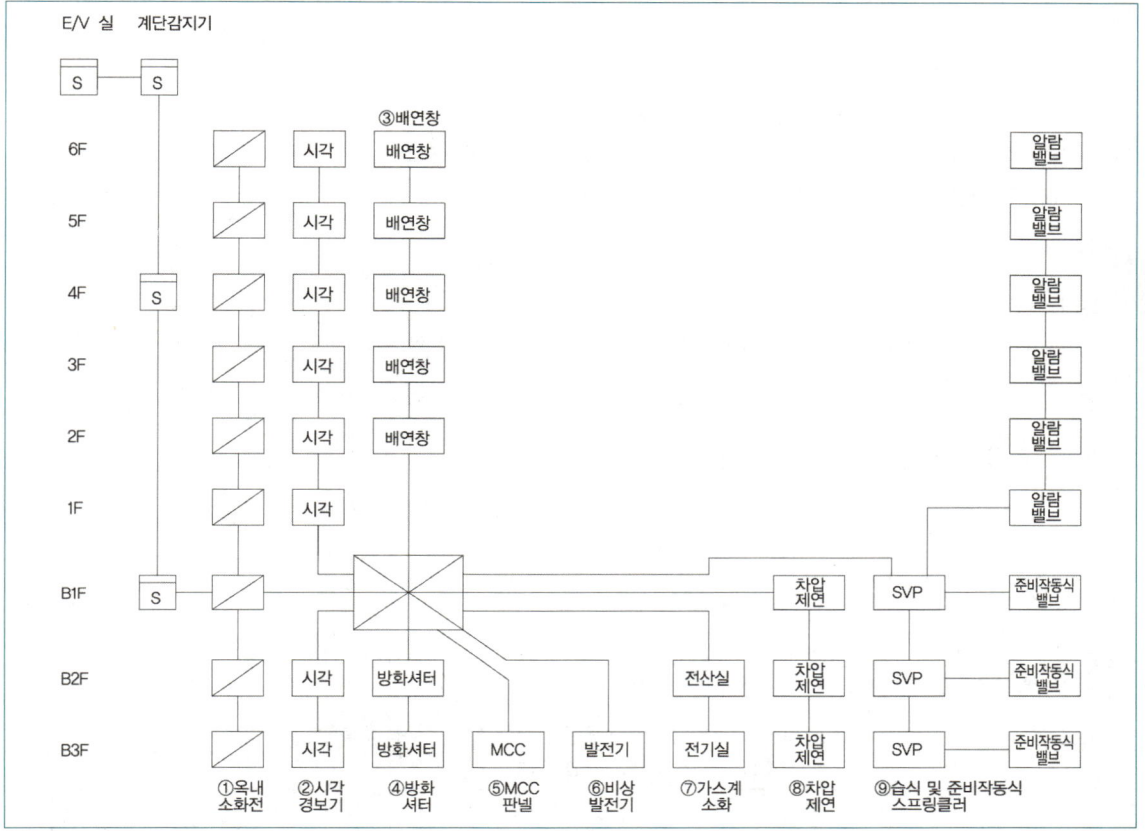

─〈 조 건 〉─

① 지하 3층, 지상 6층의 업무시설이다.
② 각 층 층고는 4m이며, 층당 바닥면적은 400m²이다.
③ 옥내소화전은 자동기동방식으로 발신기와 같이 설치되어 있으며 경종·표시등 공통선 및 회로 공통선은 7경계구역이 넘을 경우마다 1가닥씩 추가한다.
④ 옥내소화전 및 스프링클러 주펌프는 겸용으로 1대, 충압펌프 1대 설치
⑤ 시각경보기는 지하 1층을 제외하고 각 층에 1개씩 설치되어 있으며, 시각경보기의 전원반은 수신기와 겸용으로 사용한다.
⑥ 배연창은 2~6층에 설치되어 자동화재탐지설비와 연동하며, 솔레노이드방식이며, 방화셔터는 지하 2, 3층에 각 1개씩 설치되어 있으며 수신기에서 제어한다.
⑦ 가스계(CO_2)소화설비의 가스저장용기실은 지하 3층 전기실 옆에 1개소 설치
⑧ 특별피난계단 부속실 제연설비는 지하 1~3층까지 설치되어 있으며 자동폐쇄장치는 설치되어 있지 않다.
⑨ 계통도에 표기된 이외의 것은 무시하며, HFIX 2.5sq를 사용한다.

(1) 각 층간 옥내소화전에서 수신기까지의 간선수와 용도를 쓰시오.
(2) 각 층간 시각경보기에서 수신기까지의 간선수와 용도를 쓰시오.
(3) 각 층간 배연창에서 수신기까지의 간선수와 용도를 쓰시오.

(4) 각 층간 방화셔터에서 수신기까지의 간선수와 용도를 쓰시오.

(5) 동력제어반(MCC 판넬)에서 수신기까지의 간선수와 용도를 쓰시오. (단, 압력탱크는 1개 및 급수밸브는 2개소 설치되어 있다.)

(6) 비상발전기에서 수신기까지의 간선수와 용도를 쓰시오.

(7) 각 층간 가스계소화설비의 간선수와 용도를 쓰시오.

(8) 각 층간 특별피난계단 부속실 제연설비의 간선수와 용도를 쓰시오.

(9) 각 층간 스프링클러설비의 간선수와 용도를 쓰시오.

해설

(1) **옥내소화전 및 발신기 간선**

화재안전기술기준상 11층 이상인 경우에만 우선경보방식으로 적용하므로 일제명동방식으로 적용한다.

층 구분	용도	간선수
6~5F	기동확인 표시등(2), 경종·표시등 공통(1), 회로 공통(1), 표시등(1), 발신기(1), 경종(1), 회로(1)	HFIX 2.5sq×8가닥
5~4F	기동확인 표시등(2), 경종·표시등 공통(1), 회로 공통(1), 표시등(1), 발신기(1), 경종(1), 회로(2)	HFIX 2.5sq×9가닥
4~3F	기동확인 표시등(2), 경종·표시등 공통(1), 회로 공통(1), 표시등(1), 발신기(1), 경종(1), 회로(3)	HFIX 2.5sq×10가닥
3~2F	기동확인 표시등(2), 경종·표시등 공통(1), 회로 공통(1), 표시등(1), 발신기(1), 경종(1), 회로(4)	HFIX 2.5sq×11가닥
2~1F	기동확인 표시등(2), 경종·표시등 공통(1), 회로 공통(1), 표시등(1), 발신기(1), 경종(1), 회로(5)	HFIX 2.5sq×12가닥
1~B1F	기동확인 표시등(2), 경종·표시등 공통(1), 회로 공통(1), 표시등(1), 발신기(1), 경종(1), 회로(6)	HFIX 2.5sq×13가닥
B3~B2F	기동확인 표시등(2), 경종·표시등 공통(1), 회로 공통(1), 표시등(1), 발신기(1), 경종(1), 회로(1)	HFIX 2.5sq×8가닥
B2~B1F	기동확인 표시등(2), 경종·표시등 공통(1), 회로 공통(1), 표시등(1), 발신기(1), 경종(1), 회로(2)	HFIX 2.5sq×9가닥
B1F~수신기	기동확인 표시등(2), 경종·표시등 공통(1), 회로 공통(1), 표시등(1), 발신기(1), 경종(1), 회로(12) ※ 지하 1층의 경우 E/V기계실, 지상층 계단, 지하층 계단 각 1회로씩 추가되어 총 3회로가 추가되어야 한다.	HFIX 2.5sq×19가닥

(2) **시각경보기** : 일제명동방식 적용

층 구분	용도	간선수
6~1F(각 층)	시각경보(1), 공통(1)	HFIX 2.5sq×2가닥
1F~수신기	시각경보(1), 공통(1)	HFIX 2.5sq×2가닥
B3~B2F	시각경보(1), 공통(1)	HFIX 2.5sq×2가닥
B2F~수신기	시각경보(1), 공통(1)	HFIX 2.5sq×2가닥

(3) **배연창** : 솔레노이드방식으로 간선수를 구하여야 한다.

층 구분	용도	간선수
6~5F	기동(1), 확인(1), 공통(1)	HFIX 2.5sq×3가닥
5~4F	기동(2), 확인(2), 공통(1)	HFIX 2.5sq×5가닥
4~3F	기동(3), 확인(3), 공통(1)	HFIX 2.5sq×7가닥
3~2F	기동(4), 확인(4), 공통(1)	HFIX 2.5sq×9가닥
2~수신기	기동(5), 확인(5), 공통(1)	HFIX 2.5sq×11가닥

(4) **방화셔터**

층 구분	용도	간선수
B3~B2F	공통(2), 회로(2), 기동(2), 확인(2)	HFIX 2.5sq×8가닥
B2~수신기	공통(2), 회로(4), 기동(4), 확인(4)	HFIX 2.5sq×14가닥

(5) **MCC 판넬**

층 구분	용도	간선수
MCC~수신기	펌프 : [기동(1), 정지(1), 기동확인표시(1), 정지확인표시(1), 공통(1)]×2대 압력탱크 : 압력스위치(2), 공통(1) 템퍼스위치 : 템퍼스위치(2), 공통(1)	HFIX 2.5sq×16가닥

(6) **비상전원 공급여부를 확인**

층 구분	용도	간선수
비상발전기 ~ 수신기	확인(2)	HFIX 2.5sq×2가닥

(7) **가스계소화설비** : 이산화탄소 소화설비일 경우만 템퍼스위치(TS) 추가함(저장용기실 위치 **주의 必**)

층 구분	용도	간선수
B3~B2F	전원 +-(2), 방출지연(1), 감지기 AB(2), 기동스위치(1), 사이렌(1), 방출표시등(1), 저장용기실 PS(2구역), 저장용기실 Sol(2구역), 저장용기실 TS(2구역)	HFIX 2.5sq×14가닥
B2~수신기	전원 +-(2), 방출지연(1) [감지기 AB(2), 기동스위치(1), 사이렌(1), 방출표시등(1), 저장용기실 PS(1), Sol(1), TS(1)]×2구역	HFIX 2.5sq×19가닥

(8) **특별피난계단 부속실 제연**

층 구분	용도	간선수
B3~B2F	전원 +-(2), 급기기동스위치(1), 배기동 스위치(1), 급기댐퍼확인 표시등(1), 배기댐퍼기동확인 표시등(1), 수동기동스위치(1)	HFIX 2.5sq×7가닥
B2~B1F	전원 +-(2), [급기기동스위치(1), 배기동 스위치(1), 급기댐퍼확인 표시등(1), 배기댐퍼기동확인 표시등(1), 수동기동스위치(1)]×2개 층	HFIX 2.5sq×12가닥
B1F~수신기	전원 +-(2), [급기기동스위치(1), 배기동 스위치(1), 급기댐퍼확인 표시등(1), 배기댐퍼기동확인 표시등(1), 수동기동스위치(1)]×3개 층	HFIX 2.5sq×17가닥

(9) **스프링클러설비** : 1~6층은 습식, 지하 1~3층은 준비작동식(지하층의 밸브주의는 탬퍼스위치를 말한다)

층 구분	용도	간선수
6~5F	압력스위치(1), 사이렌(1), 탬퍼스위치(1), 공통(1)	HFIX 2.5sq×4가닥
5~4F	[압력스위치(1), 사이렌(1), 탬퍼스위치(1)]×2개 층, 공통(1)	HFIX 2.5sq×7가닥
4~3F	[압력스위치(1), 사이렌(1), 탬퍼스위치(1)]×3개 층, 공통(1)	HFIX 2.5sq×10가닥
3~2F	[압력스위치(1), 사이렌(1), 탬퍼스위치(1)]×4개 층, 공통(1)	HFIX 2.5sq×13가닥
2~1F	[압력스위치(1), 사이렌(1), 탬퍼스위치(1)]×5개 층, 공통(1)	HFIX 2.5sq×16가닥
1~B1F	[압력스위치(1), 사이렌(1), 탬퍼스위치(1)]×6개 층, 공통(1)	HFIX 2.5sq×19가닥
B3~B2F	전원 +-(2), 감지기 AB(2), 사이렌(1), 밸브기동(1), 밸브개방확인(1), 밸브주의(1)	HFIX 2.5sq×8가닥
B2~B1F	전원 +-(2), [감지기 AB(2), 사이렌(1), 밸브기동(1), 밸브개방확인(1), 밸브주의(1)]×2개 층(구역)	HFIX 2.5sq×14가닥
B1 F~수신기	• 준비작동식 : 전원 +-(2), [감지기 AB(2), 사이렌(1), 밸브기동(1), 밸브개방확인(1), 밸브주의(1)]×3개 층(구역) • 습식 : 압력스위치(6), 사이렌(6), 탬퍼스위치(6), 공통(1)	HFIX 2.5sq×39가닥

> **🔍 주의 必**
>
> ☑ **소방전기 간선문제 풀이 시 주의사항**
> ① 회로공통은 7회로 초과할 경우 1가닥씩 추가하나 비상방송, 우선경종방식에서 경종·표시등 공통선 및 기타 관련한 사항은 문제의 조건에 따라 공통선을 추가한다.
> ② 비상방송의 경우 일반, 비상, 공통 중 비상부분만 추가한다.
> ③ 회로=표시=신호=지구=감지기는 모두 회로선으로 간주한다.
> ④ 발신=응답=확인은 모두 발신기선으로 간주한다.

7 다음은 자동방화셔터에 대한 그림이다. 그림을 보고 기호 ㉠~㉣의 명칭을 보기에서 고르시오.

Mind-Control

바다에 빠져 죽은 사람보다 술에 빠져 죽은 사람이 더 많다.
적당한 음주는 활력소가 되지만 과음은 …… ^^

― T. 플러 ―

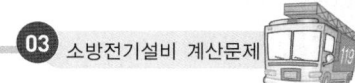

03 소방전기설비 계산문제

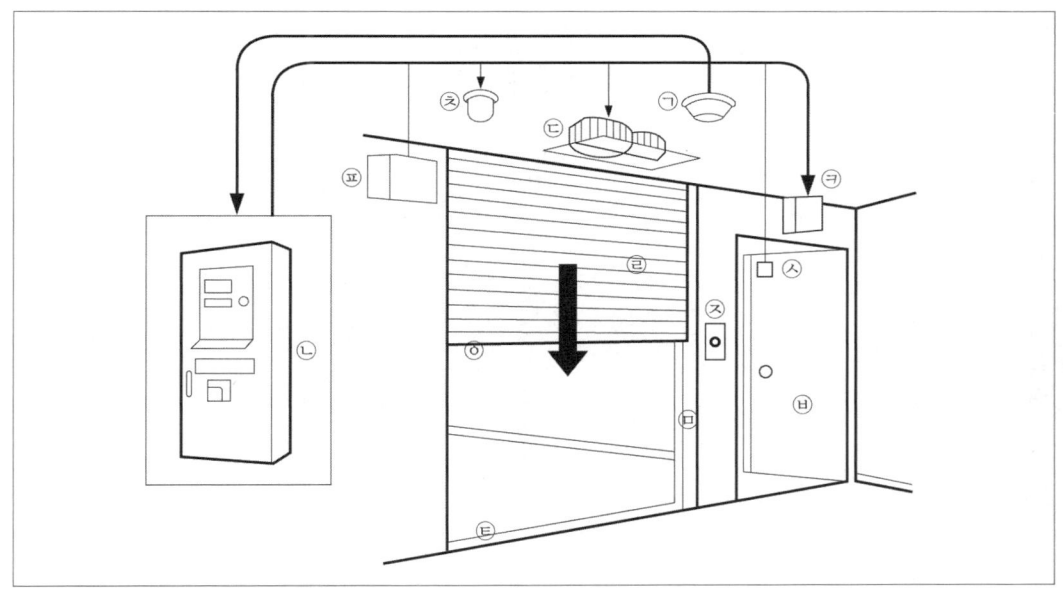

―〈 조 건 〉―

- 자동폐쇄장치
- 수동폐쇄장치(up-down 스위치)
- 위해방지용 연동제어기
- 방화문 자동폐쇄장치(자동도어체크)
- 좌판(T-BAR)-장애물 감지장치
- 셔터 하강 착지점
- 연동제어기
- 방화문(피난문, 쪽문)
- 음성발생장치
- 가이드레일
- 방화셔터(slat)
- 주의등(경광등)
- 감지기(연기/열)

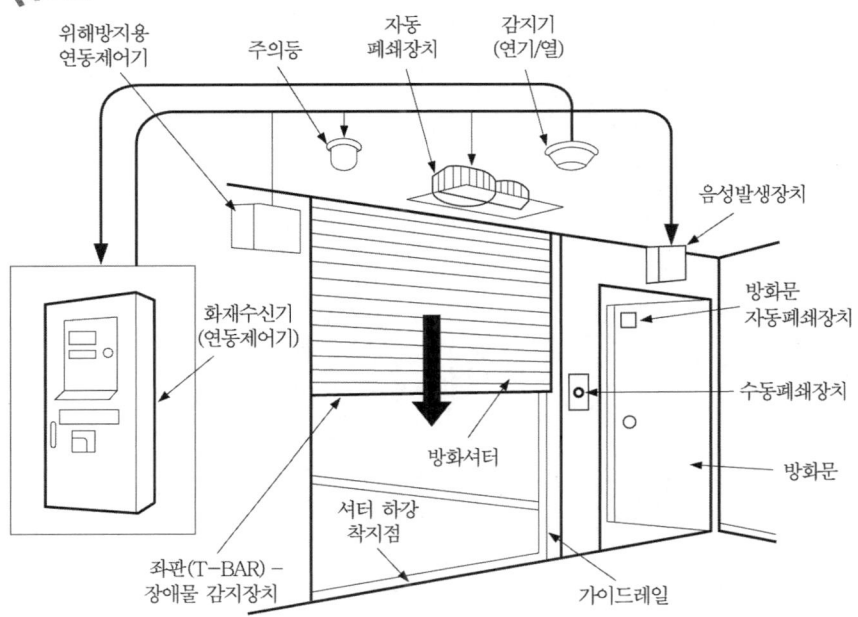

㉠ 감지기(연기/열)
㉡ 연동제어기
㉢ 자동폐쇄장치
㉣ 방화셔터
㉤ 가이드레일
㉥ 방화문
㉦ 방화문 자동폐쇄장치
  (자동도어체크)
㉧ 장애물 감지장치
㉨ 수동폐쇄장치
  (up-down 스위치)
㉩ 주의등
㉪ 음성발생장치
㉫ 셔터 하강 착지점
㉬ 위해방지용 연동제어

Chapter 04 소방전기 도면 및 간선 등 **515**

한 방에 끝 내는 소 방시설관리사

부록
기출문제 및
기출 계산문제
분석

에듀파이어

부록 | 기출문제 및 기출 계산문제 분석

출/제/예/상/문/제

회차	계산문제 출제 문제 요약	문항수	점수 합계
1	• 펌프동력계산	1	점수 합계 부정확 생략
2	• 발신기 전선수 • SP 배관 내경 • 펌프토출량 / 전양정 / 용량 / 수원	6	
3	• CO_2 소화농도계산	1	
4	• 펌프양정 / 토출량 / 동력 • 경계구역수, 감지기 • 감지기 가닥수	5	
5	• 배관구경 / 기준개수 / 마찰손실 • 포소화약제저장량 / 고정포방출구 개수 / 혼합장치 방출량	6	
6	• 제연설비 배출량 / 풍도 / 동력 / 회전수 / 풍량 증가 시 사용가능 여부 • 옥내소화전 방수량 공식유도 • 할론약제량 / 저장용기수 / 감지기수 / 회로수 / 분구면적계산	12	
7	• 펌프동력 / 배관구경 / 방호구역수	3	
8	• 포소화약제량(고정포 / 보조포 / 송액관 / 합계)(30점) • 헤드수 / 배관구경 / 수원(40점)	7	70
9	• 할로겐화합물소화설비 약제량 계산(25점) • 팬 동력계산(10점) • 경계구역수(15점)	3	50
10	• 폐쇄력(16점) • 수리계산 최소필요압력 / 각 헤드방수량 / 유량 / 관경(30점)	5	46
11	• 펌프흡입배관 마찰손실수두 / 유효흡입수두(20점) • 절연유 흡입변압기 토출량 / 수원(15점) • 단독경보형 감지기 수량산출(6점) • 종단저항 / 전류계산(20점)	7	61
12	• 펌프전양정 및 수원 / 토출량, 동력계산(15점) • 의료시설 소화기 설치개수(10점) • 소화용수 저수량 산정 / 흡수관투입구, 채수구 개수(10점) • 도로터널 옥내소화전방수구의 설치수량 및 수원량(10점) • 도로터널 자탐경계구역 및 설치가능 감지기 3가지(6점) • 도로터널 비상콘센트 설치수량(5점)	8	56

[부록] 기출문제 및 기출 계산문제 분석

회차	계산문제 출제 문제 요약	문항수	점수 합계
13	• CO_2 보정계수 최소산출저장량 / 1병당 저장량 / 실별 및 최소 용기수 / 농도 및 체적(무유출 전제)(30점) • 거실제연 송풍기배출량 / 동력 / 풍도폭 / 풍도두께(14점) • 미분무 최고주위온도 산출 / 수원의 양(12점) • 시각경보기 전압강하계산(10점)	12	66
14	• 주상복합건축물의 주용도 및 부속용도에 따른 소화기 개수 산출(15점) • 스프링클러설비 입상배관 압력산출(베르누이정리)(6점) • 스테인리스강관(다지관)의 유량계산(7점) • 펌프의 극수를 고려한 비속도계산(12점) • 자동화재탐지설비 경계구역 산출(8점) • PG법에 의한 발전기용량[kVA] 계산(10점) • IG-541 소화약제 산출 및 기호설명, 선형상수, 약제량, 저장용기수, 선택밸브 통과유량(15점)	13	73
15	• 제연설비 배출량(6점) / 급·배기 댐퍼 작동(3점) / 송풍기 압력(20점) / 동력계산(5점) • 방유제 내 포약제량 / 방유제 높이(12점) • 도로터널 유지보수 통로 발신기 설치높이(2점) • 펌프의 수동력(5점) • HFC-125 비체적 계산 / 최소약제량(7점) • 차고 호스릴포 설치시 포소화약제량(4점)	12	64
16	• 이산화탄소 국소방출방식 방호공간 체적(2점) / 방호공간 벽면적 합계(2점) / 방호대상물주위에 설치된 벽면적(2점) / 최소 약제량 및 용기수(4점) • 체적 $55m^3$ 미만인 전기설비 비체적(5점) / 자유유출(5점) / 심부화재 약제량, 설계농도(12점) / 설계농도 계산(8점) • 공동예상제연, 통로배출방식 최소풍량(8점) / 상사법칙에 의한 전동기용량(4점) / 최소공기유입량(2점) / 공기유입구의 최소면적(5점)	12	59
17	• 항공기격납고 소화기구의 총 능력단위(2점) • 준비작동식 밸브 2차측으로 넘어간 소화수의 양(5점) / 소화수의 무게(3점) • 질량유량에 따른 유속(3점) • 고정포방출구 최소 설치개수(3점) / 최소방출량(3점) / 포수용액량(4점) • 배관의 최대허용응력(4점) / 관의 두께(3점) • 경계구역 수(4점) / 설치해야할 감지기 종류별 수량(5점) • 비상콘센트 회로수, 설치개수 및 전선의 허용전류(5점) / 전선 단면적(5점)	13	49
18	• 벤츄리관 유량 공식유도(12점) / 유량산출(5점) • 지상 10층 피난기구(피난기구 감소규정 고려) 최소수량(2점) • 이산화탄소 전역방출방식 개구부 최대면적(2점) / 소화약제 산출량(5점) / 최소 저장용기수 및 최소 소화약제 저장량(4점) • 고층건축물 옥내소화전(8점) / 스프링클러(6점) / A동, B동 최소수원 및 옥내소화전 방수구 방수시간(4점) • 실온 18℃일 때, 정온식 1종 감지기 최소 작동시간(10점) • HCFC BLEND A 최소 소화약제 저장량(6점) • 부속실 제연설비 출입문의 누설틈새 면적(4점) / 누설량 산출(4점)	13	72

회차	계산문제 출제 문제 요약	문항수	점수 합계
19	• 노유자시설 소화기구 능력단위(2점)/소화기 개수(1점)/HFC-23 저장량(3점)/분사헤드 유량(6점)/IG-100 저장량(4점)/저장용기 수(8점)/할로겐화합물 및 불활성기체소화설비 배관두께(5점)/압력 증가 시 말단헤드 유량(2점)/마찰손실압력(7점)/펌프의 토출압력(2점) • 특별피난계단 송풍기 풍량(8점)/송풍기 정압(14점)/전동기 용량(8점) • 기동용수압개폐장치 주, 예비, 충압펌프 기동점 및 정지점(3점)/주, 예비펌프 성능시험기준에 적합한 양정(체절, 피크)(2점)/차동식스포트형감지기 설치수량(5점)/유수검지장치 설치수량(5점)	17	84
20	• 돌연확대관 공식유도 및 손실수두 계산(10점) • 제조소 IG-100, IG-55, IG-541 약제량(6점) • 이소부틸알콜 수원, 약제량, 수용액량(6점)/전동기출력(6점) • 분기관(병렬관로) 유량계산(8점) • 스프링클러 유량 $Q = K\sqrt{P}$ 공식 유도(8점)	6	44
21	• 공동현상이 발생하지 않는 최소압력(10점) • 도로터널 물분무 수원용량(10점)/방사된 수원보충시간(5점) • 할론소화설비 충전비에 따른 최소약제량 및 저장용기수(4점)/할론 1301 비체적(5점)/저장량 방사 시 약제농도(3점) • 축전지용량 계산(9점)/전선단면적(8점)/타임차트 회로명칭, 제어회로 완성(8점)	9	62
22	• 옥내소화전 수원, 동력(10점)/고가수조방식 적용가능한 층층부 가장 높은 층(6점)/노즐 방수압(5점)/연결송수관 동력(5점)/연결송수구 압력(10점) • 경계구역 수(5점)/감지기 종류별 수량(5점)/경보되는 층(2점)/배선내역 및 가닥수(5점)/Y-Δ기동제어회로 사용 이유(3점)/Y-Δ유도과정(5점)/전동기가 Δ결선으로 운전시 점등되는 램프(3점)/THR 명칭과 역할(2점) • 송풍기풍량(12점)/덕트내 평균풍속(3점)/달시-바이스바흐식에 의한 덕트마찰손실(6점)/최저배출량(6점)	17	91
23	• 펌프 동력(3점)/노즐 방수량 공식 유도(9점) • ESFR 수원계산(점5점) • 이산화탄소 최소 저장량(3점)/헤드 최소 방사량(5점)/방사소요시간(4점) • 할로겐화합물 무유출 산출식 유도(5점)/ 불활성 기체 자유유출 산출식 유도(5점)/HFC-227ea, IG-100 선형상수(2점)/IG-100 최소 용기수(3점)/사람 상주 시 HFC-227ea 및 IG-100 최대 용기수(6점) • 도로터널 : 동작시퀀스(3점)/권선에 인가되는 전압(2점)/제어회로 타임차트(12점)/순시동작 한시복귀 시 B접점의 타임차트 완성(2점)/전압강하(3점)/콘덴서 용량(5점)/전동기 동기속도와 회전속도(3점)	16	75
24	• 배관의 최대 허용압력 계산 (4점) / 소화약제 선형상수 개념설병 (4점) / 이산화탄소소화설비 심부화재(10℃)에서 소화약제 선형상수 산출 (4점) (설24) • 감지기 회로 선로저항 계산 (3점) / 평상시 및 화재 시 동작전류 계산 (3점) / 브리지 정류회로 최소전압 및 주기 계산 (3점) / 축전지 용량 계산 (5점) (설24) • 거실 제연설비 공동예상제연구역 전체 배출량 (4점)/ A, B, C실의 공기유입구 최소 직선거리 (4점) (설24)	20	77

회차	계산문제 출제 문제 요약	문항수	점수 합계
24	• 부속실 제연설비 누설량 계산 (5점) /「문세트(KS F 3109」에 따른 기준을 적용한 최대 허용 누설량 (5점) / 송풍기 풍량 및 입상덕트 최소 크기 (4점) / 폐쇄력 계산 (4점) / 급기송풍기 풍량 (3점) / 동력 (3점) / 입상덕트 최소 크기 (3점) (설24회) • 최대유량(토리첼리 정리) 계산 (4점) / 배수시간 산출공식 유도 (6점) / 최소 배수 시간 (4점) (설24) • 비상콘센트설비 전동기 코드 전류 (3점) (설24)	20	77

Mind-Control

생명이 있는 한 희망이 있다.
절망을 친구로 삼을 것인가, 아니면 희망을 친구로 삼을 것인가.

― 위트 ―

제1회 소방시설관리사(1993.5.23 시행)

1 자동화재탐지설비에서 다중전송방식(Multiplexing)의 특징을 기술하시오.

2 포소화설비의 약제혼합방식에 대하여 설명하시오. 🔥

3 1개 층의 옥내소화전이 6개이다. 전양정이 50m이며 전달계수는 1.1, 펌프의 효율은 60%이다. 전 동기용량과 소요마력을 구하시오. (단, 계산식을 쓰고 답하시오) 🔥🔥

해설

수동력	축동력	전동기용량
$P = \gamma H Q$	$P = \dfrac{\gamma H Q}{\eta}$	$P = \dfrac{\gamma H Q}{\eta} \times K$

P : 동력[kW] → $P = \dfrac{\gamma H Q}{\eta} \times K$

γ : 비중량[물 : 9.8kN/m^3] → 9.8kN/m^3

H : 전양정(전수두)[m] → 50m

Q : 유량[m^3/s] → $Q = 2$개 $\times 130 l/\min = 260 l/\min \times \dfrac{1\text{m}^3}{1{,}000 l} \times \dfrac{1\min}{60\text{s}}$

η : 전효율[$\eta_{전효율} = \eta_{수력효율} \times \eta_{체적효율} \times \eta_{기계효율}$] → 0.6

K : 전달계수 → 1.1

(1) 전동기용량

$$P = \dfrac{\gamma H Q}{\eta} \times K = \dfrac{9.8\text{kN/m}^3 \times 50\text{m} \times 260 l/\min \times \dfrac{1\text{m}^3}{1{,}000 l} \times \dfrac{1\min}{60\text{s}}}{0.6} \times 1.1 = 3.892 \quad \therefore 3.89\text{kW}$$

(2) 소요마력 [1kW = 1.36PS = 1.34HP (1HP[영국마력] = 745W, 1PS[국제마력] = 735W)]
3.89kW × 1.36 = 5.29 ∴ 5.29[PS]

4 물분무등소화설비 중 분말소화설비의 5가지 장점을 기술하시오.

5 물올림장치의 설치개요 및 설치기준을 설명하시오. 🔥

6 소화펌프 운전 시 발생할 수 있는 공동현상에 대하여 설명하시오. 🔥🔥🔥

7 연기감지기에서 광전식감지기의 구조원리를 설명하시오. 🔥

8 건식스프링클러설비(Quick-opening Device) 종류 2가지를 논하시오. 🔥

9 일제개방밸브의 감압방식과 가압방식에 대하여 비교 설명하시오.

10 준비작동식스프링클러설비의 작동과정을 2단계로 구분하여 설명하시오.

제2회 소방시설관리사(1995.3.19 시행)

1 자동화재탐지설비에 대하여 다음 물음에 답하시오.

(1) 그림의 계통도에서 간선(a~f)의 최소 전선수를 명기하시오. (단, 감지기의 경종 표시등의 공통선은 별개로 하며, 직상층 우선경보 방식임)

(2) 중계기의 설치기준에 대하여 기술하시오.

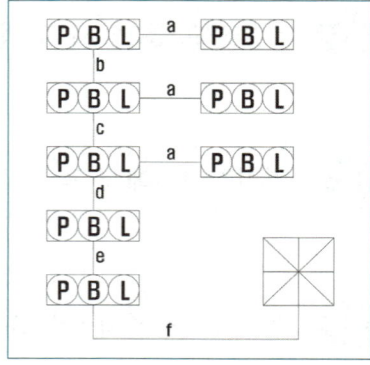

해설

① a 전선수 6선(회로 공통, 경종표시등 공통, 표시, 발신기, 경종, 회로) : 우선경보방식이므로 경종선과 회로선이 추가되며 회로 공통은 7회로 초과 시 추가된다.
② b 전선수 : 7선
③ c 전선수 : 10선
④ d 전선수 : 11선
⑤ e 전선수 : 13선
⑥ f 전선수 : 15선

2 스프링클러소화설비에 대해 다음 물음에 답하시오.

(1) 펌프 토출량이 3,600l/min일 때 토출유속이 5m/s라면 배관의 내경은 몇 [mm]인가?
(2) 스프링클러헤드의 배치방식에 대해 분류하고 헤드 설치 시 유의사항에 대해 기술하시오.
(3) 폐쇄형 습식스프링클러설비의 특징에 대해 기술하시오.

해설

$Q = AV$

여기서, Q : 유량[m³/s]
A : 배관단면적[$\frac{\pi}{4}D^2$m²]
V : 유속[m/s]

$Q = 3,600 l/\min \times \frac{1\text{m}^3}{1,000 l} \times \frac{1\min}{60\text{s}}$, $V = 5\text{m/s}$이므로

$Q = \frac{\pi}{4} \times D^2 \times V$이므로

$D = \sqrt{\frac{4 \times Q}{\pi \times V}} = \sqrt{\frac{4 \times 3,600 l/\min \times 1\text{m}^3 \times 1\min}{\pi \times 5\text{m/s} \times 1,000 l \times 60\text{s}}} = 0.1236$ ∴ $0.1236\text{m} = 123.6\text{mm}$

∴ 호칭구경일 경우 125mm 배관으로 적용한다.

3 이산화탄소소화설비 공사 시 배관의 시공기준 및 배관재료의 사용기준과 이음이 없는 배관에 대하여 기술하시오.

4 소방기술기준에 관한 규칙 제9조의 규정에 의한 옥내소화전, 스프링클러설비 상용전원회로(저압수전) 계통도를 도해하시오.

5 지상 4층 건물에 옥내소화전을 설치하려고 한다. 각 층에 130 l/min씩 송출하는 옥내소화전 3개씩을 배치하며, 이때 실양정은 40m, 배관의 압력손실수두는 실양정의 25%라고 본다. 또, 호스의 마찰손실수두가 3.5m, 노즐선단의 방수압력 환산수두는 17m, 펌프 효율이 0.75, 여유율은 1.2이고, 30분간 연속 방수되는 것으로 하였을 때 다음 사항을 구하시오. 🔥🔥

(1) 펌프의 토출량[m³/min]   (2) 전양정[m]
(3) 펌프의 용량[kW]   (4) 수원의 용량[m³]

해설

(1) 펌프의 토출량[m³/min]
옥내소화전 최대기준개수가 2개이므로
$Q = N \times 0.13\text{m}^3/\text{min} = 2\text{개} \times 0.13\text{m}^3/\text{min} = 0.26$ ∴ $0.26\text{m}^3/\text{min}$

(2) 전양정(전수두)[m]
펌프 전수두 = 낙차수두 + 마찰손실수두 + 법정토출수두
$= 40\text{m} + (40\text{m} \times 0.25 + 3.5\text{m}) + 17\text{m} = 70.5$ ∴ 70.5m

(3) 펌프의 용량[kW]

수동력	축동력	전동기용량
$P = \gamma HQ$	$P = \dfrac{\gamma HQ}{\eta}$	$P = \dfrac{\gamma HQ}{\eta} \times K$

P : 동력[kW] → $P = \dfrac{\gamma HQ}{\eta} \times K$

γ : 비중량[물 : 9.8kN/m³] → 9.8kN/m^3

H : 전양정(전수두)[m] → 70.5m [문제 (2)]

Q : 유량[m³/s] → $0.26\text{m}^3/\text{min} \times \dfrac{1\text{min}}{60s}$ [문제 (1)]

η : 전효율[$\eta_{전효율} = \eta_{수력효율} \times \eta_{체적효율} \times \eta_{기계효율}$] → 0.75

K : 전달계수 → 1.2

$P = \dfrac{\gamma HQ}{\eta} \times K = \dfrac{9.8\text{kN/m}^3 \times 70.5\text{m} \times 0.26\text{m}^3/\text{min} \times \dfrac{1\text{min}}{60s}}{0.75} \times 1.2 = 4.79$ ∴ 4.79kW

(4) 수원의 용량[m³]
$Q = N \times 0.13\text{m}^3/\text{min} \times 30\text{min}(문제조건) = 2\text{개} \times 0.13\text{m}^3/\text{min} \times 30\text{min} = 7.8$ ∴ 7.8m^3

제3회 소방시설관리사(1996.3.11 시행)

1 A구역(용기 3병), B구역(용기 5병, 체적 242m³), C구역(용기 3병)에 전역방출방식의 고압식 CO_2 소화설비를 설치하고자 한다. 이 경우 저장용기는 68ℓ / 45kg, 압력스위치는 선택밸브 상단 배관상에 설치, CO_2 제어반은 저장용기실에 설치, 저장용기 개방은 가스압력식이다. 각 물음에 답하시오

(1) CO_2 저장용기실의 계통도를 작도하시오. (단, 배관구경 및 케이블 규격은 생략 가능)
(2) B구역에 약제방출 후 CO_2가스 소화농도[%]를 계산하시오. (단, 0℃, 1atm)

해설

(1) CO_2 저장용기실의 계통도 작도

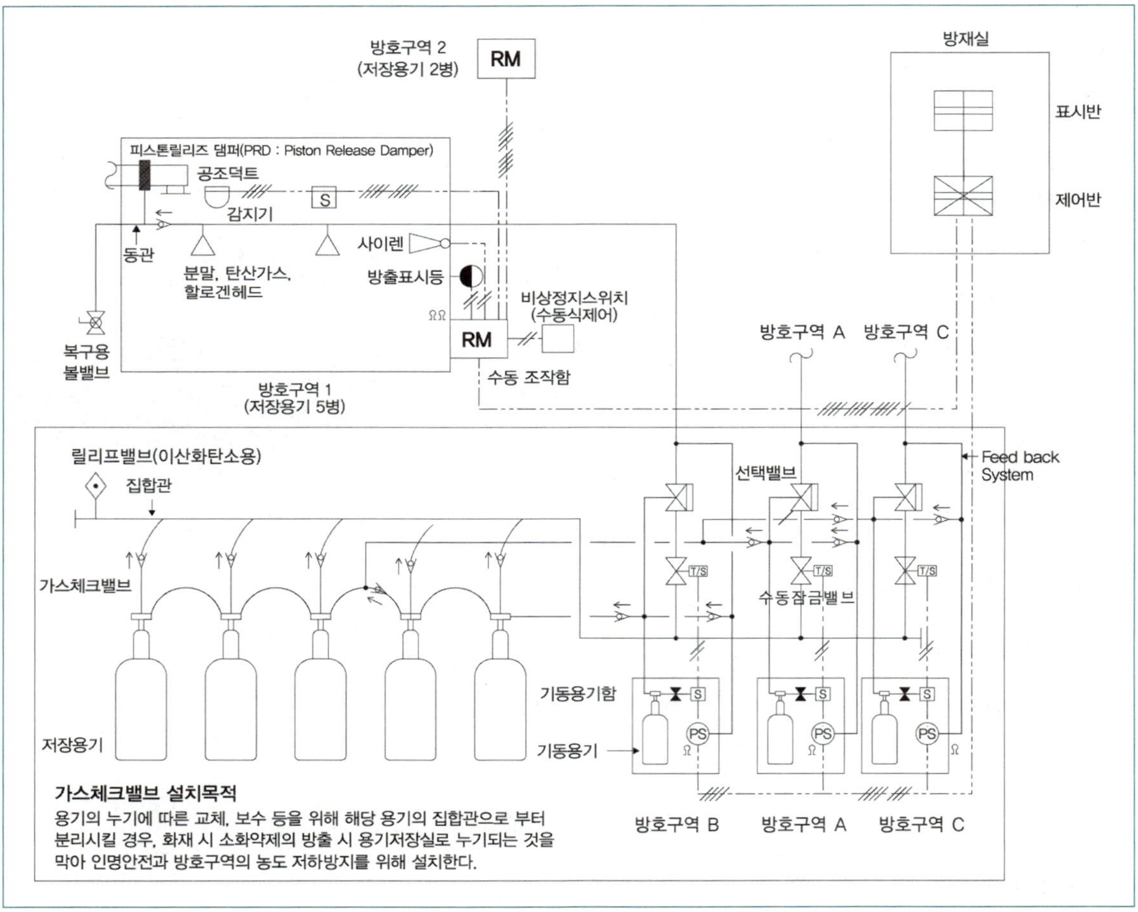

〈저장용기실〉

(2) B구역에 약제방출 후 CO_2 가스 소화농도(%)

$$CO_2의\ 농도[\%] = \frac{방사된\ CO_2가스량[m^3]}{실체적[m^3] + 방사된\ CO_2가스량[m^3]} \times 100$$

방호구역체적(실체적) = 242 m³ 이므로

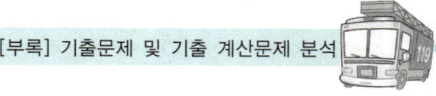

① 방사된 CO_2의 체적을 구하기 위하여

㉠ 비체적[m^3/kg]을 구하면

$$S = K_1 + K_2 \times t = K_1 + K_1 \times \frac{t}{273}$$

여기서, S : 소화약제 선형상수(특정온도에서의 비체적)[m^3/kg]

K_1 : 0℃에서의 비체적 $\left[\frac{22.4m^3}{분자량kg}\right]$

K_2 : 특정온도에서의 비체적 $\left[K_2 = \frac{K_1}{273} \, m^3/kg\right]$

t : 특정온도[℃]

C 원자량=12kg, O 원자량=16kg 이므로 CO_2분자량 : $12kg + 16kg \times 2 = 44$ ∴ $M = 44kg$

$t = 0$℃ (문제의 조건에 따라 0℃를 기준으로 한다.)

$$S = K_1 + K_2 \times t = \frac{22.4m^3}{44kg} + \frac{22.4m^3}{44kg} \times \frac{0℃}{273} = 0.509 \quad \therefore 0.509 m^3/kg$$

㉡ 실의 가스체적을 구하면

$V = SW = 0.509 m^3/kg \times 45kg \times 5병 = 114.525$ ∴ $114.53m^3$

② CO_2 가스 소화농도(%)를 구하면

$$CO_2의\ 농도[\%] = \frac{방사된\ CO_2가스량[m^3]}{실체적[m^3] + 방사된\ CO_2가스량[m^3]} \times 100$$

$$= \frac{114.53m^3}{242m^3 + 114.53m^3} \times 100 = 32.123 \quad \therefore 32.12\%$$

🔍 주의 ⚠

☑ 자유유출과 무유출의 구분

이산화탄소의 경우 자유유출에 해당하므로 위의 소화가스 농도계산 공식을 사용하는 것은 올바르지 않으며 문제의 취지상 위의 형태로 풀 수 밖에 없다. 또한 문제의 조건상 표면화재 및 심부화재의 구분이 있어야 하며, 온도조건이 있어야 정확하게 산출 가능하므로 다음 조건을 추가하여 계산할 경우 다음과 같다.

(2) 표면화재일 경우 B구역에 약제방출 후 CO_2가스 소화농도(%)를 계산하시오. (단, 0℃, 1atm)

방호구역 체적	방호구역의 체적 $1m^3$에 대한 소화약제의 양	소화약제 저장량의 최저한도의 양	설계농도 (참고용)
$45m^3$ 미만	1.00kg	45kg	43%
$45m^3$ 이상 $150m^3$ 미만	0.90kg		40%
$150m^3$ 이상 $1,450m^3$ 미만	0.80kg	135kg	36%
$1,450m^3$ 이상	0.75kg	1,125kg	34%

$$x = 2.303 \times \log\left(\frac{100}{100-C}\right) \times \frac{1}{S}$$

여기서, x : 방호구역체적당 소화약제량(flooding factor)[kg/m^3]

C : 소화약제의 설계농도[%]

S : 비체적[m^3/kg]

방호구역체적(실체적)=$242m^3$이므로 $x = 0.8kg/m^3$, $S = 0.509 m^3/kg$ 이므로 설계농도는

$$0.8kg/m^3 = 2.303 \times \log\frac{100}{100-C} \times \frac{1}{0.509m^3/kg}$$

$$0.1768 = \log \frac{100}{100-C}$$

$$10^{0.1768} = \frac{100}{100-C}$$

$$10^{0.1768} \times (100-C) = 100$$

$$C = \frac{10^{0.1768} \times 100 - 100}{10^{0.1768}}$$

$$C = 100 - \frac{100}{10^{0.1768}} = 33.442 \quad \therefore 33.44\%$$

- 로그의 기본성질 $a \neq 1,\ a > 0,\ b > 0$ 일 때
$a^x = b \Rightarrow x = \log_a b$ 이므로 위의 경우 상용로그이므로 밑 $a=10$이 되므로
$0.1768 = \log \dfrac{100}{100-C} \Rightarrow 10^{0.1768} = \dfrac{100}{100-C}$

2 P형과 R형 수신기를 설명하고, 그 차이점을 간략히 비교(대용량회로 기준)하시오.

3 수계소화설비의 가압펌프에 대하여 다음 사항을 기술하시오.

(1) 정격토출량 및 양정이 각각 800lpm 및 80m인 표준 수직원심펌프의 성능특성 곡선을 그리고 체절점, 설계점, 150% 유량점 등을 명시하시오.
(2) 소화펌프의 수온상승 방지장치를 2종류 이상 기술하고, 그 규격을 설명하시오.

4 다음은 스프링클러가압송수장치 설치기준이다. 다음 ( ) 안에 알맞은 답을 쓰시오.

(1) 가압송수장치의 정격토출압력은 하나의 헤드 선단에 (a) 이상 (b) 이하의 방수압력이 될 수 있게 하는 크기일 것
(2) 가압송수장치의 송수량은 (c)의 방수압력기준으로 (d) 이상의 방수성능을 가진 기준개수의 모든 헤드로부터의 (e)을 충족시킬 수 있는 양 이상으로 할 것
이 경우 (f)는 계산에 포함하지 아니할 수 있다.
(3) 고가수조에는 (g), (h), (I), (j) 및 (k)을 설치할 것
(4) 압력수조에는 (l), (m), (n), (o), (p), (q), (r) 및 압력저하 방지를 위한 (s)를 설치할 것

5 어느 소방대상물에 스프링클러설비와 분말소화설비를 설치하고자 한다. 이때 폐쇄형 스프링클러헤드의 설치 및 취급 시 주의사항과 분말소화설비의 배관 시공 시 주의사항을 기술하시오.

제4회 소방시설관리사(1998.9.20 시행)

1 근린생활시설로 사용되는 8층 건물에 스프링클러설비를 설치하고자 한다. 다음의 조건과 그림을 참고하여 물음에 답하시오.

〈 조 건 〉

① 실양정 40m, 배관의 마찰손실은 실양정의 35%로 한다.
② 펌프 흡입측의 연성계는 −355mmHg를 지시하고 있으며 이때 대기압은 1.03kg/cm²이다.
③ 펌프의 수력효율은 90%, 체적효율은 80%, 기계효율은 95%이며, 주어지지 않은 것은 무시한다.

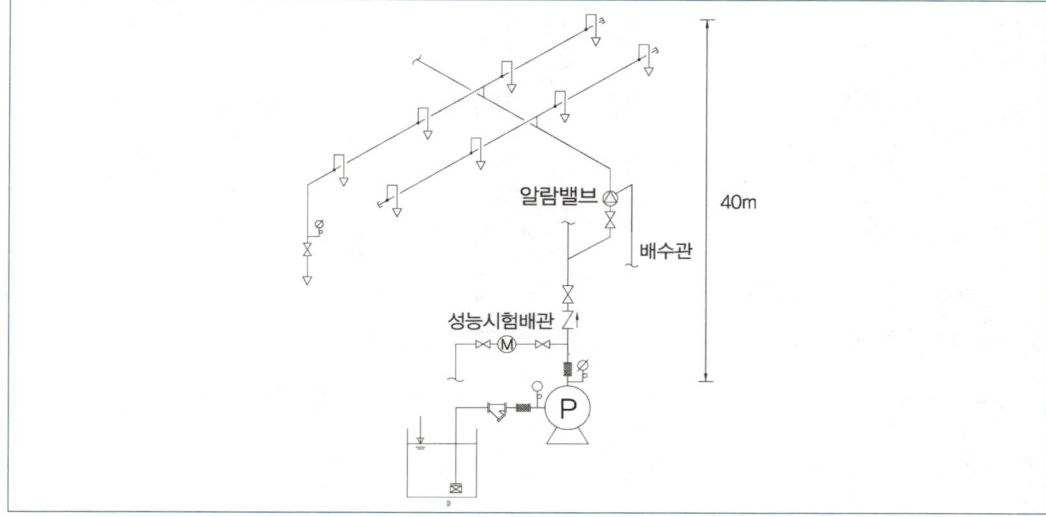

(1) 펌프의 전양정
(2) 펌프의 분당토출량[m³/min]
(3) 펌프의 동력

(1) 펌프의 전양정(전수두)

펌프전수두=낙차수두+마찰손실수두+법정토출수두

1atm	=	10,332mmH₂O	=	760mmHg
101,325Pa	=	10.332mH₂O	=	76cmHg
101.325kPa	=	10.332mAq	=	1,013mbar
0.101325MPa	=	1.0332kg$_f$/cm²	=	1.013bar
14.7psi	=	10,332kg$_f$/m²	=	30inHg

• 1기압(대기압)과 동일한 각종 압력단위
 [mH₂O = mAq(아쿠아=물)]
• 계산식에서의 표현 : 물이라는 특수성에 의해 보통 "mH₂O"를 "m"로 줄여 쓰기도 한다.

그림의 조건에서 토출측 실양정(40m)에 연성계의 압력은 흡입측 실양정 및 마찰손실로 볼 수 있고 대기압은 1.03kg/cm² = 10.3mH₂O 이므로

① 낙차수두+연성계압력(=흡입낙차수두+마찰손실수두)을 구하면

   낙차수두= 40m(토출측)+ $\dfrac{355\text{mmHg}}{760\text{mmHg}}\times 10.332\text{mH}_2\text{O}$(흡입측) = 44.826 ∴ 44.826mH$_2$O

② 마찰손실수두를 구하면

   44.826mH$_2$O × 0.35 = 15.689 ∴ 15.689mH$_2$O

③ 법정토출수두

   $\dfrac{0.1\text{MPa}}{0.101325\text{MPa}}\times 10.332\text{mH}_2\text{O} = 10.196\text{mH}_2\text{O}$

④ 전수두를 구하면

   펌프전수두=낙차수두+마찰손실수두+법정토출수두
   = 44.826m + 15.689m + 10.196m = 70.711 ∴ 70.71m

(2) 펌프의 분당토출량[m³ / min]

10층 이하의 근린생활시설은 스프링클러헤드 기준개수 20개를 적용

20개 × 80l/min = 1,600 ∴ 1,600l/min = 1.6m³/min

(3) 펌프의 동력

수동력	축동력	전동기용량
$P = \gamma HQ$	$P = \dfrac{\gamma HQ}{\eta}$	$P = \dfrac{\gamma HQ}{\eta} \times K$

P : 동력[kW] → $P = \dfrac{\gamma HQ}{\eta} \times K$

γ : 비중량[물 : 9.8kN/m³] → 9.8kN/m³

H : 전양정(전수두)[m] → 70.66m [문제 (1)]

Q : 유량[m³/s] → 1.6m³/min × $\dfrac{1\text{min}}{60\text{s}}$ [문제 (2)]

η : 전효율[$\eta_{전효율} = \eta_{수력효율} \times \eta_{체적효율} \times \eta_{기계효율}$] → $\eta_{전효율} = \eta_{수력효율} \times \eta_{체적효율} \times \eta_{기계효율}$ = 0.9 × 0.8 × 0.95 = 0.684 [조건 ③]

K : 전달계수 → 1.1

$P = \dfrac{\gamma HQ}{\eta} = \dfrac{9.8\text{kN/m}^3 \times 70.66\text{m} \times 1.6\text{m}^3/\text{min} \times \dfrac{1\text{min}}{60\text{s}}}{0.684} = 26.996$ ∴ 27kW

┌ Mind-Control

자기가 하는 일에 신념을 가져야 한다.
그리고 누구나 자기가 하는 일이 좋다고 굳게 믿으면 힘이 생기는 법이다.
조금만 더 힘을 내십시오.

― 괴테 ―

2 다음 조건을 참고하여 경계구역의 수와 감지기의 개수를 산출하시오.

━━━〈 조 건 〉━━━
① 지하 2층에서 지상 7층 : 800m²(한 변의 길이는 50m이다.)
② 지상 8층 400m²
③ 계단은 2개소 설치되어 있고 별도의 경계구역으로 한다.
④ 사용 감지기는 차동식스포트형 1종이다.
⑤ 주요구조부는 내화구조이다.
⑥ 계단에는 연기감지기 2종을 설치한다.
⑦ 지하 2층~지상 7층에는 화장실(면적 30m²)이 설치되어 있다.

계단	8 F		4.5m
	7 F	계단	3.5m
	6 F		3.5m
	5 F		3.5m
	4 F		3.5m
	3 F		3.5m
	2 F		3.5m
	1 F		3.5m
	B 1		4.5m
	B 2		4.5m

해설

(1) **경계구역의 수**
→ 층별(바닥면적) : 면적 600m² 이하 및 한 변의 길이 50m 이하
→ 계단 및 경사로 기준 : 높이 45m 이하. 단, 지하층의 계단은 별도의 경계구역으로 함(단, 지하층의 층수가 1인 경우는 제외)

① 층별(바닥면적) 경계구역
  ㉠ 지하 2층~지상 7층
  $$\frac{800\text{m}^2}{600\text{m}^2} = 1.33 \quad \therefore 2경계구역 \rightarrow 2경계구역 \times 9개층(지상~지하) = 18경계구역$$

  ㉡ 8층 : $\frac{400\text{m}^2}{600\text{m}^2} = 0.67 \doteqdot 1 \quad \therefore 1경계구역$

② 계단
  ㉠ 지상계단(좌우) : $\frac{(3.5\text{m} \times 7개\ 층) + 4.5\text{m}}{45\text{m}} = 0.64$, $\frac{(3.5\text{m} \times 7개\ 층)}{45\text{m}} = 0.54 \quad \therefore 2경계구역$

  ㉡ 지하계단 : $\frac{4.5\text{m} \times 2개\ 층}{45\text{m}} = 0.2 \quad \therefore 1경계구역 \rightarrow 1경계구역 \times 2개소 = 2경계구역$

③ 경계구역 합계 : 18+1+2+2=23 ∴ 23 경계구역

(2) **감지기의 수량**
[감지구역 면적]
→ 지하 2층~지상 7층 : 800m² - 30m² = 770m² [출제 당시의 화재안전기술기준상 화장실은 감지기의 설치제외 장소이었으나 개정되어 현재는 화장실에 감지기를 설치하여야 하므로 화장실의 감지기는 추가한다.]
→ 지상 8층 : 400m²

① **차동식스포트형 1종** : 경계구역의 면적에 대한 특정한 조건을 주지 않아 답은 다양하게 산출될 수 있으므로 문제의 취지상 경계구역별로 감지기를 산출하는 형태는 아니라고 판단한다.

㉠ 층고 4m 미만 : 지상 1층~7층(층고에 따라 1개당 감지면적은 90m²)
- $\dfrac{770\text{m}^2}{90\text{m}^2} = 8.55$ ∴ 9개 → 9개×7개 층=63개
- 화장실에 9개 추가하여 72개(화장실 층고 4m 미만 90m², 4m이상 8m 미만은 45m²마다 1개)

㉡ 층고 4m 이상 8m 미만(층고에 따라 1개당 감지면적은 45m²)
- 지상 8층 : $\dfrac{400\text{m}^2}{45\text{m}^2} = 8.89$ ∴ 9개 → 9개×1개 층=9개
- 지하 1,2층 : $\dfrac{770\text{m}^2}{45\text{m}^2} = 17.11$ ∴ 18개 → 18개×2개 층=36개

㉢ 차동식 감지기 합계 : 72+9+36=117개

④ 연기감지기 2종(계단경사로에 있어서는 15m마다 1개씩 설치)
㉠ 지상층 계단
- 좌측계단=$\dfrac{29\text{m}}{15\text{m}} = 1.93$ → ∴2개
- 우측계단=$\dfrac{24.5\text{m}}{15\text{m}} = 1.63$ → ∴2개

㉡ 지하층 계단 : $\dfrac{9\text{m}}{15\text{m}} = 0.6$ ∴1개 → 1개×2개소=2개

㉢ 연기감지기의 합계 : 2+2+2=6개

3 다음 물음에 답하시오.

(1) 각 번호에 해당하는 전선수에 대한 다음의 표를 완성하시오.

구간	①	②	③	④	⑤	⑥
전선수						

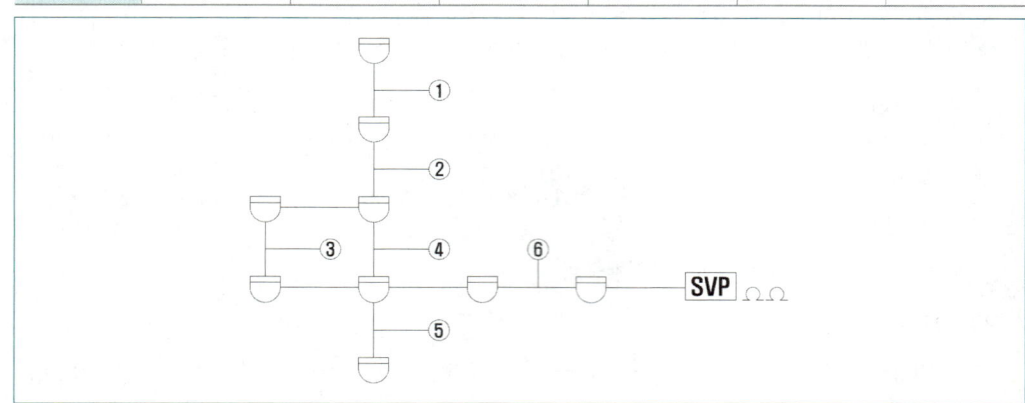

(2) 준비작동식에서 교차회로방식으로 설치하지 않아도 되는 감지기의 종류 5가지를 쓰시오.

4 소화약제의 특성을 나타내는 용어 중 ODP와 GWP에 대하여 쓰고, 현재 국내에서 시판되고 있는 할로겐화합물 및 불활성기체소화약제의 상품명, 주된 소화원리에 대하여 쓰시오.

5 스프링클러헤드의 선정 시 유의사항, 설치 시 유의사항 및 배관 시공 시 유의사항(시설기준이 아님)에 대하여 기술하시오.

제5회 소방시설관리사(2000.10.15 시행)

1 자동화재탐지설비의 배선에 대하여 다음 물음에 답하시오.

(1) 감지기회로를 송배선식으로 하고, 종단저항을 설치하는 이유
(2) 내화배선으로 시공해야 할 부분
(3) 내화배선의 시공방법

2 스프링클러소화설비에서 토출량이 2.4m³/min, 유속이 3m/s일 경우 다음 물음에 답하시오.

(1) 토출측 배관의 구경을 계산하시오.
(2) 조건상의 토출량을 방사할 경우의 기준개수는 몇 개로 계산되는가?
(3) 달시-웨버의 수식을 적용하여 입상관에서의 마찰손실수두[m]를 계산하시오. (단, 입상관의 구경 150mm, 마찰계수 0.02, 높이 60m, 유속 3m/s)

해설

(1) **토출측 배관의 구경**

$Q = AV$

여기서, Q : 유량[m³/s]
A : 배관단면적$\left(\dfrac{\pi}{4}D^2[m^2]\right)$
V : 유속[m/s]

$Q = 2.4\text{m}^3/\text{min} \times \dfrac{1\text{min}}{60\text{s}}$, $V = 3\text{m/s}$이므로

$Q = \dfrac{\pi}{4} \times D^2 \times V$이므로

$D = \sqrt{\dfrac{4 \times Q}{\pi \times V}} = \sqrt{\dfrac{4 \times 2.4\text{m}^3/\text{min} \times 1\text{min}}{\pi \times 3\text{m/s} \times 60\text{s}}} = 0.13$ ∴ $0.13\text{m} = 130\text{mm}$

∴ 호칭구경일 경우 150mm배관으로 적용한다.

(2) 조건상의 토출량을 방사할 경우의 기준개수(2.4m³/min = 2,400*l*/min 이므로)
2,400*l*/min ÷ 80*l*/min = 30개

(3) 달시-웨버의 식을 적용하여 입상관에서의 마찰손실수두[m]를 계산
정상류의 원형직관에 있어서의 마찰손실수두를 구할 수 있다. 층류와 난류 모두 적용한다. 달시-웨버의 식에 의한 유체의 마찰손실은 유속의 제곱과 배관의 길이에 비례하고 지름에 반비례한다.

$H = f \cdot \dfrac{l}{D} \cdot \dfrac{V^2}{2g}$

여기서, H : 마찰손실수두[m]
f : 마찰손실계수$\left[f = \dfrac{64}{Re}\text{는 조건에 따라 사용한다.}\right]$
l : 배관길이[m]
D : 배관직경[m]
V : 유속[m/s]
g : 중력가속도[9.8m/s²]

$f=0.02$, $l=60\text{m}$, $V=3\text{m/s}$, $D=150\text{mm}=0.15\text{m}$이므로

$$H=f\cdot\frac{l}{D}\cdot\frac{V^2}{2g}=0.02\times\frac{60\text{m}}{0.15\text{m}}\times\frac{(3\text{m/s})^2}{2\times9.8\text{m/s}^2}=3.673 \quad \therefore 3.67\text{m}$$

3 포소화설비의 설계 시 다음의 조건을 참고하여 물음에 답하시오. 🔥🔥

〈 조 건 〉

① Ⅱ형 방출구 사용
② 직경 35m, 높이 15m인 휘발유탱크이다.
③ 6%형 수성막포 사용
④ 보조포소화전은 5개가 설치되어 있다.
⑤ 설치된 송액관의 구경 및 길이는 150mm 100m, 125mm 80m, 80mm 70m, 65mm 50m이다.

(1) 포소화약제 저장량[m³]
(2) 고정포방출구의 개수
(3) 혼합장치의 방출량[m³/min]

포방출구의 종류 / 위험물의 종류	Ⅰ형 포수용액량 [l/m²]	방출률 [l/min·m²]	Ⅱ형, Ⅲ형, Ⅳ형 포수용액량 [l/m²]	방출률 [l/min·m²]	특형 포수용액량 [l/m²]	방출률 [l/min·m²]
제4류 인화점 21℃ 미만	120 (30분)	4	220 (55분)	4	240 (30분)	8
제4류 인화점 21~70℃ 미만	80 (20분)	4	120 (30분)	4	160 (20분)	8
제4류 인화점 70℃ 이상	60 (15분)	4	100 (25분)	4	120 (15분)	8

탱크의 구조 및 포방출구의 종류 / 탱크 직경	포방출구의 개수 고정지붕구조 Ⅰ형 또는 Ⅱ형	고정지붕구조 Ⅲ형 또는 Ⅳ형	부상덮개부착 고정지붕구조 Ⅱ형	부상지붕구조 특형
13m 미만	2		2	2
13m 이상 19m 미만	2	1	3	3
19m 이상 24m 미만	2		4	4
24m 이상 35m 미만	2	2	5	5
35m 이상 42m 미만	3	3	6	6

해설

(1) **포소화약제 저장량[m³]**

① Ⅱ형 고정포방출구에서 방출하기 위하여 필요한 양

$$Q=A\times Q_1\times T\times S$$

여기서, Q : 포소화약제의 양[l]

A : 탱크의 액표면적[m²]

Q_1 : 단위포소화수용액의 양[$l/\text{m}^2\cdot\text{min}$]

T : 방출시간[min]
S : 포소화약제의 사용농도

$A = \dfrac{\pi}{4} \times 35^2 \text{m}^2$, $Q_1 = 4l/\text{min} \cdot \text{m}^2$(휘발유의 인화점은 21℃ 이하), $T = 55\text{min}$, $S = 0.06$

$Q = A \times Q_1 \times T \times S = \dfrac{\pi}{4} \times 35^2 \text{m}^2 \times 4l/\text{min} \cdot \text{m}^2 \times 55\text{min} \times 0.06 = 12,699.888$ ∴ $12,699.888 l$

② 보조포소화전에서 필요한 약제량
$Q = N \times S \times 8,000 l$
여기서, Q : 포소화약제의 양[l]
N : 호스접결구수[3개 이상인 경우는 3]
S : 포소화약제의 사용농도
$Q = N \times S \times 8,000 = 3 \times 0.06 \times 8,000 l = 1,440$ ∴ $1,440 l$

③ 송액관 충전약제량(65mm는 제외한다)
$Q = V \times S$
여기서, Q : 포소화약제의 양[l]
V : 송액관의 체적 $\left[\dfrac{\pi}{4} \times D^2 [\text{m}^2] \times L[\text{m}] \times \dfrac{1,000 l}{1\text{m}^3}\right]$
S : 소화약제농도

$V = \dfrac{\pi}{4} \times (0.15^2 \text{m}^2 \times 100\text{m} + 0.125^2 \text{m}^2 \times 80\text{m} + 0.08^2 \text{m}^2 \times 70\text{m}) \times \dfrac{1,000 l}{1\text{m}^3} = 3,100.75 l$

∴ $3,100.75 l$
$S = 0.06$이므로
$Q = V \times S = 3,100.75 \times 0.06 = 186.045$ ∴ $186.045 l$
∴ 최소포약제량 = 고정포방출구 방출량 + 보조포소화전 방출량 + 송액관 충전량
  $= 12,699.888 l + 1,440 l + 186.045 l = 14,325.933$ ∴ 14.33m^3

(2) 고정포방출구의 개수
   탱크의 직경에 따라 Ⅱ형 고정포방출구의 개수는 3개

(3) 혼합장치의 방출량[m³/min]
$Q = A \times Q_1 + N \times 400$
$= \dfrac{\pi}{4} \times 35^2 \text{m}^2 \times 4l/\text{min} \cdot \text{m}^2 + 3\text{개} \times 400 l/\text{min} \cdot \text{개} = 5,048.45 l$
∴ $5,048.45 l/\text{min} ≒ 5.05 \text{m}^3/\text{min}$

Mind-Control

내일은 인생에서 가장 중요한 것이다.
자정이 되면 내일은 매우 깨끗하고 완벽한 상태로 우리에게 다가온다.
마치 깨끗한 동전과도 같이… 이 동전을 어떻게 쓸지는 전적으로 당신의 몫이며, 의지이다.
타인에 의해서가 아닌 스스로를 위해 이 동전이 사용되어지기를 바라며…

제6회 소방시설관리사(2002.11.3 시행)

1 드렌처설비를 시공하고자 한다. 일반적인 사항을 간단히 기술하고, 배관설치 시 유의사항과 헤드의 방수량 및 수원량, 헤드 배치기준에 대하여 기술하시오.

2 성능시험배관의 시공방법을 기술하시오.

3 면적이 380m²인 제연설비에 대해 다음 물음에 답하시오. 🔥🔥

(1) 소요배출량[CMH]을 산출하시오.
(2) 흡입측 풍도(DUCT)의 높이를 600mm 기준으로 할 때 풍도의 최소폭은 얼마[mm]인가? (단, 풍도 내 풍속은 기술기준을 근거로 한다.)
(3) 송풍기의 전압이 50mmAq이고 효율이 55%인 다익송풍기 사용 시 축동력[kW]을 구하시오. (단, 회전수는 1,200rpm, 전달계수 1.2)
(4) 제연설비의 회전차 크기를 변경하지 않고 배출량을 20% 증가시키고자 할 때 회전수[rpm]를 구하시오.
(5) "(4)"항의 회전수[rpm]으로 운전할 경우 전압[mmAq]을 구하시오.
(6) "(3)"항에서의 계산결과를 근거로 15kW 전동기를 설치 후 풍량의 20%를 증가시켰을 경우 전동기 사용 가능 여부를 설명하시오. (단, 계산과정을 나타낼 것)
(7) 배연용 송풍기와 전동기의 연결방법에 대하여 설명하시오.
(8) 제연설비에서 일반적으로 사용하는 송풍기의 명칭과 주요특징을 설명하시오.

해설

(1) 소요배출량[CMH]

길이 직경	수직거리	400m² 이상 거실 또는 통로인 경우의 배출량 (통로는 40m 초과 60m 이하인 경우의 배출량과 동일)	400m² 미만의 거실	
			50m² 미만 거실의 통로 배출방식에서의 배출량 (벽으로 구획된 경우 포함)	최소 배출량
40m 이하	2m 이하	40,000m³/hr 이상	25,000m³/hr	• 바닥면적 1m²당 1m³/min 이상 • 최저 5,000m³/hr 이상
	2m 초과 2.5m 이하	45,000m³/hr 이상	30,000m³/hr	
	2.5m 초과 3m 이하	50,000m³/hr 이상	35,000m³/hr	
	3m 초과	60,000m³/hr 이상	45,000m³/hr	
40m 초과 60m 이하	2m 이하	45,000m³/hr 이상	30,000m³/hr	
	2m 초과 2.5m 이하	50,000m³/hr 이상	35,000m³/hr	
	2.5m 초과 3m 이하	55,000m³/hr 이상	40,000m³/hr	
	3m 초과	65,000m³/hr 이상	50,000m³/hr	

거실이 400m² 미만으로 배출량은 1m³/min·m² 이상(최소 5,000m³/hr = 83.33m³/min)

소요배출량(CMH) = $380m^2 \times 1m^3/min \cdot m^2 \times \frac{60min}{1hr}$ = 22,800CMH

(2) 흡입측 풍도(DUCT)의 높이를 600mm 기준으로 할 때 풍도의 최소폭

$Q = AV$

여기서, Q : 유량[m³/s]

　　　　A : 배관단면적 $\left(\frac{\pi}{4}D^2[m^2]\right)$

　　　　V : 유속[m/s]

$Q = 22,800m^3/hr \times \frac{1hr}{3,600s}$, $A = a \times b = 0.6m \times b$, $V = 15m/s$(화재안전기술기준상 배출기의 흡입측 풍도 안의 풍속은 15m/s 이하로 하고 배출측 풍속은 20m/s 이하)

$A = \frac{Q}{V}$ 이므로 $0.6m \times b = \frac{Q}{V}$

$b = \frac{22,800m^3/hr \times 1hr}{0.6m \times 15m/s \times 3,600s} = 0.7037$ ∴ 0.7037m = 703.7mm

암기必

☑ $Q = AV$에서 A는 원형단면을 말하므로 덕트에서는 사용할 수 없다. 유체역학상 사각형과 원형은 유체가 접촉하는 길이가 다르므로 손실이 다르게 나타난다. 그러므로 각형 덕트에서는 이를 "공식으로 산출"하거나 "각형 덕트의 환산지름 환산표"에 의해 상당지름을 구하여 "덕트마찰 손실선도"에 의해 마찰손실을 산출한다. 이때 덕트의 상당지름을 공식으로 산출하는 방법은 다음과 같이 2가지가 있으며, 그 결과는 비슷하다. 그런데 문제의 조건에 따를 경우 다음 공식으로 산출할 수 없으며 최초 문제의 의도는 $Q = AV$를 사용하여 단면적을 구하는 형태일 것으로 판단된다.

① 상당지름 산출공식(Ⅰ) 🔥🔥🔥

$$d_e = 1.3 \times \left[\frac{(a \times b)^5}{(a+b)^2}\right]^{\frac{1}{8}}$$

여기서, d_e : 상당지름(장방형 덕트와 동일한 저항크기 원형덕트의 직경)[m]

　　　　a : 장방형 덕트의 장변의 길이[m]

　　　　b : 장방형 덕트의 단변의 길이[m]

② 상당지름 산출공식(Ⅱ)(SMACNA) : $d_e = \sqrt{\frac{4ab}{\pi}}$ 🔥🔥🔥

→ SMACNA(Sheet Metal And Air Conditioning Contractors' National Association : 덕트 및 미국 공기조화사업자 협회)

(3) 송풍기의 전압이 50mmAq이고 효율이 55%인 다익 송풍기 사용 시 축동력[kW](단, 회전수는 1,200rpm, 전달계수 1.2)

$P = \frac{P_T \cdot Q}{102 \times 60\eta} \times K = \frac{P_T \cdot Q}{6,120\eta} \times K$

여기서, P : 동력[kW] $[P = P_T \cdot Q = \gamma hQ = kN/m^3 \times m \times m^3/s = kN \cdot m/s = kJ/s = kW]$

　　　　P_T : 전압[mmAq = mmH₂O] $\left[\frac{1mmAq}{10,332mmAq} \times 101.325kPa = \frac{1}{102}kPa\right]$

　　　　Q : 풍량[m³/min] $\left[1m^3/min \times \frac{1min}{60s}\right]$

　　　　η : 효율

　　　　K : 전달계수

$P_T = 50\text{mmAq}$, $Q = 22,800\text{m}^3/\text{hr} \times \dfrac{1\text{hr}}{60\text{min}}$, $\eta = 0.55$, $K = 1.2$ (축동력이므로 고려하지 않는다.)

$P = \dfrac{P_T \cdot Q}{102 \times 60\eta} = \dfrac{50\text{mmAq} \times 22,800\text{m}^3/\text{hr} \times 1\text{hr}}{6,120 \times 0.55 \times 60\text{min}} = 5.644$ ∴ 5.64kW

(4) 제연설비의 회전차 크기를 변경하지 않고 배출량을 20% 증가시키고자 할 때 회전수

구분	설명
유량에 대한 상사법칙	$\dfrac{Q_2}{Q_1} = \left(\dfrac{N_2}{N_1}\right)^1 \cdot \left(\dfrac{D_2}{D_1}\right)^3$ 유량은 펌프 회전수에 비례하고 임펠러 직경의 3승에 비례
전양정에 대한 상사법칙	$\dfrac{H_2}{H_1} = \left(\dfrac{N_2}{N_1}\right)^2 \cdot \left(\dfrac{D_2}{D_1}\right)^2$ 양정은 펌프 회전수의 2승에 비례하고 임펠러 직경의 2승에 비례
축동력에 대한 상사법칙	$\dfrac{L_2}{L_1} = \left(\dfrac{N_2}{N_1}\right)^3 \cdot \left(\dfrac{D_2}{D_1}\right)^5 \cdot \left(\dfrac{\eta_1}{\eta_2}\right)$ 축동력은 펌프 회전수 3승에 비례하고 임펠러 직경의 5승에 비례

여기서, Q_1, Q_2 : 유량[lpm], H_1, H_2 : 양정[m], L_1, L_2 : 축동력[kW]
N_1, N_2 : 회전수[rpm], D_1, D_2 : 직경[m], η_1, η_2 : 효율

🔖**암기법** 유양축 123(회전수의 1, 2, 3승) 325(직경의 3, 2, 5승)

- 비속도가 같으면 펌프의 크기가 달라도 이를 상사(Affinity)라 하며, 회전수나 임펠러 지름이 변할 때 토출량, 양정, 축동력은 일정한 비로 변한다.

$Q_1 = 22,800\text{m}^3/\text{hr}$, $Q_2 = 22,800\text{m}^3/\text{hr} \times 1.2$, $N_1 = 1,200\text{rpm}$, $D_1 = D_2$(회전차의 크기가 같으므로)

$\dfrac{Q_2}{Q_1} = \left(\dfrac{N_2}{N_1}\right)^1$ 이므로 $N_2 = \dfrac{Q_2}{Q_1} \times N_1 = \dfrac{22,800\text{m}^3/\text{hr} \times 1.2}{22,800\text{m}^3/\text{hr}} \times 1,200\text{rpm} = 1,440$ ∴ $1,440\text{rpm}$

(5) (4)항의 회전수로 운전할 경우 전압[mmAq]

$H_1 = 50\text{mmAq}$, $N_1 = 1,200\text{rpm}$, $N_2 = 1,440\text{rpm}$, $D_1 = D_2$(회전차의 크기가 같으므로)

$\dfrac{H_2}{H_1} = \left(\dfrac{N_2}{N_1}\right)^2$ 이므로 $H_2 = \left(\dfrac{N_2}{N_1}\right)^2 \times H_1 = \left(\dfrac{1,440\text{rpm}}{1,200\text{rpm}}\right)^2 \times 50\text{mmAq} = 72$ ∴ 72mmAq

📖 **이해必**

☑ 상사법칙은 비율에 의해 산출되므로 유량과 양정 전·후의 단위만 같으면 된다.

(6) (3)항에서의 계산결과를 근거로 15kW 전동기를 설치 후 풍량의 20%를 증가시켰을 경우 전동기 사용 가능 여부

(3)에서의 계산결과에 의해서이므로 1,440rpm 이었을 경우이므로 전압은 (4)에 의해 산출된 전압으로 하여야 하므로 $P_T = 72\text{mmAq}$, $Q = 22,800\text{m}^3/\text{hr} \times \dfrac{1\text{hr}}{60\text{min}} \times 1.2$, $\eta = 0.55$, $K = 1.2$

$P = \dfrac{P_T \cdot Q}{6,120\eta} \times K = \dfrac{72\text{mmAq} \times 22,800\text{m}^3/\text{hr} \times 1\text{hr} \times 1.2}{6,120 \times 0.55 \times 60\text{min}} \times 1.2 = 11.704$ ∴ 11.7kW

∴ 15kW 전동기로 사용가능하다.

(7) 배연용 송풍기와 전동기의 연결방법

배출기의 전동기 부분과 배풍기 부분은 분리하여 설치하여야 하며, 배풍기 부분은 유효한 내열처리를 할 것

(8) 제연설비에서 일반적으로 사용하는 송풍기의 명칭과 주요특징
① 명칭 : 제연설비에서 보편적으로 사용하는 다익팬은 시로코팬(전곡익형팬)이라고도 한다. 최근에는 에어포일팬이 설계되기도 하며 시로코팬에 비해 효율은 좋으나 가격이 상대적으로 비싸다.
② 특성
㉠ 비교적 소형으로 설치공간을 작게 차지한다. 단가가 저렴하다.
㉡ 풍량과 동력변화가 비교적 크며 풍량이 증가하면 동력 또한 급격히 증가하거나 과부하가 걸릴 수 있다.
㉢ 풍량을 줄일 경우 서징이 발생할 수 있으며, 효율(40~60%)이 낮다.

⟨시로코팬⟩

4 동일 방호구역 내에 층별로 옥내소화전이 최대 3개씩 설치된 소방대상물이 있다. 최고 위층에서 방수량을 측정하고자 한다. 다음 물음에 답하시오.

(1) 피토게이지를 이용하여 노즐선단에서의 방수압을 측정하고자 한다. 측정위치에 대하여 설명하시오.
(2) 피토게이지를 이용한 방수압 측정방법(순서)를 구체적으로 기술하시오.
(3) 옥내소화전 방수량 공식 $Q=0.653D2\sqrt{P}$ (Q : lpm, D : mm, P : kg/cm²)의 유도과정을 쓰시오. 술79(25)88(10)관설6
(4) 규정방수압 초과 시 발생할 수 있는 문제점 2가지를 쓰시오.

해설

단위환산 전	단위환산 후
$Q=AV=\dfrac{\pi}{4}D^2 \times \sqrt{2gH}$ 관점17	$q=2.107d^2\sqrt{P}$
$Q=C\times\dfrac{\pi}{4}D^2\times\sqrt{2gH}$ [유량계수를 고려]	$q=2.086d^2\sqrt{P}$ [유량계수 고려]

여기서, Q : 유량[m³/s]
q : 유량[lpm]
A : 배관단면적$\left(\dfrac{\pi}{4}D^2[\text{m}^2]\right)$
D : 구경[m]
d : 구경[mm]
V : 유속[m/s] $\left[V=\sqrt{2gH}=\sqrt{2g\dfrac{P}{\gamma}}=\sqrt{\dfrac{2}{\rho}P}\;\left(\because H=\dfrac{P}{\gamma}\right)\right]$
H : 양정[m]
P : 방수압[MPa = MN/m²]
C : 유량계수(속도계수, 손실계수)

① 노즐에서 방출되는 방사압력은 속도수두로서 유속을 압력으로 환산할 수 있으므로 $H=\dfrac{V^2}{2g}$

따라서, $V=\sqrt{2gH}$(토리첼리 정리)를 대입하면 $Q=\dfrac{\pi}{4}D^2\times\sqrt{2gH}$

② 양정(H[m]→ P[MPa]), 구경(D[m]→ d[mm]), 유량(Q[m³/s]→ q[l/min])의 단위를 각각 환산하여 대입하기 위하여 비례관계로 정리하면 다음과 같다.

㉠ 양정 : $\dfrac{H[\text{m}]}{P[\text{MPa}]}=\dfrac{10.332}{0.101325}$ 이므로 $H[\text{m}]=101.9689\times P[\text{MPa}]$

ⓒ 구경 : $\dfrac{D[\text{m}]}{d[\text{mm}]} = \dfrac{1}{1,000}$ 이므로 $D^2[\text{m}^2] = \left(\dfrac{d}{1,000}\right)^2 [\text{mm}^2]$

ⓒ 유량 : $\dfrac{Q[\text{m}^3/\text{s}]}{q[l/\text{min}]} = \dfrac{1}{1,000 \times 60}$ 이므로 $Q[\text{m}^3/\text{s}] = \dfrac{q}{6 \times 10^4}[l/\text{min}]$

③ 위의 비례관계를 $Q = \dfrac{\pi}{4} D^2 \times \sqrt{2gH}$ 에 대입하면

$\dfrac{q}{6 \times 10^4}[l/\text{min}] = \dfrac{\pi}{4} \times \left(\dfrac{d}{1,000}\right)^2 \times \sqrt{2 \times 9.8 \text{m/s}^2 \times 101.9689 P [\text{MPa}]}$

∴ $q[l/\text{min}] = 2.1067 d^2 [\text{mm}] \sqrt{P [\text{MPa}]}$

④ 유량계수($C = 0.99$)를 대입하면[손실 등으로 인하여 이론유량의 99%만 사용할 수 있다는 의미]

$q = 2.086 d^2 \sqrt{P}$

5 바닥면적이 1,000m², 실의 높이가 3m, 컴퓨터실에 할론 1301 소화설비를 전역방출방식으로 하려고 한다. 다음 물음에 답하시오. (단, 소수 둘째자리까지 구하시오.)(내화구조이며, 3m×2m의 자동폐쇄되지 않는 개구부 1개소가 있다.) 🔥🔥

(1) 할론 1301의 최소 약제량[kg]을 산출하시오.
(2) 할론 1301 소화약제 저장용기수를 쓰시오. (단, 저장용기는 50kg의 약제를 저장한다.)
(3) 방호구역에 차동식스포트형 1종 감지기를 설치할 경우 감지기수를 산출하시오.
(4) 감지회로의 최소 회로수는 몇 개인가?
(5) Soaking Time에 대하여 쓰시오. 술71(10)84(25)90(25)91(25)96(25)점예 🔥🔥🔥
(6) 배관을 강관으로 사용할 경우 배관의 설치기준을 쓰시오.
(7) 약제방출률이 2kg/cm²·sec·개이고 방사헤드수가 25개, 노즐 1개의 방사압이 20kg/cm²일 경우 노즐의 최소 오리피스 분구면적[mm²]을 구하시오.

해설

(1) 할론 1301의 최소약제량[kg]을 산출

소방대상물 또는 그 부분	소화약제의 종별	소화약제량	
		방호구역의 체적 1m³당	개구부의 면적 1m²당
차고 · 주차장 · 전기실 · 통신기기실 · 전산실 기타 이와 유사한 전기설비가 설치되어 있는 부분 ✏️암기법 차 주차 전통전 32	할론 1301	0.32kg 이상 0.64kg 이하	2.4kg

약제량[kg] = 방호구역체적[m³] × 체적당 약제량[kg/m³] + 개구부면적[m²] × 개구부 면적당 가산량[kg/m²]
= (1,000m² × 3m) × 0.32kg/m³ + (3m × 2m) × 2.4kg/m² = 974.4   ∴ 974.4kg

(2) 할론 1301 소화약제 저장용기수(저장용기는 50kg 약제 저장)

저장용기수[병] = 약제량[kg] ÷ 저장용기저장량[kg/병]
= 974.4kg ÷ 50kg/병 = 19.488   ∴ 20병

(3) 방호구역에 차동식 스포트형 1종 감지기를 설치할 경우 감지기수
  층고 4m 미만이므로 1개당 감지면적은 90m²가 되므로
  $1,000m^2 \div 90m^2 = 11.111$ ∴ 12개 교차회로방식이므로 24개
(4) 감지회로의 최소회로수 : 교차회로방식이므로 최소회로수는 2회로
(5) Soaking Time

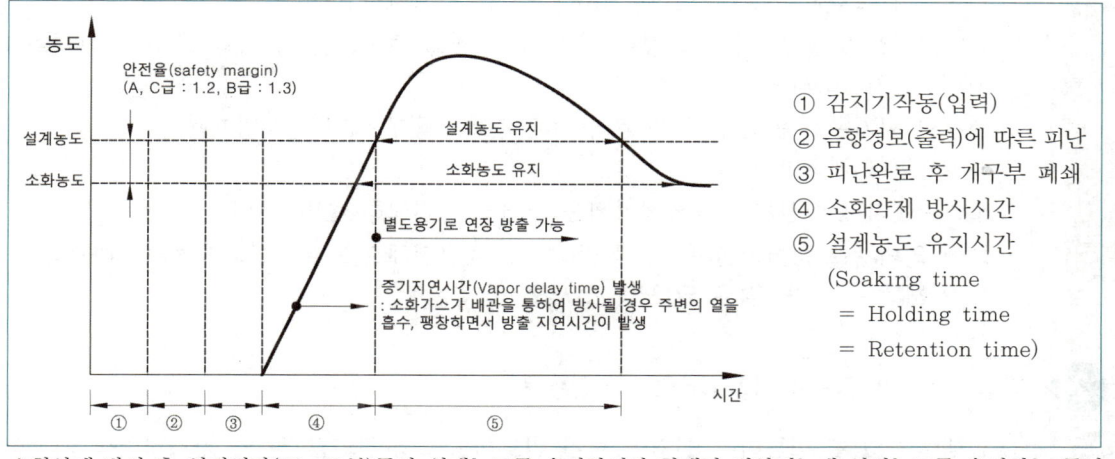

소화약제 방사 후 일정시간(20~30분)동안 설계농도를 유지하여야 화재가 진압되는데 일정농도를 유지하는 동안 화염은 없어지는데 이때 자연냉각을 유도하여 가연물 표면을 발화점 이하로 되게 한다. 이를 "설계농도유지시간(Soaking time=Retention time=Holding time))"이라 한다.

(6) 배관을 강관으로 사용할 경우 배관의 설치기준
  ① 배관은 전용으로 할 것
  ② 강관을 사용하는 경우의 배관은 압력배관용탄소강관(KS D 3562) 중 스케줄 40 이상의 것 또는 이와 동등 이상의 강도를 가진 것으로서 아연도금 등에 따라 방식처리된 것을 사용할 것

(7) 약제방출률이 2kg / cm² · sec · 개이고 방사헤드수가 25개, 노즐 1개의 방사압이 20kg / cm²일 경우 노즐의 최소 오리피스 분구면적[mm²]
  할론의 약제방사시간은 10초이므로
  $$분구면적 = \frac{\frac{약제량[kg]}{방사시간[s] \times 헤드수}}{약제방출률[kg/cm^2 \cdot s \cdot 개]} = \frac{\frac{974.4kg}{10s \times 25개}}{2kg/cm^2 \cdot s \cdot 개} = 1.9488 \quad \therefore 1.9488cm^2 = 194.88mm^2$$

Mind-Control

승리는 이기려는 자신감을 가진 사람들의 몫입니다. 그러므로 스스로에게 한계를 두지 말아야 합니다.
열정을 가지고 도전하는 목표는 인생을 즐겁게 합니다.
열정과 자신감을 가지고 즐긴다면 합격과 성공은 결코 멀지 않습니다.

제7회 소방시설관리사(2004.10.16 시행)

1 다음 각각의 물음에 답하시오. (30점)

(1) 제연설비 설치장소의 제연구획 기준 5가지를 열거하시오.

(2) 옥내소화전 노즐선단에서의 방수압력이 7kg/cm²를 초과하는 경우 시공상 감압방식을 4가지 이상 기술하시오.

(3) 배관의 외기온도 변화나 충격 등에 따른 신축작용에 의한 손상방지용 신축이음의 종류 3가지 이상 기술하시오.

(4) 포소화설비 혼합장치의 종류 4가지를 열거하고 간략히 설명하시오.

(5) 습식 외의 스프링클러설비에는 상향식 스프링클러헤드를 설치하여야 하나, 하향식 헤드를 사용할 수 있는 경우 3가지를 쓰시오.

2 다음 각각의 물음에 답하시오. (30점)

(1) 선택밸브 등을 이용하여 전기실 등을 방호하는 CO_2(연기감지기와 가스압력식 기동장치를 채용한 자동기동방식)의 각종 전기적, 기계적 구성기기의 작동순서를 연기감지기(감지기 A, B)의 작동부터 분사헤드에서의 약제방출에 이르기까지 순차적으로 기술하시오. (단, 종합수신반과의 연동은 고려하지 않으며 감지기 A, B 중 감지기 A가 먼저 작동하고 전자사이렌의 기동은 하나의 감지기 작동 후 이루어지며, 압력스위치는 선택밸브 2차측에 설치되는 조건임. 기기의 명칭은 일반적인 용어를 사용하되 화재안전기술기준에서 사용되는 용어도 가능함)

(2) 스프링클러설비의 감시제어반에서 확인되어야 하는 스프링클러설비의 구성기기의 비정상상태 감지신호 4가지를 쓰시오. (단, 물올림탱크는 설치하지 않은 것으로 하며 수신반은 P형 기준임)

3 지상 25층, 지하 1층의 계단실형 APT에 옥내소화전과 스프링클러설비를 설치할 경우 다음 각각의 물음에 답하시오. (단, 지상층-층당 바닥면적은 320m², 옥내소화전 2개/층, 폐쇄형 습식스프링클러헤드 28개/층, 지하층-바닥면적 6,300m²로 방화구획 완화규정 적용, 옥내소화전 9개와 준비작동식스프링클러설비가 혼합 설치되고, 소화펌프-옥내소화전과 스프링클러 겸용) (40점) 🔥🔥

(1) 소화펌프의 토출량[l/min]과 전동기의 동력[kW]을 구하시오. (단, 실양정 70m, 손실수두 25m, 전달계수 1.1, 효율 65%로 하며, 방수압은 옥내소화전을 기준으로 하되 안전율 10m를 고려함)

(2) 수원을 전량 지하수조로만 적용하고자 할 때 화재안전기술기준(NFTC)에 의한 조치방법을 제시하시오.

(3) 소화펌프의 토출측 주배관[mm]의 수리계산방식에 의한 최소값을 구하시오. (단, 배관 내 유속은 옥내소화전 화재안전기술기준-NFTC 102에 의한 상한값 사용)

(4) 하나의 계단으로부터 출입할 수 있는 세대수가 층당 2세대일 경우 스프링클러설비의 방호구역설정(지하주차장 포함)

(5) 옥내소화전과 호스릴 옥내소화전의 차이점(수원, 방수압, 방수량, 배관, 수평거리)을 기술하시오.

해설

(1) 소화펌프의 토출량[l/min]과 전동기의 동력[kW]을 구하시오.

수동력	축동력	전동기용량
$P = \gamma HQ$	$P = \dfrac{\gamma HQ}{\eta}$	$P = \dfrac{\gamma HQ}{\eta} \times K$

P : 동력[kW] → $P = \dfrac{\gamma HQ}{\eta} \times K$

γ : 비중량[물 : 9.8kN/m³] → 9.8kN/m³

H : 전양정(전수두)[m] →
펌프전수두＝낙차수두＋마찰손실수두＋법정방수압수두
$= 70\text{m} + 25\text{m} + 17.33\text{m} + 10\text{m}(안전율)$
$= 122.33 \quad \therefore 122.33\text{m}$

Q : 유량[m³/s] →
옥내소화전 기준개수 2개, 스프링클러 기준개수 10개(주차장과 연결안됨)
$2개 \times 130l/\text{min} + 10개(주차장 연결 없음) \times 80l/\text{min}$
$= 1060 l/\text{min} = 1.06 \text{m}^3/\text{min} \times \dfrac{1\text{min}}{60s}$

η : 전효율[$\eta_{전효율} = \eta_{수력효율} \times \eta_{체적효율} \times \eta_{기계효율}$] → 0.65

K : 전달계수 → 1.1

$P = \dfrac{\gamma HQ}{\eta} \times K = \dfrac{9.8\text{kN/m}^3 \times 122.33\text{m} \times 1.06\text{m}^3/\text{min} \times \dfrac{1\text{min}}{60s}}{0.65} \times 1.1 = 35.842 \quad \therefore 35.84\text{kW}$

(2) 수원을 전량 지하수조로만 적용하고자 할 때 화재안전기술기준(NFTC)에 의한 조치방법
주펌프와 동등 이상의 성능이 있는 별도의 펌프로서 내연기관의 기동과 연동하여 작동되거나 비상전원을 연결하여 설치한 경우

(3) 소화펌프의 토출 측 주배관[mm]의 수리계산방식에 의한 최소값(배관 내 유속은 옥내소화전설비의 화재안전기술기준에 의한 상한값 사용)
$Q = AV$

여기서, Q : 유량[m³/s]

A : 배관단면적$\left(\dfrac{\pi}{4}D^2[\text{m}^2]\right)$

V : 유속[m/s]

$Q = 1.06\text{m}^3/\text{min} \times \dfrac{1\text{min}}{60s}$, $V = 4\text{m/s}$(옥내소화전설비의 화재안전기술기준에 따른 주배관의 유속)

$Q = \dfrac{\pi}{4} \times D^2 \times V$이므로

$D = \sqrt{\dfrac{4 \times Q}{\pi \times V}} = \sqrt{\dfrac{4 \times 1.06\text{m}^3/\text{min} \times 1\text{min}}{\pi \times 4\text{m/s} \times 60\text{s}}} = 0.0749 \quad \therefore 0.0749\text{m} = 74.9\text{mm}$

∴ 호칭구경일 경우 80mm 배관으로 적용한다.

(4) **하나의 계단으로부터 출입할 수 있는 세대수가 층당 2세대일 경우 스프링클러설비의 방호구역설정(지하주차장 포함)**

방호구역은 층(1개 층에 설치되는 스프링클러헤드의 수가 10개 이하인 경우와 복층형구조의 공동주택에는 3개 층 이내로 가능) 및 면적(3,000m²마다)으로 나누면 되므로 지상층은 층당 1방호구역으로 설정하고 지하층은 $6,300m^2 \div 3,000m^2 = 2.1$ ∴ 3방호구역이 되므로

방호구역 = 25구역(지상층) + 3구역(지하층) = 28구역

제8회 소방시설관리사(2005.7.3 시행)

1 옥외소화전설비에 대하여 다음 조건을 참고하여 문제에 답하시오. (30점)

〈 조 건 〉
정압흡입방식, 기동장치는 기동용 수압개폐장치 사용, 지상식 옥외소화전 2개 설치

(1) 펌프의 흡입측과 토출측의 주위배관을 도시하고 밸브 및 기구 등의 이름을 쓰시오.(12점)
(2) 안전밸브와 릴리프밸브의 차이점을 쓰시오.(6점)
(3) 릴리프밸브의 압력설정방법을 쓰시오.(6점)
(4) 소화전에 동파방지를 위하여 시공 시 유의해야 할 사항 2가지를 쓰시오. (단, 동파방지 기구 등을 추가적으로 실시하는 것을 고려하지 않음) (6점)

2 콘루프형 위험물 저장 옥외탱크(내경 15m×높이 10m)에 Ⅱ형 포방출구 2개를 설치할 경우 다음 물음에 답하시오.(30점) 🔥🔥

〈 조 건 〉
① 포수용액량 : 220l / m²
② 포방출률 : 4l / min · m²
③ 소화약제(포)의 사용농도 : 3%
④ 보조포소화전 : 4개 설치
⑤ 송액관 내경 100mm, 길이 500m

(1) 고정포방출구에서 방출하기 위하여 필요한 소화약제 저장량[l](15점)
(2) 보조포소화전에서 방출하기 위하여 필요한 소화약제 저장량[l](5점)
(3) 탱크까지 송액관에 충전하기위하여 필요한 소화약제 저장량[l](5점)
(4) 그 합[l]을 구하시오.(5점)

해설

(1) 고정포방출구에서 방출하기 위하여 필요한 소화약제 저장량[l]

$$Q = A \times Q_1 \times T \times S$$

여기서, Q : 포소화약제의 양[l]
A : 탱크의 액표면적[m²]
Q_1 : 단위포소화수용액의 양[l/m² · min]
T : 방출시간[min]
S : 포소화약제의 사용농도

$A = \dfrac{\pi}{4} \times 15^2 \text{m}^2$, $S = 0.03$, $Q_1 = 220 l/\text{m}^2$ (방출시간 동안 방출한 면적당 약제량이므로)

$Q = A \times Q_1 \times S = \dfrac{\pi}{4} \times 15^2 \text{m}^2 \times 220 l/\text{m}^2 \times 0.03 = 1,166.316$ ∴ 1,166.32l

(2) 보조포소화전에서 방출하기 위하여 필요한 소화약제 저장량[l]
$Q = N \times S \times 8,000l$
여기서, Q : 포소화약제의 양[l]
N : 호스접결구수[3개 이상인 경우 3]
S : 포소화약제의 사용농도
$Q = N \times S \times 8,000 = 3 \times 0.03 \times 8,000l = 720$ ∴ $720l$

(3) 탱크까지 송액관에 충전하기 위하여 필요한 소화약제 저장량[l]
$Q = V \times S$
여기서, Q : 포소화약제의 양[l]
V : 송액관의 체적 $\left[\dfrac{\pi}{4} \times D^2[m^2] \times L[m] \times \dfrac{1,000l}{1m^3}\right]$
S : 소화약제농도
$V = \dfrac{\pi}{4} \times 0.1^2 m^2 \times 500m \times \dfrac{1,000l}{1m^3} = 3,926.99$ ∴ $3,926.99l$, $S = 0.03$이므로
$Q = V \times S = 3,926.99l \times 0.03 = 117.809$ ∴ $117.81l$

(4) 그 합[l]을 구하시오.
최소포약제량 = 고정포방출구 방출량 + 보조 포소화전 방출량 + 송액관 충전량
$= 1,166.32l + 720l + 117.81l = 2,004.13$ ∴ $2,004.13l$

3 한 개의 방호구역으로 구성된 가로 15m, 세로 15m, 높이 6m의 랙식창고에 특수가연물을 저장하고 있고, 표준형 스프링클러헤드 폐쇄형을 정방형으로 설치하려고 한다. 다음 물음에 답하시오. (40점)

(1) 헤드 설치수(15점)
(2) 총 헤드를 담당하는 최소배관의 구경(스케줄 방식 배관)(15점)
(3) 헤드 1개당 160l/min으로 방출 시 옥상수조를 포함한 수원의 양[l](10점)

해설

(1) 헤드 설치수

구분	수평거리 (r)	각 헤드 사이의 거리 ($S = 2r\cos45°$)	방호면적 (S^2)
무대부·특수가연물 저장 취급 장소 특수가연물을 저장 취급하는 창고	1.7m	$S = 2 \times 1.7m \times \cos45° = 2.404$ ∴ 2.4m	5.7m^2
일반구조/특수가연물 제외 저장 창고	2.1m	$S = 2 \times 2.1m \times \cos45° = 2.969$ ∴ 2.9m	8.4m^2
내화구조/특수가연물 제외 저장 창고	2.3m	$S = 2 \times 2.3m \times \cos45° = 3.252$ ∴ 3.2m	10.2m^2
아파등의 세대 내의 거실	2.6m	$S = 2 \times 2.6m \times \cos45° = 3.676$ ∴ 3.6m	12.9m^2

헤드 개수 = 가로 또는 세로 길이[m] ÷ 헤드간 거리[m] = 15m ÷ 2.4m = 6.25 ∴ 7개
가로, 세로 길이가 같으므로 가로 7개 × 세로 7개 = 49 ∴ 49개
특수가연물을 저장하는 랙식 창고에는 랙 높이 3m 이하마다 스프링클러헤드를 설치하므로
49개 × 2열 = 98 ∴ 98개

(2) 총 헤드를 담당하는 최소배관의 구경(스케줄 방식 배관)

구분 \ 급수관의 구경	25	32	40	50	65	80	90	100	125	150
폐쇄형 헤드	2	3	5	10	30	60	80	100	160	161 이상
폐쇄형 헤드(반자위, 아래 설치할 경우)	2	4	7	15	30	60	65	100	160	161 이상
폐쇄형 헤드(무대부, 특수가연물 저장취급) 개방형 헤드 사용할 경우	1	2	5	8	15	27	40	55	90	91 이상

특수가연물을 저장하는 경우로서 폐쇄형 스프링클러헤드 설치 : 150mm

(3) 헤드 1개당 160ℓ/min으로 방출 시 옥상수조를 포함한 수원의 양(ℓ)

스프링클러설비 설치장소(창고시설 및 공동주택 포함)			기준개수
• 지하층을 제외한 층수가 11층 이상인 특정소방대상물·지하가 또는 지하역사			30
• 아파트등의 각 동이 주차장과 연결된 경우의 주차장(폐쇄형 헤드 적용)			
• 창고시설(라지드롭헤드가 30개 이상 설치된 경우)			
지하층을 제외한 층수가 10층 이하인 소방대상물	공장(특수가연물 저장·취급하는 것)		
	근린생활시설·판매시설·운수시설 또는 복합건축물 관점17(계산) ✏️암기법 복합판권(근)운수	판매시설 또는 복합건축물(판매시설이 설치되는 복합건축물을 말한다.)	
	그 밖의 것	그 밖의 것(특수가연물 제외 공장 포함)	20
		헤드의 부착높이가 8m 이상인 것	
		헤드의 부착높이가 8m 미만인 것	10
아파트등(폐쇄형 헤드 적용)			

[비고] 하나의 소방대상물이 2 이상의 "스프링클러헤드의 기준개수"란에 해당하는 때에는 기준개수가 많은 것을 기준으로 한다. 다만, 각 기준개수에 해당하는 수원을 별도로 설치하는 경우에는 그렇지 않다.

특수가연물을 저장 랙식창고(160ℓ/min, 9.6m³)이므로 「창고시설의 화재안전기술기준」을 적용한다.
① 수원의 양(유효수량) : 30개 × 160ℓ/min × 60min = 288,000   ∴ 228,000ℓ
② 옥상수조 수원량(유효수량의 1/3 이상) : 228,000ℓ ÷ 3 = 76,000   ∴ 76,000ℓ
③ 옥상수조를 포함한 수원의 양 : 228,000ℓ + 76,000ℓ = 308,000   ∴ 304,000ℓ

Mind-Control

성급해할 필요는 없다. 물은 99도에서는 끓지 않는다.
100도가 되기를 기다리는 인내와 여유가 필요하다.
내가 노력하고 있다면 기다림도 당연하게 받아들이는 여유가 있어야 한다. 세상의 모든 것은 발효의 과정이 필요하다. 무언가를 시작해서 당장 성과를 얻는 것은 그야말로 운이다.
하필 행운의 여신이 나만 피해갈 리 없고, 하필 불행의 여신이 내 발목만 잡을 리도 없다.
결과를 두려워할 필요도 없다. 인생은 정직한 것이다.
묵묵히 걸어가라.

― 박경철 '자기혁명' 중에서 ―

제9회 소방시설관리사(2006.7.2 시행)

1 할로겐화합물소화설비의 10초 동안 방사된 약제량을 구하시오.(25점)

〈 조 건 〉
① 10초 동안 약제가 방사될 경우 설계농도의 95%에 해당하는 약제가 방출된다.
② 실의 구조는 가로 4m, 세로 5m, 높이 4m이다.
③ $K_1 = 0.2413$, $K_2 = 0.00088$, 실온은 20℃이다.
④ A, C급 화재 발생가능 장소로써, 소화농도는 8.5%이다.

$$W = \frac{V}{S} \times \left[\frac{C}{100-C}\right]$$

여기서, W : 약제량[kg]
 S : 소화약제별 선형상수(비체적)[m³/kg]
 V : 방호구역체적[m³]
 C : 소화약제의 설계농도[%]
 $V = 4\text{m} \times 5\text{m} \times 4\text{m} = 80\text{m}^3$ 이므로 소화약제 선형상수와 소화약제의 설계농도를 구한다.

(1) 소화약제 선형상수(비체적)를 구하면

$$S = K_1 + K_2 \times t = K_1 + K_1 \times \frac{t}{273}$$

여기서, S : 소화약제 선형상수(특정온도에서의 비체적)[m³/kg]
 K_1 : 0℃에서의 비체적 $\left[\frac{22.4\text{m}^3}{\text{분자량kg}}\right]$
 K_2 : 특정온도에서의 비체적 $\left[K_2 = \frac{K_1}{273} \text{ (m}^3/\text{kg)}\right]$
 t : 특정온도[℃]
 $K_1 = 0.2413$, $K_2 = 0.00088$ 이므로
 $S = K_1 + K_2 \times t = 0.2413\text{m}^3/\text{kg} + 0.00088\text{m}^3/\text{kg} \times 20℃ = 0.2589$ ∴ $0.2589\text{m}^3/\text{kg}$

(2) 설계농도를 구하면

조건에 따라 A, C급 화재이므로 할증 1.2, 소화농도는 8.5%이고 설계농도의 95%가 방사되므로
$C_{95\% \text{ 설계농도}} = $ 소화농도 × 안전율(A, C급 1.2, B급 1.3) × 0.95
 $= 8.5\% \times 1.2 \times 0.95 = 9.69\%$

(3) 약제량을 구하면

$$W = \frac{V}{S} \times \frac{C_{95\%}}{100 - C_{95\%}} = \frac{80\text{m}^3}{0.2589\text{m}^3/\text{kg}} \times \frac{9.69\%}{100 - 9.69\%} = 33.154 \quad ∴ 33.15\text{kg}$$

2 길이가 3,000m인 터널이 있다. 설치할 수 있는 소방시설의 종류를 모두 쓰시오. (10점)

3 전실제연설비의 제어반 기능 5가지를 쓰시오.(20점)

4 바닥면적 350m², 높이 5m, 전압 75mmAq, 효율 65%, 전달계수 1.1인 Fan의 동력을 마력[Hp]으로 산정하시오.(10점)

해설

$$P = \frac{P_T \cdot Q}{102 \times 60\eta} \times K = \frac{P_T \cdot Q}{6{,}120\eta} \times K \text{ 또는 } P[\text{HP}] = \frac{P_T \cdot Q}{76 \times 60\eta} \times K$$

여기서, P : 동력[kW] $\left[P = P_T \cdot Q = \gamma h Q = \text{kN/m}^3 \times \text{m} \times \text{m}^3/\text{s} = \text{kN} \cdot \text{m/s} = \text{kJ/s} = \text{kW} \right]$

P_T : 전압[mmAq=mmH₂O] $\left[\dfrac{1\text{mmAq}}{10{,}332\text{mmAq}} \times 101.325\text{kPa} = \dfrac{1}{102}\text{kPa} \right]$

Q : 풍량[m³/min] $\left[1\text{m}^3/\text{min} \times \dfrac{1\text{min}}{60\text{s}} \right]$

η : 효율
K : 전달계수

$P_T = 75$mmAq, $\eta = 0.65$, $K = 1.1$ 이므로 풍량을 구해야 한다.

(1) 풍량을 구하면

길이 직경	수직거리	400m² 이상 거실 또는 통로인 경우의 배출량 (통로는 40m 초과 60m 이하인 경우의 배출량과 동일)	400m² 미만의 거실		
			50m² 미만 거실의 통로배출방식에서의 배출량(벽으로 구획된 경우 포함)	최소 배출량	
40m 이하	2m 이하	40,000m³/hr 이상	25,000m³/hr	• 바닥면적 1m²당 1m³/min 이상 • 최저 5,000m³/hr 이상	
	2m 초과 2.5m 이하	45,000m³/hr 이상	30,000m³/hr		
	2.5m 초과 3m 이하	50,000m³/hr 이상	35,000m³/hr		
	3m 초과	60,000m³/hr 이상	45,000m³/hr		
40m 초과 60m 이하	2m 이하	45,000m³/hr 이상	30,000m³/hr		
	2m 초과 2.5m 이하	50,000m³/hr 이상	35,000m³/hr		
	2.5m 초과 3m 이하	55,000m³/hr 이상	40,000m³/hr		
	3m 초과	65,000m³/hr 이상	50,000m³/hr		

거실이 400m² 미만으로 바닥면적당 1m³/min 이상
(최소 5,000m³/hr = 83.33m³/min)이므로
소요배출량(CMM) = 350m² × 1m³/min · m² = 350 ∴ 350m³/min

→ 동력의 단위
1kW = 1.36PS = 1.34HP
1PS[국제마력] = 735W
1HP[영국마력] = 745W
→ 일 : 1J = 1N · m

(2) 팬의 동력을 마력으로 산정하면

$$P = \frac{P_T \cdot Q}{76 \times 60\eta} \times K = \frac{75\text{mmAq} \times 350\text{m}^3/\text{min}}{76 \times 60 \times 0.65} \times 1.1 = 9.741 \quad \therefore 9.74\text{HP}$$

5 그림과 같은 지상 10층 지하 2층에 대한 다음 각 물음에 답하시오. (단, 내부는 방화구획이나 칸막이가 설치되어 있지 않다.) (45점)

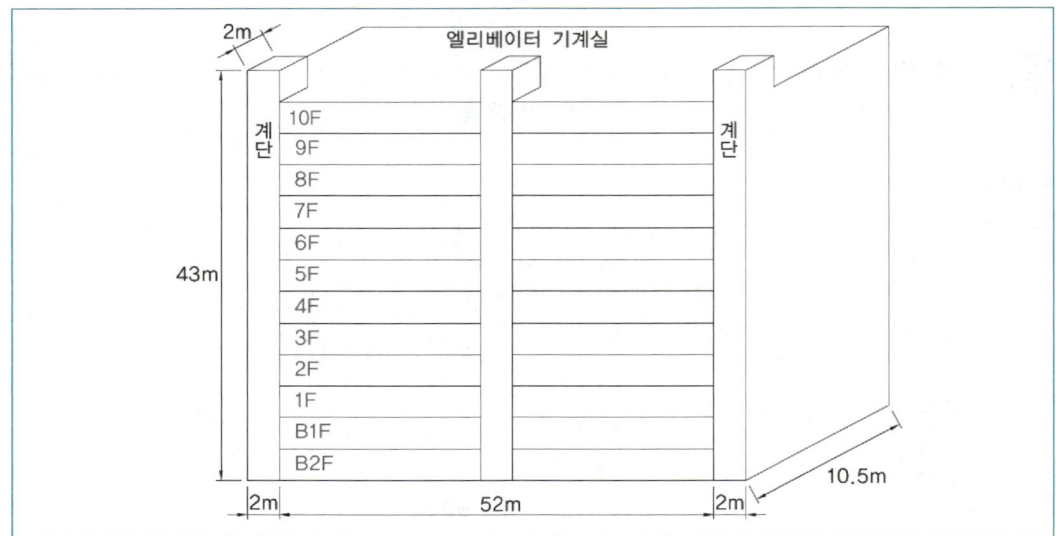

(1) 자동화재탐지설비의 경계구역수를 산출하시오. (단, 산출과정을 상세히 설명할 것)
(2) 지상 1층에서 화재발생 시 경보되어야 할 층을 쓰시오.
(3) 다음 (   ) 안을 채우시오.

> 자동화재탐지설비에는 그 설비에 대한 감시상태를 (①)분간 지속한 후 유효하게 (②)분 이상 경보할 수 있는 (③)를 설치하여야 한다. 다만, (④)이 (⑤)인 경우에는 그러하지 아니하다.

해설

(1) 자동화재탐지설비의 경계구역수
  ① 1개 층당 경계구역수 산정
    ㉠ $56m \times 10.5m = 588m^2$ ∴ $588m^2 -$ (계단 2개소 $+ E/V$ 샤프트) $= 588 - 2 \times 2 \times 3 = 576m^2$
    으로 하나의 경계구역에 해당하나 한 변의 길이가 50m를 초과(56m)하므로 하나의 층은 각각 2개의 경계구역으로 산정한다.
    ㉡ 층당 2개의 경계구역 × 12개 층 = 24개
    → 주된 출입구에 대한 조건이 부족하며, 내부 전체가 보이는 구조가 아니므로 중간 E/V 샤프트로 인한 면적 $600m^2$와 한 변의 길이 50m 이내 기준으로 산정하였음.
  ② 계단 및 엘리베이터 기계실 경계구역수 산정
    ㉠ 좌측 및 우측의 계단실은 지하 2층 이상이므로 지상층과 지하층은 별도의 경계구역으로 산정
      ∴ 2개 경계구역 × 2개소 계단실 = 4개
    ㉡ 엘리베이터 기계실은 계단 경사로와 같이 45m마다 구획하는 것이 아니므로 1개 경계구역으로 설정한다.
    ㉢ ∴ 계단실 4구역 + E/V 기계실 1구역 = 5구역
  ③ 총 경계구역 = 24 + 5 = 29경계구역

(2) 지상 1층에서 화재발생 시 경보되어야 할 층
  지상 1층, 지상 2층, 지하 1층, 지하 2층

(3) 다음 (   ) 안을 채우시오.
  자동화재탐지설비에는 그 설비에 대한 감시상태를 (① 60)분간 지속한 후 유효하게 (② 10)분 이상 경보할 수 있는 (③ 축전지설비)를 설치하여야 한다. 다만, (④ 상용전원)이 (⑤ 축전지설비)인 경우에는 그러하지 아니하다.

제10회 소방시설관리사(2008.9.28 시행)

1 다음의 할로겐화합물 및 불활성기체 소화설비에 대하여 답하시오.(30점)

(1) 다음의 용어정의를 설명하시오.(6점)
   ① 청정소화약제　　　　　　　② 할로겐화합물소화약제
   ③ 불활성기체소화약제
(2) 할로겐화합물 및 불활성기체 소화설비를 설치해서는 안 되는 장소를 쓰시오.(4점)
(3) 최대허용설계농도가 가장 높은 약제(3점)
(4) 최대허용설계농도가 가장 낮은 약제(3점)
(5) 과압배출구 설치장소를 쓰시오.(6점)
(6) 자동폐쇄장치 설치기준을 쓰시오.(4점)
(7) 저장용기 재충전 또는 교체기준을 쓰시오.(4점)
   ① 할로겐화합물소화약제
   ② 불활성가스 소화약제

2 특별피난계단의 계단실 및 부속실제연설비에 대하여 설명하시오.(40점)

(1) 제연방식 기준 3가지를 쓰시오.(12점)
(2) 제연구역 선정기준 3가지를 쓰시오.(12점)
(3) 다음의 조건을 이용하여 부속실과 거실사이의 차압[Pa]을 구하고 화재안전기술기준에 의한 최소차압 40Pa과 비교하여 설명하시오.(16점)

───〈 조 건 〉───
① 거실과 부속실의 출입문 개방에 필요한 힘 F_1=50N이다.
② 화재 시 거실과 부속실의 출입문 개방에 필요한 힘 F_2=90N이다.
③ 출입문 폭(w)=0.9m, 높이(h)=2
④ 손잡이는 출입문 끝에 있다고 가정한다.
⑤ 스프링클러설비 미설치

해설

(3) 다음의 조건을 이용하여 부속실과 거실사이의 차압[Pa]을 구하고 화재안전기술기준에 의한 최소차압 40Pa과 비교하여 설명하시오.(16점)

$F = F_{dc} + F_P$
여기서, F : 개방력[N]
　　　　F_{dc} : 도어체크 저항력[N]
　　　　F_p : 차압에 의해 방화문에 미치는 힘[N]
조건 ①의 출입문 개방에 필요한 힘(F_1)은 도어체크의 저항력으로 볼 수 있으므로

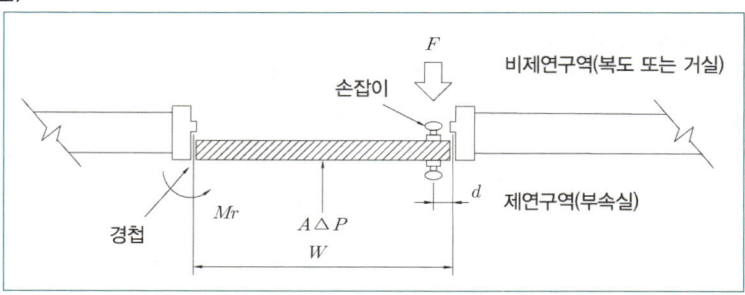

$F_P = F - F_{dc} = 90\text{N} - 50\text{N} = 40$

$\therefore 40\text{N}$

$$\boxed{F_p = \frac{K_d W \cdot A \cdot \Delta P}{2(W-d)}}$$

여기서, K_d : 상수[=1]
  W : 문의 폭[m]
  A : 방화문의 면적[m²]
  ΔP : 비제연구역과의 차압[Pa]
  d : 손잡이에서 문 끝까지의 거리[m]

$F_p = 40\text{N}$, $W = 0.9\text{m}$, $A = 0.9\text{m} \times 2\text{m}$, $d = 0\text{m}$이므로 차압(ΔP)을 구하면

$F_p = \dfrac{K_d W \cdot A \cdot \Delta P}{2(W-d)}$ 에서 $\Delta P = \dfrac{F_p \times 2(W-d)}{K_d W \cdot A}$ 이므로

$\Delta P = \dfrac{F_p \times 2(W-d)}{K_d W \cdot A} = \dfrac{40\text{N} \times 2(0.9\text{m} - 0\text{m})}{1 \times 0.9\text{m} \times 0.9\text{m} \times 2\text{m}} = 44.444$ $\therefore 44.44\text{N/m}^2 = 44.44\text{Pa}$

화재안전기술기준상 최소차압은 40Pa(옥내에 스프링클러설비가 설치된 경우에는 12.5Pa)이고 조건에 따라 차압을 구하면 약 44.44Pa가 나오고 개방력 또한 110N 이하이므로 적합하다.

3 헤드 방수압력이 0.1MPa일 때 방수량이 80l/min인 폐쇄형 스프링클러설비의 수리계산에 대하여 답하시오.(30점)

〈 조 건 〉

① H-1~H-5까지 각 헤드 마다의 방수압력 차이는 0.02MPa이다.
② A~B 구간의 마찰손실은 0.03MPa이다.
③ H-1 헤드에서의 방수량은 80l/min이다.

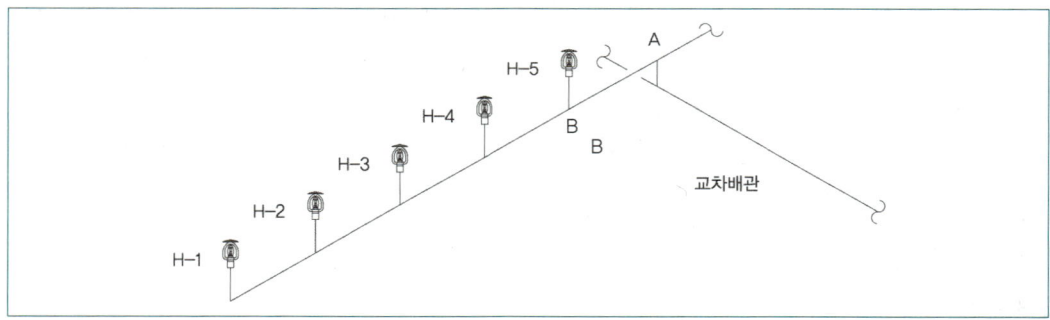

(1) A 지점의 필요최소압력은 몇 [MPa]인가?
(2) 각 헤드에서의 방수량은 몇 [l/min]인가?
(3) A~B 구간에서의 유량은 몇 [l/min]인가?
(4) A~B 구간에서의 최소내경은 몇 [mm]인가?

해설

(1) A 지점의 필요최소압력[MPa]
  $0.1\text{MPa} + 0.02\text{MPa} \times 4 + 0.03\text{MPa} = 0.21$ $\therefore 0.21\text{MPa}$

(2) 각 헤드에서의 방수량[l / min]

$Q = K\sqrt{P}$

여기서, Q : 유량[l/min], K : $K-$ factor
P : 압력[MPa]

$Q_1 = 80$lpm, $P_1 = 0.1$MPa 이므로

① $K-$ factor 를 구하면

$K = \dfrac{Q_1}{\sqrt{P_1}} = \dfrac{80\text{lpm}}{\sqrt{0.1\text{MPa}}} = 252.982$ ∴ 252.98

② 각 헤드별 방수압의 차이가 0.02MPa일 때 유량을 구하면

$Q_{H-1} = 252.98\sqrt{0.1\text{MPa}} = 79.999$ ∴ $80 l/\min$

$Q_{H-2} = 252.98\sqrt{0.12\text{MPa}} = 87.634$ ∴ $87.63 l/\min$

$Q_{H-3} = 252.98\sqrt{0.14\text{MPa}} = 94.656$ ∴ $94.66 l/\min$

$Q_{H-4} = 252.98\sqrt{0.16\text{MPa}} = 101.192$ ∴ $101.19 l/\min$

$Q_{H-5} = 252.98\sqrt{0.18\text{MPa}} = 107.33$ ∴ $107.33 l/\min$

(3) A~B 구간에서의 유량[l / min]

$80 l/\min + 87.63 l/\min + 94.66 l/\min + 101.19 l/\min + 107.33 l/\min = 470.81$

∴ $470.81 l/\min$

(4) A~B 구간에서의 최소내경[mm]

화재안전기술기준상 스프링클러설비의 경우 수리계산 시 가지배관의 유속은 6m/s 이하이므로

$Q = AV$

여기서, Q : 유량[m³/s]
A : 배관단면적$\left(\dfrac{\pi}{4}D^2[\text{m}^2]\right)$
V : 유속[m/s]

$Q = 470.81 l/\min \times \dfrac{1\text{m}^3}{1{,}000 l} \times \dfrac{1\min}{60\text{s}}$, $V = 6\text{m/s}$[스프링클러설비의 경우 수리계산 시 배관의 기타 유속은 10m/s(가지배관은 6m/s)]이므로

$Q = \dfrac{\pi}{4} \times D^2 \times V$ 이므로

$D = \sqrt{\dfrac{4 \times Q}{\pi \times V}} = \sqrt{\dfrac{4 \times 470.81 l/\min}{\pi \times 6\text{m/s} \times 1{,}000 l \times 60\text{s}}} = 0.0408$ ∴ 0.0408m = 40.8mm

∴ 호칭구경일 경우 50mm 배관으로 적용한다.

Mind-Control

지금으로부터 20년 후, 당신은
당신이 했던 것보다는
당신이 하지 않은 것으로 인해
더 크게 실망하게 될 것이다.
그러니 밧줄을 던져라
안전한 항구를 떠나 멀리 항해를 떠나라
항해하여 무역풍과 맞서라, 탐험하라, 꿈을 꾸어라
그리고 찾아내라

― 마크 트웨인 ―

제11회 소방시설관리사(2010.9.5 시행)

1 소화펌프의 흡입계통 설계도면이다. 각 물음에 답하시오.(30점)

───〈 조 건 〉───

① 펌프의 토출량은 180m³/hr이다.
② 소화펌프의 토출압은 0.8MPa이다.
③ 흡입 배관상의 관부속품(엘보 등)의 직관, 상당길이는 10m로 적용한다.
④ 소화수 증기압은 0.023kg/cm², 대기압은 1atm으로 적용한다.
⑤ 배관 압력손실은 다음의 Hazen-williams 식으로 계산한다. (단, 속도수두는 무시한다.)

$$\Delta H = 6.05 \times \frac{Q^{1.85} \times L}{C^{1.85} \times D^{4.87}} \times 10^6$$

여기서, ΔH : 압력손실[mH$_2$O]
  Q : 유량[lpm]
  C : 마찰계수[100]
  L : 배관길이[m]
  D : 배관내경[mm]
⑥ 유효 흡입양정의 기준점을 A(후드밸브)로 한다.

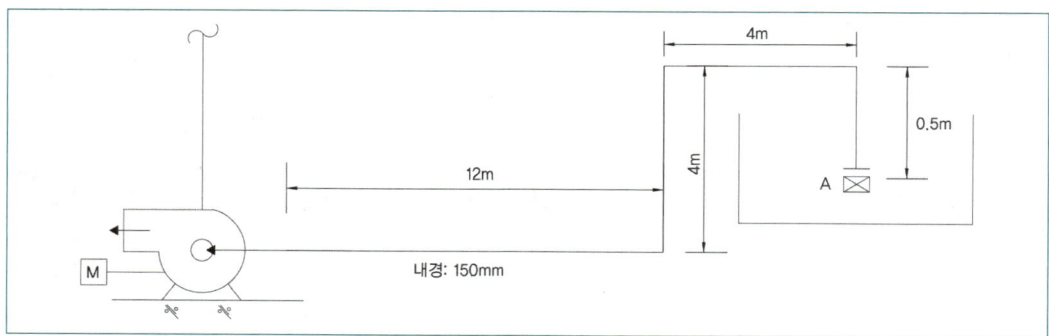

(1) 흡입배관에서의 마찰손실수두[mH$_2$O](단, 계산과정을 쓰고, 답을 소수점 넷째자리에서 반올림해서 셋째자리까지 구하시오.)

(2) 유효흡입양정(NPSHav : Available NPSH)을 계산하시오. (단, 계산과정을 쓰고, 답을 소수점 넷째자리에서 반올림해서 셋째자리까지 구하시오.)

(3) 필요흡입양정(NPSHre : Required NPSH)이 7mH$_2$O일 때 정상적인 흡입운전 가능여부를 판단하고, 그 근거를 쓰시오.(5점)

해설

(1) 흡입배관에서의 마찰손실수두[mH$_2$O](단, 계산과정을 쓰고, 답을 소수점 넷째자리에서 반올림해서 셋째자리까지 구하시오.)

$$\Delta H = 6.05 \times \frac{Q^{1.85} \times L}{C^{1.85} \times D^{4.87}} \times 10^6$$

$Q = 180\text{m}^3/\text{hr} = 180\text{m}^3/\text{hr} \times \frac{1{,}000l}{1\text{m}^3} \times \frac{1\text{hr}}{60\text{min}}$, $C = 100$, $D = 150\text{mm}$이므로

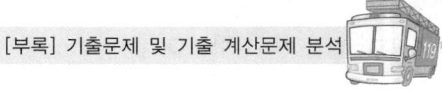

① 배관의 상당길이(L)=주손실(배관길이)+부차적손실(부속품)이므로
  주손실=$12m + 4m + 4m + 0.5m = 20.5m$
  부차적손실=$10m$이므로
  $L = 20.5m + 10m = 30.5m$

② 마찰손실수두를 구하면

$$\Delta H = 6.05 \times \frac{Q^{1.85} \times L}{C^{1.85} \times D^{4.87}} \times 10^6 = 6.05 \times \frac{\left(180 m^3/hr \times \frac{1,000 l}{1 m^3} \times \frac{1 hr}{60 min}\right)^{1.85} \times 30.5m}{100^{1.85} \times (150 mm)^{4.87}} \times 10^6$$

$= 2.5186 \quad \therefore 2.519 \, mH_2O$

(2) 유효흡입양정(NPSHav : Available NPSH)을 계산하시오. (단, 계산과정을 쓰고, 답을 소수점 넷째자리에서 반올림해서 셋째자리까지 구하시오.)

$NPSH_{av} = H_a - H_v - H_f \pm H_h$

여기서, $NPSH_{av}$: 유효흡입수두[mH_2O]
  H_a : 대기압환산수두[mH_2O]
  H_v : 포화증기압수두[mH_2O]
  H_f : 마찰손실수두[mH_2O]
  H_h : 낙차환산수두[mH_2O]
  $H_a = 1 atm = 10.332 mH_2O$

1atm	=	10,332mmH$_2$O	=	760mmHg
101,325Pa	=	10.332mH$_2$O	=	76cmHg
101.325kPa	=	10.332mAq	=	1,013mbar
0.101325MPa	=	1.0332kg$_f$/cm^2	=	1.013bar
14.7psi	=	10,332kg$_f$/m^2	=	30inHg

• 1기압(대기압)과 동일한 각종 압력단위
  [$mH_2O = mAq$(아쿠아=물)]
• 계산식에서의 표현 : 물이라는 특수성에 의해 보통 "mH_2O"를 "m"로 줄여 쓰기도 한다.

$H_v = 0.023 kg_f/cm^2 = \frac{0.023 kg_f/cm^2}{1.0332 kg_f/cm^2} \times 10.332 mH_2O = 0.23 \quad \therefore 0.23 mH_2O$

$H_f = 2.519 mH_2O$

$H_h = 4m - 0.5m = 3.5m$

(낙차환산수두에서 흡입이 아니라 압입이며 배관의 낙차 4m와 물탱크의 낙차 0.5m 빼주게 되면)

$NPSH_{av} = H_a - H_v - H_f \pm H_h = 10.332 mH_2O - 0.23 mH_2O - 2.519 mH_2O + 3.5 mH_2O$
$= 11.083 \quad \therefore 11.083 mH_2O$

(3) 필요흡입양정(NPSHre : Required NPSH)이 7mH$_2$O일 때 정상적인 흡입운전 가능여부를 판단하고, 그 근거를 쓰시오.(5점)

유효흡입수두($NPSH_{av}$) : 펌프의 흡입 시 대기압에서 손실로 작용하는 마찰손실, 포화증기압, 낙차(수조의 위치에 따라 ±가 된다) 등을 빼고난 실제흡입양정을 말하며, 펌프의 설치조건에 따라 달라지므로 현장에 따라 다르다. 또한 유효흡입수두가 필요흡입수두 보다 작을 경우 흡입배관 내 압력이 떨어지므로 캐비테이션(cavitation : 공동현상)이 발생한다.

즉, 항상 $NPSH_{av} \geq NPSH_{re}$ 가 되어야 흡입이 가능하다.

문제의 조건에 따라 $NPSH_{av}(11.038 mH_2O) \geq NPSH_{re}(7 mH_2O)$이므로 정상흡입이 가능

(4) 유효흡입양정($NPSH_{av}$)과 필요흡입양정($NPSH_{re}$)의 관계를 그래프로 설명하시오.(5점)

펌프 내 유체를 흡입하기 위해 **펌프 흡입배관 내부**을 부압(대기압보다 낮은 압력)으로 유지하는 능력을 말한다. 그런데, 이와 같은 부압을 진공계 또는 연성계에서 측정할 경우 진공압이라고 하며, 진공압은 유효흡입수두 입장에서는 손실로 작용하므로 유효흡입수두(펌프 흡입측 절대압)을 **감소시킨다**. 그리고 유효흡입수두보다 필요흡입수두가 커지게 될 경우 배관 내부의 압력(정압)은 작아지며, 낮은 압력에 의해 물이 끓어 기포가 발생하며, 이 현상을 캐비테이션이라 한다. (물은 0.01 MPa의 대기압에서 약 45℃ 정도에서 끓어버린다.)

일반적으로 30% 여유를 두어 $NPSH_{av} \geq NPSH_{re} \times 1.3$로 적용한다.

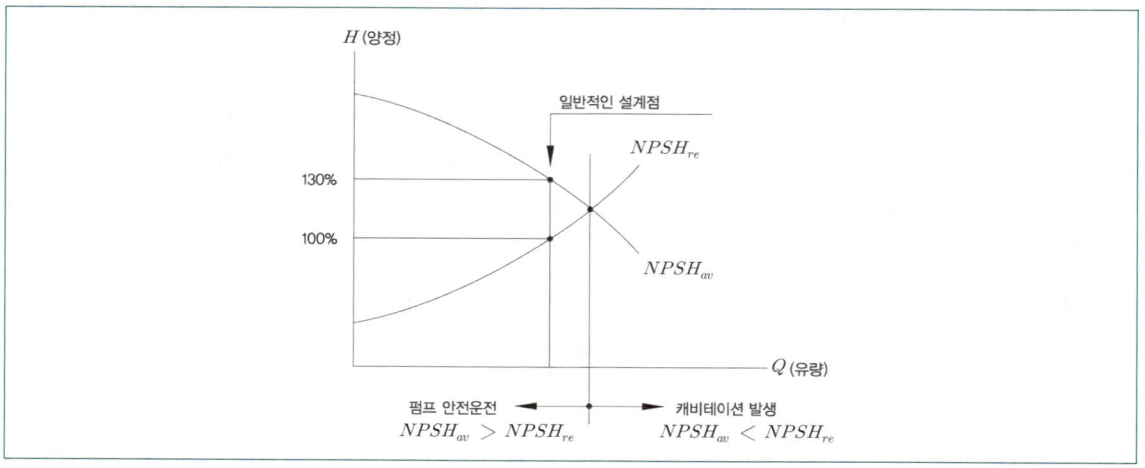

2 물분무소화설비의 화재안전기술기준(NFTC 104)에 관하여 다음 각 물음에 답하시오.(30점)

(1) 다음 그림과 같이 바닥면이 자갈로 되어 있는 절연유 봉입변압기에 물분무소화설비를 설치하고자 한다. (단, 계산과정을 쓰시오.) (15점)

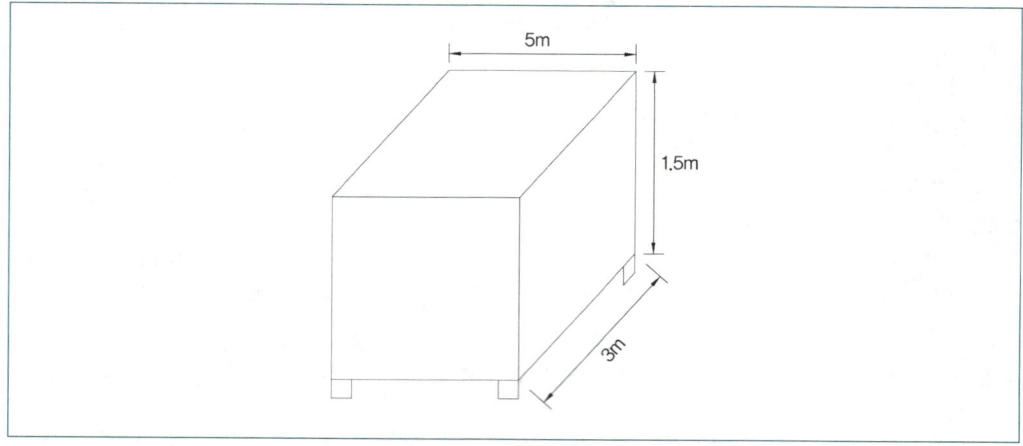

① 소화펌프의 최소 토출량[lpm]을 구하시오.(10점)
② 필요한 최소 수원의 양[m³]을 구하시오.(5점)

(2) 고압의 전기기기가 있을 경우 물분무헤드와 전기기기의 이격기준인 표를 완성하시오.(7점)

(3) 차고 또는 주차장에 물분무소화설비를 설치하는 경우, 배수설비의 설치기준 4가지를 쓰시오.(8점)

[부록] 기출문제 및 기출 계산문제 분석

해설

(1) 다음 그림과 같이 바닥면이 자갈로 되어 있는 절연유 봉입변압기에 물분무소화설비를 설치하고자 한다. (단, 계산과정을 쓰시오.) (15점)

① 소화펌프의 최소 토출량[*l*pm]을 구하시오.(10점)

적응장소	가압송수장치 분당토출량	수원	기준면적(A)
특수가연물 저장 또는 취급	$10l/\min \cdot m^2 \times Am^2$	$10l/\min \cdot m^2 \times Am^2 \times 20\min$	바닥면적 최소 $50m^2$
콘베이어 벨트	$10l/\min \cdot m^2 \times Am^2$	$10l/\min \cdot m^2 \times Am^2 \times 20\min$	바닥면적
절연유 봉입변압기	$10l/\min \cdot m^2 \times Am^2$	$10l/\min \cdot m^2 \times Am^2 \times 20\min$	바닥면적 제외 표면적
케이블트레이 케이블덕트	$12l/\min \cdot m^2 \times Am^2$	$12l/\min \cdot m^2 \times Am^2 \times 20\min$	투영된 바닥면적
차고 또는 주차장	$20l/\min \cdot m^2 \times Am^2$	$20l/\min \cdot m^2 \times Am^2 \times 20\min$	바닥면적 최소 $50m^2$

🖉 암기법 특수 콘 절케 차고 1120

① 바닥면적을 제외한 표면적을 구하면
$5m \times 3m \times 1$면 $+ 1.5m \times 3m \times 2$면 $+ 5m \times 1.5m \times 2$면 $= 39$ ∴ $39m^2$

② 분당 토출량을 구하면
$39m^2 \times 10l/\min \cdot m^2 = 390$ ∴ 390 lpm

② 필요한 최소 수원의 양[m³]을 구하시오.(5점)

수원[m³]=분당토출량[lpm]$\times 20\min = 390$ lpm $\times 20\min = 7,800l$ ∴ $7.8m^3$

3 특정소방대상물에 소방시설 설치 및 관리에 관한 법률과 국가화재안전기술기준(NFTC)을 적용하여 경보설비를 설치 및 시공하고자 한다. 다음 각 물음에 답하시오.(40점)

(1) 다음 표와 같이 구획된 3개의 실에 단독경보형 감지기를 설치하고자 한다. 각 실에 필요한 최소설치 수량과 그 근거를 쓰시오.(6점)

실	A실	B실	C실
바닥면적[m²]	28	150	350

(2) 「자동화재탐지설비 및 시각경보장치의 화재안전기술기준(NFTC 203)」과 관련하여 다음 각 물음에 답하시오.(14점)

① 지하층, 무창층 등으로 환기가 잘 되지 아니하거나 실내면적이 $40m^2$ 미만인 장소, 감지기의 부착면과 실내 바닥과의 거리가 2.3m 이하인 곳으로서 일시적으로 발생한 열, 연기 또는 먼지 등으로 인하여 화재신호를 발신할 우려가 있는 장소에 설치가 가능한 적응성 있는 화재감지기 8가지를 쓰시오.(8점)

② 위의 장소에서 적응성 있는 감지기를 제외한 일반감지기를 설치할 수 있는 조건을 쓰시오.(6점)

(3) P형 1급 수신기와 감지기의 배선회로에 관한 다음 각 물음에 답하시오.(20점)

─── 〈 조 건 〉 ───
① 배선회로저항 : 100Ω ② 릴레이저항 : 800Ω
③ 회로의 전압 : DC 24V ④ 상시 감시전류 : 2mA
※ 기타 조건은 무시한다.

① 감지기의 종단저항은 몇 [Ω]인지 계산과정과 답을 쓰시오.(10점)

해설

(1) 다음 표와 같이 구획된 3개의 실에 단독경보형 감지기를 설치하고자 한다. 각 실에 필요한 최소설치 수량과 그 근거를 쓰시오.(6점)

실	A실	B실	C실
바닥면적[m²]	28	150	350

비상경보설비의 화재안전기술기준에 의해 단독경보형 감지기의 설치개수는 다음과 같다.
[각 실(이웃하는 실내의 바닥면적이 각각 $30m^2$ 미만이고 벽체 상부의 전부 또는 일부가 개방되어 이웃하는 실내와 공기가 상호 유통되는 경우에는 이를 1개의 실로 본다)마다 설치하되, 바닥면적이 $150m^2$를 초과하는 경우에는 $150m^2$마다 1개 이상 설치할 것]
① A실 : 1개($28m^2$)
② B실 : 1개($150m^2$마다 1개이므로)
③ C실 : 3개($350m^2 \div 150m^2 = 2.333$ ∴ 3개)

(3) P형 1급 수신기와 감지기의 배선회로에 관한 다음 각 물음에 답하시오.(20점)

─── 〈 조 건 〉 ───
① 배선회로저항 : 100Ω ② 릴레이저항 : 800Ω
③ 회로의 전압 : DC 24V ④ 상시 감시전류 : 2mA
※ 기타 조건은 무시한다.

① 감지기의 종단저항은 몇 [Ω]인지 계산과정과 답을 쓰시오.(10점)

$V = IR$
여기서, V : 전압[V]
　　　　I : 전류[A]
　　　　R : 저항[Ω]
$R_{배선} = 100Ω$, $R_{릴레이} = 800Ω$, $V = DC\ 24V$, $A = 2mA = 0.002A$

$$R = \frac{V}{I} = \frac{24V}{0.002A} = 12,000Ω$$

릴레이저항($R_{릴레이} = 800Ω$)과 배선저항($R_{배선} = 100Ω$)을 빼주어야 하므로
$12,000Ω - 100Ω - 800Ω = 11,100Ω$

② 감지기 동작 시 회로에 흐르는 전류는 몇 [mA]인가?(단, 계산과정을 쓰고, 답은 소수점 셋째자리에서 반올림하여 둘째자리까지 구하시오.)(10점)

감지기 동작 시에는 단락의 형태이므로 저항은 0Ω에 가깝게 되며 종단저항은 11,100Ω이고 감지기와 종단저항은 병렬로 설치되어 있으므로 감지기와 종단저항의 합성저항을 구하면

$$R_{합성저항} = \frac{R_{감지기} \times R_{종단저항}}{R_{감지기} + R_{종단저항}} = \frac{0Ω \times 11,100Ω}{0Ω + 11,100Ω} = 0Ω$$

즉, 감지기와 종단저항의 합성저항은 무시할 수 있다는 의미이므로 릴레이저항과 배선저항만 고려하면 되는데, 릴레이와 배선저항의 접속형태는 직류이므로 이를 고려하여 저항 및 전류[mA]를 구해야 한다.
$R_{동작시저항} = R_{릴레이} + R_{배선} = 800Ω + 100Ω = 900Ω$
$V = DC\ 24V$ 이므로

$$I = \frac{V}{R} = \frac{24V}{900Ω} = 0.026666A \quad \therefore 26.667mA$$

제12회 소방시설관리사(2011.8.21 시행)

1 조건에 따라 다음 물음에 답하시오.(40점)

〈 조 건 〉
① 계단실형 아파트 지하 2층(주차장), 지상 12층(아파트 각 층 2세대)
② 각 층에 옥내소화전 및 스프링클러설비 설치
③ 지하층에 옥내소화전 방수구 3조 설치
④ 아파트 세대별로 설치된 스프링클러헤드 설치 수 12개
⑤ 각 설비가 설치되어 있는 장소는 방화구획, 불연재료로 구획되어 있지 않고 저수조, 펌프 및 입상배관은 겸용으로 설치되어 있다.
⑥ 옥내소화전 : 실양정 48m, 배관마찰손실은 실양정의 15%, 호스마찰손실은 실양정의 30%
⑦ 스프링클러 : 실양정 50m, 배관마찰손실은 실양정의 35%
⑧ 수력효율 90%, 체적효율 80%, 기계효율 75%
⑨ 전달계수 1.1

(1) 주펌프의 전양정[m] 및 수원[m³]을 구하시오.(5점)
(2) 펌프 토출량[l/min], 동력[kW]을 구하시오.(10점)
(3) 옥상수조의 부속장치 5가지를 쓰시오.(5점)
(4) 옥내소화전 방수구 설치제외 대상 5가지를 쓰시오.(10점)
(5) 스프링클러 감시제어반과 동력제어반을 구분하여 설치하지 아니할 수 있는 경우 4가지를 쓰시오.(10점)

해설

(1) 주펌프의 전양정[m] 및 수원[m³]을 구하시오.(5점)
① 펌프의 전양정(전수두)을 구하면
  ㉠ 옥내소화전의 전양정(전수두)
  전수두＝낙차수두＋마찰손실수두＋법정토출수두

$$= 48\text{mH}_2\text{O} + (48\text{mH}_2\text{O} \times 0.15 + 48\text{mH}_2\text{O} \times 0.3) + \frac{0.17\text{MPa}}{0.101325\text{MPa}} \times 10.332\text{mH}_2\text{O}$$

$$= 86.934 \quad \therefore \quad 86.93\text{mH}_2\text{O}$$

1atm	=	10,332mmH₂O	=	760mmHg
101,325Pa	=	10.332mH₂O	=	76cmHg
101.325kPa	=	10.332mAq	=	1,013mbar
0.101325MPa	=	1.0332kg_f/cm²	=	1.013bar
14.7psi	=	10,332kg_f/m²	=	30inHg

• 1기압(대기압)과 동일한 각종 압력단위
 [mH₂O＝mAq(아쿠아＝물)]
• 계산식에서의 표현 : 물이라는 특수성에 의해 보통 "mH₂O"를 "m"로 줄여 쓰기도 한다.

  ㉡ 스프링클러의 전양정(전수두)
  전수두＝낙차수두＋마찰손실수두＋법정토출수두

$$= 50\text{mH}_2\text{O} + (50\text{mH}_2\text{O} \times 0.35) + \frac{0.1\text{MPa}}{0.101325\text{MPa}} \times 10.332\text{mH}_2\text{O}$$

$$= 77.696 \quad \therefore \quad 77.7\text{mH}_2\text{O}$$

㉢ 펌프의 전수두는 옥내소화전이 크므로 옥내소화전을 기준으로 한다.(옥내소화전의 화재안전기술기준에 의해 지하층 등의 노즐선단의 방수압력이 0.7MPa을 초과할 우려가 있으나 문제의 풀이상 관계없으므로 무시한다.)

② 수원 : 각 설비별로 방화구획 되어 있지 않으므로 수원의 양은 합해서 구해야 한다. 옥내소화전 최대기준 개수는 2개(일반적으로 방수구를 표현할 때 옥내소화전 3조(쌍)으로 표현하는 경우는 없다고 보여지므로 문맥상 옥내소화전 방수구 세트의 의미로 보고 풀이한다.)

$$수원 = 옥내소화전\ 기준개수 \times 130l/min \times 20min + sp\ 기준개수 \times 80l/min \times 20min$$
$$= 2ea \times 130l/min \times 20min + 30ea \times 80l/min \times 20min$$
$$= 53,200 \quad \therefore 53,200\ l = 53.2m^3$$

(2) 펌프 토출량[l/min], 동력[kW]을 구하시오.(10점)

수동력	축동력	전동기용량
$P = \gamma HQ$	$P = \dfrac{\gamma HQ}{\eta}$	$P = \dfrac{\gamma HQ}{\eta} \times K$

P : 동력[kW] → $P = \dfrac{\gamma HQ}{\eta} \times K$

γ : 비중량[물 : 9.8kN/m^3] → 9.8kN/m^3

H : 전양정(전수두)[m] → 86.93m [문제 (1)]

Q : 유량[m^3/s] → $Q = 2ea \times 130l/min + 30ea \times 80l/min$ [문제 (1)]
$= 2,660l/min \times \dfrac{1m^3}{1,000l} \times \dfrac{1min}{60s} = 0.044m^3/s$

η : 전효율[$\eta_{전효율} = \eta_{수력효율} \times \eta_{체적효율} \times \eta_{기계효율}$] → $\eta = \eta_{수력효율} \times \eta_{체적효율} \times \eta_{기계효율}$
$= 0.9 \times 0.8 \times 0.75 = 0.54 \quad \therefore 0.54(54\%)$

K : 전달계수 → 1.1

$$P = \dfrac{\gamma HQ}{\eta} \times K = \dfrac{9.8kN/m^3 \times 86.93m \times 0.0176m^3/s}{0.54} \times 1.1 = 30.542 \quad \therefore 30.54kW$$

2. 다음 물음에 답하시오.(30점)

(1) 아파트의 각 세대별로 주방에 설치하는 주거용 주방자동소화장치의 설치기준을 모두 쓰시오.(10점)

(2) 바닥면적 660m^{2}의 의료시설의 경우 능력단위 2단위 수동식 소화기의 설치개수는?(10점)

── 〈 조 건 〉 ──
① 주요구조부 내화구조, 실내마감재료는 난연재료
② 보행거리의 추가는 산정제외

(3) 소화수조 및 저수조의 화재안전기술기준(NFTC 402) 중에서 특정소방대상물로부터 180m 이내에 구경 75mm 이상의 배수관이 없는 경우 소화수조 또는 저수조와 관련하여 다음 물음에 답하시오.

── 〈 조 건 〉 ──
① 연면적 : 38,500m^2, 지하 1층~지상 3층 1개동
② 지하 1층(2,000m^2), 지상 1층(13,500m^2), 지상 2층(13,500m^2), 지상 3층(9,500m^2)

① 소화수조 또는 지하수조를 설치 시 저수조에 확보하여야 할 저수량을 구하시오.(5점)
② 저수조에 설치하여야 할 흡수관 투입구, 채수구의 최소설치수량을 구하시오.(5점)

> [해설]

(2) 바닥면적 660m²의 의료시설의 경우 능력단위 2단위 수동식 소화기의 설치개수는?(10점)

─< 조 건 >─
① 주요구조부 내화구조, 실내마감재료는 난연재료
② 보행거리의 추가는 산정 제외

표 2.1.1.2 특정소방대상물별 소화기구의 능력단위기준

특정소방대상물	능력단위 (일반구조)	능력단위 (내화구조 & 불연/준불연/난연)
• 위락시설	30m²/단위	60m²/단위
• 집회장 • 장례식장 • 관람장 및 문화재 • 공연장 • 의료시설 관설12	50m²/단위	100m²/단위

용도 (설비별 소화기 감소 여부)	▶	구조	▶	불연/준불연/난연	▶	능력단위
의료시설 (소화기 감소 없음)		내화구조		○		100m²/단위

660m² ÷ 100m²/단위 = 6.6   ∴ 6.6단위
6.6단위 ÷ 2단위/개 = 3.3   ∴ 4개

(3) 소화수조 및 저수조의 화재안전기술기준(NFTC 402) 중에서 특정소방대상물로부터 180m 이내에 구경 75mm 이상의 배수관이 없는 경우 소화수조 또는 저수조와 관련하여 다음 물음에 답하시오.

─< 조 건 >─
① 연면적 : 38,500m², 지하 1층~지상 3층 1개동
② 지하 1층(2,000m²), 지상 1층(13,500m²), 지상 2층(13,500m²), 지상 3층(9,500m²)

① 소화수조 또는 지하수조를 설치 시 저수조에 확보하여야 할 저수량을 구하시오.(5점)
소화수조 또는 저수조의 저수량은 소방대상물의 연면적을 다음 표에 따른 기준면적으로 나누어 얻은 수 (소수점 이하의 수는 1로 본다)에 20m³를 곱한 양 이상이 되도록 하여야 한다.

소방대상물의 구분	면적
1. 1층 및 2층의 바닥면적 합계가 15,000m² 이상인 소방대상물	7,500m²
2. 제1호에 해당되지 아니하는 그 밖의 소방대상물	12,500m²

1, 2층의 바닥면적의 합계는 27,000m²로 15,000m² 이상이므로
$\frac{38,500}{7,500} = 5.133$ ∴ 6이므로 $20m^3 \times 6 = 120$ ∴ $120m^3$

② 저수조에 설치하여야 할 흡수관 투입구, 채수구의 최소설치수량을 구하시오.(5점)
① 흡수관 투입구는 소방차가 2m 이내의 지점까지 접근할 수 있는 위치에 설치하여야 하며 설치기준은 다음과 같다.
지하에 설치하는 소화용수설비의 흡수관투입구는 그 한 변이 0.6m 이상이거나 직경이 0.6m 이상인 것으로 하고, 소요수량이 80m³ 미만인 것에 있어서는 1개 이상, 80m³ 이상인 것에 있어서는 2개 이상을 설치하여야 하며, "흡수관투입구"라고 표시한 표지를 하여야 할 것
② 채수구는 다음 표에 따라 소방용 호스 또는 소방용 흡수관에 사용하는 구경 65mm 이상의 나사식 결합금속구를 설치할 것

소요수량	20m³ 이상 40m³ 미만	40m³ 이상 100m³ 미만	100m³ 이상
채수구의 수	1개	2개	3개

3 다음 조건에 따라 도로터널 화재안전기술기준(NFTC 603)에 대하여 물음에 답하시오.(30점)

─────〈 조 건 〉─────
① 도로 터널길이 2,500m이다.
② 편도 4차선으로 일방향 터널이다.
③ 「화재예방, 소방시설 설치유지 및 안전관리에 관한 법률 시행령」 별표 5에 따라 소방시설을 설치한다.

(1) 터널에 설치하는 옥내소화전 방수구의 최소설치 수량 및 수원량[m³]을 구하시오.(10점)
(2) 화재안전기술기준에 따른 옥내소화전 및 연결송수관설비의 노즐선단에서의 법적 방수압[MPa] 및 방수량[l/min]을 쓰시오.(6점)
(3) 터널 내 자동화재탐지설비를 설치할 경우 최소경계구역의 수와 설치가능한 화재감지기 3가지를 쓰시오. (단, 경계구역은 다른 설비와의 연동은 없다.)(6점)

해설

(1) 터널에 설치하는 옥내소화전 방수구의 최소설치 수량 및 수원량[m³]을 구하시오.(10점)
  ① 옥내소화전의 설치수량 : 소화전함과 방수구는 주행차로 우측 측벽을 따라 50m 이내의 간격으로 설치하며, 편도 2차선 이상의 양방향 터널이나 4차로 이상의 일방향 터널의 경우에는 양쪽 측벽에 각각 50m 이내의 간격으로 엇갈리게 설치할 것

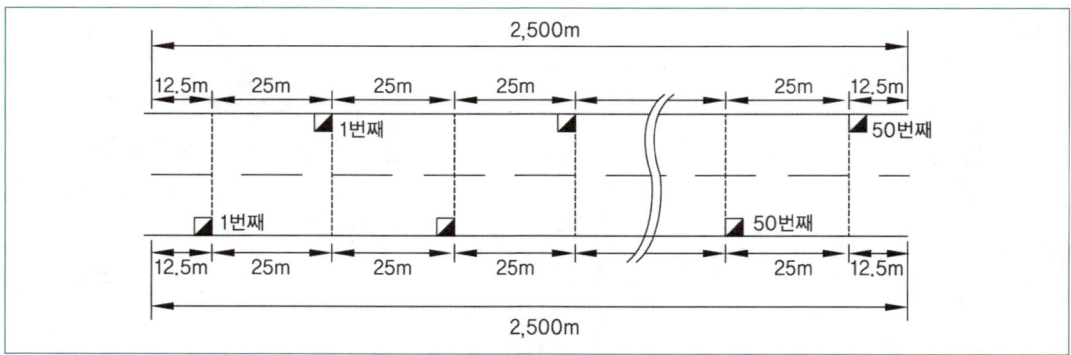

  ∴ 위쪽 벽 50개+아래쪽 벽 50개=100개 설치
  ② 옥내소화전 수원량 : 수원은 그 저수량이 옥내소화전의 설치개수 2개(4차로 이상의 터널의 경우 3개)를 동시에 40분 이상 사용할 수 있는 충분한 양 이상을 확보할 것(방수량은 190l/min 이상)
  $190l/\text{min} \times 3\text{ea} \times 40\text{min} = 22{,}800$ ∴ $22{,}800l = 22.8\text{m}^3$

(2) 화재안전기술기준에 따른 옥내소화전 및 연결송수관설비의 노즐선단에서의 법적 방수압[MPa] 및 방수량[l/min]을 쓰시오.(6점)
  ① 옥내소화전 : 각 옥내소화전의 노즐선단에서의 방수압력은 0.35MPa 이상이고 방수량은 190l/min 이상이 되는 성능의 것으로 할 것. 다만, 하나의 옥내소화전을 사용하는 노즐선단에서의 방수압력이 0.7MPa을 초과할 경우에는 호스접결구의 인입측에 감압장치를 설치하여야 한다.
  ② 연결송수관 : 방수압력은 0.35MPa 이상, 방수량은 400L/min 이상을 유지할 수 있도록 할 것

(3) 터널 내 자동화재탐지설비를 설치할 경우 최소경계구역의 수와 설치가능한 화재감지기 3가지를 쓰시오. (단, 경계구역은 다른 설비와의 연동은 없다.)(6점)
  ① 자동화재탐지설비의 경계구역 : 하나의 경계구역의 길이는 100m 이하로 하여야 함
  $\dfrac{2{,}500\text{m}}{100\text{m}/\text{경계구역}} = 25$ ∴ 25경계구역

② 설치가능한 화재감지기 3가지
  ㉠ 차동식분포형 감지기
  ㉡ 정온식감지선형 감지기(아날로그식에 한한다. 이하 같다.)
  ㉢ 중앙기술심의위원회의 심의를 거쳐 터널화재에 적응성이 있다고 인정된 감지기

(4) 터널 내 비상콘센트 최소 설치수량을 산정하고, 설치기준을 쓰시오.(8점)
  ① 비상콘센트 최소 설치수량 : 총 50개 설치

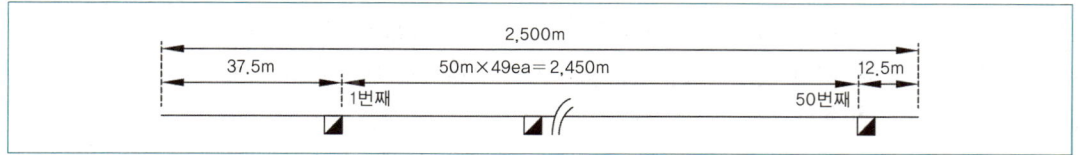

  ② 비상콘센트 설치기준
   ㉠ 비상콘센트설비의 전원회로는 단상교류 220V인 것으로서, 그 공급용량은 1.5kVA 이상인 것으로 할 것
   ㉡ 전원회로는 주배전반에서 전용회로로 할 것. 다만, 다른 설비회로의 사고에 따른 영향을 받지 아니하도록 되어 있는 것에 있어서는 그러하지 아니하다.
   ㉢ 콘센트마다 배선용차단기(KS C 8321)를 설치하여야 하며, 충전부가 노출되지 아니하도록 할 것
   ㉣ 주행차로의 우측 측벽에 50m 이내의 간격으로 바닥으로부터 0.8m 이상 1.5m 이하의 높이에 설치할 것

Mind-Control

성공하는 사람들의 7가지 습관

1. 자신의 삶을 주도하라.(Be Proactive)
2. 목표를 확립하고 행동하라.(Begin with the End in Mind)
3. 소중한 것부터 먼저하라.(Put First Things First)
4. 상호 이익을 모색하라.(Think Win-Win)
5. 경청한 다음에 이해시켜라.(Seek First to Understand Then to be Understood)
6. 시너지를 활용하라.(Synergize)
7. 심신을 단련하라.(Sharpen the Saw)

실패하는 사람들의 7가지 습관

1. 스스로를 합리화하려 한다. - 책임을 회피 한다.
2. 말만 한다. - 행동하지 않는다.
3. 정확한 목표가 없다. - 계획이 없다.
4. 쉬운 길, 편안한 길만 찾는다. - 쉽게 성공(합격)하려 한다.
5. 협력자가 없다. - 도움을 주고 받을 줄 모른다.
6. 작은 것을 소홀이 한다. - 100원, 1분의 소중함을 모른다.
7. 빨리 단념한다. - 한 두 번만에 포기한다.

- 스티븐 코비 -

제13회 소방시설관리사(2013.5.11 시행)

1 다음 물음에 답하시오.(40점)

(1) 이산화탄소소화설비의 저장용기 설치기준 5가지를 쓰시오.(5점)
(2) 이산화탄소소화설비의 분사헤드 설치제외 장소 4가지를 쓰시오.(5점)
(3) 모피창고, 서고 및 에탄올 저장창고에서 고압식으로 설계를 하려고 한다. 다음 물음에 답하시오.(30점)

〈 조 건 〉

- ㉠ 모피창고의 크기가 8m×6m×3m, 개구부 크기 2m×1m이고 자동폐쇄장치가 설치되어 있고 설계 농도가 75%이다.
- ㉡ 서고의 크기가 6m×5m×3m, 개구부 크기가 1m×1m이고 자동폐쇄장치가 설치되어 있지 않고 설계농도가 65%이다.
- ㉢ 에탄올 저장창고의 크기가 5m×4m×2m, 개구부 크기가 1m×1.5m이고 자동폐쇄장치가 설치되어 있고 보정계수는 1.2로 한다.
- ㉣ 충전비가 1.511, 저장용기의 내용적은 68ℓ이다.
- ㉤ 하나의 집합관에 3개의 선택밸브가 설치되어 있다.

① 모피창고와 서고의 최소소화약제 산출 저장량[kg]을 구하시오.(8점)
② 에탄올 저장창고의 최소소화약제 산출 저장량[kg]을 구하시오.(5점)
③ 용기 1병당 저장량[kg]을 구하시오.(3점)
④ 각 실별 저장용기수, 저장용기실의 최소 저장용기수(5점)

(3) 모피창고, 서고 및 에탄올 저장창고에서 고압식으로 설계를 하려고 한다. 다음 물음에 답하시오.(30점)

〈 조 건 〉

- ㉠ 모피창고의 크기가 8m×6m×3m, 개구부 크기 2m×1m이고 자동폐쇄장치가 설치되어 있고 설계 농도가 75%이다.
- ㉡ 서고의 크기가 6m×5m×3m, 개구부 크기가 1m×1m이고 자동폐쇄장치가 설치되어 있지 않고 설계농도가 65%이다.
- ㉢ 에탄올 저장창고의 크기가 5m×4m×2m, 개구부 크기가 1m×1.5m이고 자동폐쇄장치가 설치되어 있고 보정계수는 1.2로 한다.
- ㉣ 충전비가 1.511, 저장용기의 내용적은 68ℓ이다.
- ㉤ 하나의 집합관에 3개의 선택밸브가 설치되어 있다.

① 모피창고와 서고의 최소소화약제 산출 저장량[kg]을 구하시오.(8점)

심부화재에 해당하므로

방호대상물	방호구역의 체적 1m³에 대한 소화약제의 양	설계농도 (%)
유압기기를 제외한 전기설비, 케이블실	1.3kg	50
체적 55m³ 미만의 전기설비	1.6kg	50

방호대상물	방호구역의 체적 1m³에 대한 소화약제의 양	설계농도 (%)
목재가공품창고, 박물관, 서고, 전자제품창고 🖊암기법 재물이(2.0) 고자	2.0kg	65
고무류, 석탄창고, 면화류창고, 모피창고, 집진설비 🖊암기법 이점집(2.7) 고무, 석면 모집	2.7kg	75

구분	체적[m³]	개구부 면적 [가산량 10kg/m²]	저장량[kg]
모피창고 [2.7kg/m³]	8m × 6m × 3m = 144m³	자동폐쇄장치 설치	144m³ × 2.7kg/m³ = 388.8kg
서고 [2.0kg/m³]	6m × 5m × 3m = 90m³	1m × 1m = 1m²	90m³ × 2.0kg/m³ + 1m² × 10kg/m² = 190kg

② 에탄올 저장창고의 최소소화약제 산출 저장량[kg]을 구하시오.(5점)

표면화재에 해당하므로

방호구역 체적	방호구역의 체적 1m³에 대한 소화약제의 양	소화약제저장량의 최저한도의 양	설계농도 (참고용)
45m³ 미만	1.00kg	45kg	43%
45m³ 이상 150m³ 미만	0.90kg		40%
150m³ 이상 1,450m³ 미만	0.80kg	135kg	36%
1,450m³ 이상	0.75kg	1,125kg	34%

구분	체적	개구부	저장량[kg]
에탄올 저장창고 [1kg/m³]	5m × 4m × 2m = 40m³	자동폐쇄 장치설치	40m³ × 1kg/m³ × 1.2(보정계수) = 48kg

→ 「이산화탄소소화설비의 화재안전기술기준」 2.2.1.1.2에 따라 산출한 기본소화약제량(방호구역의 체적 1m³에 대한 소화약제의 양)에 대하여 보정계수를 곱하여 산출함.(화재안전기술기준상 "소화약제저장량의 최저한도량"을 기본약제량으로 보기 어려우며 실무에서 약제량을 계산할 경우와도 부합하지 않는다.)

③ 용기 1병당 저장량[kg]을 구하시오.(3점)

$$충전비 = \frac{내용적[l]}{저장량[kg]}$$ 이므로

$$저장량[kg] = \frac{내용적[l]}{충전비} = \frac{68l}{1.511} = 45.003 \quad \therefore 45kg$$

④ 각 실별 저장용기수, 저장용기실의 최소 저장용기수(5점)
 ① 모피창고 : 388.8kg ÷ 45kg = 8.64 ∴9병
 ② 서고 : 190kg ÷ 45kg = 4.222 ∴5병
 ③ 에탄올 저장창고 : 48kg ÷ 45kg = 1.06 ∴2병
 ④ 최소 저장용기수 : 9병

⑤ 서고와 에탄올 저장창고의 산소농도가 10%일 때 이산화탄소 농도[%] 및 체적[m³]을 각각 구하시오.
 (단, 방호구역 내 약제의 누출은 없는 것으로 한다.) (9점)

$$방사된\ 소화가스량[m^3] = \frac{21 - O_2\%}{O_2\%} \times V[m^3]$$

① 이산화탄소 체적을 구하면
  ㉠ 서고
  $$\text{방사된 소화가스량}[m^3] = \frac{21-O_2\%}{O_2\%} \times V[m^3] = \frac{21-10\%}{10\%} \times 90m^3 = 99m^3$$
  ㉡ 에탄올 저장창고
  $$\text{방사된 소화가스량}[m^3] = \frac{21-O_2\%}{O_2\%} \times V[m^3] = \frac{21-10\%}{10\%} \times 40m^3 = 44m^3$$
  (약제가 방출된 이후이므로 보정계수는 의미가 없다.)
② 이산화탄소의 농도를 구하면(서고 및 에탄올 저장창고 농도는 동일함)
  $$\text{소화가스 농도}[\%] = \frac{21-O_2\%}{21} \times 100 = \frac{21-10\%}{21} \times 100 = 52.38\%$$

2 다음 물음에 답하시오.(30점)

(1) 부속실 제연설비의 급기방식 4가지를 쓰시오.(8점)
(2) 특별피난계단의 계단실 및 부속실 제연설비의 급기송풍기 설치기준을 쓰시오.(8점)
(3) 조건에 따라 송풍기에 대하여 다음 물음에 답하시오.(14점)

─────〈 조 건 〉─────
㉠ 예상제연구역의 거실 바닥면적 500m², 직경 50m, 수직거리 3.2m이다.
㉡ 효율 50%, 전압 65mmAq, 흡입측 풍도높이가 600mm이다.

① 배출량[m³/min]을 구하시오.(4점)
② 동력[kW]을 구하시오. (단, 전달계수 $K=1.2$) (4점)
③ 흡입측 풍도의 최소폭[mm]을 구하시오.(4점)
④ 흡입측 풍도 강판두께[mm]를 구하시오.(2점)

해설

(3) 조건에 따라 송풍기에 대하여 다음 물음에 답하시오.(14점)

─────〈 조 건 〉─────
㉠ 예상제연구역의 거실 바닥면적 500m², 직경 50m, 수직거리 3.2m이다.
㉡ 효율 50%, 전압 65mmAq, 흡입측 풍도높이가 600mm이다.

① 배출량[m³/min]을 구하시오.(4점)

직경 40m를 초과하고 수직거리가 3.2m이므로 풍량은 65,000m³/hr 이상

길이 직경	수직거리	400m² 이상 거실 또는 통로인 경우의 배출량
40m 초과 60m 이하	2m 이하	45,000m³/hr 이상
	2m 초과 2.5m 이하	50,000m³/hr 이상
	2.5m 초과 3m 이하	55,000m³/hr 이상
	3m 초과	65,000m³/hr 이상

$$65,000m^3/hr \times \frac{1hr}{60min} = 1,083.333 \quad \therefore 1,083.33m^3/min \text{ 이상}$$

② 동력[kW]을 구하시오. (단, 전달계수 $K=1.2$) (4점)

$$P = \frac{P_T \cdot Q}{102 \times 60\eta} \times K = \frac{P_T \cdot Q}{6,120\eta} \times K \text{ 또는 } P[HP] = \frac{P_T \cdot Q}{76 \times 60\eta} \times K$$

여기서, P : 동력[kW] [$P = P_T \cdot Q = \gamma h Q = kN/m^3 \times m \times m^3/s = kN \cdot m/s = kJ/s = kW$]

$\quad P_T$: 전압[mmAq = mmH$_2$O] $\left[\frac{1\,mmAq}{10,332\,mmAq} \times 101.325kPa = \frac{1}{102}kPa\right]$

$\quad Q$: 풍량[m^3/min] $\left[1m^3/min \times \frac{1min}{60s}\right]$

$\quad \eta$: 효율

$\quad K$: 전달계수

$P_T = 65\,mmAq$, $Q = 65,000\,m^3/hr \times \frac{1hr}{60min}$, $\eta = 0.5$, $K = 1.2$이므로

$$P = \frac{P_T \cdot Q}{6,120\eta} \times K = \frac{65\,mmAq \times 65,000\,m^3/hr \times \frac{1hr}{60min}}{6,120 \times 0.5} \times 1.2 = 27.614 \quad \therefore 27.61\,kW$$

③ 흡입측 풍도의 최소폭[mm]을 구하시오.(4점)

$Q = AV$

여기서, Q : 유량[m^3/s]

$\quad A$: 배관단면적 $\left(\frac{\pi}{4}D^2[m^2]\right)$

$\quad V$: 유속[m/s]

$Q = 65,000\,m^3/hr \times \frac{1hr}{3,600s}$, $A = a \times b = 0.6m \times b$, $V = 15m/s$(화재안전기술기준상 배출기의 흡입측 풍도 안의 풍속은 15m/s 이하로 하고, 배출측 풍속은 20m/s 이하)

$A = \frac{Q}{V} \rightarrow 0.6m \times b = \frac{Q}{V} \rightarrow b = \frac{65,000\,m^3/hr \times \frac{1hr}{3,600s}}{0.6m \times 15m/s} = 2.006$

$\therefore 2.006m = 2,006mm$

④ 흡입측 풍도 강판두께[mm]를 구하시오.(2점)

풍도의 긴 변의 길이가 2,010mm이므로 1.0mm이다.

풍도단면의 긴변 또는 직경의 크기	450mm 이하	450mm 초과 750mm 이하	750mm 초과 1,500mm 이하	1,500mm 초과 2,250mm 이하	2,250mm 초과
강판두께	0.5mm	0.6mm	0.8mm	1.0mm	1.2mm

3 다음 물음에 답하시오.(30점)

(1) 폐쇄형 미분무헤드의 표시온도가 79℃일 때 평상 시 최고주위온도가 몇 [℃]인지 구하시오.(2점)

(2) 미분무 수원의 양[m^3]을 구하시오.(10점)

〈 조건 〉

㉠ 헤드 개수 = 30개
㉡ 헤드 1개당 방수량 = 50l/min
㉢ 설계방수시간 = 1시간
㉣ 배관 총 체적 = 0.07m^3

(3) 수신기에 소비전류가 250mA인 시각경보장치가 60m 간격으로 4개가 설치되어 있다. 마지막 시각경보기에 공급되는 전압[V]을 구하시오. (단, 직렬로 설치되어 있으며, 수신기에서의 공급전압은 DC 24V이고, 전선의 굵기는 2.0mm²이다.) (10점)

(4) 옥내소화전설비에서 내화배선시공방법을 쓰시오. (단, MI케이블 및 케이블의 배선시공 방법은 제외한다.) (8점)

해설

(1) 폐쇄형 미분무헤드의 표시온도가 79℃일 때 평상 시 최고주위온도가 몇 [℃]인지 구하시오.(2점)

$T_a = 0.9 T_m - 27.3℃$

여기서, T_a : 최고주위온도
T_m : 헤드의 표시온도

∴ $T_a = 0.9 T_m - 27.3℃ = 0.9 \times 79℃ - 27.3℃ = 43.8℃$

(2) 미분무 수원의 양[m³]을 구하시오.(10점)

⟨ 조 건 ⟩

㉠ 헤드 개수=30개
㉡ 헤드 1개당 방수량=50 l/min
㉢ 설계방수시간=1시간
㉣ 배관 총 체적=0.07m³

$Q = N \times D \times T \times S + V$

여기서, Q : 수원의 양[m³]
N : 방호구역(방수구역) 내 헤드의 개수
D : 설계유량[m³/min]
T : 설계방수시간[min]
S : 안전율(1.2 이상)
V : 배관의 총 체적[m³]

$N = 30$개, $D = 50 l/\text{min} = 0.05 \text{m}^3/\text{min}$, $T = 60 \text{min}$, $S = 1.2$, $V = 0.07 \text{m}^3$

$Q = N \times D \times T \times S + V$
$= 30$개 $\times 0.05 \text{m}^3/\text{min} \times 60 \text{min} \times 1.2 + 0.07 \text{m}^3 = 108.07$ ∴ 108.07m^3

(3) 수신기에 소비전류가 250mA인 시각경보장치가 60m 간격으로 4개가 설치되어 있다. 마지막 시각경보기에 공급되는 전압[V]을 구하시오. (단, 직렬로 설치되어 있으며, 수신기에서의 공급전압은 DC 24V이고, 전선의 굵기는 2.0mm²이다.)(10점)

구분	전압강하(Ⅰ)	전압강하(Ⅱ)	전력
단상 2선식	$e = \dfrac{35.6LI}{1,000A}$	$e = V_s - V_r = 2IR$	$P = VI\cos\theta$
3상 3선식	$e = \dfrac{30.8LI}{1,000A}$	$e = V_s - V_r = \sqrt{3}IR$	$P = \sqrt{3}VI\cos\theta$
단상 3선식 3상 4선식	$e' = \dfrac{17.8LI}{1,000A}$	–	–

여기서, e : 각 선로간의 전압강하[V] e' : 각 선로간의 1선과 중심선 사이의 전압강하[V]
A : 전선단면적[mm²] L : 선로길이[m]
I : 전부하전류[A] V_s : 입력전압[V]
V_r : 출력전압(단자전압)[V] $\cos\theta$: 역률

$A = 2.0\,\mathrm{mm}^2$이고, 공급전압은 DC 24V이므로

```
수신기 ──60m── ① 시각경보기 ──60m── ② 시각경보기 ──60m── ③ 시각경보기 ──60m── ④ 시각경보기
```

구분	전선길이 (L)	전선에 흐르는 전류(I)	전압강하(e)
①	60m	$250\mathrm{mA} \times 4개 = 1{,}000\mathrm{mA}\ \therefore 1\mathrm{A}$	$e_① = \dfrac{35.6LI}{1{,}000A} = \dfrac{35.6 \times 60\mathrm{m} \times 1\mathrm{A}}{1{,}000 \times 2.0\mathrm{mm}^2} = 1.068\ \therefore 1.068\mathrm{V}$
②	60m	$250\mathrm{mA} \times 3개 = 750\mathrm{mA}\ \therefore 0.75\mathrm{A}$	$e_② = \dfrac{35.6LI}{1{,}000A} = \dfrac{35.6 \times 60\mathrm{m} \times 0.75\mathrm{A}}{1{,}000 \times 2.0\mathrm{mm}^2} = 0.801\ \therefore 0.801\mathrm{V}$
③	60m	$250\mathrm{mA} \times 2개 = 500\mathrm{mA}\ \therefore 0.5\mathrm{A}$	$e_③ = \dfrac{35.6LI}{1{,}000A} = \dfrac{35.6 \times 60\mathrm{m} \times 0.5\mathrm{A}}{1{,}000 \times 2.0\mathrm{mm}^2} = 0.534\ \therefore 0.534\mathrm{V}$
④	60m	$250\mathrm{mA} \times 1개 = 250\mathrm{mA}\ \therefore 0.25\mathrm{A}$	$e_④ = \dfrac{35.6LI}{1{,}000A} = \dfrac{35.6 \times 60\mathrm{m} \times 0.25\mathrm{A}}{1{,}000 \times 2.0\mathrm{mm}^2} = 0.267\ \therefore 0.267\mathrm{V}$

말단공급전압 = 공급전압 – 전압강하 합계 = $24\mathrm{V} - (e_① + e_② + e_③ + e_④)$
= $24\mathrm{V} - (1.068\mathrm{V} + 0.801\mathrm{V} + 0.534\mathrm{V} + 0.267\mathrm{V}) = 21.33$ $\therefore 21.33\mathrm{V}$

Mind-Control

당신은 태어날 때부터 가치 있는 사람이었습니다. 우리가 받은 부모님의 사랑만 보더라도 알 수 있습니다.
자신의 몸과 마음, 행동에 대하여 자신감을 가지십시오.
당신 스스로가 소중하기에 당신이 원하는 것을 가질 권리가 있습니다.
자신감은 당신을 합격으로 이끌 것입니다.

제14회 소방시설관리사(2014.5.17 시행)

1 다음 물음에 답하시오.(40점)

(1) 다음 조건과 같이 주상복합건축물의 각 층에 A급 2단위, B급 3단위, C급 적응성의 소화기를 설치할 경우 다음 각 물음에 답하시오. (단, 수평거리에 따른 설치는 무시한다.)(15점)

〈 조 건 〉
- ㉠ 지하 3층~지하 1층 : 주용도는 주차장으로 층별 면적은 3,500m²(단, 지하 3층 바닥면적 중 발전기실 80m², 변전실 250m², 보일러실 200m²로 구획)
- ㉡ 지하 1층~지상 5층 : 주용도는 판매시설로서 층별 면적은 2,800m²(단, 용도는 지상 5층은 80m²의 음식점(음식점당 주방 35m², 나머지는 영업장으로 상호구획)이 6개로 구획되어 있고, 각 주방은 LNG로 사용하며, 연소기구로부터 보행거리 5m 이내에 있다.)
- ㉢ 지상 6층~지상 33층 : 주용도는 공동주택 중 아파트이며, 층별 면적은 540m²(4세대)이며, 2세대별 각각 피난계단과 비상용승강기(부속실 겸용)가 있으며 내화구조로 구획됨
- ㉣ 발전기, 변전실을 제외한 전 층 옥내소화전과 스프링클러설비 설치됨
- ㉤ 주요구조부는 내화구조, 내장재는 불연재임

① 지하 3층 ~ 지하 1층에 층별로 설치하는 소화기의 수량을 주용도, 부속용도별로 산출하시오. (6점)

② 지상 1층~지상 5층에 층별로 설치하는 소화기의 수량을 주용도, 부속용도별로 산출하시오. (7점)

③ 6~33층에 설치할 소화기 수량의 합계를 용도별로 산출하시오. (2점)

(2) 스프링클러소화설비의 입상배관을 통해 "a"지점에서 13m 위에 있는 "b"지점으로 송수된다. "a"지점의 배관구경은 80mm, 설치된 압력계의 압력은 5kg$_f$/cm², "b"지점에서 배관 내경은 65mm로 줄어들고 "a"지점에서 "b"지점으로 흐를 때 배관 및 관부속품의 마찰손실은 13m이다. 유량이 5,200l/min인 경우 "b"지점에서의 압력[Pa]을 구하시오. (6점)

(3) 그림과 같이 화살표 방향으로 "가"지점에서 "나"지점으로 1,250l/min의 소화수가 흐르고 있다. "가", "나" 사이의 분기관의 내경은 65mm라고 할 때, 각 분기관에 흐르는 유량[l/min]을 계산하시오. (단, 배관은 스테인리스강관이며 엘보 1개의 상당거리는 2.5m로 하고 분기되는 두 지점의 마찰손실은 무시한다.) (7점)

(4) 펌프에 직결된 전동기에 공급되는 전원의 주파수가 50Hz이며, 전동기의 극수는 4극, 펌프의 전양정이 110m, 펌프의 토출량은 180l/s 펌프의 운전 시 미끄럼(slip)률이 3%인 전동기가 부착된 편흡입 1단 펌프, 편흡입 2단 펌프 및 양흡입 1단 펌프의 비속도(단위표기 포함)를 각각 계산하시오. (12점)

해설

「소방시설 설치 및 관리에 관한 법률 시행령」 별표 2에 따라 복합건축물로 볼 수 있으며 주차장 또한 부대시설로서 볼 수 있다. 그래서 「소화기구 및 자동소화장치의 화재안전기술기준」 표 2.1.1.2의 "그 밖의 것"에 해당될 수 있으나 문제의 조건에 따라 주용도에 따른다.

특정소방대상물			능력단위 (일반구조)	능력단위(내화구조 & 불연/준불연/난연)
• 근린생활시설 • 방송통신시설 • 공장 • 운수시설	• 전시장 • 판매시설 • 관광휴게시설 • 창고시설	• 노유자시설 • 숙박시설 • 항공기 및 자동차 관련시설 • 공동주택 • 업무시설	100m²/단위	200m²/단위
📝암기법 근방 공장 운전으로 판 관창으로 노숙에서 항공업				

㉠ 주용도에 층별로 설치하여야 하는 소화기의 개수

주차장(항공기 및 자동차 관련시설)의 소화기의 바닥면적당 능력단위는 100m²당 1단위이다. 다만, 내화구조로서 내장재가 불연재료이므로 기준면적의 2배인 200m² 1단위를 적용하며, 소화기는 A급 2단위, B급 3단위, C급 적응성 소화기를 사용하며, "주의 必"과 같이 소화기의 감소에 해당하지 않으므로 다음과 같이 산출한다.

3,500m² ÷ 200m²/단위 = 17.5 ∴ 18단위
18단위 ÷ A급 2단위/개 = 9 ∴ 지하 3층~지하 1층 각 층별 9개

🔔 암기 必

☑ 소화기 설치감소 관설17

소화기 설치감소 해당되는 경우	• 옥내소화전설비 • 옥외소화전설비 • 스프링클러설비 📝암기법 옥외 스물대 2/3, 1/2 → 대형소화기 설치하지 않을 수 있는 경우 : 옥내소화전설비, 옥외소화전설비, 스프링클러설비m 물분무등소화설비가 설치된 경우	• 물분무등소화설비 • 대형소화기 ※ 소화기의 3분의 2 (대형소화기 : 2분의 1) 감소	
소화기 설치감소 해당없는 경우	• 층수가 11층 이상인 부분 • 근린생활시설 • 방송통신시설 • 판매시설 • 교육연구시설 • 관광휴게시설	• 아파트 • 노유자시설 • 숙박시설 • 의료시설 • 위락시설 • 항공기 및 자동차 관련시설	• 문화 및 집회 시설 • 운동시설 • 운수시설 • 업무시설 (무인변전소를 제외)
	📝암기법 11층 근방 판교 관아 노숙의 위 항문 운동 운수업		

☑ 특정소방대상물 용도 중 공동주택 : 아파트등, 연립주택, 다세대주택 및 기숙사 용도 **주의 必!**

ⓒ 부속용도(지하 3층 발전기실, 변전실, 보일러실)별 소화기의 개수

표 2.1.1.3 부속용도별로 추가하여야 할 소화기구

용도별	소화기구의 능력단위
1. 다음 각 목의 시설. 다만, 스프링클러설비·간이스프링클러설비·물분무등소화설비 또는 상업용 주방자동소화장치가 설치된 경우에는 자동확산소화기를 설치하지 아니할 수 있다. 가. 보일러실(아파트의 경우 방화구획된 것을 제외한다)·건조실·세탁소·대량 화기취급소 나. 관리자의 출입이 곤란한 변전실·송전실·변압기실 및 배전반실(불연재료로된 상자 안에 장치된 것을 제외한다.)	해당 용도의 바닥면적 25m²마다 능력단위 1단위 이상의 소화기로 하고, 그 외에 자동확산소화기를 바닥면적 10m² 이하는 1개, 10m² 초과는 2개를 설치할 것 🖉암기법 보건 세대 변
4. 발전실·변전실·송전실·변압기실·배전반실·통신기기실·전산기기실·기타 이와 유사한 시설이 있는 장소. 다만, 제1호다목의 장소를 제외한다.	해당 용도의 바닥면적 50m²마다 적응성이 있는 소화기 1개 이상 또는 유효설치 방호체적 이내의 가스·분말·고체에어로졸 자동소화장치, 캐비닛형 자동소화장치(다만, 통신기기실·전자기기실을 제외한 장소에 있어서는 교류 600V 또는 직류 750V 이상의 것에 한한다)

- 발전기실(바닥면적 : 80m²) 및 변전실(바닥면적 : 250m²) : 바닥면적 50m²마다 적응성 소화기 1개 이상 설치한다.
  발전기실 : $80m^2 \div 50m^2/개 = 1.6$　∴ 2개
  변전실 : $250m^2 \div 50m^2/개 = 5$　∴ 5개
- 보일러실(바닥면적 : 200m²) : 조건 ㉣에 따라 스프링클러설비가 설치되어 있어 자동확산소화장치는 설치하지 않으며 바닥면적 25m²마다 능력단위 1단위 이상의 소화기를 설치한다.
  $200m^2 \div 25m^2/개 = 8$　∴ 8개

② 지상 1층~지상 5층에 층별로 설치하는 소화기의 수량을 주용도, 부속용도별로 산출하시오. (7점)
  ㉠ 주용도에 층별로 설치하여야 하는 소화기의 개수
    판매시설의 소화기의 바닥면적당 능력단위는 100m²당 1단위이다. 다만, 내화구조로서 내장재가 불연재료이므로 기준면적의 2배인 200m² 1단위를 적용하며, 소화기는 A급 2단위, B급 3단위, C급 적응성 소화기를 사용한다.
    $2,800m^2 \div 200m^2/단위 = 14$　∴ 14단위
    14단위 ÷ A급 2단위/개 = 7　∴ 지상 1층~지상 5층 각 층별 7개
    (33m² 이상으로 구획된 경우 소화기의 설치 : 지상 5층의 음식점은 80m²로 구획된 6개의 실이 있으나 각 층별 설치하는 소화기의 개수가 7개이므로 각 실에 배치하면 문제없다.)
  ㉡ 부속용도(지상 5층 음식점)별 소화기의 개수
    - 음식점은 영업장의 구획된 각 실별로 소화기를 설치하고 주방에는 「소화기구 및 자동소화장치의 화재안전기술기준」 표 2.1.1.3 부속용도별로 추가하여야 할 소화기구에 따른 능력단위를 설치하여야 하는데, 스프링클러가 설치되어 자동확산소화기 및 상업용 주방자동소화장치(후드, 덕트를 설치한 경우만 적용함)는 설치하지 않는다.
    - 음식점(6개)마다 설치할 소화기구의 능력단위 없이 소화기만 각 1개씩 추가 : A급 2단위 6개
    - 주방(부속용도)마다 설치할 K급 소화기의 개수
      $35m^2 \div 25m^2/개 = 1.4$　∴ 2개
      주방에 설치할 소화기의 합계 : 2개 × 식당 6개 = 12　∴ 12개
    - 주방 : 면적과 관계없이 액화석유가스 기타 가연성가스(LNG)를 연료로 사용하는 연소기가 있는 장소에는 연소기로부터 보행거리 10m 이내에 능력단위 3단위 이상의 소화기 1개 이상 설치하여야 하므로

A급 2단위, B급 3단위, C급 적응성 소화기를 설치하므로 가연성가스의 경우 B급 3단위에 해당하므로 각 음식점의 주방 1개씩 총 6개를 설치한다.

🔍 주의 必

☑ 표 2.1.1.3 부속용도별로 추가하여야 할 소화기구

용도별	소화기구의 능력단위
2. 음식점(지하가의 음식점을 포함한다)·다중이용업소·호텔·기숙사·노유자 시설·의료시설·업무시설·공장·학교시설의 주방 다만, 의료시설·업무시설 및 공장의 주방은 공동취사를 위한 것에 한한다.	1. 자동확산소화기 또는 상업용 주방자동소화장치(후드, 덕트를 설치할 경우 적용할 것)는 다음 각 목의 기준에 따라 설치하여야 한다. 다만 스프링클러설비·간이스프링클러설비·물분무등소화설비가 설치된 경우에는 자동확산소화기 또는 상업용 주방자동소화장치를 설치하지 아니할 수 있다. 가. 자동확산소화기는 바닥면적 $10m^2$ 이하 1개, $10m^2$ 초과 2개를 설치할 것 나. 상업용 주방자동소화장치는 성능인증받은 범위내에서 설치할 것 2. K급 화재용 소화기는 주방 바닥면적 $25m^2$마다 1개 이상 설치할 것
7. 고압가스안전관리법·액화석유가스의 안전 및 사업법 및 도시가스사업법에서 규정하는 가연성가스를 연료로 사용하는 장소	<u>액화석유가스 기타 가연성가스를 연료로 사용하는 연소기기가 있는 장소</u> / 각 연소기로부터 보행거리 10m 이내에 능력단위 3단위 이상의 소화기 1개 이상. 다만, 주방용 자동소화장치가 설치된 장소는 제외한다.

③ 6∼33층에 설치할 소화기 수량의 합계를 용도별로 산출하시오. (2점)

「공동주택의 화재안전기술기준」 2.1.1에 따라 바닥면적당 능력단위는 $100m^2$당 1단위이지만, 아파트 등의 경우 각 세대 및 공용부(승강장, 복도 등)마다 설치하므로 문제 조건에 따라 공용부는 2세대마다 1개소이다.
18개층(6∼33층)×4세대/층·개+18개층(6∼33층)×2공용부 개소/층·개 = 108   ∴ 108개

🔍 주의 必

☑ 「공동주택의 화재안전기술기준」 2.1 소화기구 및 자동소화장치

2.1.1 소화기는 다음의 기준에 따라 설치해야 한다.
  2.1.1.1 <u>바닥면적 $100m^2$마다 1단위 이상의 능력단위를 기준으로 설치할 것</u>
  2.1.1.2 <u>아파트 등의 경우 각 세대 및 공용부(승강장, 복도 등)마다 설치할 것</u>
  2.1.1.3 아파트 등의 세대 내에 설치된 보일러실이 방화구획되거나, 스프링클러설비·간이스프링클러설비·물분무등소화설비 중 하나가 설치된 경우에는 「소화기구 및 자동소화장치의 화재안전기술기준(NFTC 101)」[표 2.1.1.3] 제1호 및 제5호를 적용하지 않을 수 있다.
  2.1.1.4 아파트 등의 경우 『소화기구 및 자동소화장치의 화재안전기술기준(NFTC 101)』 2.2에 따른 소화기의 감소 규정을 적용하지 않을 것
2.1.2 주거용 주방자동소화장치는 아파트 등의 주방에 열원(가스 또는 전기)의 종류에 적합한 것으로 설치하고, 열원을 차단할 수 있는 차단장치를 설치해야 한다.

(2) 스프링클러소화설비의 입상배관을 통해 "a"지점에서 13m 위에 있는 "b"지점으로 송수된다. "a"지점의 배관구경은 80mm, 설치된 압력계의 압력은 5kg$_f$/cm^2, "b"지점에서 배관 내경은 65mm로 줄어들고 "a"지점에서 "b"지점으로 흐를 때 배관 및 관부속품의 마찰손실은 13m이다. 유량이 5,200ℓ/min인 경우 "b"지점에서의 압력[Pa]을 구하시오. (6점)

$$H = \frac{P_1}{\gamma} + \frac{V_1^2}{2g} + Z_1 = \frac{P_2}{\gamma} + \frac{V_2^2}{2g} + Z_2 + \Delta H$$

여기서, H : 전수두[m]
P_1, P_2 : 압력[Pa = N/m^2]
γ : 비중량[물 : 9,800N/m^3 = 9.8kN/m^3]
V_1, V_2 : 속도[m/s]
g : 중력가속도[9.8m/s^2]
Z_1, Z_2 : 위치수두[m]
ΔH : 마찰손실[m]

"a"지점을 1지점으로 하고 "b"지점을 2지점으로 보면 문제의 조건은 다음과 같다.

$$P_1 = 5\text{kg}_f/\text{cm}^2 = \frac{5\text{kg}_f/\text{cm}^2}{1.0332\text{kg}_f/\text{cm}^2} \times 101{,}325\text{Pa} = 490{,}345.528\text{Pa}$$

$Z_1 = 0\text{m}$, $Z_2 = 13\text{m}$, $\Delta H = 13\text{m}$

$D_1 = 80\text{mm} = 0.08\text{m}$, $D_2 = 65\text{mm} = 0.065\text{m}$, $Q = 5{,}200\ell/\text{min} = 5.2\text{m}^3/\text{min} \times \frac{1\text{min}}{60\text{s}}$ 이므로

① 유속을 구하면

$$Q = A_1 V_1 = A_2 V_2$$

여기서, Q : 유량[m^3/s]
A_1, A_2 : 배관단면적$\left(\frac{\pi}{4}D^2\text{[m}^2\text{]}\right)$
V_1, V_2 : 유속[m/s]

$A_1 = \frac{\pi}{4} \times 0.08^2 \text{m}^2$, $A_2 = \frac{\pi}{4} \times 0.065^2 \text{m}^2$ 이므로

$$V_1 = \frac{Q}{A_1} = \frac{5.2\text{m}^3/\text{min} \times \frac{1\text{min}}{60\text{s}}}{\frac{\pi}{4} \times 0.08^2 \text{m}^2} = 17.241 \quad \therefore 17.241\text{m/s}$$

$$V_2 = \frac{Q}{A_2} = \frac{5.2\text{m}^3/\text{min} \times \frac{1\text{min}}{60\text{s}}}{\frac{\pi}{4} \times 0.065^2 \text{m}^2} = 26.117 \quad \therefore 26.117\text{m/s}$$

② 압력 P_2를 산출하면

$$\frac{P_1}{\gamma} + \frac{V_1^2}{2g} + Z_1 = \frac{P_2}{\gamma} + \frac{V_2^2}{2g} + Z_2 + \Delta H$$

$$\frac{P_2}{\gamma} = \frac{P_1}{\gamma} + \frac{V_1^2 - V_2^2}{2g} + Z_1 - Z_2 - \Delta H$$

$$P_2 = P_1 + \gamma \times \left\{ \frac{V_1^2 - V_2^2}{2g} + Z_1 - Z_2 - \Delta H \right\}$$

$$= 490{,}345.528\text{Pa} + 9{,}800\text{N/m}^3 \times \left\{ \frac{(17.241\text{m/s})^2 - (26.117\text{m/s})^2}{2 \times 9.8\text{m/s}^2} + 0\text{m} - 13\text{m} - 13\text{m} \right\}$$

$$= 43{,}122.724 \quad \therefore 43{,}122.72\text{Pa}$$

(3) 그림과 같이 화살표 방향으로 "가"지점에서 "나"지점으로 1,250l/min 의 소화수가 흐르고 있다. "가", "나" 사이의 분기관의 내경은 65mm라고 할 때, 각 분기관에 흐르는 유량[l/min]을 계산하시오. (단, 배관은 스테인리스 강관이며 엘보 1개의 상당거리는 2.5m로 하고 분기되는 두 지점의 마찰손실은 무시한다.) (7점)

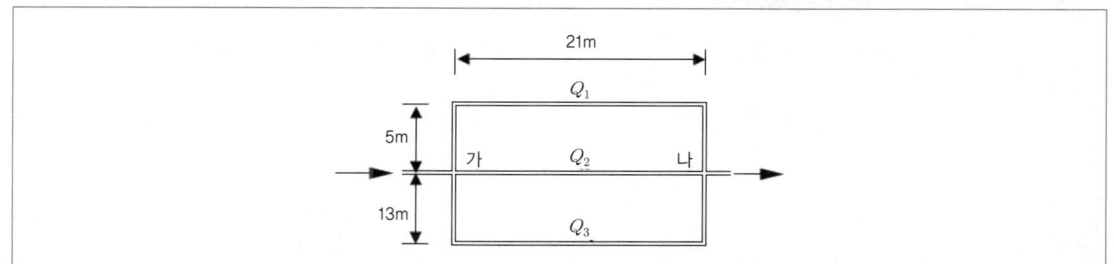

연속의 방정식에 따라 유입되는 유량과 토출되는 유량은 같으므로 각 배관의 유량의 비율을 산출하여 대입하여야 한다.

$1,250 l/\min = Q_1 + Q_2 + Q_3$

이때, 상당관길이(직관장)와 유량의 비율에 따른 마찰손실압력은 동일하다.

$\Delta P_1 = \Delta P_2 = \Delta P_3$

$L_1 = 5\text{m} \times 2 + 2.5\text{m} \times 2 + 21\text{m} = 36\text{m}$

$L_2 = 21\text{m}$

$L_3 = 13\text{m} \times 2 + 2.5\text{m} \times 2 + 21\text{m} = 52\text{m}$

① 마찰손실압력이 동일하므로 유량의 비율을 구하면(상수, 조도, 구경 동일하므로 약분한다.)

$6.053 \times 10^4 \times \dfrac{Q_1^{1.85}}{C^{1.85} \times D^{4.87}} \times L_1 = 6.053 \times 10^4 \times \dfrac{Q_2^{1.85}}{C^{1.85} \times D^{4.87}} \times L_2 = 6.053 \times 10^4 \times \dfrac{Q_3^{1.85}}{C^{1.85} \times D^{4.87}} \times L_3$

$Q_1^{1.85} \times L_1 = Q_2^{1.85} \times L_2 = Q_3^{1.85} \times L_3$

㉠ 유량 Q_2의 비율을 구하면

$Q_1^{1.85} \times L_1 = Q_2^{1.85} \times L_2$ 이므로 $Q_2^{1.85} = Q_1^{1.85} \times \dfrac{L_1}{L_2}$

$Q_2 = Q_1 \times \left(\dfrac{L_1}{L_2}\right)^{\frac{1}{1.85}} = Q_1 \times \left(\dfrac{36\text{m}}{21\text{m}}\right)^{\frac{1}{1.85}} = 1.338 Q_1$

㉡ 유량 Q_3의 비율을 구하면

$Q_1^{1.85} \times L_1 = Q_3^{1.85} \times L_3$ 이므로 $Q_3^{1.85} = Q_1^{1.85} \times \dfrac{L_1}{L_3}$

$Q_3 = Q_1 \times \left(\dfrac{L_1}{L_3}\right)^{\frac{1}{1.85}} = Q_1 \times \left(\dfrac{36\text{m}}{52\text{m}}\right)^{\frac{1}{1.85}} = 0.819 Q_1$

② 유량을 산출하면

$1,250 l/\min = Q_1 + Q_2 + Q_3$ [산출된 유량 비율 대입]

㉠ 유량 Q_1을 산출하면

$1,250 l/\min = Q_1 + 1.338 Q_1 + 0.819 Q_1 = 3.157 Q_1$

$Q_1 = \dfrac{1,250 l/\min}{3.157} = 395.945$ ∴ 395.95l/min

㉡ 유량 Q_2를 산출하면

$Q_2 = 1.338 Q_1 = 1.338 \times 395.95 l/\min = 529.781$ ∴ 529.78l/min

㉢ 유량 Q_3을 산출하면

$Q_3 = 0.819 Q_1 = 0.819 \times 395.95 l/\min = 324.283$ ∴ 324.28l/min

이 공식은 이렇게 적용하세요…^^ : 병렬관로 해석

문제표현 → 요구값	적용 및 요구 공식
레이놀즈수, 점성, 동점성계수, 마찰손실계수 $\left(f=\dfrac{64}{Re}\right)$ → 달시-웨버식에 의한 마찰손실수두	$H_1 = H_2$(마찰손실)이므로 [f, $2g$ 등 약분] $f_1 \cdot \dfrac{l_1}{D_1} \cdot \dfrac{V_1^2}{2g} = f_2 \cdot \dfrac{l_2}{D_2} \cdot \dfrac{V_2^2}{2g}$ $V_1 = xV_2$ (x는 상수, 유량비율 산출) 유속비율 대입 후 유량 산출 $Q = Q_1 + Q_2 = A_1 V_1 + A_2 V_2$
하젠-윌리암스식 조건에 주어짐 $\Delta P = 6.053 \times 10^4 \times \dfrac{Q^{1.85} \times L}{C^{1.85} \times D^{4.87}}$	$\Delta P_1 = \Delta P_2$ 이므로 [상수, 조도, 구경 등 약분] $6.053 \times 10^4 \times \dfrac{Q_1^{1.85} \times L_1}{C_1^{1.85} \times D_1^{4.87}} = 6.053 \times 10^4 \times \dfrac{Q_2^{1.85} \times L_2}{C_2^{1.85} \times D_2^{4.87}}$ $Q_1 = xQ_2$ (x는 상수, 유량비율 산출) 유량비율 대입 후 유량산출 $Q = Q_1 + Q_2$

(4) 펌프에 직결된 전동기에 공급되는 전원의 주파수가 50Hz이며, 전동기의 극수는 4극, 펌프의 전양정이 110m, 펌프의 토출량은 180 l/s 펌프의 운전 시 미끄럼(slip)률이 3%인 전동기가 부착된 편흡입 1단 펌프, 편흡입 2단 펌프 및 양흡입 1단 펌프의 비속도(단위표기 포함)를 각각 계산하시오. (12점)

$$N_s = N \dfrac{\sqrt{Q}}{\left(\dfrac{H}{n}\right)^{0.75}}$$

여기서, N_s : 비교회전도(비속도)[rpm, m³/min, m]
 N : 펌프의 회전속도[rpm]
 Q : 유량[m³/min](양 흡입일 경우 유량은 1/2로 적용)
 H : 전수두[m]
 n : 단수

$H = 110$m, $Q = 180 l/s = 0.18$m³/s $\times \dfrac{60\text{s}}{1\text{min}} = 10.8$m³/min

① 회전수를 구하면

$$N = \dfrac{120f}{P}(1-s)$$

여기서, N : 회전속도[rpm]
 f : 주파수[Hz]
 P : 극수
 s : 슬립(slip : 미끄럼)

$f = 50$Hz, $P = 4$극, $s = 3\% = 0.03$

$N = \dfrac{120f}{P}(1-s) = \dfrac{120 \times 50\text{Hz}}{4\text{극}} \times (1-0.03) = 1,455$ ∴ 1,455 rpm

② 비교회전도를 구하면
  ㉠ 편흡입 1단 펌프
  $$N_s = N\frac{\sqrt{Q}}{\left(\frac{H}{n}\right)^{0.75}} = 1,455\text{rpm} \times \frac{\sqrt{10.8\text{m}^3/\min}}{\left(\frac{110\text{m}}{1}\right)^{0.75}} = 140.776 \quad \therefore 140.78\text{rpm}$$

  ㉡ 편흡입 2단 펌프
  $$N_s = N\frac{\sqrt{Q}}{\left(\frac{H}{n}\right)^{0.75}} = 1,455\text{rpm} \times \frac{\sqrt{10.8\text{m}^3/\min}}{\left(\frac{110\text{m}}{2}\right)^{0.75}} = 236.757 \quad \therefore 236.76\text{rpm}$$

  ㉢ 양흡입 1단 펌프(양 흡입일 경우 유량은 1/2로 적용)
  $$N_s = N\frac{\sqrt{Q}}{\left(\frac{H}{n}\right)^{0.75}} = 1,455\text{rpm} \times \frac{\sqrt{10.8\text{m}^3/\min \times 0.5}}{\left(\frac{110\text{m}}{1}\right)^{0.75}} = 99.544 \quad \therefore 99.54\text{rpm}$$

2 다음 물음에 답하시오. (30점)

(1) 다음 조건의 건축물에 자동화재탐지설비 설계 시 최소경계구역수를 계산하시오. (단, 모든 감지기는 광전식스포트형 연기감지기 또는 차동식스포트형 감지기로서 표준감시거리 및 감지면적을 가진 감지기로 설치하고 자동식소화설비 경계구역은 제외) (8점)

〈 조 건 〉
① 바닥면적 : 28m×42m=1,176m²
② 연면적 : 1,176m²×8개 층+300m²(옥탑층)=9,708m²
③ 층수 : 지하 2층, 지상 6층, 옥탑층
④ 층고 : 4m
⑤ 건물높이 : 4m×9개 층(지하 2층~옥탑층)=36m
⑥ 주용도 : 판매시설
⑦ 층별 부속용도
  ㉠ 지하 2층 : 주차장
  ㉡ 지하 1층 : 주차장 및 근린생활시설
  ㉢ 지상 1층~지상 6층 : 판매시설
  ㉣ 옥탑층 : 계단실, 엘리베이터 권상기실, 기계실, 물탱크실
⑧ 직통계단 : 지하 2층~지상 6층 1개소, 지하 2층~옥탑층 1개소, 총 2개소
⑨ 엘리베이터 1개소

(2) R형 자동화재탐지설비의 신호 전송선로에 트위스트 쉴드선을 사용하는 이유, 원리, 종류를 쓰시오. (8점)

(3) 다음의 조건을 참고하여 발전기용량[kVA]을 계산하시오. (10점)

〈 조 건 〉
① 발전기 용량계산은 PG방식을 적용하고, 고조파 부하는 고려하지 않음
② 기동 관련 계수 및 효율은 1.0 적용
③ 표준역률 : 0.8, 허용전압강하 : 25%, 발전기 리액턴스 : 20%, 과부하 내량 : 1.2

부하의 종류	출력 [kW]	전부하 특성				시동 특성		시동 순서	비고
		역률 [%]	효율 [%]	입력 [kVA]	입력 [kW]	역률 [%]	입력 [kVA]		
비상 조명등	8	100	–	8	8	–	8	1	
스프링 클러 펌프	45	85	88	60.1	51.1	40	140	2	Y-Δ기동
옥내 소화전 펌프	22	85	86	30.1	25.5	40	46	3	Y-Δ기동
제연 급기팬	7.5	85	87	10.1	8.6	40	61		직입기동
합계	82.5	–	–	108.3	93.3	–	255		

(4) 금속마그네슘 화재에 대하여 다음 소화설비가 적응성이 없는 이유를 기술하고, 반응식을 쓰시오.
① 이산화탄소소화설비 (2점)   ② 물분무소화설비 (2점)

해설

(1) 다음 조건의 건축물에 자동화재탐지설비 설계 시 최소경계구역수를 계산하시오. (단, 모든 감지기는 광전식스포트형 연기감지기 또는 차동식스포트형 감지기로서 표준감시거리 및 감지면적을 가진 감지기로 설치하고 자동식소화설비 경계구역은 제외) (8점)
① 계단
　지하 1층을 초과하므로 지상층과 별도로 구획하며, 지상 층은 4m×7개 층(옥탑층 포함)=28m이므로, 45m를 초과하지 않으므로 1구역으로 나누어 총 2경계구역이며, 계단이 2개소이므로 총 4경계구역
② 엘리베이터 권상기실 : 1경계구역
③ 층별 면적에 따른 경계구역(문제의 단서에 따라 자동식 소화설비 경계구역 제외 : 주차장에 준비작동식스프링클러설비 고려하지 않음)
　$1{,}176\text{m}^2 \div 600\text{m}^2 = 1.96$ ∴층별 2경계구역
　2경계구역×8개 층=16경계구역
　옥탑층 1경계구역
④ 경계구역 합계 : 4+1+16+1=22경계구역

(2) R형 자동화재탐지설비의 신호 전송선로에 트위스트 쉴드선을 사용하는 이유, 원리, 종류를 쓰시오. (8점)
① 트위스트 쉴드선(STP ; Shield Twisted Pair)을 사용하는 이유 및 원리
　외부 자력선에 의한 유도를 방지하는 효과가 있으며 트위스팅 되어있어 외부 자력선에 의해 서로 반대 방향의 기전력이 형성되어 서로 상쇄한 후 접지하면, 일반 케이블을 사용하는 경우에 비하여 트위스트 케이블을 사용할 때는 전자유도 방해를 거의 받지 않게 된다는 것을 알 수 있다. 아날로그식, 다신호식 및 R형 수신기에는 트위스트 처리가 된 전용신호전송 케이블을 적용해야만 시스템의 신뢰도를 높일 수 있게 된다.

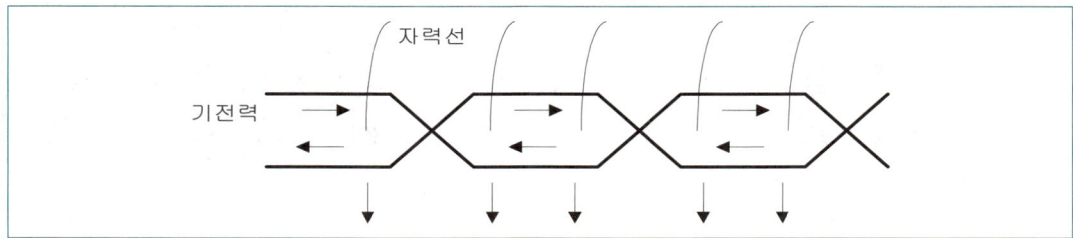

② 종류
  ㉠ 난연성 절연비닐 시스 케이블(FR-CVV-SB)
  ㉡ 절연비닐 시스 제어용 케이블(TFR-CVV-SB)
  ㉢ 내열성 비닐절연 시스 케이블(H-CVV-SB)
  ㉣ 가교폴리에틸렌 비닐절연 시스 제어용 케이블(CVV-SB)
  ㉤ 가교폴리에틸렌 절연 저독성 난연 폴리올레핀 시스 케이블(HFCCO-SB)

(3) 다음의 조건을 참고하여 발전기용량[kVA]을 계산하시오. (10점)

〈 조 건 〉
① 발전기 용량계산은 PG방식을 적용하고, 고조파 부하는 고려하지 않음
② 기동 관련 계수 및 효율은 1.0 적용
③ 표준역률 : 0.8, 허용전압강하 : 25%, 발전기 리액턴스 : 20%, 과부하 내량 : 1.2

부하의 종류	출력 [kW]	전부하 특성				시동 특성		시동 순서	비고
		역률 [%]	효율 [%]	입력 [kVA]	입력 [kW]	역률 [%]	입력 [kVA]		
비상 조명등	8	100	–	8	8	–	8	1	
스프링클러 펌프	45	85	88	60.1	51.1	40	140	2	Y-Δ기동
옥내 소화전펌프	22	85	86	30.1	25.5	40	46	3	Y-Δ기동
제연 급기팬	7.5	85	87	10.1	8.6	40	61		직입기동
합계	82.5	–	–	108.3	93.3	–	255		

① 정격운전상태에서 부하설비의 가동에 필요한 발전기용량

$$PG_1 = \frac{\sum W_L \times L}{\cos\theta_G}$$

여기서, PG_1 : 발전기용량[kVA]
  $\sum W_L$: 부하입력 합계[kW]
  L : 부하 수용률(1.0 적용)
  $\cos\theta_G$: 부하역률(보통 0.8)

$\sum W_L = 93.3\text{kW}$, $L=1$(조건 ②), $\cos\theta_G = 0.8$(조건 ③)

$PG_1 = \dfrac{\sum W_L \times L}{\cos\theta_G} = \dfrac{93.3\text{kW}\times 1}{0.8} = 116.625$ ∴ 116.63kVA

② 부하 중 최대용량(기동 kVA)의 전동기를 기동할 때 허용전압 강하를 고려한 발전기용량

$$PG_2 = \frac{1-\Delta E}{\Delta E}\times X_d \times Q_L$$

여기서, PG_2 : 발전기용량[kVA]
  ΔE : 허용전압 강하율(=0.2~0.3, 통상 0.25 적용)
  X_d : 발전기 직축 과도리액턴스(=0.2~0.3, 통상 0.25 적용)
  Q_L : 기동입력이 가장 큰 전동기의 기동 시 돌입용량[kVA](=정상입력의 6.5배 적용)

$\Delta E = 0.25$, $X_d = 0.2$(조건 ③), $Q_L = 140\text{kVA}$ (스프링클러펌프 시동특성 입력[kVA])

$PG_2 = \dfrac{1-\Delta E}{\Delta E}\times X_d \times Q_L = \dfrac{1-0.25}{0.25}\times 0.2 \times 140\text{kVA} = 84$ ∴ 84kVA

③ 부하 중 최대용량(기동 kVA)의 전동기를 기동 순서상 마지막으로 기동할 때 필요한 발전기용량

$$PG_3 = \frac{\sum W_O + (Q_L \times \cos\theta_{QI})}{K \times \cos\theta_G}$$

여기서, PG_3 : 발전기용량[kVA]

$\sum W_O$: 기저부하(BASE LOAD)의 입력 합계[kW]
Q_L : 기동입력이 가장 큰 전동기의 기동 시 돌입용량[kVA](=정상입력의 6.5배 적용)
$\cos\theta_{QI}$: 기동돌입부하 기동역률(=0.3 적용)
K : 원동기 과부하 내량(=1.2 적용)
$\cos\theta_G$: 발전기 역률(=0.8 적용)

부하의 종류	출력 [kW]	전부하 특성				시동 특성		시동 순서	비고
		역률 [%]	효율 [%]	입력 [kVA]	입력 [kW]	역률 [%]	입력 [kVA]		
비상 조명등	8	100	−	8	8	−	8	1	
스프링클러 펌프	45	85	88	60.1	51.1	40	140	2	Y−Δ 기동
옥내소화전 펌프	22	85	86	30.1	25.5	40	46	3	Y−Δ 기동
제연급기팬	7.5	85	87	10.1	8.6	40	61		직입 기동
합계	82.5	−	−	108.3	93.3	−	255		

$\sum W_O = 51.1\text{kW}$ (용량이 가장 큰 스프링클러펌프를 기저부하로 본다.)
$Q_L = 140\text{kVA}$ (스프링클러펌프 시동특성 입력[kVA])
$\cos\theta_{QI} = 0.4$ (스프링클러펌프의 시동특성 역률 적용), $K=1.2$, $\cos\theta_G = 0.8$, $Q_L = 140\text{kVA}$

$$PG_3 = \frac{\sum W_O + (Q_L \times \cos\theta_{QI})}{K \times \cos\theta_G} = \frac{51.1\text{kW} + (140\text{kVA} \times 0.4)}{1.2 \times 0.8} = 116.562 \quad \therefore 116.56\text{kVA}$$

④ 발전기용량은 위의 세 가지 계산값 중 가장 큰 값인 116.63kVA로 선정한다.

> **참고만**
>
> ☑ **기저부하(Based Load)란?**
> 펌프 등의 장비를 가동하기 위한 최소한의 부하를 말하며, 위의 경우 스프링클러펌프의 용량이 가장 크므로 기저부하로 볼 수 있다. 즉, 스프링클러펌프의 용량을 확보하면, 기타 장비를 최소한으로 기동할 수 있다는 뜻이다.

(4) 금속마그네슘 화재에 대하여 다음 소화설비가 적응성이 없는 이유를 기술하고, 반응식을 쓰시오.
① 이산화탄소소화설비(2점)
이산화탄소소화설비의 경우 방사된 이산화탄소와 마그네슘(활성금속물질)이 반응하여 탈탄작용을 일으켜 가연성탄소가 생성되므로 적응성이 없다.
$2Mg + CO_2 \rightarrow 2MgO + C$

② 물분무소화설비(2점)
마그네슘은 제2류 위험물로서 물과 반응하여 가연성가스인 수소를 발생시키므로 적응성을 가지지 않는다.
$Mg + 2H_2O \rightarrow Mg(OH)_2 + H_2$

3 다음 물음에 답하시오.(30점)

(1) 할로겐화합물소화약제 HCFC Bland-A 화학식과 조성비를 쓰시오. (5점)
(2) IG-541 불활성기체소화약제에 관한 것이다 다음 각 물음에 답하시오. (15점)

〈 조 건 〉
㉠ 실의 바닥면적 : 300m², 실의 높이 3.5m, 소화농도 35.84%
㉡ 노즐에서 소화약제 방사 시 온도 : 20℃
㉢ 전기실로서 최소예상온도 : 10℃
㉣ 1병당 80ℓ, 충전압력 : 19,965kPa

① 소화약제 산출식을 쓰고, 각 기호를 설명하시오. (3점)
② IG-541의 선형상수에서 K_1과 K_2를 구하시오. (3점)
③ IG-541의 소화약제량[m³]을 구하시오. (3점)
④ IG-541의 최소 저장용기수를 구하시오. (3점)
⑤ 선택밸브 통과 시 최소유량[m³/s]을 구하시오. (3점)

해설

(2) IG-541 불활성기체소화약제에 관한 것이다 다음 각 물음에 답하시오. (15점)

〈 조 건 〉
㉠ 실의 바닥면적 : 300m², 실의 높이 3.5m, 소화농도 35.84%
㉡ 노즐에서 소화약제 방사 시 온도 : 20℃
㉢ 전기실로서 최소예상온도 : 10℃
㉣ 1병당 80ℓ, 충전압력 : 19,965kPa

① 소화약제 산출식을 쓰고, 각 기호를 설명하시오. (3점)

$$X = 2.303 \times \frac{V_s}{S} \times \log\left[\frac{100}{100-C}\right]$$

여기서, X : 공간체적당 더해진 소화약제의 부피[m³/m³]
  S : 소화약제별 선형상수($K_1 + K_2 \times t$)[m³/kg]
  V_s : 20℃에서 소화약제의 비체적[m³/kg]
  C : 체적에 따른 소화약제의 설계농도[%]
  t : 방호구역의 최소예상온도[℃]

② IG-541의 선형상수에서 K_1과 K_2를 구하시오. (3점)

$$S = K_1 + K_2 \times t = K_1 + K_1 \times \frac{t}{273}$$

여기서, S : 소화약제 선형상수(특정온도에서의 비체적)[m³/kg]
  K_1 : 0℃에서의 비체적 $\left[\frac{22.4\text{m}^3}{\text{분자량kg}}\right]$
  K_2 : 특정온도에서의 비체적 $\left[K_2 = \frac{K_1}{273}\,(\text{m}^3/\text{kg})\right]$
  t : 특정온도[℃]

㉠ IG-541의 조성($N_2 = 52\%$, $Ar = 40\%$, $CO_2 = 8\%$)에 따른 분자량을 구하면
  • 질소(N_2)의 분자량 : $14\text{kg} \times 2 = 28\text{kg}$
  • 아르곤(Ar)의 분자량 : $40\text{kg} \times 1 = 40\text{kg}$
  • 이산화탄소(CO_2)의 분자량 : $(12\text{kg} \times 1) + (16\text{kg} \times 2) = 44\text{kg}$
  ∴ IG-541 = $(0.52 \times 28\text{kg}) + (0.4 \times 40\text{kg}) + (0.08 \times 44\text{kg}) = 34.08$ ∴ 34.08kg

ⓛ K_1을 구하면

$$K_1 = \frac{22.4\text{m}^3}{\text{분자량 kg}} = \frac{22.4\text{m}^3}{34.08\text{kg}} = 0.6572 \quad \therefore 0.6572\text{m}^3/\text{kg} \text{ (화재안전기술기준상 넷째자리까지 표기됨)}$$

ⓒ K_2를 구하면

$$K_2 = \frac{K_1}{273} = \frac{0.6572\text{m}^3/\text{kg}}{273} = 0.00240 \quad \therefore 0.0024\text{m}^3/\text{kg}$$

③ IG-541의 소화약제량[m³]을 구하시오. (3점)

$$X = 2.303 \times \frac{V_s}{S} \times \log\left[\frac{100}{100-C}\right]$$

여기서, X : 공간체적당 더해진 소화약제의 부피[m³/m³]
  S : 소화약제별 선형상수($K_1 + K_2 \times t$)[m³/kg]
  V_s : 20℃에서 소화약제의 비체적[m³/kg]
  C : 체적에 따른 소화약제의 설계농도[%]
  t : 방호구역의 최소예상온도[℃]

$t = 10℃, V = 300\text{m}^2 \times 3.5\text{m} = 1,050\text{m}^3$

㉠ 소화약제별 선형상수를 구하면($K_1 = 0.6572\text{m}^3/\text{kg}, K_2 = 0.0024\text{m}^3/\text{kg}$ 대입)

$$S = K_1 + K_2 \times t = 0.6572\text{m}^3/\text{kg} + 0.0024\text{m}^3/\text{kg} \times 10℃ = 0.6812 \quad \therefore 0.6812\text{m}^3/\text{kg}$$

㉡ 20℃에서 소화약제의 비체적을 구하면

$$V_s = K_1 + K_2 \times t = 0.6572\text{m}^3/\text{kg} + 0.0024\text{m}^3/\text{kg} \times 20℃ = 0.7052 \quad \therefore 0.7052\text{m}^3/\text{kg}$$

㉢ 전기실(C급) 체적에 따른 소화약제의 설계농도를 구하면

$C =$ 안전율(A급 = 1.2, B급 = 1.3, C급 = 1.35) × 소화농도 = 1.35 × 35.84 = 48.384 $\therefore 48.384\%$

㉣ 공간체적당 더해진 소화약제의 부피를 구하면

$$X_V = 2.303 \times \frac{V_s}{S} \times \log\left[\frac{100}{100-C}\right]$$

$$= 2.303 \times \frac{0.7052\text{m}^3/\text{kg}}{0.6812\text{m}^3/\text{kg}} \times \log\left[\frac{100}{100-48.384\%}\right]$$

$$= 0.6847 \quad \therefore 0.6847\text{m}^3/\text{m}^3$$

㉤ 소화약제량을 구하면

최소약제량[kg] = 방호구역 체적당 필요한 소화약제 체적[m³/m³] × 방호구역체적[m³]
$$= 0.6847\text{m}^3/\text{m}^3 \times (300\text{m}^2 \times 3.5\text{m}) = 718.935 \quad \therefore 718.94\text{m}^3$$

④ IG-541의 최소 저장용기수를 구하시오. (3점)

$$PV = nRT = \frac{W}{M}RT = W\overline{R}T$$

여기서, P : 절대압력 = 대기압 + 계기압[Pa = N/m²]
  V : 체적[m³]
  n : 몰수[kmol] $\left[= \frac{W(실제\ 질량)[\text{kg}]}{M(분자량)[\text{kg}]}\right]$
  T : 절대온도[K = 273 + ℃]
  R : 일반기체상수[8,313.85 J/kmol·K]
  $\overline{R} = \frac{R}{M}$: 특정기체상수[J/kg·K]

$P = 101,325\text{Pa}[= \text{N/m}^2], V = 22.4\text{m}^3$
$T = 0℃ = 273\text{K}$ 일 때 기체상수

$$R = \frac{PV}{nT} \left(= \frac{PVM}{WT}\right)$$

$$= \frac{101,325\text{N/m}^2 \times 22.4\text{m}^3}{1\text{kmol} \times 273\text{K}}$$

$≒ 8,313.85\text{N·m/kmol·K}[1\text{N·m} = 1\text{J}]$
$≒ 8,313.85\text{J/kmol·K}$

기체는 온도와 압력에 따라 체적이 달라지므로 이를 고려하여 이상기체상태방정식을 적용한다.

㉠ 절대압력을 구하면(절대압 = 대기압 + 계기압)

$P =$ 대기압 + 계기압 $= 101.325\text{kPa} + 19,965\text{kPa} = 20,066.325$

$\therefore 20,066.325\text{kPa} = 20,066.325\text{kN/m}^2$

(충전압력은 계기압으로 볼 수 있으므로 대기압을 더해주어 절대압력을 산출한다.)

    ⓒ IG – 541의 분자량＝34.08kg (문제 ②에서 산출)
    ⓒ 절대온도를 구하면
       노즐에서 소화약제 방사 시의 온도는 소화약제 방사 전 평상 시의 온도로 간주할 수 있으므로 소화약제 저장 시의 온도로 본다.
       $T = 273 + 20℃ = 293K$
    ⓔ 약제의 질량을 구하면
       W ＝ 약제 체적 ÷ 약제 저장 시의 비체적 ＝ $718.935m^3 ÷ 0.7052m^3/kg = 1,019.476$
       ∴ 1,019.476kg
       (문제 ③에서 산출한 20℃에서의 비체적을 약제 저장 시의 비체적으로 대입)
    ⓜ 약제의 체적을 구하면
       $PV = \dfrac{W}{M}RT$

       $V = \dfrac{WRT}{PM} = \dfrac{1,019.476\text{kg} \times 8,313.85\text{N}\cdot\text{m/kmol}\cdot\text{K} \times 293\text{K}}{20,066.325\text{N/m}^2 \times 34.08\text{kg}} = 3.631$ ∴ $3.631m^3$

    ⓑ 저장용기수를 구하면[80ℓ/병 ＝ 0.08m³/병 (1m³ ＝ 1,000ℓ)]
       저장용기수 ＝ 약제 체적 ÷ 저장용기당 체적 ＝ $3.631m^3 ÷ 0.08m^3$/병 ＝ 45.387   ∴ 46병

⑤ **선택밸브 통과 시 최소유량[m³/s]을 구하시오. (3점)**
  선택밸브 통과 시 최소유량을 적용하여야 하므로「할로겐화합물 및 불활성기체소화설비의 화재안전기술기준」2.7.3에 따라 불활성기체소화약제의 경우에는 A·C급 화재는 2분, B급 화재는 1분 이내에 방호구역 각 부분에 최소설계농도의 95% 이상 해당하는 약제량이 방출되도록 하여야 한다.
    ㉠ 최소설계 농도의 95%에 해당하는 약제량
       $X = 2.303 \times \dfrac{V_s}{S} \times \log\left[\dfrac{100}{100-C}\right]$

       $= 2.303 \times \dfrac{0.7052\text{m}^3/\text{kg}}{0.6812\text{m}^3/\text{kg}} \times \log\left[\dfrac{100}{100 - 48.384\% \times 0.95}\right] = 0.6373$ ∴ $0.6373m^3/m^3$

    ㉡ 최소약제량[kg] ＝ 방호구역 체적당 필요한 소화약제 체적[m³/m³] × 방호구역체적[m³]
       $= 0.6373m^3/m^3 \times (300m^2 \times 3.5m) = 669.165$ ∴ $669.165m^3$
    ㉢ 선택밸브(배관) 통과유량을 구하면(C급(전기화재)이므로 2분 이내)
       $669.165m^3 ÷ 120\text{sec} = 5.576$ ∴ $5.58m^3/s$

Mind-Control

오늘 변화하지 않으면 내일도, 다음주도, 내년도 오늘처럼 살아야 한다.

– 베르지도 –

제15회 소방시설관리사(2015.9.5 시행)

1 「제연설비의 화재안전기술기준(NFTC 501)」에 의거하여 다음 각 물음에 답하시오. (40점)

(1) 다음 조건과 평면도를 참고하여 다음 각 물음에 답하시오. (9점)

〈 조 건 〉

㉠ 예상제연구역의 A구역과 B구역은 2개의 거실이 인접된 구조이다.
㉡ 제연경계로 구획할 경우에는 인접구역 상호제연방식을 적용한다.
㉢ 최소 배출량 산출 시 송풍기용량 산정은 고려하지 않는다.

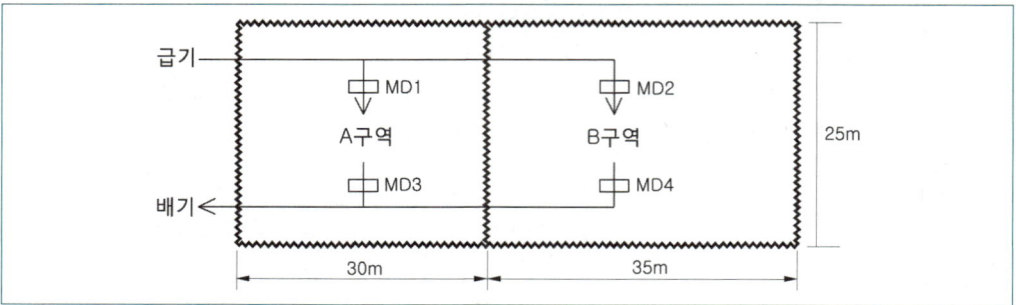

① A구역과 B구역을 자동 방화셔터로 구획할 경우 A구역의 최소 배출량[m³/hr]을 구하시오. (3점)
② A구역과 B구역을 자동 방화셔터로 구획할 경우 B구역의 최소 배출량[m³/hr]을 구하시오. (3점)
③ A구역과 B구역을 제연경계로 구획할 경우 예상제연구역의 급·배기 댐퍼별 동작상태(개방 또는 폐쇄)를 표기하시오. (3점)

(2) 제연설비 설치장소에 대한 제연구역의 구획 설정기준 5가지를 쓰시오. (6점)

(3) 아래 그림과 같은 5개 거실에 제연(배연)설비가 설치되어 있는 경우에 대해 다음 물음에 답하시오. (25점)

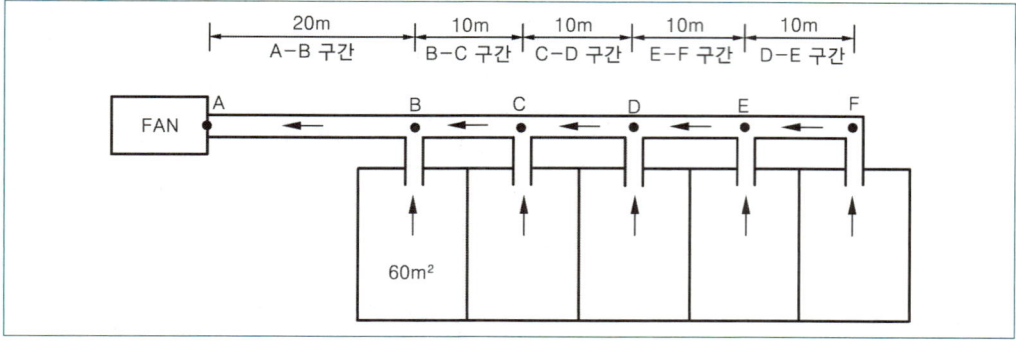

---< 조 건 >---
㉠ 각 실의 면적은 60m²로 동일하고, 배출량은 최소 배출량으로 한다.
㉡ 주덕트는 사각덕트로 폭과 높이는 1,000mm와 500mm이다.
㉢ 주덕트는 벽면 마찰손실계수는 0.02로 모든 덕트 구간에 동일하게 사용한다.
㉣ 사각덕트를 원형덕트로의 환산지름은 수력지름(hydraulic diameter)의 산출 공식을 이용한다.
㉤ 각 가지덕트에서 발생하는 압력손실의 합은 5mmAq로 한다.
㉥ 주덕트는 마찰손실 이외의 각종 부속품손실(부차적 손실)은 무시한다.
㉦ 송풍기에서 발생하는 압력손실은 무시한다.
㉧ 공기밀도는 1.2kg/m²이다.
㉨ 계산식과 풀이과정을 쓰고, 계산은 소수점 셋째자리에서 반올림한다.

① 송풍기의 최소필요압력[Pa]을 계산하시오. (20점)
② 송풍기의 최소필요 공기동력[W]를 계산하시오. (5점)

해설

(1) 다음 조건과 평면도를 참고하여 다음 각 물음에 답하시오. (9점)

---< 조 건 >---
㉠ 예상제연구역의 A구역과 B구역은 2개의 거실이 인접된 구조이다.
㉡ 제연경계로 구획할 경우에는 인접구역 상호제연방식을 적용한다.
㉢ 최소 배출량 산출 시 송풍기용량 산정은 고려하지 않는다.

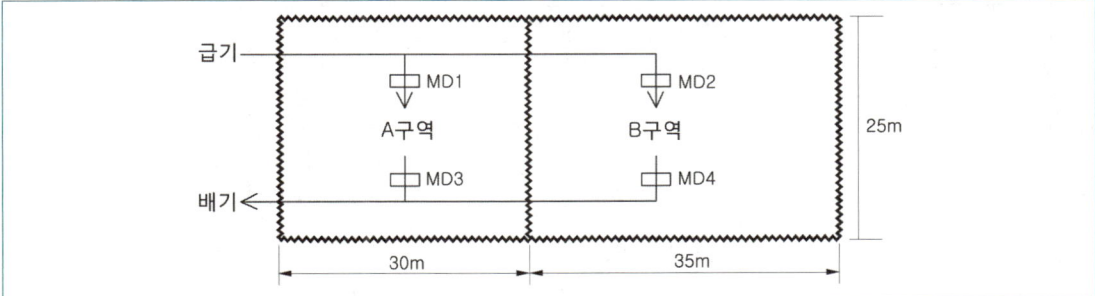

① A구역과 B구역을 자동 방화셔터로 구획할 경우 A구역의 최소 배출량[m³/hr]을 구하시오. (3점)

A구역의 바닥면적 : 25m × 30m = 750   ∴750m²

A구역의 대각선의 길이= $\sqrt{(25m^2)+(30m^2)}$ = 39.051   ∴39.051m이므로 예상제연구역이 직경 40m원의 범위 안에 있으며, 수직거리는 주어지지 않았으므로 최소배출량은 40,000m³/hr 이상으로 선정한다.

길이 직경	수직거리	400m² 이상 거실 또는 통로인 경우의 배출량(통로는 40m 초과 60m 이하인 경우의 배출량과 동일)
40m 이하	2m 이하	40,000m³/hr 이상
	2m 초과 2.5m 이하	45,000m³/hr 이상
	2.5m 초과 3m 이하	50,000m³/hr 이상
	3m 초과	60,000m³/hr 이상

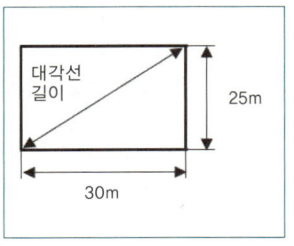

② A구역과 B구역을 자동 방화셔터로 구획할 경우 B구역의 최소 배출량[m³/hr]을 구하시오. (3점)

B구역의 바닥면적 : 25m × 35m = 875   ∴ 875m²

B구역의 대각선의 길이 = $\sqrt{(25m)^2 + (35m)^2}$ = 43.011   ∴ 43.011m이므로 예상제연구역이 직경 40m원의 범위를 초과하고 수직거리는 주어지지 않았으므로 최소배출량은 45,000m³/hr 이상으로 선정한다.

길이 직경	수직거리	400m² 이상 거실 또는 통로인 경우의 배출량(통로는 40m 초과 60m 이하인 경우의 배출량과 동일)
40m 초과 60m 이하	2m 이하	45,000m³/hr 이상
	2m 초과 2.5m 이하	50,000m³/hr 이상
	2.5m 초과 3m 이하	55,000m³/hr 이상
	3m 초과	65,000m³/hr 이상

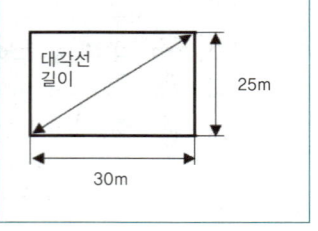

③ A구역과 B구역을 제연경계로 구획할 경우 예상제연구역의 급·배기 댐퍼별 동작상태(개방 또는 폐쇄)를 표기하시오. (3점)

제연구역	급기댐퍼	배기댐퍼
A구역 화재 시	MD1 : 폐쇄	MD3 : 개방
	MD2 : 개방	MD4 : 폐쇄
B구역 화재 시	MD1 : 개방	MD3 : 폐쇄
	MD2 : 폐쇄	MD4 : 개방

(3) 아래 그림과 같은 5개 거실에 제연(배연)설비가 설치되어 있는 경우에 대해 다음 물음에 답하시오. (25점)

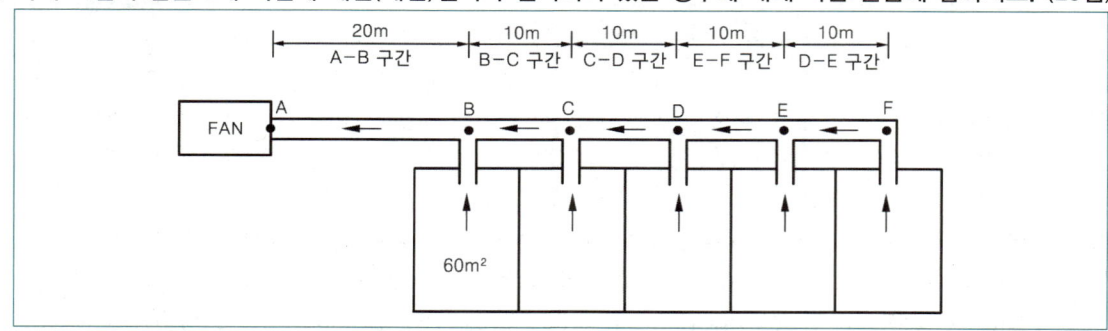

〈 조 건 〉

㉠ 각 실의 면적은 60m²로 동일하고, 배출량은 최소배출량으로 한다.
㉡ 주덕트는 사각덕트로 폭과 높이는 1,000mm와 500mm이다.
㉢ 주덕트는 벽면 마찰손실계수는 0.02로 모든 덕트 구간에 동일하게 사용한다.
㉣ 사각덕트를 원형덕트로의 환산지름은 수력지름(hydraulic diameter)의 산출 공식을 이용한다.
㉤ 각 가지덕트에서 발생하는 압력손실의 합은 5mmAq로 한다.
㉥ 주덕트는 마찰손실 이외의 각종 부속품손실(부차적 손실)은 무시한다.
㉦ 송풍기에서 발생하는 압력손실은 무시한다.
㉧ 공기밀도는 1.2kg/m²이다.
㉨ 계산식과 풀이과정을 쓰고, 계산은 소수점 셋째자리에서 반올림한다.

① 송풍기의 최소필요압력[Pa]을 계산하시오. (20점)

$P = \gamma H = \rho g H$

여기서, P : 압력[Pa = N/m²]
γ : 비중량[물 : 9,800N/m³ = 9.8kN/m³ = 0.0098MN/m³ = 1,000kg_f/m³]
ρ : 밀도[물 1,000kg/m³ = 1,000N·s²/m⁴]

$\rho = 1.2$kg/m³ 이므로 손실수두를 구해야 하므로 조건에 따라 주덕트와 각 가지덕트의 마찰손실을 구해 적용한다.

㉠ 마찰손실수두

$H = f \cdot \dfrac{l}{D} \cdot \dfrac{V^2}{2g}$

여기서, H : 마찰손실수두[m]
f : 마찰손실계수 $\left[f = \dfrac{64}{Re} \text{ 는 조건에 따라 사용}\right]$
l : 배관길이[m]
D : 배관직경[m]
V : 유속[m/s]
g : 중력가속도[9.8m/s²]

• 조건에 따라 수력지름에 따른 구경을 구하면
원형관 이외의 덕트 등의 마찰손실계산 등에서 직경을 대신하기 위해 수력반경(R_h)을 사용하였으며 수력반경(R_h)을 이용해 수력직경($4R_h$)을 구한 후 직경을 대신하여 마찰손실 등을 구하기 위해 사용하며, 단면의 형상이 원형에 가까울수록 실제 값과 근접하다. [$4R_h$(수력반경) = D_h(수력직경)]

$D_h = 4R_h = 4 \times \dfrac{A}{P}$

여기서, $D_h = 4R_h$: 수력직경[m]
A : 유체가 흐르는 단면적[m²]
P : 접수길이(유체와의 접촉길이)[m]

사각덕트의 폭과 지름이 1,000mm, 500mm이므로
$A = 1\text{m} \times 0.5\text{m} = 0.5\text{m}^2$, $P = 1\text{m} \times 2 + 0.5\text{m} \times 2 = 3\text{m}$

$D_h = 4R_h = 4 \times \dfrac{A}{P} = 4 \times \dfrac{0.5\text{m}^2}{3\text{m}} = 0.666$ ∴ 0.666m

• 유속에 따른 마찰손실을 구하면
$Q = AV$

여기서, Q : 유량[m³/s]
A : 배관 단면적 $\left(\dfrac{\pi}{4}D^2[\text{m}^2]\right)$
V : 유속[m/s]

수력직경에 따른 덕트의 구경은 $A = \dfrac{\pi}{4} \times 0.666^2$m²이므로 각 실 면적 60m²에 따른 최소배출량은 400m² 미만인 공동예상제연구역으로 벽으로 구획되어 바닥면적 1m²당 1m³/min으로 적용할 경우 60m³/min이며 각 구간별 풍량을 적용한 후 풍속을 구하고 마찰손실수두를 산출한다. 이때, 공동예상제연구역의 전체 배출량은 5,000m³/hr 이상으로 할 것

길이 직경	수직거리	400m² 미만의 거실(50m² 미만 거실의 통로배출방식에서의 배출량 : 벽으로 구획된 경우 포함)	400m² 미만의 거실(최소 배출량)
40m 이하	2m 이하	25,000m³/hr	• 바닥면적 1m²당 1m³/min 이상 • 최저 5,000m³/hr 이상
	2m 초과 2.5m 이하	30,000m³/hr	
	2.5m 초과 3m 이하	35,000m³/hr	
	3m 초과	45,000m³/hr	

길이 직경	수직거리	400m² 미만의 거실(50m² 미만 거실의 통로배출방식에서의 배출량 : 벽으로 구획된 경우 포함)	400m² 미만의 거실(최소 배출량)
40m 초과 60m 이하	2m 이하	30,000m³/hr	• 바닥면적 1m²당 1m³/min 이상 • 최저 5,000m³/hr 이상
	2m 초과 2.5m 이하	35,000m³/hr	
	2.5m 초과 3m 이하	40,000m³/hr	
	3m 초과	50,000m³/hr	

ⓒ 풍량과 풍속

구간	풍량	풍속
E~F	$60\text{m}^3/\text{min} \times \dfrac{1\text{min}}{60\text{s}} = 1 \quad \therefore 1\text{m}^3/\text{s}$	$V = \dfrac{Q}{A} = \dfrac{1\text{m}^3/\text{s}}{\dfrac{\pi}{4} \times 0.666\text{m}^2} = 1.911 \quad \therefore 1.911\text{m/s}$
D~E	$120\text{m}^3/\text{min} \times \dfrac{1\text{min}}{60\text{s}} = 2 \quad \therefore 2\text{m}^3/\text{s}$	$V = \dfrac{Q}{A} = \dfrac{2\text{m}^3/\text{s}}{\dfrac{\pi}{4} \times 0.666\text{m}^2} = 3.823 \quad \therefore 3.823\text{m/s}$
C~D	$180\text{m}^3/\text{min} \times \dfrac{1\text{min}}{60\text{s}} = 3 \quad \therefore 3\text{m}^3/\text{s}$	$V = \dfrac{Q}{A} = \dfrac{3\text{m}^3/\text{s}}{\dfrac{\pi}{4} \times 0.666\text{m}^2} = 5.735 \quad \therefore 5.735\text{m/s}$
B~C	$240\text{m}^3/\text{min} \times \dfrac{1\text{min}}{60\text{s}} = 4 \quad \therefore 4\text{m}^3/\text{s}$	$V = \dfrac{Q}{A} = \dfrac{4\text{m}^3/\text{s}}{\dfrac{\pi}{4} \times 0.666\text{m}^2} = 7.647 \quad \therefore 7.647\text{m/s}$
A~B	$300\text{m}^3/\text{min} \times \dfrac{1\text{min}}{60\text{s}} = 5 \quad \therefore 5\text{m}^3/\text{s}$	$V = \dfrac{Q}{A} = \dfrac{5\text{m}^3/\text{s}}{\dfrac{\pi}{4} \times 0.666\text{m}^2} = 9.558 \quad \therefore 9.558\text{m/s}$

ⓒ 주덕트의 마찰손실수두 및 가지덕트의 손실압력

구간	구간별 덕트길이	주덕트의 마찰손실수두	가지덕트의 손실압력
E~F	$l_{EF} = 10\text{m}$	$H = 0.02 \times \dfrac{10\text{m}}{0.666\text{m}} \times \dfrac{(1.911\text{m/s})^2}{2 \times 9.8\text{m/s}^2} = 0.055 \quad \therefore 0.055\text{m}$	0.005mH₂O [=5mmAq]
D~E	$l_{DE} = 10\text{m}$	$H = 0.02 \times \dfrac{10\text{m}}{0.666\text{m}} \times \dfrac{(3.823\text{m/s})^2}{2 \times 9.8\text{m/s}^2} = 0.223 \quad \therefore 0.223\text{m}$	
C~D	$l_{CD} = 10\text{m}$	$H = 0.02 \times \dfrac{10\text{m}}{0.666\text{m}} \times \dfrac{(5.735\text{m/s})^2}{2 \times 9.8\text{m/s}^2} = 0.503 \quad \therefore 0.503\text{m}$	
B~C	$l_{BC} = 10\text{m}$	$H = 0.02 \times \dfrac{10\text{m}}{0.666\text{m}} \times \dfrac{(7.647\text{m/s})^2}{2 \times 9.8\text{m/s}^2} = 0.895 \quad \therefore 0.895\text{m}$	
A~B	$l_{AB} = 20\text{m}$	$H = 0.02 \times \dfrac{20\text{m}}{0.666\text{m}} \times \dfrac{(9.558\text{m/s})^2}{2 \times 9.8\text{m/s}^2} = 2.799 \quad \therefore 2.799\text{m}$	
합계		0.055m + 0.223m + 0.503m + 0.895m + 2.799m = 4.475m	0.005mH₂O
손실수두 총계		4.475m + 0.005m = 4.48 $\therefore$ 4.48m [H₂O는 통상 생략한다]	

ⓔ 송풍기 필요압력

$P = \gamma H = \rho g H = 1.2\text{kg/m}^3 \times 9.8\text{m/s}^2 \times 4.48\text{m} = 52.684$

$\therefore 52.68\text{kg} \cdot \text{m/s}^2 \cdot \text{m}^2 = 52.68\text{N/m}^2 = 52.68\text{Pa}$

② 송풍기의 최소필요 공기동력[W]를 계산하시오. (5점)

$$P = \frac{P_T \cdot Q}{102 \times 60\eta} \times K = \frac{P_T \cdot Q}{6{,}120\eta} \times K$$

여기서, P : 동력[kW] $[P = P_T \cdot Q = \gamma h Q = kN/m^3 \times m \times m^3/s = kN \cdot m/s = kJ/s = kW]$

P_T : 전압[mmAq=mmH$_2$O] $\left[\dfrac{1\text{mmAq}}{10{,}332\text{mmAq}} \times 101.325\text{kPa} = \dfrac{1}{102}\text{kPa}\right]$

Q : 풍량[m^3/min] $\left[1\text{m}^3/\text{min} \times \dfrac{1\text{min}}{60\text{s}}\right]$

η : 효율

K : 전달계수

일반적으로 적용하는 팬의 동력은 위와 같이 단위를 변환하여 유도된 것이다. 그러나 주어진 조건 및 단위를 적용하기에는 일반적인 펌프의 수동력을 구하는 공식으로 접근하는 것이 편리하다.

$P = \gamma H Q = P_T Q = 52.68 \text{kg} \cdot \text{m/s}^2 \cdot \text{m}^2 \times 5\text{m}^3/\text{s} = 263.4$

∴ $263.4 \text{kg} \cdot \text{m/s}^2 \times \text{m/s} = 263.4 \text{N} \cdot \text{m/s} = 263.4 \text{J/s} = 263.4 \text{W}$

2 다음 각 물음에 답하시오. (30점)

(1) 「유도등 및 유도표지의 화재안전기술기준(NFTC 303)」에 관하여 다음 물음에 답하시오. (7점)
  ① 복도통로유도등에 관한 설치기준을 쓰시오. (5점)
  ② 피난층에 이르는 부분의 유도등을 60분 이상 유효하게 작동시킬 수 있는 용량으로 비상전원을 설치하여야 하는 특정소방대상물을 쓰시오. (2점)

(2) 다음 그림과 같이 휘발유 저장탱크가 1기와 중유 저장탱크 1기를 하나의 방유제에 설치하는 옥외 탱크 저장소에 관하여 다음 각 물음에 답하시오. (단, 포소화약제량 계산에는 포송액관의 부피는 고려하지 않으며, 방유제 용적계산에는 간막이둑 및 방유제 내의 배관 체적은 무시한다. 계산은 소수점 셋째자리에서 반올림하여 둘째자리까지 구하시오.) (12점)

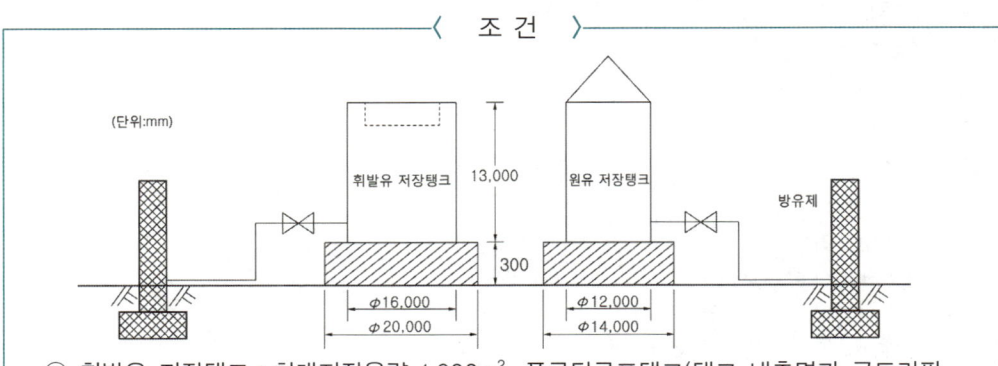

ⓐ 휘발유 저장탱크 : 최대저장용량 1,900m², 플루팅루프탱크(탱크 내측면과 굽도리판 사이의 거리는 0.6m), 특형
ⓑ 중유 저장탱크 : 최대저장용량 1,000m³, 콘루프탱크, Ⅱ형(인화점 70℃ 이상)
ⓒ 포소화약제의 종류 : 수성막포 3%
ⓓ 보조포소화전 : 3개 설치
ⓔ 방유제 면적 : 1,500m²

① 최소 포소화약제 저장량[l]을 계산하시오. (6점)
② 방유제 높이[m]을 계산하시오. (6점)
③ 화재에 노출이 우려되는 제연설비와 전원공급선의 운전 유지조건을 쓰시오. (2점)
④ 제연설비의 기동은 자동 또는 수동으로 기동될 수 있도록 하여야 한다. 이 경우 제연설비가 기동되는 조건에 대하여 쓰시오. (3점)

해설

(2) 다음 그림과 같이 휘발유 저장탱크가 1기와 중유 저장탱크 1기를 하나의 방유제에 설치하는 옥외 탱크 저장소에 관하여 다음 각 물음에 답하시오. (단, 포소화약제량 계산에는 포송액관의 부피는 고려하지 않으며, 방유제 용적계산에는 간막이둑 및 방유제 내의 배관 체적은 무시한다. 계산은 소수점 셋째자리에서 반올림하여 둘째자리까지 구하시오.) (12점)

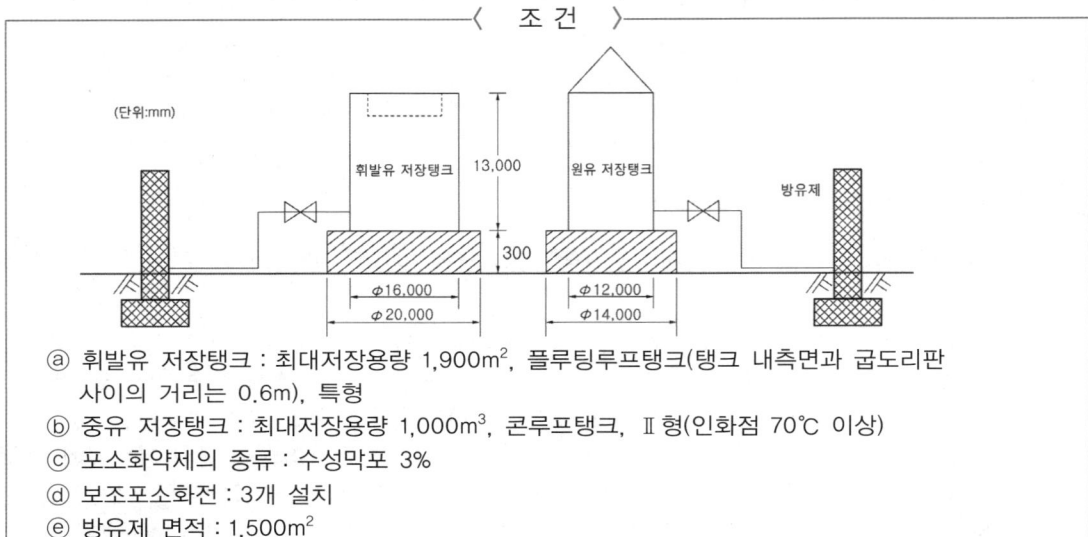

ⓐ 휘발유 저장탱크 : 최대저장용량 1,900m², 플루팅루프탱크(탱크 내측면과 굽도리판 사이의 거리는 0.6m), 특형
ⓑ 중유 저장탱크 : 최대저장용량 1,000m³, 콘루프탱크, Ⅱ형(인화점 70℃ 이상)
ⓒ 포소화약제의 종류 : 수성막포 3%
ⓓ 보조포소화전 : 3개 설치
ⓔ 방유제 면적 : 1,500m²

① 최소 포소화약제 저장량[l]을 계산하시오. (6점)
㉠ 고정포방출구
$Q_① = A \cdot Q_1 \cdot T \cdot S$
여기서, $Q_①$: 포소화약제의 양[l]
A : 탱크의 액표면적[m²]
Q_1 : 단위포소화수용액의 양(방출률)[l/min · m²]
T : 방출시간[min]
S : 포소화약제의 사용농도

㉡ 보조포소화전
$Q_② = N \cdot S \cdot 8,000l$
여기서, $Q_②$: 포소화약제의 양[l]
N : 호스접결구의 수(최대 3개)
S : 포소화약제의 사용농도[%]

㉢ 배관보정량(송액관에 필요한 포소화약제의 양)
내경 75mm 초과 시 적용
$Q_③ = A \cdot L \cdot S \cdot 1,000l/m^3$
여기서, $Q_③$: 배관보정량[l]
A : 배관의 단면적[m²]
L : 배관의 길이[m]
S : 포소화약제의 사용농도[%]

② 고정포방출구방식의 포소화약제 저장량

$Q = Q_① + Q_② + Q_③$

여기서, Q : 고정포방출구방식의 포소화약제 저장량[l]
  $Q_①$: 고정포방출구에 필요한 포소화약제 저장량[l]
  $Q_②$: 보조포소화전에 필요한 포소화약제 저장량[l]
  $Q_③$: 배관보정량[l]

⑩ 포저장탱크의 약제량 : 두 개의 탱크 중 약제량이 많은 탱크를 기준으로 적용한다.

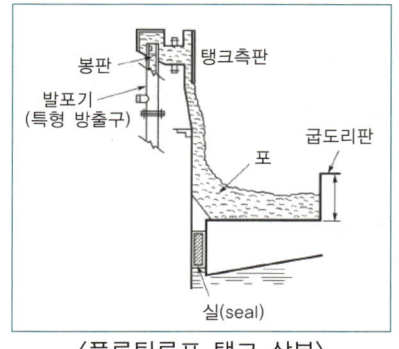

〈플루팅루프 탱크 상부〉

• 휘발유탱크
  - 포방출구 : 조건 "ⓐ"에 따라 플루팅루프 탱크이므로 특형 방출구를 선정한다.
  - 플로팅루프 탱크(부상지붕구조)의 경우 포소화약제를 탱크측판과 굽도리판 사이 0.6m 내에만 방출하므로 부분만 고려하여 적용한다.

$$\therefore A = \frac{\pi}{4} \times (16^2 - 14.8^2) \text{m}^2$$

• 고정포방출구의 방출량 및 방사시간

포방출구의 종류 위험물의 구분	Ⅰ형		Ⅱ형		특형	
	포수용액량 [l/m^2]	방출률 [$l/\text{m}^2 \cdot \text{min}$]	포수용액량 [l/m^2]	방출률 [$l/\text{m}^2 \cdot \text{min}$]	포수용액량 [l/m^2]	방출률 [$l/\text{m}^2 \cdot \text{min}$]
제4류 위험물 중 인화점이 21℃ 미만인 것	120	4	220	4	240	8
제4류 위험물 중 인화점이 21℃ 이상 70℃ 미만인 것	80	4	120	4	160	8
제4류 위험물 중 인화점이 70℃ 이상인 것	60	4	100	4	120	8

휘발유는 제4류 위험물 제1석유류로서 인화점이 21℃ 미만, 특형 방출구를 사용하므로 Q(방출률)은 $8l/\text{min} \cdot \text{m}^2$이 된다.

• T(방출시간) $= \dfrac{\text{포수용액량}[l/\text{m}^2]}{\text{방출률}[l/\text{min} \cdot \text{m}^2]} = \dfrac{240[l/\text{m}^2]}{8[l/\text{min} \cdot \text{m}^2]} = 30\text{min}$ 이다.

• S(포소화약제의 사용농도) : 조건 "ⓒ"에서 수성막 3%를 사용하므로 $S = 0.03$ 이다.

$Q_① = A \cdot Q_1 \cdot T \cdot S = \dfrac{\pi}{4} \times (16^2 - 14.8^2) \text{m}^2 \times 8l/\text{min} \cdot \text{m}^2 \times 30\text{min} \times 0.03 = 209.003$ ∴ 209.003l

ⓑ 중유탱크
• 포방출구 : 조건 "ⓑ"에 따라 콘루프탱크이므로 Ⅱ 방출구를 적용한다.

$$\therefore A = \frac{\pi}{4} \times 12^2 \text{m}^2$$

• T(방출시간) $= \dfrac{\text{포수용액량}[l/\text{m}^2]}{\text{방출률}[l/\text{min} \cdot \text{m}^2]} = \dfrac{100[l/\text{m}^2]}{4[l/\text{min} \cdot \text{m}^2]} = 25\text{min}$ 이다.

• S(포소화약제의 사용농도) : 조건 "ⓒ"에서 수성막 3%를 사용하므로 $S = 0.03$ 이다.

$Q_① = A \cdot Q_1 \cdot T \cdot S$

$= \dfrac{\pi}{4} \times 12^2 \text{m}^2 \times 4l/\text{min} \cdot \text{m}^2 \times 25\text{min} \times 0.03 = 339.292$ ∴ 339.292l

ⓐ 보조포소화전
• N(호스접결구의 수) : 조건 "ⓐ"에서 보조포소화전 3개가 설치되어 있으므로 최대 3개를 적용하면 호스접결구의 수(N) = 3이다.

- S(포소화약제의 사용농도) : 조건 ⓒ에서 수성막포 3%를 사용하므로 $S = 0.03$이다.
  $Q_② = N \cdot S \cdot 8,000l = 3 \times 0.03 \times 8,000l = 720$ ∴ $720l$
- ⓗ 배관보정량은 조건에 없으므로 무시한다.
- ⓙ 포소화약제 저장량 : 두 개의 탱크의 약제량 중 원유탱크의 약제량이 크므로 그 약제량을 기준으로 적용한다.
  $Q = Q_① + Q_② + Q_③ = 339.292l + 720l + 0 = 1,059.292$ ∴ $1,059.29l$

② 방유제 높이[m]을 계산하시오.(6점)
① 방유제의 용량은 방유제 안에 설치된 탱크가 하나인 때에는 그 탱크용량의 110% 이상, <u>2기 이상인 때에는 그 탱크 중 용량이 최대인 것의 용량의 110% 이상으로 할 것. 이 경우 방유제의 용량은 당해 방유제의 내용적에서 용량이 최대인 탱크 외의 탱크의 방유제 높이 이하 부분의 용적, 당해 방유제 내에 있는 모든 탱크의 지반면 이상 부분의 기초의 체적, 간막이 둑의 체적 및 당해 방유제 내에 있는 배관 등의 체적을 뺀 것</u>으로 한다.
② 방유제는 <u>높이 0.5m 이상 3m 이하</u>, 두께 0.2m 이상, 지하매설깊이 1m 이상으로 할 것. 다만, 방유제와 옥외저장탱크 사이의 지반면 아래에 불침윤성(不浸潤性) 구조물을 설치하는 경우에는 지하매설깊이를 해당 불침윤성 구조물까지로 할 수 있다.
③ 2기 이상의 탱크가 저장되므로 최대인 것의 용량의 110% 이상으로 하여야 하므로 휘발유 저장탱크의 용량의 110%를 방유제의 용량($1,900m^3 \times 1.1 = 2,090$ ∴ $2,090m^3$)으로 적용한다. 이때, 조건에 따라 간막이 둑 및 배관의 체적은 무시하며, 탱크 기초 체적을 감안하여야 하며, 방유제 바닥면적 $1,500m^2$을 적용하여 높이를 구해야 한다.

휘발유탱크 기초체적 $= \frac{\pi}{4} \times 20^2 m^2 \times 0.3m = 94.247$ ∴ $94.247m^3$

원유탱크 기초체적 $= \frac{\pi}{4} \times 14^2 m^2 \times 0.3m = 46.181$ ∴ $46.181m^3$

방유제 높이까지의 작은 탱크 체적 $= \frac{\pi}{4} \times 12^2 m^2 \times (H - 0.3)m$

[기초 체적의 높이 0.3m를 감한다]
방유제 용량 = 방유제 체적 − 방유제 높이까지의 작은 탱크 체적 − 탱크 기초 체적

$2,090m^3 = 1,500m^2 \times H - \frac{\pi}{4} \times 12^2 m^2 \times (H - 0.3)m - (94.247m^3 + 46.181m^3)$

$2,090m^3 + (94.247m^3 + 46.181m^3) - \frac{\pi}{4} \times 12^2 m^2 \times 0.3m = H[m] \times \left(1,500m^2 - \frac{\pi}{4} \times 12^2 m^2\right)$

$H[m] = \dfrac{2,090m^3 + 94.247m^3 + 46.181m^3 - \frac{\pi}{4} \times 12^2 m^2 \times 0.3m}{\left(1,500m^2 - \frac{\pi}{4} \times 12^2 m^2\right)} = 1.58$ ∴ $1.58m$

∴ 1.58m 이상 3m 이하

(3) 도로터널의 화재안전기술기준(NFTC 603)에 관하여 다음 각 물음에 답하시오. (11점)
① 3,000m인 편도 4차로의 일방향터널에서 터널 양쪽의 측벽 하단에 도로면으로부터 높이 0.8m, 폭 1.2m의 유지보수 통로가 있을 경우 도로면을 기준으로 한 발신기 설치높이를 쓰시오.(2점)

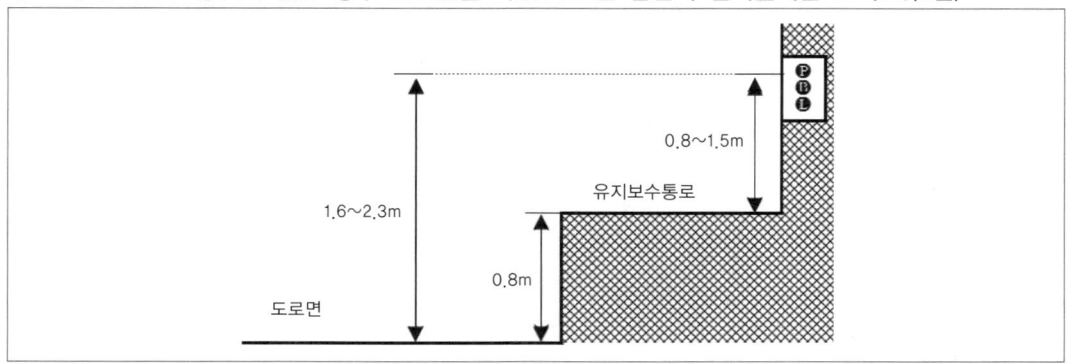

3 다음 각 물음에 답하시오.(30점)

(1) 수계 소화설비에 관한 다음 각 물음에 답하시오. (9점)

① 옆의 그림은 펌프를 이용하여 옥내소화전으로 물을 배출하는 개략도이다. 열교환이 없으며, 모든 손실을 무시할 때, 펌프의 수동력[kW]을 계산하시오. (단, P_1은 게이지압이고, 물의 밀도는 $\rho = 998.2 \text{kg/m}^3$, $g = 9.8 \text{m/s}^2$, 대기압은 0.1MPa, 전달계수 $k = 1.1$, 효율 $\eta = 75\%$이다. 계산은 소수점 셋째자리에서 반올림하여 둘째자리까지 구하시오.) (5점)

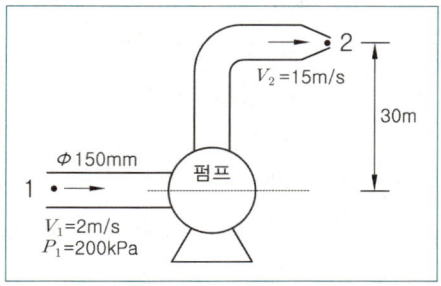

② 「소방시설 설치 및 관리에 관한 법률 시행령」 별표 4에 의거하여 문화 및 집회시설(동·식물원은 제외)의 전층에 스프링클러를 설치하여야 하는 특정소방대상물 4가지를 쓰시오.(4점)

③ 「소방시설 설치 및 관리에 관한 법률 시행령」 별표 4에 의거하여 문화 및 집회시설(동·식물원은 제외)의 전층에 스프링클러를 설치하여야 하는 특정소방대상물 4가지를 쓰시오.(4점)

(2) 가로 15m×세로 10m×높이 4m인 전산기기실에 HFC-125를 설치하고자 한다. 다음 조건을 기준으로 다음 각 물음에 답하시오. (단, 약제 팽창 시 외부로의 누설을 고려한 공차를 포함하지 않으며, 계산은 소수점 다섯째자리에서 반올림하여 넷째자리까지 구하시오.) (7점)

─〈 조 건 〉─
㉠ 해당 약제의 소화농도는 A,C급 화재 시 7%, B급 화재 시 9%로 적용한다.
㉡ 전산기기실의 최소예상온도는 20℃이다.

① HFC-125의 K_1(표준상태에서의 비체적) 및 K_2(단위온도당 비체적 증가분) 값을 계산하시오.(2점)

② 할로겐화합물 및 불활성기체소화설비의 화재안전기술기준(NFTC 107A)에 규정된 방출시간 안에 방출하여야 하는 최소약제량(kg)을 구하시오.(5점)

(3) 포소화설비의 화재안전기술기준 (NFTC 105)에 의거하여 다음 조건에 관한 다음 각 물음에 답하시오.(14점)

─〈 조 건 〉─
가. 높이 3m, 바닥크기가 10m×15m인 차고에 호스릴포소화전을 설치한다.
나. 호스 접결구수는 6개이며, 5% 수성막포를 사용한다.

① 최소 포소화약제 저장량[l]을 계산하시오.(4점)
② 차고 및 주차장에 호스릴포소화설비를 설치할 수 있는 조건을 쓰시오.(4점)
③ 포소화설비 기동장치에 설치하는 자동경보장치의 설치기준을 쓰시오.(6점)

해설

(1) 수계 소화설비에 관한 다음 각 물음에 답하시오. (9점)

① 옆의 그림은 펌프를 이용하여 옥내소화전으로 물을 배출하는 개략도이다. 열교환이 없으며, 모든 손실을 무시할 때, 펌프의 수동력[kW]을 계산하시오. (단, P_1은 게이지압이고, 물의 밀도는 $\rho = 998.2 \text{kg/m}^3$, $g = 9.8 \text{m/s}^2$, 대기압은 0.1MPa, 전달계수 $k = 1.1$, 효율 $\eta = 75\%$이다. 계산은 소수점 셋째자리에서 반올림하여 둘째자리까지 구하시오.) (5점)

수동력	축동력	전동기용량
$P = \gamma H Q$	$P = \dfrac{\gamma H Q}{\eta}$	$P = \dfrac{\gamma H Q}{\eta} \times K$

P : 동력[kW] → $P = \gamma H Q$

γ : 비중량[물 : 9.8kN/m³] → $\gamma = \rho g = 998.2 \text{kg/m}^3 \times 9.8 \text{m/s}^2$

H : 전양정(전수두)[m] → 20.867m [해설 ①]

Q : 유량[m³/s] → 0.035m³/s [해설 ②]

η : 전효율[$\eta_{전효율} = \eta_{수력효율} \times \eta_{체적효율} \times \eta_{기계효율}$] → 0.65

K : 전달계수 → 1.1

① 전양정

$$\frac{P_1}{\gamma} + \frac{V_1^2}{2g} + Z_1 + H_p = \frac{P_2}{\gamma} + \frac{V_2^2}{2g} + Z_2 + \Delta H$$

여기서, H_p : 펌프의 전수두[m]
  ΔH : 마찰손실수두[m]
  P_1, P_2 : 압력[Pa = N/m²]
  γ : 비중량[물 : 9,800N/m³ = 9.8kN/m³ = 0.0098MN/m³]
  V_1, V_2 : 속도[m/s]
  g : 중력가속도[9.8m/s²]
  Z_1, Z_2 : 위치수두[m]

펌프의 전수두를 기준으로 정리하면 $H_p = (Z_2 - Z_1) + \Delta H + \dfrac{P_2 - P_1}{\gamma} + \dfrac{V_2^2 - V_1^2}{2g}$

$Z_1 - Z_2 = 30\text{m}$, $P_1 = 200\text{kPa}[= \text{kN/m}^2]$, $P_2 = 0$(대기압은 고려하지 않음)

$V_1 = 2\text{m/s}$, $V_2 = 15\text{m/s}$ (유속이 주어졌으므로 옥내소화전의 방수압은 고려하지 않는다)

$\Delta H = 0$(조건에 없음)

$$H_p = (Z_2 - Z_1) + \Delta H + \frac{P_2 - P_1}{\gamma} + \frac{V_2^2 - V_1^2}{2g}$$

$$= 30\text{m} + 0 + \frac{0 - 200\text{kN/m}^2}{9.8\text{kN/m}^3} + \frac{(15\text{m/s})^2 - (2\text{m/s})^2}{2 \times 9.8\text{m/s}^2} = 20.867 \quad \therefore 20.867\text{m}$$

② 유량을 구하면
$Q = AV$

여기서, Q : 유량[m³/s]
  A : 배관단면적$\left(\dfrac{\pi}{4} D^2 [\text{m}^2]\right)$
  V : 유속[m/s]

$A = \dfrac{\pi}{4} \times 0.15^2 \text{m}^2$, $V = 2\text{m/s}$ 이므로

$Q = AV = \dfrac{\pi}{4} \times 0.15^2 \text{m}^2 \times 2\text{m/s} = 0.035 \quad \therefore 0.035\text{m}^3/\text{s}$

③ 수동력을 구하면
$P = \gamma H Q = \rho g H Q = 998.2\text{kg/m}^3 \times 9.8\text{m/s}^2 \times 20.867\text{m} \times 0.035\text{m}^3/\text{s} = 7,144.497$

$\therefore 7,144.5 \text{kg} \cdot \text{m/s}^2 \times \text{m/s} = 7,144.5 \text{N} \cdot \text{m/s} = 7,144.5 \text{J/s} = 7,144.5 \text{W} ≒ 7.14\text{kW}$

(2) 가로 15m×세로 10m×높이 4m인 전산기기실에 HFC-125를 설치하고자 한다. 다음 조건을 기준으로 다음 각 물음에 답하시오. (단, 약제 팽창 시 외부로의 누설을 고려한 공차를 포함하지 않으며, 계산은 소수점 다섯째자리에서 반올림하여 넷째자리까지 구하시오.) (7점)

── 〈 조 건 〉──
㉠ 해당 약제의 소화농도는 A,C급 화재 시 7%, B급 화재 시 9%로 적용한다.
㉡ 전산기기실의 최소예상온도는 20℃이다.

① HFC-125의 K_1(표준상태에서의 비체적) 및 K_2(단위온도당 비체적 증가분) 값을 계산하시오. (2점)

$$S = K_1 + K_2 \times t = K_1 + K_1 \times \frac{t}{273}$$

여기서, S : 소화약제 선형상수(특정온도에서의 비체적)[m³/kg]

K_1 : 0℃에서의 비체적 $\left[\dfrac{22.4\text{m}^3}{분자량(\text{kg})}\right]$

K_2 : 특정온도에서의 비체적 $\left[K_2 = \dfrac{K_1}{273}\ (\text{m}^3/\text{kg})\right]$

t : 특정온도[℃]

HFC-125(CHF_2CF_3)의 분자량 = 12kg×1 + 1kg×1 + 19kg×2 + 12kg×1 + 19kg×3
= 120 ∴ 120kg 이므로

㉮ 0℃에서의 비체적 K_1을 구하면

$$K_1 = \frac{22.4\text{m}^3}{분자량(\text{kg})} = \frac{22.4\text{m}^3}{120\text{kg}} = 0.18666 \quad \therefore 0.1867\text{m}^3/\text{kg}$$

㉯ 20℃에서의 비체적 K_2를 구하면

$$K_2 = \frac{K_1}{273} = \frac{0.1867\text{m}^3/\text{kg}}{273} = 0.00068 \quad \therefore 0.0007\text{m}^3/\text{kg}$$

② 할로겐화합물 및 불활성기체소화설비의 화재안전기술기준(NFTC 107A)에 규정된 방출시간 안에 방출 하여야 하는 최소약제량(kg)을 구하시오. (5점)

$$W = \frac{V}{S} \times \left[\frac{C}{100-C}\right]$$

여기서, W : 약제량[kg]

S : 비체적[m³/kg]

V : 방호구역체적[m³]

C : 소화약제의 설계농도[%]

$V = 15\text{m} \times 10\text{m} \times 4\text{m} = 600\text{m}^3$이므로 비체적과 소화약제의 설계농도를 구해야 한다.

㉮ 20℃에서의 비체적 S를 구하면
$S = K_1 + K_2 \times t = 0.1867\text{m}^3/\text{kg} + 0.0007\text{m}^3/\text{kg} \times 20℃ = 0.2007 \quad \therefore 0.2007\text{m}^3/\text{kg}$

㉯ 소화약제 설계농도를 구하면 : 전산기기실(전기화재)로서 소화농도는 7%가 주어졌으므로 설계농도는 소화농도에 A급 1.2, B급 1.3, C급 1.35의 할증을 가하며 전기화재이므로 C급 1.35를 적용한다. 그런데 문제의 조건에 따른 방출시간은 10초 이내이며, 그 시간 내에 최소설계농도의 95%에 해당하는 약제량을 방출하여야 한다.
7% × 1.35 × 0.95 = 8.9775 ∴ 8.9775%

㉰ 최소약제량을 구하면

$$W = \frac{V}{S} \times \frac{C}{100-C} = \frac{600\text{m}^3}{0.2007\text{m}^3/\text{kg}} \times \frac{8.9775\%}{100-8.9775\%}$$

= 294.85638 ∴ 294.8564kg (소수점 다섯째자리에서 반올림)

(3) 포소화설비의 화재안전기술기준 (NFTC 105)에 의거하여 다음 조건에 관한 다음 각 물음에 답하시오.(14점)

───────────────〈 조 건 〉───────────────
가. 높이 3m, 바닥크기가 10m×15m인 차고에 호스릴포소화전을 설치한다.
나. 호스 접결구수는 6개이며, 5% 수성막포를 사용한다.

① **최소 포소화약제 저장량[l]을 계산하시오.(4점)**

「포소화설비의 화재안전기술기준」 2.9.3.1에 따라 차고·주차장에 호스릴포 또는 포소화전 방수구를 설치하는 경우 1개 층의 바닥면적이 $200m^2$ 이하인 때에는 포수용액을 $230l/min$ 이상으로 할 수 있으므로 문제의 조건에 따라 다음과 같이 최소약제량을 구할 수 있다. (「포소화설비의 화재안전기술기준」 2.5.2.2에 따라 $200m^2$ 미만의 건축물일 경우에는 약제량의 75%로 할 수 있다. **주의 必!**)

$Q = N \times S \times 300 l/min \times 20min$

여기서, Q : 포소화약제의 양[l]
N : 호스접결구수[5개 이상인 경우는 5]
S : 소화약제의 사용농도

$Q = N \times S \times 230 l/min \times 20min$
  $= 5개 \times 0.05 \times 230 l/min \times 20min = 1,150$ ∴ $1,150l$

Mind-Control

인생은 고뇌와 고독, 고통으로 가득하다.
그리고 인생은 모두 너무 빨리 끝난다.

- 우디 알렌 -

제16회 소방시설관리사(2016.9.16 시행)

1 다음 각 물음에 답하시오. (40점)

(1) 가로 2m, 세로 1.8m, 높이 1.4m인 가연물에 국소방출방식의 고압식 이산화탄소소화설비를 설치하고자 한다. 다음 물음에 답하시오. (단, 저장용기는 68l/45kg을 사용하며, 입면에 고정된 벽체는 없다.) (10점)
  ① 방호공간의 체적[m³]을 구하시오. (2점)
  ② 방호공간 벽면적의 합계[m²]를 구하시오. (2점)
  ③ 방호대상물 주위에 설치된 벽면적[m²]의 합계를 구하시오. (2점)
  ④ 이산화탄소소화설비의 최소약제량 및 용기수를 구하시오. (4점)

(2) 체적 55m³ 미만인 전기설비에서 심부화재 발생 시 다음 물음에 답하시오. (30점)
  ① 이산화탄소의 비체적[m³/kg]을 구하시오. (단, 심부화재이므로 온도는 10℃를 기준으로 하며, 답은 소수점 셋째자리에서 반올림하여 둘째자리까지 구한다.) (5점)
  ② 자유유출(Free efflux) 상태에서 방호구역 체적당 소화약제량 산정식을 쓰시오. (5점)
  ③ 이산화탄소소화설비의 화재안전기술기준(NFTC 106)에 따라 전역방출방식에 있어서 심부화재의 경우 방호대상물별 소화약제의 양과 설계농도를 쓰시오. (12점)

방호대상물	방호구역 1m³에 대한 소화약제의 양	설계농도(%)
(가)		
(나)		
(다)		
(라)		

  ④ 전역방출방식에서 체적 55m³ 미만은 전기설비 방호대상물의 설계농도를 구하시오. (단, 계산값은 소수점 셋째자리에서 반올림하여 둘째자리까지 구하고 설계농도는 반올림하여 정수로 한다.) (8점)

 **해설**

(1) 가로 2m, 세로 1.8m, 높이 1.4m인 가연물에 국소방출방식의 고압식 이산화탄소소화설비를 설치하고자 한다. 다음 물음에 답하시오. (단, 저장용기는 68l/45kg을 사용하며, 입면에 고정된 벽체는 없다.) (10점)
  ① 방호공간의 체적[m³]을 구하시오. (2점)

구분		면적식일 경우의 약제량[kg$_f$]	체적식일 경우의 약제량[kg$_f$]					Y값	방사압력[MPa]
			방호공간체적[m³]	$(X$	$-$	Y	$\times \dfrac{a}{A}) \times$ 할증		
CO_2	저압식	$A \times 13 \times 1.1$	〃	8	−	6	〃 1.1	$X \times 0.75$ $= Y$	1.05
	고압식	$A \times 13 \times 1.4$	〃	8	−	6	〃 1.4		2.1

⊙ a : 방호대상물의 주변에 설치된 벽면적의 합계[m²](→ 0.6m 이내에 설치된 실제 벽을 말하며, 누설되지 않는 벽면적을 의미한다.)

ⓒ A : 방호공간의 벽면적(벽이 없는 경우에는 벽이 있는 것으로 가정한 부분의 면적)의 합계[m²] (→ 전체 벽면적으로서 0.6m 이내에 실제 벽이 있을 경우를 포함하며, 0.6m 이내에 벽이 없을 경우에는 가상의 벽이 있다고 가정한 벽면적의 합계를 말한다.)

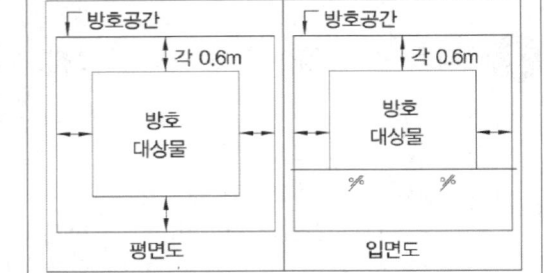

ⓒ 방호공간의 체적
- 가로 $= 2m + 1.2m = 3.2m$
  세로 $= 1.8m + 1.2m = 3m$
  높이 $= 1.4m + 0.6m = 2m$
- 방호공간의 체적 $= 3.2m \times 3m \times 2m = 19.2$ ∴ $19.2m^2$

② 방호공간 벽면적의 합계[m²]를 구하시오. (2점)

$A =$ 가로 × 높이 × 2면 + 세로 × 높이 × 2면 $= 3.2m \times 2m \times 2$면 $+ 3m \times 2m \times 2$면 $= 24.8$ ∴ $24.8m^2$

③ 방호대상물 주위에 설치된 벽면적[m²]의 합계를 구하시오. (2점)

$a = 0$ (0.6m 이내에 설치된 실제 벽은 없음)

④ 이산화탄소소화설비의 최소약제량 및 용기수를 구하시오. (4점)

⊙ 체적당 약제량 : $Q = \left(8 - 6 \times \dfrac{a}{A}\right) \times 1.4 = \left(8 - 6 \times \dfrac{0}{A}\right) \times 1.4 = 11.2$ ∴ $11.2kg_f/m^3$

ⓒ 최소약제량 : $11.2kg_f \times 19.2m^3 = 215.04$ ∴ $215.04kg_f$

ⓒ 용기수 : $215.04kg_f \div 45kg/$개 $= 4.778$ ∴ 5개

(2) 체적 55m³ 미만인 전기설비에서 심부화재 발생 시 다음 물음에 답하시오. (30점)

① 이산화탄소의 비체적[m³/kg]을 구하시오. (단, 심부화재이므로 온도는 10℃를 기준으로 하며, 답은 소수점 셋째자리에서 반올림하여 둘째자리까지 구한다.) (5점)

$S = K_1 + K_2 \times t = K_1 + K_1 \times \dfrac{t}{273}$

여기서, S : 소화약제 선형상수(특정온도에서의 비체적)[m³/kg]

K_1 : 0℃ 에서의 비체적 $\left[\dfrac{22.4m^3}{\text{분자량(kg)}}\right]$

K_2 : 특정온도에서의 비체적 $\left[K_2 = \dfrac{K_1}{273} (m^3/kg)\right]$

t : 특정온도[℃]

0℃, 1atm 에서 이산화탄소의 비체적은 $V_s[m^3/kg] = \dfrac{22.4m^3}{\text{분자량[kg]}} = \dfrac{22.4m^3}{44kg} = 0.509m^3/kg$

(C 원자량=12kg, O 원자량=16kg 이므로 CO_2 분자량 : $12kg + 16kg \times 2 = 44$ ∴ $M = 44kg$)

$S = K_1 + K_1 \times \dfrac{t}{273} = 0.509m^3/kg + 0.509m^3/kg \times \dfrac{10}{273} = 0.527$ ∴ $0.53m^3/kg$

② 자유유출(Free efflux) 상태에서 방호구역 체적당 소화약제량 산정식을 쓰시오. (5점)

⊙ 방호구역에 불활성소화약제(CO_2, IG 계열가스)와 같이 고압으로 많은 양의 가스를 방출하여 물리적인 농도를 낮추어 소화하는 경우 방호구역 내에는 순간적인 고압으로 인해 창문틈새, 문틈새, 전기배관, 덕트 등에 의해 소화약제가 누출이 되게 되는데 이때를 "자유유출"이라 한다.

[자유유출이 전제인 경우의 불활성가스계 소화약제의 양]

$e^x = \dfrac{100}{100 - C} \rightarrow x = \log e\left(\dfrac{100}{100 - C}\right) \rightarrow \boxed{x = 2.303 \times \log \dfrac{100}{100 - C}}$

여기서, x : 체적[m³/m³]
C : 소화약제의 설계농도[%]

→ 방호구역 1[m³]당 필요한 불활성가스 소화약제 체적이 $x[m^3/m^3]$이므로 CO_2의 경우 비체적(소화약제 선형상수)인 $1/S$를 곱하여 주게 되며 단위는 [kg/m³] 이다.

○ 이산화탄소일 경우

$$x = 2.303 \times \log\left(\frac{100}{100-C}\right) \times \frac{1}{S}$$

여기서, x : 방호구역 체적당 소화약제량(flooding factor)[kg_f/m^3]
  C : 소화약제의 설계농도[%]
  S : 비체적[m^3/kg_f]

③ 이산화탄소소화설비의 화재안전기술기준(NFTC 106)에 따라 전역방출방식에 있어서 심부화재의 경우 방호대상물별 소화약제의 양과 설계농도를 쓰시오. (12점)

방호대상물	방호구역의 체적 $1m^3$에 대한 소화약제의 양	설계농도 (%)
(가) 유압기기를 제외한 전기설비, 케이블실	1.3kg	50
(나) 체적 $55m^3$ 미만의 전기설비	1.6kg	50
(다) 목재가공품창고, 박물관, 서고, 전자제품창고 🖉암기법 재물이(2.0) 고자	2.0kg	65
(라) 고무류, 석탄창고, 면화류창고, 모피창고, 집진설비 🖉암기법 이점집(2.7) 고무, 석면 모집	2.7kg	75

④ 전역방출방식에서 체적 $55m^3$ 미만은 전기설비 방호대상물의 설계농도를 구하시오. (단, 계산값은 소수점 셋째자리에서 반올림하여 둘째자리까지 구하고 설계농도는 반올림하여 정수로 한다.) (8점)

$$x = 2.303 \times \log\left(\frac{100}{100-C}\right) \times \frac{1}{S}$$

여기서, x : 방호구역 체적당 소화약제량(flooding factor)[kg/m^3]
  C : 소화약제의 설계농도[%]
  S : 비체적[m^3/kg]

$x = 1.6 kg/m^3$, $S = 0.53 m^3/kg$ 이므로

$1.6 kg/m^3 = 2.303 \times \log\frac{100}{100-C} \times \frac{1}{0.53 m^3/kg}$ → $0.3682 = \log\frac{100}{100-C}$

$10^{0.3682} = \frac{100}{100-C}$ → $10^{0.3682} \times (100-C) = 100$ → $C = \frac{10^{0.3682} \times 100 - 100}{10^{0.3682}}$

$C = 100 - \frac{100}{10^{0.3682}} = 57.164$ ∴ 57.16% ≒ 57%(조건에 따라 반올림하여 정수로 함)

2 다음 각 물음에 답하시오. (30점)

(1) 스프링클러소화설비의 화재안전기술기준(NFTC 103)에 따라 다음 각 물음에 답하시오. (24점)

① 일반건식밸브와 저압건식밸브의 작동 순서를 쓰시오. (6점)
② 저압건식밸브 2차측 설정압력이 낮은 경우 장점 4가지를 쓰시오. (4점)
③ 건식스프링클러 헤드의 설치장소 최고온도가 39℃ 미만이고, 헤드를 하향식으로 할 경우 설치 헤드의 표시온도와 헤드의 종류를 쓰시오. (2점)
④ 건식스프링클러 2차측 급속개방장치(Quick opening device)의 엑셀레이터(Accelerator), 익져스터(Exhauster) 작동원리를 쓰시오. (4점)
⑤ 복합건축물에 설치된 스프링클러소화설비의 주펌프를 2대로 병렬운전할 경우 장점 2가지를 쓰시오. (4점)

⑥ 스프링클러소화설비의 가압방식 중 펌프방식에 있어서 후드밸브와 체크밸브의 이상 유무를 확인하는 방법을 쓰시오. (단, 수조는 펌프보다 아래에 있다.) (4점)

(2) 간이스프링클러설비의 화재안전기술기준(NFTC 103A)에 따라 다음 각 물음에 답하시오. (6점)
① 상수도직결방식의 배관과 밸브의 설치 순서를 쓰시오. (3점)
② 펌프를 이용한 배관과 밸브의 설치 순서를 쓰시오. (3점)

해설

(1) 스프링클러소화설비의 화재안전기술기준(NFTC 103)에 따라 다음 각 물음에 답하시오. (24점)
① 일반건식밸브와 저압건식밸브의 작동 순서를 쓰시오. (6점)

구분	모델명	작동순서
일반건식밸브	• 우당기술산업 WDP-1	㉠ 컴프레셔 이후에 연결된 시험밸브 개방으로 2차측 압축공기 배출 ㉡ 엑셀레이터의 작동으로 클래퍼 개방 후 2차측으로 가압수 유입 ㉢ PORV 작동으로 가압수 차단에 의한 클래퍼 고정 및 시험밸브를 통한 누수 확인 ㉣ 압력스위치 작동으로 인한 제어반에 화재 및 밸브작동(개방) 신호 출력과 동시에 주, 지구음향장치 경보 출력
	• 승의기업 SDP-73 • 파라다이스산업 PDPV	㉠ 수위확인 밸브 개방으로 2차측 압축공기 배출 ㉡ 엑셀레이터의 작동으로 잔여 압축공기로 클래퍼 개방 ㉢ 수위확인 밸브를 통한 누수 확인 ㉣ 압력스위치 작동으로 인한 제어반에 화재 및 밸브작동(개방) 신호 출력과 동시에 주, 지구음향장치 경보 출력
저압건식밸브	• 우당기술산업 WDP-2	㉠ 배수밸브 개방으로 2차측 압축공기 배출 ㉡ 엑츄에이터 작동으로 밸브의 중간챔버 가압수 배출 ㉢ 밸브 본체의 시트 개방 및 배수밸브를 통한 누수 확인 ㉣ 압력스위치 작동으로 인한 제어반에 화재 및 밸브작동(개방) 신호 출력과 동시에 주, 지구음향장치 경보 출력
	• 승의기업 SLD-71 • 파아다이스산업 PLDPV	㉠ 누설시험밸브(또는 공기조절밸브) 개방으로 2차측 압축공기 배출 ㉡ 엑츄에이터 작동으로 밸브 중간챔버 가압수 배출(푸쉬로드 후진) ㉢ 클래퍼 고정 래치의 작동에 따라 클래퍼 개방으로 누설시험밸브 누수 확인 ㉣ 압력스위치 작동으로 인한 제어반에 화재 및 밸브작동(개방) 신호 출력과 동시에 주, 지구음향장치 경보 출력

② 저압건식밸브 2차측 설정압력이 낮은 경우 장점 4가지를 쓰시오. (4점)
㉠ 클래퍼 개방시간(Trip time)을 줄일 수 있다.
㉡ 소화수 이송시간(Transit time)을 줄일 수 있다.
㉢ 일반 건식밸브에 비해 상대적으로 조기에 소화할 수 있다.
㉣ 2차측 설정압력이 낮아지므로 컴프레셔의 용량을 줄일 수 있으므로 컴프레셔에 의한 세팅시간을 줄일 수 있다.
㉤ 일반 건식밸브에 비하여 압력이 낮으므로 초기 세팅 및 복구가 빠르고 용이하다.

③ 건식스프링클러 헤드의 설치장소 최고온도가 39℃ 미만이고, 헤드를 하향식으로 할 경우 설치 헤드의 표시온도와 헤드의 종류를 쓰시오. (2점)
㉠ 헤드의 표시온도 : 폐쇄형 스프링클러헤드는 그 설치장소의 평상 시 최고주위온도에 따라 다음 표에 따른 표시온도의 것으로 설치하여야 한다. 다만, 높이가 4m 이상인 공장 및 창고(랙식창고를 포함한다)에 설치하는 스프링클러헤드는 그 설치장소의 평상 시 최고주위온도에 관계없이 표시온도 121℃ 이상의 것으로 할 수 있다.

설치장소의 최고주위온도	표시온도
39℃ 미만	79℃ 미만
39℃ 이상 64℃ 미만	79℃ 이상 121℃ 미만
64℃ 이상 106℃ 미만	121℃ 이상 162℃ 미만
106℃ 이상	162℃ 이상

✏️암기법 삼구 육사 일교육(106) 친구(79) 일이일 일육이

ⓒ 헤드의 종류 : 드라이팬던트헤드(건식스프링클러헤드)

④ 건식스프링클러 2차측 급속개방장치(Quick opening device)의 엑셀레이터(Accelerator), 익져스터(Exhauster) 작동원리를 쓰시오. (4점)
  ㉠ 가속기(Accelerator) : 헤드가 작동하여 배관 내의 압력이 설정압력 이하로 저하되면 엑셀레이터가 이를 감지하여 2차측의 압축공기의 일부를 1차측으로 우회시켜 1차측의 수압과 엑셀레이터를 통한 2차측 공기압이 합해져 클래퍼를 보다 빨리 개방시키는 역할을 하여 Trip Time을 단축시키는 역할을 한다.
  ㉡ 이그져스터(Exhauster) : 헤드가 작동하여 배관 내 압축공기가 설정압력 이하로 저하되면 이그져스터가 이를 감지하여 2차측 배관 내의 압축공기를 방호구역 외의 다른 곳으로 배출시키는데 이는 헤드가 개방된 효과를 보이므로 소화수 이송시간을 단축시키는 역할을 한다. 일반적으로 트립시간을 단축시키는 것이 더 효과적이므로 엑셀레이터를 많이 사용한다.

⑤ 복합건축물에 설치된 스프링클러소화설비의 주펌프를 2대로 병렬운전할 경우 장점 2가지를 쓰시오. (4점)
  ㉠ 주펌프 기동 시 순차기동에 따라 시스템을 안정적으로 운용할 수 있다.
  ㉡ 1대의 펌프가 작동을 중단하더라도 나머지 1대가 작동하므로 페일세이프의 효과를 가질 수 있다.

⑥ 스프링클러소화설비의 가압방식 중 펌프방식에 있어서 후드밸브와 체크밸브의 이상유무를 확인하는 방법을 쓰시오. (단, 수조는 펌프보다 아래에 있다.) (4점)
  ㉠ 후드밸브 이상유무 확인 : 후드밸브의 역할은 체크 기능과 여과 기능
    • 평상시 물올림탱크에서 지속적인 급수가 이루어진다면, 후드밸브의 체크 기능 이상여부 확인
    • 물올림탱크의 펌프측 급수밸브를 잠근 후 펌프 프라이밍 컵 아래 밸브 개방 후 보충수를 공급하여 수위가 줄어들 경우 후드밸브 불량 (프라이밍 컵이 넘칠 경우 펌프 토출측 체크밸브 불량 또는 체크밸브의 바이패스 밸브가 개방된 상태임)
    • 펌프 기동 시 토출이 제대로 되지 않을 경우 여과 기능의 이상 여부 확인 가능
  ㉡ 체크밸브 이상유무 확인 : 일반적인 배관 및 밸브의 외형상 누수가 없이 충압펌프가 잦은 기동할 경우 체크밸브의 고장의심
    • 펌프의 토출측 체크밸브, 옥상수조의 체크밸브의 게이트 밸브를 폐쇄한 후 각각의 게이트 밸브를 하나씩 개방하여 충압펌프 기동여부 확인
    • 연결송수구 부분의 체크밸브의 경우 연결송수구와 체크밸브 사이의 자동배수밸브에서 누수여부로 체크밸브의 불량여부 판단

Mind-Control

기회를 찾아야 기회를 만든다.

- 패티 헨슨 -

3 노유자시설에 제연설비를 설치하려고 한다. 다음 그림과 조건을 참조하여 물음에 답하시오.

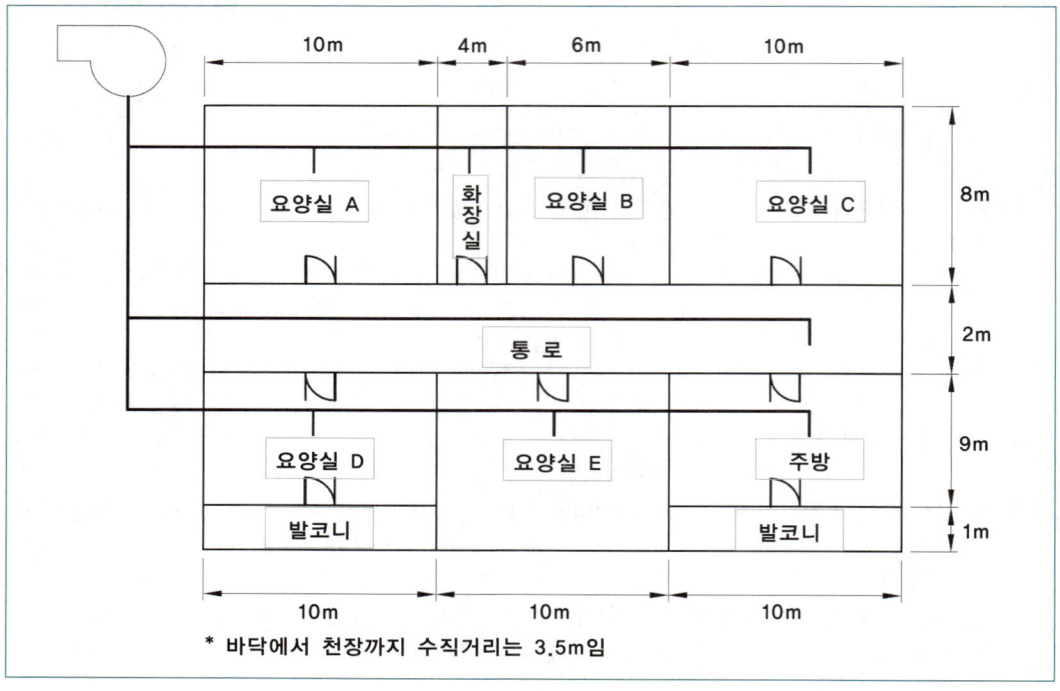

─────〈 조 건 〉─────

가. 노유자시설의 특성상 바닥면적에 관계없이 하나의 제연구역으로 간주한다.
나. 공동배출방식에 따른다.
다. 본 노유자시설은 숙박시설(가족호텔) 제연설비기준에 따라 설치한다.
라. 통로배출방식이 가능한 예상제연구역은 모두 통로배출방식으로 한다.
마. 기계실, 전기실, 창고는 사람이 거주하지 않는다.
바. 건축물 및 통로의 주요구조는 내화구조이고, 마감재는 불연재료이며, 통로에는 가연성 내용물이 없다.

(1) 배출기 최소풍량[m³/hr]을 구하시오. (각, 실별 풍량 계산과정을 쓸 것) (8점)
(2) 배출기 회전수가 600rpm에서 배출량이 20,000m³/hr이고 축동력이 5.0kW이면, 이 배출기가 최소 풍량을 배출하기 위해 필요한 최소전동기동력[kW]을 구하시오. (단, 계산값은 소수점 셋째자리에서 반올림하여 둘째자리까지 구하고, 전동기 여유율은 15%를 적용한다.) (4점)
(3) '요양실 E'에 대하여 다음 물음에 답하시오. (7점)
  ① 필요한 최소공기유입량[m³/hr]을 구하시오. (2점)
  ② 공기유입구의 최소면적[cm²]을 구하시오. (5점)
(4) 특정소방대상물의 소방안전관리에 대한 물음에 답하시오. (11점)
  ① 화재예방, 소방시설 설치·유지 및 안전관리에 관한 법령상 강화된 소방시설기준의 적용대상인 노유자시설과 의료시설에 설치하는 소방설비를 쓰시오. (6점)
  ② 피난기구의 화재안전기술기준(NFTC 301)에 따라 승강식피난기 및 하향식 피난구용 내림식사다리 설치기준 중 (ㄱ)~(ㅁ)에 해당되는 내용을 쓰시오. (5점)

< 조건 해석 >

가. 노유자시설의 특성상 바닥면적에 관계없이 하나의 제연구역으로 간주한다.
나. 공동배출방식에 따른다.
  → 공동예상제연구역이 벽으로 구획되어 400m² 미만이므로 바닥면적 1m²당 1m³/min을 적용하며, 전체 배출량은 5,000m³/hr 이상으로 할 것
다. 본 노유자시설은 숙박시설(가족호텔) 제연설비기준에 따라 설치한다.
  →「제연설비의 화재안전기술기준」2.11 설치제외에 따라 발코니를 설치한 숙박시설(가족호텔 및 휴양콘도미니엄에 한한다)의 조건을 적용하여 요양실 D는 예상제연구역에서 제외함
라. 통로배출방식이 가능한 예상제연구역은 모두 통로배출방식으로 한다.
  →「제연설비의 화재안전기술기준」2.3.1.2에 따라 도면상 요양실 B(48m²)가 통로배출방식에 해당
  2.3.1.2 2.2.2에 따라 바닥면적이 50m² 미만인 예상제연구역을 통로 배출방식으로 하는 경우에는 통로 보행중심선의 길이 및 수직거리에 따라 다음 표 2.3.1.2 에서 정하는 기준량 이상으로 할 것

표 2.3.1.2 통로보행중심선의 길이 및 수직거리에 따른 배출량

통로길이	수직거리	배출량	비고
40m 이하	2m 이하	25,000m³/hr 이상	벽으로 구획된 경우를 포함한다.
	2m 초과 2.5m 이하	30,000m³/hr 이상	
	2.5m 초과 3m 이하	35,000m³/hr 이상	
	3m 초과	45,000m³/hr 이상	
40m 초과 60m 이하	2m 이하	30,000m³/hr 이상	벽으로 구획된 경우를 포함한다.
	2m 초과 2.5m 이하	35,000m³/hr 이상	
	2.5m 초과 3m 이하	40,000m³/hr 이상	
	3m 초과	50,000m³/hr 이상	

마. 기계실, 전기실, 창고는 사람이 거주하지 않는다.
  → 도면상 기계실, 전기실, 창고가 없으므로 의미 없음
바. 건축물 및 통로의 주요구조는 내화구조이고, 마감재는 불연재료이며, 통로에는 가연성 내용물이 없다.
  →「제연설비의 화재안전기술기준」2.2.3에 따른 조건 중 단서가 누락되었으므로 연기유입 우려가 있으므로 면제할 수 없음
  2.2.3 통로의 주요 구조부가 내화구조이며 마감이 불연재료 또는 난연재료로 처리되고 통로 내부에 가연성 물질이 없는 경우에 그 통로는 예상제연구역으로 간주하지 아니할 수 있다. 다만, 화재 시 연기의 유입이 우려되는 통로는 그렇지 않다.

해설

(1) 배출기 최소풍량[m³/hr] (각, 실별 풍량 계산과정을 쓸 것)

실명	바닥면적[m²]	풍량[m³/hr]
요양실 D	9m × 10m = 90m²	조건 다.에 따라 발코니 설치로 배출량 제외
요양실 E	10m × 10m = 100m²	$100m^2 \times 1m^3/min \cdot m^2 \times \frac{60min}{1hr} = 6,000m^3/hr$
주방	9m × 10m = 90m²	$90m^2 \times 1m^3/min \cdot m^2 \times \frac{60min}{1hr} = 5,400m^3/hr$
화장실	8m × 4m = 32m²	설치제외 장소
거실 풍량 합계		$4,800m^3/hr + 4,800m^3/hr + 6,000m^3/hr + 5,400m^3/hr = 21,000m^3/hr$
통로	30m (통로길이)	25,000m³/hr(벽으로 구획된 경우를 포함하므로)
풍량 선정		25,000m³/hr(공동예상제연구역상 거실과 통로는 공동예상제연구역으로 할 수 없음)

(2) 배출기 회전수가 600rpm에서 배출량이 20,000m³/hr이고 축동력이 5.0kW이면, 이 배출기가 최소풍량을 배출하기 위해 필요한 최소전동기동력[kW] (단, 계산값은 소수점 셋째자리에서 반올림하여 둘째자리까지 구하고, 전동기 여유율은 15%를 적용한다.)

구분	설명
유량에 대한 상사법칙	$\frac{Q_2}{Q_1} = \left(\frac{N_2}{N_1}\right)^1 \cdot \left(\frac{D_2}{D_1}\right)^3$ 유량은 펌프 **회전수**에 비례하고 임펠러 **직경의 3승**에 비례
전양정에 대한 상사법칙	$\frac{H_2}{H_1} = \left(\frac{N_2}{N_1}\right)^2 \cdot \left(\frac{D_2}{D_1}\right)^2$ 양정은 펌프 **회전수의 2승**에 비례하고 임펠러 **직경의 2승**에 비례
축동력에 대한 상사법칙	$\frac{L_2}{L_1} = \left(\frac{N_2}{N_1}\right)^3 \cdot \left(\frac{D_2}{D_1}\right)^5 \cdot \left(\frac{\eta_1}{\eta_2}\right)$ 축동력은 펌프 **회전수 3승**에 비례하고 임펠러 **직경의 5승**에 비례

여기서, Q_1, Q_2 : 유량[lpm], H_1, H_2 : 양정[m], L_1, L_2 : 축동력[kW]
N_1, N_2 : 회전수[rpm], D_1, D_2 : 직경[m], η_1, η_2 : 효율

📝**암기법** 유양축 123(회전수의 1, 2, 3승) 325(직경의 3, 2, 5승)

- 비속도가 같으면 펌프의 크기가 달라도 이를 상사(Affinity)라 하며, 회전수나 임펠러 지름이 변할 때 토출량, 양정, 축동력은 일정한 비로 변한다.

㉠ 회전수
  $Q_1 = 20,000m^3/hr$, $Q_2 = 25,000m^3/hr$, $N_1 = 600rpm$, $D_1 = D_2$(조건에 없으므로)
  $\frac{Q_2}{Q_1} = \left(\frac{N_2}{N_1}\right)^1$ 이므로 $N_2 = \frac{Q_2}{Q_1} \times N_1 = \frac{25,000m^3/hr}{20,000m^3/hr} \times 600rpm = 750$ ∴ 750rpm

㉡ 축동력
  $L_1 = 5kW$, $N_1 = 600rpm$, $N_2 = 750rpm$, $D_1 = D_2$, $\eta_1 = \eta_2$ (조건에 없으므로)
  $\frac{L_2}{L_1} = \left(\frac{N_2}{N_1}\right)^3$ 이므로 $L_2 = \left(\frac{N_2}{N_1}\right)^3 \times L_1 = \left(\frac{750rpm}{600rpm}\right)^3 \times 5kW = 9.765$ ∴ 9.765kW

㉢ 전동기용량(여유율 15%)
  $9.765kW \times 1.15 = 11.229$ ∴ 11.23kW

(3) '요양실 E'에 대하여 다음 물음에 답하시오.
  ① 필요한 최소공기유입량[m³/hr]("배출에 지장이 없는 양"으로 유입량이 개정되어 문제가 성립되지 않아 개정 전의 내용으로 풀이함)
    예상제연구역에 대한 공유입량은 배출량 이상이므로 산출된 배출량 이상으로 함 : 6,000m³/hr
  ② 공기유입구의 최소면적[cm²]
    공기유입구의 최소면적은 1m²당 35cm²이므로
    $35\text{cm} \cdot \text{m}^3/\text{min} \times 6{,}000\text{m}^3/\text{hr} \times \dfrac{1\text{hr}}{60\text{min}} = 3{,}500 \quad \therefore 3{,}500\text{cm}^2$

Mind-Control

내일은 우리가 어제로부터 무엇인가 배웠기를 바란다.

- 존 웨인 -

제17회 소방시설관리사(2017.9.23 시행)

1 다음 물음에 답하시오. (40점)

(1) 특정소방대상물의 관계인이 특정소방대상물의 규모·용도 및 수용인원을 고려하여 스프링클러설비를 설치하고자 한다. "지붕 또는 외벽이 불연재료가 아니거나 내화구조가 아닌 공장 또는 창고시설"로서 스프링클러설비를 설치대상이 되는 경우 5가지를 쓰시오. (5점)

(2) 준비작동식스프링클러설비의 동작순서 block diagream을 완성하시오. (7점)

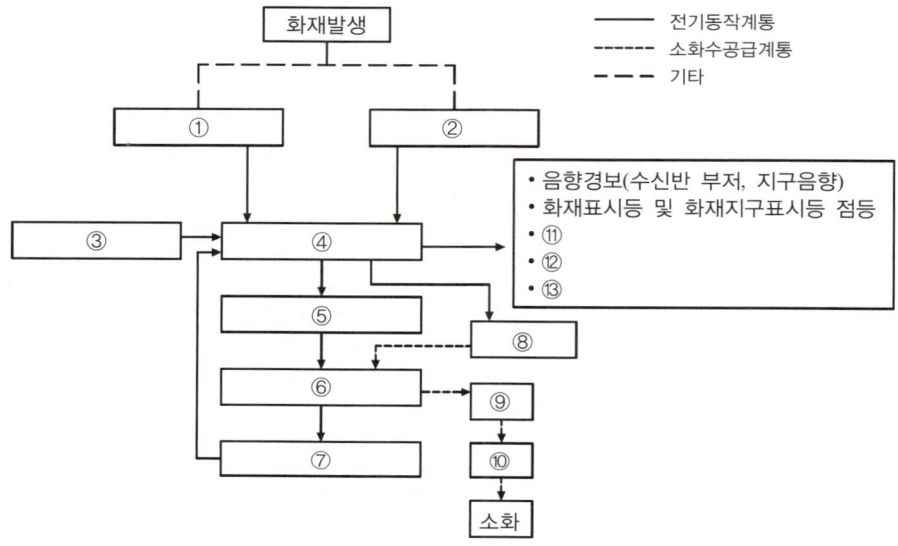

(3) 감지기회로의 도통시험과 관련하여 다음의 각 물음에 답하시오. (4점)
① 종단저항 설치기준 3가지를 쓰시오. (2점)
② 회로도통시험을 전압계를 사용하여 시험 시 측정결과에 대한 가부판정기준을 쓰시오. (2점)

(4) 일제개방밸브를 사용하는 스프링클러설비에 있어서 일제개방밸브 2차측 배관의 부대설비 설치기준을 쓰시오. (4점)

(5) 「위험물안전관리에 관한 세부기준」에서 부착장소의 최고주위온도와 스프링클러헤드 표시온도를 쓰시오. (5점)

부착장소의 최고주위온도(단위 : ℃)	표시온도(단위 : ℃)
①	②
③	④
⑤	⑥
⑦	⑧
⑨	⑩

(6) 감지기 오작동으로 인하여 준비작동식밸브가 개방되어 1차측의 가압수가 2차측으로 이동하였으나 스프링클러헤드는 개방되지 않았다. 밸브 2차측 배관은 평상시 대기압상태로서 배관 내의 체적은 3.2m³이고 밸브 1차측 압력은 5.8kg$_f$/cm²이며, 물의 비중량은 9,800N/m³, 공기의 분자운동은 이상기체로서 온도변화는 없다고 할 때 다음 물음에 답하시오. (단, 계산과정을 쓰고, 계산값은 소수점 셋째자리에서 반올림하여 둘째자리까지 구하시오.) (8점)

① 오작동으로 인하여 밸브 2차측으로 넘어간 소화수의 양[m³]을 구하시오. (5점)
② 밸브 2차측 배관 내에 충수되는 유체의 무게[kN]을 구하시오. (3점)

(7) 「할로겐화합물 및 불활성기체소화약제소화설비의 화재안전기술기준(NFTC 107A)」에 관한 다음 물음에 답하시오. (단, 계산과정을 쓰고, 계산값은 소수점 셋째자리에서 반올림하여 둘째자리까지 구하시오.) (7점)

─────〈 조 건 〉─────

- 최대허용압력 : 16,000kPa
- 배관 재질 인장강도 : 410N/mm²
- 전기저항 용접 배관방식이며, 용접이음을 한다.
- 배관의 바깥지름 : 8.5cm
- 항복점 : 250N/mm²

① 배관의 최대허용응력[kPa]을 구하시오. (4점)
② 관의 두께[mm]를 구하시오. (3점)

해설

(2) 준비작동식스프링클러설비의 동작순서 block diagream을 완성하시오. (7점)

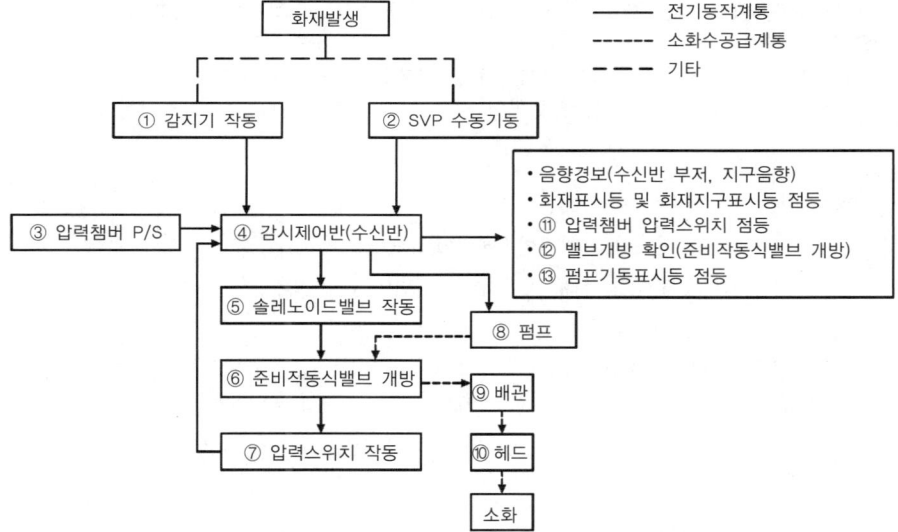

→ 솔레노이드밸브(⑤)에서 준비작동식밸브(⑥)으로 전기적 신호가 전달되지 않고 중간 챔버에서 물이 배수되므로 소화수 공급계통인 점선(----)으로 표현되는 것이 좋을 것으로 판단되어지며, 유수검지장치가 아닌 준비작동식스프링클러설비의 동작순서를 물음에 따라 펌프가 기동되는 것을 고려하는 것이 전체 계통상 합리적일 것으로 판단하여 동영상과는 다르게 수정함.

(3) 감지기회로의 도통시험과 관련하여 다음의 각 물음에 답하시오. (4점)
① 종단저항 설치기준 3가지를 쓰시오. (2점)
  ㉠ 점검 및 관리가 쉬운 장소에 설치할 것
  ㉡ 전용함을 설치하는 경우 그 설치 높이는 바닥으로부터 1.5m 이내로 할 것
  ㉢ 감지기회로의 끝부분에 설치하며, 종단감지기에 설치할 경우에는 구별이 쉽도록 해당 감지기의 기판 및 감지기 외부 등에 별도의 표시를 할 것
② 회로도통시험을 전압계를 사용하여 시험 시 측정결과에 대한 가부판정기준을 쓰시오. (2점)
  ㉠ 정상 : 감지기회로(선로)에서 전압계로 감지기 말단 종단저항에서 정격전압의 80% 이상인 DC 19.2~24[V] 범위인지 확인한다.(R형일 경우 전압은 달라질 수 있음)
  ㉡ 단선 : 감지기회로(선로)에서 전압계로 감지기 말단 종단저항에서 DC 0[V]인 경우
  ㉢ 단락 : 감지기회로(선로)에서 전압계로 감지기 말단 종단저항에서 DC 4.5[V] 전후(감지기가 작동한 것과 유사한 상황임)인 경우 또는 저항 측정 시 0[Ω]에 가까울 경우

→ 전압계 타입의 수신기에서의 도통시험 : 전압계의 지시치가 녹색범위(DC 4.5[V] 전후)일 경우 정상, 전압계의 지시치가 적색범위(DC 24±3[V])일 경우 단락, 전압계의 지시치가 DC 0[V]일 경우 단선

(5) 「위험물안전관리에 관한 세부기준」에서 부착장소의 최고주위온도와 스프링클러헤드 표시온도 (5점)

부착장소의 최고주위온도(단위 : ℃)	표시온도(단위 : ℃)
① 28 미만	② 58 미만
③ 28 이상 39 미만	④ 58 이상 79 미만
⑤ 39 이상 64 미만	⑥ 79 이상 121 미만
⑦ 64 이상 106 미만	⑧ 121 이상 162 미만
⑨ 106 이상	⑩ 162 이상

(6) 감지기 오작동으로 인하여 준비작동식밸브가 개방되어 1차측의 가압수가 2차측으로 이동하였으나 스프링클러헤드는 개방되지 않았다. 밸브 2차측 배관은 평상시 대기압상태로서 배관 내의 체적은 3.2m³이고 밸브 1차측 압력은 5.8kg$_f$/cm²이며, 물의 비중량은 9,800N/m³, 공기의 분자운동은 이상기체로서 온도변화는 없다고 할 때 다음 물음에 답하시오. (단, 계산과정을 쓰고, 계산 값은 소수점 셋째자리에서 반올림하여 둘째자리까지 구하시오.) (8점)

① 오작동으로 인하여 밸브 2차측으로 넘어간 소화수의 양[m³]을 구하시오. (5점)
  ㉡ 충수된 물의 체적
    충수되는 물의 체적=변경 전 공기체적(배관의 체적)-변경 후 공기체적
    기체는 압축성 유체로서 온도, 압력이 변할 경우 일정하게 변한다. 온도 조건이 없으므로 보일의 법칙을 적용한다.
    • 변경 후 공기체적
    $P_1 V_1 = P_2 V_2$
      여기서, P_1 : 변경 전 절대압(=대기압+계기압)[MPa or kg$_f$/cm²]
          P_2 : 변경 후 절대압(=대기압+계기압)[MPa or kg$_f$/cm²]
          V_1 : 변경 전 체적[m³]
          V_2 : 변경 후 체적[m³]
    P_1 = 대기압 + 계기압(2차측 공기압) = 1.0332kg$_f$/cm² + 0 = 1.0332kg$_f$/cm²
    P_2 = 대기압 + 계기압(변경된 1차측 수압) = 1.0332kg$_f$/cm² + 5.8kg$_f$/cm² = 6.8332kg$_f$/cm²
    V_1 = 3.2m³(변경 전 공기의 체적=변경 전 배관의 체적)
    $V_2 = \dfrac{P_1}{P_2} \cdot V_1 = \dfrac{1.0332 \text{kg}_f/\text{cm}^2}{6.8332 \text{kg}_f/\text{cm}^2} \times 3.2\text{m}^3 = 0.483$ ∴ 0.483m³
  • 충수되는 물의 체적
    충수되는 물의 체적=변경 전 공기체적-변경 후 공기체적=3.2m³ - 0.483m³ = 2.717 ∴ 2.72m³

② 밸브 2차측 배관 내에 충수되는 유체의 무게[kN]을 구하시오. (3점)
  $F = \gamma V$
    여기서, F : 힘, 무게[N]
        γ : 비중량[물 : 9,800N/m³ = 9.8kN/m³]
        V : 체적[m³]
  γ = 9,800N/m³(물), V = 2.72m³이므로
    $F = \gamma V = 9,800\text{N/m}^3 \times 2.72\text{m}^3 = 26,656$ ∴ 26,656N ≒ 26.66kN

(7) 「할로겐화합물 및 불활성기체 소화설비의 화재안전기술기준(NFTC 107A)」에 관한 다음 물음에 답하시오. (단, 계산과정을 쓰고, 계산값은 소수점 셋째자리에서 반올림하여 둘째자리까지 구하시오.) (7점)

【 조 건 】

- 최대허용압력 : 16,000kPa
- 배관의 바깥지름 : 8.5cm
- 배관 재질 인장강도 : 410N/mm^2
- 항복점 : 250N/mm^2
- 전기저항 용접 배관방식이며, 용접이음을 한다.

---

① 배관의 최대허용응력[kPa]을 구하시오. (4점)

$$t = \frac{PD}{2SE} + A$$

여기서, t : 관의 두께[mm]
  P : 최대허용압력[kPa]
  D : 배관의 바깥지름[mm]
  SE : 최대허용응력[kPa]
    (배관재질 인장강도의 1/4값과 항복점의 2/3값 중 적은 값×배관이음효율×1.2)
    ※ 배관이음효율
      • 이음매 없는 배관 : 1.0
      • 전기저항 용접배관 : 0.85
      • 가열맞대기 용접배관 : 0.60
  A : 나사이음, 홈이음 등의 허용값[mm](헤드 설치부분은 제외한다)
    • 나사이음 : 나사의 높이
    • 절단홈이음 : 홈의 깊이
    • 용접이음 : 0

$P = 16,000\text{kPa}$, $D = 85\text{mm}$, $A = 0$(전기저항용접)이므로 최대허용응력을 구하면(배관재질 인장강도의 1/4값과 항복점의 2/3값 중 적은 값×배관이음효율×1.2로 하여야 하므로)

㉠ 인장강도의 1/4값 : $410\text{N/mm}^2 \times \dfrac{1\text{kN}}{1,000\text{N}} \times \dfrac{1,000,000\text{mm}^2}{1\text{m}^2} \times \dfrac{1}{4} = 102,500$ ∴ 102,500kPa

㉡ 항복점의 2/3값 : $250\text{N/mm}^2 \times \dfrac{1\text{kN}}{1,000\text{N}} \times \dfrac{1,000,000\text{mm}^2}{1\text{m}^2} \times \dfrac{2}{3} = 166,666$ ∴ 166,666kPa

㉢ 항복점의 2/3값이 작으므로 최대허용응력을 구하면
  $102,500\text{kPa} \times 0.85 \times 1.2 = 104,550$ ∴ 104,550kPa

② 관의 두께[mm]를 구하시오. (3점)

$$t = \frac{PD}{2SE} + A = \frac{16,000\text{kPa} \times 85\text{mm}}{2 \times 104,550\text{kPa}} + 0 = 6.504 \quad \therefore 6.5\text{mm}$$

Mind-Control

작년 이맘때 무엇 때문에 힘들고 화를 냈는지 기억할까요?

기억하지도 못하는 고뇌들...

포기는 영원히 남아버립니다.

― 이항준 ―

2 다음 물음에 답하시오. (30점)

(1) 주요구조부가 내화구조인 건축물에 자동화재탐지설비를 설치하고자 한다. 다음 조건을 참고하여 물음에 답하시오. (단, 조건에 없는 내용은 고려하지 않는다.) (9점)

─────〈 조 건 〉─────
- 층수 : 지하 2층, 지상 9층
- 바닥면적 : 층별 1,050m² (가로 35m, 세로 30m)
- 연면적 : 11,550m²
- 각 층의 높이는 지하 2층 4.5m, 지하 1층 4.5m, 1층~9층 3.5m, 옥탑층 3.5m
- 직통계단은 건물 좌・우측에 1개씩 설치
- 옥탑층은 엘리베이터 권상기실로만 사용되며 건물 좌・우측에 1개씩 설치
- 각 층 거실과 지하주차장에는 차동식스포트형감지기 2종 설치
- 연기감지기 설치장소에는 광전식스포트형 2종 설치
- 지하 2개 층은 주차장 용도로 준비작동식유수검지장치(교차회로방식) 설치
- 지상 9개 층은 사무실 용도로 습식유수검지장치 설치
- 화재감지기는 스프링클러설비와 겸용으로 설치

① 전체 경계구역의 수를 구하시오. (4점)
② 설치해야 할 감지기의 종류별 수량을 구하시오. (5점)

(2) 국가화재안전기술기준(NFTC)에 관한 다음 물음에 답하시오. (7점)
① 송수구 가까운 곳의 보기 쉬운 곳에 송수압력범위를 표시한 표지를 설치하여야 되는 소방시설 중 화재안전기술기준상 규정하고 있는 소화설비의 종류 4가지를 쓰시오. (2점)
② 연결송수관설비의 송수구 설치기준 중 급수개폐밸브 작동표시 스위치의 설치기준을 쓰시오. (3점)
③ 특별피난계단의 계단식 및 부속실 제연설비에서 옥내의 출입문(방화구조의 복도가 있는 경우로서 복도와 거실사이의 출입문)에 대한 구조기준을 쓰시오. (2점)

(3) 다중이용업소의 안전관리에 관한 특별법령상 다음 물음에 답하시오. (6점)
① 다중이용업소에 설치・유지하여야 하는 안전시설등 중에서 구획된 실(室)이 있는 영업장 내부에 피난통로를 설치하여야 되는 다중이용업의 종류를 쓰시오. (2점)
② 다중이용업소의 영업장에 설치・유지하여야 하는 안전시설등의 종류 중 영상음향 차단장치에 대한 설치유지기준을 쓰시오. (4점)

(4) 다음 조건과 같은 배관의 A지점에서 B지점으로 40kg$_f$/s의 소화수가 흐를 때 A, B 각 지점에서의 평균속도(m/s)를 계산하시오. (단, 조건에 없는 내용은 고려하지 않으며, 계산과정을 쓰고 답은 소수점 넷째자리에서 반올림하여 셋째자리까지 구하시오.) (3점)

─────〈 조 건 〉─────
- 배관의 재질 : 배관용 탄소강관(KS D 3507)
- A지점 : 호칭지름 100, 바깥지름 114.3mm, 두께 4.5mm
- B지점 : 호칭지름 80, 바깥지름 89.1mm, 두께 4.05mm

(5) 「소방시설의 내진설계기준」에 따른 수평배관의 종방향 흔들림 방지 버팀대에 대한 설치기준을 쓰시오. (5점)

해설

(1) 주요구조부가 내화구조인 건축물에 자동화재탐지설비를 설치하고자 한다. 다음 조건을 참고하여 물음에 답하시오. (단, 조건에 없는 내용은 고려하지 않는다.) (9점)

───────────────⟨ 조 건 ⟩───────────────

- 층수 : 지하 2층, 지상 9층
- 바닥면적 : 층별 1,050m² (가로 35m, 세로 30m)
- 연면적 : 11,550m²
- 각 층의 높이는 지하 2층 4.5m, 지하 1층 4.5m, 1층~9층 3.5m, 옥탑층 3.5m
- 직통계단은 건물 좌·우측에 1개씩 설치
- 옥탑층은 엘리베이터 권상기실로만 사용되며 건물 좌·우측에 1개씩 설치
- 각 층 거실과 지하주차장에는 차동식스포트형감지기 2종 설치
- 연기감지기 설치장소에는 광전식스포트형 2종 설치
- 지하 2개 층은 주차장 용도로 준비작동식유수검지장치(교차회로방식) 설치
- 지상 9개 층은 사무실 용도로 습식유수검지장치 설치
- 화재감지기는 스프링클러설비와 겸용으로 설치

① 전체 경계구역의 수를 구하시오. (4점)

㉠ 계단실 : 지하 1층을 초과하므로 지상층과 별도로 구획하므로 1구역, 지상층은 3.5m×10개 층=35m (옥탑층 포함), 1구역(1구역당 45m 이내)이며, 직통계단이 2개소이므로 총 4경계구역이다.

㉡ E/V 권상기실 2개소 : 2경계구역

㉢ 지하 1~2층 주차장 : 스프링클러설비·물분무등소화설비 또는 제연설비의 화재감지장치로서 화재감지기를 설치한 경우의 경계구역은 당해 소화설비의 방사구역 또는 제연구역과 동일하게 설정할 수 있으므로, 스프링클러설비가 설치되어 있어 화재안전기술기준상 최대방호면적은 3,000m²이므로, 지하 1~2층 2개 경계구역(1개의 경계구역에 교차회로방식으로 구성하는 것은 감지기회로만 2개로 증가되는 것임)

㉣ 1~9층 사무실 : 자동화재탐지설비를 경계구역으로 설정하므로 화재안전기술기준상 600m² 초과할 수 없으므로

$$\frac{1{,}050\text{m}^2}{600\text{m}^2} = 1.75 \quad \therefore 2\text{개 구역} \times 9\text{개층} = 18\text{경계구역}$$

㉤ 경계구역 합계 : 4+2+2+18=26 ∴ 총 26경계구역

② 설치해야 할 감지기의 종류별 수량을 구하시오. (5점)

구분		풀이
계단실	지하층	지하 1~2층 높이의 합계가 9m이므로 광전식스포트형 2종 각 계단 총 2개 설치
	지상층	지상 1~옥탑층 높이의 합계가 35m이므로 15m마다 연기감지기 설치 $\dfrac{35\text{m}}{15\text{m}} = 2.33$ ∴ 3개×2개 계단=6개(광전식스포트형감지기 2종)
E/V 권상기실		권상기실 2개소 : 광전식스포트형 2종 2개
지하층 주차장		차동식스포트형감지기 2종 설치높이는 4.5m로서 내화구조이므로 35m²당 1개의 감지기를 설치하며, 교차회로방식으로 35m²당 2개의 감지기를 설치 $\dfrac{1{,}050\text{m}^2}{35\text{m}^2} = 30$개 ∴ 30개×2(교차회로)×2개층=120개(차동식스포트형감지기 2종)
지상층 사무실		차동식스포트형감지기 2종을 설치하며, 설치높이는 3.5m로서 내화구조이므로 70m²당 1개의 감지기를 설치 $\dfrac{1{,}050\text{m}^2}{70\text{m}^2} = 15$개 ∴ 15개×9개층=135개(차동식스포트형감지기 2종)
합계		광전식스포트형감지기 2종 10개 설치, 차동식스포트형감지기 2종 255개 설치

(4) 다음 조건과 같은 배관의 A지점에서 B지점으로 40kg_f/s의 소화수가 흐를 때 A, B 각 지점에서의 평균속도(m/s)를 계산하시오. (단, 조건에 없는 내용은 고려하지 않으며, 계산과정을 쓰고 답은 소수점 넷째자리에서 반올림하여 셋째자리까지 구하시오.) (3점)

〈 조건 〉
- 배관의 재질 : 배관용 탄소강관(KS D 3507)
- A지점 : 호칭지름 100, 바깥지름 114.3mm, 두께 4.5mm
- B지점 : 호칭지름 80, 바깥지름 89.1mm, 두께 4.05mm

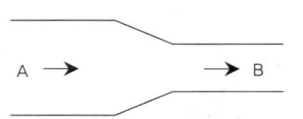

$G = \gamma A_1 V_1 = \gamma A_2 V_2$

여기서, A_1, A_2 : 배관단면적 $\left(\dfrac{\pi}{4}D^2[m^2]\right)$

V_1, V_2 : 유속[m/s] $[V = \sqrt{2gH}]$

γ : 비중량[물 : $9,800\text{N/m}^3 = 9.8\text{kN/m}^3 = 1,000\text{kg}_f/\text{m}^3$]

$G = 40\text{kg}_f/\text{s}, \gamma = 1,000\text{kg}_f/\text{m}^3$

$D_A = 114.3\text{mm} - 4.5\text{mm} \times 2 = 105.3\text{mm} = 0.1053\text{m}$(안지름)

$D_B = 89.1\text{mm} - 4.05\text{mm} \times 2 = 81\text{mm} = 0.081\text{m}$(안지름)

중량을 중량유량의 단위에 맞추어 계산을 최소로 하여 유속을 산출한다. 문제 조건에 따라 소수점 다섯째자리까지 구한다.

$G = \gamma A V = \gamma \times \dfrac{\pi}{4} \times D^2 \times V$ 이므로 $V = \dfrac{4G}{\pi \gamma D^2}$

① $V_A = \dfrac{4G}{\pi \gamma D_A^2} = \dfrac{4 \times 40\text{kg}_f/\text{s}}{\pi \times 1,000\text{kg}_f/\text{m}^3 \times 0.1053^2\text{m}^2} = 4.5931$ ∴ 4.593m/s

② $V_B = \dfrac{4G}{\pi \gamma D_B^2} = \dfrac{4 \times 40\text{kg}_f/\text{s}}{\pi \times 1,000\text{kg}_f/\text{m}^3 \times 0.081^2\text{m}^2} = 7.7624$ ∴ 7.762m/s

3 다음 물음에 답하시오.

(1) 소화기구 및 자동소화장치의 화재안전기술기준(NFTC 101)에 관하여 다음 물음에 답하시오. (8점)

① 소화기 수량산출에서 소형소화기를 감소할 수 있는 경우에 관하여 쓰시오. (2점)

구분	내용
소화설비가 설치된 경우	㉠
대형소화기가 설치된 경우	㉡

② 소화기 수량산출에서 소형소화기를 감소할 수 없는 특정소방대상물 4가지를 쓰시오. (2점)
③ 일반화재를 적용대상으로 하는 소화기구의 적응성이 있는 소화약제를 쓰시오. (4점)

구분	내용
가스계소화약제	㉠
분말소화약제	㉡
액체소화약제	㉢
기타 소화약제	㉣

(2) 항공기격납고에 포소화설비를 설치하고자 한다. 다음 조건을 참고하여 물음에 답하시오. (12점)

〈 조 건 〉
- 격납고의 바닥면적 1,800m², 높이 12m
- 격납고의 주요구조부가 내화구조이고, 벽 및 천장의 실내에 면하는 부분은 난연재료임
- 격납고 주변에 호스릴포소화설비 6개 설치
- 항공기의 높이 : 5.5m
- 전역방출방식의 고발포용 고정포방출구 설비 설치
- 팽창비가 220인 수성막포 사용

① 격납고 소화기구의 총 능력단위를 구하시오. (2점)
② 고정포방출구 최소 설치개수를 구하시오. (3점)
③ 고정포방출구 1개당 최소방출량(l/min)을 구하시오. (3점)
④ 전체 포소화설비에 필요한 포수용액량(m³)을 구하시오. (4점)

(3) 비상콘센트설비의 화재안전기술기준(NFTC 504) 등을 참고하여 다음 물음에 답하시오. (10점)

① 업무시설로서 층당 바닥면적은 1000m²이며, 층수가 25층인 특정소방대상물에 특별피난계단이 2개소일 경우 비상콘센트의 회로수, 설치개수 및 전선의 허용전류(A)를 구하시오. (단, 수평거리에 따른 설치는 무시하며, 전선관은 수직으로 설치되어 있으며, 허용전류는 25% 할증을 고려한다.) (5점)

② 소방용 장비용량이 3kW, 역률이 65%인 장비를 비상콘센트에 접속하여 사용하고자 한다. 층수가 25층인 특정소방대상물의 각층 층고는 4m이며, 비상콘센트(비상콘센트용 풀박스)는 화재안전기술기준에서 허용하는 가장 낮은 위치에 설치하고, 1층의 비상콘센트용 풀박스로부터 수전설비까지의 거리가 100m일 경우 전선의 단면적(mm²)을 구하시오. (단, 전압강하는 정격전압의 10%로 하고, 최상층 기준으로 한다.) (5점)

해설

(2) 항공기격납고에 포소화설비를 설치하고자 한다. 다음 조건을 참고하여 물음에 답하시오. (12점)

〈 조 건 〉
- 격납고의 바닥면적 1,800m², 높이 12m
- 격납고의 주요구조부가 내화구조이고, 벽 및 천장의 실내에 면하는 부분은 난연재료임
- 격납고 주변에 호스릴포소화설비 6개 설치
- 항공기의 높이 : 5.5m
- 전역방출방식의 고발포용 고정포방출구 설비 설치
- 팽창비가 220인 수성막포 사용

① 격납고 소화기구의 총 능력단위를 구하시오. (2점)

특정소방대상물			능력단위 (일반구조)	능력단위(내화구조 & 불연/준불연/난연)
• 근린생활시설 • 방송통신시설 • 공장 • 운수시설	• 전시장 • 판매시설 • 관광휴게시설 • 창고시설	• 노유자시설 • 숙박시설 • 항공기 및 자동차 관련시설 • 공동주택 • 업무시설	100m²/단위	200m²/단위

🖊암기법 근방 공장 운전으로 판 관창으로 노숙에서 항공업

$1{,}800\text{m}^2 \div 200\text{m}^2/\text{단위} = 9$ ∴ 9단위

② 고정포방출구 최소설치개수를 구하시오. (3점)
 고정포방출구의 수는 500m²마다 1개 이상이므로
 $1{,}800\text{m}^2 \div 500\text{m}^2 = 3.6$ ∴ 4개

③ 고정포방출구 1개당 최소방출량(l/min)을 구하시오. (3점)

부착장소의 최고주위온도 (단위 : ℃)	1m³에 대한 분당 포수용액 방출량		
	항공기격납고	차고 또는 주차장	특수가연물을 저장 또는 취급하는 소방대상물
팽창비 80 이상 250 미만의 것	2.00l	1.11l	1.25l
팽창비 250 이상 500 미만의 것	0.5l	0.28l	0.31l
팽창비 500 이상 1,000 미만의 것	0.29l	0.16l	0.18l

㉠ 고정포방출구는 소방대상물 및 포의 팽창비에 따른 종별에 따라 해당 방호구역의 관포체적(해당 바닥면으로부터 방호대상물의 높이보다 0.5m 높은 위치까지의 체적을 말한다) 1m³에 대하여 1분당 방출량을 위의 표에 의해 방출하여야 하므로 포팽창비가 220이므로 체적[m³]당 2l/min으로 하여 포수용액을 방출하면 된다.
㉡ 방호대상물(항공기)의 높이가 5.5m이므로 관포체적은 다음과 같다.
 $1{,}800\text{m}^2 \times 6\text{m} = 10{,}800\text{m}^3$
㉢ 고정포방출구 1개당 최소방출량[l/min]
 $10{,}800\text{m}^3 \times 2l/\text{min} \cdot \text{m}^3 = 21{,}600$ ∴ 21,600l/min
 $21{,}600l/\text{min} \div 4$개 $= 5{,}400$ ∴ 5,400l/min

④ 전체 포소화설비에 필요한 포수용액량(m³)을 구하시오. (4점)
㉠ 고정포방출구에 필요한 포수용액량 : 항공기격납고의 경우 방출시간은 10분이므로
 $5{,}400l/\text{min} \times 4$개 $\times 10\text{min} = 216{,}000$ ∴ 216m³
㉡ 호스릴포소화전에 필요한 포수용액량
 $Q = N \times 300l/\text{min} \times 20\text{min}$
 여기서, Q : 포소화약제의 양[l]
  N : 호스접결구수[5개 이상인 경우는 5]
 $Q = N \times 300l/\text{min} \times 20\text{min} = 5$개 $\times 300l/\text{min} \times 20\text{min} = 30{,}000$ ∴ $30{,}000l = 30\text{m}^3$
㉢ 포수용액량[m³]
 $216\text{m}^3 + 30\text{m}^3 = 246$ ∴ 246m³

(3) 비상콘센트설비의 화재안전기술기준(NFTC 504) 등을 참고하여 다음 물음에 답하시오. (10점)
 ① 업무시설로서 층당 바닥면적은 1,000m²이며, 층수가 25층인 특정소방대상물에 특별피난계단이 2개소일 경우 비상콘센트의 회로수, 설치개수 및 전선의 허용전류(A)를 구하시오. (단, 수평거리에 따른 설치는 무시하며, 전선관은 수직으로 설치되어 있으며, 허용전류는 25% 할증을 고려한다.) (5점)
  ㉠ 비상콘센트 회로수 산정
   • 아파트를 제외한 바닥면적 1,000m³ 이상인 층의 경우 계단이 3 이상 있는 층의 경우에는 그 중 2개의 계단(계단 부속실을 포함한 출입구로부터 5m 이내)에 설치 : 2개 계단
    층수가 11층 이상인 층에만 설치 : 15개(11~25층)
   • 각 회로별 비상콘센트는 10개 이하로 설치 : 15개 ÷ 10개/회로 = 1.5 ∴ 수직 2회로
   • 비상콘센트 회로수 = 2개 계단 × 수직 2회로 = 4 ∴ 총 4회로
  ㉡ 비상콘센트 설치개수 = 15개(11~25층) × 2개 계단 = 30 ∴ 30세트

ⓒ 전선의 허용전류

비상콘센트 수	1개	2개	3~10개
전선의 용량(단상 220 [V])	1.5[kVA] 이상	3[kVA] 이상	4.5[kVA] 이상

$P = VI$

여기서, P : 단상용량[VA]
V : 전압[V]
I : 전류[A]

정격정류에 할증 25%를 고려하여 허용전류를 구한다.

$I = \dfrac{P}{V} = \dfrac{4.5 \times 1,000 VA}{220V} = 20.454$ ∴ 20.454A × 1.25 = 25.56A

② 소방용 장비용량이 3kW, 역률이 65%인 장비를 비상콘센트에 접속하여 사용하고자 한다. 층수가 25층인 특정소방대상물의 각층 층고는 4m이며, 비상콘센트(비상콘센트용 풀박스)는 화재안전기술기준에서 허용하는 가장 낮은 위치에 설치하고, 1층의 비상콘센트용 풀박스로부터 수전설비까지의 거리가 100m일 경우 전선의 단면적(mm²)을 구하시오. (단, 전압강하는 정격전압의 10%로 하고, 최상층 기준으로 한다.) (5점)

구분	전압강하(Ⅰ)	전압강하(Ⅱ)	전력
단상 2선식	$e = \dfrac{35.6LI}{1,000A}$	$e = V_s - V_r = 2IR$	$P = VI\cos\theta$
3상 3선식	$e = \dfrac{30.8LI}{1,000A}$	$e = V_s - V_r = \sqrt{3}IR$	$P = \sqrt{3}VI\cos\theta$
단상 3선식 3상 4선식	$e' = \dfrac{17.8LI}{1,000A}$	-	-

여기서, e : 각 선로간의 전압강하[V] e' : 각 선로간의 1선과 중심선 사이의 전압강하[V]
A : 전선단면적[mm²] L : 선로길이[m]
I : 전부하전류[A] V_s : 입력전압[V]
V_r : 출력전압(단자전압)[V] $\cos\theta$: 역률

$L = 4m \times 24$개 층 $+ 100m = 196m$
(1~25층 비상콘센트 및 풀박스의 설치높이 0.8~1.5m 중 0.8m 위치에 설치거리+수전설비)
$e = 220V \times 10\% = 22V$ 이므로

㉠ 전류를 구하면

$P = VI\cos\theta$

여기서, P : 단상전력[W]
V : 전압[V]
I : 전류[A]
$\cos\theta$: 역률

$P = 3kW = 3,000W$, $V = 220V$, $\cos\theta = 0.65$

$I = \dfrac{P}{V\cos\theta} = \dfrac{3,000W}{220V \times 0.65} = 20.979$ ∴ 20.979A

㉡ 전선의 단면적

$A = \dfrac{35.6LI}{1,000e} = \dfrac{35.6 \times 196m \times 20.979A}{1,000 \times 22V} = 6.653$ ∴ 6.65mm²

Mind-Control

당신은 움츠리기보다 활짝 피어나도록 만들어진 존재입니다.

- 오프라 윈프리 -

제18회 소방시설관리사(2018.10.13 시행)

1 다음 물음에 답하시오. (40점)

(1) 벤츄리관(Venturi tube)에 대하여 답하시오. (17점)

① 벤츄리관(Venturi tube)에서 베르누이 정리와 연속방정식 등을 이용하여 유량을 구하는 공식을 유도하시오. (12점)

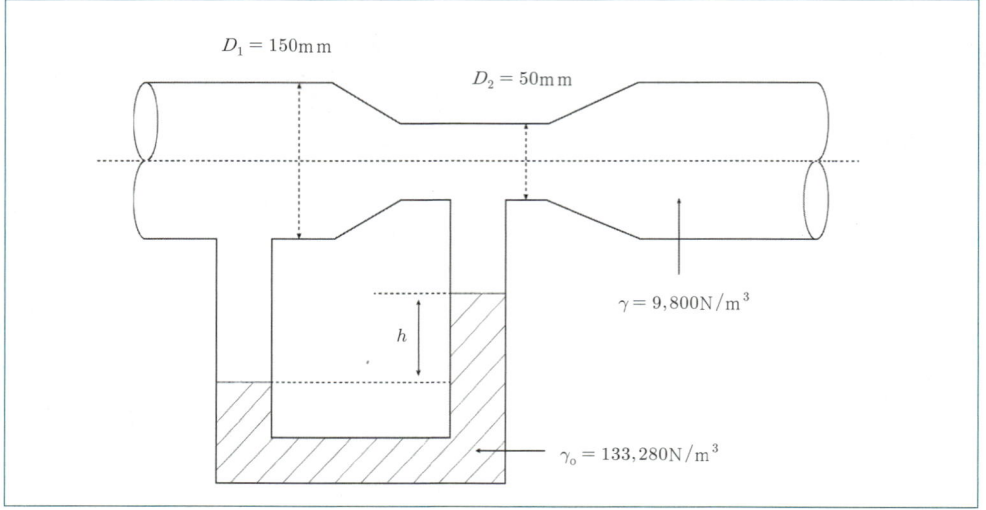

② 위 그림과 같은 벤츄리관(Venturi tube)에서 액주계의 높이차가 200mm일 때, 관을 통과하는 물의 유량[m^3/s]을 구하시오. (단, 중력가속도=9.8m/s^2, $\pi = 3.14$, 기타 조건은 무시하며, 소수점 여섯째자리에서 반올림하여 다섯째자리까지 구하시오.) (5점)

(2) 피난기구의 화재안전기술기준(NFTC 301)에 대하여 답하시오. (10점)

① 4층 이상의 층에 피난사다리(하향식 피난구용 내림식사다리는 제외)를 설치하는 경우 기준을 쓰시오. (2점)

② "피난기구는 계단·피난구 기타 피난시설로부터 적당한 거리에 있는 안전한 구조로 된 피난 또는 소화활동상 <u>유효한 개구부</u>에 고정하여 설치하거나 필요한 때에 신속하고 유효하게 설치할 수 있는 상태에 둘 것"이라고 규정하고 있다. 여기에서 밑줄 친 유효한 개구부에 대하여 설명하시오. (2점)

③ 지상 10층(업무시설)인 소방대상물의 3층에 피난기구를 설치하고자 한다. 적응성이 있는 피난기구 8가지를 쓰시오. (4점)

④ 지상 10층(판매시설)인 소방대상물의 5층에 피난기구를 설치하고자 한다. 필요한 피난기구의 최소수량을 산출하시오. (단, 바닥면적은 2,000m^2이며, 주요구조부는 내화구조이고, 특별피난계단이 2개소 설치되어 있다.) (2점)

(3) 이산화탄소소화설비의 화재안전기술기준(NFTC 106) 및 다음 조건에 따라 이산화탄소소화설비를 설치하고자 한다. 다음에 대하여 답하시오. (13점)

─〈 조 건 〉─

- 방호구역은 2개 구역으로 한다.
  A구역은 가로 20m×세로 25m×높이 5m
  B구역은 가로 6m×세로 5m×높이 5m
- 개구부는 다음과 같다.

구분	개구부 면적	비고
A구역	이산화탄소소화설비의 화재안전기술기준에서 규정한 최대값 적용	자동폐쇄장치 미설치
B구역	이산화탄소소화설비의 화재안전기술기준에서 규정한 최대값 적용	자동폐쇄장치 미설치

- 전역방출설비이며 방출시간은 60초 이내로 한다.
- 충전비는 1.5, 저장용기의 내용적은 68ℓ이다.
- 각 구역 모두 아세틸렌 저장창고이다.
- 개구부면적 계산 시에 바닥면적을 포함하고, 주어진 조건 외에는 고려하지 않는다.
- 설계농도에 따른 보정계수는 아래의 표를 참고한다.

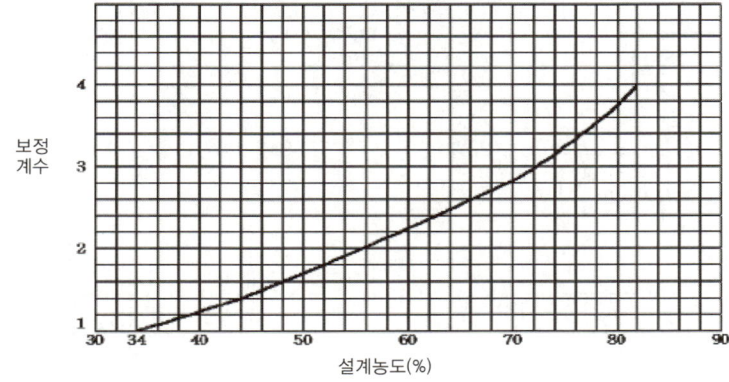

① 각 방호구역 내 개구부의 최대면적[m²]을 구하시오. (2점)
② 각 방호구역의 최소 소화약제 산출량[kg]을 구하시오. (5점)
③ 저장용기실의 최소 저장용기수 및 최소 소화약제 저장량[kg]을 구하시오. (4점)
④ 이산화탄소소화설비의 화재안전기술기준에서 정하는 가연성 액체 또는 가연성 가스의 소화에 필요한 설계농도[%] 기준 중 석탄가스와 에틸렌의 설계농도[%]를 쓰시오. (2점)

해설

(1) ① 벤츄리관(Venturi tube)에 대하여 답하시오. (17점)
  ① 벤츄리관(Venturi tube)에서 베르누이 정리와 연속방정식 등을 이용하여 유량을 구하는 공식을 유도 (12점)

  베르누이 정리에 연속의 방정식에 따른 유속을 대입하여 유도한다.
  $$Q = A_1 V_1 = A_2 V_2$$
  여기서, Q : 유량[m³/s]
  A_1, A_2 : 배관단면적 $\left(\dfrac{\pi}{4}D^2 [\text{m}^2]\right)$
  V_1, V_2 : 유속[m/s]

$$V_1 = \frac{A_2}{A_1} V_2 \cdots\cdots\cdots ①$$

$$H = \frac{P_1}{\gamma} + \frac{V_1^2}{2g} + Z_1 = \frac{P_2}{\gamma} + \frac{V_2^2}{2g} + Z_2$$

여기서, H : 전수두[m], P_1, P_2 : 압력[Pa = N/m^2]
  γ : 비중량[물 : 9,800N/m^3 = 9.8kN/m^3], V_1, V_2 : 속도[m/s]
  g : 중력가속도[9.8m/s^2], Z_1, Z_2 : 위치수두[m]

$$\frac{P_1}{\gamma_1} + \frac{V_1^2}{2g} = \frac{P_2}{\gamma_1} + \frac{V_2^2}{2g} \quad [Z_1 = Z_2]$$

$$\frac{V_2^2 - V_1^2}{2g} = \frac{P_1 - P_2}{\gamma_1} \quad [\Delta P = P_1 - P_2 = (\gamma_2 - \gamma_1)R \text{을 대입}]$$

$$V_2^2 - V_1^2 = 2g \times \frac{(\gamma_2 - \gamma_1)R}{\gamma_1} \cdots\cdots\cdots ② \quad [\text{식 ②에 식 ①을 대입}]$$

$$V_2^2 - \left(\frac{A_2}{A_1}\right)^2 V_2^2 = 2gR \times \frac{(\gamma_2 - \gamma_1)}{\gamma_1}$$

$$V_2^2 \times \left\{1 - \left(\frac{A_2}{A_1}\right)^2\right\} = 2gR \times \frac{(\gamma_2 - \gamma_1)}{\gamma_1}$$

$$V_2 = \frac{1}{\sqrt{1 - \left(\frac{A_2}{A_1}\right)^2}} \times \sqrt{2gR \times \frac{(\gamma_2 - \gamma_1)}{\gamma_1}} \quad [Q = A_2 V_2 \text{이므로 } A_2 \text{를 곱한다.}]$$

$$Q = A_2 V_2 = \frac{A_2}{\sqrt{1 - \left(\frac{A_2}{A_1}\right)^2}} \times \sqrt{2gR \times \frac{(\gamma_2 - \gamma_1)}{\gamma_1}} \quad [\text{유량계수 } C \text{를 고려하면}]$$

$$Q = CA_2 V_2 = C\frac{A_2}{\sqrt{1 - \left(\frac{A_2}{A_1}\right)^2}} \times \sqrt{2gR \times \frac{(\gamma_2 - \gamma_1)}{\gamma_1}} \quad \left[\left(\frac{A_2}{A_1}\right)^2 = \left(\frac{\frac{\pi}{4}D_2^2}{\frac{\pi}{4}D_1^2}\right)^2 = \left(\frac{D_2}{D_1}\right)^4 \text{이므로}\right]$$

$$= C\frac{A_2}{\sqrt{1 - \left(\frac{D_2}{D_1}\right)^4}} \times \sqrt{2gR \times \frac{(\gamma_o - \gamma)}{\gamma}} \quad [\gamma, \gamma_o \text{를 대입}]$$

이해 必

☑ **이 공식은 이렇게 적용하세요…^^** : 연속의 방정식[유속(비율)을 베르누이 정리 등에 대입]

문제표현 → 요구값	적용 공식	요구 공식
D_1, D_2 → 유속비율(V_1, V_2)	$Q = A_1 V_1 = A_2 V_2$	$V_1 = \frac{D_2^2}{D_1^2} \cdot V_2$
유량 / 구경(D_1, D_2) → 유속(V_1, V_2)	$Q = A_1 V_1 = A_2 V_2$	$V_1 = \frac{Q}{A_1}$, $V_2 = \frac{Q}{A_2}$

[부록] 기출문제 및 기출 계산문제 분석

☑ **이 공식은 이렇게 적용하세요…^^** : 베르누이 정리

문제의 표현	공식	적용
• 이상유체 • 점성이 없는 • 마찰이 없는	$H = \dfrac{P_1}{\gamma} + \dfrac{V_1^2}{2g} + Z_1 = \dfrac{P_2}{\gamma} + \dfrac{V_2^2}{2g} + Z_2$	$\dfrac{P_1 - P_2}{\gamma} = \dfrac{V_2^2 - V_1^2}{2g}$ [압력차 발생=유속차 발생]
• 실제유체 • 점성이 있는 • 마찰이 있는	$H = \dfrac{P_1}{\gamma} + \dfrac{V_1^2}{2g} + Z_1 = \dfrac{P_2}{\gamma} + \dfrac{V_2^2}{2g} + Z_2 + \Delta H$	$\Delta H = \dfrac{P_1 - P_2}{\gamma} + \dfrac{V_1^2 - V_2^2}{2g}$

☑ 벤츄리미터 또는 마노미터에서 유량 등을 구할 경우 마노미터 R의 높이(20mmHg)를 수두로 환산하여 적용하는 경우가 있는데 이는 수두(mH_2O)로 환산하여서는 안 되며, 순수한 높이를 의미하므로 $R=20mm=0.02m$로 적용하여야 한다.

☑ 1, 2지점에서의 압력 [$h_1 = h_2 + R$이므로]
$P_1 + \gamma_1 h_2 + \gamma_1 R = P_2 + \gamma_1 h_2 + \gamma_2 R$
$P_1 - P_2 = \gamma_2 R - \gamma_1 R$
$\Delta P = (\gamma_2 - \gamma_1) R$

☑ 문제의 표현에서 "압력차(ΔP)"로 주어지는 경우에는 다음과 같이 적용한다.
$\Delta P = P_1 - P_2 = \gamma_2 R - \gamma_1 R = (\gamma_2 - \gamma_1) R$ 이므로
$Q = \dfrac{A_2}{\sqrt{1 - \left(\dfrac{D_2}{D_1}\right)^4}} \times \sqrt{2gR \times \dfrac{(\gamma_s - \gamma_w)}{\gamma_w}} = \dfrac{A_2}{\sqrt{1 - \left(\dfrac{D_2}{D_1}\right)^4}} \times \sqrt{2g \dfrac{\Delta P}{\gamma_w}}$

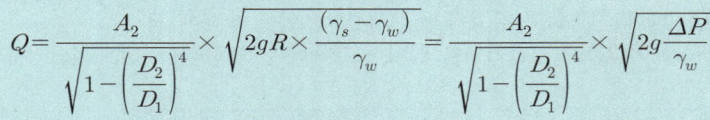

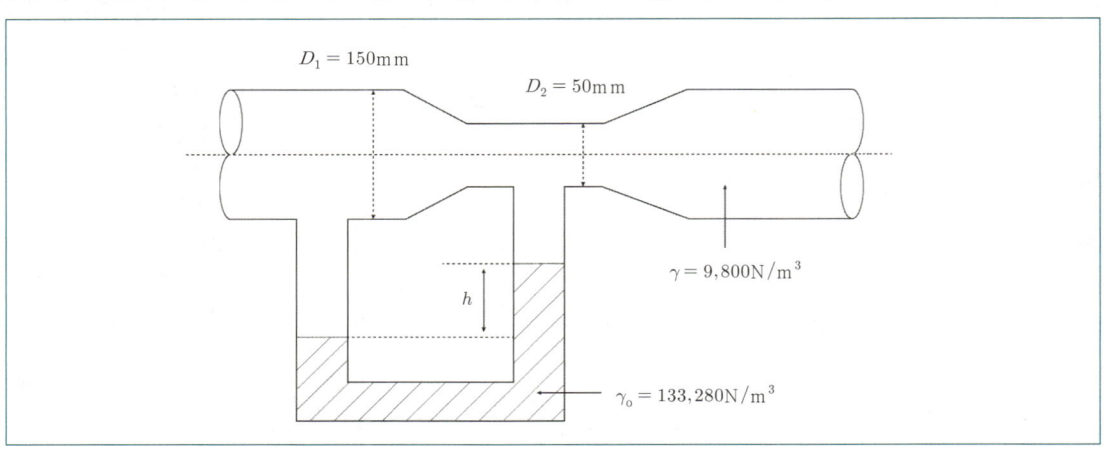

Mind-Control

우연을 항상 경계하라. 항상 낚싯 바늘을 던져두라. 전혀 기대하지 않은 곳에 물고기가 있을 것이다.

— 오비디우스 —

② 위 그림과 같은 벤츄리관(Venturi tube)에서 액주계의 높이차가 200mm일 때, 관을 통과하는 물의 유량 [m³/s] (단, 중력가속도=9.8m/s², π=3.14, 기타 조건은 무시하며, 소수점 여섯째자리에서 반올림하여 다섯째자리까지 구하시오.) (5점)

$$Q = \frac{A_2}{\sqrt{1-\left(\frac{D_2}{D_1}\right)^4}} \times \sqrt{2gR \times \frac{(\gamma_o - \gamma)}{\gamma}}$$

$$= \frac{\frac{3.14}{4} \times 0.05^2 \text{m}^2}{\sqrt{1-\left(\frac{0.05\text{m}}{0.15\text{m}}\right)^4}} \times \sqrt{2 \times 9.8\text{m/s}^2 \times 0.2\text{m} \times \frac{(133,280\text{N/m}^3 - 9,800\text{N/m}^3)}{9,800\text{N/m}^3}}$$

$$= 0.013878 \quad \therefore \ 0.01388\text{m}^3/\text{s}$$

(2) 피난기구의 화재안전기술기준(NFTC 301)에 대하여 답하시오. (10점)

① 4층 이상의 층에 피난사다리(하향식 피난구용 내림식사다리는 제외)를 설치하는 경우 기준 (2점)

4층 이상의 층에 피난사다리(하향식 피난구용 내림식사다리는 제외한다)를 설치하는 경우에는 금속성 고정사다리를 설치하고, 당해 고정사다리에는 쉽게 피난할 수 있는 구조의 노대를 설치할 것

② "피난기구는 계단·피난구 기타 피난시설로부터 적당한 거리에 있는 안전한 구조로 된 피난 또는 소화활동상 <u>유효한 개구부</u>에 고정하여 설치하거나 필요한 때에 신속하고 유효하게 설치할 수 있는 상태에 둘 것"이라고 규정하고 있다. 여기에서 밑줄 친 유효한 개구부 (2점)

피난기구는 계단·피난구 기타 피난시설로부터 적당한 거리에 있는 안전한 구조로 된 피난 또는 소화활동상 유효한 개구부(가로 0.5m 이상, 세로 1m 이상인 것을 말한다. 이 경우 개구부 하단이 바닥에서 1.2m 이상이면 발판 등을 설치하여야 하고, 밀폐된 창문은 쉽게 파괴할 수 있는 파괴장치를 비치하여야 한다)에 고정하여 설치하거나 필요한 때에 신속하고 유효하게 설치할 수 있는 상태에 둘 것

③ 지상 10층(업무시설)인 소방대상물의 3층에 피난기구를 설치하고자 한다. 적응성이 있는 피난기구 8가지 (4점)

설치 장소별 구분	층 별	지하층	1층	2층	3층	4층 이상 10층 이하
그 밖의 것 (10층 업무시설)		피난사다리 · 피난용트랩			• **완**강기 • **간이**완강기 • **피**난교 • **승**강식피난기 • **미**끄럼대 • **구**조대 • 피난**사**다리 • **다**수인피난장비 • **피**난용트랩 • **공**기안전매트 🖉 암기법 완간이 피승미 구사다 피트공	• **완**강기 • **간이**완강기 • **피**난교 • **승**강식피난기 • **구**조대 • 피난**사**다리 • **다**수인피난장비 • **공**기안전매트 🖉 암기법 완간이 피승 구사다 공

④ 지상 10층(판매시설)인 소방대상물의 5층에 피난기구를 설치하고자 한다. 필요한 피난기구의 최소수량을 산출하시오. (단, 바닥면적은 2,000m²이며, 주요구조부는 내화구조이고, 특별피난계단이 2개소 설치되어 있다.) (2점)

구분	용도(층별 바닥면적마다 1개 이상 설치)
500m²마다	**노**유자시설 · **숙**박시설 및 **의**료시설로 사용되는 층 🖉 암기법 오 노숙의

구분	용도(층별 바닥면적마다 1개 이상 설치)
800m²마다	**위**락시설·**문**화집회 및 **운**동시설·**판**매시설로 사용되는 층 또는 **복**합용도의 층(하나의 층이 연립주택, 다세대주택, 기숙사, 종교시설, 교육연구시설, 노유자시설, 수련시설, 운동시설, 업무시설, 숙박시설, 위락시설, 공장, 창고시설, 위험물 저장 및 처리시설, 항공기 및 자동차 관련 시설 중 2 이상의 용도로 사용되는 층을 말한다.)에 있어서는 그 층 📝 암기법 **팔 위문 운판복**
1,000m²마다	그 밖의 용도의 층에 있어서는 그 층의 바닥면적 1,000m²마다 1개 이상 설치할 것
각 세대마다	계단실형 아파트/아파트등(주택으로 쓰는 층수가 5층 이상인 주택)

피난기구의 설치개수 중 1/2을 그 층에서 감할 수 있는 경우 : 다음의 기준에 적합한 층
㉠ 직통계단인 피난계단 또는 특별피난**계단**이 **2 이상** 설치되어 있을 것
㉡ 주요구조부가 **내화구조**로 되어 있을 것
📝 암기법 **계단 2 이상 내화구조**

$$\text{피난기구수} = \frac{\text{바닥면적}[m^2]}{\text{해당 용도의 바닥면적별 피난기구}[m^2/\text{개}]} \times \frac{1}{2} = \frac{2{,}000m^2}{800m^2/\text{개}} \times \frac{1}{2} = 1.25 \quad \therefore 2\text{개}$$

(3) 이산화탄소소화설비의 화재안전기술기준(NFTC 106) 및 아래 조건에 따라 이산화탄소소화설비를 설치하고자 한다. 다음에 대하여 답하시오. (13점)

─〈 조 건 〉─

- 방호구역은 2개 구역으로 한다.
  A구역은 가로 20m×세로 25m×높이 5m
  B구역은 가로 6m×세로 5m×높이 5m
- 개구부는 다음과 같다.

구 분	개구부 면적	비고
A구역	이산화탄소소화설비의 화재안전기술기준에서 규정한 최대값 적용	자동폐쇄장치 미설치
B구역	이산화탄소소화설비의 화재안전기술기준에서 규정한 최대값 적용	자동폐쇄장치 미설치

- 전역방출설비이며 방출시간은 60초 이내로 한다.
- 충전비는 1.5, 저장용기의 내용적은 68ℓ이다.
- 각 구역 모두 아세틸렌 저장창고이다.
- 개구부 면적 계산 시에 바닥면적을 포함하고, 주어진 조건 외에는 고려하지 않는다.
- 설계농도에 따른 보정계수는 아래의 표를 참고한다.

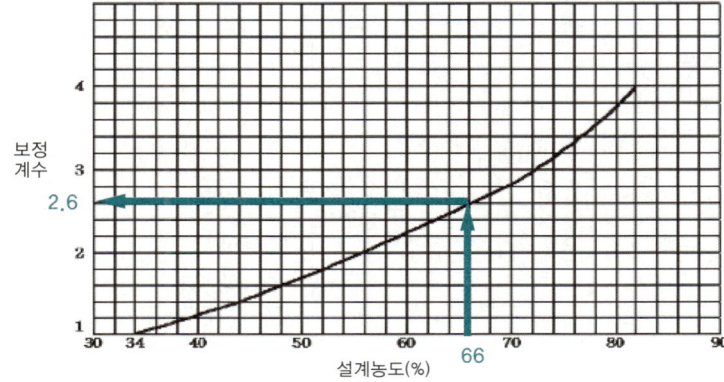

① 각 방호구역 내 개구부의 최대면적[m²]을 구하시오. (2점)
② 각 방호구역의 최소 소화약제 산출량[kg]을 구하시오. (5점)
③ 저장용기실의 최소 저장용기수 및 최소 소화약제 저장량[kg] 구하시오. (4점)

방호구역체적	방호구역의 체적 1m³에 대한 소화약제의 양	소화약제 저장량의 최저한도의 양	설계농도 (참고용)
45m³ 미만	1.00kg	45kg	43%
45m³ 이상 150m³ 미만	0.90kg	45kg	40%
150m³ 이상 1,450m³ 미만	0.80kg	135kg	36%
1,450m³ 이상	0.75kg	1,125kg	34%

구분	A구역	B구역
① 개구부 최대면적	전체 표면적 $(20m \times 25m \times 2개소) + (20m \times 5m \times 2개소)$ $+ (25m \times 5m \times 2개소) = 1,450m^2$ 개구부 최대면적(전체 표면적 3% 이하) $1,450m^2 \times 0.03 = 43.5$ ∴ $43.5m^2$	전체 표면적 $(6m \times 5m \times 2개소) + (6m \times 5m \times 2개소)$ $+ (5m \times 5m \times 2개소) = 170m^2$ 개구부 최대면적(전체 표면적 3% 이하) $170m^2 \times 0.03 = 5.1$ ∴ $5.1m^2$
② 최소 소화약제	아세틸렌 설계농도 66%의 보정계수 2.6 적용, 개구부당 가산량 5kg 적용 $(20m \times 25m \times 5m) \times 0.75kg \times 2.6$ $+ 43.5m^2 \times 5kg = 5,092.5$ ∴ $5,092.5kg$	아세틸렌 설계농도 66%의 보정계수 2.6 적용, 개구부당 가산량 5kg 적용 $(6m \times 5m \times 5m) \times 0.75kg \times 2.6$ $+ 5.1m^2 \times 5kg = 318$ ∴ $318kg$
③ 최소 저장 용기수 및 최소 소화약제 저장량	$충전비 = \dfrac{내용적[l]}{저장량[kg/병]}$ → $저장량[kg/병] = \dfrac{내용적[l]}{충전비} = \dfrac{68l}{1.5} = 45.333$ ∴ $45.333kg/병$ 최소 저장용기수 $5,092.5kg \div 45.333kg/병 = 112.335$ ∴ 113병 최소 소화약제 저장량 $113병 \times 45.333kg/병 = 5,122.629$ ∴ $5,122.63kg$	최소 저장용기수 $318kg \div 45.333kg/병 = 7.014$ ∴ 8병 최소 소화약제 저장량 $8병 \times 45.333kg/병 = 362.664$ ∴ $362.66kg$

④ 이산화탄소소화설비의 화재안전기술기준에서 정하는 가연성 액체 또는 가연성 가스의 소화에 필요한 설계농도[%] 기준 중 석탄가스와 에틸렌의 설계농도[%]를 쓰시오. (2점)

표 2.2.1.1.2 가연성 액체 또는 가연성 가스의 소화에 필요한 설계농도

방호대상물	설계농도	방호대상물	설계농도
수소(Hydrogen)	75%	석탄가스, 천연가스(Coal, Natural gas)	37%
아세틸렌(Acetylene)	66%	사이크로프로판(Cyclo Propane)	37%
일산화탄소(Carbon Monoxide)	64%	이소부탄(Iso Butane)	36%
산화에틸렌(Ethylene Oxide)	53%	프로판(Propane)	36%
에틸렌(Ethylene)	49%	부탄(Butane)	34%
에탄(Ethane)	40%	메탄(Methane)	34%

2. 다음 물음에 답하시오. (30점)

(1) 화재안전기술기준 및 아래 조건에 따라 다음에 대하여 답하시오. (18점)

―〈 조 건 〉―
- 두 개의 동으로 구성된 건축물로서 A동은 50층의 아파트, B동은 11층의 오피스텔로서 지하층은 공용으로 사용된다.
- A동과 B동은 완전구획하지 않고 하나의 소방대상물로 보며, 소방시설은 각각 별개 시설로 구성한다.
- 지하층은 5개 층으로 주차장, 기계실 및 전기실로 구성되었으며 지하층의 소방시설은 B동에 연결되어 있다.
- A동, B동의 층고는 2.8m이며, 바닥면적은 30m×20m으로 동일하다.
- 지하층은 층고는 3.5m이며, 바닥면적은 80m×60m이다.
- 옥내소화전설비의 방수구는 화재안전기술기준상 바닥으로부터 가장 높이 설치되어 있으며, 바닥 등 콘크리트 두께는 무시한다.
- 고가수조의 크기는 8m×6m×6m(H)이며 각 동의 옥상바닥에 설치되어 있다.
- 수조의 토출구는 물탱크의 바닥에 위치한다.
- 계산 시 $\pi = 3.14$이며 소수점 3자리에서 반올림하여 2자리까지 구한다.
- 주어진 조건 외에는 고려하지 않는다.

① 옥내소화전설비를 정방형으로 배치한 경우, A동과 B동의 최소수원[m³]을 각각 구하시오. (8점)

② 스프링클러설비가 설치된 경우, 아파트와 오피스텔의 최소수원[m³]을 각각 구하시오. (6점)

③ B동 고가수조의 소화용수가 자연낙차에 따라 지하 5층 옥내소화전 방수구로 방수되는데 소요되는 최소시간[s]을 구하시오. (4점)

(2) 물의 압력-온도 상태도와 관련하여 다음에 대하여 답하시오. (12점)

① 물의 압력-온도 상태도(Pressure-Temperature Diagram)을 작도하고, 상태도에 임계점과 삼중점을 표시하고 각각을 설명하시오. (4점)

② 상태도에 비(Ebullition)현상과 공동(Cavitation)현상을 작도하고 설명하시오. (4점)

③ 물의 응축잠열과 증발잠열을 설명하고, 증발잠열이 소화효과에 미치는 영향을 설명하시오. (4점)

해설

(1) 화재안전기술기준 및 아래 조건에 따라 다음에 대하여 답하시오. (18점)
① 옥내소화전설비를 정방형으로 배치한 경우, A동과 B동의 최소수원[m³]을 구하시오. (8점)
② 스프링클러설비가 설치된 경우, 아파트와 오피스텔의 최소수원[m³]을 각각 구하시오.(6점)
③ B동 고가수조의 소화용수가 자연낙차에 따라 지하 5층 옥내소화전 방수구로 방수되는데 소요되는 최소시간[s]을 구하시오. (4점)

구분	A동(아파트)	B동(오피스텔)
① 옥내소화전설비 최소수원	옥내소화전설비 기준 개수(정방향 배치) $S = 2r \cdot \cos\theta = 2 \times 25\text{m} \times \cos 45° = 35.355$ ∴ 35.355m $Q_H = N \times 0.13\text{m}^3/\text{min} \cdot \text{개} \times t$ 여기서, Q_N : 수원량[m³] N : 옥내소화전 기준 개수[개(최대 5개)] t : 방수시간[20~60min]	
	층별 바닥면적 30m × 20m(가로×세로) 30m ÷ 35.355m = 0.848 ∴ 1개 20m ÷ 35.355m = 0.565 ∴ 1개 1개 × 1개 = 1개 ∴ 1개 초고층건축물이므로 $t = 60\text{min}$ 적용 $Q_H = N \times 0.13\text{m}^3/\text{min} \cdot \text{개} \times t$ $= 1\text{개} \times 0.13\text{m}^3/\text{min} \times 60\text{min}$ $= 7.8$ ∴ 7.8m³	층별 바닥면적 80m × 60m(가로×세로) 80m ÷ 35.355m = 2.262 ∴ 3개 60m ÷ 35.355m = 1.697 ∴ 2개 3개 × 2개 = 6개 ∴ 5개 초고층건축물이므로 $t = 60\text{min}$ 적용 $Q_H = N \times 0.13\text{m}^3/\text{min} \cdot \text{개} \times t$ $= 5\text{개} \times 0.13\text{m}^3/\text{min} \times 60\text{min}$ $= 39$ ∴ 39m³
② 스프링클러설비 최소수원	$Q_S = N \times 0.08\text{m}^3/\text{min} \cdot \text{개} \times t$ 여기서, Q_N : 수원량[m³] N : 스프링클러설비 기준 개수[개(최대 30개)] t : 방수시간[20~60min]	
	초고층건축물이므로 $t = 60\text{min}$ 적용 $N = 10$개(아파트) $Q_S = N \times 0.08\text{m}^3/\text{min} \cdot \text{개} \times t$ $= 10\text{개} \times 0.08\text{m}^3/\text{min} \times 60\text{min}$ $= 48$ ∴ 48m³	초고층건축물이므로 $t = 60\text{min}$ 적용 $N = 30$개(11층 이상) $Q_S = N \times 0.08\text{m}^3/\text{min} \cdot \text{개} \times t$ $= 30\text{개} \times 0.08\text{m}^3/\text{min} \times 60\text{min}$ $= 144$ ∴ 144m³
③ B동 고가수조 옥내소화전 방수구 방수시간	$t = \dfrac{2A_t}{C_Q \cdot A\sqrt{2g}}(\sqrt{H_1} - \sqrt{H_2})$ 여기서, t : 토출시간[s] C_Q : 유량계수 g : 중력가속도[9.8m/s²] A : 방출구 단면적$\left(\dfrac{\pi}{4}D^2[\text{m}^2]\right)$ A_t : 물탱크 바닥면적[m²] H_1 : 수면에서 방출구까지의 높이[m] H_2 : 수면에서 탱크 내 오리피스의 높이를 제외한 방출구까지의 높이[m] $C_Q = 1$(조건에 없음), $A = \dfrac{\pi}{4} \times 0.04^2\text{m}^2$, $A_t = 8\text{m} \times 6\text{m}$ $H_2 = 2.8\text{m} \times 11$개 층 $+ 3.5\text{m} \times$ 지하 5개 층 $-$ 소화전 높이 1.5m $= 46.8$ ∴ 46.8m $V =$ 가로 × 세로 × 유효수량 높이 유효수량 높이 $= \dfrac{V}{\text{가로} \times \text{세로}} = \dfrac{(39\text{m}^3 + 144\text{m}^3)}{8\text{m} \times 6\text{m}} = 3.812$ ∴ 3.81m $H_1 = H_2 +$ 유효수량 높이 $= 46.8 + 3.81 = 50.61$ ∴ 50.61m $t = \dfrac{2A_t}{C_Q \cdot A\sqrt{2g}}(\sqrt{H_1} - \sqrt{H_2}) = \dfrac{2 \times 48\text{m}^2}{\dfrac{\pi}{4} \times 0.04^2\text{m}^2 \times \sqrt{2 \times 9.8\text{m/s}^2}}(\sqrt{50.61\text{m}} - \sqrt{46.8\text{m}})$ $= 4,711.125$ ∴ 4,711.13초	

(2) 물의 압력-온도 상태도와 관련하여 다음에 대하여 답하시오. (12점)
   ① 물의 압력-온도 상태도(Pressure-Temperature Diagram)을 작도하고, 상태도에 임계점과 삼중점을 표시하고 각각 설명하시오. (4점)
      ㉠ 삼중점 : 고체, 액체, 기체 3개의 상이 평형으로 공존하는 상태의 온도(0.6113kPa 압력에서 0.01℃)
      ㉡ 임계점 : 압력에 의해 액화되지 않는 온도(22,089kPa 압력에서 374.14℃)

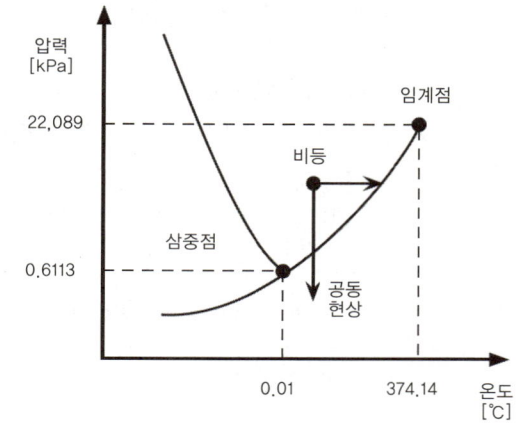

   ② 상태도에 비(Ebullition) 현상과 공동(Cavitation) 현상을 작도하고 설명하시오. (4점)
      ㉠ 비(Ebullition) 현상 : 온도가 상승하여 물이 끓는 현상을 말한다.
      ㉡ 공동(Cavitation) 현상 : 손실 등에 의해 압력이 낮아져 물이 끓는 현상을 말한다.
   ③ 물의 응축잠열과 증발잠열을 설명하고, 증발잠열이 소화효과에 미치는 영향을 설명하시오. (4점)
      ㉠ 응축잠열 : 기체가 액체로 상이 변할 때 발생하는 열량
      ㉡ 증발잠열 : 액체가 기체로 상이 변할 때 흡수하는 열량
      ㉢ 증발잠열이 소화에 미치는 영향 : 증발잠열에 의해 가연물의 열량을 흡수하여 냉각소화 한다.

3 다음 물음에 답하시오. (30점)

(1) 자동화재탐지설비에 대하여 답하시오. (12점)
   ① 아래 조건을 참조하여 실온이 18℃일 때, 1종 정온식감지기의 최소작동시간[s]을 계산 과정을 쓰고 구하시오. (10점)

   〈 조건 〉
   • 감지기의 공칭작동온도는 80℃이고, 작동시험온도는 100℃이다.
   • 실온이 0℃ 및 0℃ 이외에서 감지기 작동시간의 소수점 이하는 절상하여 계산한다.

   ② 자동화재탐지설비 및 시각경보장치의 화재안전기술기준(NFTC 203)에 따른 정온식 감지선형감지기 설치기준이다. (   ) 안의 내용을 차례대로 쓰시오. (2점)

   감지기와 감지구역의 각 부분과의 수평거리가 내화구조의 경우 1종 (㉠) 이하, 2종 (㉡) 이하로 할 것. 기타 구조의 경우 1종 (㉢) 이하, 2종 (㉣) 이하로 할 것

(2) 가스계 소화설비에 대하여 답하시오. (10점)
   ① 화재안전기술기준(NFTC 107A) 및 아래 조건에 따라 HCFC BLEND A를 이용한 소화설비를 설치하였을 때 전체 소화약제 저장용기에 저장되는 최소 소화약제의 저장량[kg]을 산출하시오. (6점)

〈 조건 〉
- 바닥면적 300m², 높이 4m의 발전실에 소화농도는 7.0%로 한다.
- 방사 시 온도는 20℃, K_1 =0.2413, K_2 =0.00088이다.
- 저장용기의 규격은 68l, 50kg용이다.

② 위 ①의 저장용기에 대하여 화재안전기술기준(NFTC 107A)에서 요구하는 저장용기 교체기준을 쓰시오. (2점)
③ 이산화탄소소화설비의 화재안전기술기준(NFTC 106)에 따라 이산화탄소소화설비의 설치장소에 대한 안전시설 설치기준 2가지를 쓰시오. (2점)

(3) 특별피난계단의 계단실 및 부속실 제연설비의 화재안전기술기준(NFTC 501A)에 따라 부속실에 제연설비를 설치하고자 한다. 아래 조건에 따라 다음에 대하여 답하시오. (8점)

〈 조건 〉
- 제연구역에 설치된 출입문의 크기는 폭 1.6m, 높이 2.0m이다.
- 외여닫이문으로 제연구역의 실내 쪽으로 열린다.
- 주어진 조건 외에는 고려하지 않으며 계산값은 소수점 넷째자리에서 반올림하여 소수점 셋째자리까지 구한다.

① 출입문의 누설틈새 면적[m²]을 산출하시오. (4점)
② 위 ①의 누설틈새를 통한 최소누설량[m³/s]을 $Q=0.827AP^{1/2}$의 식을 이용하여 산출하시오. (4점)

해설

(1) 자동화재탐지설비에 대하여 답하시오. (12점)
  ① 아래 조건을 참조하여 실온이 18℃일 때, 1종 정온식 감지기의 최소작동시간[s]을 계산하시오. (10점)

〈 조건 〉
- 감지기의 공칭작동온도는 80℃이고, 작동시험온도는 100℃이다.
- 실온이 0℃ 및 0℃ 이외에서 감지기 작동시간의 소수점 이하는 절상하여 계산한다.

종별	실온	
	0℃	0℃ 이외
특종	40초 이하	실온 θ_r[℃]일 때의 작동시간 t[초]는 다음 식에 의하여 산출 $$t = \frac{t_0 \log_{10}\left(1+\frac{\theta-\theta_r}{\delta}\right)}{\log_{10}\left(1+\frac{\theta}{\delta}\right)}$$
1종	40초 초과 120초 이하	
2종	120초 초과 300초 이하	

㈜ t_0 : 실온이 0℃ 인 경우의 작동시간[초]
    θ : 공칭작동온도[℃]
    δ : 공칭작동온도와 작동시험온도와의 차

$\theta_r = 18℃$, $\theta = 80℃$, $t_0 = 40$초 초과 120초 이하이므로 41초를 적용

$$t = \frac{t_0 \log_{10}\left(1+\frac{\theta-\theta_r}{\delta}\right)}{\log_{10}\left(1+\frac{\theta}{\delta}\right)} = \frac{41\text{s} \times \log_{10}\left(1+\frac{80℃-18℃}{100℃-80℃}\right)}{\log_{10}\left(1+\frac{80℃}{100℃-80℃}\right)} = 35.94 \quad \therefore 34.94\text{s}$$

② 자동화재탐지설비 및 시각경보장치의 화재안전기술기준(NFTC 203)에 따른 정온식 감지선형감지기 설치 기준이다. ( ) 안의 내용을 차례대로 쓰시오. (2점)

> 감지기와 감지구역의 각 부분과의 수평거리가 내화구조의 경우 1종 (㉠ 4.5m) 이하, 2종 (㉡ 3m) 이하로 할 것. 기타 구조의 경우 1종 (㉢ 3m) 이하, 2종 (㉣ 1m) 이하로 할 것

(2) 가스계 소화설비에 대하여 답하시오. (10점)
 ① 화재안전기술기준(NFTC 107A) 및 아래 조건에 따라 HCFC BLEND A를 이용한 소화설비를 설치하였을 때 전체 소화약제 저장용기에 저장되는 최소 소화약제의 저장량[kg]을 산출하시오. (6점)

> 〈 조 건 〉
> • 바닥면적 300m^2, 높이 4m의 발전실에 소화농도는 7.0%로 한다.
> • 방사 시 온도는 20℃, K_1=0.2413, K_2=0.00088이다.
> • 저장용기의 규격은 68l, 50kg용이다.

$$W = \frac{V}{S} \times \left[\frac{C}{100-C} \right]$$

여기서, W : 약제량[kg]
  S : 소화약제 선형상수(특정온도에서의 비체적 : $K_1 + K_2 \times t$)[m^3/kg]
  V : 방호구역체적[m^3]
  C : 소화약제의 설계농도[%]

$V = 300m^2 \times 4m = 1,200m^3$
㉠ 소화약제 선형상수

$$S = K_1 + K_2 \times t = K_1 + K_1 \times \frac{t}{273}$$

여기서, S : 소화약제 선형상수(특정온도에서의 비체적)[m^3/kg]
  K_1 : 0℃에서의 비체적$\left(\frac{22.4m^3}{분자량[kg]} \right)$
  K_2 : 특정온도에서의 비체적$\left(K_2 = \frac{K_1}{273} [m^3/kg] \right)$
  t : 특정온도[℃]

$S = K_1 + K_2 \times t = 0.2413 + 0.00088 \times 20℃ = 0.2589$ ∴ 0.2589m^3/kg

㉡ 소화약제 설계농도 : 소화농도로 8.75%가 주어졌으므로 설계농도는 소화농도에 A, C급은 1.2, B급은 1.3의 할증을 가하며 전기화재이므로 C급 1.2를 적용한다.
  C = 소화농도% × 할증 = 7% × 1.2 = 8.4 ∴ 8.4%

㉢ 최소 소화약제의 저장량[kg]

$$W = \frac{V}{S} \times \frac{C}{100-C} = \frac{1,200m^3}{0.2589m^3/kg} \times \frac{8.4\%}{100-8.4\%} = 425.043 \quad \therefore 425.04kg$$

② 위 ①의 저장용기에 대하여 화재안전기술기준(NFTC 107A)에서 요구하는 저장용기 교체기준 (2점)
  저장용기의 약제량 손실이 5%를 초과하거나 압력손실이 10%를 초과할 경우에는 재충전하거나 저장용기를 교체할 것. 다만, 불활성기체소화약제 저장용기의 경우에는 압력손실이 5%를 초과할 경우 재충전하거나 저장용기를 교체하여야 한다.

③ 산화탄소소화설비의 화재안전기술기준(NFTC 106)에 따라 이산화탄소소화설비의 설치장소에 대한 안전시설 설치기준 2가지 (2점)
  ㉠ 소화약제 방출 시 방호구역 내와 부근에 가스방출 시 영향을 미칠 수 있는 장소에 시각경보장치를 설치하여 소화약제가 방출되었음을 알도록 할 것
  ㉡ 방호구역의 출입구 부근 잘 보이는 장소에 약제방출에 따른 위험경고 표지를 부착할 것

(3) 특별피난계단의 계단실 및 부속실 제연설비의 화재안전기술기준(NFTC 501A)에 따라 부속실에 제연설비를 설치하고자 한다. 아래 조건에 따라 다음에 대하여 답하시오. (8점)

〈 조 건 〉
- 제연구역에 설치된 출입문의 크기는 폭 1.6m, 높이 2.0m이다.
- 외여닫이문으로 제연구역의 실내 쪽으로 열린다.
- 주어진 조건 외에는 고려하지 않으며 계산값은 소수점 넷째자리에서 반올림하여 소수점 셋째자리까지 구한다.

① 출입문의 누설틈새면적[m2]을 산출 (4점)

출입문 유형		기준틈새 길이(l)	틈새면적 (A_d)	창문 유형		틈새면적(A : m^2)
외여 닫이	부속실 내측	5.6m	0.01m^2	여닫이	방수패킹 (×)	2.55×10^{-4}m × 틈새길이(m)
	부속실 외측	5.6m	0.02m^2		방수패킹 (○)	3.61×10^{-5}m × 틈새길이(m)
쌍여닫이		9.2m	0.03m^2	미닫이		1.0×10^{-4}m × 틈새길이(m)
승강기		8.0m	0.06m^2	→ 출입문인 경우 누설틈새면적[m^2] : $A = \dfrac{L}{l} \times A_d$ 여기서, L : 실제틈새길이[m]($L < l$일 경우 l 적용)		

🖊 암기법 오륙오륙 구이 팔고 일이삼육 실(L) / 기(l) 면적(A_d)

$$A = \frac{L}{l} \times A_d = \frac{(1.6\text{m} \times 2 + 2\text{m} \times 2)}{5.6\text{m}} \times 0.01\text{m}^2 = 0.0128 \therefore 0.013\text{m}^2$$

② 위 ①의 누설틈새를 통한 최소누설량[m^3/s]을 $Q = 0.827 A P 1/2$의 식을 이용하여 산출 (4점)

$Q = 1.29 \times K \times A \times \Delta P^{1/n}$

여기서, Q : 풍량[m^3/s]
K : 유량계수(0.64)
A : 누설틈새면적 합계[m^2]
ΔP : 차압[Pa = N/m^2]
n : 개구부계수(방화문=2, 창문=1.6)

조건에 따라 부속실에 제연설비를 설치하므로 차압은 40Pa을 적용한다.

$$Q = 0.827 \times A \times \Delta P^{\frac{1}{2}} = 0.827 \times 0.013\text{m}^2 \times (40\text{Pa})^{\frac{1}{2}} = 0.0679 \therefore 0.068\text{m}^3/\text{s}$$

Mind-Control

늘 명심하라. 성공하겠다는 너 자신의 결심이 다른 어떤 것보다 중요하다는 것을 ……

— 에이브러햄 링컨 —

제19회 소방시설관리사(2019.9.21 시행)

1 다음 물음에 답하시오. (40점)

(1) 건축물 내 실의 크기가 가로 20m×세로 20m인 노유자시설에 제3종 분말소화기를 설치하고자 한다. 다음을 구하시오. (단, 건축물은 비내화구조이다.) (3점)
  ① 최소소화능력단위 (2점)
  ② 2단위 소화기 설치 시 소화기 개수 (1점)

(2) 다음을 계산하시오. (21점)
  ① 소방대상물(B급 화재)에 소화약제 HFC-23인 할로겐화합물소화설비를 설치한다. 다음 조건에 따라 답을 구하시오. (9점)

  ─────────< 조 건 >─────────
  - 소방대상물 크기 : 가로 20m×세로 8m×높이 6m
  - 소화농도 32%이다.
  - 저장용기는 80리터이며, 최대충전밀도 중 가장 큰 것을 사용한다.
  - 소화약제 선형상수값($K_1 = 0.3164$, $K_2 = 0.0012$)
  - 방호구역의 온도는 20℃이다.
  - 화재안전기술기준의 $W = \dfrac{V}{S} \times \left[\dfrac{C}{100-C}\right]$ 식을 적용한다.
  - 소수점 셋째자리에서 반올림하여 둘째자리까지 구한다.
  - 주어진 조건 외에는 고려하지 않는다.

항목 \ 소화약제	HFC-23				
최대충전밀도[kg/m³]	768.9	720.8	640.7	560.6	480.6
21℃ 충전압력[kPa]	4,198	4,198	4,198	4,198	4,198
최소사용설계압력[kPa]	9,453	8,605	7,626	6,943	6,392

  ㉠ 소화약제 저장량[kg] (3점)
  ㉡ 소화약제를 방사할 때 분사헤드에서의 유량[kg/s] (6점)

  ② 소방대상물(C급 화재)에 소화약제 IG-100 불활성기체소화설비를 설치한다. 다음 조건에 따라 답을 구하시오. (12점)

  ─────────< 조 건 >─────────
  - 소방대상물 크기 : 가로 20m×세로 8m×높이 6m
  - 소화농도 30%이다.
  - 저장용기는 80리터이며, 충전압력 중 가장 적은 것을 사용한다.
  - 소화약제 선형상수의 값과 20℃에서 소화약제의 비체적은 같다고 가정한다.
  - 화재안전기술기준의 $W = 2.303 \times \dfrac{V_s}{S} \times \log_{10}\left[\dfrac{C}{100-C}\right]$ 식을 적용한다.
  - 소수점 셋째자리에서 반올림하여 둘째자리까지 구한다.
  - 주어진 조건 외에는 고려하지 않는다.

항목 \ 소화약제		IG-01			IG-541		
21℃ 충전압력(kPa)		16,341	20,436		14,997	19,996	31,125
최소사용설계 압력(kPa)	1차측	16,341	20,436		14,997	19,996	31,125
	2차측	비고 2 참조					

항목 \ 소화약제		IG-55			IG-100		
21℃ 충전압력(kPa)		15,320	20,423	30,634	16,575	22,312	28,000
최소사용설계 압력(kPa)	1차측	15,320	20,423	30,634	16,575	22,312	227,4
	2차측	비고 2 참조					

[비고] 1. 1차측과 2차측은 감압장치를 기준으로 한다.
      2. 2차측 최소사용설계압력은 제조사의 설계프로그램에 의한 압력값에 따른다.

㉠ 소화약제 저장량[m³] (4점)
㉡ 소화약제 저장용기 수 (8점)

(3) 스프링클러설비가 소요되는 펌프의 전양정 66m에서 말단헤드 압력이 0.1MPa이다. 말단헤드압력을 0.2MPa로 증가시켰을 때 다음 조건에 따라 답을 구하시오. (11점)

〈 조 건 〉
- 하젠-윌리암스의 식을 적용한다.
- 방출계수 K값은 90이다.
- 1MPa의 환산수두는 100m이다.
- 실양정은 20m이다.
- 소수점 셋째자리에서 반올림하여 둘째자리까지 구한다.
- 주어진 조건 외에는 고려하지 않는다.

① 말단 헤드 유량[L/min] (2점)
② 마찰손실압력[MPa] (7점)
③ 펌프의 토출압력[MPa] (2점)

(4) 다음 조건을 참조하여 할로겐화합물 및 불활성기체소화설비에서 배관의 두께[mm]를 구하시오. (5점)

〈 조 건 〉
- 가열 맞대기 용접배관을 사용한다.
- 배관의 바깥지름은 84mm이다.
- 배관재질의 인장강도 440MPa, 항복점 300MPa이다.
- 배관 내 최대허용압력은 12,000kPa이다.
- 화재안전기술기준의 $t = \dfrac{PD}{2S_E} + A$ 식을 적용한다.
- 소수점 셋째자리에서 반올림하여 둘째자리까지 구한다.
- 주어진 조건 외에는 고려하지 않는다.

[부록] 기출문제 및 기출 계산문제 분석

해설

(1) 건축물 내 실의 크기가 가로 20m×세로 20m인 노유자시설에 제3종 분말소화기를 설치하고자 한다. 다음을 구하시오. (단, 건축물은 비내화구조이다.) (3점)
  ① 최소소화능력단위 (2점)

특정소방대상물			능력단위 (일반구조)	능력단위(내화구조 & 불연/준불연/난연)
• 근린생활시설 • 방송통신시설 • 공장 • 운수시설	• 전시장 • 판매시설 • 관광휴게시설 • 창고시설	• 노유자시설 • 숙박시설 • 항공기 및 자동차 관련시설 • 공동주택 및 업무시설 관설14	100m²/단위	200m²/단위

암기법 근방 공장 운전으로 판 관창으로 노숙에서 항공업

용도(설비별 소화기 감소 여부)	구조	불연/준불연/난연	능력단위
노유자시설 (소화기 감소 없음)	내화구조 ×	—	100m²/단위

400m² ÷ 100m² / 단위 = 4 ∴ 4단위

  ② 2단위 소화기 설치 시 소화기 개수 (1점)
  4단위×2단위/개=2 ∴ 2개

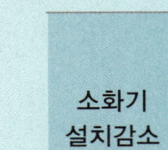 **암기 必**

☑ **소화기 설치감소** 관설17

소화기 설치감소 해당되는 경우	• 옥내소화전설비 • 옥외소화전설비 • 스프링클러설비 • 물분무등소화설비 • 대형소화기 ※ 소화기의 3분의 2 (대형소화기 : 2분의 1) 감소 **암기법** 옥외 스물대 2/3, 1/2 → 대형소화기 설치하지 않을 수 있는 경우 : 옥내소화전설비, 옥외소화전설비, 스프링클러설비m 물분무등소화설비가 설치된 경우 **암기법** 옥외스물
소화기 설치감소 해당없는 경우	• 층수가 11층 이상인 부분 • 아파트 • 문화 및 집회 시설 • 근린생활시설 • 노유자시설 • 운동시설 • 방송통신시설 • 숙박시설 • 운수시설 • 판매시설 • 의료시설 • 업무시설(무인변전소를 • 교육연구시설 • 위락시설 제외) • 관광휴게시설 • 항공기 및 자동차 관련시설 **암기법** 11층 근방 판교 관아 노숙의 위 항문 운동 운수업

☑ 특정소방대상물 용도 중 공동주택 : 아파트등, 연립주택, 다세대주택 및 기숙사 용도 **주의 必!**

(2) 다음을 계산하시오. (21점)
① 소방대상물(B급 화재)에 소화약제 HFC-23인 할로겐화합물소화설비를 설치한다. 다음 조건에 따라 답을 구하시오. (9점)

〈 조 건 〉

- 소방대상물 크기 : 가로 20m×세로 8m×높이 6m
- 소화농도 32%이다.
- 저장용기는 80리터이며, 최대충전밀도 중 가장 큰 것을 사용한다.
- 소화약제 선형상수값($K_1 = 0.3164$, $K_2 = 0.0012$)
- 방호구역의 온도는 20℃이다.
- 화재안전기술기준의 $W = \dfrac{V}{S} \times \left[\dfrac{C}{100-C} \right]$ 식을 적용한다.
- 소수점 셋째자리에서 반올림하여 둘째자리까지 구한다.
- 주어진 조건 외에는 고려하지 않는다.

항목 \ 소화약제	HFC-23				
최대충전밀도(kg/m³)	768.9	720.8	640.7	560.6	480.6
21℃ 충전압력(kPa)	4,198	4,198	4,198	4,198	4,198
최소사용설계압력(kPa)	9,453	8,605	7,626	6,943	6,392

㉠ 소화약제 저장량[kg] (3점)

$$W = \dfrac{V}{S} \times \left[\dfrac{C}{100-C} \right]$$

여기서, W : 약제량[kg]
S : 소화약제 선형상수(특정온도에서의 비체적 : $K_1 + K_2 \times t$)[m³/kg]
V : 방호구역체적[m³]
C : 소화약제의 설계농도[%]

$V = 20\text{m} \times 8\text{m} \times 6\text{m} = 960$ ∴ 960m³, $K_1 = 0.3164$, $K_2 = 0.0012$, $t = 20$℃
$S = K_1 + K_2 \times t = 0.3164\text{m}^3/\text{kg} + 0.0012\text{m}^3/\text{kg} \times 20℃ = 0.3404$ ∴ 0.3404m³/kg
C = 소화농도×안전율(A급 1.2, B급 1.3, C급 1.35) = 32%×1.3 = 41.6 ∴ 41.6%
(화재안전기술기준상 HFC-23의 최대허용설계농도는 30%이지만 문제의 조건에 따라 주어진 조건 이외 고려하지 않는다.)

$$W = \dfrac{V}{S} \times \dfrac{C}{100-C} = \dfrac{960\text{m}^3}{0.3404\text{m}^3/\text{kg}} \times \dfrac{41.6\%}{100-41.6\%} = 2,008.917 \therefore 2,008.92\text{kg}$$

압축성 유체인 기체의 특성상 온도와 압력에 따라 체적은 달라지므로 조건에 따라 21℃ 충전압력에 따른 최대충전밀도를 고려하여 80리터(= 0.08m³) 자장용기당 약제량[kg]을 적용함
768.9kg/m³ × 0.08m³/병 = 61.512 ∴ 61.512kg/병
2,008.92kg ÷ 61.512kg/병 = 32.658 ∴ 33병
집합관에 접속되는 저장용기는 동일한 내용적을 가진 것으로 충전량 및 충전압력이 같도록 하여야 하므로
61.512kg/병 × 33병 = 2,029.896 ∴ 2,029.9kg

㉡ 소화약제를 방사할 때 분사헤드에서의 유량[kg/s] (6점)
배관의 구경은 10초(불활성기체소화약제는 A·C급 화재 2분 이내, B급 화재 1분 이내) 이내에 방호구역 각 부분에 최소설계농도의 95% 이상 해당하는 약제량이 방출되도록 하여야 한다.

$$W = \dfrac{V}{S} \times \dfrac{C}{100-C} = \dfrac{960\text{m}^3}{0.3404\text{m}^3/\text{kg}} \times \dfrac{41.6\% \times 0.95}{100-41.6\% \times 0.95} = 1,842.836 \therefore 1,842.84\text{kg}$$

② 소방대상물(C급 화재)에 소화약제 IG-100 불활성기체소화설비를 설치한다. 다음 조건에 따라 답을 구하시오. (12점)

─────〈 조 건 〉─────

- 소방대상물 크기 : 가로 20m×세로 8m×높이 6m
- 소화농도 30%이다.
- 저장용기는 80리터이며, 충전압력 중 가장 적은 것을 사용한다.
- 소화약제 선형상수의 값과 20℃에서 소화약제의 비체적은 같다고 가정한다.
- 화재안전기술기준의 $X=2.303 \times \dfrac{V_s}{S} \times \log_{10}\left[\dfrac{C}{100-C}\right]$ 식을 적용한다.
- 소수점 셋째자리에서 반올림하여 둘째자리까지 구한다.
- 주어진 조건 외에는 고려하지 않는다.

항목 \ 소화약제		IG-01			IG-541		
21℃ 충전압력(kPa)		16,341	20,436		14,997	19,996	31,125
최소사용설계 압력(kPa)	1차측	16,341	20,436		14,997	19,996	31,125
	2차측	비고 2 참조					

항목 \ 소화약제		IG-55			IG-100		
21℃ 충전압력(kPa)		15,320	20,423	30,634	16,575	22,312	28,000
최소사용설계 압력(kPa)	1차측	15,320	20,423	30,634	16,575	22,312	227,4
	2차측	비고 2 참조					

[비고] 1. 1차측과 2차측은 감압장치를 기준으로 한다.
      2. 2차측 최소사용설계압력은 제조사의 설계프로그램에 의한 압력값에 따른다.

㉠ 소화약제 저장량[m³] (4점)

$$X = 2.303 \times \dfrac{V_s}{S} \times \log\left[\dfrac{100}{100-C}\right]$$

여기서, X : 공간 체적당 더해진 소화약제의 부피[m³/m³]
         S : 소화약제 선형상수(특정온도에서의 비체적 : $K_1 + K_2 \times t$)[m³/kg]
         C : 체적에 따른 소화약제의 설계농도[%]
         V_s : 20℃에서 소화약제의 비체적[m³/kg]
         t : 방호구역의 최소예상온도[℃]

$V = 20\text{m} \times 8\text{m} \times 6\text{m} = 960$ ∴ 960m³, $S = V_s$

C = 소화농도×안전율(A급 1.2, B급 1.3, C급 1.35) = 30%×1.35 = 40.5 ∴ 40.5%

$\text{IG}-100 = X \times V = 2.303 \times \dfrac{V_s}{S} \times \log\left[\dfrac{100}{100-C}\right] \times V$

$= 2.303 \times 1 \times \log\left[\dfrac{100}{100-40.5}\right] \times 960\text{m}^3 = 498.515$ ∴ 498.515m³

㉡ 소화약제 저장용기 수 (8점)

$\dfrac{P_1 V_1}{T_1} = \dfrac{P_2 V_2}{T_2}$

여기서, P_1, P_2 : 절대압=대기압+계기압[MPa]
         V_1, V_2 : 기체부분 부피[m³]
         T_1, T_2 : 절대온도[K]=273+℃

IG-100의 약제량은 대기압 상태에서 20℃ 조건에서 약제량을 산출했으므로 21℃에서 최소충전압력을 고려하여 약제의 체적을 산출하여 적용해야 한다.

P_1 = 대기압 + 계기압 = 101.325kPa + 16,575kPa, T_1 = (273+21℃)K, V_1 = 80l = 0.08m^3

P_2 = 대기압 + 계기압 = 101.325KPa + 0, T_2 = (273+20℃)K, V_2 = ?(대기압 상태에의 저장용기당 약제의 체적)

$$\frac{P_1 V_1}{T_1} = \frac{P_2 V_2}{T_2}$$

$$\rightarrow V_2 = \frac{P_1}{P_2} \times \frac{T_2}{T_1} \times V_1 = \frac{(101.325\text{kPa} + 16{,}575\text{kPa})}{101.325\text{kPa}} \times \frac{(273+20)\text{K}}{(273+21)\text{K}} \times 0.08\text{m}^3 = 13.121 \quad \therefore 13.12\text{m}^3$$

$$\frac{498.515\text{m}^3}{13.12\text{m}^3/\text{병}} = 37.996 \quad \therefore 38\text{병}$$

(3) 스프링클러설비가 소요되는 펌프의 전양정 66m에서 말단헤드압력이 0.1MPa이다. 말단헤드압력을 0.2MPa로 증가시켰을 때 다음 조건에 따라 답을 구하시오. (11점)

〈 조 건 〉

- 하젠-윌리암스의 식을 적용한다.
- 방출계수 K값은 90이다.
- 1MPa의 환산수두는 100m이다.
- 실양정은 20m이다.
- 소수점 셋째자리에서 반올림하여 둘째자리까지 구한다.
- 주어진 조건 외에는 고려하지 않는다.

① 말단 헤드 유량[L/min] (2점)

$Q = K\sqrt{P}$

여기서, Q : 유량[lpm]
K : K-factor
P : 압력[MPa]

$K = 90$, $Q = K\sqrt{10P}$ (다음의 주의)

㉠ $P_{변경\ 전}$ = 0.1MPa일 경우 유량($Q_{변경\ 전}$)을 구하면
$Q_{변경\ 전} = K\sqrt{10P} = 90\sqrt{10 \times 0.1\text{MPa}} = 90 \quad \therefore 90\ l/\text{min}$

㉡ $P_{변경\ 후}$ = 0.2MPa일 경우 유량($Q_{변경\ 후}$)을 구하면
$Q_{변경\ 후} = K\sqrt{10P} = 90\sqrt{10 \times 0.2\text{MPa}} = 127.279 \quad \therefore 127.28\ l/\text{min}$

🔍 주의

☑ $Q[l/\text{min}] = K\sqrt{P[\text{MPa}]}$ 와 $Q[l/\text{min}] = K\sqrt{10P[\text{MPa}]}$

수리계산에서 유량을 산출함에 있어 상기 두 가지의 식의 형태로 적용할 수 있어 논란의 여지가 있을 수 있다. 실무적인 수리계산 등에서는 통상적으로 $Q = K\sqrt{P}$로 적용하지만 「스프링클러헤드의 형식승인 및 제품검사의 기술기준」 제14조(방수량시험)에 따를 경우 $Q = K\sqrt{10P}$를 적용한다. 이것은 과거 방수압의 단위를 kg_f/cm^2에서 MPa로 변경하게 됨에 따라 사용자의 편의를 위하여 단순하게 환산하기 위해 적용하였으나 수리학적으로는 $Q = K\sqrt{P}$로 계산하는 것이 정확하게 계산되는데 문제의 조건에 정확하게 명시하지 않았다. 그러나 일반적인 스프링클서설비에서의 유량을 감안할 경우 $Q = K\sqrt{10P}$인 것으로 추정되어 상기와 같이 산출하였다.

② 마찰손실압력[MPa] (7점)

펌프전수두＝낙차수두＋마찰손실수두＋법정토출수두

펌프전수두＝66m, 낙차수두(실양정)＝20m, 법정토출수두＝0.1MPa＝10m (문제 조건)

㉠ 변경 전의 마찰손실압력

마찰손실수두＝펌프전수두－낙차수두－법정토출수두＝66m－20m－10m＝36 ∴ 36m＝0.36MPa

$$\Delta P = 6.053 \times 10^4 \times \frac{Q^{1.85}}{C^{1.85} \times D^{4.87}} \times L$$

여기서, ΔP : 1m당 손실되는 압력[MPa]
C : 조도
D : 배관의 내경[mm]
Q : 유량[lpm]
L : 배관의 길이[m]

배관 또는 튜브		조도(C)	조도계수
비라이닝 : 주철 또는 덕타일 주철		100	0.713
흑관 또는 백관 (아연도금강관)	건식 · 준비작동식	100	0.713
	습식 · 일제살수식	120	1
라이닝 : 콘크리트 · 시멘트 주철관 · 덕타일 주철관		140	1.33
동관 · 황동관 · 스테인리스관 · 합성수지관		150	1.51

→ 배관의 종류 등에 따른 상당관길이에 조도계수를 곱하여 적용한다.

$\Delta P_{변경전} : \Delta P_{변경후} = 마찰손실_{변경전} : 마찰손실_{변경후}$

$$\Delta P_{변경\ 후} = \Delta P_{변경\ 전} \times \frac{마찰손실_{변경\ 후}}{마찰손실_{변경\ 전}} = \Delta P_{변경\ 전} \times \frac{6.053 \times 10^4 \times \frac{Q_{변경\ 후}^{1.85}}{C^{1.85} \times D^{4.87}} \times L}{6.053 \times 10^4 \times \frac{Q_{변경\ 전}^{1.85}}{C^{1.85} \times D^{4.87}} \times L}$$

$$= \Delta P_{변경\ 전} \times \left(\frac{Q_{변경\ 후}}{Q_{변경\ 전}}\right)^{1.85} \quad [C, D, L은\ 동일]$$

$$= 0.36\text{MPa} \times \left(\frac{127.28\text{lpm}}{90\text{lpm}}\right)^{1.85} = 0.683 \quad \therefore 0.68\text{MPa}$$

③ 펌프의 토출압력[MPa] (2점)

펌프 전수두＝낙차수두＋마찰손실수두＋법정토출수두＝20m＋68m＋20m＝108 ∴ 108m

⑷ 다음 조건을 참조하여 할로겐화합물 및 불활성기체소화설비에서 배관의 두께(mm)를 구하시오. (5점)

───〈 조 건 〉───

- 가열 맞대기 용접배관을 사용한다.
- 배관의 바깥지름은 84mm이다.
- 배관재질의 인장강도 440MPa, 항복점 300MPa이다.
- 배관 내 최대허용압력은 12,000kPa이다.
- 화재안전기술기준의 $t = \frac{PD}{2S_E} + A$ 식을 적용한다.
- 소수점 셋째자리에서 반올림하여 둘째자리까지 구한다.
- 주어진 조건 외에는 고려하지 않는다.

$$t = \frac{PD}{2SE} + A$$

여기서, t : 관의 두께[mm]
P : 최대허용압력[kPa]
D : 배관의 바깥지름[mm]
SE : 최대허용응력[kPa]
(배관재질 인장강도의 1/4값과 항복점의 2/3값 중 작은 값×배관이음효율×1.2)

※ 배관이음효율
- 이음매 없는 배관 : 1.0
- 전기저항 용접배관 : 0.85
- 가열 맞대기 용접배관 : 0.60

A : 나사이음, 홈이음 등의 허용값[mm](헤드설치부분은 제외한다.)
- 나사이음 : 나사의 높이
- 절단홈이음 : 홈의 깊이
- 용접이음 : 0

$P=12,000\text{kPa}$, $D=84\text{mm}$, $A=0$(용접이음)이므로

① 최대허용응력을 구하면(배관재질 인장강도의 1/4값과 항복점의 2/3값 중 작은 값×배관이음효율×1.2로 하여야 하므로)
 ㉠ 인장강도의 1/4값 : 440MPa ÷ 4 = 110   ∴ 110MPa
 ㉡ 항복점의 2/3값 : 300MPa × 2/3 = 200   ∴ 200MPa
 ㉢ 인장강도의 1/4값이 작으므로 최대허용응력을 구하면
    110MPa × 0.6(가열 맞대기 용접이음) × 1.2 = 79.2 ∴ 79.2MPa = 79,200kPa

② 관의 두께를 구하면
$$t = \frac{PD}{2SE} + A = \frac{12,000\text{kPa} \times 84\text{mm}}{2 \times 79,200\text{kPa}} + 0 = 6.363 \quad \therefore 6.36\text{mm}$$

2 특별피난계단의 계단실 및 부속실 제연설비의 화재안전기술기준(NFTC 501A) 및 다음 조건을 참조하여 각 물음에 답하시오. (30점)

〈 조 건 〉

풍량	• 업무시설로서 층수는 20층이고, 층별 누설량은 500m³/hr, 보충량은 5,000m³/hr이다. • 풍량 산정은 화재안전기술기준에서 정하는 최소풍량으로 계산한다. • 소수점은 둘째자리에서 반올림하여 첫째자리까지 구한다.
정압	• 흡입 루버의 압력강하량 : 150Pa • System effect(흡입) : 50Pa • System effect(토출) : 50Pa • 수평덕트의 압력강하량 : 250Pa • 수직덕트의 압력강하량 : 150Pa • 자동차압댐퍼의 압력강하량 : 250Pa • 송풍기 정압은 10% 여유율로 하고 기타 조건은 무시한다. • 단위환산은 표준대기압 조건으로 한다. • 소수점은 둘째자리에서 반올림하여 첫째자리까지 구한다.
전동기	• 효율은 55%이고 전달계수는 1.1이다. • 상기 풍량, 정압조건만 반영한다. • 소수점은 둘째자리에서 반올림하여 첫째자리까지 구한다.

(1) 송풍기의 풍량[m³/hr]을 산정하시오. (8점)
(2) 송풍기 정압을 산정하여 [mmAq]로 표기하시오. (14점)
(3) 송풍기 구동에 필요한 전동기용량[kW]을 계산하시오. (8점)

해설

(1) 송풍기의 풍량[m³/hr]을 산정 (8점)

송풍기 풍량 = 급기량(Q) × 1.15 (풍량을 실측 조정한 경우에는 1로 적용)
= {누설량($Q_{누설}$) + 보충량($Q_{보충}$)} × 1.15
= (20개층 × 500m³/hr · 층) + 5,000m³/hr × 1.15
= 17,250 ∴ 17,250m³/hr

(2) 송풍기 정압을 산정하여 [mmAq]로 표기 (14점)

P_T = (흡입루버 손실 + 시스템 효과에 의한 손실 + 수평·수직 덕트 손실 + 댐퍼 손실) × 여유율
= 150Pa + (50Pa + 50Pa) + (250Pa + 150Pa) + 250Pa × 1.1 = 990 ∴ 990Pa

1atm	=	10,332mmH₂O	=	760mmHg
101,325Pa	=	10.332mH₂O	=	76cmHg
101.325kPa	=	10.332mAq	=	1,013mbar
0.101325MPa	=	1.0332kg$_f$/cm²	=	1.013bar
14.7psi	=	10,332kg$_f$/m²	=	30inHg

- 1기압(대기압)과 동일한 각종 압력단위 [mH₂O = mAq(아쿠아 = 물)]
- 계산식에서의 표현 : 물이라는 특수성에 의해 보통 "mH₂O"를 "m"로 줄여 쓰기도 한다.

$\dfrac{990\text{Pa}}{101,325\text{Pa}} \times 10,332\text{mmAq} = 100.94$ ∴ 100.9mmAq

(3) 송풍기 구동에 필요한 전동기용량[kW]을 계산 (8점)

$P = \dfrac{P_T \cdot Q}{102 \times 60\eta} \times K = \dfrac{P_T \cdot Q}{6,120\eta} \times K$

여기서, P : 동력[kW] [$P = P_T \cdot Q = \gamma h Q = $ kN/m³ × m × m³/s = kN · m/s = kJ/s = kW]

P_T : 전압[mmAq = mmH₂O] $\left[\dfrac{1\text{mmAq}}{10,332\text{mmAq}} \times 101.325\text{kPa} = \dfrac{1}{102}\text{kPa}\right]$

Q : 풍량[m³/min] $\left[1\text{m}^3/\text{min} \times \dfrac{1\text{min}}{60\text{s}}\right]$

η : 효율
K : 전달계수

$Q = 17,250\text{m}^3/\text{hr} \times \dfrac{1\text{hr}}{60\text{min}}$, $P_T = 100.9\text{mmAq}$, $\eta = 0.55$, $K = 1.1$

$P = \dfrac{P_T \cdot Q}{6,120\eta} \times K = \dfrac{100.9\text{mmAq} \times 17,250\text{m}^3/\text{hr} \times \dfrac{1\text{hr}}{60\text{min}}}{6,120 \times 0.55} \times 1.1 = 9.47$ ∴ 9.5kW

3. 다음 물음에 답하시오. (30점)

(1) 국가화재안전기술기준 및 다음 조건에 따라 각 물음에 답하시오. (7점)

〈 조 건 〉

- 스프링클러설비 펌프 일람표

장비명	수량	유량(l/min)	양정(m)	비고
주펌프	1	2,400	120	전자식 압력스위치 적용
예비펌프	1	2,400	120	
충압펌프	1	60	120	

① 기동용 수압개폐장치의 압력설정치[MPa]를 쓰시오. (단, 10m = 0.1MPa로 하고, 충압펌프의 자동정지는 정격치로 하되 기동~정지 압력차는 0.1MPa, 나머지 압력차는 0.05MPa로 설정하며, 압력강하 시 자동기동은 충압 - 주 - 예비펌프 순으로 한다.) (3점)
  ㉠ 주펌프 기동점, 정지점
  ㉡ 예비펌프 기동점, 정지점
  ㉢ 충압펌프 기동점, 정지점
② 주 펌프 또는 예비펌프 성능시험 시 성능기준에 적합한 양정[m]을 쓰시오. (2점)
  ㉠ 체절운전 시
  ㉡ 정격토출량의 150% 운전 시
③ 펌프의 성능시험배관에 적합한 유량측정장치의 유량범위를 쓰시오. (2점)
  ㉠ 최소유량[l/min]
  ㉡ 최대유량[l/min]

(2) 「소방시설 설치 및 관리에 관한 법률」 및 국가화재안전기술기준에 따라 각 물음에 답하시오. (10점)
  ① 특정소방대상물의 규모·용도 및 수용인원 등을 고려하여 갖추어야 하는 소방시설의 종류 중 문화 및 집회시설(동·식물원 제외), 종교시설(주요구조부가 목조인 것 제외), 운동시설(물놀이형 시설 제외)의 모든 층에 설치하여야 하는 경우에 해당하는 스프링클러설비 설치대상 4가지를 쓰시오. (4점)
  ② 할로겐화합물 및 불활성기체소화설비의 화재안전기술기준(NFTC 107A)에 따른 배관의 구경 선정기준을 쓰시오. (2점)
  ③ 무선통신보조설비의 화재안전기술기준(NFTC 505)에 따른 무선기기 접속단자 설치기준을 4가지만 쓰시오. (4점)

(3) 국가화재안전기술기준 및 다음 조건에 따라 각 물음에 답하시오. (13점)

―〈 조 건 〉――
• 지하주차장은 3개 층이며, 각 층의 바닥면적은 60m×60m이고 층고는 4.5m이다.
• 주차장의 준비작동식스프링클러설비 감지기는 교차회로방식으로 자동화재탐지설비와 겸용한다.
• 지하 3층 주차장은 기계실(450m^2)과 전기실·발전기실(250m^2)이 있다.
• 주요구조부는 내화구조이다.
• 주어진 조건 외에는 고려하지 않는다.

  ① 지하주차장 및 기계실에 차동식스포트형감지기(2종)를 적용할 경우 총 설치수량을 구하시오. (단, 층별 하나의 방호구역 바닥면적은 최대로 적용한다.) (5점)
  ② 스프링클러설비 유수검지장치의 종류별 설치수량을 구하시오. (2점)
  ③ 폐쇄형스프링클러헤드를 사용하는 설비의 방호구역·유수검지장치 설치기준을 6가지만 쓰시오. (6점)

해설

(1) 국가화재안전기술기준 및 다음 조건에 따라 각 물음에 답하시오. (7점)

── 조 건 ──

- 스프링클러설비 펌프 일람표

장비명	수량	유량(l/min)	양정(m)	비고
주펌프	1	2,400	120	전자식 압력스위치 적용
예비펌프	1	2,400	120	
충압펌프	1	60	120	

① 기동용 수압개폐장치의 압력설정치[MPa] (단, 10m=0.1MPa로 하고, 충압펌프의 자동정지는 정격치로 하되 기동~정지 압력차는 0.1MPa, 나머지 압력차는 0.05MPa로 설정하며, 압력강하 시 자동기동은 충압 – 주 – 예비펌프 순으로 한다.) (3점)

펌프기동점 = Range 값 − Diff 값

구분	기동점	정지점
ⓐ 주펌프 기동점, 정지점	1.2MPa − 0.15MPa = 1.05MPa	1.2MPa(수동정지)
ⓑ 예비펌프 기동점, 정지점	1.2MPa − 0.2MPa = 1.0MPa	1.2MPa(수동정지)
ⓒ 충압펌프 기동점, 정지점	1.2MPa − 0.1MPa = 1.1MPa	1.2MPa

② 주 펌프 또는 예비펌프 성능시험 시 성능기준에 적합한 양정[m] (2점)

펌프의 성능은 체절운전 시 정격토출압력의 140%를 초과하지 아니하고, 정격토출량의 150%로 운전 시 정격토출압력의 65% 이상이 되어야 하며, 유량측정장치는 정격토출량의 175% 이상 측정할 수 있는 성능이 있을 것

㉠ 체절운전 시 : 120m × 1.4 = 168   ∴ 168m 이하
㉡ 정격토출량의 150% 운전 시 : 120m × 0.65 = 78   ∴ 78m 이상

③ 펌프의 성능시험배관에 적합한 유량측정장치의 유량범위 (2점)

㉠ 최소유량(l/min) : 2,400 lpm
㉡ 최대유량(l/min) : 2,400 lpm × 1.75 = 4,200   ∴ 4,200 lpm 이상

(3) 국가화재안전기술기준 및 다음 조건에 따라 각 물음에 답하시오. (13점)

── 조 건 ──

- 지하주차장은 3개 층이며, 각 층의 바닥면적은 60m×60m이고 층고는 4.5m이다.
- 주차장의 준비작동식스프링클러설비 감지기는 교차회로방식으로 자동화재탐지설비와 겸용한다.
- 지하 3층 주차장은 기계실(450m^2)과 전기실・발전기실(250m^2)이 있다.
- 주요구조부는 내화구조이다.
- 주어진 조건 외에는 고려하지 않는다.

① 지하주차장 및 기계실에 차동식스포트형감지기(2종)를 적용할 경우 총 설치수량 (단, 층별 하나의 방호구역 바닥면적은 최대로 적용한다.) (5점)

㉠ 지하 1~2층 : 60m × 60m = 3,600m^{2}로 준비작동식스프링클러설비의 최대구역인 3,000m^{2}와 600m^{2}로 나눔

ⓐ 최대경계구역(3,000m^2)인 경우

$$\frac{3,000\text{m}^2}{35\text{m}^2/\text{개}} = 85.714 \quad \therefore 86개 \rightarrow 86개 \times 2(교차회로방식) \times 2개층 = 344 \quad \therefore 344개$$

ⓑ 경계구역이 600m^{2}인 경우

$$\frac{600\text{m}^2}{35\text{m}^2/\text{개}} = 17.142 \quad \therefore 18개 \rightarrow 18개 \times 2(교차회로방식) \times 2개층 = 72 \quad \therefore 72개$$

ⓒ 지하 3층 : 기계실($450m^2$)과 전기실·발전기실($250m^2$) 면적을 제외한 면적으로 적용한다.
   ⓐ 최대경계구역인 경우
   $$\frac{3,600m^2-(450+250)m^2}{35m^2/개}=82.857 \quad \therefore 83개 \rightarrow 83개 \times 2(교차회로방식) \times 1개층 = 166 \quad \therefore 166개$$
   ⓑ 기계실($450m^2$)인 경우 : 조건상 지하 주차장 및 기계실에 설치하는 감지기 산출임
   $$\frac{450m^2}{35m^2/개}=12.857 \quad \therefore 13개$$
   ⓒ 차동식스포트형감지기(2종) 수량 합계 = 344개 + 72개 + 166개 + 13개 = 595 ∴ 595개

> **참고만**
>
> ☑ 차동식스포트형·보상식스포트형 및 정온식스포트형감지기 면적당 설치 개수 술66(25)82(10) 관설4,6

부착높이 및 소방대상물의 구분		감지기의 종류[m^2]						
		차동식 스포트형		보상식 스포트형		정온식 스포트형		
		1종	2종	1종	2종	특종	1종	2종
4m 미만	주요구조부를 내화구조로 한 소방대상물 또는 그 부분	90	70	90	70	70	60	20
	기타 구조의 소방대상물 또는 그 부분	50	40	50	40	40	30	15
4m 이상 8m 미만	주요구조부를 내화구조로 한 소방대상물 또는 그 부분	45	35	45	35	35	30	
	기타 구조의 소방대상물 또는 그 부분	30	25	30	25	25	15	

② 스프링클러설비 유수검지장치의 종류별 설치수량 (2점)
   ㉠ 준비작동식유수검지장치 설치수량
   ⓐ 지하 1~2층 : $\frac{3,600m^2}{3,000m^2/개}=1.2 \quad \therefore 2개 \rightarrow 2개 \times 2개층 = 4 \quad \therefore 4개$
   ⓑ 지하 3층 : $\frac{3,600m^2-(450+250)m^2}{3,000m^2/개}=0.966 \quad \therefore 1개$
   ⓒ 준비작동식유수검지장치 설치수량 합계 = 4개 + 1개 = 5 ∴ 5개
   ㉡ 습식유수검지장치 설치수량 : 지하 3층(기계실)
   $$\frac{450m^2}{3,000m^2/개}=0.15 \quad \therefore 1개$$

Mind-Control

계획 없는 목표는 한낱 꿈에 불과하다.

- 생택쥐페리 -

제20회 소방시설관리사(2020.9.26 시행)

1 다음 물음에 답하시오. (40점)

(1) 간이스프링클러설비에 관한 다음 물음에 답하시오. (30점)

① 「소방시설 설치 및 관리에 관한 법률」상 간이스프링클러설비를 설치해야 하는 특정소방대상물을 쓰시오. (11점)

② 「다중이용업소의 안전관리에 관한 특별법」상 간이스프링클러설비를 설치해야 하는 특정소방대상물을 쓰시오. (4점)

③ 「간이스프링클러설비의 화재안전기술기준」(NFTC 103A)상 상수도 직결형 및 캐비닛형 가압송수장치를 설치할 수 없는 특정소방대상물 3가지를 쓰시오. (6점)

④ 「간이스프링클러설비의 화재안전기술기준」(NFTC 103A)상 가압수조 가압송수장치방식에서 배관 및 밸브 등의 설치 순서에 대하여 명칭을 쓰고, 소방시설의 도시기호를 그리시오. (5점)

> 설치 순서는 수원, 가압수조, (①), (②), (③), (④), (⑤), 2개의 시험밸브 순으로 설치한다.

⑤ 「간이스프링클러설비의 화재안전기술기준」(NFTC 103A)상 간이헤드 수별 급수관의 구경에 관한 내용이다. ( )에 들어갈 내용을 쓰시오. (4점)

> "캐비닛형" 및 "상수도 직결형"을 사용하는 경우 주배관은 (①)mm, 수평주행배관은 (②)mm, 가지배관은 (③)mm 이상으로 할 것. 이 경우 최장배관은 제5조제6항에 따라 인정받은 길이로 하며 하나의 가지배관에는 간이헤드를 (④)개 이내로 설치하여야 한다.

(2) 다음 그림과 같은 돌연확대관에서 손실수두를 구하는 공식을 유도하고, 중력가속도 $g=9.8\text{m/s}^2$, 직경 $D_1=50\text{mm}$, $D_2=400\text{mm}$, 유량 $Q=800l/\text{min}$일 때 돌연확대관에서의 손실수두[m]를 계산하시오. (단, V_1, V_2는 각 지점의 유속이며, 계산값은 소수점 셋째자리에서 반올림하여 둘째자리까지 구하시오.) (10점)

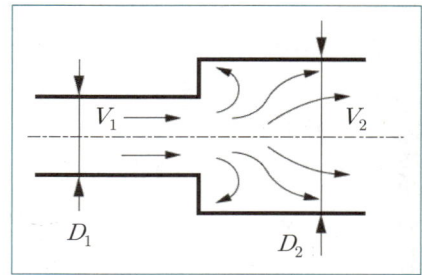

해설

(2) 다음 그림과 같은 돌연확대관에서 손실수두를 구하는 공식을 유도하고, 중력가속도 $g=9.8\text{m/s}^2$, 직경 $D_1=50\text{mm}$, $D_2=400\text{mm}$, 유량 $Q=800l/\text{min}$일 때 돌연확대관에서의 손실수두[m]를 계산하시오. (단, V_1, V_2는 각 지점의 유속이며, 계산값은 소수점 셋째자리에서 반올림하여 둘째자리까지 구하시오.) (10점)

① 돌연확대관 손실수두 공식 유도

$$H = \frac{P_1}{\gamma} + \frac{V_1^2}{2g} + Z_1 = \frac{P_2}{\gamma} + \frac{V_2^2}{2g} + Z_2 + h_L$$

여기서, H : 전수두[m]

P_1, P_2 : 압력[Pa = N/m²]

γ : 비중량[물 : 9,800N/m³ = 9.8kN/m³ = 0.0098MN/m³]

V_1, V_2 : 속도[m/s]

g : 중력가속도[9.8m/s²]
Z_1, Z_2 : 위치수두[m]
h_L : 배관마찰손실수두[m]

$$h_L = \frac{P_1 - P_2}{\gamma} + \frac{V_1^2 - V_2^2}{2g} \quad [Z_1 = Z_2] \quad \cdots\cdots\cdots\cdots \text{ⓐ}$$

㉠ 수평배관에 작용하는 힘
- 힘의 평형 : $\sum F = P_1 A_1 - P_2 A_2 = (P_1 - P_2)A_2$ (검사체적으로 가정할 경우 $A_1 = A_2$)
- 힘의 변화량 : $\sum F = \rho Q(V_2 - V_1) = \rho A_2 V_2 (V_2 - V_1)$ ($\because Q = A_2 V_2$)
- 수평배관에서 작용하는 힘 : $(P_1 - P_2)V_2 = \rho A_2 V_2(V_2 - V_1) \rightarrow P_1 - P_2 = \rho A_2 (V_2 - V_1)$ ⋯⋯⋯⋯ ⓑ

㉡ 식 ⓑ을 식 ⓐ에 대입

$$h_L = \frac{\rho V_2 (V_2 - V_1)}{\rho g} + \frac{V_1^2 - V_2^2}{2g} = \frac{2V_2^2 - 2V_1 V_2 + V_1^2 - V_2^2}{2g} = \frac{V_1^2 - 2V_1 V_2 + V_2^2}{2g} = \frac{(V_1 - V_2)^2}{2g}$$

㉢ 연속의 방정식을 대입 : $Q = A_1 V_1 = A_2 V_2 \rightarrow V_2 = \frac{A_1}{A_2} V_1$

$$h_L = \frac{(V_1 - V_2)^2}{2g} = \frac{\left(V_1 - \frac{A_1}{A_2}V_1\right)^2}{2g} = \left(1 - \frac{A_1}{A_2}\right)^2 \times \frac{V_1^2}{2g} = \left(1 - \left(\frac{D_1}{D_2}\right)^2\right)^2 \times \frac{V_1^2}{2g} = K\frac{V_1^2}{2g}$$

② **돌연확대관 손실수두**

$$H = \frac{(V_1 - V_2)^2}{2g} = K\frac{V_1^2}{2g}$$

여기서, H : 손실수두[m]
V_1, V_2 : 유속[m/s]
g : 중력가속도[9.8m/s²]
K : 돌연확대관 손실계수 $\left[K = \left\{1 - \left(\frac{D_1}{D_2}\right)^2\right\}^2\right]$

$g = 9.8$m/s², $D_1 = 50$mm $= 0.05$m, $D_2 = 400$mm $= 0.4$m, $Q = 800l$/min $= 0.8$m³/min $\times \frac{1\min}{60\text{s}}$

㉠ 유속을 구하면

$Q = A_1 V_1 = A_2 V_2$

여기서, Q : 체적유량[m³/s]
A_1, A_2 : 단면적 $\left(\frac{\pi}{4}D^2 [\text{m}^2]\right)$
V_1, V_2 : 유속[m/s]

$$V_1 = \frac{Q}{A_1} = \frac{0.8\text{m}^3/\min \times \frac{1\min}{60\text{s}}}{\frac{\pi}{4} \times 0.05^2 \text{m}^2} = 6.79 \quad \therefore 6.79\text{m/s}$$

$$V_2 = \frac{Q}{A_2} = \frac{0.8\text{m}^3/\min \times \frac{1\min}{60\text{s}}}{\frac{\pi}{4} \times 0.4^2 \text{m}^2} = 0.106 \quad \therefore 0.106\text{m/s}$$

㉡ 돌연확대관 손실수두를 구하면

$$H = \frac{(V_1 - V_2)^2}{2g} = \frac{(6.79\text{m/s} - 0.106\text{m/s})^2}{2 \times 9.8\text{m/s}^2} = 2.279 \quad \therefore 2.28\text{m}$$

2 「위험물안전관리에 관한 세부기준」에 관하여 다음 물음에 답하시오. (30점)

(1) 제조소등에 가스계소화설비를 설치하고자 한다. 다음 물음에 답하시오. (12점)

① 해당 방호구역에 전역방출방식으로 IG 계열의 소화약제 소화설비를 설치하고자 한다. 다음 조건을 이용하여 IG-100, IG-55, IG-541을 각각 방사하는 경우 저장해야 하는 최소 소화약제의 양[m³]을 구하시오. (6점)

〈 조 건 〉
① 방호구역은 가로 20m, 세로 10m, 높이 5m이다.
② 방호구역에는 산화프로필렌을 저장하고 소화약제계수는 1.8이다.
③ 방호구역은 1기압, 20℃이다.

② 불활성가스 소화설비에서 전역방출방식인 경우 안전조치 기준 3가지를 쓰시오. (3점)

③ HFC-227ea, FIC-13I1, FK-5-1-12의 화학식을 각각 쓰시오. (3점)

(2) 이소부틸알콜을 저장하는 내부 직경이 40m인 고정지붕구조의 탱크에 Ⅱ형 포방출구를 설치하여 방호하려고 한다. 다음 조건을 이용하여 물음에 답하시오. (12점)

〈 조 건 〉
① 포소화약제는 3% 수용성 액체용 포소화약제를 사용한다.
② 고정식 포방출구의 설계압력환산수두는 35m, 배관의 마찰손실수두는 20m, 낙차 30m이다.
③ 펌프의 수력효율은 87%, 체적효율은 85%, 기계효율은 80%이며, 전동기의 전달계수는 1.1로 한다.
④ 저장탱크에서 고정포 방출구까지 사용하는 송액관의 내경은 100mm이고, 송액관의 길이는 120m이다.
⑤ 보조포소화전은 쌍구형(호수접속구가 2개)으로 2개가 설치되어 있다.
⑥ 원주율(π)은 3.14를 적용한다.
⑦ 포수용액의 비중은 1로 본다.
⑧ 위험물안전관리에 관한 세부기준을 따른다.
⑨ 계산값은 소수점 셋째자리에서 반올림하여 둘째자리까지 구하시오.
⑩ 기타 조건은 무시한다.

① Ⅱ형 포방출구의 정의를 쓰시오. (2점)
② 소화하는데 필요한 최소포수용액량[ℓ], 최소 수원의 양[ℓ], 최소포소화약제의 저장량[ℓ]을 각각 계산하시오. (6점)
③ 전동기의 출력[kW]을 계산하시오. (단, 유량은 포수용액량으로 한다.) (4점)

(3) 「위험물안전관리에 관한 세부기준」상 스프링클러설비의 기준에 관한 다음 물음에 답하시오. (6점)

① 폐쇄형 스프링클러헤드를 설치하는 경우 스프링클러헤드의 부착위치에 관한 사항이다. 다음 (   )에 들어갈 내용을 쓰시오. (2점)

① 가연성 물질을 수납하는 부분에 스프링클러헤드를 설치하는 경우에는 제1호가목의 규정에 불구하고 당해 헤드의 반사판으로부터 하방으로 (㉠)m, 수평방향으로 (㉡)m의 공간을 보유할 것
② 개구부에 설치하는 스프링클러헤드는 당해 개구부의 상단으로부터 높이 (㉢)m 이내의 벽면에 설치할 것

② 스프링클러설비의 유수검지장치 설치기준 2가지를 쓰시오. (2점)

③ 스프링클러설비의 기준에 관한 내용이다. 다음 (   )에 들어갈 내용을 쓰시오. (2점)

> 건식 또는 (㉠)의 유수검지장치가 설치되어 있는 스프링클러설비는 스프링클러헤드가 개방된 후 (㉡)분 이내에 당해 스프링클러헤드로부터 방수될 수 있도록 할 것

해설

(1) 해당 방호구역에 전역방출방식으로 IG 계열의 소화약제 소화설비를 설치하고자 한다. 다음 조건을 이용하여 IG-100, IG-55, IG-541을 각각 방사하는 경우 저장해야 하는 최소 소화약제의 양[m³] (6점)

「위험물안전관리에 관한 세부기준」 제134조제3호가목세목(4)에 따름

① 방호구역 체적 = 20m × 10m × 5m = 1,000m³

② IG-100, IG-55 또는 IG-541을 방사하는 것은 다음 표의 소화약제의 종류에 따라 방호구역의 체적 1m³당 소화약제의 양의 비율로 계산한 양에 방호구역 내에서 저장 또는 취급하는 위험물에 따라 별표 2에 정한 소화약제에 따른 계수를 곱해서 얻은 양으로 산정하며, 조건에 따라 소화약제계수는 1.8이다. (별표 2에 따를 경우에도 소화약제계수는 모두 1.8이다.)

소화약제 종류	방호구역의 체적 1m³당 소화약제의 양 (단위 : m³ : 1기압, 20℃ 기준)	약제량 계산
IG-100	0.516	$1,000\text{m}^3 \times 0.516\text{m}^3/\text{m}^3 \times 1.8 = 928.6\text{m}^3$
IG-55	0.477	$1,000\text{m}^3 \times 0.477\text{m}^3/\text{m}^3 \times 1.8 = 858.6\text{m}^3$
IG-541	0.472	$1,000\text{m}^3 \times 0.472\text{m}^3/\text{m}^3 \times 1.8 = 849.6\text{m}^3$

(2) 이소부틸알콜을 저장하는 내부 직경이 40m인 고정지붕구조의 탱크에 Ⅱ형 포방출구를 설치하여 방호하려고 한다. 다음 조건을 이용하여 물음에 답하시오. (12점)

〈 조 건 〉

① 포소화약제는 3% 수용성 액체용 포소화약제를 사용한다.
② 고정식 포방출구의 설계압력환산수두는 35m, 배관의 마찰손실수두는 20m, 낙차 30m이다.
③ 펌프의 수력효율은 87%, 체적효율은 85%, 기계효율은 80%이며, 전동기의 전달계수는 1.1로 한다.
④ 저장탱크에서 고정포 방출구까지 사용하는 송액관의 내경은 100mm이고, 송액관의 길이는 120m이다.
⑤ 보조포소화전은 쌍구형(호스접속구가 2개)으로 2개가 설치되어 있다.
⑥ 원주율(π)은 3.14를 적용한다.
⑦ 포수용액의 비중은 1로 본다.
⑧ 위험물안전관리에 관한 세부기준을 따른다.
⑨ 계산값은 소수점 셋째자리에서 반올림하여 둘째자리까지 구하시오.
⑩ 기타 조건은 무시한다.

② 소화하는데 필요한 최소포수용액량[l], 최소수원의 양[l], 최소포소화약제의 저장량[l]을 각각 계산 (6점)

구분	수용성 알콜류 공식 등		조건 등
고정포 방출구	$Q_① = A \cdot Q_1 \cdot K$		
	$Q_①$: 포소화약제의 양[l]		$Q_① = A \cdot Q_1 \cdot K = \dfrac{3.14}{4} \times 40^2\text{m}^2 \times 240l/\text{m}^2 \times 1.25 = 376,800$ $\therefore 376,800\,l$
	A : 탱크의 액표면적[m²]		$A = \dfrac{3.14}{4} \times 40^2\text{m}^2$
	Q_1 : 포수용액의 양[l/m^2]		$Q_1 = 240l/\text{m}^2$ (이소부틸알콜은 수용성으로 Ⅱ형일 경우 적용)
	위험물계수 : 이소부틸알콜 1.25		$K = 1.25$ (위험물의 구분에 따른 계수 적용)
	S : 포소화약제의 사용농도		$S = 0.03$

[부록] 기출문제 및 기출 계산문제 분석

구분	수용성 알콜류 공식 등		조건 등
보조포소화전	$Q_② = N \cdot 8,000l$		
	$Q_②$: 포소화약제의 양[l]		$Q_② = N \cdot 8,000l = 3 \times 8,000 = 24,000$ ∴ $24,000\,l$
	N : 호스접속구 수(최대 3개)		쌍구형 호스접속구가 2개가 설치되므로 최대접속구는 3개이다.
송액관 충전량	$Q_③ = A \cdot L$		
	$Q_③$: 송액관 충전량[l]		$Q_③ = A \cdot L = \dfrac{3.14}{4} \times 0.1\text{m}^2 \times 120\text{m} \times \dfrac{1,000\,l}{1\text{m}^3} = 942$ ∴ $942\,l$
	A : 배관의 단면적[m²]		$A = \dfrac{3.14}{4} \times 0.1^2 \text{m}^2$
	L : 배관의 길이[m]		$L = 120\text{m}$
최소 포수용액($Q_① + Q_② + Q_③$)량			$376,800\,l + 24,000\,l + 942\,l = 401,742$ ∴ $401,742\,l$
최소 수원의 양			$401,742 \times 0.97 = 389,689.74$ ∴ $389,689.74\,l$
최소 포약제저장량			$401,742 \times 0.03 = 12,052.26$ ∴ $12,052.26\,l$

※ 이소부틸알콜은 수용성으로 포수용액 등은 다음과 같이 규정되어 있다.

I 형		II 형		특형		III 형		IV 형	
포수용액량 [l/m²]	방출률 [l/min·m²]	포수용액량 [l/m²]	방출률 [l/min·m²]	포수용액량 [l/m²]	방출률 [l/min·m²]	포수용액량 [l/m²]	방출률 [l/min·m²]	포수용액량 [l/m²]	방출률 [l/min·m²]
160	8	240	8	—	—	—	—	240	8

위험물의 구분		계수
종류	세부 구분	
알콜류	메틸콜, 3-메틸, 2-부틸알콜, 에틸알콜, 아릴알콜, 1-펜틸알콜, 2-펜틸알콜, t-펜틸알콜, 이소펜틸알콜, 1-헥실알콜, 사이크로헥사놀, 홀후릴알콜, 벤질알콜, 프로필렌글리콜, 에틸렌글리콜, 디에틸렌글리콜, 디프로필렌글리콜, 글리세린	1.0
	2-프로필알콜, 1-프로필알콜, 이소부틸알콜, 1-부틸알콜, 2-부틸알콜	1.25
	1-부틸알콜	2.0

③ 전동기의 출력[kW]을 계산하시오. (단, 유량은 포수용액량으로 한다.) (4점)

수동력	축동력	전동기용량
$P = \gamma HQ$	$P = \dfrac{\gamma HQ}{\eta}$	$P = \dfrac{\gamma HQ}{\eta} \times K$

P : 동력[kW] → $P = \dfrac{\gamma HQ}{\eta} \times K$

γ : 비중량[물 : 9.8kN/m³] → 9.8kN/m^3

H : 전양정(전수두)[m] → H=낙차수두+마찰손실환산수두+방수압환산수두
$= 30\text{m} + 20\text{m} + 35\text{m} = 85\text{m}$

Q : 유량[m³/s] →
$Q = A \times Q_1 \times K + N \times 400\,l/\text{min}$
$= \dfrac{3.14}{4} \times 40^2 \text{m}^2 \times 8\,l/\text{min} \cdot \text{m}^2 \times 1.25$
$+ 3 \times 400\,l/\text{min} = 13,760\,l/\text{min}$
∴ $13.760\text{m}^3/\text{min} \times \dfrac{1\text{min}}{60\text{s}} = 0.229\text{m}^3/\text{s}$

η : 전효율[η전효율=η수력효율×η체적효율×η기계효율] → η전효율=η수력효율×η체적효율×η기계효율
$= 0.87 \times 0.85 \times 0.8 = 0.591$ ∴ $0.591 (59.1\%)$

K : 전달계수 → 1.1

$P = \dfrac{\gamma HQ}{\eta} \times K = \dfrac{9.8\text{kN/m}^3 \times 85\text{m} \times 0.229\text{m}^3/\text{s}}{0.591} \times 1.1 = 355.046$ ∴ 355.05kW

3 다음 물음에 답하시오. (30점)

(1) 하디크로스방식(Hardy Cross Method)의 유체역학적 기본원리 3가지를 쓰시오. (3점)

(2) 하디크로스방식(Hardy Cross Method)의 계산절차 중 4단계~8단계의 내용을 쓰시오. (5점)

> - 1단계 : 모든 루프의 각 경로와 관련되는 배관길이, 관경, C-factor(조도)와 같은 중요한 변수를 알아야 한다.
> - 2단계 : 각 변수를 적절한 단위로 수치변환한다. 부속류에 대한 국부손실은 등가배관길이로 변환하여야 한다. 각 구간별 유량을 제외한 모든 변수값을 계산하도록 한다.
> - 3단계 : 루프에 의해 이어지는 연속성이 충족되도록 적절한 분배유량을 가정한다.
> - 4단계 :
> - 5단계 :
> - 6단계 :
> - 7단계 :
> - 8단계 :
> - 9단계 : 새롭게 보정된 분배유량으로 dP_f값이 충분히 작아질 때까지 4단계~7단계까지를 반복한다.
> - 10단계 : 마지막 확인사항으로 임의의 경로에 대한 유입점부터 유출점까지의 마찰손실압력을 계산한다. 다른 경로로 두 번째 계산된 마찰손실압력값은 예상되는 범위 내의 동일한 값이 되어야 한다.

(3) 그림과 같이 A지점으로 물이 유입되어 B지점으로 유출되고 있다. A~B 사이에 있는 세 개 분기관의 내경이 40mm라고 할 때 각 분기관으로 흐르는 유량을 계산하시오. (8점)

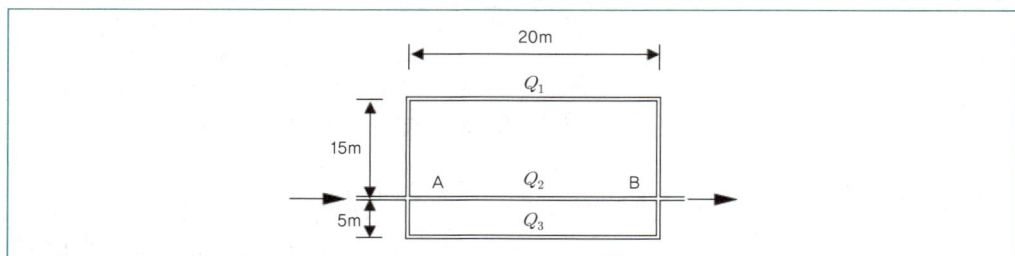

〈 조 건 〉

① 배관의 마찰손실압력을 구하는 공식은 다음과 같다.

$$\triangle P = 6.174 \times 10^4 \times \frac{Q^{1.85}}{C^{1.85} \times D^{4.87}} \times L$$

여기서, $\triangle P$: 마찰손실압력[MPa]
  Q : 유량[l/min]
  C : 조도[120]
  D : 배관경[mm]
  L : 배관길이[m]

② 유입점과 유출점에는 1,000l/min의 유량이 흐르고 있다.
③ 90도 엘보의 등가길이는 2m이며, A와 B 두 지점의 배관부속 마찰손실은 무시한다.
④ 계산값은 소수점 셋째자리에서 반올림하여 둘째자리까지 구하시오.

(4) 스프링클러설비의 방수압과 방수량 관계식 $Q = 80\sqrt{10P}$ (Q : l/min, P : MPa)의 유도과정을 쓰시오. (단, 헤드의 오리피스 내경(d)은 12.7mm, 방출계수(C)는 0.75이며, 중력가속도(g)는 9.81m/s², 1MPa = 10kg/cm²로 가정한다.) (8점)

(5) 「스프링클러설비의 화재안전기술기준」(NFTC 103)상 다음 물음에 답하시오. (6점)
  ① 개폐밸브의 개폐상태를 감시제어반에서 확인할 수 있도록 설치하여야 하는 급수개폐밸브 작동표시 스위치의 설치기준을 쓰시오. (3점)
  ② 기동용 수압개폐장치를 기동장치로 사용하는 경우 설치하여야 하는 충압펌프의 설치기준을 쓰시오. (3점)

(6) 「스프링클러설비의 화재안전기술기준」(NFTC 103)상 다음 물음에 답하시오. (6점)
  ① 개폐밸브의 개폐상태를 감시제어반에서 확인할 수 있도록 설치하여야 하는 급수개폐밸브 작동표시 스위치의 설치기준을 쓰시오. (3점)
  ② 기동용 수압개폐장치를 기동장치로 사용하는 경우 설치하여야 하는 충압펌프의 설치기준을 쓰시오. (3점)

해설

(1) 하디크로스방식(Hardy Cross Method)의 유체역학적 기본원리 3가지를 쓰시오. (3점)
「방화공학 실무핸드북」(한국소방기술사회) 및 「SFPE Handbook」(한국화재보험협회)

① 연속의 방정식(법칙)
임의의 점에서 관유량(Net flow rate)은 일정하다. 즉, 최초 인입되는 유량은 배관망에서 최종 토출되는 유량이 일정하다. (질량보존의 법칙)

② 베르누이 정리
배관망(Pipe Network)에서 임의의 접합점에는 하나의 값만을 가진다. (에너지보존의 법칙)

③ 단일 루프형이라 가정할 경우 에너지손실은 동일하다. 그렇지 않을 경우 에너지 차이가 발생함에 따라 내부 순환이 발생하게 된다. 그러므로 어느 방향으로 계산을 하든지 특정한 점에 대한 양쪽 방향의 압력손실은 동일하다.

(2) 하디크로스방식(Hardy Cross Method)의 계산절차 중 4단계~8단계의 내용을 쓰시오. (5점)
「SFPE Handbook」(한국화재보험협회)

- 1단계 : 모든 루프의 각 경로와 관련되는 배관길이, 관경, C-factor(조도)와 같은 중요한 변수를 알아야 한다.
- 2단계 : 각 변수를 적절한 단위로 수치변환한다. 부속류에 대한 국부손실은 등가배관길이로 변환하여야 한다. 각 구간별 유량을 제외한 모든 변수값을 계산하도록 한다.
- 3단계 : 루프에 의해 이어지는 연속성이 충족되도록 적절한 분배유량을 가정한다.
- 4단계 : 하젠-윌리암스식을 이용해서 각 배관 내에서 발생하는 마찰에 의한 압력(혹은 수두)손실 (P_f)을 계산한다.
- 5단계 : 부호(± : 예를 들어 시계방향이라고 가정)에 유의하면서 각 루프에서 발생하는 마찰손실을 합산한다. 손실 dP_f의 합이 0이 되는지 확인하여 가정한 유량의 정확성을 파악한다.
- 6단계 : 각 루프에 대한 손실의 합이 0이 아니라면, 각 배관의 마찰손실을 해당 배관에 대해 가정한 유량으로 나눈다. (P_f/Q)
- 7단계 : 각 루프에 대한 보정유량을 계산한다. $dQ = \dfrac{-dP_f}{[1.85 \sum P_f/Q]}$
- 8단계 : 필요에 따라 루프 내에 있는 각 배관에 보정유량값을 더해 미리 가정했던 유량을 가감한다. 하나의 배관이 두 개의 루프에 걸쳐 있을 경우에는 dQ의 두 값 간에 발행하는 대수적 차이를 가정한 유량에 대한 보정 수치로 적용한다.
- 9단계 : 새롭게 보정된 분배유량으로 dP_f값이 충분히 작아질 때까지 4단계~7단계까지를 반복한다.
- 10단계 : 마지막 확인사항으로 임의의 경로에 대한 유입점부터 유출점까지의 마찰손실압력을 계산한다. 다른 경로로 두 번째 계산된 마찰손실압력값은 예상되는 범위 내의 동일한 값이 되어야 한다.

(3) 그림과 같이 A지점으로 물이 유입되어 B지점으로 유출되고 있다. A~B 사이에 있는 세 개 분기관의 내경이 40mm라고 할 때 각 분기관으로 흐르는 유량을 계산하시오. (8점)

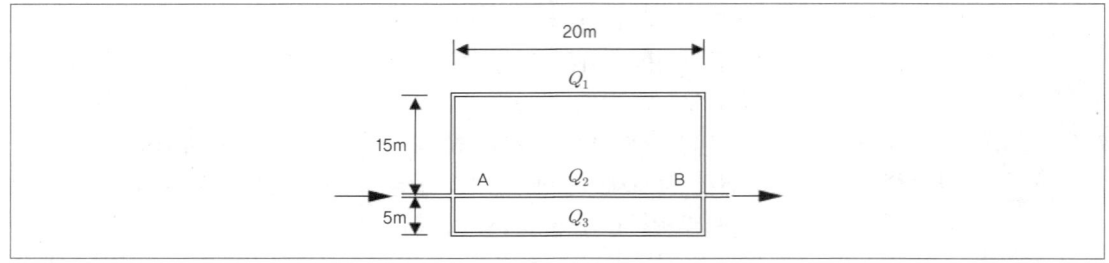

〈 조 건 〉

① 배관의 마찰손실압력을 구하는 공식은 다음과 같다.

$$\triangle P = 6.174 \times 10^4 \times \frac{Q^{1.85}}{C^{1.85} \times D^{4.87}} \times L$$

여기서, $\triangle P$: 마찰손실압력[MPa]
Q : 유량[l/min]
C : 조도[120]
D : 배관경[mm]
L : 배관길이[m]

② 유입점과 유출점에는 1,000l/min의 유량이 흐르고 있다.
③ 90도 엘보의 등가길이는 2m이며, A와 B 두 지점의 배관부속 마찰손실은 무시한다.
④ 계산값은 소수점 셋째자리에서 반올림하여 둘째자리까지 구하시오.

연속의 방정식에 따라 유입되는 유량과 토출되는 유량은 같으므로 각 배관의 유량의 비율을 산출하여 대입하여야 한다.

$1,000l/\min = Q_1 + Q_2 + Q_3$

이때, 상당관길이(직관장)와 유량의 비율에 따른 마찰손실압력은 동일하다.

$\Delta P_1 = \Delta P_2 = \Delta P_3$

$L_1 = 15\text{m} \times 2 + 2\text{m} \times 2 + 20\text{m} = 54\text{m}$

$L_2 = 20\text{m}$

$L_3 = 5\text{m} \times 2 + 2\text{m} \times 2 + 20\text{m} = 34\text{m}$

① 마찰손실압력이 동일하므로 유량의 비율을 구하면(상수, 조도, 구경이 동일하므로 약분한다.)

$$6.174 \times 10^4 \times \frac{Q_1^{1.85}}{C^{1.85} \times D^{4.87}} \times L_1 = 6.174 \times 10^4 \times \frac{Q_2^{1.85}}{C^{1.85} \times D^{4.87}} \times L_2 = 6.174 \times 10^4 \times \frac{Q_3^{1.85}}{C^{1.85} \times D^{4.87}} \times L_3$$

$Q_1^{1.85} \times L_1 = Q_2^{1.85} \times L_2 = Q_3^{1.85} \times L_3$

㉠ 유량 Q_2의 비율을 구하면

$Q_1^{1.85} \times L_1 = Q_2^{1.85} \times L_2$ 이므로 $Q_2^{1.85} = Q_1^{1.85} \times \frac{L_1}{L_2}$

$$Q_2 = Q_1 \times \left(\frac{L_1}{L_2}\right)^{\frac{1}{1.85}} = Q_1 \times \left(\frac{54\text{m}}{20\text{m}}\right)^{\frac{1}{1.85}} = 1.71 Q_1$$

㉡ 유량 Q_3의 비율을 구하면

$Q_1^{1.85} \times L_1 = Q_3^{1.85} \times L_3$ 이므로 $Q_3^{1.85} = Q_1^{1.85} \times \frac{L_1}{L_3}$

$$Q_3 = Q_1 \times \left(\frac{L_1}{L_3}\right)^{\frac{1}{1.85}} = Q_1 \times \left(\frac{54\mathrm{m}}{34\mathrm{m}}\right)^{\frac{1}{1.85}} = 1.284\,Q_1$$

② 유량을 산출하면
   $1{,}000\,l/\mathrm{min} = Q_1 + Q_2 + Q_3$ [산출된 유량 비율 대입]

   ㉠ 유량 Q_1을 산출하면
   $$1{,}000\,l/\mathrm{min} = Q_1 + 1.71\,Q_1 + 1.28\,Q_1 = 3.99\,Q_1$$
   $$Q_1 = \frac{1{,}000\,l/\mathrm{min}}{3.99} = 250.626 \quad \therefore 250.63\,l/\mathrm{min}$$

   ㉡ 유량 Q_2를 산출하면
   $$Q_2 = 1.71\,Q_1 = 1.71 \times 250.63\,l/\mathrm{min} = 428.577 \quad \therefore 428.58\,l/\mathrm{min}$$

   ㉢ 유량 Q_3을 산출하면
   $$Q_3 = 1.284\,Q_1 = 1.284 \times 250.63\,l/\mathrm{min} = 321.808 \quad \therefore 321.81\,l/\mathrm{min}$$

이해 必

☑ 이 공식은 이렇게 적용하세요 …^^ : 병렬관로 해석

문제표현 → 요구값	적용 및 요구 공식
레이놀즈수, 점성, 동점성계수, 마찰손실 계수 $\left(f = \dfrac{64}{Re}\right)$ → 달시-웨버식에 의한 마찰 손실수두	$H_1 = H_2$(마찰손실)이므로 [f, $2g$ 등 약분] $f_1 \cdot \dfrac{l_1}{D_1} \cdot \dfrac{V_1^2}{2g} = f_2 \cdot \dfrac{l_2}{D_2} \cdot \dfrac{V_2^2}{2g}$ $V_1 = x\,V_2$ (x는 상수, 유량 비율 산출) 유속 비율 대입 후 유량 산출 $Q = Q_1 + Q_2 = A_1 V_1 + A_2 V_2$
하젠-윌리암스식 조건에 주어짐 $\Delta P = 6.053 \times 10^4 \times \dfrac{Q^{1.85} \times L}{C^{1.85} \times D^{4.87}}$	$\Delta P_1 = \Delta P_2$이므로 [상수, 조도, 구경 등 약분] $6.053 \times 10^4 \times \dfrac{Q_1^{1.85} \times L_1}{C^{1.85} \times D_1^{4.87}} = 6.053 \times 10^4 \times \dfrac{Q_2^{1.85} \times L_2}{C^{1.85} \times D_2^{4.87}}$ $Q_1 = x\,Q_2$ (x는 상수, 유량 비율 산출) 유량 비율 대입 후 유량산출 $Q = Q_1 + Q_2$

(4) 스프링클러설비의 방수압과 방수량 관계식 $Q = 80\sqrt{10P}$ (Q : l/min, P : MPa)의 유도과정을 쓰시오. (단, 헤드의 오리피스 내경(d)은 12.7mm, 방출계수(C)는 0.75이며, 중력가속도(g)는 9.81m/s², 1MPa = 10kg/cm²로 가정한다.) (8점)

① 옥내소화전 유량 공식 유도(SI 단위기준)에서 유량계수와 오리피스 내경을 대입한다. 술79(25)88(10)관설6

단위환산 전	단위환산 후
$Q = AV = \dfrac{\pi}{4}D^2 \times \sqrt{2gH}$ 관점17	$q = 2.107\,d^2\sqrt{P}$
$Q = C \times \dfrac{\pi}{4}D^2 \times \sqrt{2gH}$ [유량계수 고려]	$q = 2.086\,d^2\sqrt{P}$ [유량계수 고려]

여기서, Q : 유량[m³/s]
         q : 유량[lpm]
         A : 배관단면적$\left(\dfrac{\pi}{4}D^2\,[\mathrm{m}^2]\right)$

D : 구경[m]
d : 구경[mm]
V : 유속[m/s] $\left[V = \sqrt{2gH} = \sqrt{2g\dfrac{P}{\gamma}} = \sqrt{\dfrac{2}{\rho}P} \; \left(\because H = \dfrac{P}{\gamma} \right) \right]$
H : 양정[m]
P : 방수압[MPa = MN/m²]
C : 유량계수(속도계수, 손실계수)

② 노즐에서 방출되는 방사압력은 속도수두로서 유속을 압력으로 환산할 수 있으므로 $H = \dfrac{V^2}{2g}$

따라서, $V = \sqrt{2gH}$ (토리첼리 정리)를 대입하면 $Q = \dfrac{\pi}{4}D^2 \times \sqrt{2gH}$

③ 양정(H[m] → P[MPa]), 구경(D[m] → d[mm]), 유량(Q[m³/s] → q[l/min])의 단위를 각각 환산하여 대입하기 위하여 비례관계로 정리하면 다음과 같다.

㉠ 양정 : $\dfrac{H[m]}{P[MPa]} = \dfrac{10}{0.1}$ 이므로 $H[m] = 100 \times P[MPa]$ (문제 조건 : $1\text{kg}_f/\text{cm}^2 = 10\text{mH}_2\text{O} = 0.1\text{MPa}$)

㉡ 구경 : $\dfrac{D[m]}{d[mm]} = \dfrac{1}{1,000}$ 이므로 $D^2[m^2] = \left(\dfrac{d}{1,000}\right)^2 [mm^2]$

㉢ 유량 : $\dfrac{Q[m^3/s]}{q[l/min]} = \dfrac{1}{1,000 \times 60}$ 이므로 $Q[m^3/s] = \dfrac{q}{6 \times 10^4}[l/min]$

④ 위의 비례관계를 $Q = C \times \dfrac{\pi}{4}D^2 \times \sqrt{2gH}$ 에 대입($C = 0.75$, $d = 12.7\text{mm}$)

$\dfrac{q}{6 \times 10^4}[l/min] = C \times \dfrac{\pi}{4} \times \left(\dfrac{d}{1,000}\right)^2 \times \sqrt{2g \times 100P[MPa]}$

$q[l/min] = 0.75 \times 6 \times 10^4 \times \dfrac{\pi}{4} \times \left(\dfrac{12.7\text{mm}}{1,000}\right)^2 \times \sqrt{2 \times 9.81\text{m/s}^2 \times 10} \times \sqrt{10P[MPa]}$

$q[l/min] = 79.847\sqrt{10P[MPa]} ≒ 80\sqrt{10P[MPa]}$

Mind-Control

제대로 배우기 위해서는
거창하고 교양있는 전통이나
돈이 필요하지 않다.
스스로를 개선하고자 하는
열망이 있는 사람들이 필요할 뿐이다.

- 아담 쿠퍼 -

제21회 소방시설관리사(2021.9.18 시행)

1 다음 물음에 답하시오. (40점)

(1) 다음 그림과 같이 관 속에 가득찬 40℃의 물이 중량 유량 980N/min으로 흐르고 있다. B지점에서 공동현상이 발생하지 않도록 하는 A지점에서의 최소압력 [kPa]을 구하시오. (단, 관의 마찰손실은 무시하고, 40℃ 물의 증기압은 55.32mmHg이다. 계산값은 소수점 다섯째자리에서 반올림하여 소수점 넷째자리까지 구하시오. (10점)

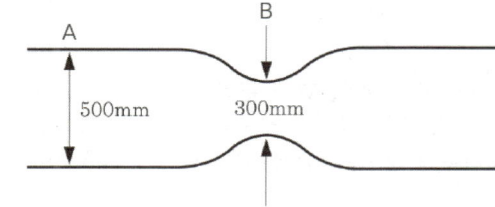

(2) 「도로터널의 화재안전기술기준(NFTC 603)」에 대하여 다음 조건에 따라 물음에 답하시오. (15점)

〈 조 건 〉
- 제연설비 설계화재강도의 열량으로 5분 동안 화재가 진행되었다.
- 소화수 및 주위온도는 20℃에서 400℃로 상승하였다.
- 물의 비중은 1, 물의 비열은 4.18kJ/kg℃, 물의 증발잠열은 2,253.02kJ/kg
- 대기압은 표준대기압, 수증기의 비열은 1.85kJ/kg℃
- 동력은 3상 380V 30kW
- 효율은 0.8, 전달계수는 1.2, 전양정은 25m
- 계산값은 소수점 셋째자리에서 반올림하여 소수점 둘째자리까지 구하시오.
- 기타 조건은 무시한다.

① 물분무소화설비가 작동하여 소화수가 방사되는 경우 수원의 용량 [m³]을 구하시오. (단, 방사된 소화수와 생성된 수증기의 40%만 냉각소화에 이용되는 것으로 가정한다.) (10점)
② 방사된 수원을 보충하기 위해 필요한 최소시간 [s]을 구하시오. (5점)

(3) 다음은 소방시설 자체점검사항 등에 관한 고시에서 정하고 있는 소방시설 도시기호에 관한 것이다. ( )에 알맞은 명칭을 쓰고, 도시기호를 그리시오. (5점)

명칭	도시기호
(㉠)	⊖ △
(㉡)	⊖
(㉢)	⊖⊖
이온화식감지기(스포트형)	(㉣)
시각경보기(스트로브)	(㉤)

(4) 스프링클러헤드의 특성에 대하여 다음 물음에 답하시오. (10점)
  ① 「화재조기진압용 스프링클러설비의 화재안전기술기준(NFTC 103B)」에서 화재조기진압용 스프링클러설비를 설치할 장소의 구조 중 해당 층의 높이와 천장의 기울기 기준을 쓰시오. (2점)
  ② 「화재조기진압용 스프링클러설비의 화재안전기술기준(NFTC 103B)」에서 화재조기진압용 스프링클러설비 가지배관 사이의 거리를 쓰시오. (2점)
  ③ 필요방사밀도(RDD : Required Delivered Density)의 개념을 쓰시오. (2점)
  ④ 실제방사밀도(ADD : Actual Delivered Density)의 개념을 쓰시오. (2점)
  ⑤ 필요방사밀도와 실제방사밀도의 관계를 설명하시오. (2점)

해설

(1) 다음 그림과 같이 관 속에 가득찬 40℃의 물이 중량 유량 980N/min으로 흐르고 있다. B지점에서 공동현상이 발생하지 않도록 하는 A지점에서의 최소압력[kPa] (단, 관의 마찰손실은 무시하고, 40℃ 물의 증기압은 55.32mmHg이다. 계산값은 소수점 다섯째 자리에서 반올림하여 소수점 넷째자리까지 구하시오.)

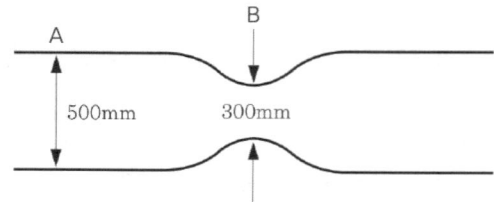

공동현상은 배관 내부에서 정압보다 유체의 증기압이 커지게 될 경우 발생하게 되므로 B지점에서의 정압을 공동현상이 발생하는 한계인 유체의 증기압을 기준으로 A지점에서의 압력을 산출한다. 문제의 조건에 따라 손실은 없으므로 베르누이 정리를 적용하여 A지점과 B지점에서의 전수두(전에너지)는 같다. 각각의 위치에서 배관의 구경은 달라지므로 압력수두와 속도수두는 달라지며, 위치수두는 서로 동일하다.

$$H = \frac{P_1}{\gamma} + \frac{V_1^2}{2g} + Z_1 = \frac{P_2}{\gamma} + \frac{V_2^2}{2g} + Z_2$$

여기서, H : 전수두[m]
  P_1, P_2 : 압력[Pa=N/m²]
  γ : 비중량[물 : 9,800N/m³=9.8kN/m³=0.0098MN/m³]
  V_1, V_2 : 속도[m/s]
  g : 중력가속도[9.8m/s²]
  Z_1, Z_2 : 위치수두[m]

$\gamma = 9.8\text{kN/m}^3$(물), $P_2 = 55.32\text{mmHg}$, $Z_1 = Z_2$이므로

① 중량유량을 고려하여 유속을 구하면
$$G = \gamma A_1 V_1 = \gamma A_2 V_2$$

여기서, A_1, A_2 : 배관단면적$\left[\frac{\pi}{4}D^2[\text{m}^2]\right]$
  V_1, V_2 : 유속[m/s][$V = \sqrt{2gH}$]
  γ : 비중량[물 : 9,800N/m³=9.8kN/m³]

$G = 980\text{N/min} \times \frac{1\text{min}}{60\text{s}}$, $D_1 = 500\text{mm} = 0.5\text{m}$, $D_2 = 300\text{mm} = 0.3\text{m}$, $\gamma = 9,800\text{N/m}^3$

중량을 중량 유량의 단위에 맞추어 계산을 최소로 하여 유속을 산출한다. 문제 조건에 따라 소수점 다섯째자리까지 구한다.

$G = \gamma A V = \gamma \times \frac{\pi}{4} \times D^2 \times V$ 이므로 $V = \frac{4G}{\pi \gamma D^2}$

㉠ $V_1 = \dfrac{4G}{\pi\gamma D_1^2} = \dfrac{4 \times 980\text{N/min} \times \dfrac{1\text{min}}{60\text{s}}}{\pi \times 9{,}800\text{N/m}^3 \times 0.5^2\text{m}^2} = 0.00848\text{m/s}$

㉡ $V_2 = \dfrac{4G}{\pi\gamma D_2^2} = \dfrac{4 \times 980\text{N/min} \times \dfrac{1\text{min}}{60\text{s}}}{\pi \times 9{,}800\text{N/m}^3 \times 0.3^2\text{m}^2} = 0.02357\text{m/s}$

② P_2의 압력을 환산하면

1atm	=	10,332mmH₂O	=	760mmHg
101,325Pa	=	10.332mH₂O	=	76cmHg
101.325kPa	=	10.332mAq	=	1,013mbar
0.101325MPa	=	1.0332kgf/cm²	=	1.013bar
14.7psi	=	10,332kgf/m²	=	30inHg

- 1기압(대기압)과 동일한 각종 압력단위 [mH₂O = mAq(아쿠아 = 물)]
- 계산식에서의 표현 : 물이라는 특수성에 의해 보통 "mH₂O"를 "m"로 줄여 쓰기도 한다.

$P_2 = \dfrac{55.32\text{mmHg}}{760\text{mmHg}} \times 101.325\text{kPa} = 7.37539\text{kPa} = 7.37539\text{kN/m}^2$

③ P_1의 압력을 산출하면

$\dfrac{P_1}{\gamma} + \dfrac{V_1^2}{2g} = \dfrac{P_2}{\gamma} + \dfrac{V_2^2}{2g} \; [Z_1 = Z_2]$

$\dfrac{P_1 - P_2}{\gamma} = \dfrac{V_2^2 - V_1^2}{2g}$ 이므로

$P_1 = P_2 + \gamma \times \dfrac{V_2^2 - V_1^2}{2g}$

$P_1 = P_2 + \gamma \times \dfrac{V_2^2 - V_1^2}{2g} = 7.37539\text{kN/m}^2 + 9.8\text{kN/m}^3 \times \dfrac{(0.02357\text{m/s})^2 - (0.00848\text{m/s})^2}{2 \times 9.8\text{m/s}^2}$

$= 7.37563 \quad \therefore \; 7.37563\text{kN/m}^2 = 7.37563\text{kPa}$

(2) 「도로터널의 화재안전기술기준(NFTC 603)」

< 조 건 >

- 제연설비 설계화재강도의 열량으로 5분 동안 화재가 진행되었다.
- 소화수 및 주위온도는 20℃에서 400℃로 상승하였다.
- 물의 비중은 1, 물의 비열은 4.18kJ/kg·℃, 물의 증발잠열은 2,253.02kJ/kg
- 대기압은 표준대기압, 수증기의 비열은 1.85kJ/kg·℃
- 동력은 3상 380V 30kW
- 효율은 0.8, 전달계수는 1.2, 전양정은 25m
- 계산값은 소수점 셋째자리에서 반올림하여 소수점 둘째자리까지 구하시오.
- 기타 조건은 무시한다.

① 물분무소화설비가 작동하여 소화수가 방사되는 경우 수원의 용량[m³](단, 방사된 소화수와 생성된 수증기의 40%만 냉각소화에 이용되는 것으로 가정한다.) (10점)

$Q = C_1 m \Delta T_1 + \gamma m + C_2 m \Delta T_2$

여기서, Q : 열량[kJ]

m : 질량[kg]

ΔT_1, ΔT_2 : 온도차[℃]

γ : 증발잠열[물 : 2,253.02kJ/kg]

C_1 : 비열[물 : 4.18kJ/kg·℃]

C_2 : 비열[수증기 : 1.85kJ/kg·℃]

$Q = 20\text{MW} \times 5\text{min} = 20{,}000\text{kJ/s} \times 300\text{s} = 6{,}000{,}000\text{kJ}$ (제연설비의 설계화재강도×시간)

$C_1 = 4.18\text{kJ/kg}\cdot\text{℃}$, $C_2 = 1.85\text{kJ/kg}\cdot\text{℃}$, $\gamma = 2{,}253.02\text{kJ/kg}$

$\triangle T_1 = (100-20)\text{℃} = 80\text{℃}$ (1atm, 20℃), $\triangle T_2 = (400-100)\text{℃} = 300\text{℃}$ 이므로

$Q = C_1 m \triangle T_1 + \gamma m + C_2 m \triangle T_2$ → $Q = (C_1 \triangle T_1 + \gamma + C_2 \triangle T_2) \times m$

$m = \dfrac{Q}{(C_1 \triangle T_1 + \gamma + C_2 \triangle T_2)} = \dfrac{6{,}000{,}000\text{kJ}}{4.18\text{kJ/kg}\cdot\text{℃}\times 80\text{℃} + 2{,}253.02\text{kJ/kg} + 1.85\text{kJ/kg}\cdot\text{℃}\times 300\text{℃}}$

$= 1{,}909.356$

∴ 1,909.36kg

조건에 따라 방사된 소화수의 40%만이 열량을 제어하므로

총 방수량 × 0.4 = 1,909.36kg → 총 방수량 = $\dfrac{1{,}909.36\text{kg}}{0.4} = 4{,}773.4$

∴ $4{,}773.4\text{kg} \times \dfrac{1\text{m}^3}{1{,}000\text{kg}} \fallingdotseq 4.77\text{m}^3$

② 방사된 수원을 보충하기 위해 필요한 최소시간[s]을 구하시오. (5점)

$P = \dfrac{\gamma HQ}{\eta t} \times K$

여기서, P : 전동기용량[kW]
γ : 비중량[물 : 9.8kN/m³]
H : 전양정[m]
Q : 토출량(양수량)[m³]
η : 효율
t : 시간[s]
K : 전달계수

$\gamma = 9.8\text{kN/m}^3$, $H = 25\text{m}$, $Q = 4.77\text{m}^3$, $P = 30\text{kW}$, $\eta = 0.8$, $K = 1.2$ 이므로

$t = \dfrac{\gamma HQ}{P\eta} \times K = \dfrac{9.8\text{kN/m}^3 \times 25\text{m} \times 4.77\text{m}^3}{30\text{kW} \times 0.8} \times 1.2 = 58.432$ ∴ 58.43s

(3) 다음은 소방시설 자체점검사항 등에 관한 고시에서 정하고 있는 소방시설 도시기호에 관한 것이다. ( )에 알맞은 명칭을 쓰고, 도시기호를 그리시오. (5점)

명칭	도시기호
㉠ 분말 · 탄산가스 · 할로겐 헤드	
㉡ 포헤드 평면도	
㉢ 방수구	
이온화식감지기(스포트형)	㉣
시각경보기(스트로브)	㉤

(4) 스프링클러헤드의 특성 (10점)

① 「화재조기진압용 스프링클러설비의 화재안전기술기준(NFTC 103B)」에서 화재조기진압용 스프링클러설비를 설치할 장소의 구조 중 해당 층의 높이와 천장의 기울기 기준
  ㉠ 해당 층의 높이가 13.7m 이하일 것. 다만, 2층 이상일 경우에는 해당 층의 바닥을 내화구조로 하고 다른 부분과 방화구획할 것

ⓒ 천장의 기울기가 1,000분의 168을 초과하지 않아야 하고, 이를 초과하는 경우에는 반자를 지면과 수평으로 설치할 것

② 「화재조기진압용 스프링클러설비의 화재안전기술기준(NFTC 103B)」에서 화재조기진압용 스프링클러설비 가지배관 사이의 거리

가지배관 사이의 거리는 2.4m 이상 3.7m 이하로 할 것. 다만, 천장의 높이가 9.1m 이상 13.7m 이하인 경우에는 2.4m 이상 3.1m 이하로 한다.

③ 필요방사밀도(RDD : Required Delivered Density)의 개념

헤드의 감열에 따라 소화수가 방출되었을 경우 화재를 진압하기 위해 필요한 물의 양

$$RDD = \frac{\text{화재진압에 필요한 방수량}}{\text{가연물 상단면적}} [\text{lpm/m}^2]$$

④ 실제방사밀도(ADD : Actual Delivered Density)의 개념
가연물의 상단에 도달하는 물량

$$ADD = \frac{\text{가연물 상단에 도달된 방수량}}{\text{가연물 상단면적}} [\text{lpm/m}^2]$$

⑤ 필요방사밀도와 실제방사밀도의 관계

㉠ 화재 초기에는 시간이 지남에 따라 화염은 커지므로 화재를 진압하기 위한 물의 양(RDD) 또한 시간에 따라 커지게 되며, 화염이 커짐에 따라 그 열기로 인하여 증발되는 물의 양이 많아지므로 가연물의 상단에 도달하는 물의 양(ADD)은 작아질 수 밖에 없다.

㉡ 화재가 시간이 지나면서($T_1 \rightarrow T_3$) 성장함에 따라 RDD 그래프에서 화재진압에 필요한 물의 양은 $Q_1 \rightarrow Q_3$로 늘어나게 된다.

㉢ 화재가 시간이 지나면서($T_3 \rightarrow T_1$) 성장함에 따라 ADD 그래프에서 가연물의 상단에 도달하는 물의 양은 $Q_3 \rightarrow Q_1$로 작아지게 된다.

㉣ 그러므로 소화가 조기에 가능하기 위해서는 항상 ADD > RDD가 되어야 한다.

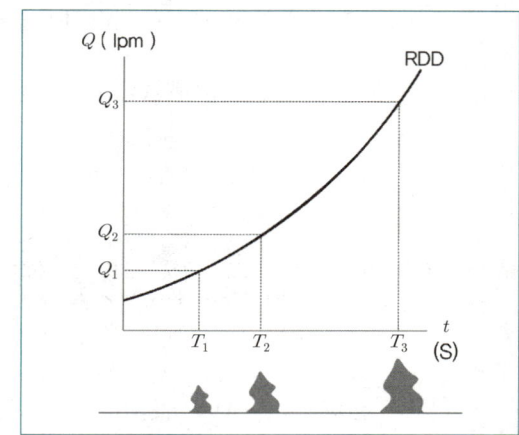

〈시간의 흐름에 따른 화염의 확장〉

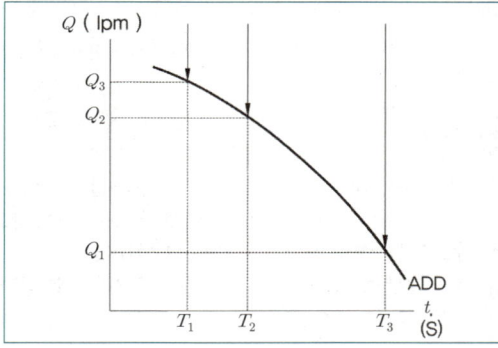

2. 다음 물음에 답하시오. (30점)

(1) 「이산화탄소소화설비 화재안전기술기준(NFTC 106)」에 대하여 다음 물음에 답하시오. (8점)
  ① 이산화탄소소화설비의 분사헤드 설치 제외장소 4가지를 쓰시오. (4점)
  ② 가연성 액체 또는 가연성 가스의 소화에 필요한 설계농도에 관하여 (   )에 들어갈 내용을 쓰시오. (4점)

방호대상물	설계농도[%]
수소	75
(㉠)	66
산화에틸렌	(㉢)
(㉡)	40
사이크로프로판	37
이소부탄	(㉣)

(2) 바닥면적 600m², 높이 7m인 전기실에 할론소화설비(Halon 1301)를 전역방출방식으로 설치하고자 한다. 용기의 부피 72ℓ, 충전비는 최대값을 적용하고, 가로 1.5m, 세로 2m의 출입문에 자동폐쇄장치가 없을 경우, 다음 물음에 답하시오. (12점)
① 「할론소화설비의 화재안전기술기준(NFTC 107)」에 따른 최소약제량 [kg] 및 저장용기 수[개]를 구하시오. (4점)
② 「할론소화설비의 화재안전기술기준(NFTC 107)」에 따라 계산된 최소약제량이 방사될 때 실내의 약제농도가 6%라면, Halon 1301 소화약제의 비체적 [m³/kg]을 구하시오. (단, 비체적은 소수점 여섯째자리에서 반올림하여 다섯째자리까지 구하시오.) (5점)
③ 저장용기에 저장된 실제 저장량이 모두 방사된 경우, (2)에서 구한 비체적값을 사용하여 약제농도 [%]를 계산하시오. (단, 계산값은 소수점 셋째자리에서 반올림하여 둘째자리까지 구하시오.) (3점)

(3) 「고층건축물의 화재안전기술기준(NFTC 604)」에 대하여 다음 물음에 답하시오. (10점)
① 피난안전구역에 설치하는 소방시설 중 인명구조기구, 피난유도선을 제외한 나머지 3가지를 쓰시오. (3점)
② 피난안전구역에 설치하는 소방시설 설치기준 중 피난유도선 설치기준 3가지를 쓰시오. (3점)
③ 피난안전구역에 설치하는 소방시설 설치기준 중 인명구조기구 설치기준 4가지를 쓰시오. (4점)

해설

(2) 바닥면적 600m², 높이 7m인 전기실에 할론소화설비(Halon 1301)를 전역방출방식으로 설치하고자 한다. 용기의 부피 72ℓ, 충전비는 최대값을 적용하고, 가로 1.5m, 세로 2m의 출입문에 자동폐쇄장치가 없을 경우, 다음 물음에 답하시오. (12점)

① 「할론소화설비의 화재안전기술기준(NFTC 107)」에 따른 최소약제량[kg] 및 저장용기 수[개] (4점)

소방대상물 또는 그 부분	소화약제의 종별	소화약제량	
		방호구역의 체적 1m³당	개구부의 면적 1m²당
차고 · 주차장 · 전기실 · 통신기기실 · 전산실 기타 이와 유사한 전기설비가 설치되어 있는 부분	할론 1301	0.32kg 이상 0.64kg 이하	2.4kg

🖉암기법 차 주차 전통전 32

㉠ 약제량[kg]
= 방호구역체적[m³]×체적당 약제량[kg/m³]+개구부면적[m²]×개구부 면적당 가산량[kg/m²]
= (600m² × 7m) × 0.32kg/m³ + (1.5m × 2m) × 2.4kg/m² = 1,351.2 ∴ 1,351.2kg

㉡ 충전비[ℓ/kg]는 0.9 이상 1.6 이하이고 내용적은 72ℓ이므로 용기당 약제량을 구하면

충전비 = 용기 내용적[ℓ] / 용기당 약제량[kg] 이므로 용기당 약제량[kg] = 용기 내용적[ℓ] / 충전비

구분	충전비 1.6일 경우	저장용기 수
용기당 약제량[kg] = 용기 내용적[ℓ] / 충전비	72ℓ / 1.6 = 45 ∴ 45kg	1,351.2kg ÷ 45kg/병 = 30.026 ∴ 31병

② 「할론소화설비의 화재안전기술기준(NFTC 107)」에 따라 계산된 최소약제량이 방사될 때 실내의 약제농도가 6%라면, Halon 1301 소화약제의 비체적[m³/kg]를 구하시오.(단, 비체적은 소수점 여섯째자리에서 반올림하여 다섯째자리까지 구하시오.) (5점)

$$V_s = \frac{V}{m}$$

여기서, V_s : 비체적[m³/kg]
m : 질량[kg]
V : 체적[m³]

$m = 1,351.2$kg 이므로 방사된 소화가스량을 구한 후 비체적을 구한다.

$$가스농도[\%] = \frac{방사된\ 소화가스량[m^3]}{실체적[m^3] + 방사된\ 소화가스량[m^3]} \times 100$$

$6\% = \dfrac{V}{(600 \times 7)\text{m}^3 + V} \times 100 \rightarrow 6 \times [(600 \times 7)\text{m}^3 + V] = V \times 100 \rightarrow 6 \times (600 \times 7)\text{m}^3 = 100V - 6V$

$V = \dfrac{6 \times (600 \times 7)\text{m}^3}{94} = 268.085 \quad \therefore 268.085\text{m}^3$

$V_s = \dfrac{V}{m} = \dfrac{268.085\text{m}^3}{1,351.2\text{kg}} = 0.198403 \quad \therefore 0.1984\text{m}^3/\text{kg}$

③ 저장용기에 저장된 실제 저장량이 모두 방사된 경우, (2)에서 구한 비체적값을 사용하여 약제농도[%]를 계산하시오. (단, 계산값은 소수점 셋째자리에서 반올림하여 둘째자리까지 구하시오.) (3점)

$$C = \frac{방사한\ 약제부피}{방호구역체적 + 방사한\ 약제부피} \times 100 = \frac{v}{V+v} \times 100$$

$v[\text{m}^3] = V_s[\text{m}^3/\text{kg}] \times W[\text{kg}] = 0.1984\text{m}^3/\text{kg} \times (45\text{kg}/병 \times 31병) = 276.768 \quad \therefore 276.768\text{m}^3$

$C = \dfrac{v}{V+v} \times 100 = \dfrac{276.768\text{m}^3}{(600 \times 7)\text{m}^3 + 276.768\text{m}^3} \times 100 = 6.182 \quad \therefore 6.18\%$

3 다음 물음에 답하시오. (30점)

(1) 경보설비의 비상전원으로 사용되는 축전지가 방전할 때 다음 그림과 같이 시간에 따라 방전전류가 감소하는 경우, 이에 적합한 축전지의 용량 [Ah]을 구하시오. (단, 보수율 0.8, 용량환산시간 K는 다음 표와 같다.) (9점)

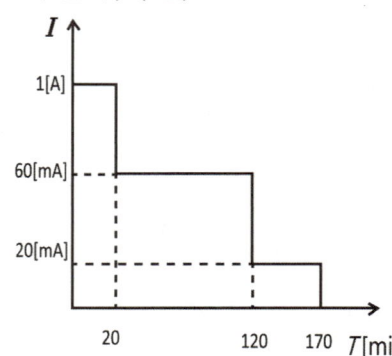

시간	10	20	30	50	100	110	120	150	170
K	1.3	1.4	1.7	2.5	3.4	3.6	3.8	4.8	5.0

(2) 자동화재탐지설비 회로에 감지기, 경종, 사이렌 등이 전선으로 연결되어 있을 경우, 각 기기에 흐르는 전류와 개수는 다음과 같다. 각 기기에 인가되는 전압을 80% 이상으로 유지하기 위한 전선의 최소공칭단면적 [mm²]을 구하시오. (단, 수신기 공급전압 : 4V, 감지기 : 0mA 10개, 경종 : 0mA 5개, 사이렌 : 0mA 2개, 전선의 고유저항률 : $1/58$ohm · mm²/m도 전율 : 97%, 수신기와 기기간 거리 : 250m) (8점)

(3) 자동화재탐지설비 및 시각경보장치의 화재안전기술기준(NFTC 203)에 의한 정온식감지선형 감지기의 설치기준이다. (　)에 들어갈 내용을 쓰시오. (5점)

- (㉠)이나 고정금구를 사용하여 감지선이 늘어지지 않도록 설치할 것
- 단자부와 마감 고정금구와의 설치간격은 (㉡)cm 이내로 설치할 것
- 감지선형감지기의 굴곡반경은 (㉢)cm 이상으로 할 것
- 감지기와 감지구역의 각 부분과의 수평거리가 내화구조의 경우 1종 (㉣)m 이하, 2종 (㉤)m 이하로 할 것. 기타 구조의 경우 1종 3m 이하, 2종 1m 이하로 할 것

(4) 다음 그림은 전동기 시퀀스 제어회로 중 일부 회로의 타임차트이다. 이에 맞는 회로의 명칭을 쓰고, 그림의 스위치 소자를 이용하여 시퀀스 제어회로를 완성하시오. (8점)

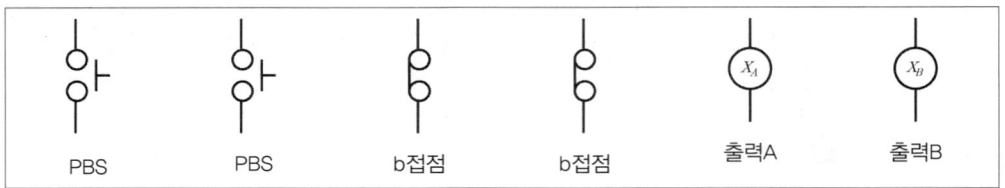

〈스위치 소자 및 회로기호〉

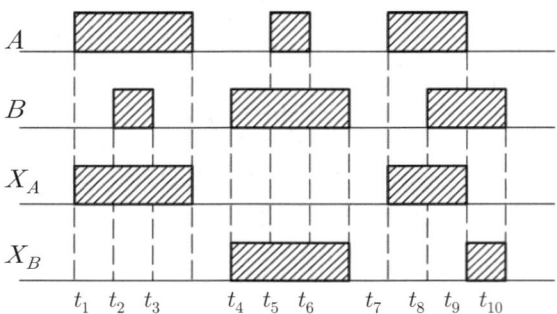

① 회로의 명칭 :
② 제어회로 완성

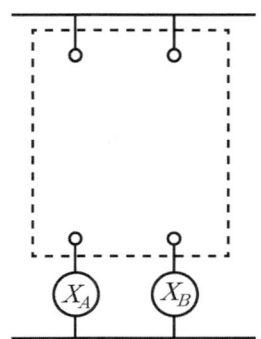

해설

(1) 경보설비의 비상전원으로 사용되는 축전지가 방전할 때 다음 그림과 같이 시간에 따라 방전전류가 감소하는 경우, 이에 적합한 축전지의 용량[Ah] (단, 보수율 0.8, 용량환산시간 K는 다음 표와 같다.) (9점)

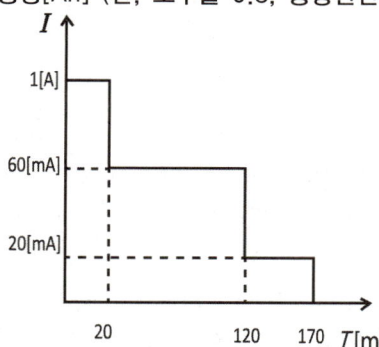

시간	10	20	30	50	100	110	120	150	170
K	1.3	1.4	1.7	2.5	3.4	3.6	3.8	4.8	5.0

$$C = \frac{1}{L}[K_1 I_1 + K_2 (I_2 - I_1) + \cdots + K_n (I_n - I_{(n-1)})]$$

여기서, C : 축전지용량[Ah : 전류[A]×시간[h]=전류의 양[Ah]]
L : 보수율(경년변화에 따른 여유율)
K : 용량환산시간[h]
I : 방전전류[A]

$L = 0.8$, $K_1 = 5.0$, $K_2 = 3.8$, $K_3 = 1.4$, $I_1 = 1$A, $I_2 = 0.06$A, $I_3 = 0.02$A

$C = \frac{1}{L}[K_1 I_1 + K_2 (I_2 - I_1) + K_3 (I_3 - I_2)] = \frac{1}{0.8} \times [5 \times 1\text{A} + 3.8 \times (0.06\text{A} - 1\text{A}) + 1.4 \times (0.02\text{A} - 0.06\text{A})]$

$= 1.715$ ∴ 1.72Ah

(2) 자동화재탐지설비 회로에 감지기, 경종, 사이렌 등이 전선으로 연결되어 있을 경우, 각 기기에 흐르는 전류와 개수는 다음과 같다. 각 기기에 인가되는 전압을 80% 이상으로 유지하기 위한 전선의 최소공칭단면적 [mm²] (단, 수신기 공급전압 : 24V, 감지기 : 20mA 10개, 경종 : 50mA 5개, 사이렌 : 30mA 2개, 전선의 고유저항률 : 1/58ohm·mm²/m도전율 : 97%, 수신기와 기기간 거리 : 250m)

구분	전압강하(Ⅰ)	전압강하(Ⅱ)	전력
단상 2선식	$e = \dfrac{35.6 L I}{1,000 A}$	$e = V_s - V_r = 2IR$	$P = VI\cos\theta$
3상 3선식	$e = \dfrac{30.8 L I}{1,000 A}$	$e = V_s - V_r = \sqrt{3} IR$	$P = \sqrt{3} VI\cos\theta$
단상 3선식 3상 4선식	$e' = \dfrac{17.8 L I}{1,000 A}$	—	—

여기서, e : 각 선로간의 전압강하[V] e' : 각 선로간의 1선과 중심선 사이의 전압강하[V]

A : 전선단면적[mm²] L : 선로길이[m] R : 저항 $\left[R = \rho \dfrac{L}{A}(\Omega)\right]$

I : 전부하전류[A] V_s : 입력전압[V] ρ : 저항률 $\left[\dfrac{1}{58}\Omega \cdot \text{mm}^2/\text{m}\right]$

V_r : 출력전압(단자전압)[V] $\cos\theta$: 역률

$V_s = 24$V, $V_r = 24$V $\times 0.8 = 19.2$V, 이므로 $e = V_s - V_r = 24$V $- 24$V $\times 0.8 = 4.8$V, $L = 250$m

$I = 0.02$A $\times$ 감지기 10개 $+ 0.05$A $\times$ 경종 5개 $+ 0.03$A $\times$ 사이렌 2개 $= 0.51$A

$$e = V_s - V_r = 2IR = 2I \times \alpha \frac{L}{A} = 2I \times \frac{100}{97}(도전율) \times \frac{1}{58}\Omega \cdot \text{mm}^2/\text{m} \times \frac{L}{A} = \frac{35.6LI}{1,000A}$$

$$A = \frac{35.6LI}{1,000e} = \frac{35.6 \times 250\text{m} \times 0.51\text{A}}{1,000 \times 4.8\text{V}} = 0.945 \quad \therefore 0.95\text{mm}^2$$

(3) 자동화재탐지설비 및 시각경보장치의 화재안전기술기준(NFTC 203)에 의한 정온식감지선형감지기의 설치기준이다. ( )에 들어갈 내용을 쓰시오. (5점)

- (㉠ 보조선)이나 고정금구를 사용하여 감지선이 늘어지지 않도록 설치할 것
- 단자부와 마감 고정금구와의 설치간격은 (㉡ 10)cm 이내로 설치할 것
- 감지선형감지기의 굴곡반경은 (㉢ 5)cm 이상으로 할 것
- 감지기와 감지구역의 각 부분과의 수평거리가 내화구조의 경우 1종 (㉣ 4.5)m 이하, 2종 (㉤ 3)m 이하로 할 것. 기타 구조의 경우 1종 3m 이하, 2종 1m 이하로 할 것

(4) 다음 그림은 전동기 시퀀스 제어회로 중 일부 회로의 타임차트이다. 이에 맞는 회로의 명칭을 쓰고, 그림의 스위치 소자를 이용하여 시퀀스 제어회로를 완성하시오. (8점)

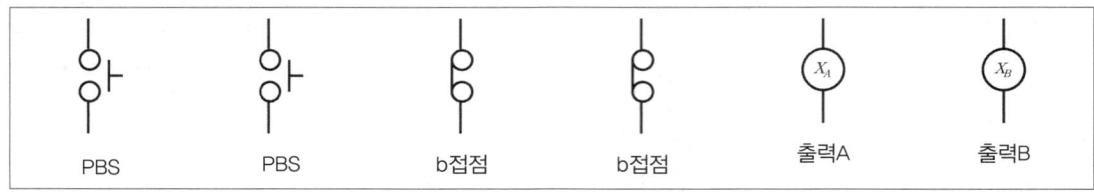

〈스위치 소자 및 회로기호〉

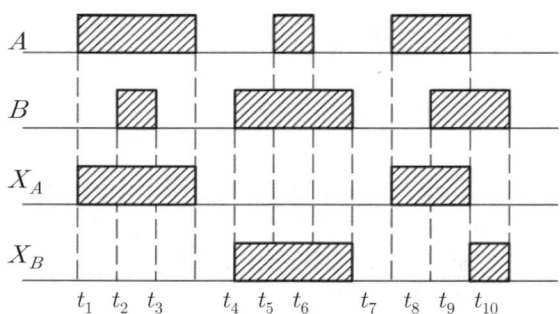

① 회로의 명칭 : 인터록 회로
② 제어회로 완성

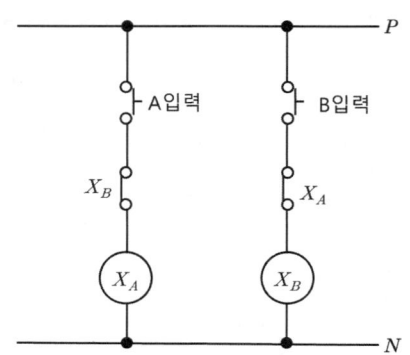

제22회 소방시설관리사(2022.9.24 시행)

1 다음 계통도 및 조건을 보고 물음에 답하시오. (40점)

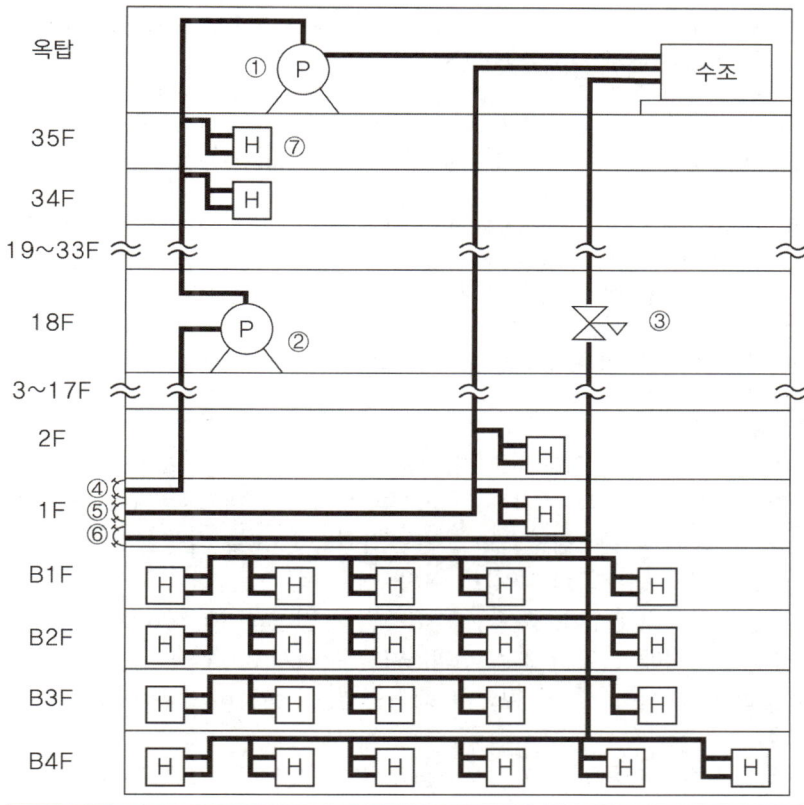

		[범례]
①	(P)	옥내소화전 주펌프
②	(P)	연결송수관설비 가압펌프
③	▽	저층부 옥내소화전 감압밸브
④	↺	연결송수관설비 흡입측 송수구
⑤	↺	중층부 옥내소화전 및 연결송수관설비 겸용 송수구
⑥	↺	저층부 옥내소화전 및 연결송수관설비 겸용 송수구
⑦	H	옥내소화전

─《 조건 》─
① 지하 4층 / 지상 35층 주상복합 건축물로 각 층의 높이는 3m로 동일함
② 송수구는 지상 1층 바닥으로부터 1m 높이에 설치됨
③ 옥내소화전 설치개수는 지상 1층~지상 35층 각 층 1개, 지하 1층~지하 3층 각 층 5개, 지하 4층 6개임
④ 옥내소화전설비 고층부는 펌프방식이고 중층부, 저층부는 고가수조방식이며, 저층부 구간은 지하 1층에서 지하 4층까지임
⑤ 옥내소화전 및 연결송수관설비의 배관 및 부속류 마찰손실은 낙차의 30%를 적용함
⑥ 펌프의 효율은 50%, 전달계수는 1.1을 적용함
⑦ 옥내소화전 방수구는 바닥으로부터 1m 높이, 연결송수관설비 방수구는 바닥으로부터 0.5m 높이에 설치됨
⑧ 펌프와 바닥 사이 및 수조와 바닥 사이 높이는 무시함
⑨ 옥내소화전 호스 마찰손실수두는 7m, 연결송수관설비 호스 마찰손실수두는 3m 감압밸브는 바닥으로부터 1m 높이에 설치됨
⑩ 수두 10m는 0.1MPa로 함
⑪ 계산값은 소수점 넷째자리에서 반올림하여 소수점 셋째자리까지 구함
⑫ 기타 조건은 무시함

(1) 수조의 최소수원의 양[m³]과 고층부의 필요한 최소동력[kW]를 구하시오. (10점)
(2) 고가수조방식으로 적용 가능한 중층부의 가장 높은 층을 구하시오. (6점)
(3) 지상 18층에 설치된 감압밸브 2차측 압력을 0MP로 설정했다면, 지하 1층의 옥내소화전 노즐선단에서 방수압력[MPa]을 구하시오 (5점)
(4) 연결송수관설비 흡입측 송수구에서 소방차 인입압력이 0.7MPa이다. 이때 연결송수관설비 가압송수장치에 필요한 최소동력[kW]을 구하시오. (5점)
(5) 지상 10층과 지하 4층에 필요한 최소연결송수관설비 송수구압력[MPa]을 각각 구하시오. (10점)
(6) 옥내소화전에 사용하는 가압송수장치 4가지 방식을 쓰시오. (4점)

해설

(1) 수조의 최소수원의 양[m³]과 고층부의 필요한 최소동력[kW]

① 옥내소화전 최소수원량

$V = N \times 0.13 \text{m}^3/\text{min} \cdot 개 \times T$	옥내소화전 수원량
V : 수원[m³]	→ $V = 5 \times 0.13 \text{m}^3/\text{min} \cdot 개 \times 40\text{min} = 26$ $26 m^3$
N : 옥내소화전 기준개수 [최대 2개(고층건축물은 최대 5개)]	→ $N = 5$개
$0.13 \text{m}^3/\text{min}$: 소화전 1개 방수량	→ $0.13 \text{m}^3/\text{min} = 130 l/\text{min}$
T : 방수시간[20min, 준초고층(30~49층은 40min, 초고층(50층 이상)은 60min)]	→ $T = 40\text{min}$(준초고층 건축물)

② 고층부에 필요한 최소동력

수동력	축동력	전동기용량
$P = \gamma H Q$	$P = \dfrac{\gamma H Q}{\eta}$	$P = \dfrac{\gamma H Q}{\eta} \times K$

P : 동력[kW] → $P = \dfrac{\gamma H Q}{\eta} \times K$

γ : 비중량[물 : 9.8kN/m^3] → 9.8kN/m^3

H : 전양정(전수두)[m] → 아래층으로 낙하할수록 자연낙차가 "−"(마이너스) 방향으로 커짐에 따라 전양정이 줄어들어 최상층이 최소동력이다. 옥내소화전은 바닥에서 1m 위에 위치 층고에서 감해주어 자연낙차는 −2m이고, 배관마찰은 낙차의 30%이고, 호스 마찰손실수두 7m와 법정토출수두 17m를 적용하면 다음과 같다.
펌프 전수두 = 낙차수두 + 마찰손실수두 + 법정방수압수두
= −2m + (2m × 0.3) + 7m + 17m = 22.6m

Q : 유량[m^3/s] → $0.13 \text{m}^3/\text{min} \times \dfrac{1\text{min}}{60\text{s}}$ [해설 ①]

η : 전효율
[$\eta_{전효율} = \eta_{수력효율} \times \eta_{체적효율} \times \eta_{기계효율}$] → 0.5

K : 전달계수 → 1.1

$P = \dfrac{\gamma H Q}{\eta} \times K$

$= \dfrac{9.8 \text{kN/m}^3 \times 22.6\text{m} \times 0.13 \text{m}^3/\text{min} \times \dfrac{1\text{min}}{60\text{s}}}{0.5} \times 1.1 = 1.0557$

∴ 1.056kW (소수점 넷째자리에서 반올림)

(2) 고가수조방식으로 적용 가능한 중층부의 가장 높은 층
옥내소화전의 법정토출수두 17m가 필요낙차수두이고 조건에 따라 마찰손실은 낙차의 30%이므로 낙차가 H 라면
필요낙차수두 = 마찰손실(배관+호스)수두 + 법정토출수두
$H = (H \times 0.3) + 7\text{m} + 17\text{m}$
$H − 0.3H = 7\text{m} + 17\text{m}$
$H = \dfrac{24\text{m}}{0.7} = 34.2857$ ∴ 34.286m

34.286m ÷ 3m/층 = 11.4286개 층 이후부터 고가수조방식 적용 가능 (3m/층 × 0.4286m = 1.2858m)
옥내소화전 방수구 높이 1m를 고려할 경우 12층부터 고가수조방식 적용 가능

(3) **지상 18층에 설치된 감압밸브 2차측 압력을 0MP로 설정했다면, 지하 1층의 옥내소화전 노즐선단에서 방수압력[MPa]**
필요낙차수두 = 마찰손실(배관+호스)수두 + 법정토출수두
법정토출수두 = 필요낙차수두 − 마찰손실(배관+호스)
= {1m(18F 감압밸브 높이) + 3m/층 × 17개 층 + 2m(B1F 옥내소화전 높이)}
  − [{1m(18F 감압밸브 높이) + 3m/층 × 17개층 + 2m(B1F 옥내소화전 높이) × 0.3} + 7m]
= 30.8 ∴ 30.8m = 0.308MPa (문제 조건 10m = 0.1MPa)

(4) 연결송수관설비 흡입측 송수구에서 소방차 인입압력이 0.7MPa이다. 이때 연결송수관설비 가압송수장치에 필요한 최소 동력[kW]

수동력	축동력	전동기용량
$P = \gamma HQ$	$P = \dfrac{\gamma HQ}{\eta}$	$P = \dfrac{\gamma HQ}{\eta} \times K$

- P : 동력[kW] → $P = \dfrac{\gamma HQ}{\eta} \times K$
- γ : 비중량[물 : 9.8kN/m^3] → 9.8kN/m^3
- H : 전양정(전수두)[m] → 펌프 전수두 = 낙차수두 + 마찰손실수두 + 법정방수압수두 = 99.95m
- Q : 유량[m^3/s] → $Q = 2,400 l/min = 2.4 m^3/min$
- η : 전효율[$\eta_{전효율} = \eta_{수력효율} \times \eta_{체적효율} \times \eta_{기계효율}$] → 0.5
- K : 전달계수 → 1.1

펌프 전수두 = 낙차수두 + 마찰손실수두(배관+호스) + 법정토출수두
① 낙차수두 = 2m(1F 송수구 높이) + 3m/층 × 33개 층 + 0.5m(35F 연결송수관 방수구 높이) = 101.5m
② 마찰손실수두(배관+연결송수관설비 호스) = 101.5m × 0.3 + 3m = 33.45m
③ 법정토출수두 = 35m
④ 소방차 인입압력 = 0.7MPa = 70m
⑤ 펌프 전수두는 소방차(펌프)와 연경송수관 펌프가 직렬로 연결되어 소방차(펌프) 인입압력을 감해야 한다.
펌프 전수두 = (101.5m + 33.45m + 35m) - 70m = 99.95 ∴ 99.95m

$$P = \dfrac{\gamma HQ}{\eta} \times K = \dfrac{9.8 kN/m^3 \times 99.95m \times 2.4 m^3/min \times \dfrac{1 min}{60 s}}{0.5} \times 1.1 = 86.1968$$

∴ 86.197kW (소수점 넷째자리에서 반올림)

(5) 지상 10층과 지하 4층에 필요한 최소연결송수관설비 송수구 압력[MPa]

펌프 전수두 = 낙차수두 + 마찰손실수두(배관+호스) + 법정토출수두
① 지상 10층에 필요한 송수구 압력
  ㉠ 낙차수두 = 2m(1F 송수구 높이) + 3m/층 × 8개 층 + 0.5m(10F 연결송수관 방수구 높이) = 26.5m
  ㉡ 마찰손실수두(배관+연결송수관설비 호스) = 26.5m × 0.3 + 3m = 10.95m
  ㉢ 법정토출수두 = 35m
  ㉣ 펌프 전수두(지상 10층에 필요한 송수구 압력) = 26.5m + 10.95m + 35m = 72.45 ∴ 72.45m
    ∴ 72.45m = 0.7245MPa ≒ 0.725MPa
② 지하 4층에 필요한 송수구 압력
  ㉠ 낙차수두 = -{1m(1F 송수구 높이) + 3m/층 × 3개 층 + 2.5m(B4F 연결송수관 방수구 높이)}
    = -12.5m
  ㉡ 마찰손실수두(배관+연결송수관설비 호스) = 12.5m × 0.3 + 3m = 6.75m
  ㉢ 법정토출수두 = 35m
  ㉣ 펌프 전수두(지하 4층에 필요한 송수구 압력) = -12.5m + 6.75m + 35m = 29.25 ∴ 29.25m
    ∴ 29.25m = 0.2925MPa ≒ 0.293MPa

(6) 옥내소화전에 사용하는 가압송수장치 4가지 방식
① 전동기 또는 내연기관에 의한 펌프를 이용하는 가압송수장치
② 고가수조의 자연낙차를 이용한 가압송수장치
③ 압력수조를 이용한 가압송수장치
④ 가압수조를 이용한 가압송수장치

2 다음 물음에 답하시오. (30점)

(1) 지하 2층, 지상 11층인 철근콘크리트 구조의 신축 건축물에 자동화재탐지설비를 설계하고자 한다. 조건을 참고하여 물음에 답하시오. (17점)

〈 조 건 〉

① 각 층의 바닥면적은 650m²이고 한 변의 길이는 50m를 넘지 않는다.
② 각 층의 층고는 4m이고, 반자는 없다.
③ 각 층은 별도로 구획되지 않고, 복도는 없는 구조이다.
④ 지하 2층에서 지상 11층까지는 직통계단 1개소와 엘리베이터 1개소가 있다.
⑤ 각 층의 계단실 면적은 15m², 엘리베이터 승강로의 면적은 10m²이다.
⑥ 각 층에는 샤워시설이 있는 50m²의 화장실이 1개소 있다.
⑦ 각 층의 구조는 모두 동일하고, 건물의 용도는 사무실이다.
⑧ 각 층에는 차동식스포트형 감지기 1종, 계단과 엘리베이터에는 연기감지기 2종을 설치한다.
⑨ 수신기를 지상 1층에 설치한다.
⑩ 조건에 주어지지 않은 사항은 고려하지 않는다.

① 건축물의 최소경계구역 수를 구하시오. (5점)
② 감지기의 종류별 최소설치 수량을 구하시오. (5점)
③ 지상 1층에 화재가 발생하였을 경우, 경보를 발하여야 하는 층을 모두 쓰시오. (2점)
④ 지상 1층에 P형 1급 수신기를 설치할 경우, 모든 경계구역으로부터 수신기에 연결되는 배선내역을 쓰고 각각의 최소전선가닥 수를 구하시오. (단, 모든 감지기 배선의 종단저항은 해당 층의 발신기 세트 내부에 설치하고 경종과 표시등은 하나의 공통선을 사용한다.) (5점)

(2) 3상 유도전동기의 Y-Δ결선 기동제어회로 중 하나이다. 물음에 답하시오. (13점)

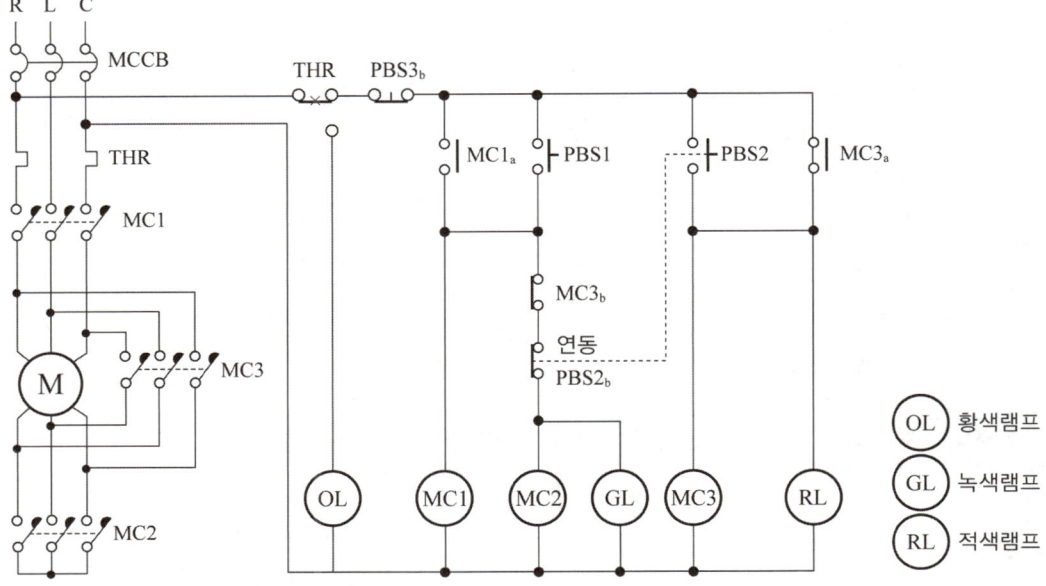

① Y-Δ기동제어회로를 사용하는 가장 큰 이유를 쓰시오. (3점)
② Y결선에서의 기동전류는 Δ결선에 비해 몇 배가 되는지 유도과정을 쓰시오. (5점)
③ 전동기가 Δ결선으로 운전되고 있을 때, 점등되는 램프를 쓰시오. (3점)
④ 도면에서 THR의 명칭과 회로에서의 역할을 쓰시오. (2점)

> **해설**

(1) 지하 2층, 지상 11층인 철근콘크리트 구조의 신축 건축물에 자동화재탐지설비를 설계하고자 한다. 조건을 참고하여 물음에 답하시오.

① 건축물의 최소경계구역 수
  ㉠ 수평경계구역(지하 2층~지상 11층)

  $$\frac{650m^2 - 15m^2(계단실) - 10m^2(승강로)}{600m^2} = 1.041 \quad \therefore 2\ 경계구역/층$$

  ∴ 2 경계구역/층 × 13개 층(지상~지하) = 26 경계구역

  ㉡ 수직경계구역(계단, 승강기 등)

  ⓐ 지상 계단 : $\frac{(4m \times 11개\ 층)}{45m/경계구역} = 0.977 \quad \therefore 1\ 경계구역$

  ⓑ 지하 계단 : $\frac{4m \times 2개\ 층}{45m/경계구역} = 0.177 \quad \therefore 1\ 경계구역$

  ⓒ 엘리베이터 승강로 : 1 경계구역

  ③ 경계구역 합계 : 26+3=29 ∴ 29 경계구역

② 감지기의 종류별 최소설치 수량
  ㉠ 차동식스포트형 1종 감지기 수량(지하 2층~지상 11층)

부착높이 및 소방대상물의 구분		감지기의 종류[m²]						
		차동식 스포트형		보상식 스포트형		정온식스포트형		
		1종	2종	1종	2종	특종	1종	2종
4m 미만	주요구조부를 내화구조로 한 소방대상물 또는 그 부분	90	70	90	70	70	60	20
	기타 구조의 소방대상물 또는 그 부분	50	40	50	40	40	30	15
4m 이상 8m 미만	주요구조부를 내화구조로 한 소방대상물 또는 그 부분	45	35	45	35	35	30	
	기타 구조의 소방대상물 또는 그 부분	30	25	30	25	25	15	

$$\frac{650m^2 - 15m^2(계단실) - 10m^2(승강로) - 50m^2(샤워시설이\ 있는\ 화장실)}{45m^2/개} = 12.777 \quad \therefore 13개/층$$

13개/층 × 13 층 = 169 ∴ 169개

  ㉡ 연기감지기 2종 수량
  계단 및 경사로에 있어서는 수직거리 15m(3종에 있어서는 10m)마다 1개 이상으로 할 것

  ⓐ 지상 계단 : $\frac{(4m \times 11개\ 층)}{15m/개} = 2.933 \quad \therefore 3개$

  ⓑ 지하 계단 : $\frac{4m \times 2개\ 층}{15m/개} = 0.533 \quad \therefore 1개$

  ⓒ 엘리베이터 승강로 : 1 개

  ∴ 연기감지기 2종 수량 : 5개

③ 지상 1층에 화재가 발생하였을 경우, 경보를 발하여야 하는 층을 모두 쓰시오.
  지상 1~5층, 지하 1~2층

> ✓ 「자동화재탐지설비 및 시각경보장치의 화재안전기술기준」 2.5.1.1
> 2.5.1 층수가 11층(공동주택의 경우에는 16층) 이상의 특정소방대상물은 다음에 따라 경보를 발할 수 있도록 할 것
> 2.5.1.1 2층 이상의 층에서 발화한 때에는 발화층 및 그 직상 4개 층에 경보를 발할 것
> 2.5.1.2 1층에서 발화한 때에는 발화층·그 직상 4개 층 및 지하층에 경보를 발할 것
> 2.5.1.3 지하층에서 발화한 때에는 발화층·그 직상층 및 기타의 지하층에 경보를 발할 것

④ 지상 1층에 P형 1급 수신기를 설치할 경우, 모든 경계구역으로부터 수신기에 연결되는 배선내역을 쓰고 각각의 최소전선가닥 수 (단, 모든 감지기 배선의 종단저항은 해당 층의 발신기 세트 내부에 설치하고 경종과 표시등은 하나의 공통선을 사용한다) (5점)

번호	가닥수	전선의 사용 용도(가닥수)						
		회로 공통선	경종·표시등 공통선	경종선	경종선	표시등선	발신기선	회로선
		① 회로선 7가닥 초과 시마다 1가닥 추가	① 1가닥	① 지상층 층수마다 1가닥씩 추가	① 지상층 층수마다 1가닥씩 추가	① 1가닥		종단저항 수 또는 경계구역 수 또는 발신기세트 수마다 1가닥 추가
		② 조건에 따라 추가	② 조건에 따라 추가	② 지하층 1가닥	② 지하층 1가닥	② 조건에 따라 추가		
지상 11층↔지상 10층	9	1	1	1	1	1		4(층별 2경계구역, 계단, 승강로 포함)
지상 10층↔지상 9층	12	1	1	2	1	1		6
지상 9층↔지상 8층	16	2	1	3	1	1		8
지상 8층↔지상 7층	19	2	1	4	1	1		10
지상 7층↔지상 6층	22	2	1	5	1	1		12
지상 6층↔지상 5층	25	2	1	6	1	1		14
지상 5층↔지상 4층	29	3	1	7	1	1		16
지상 4층↔지상 3층	32	3	1	8	1	1		18
지상 3층↔지상 2층	35	3	1	9	1	1		20
지상 2층↔지상 1층	39	4	1	10	1	1		22
지상 1층↔수신기	49	5	1	12	1	1		29
지상 1층↔지하 1층	8	1	1	1	1	1		3(층별 2개 경계구역, 계단 포함)
지하 1층↔지하 2층	7	1	1	1	1	1		2

(2) 3상 유도전동기의 Y-△결선 기동제어회로 중 하나이다. 물음에 답하시오. (13점)
  ① Y-△기동제어회로를 사용하는 가장 큰 이유
    전동기 기동 시에는 스타 결선으로 기동전류를 1/3으로 감소하여 기동부하 및 기동토크를 감소하고 델타 기동으로 전환하여 정상 운전하기 위해서이다.

② Y결선에서의 기동전류는 Δ결선에 비해 몇 배가 되는지 유도과정

〈 Y 결선 〉　　　　　　　　　　　　　　〈 Δ 결선 〉

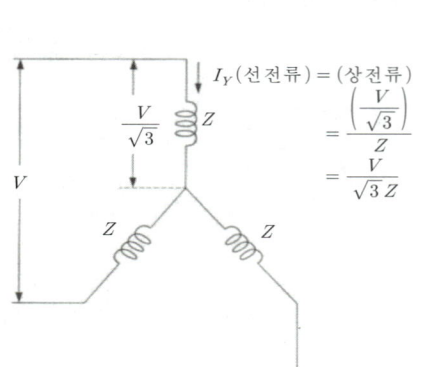

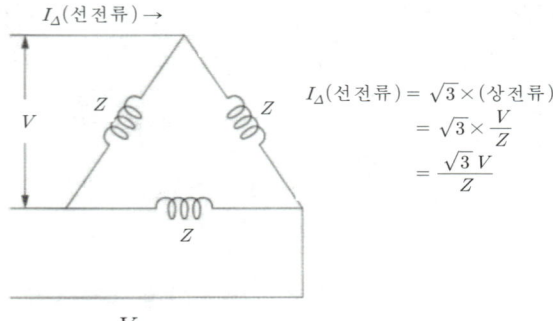

$\therefore \dfrac{I_Y}{I_\Delta} = \dfrac{\frac{V}{\sqrt{3}\,Z}}{\frac{\sqrt{3}\,V}{Z}} = \dfrac{1}{3}$

$Y-\Delta$ 기동 전류는 전전압 기동 전류의 1/3배이다.

③ 전동기가 Δ결선으로 운전되고 있을 때, 점등되는 램프
　　MC3가 기동되어 기동표시등인 적색(RL)등이 점등된다.

④ 도면에서 THR의 명칭과 회로에서의 역할
　　열동형 과전류계전기(THR : THermal Reley) : 전류가 과하게 흘러 발생하는 열에 의해 작동하는 계전기로 전동기의 과부하를 방지하기 위해 설치한다.

3 다음 물음에 답하시오. (30점)

(1) 아래 그림은 정상류가 형성되는 제연송풍기의 상류측 덕트단면이다. 다음 조건에 따른 물음에 답하시오. (21점)

	600mm			
400mm	①	②	③	④
	⑤	⑥	⑦	⑧
	⑨	⑩	⑪	⑫
	⑬	⑭	⑮	⑯

〈 조 건 〉

1. 덕트 단면의 크기는 600mm×400mm이며, 제연송풍기 풍량을 피토관을 이용하여 동일면적 분할법(폭방향 4개점, 높이방향 4개점으로 총 16개점)으로 측정한다.
2. 그림에 나타낸 ①~⑯은 장방형 덕트 단면의 측정점 위치이다.
3. 측정위치 ⑥, ⑦, ⑩, ⑪에서 전압과 정압의 차이는 모두 86.4Pa이고, ②, ③, ⑤, ⑧, ⑨, ⑫, ⑭, ⑮에서 모두 38.4Pa이며, ①, ④, ⑬, ⑯에서 모두 21.6Pa이다.
4. 덕트마찰계수 $f=0.01$, 유체밀도 $\rho=1.2\mathrm{kg/m^3}$, 덕트 지름은 수력지름(hydraulic diameter) 수식을 활용한다.
5. 계산값은 소수점 넷째자리에서 반올림하여 소수점 셋째자리까지 구한다.
6. 기타 조건은 무시한다.

① 제연송풍기의 풍량[m³/hr]을 구하시오. (12점)
② 덕트 내 평균풍속[m/s]을 구하시오. (3점)
③ 달시-바이스바흐(Darcy-Weisvach)식을 이용하여 단위길이당 덕트마찰손실[Pa/m]을 구하시오. (6점)

(2) 아래 그림과 같이 구획된 3개의 거실에서 각 거실 A, B, C실의 예상제연구역에 대한 최저배출량[m³/hr]을 각각 구하시오 (6점)

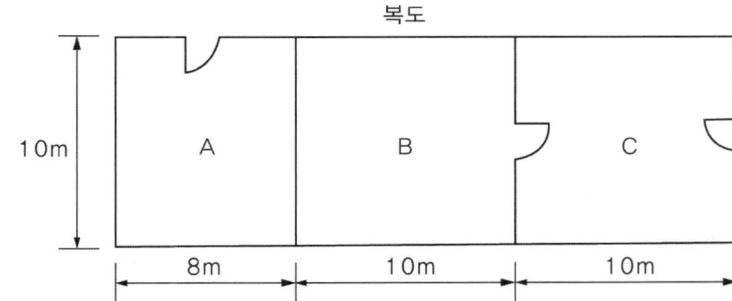

(3) 「고층건축물의 화재안전기술기준(NFTC 604)」상 피난안전구역에 설치하는 소방시설 설치기준에서 제연설비 설치기준을 쓰시오. (5점)

해설

(1) 아래 그림은 정상류가 형성되는 제연송풍기의 상류측 덕트단면이다. 다음 조건에 따른 물음에 답하시오

〈 조건 〉

1. 덕트 단면의 크기는 600mm×400mm이며, 제연송풍기 풍량을 피토관을 이용하여 동일면적 분할법(폭방향 4개점, 높이방향 4개점으로 총 16개점)으로 측정한다.
2. 그림에 나타낸 ①~⑯은 장방형 덕트 단면의 측정점 위치이다.
3. 측정위치 ⑥, ⑦, ⑩, ⑪에서 전압과 정압의 차이는 모두 86.4Pa이고, ②, ③, ⑤, ⑧, ⑨, ⑫, ⑭, ⑮에서 모두 38.4Pa이며, ①, ④, ⑬, ⑯에서 모두 21.6Pa이다.
4. 덕트마찰계수 $f = 0.01$, 유체밀도 $\rho = 1.2 kg/m^3$, 덕트 지름은 수력지름(hydraulic diameter) 수식을 활용한다.
5. 계산값은 소수점 넷째자리에서 반올림하여 소수점 셋째자리까지 구한다.
6. 기타 조건은 무시한다.

① 제연송풍기의 풍량[m³/hr]

$V = \sqrt{2gH}$

여기서, V : 유속[m/s]
g : 중력가속도[9.8m/s²]
H : 수두[m]

$$V = \sqrt{2gH}$$
$$= \sqrt{2g \cdot \frac{P}{\gamma}} \quad \left[H[\text{m}] = \frac{P[\text{Pa} = \text{N}/\text{m}^2]}{\gamma[\text{N}/\text{m}^3]} \text{ 대입} \right]$$
$$= \sqrt{2g \cdot \frac{P}{\rho g}} \quad [\gamma = \rho g = \text{kg}/\text{m}^3 \times \text{m}/\text{s}^2 = \text{kg} \cdot \text{m}/\text{s}^2 \cdot \text{m}^3 = \text{N}/\text{m}^3 \; (\because \text{N} = \text{kg} \cdot \text{m}/\text{s}^2) \text{ 대입}]$$
$$= \sqrt{\frac{2}{\rho} \cdot P} \quad \left[\rho = \frac{W}{V} = \frac{PM}{RT} = \frac{101{,}325\text{N}/\text{m}^2 \times 29\text{kg}}{8{,}313.85\text{N} \cdot \text{m}/\text{K} \times (273+21℃)\text{K}} = 1.202 \quad \therefore 1.2\text{kg}/\text{m}^3 \text{ 대입} \right]$$
$$= 1.29\sqrt{P}$$

송풍기 풍량 측정 기록지

① $V = 1.29\sqrt{21.6\text{Pa}} = 5.995\text{m/s}$	② $V = 1.29\sqrt{38.4\text{Pa}} = 7.994\text{m/s}$	③ $V = 1.29\sqrt{38.4\text{Pa}} = 7.994\text{m/s}$
④ $V = 1.29\sqrt{21.6\text{Pa}} = 5.995\text{m/s}$	⑤ $V = 1.29\sqrt{38.4\text{Pa}} = 7.994\text{m/s}$	⑥ $V = 1.29\sqrt{86.4\text{Pa}} = 11.991\text{m/s}$
⑦ $V = 1.29\sqrt{86.4\text{Pa}} = 11.991\text{m/s}$	⑧ $V = 1.29\sqrt{38.4\text{Pa}} = 7.994\text{m/s}$	⑨ $V = 1.29\sqrt{38.4\text{Pa}} = 7.994\text{m/s}$
⑩ $V = 1.29\sqrt{86.4\text{Pa}} = 11.991\text{m/s}$	⑪ $V = 1.29\sqrt{86.4\text{Pa}} = 11.991\text{m/s}$	⑫ $V = 1.29\sqrt{38.4\text{Pa}} = 7.994\text{m/s}$
⑬ $V = 1.29\sqrt{21.6\text{Pa}} = 5.995\text{m/s}$	⑭ $V = 1.29\sqrt{38.4\text{Pa}} = 7.994\text{m/s}$	⑮ $V = 1.29\sqrt{38.4\text{Pa}} = 7.994\text{m/s}$
⑯ $V = 1.29\sqrt{21.6\text{Pa}} = 5.995\text{m/s}$		

㉠ 평균풍속
$$V_{평균} = \frac{11.991\text{m/s} \times 4개소 + 7.994\text{m/s} \times 8개소 + 5.995\text{m/s} \times 4개소}{16개소} = 8.4935 \quad \therefore 8.494\text{m/s}$$

㉡ 덕트 크기
  가로폭 : 600mm = 0.6m, 세로높이 : 400mm = 0.4m

㉢ 풍량
$$Q = AV$$
여기서, Q : 유량[m³/s]
$$A : 배관단면적 \left(\frac{\pi}{4} \times D^2 [\text{m}^2] \right)$$
V : 유속[m/s]

단면적은 일반적으로 원형으로 산출하여야 하지만 풍속을 실측하여 마찰과 유량계수가 고려되어 있는 상태로 볼 수 있으므로 단면적은 각형 덕트의 단면적과 풍속을 그대로 적용하여 산출하면 실제풍량이 산출된다.

$Q = AV$ [m³/hr으로 물어봤으므로 단위에 주의]
$$= 0.6\text{m} \times 0.4\text{m} \times 8.493\text{m/s} \times \frac{3{,}600\text{s}}{1\text{hr}} = 7{,}337.952 \quad \therefore 7{,}337.952\text{m}^3/\text{hr}$$

② 덕트 내 평균풍속[m/s]
$$V_{평균} = \frac{11.991\text{m/s} \times 4개소 + 7.994\text{m/s} \times 8개소 + 5.995\text{m/s} \times 4개소}{16개소} = 8.4935 \quad \therefore 8.494\text{m/s}$$

③ 달시-바이스바흐(Darcy-Weisvach)식을 이용하여 단위길이당 덕트마찰손실[Pa/m]

$$P = \gamma H = \rho g H = \rho g \times f \cdot \frac{l}{D} \cdot \frac{V^2}{2g}$$

여기서, P : 압력[Pa]
  γ : 비중량[물 : 9,800N/m³ = 9.8kN/m³]
  ρ : 밀도[물 : 1,000kg/m³ = 1,000N·s²/m⁴]
  H : 마찰손실수두[m]
  f : 마찰손실계수 $\left[f = \frac{64}{Re} \text{ 는 조건에 따라 사용한다.} \right]$
  l : 배관길이[m]
  D : 배관직경[m]

V : 유속[m/s]

g : 중력가속도[9.8m/s²]

$f=0.01$, $\rho=1.2\text{kg/m}^3$, $V=8.494\text{m/s}$, $L=1\text{m}$(1m당 덕트마찰손실)

㉠ 수력지름(hydraulic diameter)

$$D_h = 4R_h = 4 \times \frac{A}{P}$$

여기서, $D_h = 4R_h$: 수력직경[m]

A : 유체가 흐르는 단면적[m²]

P : 접수길이(유체와의 접촉길이)[m]

$A = 0.6\text{m} \times 0.4\text{m} = 0.24\text{m}^2$, $P = 0.6\text{m} \times 2 + 0.4\text{m} \times 2 = 2\text{m}$

$D_h = 4R_h = 4 \times \dfrac{A}{P} = 4 \times \dfrac{0.24\text{m}^2}{2\text{m}} = 0.48$ ∴ 0.48m

㉡ 1m당 덕트마찰손실[Pa/m]

$P = \rho \times f \cdot \dfrac{l}{D} \cdot \dfrac{V^2}{2} = 1.2\text{kg/m}^3 \times 0.01 \times \dfrac{1\text{m}}{0.48\text{m}} \times \dfrac{(8.494\text{m/s})^2}{2} = 0.9018$ ∴ 0.902Pa/m

(2) 아래 그림과 같이 구획된 3개의 거실에서 각 거실 A, B, C실의 예상제연구역에 대한 각각의 최저배출량 [m³/hr]

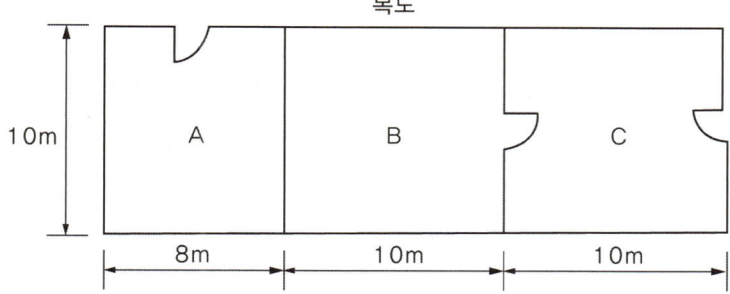

길이 직경	수직거리	400m² 미만의 거실(50m² 미만 거실의 통로배출방식에서의 배출량 : 벽으로 구획된 경우 포함)	400m² 미만의 거실 (최소배출량)
40m 이하	2m 이하	25,000m³/hr	• 바닥면적 1m²당 1m³/min 이상 • 최저 5,000m³/hr 이상
	2m 초과 2.5m 이하	30,000m³/hr	
	2.5m 초과 3m 이하	35,000m³/hr	
	3m 초과	45,000m³/hr	
40m 초과 60m 이하	2m 이하	30,000m³/hr	
	2m 초과 2.5m 이하	35,000m³/hr	
	2.5m 초과 3m 이하	40,000m³/hr	
	3m 초과	50,000m³/hr	

실	최저배출량[m³/hr] (400m² 미만의 거실에 해당)
A	$8\text{m} \times 10\text{m} \times 1\text{m}^3/\text{min} \times \dfrac{60\text{min}}{1\text{hr}} = 4,800$ ∴ 5,000m³/hr(최저배출량) 이상
B, C	$10\text{m} \times 10\text{m} \times 1\text{m}^3/\text{min} \times \dfrac{60\text{min}}{1\text{hr}} = 6,000$ ∴ 6,000m³/hr 이상

(3) 「고층건축물의 화재안전기술기준(NFTC 604)」상 피난안전구역에 설치하는 소방시설 설치기준에서 제연설비 설치기준

피난안전구역과 비제연구역간의 차압은 50Pa(옥내에 스프링클러설비가 설치된 경우에는 12.5Pa) 이상으로 하여야 한다. 다만, 피난안전구역의 한쪽 면 이상이 외기에 개방된 구조의 경우에는 설치하지 아니할 수 있다.

제23회 소방시설관리사(2023.9.16 시행)

1 다음 물음에 답하시오.(40점)

(1) 이산화탄소소화설비를 설치하려고 한다. 조건을 참고하여 물음에 답하시오. (16점)

〈 조 건 〉
① 전자제품의 창고의 크기는 가로 12m, 세로 8m, 높이 4m이다.
② 전역방출방식(심부화재)으로 설계하고 기준온도는 10℃로 한다.
③ 10℃에서의 이산화탄소의 비체적은 $0.52m^3/kg$이다.
④ 약제가 저장용기로부터 헤드로 방출될 때까지의 배관 내 유량[kg/min]은 일정하다.
⑤ 계산값은 소수점 넷째자리에서 반올림하여 소수점 셋째자리까지 구한다.
⑥ 개구부 가산량 및 그 외 기타 조건은 무시한다.

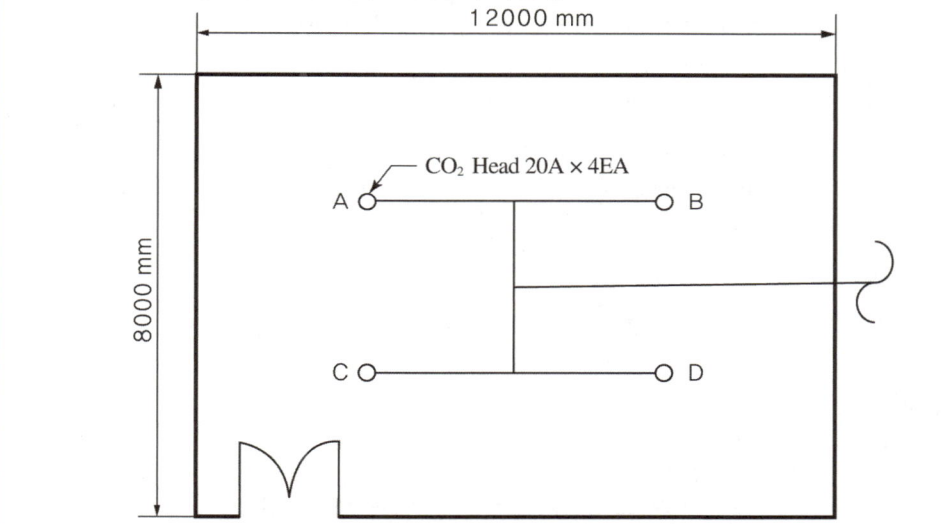

① 소화약제의 최소저장량[kg]을 구하시오. (3점)
② 약제방사 후 2분이 경과한 시점에 A헤드에서의 최소방사량[kg/min]을 구하시오. (5점)
③ 소화약제 최소저장량[kg]을 방호구역 내에 모두 방사할 때까지 소요되는 시간[초]을 구하시오. (4점)
④ 「이산화탄소소화설비의 화재안전기술기준(NFTC 106)」에서 정하고 있는 저장용기 기준 5가지를 쓰시오. (단, 저장용기 설치장소 기준은 제외) (4점)

(2) 할로겐화합물 및 불활성기체 소화약제량 산출식에 관한 다음 물음에 답하시오. (24점)
① 할로겐화합물소화약제량 산출식은 무유출(No efflux)방식을 기초로 유도하는데 그 이유를 쓰고, 산출식을 유도하시오. (5점)
② 불활성기체소화약제량 산출식은 자유유출(Free efflux)방식을 기초로 유도하는데 그 이유를 쓰고, 산출식을 유도하시오. (5점)
③ 할로겐화합물 및 불활성기체 소화설비를 설치하려고 한다. 조건을 참고하여 물음에 답하시오. (14점)

《 조 건 》

① 바닥면적 240m², 층고 4m인 방호구역에 전역방출방식으로 설치한다.
② HFC-227ea의 설계농도는 8.8%로 한다.
③ IG-100의 설계농도는 39.4%로 한다.
④ 방호구역의 최소예상온도는 15℃이다.
⑤ HFC-227ea의 화학식은 CF_3CHFCF_3이다.
⑥ 원자량은 다음과 같다.

기호	H	C	N	F	Ar	Ne
원자량	1	12	14	19	40	20

⑦ HFC-227ea의 용기는 68리터(충전량 50kg), IG-100의 용기는 80리터(충전량 12.4m³)를 사용한다.
⑧ ㉠의 계산 값은 소수점 다섯째자리에서 반올림하여 소수점 넷째자리까지 구한다.
⑨ ㉡, ㉢, ㉣는 ㉠에서 직접 구한 선형상수 K_1과 K_2를 이용한다.

㉠ HFC-227ea와 IG-100의 선형상수 K_1과 K_2를 위의 조건을 이용하여 직접 구하시오. (2점)
㉡ HFC-227ea를 소화약제로 선정할 경우 필요한 최소용기 수를 구하시오. (3점)
㉢ IG-100을 소화약제로 선정할 경우 필요한 최소용기 수를 구하시오. (3점)
㉣ 방호구역이 사람이 상주하는 곳이라면 HFC-227ea와 IG-100의 최대용기 수를 구하시오. (6점)

해설

(1) 이산화탄소소화설비를 설치하려고 한다. 조건을 참고하여 물음에 답하시오. (16점)

《 조 건 》

① 전자제품의 창고의 크기는 가로 12m, 세로 8m, 높이 4m이다.
② 전역방출방식(심부화재)으로 설계하고 기준온도는 10℃로 한다.
③ 10℃에서의 이산화탄소의 비체적은 0.52m³/kg이다.
④ 약제가 저장용기로부터 헤드로 방출될 때까지의 배관 내 유량[kg/min]은 일정하다.
⑤ 계산값은 소수점 넷째자리에서 반올림하여 소수점 셋째자리까지 구한다.
⑥ 개구부 가산량 및 그 외 기타 조건은 무시한다.

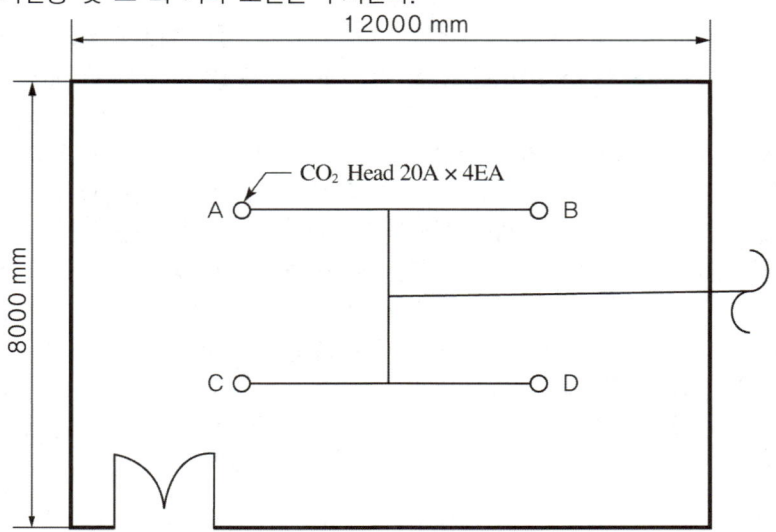

① 소화약제의 최소저장량[kg](3점)

방호대상물	방호구역의 체적 1m³에 대한 소화약제의 양	설계농도 (%)
유압기기를 제외한 전기설비, 케이블실	1.3kg	50
체적 55m³ 미만의 전기설비	1.6kg	50
목재가공품창고, 박물관, 서고, 전자제품창고 📝암기법 재물이(2.0) 고자	2.0kg	65
고무류, 석탄창고, 면화류창고, 모피창고, 집진설비 📝암기법 이점집(2.7) 고무, 석면 모집	2.7kg	75

$(12\text{m} \times 8\text{m} \times 4\text{m}) \times 2\text{kg/m}^3 = 768 \quad \therefore 768\text{kg}$

📖 이해 必

☑ 이산화탄소소화약제는 자유유출 공식을 적용할 경우 심부화재의 경우 10℃를 기준으로 비체적을 적용하여 상기 표가 정리되었다. 그러므로 자유유출 공식을 별도로 적용하지 않아도 문제 없으며, 경미한 오차는 발생할 수 있다.

$$x = 2.303 \times \log\left(\frac{100}{100-C}\right) \times \frac{1}{S}$$

여기서, x : 방호구역체적당 소화약제량(flooding factor)[kg/m³]
C : 소화약제의 설계농도[%]
S : 비체적[m³/kg]

② 약제방사 후 2분이 경과한 시점에 A헤드에서의 최소방사량[kg/min] (5점)
㉠ 체적당 약제량을 구하면

$$x = 2.303 \times \log\left(\frac{100}{100-C}\right) \times \frac{1}{S}$$

여기서, x : 방호구역체적당 소화약제량(flooding factor)[kg/m³]
C : 소화약제의 설계농도[%]
S : 비체적[m³/kg]

$S = 0.52\text{m}^3/\text{kg}$, 2분 이내에 설계농도($C$)의 30%에 도달하는 체적당 약제량은 다음과 같다.

$x = 2.303 \times \log\left(\frac{100}{100-30\%}\right) \times \frac{1}{0.52\text{m}^3/\text{kg}} = 0.686 \quad \therefore 0.686\text{kg/m}^3$

㉡ A 헤드 최소방사량(4개 헤드 고려)

$(12\text{m} \times 8\text{m} \times 4\text{m}) \times 0.686\text{kg/m}^3 \div 2\text{min} \div 4\text{개} = 32.928 \quad \therefore 32.928\text{kg/min}$

③ 소화약제 최소저장량[kg]을 방호구역 내에 모두 방사할 때까지 소요되는 시간[초] (4점)
조건 ④에 따라 방출유량[kg/min]은 일정하므로 ③에서 구해진 최소방사량(32.982kg/min × 4개)를 기준으로 ①에서 구해진 최소약제량(768kg)을 기준으로 소요시간을 구한다. [심부화재 : 7분(420초) 이내 방사]

$768\text{kg} \div \left(32.982\text{kg/min} \times \frac{1\text{min}}{60\text{s}} \times 4\text{개}\right) = 349.2814 \quad \therefore 349.281\text{초}$

④ 「이산화탄소소화설비의 화재안전기술기준(NFTC 106)」에서 정하고 있는 저장용기 기준 5가지(단, 저장용기 설치장소 기준은 제외) (4점)
㉠ 저장용기의 **충전비**는 고압식은 1.5 이상 1.9 이하, 저압식은 1.1 이상 1.4 이하로 할 것
㉡ 저압식 저장용기에는 액면계 및 압력계와 2.3MPa 이상 1.9MPa 이하의 압력에서 작동하는 **압력경보장치**를 설치할 것

ⓒ 저압식 저장용기에는 용기 내부의 온도가 섭씨 영하 18℃ 이하에서 2.1MPa의 압력을 유지할 수 있는 **자동냉동장치**를 설치할 것
ⓓ 저장용기는 고압식은 25MPa 이상, 저압식은 3.5MPa 이상 **내압시험압력**에 합격한 것으로 할 것
ⓔ 저압식 저장용기에는 내압시험압력의 0.64배부터 0.8배까지의 압력에서 작동하는 안전밸브와 내압시험압력의 0.8배부터 내압시험압력에서 작동하는 **봉판**을 설치할 것

🖉 암기법 충전비 초과로 압력경보장치 및 자동냉동장치 작동 내압시험압력 중 봉판 파괴

(2) 할로겐화합물 및 불활성기체 소화약제량 산출식에 관한 다음 물음에 답하시오. (24점)
  ① 할로겐화합물소화약제량 산출식은 무유출(No efflux)방식을 기초로 유도하는데 그 이유를 쓰고, 산출식을 유도하시오. (5점)
   ㉠ 무유출 : 할로겐 계열의 경우로서 불활성가스계와는 달리 **연쇄반응 차단**에 의해 소화되고 상대적으로 소화약제의 양이 작으며 유실이 적다. 이를 "무유출"이라고 하며, 다음과 같이 유도한다.

   $$C = \frac{\text{방사한 약제부피}}{\text{방호구역체적} + \text{방사한 약제부피}} \times 100 = \frac{v}{V+v} \times 100$$

   위 식에 $v[\text{m}^3] = S[\text{m}^3/\text{kg}] \times W[\text{kg}]$ 를 대입

   $C = \frac{SW}{V+SW} \times 100$을 정리하면,

   $$W = \frac{V}{S} \times \left[\frac{C}{100-C}\right]$$

   여기서, W : 약제량[kg]
     S : 비체적[m³/kg]
     V : 방호구역체적[m³]
     v : 방사한 약제부피[m³]
     C : 소화약제의 설계농도[%]

  ② 불활성기체소화약제량 산출식은 자유유출(Free efflux)방식을 기초로 유도하는데 그 이유를 쓰고, 산출식을 유도하시오. (5점)
   ㉠ 자유유출 : 방호구역에 불활성소화약제(CO_2, IG 계열가스)와 같이 고압으로 많은 양의 가스를 방출하여 물리적인 농도를 낮추어 소화하는 경우 방호구역 내에는 **순간적인 고압**으로 인해 창문틈새, 문틈새, 전기배관, 덕트 등에 의해 소화약제가 누출이 되게 되는데 이때를 "자유유출"이라 하여 다음과 같이 유도한다.

   $e^x = \frac{100}{100-C} \rightarrow x = \log_e\left(\frac{100}{100-C}\right) \rightarrow$ $x = 2.303 \times \log\frac{100}{100-C}$

   여기서, x : 방호구역 체적당 소화약제의 체적[m³/m³]
     C : 소화약제의 설계농도[%]
   ㉡ 불활성기체소화약제일 경우

   $x = 2.303 \times \log\left(\frac{100}{100-C}\right) \times \frac{V_s}{S}$

   여기서, x : 공간체적당 더해진 소화약제의 부피[m³/m³]
     S : 소화약제별 선형상수($K_1 + K_2 \times t$)[m³/kg]
     C : 체적에 따른 소화약제의 설계농도[%]
     V_s : 20℃ 에서 소화약제의 비체적[m³/kg]
     t : 방호구역의 최소예상온도[℃]
   ※ 소화약제선형상수(S)와 20℃에서의 비체적(V_s)은 온도 기준만 다르며, 화재안전기술기준에서는 특정 기준 온도에서의 비체적을 소화약제 선형상수라 하여 구분하고 있다. 그리고 V_s/S의 의미는 온도에 대한 보정치로써 온도가 높을 경우에는 체적이 커지고 온도가 낮을 경우에는 체적이 낮아진다. 즉, 온도의 변화에 따라 비체적은 달라지므로 20℃를 기준으로 하여 온도가 높거나 낮을 경우 보정하여 계산한다는 의미이다.

③ 할로겐화합물 및 불활성기체 소화설비를 설치하려고 한다. 조건을 참고하여 물음에 답하시오. (14점)

〈 조건 〉

① 바닥면적 240m², 층고 4m인 방호구역에 전역방출방식으로 설치한다.
② HFC-227ea의 설계농도는 8.8%로 한다.
③ IG-100의 설계농도는 39.4%로 한다.
④ 방호구역의 최소예상온도는 15℃이다.
⑤ HFC-227ea의 화학식은 CF_3CHFCF_3이다.
⑥ 원자량은 다음과 같다.

기호	H	C	N	F	Ar	Ne
원자량	1	12	14	19	40	20

⑦ HFC-227ea의 용기는 68리터(충전량 50kg), IG-100의 용기는 80리터(충전량 12.4m³)를 사용한다.
⑧ ㉠의 계산값은 소수점 다섯째자리에서 반올림하여 소수점 넷째자리까지 구한다.
⑨ ㉡, ㉢, ㉣는 ㉠에서 직접 구한 선형상수 K_1과 K_2를 이용한다.

㉠ HFC-227ea와 IG-100의 선형상수 K_1과 K_2를 위의 조건을 이용하여 직접 구하시오. (2점)

- HFC-227ea의 선형상수

$$S = K_1 + K_2 \times t = K_1 + K_1 \times \frac{t}{273}$$

여기서, S : 소화약제 선형상수(특정온도에서의 비체적)[m³/kg]

K_1 : 0℃에서의 비체적 $\left[\frac{22.4m^3}{분자량 kg}\right]$

K_2 : 특정온도 비체적 환산계수 $\left[K_2 = \frac{K_1}{273}(m^3/kg)\right]$

t : 특정온도[℃]

HFC-227ea(CF_3CHFCF_3)의 분자량 = 12kg × 3 + 19kg × 7 + 1kg × 1 = 170kg

0℃에서의 비체적 : $K_1 = \frac{22.4m^3}{분자량(kg)} = \frac{22.4m^3}{170kg} = 0.13176$ ∴ $0.1318m^3/kg$

특정온도 비체적 환산계수 : $K_2 = \frac{K_1}{273} = \frac{0.1318m^3/kg}{273} = 0.00048$ ∴ $0.0005m^3/kg$

- IG-100의 선형상수
IG-100(N_2)의 분자량 = 14kg × 2 = 28kg

0℃에서의 비체적 : $K_1 = \frac{22.4m^3}{분자량(kg)} = \frac{22.4m^3}{28kg} = 0.8$ ∴ $0.8m^3/kg$

특정온도 비체적 환산계수 : $K_2 = \frac{K_1}{273} = \frac{0.8m^3/kg}{273} = 0.00293$ ∴ $0.0029m^3/kg$

㉡ HFC-227ea를 소화약제로 선정할 경우 필요한 최소용기 수 (3점)

$$W = \frac{V}{S} \times \left[\frac{C}{100-C}\right]$$

여기서, W : 약제량[kg]

S : 소화약제 선형상수(특정온도에서의 비체적 : $K_1 + K_2 \times t$)[m³/kg]

V : 방호구역체적[m³]

C : 소화약제의 설계농도[%]

- 방호구역 체적 : $V = 240m^2 \times 4m = 960m^3$
- 소화약제 선형상수 : $S = K_1 + K_2 \times t = 0.1318m^3/kg + 0.0005m^3/kg \times 15℃$

$= 0.1393$ ∴ $0.1393m^3/kg$

- 설계농도 : $C = 39.4\%$

- 최소약제량 : $W = \dfrac{V}{S} \times \dfrac{C}{100-C} = \dfrac{960\text{m}^3}{0.1393\text{m}^3/\text{kg}} \times \dfrac{8.8\%}{100-8.8\%} = 664.97903$ ∴ 664.979kg

- 최소용기 수 : $\dfrac{664.979\text{kg}}{50\text{kg/병}} = 13.29958$ ∴ 14병

ⓒ IG-100을 소화약제로 선정할 경우 필요한 최소용기 수 (3점)

$$X = 2.303 \times \dfrac{V_s}{S} \times \log\left[\dfrac{100}{100-C}\right]$$

여기서, X : 공간 체적당 더해진 소화약제의 부피 [m³/m³]
      S : 소화약제 선형상수(특정온도에서의 비체적 : $K_1 + K_2 \times t$) [m³/kg]
      C : 체적에 따른 소화약제의 설계농도 [%]
      V_s : 20℃에서 소화약제의 비체적 [m³/kg]
      t : 방호구역의 최소예상온도 [℃]

- 방호구역 체적 : $V = 240\text{m}^2 \times 4\text{m} = 960\text{m}^3$
- 소화약제 선형상수 : $S = K_1 + K_2 \times t = 0.8\text{m}^3/\text{kg} + 0.0029\text{m}^3/\text{kg} \times 15℃ = 0.8435$ ∴ $0.8435\text{m}^3/\text{kg}$
- 20℃에서 소화약제 비체적 : $S = K_1 + K_2 \times t = 0.8\text{m}^3/\text{kg} + 0.0029\text{m}^3/\text{kg} \times 20℃$
                                            $= 0.858$ ∴ $0.858\text{m}^3/\text{kg}$
- 설계농도 : $C = 39.4\%$
- 방호구역 체적당 약제량

$$X = 2.303 \times \dfrac{V_s}{S} \times \log\left[\dfrac{100}{100-C}\right]$$
$$= 2.303 \times \dfrac{0.858\text{m}^3/\text{kg}}{0.8435\text{m}^3/\text{kg}} \times \log\left[\dfrac{100}{100-39.4}\right] = 0.50957 \quad \therefore 0.5096\text{m}^3/\text{m}^3$$

- 최소약제량 : $960\text{m}^3 \times 0.5096\text{m}^3/\text{m}^3 = 489.216$ ∴ 489.216m^3
- 최소용기 수 : $\dfrac{489.216\text{m}^3}{12.4\text{m}^3/\text{병}} = 39.4529$ ∴ 40병

ⓓ 방호구역이 사람이 상주하는 곳이라면 HFC-227ea와 IG-100의 최대용기 수 (6점)

소화약제	화학식	최대허용 설계농도(%)	분자량 [kg]
헵타플루오로프로판 (이하 "HFC-227ea"라 한다)	CF_3CHFCF_3 술82(25)관설20	10.5	176.52
불연성·불활성기체 혼합가스 (이하 "IG-100"이라 한다)	N_2	43	28.01

- HFC-227ea 최대용기 수
 - 약제량 : $W = \dfrac{V}{S} \times \dfrac{C}{100-C} = \dfrac{960\text{m}^3}{0.1393\text{m}^3/\text{kg}} \times \dfrac{10.5\%}{100-10.5\%} = 808.51183$ ∴ 808.5118kg
 - 최소용기 수 : $\dfrac{808.5118\text{kg}}{50\text{kg/병}} = 16.17023$ ∴ 16병 (17병일 경우 최대허용 설계농도를 초과한다.)

- IG-100 최대용기 수

$$X = 2.303 \times \dfrac{V_s}{S} \times \log\left[\dfrac{100}{100-C}\right]$$
$$= 2.303 \times \dfrac{0.858\text{m}^3/\text{kg}}{0.8435\text{m}^3/\text{kg}} \times \log\left[\dfrac{100}{100-43\%}\right] = 0.57188 \quad \therefore 0.5719\text{m}^3/\text{m}^3$$

 - 최소약제량 : $960\text{m}^3 \times 0.5719\text{m}^3/\text{m}^3 = 549.024$ ∴ 549.024m^3
 - 최소용기 수 : $\dfrac{549.204\text{m}^3}{12.4\text{m}^3/\text{병}} = 44.27612$ ∴ 44병 (45병일 경우 최대허용 설계농도를 초과한다.)

2 다음 물음에 답하시오. (30점)

(1) 도로터널의 제연설비 중 제트 팬의 시퀀스 제어회로이다. 물음에 답하시오. (19점)

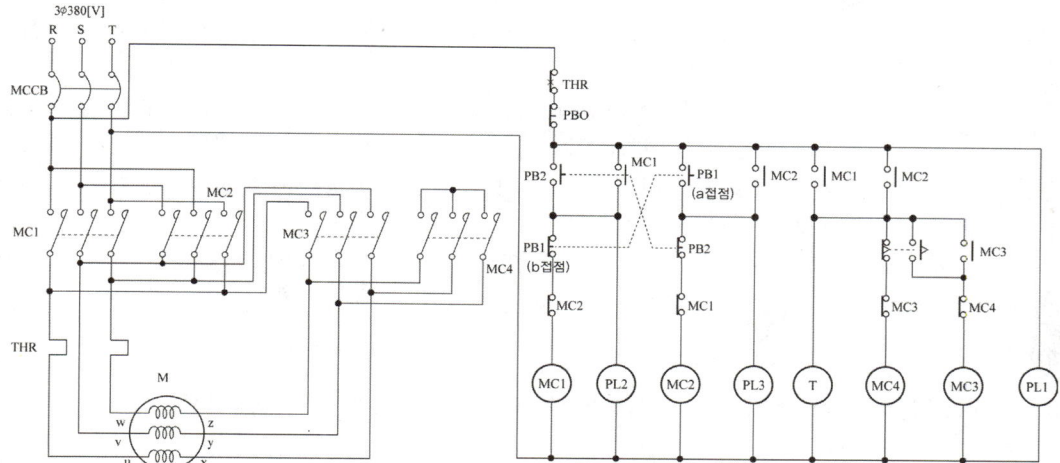

① MCCB를 ON시키고 PB2를 눌렀다 떼었을 때 동작 시퀀스를 쓰시오. (단, 타이머 설정 시간은 3초이다.) (3점)

② 유도전동기에 정격전압 3상 380[V]를 공급할 때, 전자개폐기 MC3 및 MC4 동작 시 전동기 각 상의 권선에 인가되는 전압[V]을 각각 쓰시오. (2점)

③ 제어회로의 입력신호가 다음과 같을 때 타임차트 ①~⑥을 완성하시오. (단, MC1~MC4는 전자코일, PL1과 PL2는 램프, 타이머 설정시간은 3초, 타임차트 1칸은 3초로 한다.) (12점)

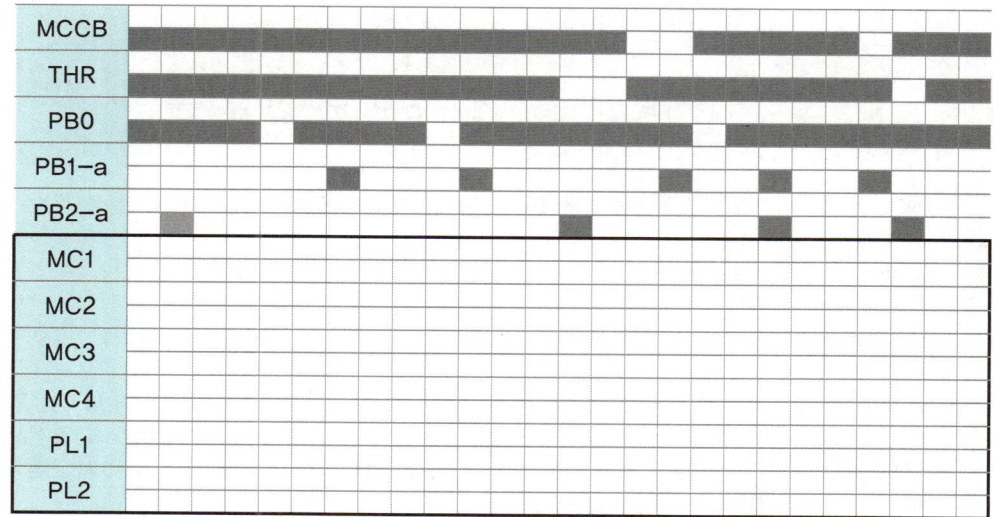

④ 순시동작 한시복귀 타이머를 사용할 경우 입력신호가 다음과 같을 때 b접점의 타임차트를 완성하시오. (2점)

(2) 다음 물음에 답하시오. (11점)

① 수신반에서 500[m] 이격된 지점의 감지기가 작동할 때 26[mA]의 전류가 흘렀다. 전압강하계산식(간이식)을 이용하여 전압강하[V]를 구하시오. (단, 전선은 표준연동선으로 굵기는 단선 1.2[mm]이며, 계산값은 소수점 셋째자리에서 반올림하여 소수점 둘째자리까지 구한다.) (3점)

② 3상 380[V], 100[kVA] 옥내소화전 펌프용 유도전동기가 역률 65[%](지상)로 운전 중이다. 전력용 콘덴서를 설치하여 역률을 95[%](지상)로 개선하고자 할 경우 필요한 콘덴서 용량[kVar]을 구하시오. (단, 계산값은 소수점 셋째자리에서 반올림하여 소수점 둘째자리까지 구한다.) (5점)

③ 스프링클러 펌프와 직결된 3상 380[V], 60[Hz], 50[kW]의 전동기가 있다. 이 전동기의 동기속도와 회전속도를 구하시오. (단, 슬립은 0.04, 극수는 4극이다.) (3점)

해설

(1) 도로터널의 제연설비 중 제트 팬의 시퀀스 제어회로이다. 물음에 답하시오. (19점)

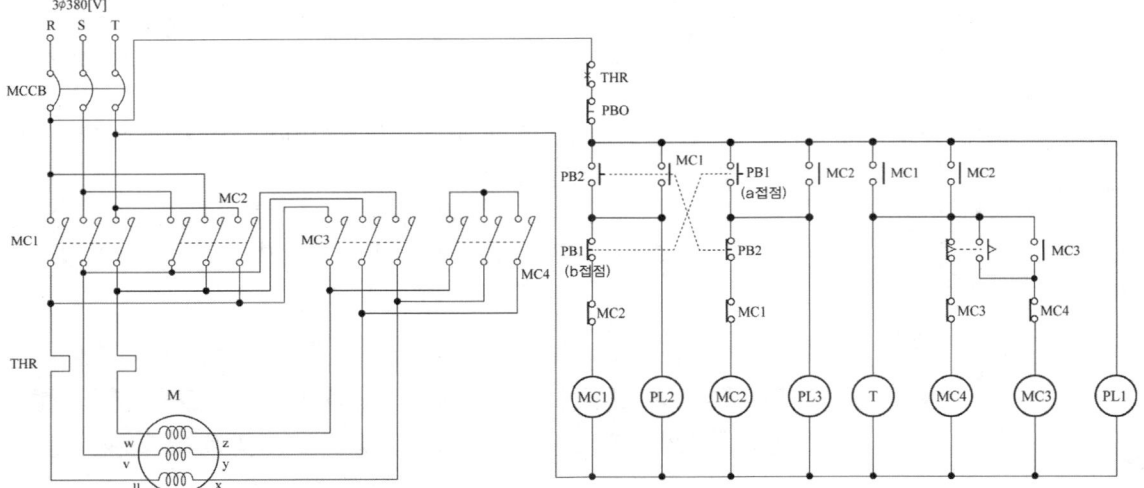

① MCCB를 ON시키고 PB2를 눌렀다 떼었을 때 동작 시퀀스를 쓰시오. (단, 타이머 설정시간은 3초이다.) (3점)
  ㉠ MC1이 기동(여자) 시 PL1이 점등된다.
  ㉡ PB2를 누를 경우 좌측 MC1 a접점이 여자되어 자기유지 되며, PL2가 점등된다. MC2는 인터록 회로로 소자되어 기동하지 않는다.
  ㉢ 우측 MC1 a접점 또한 기동(여자)되어 MC4가 여자(기동)되어 모터는 Y 결선로 기동하며, 타이머가 작동한다. (MC3와 인터록 회로상태)
  ㉣ 3초 후 한시동작 순시복귀 접점 T는 소자되어 MC4는 소자되고 T 접점과 인터록된 접점은 여자되어 MC3가 기동(여자)되며, MC3 a접점이 여자되어 자기유지되며, MC3 모터는 △ 결선으로 기동한다.

② 유도전동기에 정격전압 3상 380[V]를 공급할 때, 전자개폐기 MC3 및 MC4 동작 시 전동기 각 상의 권선에 인가되는 전압[V]을 각각 쓰시오. (2점)
  ㉠ MC3 △ 결선 기동 시 : 380V
  ㉡ MC3 Y 결선 기동 시 : $\dfrac{380V}{\sqrt{3}} = 219.393$ ∴ 약 220V (Y 결선은 선간전압의 $\dfrac{1}{\sqrt{3}}$이므로 220V로 적용)

③ 제어회로의 입력신호가 다음과 같을 때 타임차트 ①~⑥을 완성하시오. (단, MC1~MC4는 전자코일, PL1과 PL2는 램프, 타이머 설정시간은 3초, 타임차트 1칸은 3초로 한다.) (12점)

④ 순시동작 한시복귀 타이머를 사용할 경우 입력신호가 다음과 같을 때 b접점의 타임 차트를 완성하시오. (2점)

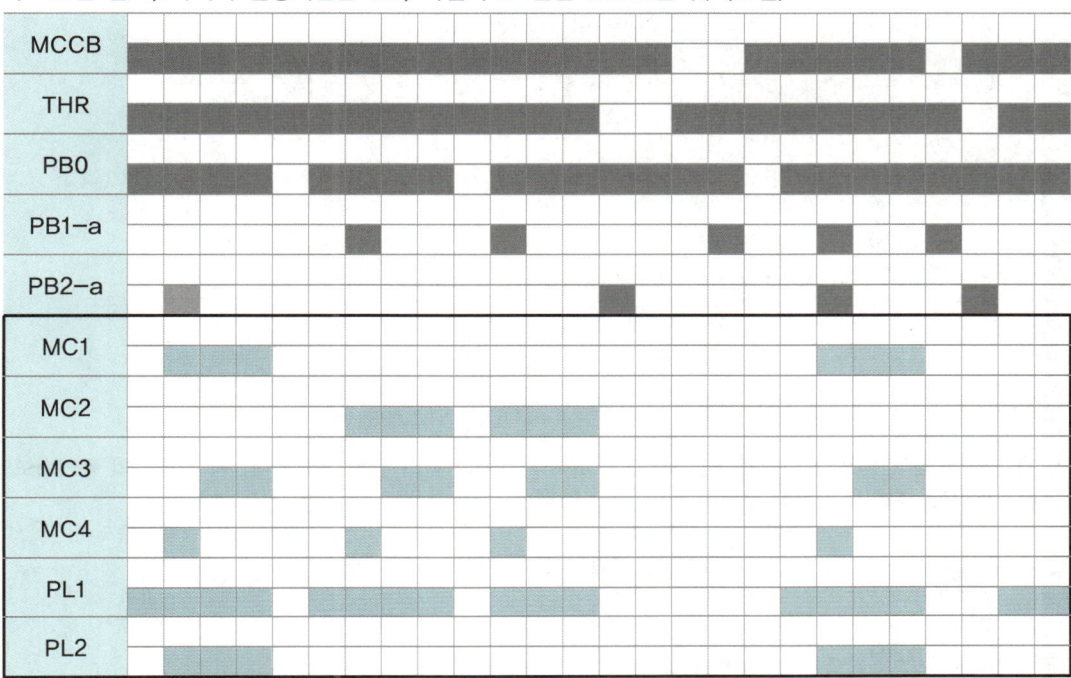

(2) 다음 물음에 답하시오. (11점)

① 수신반에서 500[m] 이격된 지점의 감지기가 작동할 때 26[mA]의 전류가 흘렀다. 전압강하계산식(간이식)을 이용하여 전압강하[V] (단, 전선은 표준연동선으로 굵기는 단선 1.2[mm]이며, 계산값은 소수점 셋째자리에서 반올림하여 소수점 둘째자리까지 구한다.) (3점)

구분	전압강하(Ⅰ)	전압강하(Ⅱ)	전력
단상 2선식	$e = \dfrac{35.6LI}{1{,}000A}$	$e = V_s - V_r = 2IR$	$P = VI\cos\theta$
3상 3선식	$e = \dfrac{30.8LI}{1{,}000A}$	$e = V_s - V_r = \sqrt{3}\,IR$	$P = \sqrt{3}\,VI\cos\theta$
단상 3선식 3상 4선식	$e' = \dfrac{17.8LI}{1{,}000A}$	–	–

여기서, e : 각 선로간의 전압강하[V] e' : 각 선로간의 1선과 중심선 사이의 전압강하[V]
A : 전선단면적[mm²] L : 선로길이[m] I : 전부하전류[A]
V_s : 입력전압[V] V_r : 출력전압(단자전압)[V] $\cos\theta$: 역률

$L = 500\text{m},\ A = \dfrac{\pi}{4} \times 1.2^2 \text{mm}^2,\ I = 26\text{mA} = 0.026\text{A}$

$e = \dfrac{35.6LI}{1{,}000A} = \dfrac{35.6 \times 500\text{m} \times 0.026\text{A}}{1{,}000 \times \dfrac{\pi}{4} \times 1.2^2 \text{mm}^2} = 0.409 \quad \therefore 0.41\text{V}$

② 3상 380[V], 100[kVA] 옥내소화전 펌프용 유도전동기가 역률 65[%](지상)로 운전 중이다. 전력용 콘덴서를 설치하여 역률을 95[%](지상)로 개선하고자 할 경우 필요한 콘덴서 용량[kVar] (단, 계산값은 소수점 셋째자리에서 반올림하여 소수점 둘째자리까지 구한다.) (5점)

$$Q_C = P(\tan\theta_1 - \tan\theta_2) = P\left(\frac{\sin\theta_1}{\cos\theta_1} - \frac{\sin\theta_2}{\cos\theta_2}\right) = P\left(\frac{\sqrt{1-\cos^2\theta_1}}{\cos\theta_1} - \frac{\sqrt{1-\cos^2\theta_2}}{\cos\theta_2}\right)$$

여기서, Q_C : 콘덴서의 용량[kVar]
　　　　P : 유효전력[kW]
　　　　$\cos\theta_1$: 개선 전 역률
　　　　$\cos\theta_2$: 개선 후 역률

$\cos\theta_1 = 0.65$, $\cos\theta_2 = 0.95$, $P = 100\text{kVA} \times 0.65 = 65\text{kW}$

$$Q_C = P\left(\frac{\sqrt{1-\cos^2\theta_1}}{\cos\theta_1} - \frac{\sqrt{1-\cos^2\theta_2}}{\cos\theta_2}\right)$$

$$= 65\text{kW} \times \left(\frac{\sqrt{1-0.65^2}}{0.65} - \frac{\sqrt{1-0.95^2}}{0.95}\right) = 54.628 \quad \therefore 54.628\text{kVar}$$

③ 스프링클러 펌프와 직결된 3상 380[V], 60[Hz], 50[kW]의 전동기가 있다. 이 전동기의 동기속도와 회전속도(단, 슬립은 0.04, 극수는 4극이다.) (3점)

동기전동기는 회전자계의 회전속도와 동기(同期)하여 회전하지만 유도전동기는 회전속도가 어긋나는 미끄러짐(slip)이 발생함에 따라 이를 고려할 경우 회전속도라 한다.

$f = 60\text{Hz}$, $P = 4$, $S = 0.04$

㉠ 동기속도

$$N = \frac{120f}{P}$$

여기서, N : 회전속도[rpm]
　　　　f : 주파수[Hz]
　　　　P : 극수

$$N = \frac{120f}{P} = \frac{120 \times 60\text{Hz}}{4} = 1,800 \quad \therefore 1,800\text{rpm}$$

㉡ 회전속도

$$N = \frac{120f}{P}(1-S)$$

여기서, N : 회전속도[rpm]
　　　　f : 주파수[Hz]
　　　　P : 극수
　　　　S : 슬립(slip : 미끄럼)

$$N = \frac{120f}{P}(1-S) = \frac{120 \times 60\text{Hz}}{4} \times (1-0.04) = 1,728 \quad \therefore 1,728\text{rpm}$$

┌ Mind-Control ─

정확한 목표 없이 성공의 여행을 떠나는 자는 실패한다.
목표 없이 일을 진행하는 사람은 기회가 와도
그 기회를 모르고
준비되지 않아 실행할 수 없다.

― 노만V. 필 ―

3 다음 물음에 답하시오. (30점)

(1) 지상 5층 건물에 옥내소화전설비를 설치하고자 한다. 다음 조건을 참고하여 펌프의 전동기 소요동력[kW]을 구하시오. (단, 계산값은 소수점 셋째자리에서 반올림하여 둘째자리까지 구한다.) (3점)

〈 조 건 〉
① 각 층의 소화전[개] : 3
② 분당 방수량[L/min] : 130
③ 실 양정[m] : 60
④ 배관의 압력손실수두[m] : 실 양정의 30%
⑤ 호스의 마찰손실수두[m] : 4
⑥ 노즐선단 방수압력[MPa] : 0.17
⑦ 펌프효율[%] : 70
⑧ 여유율[A] : 1.2
⑨ 전달계수[K] : 1.1

(2) 「옥내소화전설비의 화재안전기술기준(NFTC 102)」상 불연재료로 된 특정소방대상물 또는 그 부분으로서, 옥내소화전 방수구를 설치하지 않을 수 있는 곳 5가지를 쓰시오. (5점)

(3) 「옥내소화전설비의 화재안전기술기준(NFTC 102)」에 관한 다음 물음에 답하시오. (6점)
① 비상전원 3가지를 쓰시오. (3점)
② 비상전원을 설치하지 아니할 수 있는 경우 3가지를 쓰시오. (3점)

(4) 다음은 「소방시설 자체점검사항 등에 관한 고시」에서 정하고 있는 소방시설 도시 기호에 관한 것이다. 명칭에 알맞은 도시기호를 그리시오. (3점)

명칭	도시기호
옥외소화전	(㉠)
소화전 송수구	(㉡)
옥내소화전 방수용기구 병설	(㉢)

(5) 다음은 옥내소화전의 노즐에서 방수량을 구하는 공식이다. 이 공식의 유도과정을 쓰시오. (9점)

$Q = 0.6597 D^2 \sqrt{P}$

여기서, Q : 방수량[$l/\min$]
D : 노즐구경[mm]
P : 방수압력[kg/cm^2]

(6) 「소방시설의 내진설계 기준」상 지진분리장치 설치기준 4가지를 쓰시오. (4점)

해설

(1) 지상 5층 건물에 옥내소화전설비를 설치하고자 한다. 다음 조건을 참고하여 펌프의 전동기 소요동력[kW] (단, 계산값은 소수점 셋째자리에서 반올림하여 둘째자리까지 구한다.) (3점)

― 〈 조 건 〉 ―

① 각 층의 소화전[개] : 3
② 분당 방수량[L/min] : 130
③ 실 양정[m] : 60
④ 배관의 압력손실수두[m] : 실 양정의 30%
⑤ 호스의 마찰손실수두[m] : 4
⑥ 노즐선단 방수압력[MPa] : 0.17
⑦ 펌프효율[%] : 70
⑧ 여유율[A] : 1.2
⑨ 전달계수[K] : 1.1

수동력	축동력	전동기용량
$P = \gamma H Q$	$P = \dfrac{\gamma H Q}{\eta}$	$P = \dfrac{\gamma H Q}{\eta} \times K$

P : 동력[kW] → $P = \dfrac{\gamma H Q}{\eta} \times K$

γ : 비중량[물 : 9.8 kN/m³] → 9.8 kN/m³

H : 전양정(전수두)[m] →
펌프 전수두=낙차수두+마찰손실수두+법정방수압수두
$= 60\text{m} + 60\text{m} \times 0.3 + 4\text{m} + \dfrac{0.17\text{MPa}}{0.101325\text{MPa}} \times 10.332\text{m}$
$= 99.334$ ∴ 99.334m

Q : 유량[m³/s] → $0.26\text{m}^3/\text{min} \times \dfrac{1\text{min}}{60s}$

η : 전효율[$\eta_{전효율} = \eta_{수력효율} \times \eta_{체적효율} \times \eta_{기계효율}$] → 0.7

K : 전달계수 → 1.1×1.2(여유율)

$P = \dfrac{\gamma H Q}{\eta} \times K = \dfrac{9.8\text{kN/m}^3 \times 99.334\text{m} \times 0.26\text{m}^3/\text{hr} \times \dfrac{1\text{min}}{60s}}{0.7} \times 1.1 \times 1.2 = 7.954$ ∴ 7.95 kW

(2) 「옥내소화전설비의 화재안전기술기준(NFTC 102)」상 불연재료로 된 특정소방대상물 또는 그 부분으로서, 옥내소화전 방수구를 설치하지 않을 수 있는 곳 5가지 (5점)
① **냉**장창고 중 온도가 영하인 냉장실 또는 냉동창고의 냉동실
② **고**온의 노가 설치된 장소 또는 물과 격렬하게 반응하는 물품의 저장 또는 취급 장소
③ **발**전소·변전소 등으로서 전기시설이 설치된 장소
④ **야**외음악당·야외극장 또는 그 밖의 이와 비슷한 장소
⑤ **식**물원·수족관·목욕실·수영장(관람석 부분을 제외한다)또는 그 밖의 이와 비슷한 장소
🖉 암기법 **냉고발야식**

(3) 「옥내소화전설비의 화재안전기술기준(NFTC 102)」에 관한 다음 물음에 답하시오. (6점)
① 비상전원 3가지 (3점)
  ㉠ 자가발전설비
  ㉡ 축전지설비(내연기관에 따른 펌프를 사용하는 경우에는 내연기관의 기동 및 제어용 축전지를 말한다)
  ㉢ 전기저장장치(외부 전기에너지를 저장해 두었다가 필요할 때 전기를 공급하는 장치)

② 비상전원을 설치하지 아니할 수 있는 경우 3가지 (3점)
　㉠ 2 이상의 변전소(「전기사업법」 제67조에 따른 변전소를 말한다. 이하 같다)에서 전력을 동시에 공급받을 수 있는 경우
　㉡ 하나의 변전소로부터 전력의 공급이 중단되는 때에는 자동으로 다른 변전소로부터 전원을 공급받을 수 있도록 상용전원을 설치한 경우
　㉢ 가압수조방식

(4) 다음은 「소방시설 자체점검사항 등에 관한 고시」에서 정하고 있는 소방시설 도시 기호에 관한 것이다. 명칭에 알맞은 도시기호를 그리시오. (3점)

명칭	도시기호
옥외소화전	⌐H⌐
소화전 송수구	◁
옥내소화전 방수용기구 병설	■○■

(5) 다음은 옥내소화전의 노즐에서 방수량을 구하는 공식이다. 이 공식의 유도과정 (9점)
$Q = 0.6597 D^2 \sqrt{P}$
여기서, Q : 방수량[l/min]
　　　　D : 노즐구경[mm]
　　　　P : 방수압력[kg/cm^2]

단위환산 전	단위환산 후
$Q = AV = \dfrac{\pi}{4} D^2 \times \sqrt{2gH}$　관점17	$q = 0.6597 d^2 \sqrt{P}$
$Q = C \times \dfrac{\pi}{4} D^2 \times \sqrt{2gH}$　[유량계수 고려]	$q = 0.653 d^2 \sqrt{P}$　[유량계수 고려]

여기서, Q : 유량[m^3/s]
　　　　q : 유량[lpm]
　　　　A : 배관단면적 $\left(\dfrac{\pi}{4} D^2 [\text{m}^2]\right)$
　　　　D : 구경[m]
　　　　d : 구경[mm]
　　　　V : 유속[m/s] $\left[V = \sqrt{2gH} = \sqrt{2g\dfrac{P}{\gamma}} = \sqrt{\dfrac{2}{\rho} P} \ (\because H = \dfrac{P}{\gamma})\right]$
　　　　H : 양정[m]
　　　　P : 방수압[kg/cm^2]
　　　　C : 유량계수(속도계수, 손실계수)

① 노즐에서 방출되는 방사압력은 속도수두로서 유속을 압력으로 환산할 수 있으므로 $H = \dfrac{V^2}{2g}$
　따라서, $V = \sqrt{2gH}$(토리첼리 정리)를 대입하면 $Q = \dfrac{\pi}{4} D^2 \times \sqrt{2gH}$

② 양정(H[m] → P[kg/cm^2]), 구경(D[m] → d[mm]), 유량(Q[m^3/s] → q[l/min])의 단위를 각각 환산하여 대입하기 위하여 비례관계로 정리하면 다음과 같다.
　㉠ 양정 : $\dfrac{H[\text{m}]}{P[\text{kg/cm}^3]} = \dfrac{10.332}{1.0332}$ 이므로 $H[\text{m}] = 10 \times P[\text{kg/cm}^2]$
　㉡ 구경 : $\dfrac{D[\text{m}]}{d[\text{mm}]} = \dfrac{1}{1,000}$ 이므로 $D^2[\text{m}^2] = \left(\dfrac{d}{1,000}\right)^2 [\text{mm}^2]$

ⓒ 유량 : $\dfrac{Q[\text{m}^3/\text{s}]}{q[l/\min]} = \dfrac{1}{1,000 \times 60}$ 이므로 $Q[\text{m}^3/\text{s}] = \dfrac{q}{6 \times 10^4}[l/\min]$

③ 위의 비례관계를 $Q = \dfrac{\pi}{4}D^2 \times \sqrt{2gH}$ 에 대입하면

$$\dfrac{q}{6 \times 10^4}[l/\min] = \dfrac{\pi}{4} \times \left(\dfrac{d}{1,000}\right)^2 \times \sqrt{2 \times 9.8 \text{m}/\text{s}^2 \times 10P[\text{kg}/\text{cm}^2]}$$

∴ $q[l/\min] = 0.6597 d^2 [\text{mm}]\sqrt{P[\text{kg}/\text{cm}^2]}$

→ 유량계수($C = 0.99$)를 대입 [손실 등으로 인하여 이론 유량의 99%만 사용할 수 있다는 의미]

$q = 0.653 d^2 \sqrt{P}$

(6)「소방시설의 내진설계 기준」상 지진분리장치 설치기준 4가지 (4점)
① 지진분리장치는 배관의 구경에 관계없이 지상층에 설치된 배관으로 **건축물** 지진분리이음과 소화배관이 교차하는 부분 및 건축물 간의 연결배관 중 지상 노출 배관이 **건축물**로 인입되는 위치에 설치하여야 한다.
② 지진분리장치는 건축물 지진분리이음의 변위량을 흡수할 수 있도록 **전후좌우** 방향의 **변위**를 수용할 수 있도록 설치하여야 한다.
③ 지진분리장치의 전단과 후단의 **1.8m** 이내에는 4방향 흔들림 방지 버팀대를 설치하여야 한다.
④ 지지진분리장치 자체에는 흔들림 방지 버팀대를 **설치할 수 없다.**

✏️**암기법** 건축물 전후좌우 변위 1.8m 설치 금지

제24회 소방시설관리사(2024.9.14 시행)

1 다음 물음에 답하시오.(40점)

(1) 특별피난계단의 계단실 및 부속실 제연설비에 관한 다음 물음에 답하시오. (23점)

〈 조 건 〉
- 지하 4층/지상 3층의 스프링클러설비가 없는 내화구조 건축물로 특별피난계단 부속실에 제연설비가 설치되어 있다.
- 방화문 크기(높이×폭) : 2.0m×1.0m
- 중력가속도 : 9.8m/s²
- 현재기온 : 29℃
- 공기의 밀도 : 1.204kg/m³
- 유량계수 C : 0.7
- 차압은 법적 최소차압을 적용한다.
- 특별피난계단의 계단실 및 부속실 제연설비의 화재안전성능기준(NFPC 501A), 화재안전기술기준(NFTC 501A)을 따른다.
- 계산값은 소수점 다섯째자리에서 반올림하여 소수점 넷째자리까지 구한다.

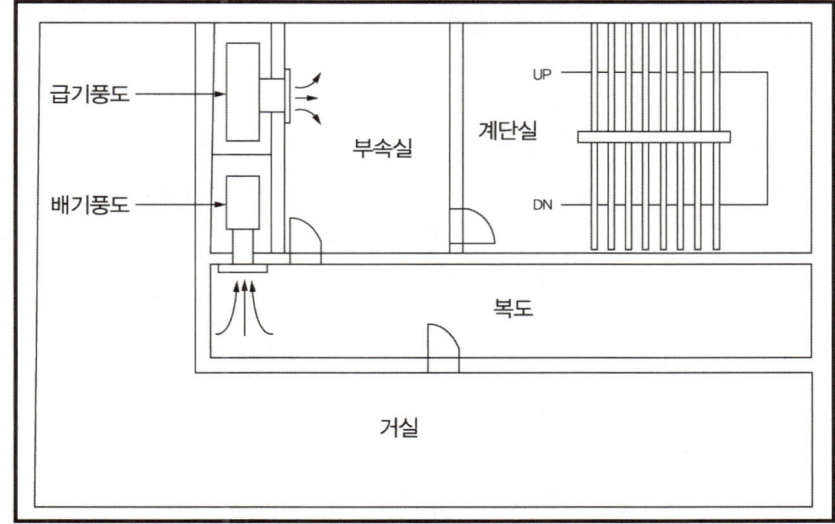

① 지상 2층의 부속실과 복도 사이의 누설량을 구하려고 한다. 다음을 각각 계산하시오. (10점)
  ㉠ 화재안전기술기준을 적용한 누설량[m³/s]
  ㉡ 「문세트(KS F 3109)」에 따른 기준을 적용한 최대허용누설량[m³/s]
② 특별피난계단 부속실의 배출용 송풍기 최소풍량[m³/hr] 및 입상덕트의 최소크기[m²]를 각각 계산하시오. (4점)
③ 출입문 개방에 필요한 최대 힘을 기준으로 출입문에 설치된 폐쇄장치(Door Closer)의 폐쇄력[N]을 계산하시오. (단, 출입문 손잡이는 문의 끝에 설치되었다.) (4점)

④ 수직풍도를 「건축물의 피난·방화구조 등의 기준에 따른 규칙」 제3조제2호의 기준에 맞게 설치할 경우 다음 ( )에 들어갈 내용을 쓰시오. (5점)

> ○ 철근콘크리트조 또는 철골철근콘크리트조로서 두께가 (㉠)센티미터 이상인 것
> ○ 골구를 철골조로 하고 그 양면을 두께 (㉡)센티미터 이상의 철망모르타르 또는 두께 (㉢)센티미터 이상의 콘크리트블록·벽돌 또는 석재로 덮은 것
> ○ 철재로 보강된 콘크리트블록조·벽돌조 또는 석조로서 철재에 덮은 콘크리트블록 등의 두께가 (㉣)센티미터 이상인 것
> ○ 무근콘크리트조·콘크리트블록조·벽돌조 또는 석조로서 그 두께가 (㉤)센티미터 이상인 것

(2) 특별피난계단의 계단실 및 부속실 제연설비에 관한 다음 물음에 답하시오. (9점)

> 〈 조 건 〉
> ① 누설량 : 2.5m³/s   ② 보충량 : 1.5m³/s
> ③ 전압 : 600Pa   ④ 풍도의 누기율 : 누설량의 40%
> ⑤ 송풍기 효율 : 60%   ⑥ 전달계수 1.1

① 급기송풍기 풍량[m³/hr]을 계산하시오. (3점)
② 급기송풍기 동력[kW]을 계산하시오. (3점)
③ 급기송풍기 풍량을 기준으로 한 입상덕트의 최소크기[m²]를 계산하시오. (3점)

(3) 그림과 같이 벽으로 구획된 3개의 거실을 상부급기·상부배기방식의 공동예상 제연구역 으로 할 경우 다음 물에 답하시오. (8점)

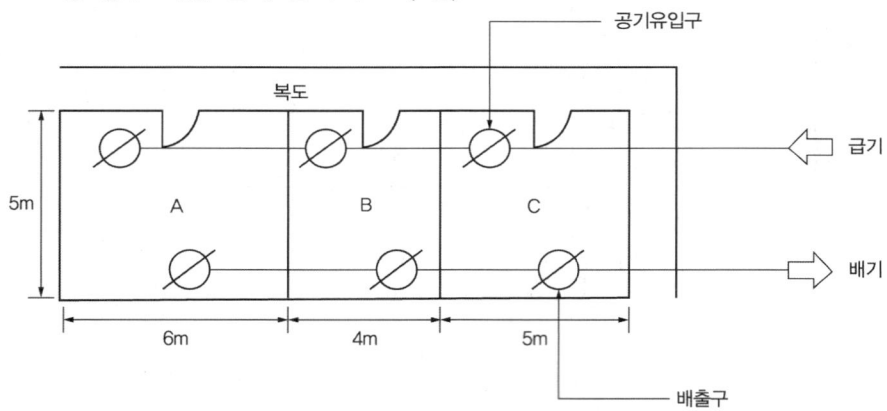

① 공동예상 제연구역의 최소 전체배출량[m³/hr]을 구하시오. (4점)
② A, B, C실의 공기유입구와 배출구의 최소직선거리[m]를 각각 구하시오. (4점)

해설

(1) 특별피난계단의 계단실 및 부속실 제연설비에 관한 다음 물음에 답하시오. (23점)

> 〈 조 건 〉
> ① 지하 4층/지상 3층의 스프링클러설비가 없는 내화구조 건축물로 특별피난계단 부속실에 제연 설비가 설치되어 있다.
> ② 방화문 크기(높이×폭) : 2.0m×1.0m
> ③ 중력가속도 : 9.8m/s²
> ④ 현재 기온 : 29℃
> ⑤ 공기의 밀도 : 1.204kg/m³

⑥ 유량계수 C : 0.7
⑦ 차압은 법적 최소차압을 적용한다.
⑧ 특별피난계단의 계단실 및 부속실 제연설비의 화재안전성능기준(NFPC 501A), 화재안전기술 기준(NFTC 501A)을 따른다.
⑨ 계산값은 소수점 다섯째자리에서 반올림하여 소수점 넷째자리까지 구한다.

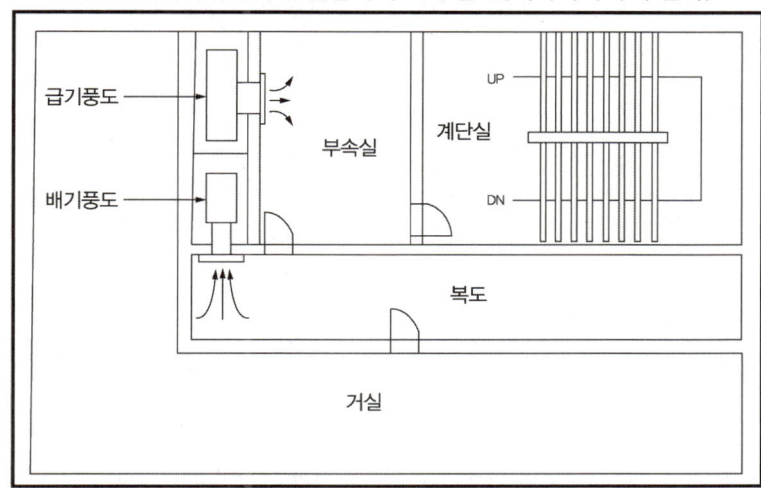

① 지상 2층의 부속실과 복도 사이의 누설량 계산 (10점)
  ㉠ 화재안전기술기준을 적용한 누설량[m³/s]

$Q = KA\sqrt{\dfrac{2}{\rho} \times \Delta P}$	누설량
Q : 누설량[m³/s]	→ $Q = KA\sqrt{\dfrac{2}{\rho} \times \Delta P}$
K : 유량계수[0.64]	→ $K = 0.7$ [조건 ③]
A : 누설틈새면적의 합[m²]	→ $A = \dfrac{L}{l} \times A_d = \dfrac{(2+2+1+1)\text{m}}{5.6\text{m}} \times 0.01\text{m}^2 = 0.01071$ ∴ 0.0107㎡ [조건 ②, 부속실 내측 개방]
ρ : 공기밀도[kg/m³]	→ $\rho = 1.204\text{kg/m}^3$ [조건 ⑤]
P : 차압[Pa]	→ 40Pa [조건 ① 스프링클러설비 미설치, ⑦ 최소차압]

$Q = KA\sqrt{\dfrac{2}{\rho} \times \Delta P} = 0.7 \times 0.0107\text{m}^2 \times \sqrt{\dfrac{2}{1.204\text{kg/m}^3} \times 40\text{Pa}} = 0.06105$ ∴ $0.0611\text{m}^3/\text{s}$

☑ 출입문의 종류에 따른 누설틈새면적

출입문 유형		기준틈새 길이(l)	틈새 면적(A_d)	창문유형(참고)		틈새면적[A : m²]
외여 닫이	부속실 내측	5.6m	0.01m²	여닫이	방수패킹 (×)	2.55×10^{-4}m × 틈새길이[m]
	부속실 외측	5.6m	0.02m²		방수패킹 (○)	3.61×10^{-5}m × 틈새길이[m]
쌍여닫이		9.2m	0.03m²	미닫이		1.0×10^{-4}m × 틈새길이[m]
승강기		8.0m	0.06m²	→ 출입문인 경우 누설틈새면적[m²] : $A = \dfrac{L}{l} \times A_d$ 여기서, L : 실제틈새길이[m]		

🖉암기법 오륙오륙 구이 팔고 일이삼육 실(L) / 기(l) 면적(A_d)

✅ 누설량 계산식 유도

① 일반적인 체적유량 공식에서 구할 수 있으며, 적용하는 방식은 다르지 않으며, 그림과 같이 부속실에서 누기된다고 가정할 경우 그 틈새를 확대하면 그림과 같다.

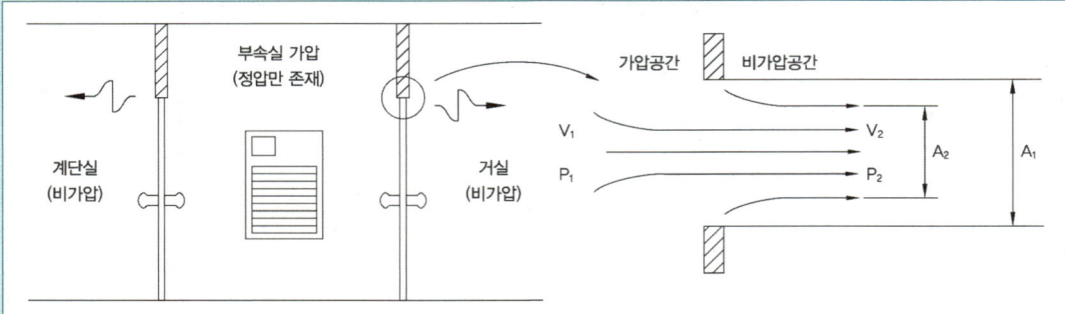

② 실제누설틈새(오리피스) 면적이 A_1일 경우 유체가 사용하는 면적 A_2는 실제면적보다 작아지는데 그 이유는 이상유체가 아닌 실제유체가 흐르므로 발생하는 손실로서 그 면적비율(A_2/A_1)을 유량계수라 한다.

③ A_2와 같이 줄어든 단면을 교축단면(Vena contracta)이라고 하며 옥내소화전 노즐 등에서는 단면이 가장 작아져 유속이 가장 빠른 지점인 노즐구경의 $D/2$ 떨어진 위치에서 방수압을 측정한다.

④ 손실은 유체가 토출되는 오리피스(옥내소화전 노즐 및 스프링클러헤드 등)에서 크게 발생하며, 이것을 A_2/A_1와 같이 비율로 조정하여 적용하는 것을 유량계수라고 하거나 단면변화에 따라 속도가 달라진다하여 속도계수라고 하기도 한다.(연속의 방정식 : $Q = A_1 V_1 = A_2 V_2$)

⑤ 오리피스의 형상에 따라 유량계수는 옥내소화전 노즐은 $K=0.99$, 표준형 스프링클러헤드는 $K=0.75$, 제연설비 댐퍼 등의 경우 $K=0.65$ 전후를 적용(층류일 경우 $K=0.7$, 난류일 경우 $K=0.6$으로 적용)하며, 국내의 경우에는 보편적으로 $K=0.64$를 적용한다. 즉, 실제단면적의 64%를 사용한다는 의미가 된다.

$$Q[\text{m}^3/\text{s}] = K \times A[\text{m}^2] \times V_2[\text{m/s}] \quad \cdots\cdots\text{ⓐ (유량계수 } K = A_2/A_1)$$

⑥ 가압공간(부속실)을 1지점으로 보고 비가압공간을 2지점으로 볼 경우 가압공간에서의 유속(속도수두)은 $V_1 \fallingdotseq 0\text{m/s}$으로 볼 수 있으므로 정압만 작용하므로 이를 베르누이 정리에 적용한다.

$$\frac{P_1}{\gamma} + \frac{V_1^2}{2g} + Z_1 = \frac{P_2}{\gamma} + \frac{V_2^2}{2g} + Z_2 \text{에서 수평이므로 } Z_1 = Z_2, \; V_1 \fallingdotseq 0$$

$$\frac{P_1}{\gamma} = \frac{P_2}{\gamma} + \frac{V_2^2}{2g} \rightarrow \frac{P_1 - P_2}{\gamma} = \frac{V_2^2}{2g} \rightarrow P_1 - P_2 = \frac{V_2^2}{2g} \times \gamma \rightarrow \therefore \Delta P = \frac{V_2^2}{2g} \times \gamma$$

$$V_2 = \sqrt{2g \frac{\Delta P}{\gamma}} = \sqrt{2g \frac{\Delta P}{\rho g}} = \sqrt{\frac{2}{\rho} \Delta P} \quad \cdots\cdots\cdots\text{ⓑ}$$

⑦ 이상기체상태방정식 $\left(PV = \frac{W}{M}RT\right)$으로 공기의 밀도 $\left(\rho = \frac{W[\text{kg}]}{V[\text{m}^3]}\right)$를 구하면

$P = 1\text{atm} = 101,325\text{Pa}[= \text{N/m}^2], \quad V = 22.4\text{m}^3[1\text{kmol 기준}]$
$T = 21℃ = (273 + 21)\text{K [상온]}$
$M = 29\text{kg}[\text{공기의 분자량}], \quad R = 8,313.85\text{N} \cdot \text{m/K}[= 8,313.85\text{J/K}]$이라면

$$\rho = \frac{W}{V} = \frac{PM}{RT} = \frac{101,325\text{N/m}^2 \times 29\text{kg}}{8,313.85\text{N} \cdot \text{m/K} \times (273+21)\text{K}} = 1.202 \quad \therefore 1.2\text{kg/m}^3 \text{를 식 ⓑ에 대입하면}$$

$$V_2 = \sqrt{\frac{2}{\rho} \Delta P} = \sqrt{\frac{2}{1.2\text{kg/m}^3} \times \Delta P} = 1.29\sqrt{\Delta P} \quad \cdots\cdots\cdots\text{ⓒ}$$

⑧ 식 ⓒ를 식 ⓐ에 대입하면 ($\gamma = \rho g$이므로)

$$Q = KAV_2 = KA\sqrt{\frac{2}{\rho}\Delta P} = KA \times 1.29\sqrt{\Delta P} \quad \cdots\cdots\cdots\cdots\cdots\cdots\cdots \text{ⓓ}$$

⑨ 식 ⓓ에 유량계수 $K = 0.64$를 대입하여 상수를 정리하면

$$Q = 0.64 \times A \times 1.29\sqrt{\Delta P} = 0.8256 A\sqrt{\Delta P}$$
$$\therefore Q = 0.826 A\sqrt{\Delta P}$$

ⓒ 「문세트(KS F 3109)」에 따른 기준을 적용한 최대허용누설량[m³/s]

- 차압 25Pa일 때, 공기누설량은 $0.9\text{m}^3/\text{m}^2 \cdot \text{min}$
- 차압 25Pa에서 방화문누설량 = $2\text{m} \times 1\text{m} \times 0.9\text{m}^3/\text{min} \cdot \text{m}^2 \times \dfrac{1\text{min}}{60\text{s}} = 0.03 \quad \therefore 0.03\text{m}^3/\text{s}$
- 최소차압에 따른 허용누설량 : $Q = KA\sqrt{\dfrac{2}{\rho} \times \Delta P}$ 이므로 제곱근에 비례(비례식 적용)

  $\sqrt{25\text{Pa}} : 0.03\text{m}^3/\text{s} = \sqrt{40\text{Pa}} : x$

  $x = \sqrt{\dfrac{40\text{Pa}}{25\text{Pa}}} \times 0.03\text{m}^3/\text{s} = 0.03794 \quad \therefore 0.0379\text{m}^3/\text{s}$

② 특별피난계단 부속실의 배출용 송풍기 최소풍량[m³/hr] 및 입상덕트의 최소크기[m²]를 각각 계산 (4점)

$Q = \dfrac{SV_{\text{방연}}}{K} = AV$	송풍기 풍량
Q : 배출용 송풍기 풍량 (보충량)[m³/s]	→ $Q = \dfrac{SV_{\text{방연}}}{K}$
K : 할증(손실계수)	→ $K = 1$ [조건 없음]
A : 덕트 단면적[m²]	→ $Q = \dfrac{SV_{\text{방연}}}{K} = AV \quad \therefore A = \dfrac{SV_{\text{방연}}}{KV}$
V : 덕트 풍속[m/s]	→ $V = 15\text{m/s}$ [2.11.1.4.2 송풍기 이용 가계배출식은 풍속 15m/s 이하 적용]
S : 방화문 면적[m²]	→ $S = 2\text{m} \times 1\text{m}$ [조건 ② 방화문 크기]
$V_{\text{방연}}$: 방연풍속[m/s]	→ $V_{\text{방연}} = 0.5\text{m/s}$ [조건 ① 중 내화구조]

㉠ 송풍기 최소풍량 : $Q = \dfrac{SV_{\text{방연}}}{K} = \dfrac{2\text{m} \times 1\text{m} \times 0.5\text{m/s}}{1} \times \dfrac{3{,}600\text{s}}{1\text{hr}} = 3{,}600 \quad \therefore 3{,}600\text{m}^3/\text{hr}$

㉡ 입상덕트 최소크기 : $A = \dfrac{SV_{\text{방연}}}{KV} = \dfrac{2\text{m} \times 1\text{m} \times 0.5\text{m/s}}{1 \times 15\text{m/s}} = 0.06666 \quad \therefore 0.0667\text{m}^2$

☑ 방연풍속의 선정방법

제연구역		방연풍속
계단실 및 그 부속실을 **동시**에 제연하는 것 또는 **계**단실만 단독으로 제연하는 것		0.5m/s 이상
부속실만 단독으로 제연하는 것	부속실 또는 승강장이 면하는 옥내가 **거**실인 경우	0.7m/s 이상
	부속실이 면하는 옥내가 **복**도로서 그 구조가 방화구조(내화시간이 30분 이상인 구조를 포함한다)인 것	0.5m/s 이상

🖉 암기법 똥개(동계) 거북(복) 575

③ 출입문 개방에 필요한 최대 힘을 기준으로 출입문에 설치된 폐쇄장치(Door Closer)의 폐쇄력[N]을 계산 (단, 출입문 손잡이는 문의 끝에 설치되었다.) (4점)

$F = F_{dc} + F_P$	폐쇄력
F : 개방력[N]	→ $F = F_{dc} + F_P = 110N$ [조건 ⑧ 폐쇄력은 개방력 이상 적용]
F_{dc} : 도어체크 저항력 (폐쇄력)[N]	→ $F = F_{dc} + F_P = F_{dc} + \dfrac{K_d W \cdot A \cdot \Delta P}{2(W-d)}$ $F_{dc} = F - \dfrac{K_d W \cdot A \cdot \Delta P}{2(W-d)}$
F_p : 차압에 의해 방화문에 미치는 힘[N]	→ $F_p = \dfrac{K_d W \cdot A \cdot \Delta P}{2(W-d)}$
K_d : 상수[=1]	→ $K_d = 1$
W : 문의 폭[m]	→ $W = 1m$ [조건 ② 방화문 폭]
A : 방화문의 면적[m²]	→ $A = 2m \times 1m$ [조건 ② 방화문 크기]
ΔP : 비제연구역과의 차압[Pa]	→ $\Delta P = 40Pa$ [조건 ⑧ 스프링클러설비 미설치, ⑦ 최소차압]
d : 손잡이에서 문 끝까지의 거리[m]	→ $d = 0$ [문제 조건]

$F_{dc} = F - \dfrac{K_d W \cdot A \cdot \Delta P}{2(W-d)} = 110N - \dfrac{1 \times 1m \times 2m \times 1m \times 40Pa}{2 \times (1m - 0)} = 70$ ∴ 70N

☑ 개방력 및 폐쇄력 선정 개념도

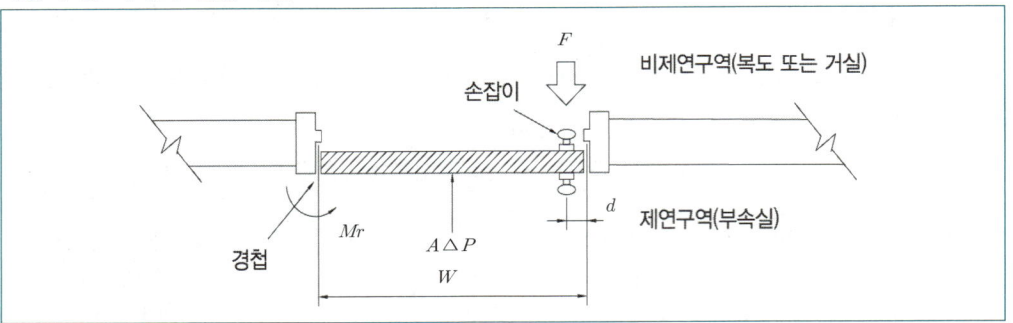

④ 수직풍도를 「건축물의 피난·방화구조 등의 기준에 따른 규칙」 제3조제2호의 기준에 맞게 설치할 경우 다음 ( )에 들어갈 내용을 쓰시오. (5점)

○ 철근콘크리트조 또는 철골철근콘크리트조로서 두께가 (㉠ 7)센티미터 이상인 것
○ 골구를 철골조로 하고 그 양면을 두께 (㉡ 3)센티미터 이상의 철망모르타르 또는 두께 (㉢ 4)센티미터 이상의 콘크리트블록·벽돌 또는 석재로 덮은 것
○ 철재로 보강된 콘크리트블록조·벽돌조 또는 석조로서 철재에 덮은 콘크리트블록 등의 두께가 (㉣ 4)센티미터 이상인 것
○ 무근콘크리트조·콘크리트블록조·벽돌조 또는 석조로서 그 두께가 (㉤ 7)센티미터 이상인 것

[부록] 기출문제 및 기출 계산문제 분석

(2) 특별피난계단의 계단실 및 부속실 제연설비에 관한 다음 물음에 답하시오. (9점)

〈 조 건 〉
① 누설량 : 2.5m³/s
③ 전압 : 600Pa
⑤ 송풍기효율 : 60%
② 보충량 : 1.5m³/s
④ 풍도의 누기율 : 누설량의 40%
⑥ 전달계수 1.1

① 급기 송풍기풍량[m³/hr] 계산 (3점)

$Q = (Q_{누설} + Q_{보충}) \times 1.15$	송풍기 풍량
Q : 송풍기 풍량[m³/s]	→ $Q = (Q_{누설} + Q_{보충}) \times 1.15$
$Q_{누설}$: 누설량[m³/s]	→ $Q_{누설} = 2.5\text{m}^3/\text{s} \times 1.4$ [조건 ④ 누기율 만큼 추가]
$Q_{보충}$: 보충량[m³/s]	→ $Q_{보충} = 1.5\text{m}^3/\text{s}$
1.15 : 할증(풍량 실측 조성한 경우 1로 적용)	→ 1 [조건 ④ 누설량 40%]

$Q = (Q_{누설} + Q_{보충}) \times 1 = (2.5\text{m}^3/\text{s} \times 1.4 + 1.5\text{m}^3/\text{s}) \times 1 \times \dfrac{3,600\text{s}}{1\text{hr}} = 18,000 \quad \therefore 18,000\text{m}^3/\text{hr}$

② 급기 송풍기동력[kW] 계산 (3점)

$P = \dfrac{P_T \cdot Q}{102 \times 60\eta} \times K = \dfrac{P_T \cdot Q}{6,120\eta} \times K$	급기 송풍기동력
P : 동력[kW] $[P = P_T \cdot Q = \text{kN}/\text{m}^2 \times \text{m}^3/\text{s} = \text{kN} \cdot \text{m}/\text{s} = \text{kJ}/\text{s} = \text{kW}]$	→ $P = \dfrac{P_T \cdot Q}{6,120\eta} \times K$
P_T : 전압[mmAq=mmH₂O] $\left[\dfrac{1\text{mmAq}}{10,332\text{mmAq}} \times 101.325\text{kPa} = \dfrac{1}{102}\text{kPa}\right]$	→ $P_T = \dfrac{600\text{Pa}}{101,325\text{Pa}} \times 10,332\text{mmAq}$ [조건 ③ 전압 600Pa]
Q : 풍량[m³/min] $\left[1\text{m}^3/\text{min} \times \dfrac{1\text{min}}{60\text{s}}\right]$	→ $Q = 18,000\text{m}^3/\text{hr} \times \dfrac{1\text{hr}}{60\text{min}}$
η : 효율	→ $\eta = 0.6$ [조건 ⑤]
K : 전달계수	→ $K = 1.1$ [조건 ⑥]

$P = \dfrac{P_T \cdot Q}{6,120 \times \eta} \times K = \dfrac{\dfrac{600\text{Pa}}{101,325\text{Pa}} \times 10,332\text{mmAq} \times 18,000\text{m}^3/\text{hr} \times \dfrac{1\text{hr}}{60\text{min}}}{6,120 \times 0.6} \times 1.1 = 5.498 \quad \therefore 5.5\text{kW}$

③ 급기 송풍기풍량을 기준으로 한 입상덕트의 최소크기[m²] 계산 (3점)

$Q = AV$	입상덕트 최소크기
Q : 송풍기풍량[m³/s]	→ $Q = AV$
A : 덕트단면적[m²]	→ $Q = AV \quad \therefore A = \dfrac{Q}{V}$
V : 풍속[m/s]	→ $V = 15\text{m/s}$ [2.11.1.4.2 송풍기 이용 가계배출식은 풍속 15m/s 이하 적용]

$A = \dfrac{Q}{V} = \dfrac{18,000\text{m}^3/\text{hr} \times \dfrac{1\text{hr}}{3,600\text{s}}}{15\text{m/s}} = 0.333 \quad \therefore 0.33\text{m}^2$

(3) 다음 그림과 같이 벽으로 구획된 3개의 거실을 상부 급기·상부 배기방식의 공동예상 제연구역으로 할 경우 다음 물에 답하시오. (8점)

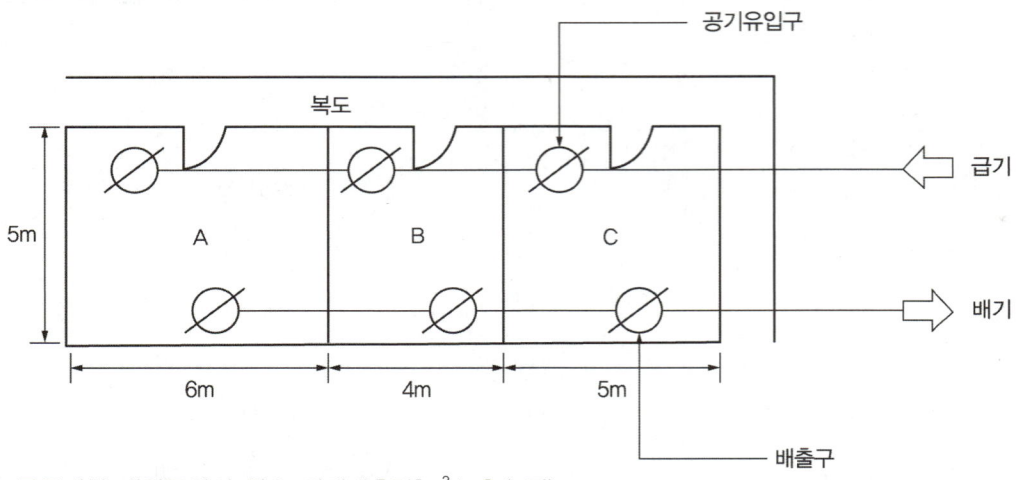

① 공동예상 제연구역의 최소 전체배출량[m³/hr] (4점)

길이 직경	수직거리	400m² 미만의 거실(50m² 미만 거실의 통로배출방식에서의 배출량 : 벽으로 구획된 경우 포함)	400m² 미만의 거실 (최소배출량)
40m 이하	2m 이하	25,000m³/hr	• 바닥면적 1m²당 1m³/min 이상 • 최저 5,000m³/hr 이상
	2m 초과 2.5m 이하	30,000m³/hr	
	2.5m 초과 3m 이하	35,000m³/hr	
	3m 초과	45,000m³/hr	
40m 초과 60m 이하	2m 이하	30,000m³/hr	
	2m 초과 2.5m 이하	35,000m³/hr	
	2.5m 초과 3m 이하	40,000m³/hr	
	3m 초과	50,000m³/hr	

실	최저배출량[m³/hr] (400m² 미만의 거실에 해당)
A	$5\text{m} \times 6\text{m} \times 1\text{m}^3/\text{min} \times \dfrac{60\text{min}}{1\text{hr}} = 1,800$ ∴ 1,800m³/hr 이상
B	$5\text{m} \times 4\text{m} \times 1\text{m}^3/\text{min} \times \dfrac{60\text{min}}{1\text{hr}} = 1,200$ ∴ 1,200m³/hr 이상
C	$5\text{m} \times 5\text{m} \times 1\text{m}^3/\text{min} \times \dfrac{60\text{min}}{1\text{hr}} = 1,500$ ∴ 1,500m³/hr 이상
공동 예상 제연 구역 배출량	공동예상제연구역 안에 설치된 예상제연구역이 각각 벽으로 구획된 경우(제연구역의 구획 중 출입구만을 제연경계로 구획한 경우를 포함한다)에는 각 예상제연구역의 배출량을 합한 것 이상으로 할 것. 다만, 예상제연구역의 바닥면적이 400m² 미만인 경우 배출량은 바닥면적 1m²당 1m³/min 이상으로 하고 공동예상구역 <u>전체배출량은 5,000m³/hr 이상으로 할 것</u> 1,800m³/hr + 1,200m³/hr + 1,500m³/hr = 4,500m³/hr ∴ 5,000m³/hr 이상

② A, B, C실의 공기유입구와 배출구의 최소직선거리[m] (4점)

2.5.2.1 바닥면적 400m² 미만의 거실인 예상제연구역(제연경계에 따른 구획을 제외한다. 다만, 거실과 통로와의 구획은 그렇지 않다)에 대해서는 <u>공기유입구와 배출구간의 직선거리는 5m 이상 또는 구획된 실의 장변의 2분의 1 이상으로 할 것.</u> 다만, 공연장·집회장·위락시설의 용도로 사용되는 부분의 바닥면적이 200m²를 초과하는 경우의 공기유입구는 2.5.2.2(바닥으로부터 1.5m 이하의 설치하고 그 주변은 공기의 유입에 장애가 없도록 할 것) 기준에 따른다.

실	각 실별 공기유입구와 배출구의 최소직선거리(장변의 1/2 적용)
A	$6m \div \dfrac{1}{2} = 3$ ∴ 3m
B	$5m \div \dfrac{1}{2} = 2.5$ ∴ 2.5m
C	$5m \div \dfrac{1}{2} = 2.5$ ∴ 2.5m

2 다음 물음에 답하시오. (30점)

(1) 다음 그림을 보고 물음에 답하시오. (단, 계산값은 소수점 셋째자리에서 반올림하여 소수점 둘째자리까지 구한다.) (14점)

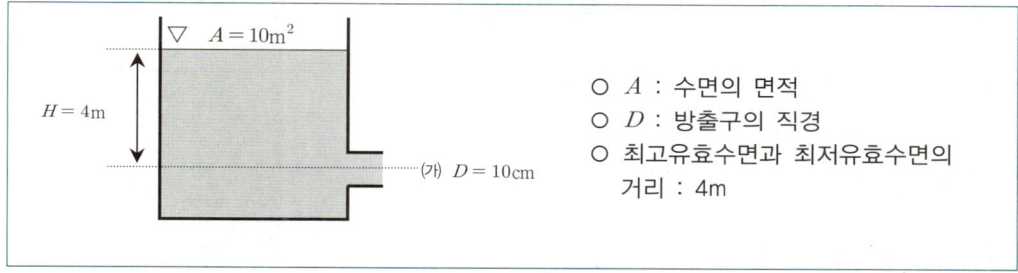

- A : 수면의 면적
- D : 방출구의 직경
- 최고유효수면과 최저유효수면의 거리 : 4m

① (가)에서 대기 중으로 방출되는 물의 최대유량[l/min]을 계산하시오. (단, 유량계수 및 배관계통의 마찰손실은 무시한다.) (4점)

② 수조에서 물을 배수하고자 할 때 사용되는 배수시간 산출 공식을 연속방정식과 토리첼리의 정리를 이용하여 유도하시오. (6점)

③ 위 (2) 공식에 따라 (가)에서 수조의 최고유효수면부터 최저유효수면까지 배수하는 데 걸리는 최소시간 t[s]를 계산하시오. (단, 유량계수 및 배관계통의 마찰손실은 무시한다.) (4점)

(2) 가스계소화설비에 관한 다음 물음에 답하시오. (단, 계산값은 소수점 넷째자리에서 반올림하여 소수점 셋째자리까지 구한다.) (13점)

① 「할론소화설비의 화재안전기술기준(NFTC 107)」에 관한 내용이다. ( )에 들어갈 내용을 쓰시오. (2점)

> 기동용 가스용기의 체적은 (㉠) L 이상으로 하고, 해당 용기에 저장하는 질소 등의 비활성기체는 (㉡)MPa 이상(21℃ 기준)의 압력으로 충전할 것. 다만, 기동용 가스용기의 체적을 1L 이상으로 하고, 해당 용기에 저장하는 이산화탄소의 양은 0.6kg 이상으로 하며, 충전비는 1.5 이상 1.9 이하의 기동용 가스용기로 할 수 있다.

② 다음 조건을 보고 배관의 최대허용압력[kPa]을 계산하시오. (4점)

> **〈 조 건 〉**
> ① 배관은 전기저항 용접에 의해 제조된 압력배관용 탄소강관이다.
> ② 배관의 호칭지름은 40mm(외경 48.6mm)이며, 두께는 2.43mm이다.
> ③ 배관의 인장강도는 400MPa이고, 항복점은 250MPa이다.
> ④ 계산은 「할로겐화합물 및 불활성기체소화설비의 화재안전기술기준(NFTC 107A)」상의 관련식을 근거로 한다.

③ 할로겐화합물 소화약제량[kg]의 산출식에서 적용되는 소화약제별 선형상수 $S[m^3/kg]$는 $K_1 + K_2 \times t$를 말한다. 아보가드로의 법칙과 샤를의 법칙의 개념을 쓰고 이를 이용하여 K_1과 K_2를 설명하시오. (4점)

④ 심부화재 방호대상물에서 10℃를 기준으로 이산화탄소 소화약제의 선형상수 $S[m^3/kg]$를 산출하시오. (3점)

(3) 「소화기구 및 자동소화장치의 화재안전기술기준(NFTC 101)」상 LPG를 연료 외의 용도로 저장하고 있을 때 부속용도별로 추가하는 소화기구 설치기준을 가스 저장량별로 구분하여 모두 쓰시오. (3점)

해설

(1) 다음 그림을 보고 물음에 답하시오. (단, 계산값은 소수점 셋째자리에서 반올림하여 소수점 둘째자리까지 구한다.) (14점)

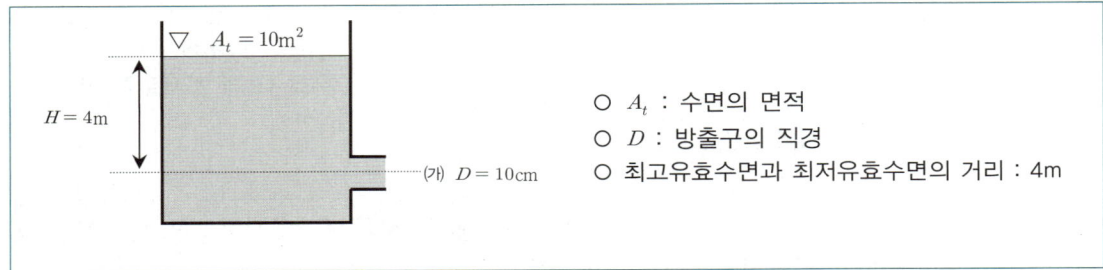

○ A_t : 수면의 면적
○ D : 방출구의 직경
○ 최고유효수면과 최저유효수면의 거리 : 4m

① (가)에서 대기 중으로 방출되는 물의 최대유량[l/min] 계산(단, 유량계수 및 배관계통의 마찰손실 무시) (4점)

$Q = AV = A\sqrt{2gH}$	유량
Q : 유량[m^3/s]	→ $Q = AV = A\sqrt{2gH}$
A : 단면적$\left(\dfrac{\pi}{4}D^2[m^2]\right)$	→ $A = \dfrac{\pi}{4} \times 0.1m^2$
V : 유속[$V = \sqrt{2gH}$ m/s]	→ $V = \sqrt{2gH} = \sqrt{2 \times 9.8 m/s^2 \times 4m}$

$Q = A\sqrt{2gH} = \dfrac{\pi}{4} \times 0.1^2 m^2 \times \sqrt{2 \times 9.8 m/s^2 \times 4m} \times \dfrac{1,000l}{1m^3} \times \dfrac{60s}{1min} = 4,172.527$ ∴ $4,172.53 l/min$

② 수조에서 물을 배수하고자 할 때 사용되는 배수시간 산출 공식을 연속방정식과 토리첼리의 정리 이용 유도 (6점)

시간이 흐름에 따라 유체가 방출되어 체적 감소(-)를 감안한 유량을 구하면

$$Q = -\frac{dV}{dt} = -\frac{A_t \cdot dH}{dt} \quad [\because dV = A_t \cdot dH]$$

$$dt = -\frac{A_t \cdot dH}{Q} = -\frac{A_t \cdot dH}{C_Q \cdot A\sqrt{2gH}} \quad [Q = C_Q \cdot AV = C_Q \cdot A\sqrt{2gH} \text{를 대입하면}]$$

$$= -\frac{A_t}{C_Q \cdot A\sqrt{2g}} \times \frac{dH}{\sqrt{H}}$$

양변을 적분하면

$$t = -\frac{A_t}{C_Q \cdot A\sqrt{2g}} \int_{H_1}^{H_2} \frac{1}{\sqrt{H}} dH \quad \left[\frac{1}{\sqrt{H}} = H^{-0.5} \text{이므로} \right]$$

$$= -\frac{A_t}{C_Q \cdot A\sqrt{2g}} \int_{H_1}^{H_2} H^{-0.5} dH \quad \left[\int x^n dt = \frac{1}{1+n} x^{n+1} + C(\text{적분상수 : 생략})\text{이므로} \right]$$

$$= -\frac{2A_t}{C_Q \cdot A\sqrt{2g}} \left[H^{0.5} \right]_{H_1}^{H_2} \quad \left[\int H^{-0.5} dt = \frac{1}{1-0.5} H^{-0.5+1} = 2H^{0.5} + C(\text{생략}) \right]$$

$$= \frac{2A_t}{C_Q \cdot A\sqrt{2g}} \left[H^{0.5} \right]_{H_2}^{H_1} \quad \left[H_1 > H_2 \text{이므로} \int_a^b f(x)dx = -\int_b^a f(x)dx \text{를 적용} \right]$$

$$\therefore t = \frac{2A_t}{C_Q \cdot A\sqrt{2g}} (\sqrt{H_1} - \sqrt{H_2}) \quad \left[\left[H^{0.5} \right]_{H_2}^{H_1} = (\sqrt{H_1} - \sqrt{H_2}) \right]$$

여기서, t : 토출시간[s]
C_Q : 유량계수
g : 중력가속도[9.8m/s²]
A : 방출구단면적$\left(\frac{\pi}{4} D^2 [m^2]\right)$
A_t : 물탱크 바닥면[m²]
Q : 유량[m³/s]
V : 유속[m/s]
H_1 : 수면에서 방출구까지의 높이[m]
H_2 : 수면에서 탱크 내 오리피스의 높이를 제외한 방출구까지의 높이[m]

③ 위 (2) 공식에 따라 (가)에서 수조의 최고유효수면부터 최저유효수면까지 배수하는 데 걸리는 최소시간 t[s] 계산 (단, 유량계수 및 배관계통의 마찰손실은 무시한다.) (4점)

$t = \frac{2A_t}{C_Q \cdot A\sqrt{2g}}(\sqrt{H_1} - \sqrt{H_2})$	토출시간
t : 토출시간[s]	➔ $t = \frac{2A_t}{C_Q \cdot A\sqrt{2g}}(\sqrt{H_1} - \sqrt{H_2})$
C_Q : 유량계수	➔ $C_Q = 1$ [조건 없음]
g : 중력가속도[9.8m/s²]	➔ $g = 9.8$m/s²
A : 방출구단면적$\left(\frac{\pi}{4} D^2 [m^2]\right)$	➔ $A = \frac{\pi}{4} \times 0.1^2$ m²
A_t : 물탱크 바닥면[m²]	➔ $A_t = 10$m²
H_1 : 수면에서 방출구까지의 높이[m]	➔ $H_1 = 4$m
H_2 : 수면에서 탱크 내 오리피스의 높이를 제외한 방출구까지의 높이[m]	➔ $H_2 = 0$

$$t = \frac{2A_t}{C_Q \cdot A\sqrt{2g}}(\sqrt{H_1} - \sqrt{H_2}) = \frac{2 \times 10\text{m}^2}{1 \times \frac{\pi}{4} \times 0.1^2\text{m}^2 \times \sqrt{2 \times 9.8\text{m/s}^2}} (\sqrt{4\text{m}} - \sqrt{0\text{m}})$$

$$= 1,150.381 \quad \therefore 1,150.38\text{s}$$

(2) 가스계소화설비에 관한 다음 물음에 답하시오. (단, 계산값은 소수점 넷째자리에서 반올림하여 소수점 셋째자리까지 구한다.) (13점)

① 「할론소화설비의 화재안전기술기준(NFTC 107)」에 관한 내용이다. ( )에 들어갈 내용 (2점)

> 기동용 가스용기의 체적은 (㉠ 5)L 이상으로 하고, 해당 용기에 저장하는 질소 등의 비활성기체는 (㉡ 6.0)MPa 이상(21℃ 기준)의 압력으로 충전할 것. 다만, 기동용 가스용기의 체적을 1L 이상으로 하고, 해당 용기에 저장하는 이산화탄소의 양은 0.6kg 이상으로 하며, 충전비는 1.5 이상 1.9 이하의 기동용 가스용기로 할 수 있다.

② 다음 조건을 보고 배관의 최대허용압력[kPa] 계산 (4점)

〈 조 건 〉

① 배관은 전기저항 용접에 의해 제조된 압력배관용 탄소강관이다.
② 배관의 호칭지름은 40mm(외경 48.6mm)이며, 두께는 2.43mm이다.
③ 배관의 인장강도는 400MPa이고, 항복점은 250MPa이다.
④ 계산은 「할로겐화합물 및 불활성기체소화설비의 화재안전기술기준(NFTC 107A)」상의 관련식을 근거로 한다.

$t = \dfrac{PD}{2SE} + A$	최대허용압력
t : 관의 두께[mm]	→ $t = \dfrac{PD}{2SE} + A = 2.43\text{mm}$ [조건 ②]
P : 최대허용압력[kPa]	→ $t - A = \dfrac{PD}{2SE} \rightarrow P = \dfrac{(t-A) \times 2SE}{D}$
D : 배관의 바깥지름[mm]	→ $D = 48.6\text{mm}$ [조건 ②]
SE : 최대허용응력[kPa] (배관재질 인장강도의 1/4값과 항복점의 2/3값 중 적은 값×배관이음효율×1.2) ※ 배관이음효율 • 이음매 없는 배관 : 1.0 • 전기저항 용접배관 : 0.85 • 가열맞대기 용접배관 : 0.60	→ ① 인장강도의 1/4값 [조건 ③, ①] 400MPa × 1/4 = 100 ∴ 100MPa ② 항복점의 2/3값 250MPa × 2/3 = 166.666 ∴ 166.666MPa ③ 인장강도의 1/4값이 작으므로 최대허용응력 $SE = 100\text{MPa} \times 0.85 \times 1.2 = 102\text{MPa} = 102{,}000\text{kPa}$
A : 나사이음, 홈이음 등의 허용값[mm] (헤드 설치부분 제외) • 나사이음 : 나사의 높이 • 절단홈이음 : 홈의 깊이 • 용접이음 : 0	→ $A = 0$ [조건 ①]

$$P = \dfrac{(t-A) \times 2SE}{D} = \dfrac{(2.43 - 0)\text{mm} \times 2 \times 102{,}000\text{kPa}}{48.6\text{mm}} = 10{,}200 \quad \therefore 10{,}200\text{kPa}$$

③ 할로겐화합물 소화약제량[kg]의 산출식에서 적용되는 소화약제별 선형상수 $S[m^3/kg]$는 $K_1 + K_2 \times t$를 말한다. 아보가드로의 법칙과 샤를의 법칙의 개념을 쓰고 이를 이용 K_1과 K_2 설명 (4점)

㉠ 아보가드로의 법칙에서 0℃, 1atm, 1kmol은 $22.4m^3$이므로

㉡ 0℃ 기체의 비체적 $K_1 = \dfrac{22.4m^3}{분자량(kg)}$, 샤를의 법칙에 의해 온도 1℃ 상승 시 체적은 1/273씩 증가

㉢ 임의의 온도 t℃에서의 비체적은 $S = K_1 + K_1 \times \dfrac{t}{273}$이 되므로

$$S = K_1 + K_2 \times t = K_1 + K_1 \times \dfrac{t}{273}$$

여기서, S : 소화약제 선형상수(특정온도에서의 비체적)$[m^3/kg]$

K_1 : 0℃에서의 비체적 $\left[\dfrac{22.4m^3}{분자량(kg)}\right]$ K_2 : 특정온도에서의 비체적 $\left[K_2 = \dfrac{K_1}{273} m^3/kg\right]$

t : 특정온도[℃]

④ 심부화재 방호대상물에서 10℃를 기준으로 이산화탄소 소화약제의 선형상수 $S[m^3/kg]$를 산출 (3점)

$$S = K_1 + K_2 \times t = K_1 + K_1 \times \dfrac{t}{273}$$

여기서, S : 소화약제 선형상수(특정온도에서의 비체적)$[m^3/kg]$

K_1 : 0℃에서의 비체적 $\left[\dfrac{22.4m^3}{분자량(kg)}\right]$

K_2 : 특정온도에서의 비체적 $\left[K_2 = \dfrac{K_1}{273} m^3/kg\right]$

t : 특정온도[℃]

0℃, 1atm에서 이산화탄소의 비체적은 $V_s[m^3/kg] = \dfrac{22.4m^3}{분자량[kg]} = \dfrac{22.4m^3}{44kg} = 0.509m^3/kg$

(C 원자량=12kg, O 원자량=16kg이므로 CO_2 분자량 : 12kg+16kg×2 = 44 ∴ M=44kg)

$S = K_1 + K_1 \times \dfrac{t}{273} = 0.509m^3/kg + 0.509m^3/kg \times \dfrac{10}{273} = 0.527$ ∴ $0.527m^3/kg$

(3) 「소화기구 및 자동소화장치의 화재안전기술기준(NFTC 101)」상 LPG를 연료 외의 용도로 저장하고 있을 때 부속용도별로 추가하는 소화기구 설치기준을 가스 저장량별로 구분하여 모두 쓰시오. (3점)

표 2.1.1.3 부속용도별로 추가해야 할 소화기구 및 자동소화장치

용도별			소화기구의 능력단위
6.「고압가스안전관리법」·「액화석유가스의 안전관리 및 사업법」 또는 「도시가스사업법」에서 규정하는 가연성 가스를 제조하거나 연료 외의 용도로 저장·사용하는 장소	저장하고 있는 양 또는 1개월 동안 제조·사용하는 장소	200kg 미만	능력단위 3단위 이상의 소화기 2개 이상
			능력단위 3단위 이상의 소화기 2개 이상
		200kg 이상 300kg 미만	능력단위 5단위 이상의 소화기 2개 이상
			바닥면적 $50m^2$ 마다 능력단위 5단위 이상의 소화기 1개 이상
		300kg 이상	대형소화기 2개 이상
			바닥면적 $50m^2$ 마다 능력단위 5단위 이상의 소화기 1개 이상

Mind-Control

도전에 성공하는 비결은 단 하나, 결단코 포기하지 않는 일이다.

― 디오도어 루빈 ―

3 다음 물음에 답하시오. (단, 계산값은 소수점 둘째자리에서 반올림하여 소수점 첫째 자리까지 구한다.) (30점)

(1) 자동화재탐지설비의 감지기회로에 관한 다음 조건을 보고 물음에 답하시오. (10점)

―――――――〈 조 건 〉―――――――
① 감지기 배선은 1.5mm²의 HFIX 전선을 사용한다.
② 전선에 사용된 도체의 고유저항은 1.7×10⁻⁸Ω·m이다.
③ 종단저항(10kΩ)은 회로의 말단 감지기에 설치한다.
④ 수신기에서 말단 감지기까지의 배선거리는 150m이다.
⑤ 수신기에서 하나의 감지기회로에 사용된 릴레이저항은 800Ω이다.
⑥ 수신기의 감지기회로 전압은 DC 24V이다.

① 감지기회로의 선로저항[Ω]을 계산하시오. (3점)
② 평상시 감지기회로에 흐르는 감시전류 I_1[mA], 말단 감지기가 동작했을 때 감지기회로에 흐르는 동작전류 I_2[mA]를 각각 계산하시오. (3점)
③ 자동화재탐지설비의 감지기 배선을 노출배관으로 시공하고자 한다. 계통도의 감지기 배선에 다음과 같은 표기가 있다면, 이 도시 기호가 의미하는 바를 모두 쓰시오. (2점)

HFIX 1.5 (16)

④ 수신기 공통선 시험의 목적과 판정기준을 각각 쓰시오. (2점)

(2) 자동화재탐지설비의 전원회로에 관한 다음 물음에 답하시오. (10점)
① 수신기 교류전원부의 브리지 정류회로는 그림 (a)와 같고, 변압기 2차측 전압파형은 그림 (b)와 같다. 변압기의 1차측 전압은 AC 60Hz, 220V이고, 2차측 전압은 AC 60Hz, 24V이다. 그림 (b)에 표시된 V_m[V]과 T[ms]를 각각 계산하시오. (3점)

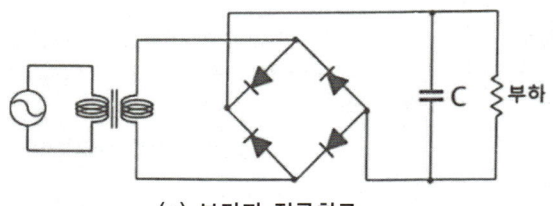
(a) 브리지 정류회로

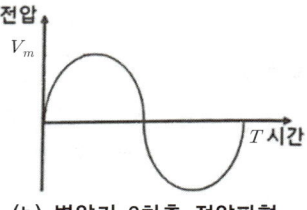
(b) 변압기 2차측 전압파형

② 브리지 정류회로에서 콘덴서 C의 회로 내 역할을 쓰시오. (2점)
③ 수신기 비상전원으로 연축전지를 사용하고자 한다. 주어진 조건을 참고하여 축전지의 최소용량[mAh]을 계산하시오. (5점)

―――――――〈 조 건 〉―――――――
① 경계구역 수는 5개이고, P형 1급 수신기를 사용한다.
② 평상시 수신기가 감시상태일 때 흐르는 전류는 총 170mA이다.
③ 화재가 발생하여 수신기가 동작상태일 때 흐르는 전류는 최대 400mA이다.
④ 축전지의 보수율 0.8을 적용한다.
⑤ 최저 축전지온도 5℃일 때 사용된 연축전지의 용량환산시간 K는 아래 표와 같다.

시간	10분	20분	30분	60분	100분	120분	180분
용량환산시간	1.30	1.45	1.75	2.55	3.45	3.85	5.05

(3) 비상콘센트설비에 관한 다음 물음에 답하시오. (10점)

① 22.9kV를 수전하는 건축물에 비상콘센트설비를 설치하고자 한다. 「비상콘센트설비의 화재안전기술기준(NFTC 504)」상 비상콘센트설비의 상용전원회로 배선은 어디에서 분기할 수 있는지 모두 쓰시오. (2점)

② 「비상콘센트설비의 화재안전기술기준(NFTC 504)」상 비상콘센트설비의 비상전원으로 사용할 수 있는 설비 4종류를 모두 쓰시오. (2점)

③ 지하 2층, 지상 15층, 연면적 10,000m²인 건축물에 비상콘센트설비를 설치하고자 한다. 「비상콘센트설비의 화재안전기술기준(NFTC 504)」상 비상전원을 설치하지 않을 수 있는 경우를 모두 쓰시오. (3점)

④ 소방관이 비상콘센트에 6kW의 동력을 사용하는 전동기를 연결하여 구조활동을 실시하였다. 이 때 전동기 코드에 흐르는 전류[A]를 계산하시오. (단, 이 전동기의 역률은 70%이다.) (3점)

해설

(1) 자동화재탐지설비의 감지기회로에 관한 다음 조건을 보고 물음에 답하시오. (10점)

〈 조건 〉
① 감지기 배선은 1.5mm²의 HFIX 전선을 사용한다.
② 전선에 사용된 도체의 고유저항은 $1.7 \times 10^{-8} \Omega \cdot m$이다.
③ 종단저항($10k\Omega$)은 회로의 말단 감지기에 설치한다.
④ 수신기에서 말단 감지기까지의 배선거리는 150m이다.
⑤ 수신기에서 하나의 감지기회로에 사용된 릴레이저항은 800Ω이다.
⑥ 수신기의 감지기회로 전압은 DC 24V이다.

① 감지기회로의 선로저항[Ω] 계산 (3점)

$R = \rho \times \dfrac{L}{A}$	저항
R : 저항[Ω]	→ $R = \rho \times \dfrac{L}{A}$
ρ : 고유저항[Ω·m]	→ $\rho = 1.7 \times 10^{-8} \Omega \cdot m$ [조건 ②]
L : 전선(선로) 길이[m]	→ $L = 150m$ [조건 ④]
A : 전선(선로) 단면적[m²]	→ $A = 1.5mm^2$ [조건 ①]

$$R = \rho \times \frac{L}{A} = 1.7 \times 10^{-8} \Omega \cdot m \times \frac{150m}{1.5mm^2 \times \frac{1m^2}{(1,000mm)^2}} = 1.7 \quad \therefore 1.7\Omega$$

Mind-Control

계획을 세워놓는 일만으로 이끌어낼 수 있는 일은 하나도 없다.

- 르 위킹 -

② 평상시 감지기회로에 흐르는 감시전류 I_1[mA], 말단 감지기가 동작했을 때 감지기회로에 흐르는 동작전류 I_2[mA] 계산 (3점)

㉠ 감시전류

$I = \dfrac{\text{회로전압}}{\text{릴레이저항} + \text{배선저항} + \text{종단저항}}$	감시전류
I : 감시전류[A]	→ $I = \dfrac{\text{회로전압}}{\text{릴레이저항} + \text{배선저항} + \text{종단저항}}$
회로전압[V]	→ 회로전압 = 24V [조건 ⑥]
릴레이저항[Ω]	→ 릴레이저항 = 800Ω [조건 ②]
배선저항[Ω]	→ 배선저항 = 1.7Ω [문제 ①]
종단저항[Ω]	→ 종단저항 = 10kΩ = 10,000Ω [조건 ③]

$I = \dfrac{\text{회로전압}}{\text{릴레이저항} + \text{배선저항} + \text{종단저항}} = \dfrac{24V}{800Ω + 1.7Ω + 10,000Ω} = 0.002221A = 2.22mA$

㉠ 작동전류

$I = \dfrac{\text{회로전압}}{\text{릴레이저항} + \text{배선저항}}$	작동전류
I : 감시전류[A]	→ $I = \dfrac{\text{회로전압}}{\text{릴레이저항} + \text{배선저항}}$
회로전압[V]	→ 회로전압 = 24V [조건 ⑥]
릴레이저항[Ω]	→ 릴레이저항 = 800Ω [조건 ②]
배선저항[Ω]	→ 배선저항 = 1.7Ω [문제 ①]

$I = \dfrac{\text{회로전압}}{\text{릴레이저항} + \text{배선저항}} = \dfrac{24V}{800Ω + 1.7Ω} = 0.029938A = 29.94mA$

③ 자동화재탐지설비의 감지기 배선을 노출배관으로 시공하고자 한다. 계통도의 감지기 배선에 다음과 같은 표기가 있다면, 이 도시 기호가 의미하는 바를 모두 쓰시오. (2점)

─//─ HFIX 1.5 (16)	설명
HFIX	→ 450/750V 저독성 난연 가교 폴리올레핀 절연전선
1.5	→ 전선단면적 1.5mm²
(16)	→ 16C 후강전선관(삽입)
//	→ 전선 가닥수 : 2가닥
───	→ 노출 배선

④ 수신기 공통선 시험의 목적과 판정기준 (2점)
  ㉠ 공통선 시험 목적 : 공통선이 담당하고 있는 경계구역 수의 적정여부를 확인하기 위한 시험
    • 수신기 내 접속단자의 회로공통선을 1선 제거한다.
    • 회로도통 시험의 예에 따라 회로선택스위치를 회전하거나 버튼식일 경우 버튼을 누른다.
    • 전압계 또는 LED를 확인하여 '단선'을 지시한 경계구역의 회선수를 점검한다.
  ㉡ 가부판정의 기준 : 공통선이 담당하고 있는 경계구역의 수가 7 이하일 것

(2) 자동화재탐지설비의 전원회로에 관한 다음 물음에 답하시오. (10점)
① 수신기 교류 전원부의 브리지 정류회로는 그림 (a)와 같고, 변압기 2차측 전압파형은 그림 (b)와 같다. 변압기의 1차측 전압은 AC 60Hz, 220V이고, 2차측 전압은 AC 60Hz, 24V이다. 그림 (b)에 표시된 V_m[V]과 T[ms] 각각 계산 (3점)

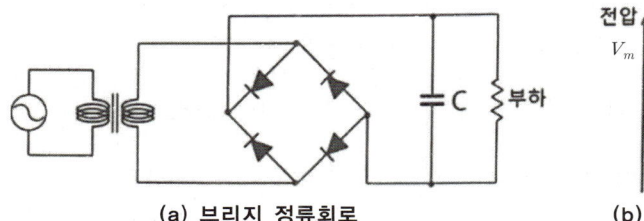

(a) 브리지 정류회로

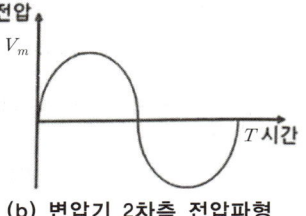

(b) 변압기 2차측 전압파형

㉠ 출력전압
- 변압기 2차측 전압 : $V_m = 24V$
- 부하에 걸리는 전압 : $V_m = \sqrt{2}\,V = \sqrt{2} \times 24V = 33.941$ ∴ 33.94V

㉠ 주파수 주기

$f = \dfrac{1}{T}$	주파수
f : 주파수[A]	→ $f = \dfrac{1}{T} = 60Hz$
T : 주기[s]	→ $T = \dfrac{1}{f}$ [단위 주의! : ms(밀리세커)]

$T = \dfrac{1}{f} = \dfrac{1}{60Hz} = 0.016s \times \dfrac{1,000ms}{1s} = 16$ ∴ 16ms

② 브리지 정류회로에서 콘덴서 C의 회로 내 역할 (2점)
콘덴서 C는 평활회로[전원의 리플(평활회로를 거치고 난 후의 교류성분)을 제거하기 위한 회로]를 조립하기 위해 사용하는 콘덴서로 정류회로의 출력전압을 직류전압에 가까워지도록 하기 위해 사용한다.

③ 수신기 비상전원으로 연축전지 사용 시 축전지 최소용량[mAh] 계산(5점)

〈 조 건 〉

① 경계구역 수는 5개이고, P형 1급 수신기를 사용한다.
② 평상시 수신기가 감시상태일 때 흐르는 전류는 총 170mA이다.
③ 화재가 발생하여 수신기가 동작상태일 때 흐르는 전류는 최대 400mA이다.
④ 축전지의 보수율 0.8을 적용한다.
⑤ 최저 축전지온도 5℃일 때 사용된 연축전지의 용량환산시간 K는 다음 표와 같다.

시간	10분	20분	30분	60분	100분	120분	180분
용량환산시간	1.30	1.45	1.75	2.55	3.45	3.85	5.05

$C = \dfrac{1}{L}[K_1 I_1 + K_2(I_2 - I_1) + \cdots]$	축전지용량
C : 축전지용량 [Ah : 전류[A]×시간[h]=전류의 양[Ah]]	→ $C = \dfrac{1}{L}[K_1 I_1 + K_2(I_2 - I_1) + \cdots]$
L : 보수율(경년변화에 따른 여유율)	→ $L = 0.8$ [조건 ④]
K : 용량환산시간[h]	→ $K_1 = 2.55$ [기술기준 : 평상 시 60분 감시] $K_2 = 1.30$ [기술기준 : 화재 시 10분 경보]
I : 방전전류[A]	→ $I_1 = 170mA$ [조건 ② 평상 시], $I_2 = 400mA$ [조건 ③ 화재 시]

$$C = \frac{1}{L}[K_1 I_1 + K_2(I_2 - I_1)] = \frac{1}{0.8} \times [2.55 \times 170\text{mA} + 1.3 \times (400 - 170)\text{mA}] = 915.625 \quad \therefore 915.63\text{mA}$$

(3) 비상콘센트설비에 관한 다음 물음에 답하시오. (10점)

① 22.9kV를 수전하는 건축물에 비상콘센트설비를 설치하고자 한다. 「비상콘센트설비의 화재안전기술기준(NFTC 504)」상 비상콘센트설비의 상용 전원회로 배선은 어디에서 분기할 수 있는지 모두 쓰시오. (2점)

상용 전원회로의 배선은 저압수전인 경우에는 인입개폐기의 직후에서, 고압수전 또는 특고압수전인 경우에는 전력용변압기 2차측의 주차단기 1차측 또는 2차측에서 분기하여 전용배선으로 할 것

② 「비상콘센트설비의 화재안전기술기준(NFTC 504)」상 비상콘센트설비의 비상전원으로 사용할 수 있는 설비 4종류 (2점)

지하층을 제외한 층수가 **7층 이상**으로서 연면적이 **2,000m² 이상**이거나 **지하층**의 바닥면적의 합계가 **3,000m² 이상**인 특정소방대상물의 비상**콘**센트설비에는 **자**가발전설비, **비**상전원수전설비, **축**전지설비 또는 **전**기저장장치(외부 전기에너지를 저장해 두었다가 필요한 때 전기를 공급하는 장치를 말한다)를 비상전원으로 설치할 것

✏️ 암기법 7층 이상 2000 이상, 지하층 3000 이상 전세값 콘 자비축전

③ 지하 2층, 지상 15층, 연면적 10,000m²인 건축물에 비상콘센트설비를 설치하고자 한다. 「비상콘센트설비의 화재안전기술기준(NFTC 504)」상 비상전원을 설치하지 않을 수 있는 경우 (3점)

2 이상의 변전소에서 전력을 동시에 공급받을 수 있거나 하나의 변전소로부터 전력의 공급이 중단되는 때에는 자동으로 다른 변전소로부터 전력을 공급받을 수 있도록 상용전원을 설치한 경우에는 비상전원을 설치하지 않을 수 있다.

④ 소방관이 비상콘센트에 6kW의 동력을 사용하는 전동기를 연결하여 구조활동을 실시하였다. 이 때 전동기 코드에 흐르는 전류[A] 계산 (단, 이 전동기의 역률은 70%이다.) (3점)

$P = VI\cos\theta$	전류
P : 전력[W]	$P = VI\cos\theta = 6\text{kW} = 6{,}000\text{W}$
V : 전압[V]	$V = 220\text{V}$ [기술기준 단상 220V]
I : 전류[A]	$I = \dfrac{P}{V\cos\theta}$
$\cos\theta$: 역률	$\cos\theta = 0.7$

$$I = \frac{P}{V\cos\theta} = \frac{6{,}000\text{W}}{220\text{V} \times 0.7} = 38.961 \quad \therefore 38.96\text{A}$$

[소방시설관리사 2차 설계 및 시공 저자 약력]

❏ 이항준
- 동명대학교 기계과 졸업
- 소방기술사, 소방시설관리사, 소방설비기사, 소방설비산업기사
- 소방실무(설계 / 공사 / 감리 / 점검) 24년
- 저서) 한방에 끝내는 소방설비기사 / 산업기사 합격노트 필기/실기 [(주)메이크 순]
  한방에 끝내는 소방시설관리사 필기 / 실기 [(주)메이크 순]
  한방에 끝내는 화재안전기준 [(주)메이크 순]
- 이력) edu-Fire 기술학원 원장(소방시설관리사 필기/실기・소방설비기사 / 산업기사 강의)
  소방청 중앙소방기술심의 위원 / 지방소방기술심의 위원
  소방청 소방산업 진흥정책 심의위원
  소방청 성능위주소방설계확인 평가위원
  국립소방연구원 화재안전기술기준 전문위원회 부위원장
  중앙 소방학교 외래 교수
  LH 주거안전 닥터스 자문위원
  한국소방안전원 외래교수
  부산시 안전관리자문단 위원
  부산시 건설본부 외부전문가
  한국기술사회 소방분회장
  한국소방기술사회 부산지회장

❏ 심민우
- 부경대학교 소방공학과 학사
- 소방시설관리사 / 소방설비기사 / 위험물산업기사
- 소방실무(공사 / 점검 / 시설관리) 경력 9년
- 저) 한방에 끝내는 소방설비기사 / 산업기사(전기분야) 필기 / 실기 [(주)메이크 순]
  한방에 끝내는 소방시설관리사 필기 [(주)메이크 순]
- 현) edu-Fire 기술학원 대표강사(소방시설관리사)
  (주)한국전기소방 점검팀 부장
  한국소방안전원 외래교수
  소방학교 외래교수

2025 한방에 끝내는 소방시설관리사 2차 설계 및 시공 계산문제편

초판 인쇄일	2024년 12월 24일
초판 발행일	2025년 1월 3일
편 저 자	이항준 · 심민우
발 행 인	김미란
발 행 처	(주)메이크 순(make soon)
전 화 번 호	070-4416-1190
F A X	051-817-5118
주 소	부산광역시 부산진구 부전로 75-5, 3층(부전동)
정 가	42,000원

※ 본 책자의 부분 혹은 전체를 허락없이 복사, 복제하는 것은 저작권법에 저촉됩니다.

ISBN 979-11-88029-94-5(13530)